国防电子信息技术丛书

天线理论与技术

（第 2 版）

Antenna Theory and Techniques
Second Edition

钟顺时（Shun-Shi Zhong）　编著

电子工业出版社
Publishing House of Electronics Industry
北京·BEIJING

内 容 简 介

本书系统地阐述了天线的基本理论和基本分析方法，以及典型线天线、缝天线和面天线的原理与技术。全书共分 10 章：基本定理与基本辐射元、对称振子和天线电参数、天线阵的分析与综合、振子天线、行波线天线与超宽带天线、缝隙天线与微带天线、口径天线基础与喇叭天线、反射面天线及透镜天线、特殊功能天线，以及计算电磁学在天线中的应用。

本书力求便于读者对天线理论与技术的入门，既注重概念，又有充分的公式推导，由浅入深，图文并茂，便于自学。在内容上经典与新颖并蓄，广度与深度兼备。

本书可供大学电子通信与信息类专业本科生和硕士研究生作为天线课程的教材，也可供相关工程技术人员参考。

图书在版编目（CIP）数据

天线理论与技术/钟顺时编著. —2 版. —北京：电子工业出版社，2015.1
（国防电子信息技术丛书）

ISBN 978-7-121-25435-2

I. ①天… II. ①钟… III. ①天线 – 高等学校 – 教材 IV. ①TN82

中国版本图书馆 CIP 数据核字（2015）第 012306 号

策划编辑：马　岚
责任编辑：马　岚　　特约编辑：马爱文
印　　刷：三河市君旺印务有限公司
装　　订：三河市君旺印务有限公司
出版发行：电子工业出版社
　　　　　北京市海淀区万寿路 173 信箱　邮编：100036
开　　本：787×1092　1/16　印张：33.25　字数：1053 千字
版　　次：2011 年 8 月第 1 版
　　　　　2015 年 1 月第 2 版
印　　次：2023 年 11 月第 10 次印刷
定　　价：89.00 元

凡所购买电子工业出版社图书有缺损问题，请向购买书店调换。若书店售缺，请与本社发行部联系，联系及邮购电话：(010)88254888，88258888。

质量投诉请发邮件至 zlts@phei.com.cn，盗版侵权举报请发邮件至 dbqq@phei.com.cn。

本书咨询联系方式：classic-series-info@phei.com.cn。

前　言

随着人类跨入信息时代，形形色色的天线随处可见，天线理论与技术受到了广泛的关注与应用。在电子工业出版社的鼓励和支持下，笔者基于从事天线课程教学和科研的体会，学习国内外同类教材，进行了编写本书的努力。然而，由于水平和时间所限，本书与其目标可能差之甚远，而且错误和不妥之处在所难免，谨请读者诸君不吝批评指正！

本书的主要特色如下。

1. 系统性较强，由浅入深，推导充分，便于自学。书中首先在第 1 章至第 3 章介绍天线的基础理论；然后依次研究三类主要天线形式：第 4 章和第 5 章的线天线，第 6 章的缝天线，第 7 章和第 8 章的面天线；作为扩展，第 9 章阐述特殊功能天线，第 10 章介绍天线的数值计算。

2. 兼收美苏教材之长，又有国人成果，启发创新。全书以欧美教材的大量成果为基础。而对方向系数的定义、耦合振子的互阻抗、振子阵的方向系数等，都采用了前苏联教材的讲法，以便掌握；同时，对于对称振子的输入阻抗，既介绍了欧美的严格处理，又阐述了前苏联的简化算法。书中也融入了笔者与同事们的教学成果，例如天线阵方向性的形成，抛物面天线最佳张角的"矛盾论"分析，以及极化效率计算公式的推导等。而且，书中还编入了笔者与研究生及国内同行的一些科研成果，例如超宽带印刷单极天线、低旁瓣与双极化微带天线阵等。

3. 经典与新颖并蓄，广度与深度兼备。书中安排了一些专为研究生学习的较广、较深的内容，有的用小五号字排版（加 * 号表示）。有一些是国际最新科研成果，是国内外教材中首次引入的，例如三种超宽带天线阵和介质谐振器天线等；有些内容是同类教材中较少见的，例如分形天线、波纹喇叭馈源的分析与其相位中心的计算、球面波展开法和场相关法等。同时补充了几种天线的设计介绍。但是，受篇幅及水平所限，不少内容只进行了简要介绍。

4. 概念清晰，图文并茂。本书从天线功能出发，突出天线的 4 项主要电性能：方向性、阻抗和极化，以及它们的带宽。以此为天线研究的主题，抓住共性，逐步深化。书中还有丰富的实例、照片、图表及习题。不少图是新绘的，特别是一些少见的三维图，如同相水平天线和菱形天线的三维方向图等。同时，为便于读者掌握，习题中增加了证明题，并对带 △ 号的习题给出了参考答案。

本书适用于通信电子类专业大学高年级本科生和研究生 40～80 学时的教学，也可供有关工程技术人员参考。按 40 学时教学时，主要内容为：第 1 章至第 3 章的大部分内容，再加三类主要天线形式的介绍（参看 XV 页所列的课程安排表），例如折合振子和平衡器（巴仑）、同相水平天线、八木-宇田天线、螺旋天线、超宽带天线、微带贴片天线、口径天线结构特点与远区场、抛物面天线的远场特性、增益与设计，以及智能天线等。与这些内容相配套的电子教案（素材）及一些更广或更深入探讨的内容，包括一些动态演示（如对称振子方向图随臂长的变化等）和彩图等，可通过网站下载①。更多学时数的教学可根据各校的特色，在上述基础上增加相应的内容。

---

① 登录华信教育资源网（http://www.hxedu.com.cn），可注册下载本书相关资料。

　　本书的编写得到上海大学通信与信息工程学院领导与同事们的热情支持和帮助。上海大学印刷中心负责打印了原稿；博士孙竹、张丽娜、汤小蓉、刘建军、杜成珠、孔令兵、陈敏华，以及薛玲珑和李丽娴硕士等共同描绘了原稿全部插图，其中新绘的立体图是孙竹完成的；张丽娜和陈旷达分别帮助翻译了8.7节和9.4节的英文原稿。下列博士（其中多位是教授、博士生导师）应邀分别撰写了使本书颇为增色的一节或两节内容（各节分别署名），依次为：郭英杰、汪伟、姚凤薇、高式昌、尹应增、延晓荣、杨雪霞、余春、梁仙灵和倪维立等。谨向前述各位表示深深的谢意，向本书引用的参考文献的作者们致以敬意。同时向电子工业出版社参加本书出版工作的诸君表示衷心的感谢，并感谢妻子和儿女的支持！

　　本书第1版出版后，受到了广大读者的欢迎。不少同学反映，本书能使读者由浅入深和由点到面地，较系统深入地获得天线的知识；而且书中还收录了作者及同行们的一些最新科研成果，既反映了天线领域的发展动态，又能启发读者的创新意识。这次再版时，新加坡陈志宁、澳大利亚郭英杰、上海大学杨广立、上海交通大学梁仙灵和合肥汪伟等教授/研究员又分别撰写了独到的一节或进行了重要补充；同时，杨雪霞和沈文辉等同事指正了前版的一些印刷错误。谨向他们致以衷心的谢意，并感谢韩荣苍和刘静等博士研究生的协助！

钟顺时

2014 年 11 月

目　　录

BRIEF CONTENTS

表 0-1 课程安排表(40 学时)

2 学时课次	本书章次	教学内容	习题
1	绪论,第 1 章	天线功能与分析方法,电流元的辐射,方向图和辐射电阻	1.2-1,1.2-2,1.2-4
2	第 1 章(续 1)	短振子和辐射效率,对偶原理与小环天线的辐射	1.2-8,1.3-6
3	第 1 章(续 2)	等效原理与惠更斯元,理想缝隙天线,互易定理	1.4-1,1.5-2
4	第 2 章	对称振子,天线的方向系数和增益,输入阻抗与带宽	2.1-4,2.2-3,2.3-3
5	第 2 章(续)	天线极化,天线有效面积与传输方程	2.4-3
6	第 3 章	二元振子阵,耦合振子的互阻抗	3.1-1,3.2-1,3.2-3
7	第 3 章(续 1)	N 元等幅线阵(边射阵,普通端射阵)	3.3-1,3.3-3
8	第 3 章(续 2)	N 元等幅线阵(HW 端射阵,扫描阵)	3.3-6,3.3-9
9	第 3 章(续 3)	N 元等幅线阵(二项式阵,不同分布阵比较)	3.4-1
10	第 3 章(续 4)	N 元非等幅线阵(道尔夫-切比雪夫阵的综合,N 元线阵的方向系数)	3.4-2
11	第 4 章	折合振子与平衡器,同相水平天线(结构,铅垂面方向图)	4.1-6
12	第 4 章(续)	同相水平天线(水平面方向图,方向系数),八木-宇田天线	4.2-1,4.3-2
13	第 5 章	螺旋天线	5.3-2,5.3-6
14	第 5 章(续)	超宽带天线	5.4-2
15	第 6 章	微带贴片天线(引言,传输线模型)	6.3-1,6.3-2
16	第 6 章(续 1)	微带贴片天线(空腔模型)	6.3-5,6.3-11
17	第 6 章(续 2)	微带天线元技术(宽频带技术,圆极化技术)	6.4-1,6.4-3
18	第 7 章	口径天线的结构特点与远区场,矩形同相口径	7.1-2
19	第 8 章	抛物面天线的远场特性,抛物面天线的增益与设计	8.2-3,8.3-1
20	第 8 章(续)	抛物面天线的增益与设计(续)	8.3-7

作 者 简 介

钟顺时，1939 年生，浙江人。1960 年西安军事电信工程学院（西安电子科技大学前身）雷达工程系毕业，并留校任教。1980 年至 1982 年为美国华盛顿大学和伊利诺伊大学（厄班那-香槟分校）访问学者，后期任研究顾问。1988 年引进到上海科学技术大学，任通信工程系微波教研室主任。1993 年由国务院学位委员会批准为博士生导师。1994 年起任上海大学通信与信息工程学院教授，博士生导师。中国电子学会（CIE）会士，CIE 全国面天线专业委员会副主任委员，国际电子电气工程师学会（IEEE）高级会员，IEEE 南京联合分会副主席，美国纽约科学院院士。

钟教授负责指导了我国授予的首批外籍博士。相继主持国家自然科学基金项目 6 项和国家 863 高技术发展计划课题 2 项。研制成我国第一部舰载三坐标雷达的波导缝隙阵天线和国际上第一副 C 波段卫星接收站平面天线等，获国家科技进步奖和部省级科技进步奖 7 项，中国发明专利授权 9 项。已在国内外学术期刊和会议上发表 300 余篇论文，并编著《微带天线理论与应用》、《电磁场与波（第 2 版）》等书，获部省级优秀教材奖 2 项。

钟教授 1964 年获军事电信工程学院优秀教师奖，1998 年获全国性宝钢优秀教师奖；1991 年起享受国务院政府特殊津贴。业绩入选《当代中国科学家传略》、《中国教育家》、美国马奎斯《世界名人录》。

绪　论

　　天线是无线电通信、广播、导航、雷达、测控、微波遥感、射电天文及电子对抗等各种民用和军用无线电系统必不可少的设备之一。随着信息时代的到来，我们几乎天天都看见和使用天线，如电视塔上的电视发射天线、移动电话基站塔上的通信天线、大型单位的卫星通信地面站天线、家用卫星电视接收天线、全球定位系统(GPS)接收天线和大家身边手机内的天线，等等。

　　天线种类繁多，大小不一，千姿百态。尽管它们之间的差异很大，但都基于相同的辐射与接收机理，都是以电磁场理论为基础进行分析与设计的。本书的要旨就是，使读者由浅入深、系统地掌握天线的基本理论和基本分析方法，理解典型天线的特性与设计原理；并从中培育创新精神和科学作风，提高分析问题和解决问题的能力。

0.1　天线的功能

　　无线电系统中发射或接收电磁波的设备，称为天线(antenna)。天线的功能首先是能量转换：将发射机经传输线输出的射频导波能量变换成无线电波能量向空间辐射(发射天线)，如图0.1-1所示；或反之，将入射的空间电磁波能量变换成射频导波能量传输给接收机(接收天线)。可见，天线是导行电磁波与空间电磁波(无线电波)之间的转换器。即

$$导行波 \xrightarrow[\text{接收天线}]{\text{发射天线}} 空间波(无线电波)$$

因此，"天线可说是波源与空间(space)的匹配件。"[①]通常它是无源、线性、可逆的器件。一般天线都具有可逆性，即同一种天线既可用来作为发射天线，也可用来作为接收天线。因此，为简便起见，本书中通常都把它作为发射天线来分析。

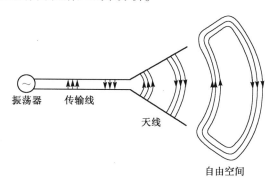

图0.1-1　发射天线的能量转换

　　天线的另一主要功能是，能量的发射与接收具有方向性，即，天线具有对能量进行空间分配的功能。例如，卫星地面站天线如图0.1-2所示，能将辐射能量集束成一个很窄的主波束，并将它指向卫星。中央电视台北京地面站正是这样把央视节目传送给通信卫星上的转发器，而后又由卫星天线形成集束波束向地球转发。由于同步地球卫星位于赤道上空约35 800 km处，

---

　　①　国际著名天线专家、美国工程院士、伊利诺伊大学教授罗远祉(Y. T. Lo)语，见第6章参考文献[2]。

因此，从地球到达卫星的信号将非常微弱。为此，使卫星地面站天线形成窄的辐射波束，也就是把向四周其他方向辐射的功率都加强到向卫星方向辐射，这样到达卫星的功率密度就大大增大了，其作用就如同探照灯的聚光作用一样。这正是需要采用特定设计的天线的一个重要原因。

天线的第三个功能是辐射或接收指定的极化波，即天线能形成所需的极化。例如，在卫星广播中，为实现频谱复用，往往要求卫星天线有双极化能力。以国际通信卫星 5 号(Intelsat V)为例，其转发器的 4 GHz 发射天线能形成东、西两个"半球"波束，分别辐射左、右旋圆极化波；同时又形成两个照射较小面积的"区域"波束，采用反旋圆极化波，如图 0.1-3 所示。这样，由于同一覆盖区内的同频波束间是极化正交的，而覆盖不同区域的"区域"、"半球"波束间又是空间隔离的，因此，它们能使用同一 4 GHz 频带而互不干扰，从而实现了四重频谱复用，提高了通信容量。Intelsat V 号的天线配置图如图 0.1-4 所示，其中共有 7 副通信天线，它们的特性如表 0.1-1 所示。上面只提到第 1 副天线的情形。不难看出，其他天线的设置也都利用了极化隔离和波束(空间)隔离技术。

图 0.1-2　卫星地面站天线

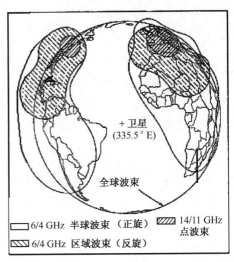

图 0.1-3　大西洋区 Intelsat V 卫星的覆盖区

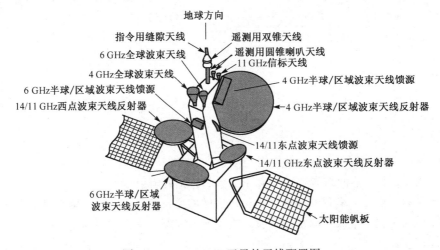

图 0.1-4　Intelsat V 卫星的天线配置图

表 0.1-1　Intelsat V 卫星的通信天线特性

序　号	天　线	覆盖范围或波束宽度	频率（MHz）	轴比（dB）	最小增益（dB）
1	半球/区域（发）	东、西半球 东、西区域	半球:3704～4073 区域:3704～4031	东、西半球:左、右旋 东、西区域:右、左旋 } 0.75	半球:21.7 区域:25.2
2	半球/区域（收）	东、西半球 东、西区域	半球:5929～6298 区域:5929～6256	东、西半球:左、右旋 东、西区域:右、左旋 } 0.75	半球:21.7 区域:25.2
3	全球（发）	180°（圆形）	3955～4200	右旋:0.4	16.7
4	全球（收）	22°（圆形）	6180～6425	左旋:0.4	15.2
5	东点波束	3.2°×1.8° （椭圆形）	发:10 950～117 000 收:14 000～14 500	发:线极化（南北） 收:线极化（东西）	发:32.8 收:33.2
6	西点波束	1.6°（圆形）	发:10 950～11 700 收:14 000～14 500	发:线极化（东西） 收:线极化（南北）	发:36.2 收:36.7
7	信标	22°（圆形）	11 196～11 454	右旋:1.0	14.8

为能满意地完成天线的功能，已对它提出了一系列具体要求。表达这些要求的电指标称为天线电参数，如辐射效率、波束宽度、方向系数、增益、输入阻抗、极化和频带宽度等。在某些无线电系统中，天线的电参数直接决定其整个系统的性能指标，如卫星地面接收站的 G/T（增益噪声温度比）、通信卫星的 EIRP（等效全向辐射功率）、探测雷达的远程测角精度和射电天文望远镜的分辨度（即天线半功率波束宽度）等。

随着天线技术的发展，它在无线电系统中的作用更加突出了。现在它不但具有上述功能，而且因不同的应用需求，又发展了天线更多的功能。例如，相控阵天线能将波束进行电控扫描；单脉冲天线能形成用于发射的针状"和"波束和用于接收精密跟踪目标信息的叉瓣形"差"波束，等等。此外，天线不但用于信息传递，而且也已应用于非信号的能量传输，如微波输能用的整流天线（包括太阳能微波传送、管道机器人的微波供电等）、微波波束武器、医用辐射计等等。正是人类对天线的形形色色、逐步发展的需求，不断地推动着天线理论与技术的发展，导致了千姿百态、性能万千的天线结构的应用。

0.2　天线发展简史

1887 年德国青年学者海因里希·赫兹（Heinrich R. Hertz，如图 0.2-1 所示）的著名实验证实了电磁波的存在。他当时所用的电偶极子谐振器就是最早的发射天线，因此天线发明至今还只有 120 多年的历史。当初在赫兹实验的基础上，意大利古利莫·马可尼（Guglielmo Marconi，如图 0.2-2 所示）在 1895 年成功地进行了距离约 2.5 km 的无线电报传送实验。1896 年俄罗斯亚历山大·波波夫（Alexander C. Popov，1859—1906）也在相距 250 m 的建筑物之间传送了一份电报，电文就是 Heinrich Hertz。无线电开创初期使用的都是火花式发射机，工作频率主要集中于米波和微波频率。除采用电偶极子外，也使用了环形天线、抛物柱面天线、喇叭天线和介质圆柱透镜天线等。在这些初期的实验研究后便开始了天线的广泛应用，其发展大致可划分为三个历史时期。

1. 线天线时期（19 世纪末至 20 世纪 30 年代初）

1901 年马可尼在加拿大纽芬兰岛收到了横渡大西洋由英国康泛尔半岛发来的"S"字母信号，开辟了无线电远距离通信的新时代。他当时所用的发射天线是从 48 m 高的横挂线上斜拉下 50 根铜导线来形成一扇形结构,可认为是第一副实用的单极天线。其振荡源是 70 kHz 火花发生器。1905 年他在英格兰康泛尔半岛利用 4 座木塔架设导线网来构成方形单锥天线,其照片如图 0.2-3 所示,发射波长为 1000 m。随着 20 世纪初电子管的发明和发展,这一时期开头利用长波进行通信,随后发展到中波通信,并因电离层的发现,1924 年前后开始了短波通信和远程广播。典型天线形式有:T 形和倒 L 形天线、菱形天线、鱼骨形天线、对称振子、环形天线、同相水平天线(见图 0.2-4)和八木-宇田天线等,这些都是线天线。这一时期也建立了线天线的基本理论,如得出了对称振子电流的积分方程和正弦近似分布,提出了感应电动势法、对偶原理等。

Heinrich R. Hertz(1857—1894)

图 0.2-1 海因里希·赫兹

Guglielmo Marconi(1874—1937)

图 0.2-2 古利莫·马可尼

图 0.2-3 马可尼在 1905 年
架设的单锥天线

图 0.2-4 第二次世界大战时期美国 SCR-270 雷达的同相水平天线

2. 面天线时期(20 世纪 30 年代初至 50 年代末)

第二次世界大战前夕,随着微波速调管和磁控管的发明,导致了微波雷达的发展。战时炮瞄雷达广泛采用抛物面天线,同时也发展了由波导开口延伸的喇叭天线、在喇叭前加介质或金属透镜的透镜天线、其他形式的反射面天线等。这些天线都是面天线或称口径天线。此外,又出现了波导缝隙天线、介质棒天线、螺旋天线及蝙蝠翼形天线等。战后微波中继通信、广播和射电天文等应用使面天线和线天线技术获得了进一步的提高。这时期建立了口径天线的基本理论,如几何光学法、口径场法和电流分布法等;发展了天线测试技术,产生了分析天线公差的统计理论,开发了天线阵的综合技术。

3. 大发展时期(20 世纪 50 年代末至今)

1957 年人造地球卫星上天标志着人类进入了开发宇宙的新时代,也对天线提出了多方面的高要求,如高增益、精密跟踪、快速扫描、宽频带、低旁瓣等。同时,电子计算机、微电子技术和现代材料的进展又为天线理论与技术的发展提供了必要的基础。1957 年美国制成了用于精密跟踪雷达 AN/FPS-16 的单脉冲天线，其跟踪精度比二次大战时的圆锥扫描体制提高了一个量级，达 0.1 密位①。射电天文特别是卫星通信的兴起，大大促进了反射面天线及其馈源的发展，1963 年出现了高效率的双模喇叭馈源，1966 年发明了波纹喇叭。1966 年提出了在通信卫星上使用多波束天线的概念，并首次应用于 1978 年发射的加拿大卫星 ANIK-B。为满足跟踪洲际导弹的需求，相控阵天线在 1960 年问世，并在 1968 年制成了高功率相控阵雷达 AN/FPS-85。20 世纪 60 年代末制成了预警飞机 E-3A 雷达用的第一副超低旁瓣天线。1957 年美国伊利诺伊大学拉姆齐（V. H. Rumsey）提出了非频变天线理论，相继制成用于电子对抗的等角螺线天线和对数周期天线等超宽频带天线。1969 年德国出现了作为商品出售的第一副有源电视接收天线；1960 年以后，利用非正弦的脉冲电磁波工作的时域天线引起了广泛的研究，并已应用于探地雷达。

特别令人瞩目的是，1972 年美国豪威尔（J. Q. Howell）和芒森（P. E. Munson）制成第一批实用微带天线，并作为火箭和导弹的共形天线开始了应用。近年来不但这类天线获得了蓬勃发展和广泛应用，同时又出现了介质谐振器天线、分形天线等新的小型化天线形式。另一方面的重要进展是发展天线的信号处理能力。除上面提到的单脉冲天线和相控阵天线外，在天线内部运用信号处理技术的信号处理天线获得了发展，并在 20 世纪 50 年代末制成了第一批机载高分辨率合成孔径雷达（SAR）天线。20 世纪 50 年代初，范阿塔（Van Atta）就提出方向特性能随外部环境改变而适当变化的自适应天线。20 世纪 90 年代以来，随着无线通信的飞速发展，当频域、时域和码域资源已获充分利用之后，开始了空间资源的开发，产生了所谓智能天线。新世纪初已把它用来作为移动通信的基站天线，它能根据用户来波方向动态地形成指向用户的波束，并使波束零点对准干扰方向以提高接收信号的信干比。在这些天线技术的基础上，又产生了可重构天线。

这一时期理论上的重大进展是，创立了矩量法（MM）、时域有限差分法（FDTD）和几何绕射理论（GTD）等分析方法，并已形成商用软件。这使以前难以解决的大量天线问题能借助数字计算机加以处理，并使天线的设计前进到一个能利用商用软件进行较准确的预算与优化的新阶段，还可进行机电一体化设计。在天线测量技术方面，发展了微波暗室和近场测试技术，研制了紧缩天线测试场和利用射电源的测试技术，并建立了自动化测试系统，从而大大提高了天线测试的速度和精度。

当今，天线技术已具有成熟科学的许多特征，但它仍然是一个富有活力的技术领域。主要发展方向是：多功能化（一副天线代替多副甚至很多天线、适应电磁兼容要求）、智能化（提高信息处理能力）、小型化、集成化及高性能化（宽频带、高增益、低旁瓣、低交叉极化等）。

图 0.2-5 至图 0.2-10 给出了一些实用天线举例。

图 0.2-5　美国 F-16 歼击机上 AN/APG-68　　　图 0.2-6　全球定位系统（GPS）
　　　　　火控雷达的相控缝隙阵天线　　　　　　　　　　卫星上的螺旋天线阵

① 　1 密位 = 0.06°。——编者注

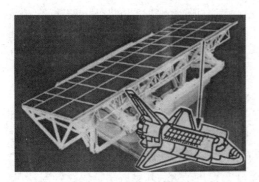

图 0.2-7　奋进号航天飞机上 SIR-C 合
成孔径雷达的微带天线阵

图 0.2-8　某舰艇上导弹引导雷达的
一维相扫波导缝隙天线阵

图 0.2-9　某部队制导雷达
的反射面天线

图 0.2-10　某射电天文望远镜的
50 m直径反射面天线

图 0.2-11　《发信菱形天线》一书
的封面(1951年6月)

在结束本节时,值得提及我国几位老前辈对天线研究的贡献。美籍华裔电磁学专家朱兰成(L. J. Chu)最早提出了小天线的物理限制[1];上海大学前终身教授鲍家善(C. S. Pao)在美国辐射实验室工作期间发明了用于测高雷达的扇形波束反射面天线[2];上海大学前名誉教授、美籍华裔电磁学专家戴振铎(C. T. Tai)则对双锥和圆柱天线等做了重要研究[3];从事中国革命的老前辈李强(1949 年中国电信总局局长)在莫斯科前苏联通信科学研究院工作期间,于 1935 年发表了研究论文"发信菱形天线",最先给出这种天线的理论计算公式,被誉为当时苏联的 7 位无线电专家之一[4],并在 1951 年出版了中文《发信菱形天线》(见图 0.2-11)[5],它也许就是我国出版的第一本中文天线专著。

[1] L. J. Chu, Physical limitations of omnidirectional antennas, *J. Appl. Phys.*, Vol. 19, Dec. 1948:1163 – 1175.

[2] C. S. Pao, The Beavertail antenna, *RL Report* No. 1027, Apr. 1946.

[3] C. T. Tai, Application of a variational principle to biconical antenna, *J. Appl. Phys.*, Vol. 20, Nov. 1949:1076 – 1084.

[4] 紫丁, 李强传, 人民出版社, 2004。

[5] 李强, 发信菱形天线, 华东电信出版社, 1951。

0.3　天线的分类

天线的品种极多,对它们可有多种分类方法。按工作性质分,可分为发射天线和接收天线。按用途分,可分为通信天线、雷达天线、广播天线、电子对抗天线及医用天线等。最常用的是按形式分,但国际上也没有统一的分法。本书从便于学习的角度,根据基本辐射元的三种形式,把主要天线分为三种基本类型,如图0.3-1所示。其中(a)类为线天线(Wire antenna),其基本辐射元是电流元,最基本的形式是对称振子和由对称振子组成的天线阵、环形天线、行波长导线天线及螺旋天线;(b)类是缝天线(Slot antenna),其基本辐射元是缝隙上的磁流元,最常见的是波导缝隙天线阵、微带贴片天线、微带缝隙天线和微带天线阵等;(c)类是面天线或口径天线(Aperture antenna),其基本辐射元是口径面上的惠更斯元,最典型的是喇叭天线、抛物反射面天线和透镜天线。以前国内的天线教材大多把天线分为线天线和面天线两大类,而缝隙天线与微带天线无论分到其中哪一类都很勉强。这里的分法便解决了这一问题。当然,从根本上说,只有电流元是天线的基本辐射元。但是分三种基本辐射元来处理,其优点是便于初学者掌握这三类天线的原理和分析方法。从应用的工作波段来看,这三类天线也有所不同。线天线广泛应用于长、中、短波及超短波(米波和分米波)波段;缝天线和面天线则主要应用于波长更短的微波波段。

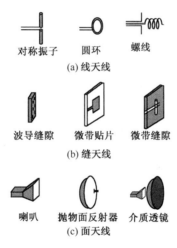

图0.3-1　天线的基本类型

下面先来复习有关的电磁场基本定理并介绍三种基本辐射元,然后结合对称振子的分析介绍天线的电参数,并学习天线阵理论。这些正是天线研究的重要基础理论。

第1章　基本定理与基本辐射元

1864 年，英国詹姆斯·麦克斯韦教授(见图 1.1-1)集以往电磁学实践与理论研究之大成，创立了适用于一切宏观电磁场的普遍方程组——麦克斯韦方程组。基于该方程组所建立的电磁场理论正是求解天线和其他电磁学问题的理论基础。本章将从复习电磁场基本方程开始，简要地介绍天线研究中的电磁场基本定理，如唯一性定理、坡印廷定理、对偶原理、镜像原理、等效原理和互易定理等。并重点研究在处理天线辐射问题中引入的三种基本辐射元：电流元、磁流元和惠更斯元。

James Clerk Maxwell
(1831—1879)
图 1.1-1　詹姆斯·麦克斯韦

1.1　电磁场基本方程

1.1.1　麦克斯韦方程组

描述电磁场及其场源的基本物理量名称[①]及单位[②]为：

$\bar{E}(t)$——电场强度，V/m

$\bar{H}(t)$——磁场强度，A/m

$\bar{D}(t)$——电通密度，C/m^2

$\bar{B}(t)$——磁通密度，$Wb/m^2 = V \cdot S/m^2 = T$

$\bar{J}(t)$——体电流密度，A/m^2

$\rho_v(t)$——体电荷密度，C/m^3

如上所示，本书中用字母上方加短横线来表示矢量，如 $\bar{E}$ 和 $\bar{H}$ 等；若在字母上方加"^"，则表示单位矢量，如 $\hat{x}$、$\hat{y}$ 和 $\hat{z}$ 等。

适用于一切宏观电磁场的麦克斯韦方程组微分形式如下：

$$\nabla \times \bar{E}(t) = -\frac{\partial \bar{B}(t)}{\partial t} \tag{1.1-1a}$$

$$\nabla \times \bar{H}(t) = \bar{J}(t) + \frac{\partial \bar{D}(t)}{\partial t} \tag{1.1-1b}$$

$$\nabla \cdot \bar{D}(t) = \rho_v(t) \tag{1.1-1c}$$

$$\nabla \cdot \bar{B}(t) = 0 \tag{1.1-1d}$$

方程(1.1-1a)为法拉第电磁感应定律，方程(1.1-1b)为安培-麦克斯韦全电流定律，方程(1.1-1c)为高斯定理，方程(1.1-1d)为磁通连续性原理。联系电流与电荷的电流连续性方程微分形式为：

$$\nabla \cdot \bar{J}(t) = -\frac{\partial \rho_v(t)}{\partial t} \tag{1.1-1e}$$

---

① 本书叙述中有时也采用简化的名称，如将"电场强度"简称为"电场"，将"体电流密度"简称为"电流密度"或"电流"等。

② 本书全部采用国际单位制(SI 制)，基本单位是 m(米)、kg(千克)、s(秒)和 A(安培)等。其他物理量可参阅书末文献[10°]的附录 C。

　　以上 5 个方程式中的物理量都既是时间 t 的函数,又是空间观察点坐标(x,y,z)的函数。后面主要研究时谐电磁场,其场量都以角频率 ω 随时间按正弦律变化,可表示为(例如):

$$\bar{E}(t) = \mathrm{Re}[\bar{E}e^{j\omega t}] \tag{1.1-2}$$

这样表示时,式中的 $\bar{E}$ 及 $\bar{H}$、$\bar{D}$、$\bar{B}$、$\bar{J}$ 和 ρ_v 等不再是时间 t 的函数,而只是空间观察点坐标(x,y,z)的函数,称为复场量或相量(具有模和相角)。利用式(1.1-2)表示后,式(1.1-1)中的时间导数因子 $\partial/\partial t$ 简化为 $j\omega$,各时变量都由其对应的复场量来取代。这样便将四维(x,y,z,t)问题简化为三维(x,y,z)问题。本书下面都是采用复场量来研究。

　　对于均匀、线性、各向同性的媒质(称为简单媒质),复场量之间有以下本构关系①:

$$\bar{D} = \varepsilon\bar{E} \tag{1.1-3a}$$

$$\bar{B} = \mu\bar{H} \tag{1.1-3b}$$

$$\bar{J} = \sigma\bar{E} \tag{1.1-3c}$$

天线工程中求解的是天线周围空气中的场,空气媒质一般可作为真空来近似。对真空有

$$\varepsilon = \varepsilon_0 = 8.854 \times 10^{-12} \approx \frac{1}{36\pi} \times 10^{-9}\ \mathrm{F/m}$$

$$\mu = \mu_0 = 4\pi \times 10^{-7}\ \mathrm{H/m} \tag{1.1-4}$$

$$\sigma = 0$$

对时谐电磁(也称为正弦电磁场),采用复场量表示并利用上述本构关系后,便得到下述限定形式(限于给定媒质)的复麦克斯韦方程组及复连续性方程:

$$\nabla \times \bar{E} = -j\omega\mu\bar{H} \tag{1.1-5a}$$

$$\nabla \times \bar{H} = \bar{J} + j\omega\varepsilon\bar{E} \tag{1.1-5b}$$

$$\nabla \cdot \bar{E} = \rho_v/\varepsilon \tag{1.1-5c}$$

$$\nabla \cdot \bar{H} = 0 \tag{1.1-5d}$$

$$\nabla \cdot \bar{J} = -j\omega\rho_v \tag{1.1-5e}$$

　　电场强度矢量 $\bar{E}$ 和磁场强度矢量 $\bar{H}$ 都分别由其旋度和散度唯一地确定,因此方程(1.1-5a)~(1.1-5d)是确定电场和磁场的完整方程组。但该方程组中的四个方程并不都是独立的。利用两个旋度方程(a)、(b)加连续性方程(e)可导出两个散度方程(c)、(d)。因而只有旋度方程(a)、(b)是独立方程。同时,连续性方程(e)给出了电流 $\bar{J}$ 与电荷 ρ_v 的关系,二者中也只有一个是独立的。在天线问题中,通常都取 $\bar{J}$ 作为独立场源。

1.1.2　边界条件和唯一性定理

　　电磁场麦克斯韦方程组的定解需利用边界条件才能完成。时谐场中充分的边界条件是:在两种不同媒质①②的分界面上有:

$$\hat{n} \times (\bar{E}_1 - \bar{E}_2) = 0 \tag{1.1-6a}$$

$$\hat{n} \times (\bar{H}_1 - \bar{H}_2) = \bar{J}_s \tag{1.1-6b}$$

式中 $\hat{n}$ 是分界面的法向单位矢量,由媒质②指向媒质①(即媒质②的外法向);$\bar{J}_s$ 是仅在分界面表面流动的面电流密度,单位为 A/m,仅当媒质②或①为理想导体时才有 $\bar{J}_s \neq 0$。

　　当媒质②为理想导体时,$\sigma_2 \to \infty$,上述边界条件化为

――――――――――

① 严格地说,ε 和 μ 都是复数,但在大多数天线问题中,它们可近似看成实数。

$$\hat{n} \times \bar{E}_1 = 0, \quad 即 E_{1t} = 0 \tag{1.1-7a}$$

$$\hat{n} \times \bar{H}_1 = \bar{J}_s, \quad 即 H_{1t} = J_s \tag{1.1-7b}$$

式中下标 t 表示切向(tangential)分量。二式表示:理想导体表面切向电场为零,而表面切向磁场等于该处的面电流密度。以上边界条件公式中的场量都是指边界上的值,且对边界上所有点都成立。

时谐电磁场的唯一性定理叙述如下:"对于一个有耗区域,区域中的场源,加上边界上的电场切向分量,或边界上的磁场切向分量,或部分边界上的电场切向分量和其余边界上的磁场切向分量,唯一地确定该区域中的场。"可见,应用上述切向场边界条件求得的解,必定是唯一解。无耗媒质中的场可看成是有耗媒质中损耗非常小时的相应场。

1.1.3 坡印廷定理

电磁场是具有能量的。坡印廷定理就是电磁场中的能量守恒定律。时谐电磁场的坡印廷定理表达为:对一个由封闭面 s 所包围的体积 v,场源供给体积 v 的复功率 P_s 等于流出 s 面的复功率 P_f、v 内的时间平均(实)损耗功率 P_σ 和 v 内的时间平均电磁场(虚)储存功率之总和。即

$$P_s = P_f + P_\sigma + j2\omega(W_m^{av} - W_e^{av}) \tag{1.1-8}$$

由 s 面流出的复功率(the complex power flowing out a closed surface)为

$$P_f = \int_s \frac{1}{2} \bar{E} \times \bar{H}^* \cdot \overline{ds} \tag{1.1-9}$$

式中 $\overline{ds} = \hat{n}ds$,$\hat{n}$ 是 s 面的外法向单位矢量。积分号内的被积函数称为复坡印廷矢量:

$$\bar{S} = \frac{1}{2} \bar{E} \times \bar{H}^* \tag{1.1-10}$$

它代表观察点处的电磁场复功率密度,其实部即为其实功率密度,单位是 W/m^2(瓦/米^2);式中 $\bar{H}^*$ 是 $\bar{H}$ 的共轭复数。由于 $\bar{E}$ 和 $\bar{H}$ 是峰值相量而不是均方根值,因而式中出现 $\frac{1}{2}$。v 内的时间平均损耗功率为

$$P_\sigma = \int_v \frac{1}{2} \sigma E^2 dv \tag{1.1-11}$$

v 内的时间平均存储磁能和电能分别为

$$W_m^{av} = \int_v \frac{1}{4} \mu H^2 dv \tag{1.1-12a}$$

$$W_e^{av} = \int_v \frac{1}{4} \varepsilon E^2 dv \tag{1.1-12b}$$

若外加场源的体电流密度为 $\bar{J}_e$,则场源供给的复功率为

$$P_s = -\int_v \frac{1}{2} \bar{E} \cdot \bar{J}_e^* dv \tag{1.1-13}$$

我们特别关心的是实功率,对式(1.1-8)取实部,得

$$-\int_v \mathrm{Re}\left[\frac{1}{2} \bar{E} \cdot \bar{J}_e^*\right] dv = \int_s \mathrm{Re}\left[\frac{1}{2} \bar{E} \times \bar{H}^*\right] \cdot \overline{ds} + \int_v \frac{1}{2} \sigma E^2 dv \tag{1.1-14}$$

这就是说,对封闭面 s 所包围的体积 v,场源供给的实功率等于流出 s 面的实功率和 v 内损耗功率之和。

1.1.4 辐射问题中麦克斯韦方程组的求解

辐射研究中的一个基本问题是,给定场源分布如何求解其周围空间的电磁场。在 1.1.1 节中已经提到,我们只需求解麦克斯韦方程组的两个旋度方程:

$$\nabla \times \bar{E} = - \mathrm{j}\omega\mu\bar{H} \tag{1.1-5a}$$

$$\nabla \times \bar{H} = \bar{J} + \mathrm{j}\omega\varepsilon\bar{E} \tag{1.1-5b}$$

为导出只含 $\bar{E}$ 的方程，可对式(1.1-5a)两边取旋度，而将右边所得的 $\nabla \times \bar{H}$ 用式(1.1-5b)代入，并将左边 $\nabla \times \nabla \times \bar{E}$ 用矢量恒等式展开。按此步骤得

$$\nabla \times \nabla \times \bar{E} = \nabla(\nabla \cdot \bar{E}) - \nabla^2\bar{E} = - \mathrm{j}\omega\mu(\bar{J} + \mathrm{j}\omega\varepsilon\bar{E})$$

上式左边的 $\nabla \cdot \bar{E}$ 可用式(1.1-5c)关系代入，从而有

$$\nabla^2\bar{E} = \mathrm{j}\omega\mu\bar{J} - \omega^2\mu\varepsilon\bar{E} + \nabla(\rho_v/\varepsilon)$$

即

$$\nabla^2\bar{E} + k^2\bar{E} = \mathrm{j}\omega\mu\bar{J} - \frac{1}{\mathrm{j}\omega\varepsilon}\nabla(\nabla \cdot \bar{J}) \tag{1.1-15}$$

同理可得

$$\nabla^2\bar{H} + k^2\bar{H} = - \nabla \times \bar{J} \tag{1.1-16}$$

式中 $k = \omega\sqrt{\mu\varepsilon}$。该二式称为电磁场 $\bar{E}$ 和 $\bar{H}$ 的非齐次矢量波动方程或亥姆霍兹(Hermann von Helmholtz，德，1821—1894)方程。在无源区域中，它们化为齐次矢量波动方程：

$$\nabla^2\bar{E} + k^2\bar{E} = 0 \tag{1.1-17}$$

$$\nabla^2\bar{H} + k^2\bar{H} = 0 \tag{1.1-18}$$

对于源区，式(1.1-15)和式(1.1-16)中场强与场源电流密度的关系相当复杂，给求解带来困难。通常都不直接求解这两个方程，而是引入辅助函数间接地求解 $\bar{E}$ 和 $\bar{H}$。常用的辅助函数为磁矢位 $\bar{A}$ 和电标位 ϕ。实际上只用磁矢位 $\bar{A}$ 即可，因而将此解法称为矢位法。其公式在一般电磁场教材(例如基本参考书[10°])中已有详细推导，这里仅简要介绍。

由式(1.1-5d)可知，$\nabla \cdot \bar{H} = 0$；根据矢量恒等式 $\nabla \cdot (\nabla \times \bar{A}) = 0$，令

$$\bar{H} = \nabla \times \bar{A} \tag{1.1-19}$$

将此式代入式(1.1-5a)得

$$\nabla \times (\bar{E} + \mathrm{j}\omega\mu\bar{A}) = 0 \tag{1.1-20}$$

根据矢量恒等式 $\nabla \times \nabla\phi = 0$，令

$$\bar{E} + \mathrm{j}\omega\mu\bar{A} = - \nabla\phi, \quad 即 \quad \bar{E} = - \mathrm{j}\omega\mu\bar{A} - \nabla\phi \tag{1.1-21}$$

这里 $\nabla\phi$ 前加负号是使 $\omega = 0$ 时上式化为静电场的 $\bar{E} = - \nabla\phi$。

将式(1.1-19)和式(1.1-21)代入式(1.1-5b)可得 $\bar{A}$ 的方程：

$$\nabla \times \nabla \times \bar{A} = \bar{J} + \mathrm{j}\omega\varepsilon(- \mathrm{j}\omega\mu\bar{A} - \nabla\phi)$$

左边用矢量恒等式展开后有

$$\nabla(\nabla \cdot \bar{A}) - \nabla^2\bar{A} = \bar{J} + \omega^2\mu\varepsilon\bar{A} - \mathrm{j}\omega\varepsilon\nabla\phi$$

即

$$\nabla^2\bar{A} + \omega^2\mu\varepsilon\bar{A} = - \bar{J} + \nabla(\nabla \cdot \bar{A} + \mathrm{j}\omega\varepsilon\phi) \tag{1.1-22}$$

通过定义 $\bar{A}$ 的散度可把这个方程简化。因为，式(1.1-19)只定义了 $\bar{A}$ 的旋度，这个矢量还不是唯一的。根据亥姆霍兹定理，一个矢量只有当其旋度和散度都给定时，才是唯一确定的。为使上式具有最简单的形式，令 $\bar{A}$ 的散度为

$$\nabla \cdot \bar{A} = - \mathrm{j}\omega\varepsilon\phi \tag{1.1-23}$$

上式称为洛伦茨(L. V. Lorenz，丹麦)规范。可以证明[10°]，此式给出的 $\bar{A}$ 与 ϕ 的关系正与连续性方程(1.1-5e)相一致，因而它是自然成立的。在此条件下，方程(1.1-22)化为

$$\nabla^2\bar{A} + k^2\bar{A} = - \bar{J} \tag{1.1-24}$$

这就是磁矢位 $\bar{A}$ 的非齐次矢量波动方程。它的解是

$$\bar{A}(\bar{r}) = \int_v \bar{J}(\bar{r}')\frac{\mathrm{e}^{-\mathrm{j}kR}}{4\pi R}\mathrm{d}v, \quad R = |\bar{r} - \bar{r}'| \tag{1.1-25}$$

其几何关系如图 1.1-2 所示。场源 $\bar{J}(\bar{r}')$ 分布于有限体积 v 中，$\bar{r}'$ 是源点 P' 的矢径，$\bar{r}$ 是场点 P

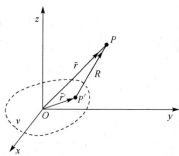

图 1.1-2　辐射问题的几何关系

的矢径。这表明,源点 P' 处的 $\bar{J}(\bar{r}')$ 在场点 P 处产生的位函数要滞后于源点 kR 相位,故称 $\bar{A}$ 为滞后位。

在求得 $\bar{A}$ 后,便可由式(1.1-19)求出 $\bar{H}$,并由式(1.1-21)、式(1.1-23)可知,$\bar{E}$ 也可由 $\bar{A}$ 求出:

$$\bar{E} = -\mathrm{j}\omega\mu\bar{A} - \mathrm{j}\frac{1}{\omega\varepsilon}\nabla(\nabla\cdot\bar{A}) \qquad (1.1-26)$$

在求解天线周围空间的电磁场时,场点位于非源区,且空气媒质 $\sigma = 0$,因而 $\bar{J} = \sigma\bar{E} = 0$,此时用式(1.1-5b)由 $\bar{H}$ 求 $\bar{E}$ 更方便:

$$\bar{E} = \frac{1}{\mathrm{j}\omega\varepsilon}\nabla\times\bar{H} \qquad (1.1-27)$$

1.2　电流元与短振子

1.2.1　天线的基本分析方法[6°][1][2]

天线理论的基本问题是求解天线周围空间的电磁场分布,进而可求得天线的电参数。求解天线所辐射的电磁场的严格处理,是一个电磁场边值型问题,即根据天线边界条件选取电磁场波动方程的特解。采用矢位法求解时,就是根据边界条件选取磁矢位 $\bar{A}$ 的波动方程的特解。以最常见的圆柱对称振子为例,其全长为 $L = 2l$,半径为 a,如图 1.2-1 所示。当振子中点有射频振荡源激励时,沿导体圆柱将有 z 向电流。当 $a \ll l$,$a \ll \lambda$(波长)时,端点 $z = \pm l$ 处的电流可假定为零。设圆柱导体为理想导体,则只存在沿其表面的轴向电流,由于轴对称性,可认为总电流 I_z 集中于圆柱中心轴上。由式(1.1-25)可知,该电流在导体外任意点 $\rho(\rho, \varphi, z)$ 处产生的磁矢位为

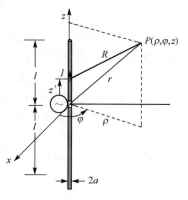

图 1.2-1　对称振子的坐标关系

$$A_z = \int_{-l}^{l} I_z \frac{\mathrm{e}^{-\mathrm{j}kR}}{4\pi R}\mathrm{d}z' \qquad (1.2-1)$$

式中
$$R = \sqrt{\rho^2 + (z-z')^2}, \quad -l \ll z' \leqslant l$$

该处的电场 $\bar{E}$ 可由式(1.1-26)得出。在导体表面处,该电场的切向分量 E_z 可写成

$$E_z = -\mathrm{j}\omega\mu A_z - \mathrm{j}\frac{1}{\omega\varepsilon}\frac{\partial^2 A_z}{\partial z^2} = -\mathrm{j}\frac{1}{\omega\varepsilon}\left(\frac{\partial^2 A_z}{\partial z^2} + k^2 A_z\right) \qquad (1.2-2)$$

根据边界条件式(1.1-6a),导体表面处($\rho = a$)切向电场为零,从而得

$$\frac{\partial^2 A_z}{\partial z^2} + k^2 A_z = 0 \qquad (1.2-3)$$

式中
$$A_z = \int_{-l}^{l} I_z \frac{\mathrm{e}^{-\mathrm{j}kR'}}{4\pi R'}\mathrm{d}z', \quad R' = \sqrt{a^2 + (z-z')^2} \qquad (1.2-4)$$

在得出方程(1.2-3)的解式后将式(1.2-4)代入,便得到含有振子电流 I_z 的积分方程。在后面 2.3.3 节中将介绍该积分方程的求解。求出 I_z 电流分布后,空间任意点的 A_z 就可由式(1.2-1)得出,进而可求得该处的电磁场。

上述例子表明,即使对这种较简单的情形,边值型问题的求解也是相当复杂的。常用的近

似解法是，将这一边值型问题处理成一个分布型问题。这是一个两步解法：

第一步，近似确定天线上的场源分布(或包围天线的封闭面上的等效场源分布)，称为天线的内问题；

第二步，根据场源分布(或等效场源分布)求空间电磁场(外场)，称为天线的外问题。

这里的简化是把内问题和外问题处理成两个相互独立的问题，实际上内场和外场是互相联系的，这个联系就是边界条件。因此，在没有计入外场效应时来求内问题的解，其结果必然是近似的。外问题其实就是 1.1.4 节的辐射问题，可见其解法本身是严格的。但外问题所依据的场源分布是内问题的近似结果，因此最终结果是近似的。解的精度主要取决于第一步内问题的解(场源或等效场源分布)的近似程度。

内问题的解法对于不同天线一般是不同的，都要根据各天线的特点来选取合适的近似方法。而外问题的求解正是各种天线的共性问题。其经典方法是先求出天线上基本辐射元的外场，然后根据场源分布利用迭加原理得出整个天线的场。这样处理的依据是，对于线性媒质，麦克斯韦方程是线性方程。

从原理上说，所有天线的辐射都来源于天线上电流的辐射，下面就首先来研究电流元的辐射。

1.2.2 电流元的定义与场

所谓电流元是设想从实际的线电流上取出的一段非常短的直线电流。它的长度 L 远小于工作波长 λ，即 $L \ll \lambda$ (取 $L \leqslant \lambda/50$)，因而沿线各点的电流可视为相同(均匀分布)，即 I 为常量。它的总强度可用电矩 IL 来表征。实际天线上的电流分布可以看成由很多这样的电流元组成，因此电流元也称为电基本振子。在实际结构中，要使电流元端点的电流仍为 I，根据电流连续性原理，必须在其两端各加载一个金属球来积存相应的电荷。这样就得出赫兹实验所用的形式，所以又称为赫兹电偶极子或赫兹振子(Hertzian dipole)。

我们利用矢位法来求解电流元所产生的电磁场。将电流元置于坐标原点，沿 z 轴方向，如图 1.2-2 所示。它在空间任意点产生的磁矢位只有 z 向分量，由式(1.2-1)可知

$$A_z = \int_{-L/2}^{L/2} I \frac{e^{-jkr}}{4\pi r} dz' = \frac{IL}{4\pi r} e^{-jkr} \qquad (1.2\text{-}5)$$

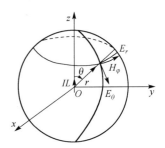

图 1.2-2 电流元的电磁场分量

今后场点坐标一般都采用球坐标 (r, θ, φ)。为将 A_z 转换成球坐标分量，可利用附录 A 中表 A-2，得

$$\begin{cases} A_r = A_z \cos\theta = \dfrac{IL}{4\pi r} \cos\theta\, e^{-jkr} \\[2mm] A_\theta = -A_z \sin\theta = -\dfrac{IL}{4\pi r} \sin\theta\, e^{-jkr} \\[2mm] A_\varphi = 0 \end{cases} \qquad (1.2\text{-}6)$$

基于上式，磁场强度 $\bar{H}$ 可由式(1.1-19)得出。利用附录 A 中式(A-35)，考虑到轴对称性，$\partial/\partial\varphi = 0$ 和 $A_\varphi = 0$，有

$$\begin{cases} H_r = 0 \\[1mm] H_\theta = 0 \\[1mm] H_\varphi = j \dfrac{kIL}{4\pi r} \sin\theta \left(1 + \dfrac{1}{jkr}\right) e^{-jkr} \end{cases} \qquad (1.2\text{-}7)$$

根据上式所得 $\bar{H} = \hat{\varphi} H_\varphi$，由式(1.1-27)和式(A-35)可得出电场强度 $\bar{E} = \hat{r} E_r + \hat{\theta} E_\theta$：

$$
\begin{cases}
E_r = \eta \dfrac{IL}{2\pi r^2}\cos\theta\left(1 + \dfrac{1}{\mathrm{j}kr}\right)\mathrm{e}^{-\mathrm{j}kr} \\[2mm]
E_\theta = \mathrm{j}\eta \dfrac{kIL}{4\pi r}\sin\theta\left(1 + \dfrac{1}{\mathrm{j}kr} - \dfrac{1}{k^2 r^2}\right)\mathrm{e}^{-\mathrm{j}kr} \\[2mm]
E_\varphi = 0
\end{cases}
\tag{1.2-8}
$$

以上式中，对空气媒质有

$$
\begin{cases}
k = \omega\sqrt{\mu_0\varepsilon_0} = \dfrac{\omega}{c} = \dfrac{2\pi}{\lambda},\quad c = 2.997\,925\times10^8 \approx 3\times10^8\ \mathrm{m/s} \\[2mm]
\eta = \eta_0 = \sqrt{\mu_0/\varepsilon_0} = 376.730\,4 \approx 377 \approx 120\pi\,(\Omega)
\end{cases}
\tag{1.2-9}
$$

可见，电流元的电场有两个分量 E_r 和 E_θ，而磁场只有一个分量 H_φ。这样，其复坡印廷矢量只有两个分量：

$$
\bar{S} = \frac{1}{2}\bar{E}\times\bar{H}^* = \frac{1}{2}(\hat{r}E_r + \hat{\theta}E_\theta)\times\hat{\varphi}H_\varphi^* = \hat{r}\frac{1}{2}E_\theta H_\varphi^* - \hat{\theta}E_r H_\varphi^* = \hat{r}S_r + \hat{\theta}S_\theta
$$

$$
\begin{cases}
S_r = \dfrac{1}{2}E_\theta H_\varphi^* = \dfrac{1}{2}\eta\left(\dfrac{kIL}{4\pi r}\sin\theta\right)^2\left(1 - \mathrm{j}\dfrac{1}{k^3 r^3}\right) \\[2mm]
S_\theta = -\dfrac{1}{2}E_r H_\varphi^* = \dfrac{1}{2}\mathrm{j}\eta\dfrac{k\,(IL)^2}{8\pi^2 r^3}\sin\theta\cos\theta\left(1 + \dfrac{1}{k^2 r^2}\right)
\end{cases}
\tag{1.2-10}
$$

我们看到，电流元沿 r 方向有实功率辐射，并在近区（$kr \ll 1$）有容性的虚径向功率；同时，在近区还有沿 θ 方向的虚功率。

1.2.3　远区场和方向图

1.2.3.1　远区场

我们主要关心的是天线的远区场，因为，无论是通信对象或雷达目标（如飞机），都距天线较远，因而远区是应用中最常用的区域。对于电流元，远区条件是 $kr \gg 1$，即 $r \gg \lambda/2\pi$。此时有

$$
1 \gg \frac{1}{kr} \gg \frac{1}{k^2 r^2}
$$

在式（1.2-8）和式（1.2-7）中仅保留最大的项，并用 $\eta = \eta_0 = 120\pi\,(\Omega)$ 代入，得

$$
\begin{cases}
E_\theta = \mathrm{j}\eta\dfrac{kIL}{4\pi r}\sin\theta\,\mathrm{e}^{-\mathrm{j}kr} = \mathrm{j}\dfrac{60\pi}{\lambda}\dfrac{IL}{r}\sin\theta\,\mathrm{e}^{-\mathrm{j}kr} \\[2mm]
H_\varphi = \mathrm{j}\dfrac{kIL}{4\pi r}\sin\theta\,\mathrm{e}^{-\mathrm{j}kr} = \mathrm{j}\dfrac{IL}{2\lambda r}\sin\theta\,\mathrm{e}^{-\mathrm{j}kr} = \dfrac{E_\theta}{120\pi}
\end{cases}
\tag{1.2-11}
$$

可见，电场只有 E_θ 分量，磁场只有 H_φ 分量。其坡印廷矢量只有 S_r 分量：

$$
S_r = \frac{1}{2}E_\theta H_\varphi^* = \frac{1}{2}\frac{E_\theta E_\theta^*}{120\pi} = \frac{1}{2}\frac{|E_\theta|^2}{120\pi} = 15\pi\left(\frac{IL}{\lambda r}\sin\theta\right)^2
\tag{1.2-12}
$$

此 S_r 为实数，因而它也就是时间平均功率密度：$S_r^{av} = \mathrm{Re}[S_r] = S_r$。上式表明，电流元沿 r 方向辐射实功率。这种辐射实功率的场称为辐射场。$\bar{E}$、$\bar{H}$ 和 $\bar{S}$ 三矢量方向互相垂直，这是横电磁波（TEM 波）。图 1.2-3 所示为电流元周围电力线（实线）和磁力线（虚线）的瞬时分布，可见其 $\bar{S}$ 矢量都是沿 r 方向。

无论 E_θ 或 H_φ，其空间相位因子都是 $-kr$，使其相位随离源点的距离 r 增大而滞后。等 r 的球面为其等相面，所以这是球面波。这种波相当于是从球心一点发出的，称这种波源为点源，球心称为相位中心。由相位中心至场点的距离 r 便称为波程。

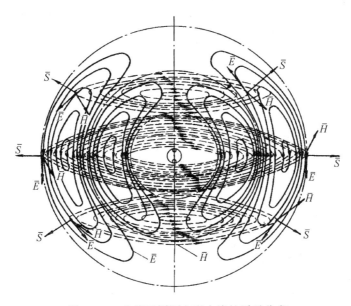

图 1.2-3　电流元周围电磁力线的瞬时分布

E_θ 和 H_φ 的振幅都与 r 成反比。这是由于随 r 的增大，功率渐渐扩散所致。这是球面波的振幅特点，并将 e^{-jkr}/r 称为球面波因子。

同时，场的振幅与 I 成正比，也与其电长度 L/λ 成正比(当 $L \ll \lambda$)。此外，场振幅还正比于 $\sin\theta$。当 $\theta = 90°$，即在垂直振子轴方向，场最大；而当 $\theta = 0°$(轴向)，场为零。这说明电流元的辐射是有方向性的。它辐射的是非均匀球面波。

1.2.3.2　方向图

为了描述天线的方向性，一个直观的方法就是把辐射场强与方向的关系用曲线表示出来，这样得到的就是(辐射)方向图(radiation pattern)。由于天线辐射的场强与距离远近有关，因此要取相同距离的球面上各点来比较。这样，天线方向图就是以天线为中心的远区球面上，辐射场振幅与方向的关系曲线。

令远区球面上任意方向 (θ, φ) 某点处的场强振幅为 $|E(\theta, \varphi)|$，其最大值为 E_M，则描述方向图的函数可表示为(r 为常量)

$$F(\theta, \varphi) = \frac{|E(\theta, \varphi)|}{E_M} \qquad (1.2\text{-}13)$$

该函数称为归一化方向图函数(简称为方向函数)。对电流元有

$$F(\theta, \varphi) = F(\theta) = \sin\theta \qquad (1.2\text{-}14)$$

这是一个立体图形，如图 1.2-4 所示(已剖开)。自然，更方便的是平面图形，通常取两个相互垂直的主平面来画，有了这两个主平面上的方向图，整个三维的方向图一般也可以设想了。主平面一般指最大方向分别与电场矢量 $\bar{E}$ 和磁场矢量 $\bar{H}$ 所形成的平面，分别称为 E 面和 H 面。对于电流元，其含振子面就是 E 面，其垂直振子面就是 H 面。用极坐标画的电流元 E 面方向图如图 1.2-5(a)所示。这里矢径长度就表示 $F(\theta) = |E(\theta)|/E_M = \sin\theta$ 值，它在 $\theta = 90°$ 方向最大，

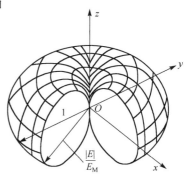

图 1.2-4　电流元的立体方向图

值为1，其他方向为 $\sin\theta$ 值，轴向($\theta = 0$ 和 $180°$)该值为零。可见，呈轴对称的∞形。其 H 面方向图如图 1.2-5(b)所示，为一圆，这是因为 $\theta = 90°$，对不同的 φ 方向，均有 $|E(\theta)|/E_M = 1$，说明这是轴对称的方向图。

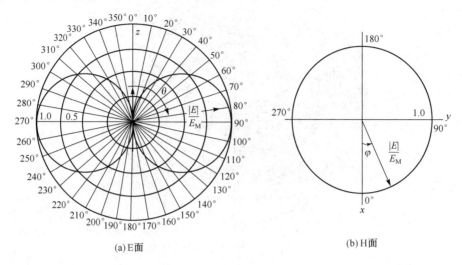

(a) E面   (b) H面

图 1.2-5　电流元的主面方向图

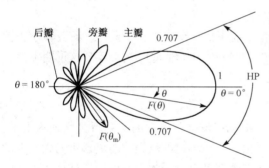

图 1.2-6　典型的主面方向图

实际天线典型的极坐标主面方向图如图 1.2-6 所示。它有一主瓣(或称主波束)，是包含最大值方向的瓣。并有一些旁瓣与后瓣，这些瓣也称为副瓣(指主瓣以外的瓣)。因此通常也通俗地把方向图称为波瓣图。作为定量描述，主波束的宽度由半功率波束宽度 HP(Half Power Beamwidth)来描述，它是最大方向两侧半功率点方向 $\theta_{0.5}$ 之间的夹角。注意，在场强方向图中，$F(\theta_{0.5}) = 1/\sqrt{2} = 0.707$。对电流元，由 $\sin\theta_{0.5} = 0.707$ 可知，半功率点方向 $\theta_{0.5}$ 为 $45°$ 和 $135°$，故 HP $= 135° - 45° = 90°$。一般来说，半功率宽度愈窄，表示天线方向性愈强。

旁瓣的最大值 E_m 与主瓣最大值 E_M 之比，用分贝表示为

$$\mathrm{SLL} = 20\lg\frac{E_m}{E_M}\quad \mathrm{dB} \tag{1.2-15}$$

该值称为旁瓣电平(Side-Lobe Level, SLL)。一般希望旁瓣电平低些，如低于 -20 dB ($E_m/E_M \leqslant 0.1$，即旁瓣的最大值只是主瓣最大值的 $1/10$ 或更小)，以减小外来干扰和噪声的影响。通常将旁瓣电平低至 $-30 \sim -40$ dB 的天线称为低旁瓣天线，而把旁瓣电平低于 -40 dB 的天线称为超低旁瓣天线。现代预警机上方所背驮的天线正是超低旁瓣天线，以求抑制地面干扰的影响。

1.2.4　辐射功率和辐射电阻

将式(1.2-12)所表示的实功率密度在包围电流元的球面上做面积分，便得到电流元所辐射的实功率：

$$P_r = \oint_s S_r^{av} ds = \int_0^{2\pi} \int_0^{\pi} \frac{1}{2} \frac{|E_\theta|^2}{120\pi} r^2 \sin\theta d\theta d\varphi \tag{1.2-16}$$

得
$$P_r = 15\pi \left(\frac{IL}{\lambda}\right)^2 2\pi \int_0^{\pi} \sin^3\theta d\theta = 30\pi^2 \left(\frac{IL}{\lambda}\right)^2 \frac{4}{3} = 40\pi^2 \left(\frac{IL}{\lambda}\right)^2 \tag{1.2-17}$$

可见，电流元的辐射功率仅由其电流强度 I 和电长度 L/λ 决定，而与距离 r 无关。这里假定空间媒质是无耗的。

仿照电路中的处理，设想辐射功率是由一电阻吸收的，即令

$$P_r = \frac{1}{2} I^2 R_r \tag{1.2-18}$$

得
$$R_r = \frac{P_r}{I^2/2} = 80\pi^2 \left(\frac{L}{\lambda}\right)^2 \tag{1.2-19}$$

R_r 称为电流元的辐射电阻。若已知天线的辐射电阻，便可由式(1.2-18)求得其辐射功率。

1.2.5　短振子与辐射效率

与前面讨论的电流元不同，实际的短振子其电流不是均匀分布的。细短振子($\lambda/50 \leqslant L \leqslant \lambda/10$，$a \ll L$)的电流分布很近似于两端为零、中点最大的三角形分布，如图 1.2-7(a)所示，其坐标系如图 1.2-7(b)所示。短振子的电流分布可表示为

$$I = I_0 \left(1 - \frac{|z'|}{L/2}\right) \tag{1.2-20}$$

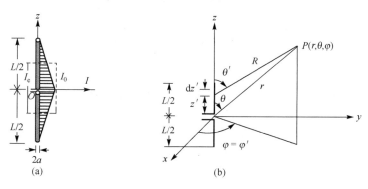

图 1.2-7　短振子的电流分布与坐标系

现用矢位法求其远区场。由于振子的全长很短，沿线不同 z' 处的 R 与 r 相近，此时式(1.2-1)可写为

$$A_z = \int_{-L/2}^{L/2} I \frac{e^{-jkr}}{4\pi r} dz' = \frac{e^{-jkr}}{4\pi r} 2 \int_0^{L/2} I_0 \left(1 - \frac{z'}{L/2}\right) dz' = \frac{I_0 L}{2} \frac{e^{-jkr}}{4\pi r} \tag{1.2-21}$$

此结果正好是相同长度(相同电矩)的电流元的式(1.2-5)之一半，因而其远区场也将是同长(同电矩)电流元结果之一半，即当 $kr \gg 1$，有

$$\begin{cases} E_\theta = j \dfrac{30\pi I_0 L}{\lambda r} \sin\theta e^{-jkr} \\ H_\varphi = j \dfrac{I_0 L}{4\lambda r} \sin\theta e^{-jkr} = \dfrac{E_\theta}{120\pi} \end{cases} \tag{1.2-22}$$

可见，其方向图函数仍为 $\sin\theta$，因而其方向图与电流元完全相同，如图 1.2-3 所示。但是，虽然短振子的电矩 $I_0 L$ 与电流元的电矩 IL 相同且 λ 相同，然而二者辐射功率并不相同。短振子的时

间平均功率密度为

$$S_r^{av} = \text{Re}[S_r] = \text{Re}\left[\frac{1}{2}E_\theta H_\varphi^*\right] = \frac{1}{2}\frac{|E_\theta|^2}{120\pi} = \frac{15\pi}{4}\left(\frac{I_0 L}{\lambda\gamma}\sin\theta\right)^2 \tag{1.2-23}$$

得辐射功率

$$P_r = \oint_s S_r^{av}\mathrm{d}s = 10\pi^2\left(\frac{I_0 L}{\lambda}\right)^2 \tag{1.2-24}$$

可见,其辐射功率 P_r 只是电流元式(1.2-17)的1/4。这意味着,如短振子的输入端电流与电流元上的电流相等,则短振子的辐射功率只有相同长度的电流元的1/4。显然,这是由于其电流呈三角形分布之故。该功率可用归于其输入端电流 I_0 的辐射电阻 R_{r0} 来表示:

$$P_r = \frac{1}{2}I_0^2 R_{r0} \tag{1.2-25}$$

得

$$R_{r0} = \frac{P_r}{I_0^2/2} = 20\pi^2\left(\frac{L}{\lambda}\right)^2 \tag{1.2-26}$$

这是式(1.2-19)的1/4,即短振子的辐射电阻只是相同长度电流元的1/4。

在线天线计算中,有时引入"有效长度"(对地面上的直立天线,也称为"有效高度")的定义。有效长度是指一个等效的均匀电流分布天线的长度 L_e,该天线上的等幅电流等于原天线的输入端电流 I_0,而在其最大辐射方向产生与原天线相同的场强。对短振子,由式(1.2-22)可知,其最大场强为

$$E_M = \frac{30\pi I_0 L}{\lambda r}$$

而若电流均匀分布,如同电基本振子,则由式(1.2-11)可知,

$$E_{eM} = \frac{60\pi I_0 L_e}{\lambda r}$$

比较上面两式得 $L_e = L/2$,可见短振子的有效长度为其全长的一半,如图1.2-7(a)中虚线所示。

实际天线中都存在导体和介质的欧姆损耗,使天线辐射功率 P_r 小于其输入功率 P_{in}。天线的欧姆损耗功率也可用归于天线上电流 I_0 的损耗电阻(也称欧姆电阻) R_σ 来表示:

$$P_\sigma = \frac{1}{2}I_0^2 R_{\sigma0} \tag{1.2-27}$$

定义天线辐射效率(Radiation efficiency)为

$$e_r = \frac{P_r}{P_{in}} = \frac{P_r}{P_r + P_\sigma} = \frac{R_{r0}}{R_{r0} + R_{\sigma0}} \leqslant 1 \tag{1.2-28}$$

短振子的损耗功率来自其导体损耗。除低频外,导体的集肤深度 $\delta = \sqrt{1/\pi\mu\sigma f}$ 都远小于其半径,因而长 L 半径为 a 的导线的损耗电阻可表示为

$$R_{\sigma0} = \frac{R_s}{2\pi a}L, \quad R_s = \sqrt{\frac{\pi\mu f}{\sigma}} \tag{1.2-29}$$

短振子上电流按式(1.2-20)所示呈三角形分布,故其导体损耗功率为

$$P_\sigma = \frac{1}{2}\int_{-L/2}^{L/2}I_0^2\left(1 - \frac{|z'|^2}{L/2}\right)^2\frac{R_s}{2\pi a}\mathrm{d}z' = I_0^2\frac{R_s}{2\pi a}\left(\frac{L}{2}\right)\frac{1}{3} \tag{1.2-30}$$

比较式(1.2-27)与式(1.2-30)可知,短振子的损耗电阻为

$$R_{\sigma0} = \frac{R_s}{2\pi a}\frac{L}{3} \tag{1.2-31}$$

例 1.2-1　一短振子工作于 2 MHz($\lambda = 150$ m)，全长 $L = 1.5$ m，半径 $a_0 = 1.5$ mm，用电导率 $\sigma = 1.57 \times 10^7$ S/m 的黄铜制成。求其辐射电阻和辐射效率。$\mu_0 = 4\pi \times 10^{-7}$ H/m。

[解]
$$R_{r0} = 20\pi^2 \left(\frac{1.5}{150}\right)^2 = 0.0197 \ \Omega$$

$$R_s = \sqrt{\frac{\pi \times 4\pi \times 10^{-7} \times 2 \times 10^6}{1.57 \times 10^7}} = 7.09 \times 10^{-4} \ \Omega$$

$$R_{\sigma 0} = \frac{R_s}{2\pi a} \frac{L}{3} = \frac{7.09 \times 10^{-4}}{2\pi \times 1.5 \times 10^{-3}} \frac{1.5}{3} = 0.0376 \ \Omega$$

故
$$e_r = \frac{R_{r0}}{R_{r0} + R_{\sigma 0}} = \frac{0.0197}{0.0197 + 0.0376} = 34.4\%$$

可见，上例中工作于短波的短振子由于波长长，其电长度小，使辐射电阻很小，导致其辐射效率低。特别是对于频率很低的长、中波天线，除天线本身的欧姆损耗外，还有大地中感应电流所引入的等效损耗，使 R_σ 很大，致使其辐射效率很低。反之，大多数微波天线的欧姆损耗都很小，因而其 $e_r \approx 1$。

中点馈电的短振子的输入电阻 R_{in} 可由其实输入功率 P_{in} 得出：

$$R_{in} = \frac{P_{in}}{I_0^2/2} = \frac{P_r + P_\sigma}{I_0^2/2} = R_{r0} + R_{\sigma 0} \tag{1.2-32}$$

可见，它就是归于输入端电流的辐射电阻和损耗电阻之和。上例中 $R_{in} = 0.0197 + 0.0376 = 0.0573 \ \Omega$。此输入电阻过小，使天线难以与常规的特性阻抗为 50 Ω 的馈线相匹配。

短振子与电偶极子一样，在其近区有容性虚功率，因而还有容性输入电抗，它对应于虚输入功率。根据第 2 章中式(2.3-40)和式(2.3-33)，短振子的输入电抗近似为

$$X_{in} = -Z_a/\tan(kL/2) \approx -Z_a/(kL/2) = -\frac{120\lambda}{\pi L}\left(\ln\frac{L}{a_0} - 1\right) \tag{1.2-33}$$

短振子的输入阻抗为 $Z_{in} = R_{in} + jX_{in}$。对例 1.2-1，由上式求得 $X_{in} = -150\ 044 \ \Omega$，这是很大的容抗。这类电小天线(其物理尺寸远小于工作波长)的特点是，都具有高输入电抗和低输入电阻。

1.3　对偶原理，磁流元与小电流环

1.3.1　广义麦克斯韦方程组与对偶原理

众所周知，自然界并不存在任何单独的磁荷，因而也不存在磁荷运动所形成的磁流。正是因此，麦克斯韦方程组在形式上也是不对称的。不过，在某些电磁场问题中，为了便于处理，可人为地引入假想的磁流和磁荷作为等效源，即将一部分实际电流和电荷用与之等效的磁流和磁荷来代替。例如，本节后面将会证明，一个小电流环可以等效为垂直该环的一小段磁流元。而由对偶原理知，求磁流元的场是很简便的。

引入假想的磁流和磁荷后，便得到对称形式的广义麦克斯韦方程组，两个旋度方程为

$$\nabla \times \bar{E} = -\bar{J}^m - j\omega\mu\bar{H} \tag{1.3-1a}$$

$$\nabla \times \bar{H} = \bar{J} + j\omega\varepsilon\bar{E} \tag{1.3-1b}$$

式中 $\bar{J}^m$(有的书表示为 $\bar{M}$)为体磁流密度(V/m²)。相应地，有下述广义边界条件：

$$\hat{n} \times (\bar{E}_1 - \bar{E}_2) = -\bar{J}_s^m \tag{1.3-2a}$$

$$\hat{n} \times (\bar{H}_1 - \bar{H}_2) = \bar{J}_s \tag{1.3-2b}$$

式中 $\bar{J}_s^m$ 为分界面上的面磁流密度(V/m),$\hat{n}$ 为分界面的法向单位矢量,由②区指向①区。

引入上述等效源后,激发电磁场的场源分成两种:电流(及电荷)和磁流(及磁荷)。其中仅由场源电流 $\bar{J}$ 所产生的场 $\bar{E}^e$,$\bar{H}^e$ 的方程为

$$\nabla \times \bar{E}^e = -j\omega\mu\bar{H}^e \tag{1.3-3a}$$

$$\nabla \times \bar{H}^e = \bar{J} + j\omega\varepsilon\bar{E}^e \tag{1.3-3b}$$

仅由场源磁流 $\bar{J}^m$ 所产生的场 $\bar{E}^m$,$\bar{H}^m$ 的方程为

$$\nabla \times \bar{E}^m = -\bar{J}^m - j\omega\mu\bar{H}^m \tag{1.3-4a}$$

$$\nabla \times \bar{H}^m = j\omega\varepsilon\bar{E}^m \tag{1.3-4b}$$

比较以上两组方程知,二者数学形式完全相同,因此它们的解也将取相同的数学形式。这样,可由一种场源下电磁场问题的解导出另一种场源下对应问题的解。此即对偶原理或二重性原理(Duality principle)。

上述两组方程用矢位法求解时它们的对偶公式如下:

电流源($\bar{J}$):
$$\bar{E}^e = -j\omega\mu\bar{A} + \frac{1}{j\omega\varepsilon}\nabla(\nabla \cdot \bar{A}) \tag{1.3-5a}$$

$$\bar{H}^e = \nabla \times \bar{A} \tag{1.3-5b}$$

$$\bar{A} = \frac{1}{4\pi}\int_v \frac{\bar{J}}{R}e^{-jkR}\mathrm{d}v \tag{1.3-5c}$$

磁流源($\bar{J}^m$):
$$\bar{H}^m = -j\omega\varepsilon\bar{F} + \frac{1}{j\omega\mu}\nabla(\nabla \cdot \bar{F}) \tag{1.3-6a}$$

$$\bar{E}^m = -\nabla \times \bar{F} \tag{1.3-6b}$$

$$\bar{F} = \frac{1}{4\pi}\int_v \frac{\bar{J}^m}{R}e^{-jkR}\mathrm{d}v \tag{1.3-6c}$$

式中 $\bar{F}$ 是磁流源所产生的电矢位。

以上两组形式相同的方程中处于相同位置的量称为对偶量。表 1.3-1 列出了电流源和磁流源的一组对偶量,其中 $k = \omega\sqrt{\mu\varepsilon}$,$\eta = \sqrt{\mu/\varepsilon}$。按对偶量互换,便可将一种场源的方程换为另一种场源的方程。作为演示,现将磁流源式(1.3-4a)和式(1.3-4b)中的量都用表 1.3-1 中的对偶量替代,则有

$$\nabla \times (-\bar{H}^e) = -\bar{J} - j\omega\varepsilon\bar{E}^e \tag{1.3-7a}$$

$$\nabla \times \bar{E}^e = j\omega\mu(-\bar{H}^e) \tag{1.3-7b}$$

不难看出,此两方程就是电流源的式(1.3-3b)和式(1.3-3a)。因而其解也可由对偶量互换来得出。

值得指出:1)表 1.3-1 给出的是一种对偶方式,还可有其他的对偶方式,即对偶方式并不是唯一的。2)对于存在边界的系统,不但两个系统的源是对偶的,而且边界条件也应是对偶的。这就是说,若仅有电流源时的边界条件与仅有磁流源时的边界条件也成对偶关系,则按对偶量互换,便可由前者的解得出后者的场;反之亦然。

表 1.3-1　电流源与磁流源的对偶量

电流源 $\bar{J}$($\bar{J}^m=0$)	磁流源 $\bar{J}^m$($\bar{J}=0$)	电流源 $\bar{J}$($\bar{J}^m=0$)	磁流源 $\bar{J}^m$($\bar{J}=0$)
$\bar{E}^e$	$\bar{H}^m$	ε	μ
$\bar{H}^e$	$-\bar{E}^m$	μ	ε
$\bar{J}$	$\bar{J}^m$	k	k
$\bar{A}$	$\bar{F}$	η	$1/\eta$

1.3.2 磁流元

设想一段很短的直线磁流，长 $L \ll \lambda$，沿线磁流强度 I^m 为常量(磁矩为 $I^m L$)，沿 z 轴方向置于坐标原点，如图 1.3-1 所示。这与图 1.2-2 所示的电流元情形互成对偶，因此利用表 1.3-1 的对偶关系，就可从电流元的场，即式(1.2-7)和式(1.2-8)，得到磁流元产生的场如下：

$$
\begin{cases}
E_\varphi = -\mathrm{j}\dfrac{kI^m L}{4\pi\, r}\sin\theta\left(1+\dfrac{1}{\mathrm{j}kr}\right)\mathrm{e}^{-\mathrm{j}kr} \\[2mm]
H_r = \dfrac{I^m L}{2\pi\, r^2 \eta}\cos\theta\left(1+\dfrac{1}{\mathrm{j}kr}\right)\mathrm{e}^{-\mathrm{j}kr} \\[2mm]
H_\theta = \mathrm{j}\dfrac{kI^m L}{4\pi\, r\eta}\sin\theta\left(1+\dfrac{1}{\mathrm{j}kr}-\dfrac{1}{k^2 r^2}\right)\mathrm{e}^{-\mathrm{j}kr}
\end{cases}
\tag{1.3-8}
$$

磁流元的远区 $(kr \gg 1)$ 场为 $(\eta = \eta_0 = 120\pi\ \Omega)$

$$
\begin{cases}
E_\varphi = -\mathrm{j}\dfrac{kI^m L}{4\pi\, r}\sin\theta\,\mathrm{e}^{-\mathrm{j}kr} = -\mathrm{j}\dfrac{I^m L}{2\lambda r}\sin\theta\,\mathrm{e}^{-\mathrm{j}kr} \\[2mm]
H_\theta = \mathrm{j}\dfrac{kI^m L}{4\pi\, r\eta}\sin\theta\,\mathrm{e}^{-\mathrm{j}kr} = \mathrm{j}\dfrac{I^m L}{2\lambda r\eta}\sin\theta\,\mathrm{e}^{-\mathrm{j}kr} = -\dfrac{E_\varphi}{120\pi}
\end{cases}
\tag{1.3-9}
$$

此结果与式(1.2-11)互成对偶，二者远场矢量方向如图 1.3-2 所示。我们看到，磁流元的方向图与电流元的方向图形式相同，差别仅在于含轴平面对电流元是 E 面，而对磁流元是 H 面，垂直轴平面则反之，如图 1.3-3 所示。这种磁流元又称为磁基本振子或磁偶极子。

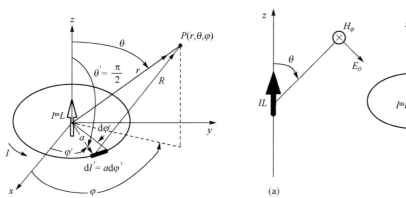

图 1.3-1 磁流元和小电流环的分析

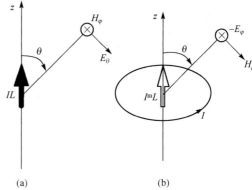

图 1.3-2 电流元与磁流元的远场矢量比较

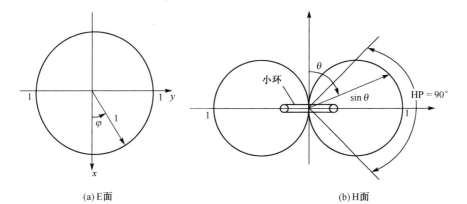

(a) E 面   (b) H 面

图 1.3-3 磁流元和小电流环的主面方向图

式(1.3-8)表明，磁流元的电场只有 E_φ 分量，而磁场有两个分量 H_r 和 H_θ，因而其坡印廷复矢量有两个分量：

$$\bar{S} = \frac{1}{2}\hat{\varphi}E_\varphi \times (\hat{r}H_r^* + \hat{\theta}H_\theta^*) = \hat{r}\frac{1}{2}(-E_\varphi)H_\theta^* + \hat{\theta}\frac{1}{2}E_\varphi H_r^* = \hat{r}S_r + \hat{\theta}S_\theta$$

$$\begin{cases} S_r = \dfrac{1}{2}(-E_\varphi)H_\theta^* = \dfrac{1}{2\eta}\left(\dfrac{kI^mL}{4\pi r}\sin\theta\right)^2\left(1 + \mathrm{j}\dfrac{1}{k^3 r^3}\right) \\[3mm] S_\theta = \dfrac{1}{2}E_\varphi H_r^* = -\mathrm{j}\dfrac{k}{\eta r}\left(\dfrac{I^mL}{4\pi r}\sin\theta\right)^2\left(1 + \dfrac{1}{k^2 r^2}\right) \end{cases} \quad (1.3\text{-}10)$$

可见，磁流元沿 r 方向有实功率辐射，并在近区有感性的径向虚功率；同时，其近区也有沿 θ 方向的虚功率。其径向实功率密度为

$$S_r^{av} = \mathrm{Re}[S_r] = \frac{1}{2\eta}\left(\frac{kI^mL}{4\pi r}\sin\theta\right)^2 = \frac{1}{240\pi}\left(\frac{I^mL}{2\lambda r}\right)^2\sin^2\theta \quad (1.3\text{-}11)$$

对此功率密度在包围磁流元的球面上做面积分，得其辐射功率为

$$P_r = \oint_s S_r^{av}\mathrm{d}s = \int_0^{2\pi}\int_0^\pi \frac{1}{240\pi}\left(\frac{I^mL}{2\lambda r}\right)^2\sin^2\theta \cdot r^2\sin\theta\mathrm{d}\theta\mathrm{d}\varphi$$

$$= \frac{1}{240\pi}\left(\frac{I^mL}{2\lambda}\right)^2 2\pi\frac{4}{3} = \frac{1}{90}\left(\frac{I^mL}{2\lambda}\right)^2 \quad (1.3\text{-}12)$$

可见，磁流元的辐射功率取决于其磁流强度 I^m 和电长度 L/λ，而与距离 r 无关。

1.3.3 小电流环

我们来研究图 1.3-1 所示的小电流环，其半径 $a \ll \lambda$，沿线电流 I 为常量。它所辐射的场仍可用矢位法求出。根据式(1.3-5c)，它在场点 $P(r, \theta, \varphi)$ 处的磁矢位为

$$\bar{A} = \frac{1}{4\pi}\int_l \hat{\varphi}\frac{I}{R}\mathrm{e}^{-\mathrm{j}kR}\mathrm{d}l' = \frac{1}{4\pi}\int_0^{2\pi}\hat{\varphi}'\frac{I}{R}\mathrm{e}^{-\mathrm{j}kR}a\mathrm{d}\varphi' \quad (1.3\text{-}13)$$

与求电流元的场时处理方法相似，也需将 $\bar{A}$ 用场点的球坐标单位矢量表示。为此，利用附录 A 中表 A-2 对 $\hat{\varphi}'$ 做以下变换：

$$\hat{\varphi}' = -\hat{x}\sin\varphi' + \hat{y}'\cos\varphi'$$

$$= -(\hat{r}\sin\theta\cos\varphi + \hat{\theta}\cos\theta\cos\varphi - \hat{\varphi}\sin\theta)\sin\varphi' +$$

$$(\hat{r}\sin\theta\sin\varphi + \hat{\theta}\cos\theta\sin\varphi + \hat{\varphi}\cos\varphi)\cos\varphi'$$

$$= \hat{r}\sin\theta\sin(\varphi - \varphi') + \hat{\theta}\cos\theta\sin(\varphi - \varphi') + \hat{\varphi}\cos(\varphi - \varphi') \quad (1.3\text{-}14)$$

又有
$$R = |\bar{r} - \bar{r}'| = \left[(x - x')^2 + (y - y')^2 + (z - z')^2\right]^{\frac{1}{2}}$$

$$= \left[(r\sin\theta\cos\varphi - a\cos\varphi')^2 + (r\sin\theta\sin\varphi - a\sin\varphi')^2 + (r\cos\theta)^2\right]^{\frac{1}{2}}$$

$$= \left[r^2 + a^2 - 2ra\sin\theta\cos(\varphi - \varphi')\right]^{\frac{1}{2}} \quad (1.3\text{-}15)$$

设 $a \ll \lambda < r$，则上式可近似为

$$R \approx r - a\sin\theta\cos(\varphi - \varphi') \quad (1.3\text{-}16)$$

并有
$$\frac{1}{R} \approx \frac{1}{r} + \frac{a}{r^2}\sin\theta\cos(\varphi - \varphi')$$

$$\mathrm{e}^{-\mathrm{j}kR} \approx \mathrm{e}^{-\mathrm{j}kr}[1 + \mathrm{j}ka\sin\theta\cos(\varphi - \varphi')]$$

故
$$\frac{\mathrm{e}^{-\mathrm{j}kR}}{R} \approx \left[\frac{1}{r} + \left(\frac{\mathrm{j}k}{r} + \frac{1}{r^2}\right)a\sin\theta\cos(\varphi - \varphi')\right]\mathrm{e}^{-\mathrm{j}kr} \quad (1.3\text{-}17)$$

将式(1.3-14)和式(1.3-17)代入式(1.3-13)，得

$$\bar{A} = \hat{\varphi}A_{\varphi} = \hat{\varphi}\mathrm{j}\frac{ka^2 I}{4r}\sin\theta\Big(1 + \frac{1}{\mathrm{j}kr}\Big)\mathrm{e}^{-\mathrm{j}kr} \tag{1.3-18}$$

把此结果代入式(1.1-19)和式(1.1-27)，得小电流环的场如下：

$$\begin{cases} E_{\varphi} = \eta\dfrac{(ka)^2 I}{4r}\sin\theta\Big(1 + \dfrac{1}{\mathrm{j}kr}\Big)\mathrm{e}^{-\mathrm{j}kr} \\[2mm] H_r = \mathrm{j}\dfrac{ka^2 I}{2r^2}\cos\theta\Big(1 + \dfrac{1}{\mathrm{j}kr}\Big)\mathrm{e}^{-\mathrm{j}kr} \\[2mm] H_{\theta} = -\dfrac{(ka)^2 I}{4r}\sin\theta\Big(1 + \dfrac{1}{\mathrm{j}ka} - \dfrac{1}{k^2 r^2}\Big)\mathrm{e}^{-\mathrm{j}kr} \end{cases} \tag{1.3-19}$$

比较式(1.3-19)与式(1.3-8)可知：二者的场具有完全相同的形式，等效关系为

$$I^{\mathrm{m}}L = \mathrm{j}ka^2 I\pi\,\eta = \mathrm{j}\omega\mu A_0 I \tag{1.3-20}$$

式中 $A_0 = \pi a^2$，为圆环面积。由此，为了便于分析，小电流环可等效为一个磁流元，该磁流元的磁矩取决于小环电流和面积的大小，而与小环形状无关。

由式(1.3-19)可知，小电流环的远区场为

$$\begin{cases} E_{\varphi} = \eta\dfrac{(ka)^2 I}{4r}\sin\theta\,\mathrm{e}^{-\mathrm{j}kr} = \dfrac{120\pi^2 A_0 I}{r\lambda^2}\sin\theta\,\mathrm{e}^{-\mathrm{j}kr} \\[2mm] H_{\varphi} = -\dfrac{(ka)^2 I}{4r}\sin\theta\,\mathrm{e}^{-\mathrm{j}kr} = -\dfrac{\pi A_0 I}{r\lambda^2}\sin\theta\,\mathrm{e}^{-\mathrm{j}kr} \end{cases} \tag{1.3-21}$$

将此结果与短振子的远场表示式相比较是有益的，见表1.3-2(取 $I_0 = I$)。

表 1.3-2　短振子与小电流环的远场复振幅比较

短　振　子	小电流环
$E_{\theta} = \mathrm{j}\dfrac{30\pi I}{r}\dfrac{L}{\lambda}\sin\theta$	$E_{\varphi} = \dfrac{120\pi^2 I}{r}\dfrac{A_0}{\lambda^2}\sin\theta$
$H_{\varphi} = \mathrm{j}\dfrac{I}{4r}\dfrac{L}{\lambda}\sin\theta$	$H_{\theta} = -\dfrac{\pi I}{r}\dfrac{A_0}{\lambda^2}\sin\theta$

我们注意到，短振子与小电流环的远场方向图相同，即它们在空间的振幅分布相同。但是，两者的重要不同是，其远场电场矢量的方向分别为 θ 和 φ 向，相互垂直。同时，短振子的远场式中含有虚数因子 j，而小电流环却没有。这表明，当短振子与小电流环两者的馈电电流同相时，二者的远场在时间相位上相差90°。这是两者辐射场的又一不同。这样，如果把它们组合在一起，便能获得在空间和时间上都正交的两个电场分量，当两者大小相等时就会形成圆极化波辐射场(见习题1.3-3)。其条件是两者馈电电流同相且具有相同功率，即

$$\frac{2\pi a}{\lambda} = \sqrt{\frac{L}{\lambda}} \tag{1.3-22}$$

小电流环的远区电场为 E_{φ} 分量，远区磁场只有 H_{θ} 分量，且 $H_{\theta} = -\dfrac{E_{\varphi}}{120\pi}$，故其坡印廷矢量仍为 $\hat{r}$ 向且为实数：

$$\bar{S} = \frac{1}{2}\hat{\varphi}E_{\varphi}\times\hat{\theta}H_{\theta}^* = -\hat{r}\frac{1}{2}E_{\varphi}H_{\theta}^* = \hat{r}\frac{1}{2}\frac{E_{\varphi}E_{\varphi}^*}{120\pi} = \hat{r}\frac{|E_{\varphi}|^2}{240\pi} \tag{1.3-23}$$

小电流环的时间平均径向功率密度为

$$S_r^{\mathrm{av}} = \mathrm{Re}\Big[\frac{|E_{\varphi}|^2}{240\pi}\Big] = \frac{1}{240\pi}\Big(\frac{120\pi^2 IA_0}{r\lambda^2}\sin\theta\Big)^2 = 60\pi\Big(\frac{\pi I}{r}\frac{A_0}{\lambda^2}\Big)^2\sin^2\theta \tag{1.3-24}$$

其辐射功率可由上式的球面积分得出:

$$P_r = \oint_s S^{av} ds = \int_0^{2\pi} \int_0^\pi 60\pi \left(\frac{\pi I}{r} \frac{A_0}{\lambda^2}\right)^2 \sin^2\theta r^2 \sin\theta d\theta d\varphi$$

$$= 60\pi \left(\pi I \frac{A_0}{\lambda^2}\right)^2 2\pi \frac{4}{3} = 160\pi^4 \left(\frac{IA_0}{\lambda^2}\right)^2 \qquad (1.3\text{-}25)$$

小电流环的辐射电阻为

$$R_r = \frac{P_r}{I^2/2} = 320\pi^4 \left(\frac{A_0}{\lambda^2}\right)^2, \quad A_0 = \pi a^2 \qquad (1.3\text{-}26)$$

小环天线还有不小的损耗电阻。若小环平均(中线)半径为 a,导线半径为 a_0,由式(1.2-29),

$$R_\sigma = \frac{R_s}{2\pi a_0} 2\pi a = \frac{a}{a_0} R_s, \quad R_s = \sqrt{\frac{\pi\mu f}{\sigma}} \qquad (1.3\text{-}27)$$

自然,可仍按式(1.2-28)求得其辐射效率。

早在赫兹实验时就使用了小环天线,当今它仍广泛用来作为接收天线,特别是用于场强检测和测向接收机。

例 1.3-1 一小电流环的平均(中线)半径为 $a = 0.25$ m,铜导线半径 $a_0 = 1$ mm,黄铜电导率 $\sigma = 1.57 \times 10^7$ S/m,求其在工作波长 $\lambda = 6$ m$(f = 50$ MHz$)$时的辐射电阻和辐射效率。

[**解**]
$$R_r = 320\pi^4 \left(\frac{\pi \times 0.25^2}{6^2}\right)^2 = 0.927 \ \Omega$$

$$R_s = \sqrt{\frac{\pi\mu f}{\sigma}} = \sqrt{\frac{\pi \times 4\pi \times 10^{-7} \times 50 \times 10^6}{1.57 \times 10^7}} = 3.55 \times 10^{-3} \ \Omega$$

$$R_\sigma = \frac{0.25}{10^{-3}} \times 3.55 \times 10^{-3} = 0.888 \ \Omega$$

$$e_r = \frac{R_r}{R_r + R_\sigma} = \frac{0.927}{0.927 + 0.888} = 51.5\%$$

与短振子一样,小电流环的辐射电阻过小。但是有所不同的是,它可采用多匝环来增加辐射电阻。对 N 匝环,由式(1.3-25)和式(1.3-26)可知,其辐射电阻等于单匝环的值乘以 N^2 倍,即

$$R_r = 320\pi^4 \left(\frac{NA_0}{\lambda^2}\right)^2 \qquad (1.3\text{-}28)$$

例如,上例单匝小圆环(半径为 $\lambda/24$)的辐射电阻仅为 $0.927\ \Omega$ 而采用 7 匝这样的小环时,其辐射电阻增至 $0.927 \times 7^2 = 45.4\ \Omega$。

采用 N 匝环时,损耗电阻也将增加。由于邻近效应,损耗电阻的增加大于 N 倍。环半径为 a,导线半径为 a_0,环间距为 $2c$ 的 N 匝圆环天线[见图 1.3-4(a)]的损耗电阻为[3]

$$R_\sigma = \frac{Na}{a_0} R_s (1 + n_c) \qquad (1.3\text{-}29)$$

式中 n_c 代表由邻近效应引起的损耗电阻与忽略邻近效应的损耗电阻之比,见图 1.3-4(b)。

例 1.3-2 若采用 7 匝小电流环,圆环间距为 $2c = 4$ mm,其他参数与例 1.3-1 相同,求其辐射效率。

[**解**]
$$R_r = 320\pi^4 \left(\frac{NA_0}{\lambda^2}\right)^2 = 0.927 \times 7^2 = 45.4 \ \Omega$$

$c/a_0 = 2$,由图 1.3-4(b)查得 $n_c = 0.36$,故

$$R_\sigma = \frac{Na}{a_0} R_s (1 + n_c) = 7 \times 0.888 (1 + 0.36) = 8.45\ \Omega$$

于是
$$e_r = \frac{45.4}{45.4 + 8.45} = 84.3\%$$

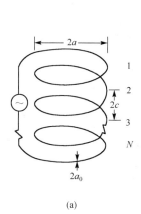

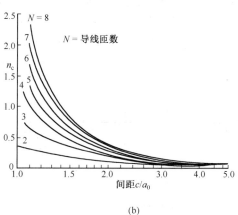

(a)　　　　　　　　　　　　　(b)

图 1.3-4　N 匝圆环与其邻近效应因子 n_c

增加辐射电阻的另一种方法是将线圈绕在铁氧体棒上。此时等效波数为 $k_e = \omega\sqrt{\mu_0 \mu_e \varepsilon_0} = k\sqrt{\mu_e}$，因而在铁氧体棒上绕 N 匝线圈的辐射电阻为

$$R_r = 320\pi^4 \left(\frac{\mu_e N A_0}{\lambda^2} \right)^2 \tag{1.3-30}$$

这种天线称为磁棒天线，如图 1.3-5 所示。这是老式中波调幅收音机常用的接收天线。在 1 MHz 频率上使用的铁氧体材料可有 $\mu_e \approx 50$。

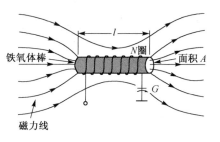

图 1.3-5　磁棒天线

值得说明，小电流环的近区有感性虚功率，因而其输入电抗是感性的。N 匝小环的电感也将按 N^2 增大①。因此在使用上述磁棒天线时，在利用 μ_e 来增大 R_r 的同时，附加可变电容 C 来抵消感抗 $j\omega L$（称为调谐），如图 1.3-5 所示。

对于尺寸大些的环形天线的分析，可参阅文献 [1°]～[3°] 及李乐伟教授[4] 等人的论文。

1.4　镜像原理与等效原理，惠更斯元

1.4.1　镜像原理

当均匀媒质中存在无限大理想导体平面时，该导体平面的作用可用真实场源在位于该平面另一侧对称位置上的镜像场源来等效。例如，一水平电流元 I 位于理想导体平面上方，如图 1.4-1(a) 所示。由于正电荷的镜像为镜面对称点处的负电荷，而负电荷对应的镜像为正电荷，因此，水平电流元 I 的镜像为 $-I$。故其等效系统如图 1.4-1(b) 所示，即问题简化为在均匀无界媒质中由真

---

① 见文献 [10°] 中的表 4.4-1，N 匝半径为 a 且长为 l 的螺线管的电感为 $L = \mu N^2 \pi a^2 / l$；而环半径为 a 且导线半径为 a_0 的单匝圆环的电感为 $L = \mu a \left(\ln \dfrac{8a}{a_0} - 1.75 \right)$。

实源 I 和镜像源 $-I$ 来求原导体平面上方的场。此即镜像原理。注意，只对原导体平面上方等效，原导体平面下方为零场。镜像原理的实质，就是使真实源和镜像源的合成场在导体平面上满足边界条件，即切向电场为零。根据唯一性定理，这样的场只有一个，也就是说，等于原先待求的场。如图 1.4-1(b)所示，源 I 在 PP' 平面上任意点 B 产生的电场 E_θ 与镜像源 $I' = -I$ 在同一点产生的电场 E'_θ 二者的切向分量正好相互抵消。对于近区，源 I 和镜像源 I' 还有各自的径向电场 E_r 和 E'_r，它们在 PP' 平面任意点 A 的切向分量也是相消的。

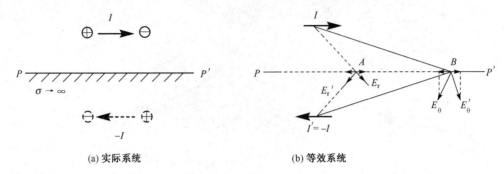

(a) 实际系统　　　　　　　　　　　(b) 等效系统

图 1.4-1　理想导体平面上方的水平电流元

与上同理可知，垂直电流元 I 的镜像源为正像 I；而且，水平与垂直磁流源 I^m 的镜像源分别为 I^m 和 $-I^m$，如图 1.4-2(a)所示。当存在理想导磁面时，电流元与磁流元的镜像源可利用对偶原理得出，如图 1.4-2(b)所示。任意方向的 I 或 I^m 可先分解成平行和垂直于导体平面的两个分量，总的镜像等于每个分量的镜像之叠加。

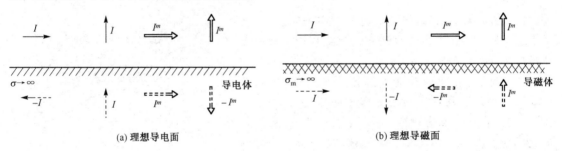

(a) 理想导电面　　　　　　　　　　(b) 理想导磁面

图 1.4-2　电流源和磁流源对导体平面的镜像

1.4.2　等效原理

以反射面天线为代表的面天线主要用于微波波段，其工作波长较短。面天线辐射场的确定是基于光学中的惠更斯(Christiaan Huygens，1629—1695，荷兰)原理。惠更斯原理说："初始波前上的每一点都可看成次级球面波的新波源，这些次级波的包络便构成次级波前。"如图 1.4-3 所示，研究光通过屏上口径的绕射时，从初始波前开始，可依次确定后续的波前。1936 年谢昆诺夫(S. A. Schelkunoff，1897—1992，俄-美)导出等效原理，它是惠更斯原理的更严格的表述。

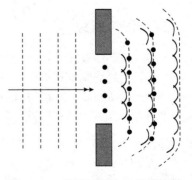

图 1.4-3　光通过屏上口径的绕射

如果有一假想场源,它在空间某一区域中产生的场与实际场源所产生的相同,我们称此二场源对该区域是等效的。此即场的等效原理(Field equivalence principle),一般表示如图 1.4-4 所示。原来问题是电流源 $\bar{J}$ 和磁流源 $\bar{J}^{\mathrm{m}}$ 在空间各处产生电磁场($\bar{E}$, $\bar{H}$)[见图 1.4-4(a)]。设想用一封闭面 s 来包围原场源,并将该场源取消,令 s 面内场为($\bar{E}_1$, $\bar{H}_1$),而 s 面外的场仍保持为原来的场($\bar{E}$, $\bar{H}$)[见图 1.4-4(b)]。s 面内的场与 s 面外的场之间必须满足 s 面处边界条件:

$$\bar{J}_{\mathrm{s}} = \hat{n} \times (\bar{H} - \bar{H}_1) , \quad s\text{ 面上} \tag{1.4-1a}$$

$$\bar{J}_{\mathrm{s}}^{\mathrm{m}} = -\hat{n} \times (\bar{E} - \bar{E}_1) , \quad s\text{ 面上} \tag{1.4-1b}$$

式中 $\hat{n}$ 为 s 面的外法线方向单位矢量。假想的 s 面上的电流 $\bar{J}_{\mathrm{s}}$ 和磁流 $\bar{J}_{\mathrm{s}}^{\mathrm{m}}$ 就是 s 面外区域的等效场源。因为,根据场的唯一性定理,s 面上外区域的场由 s 面上的边界条件唯一地决定[1],而这些边界上的源在 s 面外产生的场正是原来的场($\bar{E}$, $\bar{H}$)。

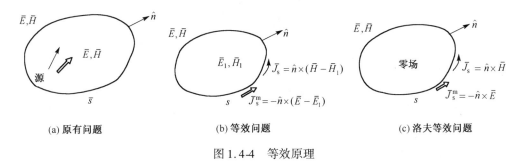

(a) 原有问题   (b) 等效问题   (c) 洛夫等效问题

图 1.4-4　等效原理

由于 s 面内的场($\bar{E}_1$, $\bar{H}_1$)可以是任何值,可假定它们是零。这时等效问题简化为图 1.4-4(c),而 s 面上的等效场源化为

$$\bar{J}_{\mathrm{s}} = \hat{n} \times \bar{H}, \quad s\text{ 面上} \tag{1.4-2a}$$

$$\bar{J}_{\mathrm{s}}^{\mathrm{m}} = -\hat{n} \times \bar{E}, \quad s\text{ 面上} \tag{1.4-2b}$$

等效性原理的这一形式称为洛夫(A. E. H. Love)等效原理。这是最常用的等效原理形式。注意,式(1.4-2b)与式(1.4-2a)相比,右端有一负号,即电流密度与 s 面法向、磁场强度成右手螺旋关系,而磁流密度与 s 面法向、电场强度成左手螺旋关系。这个负号与表 1.3-1 中 $\bar{H}^{\mathrm{e}} \Leftrightarrow -\bar{E}^{\mathrm{m}}$ 的对偶关系是一致的。这些都源自广义麦克斯韦方程组中式(1.3-1a)与式(1.3-1b)右边相差一负号。可见,虽然式(1.1-5a)~式(1.1-5d)是极优美的对称形式方程组,但其中仍包含有电与磁内在的特性差异。

值得指出,上述洛夫等效原理适用于采用广义麦克斯韦方程组求解的场合,而不是用麦克斯韦方程组求解。因为,麦克斯韦方程组内只有电流源,其辐射场在均匀媒质中到处存在,一般不能使空间某一区域得到零场。只有引入磁流源后,二者产生的场在某一区域相消,从而形成零场。

洛夫等效原理的两种变形是:用理想导电体作为零场区的媒质,此时 s 面上将只有面磁流 $\bar{J}_{\mathrm{s}}^{\mathrm{m}} = -\hat{n} \times \bar{E}$;或用理想导磁体作为零场区媒质,则 s 面上只有面电流 $\bar{J}_{\mathrm{s}} = \hat{n} \times \bar{H}$。这时再结合镜像原理,就可使问题简化。

---

[1]　把 s 面外区域看成由 s 面所外包;或再做一半径无限大的球面来包围外区域,而该球面上的场必为零,因而并无贡献。

1.4.3　惠更斯元

惠更斯元就是面天线口径面上的一个小面元 $ds = dxdy(dx, dy \ll \lambda)$，其上的电场和磁场都是均匀的。采用图1.4-5所示坐标系，惠更斯元上的电磁场为

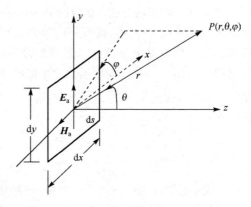

$$\bar{E}_a = \hat{y}E_a \qquad (1.4\text{-}3a)$$

$$\bar{H}_a = \hat{x}H_a = -\hat{x}\frac{E_a}{\eta} \qquad (1.4\text{-}3b)$$

式中的负号是因为它代表的是向 $\hat{z}$ 向传播的横电磁波：

图1.4-5　惠更斯元坐标系

$$\bar{S} = \frac{1}{2}\bar{E}_a \times \bar{H}_a = z\frac{E_a^2}{2\eta} \qquad (1.4\text{-}3c)$$

应用洛夫等效原理，面元上的等效场源为

$$\bar{J}_s = \hat{n} \times \bar{H}_a = \hat{z} \times (-\hat{x})\frac{E_a}{\eta} = -\hat{y}\frac{E_a}{\eta} \qquad (1.4\text{-}4a)$$

$$\bar{J}_s^m = -\hat{n} \times \bar{E}_a = -\hat{z} \times \hat{y}E_a = \hat{x}E_a \qquad (1.4\text{-}4b)$$

可见，该面元相当于是沿 $-\hat{y}$ 方向的电流元（$I_y = J_s dx$，长 dy）和沿 $\hat{x}$ 方向的磁流元（$I_x^m = J_s^m dy$，长 dx）之组合，如图1.4-6(a)所示。

为计算 $\bar{J}_s$ 和 $\bar{J}_s^m$ 在远区场点 $P(r, \theta, \varphi)$ 处产生的场，先利用表A-2进行坐标变换：

$$\bar{J}_s = -(\hat{r}\sin\theta\sin\varphi + \hat{\theta}\cos\theta\sin\varphi + \hat{\varphi}\cos\varphi)\frac{E_a}{\eta} \qquad (1.4\text{-}5a)$$

$$\bar{J}_s^m = (\hat{r}\sin\theta\cos\varphi + \hat{\theta}\cos\theta\cos\varphi - \hat{\varphi}\sin\varphi)E_a \qquad (1.4\text{-}5b)$$

电流元的电场可由式(1.3-5a)得出。对远区，其中第二项（$\frac{1}{r}$ 的高阶微分项）可略，且远场无 $\hat{r}$ 分量，故利用式(1.3-5c)得

$$d\bar{E}^e \approx -j\omega\mu\bar{A} = -j\omega\mu\frac{\bar{J}_s dx}{4\pi r}e^{-jkr}dy$$

$$\approx (\hat{\theta}\cos\theta\sin\varphi + \hat{\varphi}\cos\varphi)j\frac{kE_a}{4\pi r}e^{-ikr}dxdy \qquad (1.4\text{-}6a)$$

同理，对磁流元由式(1.3-6a)和式(1.3-6c)得

$$d\bar{H}^m \approx -j\omega\varepsilon\bar{F} \approx -(\hat{\theta}\cos\theta\cos\varphi - \hat{\varphi}\sin\varphi)j\frac{kE_a}{4\pi r\eta}e^{-ikr}dxdy \qquad (1.4\text{-}6b)$$

$$d\bar{E}^m \approx -\eta\hat{r} \times d\bar{H}^m = (\hat{\theta}\sin\varphi + \hat{\varphi}\cos\theta\cos\varphi)j\frac{kE_a}{4\pi r}e^{-ikr}dxdy \qquad (1.4\text{-}6c)$$

二者合成电场为

$$d\bar{E} = d\bar{E}^e + d\bar{E}^m = (\hat{\theta}\sin\varphi + \hat{\varphi}\cos\varphi)(1 + \cos\theta)j\frac{kE_a}{4\pi r}e^{-ikr}dxdy$$

$$= (\hat{\theta}\sin\varphi + \hat{\varphi}\cos\varphi)j\frac{E_a}{2\lambda r}(1 + \cos\theta)e^{-ikr}dxdy \qquad (1.4\text{-}7)$$

或

$$dE = \hat{\theta}dE_\theta + \hat{\varphi}dE_\varphi$$

$$
\begin{cases}
\mathrm{d}E_\theta = \mathrm{j}\dfrac{E_\mathrm{a}}{2\lambda r}(1+\cos\theta)\sin\varphi\,\mathrm{e}^{-\mathrm{i}kr}\mathrm{d}s \\[2mm]
\mathrm{d}E_\varphi = \mathrm{j}\dfrac{E_\mathrm{a}}{2\lambda r}(1+\cos\theta)\cos\varphi\,\mathrm{e}^{-\mathrm{i}kr}\mathrm{d}s
\end{cases}
\tag{1.4-8}
$$

对 $\varphi=90°$ 平面（E 面），上式化为

$$
\mathrm{d}E = \mathrm{d}E_\theta = \mathrm{j}\frac{E_\mathrm{a}}{2\lambda r}(1+\cos\theta)\mathrm{e}^{-\mathrm{i}kr}\mathrm{d}s
\tag{1.4-9}
$$

电场只有 θ 分量，在 z 方向上它是 y 向分量，与口径电场同向，故 $\varphi=90°$ 平面为 E 面。

对 $\varphi=0°$ 平面（H 面），电场只有 φ 分量，式(1.4-8)化为

$$
\mathrm{d}E = \mathrm{d}E_\varphi = \mathrm{j}\frac{E_\mathrm{a}}{2\lambda r}(1+\cos\theta)\mathrm{e}^{-\mathrm{i}kr}\mathrm{d}s
\tag{1.4-10}
$$

对任意 φ 值平面，均有

$$
\mathrm{d}E = \sqrt{\mathrm{d}E_\theta^2+\mathrm{d}E_\varphi^2} = \mathrm{j}\frac{E_\mathrm{a}}{2\lambda r}(1+\cos\theta)\mathrm{e}^{-\mathrm{i}kr}\mathrm{d}s
\tag{1.4-11}
$$

其归一化方向函数为

$$
F(\theta) = \frac{1+\cos\theta}{2}
\tag{1.4-12}
$$

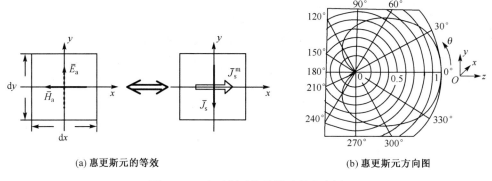

(a) 惠更斯元的等效　　　　　　　　(b) 惠更斯元方向图

图 1.4-6　惠更斯元的等效及其方向图

可见，惠更斯元的辐射具有方向性。在 $\theta=0$ 方向，$\mathrm{d}E$ 有最大值，而当 $\theta=180°$ 时，$\mathrm{d}E$ 为零。该方向图是朝传播方向（z 轴方向）单向辐射的心形，如图 1.4-6(b)所示。其三维图是此心形绕其轴线的旋转体。该方向图是惠更斯元上等效场源电流元与磁流元二者共同作用的结果。以 E 面为例（见图 1.4-7），磁流元 I^m 形成各向同性的圆形方向图，而电流元 I_y 形成从 z 轴方向算起的 $\cos\theta$ 方向图。在 z 轴方向（$\theta=0$），二者是同相叠加的，形成最大

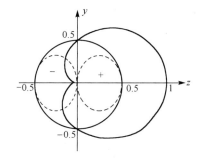

图 1.4-7　惠更斯元 E 面方向图的形成

值 $\dfrac{1+1}{2}=1$；而 $\theta=180°$ 方向，二者反相，$\dfrac{1-1}{2}=0$；在 $\theta=90°$ 方向，只有磁流元的辐射，归一化方向图值为 $\dfrac{1+0}{2}=0.5$。这样，惠更斯元的辐射主要是朝其前方（传播方向），但在其侧后向仍有一定辐射（或称绕射）。

1.5　巴比涅原理，理想缝隙天线

*1.5.1　巴比涅原理

光学中的巴比涅原理(Babinet Principle)是："开口屏后面的场与其互补结构的场相加，其和等于无屏时的场。"当两个屏叠在一起覆盖整个平面而无重叠，就称二者是互补结构。1946 年布克(H. G. Booker)导出推广的巴比涅原理，计入了电磁场的矢量特性，并应用于更实用的导电屏。

如图 1.5-1 所示，图 1.5-1(a)为无屏情形，图 1.5-1(b)中有理想导电屏 s_a，而图 1.5-1(c)中有与图 1.5-1(b)互补的理想导磁屏 s。设电流源 $\bar{J}$ 对这三种情形在 P 点的场分别为 $(\bar{E}_o, \bar{H}_o)$，$(\bar{E}_e, \bar{H}_e)$，$(\bar{E}_m, \bar{H}_m)$。此时巴比涅原理表达为

$$\begin{cases} \bar{E}_e + \bar{E}_m = \bar{E}_o \\ \bar{H}_e + \bar{H}_m = \bar{H}_o \end{cases} \tag{1.5-1}$$

证明如下：图 1.5-1(b)和图 1.5-1(c)情形下 P 点的场都是图 1.5-1(a)情形下的场(即入射场)与屏上感应电流或感应磁流所产生的散射场之和：

$$\begin{cases} \bar{E}_e = \bar{E}_o + \bar{E}_e^s \\ \bar{H}_e = \bar{H}_o + \bar{H}_e^s \end{cases} \tag{1.5-2}$$

$$\begin{cases} \bar{E}_m = \bar{E}_o + \bar{E}_m^s \\ \bar{H}_m = \bar{H}_o + \bar{H}_m^s \end{cases} \tag{1.5-3}$$

式中上标 s 表示散射场。由于图 1.5-1(b)导电屏上感应电流的磁场总是垂直于含电流元的平面(将感应电流看成为无数电流元的叠加，电流元的空间磁场只有 H_φ 分量，总是垂直于电流元所在的平面，因而导电屏上感应电流在 s 面上的切向磁场 $\hat{n} \times \bar{H}_e^s = 0$，即

$$\hat{n} \times \bar{H}_e = \hat{n} \times \bar{H}_o, \quad s \text{ 面上} \tag{1.5-4a}$$

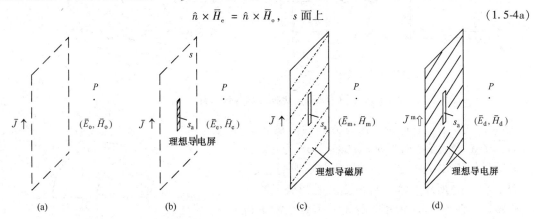

图 1.5-1　巴比涅原理的说明

同时，由导电屏边界条件可知，

$$\hat{n} \times \bar{E}_e = 0, \quad s_a \text{ 面上} \tag{1.5-4b}$$

类似地，对图 1.5-1(c)的导磁屏，有

$$\begin{cases} \hat{n} \times \bar{E}_m = \hat{n} \times \bar{E}_o, & s_a \text{ 面上} \\ \hat{n} \times \bar{H}_m = 0, & s \text{ 面上} \end{cases} \tag{1.5-5}$$

将以上两组公式相加得

$$\begin{cases} \hat{n} \times (\bar{E}_e + \bar{E}_m) = \hat{n} \times \bar{E}_o, & s_a \text{ 面上} \\ \hat{n} \times (\bar{H}_e + \bar{H}_m) = \hat{n} \times \bar{H}_o, & s \text{ 面上} \end{cases} \tag{1.5-6}$$

$(\bar{E}_e + \bar{E}_m)$，$(\bar{H}_e + \bar{H}_m)$ 称为和场。上式表明，边界面上 s_a 部分的和场与入射场的切向电场相同，而在其余的 s 部分上二者切向磁场相同。因而根据电磁场的唯一性定理[①]，在边界右半空间式(1.5-1)成立(证毕)。

将式(1.5-2)代入式(1.5-1)可知

$$\begin{cases} \bar{E}_m = -\bar{E}_e^s \\ \bar{H}_m = -\bar{H}_e^s \end{cases} \tag{1.5-7}$$

这表明，通过导磁屏的场等于互补的导电屏上感应电流的散射场之负值。

更有实际意义的是互补导电屏的情形，即图 1.5-1(b)与图 1.5-1(d)，图 1.5-1(d)正好是图 1.5-1(c)的对偶情形。

1.5.2　理想缝隙天线

在无限大无限薄的理想导体平板上开窄缝隙，便形成理想缝隙天线。如图 1.5-2(a)所示，这里缝隙长度 $L \ll \lambda$，缝宽 $w \ll L$，在缝隙中点加射频电压 U_0，在缝隙两长边之间就形成电场 E_a。我们称这种对称缝隙为短缝隙。它的互补结构就是图 1.5-2(b)所示的带状短电振子。因而我们可利用互补短电振子的场来求得短缝隙的空间场。

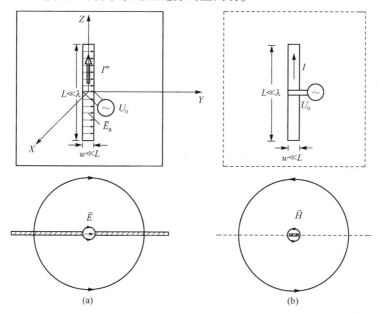

图 1.5-2　短缝隙与互补短电振子

带状短电振子相当于压扁的圆柱短振子(可取半径为 $a \approx w/4$)，其上载有呈三角形分布的 z 向电流，其最大值为中点(输入端)电流 I_0。由式(1.2-22)可知，其辐射场为

$$\begin{cases} E_d = j\eta \dfrac{kI_0 L}{8\pi r}\sin\theta\, e^{-ikr} \\ H_d = j \dfrac{kI_0 L}{8\pi r}\sin\theta\, e^{-ikr} \end{cases} \tag{1.5-8}$$

根据对偶原理，同样的导磁片上相同分布的磁流源辐射场为

---

① 按唯一性定理，边界面应为封闭面。这里可认为与无限大平面 s 相连的还有半径无限大的半球面，从而合成一封闭面，而无限大的半球面上场必为零，因而不影响上述证明。

$$\begin{cases} H_{\mathrm{m}} = \mathrm{j}\,\dfrac{k I_0^{\mathrm{m}} L}{8\pi\, r\eta}\sin\theta\,\mathrm{e}^{-\mathrm{i}kr} \\[3mm] E_{\mathrm{m}} = -\,\mathrm{j}\,\dfrac{k I_0^{\mathrm{m}} L}{8\pi\, r}\sin\theta\,\mathrm{e}^{-\mathrm{i}kr} \end{cases} \tag{1.5-9}$$

于是,根据式(1.5-7),互补的短缝隙天线上感应电流的空间场为

$$\begin{cases} E_{\mathrm{s}} = -\,E_{\mathrm{e}}^{\mathrm{s}} = \mathrm{j}\,\dfrac{k I_0^{\mathrm{m}} L}{8\pi\, r}\sin\theta\,\mathrm{e}^{-\mathrm{i}kr} \\[3mm] H_{\mathrm{s}} = -\,H_{\mathrm{e}}^{\mathrm{s}} = -\,\mathrm{j}\,\dfrac{k I_0^{\mathrm{m}} L}{8\pi\, r\eta}\sin\theta\,\mathrm{e}^{-\mathrm{i}kr} \end{cases} \tag{1.5-10}$$

式中下标 s 代表 slot(缝隙)。此结果表明,短缝隙的辐射虽然是 s 面上感应电流产生的,但可等效于沿缝隙的磁流 I_0^{m} 的辐射。I_0^{m} 的大小由激励电压 U_0 决定。由图 1.5-2(b)可知,振子输入端电流 I_0 与输入端处表面磁场 H_0 有下述关系:

$$I_0 = \oint_l \bar{H}_0 \cdot \overline{\mathrm{d}l} = 2H_0 w$$

故其对偶量为

$$I_0^{\mathrm{m}} = 2E_0 w = 2U_0 \tag{1.5-11}$$

实际上,我们也可利用等效原理直接将短缝隙用磁流源来等效。如图 1.5-3(a)所示,在无限大导电平面 $x = 0$ 上开口处有切向电场 $\bar{E}_{\mathrm{a}}$。令 $x < 0$ 为零场区,则 $x = 0$ 面上等效源如图 1.5-3(b)所示。此时 $x = 0$ 面上面电流 $\bar{J}_{\mathrm{s}}$ 处处非零且未知。为简化处理,将 $x < 0$ 区取为导电体,则 $x < 0$ 面上面电流 $\bar{J}_{\mathrm{s}}$ 不再存在,只有开口部分存在面磁流 $\bar{J}_{\mathrm{s}}^{\mathrm{m}}$,如图 1.5-3(c)所示。根据镜像原理,导电平面可用镜像源来代替。面磁流 $\bar{J}_{\mathrm{s}}^{\mathrm{m}}$ 与其镜像源都无限近地位于 $x = 0$ 面两侧,可认为二者重合。这样便得到图 1.5-3(d)所示的等效问题。这时只有面磁流 $\bar{J}_{\mathrm{s}}^{\mathrm{m}} = -2\hat{n} \times \bar{E}_{\mathrm{a}}$ 向无界均匀空间辐射。从而可由磁流在无界空间的辐射公式得出 $x > 0$ 区域的场,而 $x < 0$ 区域的场无意义(另一方面,对 $x < 0$ 区域的场进行类似的等效处理,也可得到类似的结果,只是 $\hat{n}$ 方向相反而已)。于是,对 $x > 0$ 区域,等效的磁流源为

$$\bar{J}_{\mathrm{s}}^{\mathrm{m}} = -2\hat{x} \times \hat{y}E_{\mathrm{a}} = -\hat{z}2E_{\mathrm{a}} \tag{1.5-12}$$

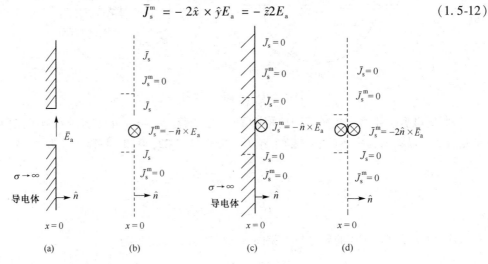

图 1.5-3　无限大导体平面上短缝隙的等效

由于图 1.5-2(a)所示的短缝隙在中点加激励电压 U_0,而缝隙两端是短路的,在长度 $L \ll \lambda$ 的情形下,其切向电场呈三角形分布:

$$E_a = E_o\left(1 - \frac{|z'|}{L/2}\right), \quad E_o = U_0/w \tag{1.5-13}$$

这样，等效磁流沿 z 向也呈三角形分布，其最大值为输入端处磁流 I_0^m：

$$I_0^m = J_s^m w = 2E_o w = 2U_0$$

此结果与式(1.5-11)相同。

　　该磁流源的辐射场可由式(1.3-9)得出，但它沿 z 向呈三角形分布而不是均匀分布，且其方向为 $-z$ 方向，故有(或由式(1.5-9)得)

$$\begin{cases} E_\varphi^m = j\dfrac{kI_0^m L}{8\pi r}\sin\theta\, e^{-jkr} = j\dfrac{kU_0 L}{4\pi r}\sin\theta\, e^{-jkr} \\[2mm] H_\theta^m = -j\dfrac{kI_0^m L}{8\pi r\eta}\sin\theta\, e^{-jkr} = -j\dfrac{kU_0 L}{4\pi r\eta}\sin\theta\, e^{-jkr} \end{cases} \tag{1.5-14}$$

此结果与前面得到的式(1.5-10)完全相同，并已代入 $I_0^m = 2U_0$。

1.5.3　布克关系式

　　比较式(1.5-14)与式(1.5-8)可知，短缝隙与短振子在下列条件下二者辐射场相等，即辐射功率相同：

$$\frac{\eta}{2}I_0 = U_0, \quad 即\ I_0 = \frac{U_0}{60\pi} \tag{1.5-15}$$

式中已代入空气媒质 $\eta = \eta_0 = 120\pi\,(\Omega)$。不计天线本身损耗，则此时二者输入功率也相同，即

$$\frac{1}{2}I_0^2 Z_{in}^d = \frac{1}{2}U_0^2/Z_{in}^s \tag{1.5-16}$$

式中 Z_{in}^d 和 Z_{in}^s 分别为短电振子与短缝隙的输入阻抗。将式(1.5-15)代入上式得

$$Z_{in}^s Z_{in}^d = \frac{U_0^2}{I_0^2} = (60\pi)^2 \tag{1.5-17}$$

此式给出了互补天线的阻抗关系，称为布克关系式(Booker relation)。一种很有意义的特殊情形是，导体平板上的缝隙部分与导体部分的形状和尺寸都完全一样(如图 1.5-4 所示)，则有

$$Z_{in}^s = Z_{in}^d = 60\pi\,(\Omega) \tag{1.5-18}$$

可见二者输入阻抗为纯电阻 $60\pi = 188.5\ \Omega$，它与频率无关，即具有无限宽的阻抗频带。这种天线称为自互补天线。

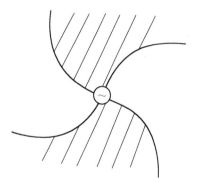

图 1.5-4　自互补结构

1.6　相似原理与互易定理，天线方向图的测试

*1.6.1　相似原理

　　相似原理也称为缩尺原理，可表述为："若将天线的所有尺寸都与波长按相同比例变化，则天线的工作特性保持不变。"这一原理已广泛应用于天线缩尺测量，使大天线可由其小尺寸模型来预测特性；也已应用于超宽带天线设计。相似原理推导如下[5]。

　　设天线 A 的电磁场为 $(\bar{E}, \bar{H})$，空间和时间坐标为 (x, y, z, t)，媒质参数为 $(\mu_0, \varepsilon_0, \sigma_0)$；天线 B 的电磁

场为 $(\bar{E}', \bar{H}')$，空间和时间坐标为 (x', y', z', t')，媒质参数为 $(\mu, \varepsilon, \sigma)$。天线 B 尺寸是 A 的 $1/M$(缩小 M 倍)，则两系统有如下关系：

$$\begin{cases} x = Mx', \quad y = My', \quad z = Mz' \\ \bar{E} = a\bar{E}', \quad \bar{H} = b\bar{H}', \quad t = ct' \end{cases} \tag{1.6-1}$$

式中 a、b 和 c 为待定系数。由此式可知，

$$\nabla = \hat{x}\frac{\partial}{\partial x} + \hat{y}\frac{\partial}{\partial y} + \hat{z}\frac{\partial}{\partial z} = \frac{1}{M}\left(\hat{x}\frac{\partial}{\partial x'} + \hat{y}\frac{\partial}{\partial y'} + \hat{z}\frac{\partial}{\partial z'}\right) = \frac{1}{M}\nabla' \tag{1.6-2a}$$

$$\frac{\partial \bar{E}'}{\partial t'} = \frac{c}{a}\frac{\partial \bar{E}}{\partial t}, \quad \frac{\partial \bar{H}'}{\partial t'} = \frac{c}{b}\frac{\partial \bar{H}}{\partial t} \tag{1.6-2b}$$

两系统都应满足麦克斯韦方程组，故

$$\text{天线 A：} \quad \begin{cases} \nabla \times \bar{E} = -\mu_0\dfrac{\partial \bar{H}}{\partial t} \tag{1.6-3a} \\[2mm] \nabla \times \bar{H} = \sigma_0\bar{E} + \varepsilon_0\dfrac{\partial \bar{E}}{\partial t} \tag{1.6-3b} \end{cases}$$

$$\text{天线 B：} \quad \begin{cases} \nabla' \times \bar{E}' = \dfrac{M}{a}\nabla \times \bar{E} = -\mu_0\dfrac{Mb}{ac}\dfrac{\partial \bar{H}'}{\partial t'} = -\mu\dfrac{\partial \bar{H}'}{\partial t'} \tag{1.6-4a} \\[2mm] \nabla' \times \bar{H}' = \dfrac{M}{b}\nabla \times \bar{H} = \sigma_0\dfrac{Ma}{b}\bar{E}' + \varepsilon_0\dfrac{Ma}{bc}\dfrac{\partial \bar{E}'}{\partial t'} = \sigma\bar{E}' + \varepsilon\dfrac{\partial \bar{E}'}{\partial t'} \tag{1.6-4b} \end{cases}$$

比较上二式最右端两等式可知，

$$\mu = \mu_0\frac{Mb}{ac}, \quad \varepsilon = \varepsilon_0\frac{Ma}{bc}, \quad \sigma = \sigma_0\frac{Ma}{b} \tag{1.6-5}$$

设两系统都采用相同的电磁单位，这要求 $a = b$，从而有

$$\mu = \frac{M}{c}\mu_0, \quad \varepsilon = \frac{M}{c}\varepsilon_0, \quad \sigma = M\sigma_0 \tag{1.6-6}$$

实用中两系统都处于空气中，因而 $\mu = \mu_0$，$\varepsilon = \varepsilon_0$，于是获得如下结果：

$$M = c, \quad \sigma = M\sigma_0 \tag{1.6-7}$$

这就是说，时间与空间的变化倍数相同，即当天线尺寸缩减至于 $1/M$ 时，其电磁振荡周期也减小至 $1/M$ 倍(频率提高至 M 倍)，同时，σ 也提高至 M 倍。因此，如果把天线尺寸缩减至 $1/M$ 倍而将工作波长也减小至 $1/M$(频率提高到 M 倍)，同时把 σ 提高到 M 倍，则在空气媒质中两系统的场是相似的，即两天线的特性是相同的，此即相似原理。注意，附加的条件是 $\sigma = M\sigma_0$。实践中 σ 的条件难以实现。不过，只要天线损耗功率远小于辐射功率，则电导率差别的影响很小。已有理论计算表明，对铝材，当频率由 1 GHz 提高到 100 GHz，σ 引入的误差量级为 10^{-4}，一般都可忽略。实际模型天线的缩小比例大多为 $1/10 \sim 1/30$。

1.6.2 互易定理的一般形式

互易定理(reciprocity theorem)是电磁场理论的基本定理之一，它可用来证明天线用于发射和用于接收时特性之间的互易性，简介如下。

设在线性媒质中存在两组频率的电磁场 $(\bar{E}_1, \bar{H}_1)$ 和 $(\bar{E}_2, \bar{H}_2)$，它们分别由场源 $(\bar{J}_1, \bar{J}_1^m)$ 和场源 $(\bar{J}_2, \bar{J}_2^m)$ 单独产生。根据矢量恒等式(A-18)，有

$$\nabla \cdot (\bar{E}_1 \times \bar{H}_2) = \bar{H}_2 \cdot (\nabla \times \bar{E}_1) - \bar{E}_1 \cdot (\nabla \times \bar{H}_2) \tag{1.6-8}$$

这些场具有式(1.3-1)所示的广义麦克斯韦方程组所示关系：

$$\nabla \times \bar{E} = -\bar{J}^m - j\omega\mu\bar{H}, \quad \nabla \times \bar{H} = \bar{J} + j\omega\varepsilon\bar{E}$$

所以式(1.6-8)可写为

$$\nabla \cdot (\bar{E}_1 \times \bar{H}_2) = -\bar{H}_2 \cdot \bar{J}_1^m - \bar{H}_2 \cdot j\omega\mu\bar{H}_1 - \bar{E}_1 \cdot \bar{J}_2 - \bar{E}_1 \cdot j\omega\varepsilon\bar{E}_2 \tag{1.6-9}$$

同理应有（将下标 1，2 对调）

$$\nabla \cdot (\bar{E}_2 \times \bar{H}_1) = -\bar{H}_1 \cdot \bar{J}_2^m - \bar{H}_1 \cdot j\omega\mu\bar{H}_2 - \bar{E}_2 \cdot \bar{J}_1 - \bar{E}_2 \cdot j\omega\varepsilon\bar{E}_1 \qquad (1.6\text{-}10)$$

式（1.6-9）减以式（1.6-10）得

$$\nabla \cdot (\bar{E}_1 \times \bar{H}_2 - \bar{E}_2 \times \bar{H}_1) = \bar{E}_2 \cdot \bar{J}_1 - \bar{E}_1 \cdot \bar{J}_2 + \bar{H}_1 \cdot \bar{J}_2^m - \bar{H}_2 \cdot \bar{J}_1^m \qquad (1.6\text{-}11)$$

这是洛伦兹（H. A. Lorentz，1853 – 1928，荷兰）互易定理的微分形式。对两端进行体积分，并用散度定理将左端体积分化为面积分，得

$$\int_s (\bar{E}_1 \times \bar{H}_2 - \bar{E}_2 \times \bar{H}_1) \cdot \overline{ds} = \int_v (\bar{E}_2 \cdot \bar{J}_1 - \bar{E}_1 \cdot \bar{J}_2 + \bar{H}_1 \cdot \bar{J}_2^m - \bar{H}_2 \cdot \bar{J}_1^m) dv \qquad (1.6\text{-}12)$$

上式是洛伦兹互易定理的积分形式，它就是互易定理的一般表示式。式中 s 是包围体积 v 的封闭面，当 v 扩展到无穷远时，上式两端便成为在无穷远处 s_∞ 面上的积分。设场源 $(\bar{J}_1, \bar{J}_1^m)$ 位于有限体积 v_1 中，场源 $(\bar{J}_2, \bar{J}_2^m)$ 位于有限体积 v_2 中，则它们在 s_∞ 面上产生的电磁场必然是微弱得可以忽略的。这样，上式左端在 s_∞ 上的积分趋于零，即

$$\int_{s_\infty} (\bar{E}_1 \times \bar{H}_2 - \bar{E}_2 \times \bar{H}_1) \cdot \overline{ds} = 0 \qquad (1.6\text{-}13)$$

同时，式（1.6-13）右端在 v_∞ 内的体积分趋于零，从而得

$$\int_{v_1} (\bar{E}_2 \cdot \bar{J}_1 - \bar{H}_2 \cdot \bar{J}_1^m) dv = \int_{v_2} (\bar{E}_1 \cdot \bar{J}_2 - \bar{H}_1 \cdot \bar{J}_2^m) dv \qquad (1.6\text{-}14)$$

这是最有用的互易定理形式，由卡森（J. R. Carson）导出而称为卡森形式互易定理。它反映了两个源与其场之间的互易关系，这种互易性源自在线性媒质中麦克斯韦方程组是线性的。

把式（1.6-14）应用于电路源即可得到常见的电路形式互易定理。对于电流源，有

$$\int_{v_1} \bar{E}_2 \cdot \bar{J}_1 dv = I_1 \int_{l_1} \bar{E}_2 \cdot \overline{dl} = -I_1 U_1^{oc}$$

式中 $U_1^{oc} = -\int_{l_1} \bar{E}_2 \cdot \overline{dl}$ 是源 2 所产生的 $\bar{E}_2$ 在 1 端所引起的开路电压（Open circuit voltage）。同理，

$$\int_{v_2} \bar{E}_1 \cdot \bar{J}_2 dv = -I_2 U_2^{oc}$$

于是得

$$I_1 U_1^{oc} = I_2 U_2^{oc} \qquad 即 \frac{U_1^{oc}}{I_2} = \frac{U_2^{oc}}{I_1} \qquad (1.6\text{-}15)$$

1.6.3　收、发天线方向图的互易性，方向图的测试

一个天线用于发射和用于接收时，其方向图和输入阻抗等特性都是相同的。这里我们就应用互易定理来说明收、发天线方向图的互易性。

如图 1.6-1（a）所示，天线#1 用于发射，而天线#2 沿一个固定半径的球面移动，记下开路端电压 $U_2^{oc}(\theta, \varphi)$。如图 1.6-1（b）所示，天线#1 用于接收，而天线#2 用于发射并沿同样半径的球面移动，记下开路端电压 $U_1^{oc}(\theta, \varphi)$。令 $I_1 = I_2$，由式（1.6-15）得

$$U_1^{oc}(\theta, \varphi) = U_2^{oc}(\theta, \varphi) \qquad (1.6\text{-}16)$$

因此，天线#1 用于发射时与用于接收时方向图相同。

实际测试天线方向图时一般采用图 1.6-1（b）的方式，将被测天线用于接收。并且不必沿球面移动辅助天线#2，而是原地转动被测天线#1 即可。注意，辅助天线与被测天线间的距离 r 需足够大，一般需满足远区距离条件，以使辅助天线位于被测天线的远区（见 2.1.2 节）。

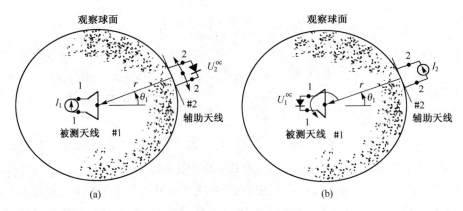

图 1.6-1　方向图互易性

习　　题

1.1-1　利用式(1.1-2)由式(1.1-1a)导出式(1.1-3a)。

1.1-2　利用式(1.1-3b)和式(1.1-3c)导出电流连续性方程(1.1-3e)。

1.1-3　利用式(1.1-2)证明坡印廷矢量瞬时值

$$\bar{S}(t) = \bar{E}(t) \times \bar{H}(t)$$

在一个周期 $T = 2\pi/\omega$ 内的平均值为

$$\bar{S}^{\mathrm{av}} = \mathrm{Re}\left[\frac{1}{2}\bar{E} \times \bar{H}^*\right]$$

1.2-1　利用式(1.2-6)导出式(1.2-7)。

1.2-2　利用式(1.2-7)导出式(1.2-8)。

1.2-3　证明电流元在无源空间任意观察点处的电场式(1.2-8)满足麦克斯韦方程 $\nabla \cdot \bar{E} = 0$。

Δ1.2-4　已知电流元最大方向上远区 2 km 处电场强度振幅为 $E_0 = 1$ mV/m。试求：

1)最大方向 4 km 处电场强度振幅 E_1；

2)E 面上偏离最大方向30°，4 km 处的磁场强度振幅 H_2。

Δ1.2-5　计算长 $L = 0.08\lambda$ 的电流元当电流为 5 mA 时的辐射功率。

Δ1.2-6　短振子全长 $L = 1$ m，工作频率 $f = 30$ MHz，在其最大辐射方向上 $r = 5$ km 处产生的磁场强度振幅 $H_0 = 5 \times 10^{-4}$ A/m，求其电流振幅 I_0 及辐射功率。

1.2-7　已知全长 $L = \dfrac{\lambda}{2}$ 的半波对称振子的有效长度为 $L_e = \dfrac{\lambda}{\pi}$，则与全长 $L = 0.1\lambda$ 的短振子相比，当二者输入端电流 I_0 相同时，求在远区相同距离处产生的最大场强之比 $E_M(半)/E_M(短)$。

Δ1.2-8　车载调幅收音机的鞭形天线可看成短振子，全长 1.8 m，半径 $a_0 = 2$ mm，材料的电导率为 $\sigma = 1.3 \times 10^7$ S/m。求其工作于 1 MHz($\lambda = 300$ m)时的辐射效率 e_r 及输入电阻 R_{in}。

1.3-1　利用对偶原理从式(1.3-5a)和式(1.3-5b)分别导出式(1.3-6a)和式(1.3-6b)。

1.3-2　在 x-y 面上置一小方环，每边长 $a \ll \lambda$，沿线电流 I 为常量，如图 P1-1所示。请导出其远区电场表示式及辐射电阻公式。

Δ1.3-3　若在面积为 A_0 的小电流环中心沿极轴方向上置一全长为 L 的短振子(见图 1.3-1)，二者馈电电流同相且具有相同功率，工作波长为 λ。

1)导出此时 A_0 与 L 的关系，其远区电场强度表示式，它在最大方向是什么极化波?

2)写出其归一化方向函数，概画二主面方向图。

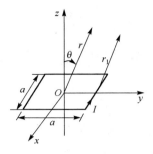

图 P1-1　小方环

1.3-4　磁流与电流之比 $I_x^m/I_y = \eta_0$，长度同为 L 的磁流元和电流元在自由空间坐标原点处分别沿 x 轴和 y 轴正交放置。证明此组合单元在二主面的方向图均为 $F(\theta) = \dfrac{1 + \cos\theta}{2}$。

1.3-5　求半径为 $a_1 = \lambda/50$ 和 $a_2 = \lambda/10$ 的小电流环的辐射电阻。

Δ1.3-6　求半径为 $\lambda/(10\pi)$，工作于 10 MHz 的单匝圆环和 4 匝圆环的辐射效率，设导线半径为 0.02 m，匝的间距为 0.06 m，铜导线的导电率为 1.57×10^7 S/m。

1.4-1　对图 1.4-5 所示的惠更斯元，采用洛夫等效原理的第一种变形，用理想导电体作为零场区的媒质，此时面元 ds 上只有面磁流 $\bar{J}_s^m = -\hat{n} \times \bar{E}_a$。再应用镜像原理，则 ds 面上的等效场源为 $\bar{J}_s^m = -2\hat{n} \times \bar{E}_a$，$\bar{J}_s = 0$。

　　1）试证这样处理时，式(1.4-8)改为
$$\begin{cases} dE_\theta = j\dfrac{E_a}{2\lambda r}2\sin\varphi e^{-jkr} ds \\[2mm] dE_\varphi = j\dfrac{E_a}{2\lambda r}2\cos\theta\cos\varphi e^{-jkr} ds \end{cases}$$

　　2）写出其 $\varphi = 0$ 平面方向函数。

1.4-2　对图 1.4-5 所示的惠更斯元，采用洛夫等效原理的第二种变形，用理想导磁体作为零场区的媒质，再应用镜像原理，则 ds 面上的等效场源为 $\bar{J}_s = 2\hat{n} \times \bar{H}_a$，$\bar{J}_s^m = 0$。

　　1）试证这样处理时，式(1.4-8)改为
$$\begin{cases} dE_\theta = j\dfrac{E_a}{2\lambda r}2\cos\theta\sin\varphi e^{-jkr} ds \\[2mm] dE_\varphi = j\dfrac{E_a}{2\lambda r}2\cos\varphi e^{-jkr} ds \end{cases}$$

　　2）写出其 $\varphi = 0$ 平面方向函数。

1.4-3　编程画出惠更斯元极坐标归一化方向图，并求出其半功率宽度 HP。

Δ1.5-1　对电磁场对偶原理，你能提出另一组对偶量吗？

1.5-2　根据式(1.5-14)，写出短缝隙天线的 E 面和 H 面方向函数，概画其二主面极坐标方向图。

1.5-3　利用布克关系式，由短振子的辐射电阻 R_r 得出短缝隙天线的辐射电导 $G_r^s = \dfrac{1}{R_r^s}$。这里不计导体损耗，短理想缝天线的输入功率即为其辐射功率，即 $\dfrac{1}{2}U_0^2/R_{in}^s = \dfrac{1}{2}U_0^2/R_r^s = \dfrac{1}{2}U_0^2 G_r^s$。

1.6-1　在远程导弹头部圆锥部分导体表面开一纵向窄缝，用来作为半波缝隙天线。进行模型测试时该半波缝隙长约 5 cm，整个导弹模型的尺寸是实际尺寸的 1/15，求该模型天线的工作频率 f，以及实际天线工作频率 f_0。

1.6-2　利用互易定理证明：位于理想导电体表面处的垂直磁流元不会产生任何电磁场。

1.6-3　利用互易定理证明：位于理想导磁体表面处的垂直电流元和水平磁流元都不会产生任何电磁场。

第 2 章　对称振子和天线电参数

　　为衡量天线实现其功能的优劣，已对它定义了一系列电参数。为便于理解这些电参数的定义，本章首先介绍最基本的天线形式——对称振子，重点是研究其辐射场，同时介绍方向图、辐射电阻和辐射效率等电参数。然后再依次引入其他电参数——天线的方向系数和增益、输入阻抗与带宽、极化、有效面积及噪声温度等，并以对称振子为例给出其计算方法与数值。特别是，对于对称振子的输入阻抗，既介绍了严格的计算方法，也介绍了近似的工程计算方法。前者及本书其他带 * 号的内容大都是供研究生们扩展或深入研究用的。

　　考察这些电参数可知，它们大多是用来描述天线辐射（或接收）特性的，其中主要是与方向性有关的量及极化，还有一个是描述天线电路特性的电参数——输入阻抗，它反映天线对其馈电线路的负载效应，此外就是反映频率特性的量——带宽。看一副天线电性能如何，通常就是看其方向性、极化、输入阻抗和带宽。

2.1　对　称　振　子

2.1.1　对称振子的电流分布与远区场

　　对称振子是最基本的也是最常用的天线形式，我们可利用 1.2.1 节所述的两步解法来分析它。即第一步，近似确定振子上的电流分布；第二步，根据电流分布求其外场。对称振子几何关系如图 2.1-1(a)所示。从振子中点馈电，一臂长度为 l，全长 $L = 2l$，圆柱导体的半径为 a。这个结构可以看成是由终端开路的双线传输线张开而成的，如图 2.1-1(b)所示。平行双线传输线上的导行波在开路终端处将形成全反射，其电流沿线呈驻波分布，在开路终端处电流总是零。由于上下平行线上电流的方向是相反的，并且两导线的间距远小于波长，因此双导线上电流的辐射场几乎相消而并无明显辐射。但当双导线的终端张开后，演变成了图 2.1-1(a)的形式，使上下导线上的电流由原来方向相反变成方向相同，因而它们的辐射场在 z 轴方向同相叠加，而成了能有效辐射的开放式结构——天线。对 $a \ll \lambda$ 的振子，若忽略因辐射而引起的电流分布的改变，其沿线电流近似于正弦分布：

$$I = \begin{cases} I_M \sin[k(l-z)], & z \geq 0 \\ I_M \sin[k(l+z)], & z < 0 \end{cases}$$

即
$$I = I_M \sin[k(l-|z|)] \tag{2.1-1}$$

式中 I_M 为电流驻波的波腹电流，即电流最大值；这是一种驻波电流分布。

　　有了电流分布，便可利用叠加原理来求出对称振子的远区场。振子上 z 处的微分电流元 Idz 在场点 P 产生的远区电场为

$$d\bar{E}_1 = \hat{\theta}_1 j \frac{\eta Idz}{2\lambda r_1} \sin\theta_1 e^{-jkr_1}$$

下臂上对中点对称的 $-|z|$ 处电流元具有相同的电流 I，它在 P 点处产生的远区电场为

$$d\bar{E}_2 = \hat{\theta}_2 j \frac{\eta Idz}{2\lambda r_2} \sin\theta_2 e^{-jkr_2}$$

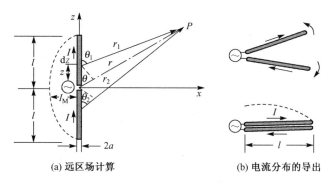

(a) 远区场计算　　　　　　(b) 电流分布的导出

图 2.1-1　对称振子的远区场计算和电流分布

对远区场点，各源点至场点的射线可看成平行的，即 $\bar{r}_1 \parallel \bar{r} \parallel \bar{r}_2$，从而有

（1）
$$\theta_1 \approx \theta_2 \approx \theta, \quad \hat{\theta}_1 \approx \hat{\theta}_2 \approx \hat{\theta} \tag{2.1-2a}$$

（2）
$$\begin{cases} r_1 \approx r - |z|\cos\theta \\ r_2 \approx r + |z|\cos\theta \end{cases} \tag{2.1-2b}$$

（3）
$$\frac{1}{r_1} \approx \frac{1}{r} \approx \frac{1}{r_2} \tag{2.1-2c}$$

根据式(2.1-2b)，由于在远区 $r \gg |z|\cos\theta$，因而有式(2.1-2c)，即 r_1 和 r_2 的微小差异对振幅因子 $1/r_1$ 和 $1/r_2$ 的影响甚微。然而在相位因子中决不能把 r_1 和 r_2 看成是相同的。虽然 $|z|\cos\theta$ 与 r 相比很小，但与波长 λ 相比却会是同一数量级，这样 $(2\pi/\lambda)|z|\cos\theta$ 就可能导致大的相位差。根据式(2.1-2a)，电场 $d\bar{E}_1$ 和 $d\bar{E}_2$ 的方向都是 $\hat{\theta}$，因而它们的矢量和化为代数和。故得

$$dE_\theta = dE_1 + dE_2 = j\frac{\eta I_M \sin[k(l-|z|)]\,dz}{2\lambda r}\sin\theta\, e^{-jkr}\left[e^{jkl\,zl\cos\theta} + e^{-jkl\,zl\cos\theta}\right] \tag{2.1-3}$$

总电场为

$$E_\theta = \int_0^l dE_\theta = j\frac{\eta I_M}{\lambda r}\sin\theta\, e^{-jkr}\int_0^l \sin[k(l-z)]\left[e^{jkz\cos\theta} + e^{-jkz\cos\theta}\right]dz \tag{2.1-4}$$

式中积分可利用下式求出：

$$\int e^{ax}\sin(bx+c)\,dx = \frac{e^{ax}}{a^2+b^2}[a\sin(bx+c) - b\cos(bx+c)] \tag{2.1-5}$$

最后得

$$E_\theta = j\frac{60 I_M}{r}\frac{\cos(kl\cos\theta) - \cos kl}{\sin\theta}e^{-jkr} \tag{2.1-6}$$

式中已代入 $\eta = \eta_0 = 120\pi\,(\Omega)$。其磁场与电场的关系仍与电流元场相同，即

$$H_\varphi = \frac{E_\theta}{\eta_0} \tag{2.1-7}$$

上式结果表明，对称振子远区场的特点与电流元相似。场的方向：电场只有 E_θ 分量，磁场只有 H_φ 分量，是横电磁波。场的相位：磁场与电场同相，是以振子中点为相位中心的球面波，是点源。场的振幅：与 r 成反比，与 I_M 成正比，并与场点的方向 θ 有关，即具有方向性。

对称振子最常见的长度是 $l = \lambda/4$，即全长 $L = 2l = \lambda/2$，称为半波振子。半波振子的远区场为

$$\begin{cases} E_\theta = j\dfrac{60 I_M}{r}\dfrac{\cos\left(\dfrac{\pi}{2}\cos\theta\right)}{\sin\theta}e^{-jkr} \\ H_\varphi = \dfrac{E_\theta}{\eta_0} \end{cases} \tag{2.1-8}$$

当 $2l = \lambda$, 称为全波振子, 其远区场为

$$\begin{cases} E_\theta = \mathrm{j}\dfrac{60 I_\mathrm{M}}{r}\dfrac{\cos(\pi\cos\theta) + 1}{\sin\theta}\mathrm{e}^{-jkr} \\ H_\varphi = \dfrac{E_\theta}{\eta_0} \end{cases} \qquad (2.1\text{-}9)$$

2.1.2 远区条件, 场区的划分

在 1.2 节中, 我们曾指出电流元的远区条件是

$$kr \gg 1, \quad 即\ r \gg \frac{\lambda}{2\pi} \qquad (2.1\text{-}10)$$

但是在研究有限大的实际天线时, 光用这一条件来确定远区是不够的。上一节中已看到, 对远区场点, 要求各源点至场点的射线可看成是平行的, 即图 2.1-1(a) 中由天线上任意点 (x, y, z) 至场点 $P(X, Y, Z)$ 的射线 $\bar{r}_1$ 与天线中点(坐标原点)至 P 点的矢径 $\bar{r}$ 是近于平行的: $\bar{r}_1 /\!/ \bar{r}$, 从而有

$$r_1 \approx r - z\cos\theta \qquad (2.1\text{-}11)$$

由图 2.1-1(a) 可看到, r_1 的准确值为

$$r_1 = \left[(X - x)^2 + (Y - y)^2 + (Z - z)^2 \right]^{\frac{1}{2}} = \left[X^2 + Y^2 + (Z - z)^2 \right]^{\frac{1}{2}} \qquad (2.1\text{-}12)$$

式中已代入 $x = y = 0$。由于 $r^2 = X^2 + Y^2 + Z^2$, $Z = r\cos\theta$, 此式可化为

$$r_1 = \left[r^2 + (-2rz\cos\theta + z^2) \right]^{\frac{1}{2}} \qquad (2.1\text{-}13)$$

设 $z \leqslant l < r$, 利用二项式定理展开上式:

$$r_1 = r + \frac{1}{2}r^{-1}(-2rz\cos\theta + z^2) + \frac{1}{4}\left(-\frac{1}{2}\right)r^{-3}(4r^2z^2\cos^2\theta - 4rz^3\cos\theta + z^2)$$

$$+ \frac{1}{12}\left(-\frac{1}{2}\right)\left(-\frac{3}{2}\right)r^{-5}(-8r^3z^3\cos^3\theta + \cdots) + \cdots$$

即

$$r_1 = r - z\cos\theta + \frac{z^2}{2r}\sin^2\theta + \frac{z^3}{2r^2}\cos\theta\sin^2\theta + \cdots \qquad (2.1\text{-}14)$$

比较上式与式 (2.1-11) 可知, 远区近似取前二项, 其最大误差发生于 $z = l = L/2$, $\theta = 90°$ 时:

$$\Delta r_{\max} = \frac{l^2}{2r} = \frac{L^2}{8r} \qquad (2.1\text{-}15)$$

通常认为若最大相位误差为 $\pi/8$ (22.5°), 对天线场的叠加效应影响不大。以此为标准, 要求

$$k\Delta r_{\max} = \frac{2\pi}{\lambda} \cdot \frac{L^2}{8r} \leqslant \frac{\pi}{8} \qquad (2.1\text{-}16)$$

得

$$r \geqslant \frac{2L^2}{\lambda} \qquad (2.1\text{-}17)$$

归纳一下, 充分的远区条件应为:

$$r \gg L, \quad r \gg \frac{\lambda}{2\pi}, \quad r \geqslant \frac{2L^2}{\lambda} \qquad (2.1\text{-}18)$$

在上一节有关振幅因子的近似式 (2.1-2c) 中利用了条件 $r \gg L$, 实际可取 $r > 5L$; 辐射场条件 $r \gg \lambda/2\pi$ 在应用中可取 $r > 1.6\lambda$。因此最难满足的通常是式 (2.1-17), 实用上都简单地以此式作为远区条件, 式中 L 为天线最大尺寸。按第 1 章图 1.6-1(b) 来测量天线方向图时, 若被测天线最大尺寸为 L_1, 而发射天线最大尺寸为 L_2, 也较大, 则应取 $L = L_1 + L_2$。举个数值例子, 我国于 20 世纪 70 年代研制的一种最早的卫星地面站天线是 10 m 直径的 C 波段反射面天线, 接

收国际通信卫星信号,其中心频率为 3950 MHz, 即 $\lambda = 7.6$ cm, 则其远区条件为

$$r \geqslant \frac{2 \times 10^2}{7.6 \times 10^{-2}} = 2.6 \times 10^3 \text{ m} = 2.6 \text{ km}$$

对位于地球赤道上空 35 800 km 处的同步地球卫星来说,此条件自然是满足的,但在地面上要建一个满足此条件的测试场也非易事。当时的研制单位后来利用太阳作为射电源来测定该天线的 G/T 值。

如图 2.1-2 所示,天线外场空间可划分为三个区域。

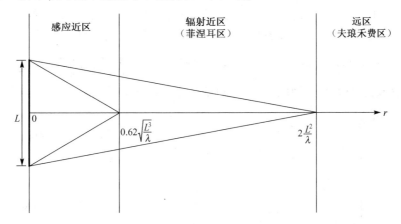

图 2.1-2　天线外场空间的划分

1. 远区(辐射远场区)。从 $2L^2/\lambda$ 至无穷远。此时式(2.1-11)对天线上任意源点至场点的射线都成立。将它们代入任意源点处电流元 $I(z)\,\mathrm{d}z$ 在场点产生的远场表示式,得

$$\mathrm{d}\bar{E}_1 = \hat{\theta}\mathrm{j}\frac{\eta I(z)\,\mathrm{d}z}{2\lambda r}\sin\theta \mathrm{e}^{\mathrm{j}kz\cos\theta}\mathrm{e}^{-\mathrm{j}kr} \tag{2.1-19}$$

设电流元分布于 $-L/2 \leqslant z \leqslant L/2$ 区域,则其在场点处的合成场为

$$\bar{E} = \mathrm{j}\frac{\eta}{2\lambda r}\mathrm{e}^{-\mathrm{j}kr}\int_{-L/2}^{L/2}\hat{\theta}I(z)\sin\theta \mathrm{e}^{\mathrm{j}kz\cos\theta}\mathrm{d}z \tag{2.1-20}$$

此辐射积分号内不含 r 因子,因此其积分结果与 r 无关。这就是说,场的方向函数将与距离无关,即方向图与距离无关,在此区内取不同 r 所求得的方向图是相同的。同时我们看到,场的振幅随 $1/r$ 单调衰减。这个区域对应于波动光学中的夫琅禾费(Fraunhofer)区。

2. 辐射近区。从约 $0.62\sqrt{L^3/\lambda}$ 至 $2L^2/\lambda$。此时不能采用式(2.1-11)近似,而需取展开式(2.1-14)中前三项,即

$$r_1 = r - z\cos\theta + \frac{z^2}{2r}\sin^2\theta \tag{2.1-21}$$

该式计入了源点轴向(径向)坐标的平方项,称为菲涅耳(Fresnel)近似。其最大误差项为式(2.1-14)中第 4 项。但当 $\theta = 90°$ 时此项为零,为此,先求产生最大误差的 θ 角,令

$$\frac{\partial}{\partial\theta}\left(\frac{z^3}{2r^2}\cos\theta\sin^2\theta\right) = \frac{z^3}{2r^2}\sin\theta(-\sin^2\theta + 2\cos^2\theta) = 0 \tag{2.1-22}$$

得最大误差角 θ_1 发生于

$$-\sin^2\theta_1 + 2\cos^2\theta_1 = 0, \quad \theta_1 = \arctan\sqrt{2}$$

故最大误差发生于 $z = L/2$, $\theta = \theta_1$ 时;由式(2.1-14)中第 4 项得

$$\Delta r_{\max} = \frac{L^3}{16r^2}\cos\theta_1\sin^2\theta_1 = \frac{L^3}{16r^2}\left(\frac{1}{\sqrt{3}}\right)\left(\frac{2}{3}\right) = \frac{L^3}{24\sqrt{3}r^2} \tag{2.1-23}$$

仍以最大相位误差 $\pi/8$ 为标准,即要求波程差为 $\lambda/16$,则

$$\frac{L^3}{24\sqrt{3}r^2} \leqslant \frac{\lambda}{16} \tag{2.1-24}$$

得

$$r^2 \geqslant \frac{2}{3\sqrt{3}}\left(\frac{L^3}{\lambda}\right), \quad r \geqslant 0.62\sqrt{L^3/\lambda} \tag{2.1-25}$$

由于式(2.1-21)中计入了 $(z^2\sin^2\theta/2r)$ 项,辐射积分将与式(2.1-20)有所不同,而会出现既与 z 有关,又与 r 有关的因子,这使得积分结果与 r 有关。这就是说,这个区域内场的角度分布("方向图"形状)是径向距离的函数,如图 2.1-3 所示。从振幅上看,此时一般仍可近似取 $\frac{1}{r_1} \approx \frac{1}{r}$。这意味着其中辐射场仍占主导地位。因此称之为辐射近区,对应于波动光学中的菲涅耳区。

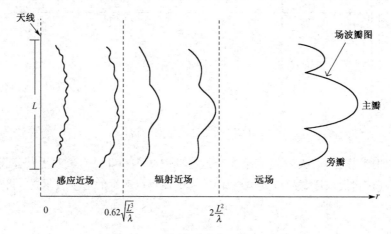

图 2.1-3　不同场区的场强相对分布

3. 感应近区。$r = 0 \sim 0.62\sqrt{L^3/\lambda}$。这是最靠近天线的区域,此区域中感应场大于辐射场,其中往返振荡的虚功率大于沿径向传播的实功率。

值得说明,以上讨论虽然是基于沿 z 轴的线天线来导出的,但同样适用于其他类型的天线。对于口径天线,L 就是指口径最大尺寸(直径 d)。式(2.1-11)和式(2.1-20)中的 z 应代以口径上源点(ρ,φ,z)的径向坐标 ρ。同时,这里虽然给出了划分场区的距离条件,但是不应把它们看成严格的界线。实际上场的特性不是突然变化的,而是渐变的。这正是事物由量变到质变的一种反映。

2.1.3　对称振子的方向图和辐射电阻

2.1.3.1　方向图

通常就取式(2.1-6)中与方向有关的因子作为对称振子的方向(图)函数,称为未归一化的方向函数(r 为常量):

$$f(\theta,\varphi) = \left.\frac{|E(\theta,\varphi)|}{\frac{60I_M}{r}}\right|_{r=\text{const}} = \frac{\cos(kl\cos\theta) - \cos kl}{\sin\theta} \tag{2.1-26}$$

由之可得出按式(1.2-13)定义的归一化方向(图)函数:

$$F(\theta,\varphi) = \frac{f(\theta,\varphi)}{f_M} \tag{2.1-27}$$

f_M 是 $f(\theta, \varphi)$ 的最大值。对于半波振子 $(2l = \lambda/2)$：

$$f(\theta, \varphi) = F(\theta, \varphi) = \frac{\cos\left(\dfrac{\pi}{2}\cos\theta\right)}{\sin\theta} \tag{2.1-28}$$

对全波振子 $(2l = \lambda)$：

$$f(\theta, \varphi) = \frac{\cos(\pi\cos\theta) + 1}{\sin\theta}, \quad F(\theta, \varphi) = \frac{\cos(\pi\cos\theta) + 1}{2\sin\theta} \tag{2.1-29}$$

不同长度的对称振子在 E 面(含轴平面)上的方向图如图 2.1-4 所示。当 $l > 0.7\lambda$，$\theta = 90°$ 方向不再是其最大方向。几种长度时的半功率宽度列在表 2.1-1 中。由于轴对称性，它们在 H 面(垂直轴平面)内的方向图仍然是一个圆。$2l = 3\lambda/2$ 对称振子的立体方向图如图 2.1-5 所示。

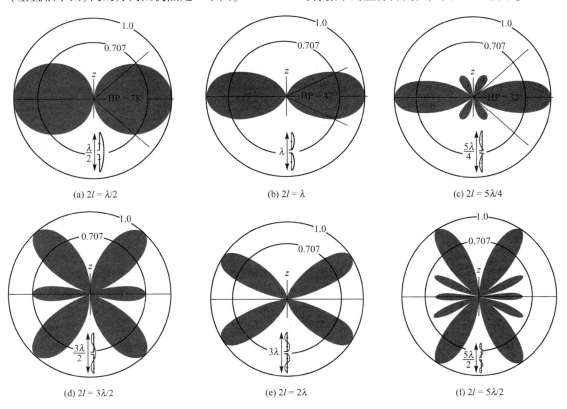

(a) $2l = \lambda/2$　　　　　　(b) $2l = \lambda$　　　　　　(c) $2l = 5\lambda/4$

(d) $2l = 3\lambda/2$　　　　　　(e) $2l = 2\lambda$　　　　　　(f) $2l = 5\lambda/2$

图 2.1-4　不同长度对称振子的 E 面方向图

表 2.1-1　对称振子的半功率宽度

$2l$	$\ll \lambda$	$\lambda/4$	$\lambda/2$	$3\lambda/4$	λ	$5\lambda/4$
HP	90°	87°	78°	64°	47°	32°

图 2.1-4 表明，不同长度对称振子的 E 面方向图是不同的，为什么？显然，"果"源自其"因"，场分布的"因"就是场源，这是由于它们的电流分布不同之故。其电流分布已在各方向图下方的插图中画出。不难看出：

1. 当 $l \leqslant \lambda/2$，最大辐射都在 $\theta = 90°$ 方向。$l \leqslant \lambda/4$ 时，振子方向图与电流元方向图相近；当 l 增大，波瓣逐渐变窄。这是由于此时振子各点电流相同，l 增大相当于电流元数目增多，它们的辐射场在 $\theta = 90°$ 方向同相相加，因而方向性得以增强。

2. 当 $l > \lambda/2$，振子上出现反相电流，所有电流元的辐射场在 $\theta = 90°$ 方向不再是全部同相

图 2.1-5 $2l = 3\lambda/2$ 对称振子的立体方向图

相加,而且方向图开始出现旁瓣。当 $l \approx 0.7\lambda$,最大辐射方向开始偏离 $\theta = 90°$。而当 $l = \lambda$(称为倍波振子)时,$\theta = 90°$ 方向辐射为零,这是由于振子两臂上反相的两部分正好长度相等,使合成场相消为零;而对 $\theta = 60°$ 方向,由于反相的对应部分相距 $l = \lambda$,它们在该方向的波程差所引起的相位差为 $kl\cos\theta = 2\pi\cos 60° = \pi$,这样,合成场又同相,从而叠加形成最大值。

3. 无论 l 为任何值,在对称振子的轴向,即 $\theta = 0°$ 和 $\theta = 180°$ 方向,辐射均为零。这是由于电流元在其轴向都无辐射。

上述对称振子方向图随其长度的变化诠释了一个哲理:世界万物都处于变化之中,并且从量变到质变。当 l 较小时,振子臂各处电流同相,合成场在边射方向($\theta = 90°$)最大,这正是通常的应用模式。而当 l 超过 $\lambda/2$ 时,振子上出现反相电流,而且这一"反对派"随 l 的继续增大而由弱变强,致使当 $l = \lambda$ 时,振子上的反向电流与正向电流大小相等,二者在 $\theta = 90°$ 方向的场正好相互抵消,使边射方向由以前的最大方向质变为零值方向。

图 2.1-4 中的方向图是细振子的理论结果。当振子较粗时,电流沿振子有衰减,不再是纯驻波分布,此时一组实测方向图如图 2.1-6 所示。可见,当振子增粗(臂长半径比 l/a 减小),主要变化是零点消失,且随着增粗,极小值增大而极大值减小,主瓣也有所展宽。

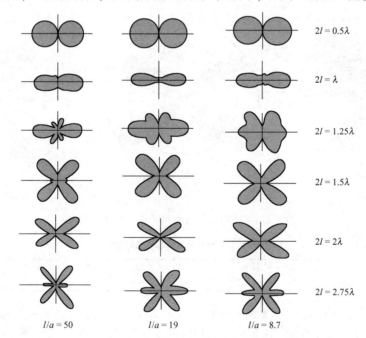

图 2.1-6 不同 l/a 对称振子的实测 E 面方向图

基于电流分布的分析,还可解释为什么常用对称振子而不用不对称振子。如图 2.1-7 所示,不对称的电流分布 I 可分解为偶模(even mode)I_e 和奇模(odd mode)I_o,即

$$I_e(z) = \frac{I(z) + I(-z)}{2} = I_e(-z)$$

$$I_o(z) = \frac{I(z) - I(-z)}{2} = -I_o(-z) \tag{2.1-30}$$

则
$$I(z) = I_e(z) + I_o(z)$$
$$I(-z) = I_e(-z) + I_o(-z) \tag{2.1-31}$$

显然，I_e 分量的辐射就是普通对称振子的辐射，在其边射方向形成所需的最大辐射。而现在出现的 I_o 分量辐射，由于上、下臂电流反相，它们在边射方向的合成场几乎为零，而会在某斜角方向形成其最大辐射，从而分散了向边射方向辐射的功率，这是应用中所不希望的。

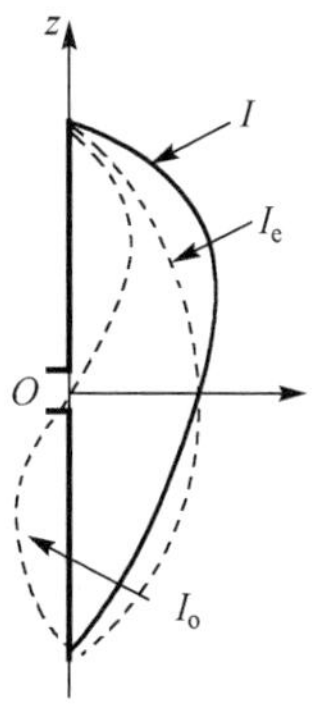

2.1.3.2　辐射电阻

对称振子的辐射功率可用其辐射电阻表示：

$$P_r = \frac{1}{2}I_M^2 R_r \tag{2.1-32}$$

将式(2.1-6)代入式(1.2-16)可求得辐射功率：

$$P_r = \int_0^{2\pi} \int_0^{\pi} \frac{|E_\theta|}{240\pi} r^2 \sin\theta \mathrm{d}\theta \mathrm{d}\varphi = 30 I_M^2 \int_0^{\pi} \frac{[\cos(kl\cos\theta) - \cos kl]^2}{\sin\theta}\mathrm{d}\theta$$

图 2.1-7　不对称电流分布的分解

故
$$R_r = \frac{2P_r}{I_M^2} = 60\int_0^{\pi} \frac{[\cos(kl\cos\theta) - \cos kl]^2}{\sin\theta}\mathrm{d}\theta \tag{2.1-33}$$

对于半波振子，上式化为

$$R_r = 60\int_0^{\pi} \frac{\cos^2\left(\frac{\pi}{2}\cos\theta\right)}{\sin\theta}\mathrm{d}\theta \tag{2.1-34}$$

令 $u = \cos\theta$，则

$$\mathrm{d}u = -\sin\theta\mathrm{d}\theta, \quad \frac{\mathrm{d}\theta}{\sin\theta} = \frac{-\mathrm{d}u}{\sin^2\theta} = \frac{-\mathrm{d}u}{1 - u^2} = \frac{-\mathrm{d}u}{2}\left(\frac{1}{1+u} + \frac{1}{1-u}\right)$$

得
$$\int_\rho^{\pi} \frac{\cos^2\left(\frac{\pi}{2}\cos\theta\right)}{\sin\theta}\mathrm{d}\theta = -\frac{1}{4}\int_1^{-1}(1 + \cos\pi u)\left(\frac{1}{1+u} + \frac{1}{1-u}\right)\mathrm{d}u = \frac{1}{2}\int_{-1}^{1}\frac{1 + \cos\pi u}{1+u}\mathrm{d}u$$

再令 $v = \pi(1 + u)$，则

$$\mathrm{d}v = \pi\mathrm{d}u, \quad \frac{\mathrm{d}v}{v} = \frac{\mathrm{d}u}{1+u}, \quad \cos\pi u = \cos(v - \pi) = -\cos v$$

上式积分化为

$$\frac{1}{2}\int_0^{2\pi}\frac{1 - \cos v}{v}\mathrm{d}v = \frac{1}{2}\mathrm{Cin}\,2\pi \tag{2.1-35}$$

利用 $\mathrm{Cin}\,x = C + \ln x - \mathrm{Ci}\,x$ 后，得

$$R_r = 30\mathrm{Cin}\,2\pi = 30(C + \ln 2\pi - \mathrm{Ci}\,2\pi) = 30(0.5772 + 1.8379 + 0.0227)$$
$$= 30 \times 2.4378 = 73.13(\Omega) \tag{2.1-36}$$

对全长为 L 的其他振子，进行类似处理可得(见习题 2.1-7)

$$R_r = 30\big[2\mathrm{Cin}\,kL + \sin kL(\mathrm{Si}\,2kL - 2\mathrm{Si}\,kL) + \cos kL(2\mathrm{Cin}\,kL - \mathrm{Cin}\,2kL)\big] \tag{2.1-37}$$

或

$$R_r = 30\left[2(C + \ln kL - \mathrm{Ci}\,kL) + \sin kL(\mathrm{Si}\,2kL - 2\mathrm{Si}\,kL) + \cos kL\left(C + \ln\frac{1}{2}kL + \mathrm{Ci}\,2kL - 2\mathrm{Ci}\,kL\right)\right]$$

$$\tag{2.1-37a}$$

上式中 $C = 0.577\,21\cdots$，为欧拉常数，Si 为正弦积分，Ci 为余弦积分，Cin 为变形余弦积分：

$$\mathrm{Si}\,x = \int_0^x \frac{\sin u}{u}\mathrm{d}u = x - \frac{x^3}{3!3} + \frac{x^5}{5!5} - \cdots \tag{2.1-38}$$

$$\begin{cases} \mathrm{Si}\,x \approx x, & x < 0.5 \\ \mathrm{Si}\,x \approx \dfrac{\pi}{2} - \dfrac{\cos x}{x}, & x \gg 1 \end{cases} \tag{2.1-38a}$$

$$\mathrm{Ci}\,x = \int_\infty^x \frac{\cos u}{u}\mathrm{d}u = -\int_x^\infty \frac{\cos u}{u}\mathrm{d}u = C + \ln x - \frac{x^2}{2!2} + \frac{x^4}{4!4} - \frac{x^6}{6!6} + \cdots \tag{2.1-39}$$

$$\begin{cases} \mathrm{Ci}\,x \approx C + \ln x, & x < 0.2 \\ \mathrm{Ci}\,x \approx \dfrac{\sin x}{x}, & x \gg 1 \end{cases} \tag{2.1-39a}$$

$$\mathrm{Cin}\,x = \int_0^x \frac{1 - \cos u}{u}\mathrm{d}u = C + \ln x - \mathrm{Ci}\,x = \frac{x^2}{2!2} - \frac{x^4}{4!4} + \frac{x^6}{6!6} - \cdots \tag{2.1-40}$$

正弦积分和余弦积分函数曲线如图 2.1-8 所示，可见当 $x \gg 1$，二者分别收敛于 $\dfrac{\pi}{2}$ 和 0，某些函数值列于表 2.1-2 中。对称振子辐射电阻 R_r 的数值结果如图 2.1-9 所示。由图查得，当 $l = 0.5\lambda$（全波振子）时，$R_r = 200\ \Omega$。

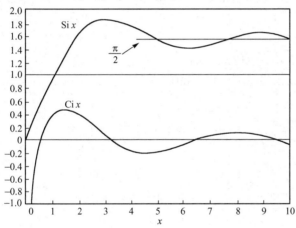

图 2.1-8　正弦积分 Si x 与余弦积分 Ci x 的曲线图

表 2.1-2　Si x 和 Ci x 函数值

x	Si x	Ci x
0	0	$-\infty$
$\pi/2$	1.371	0.472
π	1.852	0.074
$3\pi/2$	1.608	-0.198
2π	1.418	-0.0227
3π	1.675	0.011
4π	1.492	-0.006
∞	1.5708	0

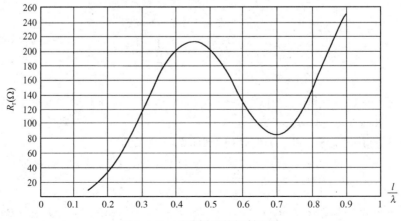

图 2.1-9　对称振子的辐射电阻

2.2　天线的方向系数和增益

2.2.1　天线方向系数的定义与计算

天线的方向系数是天线的主要电参数之一，用来定量地描述天线方向性的强弱。天线的方向（性）系数 D（Directivity）定义为天线在最大辐射方向上远区某点的功率密度与辐射功率相同的无方向性天线在同一点的功率密度之比（见图 2.2-1）：

$$D = \frac{S_{\mathrm{M}}}{S_0}\bigg|_{P_r \text{相同}, r \text{相同}} \tag{2.2-1}$$

不同天线都取无方向性天线作为标准进行比较，因而能比较出不同天线最大辐射的相对大小，即方向性系数能比较不同天线方向性的强弱。上式中 S_{M} 和 S_0 可分别表示为

$$S_{\mathrm{M}} = \frac{1}{2}\frac{E_{\mathrm{M}}^2}{120\pi}, \quad S_0 = \frac{P_r}{4\pi r^2} \tag{2.2-2}$$

故
$$D = \frac{\dfrac{1}{2}\dfrac{E_{\mathrm{M}}^2}{120\pi}}{\dfrac{P_r}{4\pi r^2}} = \frac{E_{\mathrm{M}}^2 r^2}{60 P_r} \tag{2.2-3}$$

因此
$$|E_{\mathrm{M}}| = \frac{\sqrt{60 P_r D}}{r} \tag{2.2-4}$$

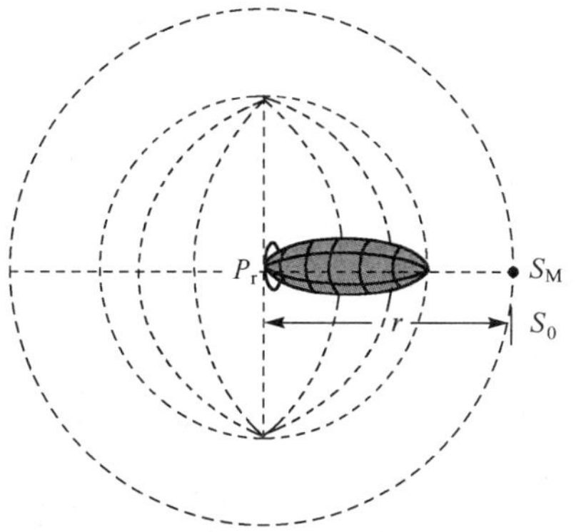

图 2.2-1　方向系数的定义

由上式可看出方向（性）系数的物理意义如下：

1. 在辐射功率相同的情况下，有方向性天线在最大方向的场强是无方向性天线（$D=1$）的场强的 $\sqrt{D}$ 倍。即对最大辐射方向而言，这等效于辐射功率增大到 D 倍。因此 P_rD 称为天线在该方向的等效辐射功率。为什么天线有这样的功能呢？其物理实质是，天线把无方向性天线向其他方向辐射的部分功率加强到此方向上去了。在原理上，这与我们喊话时加上一个喇叭话筒的作用是相同的，喇叭可使正对的方向上音量增大，而减弱其他方向的音量。显然，主瓣愈窄，意味着加强得愈多，则方向系数愈大。

2. 若要求在最大方向场点产生相同场强（$E_{\mathrm{M}}=E_0$），有方向性天线辐射功率只需无方向性天线的 $1/D$ 倍。

以上两方面都说明，对最大方向而言，天线就是辐射功率的放大器。这是一种空间放大器，这个放大器的工作并不需要外加电源，而是通过对辐射功率的空间分配来增大最大方向的功率密度。因此在许多应用中，要求天线具有足够大的方向系数，例如卫星天线。若通信卫星天线的方向系数不够大，而主要由普通的功率放大器来完成放大功能，则不但其体积、质量要加大，而且其电源要加大，这又要求提供能源的太阳能电池帆板增大，因此运载火箭的运力大大增大，从而导致其造价显著增加。

上述讨论表明，方向系数由场强在全空间的分布情形决定。就是说，若方向图已给定，则 D 也就确定了。因此 D 可由方向图函数算出。由式（1.2-13），

$$|E(\theta, \varphi)| = E_{\mathrm{M}} F(\theta, \varphi)$$

故
$$P_r = \oint_s \frac{1}{2}\frac{|E(\theta, \varphi)|^2}{120\pi}\mathrm{d}s = \frac{E_{\mathrm{M}}^2}{240\pi}\int_0^{2\pi}\int_0^{\pi} F^2(\theta, \varphi) r^2 \sin\theta\mathrm{d}\theta\mathrm{d}\varphi \tag{2.2-5}$$

代入式(2.2-3)得

$$D = \frac{4\pi}{\int_0^{2\pi} \int_0^{\pi} F^2(\theta, \varphi) \sin\theta \mathrm{d}\theta \mathrm{d}\varphi} \qquad (2.2\text{-}6)$$

若 $F(\theta, \varphi) = F(\theta)$，即方向图对 z 轴对称(与 φ 无关)，则

$$D = \frac{2}{\int_0^{\pi} F^2(\theta) \sin\theta \mathrm{d}\theta} \qquad (2.2\text{-}7)$$

我们看到，主瓣愈窄，分母积分愈小，因而 D 愈大。

上式积分也可利用图解积分法由被积函数曲线所包围的面积进行近似计算：

$$D \approx \frac{2}{\sum_{i=1}^{n} F^2(\theta_i) \sin\theta_i \Delta\theta_i} \qquad (2.2\text{-}8)$$

例如图 2.2-2 所示，图中 $p(\theta) = F^2(\theta)$ 为按直角坐标画出的归一化功率方向图函数。现将 $\theta = 0 \sim \pi$ 范围以 $5°$ 为间隔分成 36 段。第 $i = 1$ 段的积分值为

$$I_{\mathrm{D1}} = p(\theta_1)_{\mathrm{av}} \sin\theta_1 \Delta\theta_1 = \frac{1.0 + 0.93}{2} \sin 2.5° \times \frac{\pi}{36}$$

依次求得 36 段积分值后，得

$$I_{\mathrm{D}} = (\underset{\text{主瓣}}{0.25} + \underset{\text{第一旁瓣}}{0.37} + \underset{\text{第二旁瓣}}{0.46} + \underset{\text{第三旁瓣}}{0.12} + \underset{\text{第四旁瓣}}{0.07}) \times \frac{\pi}{36} = 0.111$$

故

$$D = \frac{2}{I_{\mathrm{D}}} = \frac{2}{0.111} = 18.0$$

此例中第一和第二旁瓣的积分值占了总积分值的大部分，可见为提高方向系数，必须努力降低旁瓣电平。

图 2.2-2 中也画出了 $\sin\theta$ 曲线下的面积 A，它对应于无方向性天线的积分值，而 $p(\theta)\sin\theta$ 曲线下的面积为 α。因此方向系数也就是该二面积之比：$D \approx \frac{2}{I_{\mathrm{D}}} = \frac{A}{\alpha}$。

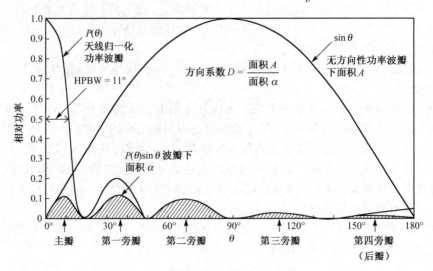

图 2.2-2 用图解积分法计算方向系数

式(2.2-6)也可表示为

$$D \approx \frac{4\pi}{\int_{4\pi} p(\theta, \varphi) \mathrm{d}\Omega} = \frac{4\pi}{\Omega_{A}} \qquad (2.2\text{-}9)$$

式中, $p(\theta, \varphi) = F^2(\theta, \varphi)$ 为天线的归一化功率方向图; Ω_{A} 称为天线的波束立体角(或波束范围), 是天线全部辐射功率等效地按最大功率密度 S_M 均匀分布时的立体角, 即辐射功率为 $P_r = S_M\Omega_A$ (见图 2.2-3)。故

$$\Omega_{A} = \int_{4\pi} p(\theta, \varphi) \mathrm{d}\Omega = \int_{4\pi} p(\Omega) \mathrm{d}\Omega \qquad (2.2\text{-}10)$$

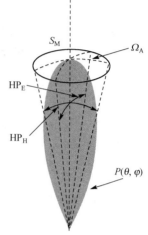

对主瓣较窄, 旁瓣可以忽略的天线来说, 波束立体角可近似地表示为两个相互垂直的主平面半功率宽度 HP_E 和 HP_H 之积: $\Omega_{A} = HP_E \cdot HP_H$。波束立体角的单位是立体弧度(sr), 定义为顶点在球心, 面积等于半径平方 r^2 的球面所对的立体角。整个球面面积为 $4\pi r^2$, 因而球面的立体角为 4π sr。半功率宽度的单位为弧度(rad)。顶点在圆心, 弧长等于半径 r 的圆弧所对的平面角定义为 1 弧度。圆的周长为 $2\pi r$, 因而圆的平面角为 2π rad, 即 360°。用上述近似代入式(2.2-9), 并将弧度单位化为以度为单位后, 得

图 2.2-3　天线的功率方向图与等效立体角 Ω_{A}

$$D \approx \frac{4\pi}{HP_E \cdot HP_H} = \frac{4\pi(180/\pi)^2}{HP_E^{\circ} \cdot HP_H^{\circ}} = \frac{41\ 253}{HP_E^{\circ} \cdot HP_H^{\circ}} \qquad (2.2\text{-}11)$$

式中 HP_E° 和 HP_H° 为以度计的二主面半功率宽度。此式称为克劳斯(Kraus)近似式。该式忽略了旁瓣, 对窄瓣天线近似效果较好。若天线的旁瓣电平较低(−20 dB 左右), 较好的近似式是

$$D \approx \frac{35\ 000}{HP_E^{\circ} \cdot HP_H^{\circ}} \qquad (2.2\text{-}11a)$$

式中系数数值大小与旁瓣电平有关, 若旁瓣电平为均匀口径分布时的 −13.5 dB, 则应取 32 600; 对一些实际天线, 若具有宽范围旁瓣, 甚至只能取 27 000。

例 2.2-1　计算电流元和小电流环的方向系数。

　[解]　对于电流元, 式(2.2-7)的分母积分为

$$I_{D} = \int_{0}^{\pi} \sin^2\theta \cdot \sin\theta \mathrm{d}\theta = \frac{4}{3}$$

故得

$$D = \frac{2}{I_{D}} = \frac{2}{4/3} = \frac{3}{2} = 1.5$$

对于小电流环, 方向图也是 $F(\theta) = \sin\theta$, 因而方向系数也相同: $D = 1.5$。

例 2.2-2　在小电流环所在平面上距离 $r = 10$ km 处(远区)某点测得其电场强度为 5 mV/m, 问其辐射功率多大? 若采用无方向性天线发射, 使该点电场强度不变, 则需多大辐射功率?

　[解]　由式(2.2-3)可知:

$$P_{r} = \frac{E_{M}^2 r^2}{60D} = \frac{(5 \times 10^{-3})^2 \times (10 \times 10^3)^2}{60 \times 1.5} = 27.8\ \text{W}$$

若采用无方向性天线发射, 则 $P_{r}' = P_{r} \times 1.5/1 = 41.7$ W。

例 2.2-3　一喇叭天线方向图近似为 $F(\theta) = \cos\theta$, $0 \leqslant \theta \leqslant 90°$, $0 \leqslant \varphi \leqslant 360°$。

　1)求方向系数;

2) 求半功率宽度，并用克劳斯近似式求方向系数。

[解] 1) $I_D = \int_0^{\pi/2} \cos^2\theta \sin\theta d\theta = \frac{1}{3}\cos\theta\,|_{\pi/2}^0 = \frac{1}{3}$, $D = \frac{2}{I_D} = 6$

2) $\cos^2\theta_{0.5} = 0.5$, HP $= 2\theta_{0.5} = 2 \times 45° = 90°$, $D \approx \frac{41\,253}{90 \times 90} = 5.09$

2.2.2　对称振子的方向系数

由例 2.2-2 看到，式(2.2-3)是计算天线辐射功率的一个方便公式。反之，如已知辐射功率，该式也可方便地用来计算天线的方向系数。对称振子的辐射功率可利用其辐射电阻得出，因而可利用该式导出用辐射电阻计算天线方向系数的公式。

由式(2.1-26)可知，对称振子的辐射场振幅可表示为

$$|E(\theta, \varphi)| = \frac{60I_M}{r}f(\theta, \varphi), \quad f(\theta, \varphi) = \frac{\cos(kl\cos\theta) - \cos kl}{\sin\theta}$$

则

$$E_M = \frac{60I_M}{r}f_M \tag{2.2-12}$$

f_M 是 $f(\theta, \varphi)$ 的最大值，对 $l < 0.7\lambda$，最大方向均为 $\theta = 90°$，有

$$f_M = 1 - \cos kl, \quad l < 0.7\lambda$$

将式(2.2-12)和式(2.1-32)代入式(2.2-3)得

$$D = \frac{E_M^2 r^2}{60P_r} = \frac{\left(\dfrac{60I_M}{r}f_M\right)^2 r^2}{60\left(\dfrac{1}{2}I_M^2 R_r\right)} = \frac{120f_M^2}{R_r} \tag{2.2-13}$$

这是利用辐射电阻 R_r 和由式(2.2-12)表示的方向函数最大值 f_M 来计算振子天线方向系数的一般公式。对最大方向为 $\theta = 90°$ 的对称振子，有

$$D = \frac{120(1 - \cos kl)^2}{R_r}, \quad l < 0.7\lambda \tag{2.2-14}$$

半波振子：

$$D = \frac{120 \times 1^2}{73.1} = 1.64$$

全波振子：

$$D = \frac{120 \times 2^2}{200} = 2.4$$

当然，这些对称振子的方向系数都可根据其方向图用式(2.2-7)计算，有

$$D = \frac{2(1 - \cos kl)^2}{\int_0^\pi \dfrac{[\cos(kl\cos\theta) - \cos kl]^2}{\sin\theta}d\theta}, \quad l < 0.7\lambda \tag{2.2-15}$$

此式其实与式(2.2-14)完全一致，因为 R_r 可由式(2.1-33)给出。这样求得的 $D(\theta = 90°$ 方向) $\sim l/\lambda$ 曲线如图 2.2-4 所示。可见，随 l/λ 的增大，D 开始增大，而当 $l/\lambda = 0.625$，D 达到最大值，随后 D 开始下降，且随最大方向偏离 $\theta = 90°$ 方向而迅速下降，这与方向图的变化规律是相对应的。

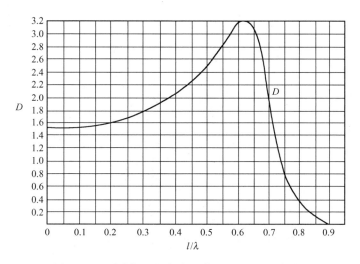

图 2.2-4　对称振子的方向系数 $D(\theta = 90°$ 方向$)$

2.2.3　天线增益

天线增益(Gain)定义为天线在最大辐射方向上远区某点的功率密度与输入功率相同的无方向性天线在同一点的功率密度之比,即

$$G = \left. \frac{S_\mathrm{M}}{S_0} \right|_{P_\mathrm{in}相同,\, r相同} \tag{2.2-16}$$

因无方向性天线假定是理想的,其辐射功率即为输入功率 P_in,故有

$$G = \frac{E_\mathrm{M}^2 r^2}{60 P_\mathrm{in}} = \frac{E_\mathrm{M}^2 r^2}{60 P_\mathrm{r}} \frac{P_\mathrm{r}}{P_\mathrm{in}} = D e_\mathrm{r} \tag{2.2-17}$$

式中 e_r 为天线辐射效率(radiation efficiency):

$$e_\mathrm{r} = \frac{P_\mathrm{r}}{P_\mathrm{in}} = \frac{P_\mathrm{r}}{P_\mathrm{r} + P_\sigma} = \frac{R_\mathrm{r}}{R_\mathrm{r} + R_\sigma} \tag{2.2-18}$$

可见天线增益是天线方向系数和辐射效率这两个参数的结合。对于微波天线,由于辐射效率很高,天线增益与方向系数差别不大,这两个术语往往是混用的。

通常用分贝来表示增益,即令

$$G(\mathrm{dB}) = 10 \lg G, \quad \mathrm{dB} \tag{2.2-19}$$

注意, G 是功率密度比,因此 lg 前系数是 10! 设电偶极子 $e_\mathrm{r} = 1$,故其增益为

$$G(\mathrm{dB}) = D(\mathrm{dB}) = 10 \lg 1.5 = 1.76\ \mathrm{dB}$$

对半波振子,取 $e_\mathrm{r} = 1$,有

$$G_\mathrm{d}(\mathrm{dB}) = D_\mathrm{d}(\mathrm{dB}) = 10 \lg 1.64 = 2.15\ \mathrm{dB}$$

有些应用中,天线的增益是以半波振子的增益(取为 1.64,即 2.15 dB)作为比较标准来取分贝值的,称为 dBd;而将与无方向性天线相比所定义的增益分贝值(dB)称为 dBi。因此,该 dBd 值 +2.15 = dBi 值。

例 2.2-4　半波振子工作于 100 MHz,用直径 $2a = 1$ mm 的铜线制成,求其辐射效率和增益。

[解]
$$\lambda = \frac{c}{f} = \frac{3 \times 10^8}{100 \times 10^6} = 3\ \mathrm{m}$$

工作于射频时,电流只在铜线表面处的极薄厚度内流动,设表面电阻为 R_s,则高频电阻为

$$R_{\sigma} = \frac{2P_{\sigma}}{I_{M}^{2}} = \frac{1}{I_{M}^{2}} \frac{R_{s}}{2\pi a} \int_{-l}^{l} \mid I(z) \mid^{2} dz = \frac{R_{s}}{\pi a} \int_{0}^{l} \sin^{2} k(l-z) dz = \frac{R_{s} l}{2\pi a}$$

即

$$R_{\sigma} = \frac{R_{s} \lambda}{8\pi a} = \frac{\lambda}{8\pi a} \sqrt{\frac{\pi f \mu_0}{\sigma}} \qquad (2.2\text{-}20)$$

故

$$R_{\sigma} = \frac{3/4}{\pi \times 10^{-3}} \sqrt{\frac{\pi(10^{8})(4\pi \times 10^{-7})}{5.8 \times 10^{7}}} = 0.52 \ \Omega$$

$$e_{r} = \frac{R_{r}}{R_{r} + R_{\sigma}} = \frac{73.1}{73.1 + 0.52} = 0.99$$

$$G = D e_{r} = 1.64 \times 0.99 = 1.62$$

$$G(dB) = 10 \lg 1.62 = 2.10 \ dB$$

2.3　天线的输入阻抗与带宽

2.3.1　天线的输入阻抗与电压驻波比，阻抗匹配效率

天线的输入阻抗是反映天线电路特性的电参数,它定义为天线在其输入端所呈现的阻抗。在线天线中,它等于天线的输入端电压 U_{in} 与输入端电流 I_{in} 之比,或用输入功率 P_{in}^{c} 来表示:

$$Z_{in} = \frac{U_{in}}{I_{in}} = \frac{\frac{1}{2} U_{in} I_{in}^{*}}{\frac{1}{2} I_{in} I_{in}^{*}} = \frac{P_{in}^{c}}{\frac{1}{2} \mid I_{in} \mid^{2}} = R_{in} + j X_{in} \qquad (2.3\text{-}1)$$

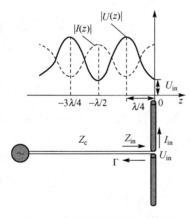

这里 P_{in}^{c} 与2.2.3节中 P_{in} 有所不同,那里 P_{in} 代表实输入功率,这里还包括虚输入功率,因此改用 P_{in}^{c} 表示。此式表明,输入电阻 R_{in} 和输入电抗 X_{in} 分别对应于输入功率的实部和虚部。

天线输入阻抗就是其馈线(如双导线、同轴线、微带线及共面波导等)的负载阻抗,它决定馈线的驻波状态(见图2.3-1)。设馈线终端(天线输入端)的电压反射系数为 Γ,它是该处馈线反射波电压 U_{ro} 与入射波电压 U_{io} 之比,则该处阻抗(即天线输入阻抗)可表示为[1]

$$Z_{in} = \frac{U_{io} + \Gamma U_{io}}{I_{io} - \Gamma I_{io}} = Z_{c} \frac{1+\Gamma}{1-\Gamma} \qquad (2.3\text{-}2)$$

图 2.3-1　天线馈线上的行驻波

式中 $Z_{c} = \frac{U_{io}}{I_{io}}$ 是馈线特性阻抗, I_{io} 是入射波电流。可见天线输入阻抗归一化值 z_{in} 与电压反射系数 Γ 的关系如下:

$$z_{in} = \frac{Z_{in}}{Z_{c}} = \frac{1+\Gamma}{1-\Gamma} \qquad (2.3\text{-}2a)$$

$$\Gamma = \frac{z_{in} - 1}{z_{in} + 1} = \frac{Z_{in} - Z_{c}}{Z_{in} + Z_{c}} \qquad (2.3\text{-}3)$$

通常用电压驻波比(Voltage Standing Wave Ratio, VSWR)或 S 来表示馈线的驻波状态,它是传输线上相邻的波腹电压振幅与波节电压振幅之比,即

$$S = \frac{|U|_{\max}}{|U|_{\min}} = \frac{1 + |\Gamma|}{1 - |\Gamma|} \tag{2.3-4}$$

往往也用以分贝表示的反射损失(Return Loss)L_R作为指标：

$$L_R = 20\lg|\Gamma|, \quad dB \tag{2.3-5}$$

应用中最希望的是无反射波的状态，称为匹配状态，对应于 $S=1$，$L_R=0$ dB。其重要意义是，此时全部入射功率都传输给了天线，如天线的损耗可略，便全部转换为辐射功率。匹配的另一重要意义是，此时不会有反射波反射回振荡源，不至于影响振荡源的输出频率和输出功率。否则，振荡源的负载呈现电抗分量，要产生频率牵引及影响输出功率。此外，当馈线终端不匹配时，馈线工作于行驻波状态，其电压波腹点电压振幅为入射波电压 U_{io} 的 $(1+|\Gamma|)$ 倍，可见最大电压将增大，从而使馈线更易发生击穿，即功率容量下降；并可证明，馈线本身的损耗也将增大。因此，驻波比 S 是天线的主要指标之一，一般要求 $S \leqslant 2$，有些场合要求 $S \leqslant 1.5$ 甚至 $S \leqslant 1.2$。不同 S 值所对应的 $|\Gamma|$ 及阻抗匹配效率 e_z 列在表 2.3-1 中。阻抗匹配效率由下式得出：

$$e_z = 1 - |\Gamma|^2 = 1 - \left(\frac{S-1}{S+1}\right)^2 = \frac{4S}{(S+1)^2} \tag{2.3-6}$$

可见，当 $|\Gamma|=0 \sim 1$，对应于 $e_z = 1 \sim 0$ 或 $100\% \sim 0\%$，前者为阻抗匹配状态，后者为阻抗失配状态。

表 2.3-1　电压驻波比与阻抗匹配效率典型值

S	$|\Gamma|^2$	$L_R(dB)$	e_z	$e_z(dB)$
1	0	$-\infty$ dB	100%	0 dB
1.2	0.8%	-20.8 dB	99.2%	-0.04 dB
1.5	4.0%	-14.0 dB	96.0%	-0.18 dB
2	11.1%	-9.5 dB	88.9%	-0.51 dB
3	25.0%	-6.0 dB	75.0%	-1.25 dB
10	66.9%	-3.5 dB	33.1%	-4.81 dB

2.3.2　天线的带宽

天线电参数都随着频率的改变而变化。无线电系统对这些电参数的恶化有一个容许范围。定义天线电参数在容许范围之内的频率范围为天线的带宽(bandwidth)。绝对带宽为 $B = f_h - f_l$，f_h 和 f_l 分别为带宽内最高(highest)和最低(lowest)频率。相对带宽或称百分带宽为 $B_r = (f_h - f_l)/f_0 \times 100\%$，$f_0$ 为中心频率或设计频率。对宽频带天线，往往直接用比值 f_h/f_l 来表示其带宽，称为比带宽。一般将相对带宽小于 10% 的天线称为窄带天线，而将 f_h/f_l 大于 2:1 的天线称为宽带天线。若 f_h/f_l 大于 3:1，则可称为特宽带天线(Ultra-Wide Band, UWB)。对 f_h/f_l 在 10:1 以上的天线，通常称为超宽带(Super-Wide Band, SWB)天线。而 f_h/f_l 大于 20:1 时，往往称为极宽带(Extremely Wide Band, EWB)天线。

对于天线增益、波束宽度、旁瓣电平、电压驻波比、轴比等不同的电参数，它们各自在其容许值之内的频率范围是不同的。天线的带宽由其中最窄的一个来决定。对许多天线来说，最窄的往往是其驻波比带宽。对这些天线来说，驻波比带宽(或称阻抗带宽)就决定其天线带宽，例如对称振子天线、微带天线通常都是如此。

值得说明的是，不同的应用会对天线提出不同的要求，有时某一指标较高，则该参数在容许值之内的带宽就决定了天线带宽。例如，有的天线对增益要求高(以保证定向辐射或接收足够强)，则其增益带宽可能是最难达到的，天线的总带宽将由它决定。

*2.3.3　海伦积分方程法求对称振子的输入阻抗

严格求解对称振子的输入阻抗是一个边值型问题，即根据天线表面的边界条件和激励条件求解麦克斯韦方程组。由于处理的角度不同，已发展了三种方法：

1. 椭球天线法(谐振器理论)，1898 年由阿伯拉罕(M. Abraham)首先提出，1941 年朱兰成(C. J. Chu)和斯特拉顿(J. A. Stratton)进行了完善；

2. 双锥天线法(波导理论)，1941 年由谢昆诺夫(S. A. Schelkunoff)提出；

3. 圆柱天线法(海伦积分方程法)，1938 年由海伦(Erik Hallen)首先提出，金(Ronold W. P King)等人做了发展。下面就介绍此方法。

海伦法从积分方程求解中心馈电的圆柱天线的电流分布，知道了电流分布和加在输入端的电压后，便可由该电压与输入端电流之比求得天线的输入阻抗。求电流分布的步骤主要分三步：

1. 从假定的电流分布，用磁矢位 $\bar{A}$ 写出天线表面外部的电场公式，然后用天线表面的边界条件得出 $\bar{A}$ 的波动方程；

2. 将波动方程的解写成谐函数和特解之和，利用激励条件求出一待定常数，然后得出电流的积分方程即海伦方程；

3. 用迭代法解出电流分布。

2.3.3.1　磁矢位 $\bar{A}$ 的波动方程

圆柱天线全长为 $2l$(即 L)，半径为 a，在中点馈电，坐标关系如图 1.2-1 所示。导体圆柱表面的电场切向分量如图 2.3-2 所示。在 $\rho = a$ 处导体内、外的电场切向分量分别为 E_z' 和 E_z，并有

$$E_z' = E_z \tag{2.3-7}$$

导体内的电场可表示为

$$E_z' = Z I_z \tag{2.3-8}$$

式中 I_z 为沿导体轴向流动的总电流，Z 为计入集肤效应的导体内每单位长度的阻抗。

在天线末端，导体表面内外的径向电场 E_ρ' 和 E_ρ 也应相等：

$$E_\rho' = E_\rho \tag{2.3-9}$$

当 $a \ll l$，$ka \ll 1$，两端面的效应可忽略，$z = \pm l$ 处的电流可假定为零。

导体外的电场 $\bar{E}$ 可由磁矢位 $\bar{A}$ 表示：

$$\bar{E} = -\mathrm{j}\omega\mu\bar{A} - \mathrm{j}\frac{1}{\omega\varepsilon}\nabla(\nabla \cdot \bar{A}) \tag{1.1-26}$$

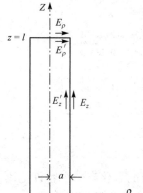

图 2.3-2　导体圆柱表面的电场切向分量

由于忽略端面的作用，电流沿 z 方向，导体表面电场只有 E_z 分量，$\bar{A}$ 只有 A_z 分量，上式化为

$$E_z = -\mathrm{j}\omega\mu A_z - \mathrm{j}\frac{1}{\omega\varepsilon}\frac{\partial^2 A_z}{\partial z^2} = -\mathrm{j}\frac{1}{\omega\varepsilon}\left(\frac{\partial^2 A_z}{\partial z^2} + k^2 A_z\right) \tag{2.3-10}$$

将式(2.3-8)和式(2.3-10)代入式(2.3-7)，便得到磁矢位 $\bar{A}_z$ 的波动方程：

$$\frac{\partial^2 A_z}{\partial z^2} + k^2 A_z = \mathrm{j}\omega\varepsilon Z I_z, \quad \rho = a, \quad z \neq 0 \tag{2.3-11}$$

2.3.3.2　海伦积分方程

式(2.3-11)是二阶一次非齐次微分方程，它的解可表示为两部分之和，一是谐函数 A_1，一是特解 A_2，其中 A_1 是下述调和方程的解：

$$\frac{\partial^2 A_z}{\partial z^2} + k^2 A_z = 0$$

其解为 $\qquad A_1 = -\dfrac{j}{\eta}(C_1\cos kz + C_2\sin kz), \quad \eta = \sqrt{\dfrac{\mu}{\varepsilon}}$

特解为 $\qquad A_2 = j\dfrac{Z}{\eta}\displaystyle\int_0^z I(s)\sin k(z-s)\,ds$

故 $\qquad A_z = -\dfrac{j}{\eta}(C_1\cos kz + C_2\sin kz) + j\dfrac{Z}{\eta}\displaystyle\int_0^z I(s)\sin k(z-s)\,ds$ (2.3-12)

利用 $z=0$ 处的激励条件可确定上式中的一个待求常数。在该处有

$$E_z = -j\frac{1}{\omega\varepsilon}\left(\frac{\partial^2 A_z}{\partial z^2} + k^2 A_z\right)$$

即 $\qquad \dfrac{d\left(\dfrac{dA_z}{dz}\right)}{dz} + k^2 A_z = j\omega\varepsilon E_z$

积分上式得 $\qquad \dfrac{dA_z}{dz}\Big|_{z=-0}^{z=+0} + k^2\displaystyle\int_{z=-0}^{z=+0} A_z dz = j\omega\varepsilon\int_{z=-0}^{z=+0} E_z dz$ (2.3-13)

由于天线是对称的，有 $\qquad I_z(z) = I_z(-z)$

故 $\qquad A_z(z) = A_z(-z)$ (2.3-14)

因而式(2.3-13)等号左边第二项积分为零，化为

$$\frac{dA_z}{dz}\Big|_{z=+0} - \frac{dA_z}{dz}\Big|_{z=-0} = -j\omega\varepsilon U_0, \quad U_0 = -\int_{z=-0}^{z=+0} E_z dz$$ (2.3-15)

U_0 是输入端 $z=0$ 处的激励电压。考虑到式(2.3-14)，在 $z=0$ 处式(2.3-12)可写为

$$A_z = -\frac{j}{\eta}(C_1\cos kz + C_2\sin kz), \quad z = +0$$

$$A_z = -\frac{j}{\eta}(C_1\cos kz - C_2\sin kz), \quad z = -0$$

代入式(2.3-15)得

$$-\frac{j}{\eta}(2kC_2) = -j\omega\varepsilon U_0, \quad C_2 = \frac{U_0}{2}$$

将此结果代入式(2.3-12)，并用天线上的电流来表示 A_z：

$$A_z = \frac{1}{4\pi}\int_{-l}^{l}\frac{I_{z'}e^{-jkr}}{r}dz'$$

得 $\qquad j\dfrac{\eta}{4\pi}\displaystyle\int_{-l}^{l}\frac{I_{z'}e^{-jkr}}{r}dz' = C_1\cos kz + \frac{U_0}{2}\sin k|z| - Z\int_0^z I(s)\sin k(z-s)\,ds$ (2.3-16)

此即海伦积分方程。当天线为良导体时，$z\approx 0$，并考虑到 $\eta = \eta_0 = 120\pi(\Omega)$，上式简化为

$$j30\int_{-l}^{l}\frac{I_{z'}e^{-jkr}}{r}dz' = C_1\cos kz + \frac{U_0}{2}\sin k|z|$$ (2.3-16a)

2.3.3.3 海伦积分方程的一阶解

式(2.3-16a)中的积分可改写如下：

$$\int_{-l}^{l}\frac{I_{z'}e^{-kr}}{r}dz' = \int_{-l}^{l}\frac{I_z + I_{z'}e^{-jkr} - I_z}{r}dz' = I_z\int_{-l}^{l}\frac{dz'}{r} + \int_{-l}^{l}\frac{I_{z'}e^{-jkr} - I_z}{r}dz'$$ (2.3-17)

式中 I_z 与 z' 无关，因而可从积分号中提出。

求上式等号右边第一项积分时，令 $\rho = a$，$r = [a^2 + (z-z')^2]^{\frac{1}{2}}$，得

$$\int_{-l}^{l}\frac{dz'}{r} = \Omega_1 + \ln\left[1 - \left(\frac{z}{l}\right)^2\right] + \delta_1$$ (2.3-18)

式中 $\qquad \Omega_1 = 2\ln\dfrac{2l}{a}, \quad \delta_1 = \ln\left\{\dfrac{1}{4}\left[\sqrt{1 + \left(\dfrac{a}{l-z}\right)^2} + 1\right]\left[\sqrt{1 + \left(\dfrac{a}{l+z}\right)^2} + 1\right]\right\}$

将式(2.3-18)代入式(2.3-17)，再代入式(2.3-16a)得

$$I_z = \frac{-j}{30\Omega_1}\left(C_1\cos kz + \frac{U_0}{2}\sin k|z|\right) - \frac{1}{\Omega_1}\left\{I_z\ln\left[1 - \left(\frac{z}{l}\right)^2\right] + I_z\delta_1 + \int_{-l}^{l}\frac{I_{z'}e^{-jkr} - I_z}{r}dz'\right\} \quad (2.3\text{-}19)$$

利用天线端点处边界条件，$z = l$，$I_z = 0$，上式化为

$$0 = \frac{-j}{30\Omega_1}\left(C_1\cos kl + \frac{U_0}{2}\sin kl\right) - \frac{1}{\Omega_1}\int_{-l}^{l}\frac{I_{z'}e^{-jkr'}}{r'}dz' \quad (2.3\text{-}20)$$

式中 $r' = \left[a^2 + (l - z')^2\right]^{\frac{1}{2}}$。

现在来确定上式中 C_1。用式(2.3-19)减去上式，得

$$I_z = \frac{-j}{30\Omega_1}\left[C_1(\cos kz - \cos kl) + \frac{U_0}{2}(\sin k|z| - \sin kl)\right] -$$

$$\frac{1}{\Omega_1}\left\{I_z\ln\left[1 - \left(\frac{z}{l}\right)^2\right] + I_z\delta_1 + \int_{-l}^{l}\frac{I_{z'}e^{-jkr} - I_z}{r}dz' - \int_{-l}^{l}\frac{I_{z'}e^{-jkr'}}{r'}dz'\right\} \quad (2.3\text{-}21)$$

用逐级逼近法来解此方程。取上式右边第一大项为零阶解：

$$I_{z0} = \frac{-j}{30\Omega_1}\left(C_1 F_{oz} + \frac{U_0}{2}G_{oz}\right) \quad (2.3\text{-}22)$$

式中

$$F_{oz} = \cos kz - \cos kl = F_o(z) - F_o(l)$$

$$G_{oz} = \sin k|z| - \sin kl = G_o(z) - G_o(l)$$

用此式的 I_{z0} 代替式(2.3-21)右边的 I_z，从而得到一阶解：

$$I_{z1} = \frac{-j}{30\Omega_1}\left[C_1\left(F_{oz} + \frac{F_{1z}}{\Omega_1}\right) + \frac{U_0}{2}\left(G_{oz} + \frac{G_{1z}}{\Omega_1}\right)\right] \quad (2.3\text{-}23)$$

式中

$$F_{1z} = F_1(z) - F_1(l)$$

$$F_1(z) = -F_{oz}\ln\left[1 - \left(\frac{z}{l}\right)^2\right] - F_{oz}\delta_1 - \int_{-l}^{l}\frac{F_{oz'}e^{-jkr} - F_{oz}}{r}dz'$$

$$F_1(l) = -\int_{-l}^{l}\frac{F_{oz'}e^{-jkr'}}{r'}dz'$$

$$G_{1z} = G_1(z) - G_1(l)$$

$G_1(z)$ 和 $G_1(l)$ 分别与 $F_1(z)$ 和 $F_1(l)$ 形式相同，只是用 G 代替 F。

用式(2.3-23)的 I_{z1} 代替式(2.3-21)右边的 I_z，可得二阶解。如此继续，最后得

$$I_z = \frac{-j}{30\Omega_1}\left[C_1\left(F_{oz} + \frac{F_{1z}}{\Omega_1} + \frac{F_{2z}}{\Omega_1^2} + \cdots\right) + \frac{U_0}{2}\left(G_{oz} + \frac{G_{1z}}{\Omega_1} + \frac{G_{2z}}{\Omega_1^2} + \cdots\right)\right] \quad (2.3\text{-}24)$$

把此结果代入式(2.3-20)，得待定常数 C_1 如下：

$$C_1 = -\frac{U_0}{2}\cdot\frac{\sin kl + \dfrac{G_1(l)}{\Omega_1} + \dfrac{G_2(l)}{\Omega_1^2} + \cdots}{\cos kl + \dfrac{F_1(l)}{\Omega_1} + \dfrac{F_2(l)}{\Omega_1^2} + \cdots} \quad (2.3\text{-}25)$$

把上式代入式(2.3-24)，得

$$I_z = \frac{jU_0}{60\Omega_1}\cdot\frac{\sin k(l - |z|) + \beta_1/\Omega_1 + \beta_2/\Omega_1^2 + \cdots}{\cos kl + \alpha_1/\Omega_1 + \alpha_2/\Omega_1^2 + \cdots} \quad (2.3\text{-}26)$$

式中　　　$\alpha_1 = F_1(l)$，　$\beta_1 = F_1(z)\sin kl - F_1(l)\sin k|z| + G_1(l)\cos kz - G_1(z)\cos kl$

各更高阶项一般可忽略。于是得一阶解为

$$I_z = \frac{jU_0}{60\Omega_1}\cdot\frac{\sin k(l - |z|) + \beta_1/\Omega_1}{\cos kl + \alpha_1/\Omega_1} \quad (2.3\text{-}27)$$

若振子很细，l/a 很大，则 Ω_1 很大，β_1/Ω_1，α_1/Ω_1 均趋于零，此时 I_z 化为通常假设的正弦分布：

$$I_z = \frac{jU_0}{60\Omega_1}\cdot\frac{\sin k(l - |z|)}{\cos kl} = I_M\sin k(l - |z|) \quad (2.3\text{-}28)$$

式中 I_M 为波腹电流:

$$I_M = \frac{jU_0}{60\Omega_1 \cos kl} \tag{2.3-29}$$

2.3.3.4 电流分布

按一阶解式(2.3-27)计算的三种长度、两种长径比(l/a)的圆柱对称振子的电流分布如图 2.3-3 至图 2.3-5 所示(由 King 给出)。可见,对有限粗的天线电流最小点不是零点。天线长径比对电流相位分布的影响可从图 2.3-5 明显看出:对无限细的天线,相位变化是阶梯状的,经二分之一波长相位改变 180°。当天线变粗时($l/a = 75$),相位不是突变的;若天线很粗($l/a < 75$),相位变化呈直线形,此时天线电流趋于行波分布。

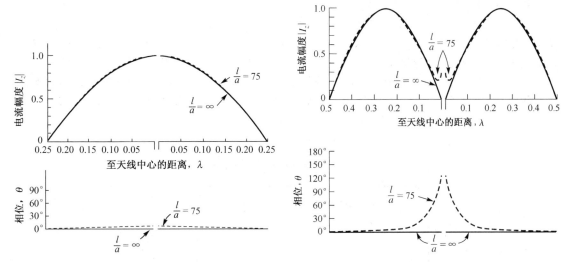

图 2.3-3 $2l = \lambda/2$ 对称振子的电流振幅和相位分布   图 2.3-4 $2l_1 = \lambda$ 对称振子的电流振幅和相位分布

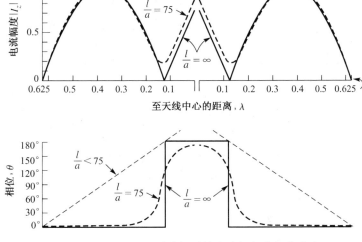

图 2.3-5 $2l = 1.25\lambda$ 对称振子的电流振幅和相位分布

2.3.3.5 输入阻抗

根据式(2.3-1),对称振子输入端电压 $U_{in} = U_0$,输入端电流 $I_{in} = I_0$,由式(2.3-26)中令 $z = 0$ 求得,从而便求得对称振子的输入阻抗。其二阶解为

$$Z_{in} = -j60\Omega_1 \left[\frac{\cos kl + \alpha_1/\Omega_1 + \alpha_2/\Omega_1^2}{\sin kl + \beta_1/\Omega_1 + \beta_2/\Omega_1^2} \right] \tag{2.3-30a}$$

对称振子输入阻抗的一阶解可直接由式(2.3-27)得出:

$$Z_{in} = - j60\Omega_1 \left[\frac{\cos kl + \alpha_1/\Omega_1}{\sin kl + \beta_1/\Omega_1} \right] \qquad (2.3-30b)$$

零阶解为

$$Z_{in} = - j60\Omega_1 \cot kl \qquad (2.3-30c)$$

该零阶解表明,对称振子犹如一对特性阻抗为 $Z_{ao} = 60\Omega_1$, 长度为 l 的终端开路无耗传输线。其特性阻抗为

$$Z_{ao} = 60\Omega_1 = 120\ln \frac{2l}{a} \qquad (2.3-31)$$

该零阶解式(2.3-30c)给出的结果是纯电抗,这当然是不准确的,因为天线是辐射系统,它所辐射的实功率对应于输入电阻。

　　海伦已按二阶解式(2.3-30a)计算了长径比分别为 $l/a = 2000$(细圆柱)和 $l/a = 60$(粗圆柱)的对称振子输入阻抗,如图 2.3-6 所示。曲线上标的值为 l/λ, 对给定的 l, 曲线表示阻抗随波长的变化;图中 Z_a 的公式见后面的式(2.3-33)。我们看到,粗圆柱的阻抗随频率的变化比细圆柱小得多,即其频带较宽。

　　当天线的输入阻抗是纯电阻时,就称该天线是谐振的。图 2.3-6 中谐振对应于阻抗曲线与 $X = 0$ 轴的交点。第一个谐振点发生于 $l/\lambda \approx 0.25$ 处,可见半波对称振子可获得近于纯电阻的输入阻抗。对照式(2.3-30c),当 $l = \lambda/4$, $kl = \pi/2$, 便有 $\cot kl = 0$, 该电抗正好为零。

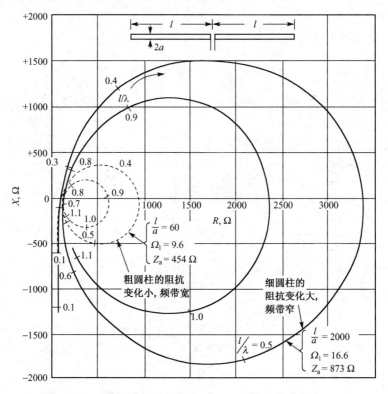

图 2.3-6　对称振子的输入阻抗($R + jX$)(沿曲线长度为 l/λ)

2.3.4　等效传输线法求对称振子的输入阻抗

　　计算对称振子输入阻抗的一种近似方法是前苏联天线专家爱金堡(Г. З. Аизенберг)所介绍的等效传输线法。它将全长 $2l$ 的对称振子作为长 l 的开路有耗均匀传输线来处理。该开路传输线如图 2.1-1(b)所示,但这里它是有耗的而不是无耗的,因为无耗时其输入阻抗是纯电抗,正如式(2.3-30c)所示。

这里的等效引入两项重要的近似处理。第一，振子是非均匀分布系统，因此取振子上、下臂对应点间特性阻抗的平均值作为等效的均匀传输线的特性阻抗。已知半径为 a 间距为 $d(d \gg a)$ 的双线传输线特性阻抗为[①]

$$Z_c = 120\ln\frac{d}{a} \tag{2.3-32}$$

令 $d = 2z'$ 随 z' 而变，取等效传输线特性阻抗为

$$Z_a = \frac{1}{l}\int_0^l 120\ln\frac{2z'}{a}dz' = \frac{120}{l}\left[z'\ln\frac{2z'}{a} - z'\right]_0^l = 120\left(\ln\frac{2l}{a} - 1\right) \tag{2.3-33}$$

第二，振子为辐射系统，因此等效传输线为有耗线，其传输常数为 $\alpha + j\beta$，β 为相位常数，α 为衰减常数。把振子的辐射功率等效为传输线分布电阻（即单位长度电阻）R_1 的损耗功率。传输线线元 dz' 所损耗的功率为 $\frac{1}{2}I^2R_1dz'$，总损耗功率为

$$P_r = \int_0^l \frac{1}{2}\,|\,I_M\sin\beta(l - z')\,|^2R_1dz' = \frac{1}{4}I_M^2R_1l\left(1 - \frac{\sin 2\beta l}{2\beta l}\right)$$

令此功率等于振子辐射功率 $\frac{1}{2}I_M^2R_r$，得

$$\frac{1}{4}I_M^2R_1l\left(1 - \frac{\sin 2\beta l}{2\beta l}\right) = \frac{1}{2}I_M^2R_r, \quad R_1 = \frac{2R_r}{l\left(1 - \frac{\sin 2\beta l}{2\beta l}\right)} \tag{2.3-34}$$

等效传输线的衰减常数为

$$\alpha = \frac{R_1}{2Z_a} = \frac{R_r}{Z_al\left(1 - \frac{\sin 2\beta l}{2\beta l}\right)} \tag{2.3-35}$$

等效传输线的相位常数 β 与真空相位常数 k 有所不同：

$$\beta = n_1k = n_1\frac{2\pi}{\lambda}, \quad n_1 = \frac{\beta}{k} = \frac{\lambda}{\lambda_a} \tag{2.3-36}$$

λ_a 为振子天线上的波长，n_1 称为波长缩短系数。由实验数据得出的一组 n_1 曲线如图 2.3-7 所示。例如，对于半波振子（$l/\lambda = 0.25$），当 $l/a = 20$，$n_1 = 1.07$；当 $l/a = 40$，$n_1 = 1.05$；当 $l/a = 60$，$n_1 = 1.03$。可见 $\lambda_a = \lambda/n_1 < \lambda$，振子越粗，缩短得越多。这种缩短是由于辐射损耗导致[①]$\beta = \omega\sqrt{L_1C_1}\sqrt{\frac{1}{2}\left[1 + \sqrt{1 + \left(\frac{R_1}{\omega L_1}\right)^2}\right]} > k$；同时，振子终端堆积电荷，也使天线等效长度加大（见图 2.3-8），振子越粗，影响越大。

下面来推导上述长 l 的开路有耗传输线的输入阻抗公式。由有耗传输线理论可知，

$$Z_{in} = Z_c cth(\alpha + j\beta)l \tag{2.3-37}$$

$$Z_c = \sqrt{\frac{R_1 + j\omega L_1}{G_1 + j\omega C_1}} \approx \sqrt{\frac{R_1 + j\omega L_1}{j\omega C_1}} = \sqrt{\frac{L_1}{C_1}}\sqrt{1 - j\frac{R_1}{\omega L_1}} \approx Z_a\left(1 - j\frac{R_1}{2\omega L_1}\right) \tag{2.3-38}$$

式中 L_1、C_1 和 G_1 分别为有耗传输线的分布电感，分布电容和分布电导，并有

---

① 其单位长度电容和电感分别为 G 和 L_1。由参考文献[10°]表 3.3-1 和表 4.4-1 知，$C_1 = \frac{\varepsilon_0\pi}{\ln\frac{d}{a}}$，$L_1 = \frac{\mu_0}{\pi}\ln\frac{d}{a}$，

故 $Z_c = \sqrt{\frac{L_1}{C_1}} = \sqrt{\frac{\mu_0}{\varepsilon_0}}\frac{1}{\pi}\ln\frac{d}{a} = 120\ln\frac{d}{a}$。

$$Z_a = \sqrt{\frac{L_1}{C_1}}, \quad \beta \approx \omega\sqrt{L_1 C_1}, \quad \frac{R_1}{2\omega L_1} = \frac{2\alpha Z_a}{2\omega L_1} = \frac{\alpha}{\omega\sqrt{L_1 C_1}} = \frac{\alpha}{\beta}$$

故
$$Z_c \approx Z_a\left(1 - j\frac{\alpha}{\beta}\right) \tag{2.3-38a}$$

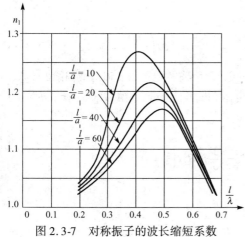

图 2.3-7　对称振子的波长缩短系数

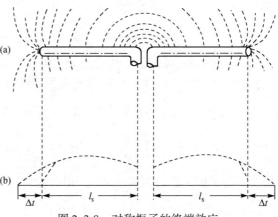

图 2.3-8　对称振子的终端效应

代入式(2.3-37)得

$$Z_{in} \approx Z_a\left(1 - j\frac{\alpha}{\beta}\right)\frac{\text{sh }2\alpha l - j\sin 2\beta l}{\text{ch }2\alpha l - \cos 2\beta l}$$

即
$$Z_{in} = \frac{Z_a}{\text{ch }2\alpha l - \cos 2\beta l}\left[\left(\text{sh }2\alpha l - \frac{\alpha}{\beta}\sin 2\beta l\right) - j\left(\frac{\alpha}{\beta}\text{sh }2\alpha l + \sin 2\beta l\right)\right] \tag{2.3-39}$$

当 αl 较小，$2\beta l$ 不在 2π 附近时，

$$Z_{in} \approx Z_a\frac{2\alpha l - \frac{\alpha}{\beta}\sin 2\beta l - j\sin 2\beta l}{1 - \cos 2\beta l} = Z_a\frac{2\alpha l\left(1 - \frac{\sin 2\beta l}{2\beta l}\right) - j2\sin\beta l\cos\beta l}{2\sin^2\beta l}$$

利用式(2.3-35)后，上式化为

$$Z_{in} = \frac{R_r}{\sin^2\beta l} - jZ_a\cot\beta l \tag{2.3-40}$$

此式只适用于细振子且当 $l/\lambda_a = 0 \sim 0.35, 0.65 \sim 0.85$。它用于常见的半波振子是简便而又较准确的。其物理含义很清楚:细振子的输入电抗是其等效开路传输线的输入电抗;其输入电阻就是归于输入端电流 I_{in} 的辐射电阻(忽略了欧姆损耗):

$$\frac{1}{2}|I_{in}|^2 R_{in} = \frac{1}{2}|I_M|^2 R_r \tag{2.3-41}$$

因 $I_{in} = I_M\sin\beta l$，故

$$R_{in} = \left|\frac{I_M}{I_{in}}\right|^2 R_r = \frac{R_r}{\sin^2\beta l} \tag{2.3-42}$$

由式(2.3-39)计算的输入阻抗曲线如图 2.3-9 所示，该计算结果与实验数据相当吻合。我们看到输入阻抗随 l/λ 呈现振荡特性，犹如一个 RLC 振荡电路。当 $l/\lambda < 0.25$，等效于 RC 串联电路;$l/\lambda \approx 0.25$ 时等效于 RLC 串联电路谐振状态;当 $0.5 > l/\lambda > 0.25$，则等效于 RL 串联电路;而当 $l \approx 0.5\lambda$，相当于 RLC 并联电路谐振状态;$0.75 > l/\lambda > 0.5$ 时又如 RC 串联电路;……若振子粗，即 l/a 小，Z_a 小，曲线较平坦，对应于等效电路的 Q 值低，故其频带宽。

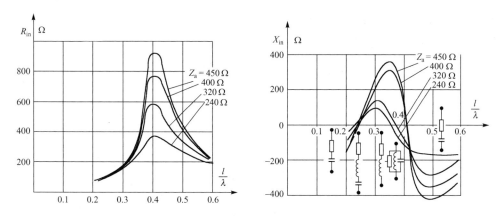

图 2.3-9　对称振子的输入阻抗曲线

2.3.5　对称振子的谐振长度和阻抗带宽

半波对称振子输入电抗等于零时的长度，称为其谐振长度 $L_0 = 2l_0$。由式（2.3-36）可知

$$2l_0 = \frac{\lambda_a}{2} = \frac{\lambda}{2n_1} < 0.5\lambda \qquad (2.3\text{-}43)$$

半波振子谐振长度的一组计算结果列在表 2.3-2 中。可见，若 $l/a = 50$，谐振长度为 $2l_0 = 0.475\lambda$，即约缩短 5%；若利用图 2.3-7，则 $2l_0 \approx \dfrac{\lambda}{2n_1} = \dfrac{\lambda}{2 \times 1.04} = 0.48\lambda$，结果相近。

为便于与馈线匹配，半波振子实际尺寸都需设计为谐振长度，以使输入阻抗为纯电阻。当工作频率偏离此设计频率时，由于输入阻抗 Z_{in} 不再等于馈线特性阻抗 Z_c，将出现反射。如式（2.3-5）所示，$\Gamma \neq 0$，此时式（2.3-4）中，$S \neq 1$。一般取 $S \leqslant 2$。电压驻波比在此容许范围内的频带宽度便为对称振子的阻抗带宽。

用特性阻抗为 72 Ω 的双导线向一半波振子馈电时，电压驻波比随频率变化的曲线如图 2.3-10 所示。对 $a = 0.1\ \text{mm}(l/a = 2500)$ 和 $a = 5\ \text{mm}(l/a = 50)$，$S \leqslant 2$ 的驻波比带宽分别为 $B_1 = 304 - 280 = 24\ \text{MHz}$ 和 $B_2 = 310 - 262 = 48\ \text{MHz}$，即其百分带宽分别为 $B_{r1} = 24/300 = 8\%$ 和 $B_{r2} = 48/300 = 16\%$。可见，由于对称振子是谐振式天线，其带宽较窄，振子粗可增大其带宽。同时我们也看到，粗振子驻波比的最小点发生于更低的频率上。事实上，如果按表 2.3-2 计算，对 $l/a = 2500$ 和 $l/a = 50$ 计算的谐振频率分别为 294 MHz 和 285 MHz。这些值与图 2.3-10 中曲线最小点相当吻合。

表 2.3-2　半波振子的谐振长度

l/a	$2l_0$	缩短的百分比
5000	0.49λ	2%
2500	0.489λ	2%
500	0.48λ	4%
350	0.477λ	4.5%
50	0.475λ	5%
10	0.455λ	9%
5	0.44λ	12%

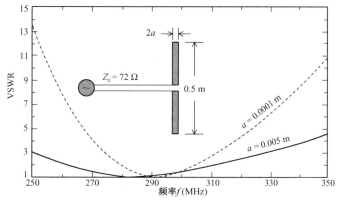

图 2.3-10　半波振子电压驻波比随频率变化的曲线

例 2.3-1 求 $l/a = 20$ 的半波振子的输入阻抗和谐振长度。

[解] 半波振子的特性阻抗为

$$Z_a = 120\left(\ln\frac{2l}{a} - 1\right) = 120(\ln 40 - 1) = 323\ \Omega$$

其波长缩短系数为 $n_1 = 1.07$，于是

$$Z_{in} = \frac{R_r}{\sin^2 n_1\frac{\pi}{4}} - jZ_a\cot n_1\frac{\pi}{4} = \frac{73.1}{\sin^2 96.3°} - j323\cot 96.3° = 74.0 + j35.7(\Omega)$$

由表 2.3-2，得谐振长度为 $2l_0 \approx 0.465\lambda$

利用波长缩短系数 n_1，可得相近结果：

$$2l_0 = \frac{\lambda}{2n_1} = 0.467\lambda$$

下面来推导半波振子阻抗带宽的近似公式。这里的近似处理基于式(2.3-40)，并且只计入偏离谐振频率时输入电抗的变化，而忽略相对缓慢的输入电阻的变化。当工作频率偏离谐振频率 Δf 时，该输入电抗的增量为

$$\Delta X_0 = X_0 = -Z_a\cot\beta l = -Z_a\cot\left(n_1\cdot\frac{2\pi(f_0 + \Delta f)}{c}\cdot\frac{c}{4n_1 f_0}\right)$$

$$= -Z_a\cot\left(\frac{\pi}{2} + \frac{\pi\Delta f}{2f_0}\right) = Z_a\tan\frac{\pi\Delta f}{2f_0} \approx Z_a\frac{\pi\Delta f}{2f_0} \tag{2.3-44}$$

故

$$\frac{\Delta f}{f_0} = \frac{2}{\pi}\frac{\Delta X_0}{Z_a},\quad B_r = \frac{2\Delta f}{f_0} = \frac{4}{\pi}\frac{\Delta X_0}{Z_a} = 1.273\frac{\Delta X_0}{Z_a} \tag{2.3-45}$$

此式中 ΔX_0 值需根据允许的驻波比变化来确定。设允许电压驻波比为 S_0，则输入端反射系数允许值 Γ_0 为

$$|\Gamma_0| = \frac{S_0 - 1}{S_0 + 1} \tag{2.3-46}$$

因

$$\Gamma_0 = \frac{Z_{in} - Z_c}{Z_{in} + Z_c},\quad Z_{in} = R_{in} + jX_{in} = R_0 + j\Delta X_0 \tag{2.3-47}$$

联立上两式得

$$\left(\frac{S_0 - 1}{S_0 + 1}\right)^2 = \frac{(R_0 - Z_c)^2 + \Delta X_0^2}{(R_0 + Z_c)^2 + \Delta X_0^2}$$

解得

$$\Delta X_0 = \sqrt{\frac{1}{S_0}(S_0 Z_c - R_0)(S_0 R_0 - Z_c)} \tag{2.3-48}$$

将式(2.3-48)代入式(2.3-45)，便可估算半波振子的驻波比带宽。对图 2.3-10 情形，由式(2.3-48)得

$$\Delta X_0 = \sqrt{\frac{1}{2}(2\times72 - 73)(2\times73 - 72)} = 51.3(\Omega)$$

对 $l/a = 2500$，有

$$Z_a = 120\left(\ln\frac{2l}{a} - 1\right) = 120(\ln 5000 - 1) = 902(\Omega),\quad B_{r1} = 1.273\times\frac{51.3}{902} = 7.2\%$$

对 $l/a = 50$，有

$$Z_a = 120(\ln 100 - 1) = 433(\Omega),\quad B_{r2} = 1.273\times\frac{51.3}{433} = 15.1\%$$

与图 2.3-10 计算结果相近。

前面提到，半波振子的输入阻抗特性犹如 RLC 串联谐振电路，则其带宽也可用谐振电路 Q 值来估算：

$$B_r = \frac{2\Delta f}{f_0} = \frac{1}{Q}\times100\% \tag{2.3-49}$$

为求该等效 RLC 串联电路的 Q 值，设谐振角频率为 $\omega_o = \frac{1}{\sqrt{LC}}$，则

$$X = \omega L - \frac{1}{\omega C} = \omega_o L\left(\frac{\omega}{\omega_o} - \frac{\omega_o}{\omega}\right)$$

$$\frac{\mathrm{d}X}{\mathrm{d}\omega}\Big|_{\omega=\omega_o} = \omega_o L\left(\frac{1}{\omega_o} + \frac{\omega_o}{\omega^2}\right)_{\omega=\omega_o} = 2L$$

故

$$Q = \frac{\omega_o L}{R} = \frac{\omega_o}{2R}\frac{\mathrm{d}X}{\mathrm{d}\omega}\Big|_{\omega=\omega_o} \tag{2.3-50}$$

由式(2.3-44)可知,

$$\frac{\mathrm{d}X}{\mathrm{d}\omega}\Big|_{\omega=\omega_o} = \frac{\Delta X_0}{2\pi\,\Delta f} = \frac{Z_a}{4f_0} \tag{2.3-51}$$

将此结果及 $R = 73.1\Omega$ 代入式(2.3-50),得

$$Q = \frac{\omega_o}{2R}\cdot\frac{Z_a}{4f_0} = \frac{\pi Z_a}{4R} = \frac{\pi Z_a}{4\times73.1} = \frac{Z_a}{93} \tag{2.3-52}$$

可见,该谐振电路 Q 值与振子的特性阻抗成正比。因而此结果给出了更清晰的物理概念,即振子粗,其特性阻抗小,等效电路 Q 值低,频带宽。

2.4 天线的极化

2.4.1 极化概念

2.4.1.1 定义

天线的极化是指天线在给定方向(若未指明,一般指最大场强方向)上所辐射电磁波的极化。电磁波的极化状态以其电场矢量的取向来区分。天线所辐射的波在远区都是横电磁波,其电磁场矢量都位于与传播方向相垂直的横向平面上,称为平面极化波。其任意极化状态是椭圆极化,即瞬时电场矢量的端点轨迹为一椭圆,如图 2.4-1 所示,称之为椭圆极化波。该瞬时电场矢量 $\bar{E}(t)$ 的方向随时间以角频率 ω 等速旋转。若其旋向与波的传播方向 z 成左手螺旋关系(即图中沿顺时针旋转),称为左旋极化波;若其旋向与传播方向 z 成左手螺旋关系(即图中沿逆时针旋转)称为右旋极化波。定义极化椭圆的长轴 $2A$ 和短轴 $2B$ 之比为轴比 $|r_A|$,并规定:对左旋波,r_A 的符号为 $+$;对右旋波,r_A 的符号为 $-$。这样,由轴比 r_A 和椭圆倾角 τ 便可确定任一极化状态。轴比值通常也用分贝表示:

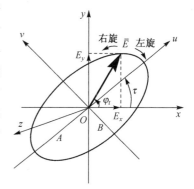

图 2.4-1 椭圆极化波

$$|r_A|_{\mathrm{dB}} = 20\lg|r_A| = 20\lg\frac{A}{B},\ \mathrm{dB} \tag{2.4-1}$$

因 $|r_A| = A/B = 1\sim\infty$,故其分贝值取值$(0\sim\infty)$dB。圆极化波 $|r_A| = 1$,即 0 dB,工程上一般要求准圆极化波 $|r_A|\leqslant2$,即 $|r_A|_{\mathrm{dB}}\leqslant6$ dB。

2.4.1.2 二正交线极化波可合成任意极化波

沿 z 向传播的平面波的瞬时电场矢量可分解为相互正交的 $\hat{x}$ 向分量与 $\hat{y}$ 向分量之和:

$$\bar{E}(t) = \hat{x}E_x(t) + \hat{y}E_y(t) \tag{2.4-2}$$

式中

$$\begin{cases} E_x(t) = E_1\cos(\omega t - kz) \\ E_y(t) = E_2\cos(\omega t - kz + \phi) \end{cases} \tag{2.4-3}$$

ϕ 是 $\hat{y}$ 向分量引前 $\hat{x}$ 向分量的相位。为消去 $\cos(\omega t - kz)$,取

$$\frac{E_y(t)}{E_2} = \cos(\omega t - kz)\cos\phi - \sin(\omega t - kz)\sin\phi = \frac{E_x(t)}{E_1}\cos\phi - \sqrt{1 - \frac{E_x^2(t)}{E_1^2}}\sin\phi$$

$$\left[\frac{E_y(t)}{E_2} - \frac{E_x(t)}{E_1}\cos\phi\right]^2 = \left[1 - \frac{E_x^2(t)}{E_1^2}\right]\sin^2\phi$$

得
$$\frac{E_x^2(t)}{E_1^2} - \frac{2E_x(t)E_y(t)}{E_1 E_2}\cos\phi + \frac{E_y^2(t)}{E_2^2} = \sin^2\phi \tag{2.4-4}$$

这是一般形式的椭圆方程。因此,合成的电场矢量的端点轨迹为一椭圆。这就是说,空间上正交的 $\hat{x}$ 向和 $\hat{y}$ 向线极化波合成为一任意(椭圆)极化波。

为便于求出椭圆极化波参数与二线极化波参数的关系,下面采用复数表示,即令

$$\begin{cases} E_x(t) = R_e\left[E_x \mathrm{e}^{\mathrm{j}\omega t}\right], & E_x = E_1 \mathrm{e}^{-\mathrm{j}kz} \\ E_y(t) = R_e\left[E_y \mathrm{e}^{\mathrm{j}\omega t}\right], & E_y = E_2 \mathrm{e}^{\mathrm{j}\phi}\mathrm{e}^{-\mathrm{j}kz} \end{cases} \tag{2.4-5}$$

则
$$\frac{E_y}{E_x} = \frac{E_2}{E_1}\mathrm{e}^{\mathrm{j}\phi} = a\mathrm{e}^{\mathrm{j}\phi} \tag{2.4-6}$$

式中 $a = E_2/E_1$。采用复振幅 E_x 和 E_y 后,式(2.4-4)化为

$$\frac{E_x^2}{E_1^2} - \frac{2E_x E_y}{E_1 E_2}\cos\phi + \frac{E_y^2}{E_2^2} = \sin^2\phi \tag{2.4-4a}$$

采用旋转 τ 角的坐标系 (u, v),可将此椭圆方程化为标准形式:

$$\frac{E_u^2}{A^2} + \frac{E_v^2}{B^2} = 1 \tag{2.4-7}$$

应用坐标变换公式:

$$\begin{cases} E_x = E_u\cos\tau - E_v\sin\tau \\ E_y = E_u\sin\tau + E_v\cos\tau \end{cases} \tag{2.4-8}$$

代入式(2.4-4a),将各项系数与式(2.4-7)相比较,可求得椭圆倾角 τ 和轴比 r_A 如下:

$$\tan 2\tau = \frac{2E_1 E_2}{E_1^2 - E_2^2}\cos\phi \qquad \text{或} \qquad \tan 2\tau = \frac{2a}{1 - a^2}\cos\phi \tag{2.4-9}$$

$$r_A^2 = \left(\frac{A}{B}\right)^2 = \frac{(E_1/E_2)\cos^2\tau + \sin 2\tau\cos\phi + (E_2/E_1)\sin^2\tau}{(E_1/E_2)\sin^2\tau - \sin 2\tau\cos\phi + (E_2/E_1)\cos^2\tau}$$

或
$$r_A^2 = \left(\frac{A}{B}\right)^2 = \frac{(1/a)\cos^2\tau + \sin 2\tau\cos\phi + a\sin^2\tau}{(1/a)\sin^2\tau - \sin 2\tau\cos\phi + a\cos^2\tau} \tag{2.4-10}$$

由上述公式可知,当 $\phi = \pm\pi/2$,得 $\tau = 0$,表示 (u, v) 坐标与 (x, y) 坐标重合,$|r_A| = E_1/E_2$;若又有 $E_1 = E_2$,即 $a = 1$,则 $|r_A| = 1$,为圆极化波。故形成圆极化波的条件为

$$\frac{E_y}{E_x} = a\mathrm{e}^{\mathrm{j}\phi} = \mathrm{e}^{\pm\mathrm{j}\pi/2} = \pm\mathrm{j} \tag{2.4-11}$$

这就是说,相位相差 $\pi/2$,振幅相等的两个空间上正交的线极化波合成为一圆极化波。此即形成圆极化波辐射的基本原理。

在 E_y/E_x 的复平面上,不同的 (a, ϕ) 都有一个对应点,各点的极化特性如图 2.4-2 所示。E_y/E_x 位于实轴上,$\phi = 0$ 或 π 对应于线极化波;$a = 1$,$\phi = \pm\pi/2$ 两点对应于圆极化波。上半平面上的其他点都对应于左旋(LH)椭圆极化波;而下半平面上的点对应于右旋(RH)椭圆极化波。例如,若 $a = 1$,$\phi = \pi/4$,则由式(2.4-9)得 $\tau = \pi/4$,由式(2.4-10)得 $r_A^2 = (\sqrt{2}+1)/(\sqrt{2}-1) = 5.828$,$r_A = 2.414$。这是左旋椭圆极化波,如图 2.4-2 所示。

考察工程上常见的准圆极化波情形。令

$$E_1^2 = 1 + \Delta, \quad E_2^2 = 1 - \Delta, \quad \phi = \pi/2 - \delta$$

当 $\Delta \ll 1, \delta = 0$，则 $\phi = \pi/2$，由式(2.4-9)可知，$\tau = 0$，由式(2.4-10)得

$$r_A^2 = \frac{1+\Delta}{1-\Delta} \approx 1 + 2\Delta, \quad |r_A| \approx 1 + \Delta$$

当 $\Delta = 0, \delta \ll 1$，则 $a = 1$，由式(2.4-9)可知，$\tau = \pi/4$，由式(2.4-10)得

$$r_A^2 = \frac{1+\sin\delta}{1-\sin\delta} \approx 1 + \delta, \quad |r_A| \approx 1 + \delta/2$$

后一式表明，小相位误差引起的圆极化轴比的变化，接近于该相位误差以弧度计的值的一半。

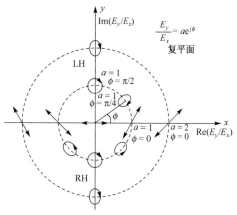

图 2.4-2　E_y/E_x 复平面上的极化图

2.4.1.3　二旋向相反的圆极化波可合成任意极化波

采用复矢量表示，左旋圆极化波电场的单位矢量 $\hat{L}$ 和右旋圆极化波电场的单位矢量 $\hat{R}$ 分别为

$$\hat{L} = (\hat{x} + j\hat{y})/\sqrt{2}$$
$$\hat{R} = (\hat{x} - j\hat{y})/\sqrt{2} \tag{2.4-12}$$

于是，若将任意极化波用左旋和右旋圆极化波表示，则有

$$\bar{E} = \hat{L}E_L e^{-jkz} + \hat{R}E_R e^{j\psi} e^{-jkz} = \left[(\hat{x}+j\hat{y})E_L/\sqrt{2} + (\hat{x}-j\hat{y})E_R e^{j\psi}/\sqrt{2}\right]e^{-jkz}$$

$$= \left[\hat{x}(E_L + E_R e^{j\psi})/\sqrt{2} + j\hat{y}(E_L - E_R e^{j\psi})/\sqrt{2}\right]e^{-jkz} \tag{2.4-13}$$

式中 ψ 为 $\hat{R}$ 分量引前 $\hat{L}$ 分量的相位。若按式(2.4-5)关系，则

$$\bar{E} = \hat{x}E_x + \hat{y}E_y = \left[\hat{x}E_1 + \hat{y}E_2 e^{j\phi}\right]e^{-jkz} \tag{2.4-14}$$

比较上两式可知[①]，

$$\begin{cases} E_1 = \left[E_L^2 + E_R^2 + 2E_L E_R \cos\psi\right]^{\frac{1}{2}}/\sqrt{2} \\ E_2 = \left[E_L^2 + E_R^2 - 2E_L E_R \cos\psi\right]^{\frac{1}{2}}/\sqrt{2} \\ \tan\phi = \dfrac{E_L^2 - E_R^2}{2E_L E_R \sin\psi} \end{cases} \tag{2.4-15}$$

这表明，用左旋和右旋圆极化波电场分量可合成任意极化波电场矢量 $\bar{E}$。其合成电场参数可由上式代入式(2.4-9)和式(2.4-10)得出：

$$\tan 2\tau = \frac{2E_1 E_2}{E_1^2 - E_2^2}\frac{1}{\sec\phi}$$

$$= \frac{\left[(E_L^2 + E_R^2)^2 - 4E_L^2 E_R^2 \cos^2\psi\right]^{\frac{1}{2}}}{2E_L E_R \cos\psi} \cdot \frac{2E_L E_R \sin\psi}{\left[(E_L^2 - E_R^2)^2 + 4E_L^2 E_R^2 \sin^2\psi\right]^{\frac{1}{2}}} = \tan\psi$$

---

① 利用 $\arctan\alpha - \arctan\beta = \arctan\dfrac{\alpha - \beta}{1 + \alpha\beta}$，得

$$\phi = \arctan\frac{E_L - E_R\cos\psi}{E_R\sin\psi} - \arctan\frac{E_R\sin\psi}{E_L + E_R\cos\psi} = \arctan\frac{E_L^2 - E_R^2\cos^2\psi - E_R^2\sin^2\psi}{E_R\sin\psi(E_L + E_R\cos\psi) + (E_L - E_R\cos\psi)E_R\sin\psi}$$

$$= \arctan\frac{E_L^2 - E_R^2}{2E_L E_R\sin\psi}$$

$$\tau = \frac{\psi}{2} \qquad\qquad (2.4\text{-}16)$$

$$r_{A} = \frac{E_{L} + E_{R}}{E_{L} - E_{R}} = \frac{E_{L}/E_{R} + 1}{E_{L}/E_{R} - 1} = \frac{p + 1}{p - 1} \qquad (2.4\text{-}17)$$

式中 $p = E_{L}/E_{R}$，为二圆极化波电场的振幅比，称为圆极化(波)比。可见，轴比大小仅与圆极化比 p 有关，而极化椭圆的倾角则取决于相位差 ψ。

2.4.2　极化效率

在这里研究二任意极化天线间的功率传输。如图 2.4-3 所示，接收天线的极化(也就是接收天线用于发射时的极化)方向如 $\bar{E}_{r}$ 所示，来波电场矢量为 $\bar{E}_{t}$。由于来波(来自发射天线)的极化与接收天线极化不同，接收天线不能从来波获得最大接收功率。极化效率为

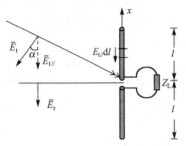

图 2.4-3　天线接收的极化要求

$$e_{p} = |\hat{e}_{t} \cdot \hat{e}_{r}|^{2} = \frac{|\bar{E}_{t} \cdot \bar{E}_{r}^{*}|^{2}}{|\bar{E}_{t}|^{2}\,|\bar{E}_{r}|^{2}} \qquad (2.4\text{-}18)$$

式中 $\hat{e}_{t}$ 和 $\hat{e}_{r}$ 分别代表来波和接收天线的电场单位矢量。

式(2.4-18)对任意极化都是适合的，我们可以从图 2.4-3 了解其原理，这里设 $\bar{E}_{t}$ 和 $\bar{E}_{r}$ 均为线极化。接收过程如下：$\bar{E}_{t}$ 沿 $\bar{E}_{r}$ 方向的分量 $\bar{E}_{t/\!/}$ 将在接收振子表面 dl 长度上激励起感应电动势 $E_{t/\!/}dl$。由于导体表面具有切向电场为零的边界条件，接收天线必定产生反向电场 $-E_{t/\!/}$，反电动势为 $-E_{t/\!/}\,dl$。因此，接收天线的接收电动势正比于 $E_{t/\!/} = E_{t}\cos\alpha$，$\alpha$ 为 $\bar{E}_{t}$ 与 $\bar{E}_{r}$ 的夹角。

我们来推导极化效率与来自发射天线的来波电场 $\bar{E}_{t}$ 和接收天线电场 $\bar{E}_{r}$ 二者的极化参数之间的关系。为此，把二电场都表示为二旋向相反的圆极化波电场之合成。利用式(2.4-13)可知，

$$\bar{E}_{t} = \hat{L}E_{Lt}e^{-jkz} + \hat{R}E_{Rt}e^{j\psi_{t}}e^{-jkz}$$

$$= [\hat{x}(E_{Lt} + E_{Rt}e^{j\psi_{t}})/\sqrt{2} + j\hat{y}(E_{Lt} - E_{Rt}e^{j\psi_{t}})/\sqrt{2}]e^{-jkz}$$

$$\bar{E}_{r} = [\hat{x}(E_{Lr} + E_{Rr}e^{j\psi_{r}})/\sqrt{2} + j\hat{y}(E_{Lr} - E_{Rr}e^{j\psi_{r}})/\sqrt{2}]e^{-jkz} \qquad (2.4\text{-}19)$$

故

$$|\bar{E}_{t} \cdot \bar{E}_{r}^{*}|^{2} = \frac{1}{4}\left|(E_{Lt} + E_{Rt}e^{j\psi_{t}})\cdot(E_{Lr} + E_{Rr}e^{-j\psi_{r}}) + (E_{Lt} - E_{Rt}e^{j\psi_{t}})(E_{Lr} - E_{Rr}e^{-j\psi_{r}})\right|^{2}$$

$$= \left|E_{Lt}E_{Lr} + E_{Rt}E_{Rr}e^{j(\psi_{t}-\psi_{r})}\right|^{2} \qquad (2.4\text{-}20)$$

令发射天线和接收天线的圆极化比分别为

$$p_{t} = \frac{E_{Lt}}{E_{Rt}}, \quad p_{r} = \frac{E_{Lr}}{E_{Rr}} \qquad (2.4\text{-}21)$$

则

$$|\bar{E}_{t} \cdot \bar{E}_{r}^{*}|^{2} = E_{Rt}^{2}E_{Rr}^{2}|p_{t}p_{r} + e^{j(\psi_{t}-\psi_{r})}|^{2} = E_{Rt}^{2}E_{Rr}^{2}[p_{t}^{2}p_{r}^{2} + 2p_{t}p_{r}\cos(\psi_{t} - \psi_{r}) + 1]$$

由式(2.4-19)可知，

$$|\bar{E}_{t}|^{2}\,|\bar{E}_{r}|^{2} = \frac{1}{4}[\,|E_{Lt} + E_{Rt}e^{j\psi_{t}}|^{2} + |E_{Lt} - E_{Rt}e^{j\psi_{t}}|^{2}\,][\,|E_{Lr} + E_{Rr}e^{j\psi_{r}}|^{2} + |E_{Lr} - E_{Rr}e^{j\psi_{r}}|^{2}\,]$$

$$= \frac{1}{4}E_{Rt}^{2}E_{Rr}^{2}[\,|p_{t} + e^{j\psi_{t}}|^{2} + |p_{t} - e^{j\psi_{t}}|^{2}\,][\,|p_{r} + e^{j\psi_{r}}|^{2} + |p_{r} - e^{j\psi_{r}}|^{2}\,]$$

$$= E_{Rt}^{2}E_{Rr}^{2}(p_{t}^{2} + 1)(p_{r}^{2} + 1)$$

将上两关系代入式(2.4-18)，得

$$e_p = \frac{p_t^2 p_r^2 + 2 p_t p_r \cos(\psi_t - \psi_r) + 1}{(p_t^2 + 1)(p_r^2 + 1)} \tag{2.4-22}$$

由式(2.4-17)可知，

$$p = \frac{r_A + 1}{r_A - 1} \tag{2.4-23}$$

设发射天线和接收天线的轴比分别为 r_1 和 r_2，则

$$p_t = \frac{r_1 + 1}{r_1 - 1}, \quad p_r = \frac{r_2 + 1}{r_2 - 1} \tag{2.4-24}$$

代入式(2.4-22)，得极化效率为

$$
\begin{aligned}
e_p &= \frac{(r_1 + 1)^2 (r_2 + 1)^2 + 2(r_1^2 - 1)(r_2^2 - 1)\cos(\psi_t - \psi_r) + (r_1 - 1)^2 (r_2 - 1)^2}{[(r_1 + 1)^2 + (r_1 - 1)^2][(r_2 + 1)^2 + (r_2 - 1)^2]} \\
&= \frac{(r_1^2 + 1)(r_2^2 + 1) + 4 r_1 r_2 + (r_1^2 - 1)(r_2^2 - 1)\cos 2\Delta\tau}{2(r_1^2 + 1)(r_2^2 + 1)}
\end{aligned} \tag{2.4-25}
$$

或

$$e_p = \frac{(r_1 r_2 + 1)^2 \cos^2 \Delta\tau + (r_1 + r_2)^2 \sin^2 \Delta\tau}{(r_1^2 + 1)(r_2^2 + 1)} \tag{2.4-25a}$$

式中 $\Delta\tau = \tau_t - \tau_r = (\psi_t - \psi_r)/2$ 是两个极化椭圆的倾角差。

e_p 的取值范围为 $0 \sim 1$。若 $e_p = 1$，则称接收天线对入射波是极化匹配的；若 $e_p = 0$，则称其是极化正交的。表2.4-1 给出几种常见情形下的极化效率。例如，第 3 列给出发射天线为左旋圆极化的情形：$r_1 = 1$，式(2.4-25a)化为

$$e_p = \frac{(r_2 + 1)^2}{2(r_2^2 + 1)} \tag{2.4-26}$$

故当 $r_2 = 1$ (接收天线为同旋向圆极化)，则 $e_p = 1$，极化匹配；当 $r_2 = -1$ (接收天线为反旋向圆极化)，则 $e_p = 0$，极化正交；当 $r_2 = \infty$ (接收天线为线极化)，则 $e_p = 1/2$，只能收到最大可接收功率的一半。

表2.4-1　几种常见情形下的极化效率

序号	条　　件	e_p	最大 e_p		最小 e_p	
			条　件	$e_{p\max}$	条　件	$e_{p\min}$
1	一个天线为线极化：$r_1 = \infty$	$\dfrac{(r_2^2 - 1)\cos^2 \Delta\tau + 1}{r_2^2 + 1}$	$\Delta\tau = 0$	$\dfrac{r_2^2}{r_2^2 + 1}$	$\Delta\tau = \pm \dfrac{\pi}{2}$	$\dfrac{1}{r_2^2 + 1}$
2	两个天线为线极化：$r_1 = \infty, r_2 = \pm\infty$	$\cos^2 \Delta\tau$	$\Delta\tau = 0$	1	$\Delta\tau = \pm \dfrac{\pi}{2}$	0
3	一个天线为圆极化：$r_1 = 1$	$\dfrac{(r_2 + 1)^2}{2(r_2^2 + 1)}$	$r_2 = 1$	1	$r_2 = -1$	0
4	两个天线为同旋向准圆极化：$r_1 = 1 + \Delta_1, r_2 = 1 + \Delta_2$	$1 - \left(\dfrac{\Delta_1 + \Delta_2}{2}\right)^2 + \Delta_1 \Delta_2 \cos^2 \Delta\tau$	$\Delta\tau = 0$	$1 - \left(\dfrac{\Delta_1 - \Delta_2}{2}\right)^2$	$\Delta\tau = \pm \dfrac{\pi}{2}$	$1 - \left(\dfrac{\Delta_1 + \Delta_2}{2}\right)^2$

*2.4.3　轴比的测量

测量圆极化波轴比最简便而常用的方法是极化图法，其装置如图 2.4-4 所示[2]。主要测试设备与方向图测量相同，只是要求辅助天线绕本身机械轴可以转动。图中表示的是线极化辅助天线可转动，用于接收，而被测天线静止，用于发射，当然也可反之。将被测天线需测试的方向对准线极化辅助天线(如半波振子)，将辅助天线转动一周，记下与转动角度相对应的各场强值，绘于极坐标图上，便得到被测天线在该特定方向的极化图。

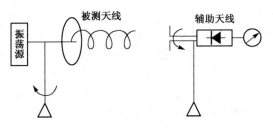

图 2.4-4　极化图法测量装置

由表 2.4-1 第一行知,随着辅助天线的转动,$\Delta\tau$改变,将出现 e_p 的最大值和最小值,其轨迹呈一哑铃曲线,如图 2.4-5(b)中虚线所示。由图可见,曲线的最大值与最小值对应于极化椭圆的长轴和短轴位置,从而可测出轴比 A/B。当 $r_2 = 1$ 即圆极化时,得 $e_p = 1/2$,极化图如图 2.4-5(a)所示;若 $r_2 = \infty$,即线极化时,得 $e_p = \cos^2\Delta\tau$,极化图如图 2.4-5(c)所示。

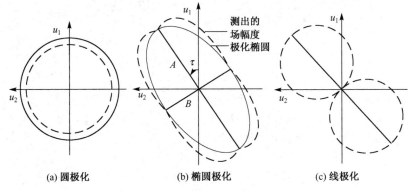

(a) 圆极化　　　　　　　(b) 椭圆极化　　　　　　　(c) 线极化

图 2.4-5　极化图

如果使线极化辅助天线沿转动方向快速旋转,而被测天线像传统方向图测量那样,在其方位面内较慢地旋转,如图 2.4-4 中箭头所示,将测得极化方向图。线极化天线的转速应这样选择:当被测天线旋转时,在线极化天线旋转半圈的时间内测得的方向图没有明显的变化。图 2.4-6 所示为测量结果举例(直角坐标方向图)。图中某 θ 角上的 dB 差值便代表该方向上的轴比分贝值。可见该被测天线在其波束最大值方向附近圆极化特性较好,而其他方向轴比过大。这种轴比快速测量方法称为旋转源法。

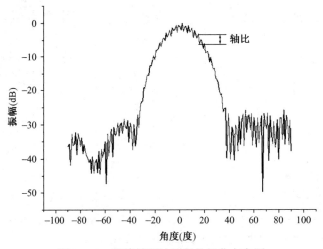

图 2.4-6　用旋转源法测得的极化方向图

2.5　天线有效面积与传输方程

2.5.1　天线有效面积

通常，天线是无源的可逆器件。天线既可用来发射电磁波，也可用来接收电磁波。当天线用于接收时，最让人关心的是该天线能从来波中获取多大的功率（见图 2.5-1）。天线最大可接收功率（实功率）$P_{RM}(W)$ 与来波的实功率流密度 $S_i(W/m^2)$ 是成正比的：

$$P_{RM} = A_e S_i \tag{2.5-1}$$

比例系数 $A_e(m^2)$ 具有面积的量纲，因而称为天线有效面积（effective area），或直接称为天线面积。如已知天线的有效面积 A_e，则可方便地根据来波的功率密度 S_i 求得天线可接收的最大功率。

为导出 A_e 的计算公式，我们来考察图 2.5-2(b) 所示的接收天线等效电路。这里利用戴维宁定理把图 2.5-2(a) 中的接收天线在其输出端 ab 处用一个电压源与内阻抗的串联组合来等效。U_r 为接收电动势，$Z_{in} = R_{in} + jX_{in}$ 为其内阻抗，$Z_L = R_L + jX_L$ 为所接负载阻抗。当 $Z_L = Z_{in}^* = R_{in} - jX_{in}$（共轭）时，负载获得最大接收功率：

$$I_{in} = \frac{U_r}{Z_{in} + Z_L} = \frac{U_r}{2R_{in}}, \quad P_{RM} = \frac{1}{2}I_{in}^2 R_L = \frac{1}{2}\frac{U_r^2}{4R_{in}}R_{in} = \frac{U_r^2}{8R_{in}}$$

故

$$A_e = \frac{P_{RM}}{S_i} = \frac{U_r^2}{8R_{in}S_i} \tag{2.5-2}$$

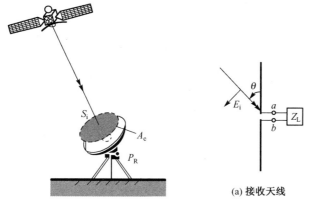

图 2.5-1　天线有效(接收)面积

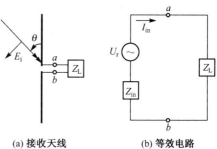

(a) 接收天线　　　　　(b) 等效电路

图 2.5-2　接收天线的等效电路

对于长为 L 的电流元，当来波电场强度为 E_i 时，所感应的接收电动势为 $U_r = E_i L\sin\theta = E_i L$（最大值对应于 $\theta = 90°$），$R_{in} = R_r = 80\pi^2(L/\lambda)^2$。从而得

$$A_e = \frac{(E_i l)^2}{8 \times 80\pi^2(l/\lambda)^2 \times E_i^2/240\pi} = \frac{3}{8\pi}\lambda^2 \tag{2.5-3}$$

对电流元，以前已得 $G = D = 3/2$，与上式相比得增益与 A_e 的关系如下：

$$\frac{G}{A_e} = \frac{\dfrac{3}{2}}{\dfrac{3}{8\pi}\lambda^2} = \frac{4\pi}{\lambda^2} \tag{2.5-4}$$

虽然这一关系是对电流元导出的，但这个比例系数对任何天线都相同。现基于互易定理证明如下。如图 2.5-3 所示，设天线 1 和 2 的增益、有效面积分别为 G_1、A_{e1} 和 G_2、A_{e2}，当二者最大

方向对准且极化相同时，若天线 1 用于发射，天线 2 用于接收，则天线 2 的最大接收功率为

$$P_{RM} = S_{i1}A_{e2} = \frac{P_t G_1}{4\pi r^2}A_{e2}, \quad 即 \frac{P_{RM}}{P_t}4\pi r^2 = G_1 A_{e2} \tag{2.5-5}$$

式中 P_t 为天线 1 的输入功率，r 为两天线距离。若天线 2 用于发射，天线 1 用于接收，由于中间媒质是线性、均匀、无源的，由互易性知，同样有

$$\frac{P_{RM}}{P_t}4\pi r^2 = G_2 A_{e1} \tag{2.5-6}$$

从而得
$$G_1 A_{e2} = G_2 A_{e1}, \quad 即 \frac{G_1}{A_{e1}} = \frac{G_2}{A_{e2}} \tag{2.5-7}$$

可见，任何天线的 G/A_e 都相同。由电流元的结果知，它等于 $4\pi/\lambda^2$。

图 2.5-3　无线电通信线路示意图

令 $A_e = A_0 e_A$，A_0 为天线在与其最大方向相垂直的截面上的几何面积，e_A 称为天线效率，得

$$G = \frac{4\pi}{\lambda^2}A_e = \frac{4\pi}{\lambda^2}A_0 e_A \tag{2.5-8}$$

这一关系表明，天线的电有效面积 A_e/λ^2 越大，则天线的增益越高。如果保持天线效率 e_A 不变，则天线电面积 A_0/λ^2 越大，天线增益越高。正是基于这一关系，在许多应用中，为实现所需的天线增益，天线几何尺寸不能做小；另一方面，为了减小尺寸而具有高的增益，可以减小工作波长 λ，即提高工作频率。我国卫星电视广播就有这方面的例子。开始时主要通过国际通信卫星(Intelsat)及后来的亚洲卫星的转发器转播，下行采用 C 频段(4 GHz)，下行中心波长为 7.6 cm。若要求地面单收站天线增益为 $G = 1666(32.2\ dB)$，对直径为 d 的圆形口径天线，有

$$G = \frac{4\pi}{\lambda^2}\left(\frac{\pi d^2}{4}\right)e_A = \left(\frac{\pi d}{\lambda}\right)^2 e_A \tag{2.5-9}$$

取 $e_A = 70\%$，得

$$d = \frac{\lambda}{\pi}\sqrt{\frac{G}{e_A}} = \frac{0.076}{\pi}\sqrt{\frac{1666}{0.7}} = 1.18\ m$$

可见，需用 1.2 m 直径天线来接收。后来的发展是采用 Ku 频段(12 GHz)，下行中心波长减小到约原来的 1/3。由式(2.5-9)可知，若天线效率 e_A 不变，对同样的增益要求，其直径 d 可减小到原来的 1/3，即约 0.40 m。实际上，卫星接收系统的接收质量不是仅由接收的载波信号功率的大小来决定，而是取决于接收机输出的载波信号功率与噪声功率之比。考虑噪声影响后，我国 Ku 频段单收站天线直径一般为 0.45 m，这已比原先的 1.2 m 大大减小了。

例 2.5-1　美军战斗机火控雷达 AN/APG-69(见图 2.5-4)的平板缝隙阵天线波束宽度为方位 4.5°，俯仰 7.7°，旁瓣电平 −30 dB，中心频率 9.3 GHz(工作频带为 9.15～9.45 GHz)。

1)试用式(2.2-14)估算其方向系数和有效面积；

2)若天线口径面积按 48 cm×29 cm 计，则天线效率 $e_A = ?$

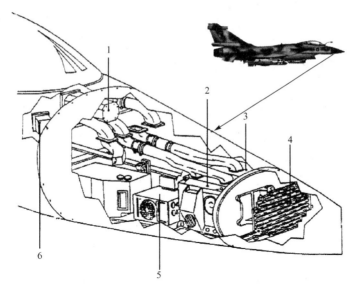

1. 视频显示器;2. 接收机/发射机;3. 信号处理机;4. 天线;5. 信号数据变换器;6. 控制盒

图 2.5-4　AN/APG-69 各分机在飞机鼻锥部的布局[4]

[解]　1) $D = \dfrac{35\,000}{4.5 \times 7.7} = 1010.1$，$G \approx D = \dfrac{4\pi}{\lambda^2} A_e$

得 $A_e = G\lambda^2/4\pi = 1010.1 \times \left(\dfrac{30}{9.3}\right)^2/4\pi = 836.4 \text{ cm}^2$

2) $A_e = A_0 e_A$，得 $e_A = \dfrac{A_e}{A_0} = \dfrac{836.4}{48 \times 29} = 60.1\%$

例 2.5-2　求半波振子和全波振子的有效面积。

[解]　半波振子：$G \approx D = 1.64$，得

$$A_e = \frac{G\lambda^2}{4\pi} = \frac{1.64\lambda^2}{4\pi} = 0.261\lambda \cdot \frac{\lambda}{2}\left(\approx \frac{\lambda}{4} \cdot \frac{\lambda}{2}\right)$$

全波振子：$G \approx D = 2.4$，得

$$A_e = \frac{2.4\lambda^2}{4\pi} = 0.191\lambda^2\left(\approx \frac{\lambda}{5} \cdot \lambda\right)$$

2.5.2　传输方程

现在来研究图 2.5-3 所示通信线路的功率关系。

设发射端天线输入功率为 P_t，增益为 G_t，它的最大辐射方向指向相距 r 的接收端，它在该接收端处产生的功率密度为

$$S_i = \frac{P_r D_t}{4\pi r^2} = \frac{P_t e_t D_t}{4\pi r^2} = \frac{P_t G_t}{4\pi r^2} \tag{2.5-10}$$

设接收天线增益为 G_r，它的最大方向也指向发射端，因而它能收到的最大接收功率为

$$P_{RM} = A_e S_i = \frac{G_r}{\dfrac{4\pi}{\lambda^2}} \frac{P_t G_t}{4\pi r^2} = \left(\frac{\lambda}{4\pi r}\right)^2 P_t G_t G_r \tag{2.5-11}$$

此式称为弗里斯(Friis)传输方程。用分贝表示，为

$$P_{RM}(dBm) = P_t(dBm) + G_t(dB) + G_r(dB) - 20\lg r(km) - 20\lg f(MHz) - 32.44 \tag{2.5-12}$$

$$P_{RM}(dBW) = P_t(dBW) + G_t(dB) + G_r(dB) - 20\lg r(km) - 20\lg f(MHz) - 32.44 \tag{2.5-12a}$$

式中 $P(dBm)$ 是相对于 1 mW 的功率分贝数;$P(dBW)$ 是相对于 1 W 的功率分贝数:

$$P(dBm) = 10\lg \frac{P(mW)}{1(mW)}, \quad P(dBW) = 10\lg \frac{P(W)}{1(W)} \tag{2.5-13}$$

一般情形下的通信线路如图 2.5-5 所示,此时要计入收发天线最大方向未对准的影响,收发天线极化不匹配及发射端和接收端输入阻抗不匹配的影响。

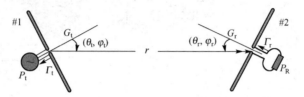

图 2.5-5　一般的传输线路

为应用方便,我们将天线增益的定义加以推广,引入任意方向的天线增益。天线在任意方向 (θ, φ) 的增益定义为天线在该 (θ, φ) 方向上远区某点的功率密度与输入功率相同的无方向性天线在同一点的功率密度之比,即

$$G(\theta, \varphi) = \frac{S(\theta, \varphi)}{S_0}\bigg|_{P_{in}\text{相同},r\text{相同}} \tag{2.5-14}$$

并有

$$G(\theta, \varphi) = \frac{|E(\theta, \varphi)|^2 r^2}{60 P_{in}} = \frac{[E_M F(\theta, \varphi)]^2 r^2}{60 P_{in}} = \frac{E_M^2 r^2}{60 P_{in}} F^2(\theta, \varphi) = G F^2(\theta, \varphi) \tag{2.5-15}$$

可见,任意方向的天线增益就是最大方向天线增益 G 乘以其归一化功率方向图 $p(\theta, \varphi) = F^2(\theta, \varphi)$。同理可定义任意方向的天线方向系数 $D(\theta, \varphi)$,它是最大方向的天线方向系数 D 乘以其归一化功率方向图 $p(\theta, \varphi) = F^2(\theta, \varphi)$:

$$D(\theta, \varphi) = D F^2(\theta, \varphi) \tag{2.5-15a}$$

于是,一般通信线路的接收功率为

$$P_R = \left(\frac{\lambda}{4\pi r}\right)^2 P_t G_t(\theta_t, \varphi_t) G_r(\theta_r, \varphi_r) e_p e_{zt} e_{zr} e_o \tag{2.5-16}$$

式中 e_p 为极化效率,由式(2.4-25a)给出;e_{zt} 和 e_{zr} 分别为发射端和接收端的阻抗匹配效率,由式(2.3-6)算出;e_o(下标"o"代表 other)代表由附加的其他损失引起的效率因子,包括降雨损失,空气吸收损失及馈线损耗等。

例 2.5-3　卫星通信中宇宙站与地球站之间的信号传输如图 2.5-6 所示。已知 Intelsat V 星发射天线对西半球覆盖区内最大方向的增益为 21.7 dB。若以 8.5 W 功率发射 3.9 GHz 右旋圆极化波,求其等效全向辐射功率 EIRP(Equivalent Isotropically Radiated Power)。假设在该最大方向上用增益为 60 dB 的直径 29.6 m 标准地球站天线接收相应极化波,卫星轨道离地球站 36 940 km,求最大接收功率。

　　[解]　等效全向辐射功率就是 2.2.1 节中的等效辐射功率,也即 $P_t G_t$;虽然本题中它是指最大方向上的值,但在定义上,这里增益和方向系数都已推广到对任意方向来定义而不一定是

最大方向。于是

$$\text{EIRP} = P_t G = 8.5 \times 10^{2.17} = 1257 \text{ W}, \quad \text{即 31 dBW}$$

由式(2.5-12)得

$$P_{RM}(\text{dBm}) = 10\lg 8500 + 21.7 + 60 - 20\lg 36\,940 - 20\lg (3.9 \times 10^3) - 32.44 = -84.62$$

故

$$P_{RM} = 3.45 \times 10^{-9} \text{ mW}$$

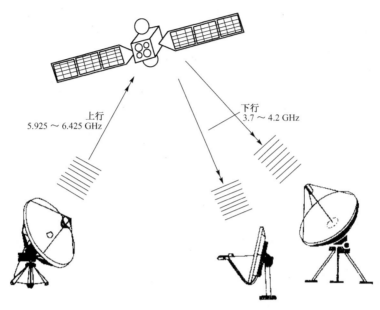

图 2.5-6　C 频段卫星通信的上行与下行线路

例 2.5-4　设图 2.5-5 中收发天线都是半波振子，接收振子轴垂直于地面，但发射振子轴偏离铅垂方向 $\theta_t = 30°$，且其输入端电压驻波比为 3。接收端馈线是匹配的，但附加了馈线损耗 $L_F = 0.5$ dB。已知发射天线发射功率为 2 kW，工作频率为 2 GHz，则在 $r = 10$ km 处的接收天线收到多大功率?

[解]
$$\lambda = \frac{c}{f} = \frac{3 \times 10^8}{2 \times 10^9} = 0.15 \text{ m}$$

$$F_t(\theta_t) = \frac{\cos\left(\frac{\pi}{2}\sin 30°\right)}{\cos 30°} = 0.8165$$

$$G_t(\theta_t, \varphi_t) = G_t F_t^2(\theta_t) = 1.64 \times 0.8165^2 = 1.093$$

$$e_p = |\hat{e}_t \cdot \hat{e}_r|^2 = \cos^2\theta_t = \cos^2 30° = 0.75$$

或直接由表 2.4-1 可知，
$$e_p = \cos^2\Delta\tau = \cos^2 30° = 0.75$$

$$e_o = 10^{-0.05} = 0.891$$

利用式(2.5-16)得

$$P_R = \left(\frac{\lambda}{4\pi r}\right)^2 P_t G_t(\theta_t, \varphi_t) G_t(\theta_t, \varphi_t) e_p e_{zt} e_o$$

$$= \left(\frac{0.15}{4\pi \times 10^4}\right)^2 \times 2 \times 10^3 \times 1.093 \times 1.64 \times 0.75 \times 1 \times 0.891$$

$$= 3.87 \times 10^{-9} \text{ W}$$

*2.5.3 雷达散射截面和雷达方程

雷达(radar)一词是英文"radio direction and range"(无线电定向和测距)的首字母缩写的音译。如图 2.5-7 所示,当雷达发射的电磁波遇到目标时,它将被散射,其中后向散射功率即雷达回波功率又回到雷达处并由雷达天线接收,雷达从而发现目标并实现对它的定向和测距。这里人们所关心的是该后向散射功率密度多大。为此定义了雷达散射截面 RCS(Radar Cross Section),记为 σ_r。

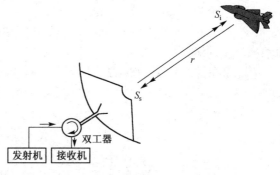

图 2.5-7 雷达散射截面的定义

σ_r 定义为一个面积,它所接收的入射波功率,被全向(均匀)散射后,到达雷达接收天线处的功率密度等于该目标散射到该处的功率密度 S_s。由此,设雷达在目标处的入射功率密度为 S_i,则有

$$P_i = \sigma_r S_i, \quad S_s = \frac{P_i}{4\pi r^2} \tag{2.5-17}$$

从而得 σ_r 的定义式为

$$\sigma_r = 4\pi r^2 \frac{S_s}{S_i} = 4\pi r^2 \frac{|E_s|^2}{|E_i|^2} \tag{2.5-18}$$

式中 r 规定为足够大,使目标位于雷达天线的远区。值得指出,虽然 σ_r 的公式中有 $r^2 S_s/S_i$,但 σ_r 与它们无关(因 S_s 正比于 S_i,而且又直接与 r^2 成反比),它只由目标本身的尺寸、形状和材料决定。不同物体在 10 GHz 频率上(波长 3 cm)的典型雷达散射截面(σ_r)值如图 2.5-8 所示。这里只表示其大致量级,准确值与姿态角、形状和材料等有关。

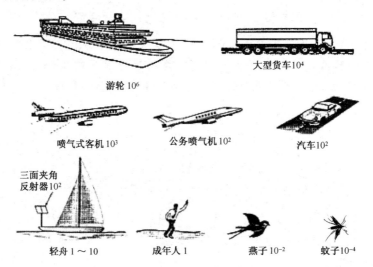

大型货车 10^4

游轮 10^6

喷气式客机 10^3 公务喷气机 10^2 汽车 10^2

三面夹角反射器 10^2

轻舟 $1 \sim 10$ 成年人 1 燕子 10^{-2} 蚊子 10^{-4}

图 2.5-8 某些物体在 10 GHz 频率上的 RCS 值(m^2)

下面来导出雷达作用距离的计算式。如图 2.5-6 所示,设雷达发射功率为 P_t,发射天线增益为 G_t,接收天线增益为 G_r,它们的最大方向都对准目标,则雷达最大接收功率为

$$P_{RM} = A_e S_i = \frac{G_r}{4\pi/\lambda^2} \frac{\sigma_r S_t}{4\pi r^2} = \frac{G_r}{4\pi/\lambda^2} \frac{\sigma_r}{4\pi r^2} \frac{P_t G_t}{4\pi r^2} = \frac{P_t G_t G_r \lambda^2 \sigma_r}{(4\pi)^3 r^4} \tag{2.5-19}$$

设雷达的最小可测功率(接收机灵敏度)为 P_{Rmin},则由上式得雷达最大作用距离为

$$r_{max} = \sqrt[4]{\frac{P_t G^2 \lambda^2 \sigma_r}{(4\pi)^3 P_{Rmin}}} \tag{2.5-20}$$

这里已设雷达天线是收发共用的(单站雷达)。故取 $G_t = G_r = G$。这是最简单形式的雷达距离方程。可见，雷达作用距离与 $P_{R\ min}^{1/4}$ 成反比，而与 $P_t^{1/4}$、$\sigma_r^{1/4}$ 和 $G^{1/2}$ 成正比。这就是说，为增大雷达作用距离，若天线增益增大到 4 倍，则它的作用相当于发射机发射功率增大到 16 倍，而发射机功率的增大还需同时增大其电源设备的功率，当然功耗也大大增大。

式(2.5-20)中的最小可测功率可表示为可靠检测所需的信噪比(SNR)S/N(一般为 10 ~ 20 dB)与接收机输出的噪声功率 P_N 之乘积，接收机噪声功率大小用其噪声温度 T 来表示(见 2.6.1 节)：

$$P_{R\ min} = \frac{S}{N}P_N, \quad P_N = KTB \tag{2.5-21}$$

式中 $K = 1.380\ 658 \times 10^{-23}$ (J/K) 是玻尔兹曼(Boltzmann)常数，B 是接收机带宽。

例 2.5-5　为检测可能撞击地球的小行星，设采用频率为 4 GHz，峰值功率为 10^9 W 的雷达，其抛物面天线的效率 $e_A = 75\%$。小行星离地球 0.4 AU(1 AU $= 1.5 \times 10^8$ km)，直径 40 km，其 RCS 是将其看成理想导体球时的 0.4 倍。

1)若系统温度 $T_s = 10$ K，带宽 $B = 1$ MHz，要求回波信号 SNR $= 10$ dB，则天线增益应为多少？

2)天线直径多大？

[解]　1) 由式(2.5-20)得

$$G^2 = \frac{(4\pi)^3 P_{Rmin} r^4}{P_t \lambda^2 \sigma_r}$$

$$P_{Rmin} = \frac{S}{N}P_N = \frac{S}{N}kT_s B = 10 \times 1.38 \times 10^{-23} \times 10 \times 10^6 = 1.38 \times 10^{-15} \text{ W}$$

$$r = 0.4 \times 1.5 \times 10^8 \times 10^3 = 6 \times 10^{10} \text{ m}$$

$$\lambda = \frac{3 \times 10^8}{4 \times 10^9} = 0.075 \text{ m}$$

$$\sigma_r = 0.4(\pi a^2) = 0.4 \times \pi \times (20 \times 10^3)^2 = 1.6\pi \times 10^8 \text{ m}^2$$

得

$$G^2 = \frac{(4\pi)^3 \times 1.38 \times 10^{-15} \times (6 \times 10^{10})^4}{10^9 \times 0.075^2 \times 1.6 \times 10^8} = 1.255 \times 10^{16}, \quad G = 1.12 \times 10^8$$

2)

$$G = \frac{4\pi}{\lambda^2}\left(\frac{\pi d^2}{4}\right)e_A = \left(\frac{\pi d}{\lambda}\right)^2 e_A$$

得

$$d^2 = \frac{G\lambda^2}{\pi^2 e_A} = \frac{1.12 \times 10^8 \times 0.075^2}{\pi^2 \times 0.75} = 8.51 \times 10^4, \quad d = 292 \text{ m}$$

例 2.5-6　雷达参数为 $P_t = 300$ kW，$P_{Rmin} = -105$ dBm，$f = 5$ GHz，$G = 45$ dB。问该雷达探测 $\sigma_r = 1$ m^2 目标的最大距离为多少？若天线增益增大到两倍呢？

[解]　　$P_{Rmin} = 10^{-10.5} = 3.162 \times 10^{-11}$ mW $= 3.162 \times 10^{-14}$ W

由式(2.5-20)得

$$r_{max} = \sqrt[4]{\frac{3 \times 10^5 \times 3.162^2 \times 10^8 \times 0.06^2 \times 1}{(4\pi)^3 \times 3.162 \times 10^{-14}}} = 3.62 \times 10^5 \text{ m} = 362 \text{ km}$$

若 G 增至 $2G$，则 r_{max} 增至 $r'_{max} = \sqrt{2}r_{max} = \sqrt{2} \times 362 = 512$ km。

*2.6　天线的噪声温度

2.6.1　天线噪声温度的定义

任何天线都从周围环境接收到噪声功率。通常用噪声温度来量度一个系统所产生的噪声功率的大小，即仿照匹配电阻的热噪声功率与其温度的对应关系，来定义系统的噪声温度。一个与负载相匹配的电阻，

当热力学温度为 $T/(\mathrm{K})$ 时，在 $B(\mathrm{Hz})$ 带宽上产生的热噪声功率为

$$P = KTB \tag{2.6-1}$$

式中 K 为玻尔兹曼常数。类似地，把天线在 $B(\mathrm{Hz})$ 带宽上输出的噪声功率表示为

$$P_A = KT_A B, \quad 即 \ T_A = P_A/KB(\mathrm{K}) \tag{2.6-2}$$

T_A 称为天线噪声温度(Noise Temperature)。T_A 是一个想象的量，而并不是天线的实际温度。T_A 越高，代表天线输出的噪声功率越大。

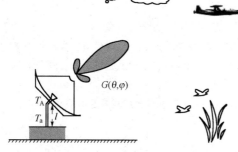

图 2.6-1　天线噪声温度概念

对图 2.6-1 所示的接收系统，整个系统输出的噪声功率可用系统噪声温度 T 来表示，并有

$$T = T_a + T_r \tag{2.6-3}$$

T_a 和 T_r 分别是天线和接收机的噪声功率等效到接收机输入端处的噪声温度。T_a 与天线输出端处的天线噪声温度 T_A 不同，需计入长为 l 的馈线损耗效应。设馈线衰减常数为 α，则馈线损耗因子为

$$L_F = \mathrm{e}^{2\alpha l} > 1 \tag{2.6-4}$$

这使天线噪声温度减小为 T_A/L_F；同时又因其本身的欧姆损耗而引入噪声温度 $T_o(1-1/L_F)$，这里 T_o 是馈线实际温度，即环境温度，一般取 $T_o = 273 + 17 = 290$ K(绝对温度)。于是

$$T_a = \frac{T_A}{L_F} + T_o\left(1 - \frac{1}{L_F}\right) \tag{2.6-5}$$

设接收机噪声系数为 F，则有

$$T_r = T_o(F - 1) \tag{2.6-6}$$

现代接收机采用致冷参量放大器和场效应管(FET)放大器等低噪声器件，使 T_r 降低到 100 K 以下，甚至只有 20 K 或更低。这使天线噪声温度成为系统噪声温度的重要部分，从而明显影响接收系统灵敏度。图 2.6-2 给出了卫星地球站所用的各种微波放大器的噪声温度范围，也给出了理想天线从水平方向至天顶方向间的噪声温度范围，以资比较。

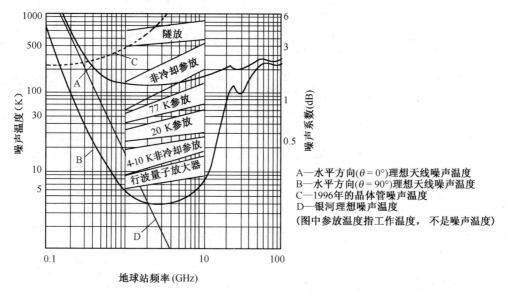

图 2.6-2　卫星地球站的放大器噪声温度范围

2.6.2 天线噪声温度的计算与讨论

天线所接收的噪声功率可利用热力学中普朗克(M. Planck)黑体辐射定律导出。根据适用于无线电频段的瑞利-金斯(Rayleigh-Jeans)近似,若天线外部某区域的等效黑体温度为 $T(K)$,则它所辐射的噪声功率通量为

$$N = KTB/\lambda^2 \tag{2.6-7}$$

单位是瓦/单位面积/单位立体角。这里单位面积是指由天线看去的噪声源投影面积,单位立体角则以源所在点为顶点来计。这样,若天线有效面积为 $A_e(\Omega)$,它对 Ω 方向距离 r 处的噪声源所张的立体角为 $A_e(\Omega)/r^2$,而由天线看去的立体角为 $\mathrm{d}\Omega$ 的源区域的投影面积为 $r^2\mathrm{d}\Omega$,则天线由此源区域接收的噪声功率为

$$\mathrm{d}P_A = NA_e(\Omega)\mathrm{d}\Omega$$

与式(2.6-7)和式(2.5-8)结合得

$$\mathrm{d}P_A = \frac{1}{4\pi}kBT(\Omega)G(\Omega)\mathrm{d}\Omega$$

故天线接收外部环境的全部噪声声源的噪声功率为

$$P_A = \frac{1}{4\pi}kB\int_{4\pi} T(\Omega)G(\Omega)\mathrm{d}\Omega \tag{2.6-8}$$

代入式(2.6-2),得天线噪声温度为

$$T_A = \frac{1}{4\pi}\int_{4\pi} T(\Omega)G(\Omega)\mathrm{d}\Omega \tag{2.6-9}$$

这里 $G(\Omega)$ 是假设天线无耗时在 Ω 方向的增益:

$$G(\Omega) = Gp(\Omega), \quad G = \frac{4\pi}{\int_{4\pi} p(\Omega)\mathrm{d}\Omega} = \frac{4\pi}{\Omega_A} \tag{2.6-10}$$

式中 $\Omega_A = \int_{4\pi} p(\Omega)\mathrm{d}\Omega$。故

$$T_A = \frac{\int_{4\pi} T(\Omega)p(\Omega)\mathrm{d}\Omega}{\int_{4\pi} p(\Omega)\mathrm{d}\Omega} = \frac{1}{\Omega_A}\int_{4\pi} T(\Omega)p(\Omega)\mathrm{d}\Omega \tag{2.6-11}$$

或

$$T_A = \frac{\int_0^{2\pi}\int_0^{\pi} T(\theta,\varphi)F^2(\theta,\varphi)\sin\theta\mathrm{d}\theta\mathrm{d}\varphi}{\int_0^{2\pi}\int_0^{\pi} F^2(\theta,\varphi)\sin\theta\mathrm{d}\theta\mathrm{d}\varphi} \tag{2.6-11a}$$

式(2.6-11)的一个特例是设所有角度范围的等效黑体温度均为 T,则 $T_A = \frac{T}{\Omega_A}\Omega_A = T$,与天线方向图无关。若波束指向一等效黑体温度均为 T 的小立体角范围 Ω_0,并且波束相对较宽,在源范围 $p(\Omega) \approx 1$,则得

$$T_A = \frac{\Omega_0}{\Omega_A}T \tag{2.6-12}$$

对一般情形,可把天线周围分成几个立体角扇形,任一 $\Delta\Omega_i$ 扇形内等效黑体温度无多大变化,其平均噪声温度为 T_i,则有

$$T_A = \frac{1}{\Omega_A}\sum_{i=1}^{n} T_iP_i, \quad P_i = \int_{\Delta\Omega_i} p(\Omega_i)\mathrm{d}\Omega \tag{2.6-13}$$

式(2.6-11)说明,天线噪声温度就是用天线功率方向图加权的周围环境的等效黑体温度 $T(\theta,\varphi)$ 对所有方向的平均值。这就是说,天线噪声温度取决于天线波瓣区域(包括旁瓣和背瓣区域)内各种辐射源所形成的噪声。因此,设计低噪声天线的一个基本原则是尽量减小旁瓣和背瓣。另一个基本原则是使天线损耗尽量小。

等效黑体温度 $T(\theta,\varphi)$ 在射电天文学中称为亮温度。银河系的亮温度在低频率较高,近似按 $f^{-2.3}$ 变化,在 1 GHz 以上可以忽略。而对流层噪声对低于 1 GHz 频率可以忽略,但在接近水蒸气谐振频率(22.2 GHz)

和氧分子谐振频率(60 GHz)时剧增。对流层噪声在天线波束指向水平时由于电波经过较厚的大气层而达最大,并在波束指向天顶时最小。以仰角 Δ 为参变数计算的理想天线的噪声温度曲线如图 2.6-3 所示[3],它是按典型条件计算的。这里所谓"理想天线"是指无损耗的天线,且该天线没有指向地面的旁瓣,因此该结果其实代表天空的亮温度。图中实线对应于平均银河噪声的情形;上下二虚线分别对应于最大银河噪声,$\Delta = 90°$。我们看到,在$(1 \sim 10)$GHz 频段上只要 $\Delta \geqslant 5°$,其典型值在 30 K 以下,而对高仰角情形它甚至低至几 K。可见,相对来说,天空是"冷"的,而地面是"热"的。

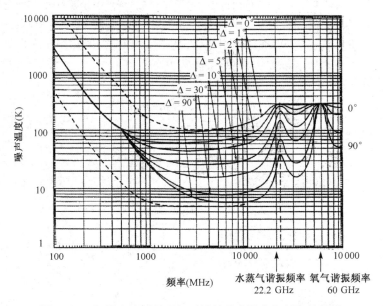

图 2.6-3　架设在地面的理想天线的噪声温度与频率的关系

如图 2.6-3 所示,曲线只表示接收到的"天空噪声"。天线噪声源包括:1) 天线从天空辐射源接收到的电磁波所形成的噪声(宇宙噪声、大气噪声及人为噪声);2) 地面噪声,对大多数情形其噪声温度可用 290 K 很好地近似;3) 天线中电阻性元件(有电阻的导体和有耗介质)产生的热噪声。设天线波瓣所对地面的立体角部分为 Ω_g,则其提供的噪声温度为 $T_{ag} = \Omega_g T_o$,这里 T_o 代表地面噪声温度,也取为 290 K。在雷达等应用中,一般设在 $\Omega_g = \pi$ 立体角内指向地面的旁瓣和背瓣的平均增益为 0.5(− 3 dB),得 $T_{ag} = \dfrac{1}{4\pi}0.5\pi T_o = $ 36 K。设天线辐射效率为 e_r,则天线损耗因子为 $L_a = 1/e_r$,它所附加的热噪声为 $T_o(1 - 1/L_a)$,$T_o = 290$ K 是天线中有耗物质的热噪声温度;同时外部噪声也应减低至 $1/L_a$ 倍。计入这些因素后,式(2.6-5)中的天线噪声温度 T_A 应改用下式:

$$T_A' = \frac{T_A(1 - T_{ag}/T_o)+ T_{ag}}{L_a} + T_o\left(1 - \frac{1}{L_a}\right) \tag{2.6-14}$$

将此式代入式(2.6-5),得

$$T_a = \frac{T_A(1 - T_{ag}/T_o)+ T_{ag}}{L_a L_F} + T_o\left(\frac{1}{L_F} - \frac{1}{L_a L_F}\right)+ T_o\left(1 - \frac{1}{L_F}\right)$$

即

$$T_a = \frac{T_A(1 - T_{ag}/T_o)+ T_{ag}}{L_{aF}} + T_o\left(1 - \frac{1}{L_{aF}}\right) \tag{2.6-15}$$

式中 $L_{aF} = L_a L_F$。当 $T_{ag} = 36$ K,$T_o = 290$ K,上式简化为

$$T_a = \frac{0.876 T_A}{L_{aF}} - 254 + T_o \tag{2.6-16}$$

有时天线噪声温度的降低是以天线增益的适当牺牲来达到的。因此低噪声天线的一个合理优值是 G/T_A。在卫星通信应用中就取 G/T 作为卫星接收地球站的一项主要指标,T 是系统噪声温度,见式(2.6-3)。国际

通信卫星系统(Intelsat)规定,对使用 6/4 GHz 频段的标准地球站,A 型站要达到 G/T (dB/K)$\geqslant 40.7 +$ $20\lg f$ (GHz)/4,B 型站要达到 G/T (dB/K)$\geqslant 31.7 + 20\lg f$ (GHz)/4。这里 G/T (dB/K)是

$$G/T \text{ (dB/K)} = G\text{(dB)} - 10\lg T\text{(K)} \tag{2.6-17}$$

例 2.6-1　工作于 23 GHz 的 30 m 直径反射面天线的半功率宽度为 0.5°,指向天顶。设天空噪声温度为 10 K,地面温度为 290 K,若天线波束效率①为 0.7,天线的旁瓣范围约一半指向地面,求天线的噪声温度。

[**解**]　采用式(2.6-13)计算如下:

天空区域噪声温度　　　　　　　　$T_1 = \dfrac{1}{\Omega_A}(10 \times 0.7\Omega_A) = 7 \text{ K}$

前旁瓣区域噪声温度　　　　　　　$T_2 = \dfrac{1}{\Omega_A}\left(10 \times \dfrac{0.3}{2}\Omega_A\right) = 1.5 \text{ K}$

后瓣区域噪声温度　　　　　　　　$T_3 = \dfrac{1}{\Omega_A}\left(290 \times \dfrac{0.3}{2}\Omega_A\right) = 43.5 \text{ K}$

故　　　　　　　　　　　　　　　$T_A = 7 + 1.5 + 43.5 = 52 \text{ K}$

可见,后瓣区域由于"打地",使其对噪声温度的贡献约占 43.5/52 = 84%!

例 2.6-2　一近地轨道(LEO)卫星离地球 780 km,采用增益为 6 dB 的右旋圆极化天线接收手机的 1.65 GHz 语音信号,其信道带宽为 9.6 kHz。若要求在偏离天顶 10°方向用直立放置的半波振子来接收,如图 2.6-4 所示,其信噪比 SNR = 10 dB,手机的接收机噪声温度为 75 K,则要求卫星的发射功率多大?

图 2.6-4　用直立振子接收

[**解**]　因 $\dfrac{S}{N} = \dfrac{P_R}{P_N}$,由弗里斯公式可知

$$P_t = \left(\dfrac{4\pi r}{\lambda}\right)^2 \dfrac{P_R}{G_t G_r p} = \left(\dfrac{4\pi r}{\lambda}\right)^2 \left(\dfrac{S}{N}\right)\dfrac{P_N}{G_t G_r p} \tag{2.6-20}$$

用分贝数表示:

$$P_t\text{(dBw)} = -L_d\text{(dB)} + \text{SNR(dB)} - G_t\text{(dB)} - G_v\text{(dB)} - p\text{(dB)} + P_N\text{(dBw)} \tag{2.6-21}$$

式中空间损失因子 L_d 为

$$L_d = \left(\dfrac{\lambda}{4\pi r}\right)^2 = \left(\dfrac{3 \times 10^8/1.65 \times 10^9}{4\pi \times 7.8 \times 10^5}\right)^2 = 3.44 \times 10^{-16}(\text{即} -154.6 \text{ dB})$$

卫星用圆极化波发射而利用线极化半波振子接收,二者间极化损失为 $e_p = -3$ dB。手持机的直立半波振子在天顶角 10°方向的方向函数为

$$F(\theta) = \dfrac{\cos\left(\dfrac{\pi}{2}\cos 10°\right)}{\sin 10°} = 0.1374$$

故 $G_r = 1.64 \times 0.1374^2 = -0.031$(即 -15.1 dB)。

直立半波振子的波束立体角约有一半指向天空(6 K),而另一半对着人体和地面(300 K),于是,天线和系统的噪声温度分别为

$$T_A = \dfrac{1}{\Omega_A}\left(6 \times \dfrac{\Omega_A}{2} + 300 \times \dfrac{\Omega_A}{2}\right) = 153 \text{ K}$$

---

①　设天线的归一化功率波瓣为 $p(\Omega)$,其主瓣(main beam)区域为 $p_B(\Omega)$,旁瓣(sidelobe)区域 $p_s(\Omega)$,则天线的波束立体角为

$$\Omega_A = \int_{4\pi} p(\Omega)\mathrm{d}\Omega = \int_{4\pi}[p_B(\Omega) + p_s(\Omega)]\mathrm{d}\Omega = \Omega_B + \Omega_s \tag{2.6-18}$$

定义主瓣立体角 Ω_B 与波束立体角 Ω_A 之比为天线的波束效率(beam efficiency) e_B:

$$e_B = \dfrac{\Omega_B}{\Omega_A} \tag{2.6-19}$$

$$T_{\text{s}} = T_{\text{A}} + T_{\text{R}} = 153 + 75 = 228 \text{ K}$$

故噪声功率为

$$P_{\text{N}} = KT_{\text{s}}B = 1.38 \times 10^{-23} \times 228 \times 9.6 \times 10^{3} = 3.02 \times 10^{-17}(\text{即} - 165.2 \text{ dB})$$

为达到 SNR = 10 dB 所需的卫星发射功率, 由式(2.6-21)得

$$P_{\text{t}}(\text{dBW}) = 154.6 + 10 - 6 + 15.1 + 3 - 165.2 = 11.5 \text{ dBW}$$

$$P_{\text{t}} = 14.1 \text{ W}$$

例 2.6-3　用 0.45 m 直径反射面天线(口径效率 $e_{\text{A}} = 0.7$)接收 Ku 频段($f_{\text{o}} = 12.4$ GHz)卫星直播电视信号, 发射功率为 120 W, 收发距离 $r = 38\ 000$ km, 接收点 EIRP = 50 dBW。若电视频道有效信号带宽 $B = 20$ MHz, 接收系统噪声温度为 $T_{\text{s}} = 120$ K, 求该接收系统的 G/T 值及信噪比 S/N。

　　[解]

$$G_{\text{r}} = \frac{4\pi}{\lambda^{2}} \frac{\pi d^{2}}{4} e_{\text{A}} = \left(\frac{\pi d}{\lambda}\right)^{2} e_{\text{A}} = \left(\frac{\pi 0.45}{0.0242}\right)^{2} 0.7 = 2429$$

故　　　　　$\dfrac{G}{T} = \dfrac{G_{\text{r}}}{T_{\text{s}}} = \dfrac{2429}{120} = 20.24$,　　　　$\dfrac{G}{T}(\text{dB/K}) = 10\lg 20.24 = 13.1 \text{ dB/K}$

因　　　　　　　$G_{\text{t}}(\text{dB}) = \text{EIRP}(\text{dBW}) - P_{\text{t}}(\text{dBW})$

由式(2.5-12a)可知

$$P_{\text{RM}}(\text{dBW}) = 50 + 10\lg 2429 - 20\lg 38\ 000 - 20\lg 12\ 400 - 32.44 = -122.1 \text{ dBW}$$

$$P_{\text{RM}} = 6.2 \times 10^{-13} \text{ W}$$

由式(2.6-2)得　　$P_{\text{N}} = KT_{\text{s}}B = 1.38 \times 10^{-23} \times 120 \times 20 \times 10^{6} = 3.31 \times 10^{-14} \text{ W}$

故信噪比为　　$\dfrac{S}{N} = \dfrac{P_{\text{RM}}}{P_{\text{N}}} = \dfrac{6.2 \times 10^{-13}}{3.31 \times 10^{-14}} = 18.7$,　SNR(dB) $= 10\lg 18.7 = 12.7 \text{ dB}$

习　　题

2.1-1　由式(2.1-3)导出式(2.1-6)及式(2.1-8)。

Δ2.1-2　若最大相位误差条件取为 π/4, 则最大尺寸为 L 且工作波长为 λ 的天线的辐射近区界限如何?求出直径为 10 m 的反射面天线工作于 $\lambda = 7.6$ cm 时其内外界限值。

2.1-3　对最大尺寸为 L 的天线, 若要求最大相位误差不超过 1) π/16, 2) π/4, 则远场条件式(2.1-17) 应如何修改?

Δ2.1-4　为测试下列天线的方向图, 其收发天线间所需的最小距离多大?

　　　1) 车载收音机天线, 全长 1 m, 工作于 1 MHz;

　　　2) 移动通信基站单根天线, 全长 0.8 m, 工作频率为 1.8 GHz;

　　　3) 直径为 13 m 的移动式卫星地球站天线, 发射中心频率为 6 GHz。

2.1-5　证明:当 $l \ll \lambda$, 式(2.1-6)简化为短振子的 $\sin\theta$。

2.1-6　写出 $2l = 5\lambda/4$ 对称振子的归一化方向函数, 并编程画出其极坐标方向图, 求出其半功率宽度 HP。

2.1-7　导出式(2.1-37)。

Δ2.1-8　计算 1) $2l = \lambda/4$, 2) $2l = \lambda$ 对称振子的辐射电阻。

Δ2.2-1　一通信卫星在 4 GHz 频率上的辐射功率为 10 W, 天线最大方向指向北京, 其方向系数为 200, 北京离该卫星距离为 37 590 km, 则该卫星信号到达北京的场强多大?若采用一无方向性天线发射而到达北京的信号场强不变, 则卫星辐射功率 P_{r} 应多大?

2.2-2　在方向系数为 18 的天线的最大方向上远区 3 km 处测得其场强为 12 mV/m, 则该天线辐射功率多大?若保持辐射功率不变, 但:

　　　1) 改用无方向性天线;

　　　2) 改用方向系数为 180 的天线, 则该处场强如何变化?

2.2-3　喇叭天线的方向图可用下式近似表示:

$$F(\theta) = \begin{cases} \cos^m\theta, & 0 \le \theta \le \pi/2 \\ 0, & \pi/2 < \theta < \pi \end{cases}$$

1) 试证其方向系数($\theta = 0$ 方向)为 $D = 2(2m+1)$;当 $m = 2$,求出 D 的值。

2) 当 $m = 2$,半功率宽度多大? 用克劳斯近似式计算,求出 D 的值。

Δ2.2-4 天线方向函数为 $F(\theta, \varphi) = \sin\theta\sin^2\varphi$,$0 \le \theta \le \pi$,$0 \le \varphi \le \pi$。1) 求其方向系数;2) 求 $\theta = \pi/2$ 平面和 $\varphi = \pi/2$ 平面半功率宽度;3) 利用克劳斯近似式计算其方向系数。

2.2-5 对题 2.1-6 对称振子($l = 0.625\lambda$),1) 利用克劳斯近似式计算其方向系数;2) 利用曲线查出辐射电阻 R_r,算出方向系数。

2.2-6 求:1) $2l = \lambda/4$ 时,2) $2l = 3\lambda/4$ 时,对称振子的方向系数。

Δ2.2-7 对称振子长度为 1) $2l = \lambda/4$,2) $2l = \lambda$,工作于 $f = 10$ MHz,振子半径 $a = 10^{-3}\lambda$,用铜管制成,$\sigma = 5.7 \times 10^7$ S/m,求其辐射效率和增益分贝值。

2.2-8 求题 1.3-6 单匝圆环和 4 匝圆环天线的增益。

Δ2.3-1 对称振子长度为 1) $2l = \lambda/2$,2) $l = 3\lambda/4$,设振子已调节为谐振长度,输入阻抗为纯电阻 R_{in} 且等于其归于输入端电流的辐射电阻 $R_{in} = \dfrac{R_r}{\sin^2 kl}$(其导体损耗可忽略)。若该振子与一特性阻抗为 50 Ω 的对称无耗传输线相接,求输入端的电压驻波比 S 和阻抗匹配效率 e_z。

2.3-2 对 1) $l/a = 50$,2) $l/a = 2500$,工作于 $f_0 = 300$ MHz 的半波振子,用特性阻抗为 72 Ω 的双导线馈电。利用式(2.3-40)编程算出其输入端的电压驻波比 S 随频率变化的曲线,求其 $S \le 2$ 为相对带宽,并与图 2.3-10 所得结果比较。

2.3-3 求 $l/a = 20$ 的半波振子的输入阻抗和方向系数。若馈线特性阻抗为 75 Ω,$f_0 = 800$ MHz,请编程算出其输入端的电压驻波比 S 随频率变化的曲线,求出 $S \le 2$ 的相对带宽,并用式(2.3-45)和式(2.3-49)分别算出其相对带宽。

2.3-4 利用谐振长度半波振子来接收频率为 177 MHz 的电视信号,由直径为 0.5 in(英寸)的铝管制成。请选定天线全长 $2l_0$,并求其辐射效率。

Δ2.3-5 半波振子工作于 200 MHz,直径 3 cm,为使其输入阻抗为纯电阻,全长 $2l_0$ 应取多长? 此时输入电阻多大?

2.3-6 已知天线的馈线匹配损失 e_{zdB} 为 −2 dB,则其阻抗匹配效率为百分之多少? 求出电压反射系数绝对值 $|\Gamma|$ 和电压驻波比 S。

2.4-1 试证:左旋圆极化波垂直入射至理想导体平面时,反射后变为右旋圆极化波。

Δ2.4-2 收发天线为旋向相同的圆极化天线,它们的轴比分别为 $r_1 = 1 + \Delta_1$,$r_2 = 1 + \Delta_2$,$\Delta_1 \ll 1$,$\Delta_2 \ll 1$。1) 请导出极化效率 e_p 的计算公式,并求出最大值和最小值;2) 若 r_1 为 0 dB,r_2 为 3 dB,则其极化效率多大?

2.4-3 已知接收天线与发射天线都是圆极化天线,且旋向相同,在二者连线方向,接收天线轴比为 r_2(dB) = 2 dB,发射天线轴比为 r_1(dB) = 3 dB。求:1) r_1 和 r_2 的数值各为多少? 2) 求此时接收的极化效率最大值 e_{pmax} 和最小值 e_{pmin}。

2.4-4 国际通信卫星 5 号的半球波束发射天线辐射圆极化波,轴比为 0.75 dB,当家用接收天线为同旋向的圆极化天线时,若其轴比为 3 dB,则接收效率最大值 e_{pmax} 和最小值 e_{pmin} 各为多少?

2.5-1 求 1) $2l = \lambda/4$ 时,2) $2l = 3\lambda/4$ 时,对称振子的有效面积(参考题 2.2-6 结果)。

2.5-2 国际通信卫星 5 号工作于 6.1 GHz 的区域波束接收天线增益为 23 dB,其有效面积多少 m^2?

Δ2.5-3 我国东方红三号通信卫星(见图 P2-1)定点于东经 125° 赤道上空,距上海 36 870 km,用 4 GHz 频率转播电视信号,发射天线对上海方向的增益为 500,其输入功率为 10 W。

1) 它在上海的等效全向辐射功率多大? EIRP 为多少 dB?

2) 求上海接收点的功率密度 S^{av}。若星上发射天线是无方向性的,则该功率密度将为多大?

3)若采用圆口径抛物面天线作为地面单收站天线,其效率 $e_A = 70\%$,取直径 $d = 1.2$ m,则其增益 G_r 的值为多少?

4)此时最大接收功率 P_{RM} 为多大?

2.5-4　用增益为 20 dB 的线极化天线接收远方传来的 9.375 GHz 圆极化波,接收点功率密度为 1 mW/m^2 ,接收天线阻抗匹配效率为 80% ,求天线的最大接收功率。

2.5-5　已知雷达工作波长为 11 cm,天线增益 33.7 dB,发射功率为 2 MW(兆瓦),接收机最小可测功率为 10^{-13} W(瓦),求此雷达对 $\sigma_r = 3$ m^2 目标的最大作用距离。若天线增益增大到两倍呢?

2.5-6　美军战斗机装备的 AN/APG – 69 火控雷达对 $\sigma_r = 5$ m^2 战斗机的作用距离为 37 km,在工作频率 9.3 GHz 上,其天线增益为 29.5 dB,行波管发射机峰值功率为 8 kW,则其最小可检测功率多大? 合多少 dBm?

2.6-1　低轨卫星离地球 780 km,采用增益为 6 dB 的右旋圆极化天线接收手机的 1.65 GHz 信号,其信道带宽为 9.6 kHz。若要求在偏离天顶 10° 方向用水平放置的半波振子接收(见图 P2-2),其信噪比 SNR = 10 dB,手机的接收机噪声温度为 75 K,则要求卫星的发射功率(下传功率)多大(参见例 2.6-2)?

图 P2-1　东方红三号通信卫星

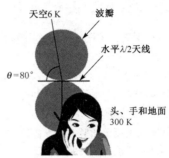

图 P2-2　用水平振子接收

2.6-2　上题低频卫星与手机的传输线路中,若用水平半波振子发射的信号要求在偏离天顶 10° 方向由卫星接收机接收,信噪比 10 dB,卫星接收机噪声温度 $T_R = 45$ K,则要求手机发射功率(上传功率)多大(参见例 2.6-2,卫星天线波瓣主要指向地球)?

2.6-3　低轨卫星离地球 1400 km,在 30 GHz 上卫星接收机噪声温度 $T_R = 300$ K,信道带宽为 9.6 kHz,卫星天线 $T_A = 275$ K,右旋圆极化天线增益为 10 dB,要求接收信噪比 SNR = 10 dB。

1)若传播途中有 10 dB 的雨致衰减,设发射功率为 1 W,请根据弗里斯公式确定所需地面站天线增益 G_t ;

2)所用地面站抛物面天线 $e_A = 70\%$,求其直径 d ;

3)求地面站发射功率 P_t 。

2.6-4　假设馈线的物理温度和其衰减是沿线不均匀分布的,设在馈线上 x 处分别为 $T(x)$ 和 $\alpha(x)$ 。

1)试列出天线噪声温度 T_A 在经过长为 l 的馈线后的噪声温度 T_a ;

2)若 $\alpha(x) = \alpha$, $T(x) = T_o$,试由 1)结果推证:

$$T_a = T_A e^{-2\alpha l} + T_o (1 - e^{-2\alpha l})$$

3)设 $T_A = 5$ K, $T_o = 72°F$, $\alpha = 4$ dB/100 ft, $l = 2$ ft,求 T_a ;

4)同 3),但 $l = 100$ ft,求 T_a 。

2.6-5　测天线噪声温度的一个方法是 Y 因子。Y 因子就是接热负载和接天线时接收机输出的噪声功率之比。若接收机噪声温度为 T_r ,环境温度为 T_o ,则接收机输入端的系统噪声温度为 $T \approx (T_o + T_r)/Y$ 。对 10 m 直径地球站测得 $Y = 5.1$ dB, $T_o = 24.6℃$, $T_r = 52.5$ K。

1)试求天线噪声温度 T_a ;

2)已知馈线损耗为 $L_F = 0.2$ dB,求天线输出端处的噪声温度 T_A ;

3)测得天线增益(以天线输出端为参考)为 51.72 dB,求系统品质因数 G/T (dB/K)。

第3章　天线阵的分析与综合

对称振子之类单元天线的方向图较宽。为了增强方向性，一个基本方法是排阵。由多个单元天线组成的天线称为天线阵或阵列天线(array antenna)。本章首先研究由两个单元组成的二元阵，以便掌握天线阵的分析方法和基本概念。利用镜像原理，导体平面上的对称振子也可利用二元阵来处理。接着，我们将研究相邻单元所引入的互耦影响。这里将基于感应电动势法导出互阻抗的计算，这也是设计天线阵所不可忽略的重要基础知识之一。然后再系统地研究 N 个相同单元组成的阵列的分析与综合，但主要限于 N 元直线阵。

控制 N 元直线阵方向图的因素有 4 个：

1. 单元方向图及其取向；
2. 单元间距；
3. 电流相位分布；
4. 电流振幅分布。

上述各因素对天线辐射特性的影响是后面要讨论的重要内容。先研究等幅线阵，再研究非等幅线阵，最后介绍 N 元线阵的综合及 N 元圆环阵等内容。

3.1　二元振子阵

3.1.1　二元边射阵，方向图乘积定理

一个由半波振子构成的阵列如图 3.1-1(a)所示，由于采用并合式馈电，此二振子的电流是相等的，即 $I_{M1} = I_{M2}$。二振子至 x-z 面上远区任意点的矢径可看成平行，即 $\bar{r}_1 \parallel \bar{r} \parallel \bar{r}_2$，因此 $r_1 = r + \Delta r$，$r_2 = r - \Delta r$，$\Delta r = (d/2)\cos\theta$。它们的电场都沿 θ 方向。于是，二振子至远区同一点的场分别为

$$E_1 = \mathrm{j}\frac{60 I_{M1}}{r}\frac{\cos\left(\frac{\pi}{2}\cos\theta\right)}{\sin\theta}\mathrm{e}^{-jk(r+\Delta r)}, \quad E_2 = \mathrm{j}\frac{60 I_{M2}}{r}\frac{\cos\left(\frac{\pi}{2}\cos\theta\right)}{\sin\theta}\mathrm{e}^{-jk(r+\Delta r)}$$

合成场为

$$
\begin{aligned}
E = E_1 + E_2 &= \mathrm{j}\frac{60 I_{M1}}{r}\frac{\cos\left(\frac{\pi}{2}\cos\theta\right)}{\sin\theta}\left[\mathrm{e}^{-jk\Delta r} + \frac{I_{M2}}{I_{M1}}\mathrm{e}^{jk\Delta r}\right]\mathrm{e}^{-jkr} \\
&= \mathrm{j}\frac{60 I_{M1}}{r}\frac{\cos\left(\frac{\pi}{2}\cos\theta\right)}{\sin\theta}\left[\mathrm{e}^{-j\frac{kd}{2}\cos\theta} + \mathrm{e}^{j\frac{kd}{2}\cos\theta}\right]\mathrm{e}^{-jkr} \\
&= \mathrm{j}\frac{60 I_{M1}}{r}\frac{\cos\left(\frac{\pi}{2}\cos\theta\right)}{\sin\theta}2\cos\left(\frac{kd}{2}\cos\theta\right)\mathrm{e}^{-jkr}
\end{aligned}
\tag{3.1-1}
$$

上式推导中已利用了欧拉公式，以后还会经常用到：

$$\cos x = \frac{\mathrm{e}^{jx} + \mathrm{e}^{-jx}}{2}, \quad \sin x = \frac{\mathrm{e}^{jx} - \mathrm{e}^{-jx}}{2j}$$

方向函数为
$$f(\theta) = \frac{|E|}{60 I_{M1}} = \frac{\cos\left(\dfrac{\pi}{2}\cos\theta\right)}{\sin\theta} 2\cos\left(\dfrac{\pi}{2}\cos\theta\right) \tag{3.1-2}$$

$$F(\theta) = \frac{|E|}{E_M} = \frac{f(\theta)}{f_M} = \frac{\cos\left(\dfrac{\pi}{2}\cos\theta\right)}{\sin\theta}\cos\left(\dfrac{\pi}{2}\cos\theta\right) = F_1 \cdot F_a \tag{3.1-3}$$

前一因子 F_1 为单元方向图,后一因子 F_a 称为阵因子,式中已代入 $d = \lambda/2$。对此情形概画方向图如图3.1-2所示。可见波瓣变窄了(例如,对 $\theta = 45°$ 方向,半波振子 $F_1 = 0.63$,二元阵 $F = F_1 \cdot F_a = 0.63 \times 0.44 = 0.28$),即方向性增强了。这种阵在阵轴线(振子中点连线)的侧向辐射最大,称为边射阵(broadside array)。

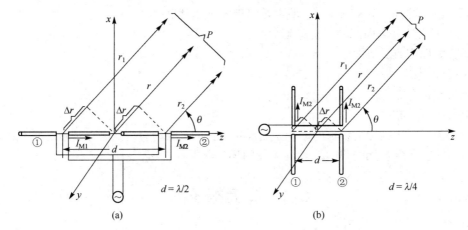

图3.1-1　半波振子二元阵

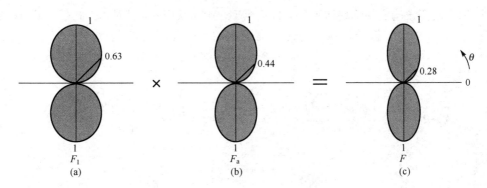

图3.1-2　二元边射阵的方向图(E面)

我们看到,由相同单元组成的阵列的辐射方向图是单元方向图和阵因子方向图的乘积,阵因子是用无方向性的点源来代替实际单元(但具有原来的相对振幅和相位)而形成的阵列方向图。这就是方向图乘积原理。它同样可用于 N 元阵和更复杂的阵,其条件是:各单元天线是相同的而且取向相同(因而具有相同的单元方向图)。

3.1.2　二元端射阵,相量图

对图3.1-1(b)所示的二半波振子阵,设双线传输线上传行波,因此振子②电流比振子①落后 $\psi = kd$,$I_{M2} = I_{M1} e^{-j\psi}$。对 x-z 面(E面)上远区任意点,合成场为

$$E = E_1 + E_2 = j\frac{60I_{M1}}{r}\frac{\cos\left(\frac{\pi}{2}\cos\theta_{or}\right)}{\sin\theta_{or}}\left[e^{-jk\Delta r} + \frac{I_{M2}}{I_{M1}}e^{jk\Delta r}\right]e^{-jkr}$$

$$= j\frac{60I_{M1}}{r}\frac{\cos\left(\frac{\pi}{2}\sin\theta\right)}{\cos\theta}\left[e^{-jk\Delta r} + e^{j(k\Delta r - \psi)}\right]e^{-jkr}$$

$$= j\frac{60I_{M1}}{r}\frac{\cos\left(\frac{\pi}{2}\sin\theta\right)}{\cos\theta}2\cos\left(\frac{kd}{2}\cos\theta - \frac{\psi}{2}\right)e^{-jkr}e^{-j\frac{\psi}{2}} \tag{3.1-4}$$

方向函数为
$$f(\theta) = \frac{|E|}{\dfrac{60I_{M1}}{r}} = \frac{\cos\left(\frac{\pi}{2}\sin\theta\right)}{\cos\theta}2\cos\left[\frac{\pi}{4}(1 - \cos\theta)\right] \tag{3.1-5}$$

$$F(\theta) = \frac{\cos\left(\frac{\pi}{2}\sin\theta\right)}{\cos\theta}\cos\left[\frac{\pi}{4}(1 - \cos\theta)\right] \tag{3.1-6}$$

式中已代入 $d = \lambda/4$, $\psi = kd = (2\pi/\lambda)(\lambda/4) = \pi/2$, 这里 θ 仍从 z 轴算起而不是从振子轴算起, 因而振子方向函数表达式有所不同, 即将原来从振子轴算起的角度 θ_{or}(下标 "or" 代表 original)代以 $90° - \theta$。但实际方向图仍相同, 只是角度坐标的标注有所不同。方向图如图 3.1-3(a)所示。

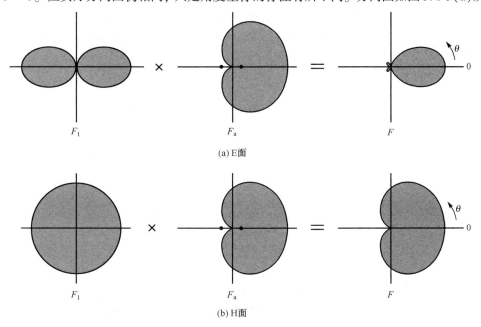

(a) E面

(b) H面

图 3.1-3 二元端射阵的方向图

对 y-z 面(H 面)上远区任意点, 由于对称振子本身在该面的辐射无方向性, 总场为

$$E = j\frac{60I_{M1}}{r}2\cos\left(\frac{kd}{2}\cos\theta - \frac{\psi}{2}\right)e^{-jkr}e^{-j\frac{\psi}{2}} \tag{3.1-7}$$

方向函数为
$$f(\theta) = 2\cos\left[\frac{\pi}{4}(1 - \cos\theta)\right] \tag{3.1-8a}$$

$$F(\theta) = \cos\left[\frac{\pi}{4}(1 - \cos\theta)\right] \tag{3.1-8b}$$

概画方向图如图3.1-3(b)所示。这种阵在阵轴线(振子中点连线)一端方向辐射最大，称为端射阵(endfire array)。上例的二元边射阵和这里二元端射阵的阵因子方向图的三维极坐标图如图3.1-4所示。

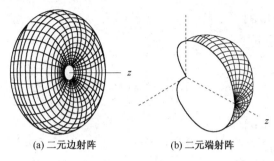

(a) 二元边射阵　　　　　(b) 二元端射阵

图3.1-4　二元边射阵和端射阵的阵因子三维图

阵因子方向图的形成可利用相量图来说明，以图3.1-1(b)中二元端射阵为例，如图3.1-5所示。对于阵因子，振子①和②都作为无方向性的点源来处理，②的电流比①落后相位π/2，因此，在远区某点，若不计波程所引起的相位差，则②的场E_2要比①的场E_1落后π/2，合成场是二相量的矢量和。例如对$\theta = 0°$方向，以E_1为参考，不计波程差时，E_2相量如图中虚线矢量所示;实际上②的场在波程上比①短，使其相位引前$k\Delta r = kd = \pi/2$，这样E_2总相位是与E_1同相的，因此二场同相叠加，合成场为$2E_1$，为最大值。相反，在$\theta = 180°$方向远区场点，②的场比①相位上落后$\psi + kd = \pi/2 + \pi/2 = \pi$，因而互相抵消成零。至于$\theta = 90°$(或270°)方向，二场波程是相同的，只是电流相差使E_2落后$E_1\pi/2$相位，合成场为$\sqrt{2}E_1$，对最大值$2E_1$的相对值为$\sqrt{2}/2 = 0.707$。图中也画出了$\theta = 45°$方向和$\theta = 135°$方向上二辐射场相量的叠加图，由于总相位差不同，合成场E是不同的。由于轴对称性，下半平面结果与上半平面对称。这样，最终形成了图中所示的心脏形方向图。这里振子②起了引向的作用，称为引向振子或引向器。注意，其特点是②电流的相位比①落后。反之，若②电流比①引前$\psi = kd$，即$I_{M2} = I_{M1}e^{j\psi}$，结果如何？(思考题)

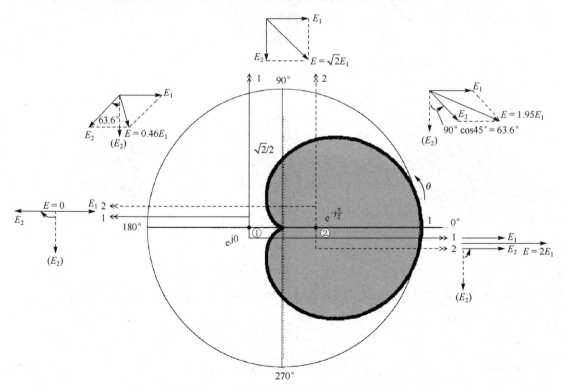

图3.1-5　二元端射阵阵因子的相量图分析

对于图 3.1-1（b）情形，若研究既不在 x-y 面上又不在 y-z 面上的远区任意点，总场又应如何表达呢？显然，差异仅在于对称振子本身的方向函数。前面导出式（2.1-6）时其中的角度是从振子轴算起的，在现在坐标系中就是从 x 轴算起。为免混淆，我们把它记为 θ_{or}，即

$$\cos\theta_{\mathrm{or}} = \hat{r}\cdot\hat{x}$$

利用附录 A 表 A-2，可将 $\hat{r}$ 用直角坐标单位矢表示，从而得

$$\hat{r}\cdot\hat{x} = (\hat{x}\sin\theta\cos\varphi + \hat{y}\sin\theta\sin\varphi + \hat{z}\cos\theta)\cdot\hat{x} = \sin\theta\cos\varphi$$

这也可利用图 3.1-6 作图求得。从射线 $\overline{r}$ 上单位长度 1 处作垂线 $\overline{AB}\perp\overline{OB}$，并作垂线 $\overline{AC}\perp\overline{xoy}$ 面（即 $\perp\overline{OC}$ 及 $\overline{BC}$），则 $\overline{AC}\perp\overline{OB}$，因而，$\overline{OB}\perp\overline{ABC}$ 面，必有 $\overline{OB}\perp\overline{BC}$。于是，由 $\triangle ACO$ 知，$\overline{OC}=\sin\theta$，由 $\triangle CBO$ 知，$\overline{OB}=\sin\theta\cos\varphi$；另由 $\triangle ABO$ 知，$\overline{OB}=\cos\theta_{\mathrm{or}}$。因此，

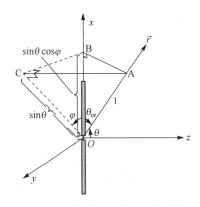

图 3.1-6　任意 θ_{or} 角的坐标变换

$$\cos\theta_{\mathrm{or}} = \sin\theta\cos\varphi, \quad \sin\theta_{\mathrm{or}} = \sqrt{1-\cos^2\theta_{\mathrm{or}}} = \sqrt{1-\sin^2\theta\cos^2\varphi} \tag{3.1-9}$$

于是远区任意点的总场可表示为

$$E = \mathrm{j}\frac{60I_{\mathrm{M1}}}{r}\frac{\cos\left(\dfrac{\pi}{2}\sin\theta\cos\varphi\right)}{\sqrt{1-\sin^2\theta\cos^2\varphi}}2\cos\left(\frac{kd}{2}\cos\theta - \frac{\psi}{2}\right)\mathrm{e}^{-\mathrm{j}kr}\mathrm{e}^{-\mathrm{j}\frac{\psi}{2}} \tag{3.1-10}$$

式（3.1-6）和式（3.1-8）都是上式的特例，分别对应于 $\varphi=0°$（x-z 面）和 $\varphi=90°$（y-z 面）。由上式得

$$F(\theta,\varphi) = \frac{\cos\left(\dfrac{\pi}{2}\sin\theta\cos\varphi\right)}{\sqrt{1-\sin^2\theta\cos^2\varphi}}\cos\left[\frac{\pi}{4}(1-\cos\theta)\right] \tag{3.1-11}$$

此式可用来画出立体方向图。

最后，我们来关注远场公式（3.1-10），它对距离 r 的相位因子仍为 $\mathrm{e}^{-\mathrm{j}kr}$，表明它仍是从阵中点发出的球面波，因此这种阵仍可视为点源。同样，式（3.1-1）也表明，该阵辐射球面波，仍为点源。二者相位中心都是振子阵的几何中心。

例 3.1-1　二共轴半波振子阵排列如图 3.1-7（a）所示，写出 x-z 面方向函数，概画方向图：

1）$I_{\mathrm{M2}}=I_{\mathrm{M1}}$，$d=0.75\lambda$；2）$I_{\mathrm{M2}}=I_{\mathrm{M1}}$，$d=1.5$；

3）$I_{\mathrm{M2}}=I_{\mathrm{M1}}\mathrm{e}^{-\mathrm{j}45°}$，$d=0.75\lambda$。

[解]　1）$E = E_1 + E_2$

$$= \mathrm{j}\frac{60I_{\mathrm{M1}}}{r}\frac{\cos\left(\dfrac{\pi}{2}\cos\theta_{\mathrm{or}}\right)}{\sin\theta_{\mathrm{or}}}\mathrm{e}^{-\mathrm{j}kr}\left[\mathrm{e}^{\mathrm{j}k\Delta r} + \frac{I_{\mathrm{M2}}}{I_{\mathrm{M1}}}\mathrm{e}^{-\mathrm{j}k\Delta r}\right]$$

$$= \mathrm{j}\frac{60I_{\mathrm{M1}}}{r}\frac{\cos\left(\dfrac{\pi}{2}\sin\theta\right)}{\cos\theta}2\cos\left(\frac{kd}{2}\sin\theta\right)\mathrm{e}^{-\mathrm{j}k\Delta r}$$

$$F(\theta) = \frac{\cos\left(\dfrac{\pi}{2}\sin\theta\right)}{\cos\theta}\cos(0.75\pi\sin\theta)$$

其方向图见图 3.1-7（b）的图①。

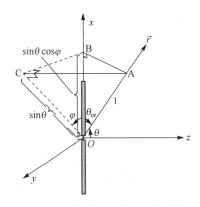

图 3.1-7（a）　二共轴半波振子阵排列

2）$F(\theta) = \dfrac{\cos\left(\dfrac{\pi}{2}\sin\theta\right)}{\cos\theta}\cos(1.5\pi\sin\theta)$

其方向图见图 3.1-7（b）的图②。与图 3.1-7（b）的图①相比可见，d 增大使主瓣变窄，但旁瓣升高。

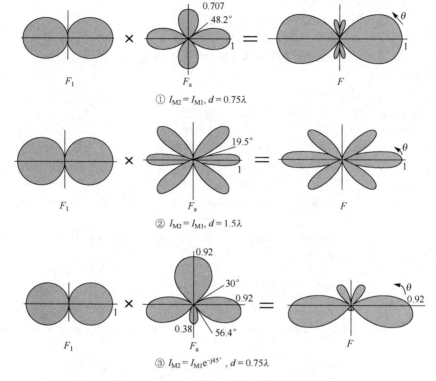

图 3.1-7(b)　二共轴半波振子阵的方向图

3) $E = \mathrm{j}\dfrac{60I_{\mathrm{M1}}}{r}\dfrac{\cos\left(\dfrac{\pi}{2}\sin\theta\right)}{\cos\theta}\mathrm{e}^{-\mathrm{j}kr}\left[\mathrm{e}^{\mathrm{j}\frac{kd}{2}\sin\theta} + \mathrm{e}^{-\mathrm{j}45°}\mathrm{e}^{-\mathrm{j}\frac{kd}{2}\sin\theta}\right]$

$\qquad = \mathrm{j}\dfrac{60I_{\mathrm{M1}}}{r}\dfrac{\cos\left(\dfrac{\pi}{2}\sin\theta\right)}{\cos\theta}\mathrm{e}^{-\mathrm{j}kr}\mathrm{e}^{-\mathrm{j}22.5°}\left[\mathrm{e}^{\mathrm{j}0.75\pi\sin\theta+\mathrm{j}22.5°} + \mathrm{e}^{-\mathrm{j}0.75\pi\sin\theta-\mathrm{j}22.5°}\right]$

$\qquad = \mathrm{j}\dfrac{60I_{\mathrm{M1}}}{r}\dfrac{\cos\left(\dfrac{\pi}{2}\sin\theta\right)}{\cos\theta}2\cos(0.75\pi\sin\theta + 22.5°)$

$\qquad F(\theta) = \dfrac{\cos\left(\dfrac{\pi}{2}\sin\theta\right)}{\cos\theta}\cos(135°\sin\theta + 22.5°)$

方向图见图 3.1-7(b)的图 ③。与图 3.1-7(b)的图①相比可知,下方振子的电流相位落后,使主瓣最大方向偏向下方。

3.1.3　导体平面上的对称振子

我们来研究导体平面上对称振子的方向性。利用镜像原理,这可方便地等效为计算二元阵的方向性。如图 3.1-8(a)所示,设电流元 I 位于无限大理想导体平面上方。根据镜像原理,对导体上方区域,导体平面的效应可用原电流元的镜像来等效。水平电流元 I 的镜像为 $-I$,垂直电流元 I 的镜像为 $+I$。对于图 3.1-8(b)中对称振子的情形,我们设想将对称振子处理为一系列电流元的组合,每个电流元都有与它对应的镜像,将它们组合起来就得出整个振子的镜像,结果如图 3.1-8(b)所示。可见,水平振子的镜像为其负镜像,而垂直振子的镜像为其正镜像。

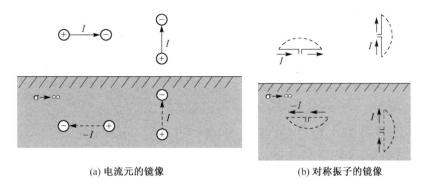

图 3.1-8　电流元和对称振子的镜像

3.1.3.1　水平振子

现在来计算一水平半波振子位于理想导体平面上方距离 H 处的情形，如图 3.1-9 所示，求其垂直振子轴平面（H 面）的远区电场强度，并概画方向图，取 $H = \lambda/4$，$\lambda/2$，$3\lambda/4$，λ。

此时导体平面下方场为零；对导体平面上方区域，导体平面的效应用 $I'_M = -I_M$ 的水平半波振子来等效。如图 3.1-9 所示坐标系，振子轴垂直于 y-z 平面。至 y-z 平面上远区场点 P 的射线与振子轴间的夹角为 $\theta_{or} = 90°$，射线与它在导体平面（x-y 面）上投影线之间的夹角为 Δ，称为仰角。则 y-z 面上远区电场强度为

$$E_1 = \mathrm{j}\frac{60 I_M}{r}\frac{\cos\left(\dfrac{\pi}{2}\cos 90°\right)}{\sin 90°}\mathrm{e}^{-jk(r-\Delta r)}$$

$$E_2 = \mathrm{j}\frac{60(-I_M)}{r}\frac{\cos\left(\dfrac{\pi}{2}\cos 90°\right)}{\sin 90°}\mathrm{e}^{-jk(r+\Delta r)}$$

$$E = E_1 + E_2 = \mathrm{j}\frac{60 I_M}{r}\mathrm{e}^{-jkr}\left[\mathrm{e}^{jk\Delta r} - \mathrm{e}^{-jk\Delta r}\right]$$

$$= -\frac{60 I_M}{r}2\sin(k\Delta r)\mathrm{e}^{-jkr}$$

$$= -\frac{120 I_M}{r}\sin(kH\sin\Delta)\mathrm{e}^{-jkr}$$

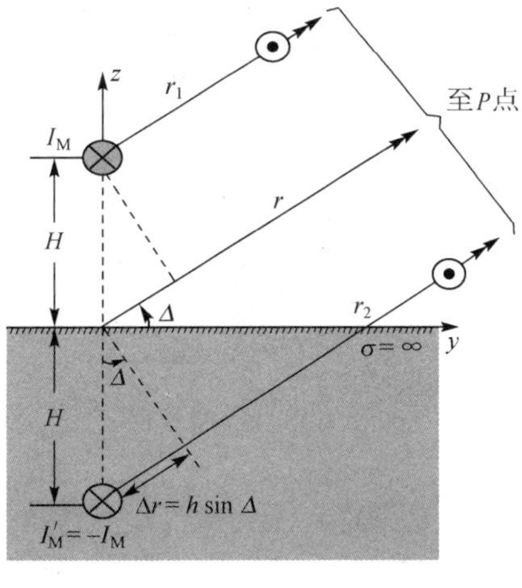

图 3.1-9　导体平面上水平振子的 H 面远场

其归一化方向函数为

$$F(\Delta) = F_a(\Delta) = \sin(kH\sin\Delta) = \sin\left(\frac{2\pi H}{\lambda}\sin\Delta\right) \tag{3.1-12}$$

由于该平面上单元因子 $F_1 = 1$，故此方向函数就是因镜像振子引起的阵因子 $F_a(\Delta)$。对给定的 H 值，所画方向图如图 3.1-10 所示。值得注意，无论 H 多大，方向图沿 $\Delta = 0$ 方向恒为零。这是因为水平振子电流与其镜像反相，它们在该方向上产生的场又无波程差，因此二者反相抵消为零。

为了画出极坐标形式的 $F_a(\Delta)$ 方向图，可以先概画其直角坐标方向图。这是很容易的：如图 3.1-11(a) 所示，取纵坐标为 $\sin u$，$u = (2\pi H/\lambda)\sin\Delta$，横坐标为 Δ。当 Δ 由 $0 \to 90°$ 时，$\sin\Delta$ 由 $0 \to 1$，故 $u = (2\pi H/\lambda)\sin\Delta$ 由 $0 \to (2\pi H/\lambda)$，例如，设 $H = 2.1\lambda$，则 u 由 $0 \to 4.2\pi$。这样，$\sin u$ 经过 $O, \pi, 2\pi, 3\pi, 4\pi$ 等零点，可画出正弦波形如图 3.1-11(a) 所示。由它转为极坐标图时所有"负"瓣都作为"正"瓣来画，因为 $F_a(\Delta)$ 定义的是场强绝对值。极坐标结果如图 3.1-11(b) 所示，左右对称。可见，其零点方向对应于

$$\frac{2\pi H}{\lambda}\sin \Delta_0 = n\pi, \quad \sin \Delta_0 = \frac{n\lambda}{2H}, \quad n = 0, 1, 2, \cdots \tag{3.1-13}$$

对本例得

$$\sin \Delta_0 = \frac{n}{4.2} = 0, \frac{1}{4.2}, \frac{2}{4.2}, \frac{3}{4.2}, \frac{4}{4.2}, \quad \Delta_0 = 0, 13.8°, 28.4°, 45.6°, 72.2°$$

最大值发生于

$$\frac{2\pi H}{\lambda}\sin \Delta_M = (2n-1)\frac{\pi}{2}, \quad \sin \Delta_M = (2n-1)\frac{\lambda}{4H}, \quad n = 1, 2, 3, \cdots \tag{3.1-14}$$

其中最靠近导体平面的第一个最大值方向为

$$\Delta_{M1} = \arcsin \frac{\lambda}{4H} \tag{3.1-15}$$

对本例得

$$\Delta_{M1} = \arcsin \frac{1}{8.4} = 6.8°$$

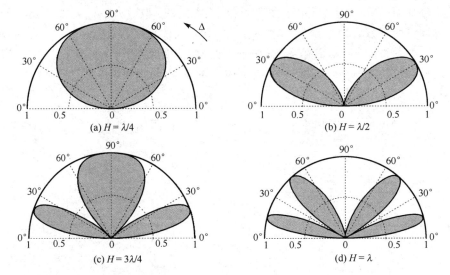

图 3.1-10　水平振子的导体面因子方向图

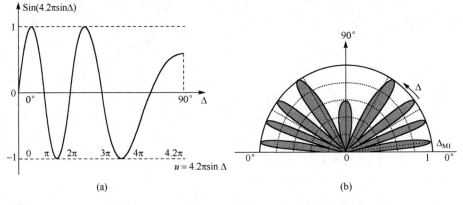

图 3.1-11　$F_a(\Delta) = \sin(4.2\pi\sin\Delta)$ 方向图画法

3.1.3.2　直立振子

设一直立半波振子位于理想导体平面上方距离 $H = \lambda/2$ 处，现计算其含振子轴平面（E 面）的远区电场强度，并概画方向图。

坐标系如图 3.1-12 所示。$z \leqslant 0$ 区场为零；对 $z \geqslant 0$ 区，用 $I'_M = -I_M$ 的镜像直立半波振子等效导体平面效应。x-z 面远区电场强度为

$$E = E_1 + E_2 = j\frac{60 I_M}{r} \frac{\cos\left(\dfrac{\pi}{2}\cos\theta_{or}\right)}{\sin\theta_{or}} e^{-jkr}\left[e^{jk\Delta r} + e^{-jk\Delta r}\right]$$

$$= j\frac{60 I_M}{r} \frac{\cos\left(\dfrac{\pi}{2}\sin\Delta\right)}{\cos\Delta} 2\cos(\pi\sin\Delta)e^{-jkr},$$

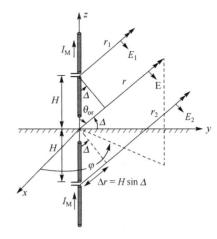

图 3.1-12　导体平面上直立振子的 E 面远场

$$k\Delta r = \frac{2\pi}{\lambda} \cdot \frac{\lambda}{2}\sin\Delta = \pi\sin\Delta$$

其归一化方向函数为

$$F(\Delta) = F_1(\Delta) \cdot F_a(\Delta) = \frac{\cos\left(\dfrac{\pi}{2}\sin\Delta\right)}{\cos\Delta} \cdot \cos(\pi\sin\Delta)$$

概画的方向图如图 3.1-13 所示。

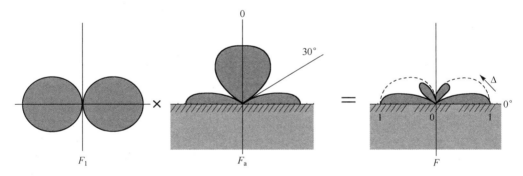

图 3.1-13　导体平面上直立振子的 E 面方向图

此时方向图 $\Delta = 0$ 方向最大。这是因为直立振子电流与其镜像同相，二者场在该方向同相相加，因而最大。由于该场与导体表面相垂直，故导体表面切向电场为零的边界条件仍成立。

由上可见，导体平面对直立振子方向图的影响是引进一导体面因子，它就是直立振子与其镜像振子所形成的阵因子：

$$F_a(\Delta) = \cos(kH\sin\Delta) = \cos\left(\frac{2\pi H}{\lambda}\sin\Delta\right) \tag{3.1-16}$$

对 $H = \lambda/4$，$\lambda/2$，$3\lambda/4$，λ，该阵因子方向图如图 3.1-14 所示。注意，只对上半空间等效，下半空间场为零。用镜像天线来代替导体平面效应的这一方法称为镜像法。

*3.1.3.3　实际地面的影响

实际地面对天线方向图的影响如何？这自然是我们所关心的问题。一般地说，不能把地面都看成理想导电的。不过，作为近似处理，仍可把地面假设为平面。这样，可采用图 3.1-15 所示的几何关系来计算天线远场。设天线位于地面上方 H 高度处，远区 P 点的场是直射波和反射波场强的标量和。反射波也可视为

是由镜像天线 A' 发出的,只是其电流应为原天线 A 的 Γ 倍,Γ 是地面的反射系数。这样,原反射波在 P 点的场也就是镜像天线 A' 在 P 点的场。因此,P 点的合成场可表示为

$$E = E_1 \mathrm{e}^{-jkr} + \Gamma E_1 \mathrm{e}^{-jkr'}$$

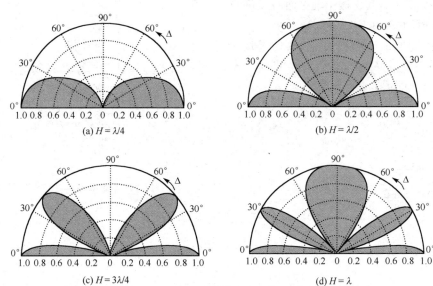

(a) $H = \lambda/4$　　　　　　　　　　　　　(b) $H = \lambda/2$

(c) $H = 3\lambda/4$　　　　　　　　　　　　　(d) $H = \lambda$

图 3.1-14　直立振子的导体面因子方向图

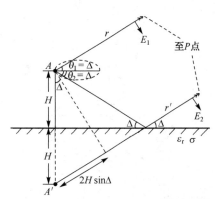

图 3.1-15　地面上天线的远场计算

因 $\Gamma = |\Gamma| \mathrm{e}^{j\phi}$,$r' = r + 2H\sin\Delta$,得

$$E = E_1 \mathrm{e}^{-jkr} \left[1 + |\Gamma| \mathrm{e}^{\phi - 2kH\sin\Delta} \right]$$

故

$$|E| = |E_1| \sqrt{1 + |\Gamma|^2 + 2|\Gamma|\cos(\phi - 2kH\sin\Delta)} \quad (3.1\text{-}17)$$

$$F_{\mathrm{g}}(\theta) = \frac{|E|}{|E_1|} = \sqrt{1 + |\Gamma|^2 + 2|\Gamma|\cos(\phi - 2kH\sin\theta)}$$

$$(3.1\text{-}18)$$

对理想导体平面,当 A 为水平振子,$\Gamma = -1$,此式化为

$$F_{\mathrm{g}}(\theta) = \sqrt{2 + 2\cos(180° - 2kH\sin\Delta)} = 2\sin(kH\sin\Delta)$$

此即式(3.1-12);而当 A 为直立振子,$\Gamma = 1$,式(3.1-18)则化为式(3.1-16)。

　　实际地面的电导率是有限的,典型值约为 10^{-1} 至 $10^{-3}\mathrm{S/m}$。因此其等效介电常数为复数:

$$\varepsilon_{\mathrm{c}} = \varepsilon - \mathrm{j}\frac{\sigma}{\omega} = \varepsilon\left(1 - \mathrm{j}\frac{\sigma}{\omega\varepsilon}\right) \quad (3.1\text{-}19)$$

地球的相对介电常数平均值约为 $\varepsilon_{\mathrm{r}} = \varepsilon/\varepsilon_0 = 15$。上式括号中的虚部可表示为

$$\frac{\sigma}{\omega\varepsilon_0\varepsilon_{\mathrm{r}}} = \frac{\sigma}{2\pi f \times \frac{1}{36\pi} \times 10^{-9}\varepsilon_{\mathrm{r}}} = \frac{18\sigma}{\frac{3\times 10^8}{\lambda} \times 10^{-9}\varepsilon_{\mathrm{r}}} = \frac{60\lambda\sigma}{\varepsilon_{\mathrm{r}}}$$

若该值远大于 1,可视为良导体;若介于 0.01～100 则是不良导体。

　　采用图 3.1-15 的几何关系(入射角为 $90° - \Delta$),对入射电场垂直于入射面的垂直极化波(对应于水平振子情形),实际地面的反射系数为

$$\Gamma_{水平} = \Gamma_{\perp} = \frac{\sin\Delta - \sqrt{\dfrac{\varepsilon_{\mathrm{c}}}{\varepsilon_0} - \cos^2\Delta}}{\sin\Delta + \sqrt{\dfrac{\varepsilon_{\mathrm{c}}}{\varepsilon_0} - \cos^2\Delta}} \quad (3.1\text{-}20)$$

对入射电场平行于入射面的平行极化波(对应于直立振子情形)，为

$$\Gamma_{直立} = \Gamma_{/\!/} = \frac{\dfrac{\varepsilon_c}{\varepsilon_0}\sin\Delta - \sqrt{\dfrac{\varepsilon_c}{\varepsilon_0} - \cos^2\Delta}}{\dfrac{\varepsilon_c}{\varepsilon_0}\sin\Delta + \sqrt{\dfrac{\varepsilon_c}{\varepsilon_0} - \cos^2\Delta}} \tag{3.1-21}$$

根据上述公式对海面($\varepsilon_r = 81$，$\sigma = 1$ S/m)和干土($\varepsilon_r = 10$，$\sigma = 2 \times 10^{-3}$ S/m)计算的反射系数曲线如图3.1-16所示[1]，其中图3.1-16(a)为振幅$|\Gamma|$，图3.1-16(b)为相角ϕ。上两式中及图中的"水平"指水平振子，"直立"指直立振子。各曲线对应于不同的工作波长λ：10 cm，60 cm，300 cm。我们看到，对于水平振子，$|\Gamma|$仍较近于1，且相角ϕ近于180°。但对于直立振子，$|\Gamma|$随Δ的增加，开头由1迅速下降，随后又上升；特别是其相角ϕ，当Δ角为零或很小时近于180°，然后随Δ的增加而逐渐接近零。这就是说，对于很小的Δ角，直立振子的反射系数也近于$\Gamma = -1$，而不是理想导体时的1！

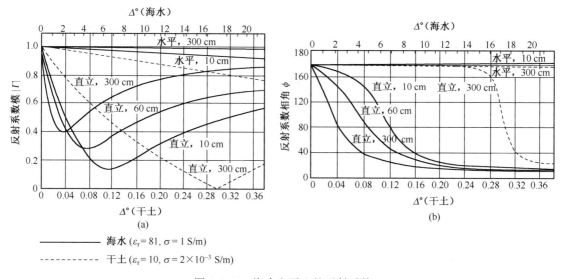

图 3.1-16　海水和干土的反射系数

图3.1-17为有限电导率的地面上水平短振子的计算方向图，图3.1-18为直立短振子的计算方向图[2]。可以看出，有限电导率的大地对直立振子方向图的影响较水平情形要大得多。实际地面上的直立振子在低仰角方向场强明显减小，形成波瓣上翘。因此，它与水平振子一样，都有"低空盲区"。

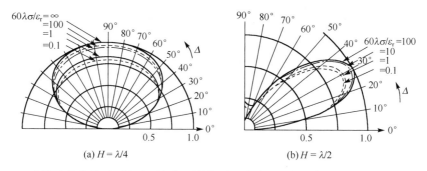

图 3.1-17　有限电导率的地面上水平短振子的铅垂面方向图(在垂直振子轴的平面内)($\varepsilon_r = 15$)

以上分析都是针对原天线方向图最大方向位于水平方向来得出的。参看图3.1-15，此时$\theta_1 = \theta_2 = \Delta$。对于最大方向并非水平方向的情形，例如，在微波引导雷达中，天线最大方向指向天空中的目标，如图3.1-19所示，这时直射波射线偏离最大方向的角度为θ_1，形成反射波的射线偏离最大方向的角度为θ_2，

二者是不同的。若原天线 A 的方向函数为 $F(\theta)$，θ 从其最大方向算起，则远区合成场为

$$E = E_{\mathrm{M}}F(\theta_1)\mathrm{e}^{-\mathrm{j}kr} + \Gamma E_{\mathrm{M}}F(\theta_2)\mathrm{e}^{-\mathrm{j}kr'} = E_{\mathrm{M}}F(\theta_1)\mathrm{e}^{-\mathrm{j}kr}\left[1 + |\Gamma|\frac{F(\theta_2)}{F(\theta_1)}\mathrm{e}^{\mathrm{j}(\phi-2kH\sin\Delta)}\right]$$

故

$$F_{\mathrm{g}}(\theta) = \frac{|E|}{|E_{\mathrm{M}}|F(\theta_1)} = \sqrt{1 + |\Gamma'|^2 + 2|\Gamma'|\cos(\phi - 2kH\sin\Delta)} \tag{3.1-22}$$

式中

$$|\Gamma'| = |\Gamma|\frac{F(\theta_2)}{F(\theta_1)} \tag{3.1-23}$$

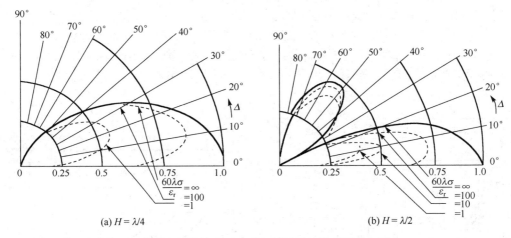

(a) $H = \lambda/4$ 　　　　　　　　　　　　　　(b) $H = \lambda/2$

图 3.1-18　有限电导率的地面上直立短振子的铅垂面方向图($\varepsilon_{\mathrm{r}} = 15$)

　　式(3.1-22)是比式(3.1-18)更加普遍的一般计算公式，它反映了天线本身方向性对地面反射的影响。通常 $F(\theta_1) = 1$，若波束较窄，则 $F(\theta_2)$ 很小，使 $|\Gamma'|\to 0$，因而 $F_{\mathrm{g}}\approx 1$。这种情形下地面的影响可忽略，天线犹如在无界空间。

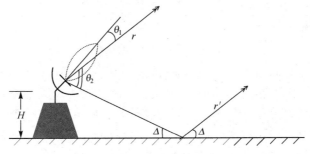

图 3.1-19　天线最大方向偏离水平方向情形的远场计算

3.2　耦合振子的互阻抗

3.2.1　感应电动势法

　　前面对二元阵的研究中一直使用如下的假定:各单元电流由其馈电电路决定，都与其孤立存在时相同。实际天线阵中，各单元之间有相互作用，并改变了各阵元上的电流，从而也改变其阻抗特性。这种相互作用称为互耦(mutual coupling)。此时天线的阻抗可处理为两部分，一部分是不考虑相互作用时自身的阻抗(称为自阻抗)，另一部分是由相互作用引入的附加阻抗(称为互阻抗)。下面介绍如何用感应电动势法来计算这些阻抗。

　　组成天线阵的振子称为耦合振子。二耦合振子的典型排列如图 3.2-1 所示。二振子全长都

是 $2l$，直径都是 $2a \ll \lambda$，平行排列，轴间距离为 d，中点的沿轴距离为 h。在二振子输入端接入同频率的场源。设考虑了互相耦合后的电流分别为 I_1，I_2。振子上电流仍可近似认为按正弦分布，故按图 3.2-1 所示坐标，有

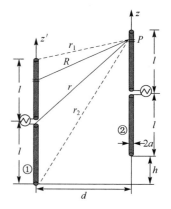

$$\begin{cases} I_1 = I_{M1} \sin k(l - | z' |) \\ I_2 = I_{M2} \sin k(l - | z |) \end{cases} \qquad (3.2\text{-}1)$$

设振子①在振子② z 处产生的电场为 E_{21}，它的沿导线表面的切向分量为 E_{z21}。在导体表面上电场的切向分量必须等于零，故振子②必然产生一相反的电场 $-E_{z21}$，为此，该处 dz 线段感应的反电动势为 $-E_{z21}dz$。振子②产生此电动势所额外供给的功率为

$$dP_{21} = \frac{1}{2}(-E_{z21}dz)I_2^* \qquad (3.2\text{-}2)$$

图 3.2-1　耦合振子互阻抗的计算

式中 I_2^* 是 I_2 的共轭复数。于是，在振子①的场作用下，振子②额外供给的总功率为

$$P_{21} = -\frac{1}{2}\int_{-l}^{l} E_{z21}I_2^* dz \qquad (3.2\text{-}3)$$

由于导体本身既不消耗也不储藏功率，此功率都辐射到空间去了，故称之为在振子①的场作用下，振子②的感应辐射功率。

与上同理，在振子②的场作用下，振子①的感应辐射功率为

$$P_{12} = -\frac{1}{2}\int_{-l}^{l} E_{z12}I_1^* dz' \qquad (3.2\text{-}4)$$

振子①本身在无振子②影响时的辐射功率为

$$P_{11} = -\frac{1}{2}\int_{-l}^{l} E_{z11}I_1^* dz' \qquad (3.2\text{-}5)$$

这里 I_1 可看成沿振子①的轴线流动，E_{z11} 是它在振子①表面处产生的切向电场。这样，振子①场源所供给的总复功率为

$$P_{r1}^x = P_{11} + P_{12} \qquad (3.2\text{-}6)$$

上标"x"表示复数(complex)，以便与以前的实辐射功率 P_r 相区别。

将上式两边同除以 $1/2\,|I_{M1}|^2$：

$$\frac{p_{r1}^x}{\frac{1}{2}\,|I_{M1}|^2} = \frac{P_{11}}{\frac{1}{2}\,|I_{M1}|^2} + \frac{P_{12}}{\frac{1}{2}\,|I_{M1}|^2}$$

即

$$Z_{r1} = Z_{11} + Z_{12}' \qquad (3.2\text{-}7)$$

式中

$$\begin{cases} Z_{r1} = \dfrac{P_{r1}^x}{\frac{1}{2}\,|I_{M1}|^2} \\[2mm] Z_{11} = -\dfrac{1}{|I_{M1}|^2}\int_{-l}^{l} E_{z11}I_1^* dz' \\[2mm] Z_{12}' = -\dfrac{1}{|I_{M1}|^2}\int_{-l}^{l} E_{z12}I_1^* dz' \end{cases} \qquad (3.2\text{-}8)$$

Z_{r1} 称为振子①归于波腹电流 I_{M1} 的辐射阻抗，Z_{11} 称为振子①归于波腹电流 I_{M1} 的自身辐射阻抗，Z_{12}' 称为振子①在振子②场作用下归于波腹电流 I_{M1} 的感应辐射阻抗。

由式(3.2-8)知，Z'_{12} 中 $E_{z12} \propto I_{M2}$，$I_1^* \propto I_{M1}^*$，因此有

$$Z'_{12} = \frac{I_{M2}}{I_{M1}} Z_{12}, \quad Z_{12} = -\frac{1}{I_{M2} I_{M1}^*} \int_{-l}^{l} E_{z12} I_1^* \, dz' \tag{3.2-9}$$

Z_{12} 称为振子①在振子②场作用下的互阻抗。

以上给出的是振子①在振子②场作用下的情形。同理，将下标 1 和 2 互换，可得出振子②在振子①场作用下的相应项：

$$Z_{r2} = Z_{22} + Z'_{21} \tag{3.2-7a}$$

$$Z'_{21} = \frac{I_{M1}}{I_{M2}} Z_{21}, \quad Z_{21} = -\frac{1}{I_{M1} I_{M2}^*} \int_{-l}^{l} E_{z21} I_2^* \, dz \tag{3.2-9a}$$

由互易定理知，必有

$$Z_{12} = Z_{21} \tag{3.2-10}$$

将式(3.2-9)和式(3.2-9a)分别代入式(3.2-7)和式(3.2-7a)，得

$$\begin{cases} Z_{r1} = Z_{11} + \dfrac{I_{M2}}{I_{M1}} Z_{12} \\[2mm] Z_{r2} = Z_{22} + \dfrac{I_{M1}}{I_{M2}} Z_{21} \end{cases} \tag{3.2-11}$$

或

$$\begin{cases} U_1 = I_{M1} Z_{11} + I_{M2} Z_{12} \\ U_2 = I_{M1} Z_{21} + I_{M2} Z_{22} \end{cases} \tag{3.2-12}$$

式中 $\qquad\qquad\qquad U_1 = I_{M1} Z_{r1}, \quad U_2 = I_{M2} Z_{r2}$

U_1 和 U_2 分别称为归于波腹电流 I_{M1} 和 I_{M2} 的等效电压。

式(3.2-12)是二耦合振子的等效电压和波腹电流的关系方程。它类似于普通四端(二口)网络的电压电流关系。可见，也可把二耦合振子系统表示为如图 3.2-2(a)所示的四端网络，图 3.2-2(b)为其等效电路。

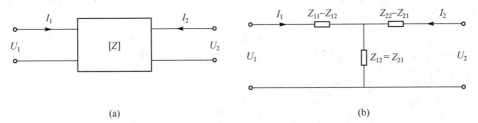

(a)   (b)

图 3.2-2   四端网络及其等效电路

式(3.2-12)和式(3.2-13)都可推广至 N 元阵。例如，N 元阵中振子①归于其波腹电流 I_{M1} 的辐射阻抗为

$$Z_{r1} = Z_{11} + \frac{I_{M2}}{I_{M1}} Z_{12} + \frac{I_{M3}}{I_{M1}} Z_{13} + \cdots + \frac{I_{MN}}{I_{M1}} Z_{1N} \tag{3.2-13}$$

式中 Z_{1i} 为振子①在振子⑦ 场作用下的互阻抗。

3.2.2   互阻抗的计算

3.2.2.1   对称振子的近区场

下面来推导互阻抗 Z_{21} 的计算公式。首先来推导振子①在振子②处 P 点产生的电场。

在 2.1.1 节中曾导出对称振子的场，但场点限于远区。现在则需得出其近区场。设振子①

上电流按式(3.2-1)分布, 则它在 P 点产生的矢位 $\bar{A}$ 为

$$\bar{A} = \frac{1}{4\pi} \int_{-l}^{l} \frac{\hat{z}I_1}{R} e^{-jkR} dz' \tag{3.2-14}$$

如图 3.2-1 所示, 因 $x' = y' = 0$, 上式中电流元 $I_1 dz'$ 至 $P(\rho, \varphi, z)$ 点的距离 R 为

$$R = \sqrt{(x-x')^2 + (y-y')^2 + (z-z')^2} = \sqrt{x^2 + y^2 + (z-z')^2}$$
$$= \sqrt{\rho^2 + (z-z')^2} \tag{3.2-15}$$

相应地, 振子①中心和上、下端点至 P 点的距离 r、r_1 和 r_2 分别为

$$r = \sqrt{\rho^2 + z^2}, \quad r_1 = \sqrt{\rho^2 + (z-l)^2}, \quad r_2 = \sqrt{\rho^2 + (z+l)^2} \tag{3.2-16}$$

利用欧拉公式, I_1 可表为

$$I_1 = I_{M1} \sin k(l - |z'|) = I_{M1} \frac{e^{jk(l-|z'|)} - e^{-jk(l-|z'|)}}{2j} \tag{3.2-17}$$

将上述关系代入式(3.2-14), 先求柱坐标 (ρ, φ, z) 中的磁场分量:

$$\bar{H} = \nabla \times \bar{A} = -\hat{\varphi} \frac{\partial A_z}{\partial \rho} = \hat{\varphi} H_\varphi \tag{3.2-18}$$

利用

$$\frac{\partial}{\partial \rho}\left[\frac{e^{-jk(R+z')}}{R}\right] = \rho\left[-jk\frac{e^{-jk(R+z')}}{R^2} - \frac{e^{-jk(R+z')}}{R^3}\right] = \rho\frac{\partial}{\partial z'}\left[\frac{e^{-jk(R+z')}}{R(R+z'-z)}\right] \tag{3.2-19}$$

可求得

$$H_\varphi = j\frac{30I_{M1}}{\eta_0 \rho}\left[e^{-jkr_1} + e^{-jkr_2} - 2\cos kl \cdot e^{-jkr}\right] \tag{3.2-20}$$

由 $\bar{E} = \nabla \times \bar{H}/j\omega\varepsilon_0$ 知, 柱坐标中的电场分量为

$$E_\rho = -\frac{1}{j\omega\varepsilon_0}\frac{\partial H_\varphi}{\partial z} \tag{3.2-21}$$

$$E_z = \frac{1}{j\omega\varepsilon_0}\frac{1}{\rho}\frac{\partial}{\partial \rho}(\rho H_\varphi) \tag{3.2-22}$$

将式(3.2-20)代入上两式得

$$E_\rho = j\frac{30I_{M1}}{\rho}\left[\frac{e^{-jkr_1}}{r_1}(z-l) + \frac{e^{-jkr_2}}{r_2}(z+l) - 2z\cos kl\frac{e^{-jkr}}{r}\right] \tag{3.2-23}$$

$$E_z = -j30I_{M1}\left[\frac{e^{-jkr_1}}{r_1} + \frac{e^{-jkr_2}}{r_2} - 2\cos kl\frac{e^{-jkr}}{r}\right] \tag{3.2-24}$$

近区场的表达式很简单, 只有三项, 分别对应于 r、r_1 和 r_2, 因此它几乎可看成振子中心和两端处三个点源的作用结果。

3.2.2.2 互阻抗公式

将式(3.2-24)得出的 E_{z21} 代入式(3.2-9a)得

$$Z_{21} = j30\int_{-l}^{l}\sin k(l - |z|)\left[\frac{e^{-jkr_1}}{r_1} + \frac{e^{-jkr_2}}{r_2} - 2\cos kl\frac{e^{-jkr}}{r}\right]dz \tag{3.2-25}$$

对二半波振子情形, $kl = \pi/2$, 上式最后一项为零, 另二项用 $e^{-ju} = \cos u - j\sin u$ 展开, 将 cos 和 sin 因子与 $\sin k(l-|z|)$ 的乘积分别用三角和差公式化为二项, 积分结果可用正、余弦积分表示, 最后得

$$R_{21} = -15\cos kh\left[-2\mathrm{Ci}(kh_1) - 2\mathrm{Ci}(kh_2) + \mathrm{Ci}(kh_3) + \mathrm{Ci}(kh_4) + \mathrm{Ci}(kh_5) + \mathrm{Ci}(kh_6)\right]$$
$$+ 15\sin kh\left[2\mathrm{Si}(kh_1) - 2\mathrm{Si}(kh_2) - \mathrm{Si}(kh_3) + \mathrm{Si}(kh_4) - \mathrm{Si}(kh_5) + \mathrm{Si}(kh_6)\right]$$

$$X_{21} = -15\cos kh[2\mathrm{Si}(kh_1) + 2\mathrm{Si}(kh_2) - \mathrm{Si}(kh_3) - \mathrm{Si}(kh_4) - \mathrm{Si}(kh_5) - \mathrm{Si}(kh_6)]$$
$$+ 15\sin kh[2\mathrm{Ci}(kh_1) - 2\mathrm{Ci}(kh_2) - \mathrm{Ci}(kh_3) + \mathrm{Ci}(kh_4) - \mathrm{Ci}(kh_5) + \mathrm{Ci}(kh_6)] \quad (3.2\text{-}26)$$

式中　　$h_1 = \sqrt{d^2 + h^2} + h$，$h_2 = \sqrt{d^2 + h^2} - h$，$h_3 = \sqrt{d^2 + (h-L)^2} + (h-L)$

$h_4 = \sqrt{d_2 + (h-L)^2} - (h-L)$，$h_5 = \sqrt{d^2 + (h+L)^2} + (h+L)$

$h_6 = \sqrt{d^2 + (h+L)^2} - (h+L)$，$L = 2l$

3.2.2.3　互阻抗数据

对最常见的两种情形——并列和共轴排列，由式(3.2-26)算出的互阻抗曲线如图 3.2-3 和图 3.2-4 所示。图 3.2-3 中还给出了计入振子直径 $2a$ 的计算结果，是美籍华裔教授戴振铎(C. T. Tai)得出的。表 3.2-1 列出了不同 d/λ 值和不同 h/λ 值时的互电阻 R_{21}。

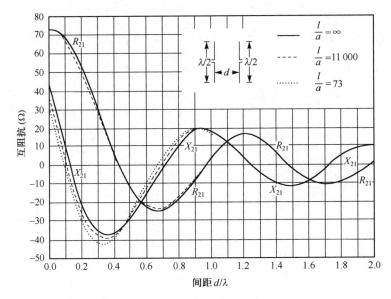

图 3.2-3　并列的半波振子的互阻抗($Z_{21} = R_{21} + jX_{21}$)

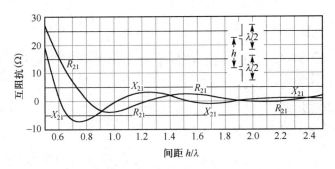

图 3.2-4　共轴的半波振子的互阻抗($Z_{21} = R_{21} + jX_{21}$)

由半波振子的互阻抗曲线可见，互阻抗都随振子间距离(d/λ 或 h/λ)的增大而振荡式地减小。一般地说，当 $d > 4\lambda$，即可忽略不计。同时我们看到，并列比共轴排列时互阻抗值大，表示其互耦较强，这是因为此时相邻振子位于最大辐射方向上。注意，互电阻 R_{21} 不但有正值，也有负值。R_{21} 为负值，表示感应辐射功率的实部是负的，振子②在振子①场作用下吸收进实功率，此吸收进的实功率是由振子①的场提供的。

表 3.2-1　平行的半波振子的互电阻(单位: Ω)

横向间距	轴向间距 h/λ						
d/λ	0.0	0.5	1.0	1.5	2.0	2.5	3.0
0.0	+73.10	+26.40	−4.07	+1.78	−0.96	+0.58	−0.43
0.5	−12.56	−11.80	−0.78	+0.80	−1.00	+0.45	−0.30
1.0	+4.08	+8.83	+3.56	−2.92	+1.13	−0.42	+0.13
1.5	−1.77	−5.75	−6.26	+1.96	+0.56	−0.96	+0.85
2.0	+1.18	+3.76	+6.05	+0.16	−2.55	+1.59	−0.45
2.5	−0.75	−2.79	−5.67	−2.40	+2.74	−0.28	−0.10
3.0	+0.42	+1.86	+4.51	+3.24	−2.07	−1.59	+1.74
3.5	−0.33	−1.54	−3.94	−3.76	+0.74	+2.66	−1.03
4.0	+0.21	+1.08	+3.08	+3.68	+0.51	−2.49	−0.06
4.5	−0.18	−0.85	−2.50	−3.40	−1.30	+2.00	+1.12
5.0	+0.15	+0.69	+2.10	+3.14	+1.82	−1.35	−1.87
5.5	−0.12	−0.57	−1.80	−2.90	−2.24	+0.49	+1.77
6.0	+0.12	+0.51	+1.56	+2.61	+2.28	−0.06	−2.02
6.5	−0.10	−0.45	−1.18	−2.31	−2.29	−0.45	+1.71
7.0	+0.06	+0.36	+1.14	+2.06	+2.26	+0.85	−1.32
7.5	−0.30	−0.80	−1.00	−1.86	−2.14	−1.03	+0.66

几种常见情形的半波振子互阻抗值如下:

并列 ($h=0$): $d=0$: $Z_{21}=Z_{11}=73.1+\text{j}42.5$ Ω,　　$d=\lambda/4$: $Z_{12}=40.8-\text{j}28.3$ Ω

$d=\lambda/2$: $Z_{12}=-12.6-\text{j}29.9$ Ω　　　　　　　　　　　　　(3.2-27)

共轴 ($d=0$): $h=\lambda/2$: $Z_{12}=26.4+\text{j}20.2$ Ω,　　　$h=\lambda$: $Z_{12}=-4.1-\text{j}0.7$ Ω

一个特例是并列排列($h=0$)取 $d=0$ 时的半波振子互阻抗,显然,它就是半波振子的自身辐射阻抗 Z_{11}。这里给出 $R_{11}=73.1$ Ω,可见就是 2.1.3 节得出的半波振子辐射电阻。值得注意的是,这里给出 $X_{11}=42.5$ Ω,表明半波振子的辐射阻抗还有电抗性分量,呈感性。因此,准确取为半波长的细振子是非谐振的,这与 2.3 节中的结论相一致。

半波振子 R_{11} 的解析式为式(2.1-36);X_{11} 的解析式可由式(3.2-26)导出:取 $d=0$, $h=h_1=h_2=h_4=h_6=0$, $h_3=h_5=2l=\lambda$, $kh_3=kh_5=2\pi$, 得

$$X_{11}=-15\left[-2\text{Si}(2\pi)\right]=30\text{Si}(2\pi)=30\times1.418=42.5 \text{ Ω}$$

故半波振子的自身辐射阻抗为

$$Z_r=Z_{11}=73.1+\text{j}42.5 \text{ Ω} \qquad (3.2-28)$$

例 3.2-1　对图 3.1-1(a)所示二元阵,求每个半波振子的辐射阻抗。

[解]

$$Z_{r2}=Z_{r1}=Z_{11}+\frac{I_{M2}}{I_{M1}}Z_{12}=Z_{11}+Z_{12}=73.1+\text{j}42.5+26.4+\text{j}20.2=99.5+\text{j}62.7 \text{ Ω}$$

3.2.2.4　导体平面对振子阻抗的影响

对于导体平面上的水平振子或直立振子,根据镜像理论,导体平面的效应可用其镜像振子来代替,如图 3.1-9 和图 3.1-12 所示。于是导体平面的效应便可作为耦合振子来处理。因而振子的辐射阻抗不再是 $Z_{11}=73.1+\text{j}42.5$ Ω,而是

$$Z_{r1}=Z_{11}+\frac{I_{M2}}{I_{M1}}Z_{12} \qquad (3.2-29)$$

水平振子：
$$\frac{I_{\text{M2}}}{I_{\text{M1}}} = \Gamma_{\text{水平}} = -1$$
$$Z_{\text{r1}} = Z_{11} - Z_{12}$$

直立振子：
$$\frac{I_{\text{M2}}}{I_{\text{M1}}} = \Gamma_{\text{直立}} = 1$$
$$Z_{\text{r1}} = Z_{11} + Z_{12}$$

按上述公式计算的无限大理想导体平面上半波振子的辐射阻抗 $Z_{\text{r1}} = R_{\text{r1}} + jX_{\text{r1}}$ 随高度 H/λ 的变化如图 3.2-5 所示。可见电阻和电抗值都围绕原弧立振子的电阻和电抗值呈振荡，振幅渐小。其中水平振子情形的振幅要比直立情形大。

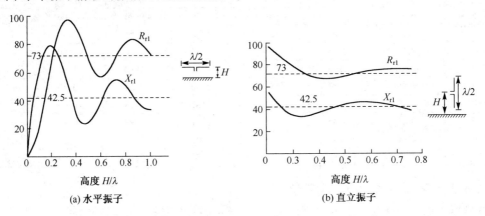

图 3.2-5　无限大理想导体平面上半波振子的辐射阻抗

3.2.3　振子阵的阻抗和方向系数

3.2.3.1　振子阵的输入阻抗

振子阵的输入阻抗是天线馈线的负载阻抗，因此决定馈线上的电压驻波比，是系统的重要参数。显然，它与振子阵中各阵元输入阻抗及馈电网络有关。振子阵中各耦合振子的输入阻抗，理论上可由上面所讨论的归于波腹电流的辐射阻抗(如 Z_{r1})算出。正如式(2.3-41)所示，将它化为归于输入端电流的辐射阻抗，忽略导线的欧姆损耗，则有

$$Z_{\text{in1}} = \left|\frac{I_{\text{in1}}}{I_{\text{M1}}}\right|^2 Z_{\text{r1}} = \frac{Z_{\text{r1}}}{\sin^2 \beta l} \tag{3.2-30}$$

工程应用中发现，这样计算的输入电抗误差较大，而推荐用计入互耦后的式(2.3-40)，即

$$Z_{\text{in1}} = \frac{R_{\text{r1}}}{\sin^2 \beta l} - jZ_a \cot \beta l, \quad Z_a = 120\left(\ln \frac{2l}{a} - 1\right) \tag{2.3-40a}$$

式中 $\beta = n_1 2\pi/\lambda$, n_1 仍可利用图 2.3-7 近似计算。在现代工程实践中，这些计算只作为工程设计的初步导引，以确定初步方案，判断其可行性。精确计算都是利用基于更严格的数值方法(如矩量法)的商用软件，由计算机进行仿真计算。值得说明的是，计算机进行只给出数值结果，而无概念。这样，无论是判断其结果的正确性，还是进一步改进，仍离不开近似理论。

作为举例，我们来求图 3.1-1(b)振子阵的输入阻抗，设二振子都取为谐振长度。二者辐射阻抗分别为(算辐射阻抗时二振子长度仍视为半波长)

$$Z_{\text{r1}} = Z_{11} + \frac{I_{\text{M2}}}{I_{\text{M1}}}Z_{12} = 73.1 + j42.5 + (-j)(40.8 - j28.3) = 44.8 + j1.7 \ \Omega$$

$$Z_{r2} = Z_{22} + \frac{I_{M1}}{I_{M2}} Z_{21} = 73.1 + j42.5 + j(40.8 - j28.3) = 101.4 + j83.3 \ \Omega$$

故二振子在谐振长度时输入阻抗分别为

$$Z_{in1} = R_{r1} = 44.8 \ \Omega, \quad Z_{in2} = R_{r2} = 101.4 \ \Omega$$

由于已设长为 d 的双线传输线上传行波，表明其特性阻抗已设计为 $Z_c = R_{r2} = 101.4 \ \Omega$，这样在振子阵输入端，该阻抗与振子①的输入阻抗相并联，得振子阵输入阻抗为

$$Z_{in} = \frac{R_{r1} \cdot R_{r2}}{R_{r1} + R_{r2}} = \frac{44.8 \times 101.4}{44.8 + 101.4} = 31.1 \ \Omega$$

此电阻值与常用的双线传输线的特性阻抗相比较小，因此一般要加匹配网络（如 $\lambda/4$ 阻抗变换段）来实现主馈线终端的匹配。这个例子主要说明，在算出各阵元的输入阻抗后，求其振子阵的输入阻抗时，要按传输线理论进行计算。

3.2.3.2　振子阵的总辐射电阻与方向系数

振子阵天线一般仍可利用 2.2 节中导出的式（2.2-13）来计算其方向系数。式中 R_r 为振子阵的总辐射电阻，它对应于振子阵的总辐射实功率 P_r，这里 P_r 和方向函数 f_M 都要归于同一振子的波腹电流（如 I_{M1}）。于是

$$D = \frac{E_M^2 r^2}{60 P_r} = \frac{\left(\frac{60 I_{M1}}{r} f_M\right)^2 r^2}{60 \left(\frac{1}{2} I_{M1}^2 R_r\right)} = \frac{120 f_M^2}{R_r} \tag{3.2-31}$$

我们来研究图 3.1-1（b）二元阵的总辐射电阻。振子阵的总辐射实功率为二阵元的辐射实功率的总和，即

$$P_r = P_{r1} + P_{r2} = \frac{1}{2} |I_{M1}|^2 R_{r1} + \frac{1}{2} |I_{M2}|^2 R_{r2} \tag{3.2-32}$$

令

$$P_r = \frac{1}{2} |I_{M1}|^2 R_r \tag{3.2-33}$$

得振子阵归于波腹电流 I_{M1} 的辐射电阻为

$$R_r = R_{r1} + \frac{|I_{M2}|^2}{|I_{M1}|^2} R_{r2} \tag{3.2-34}$$

此式是对二元阵导出的。对 N 元阵，则有

$$R_r = R_{r1} + \frac{|I_{M2}|^2}{|I_{M1}|^2} R_{r2} + \frac{|I_{M3}|^2}{|I_{M1}|^2} R_{r3} + \cdots + \frac{|I_{MN}|^2}{|I_{M1}|^2} R_{rN} \tag{3.2-35}$$

式中 R_{ri} 是阵中振子 i 归于其波腹电流 I_{Mi} 的辐射电阻。

对图 3.1-1（b）振子阵，得

$$R_r = R_{r1} + R_{r2} = 44.8 + 101.4 = 146.2 \ \Omega$$

由式（3.1-5）知 $f_M = 2$，将 f_M 和 R_r 代入式（3.2-31）得

$$D = \frac{120 f_M^2}{R_r} = \frac{120 \times 2^2}{146.2} = 3.28$$

可见，这种二元阵利用增加一个振子，使天线方向系数由单个的 1.64 提高到 3.28，即提高了 1 倍。分析式（3.2-31）可知，此时最大场强提高到 2 倍，即最大功率密度提高到 4 倍，但天线输入功率也提高到 2 倍。因而，若保持天线输入功率不变，则最大功率密度提高的倍数为 $4/2 = 2$，即方向系数提高到 2 倍。

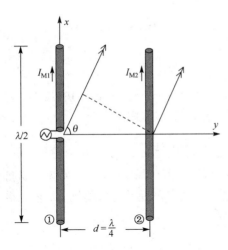

图 3.2-6　有源振子与反射振子阵

作为思考题,请计算图 3.1-1(a)所示二元阵的辐射电阻和方向系数。

例 3.2-2　二半波振子阵如图 3.2-6 所示,其中振子②为无源振子,间距为 $\lambda/4$。

1)求振子②所感应的电流与振子①电流之比;

2)求 x-y 面方向函数,并概画方向图;

3)求天线辐射阻抗和方向系数;

4)设有源振子为谐振长度,求其输入阻抗。

[**解**]　1) $Z_{r2} = Z_{22} + \dfrac{I_{M1}}{I_{M2}} Z_{21} = 0$

得　　$\dfrac{I_{M2}}{I_{M1}} = -\dfrac{Z_{21}}{Z_{22}} = -\dfrac{40.8 - j28.3}{73.1 + j42.5}$

$$= -\frac{49.65 \angle -34.75°}{84.56 \angle 30.17°} = 0.587 \angle 115°$$

2)　$f_a(\theta) = \left| 1 + \dfrac{I_{M2}}{I_{M1}} e^{jkd\cos\theta} \right| = \left| 1 + a e^{j\psi + jkd\cos\theta} \right| = \sqrt{1 + a^2 + 2a\cos(kd\cos\theta + \psi)}$

$$= \sqrt{1 + 0.587^2 + 2 \times 0.587\cos(90°\cos\theta + 115°)} = \begin{cases} 0.53, & \theta = 0° \\ 0.92, & \theta = 90° \\ 1.55, & \theta = 180° \end{cases}$$

$$F(\theta) = F_1(\theta) F_a(\theta) = \frac{\cos(90°\sin\theta)}{\cos\theta} \frac{1}{1.55} \sqrt{1.345 + 1.174\cos(90°\cos\theta + 115°)}$$

由图 3.2-7 可见,振子②起了反射器的作用,使其反方向($\theta = 180°$)的辐射场更强,故称之为反射振子或反射器。

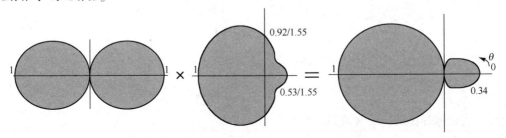

图 3.2-7　有源振子与反射振子阵的方向图

3) $Z_{r1} = Z_{11} + \dfrac{I_{M2}}{I_{M1}} Z_{12} = 73.1 + j42.5 + 0.587 \angle 115° \cdot 49.65 \angle -34.75°$

$$= 73.1 + j42.5 + 4.9 + j28.7 = 78 + j71.2 \ \Omega$$

$$D = \frac{120 f_M^2}{R_{r1}} = \frac{120 \times 1.55^2}{78} = 3.7$$

可见,利用无源的反射振子可使方向系数提高到 3.7/1.64 = 2.26 倍。

4)　　　　　　　　　　　　$Z_{in1} = R_{r1} = 78 \ \Omega$

例 3.2-3　水平半波振子位于理想导体反射平面上方 $H = \lambda/4$ 处,如图 3.2-8 所示。

1)求 y-z 面方向函数,并概画方向图;

2)求其辐射阻抗 Z_{r1} 及方向系数;

3)若振子全长已调节为谐振长度,则其输入阻抗如何?

4）若该水平半波振子架高 $H = 4\lambda$，则最靠近导体平面的第一个最大值方向 $\Delta_{M1} = ?$ 此时天线在该方向的方向系数多大？

[解]　1）$F_g(\Delta) = \left| 1 - e^{-j\frac{2\pi}{\lambda}\frac{\lambda}{2}\sin\Delta} \right| = 2\sin\left(\frac{\pi}{2}\sin\Delta\right)$

$$f(\Delta) = f_1(\Delta)f_g(\Delta) = \frac{\cos\left(\frac{\pi}{2}\cos\Delta\right)}{\sin\Delta} \cdot 2\sin\left(\frac{\pi}{2}\sin\Delta\right), \quad \Delta \geq 0$$

方向图见图 3.2-9。注意，只有上半空间有场。

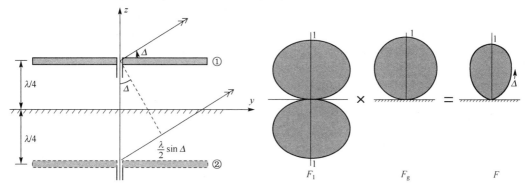

图 3.2-8　导体平面上的水平半波振子　　　图 3.2-9　导体平面上水平半波振子的方向图

2）　$Z_{r1} = Z_{11} - Z_{12} = 73.1 + j42.5 - (-12.6 - j29.9) = 85.7 + j72.4 \ \Omega$

$$D = \frac{120f_M^2}{R_{r1}} = \frac{120 \times 2^2}{85.7} = 5.6$$

可见，方向系数提高到 5.6/1.64 = 3.4 倍。当然，这是无限大理想导体反射平面的理想情形。若反射平面尺寸不够大，电导率有限大，设想镜像振子的效应降到 0.9 倍，则有

$$f_M = 0.9 \times 2 = 1.8, \ R_{r1} = 73.1 - 0.9(-12.6) = 84.4 \ \Omega$$

$$D = \frac{120 \times 1.8^2}{84.4} = 4.6 \quad （即 1.64 \times 2.8）$$

3）　　　　　　　　　　$Z_{in1} = R_{r1} = 85.7 \ \Omega$

4）　　　　　　　　　$\Delta_{M1} = \arcsin\frac{\lambda}{4H} = \arcsin\frac{1}{16} = 3.6°$

由于 $H = 4\lambda$，镜像振子的互阻抗影响可忽略，$R_{r1} = R_{11} = 73.1 \ \Omega$，故

$$D = \frac{120f_M^2}{R_{r1}} = \frac{120 \times 2^2}{73.1} = 6.56 \quad （即 1.64 \times 4）$$

3.3　N 元等幅线阵

研究 N 个振子排在一条直线上的情形，称为直线阵（linear array）。各振子都相同，因此阵列的合成方向图是单元方向图与阵因子方向图的乘积。这里将着重分析阵因子方向图，因此将各振子都用无方向性的点源来代替，如图 3.3-1 所示。设第 i 元电流为

$$I_{Mi} = I_{M1}e^{j(i-1)\Psi} \quad (3.3\text{-}1)$$

即相邻单元电流相位相差 ψ 而振幅都相同，其阵因子为

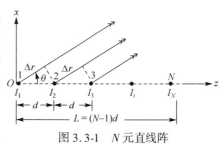

图 3.3-1　N 元直线阵

$$f_a = \left| 1 + \frac{I_{M2}}{I_{M1}}e^{jk\Delta r} + \frac{I_{M3}}{I_{M1}}e^{j2k\Delta r} + \cdots + \frac{I_{MN}}{I_{M1}}e^{j(N-1)k\Delta r} \right|$$

$$= \left| 1 + e^{j(k\Delta r + \Psi)} + e^{j2(k\Delta r + \Psi)} + \cdots + e^{j(N-1)(k\Delta r + \Psi)} \right| \tag{3.3-2}$$

令
$$u = k\Delta r + \Psi = kd\cos\theta + \Psi \tag{3.3-3}$$

则
$$f_a = \left| 1 + e^{ju} + e^{j2u} + \cdots + e^{j(N-1)u} \right| \tag{3.3-4}$$

这是一个等比级数,其和为

$$f_a = \left| \frac{1 - e^{jNu}}{1 - e^{ju}} \right| = \left| \frac{e^{j\frac{Nu}{2}}\left(e^{-j\frac{Nu}{2}} - e^{j\frac{Nu}{2}}\right)}{e^{j\frac{u}{2}}\left(e^{-j\frac{u}{2}} - e^{j\frac{u}{2}}\right)} \right| = \left| \frac{\sin\frac{Nu}{2}}{\sin\frac{u}{2}} \right| \tag{3.3-5}$$

当 $u = 0$,$f_a = 0/0$,为确定此不定式,可运用罗必达(L' Hospital)法则如下:

$$\lim_{u \to 0} \frac{\sin\frac{Nu}{2}}{\sin\frac{u}{2}} = \frac{\frac{d}{du}\sin\frac{Nu}{2}\Big|_{u \to 0}}{\frac{d}{du}\sin\frac{u}{2}\Big|_{u \to 0}} = \frac{\frac{N}{2}\cos\frac{Nu}{2}\Big|_{u \to 0}}{\frac{1}{2}\cos\frac{u}{2}\Big|_{u \to 0}} = N$$

可见 $u = 0$ 时,$f_a = f_{aM} = N$,因此,归一化的阵因子为

$$F_a = \frac{\sin\frac{Nu}{2}}{N\sin\frac{u}{2}} \tag{3.3-6}$$

图 3.3-2 给出 $\sin(Nx)/N\sin x$ 曲线($N = 2, 4, 6, 8, 10, 12$),它也称为 N 元等幅等距线阵的通用方向图。下面来研究三种典型情形。

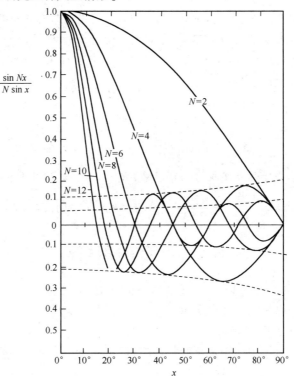

图 3.3-2 函数 $F_N(x) = \dfrac{\sin Nx}{N\sin x}$ 的曲线

3.3.1　边射阵

3.3.1.1　阵方向图

一种边射阵几何关系如图 3.3-3 所示。各单元电流都等幅同相($\psi = 0$)，即 $I_{M1} = I_{M2} = \cdots = I_{MN}$，在阵法线方向($\theta = 0$)，各单元的辐射场又无波程差，因而各单元场都同相相加，形成最大值，为边射(broadside)。为便于计算，图中已将最大方向取为 z 轴，θ 角从 z 轴算起，它与图 3.3-1 中的 θ 角定义不同!

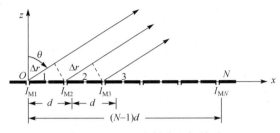

图 3.3-3　N 元边射阵几何关系

研究 x-z 面方向图。此时式(3.3-3)中 u 值为 $u = k\Delta r + \psi = kd\sin\theta$。当 $N = 8$，$d = \lambda/2$，$u = \pi\sin\theta$，式(3.3-6)化为

$$F_a = \frac{\sin\left(\dfrac{N\pi d}{\lambda}\sin\theta\right)}{N\sin\left(\dfrac{\pi d}{\lambda}\sin\theta\right)} = \frac{\sin\left(8 \cdot \dfrac{\pi}{2}\sin\theta\right)}{8\sin\left(\dfrac{\pi}{2}\sin\theta\right)} \tag{3.3-7}$$

单元天线仍采用半波振子，则合成场方向函数为

$$F(\theta) = F_1 \cdot F_a = \frac{\cos\left(\dfrac{\pi}{2}\sin\theta\right)}{\cos\theta} \cdot \frac{\sin(4\pi\sin\theta)}{8\sin\left(\dfrac{\pi}{2}\sin\theta\right)} \tag{3.3-8}$$

F_1，F_a 及 F 如图 3.3-4 所示，F_a 图可利用图 3.3-2 曲线来画出，或分三步来画出，如图 3.3-5 所示。即先画出分子 $\sin(4\pi\sin\theta)$(曲线 1)，再画出分母 $\sin(\pi/2\sin\theta)$(曲线 2)，然后将曲线 1 值除以曲线 2 值而得出曲线 3。这里曲线 1 的第一个零点除以曲线 2 的零点成为最大点，用最大值 8 归一化为 1，其他零点都仍为零点;由于曲线 2 的值是随角度增大的，这使旁瓣的极大值依次减小，因此，第 1 旁瓣的电平最高。

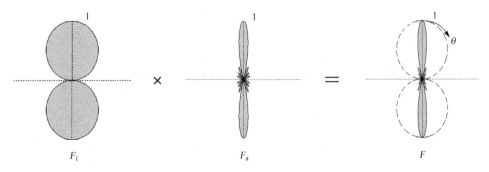

图 3.3-4　边射阵的方向图($d = \lambda/2$，$\psi = 0$，$N = 8$)

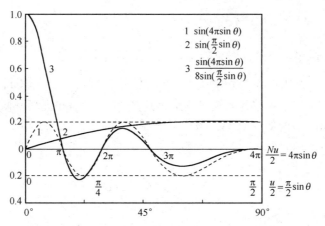

图 3.3-5　阵因子方向图的分步画法($d = \lambda/2$, $\varPsi = 0$, $N = 8$)

3.3.1.2　波瓣宽度与零点方向

我们看到,对于阵列天线,方向图形状主要取决于阵因子方向图,它的半功率波瓣宽度可根据阵因子方向图主瓣的半功率点角度 $\theta_{0.5}$ 得出,由式(3.3-7a),令

$$F_a(\theta_{0.5}) = \frac{\sin\left(\dfrac{N\pi d}{\lambda}\sin\theta_{0.5}\right)}{N\sin\left(\dfrac{\pi d}{\lambda}\sin\theta_{0.5}\right)} = 0.707$$

由数值法求得

$$\frac{N\pi d}{\lambda}\sin\theta_{0.5} = 1.391$$

从而得

$$\mathrm{HP} = 2\theta_{0.5} = 2\arcsin\left(0.443\frac{\lambda}{Nd}\right) \approx 0.886\frac{\lambda}{Nd} \tag{3.3-9}$$

化为以度计,并取 $L = Nd$ 为阵长度,有

$$\mathrm{HP} = 2\theta_{0.5} = 0.89\frac{\lambda}{L} = 51°\frac{\lambda}{L} \tag{3.3-9a}$$

上式反映了边射阵的一个重要特性,即半功率宽度与阵列电长度 L/λ 成反比,L/λ 愈大,波瓣愈窄。对本例($d = \lambda/2, N = 8$),$\mathrm{HP} = 12.8°$;而当 $d = \lambda/2$, $N = 16$ 时, $\mathrm{HP} = 6.4°$。图 3.3-6 示出这两种阵的直角坐标方向图。与极坐标相比,直角坐标的角度尺度可以放大,因而更能反映方向图的细节。

当计入半波振子单元的方向性时,单元间距 $d = \lambda/2$ 的这种等幅边射阵的半功率波瓣宽度列于表 3.3-1 中。该表中也列出了采用无方向性点源时和按上式计算时的结果。我们看到,随着元数的增加,即 L/λ 增大,各阵的半功率宽度值逐渐接近。

表 3.3-1　单元间距为 λ/2 的等幅边射阵的半功率宽度

元　　数	2	3	4	6	8
半波阵子阵	47.8°	33°	25°	16.8°	12.6°
点源阵	60°	36.2°	26.3°	17.2°	12.8°
式(3.3-9a)	51°	34°	25.5°	17°	12.75°

由图 3.3-5 可看出,零点方向发生于分子为零而分母不为零的角度:$Nu_0/2 = \pm n\pi$,即

$$\frac{N\pi d}{\lambda}\sin\theta_0 = \pm n\pi, \quad n = 1, 2, 3, \cdots \tag{3.3-10}$$

得
$$\theta_0 = \pm \arcsin\left(\frac{n\lambda}{Nd}\right) \tag{3.3-11}$$

对本例，$N=8$，$d=\lambda/2$，$\theta_0 = \pm 14.5°$，$\pm 30°$，$\pm 48.6°$，$\pm 90°$。可见在 $0 \sim \pm 90°$ 角域上，零点个数为 $2Nd/\lambda$（若 Nd/λ 不是整数，取较小的整数）。当 $d=\lambda/2$，零点个数即为 N，本例为 8，这可由图 3.3-5 看出。当振子阵用于接收时，在这些零点方向上将不会收到干扰信号，因此在智能天线设计中使其零点方向对准干扰方向。

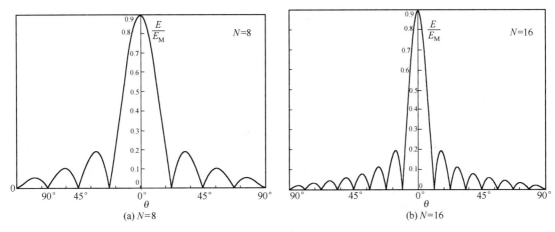

图 3.3-6　边射阵阵因子方向图（$d=\lambda/2$，$\Psi=0$）

由式（3.3-11）可知，边射阵的零功率波瓣宽度 FNBW（First-Null Beam Width）为

$$\text{FNBW} = 2\theta_{01} = 2\arcsin\left(\frac{\lambda}{Nd}\right) \approx 2\frac{\lambda}{Nd} \tag{3.3-12}$$

当 $L = Nd \gg \lambda$，有

$$\text{FNBW} = 2\frac{\lambda}{L} = 115°\frac{\lambda}{L} \tag{3.3-12a}$$

可见它与半功率波瓣宽度一样，都与阵列电长度 L/λ 成反比。

3.3.1.3　旁瓣电平

旁瓣最大值相对于主瓣最大值的电平定义为旁瓣电平 SLL（Side-Lobe Level），通常用分贝表示。对式（3.3-6）阵因子方向图，由图 3.3-5 可知，旁瓣最大值发生于 $Nu/2 \approx 3\pi/2$ 时，该方向的阵因子为

$$F_{\text{a}}(\theta_{\text{m1}}) = \frac{\sin\frac{3\pi}{2}}{N\sin\frac{3\pi}{2N}} \approx \frac{1}{N \cdot \frac{3\pi}{2N}} = \frac{2}{3\pi} = 0.212$$

故
$$\text{SLL} = 20\lg\frac{F_{\text{a}}(\theta_{\text{m1}})}{F_{\text{a}}(0)} = 20\lg F_{\text{a}}(\theta_{\text{m1}}) = 20\lg 0.212 = -13.5 \text{ dB} \tag{3.3-13}$$

3.3.1.4　实验验证与讨论

图 3.3-7 是一副按各单元都等幅同相激励研制的 $N=16$ 元阵的理论与实测方向图的比较[3]，纵坐标是用分贝表示的振幅（$20\lg E/E_{\text{M}}$，dB）。用分贝表示幅值可更清晰地显示小幅值的旁瓣。可以看到，实测方向图与理论计算结果吻合得相当好，理论旁瓣电平为 -12.5 dB，实测值为 -11.8 dB。二者的主要差异是实测方向图旁瓣电平有所升高。二者半功率宽度非常吻合，并且方向图零点，甚至远旁瓣的，都很吻合。这佐证了理论分析的有效性。

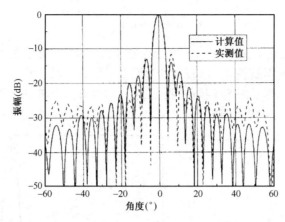

图 3.3-7　16 元波导缝隙阵天线在 10 GHz 的计算与实测方向图

最后，与 3.1 节一样，我们利用相量图来分析阵因子方向图的形成，以 $N=8$ 元阵为例，如表 3.3-2 所示。8 元阵的阵因子是各点源的场的相量和，如式(3.3-4)所示。这里第一个单元的场取为 1，相邻单元的场振幅仍为 1，但有相位差 $u=kd\sin\theta=\pi\sin\theta$(边射阵 $\psi=0$，本例 $d=\lambda/2$)。最大值发生于 $u=0$ 时，对应 $\theta=0°$，此时 8 个单元的场相量同相相加，$E_M=8E_1$。随着 θ 增大，相邻单元场相量的相位差 u 增大，使合成场相量振幅减小。当达到式(3.3-8)时，$u=\pi\sin\theta=1.394/4=0.3485=20°$，$\theta=6.4°$，为半功率点方向。此时相邻单元场相量的相角依次引前 $u=20°$，合成场相量从第一个单元场相量的起点到第 8 个相量的终点(即相量和)，其振幅由最大值 $8E_1$ 减小至约 $5.7E_1$ 即 $0.7E_M$。当相邻相量的相角引前至 $u=45°$，8 个相量和封闭，合成场相量为零，这对应于第一零点方向；然后，当 $u=67.5°$，8 个相量和约为 $1.8E_1$，即约 $0.225E_M$(−13 dB)，为第一旁瓣最大值；接着，当 $u=90°$，8 个相量和再次封闭，对应于第二零点方向；等等。

表 3.3-2　$N=8$ 边射阵阵因子方向图的相量图(对应图 3.3-5)

条　件	$u=\pi\sin\theta$	θ	相量叠加图
最大点	0°	0°	$E=8E_1$
半功率点	$0.3485=20°$	6.4°	$E=5.7E_1$　$20°$　$u=\pi\sin\theta_{0.5}=20°$
第一零点	$\dfrac{\pi}{4}=45°$	14.5°	$45°$　$u=45°$　$E=0$
第一旁瓣最大点	$\dfrac{3\pi}{8}=67.5°$	22°	$E=1.8E_1$　$u=67.5°$
第二零点	$\dfrac{\pi}{2}=90°$	30°	$u=90°$　$E=0$

3.3.2　普通端射阵

3.3.2.1　阵方向图

将图 3.1-1（b）的二元端射阵推广到 N 元，便得到 N 元普通端射阵，如图 3.3-8 所示。这里每一单元的电流相位都比前一单元落后 kd，即式（3.3-1）中相邻单元相位差为 $\psi = -kd$。这样对端射方向（$\theta = 0$），由于每一单元的辐射场在波程上又比前一单元引前相位 $k\Delta r = kd$，因而都同相叠加，合成场呈最大值。

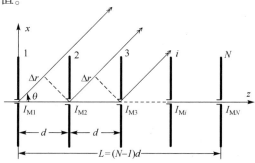

图 3.3-8　N 元端射阵几何关系

图 3.3-8 中已将阵最大方向取为 z 轴，与图 3.3-1 中相同，其 θ 角与图 3.3-3 中的 θ 角定义不同！此时式（3.3-6）中 u 值为

$$u = k\Delta r + \psi = kd\cos\theta - kd = kd(\cos\theta - 1) \tag{3.3-14}$$

当 $N = 8$，$d = \lambda/4$，$u = \pi/2(\cos\theta - 1)$，式（3.3-6）化为

$$F_\mathrm{a} = \frac{\sin\left[\dfrac{N\pi d}{\lambda}(\cos\theta - 1)\right]}{N\sin\left[\dfrac{\pi d}{\lambda}(\cos\theta - 1)\right]} = \frac{\sin\left[\dfrac{8\pi}{4}(\cos\theta - 1)\right]}{8\sin\left[\dfrac{\pi}{4}(\cos\theta - 1)\right]} \tag{3.3-15}$$

这里单元天线为半波振子，θ 角从 z 轴算起，故合成场方向函数为

$$F(\theta) = F_1 \cdot F_\mathrm{a} = \frac{\cos\left(\dfrac{\pi}{2}\sin\theta\right)}{\cos\theta} \cdot \frac{\sin\left[2\pi(\cos\theta - 1)\right]}{8\sin\left[\dfrac{\pi}{4}(\cos\theta - 1)\right]} \tag{3.3-16}$$

F_1、F_a 和 F 如图 3.3-9 所示。

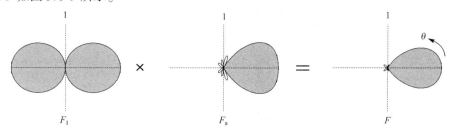

图 3.3-9　端射阵的方向图（$d = \lambda/4$，$\psi = -\pi/2$，$N = 8$）

下面介绍得出图 3.3-9 中阵因子 F_a 极坐标方向图的一种"圆变换"作图法，示于图 3.3-10 中。先由图 3.3-2 或按图 3.3-5 方法画出 F_a 函数的直角坐标图，以 $u = kd\cos\theta + \psi = \pi/2(\cos\theta - 1)$ 为横坐标。当 $\theta = 0 \sim 180°$，得 $u = 0 \sim -\pi$，位于负横轴区。在其下方以 $u_0 = \psi = -kd = -\pi/2$ 处（c 点）为圆心，以 $kd = \pi/2$ 为半径作一半圆，它可方便地用于由横坐标 u 到极角 θ 的转换。例

如，对直角坐标上的任意 u 值，如 a 点，向下画一直线直到与圆相交，交点为 b。b 至圆心 c 的径向线的极角即为 θ 角（其投影 $cd = \pi/2\cos\theta$）。将该径向线的半径长度 cd 视为 1，极坐标方向图的矢径长度 ce 就取为直角坐标图上对应的 $F_a(\theta)$ 值（fa 段）。按此方法，得出几个特殊点（如图中的零点，极大点），便可概画出极坐标图，如图 3.3-10 所示。

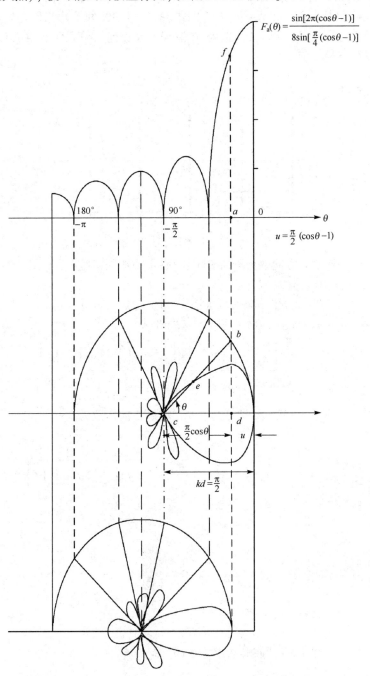

图 3.3-10　求阵因子极坐标图的作图法

3.3.2.2　波瓣宽度与零点方向

为求阵因子的半功率宽度，由式(3.3-15)，令

$$F_{a}(\theta_{0.5}) = \frac{\sin\left[\dfrac{N\pi d}{\lambda}(\cos\theta_{0.5} - 1)\right]}{8\sin\left[\dfrac{\pi d}{\lambda}(\cos\theta_{0.5} - 1)\right]} = 0.707$$

与边射阵情形相同, 由数值法知

$$\frac{N\pi d}{\lambda}(1 - \cos\theta_{0.5}) = 1.394, \quad \cos\theta_{0.5} = 1 - 0.444\frac{\lambda}{Nd} = 1 - 2\sin^{2}\frac{\theta_{0.5}}{2}$$

得
$$\mathrm{HP} = 2\theta_{0.5} = 4\arcsin\sqrt{0.222\frac{\lambda}{Nd}} \approx 1.88\sqrt{\frac{\lambda}{Nd}} \tag{3.3-17}$$

上式中近似条件是 $Nd \gg \lambda$。取 $L = Nd$, 则有

$$\mathrm{HP} = 1.88\sqrt{\frac{\lambda}{L}} = 108°\sqrt{\frac{\lambda}{L}} \tag{3.3-17a}$$

上式表明, 半功率宽度与阵列电长度的开方 $\sqrt{L/\lambda}$ 成反比, 这是与边射阵不同的。对本例 ($d = \lambda/4$, $N = 8$), $\mathrm{HP} = 76°$; 若 $d = \lambda/2$, $N = 8$, 则 $\mathrm{HP} = 54°$, 此时边射阵 $\mathrm{HP} = 12.8°$。可见, 普通端射阵的主瓣明显比边射阵的宽。另一个例子是 $d = \lambda/2$, $N = 4$ 的边射阵与 $d = \lambda/4$, $N = 7$ 的普通端射阵(都为等幅分布, 阵两端总长都是 $3\lambda/2$)的阵因子方向图, 分别示于图 3.3-11(a) 和图 3.3-11(b), 后者主瓣明显宽于前者。这一现象的原因在于偏离最大方向($\theta = 0$)时相邻单元辐射场的相位差变化快慢不同。当偏离 $\theta = 0$ 方向时, 端射阵相邻单元场的相位差变化对应于($1 - \cos\theta$), 由于 $\cos\theta$ 在 $\theta = 0$ 附近变化很慢, 仍近于 1, 因而此相差变化慢; 反之, 边射阵该相位差对应于 $\sin\theta$, 它在 $\theta = 0$ 附近随 θ 呈线性变化, 因而变化快。这样, 如表 3.3-1 所示, 边射阵阵因子的相量图能较快地由各单元场相量同向叠加(最大值方向)变化到封闭为零(主瓣零点方向), 因而主瓣较窄。

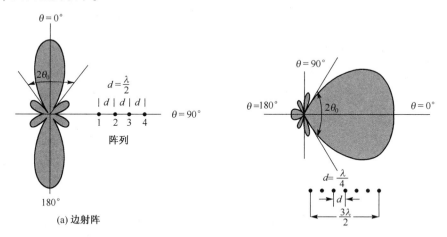

图 3.3-11　4 元等幅边射阵与普通端射阵阵因子方向图的比较

其零点方向可由式(3.3-15)得出, 发生于

$$\cos\theta_{0} - 1 = -\frac{n\lambda}{Nd}, \quad \theta_{0} = \arccos\left(1 - \frac{n\lambda}{Nd}\right) \tag{3.3-18}$$

或
$$\theta_{0} = 2\arcsin\sqrt{\frac{n\lambda}{2Nd}} \tag{3.3-19}$$

可见, 在 0°～180° 角域上, 零点个数为 $2Nd/\lambda$ (若 $2Nd/\lambda$ 不为整数, 取较小的整数)。

由式(3.3-18)可知, 普通端射阵的零功率波瓣宽度为

$$\text{FNBW} = 2\theta_{01} = 4\arcsin\sqrt{\frac{\lambda}{2Nd}} \approx 4\sqrt{\frac{\lambda}{2Nd}} \tag{3.3-20}$$

当 $L = Nd \gg \lambda$,有

$$\text{FNBW} = 2.83\sqrt{\frac{\lambda}{L}} = 162°\sqrt{\frac{\lambda}{L}} \tag{3.3-20a}$$

可见它也与阵列电长度的开方 $\sqrt{L/\lambda}$ 成反比。

3.3.2.3　旁瓣电平

普通端射阵与等幅边射阵的阵因子都是如图 3.3-2 所示的 N 元通用方向图的形式,因而其旁瓣电平是相同的,当元数 N 较大时,有

$$\text{SLL} = 20\lg F_a(\theta_{M1}) = 20\lg 0.212 = -13.5 \text{ dB} \tag{3.3-21}$$

3.3.2.4　前后比

$\theta = 180°$ 方向的波瓣称为后瓣。由式(3.3-15)可知,普通端射阵后瓣振幅为

$$F_a(\theta = 180°) = \frac{\sin Nkd}{N\sin kd}$$

主瓣最大值与后瓣振幅之比称为前后比(Front-to-back,F/B)(或主后瓣比):

$$\text{F/B} = \frac{F_a(\theta = 0°)}{F_a(\theta = 180°)} = \left|\frac{N\sin kd}{\sin Nkd}\right| \tag{3.3-22}$$

对 $d = \lambda/4$,$N = 8$,有

$$\text{F/B} = \frac{8\sin\left(\frac{2\pi}{\lambda} \cdot \frac{\lambda}{4}\right)}{\sin\left(8 \cdot \frac{2\pi}{\lambda} \cdot \frac{\lambda}{4}\right)} = \frac{8}{0} \to \infty$$

3.3.3　汉森-伍德亚德端射阵

3.3.3.1　阵方向图

由图 3.3-10 最下方可看到,若直接取(例如)$u = u_0$(a 点)处为最大值方向,仍能获得端射方向图,并能获得较窄的瓣。这意味着,取 $u = kd(\cos\theta - 1) - u_0 = kd(\cos\theta - n_0)$,式中 $n_0 > 1$。这样在端射方向($\theta = 0$),相邻阵元电流的相位差 $|\psi| = n_0kd > kd$,因而相邻单元场存在一定相位差而未达到同相。当偏离 $\theta = 0$ 轴时,相邻单元场的相位差在此基础上增大,便能较快地实现其相量图的相量和封闭(成零),即主瓣较窄。由式(3.3-6)可知,此时阵因子(未归一化)为

$$f_a = \frac{\sin\left[\frac{Nkd}{2}(\cos\theta - n_0)\right]}{\sin\left[\frac{kd}{2}(\cos\theta - n_0)\right]} \tag{3.3-23}$$

为使 $\theta = 0$ 方向该阵因子分子绝对值最大,应取

$$Nkd(1 - n_0) = -\pi$$

从而得

$$n_0 = 1 + \frac{\pi}{Nkd}, \quad u = kd(\cos\theta - 1) - \frac{\pi}{N} \tag{3.3-24}$$

相应的相邻单元电流的相位差为

$$\psi = -n_0kd = -\left(kd + \frac{\pi}{N}\right) \tag{3.3-25}$$

这意味着:激励相邻单元的行波之波数 $\beta > k$,即波速 $v < c$(自由空间光速):

$$\beta d = kd + \frac{\pi}{N}, \qquad \frac{c}{v} = 1 + \frac{\lambda}{2Nd} \tag{3.3-25a}$$

可见这种端射阵是一慢波结构。由式(3.3-25)知,要求慢波在阵末端处与自由空间波的相位差约为 π:

$$N\psi = -N\beta d = -(Nkd + \pi) \tag{3.3-25b}$$

将式(3.3-22)代入式(3.3-21)得

$$f_a = \frac{\sin\left[\dfrac{Nkd}{2}(\cos\theta - 1) - \dfrac{\pi}{2}\right]}{\sin\left[\dfrac{kd}{2}(\cos\theta - 1) - \dfrac{\pi}{2N}\right]} = \frac{\cos\left[\dfrac{N\pi d}{\lambda}(1 - \cos\theta)\right]}{\sin\left[\dfrac{\pi d}{\lambda}(1 - \cos\theta) + \dfrac{\pi}{2N}\right]}$$

在 $\theta = 0$ 方向,其最大值为

$$f_a(\theta = 0) = \frac{1}{\sin\dfrac{\pi}{2N}}$$

因而归一化方向函数为

$$F_a(\theta) = \frac{\sin\dfrac{\pi}{2N}\cos\left[\dfrac{N\pi d}{\lambda}(1 - \cos\theta)\right]}{\sin\left[\dfrac{\pi d}{\lambda}(1 - \cos\theta) + \dfrac{\pi}{2N}\right]} \tag{3.3-26}$$

采用上述电流相位关系来增强前向辐射时,还应保持后向辐射小。为此需 $\theta = 180°$ 方向上,上式分母接近最大,于是要求

$$\frac{2\pi d}{\lambda} + \frac{\pi}{2N} = \frac{\pi}{2}$$

故取

$$\frac{d}{\lambda} = \frac{1}{4}\left(1 - \frac{1}{N}\right) \approx \frac{1}{4}$$

可见,取 $d \approx \lambda/4$ 即可。

汉森(W. W. Hansen)和伍德亚德(J. R. Woodyard)在 1938 年发表论文,最先提出按上述原则设计强方向性的端射阵,因而天线界称之为汉森-伍德亚德端射阵(简称为 HW 阵)。对 $N = 10$ 元,$d = \lambda/4$,普通端射阵和汉森-伍德亚德端射阵阵因子的立体波瓣图分别示于图 3.3-12(a)和图 3.3-12(b)中,图上已标出,前者的方向系数 $D = 10$(10 dB),而后者的方向系数 $D = 18$(12.6 dB),提高到约为前者的 1.8 倍。因此后者又称为强方向性端射阵。

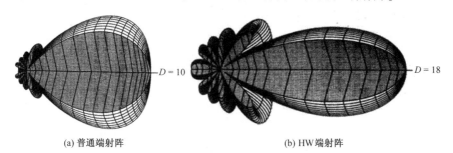

(a) 普通端射阵   (b) HW端射阵

图 3.3-12 10 元 $\lambda/4$ 间距等幅端射阵阵因子波瓣图

3.3.3.2 波瓣宽度与零点方向

由式(3.3-24a)可知,半功率点方向 $\theta_{0.5}$ 发生于

$$\frac{\sin\frac{\pi}{2N}\cos\left[\frac{N\pi d}{\lambda}(1-\cos\theta_{0.5})\right]}{\sin\left[\frac{\pi d}{\lambda}(1-\cos\theta_{0.5})+\frac{\pi}{2N}\right]}=0.707$$

当 N 较大,有

$$\cos\left[\frac{N\pi d}{\lambda}(1-\cos\theta_{0.5})\right]\approx0.707\frac{2N}{\pi}\left[\frac{\pi d}{\lambda}(1-\cos\theta_{0.5})+\frac{\pi}{2N}\right]$$

解得
$$\text{HP}=2\theta_{0.5}=4\arcsin\sqrt{\frac{0.07\lambda}{Nd}} \tag{3.3-27}$$

取 $L=Nd$,对 $Nd\gg1$,得

$$\text{HP}=2\sqrt{\frac{0.28\lambda}{Nd}}=61°\sqrt{\frac{\lambda}{L}} \tag{3.3-27a}$$

对图 3.3-12(b)所示的 HW 端射阵,求得 HP = 39°,而对图 3.3-12(a)普通端射阵,由式(3.3-17)求得 HP = 69°,比(b)宽很多。

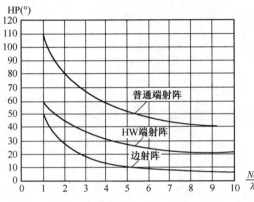

图 3.3-13　N 元等幅等距线阵半功率宽度与 Nd/λ 的关系曲线

图 3.3-13 给出边射阵、普通端射阵和 HW 端射阵半功率宽度 HP 与 Nd/λ 的关系曲线。长边射阵的半功率宽度与其阵长成反比,而长端射阵的半功率宽度与其阵长的开方成正比,因此长边射阵的半功率宽度比同样长度的端射阵窄。但必须注意,虽然边射阵在其含轴平面的主瓣较窄,但在其垂直轴平面的阵因子波瓣是一个圆,因而形成盘状波瓣。它在空间所占的波束立体角较大。与之不同,端射阵形成对阵轴线对称的棒状波瓣。其波束立体角较小,因而方向系数较大。

零点方向可由式(3.3-23)得出:

$$\frac{N\pi d}{\lambda}(1-\cos\theta)=\frac{2n-1}{2}\pi,\quad\theta_0=\arccos\left(1-\frac{2n-1}{2}\frac{\lambda}{Nd}\right) \tag{3.3-28}$$

或
$$\theta_0=2\arcsin\sqrt{(2n-1)\frac{\lambda}{4Nd}} \tag{3.3-29}$$

在 0 ~ 180° 角域上,零点个数仍为 $2Nd/\lambda$。通常取 $d=\lambda/4$,零点个数为 $N/2$。

其零功率波瓣宽度为

$$\text{FNBW}=2\theta_{01}=4\arcsin\sqrt{\frac{\lambda}{4Nd}}\approx2\sqrt{\frac{\lambda}{Nd}} \tag{3.3-30}$$

即
$$\text{FNBW}=2\sqrt{\frac{\lambda}{L}}=115°\sqrt{\frac{\lambda}{L}} \tag{3.3-30a}$$

可见与普通端射阵相似,半功率宽度、零功率宽度均与阵列电长度的开方 $\sqrt{L/\lambda}$ 成反比。

3.3.3.3　旁瓣电平

由式(3.3-26)可知,第一旁瓣最大值发生于

$$\frac{N\pi d}{\lambda}(1-\cos\theta_{M1})=\pi,\quad\theta_{M1}=\arccos\left(1-\frac{\lambda}{Nd}\right)$$

故第一旁瓣最大值为
$$F_a(\theta_{M1}) = \frac{\sin\dfrac{\pi}{2N}}{\sin\dfrac{3\pi}{2N}} \overset{(N较大)}{\approx} \frac{1}{3}$$

得
$$\mathrm{SLL} = 20\lg\frac{1}{3} = -9.5 \text{ dB} \tag{3.3-31}$$

可见 HW 端射阵的旁瓣电平较高, 这是为窄主瓣和高方向系数所付出的代价。

3.3.3.4　前后比

由式(3.3-26)可知, $\theta = 180°$方向的阵因子为
$$F_a(\theta = 180°) = \frac{\sin\dfrac{\pi}{2N}\cos(Nkd)}{\sin\left(kd + \dfrac{\pi}{2N}\right)}$$

故前后比为
$$\mathrm{F/B} = \frac{1}{F_a(\theta = 180°)} = \left|\frac{\sin\left(kd + \dfrac{\pi}{2N}\right)}{\sin\dfrac{\pi}{2N}\cos(Nkd)}\right| \tag{3.3-32}$$

一般取 $d = \lambda/4$, 得
$$\mathrm{F/B} = \left|\frac{\sin\left(\dfrac{\pi}{2} + \dfrac{\pi}{2N}\right)}{\sin\dfrac{\pi}{2N}\cos\dfrac{N\pi}{2}}\right| = \left|\frac{1}{\tan\dfrac{\pi}{2N}\cos\dfrac{N\pi}{2}}\right| = \begin{cases} \infty, & N = 3, 5, 7, \cdots \\ \dfrac{1}{\tan\dfrac{\pi}{2N}}, & N = 4, 6, 8, \cdots \end{cases} \tag{3.3-33}$$

以上三种 N 元等幅线阵的方向性参数列于表3.3-3 中, 以便比较。

表3.3-3　N元等幅线阵的方向性参数比较

阵列形式	边射阵	普通端射阵	HW 端射阵
方向函数 $F_a(\theta)$	$\dfrac{\sin\dfrac{Nu}{2}}{N\sin\dfrac{u}{2}}$ $u = kd\sin\theta$	$\dfrac{\sin\dfrac{Nu}{2}}{N\sin\dfrac{u}{2}}$ $u = kd(\cos\theta - 1)$	$\dfrac{\sin\dfrac{\pi}{2N}\sin\dfrac{Nu}{2}}{\sin\dfrac{u}{2}}$ $u = kd(\cos\theta - 1) - \dfrac{\pi}{N}$
半功率宽度 HP	$51°\dfrac{\lambda}{L}$	$108°\sqrt{\dfrac{\lambda}{L}}$	$61°\sqrt{\dfrac{\lambda}{L}}$
零功率宽度 FNBW	$115°\dfrac{\lambda}{L}$	$162°\sqrt{\dfrac{\lambda}{L}}$	$115°\sqrt{\dfrac{\lambda}{L}}$
旁瓣电平 SLL	-13.5 dB	-13.5 dB	-9.5 dB
方向系数 D	$2\dfrac{L}{\lambda}$	$4\dfrac{L}{\lambda}$	$7\dfrac{L}{\lambda}$

例3.3-1　$N = 10, d = \lambda/4$, 等幅等距线阵, 写出含轴平面的归一化方向函数, 计算其半功率宽度、旁瓣电平、零点方向、前后比。1)边射阵;2)普通端射阵;3)HW 端射阵。

[解]　1)边射阵:
$$F_a(\theta) = \frac{\sin\left(\dfrac{N\pi d}{\lambda}\sin\theta\right)}{N\sin\left(\dfrac{\pi d}{\lambda}\sin\theta\right)} = \frac{\sin\left(\dfrac{5\pi}{2}\sin\theta\right)}{10\sin\left(\dfrac{\pi}{4}\sin\theta\right)}$$

$$\mathrm{HP} = 2\arcsin\left(0.444\frac{\lambda}{Nd}\right) = 2\arcsin\left(0.444 \cdot \frac{4}{10}\right) = 20.5°$$

$$F_a(\theta_{M1}) = \frac{1}{N\sin\dfrac{3\pi}{2N}} = \frac{1}{10\sin 27°} = 0.22, \quad SLL = 20\lg 0.22 = -13.1 \text{ dB}$$

$$\theta_0 = \pm\arcsin\left(\frac{n\lambda}{Nd}\right) = \pm\arcsin\frac{4}{10}, \quad \pm\arcsin\frac{8}{10} = \pm 23.6°, \quad \pm 53.1°$$

$$F/B = 1$$

2) 普通端射阵:

$$F_a(\theta) = \frac{\sin\left[\dfrac{N\pi d}{\lambda}(\cos\theta - 1)\right]}{N\sin\left[\dfrac{\pi d}{\lambda}(\cos\theta - 1)\right]} = \frac{\sin\left[\dfrac{5\pi}{2}(\cos\theta - 1)\right]}{10\sin\left[\dfrac{\pi}{4}(\cos\theta - 1)\right]}$$

$$HP = 4\arcsin\sqrt{0.222\frac{\lambda}{Nd}} = 4\arcsin\sqrt{0.222 \cdot \frac{4}{10}} = 69.3°, \text{同上题 } SLL = -13.1 \text{ dB}$$

$$\theta_0 = 2\arcsin\left(\sqrt{\frac{n\lambda}{2Nd}}\right) = 2\arcsin\left(\sqrt{\frac{2n}{10}}\right)$$

$$= 2\arcsin\sqrt{0.2}, \quad 2\arcsin\sqrt{0.4}, \quad 2\arcsin\sqrt{0.6}, \quad 2\arcsin\sqrt{0.8}, \quad 2\arcsin 1$$

$$= 53.1°, \quad 78.5°, \quad 101.5°, \quad 126.9°, \quad 180°$$

$$F/B = \infty$$

3) HW 端射阵:

$$F_a(\theta) = \frac{\sin\dfrac{\pi}{2N}\cos\left[\dfrac{Nkd}{2}(1 - \cos\theta)\right]}{\sin\left[\dfrac{kd}{2}(1 - \cos\theta) + \dfrac{\pi}{2N}\right]} = \frac{\sin\dfrac{\pi}{20}\cos\left[\dfrac{5\pi}{2}(1 - \cos\theta)\right]}{\sin\left[\dfrac{\pi}{4}(1 - \cos\theta) + \dfrac{\pi}{20}\right]}$$

$$HP = 4\arcsin\sqrt{\frac{0.07\lambda}{Nd}} = 4\arcsin\sqrt{0.028} = 38.5°$$

$$F_a(\theta_{M1}) = \frac{\sin\dfrac{\pi}{2N}}{\sin\dfrac{3\pi}{2N}} = \frac{\sin\dfrac{\pi}{20}}{\sin\dfrac{3\pi}{20}} = 0.345, \quad SLL = 20\lg 0.345 = -9.3 \text{ dB}$$

$$\theta_0 = 2\arcsin\sqrt{(2n - 1)\frac{\lambda}{4Nd}} = 2\arcsin\sqrt{(2n - 1)\frac{1}{10}}$$

$$= 2\arcsin\sqrt{0.1}, \quad 2\arcsin\sqrt{0.3}, \quad 2\arcsin\sqrt{0.5}, \quad 2\arcsin\sqrt{0.7}, \quad 2\arcsin\sqrt{0.9}$$

$$= 36.9°, \quad 66.4°, \quad 90°, \quad 113.6°, \quad 143.1°$$

$$F/B = \frac{1}{\tan\dfrac{\pi}{2N}} = \frac{1}{\tan\dfrac{\pi}{20}} = 6.3$$

以上计算表明,三种阵性能各有不同,只有零点个数三者都是相同的。

3.3.4 N 元等幅线阵的方向系数

3.3.4.1 边射阵

本节计算三种 N 元线阵的方向系数。为便于比较,只计算阵因子的贡献,即单元取为各向同性的点源。为方便计算,统一采用图 3.3-1 坐标系,即阵轴线为 z 轴,θ 角从 z 轴算起,因而阵因子方向图对 z 轴对称,与 φ 无关。可利用式(2.2-7)求其方向系数。

对边射阵，采用图 3.3-1 坐标系时，式(3.3-3)中 u 值为

$$u = k\Delta r + \psi = kd\cos\theta \tag{3.3-34}$$

其阵因子由式(3.3-6)得出，当 d 较小时化为

$$F_a = \frac{\sin\left(\dfrac{Nkd}{2}\cos\theta\right)}{N\sin\left(\dfrac{kd}{2}\cos\theta\right)} \approx \frac{\sin\left(\dfrac{Nkd}{2}\cos\theta\right)}{\dfrac{Nkd}{2}\cos\theta} \tag{3.3-35}$$

于是式(2.2-7)分母积分为(令 $L = Nd$)

$$I_D = \int_0^\pi F^2(\theta)\sin\theta\,\mathrm{d}\theta = \int_0^\pi \left[\frac{\sin\left(\dfrac{kL}{2}\cos\theta\right)}{\dfrac{kL}{2}\cos\theta}\right]^2 \sin\theta\,\mathrm{d}\theta = \frac{2}{kL}\int_\pi^0 \left[\frac{\sin\left(\dfrac{kL}{2}\cos\theta\right)}{\dfrac{kL}{2}\cos\theta}\right]^2 \mathrm{d}\left(\frac{kL}{2}\cos\theta\right)$$

利用分部积分法，有

$$\int \frac{\sin^2 x}{x^2}\mathrm{d}x = -\int \sin^2 x\,\mathrm{d}\left(\frac{1}{x}\right) = -\frac{\sin^2 x}{x} + \int \frac{\sin^2 x}{x}\mathrm{d}x$$

令 $x = kL/2\cos\theta$，积分限为 $\theta = 0$，$x_1 = kL/2$ ；$\theta = \pi$，$x_2 = -kL/2$。从而得

$$I_D = \frac{2}{kL}\left[-\frac{\sin^2 x}{x}\bigg|_{-kL/2}^{kL/2} + \int_{-kL/2}^{kL/2}\frac{\sin 2x}{2x}\mathrm{d}(2x)\right] = \frac{2}{kL}\left[-\frac{2}{kL}2\sin^2\left(\frac{kL}{2}\right) + 2\mathrm{Si}(kL)\right] \tag{3.3-36}$$

故由式(2.2-7)得

$$D = \frac{2}{I_D} = \frac{kL}{2\left[\mathrm{Si}(kL) - \dfrac{1-\cos(kL)}{kL}\right]} \tag{3.3-37}$$

当 $kL \gg 1$，

$$D \approx \frac{kL}{2\mathrm{Si}(kL)}$$

因 $\mathrm{Si}(kL) \approx \pi/2$ (当 $L > \lambda$)，得

$$D = 2\frac{L}{\lambda} \tag{3.3-38}$$

若 $d = \lambda/2$，则 $L/\lambda = Nd/\lambda = N/2$，此时 $D = N$。这是未计单元方向性所得到的一般结果。

下面来导出计算阵方向系数另一个很有用的计算公式。对 N 元等间距等幅等相差的点源线阵，式(2.2-7)分母积分 I_D 中的被积函数可表示如下：

$$\begin{aligned}
F^2(\theta) &= \left|\frac{1}{N}\sum_{i=0}^{N-1}\mathrm{e}^{jiu}\right|^2 = \frac{1}{N^2}\left(\sum_{i=0}^{N-1}\mathrm{e}^{jiu}\right)\left(\sum_{i=0}^{N-1}\mathrm{e}^{-jiu}\right) \\
&= \frac{1}{N^2}\left[N + \sum_{m=1}^{N-1}(N-m)(\mathrm{e}^{jmu} + \mathrm{e}^{-jmu})\right] \\
&= \frac{1}{N^2}\left[N + 2\sum_{m=1}^{N-1}(N-m)\cos mu\right]
\end{aligned} \tag{3.3-39}$$

因 $u = kd\cos\theta + \psi$，$\mathrm{d}u = -kd\sin\theta\,\mathrm{d}\theta$，式(2.2-7)分母积分为

$$\begin{aligned}
I_D &= \int_0^\pi F^2(\theta)\sin\theta\,\mathrm{d}\theta = \frac{1}{N^2 kd}\int_{-kd+\psi}^{kd+\psi}\left[N + 2\sum_{m=1}^{N-1}(N-m)\cos mu\right]\mathrm{d}u \\
&= \frac{2}{N^2 kd}\left[Nkd + \sum_{m=1}^{N-1}(N-m)\frac{\sin mu}{m}\bigg|_{-kd+\psi}^{kd+\psi}\right] \\
&= \frac{2}{N^2 kd}\left[Nkd + \sum_{m=1}^{N-1}(N-m)\frac{2}{m}\sin mkd\cos m\psi\right]
\end{aligned}$$

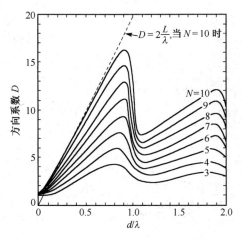

图 3.3-14　N 元等幅边射阵的方向系数

将此式代入式(2.2-7)得

$$D = \cfrac{N^2}{N + \cfrac{2}{kd}\sum_{m=1}^{N-1}\cfrac{N-m}{m}\sin mkd\cos m\psi} \tag{3.3-40}$$

式中已假定式(3.3-39)表示的 $F^2(\theta)$，最大值 $F_{\mathrm{M}}^2 = 1$，否则上式分子上还应有 F_{M}^2。

当 $d = \lambda/2$，$\sin mkd = \sin m\pi = 0$，上式简化成 $D = N$，与式(3.3-38)的结果一致。取不同 d/λ 值，对 $N = 3 \sim 10$ 按上式计算的方向系数如图 3.3-14 所示。可见，一直到 d 接近一个波长，式(3.3-38)都近似成立。并可看出，取 $d > \lambda/2$，例如，$d \approx 0.9\lambda$，能获得更大的方向系数，但当 $d = \lambda$，阵方向图将出现第二个最大值(栅瓣)，从而使方向系数急剧下降。

3.3.4.2　普通端射阵

取 $L = Nd$，当 $kL \gg 1$，由较一般的阵因子公式(3.3-21)得

$$f_{\mathrm{a}}(\theta) = \cfrac{\sin\left[\cfrac{kL}{2}(n_0 - \cos\theta)\right]}{\cfrac{kL}{2}(n_0 - \cos\theta)} \tag{3.3-41}$$

令

$$x = \frac{kL}{2}(n_0 - \cos\theta), \quad \mathrm{d}x = \frac{kL}{2}\sin\theta\mathrm{d}\theta$$

式(2.2-7)分母积分 I_D 的积分限为：

$$\theta = 0, \quad x_1 = \frac{kL}{2}(n_0 - 1) = \frac{A}{2}$$

$$\theta = \pi, \quad x_2 = \frac{kL}{2}(n_0 + 1) = \frac{B}{2}$$

于是

$$I_D = \frac{2}{kL}\int_{A/2}^{B/2}\left[\frac{\sin x}{x}\right]^2\mathrm{d}x = \frac{2}{kL}\left[-\frac{\sin^2 x}{x}\bigg|_{A/2}^{B/2} + \int_{A/2}^{B/2}\frac{\sin 2x}{2x}\mathrm{d}(2x)\right]$$

$$= \frac{2}{kL}\left[-\frac{\sin^2(B/2)}{B/2} + \frac{\sin^2(A/2)}{A/2} + \mathrm{Si}(B) - \mathrm{Si}(A)\right] \tag{3.3-42}$$

又，式(3.3-40)的最大值为($\theta = 0$ 方向)

$$f_{\mathrm{M}} = \frac{\sin\left[\cfrac{kL}{2}(n_0 - 1)\right]}{\cfrac{kL}{2}(n_0 - 1)} = \frac{\sin(A/2)}{A/2}$$

代入式(2.2-7)得

$$D = \frac{2f_{\mathrm{M}}^2}{I_D} = \cfrac{kL\left[\sin(A/2)/(A/2)\right]^2}{\mathrm{Si}(B) - \mathrm{Si}(A) - \cfrac{1 - \cos B}{B} + \cfrac{1 - \cos A}{A}} \tag{3.3-43}$$

对普通端射阵，$n_0 = 1$，得 $A = 0$，$B = 2kL$，故有

$$D = \cfrac{kL}{\mathrm{Si}(2kL) - \cfrac{1 - \cos(2kL)}{2kL}} \tag{3.3-44}$$

当 $kL \gg 1$，$\mathrm{Si}(2kL) \approx \pi/2$ 得

$$D \approx 4\frac{L}{\lambda} \tag{3.3-45}$$

可见，普通端射阵的方向系数比相同阵长的边射阵约大一倍，这正如上节中所讨论的。

3.3.4.3　HW 端射阵

在式(3.3-41)中，令

$$n_0 = 1 + \frac{\pi}{Nkd} = 1 + \frac{\pi}{kL}$$

即为 HW 阵的阵因子。因而其方向系数也由式(3.3-43)导出，取

$$A = kL(n_0 - 1) = \pi, \quad B = kL(n_0 + 1) = 2kL + \pi$$

对 $kL \gg 1$，有

$$\mathrm{Si}(B) = \mathrm{Si}(2kL + \pi) = \frac{\pi}{2}, \quad \mathrm{Si}(A) = \mathrm{Si}(\pi) = 1.8515$$

$$\frac{1 - \cos B}{B} = \frac{1 - \cos(2kL + \pi)}{2kL + \pi} \approx 0, \quad \frac{1 - \cos A}{A} = \frac{1 - \cos\pi}{\pi} = \frac{2}{\pi}$$

$$\sin\frac{A}{2} = \sin\frac{\pi}{2} = 1$$

代入式(3.3-43)，得

$$D = \frac{(2\pi/\lambda)L(2/\pi)^2}{\pi/2 - 1.8515 + 2/\pi} = \frac{8/\pi}{0.356}\frac{L}{\lambda} = 7\frac{L}{\lambda} \tag{3.3-46}$$

可见，HW 阵的方向系数约为相同阵长的普通端射阵的1.8倍。因此，这种设计已属于超方向性天线(见3.3.5节)，这是由相位控制和小间距来实现的。

对元数较少的端射阵，其方向系数可利用式(3.3-40)方便地算出。这样算出的 5 元普通端射阵和 HW 端射阵的方向系数随间距 d/λ 的变化如图 3.3-15 所示。我们看到，当间距较小时 HW 端射阵的方向系数很近于式(3.3-46)；而当 $d > 0.4\lambda$ 时，HW 端射阵的方向系数反而小于普通端射阵(开始出现栅瓣)。

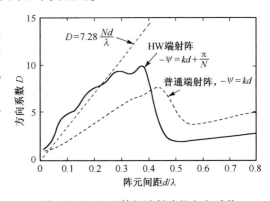

图 3.3-15　5 元等幅端射阵的方向系数

例 3.3-2　求例 3.3-1 中三种 10 元阵的方向系数。

[解]　1)边射阵：

$$\frac{L}{\lambda} = \frac{Nd}{\lambda} = \frac{10}{4} = 2.5$$

$$D = 2\frac{L}{\lambda} = 5$$

2)普通端射阵：

$$D = 4\frac{L}{\lambda} = 10$$

3) HW 端射阵：

$$D = 7\frac{L}{\lambda} = 18$$

*3.3.4.4　计入单元方向性的边射阵

前面的结果表明,端射线阵的方向系数明显大于边射线阵,但这是在未计单元方向性的条件下得出的。计入单元方向性又如何呢? 主要有两种情形,分别讨论如下。

1.共轴排列(见图 3.3-3)

常用单元为半波振子,其方向图与电流元方向图很相近,为便于计算,采用后者,取

$$F_1(\theta) \approx \sin\theta \tag{3.3-47}$$

于是式(2.2-7)分母积分中 $F(\theta) = F_1(\theta)F_a(\theta)$,化为

$$I_D = \int_0^\pi \left[\sin\theta \frac{\sin\left(\dfrac{kL}{2}\cos\theta\right)}{\dfrac{kL}{2}\cos\theta}\right]^2 \sin\theta\mathrm{d}\theta = \frac{2}{kL}\int_\pi^0 (1-\cos^2\theta)\left[\frac{\sin\left(\dfrac{kL}{2}\cos\theta\right)}{\dfrac{kL}{2}\cos\theta}\right]^2 d\left(\frac{kL}{2}\cos\theta\right)$$

$$\int_{-\frac{kL}{2}}^{\frac{kL}{2}} \sin^2 x\mathrm{d}x = \frac{kL-\sin(kL)}{2}$$

利用上两式及式(3.3-36),由式(2.2-7)得

$$D = \frac{2}{I_D} = \frac{kL}{2\left[\mathrm{Si}(kL) - \dfrac{2-\cos(kL)}{kL} + \dfrac{\sin(kL)}{(kL)^2}\right]} \tag{3.3-48}$$

当 $kL \gg 1$,得

$$D \approx \frac{kL}{2\mathrm{Si}(kL)} \approx \frac{kL}{\pi} = 2\frac{L}{\lambda} \tag{3.3-49}$$

结果与式(3.3-38)近似相同。这是由于单元方向图与阵因子方向图都对 z 轴对称,而在含轴平面上单元方向图较宽,而阵因子方向图较窄,因而前者作用较小。

另一方面,利用式(3.3-17)计入单元方向性后计算的 $D \sim d/\lambda$ 曲线如图 3.3-16 所示。我们注意到,获得最大方向系数的 d/λ 值比图3.3-14 稍大,近于 $d/\lambda \approx 1$。这是由于电流元在轴向无辐射,从而使阵因子栅瓣的影响减小了。

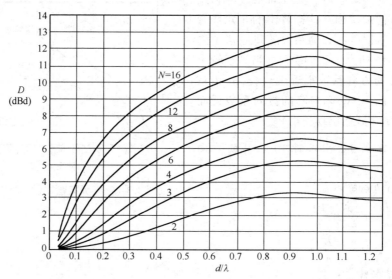

图 3.3-16　计入电流元方向性后的 N 元等幅边射阵方向图

2.并列排列(见图 3.3-8)

仍取电流元方向图作为单元方向图,但在现坐标系中应采用式(3.1-9),即

$$F_1(\theta) = \sin\theta_{\mathrm{or}} = \sqrt{1 - \sin^2\theta\cos^2\varphi} \tag{3.3-50}$$

此单元方向图并不对 z 轴对称,故利用式(2.2-6)计算方向系数:

$$D = \cfrac{4\pi}{\displaystyle\int_0^{2\pi}\int_0^{\pi}(1-\sin^2\theta\cos^2\varphi)\left[\cfrac{\sin\left(\cfrac{kL}{2}\cos\theta\right)}{\cfrac{kL}{2}\cos\theta}\right]^2\sin\theta\,\mathrm{d}\theta\mathrm{d}\varphi} \tag{3.3-51}$$

因

$$\int_0^{2\pi}\cos^2\varphi\,\mathrm{d}\varphi = \pi$$

利用前面已有结果知

$$D = \cfrac{kL}{\mathrm{Si}(kL) + \cfrac{\cos(kL)}{kL} - \cfrac{\sin(kL)}{(kL)^2}} \tag{3.3-52}$$

当 $kL \gg 1$，$\mathrm{Si}(kL) \approx \pi/2$，得

$$D = 4\frac{L}{\lambda} \tag{3.3-53}$$

可见方向系数增大了，这是由于单元方向性的效应，使原来的盘状波瓣在单元电流方向附近的上下部分都不再存在，把波束立体角压窄了。若 $d = \lambda/2$，此时有

$$D = 4\frac{Nd}{\lambda} = 2N \tag{3.3-54}$$

这比式(3.3-38)的结果约大了 1 倍。实际上，利用式(2.2-13)计算 N 元半波振子边射阵的方向系数，也能获得相仿结果(忽略振子间互耦效应)：

$$D = \frac{120f_{\mathrm{M}}^2}{R_{\mathrm{r}}} = \frac{120N^2}{NR_{\mathrm{r1}}} = N\frac{120}{73.1} = 1.64N \tag{3.3-55}$$

此结果正好是半波振子单元的方向系数 1.64 和无方向性单元阵的方向系数 N 之乘积。这明显反映了这类阵中单元方向性的重要作用。因此，对类似阵列，一个简单的近似公式是

$$D = D_1 D_N \tag{3.3-56}$$

式中 D_1 是阵元的方向系数，D_N 是由无方向性阵元组成的 N 元阵的方向系数。注意，此式的应用条件是单元方向性起重要作用的阵列，例如对某一主面，它比阵因子方向性起更重要的作用。因此，此式不适用于图 3.3-3 形式的阵列。

另一方面，采用式(3.3-40)的推导方法，也可计入单元方向性的影响。对(a)共轴和(b)并列两种排列情形，仍分别用式(3.3-47)和式(3.3-50)来近似其阵元方向图，求得计入阵元方向性的 N 元等幅线阵方向系数如下：

$$D = \cfrac{N^2}{a_0 N + \cfrac{2}{kd}\displaystyle\sum_{m=1}^{N-1}\frac{N-m}{m}(a_1\sin mkd + a_2\cos mkd)\cos m\psi} \tag{3.3-57}$$

式中 a_0，a_1 和 a_2 见表 3.3-4。若阵元是无方向性的，取 $a_0 = a_1 = a_2 = 1$，此式便退化为式(3.3-40)。对 N 较小的阵，用此式计算是较简便又较准确的。

表 3.3-4　式(3.3-57)中的三个参数值

线阵排列形式	$\lvert F_1(\theta,\varphi)\rvert^2$	a_0	a_1	a_2
共轴(见图 3.3-3)	$\sin^2\theta$	2/3	$2/(mkd)^2$	$-2/mkd$
并列(见图 3.3-8)	$1-\sin^2\theta\cos^2\varphi$	2/3	$1-1/(mkd)^2$	$1/mkd$

3.3.5　扫描阵

3.3.5.1　波束扫描原理

在上面对 N 元等幅线阵的分析中我们看到(如图 3.3-1 所示)，当相邻阵元间相位差 $\psi = 0$，便形成边射阵，即波束最大方向指向边射方向，$\theta_{\mathrm{M}} = 90°$；而当 $\psi = -kd$，则形成普通端射阵，波

束指向端射方向，$\theta_M = 0°$。可见，控制 ψ，便可使波束最大方向发生在不同的 θ_M 方向上。对给定的 θ_M，令

$$u_M = kd\cos\theta_M + \psi = 0$$

得所需相差为

$$\psi = -kd\cos\theta_M \tag{3.3-58}$$

这样，在该 θ_M 方向上，相邻单元至场点的波程差所引起的相位差($kd\cos\theta_M$)与其电流的相位差($-kd\cos\theta_M$)正好相补偿，从而使各场同相叠加，形成最大值。此时式(3.3-3)中 u 值可表示为

$$u = k\Delta r + \psi = kd(\cos\theta - \cos\theta_M) \tag{3.3-59}$$

代入式(3.3-6)，得阵因子为

$$F_a = \frac{\sin\left[\dfrac{Nkd}{\lambda}(\cos\theta - \cos\theta_M)\right]}{N\sin\left[\dfrac{\pi d}{\lambda}(\cos\theta - \cos\theta_M)\right]} \tag{3.3-60}$$

显然，当 $\theta = \theta_M$，上式呈最大值 $F_a = 1$。

相位差 ψ 的引入可利用在阵元馈电网络中插入移相器来实现，如图3.3-17所示。若电控波束控制器(电脑)，使相移 ψ 连续变化，便可使波束最大方向连续改变，称为电扫描(electric scanning)，此即相控阵(phased array)天线的基本原理。由式(3.3-52)可知，波束方向由下式确定：

$$\theta_M = \arccos\frac{-\psi}{kd} \tag{3.3-61}$$

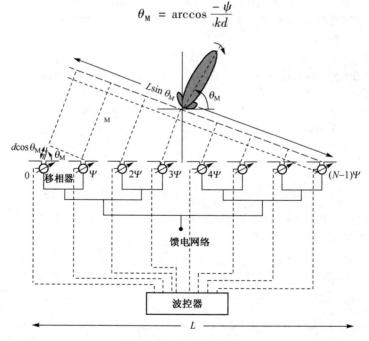

图3.3-17 相控阵原理图

注意，当波束最大方向由阵法线方向 $\theta_M = 90°$ 向小 θ_M 角偏离时(例如 $\theta_M = 60°$)，阵面的有效尺寸减小为 $L\sin\theta_M$，故波束将展宽。其半功率宽度由式(3.3-9a)化为

$$\text{HP} = 51°\frac{\lambda}{L\sin\theta_M} \tag{3.3-62}$$

相应地,方向系数由式(3.3-38)减小为

$$D = 2\frac{L\sin\theta_{\mathrm{M}}}{\lambda} \tag{3.3-63}$$

3.3.5.2　栅瓣及其抑制

上述一维相位扫描阵的极坐标波瓣图仍可利用如图 3.3-10 所示的圆变换作图法得出,如图 3.3-18 所示。首先以 $u = kd\cos\theta + \psi$ 为横坐标画出 N 元等幅线阵的通用方向图(直角坐标)。当 $\theta = 0 \sim 180°$,得 $u = kd + \psi \sim -kd + \psi$。实际 ψ 为负值,因此 u 取值的正横轴段较短,负横轴段较长,此 u 值区间为可见区。在其下方以 $u = \psi$(负值)处(c 点)以 kd 为半径作一半圆。作 $u = 0$ 直线与半圆的交点 a 至圆心 c 的连线 ca,此为波束最大方向,其极角即为 θ_{M}(由图 3.3-18 看出,半径 ac 的投影 $kd\cos\theta_{\mathrm{M}}$ 正好等于 $|\psi|$),可见 $\theta_{\mathrm{M}} < 90°$。由于 ψ(负值)的存在,波束由 $90°$ 方向向左偏移。在 $F_{\mathrm{a}} = 0.707$ 对应的 $u_{0.5}$ 点作下垂线,与圆相交于 b,cb 连线的极角即为 $\theta_{0.5}$,由左侧零点 u_{01} 作下垂线,与圆相交于 d,cd 连线极角即为 θ_{01},该方向波瓣幅度为零(主瓣零点)……依次类推,可得到图示扫描波瓣,它是不对称的。

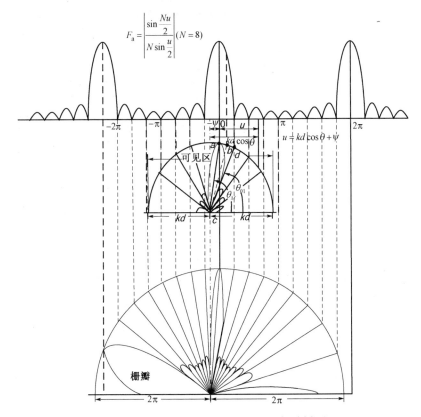

图 3.3-18　N 元一维扫描阵的极坐标波瓣图

不难看出,若增大 kd,则可见区增大。当增大 kd,使 $u = 2\pi$,此时得到最下方的波瓣图。注意,出现了第二个最大值,称之为栅瓣。栅瓣的存在将占用辐射功率的不小部分,因而大大降低了主波束最大方向的方向系数!

抑制栅瓣的条件为

$$|u|_{\max} < 2\pi, \quad 即\frac{2\pi d}{\lambda}|\cos\theta - \cos\theta_{\mathrm{M}}|_{\max} < 2\pi \tag{3.3-64}$$

这要求

$$\frac{d}{\lambda}(1 + |\cos\theta_M|) < 1, \quad 即 \quad d < \frac{\lambda}{1 + |\cos\theta_M|} \tag{3.3-65}$$

这里 θ 角从阵轴线方向算起;若 θ 角从阵法向算起(图 3.3-3),则上式中 $\cos\theta_M$ 应改为 $\sin\theta_M$。

更严格的要求是栅瓣的主要部分都不会出现在可见区,则要求

$$\frac{2\pi d}{\lambda}|\cos\theta - \cos\theta_M|_{\max} < 2\pi - \frac{\pi}{N}, \quad d < \frac{\lambda}{1 + |\cos\theta_M|}\left(1 - \frac{1}{2N}\right) \tag{3.3-66}$$

可见对 $N = 8$ 元线阵,若要求从边射方向开始,扫描 $30°(\theta_M = 60°)$,要求单元间距为

$$d < \frac{\lambda}{1.5}\left(1 - \frac{1}{16}\right) = 0.625\lambda$$

对常见的几种 N 元线阵,不出现栅瓣的间距条件归纳在表 3.3-5 中。由表可见,对 5 元边射阵、普通端射阵和 HW 端射阵,临界的最大间距分别是 0.9λ、0.45λ、0.4λ。对照图 3.3-14 和图 3.3-15 可知,正好在分别接近这些临界值处,这些阵各自获得其最大方向系数。

表 3.3-5　N 元线阵的间距条件

阵列形式	最大方向 θ_M	间距条件	5 元线阵的最大间距
边射阵	90°	$d < \lambda\left(1 - \dfrac{1}{2N}\right)$	0.9λ
普通端射阵	0°	$d < \dfrac{\lambda}{2}\left(1 - \dfrac{1}{2N}\right)$	0.45λ
HW 端射阵	0°	$d < \dfrac{\lambda}{2}\left(1 - \dfrac{1}{N}\right)$	0.40λ
扫描阵	θ_M	$d < \dfrac{\lambda}{1 + |\cos\theta_M|}\left(1 - \dfrac{1}{2N}\right)$	$\dfrac{0.9\lambda}{1 + |\cos\theta_M|}$

一个 6 元等幅线阵($d = \lambda/2$)方向图随相邻单元相差 ψ 的变化示于图 3.3-19。

例 3.3-3　某移动通信基站天线为四元等幅同相半波振子阵,如图 3.3-20 所示,元距 $d = 0.6\lambda$。

1) 写出 x-z 面方向函数 $F(\theta)$,概画其方向图;

2) 若其馈线的馈电点由中点 AA' 移至 BB',上移距离为 $d_0 = 0.1\lambda$,且已设计馈线使这一段上传行波,则主波束会偏向下方还是上方,偏离角度 θ_M 为多少?

[**解**]　1)

$$F(\theta) = \frac{\cos\left(\dfrac{\pi}{2}\sin\theta\right)}{\cos\theta} \cdot \frac{\sin\left(\dfrac{N\pi d}{\lambda}\sin\theta\right)}{N\sin\left(\dfrac{\pi d}{\lambda}\sin\theta\right)} = \frac{\cos\left(\dfrac{\pi}{2}\sin\theta\right)}{\cos\theta} \cdot \frac{\sin(2.4\pi\sin\theta)}{4\sin(0.6\pi\sin\theta)}$$

方向图如图 3.3-21 所示。

2) 将上二单元看成二元阵 B,下二单元也看成二元阵 A,现二者不同相,A 落后于 B,故波束向下方倾斜。A 落后的相位为 $\Psi = -2kd_0 = -2(2\pi/\lambda)0.1\lambda = -0.4\pi$,而 A 和 B 阵间距为 $d_{AB} = 2d = 1.2\lambda$,至 θ_M 方向的程差引起的相差为 $kd_{AB}\sin\theta_M = (2\pi/\lambda)1.2\lambda\sin\theta_M = 2.4\pi\sin\theta_M$。故

$$2.4\pi\sin\theta_M = 0.4\pi, \quad \theta_M = \arcsin\frac{1}{6} = 9.6°$$

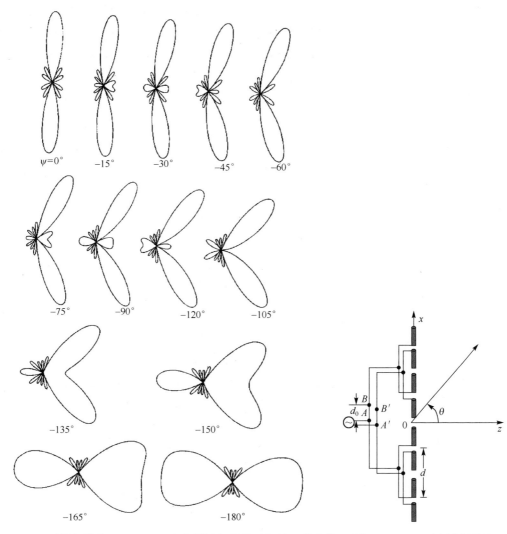

图 3.3-19　6 元等幅线阵（$d = \lambda/2$）方向图随相邻单元相差 ψ 的变化　　图 3.3-20　四元半波振子阵

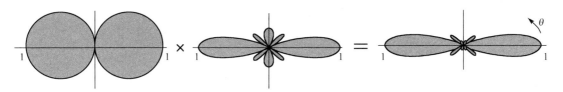

图 3.3-21　例 3.3-3 的 x-z 面方向图

3.4　N 元非等幅线阵

3.4.1　二项式阵

　　3.3 节侧重研究了 N 元等幅线阵的相位分布对阵方向性的影响。本节将研究 N 元同相线阵的振幅分布对阵方向性的影响。对阵方向性的一般要求是主瓣窄，旁瓣电平低，方向系数大。低旁瓣的极端是无旁瓣，它可利用二项式电流分布来实现。

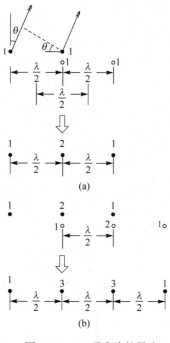

图 3.4-1　二项式阵的导出

二项式阵实现无旁瓣的原理如图 3.4-1 所示。在图 3.4-1(a) 中二等幅同相点源相距 $\lambda/2$，二者在远区场点产生的场存在波程差 $\Delta r = (\lambda/2)\sin\theta$，从而导致场相位差 $k\Delta r = (2\pi/\lambda)(\lambda/2)\sin\theta = \pi\sin\theta$，故合成场的方向函数为

$$f_{a2}(\theta) = \left|1 + e^{jk\Delta r}\right| = 2\cos\left(\frac{\pi}{2}\sin\theta\right)$$

如图 3.4-1(a) 所示，在该二元阵旁置一相同阵，二阵中心仍相距 $\lambda/2$，则由方向图乘积定理知，合成场的方向函数为

$$f_{a3}(\theta) = f_1 \cdot f_a = 2\cos\left(\frac{\pi}{2}\sin\theta\right) \cdot 2\cos\left(\frac{\pi}{2}\sin\theta\right)$$
$$= 2^2\cos^2\left(\frac{\pi}{2}\sin\theta\right)$$

显然，相乘结果波瓣变窄了，如图 3.4-2 所示。

图 3.4-1(a) 的合成阵就是电流分布为 1:2:1 的二项式阵。如图 3.4-1(b) 所示，在该阵旁边再置一同样的阵，二阵中心仍相距 $\lambda/2$，则由方向图乘积定理知，合成场的方向函数为

$$f_{a4}(\theta) = 2^2\cos^2\left(\frac{\pi}{2}\sin\theta\right) \cdot 2\cos\left(\frac{\pi}{2}\sin\theta\right) = 2^3\cos^3\left(\frac{\pi}{2}\sin\theta\right)$$

此波瓣更窄，无旁瓣。这就是电流分布为 1:3:3:1 的二项式阵。

由上可见，实现无旁瓣的电流分布规律如表 3.4-1 所示。表中不同元数振幅分布排成一三角形，称为帕斯卡(Pascal)三角。这里的相对振幅就是二项式级数的系数：

$$\frac{I_i}{I_1} = \frac{(N-1)(N-2)\cdots(N-i+1)}{(i-1)!}, \quad i = 2, 3, \cdots, (N-1) \tag{3.4-1}$$

此时阵方向函数的一般表示式(未归一化)为

$$f_{aN} = \left|1 + (N-1)z + \frac{(N-1)(N-2)}{2!}z^2 + \cdots + \frac{(N-1)(N-2)\cdots(N-i+1)}{(i-1)!}z^i + \cdots + z^{N-1}\right|$$
$$= \left|(1+z)^{N-1}\right|, \quad z = e^{jk\Delta r} \tag{3.4-2}$$

得(取 $d = \lambda/2$)

$$f_{aN} = \left[2\cos\left(\frac{k\Delta r}{2}\sin\theta\right)\right]^{N-1} = 2^{N-1}\cos^{N-1}\left(\frac{\pi}{2}\sin\theta\right) \tag{3.4-3}$$

不同 N 的方向图如图 3.4-2 所示，可见 N 愈大，波瓣愈窄，且都无旁瓣。

表 3.4-1　二项式阵电流分布

元 数 N	相 对 振 幅
2	1 1
3	1 2 1
4	1 3 3 1
5	1 4 6 4 1
6	1 5 10 10 5 1
7	1 6 15 20 15 6 1
8	1 7 21 35 35 21 7 1
9	1 8 28 56 70 56 28 8 1
10	1 9 36 84 126 126 84 36 9 1

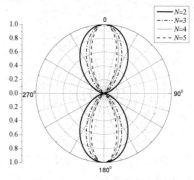

图 3.4-2　二项式阵方向图

3.4.2 不同振幅分布线阵的比较

二项式阵的结果反映了一个重要规律，即边射阵的电流振幅分布呈渐降分布，将能降低旁瓣电平。并且研究发现，等幅阵与二项式阵是边射阵中的两种极端情形：等幅阵具有最窄的主瓣，但旁瓣电平高；二项式阵具有最低的旁瓣电平——无旁瓣，但主瓣宽。可见，二者都不够理想。理想情形当然是主瓣最窄，而旁瓣电平又最低。然而上面等幅阵与二项式阵的实际计算结果已表明，二者不能兼得。不过，实用上一般并不要求无旁瓣，而只要求低于允许电平即可。这样，最佳方案是：1）对给定的旁瓣电平，主瓣最窄；2）对给定的主瓣宽度，旁瓣电平最低。我们称这样的方向图为"最佳"方向图。

1946 年道尔夫（C. L. Dolph）提出，可利用切比雪夫（Chebyshev 或 Tchebyscheff）多项式来实现最佳方向图，如图 3.4-3 所示。图中也画出了等幅阵的方向图，可见采用此最佳方向图的优点是，将等幅阵的高旁瓣部分能量转移到其他区域，形成等旁瓣，都具有允许电平（图中为 $20\lg 0.1 = -20$ dB）。

表 3.4-2 给出 $N = 5$ 元不同振幅分布的边射阵（$d = \lambda/2$）的（阵因子）方向图和方向性参数。可以看出，与渐降分布相比，等幅阵主瓣最窄（20.8°），而采用 Dolph-Chebyshev 阵（简称为切氏阵），可达到给定的允许电平，主瓣比二项式阵窄。表中最下面列出的两种阵具有比等幅阵更窄的主瓣，但是其旁瓣电平也更高，因而并不实用。表中的极坐标方向图径向刻度是 dB 值，每格 10 dB。这样可清晰地显示其旁瓣电平。注意，由于阵元数是奇数，$\theta = 90°$ 方向都不是零点，唯一的例外是二项式阵。

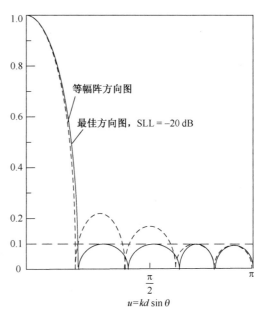

图 3.4-3 最佳方向图与等幅阵方向图的比较

表 3.4-2 不同振幅分布边射阵的性能比较（$N = 5$，$d = \lambda/2$，$\psi = 0$）

阵列形式	电流振幅分布	方 向 图	SLL	HP	D
（a）等幅阵	1 1 1 1 1		-12 dB	20.8°	5

(续表)

阵列形式	电流振幅分布	方 向 图	SLL	HP	D
(b) −20 dB 切氏阵	1　1.61　1.93　1.61　1		−20 dB	23.7°	4.69
(c) −30 dB 切氏阵	1　2.41　3.14　2.41　1		−30 dB	26.4°	4.23
(d) 三角阵	1　2　3　4　5		−19 dB	26.0°	4.26
(e) 二项式	1　4　6　4　1		− ∞ dB	30.3°	3.66

（续表）

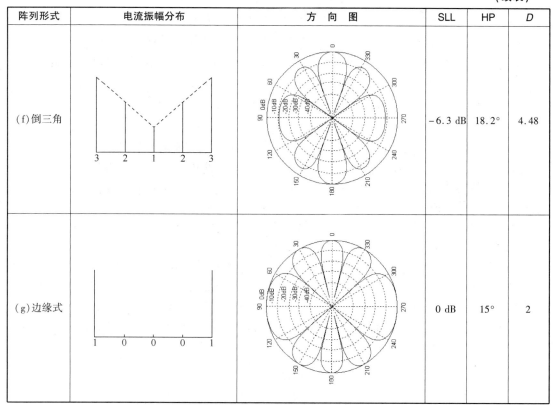

阵列形式	电流振幅分布	方　向　图	SLL	HP	D
(f)倒三角			−6.3 dB	18.2°	4.48
(g)边缘式			0 dB	15°	2

3.4.3　道尔夫-切比雪夫阵的综合

给定天线阵的电流分布求其辐射特性，称为天线阵的分析（array analysis）；反之，给定天线阵的辐射特性求其电流分布，称为天线阵的综合（array synthesis）。现在要按 3.4.1 节中已给定的"最佳"方向图来确定阵列的电流分布，因而这是一个天线阵综合问题。3.5 节还将对 N 元线阵的综合方法进行更多的介绍。

3.4.3.1　切比雪夫多项式

切比雪夫多项式的定义是

$$T_m(x) = \cos(m \arccos x), \qquad -1 \leqslant x \leqslant 1$$

$$T_m(x) = \begin{cases} \mathrm{ch}(m \, \mathrm{arch}\, x), & x > 1 \\ (-1)^m \mathrm{ch}(m \, \mathrm{arch}\, x), & x < -1 \end{cases} \tag{3.4-4}$$

这是 x 的 m 阶多项式：

$m = 1$，$T_1(x) = \cos(\arccos x) = x$

$m = 2$，$T_2(x) = \cos(2\arccos x) = 2\cos^2(\arccos x) - 1 = 2x^2 - 1$

$m = 3$，$T_3(x) = \cos(3\arccos x) = 4\cos^3(\arccos x) - 3\cos(\arccos x) = 4x^3 - 3x$

$m = 4$，$T_4(x) = \cos(4\arccos x) = 2\cos^2(2\arccos x) - 1 = 2(2x^2 - 1)^2 - 1 = 8x^4 - 8x^2 + 1$

$$\tag{3.4-5}$$

更高阶的多项式可利用递推公式得出

$$T_{m+1}(x) = 2x T_m(x) - T_{m-1}(x) \tag{3.4-6}$$

例如，由此可得：

$$m = 5，\ T_5(x) = 2(8x^5 - 8x^3 + x) - (4x^3 - 3x) = 16x^5 - 20x^3 + 5x$$

$$m = 6，\ T_6(x) = 2(16x^6 - 20x^4 + 5x^2) - (8x^4 - 8x^2 + 1) = 32x^6 - 48x^4 + 18x^2 - 1$$

$$m = 7，\ T_7(x) = 2(32x^7 - 48x^5 + 18x^3 - x) - (16x^5 - 20x^3 + 5x) = 64x^7 - 112x^5 + 56x^3 - 7x$$

$$(3.4\text{-}5a)$$

一至五阶多项式的曲线如图 3.4-4 所示。可以看出，切比雪夫多项式的主要特点是：1）在 $|x| \leqslant 1$ 区域内作等幅振荡，有 m 个零点，二零点间有一最大点，最大值为 1，即 $|T_m(x)| \leqslant 1$；2）所有多项式都通过 $(1, 1)$ 点；在 $|x| \geqslant 1$ 区域，$|T_m(x)| \geqslant 1$，其值由 1 单调上升。

我们看到，切比雪夫多项式在 $|x| \leqslant 1$ 区域内的等幅振荡正是最佳方向图所需的旁瓣特性，这样旁瓣最大值都是 1；而 $x > 1$ 区域其值都大于 1，这是主瓣区，其最大值 $T_m(a_0) = R_0$ 可由旁瓣允许电平 SLL 决定：

$$\mathrm{SLL} = 20\lg \frac{1}{R_0} = -20\lg R_0 (\mathrm{dB})$$

该最大值点对应于边射阵主瓣的最大值方向，即 $\theta = 0$，如图 3.4-4 所示，图中以 $T_5(x)$ 曲线为例。这样，主瓣零点宽度对应于 $2\Delta x = 2(x_M - x_{01})$，$x_{01}$ 是最靠近 x_M 的零点。切比雪夫多项式与其同阶多项式相比有如下重要特性：对于同样的比值 $1/R_0$（旁瓣电平），波束宽度 Δx 最小；反之，对同样的波束宽度 Δx，比值 $1/R_0$（旁瓣电平）最低。可见，切比雪夫多项式所表示的方向图就是"最佳"方向图。

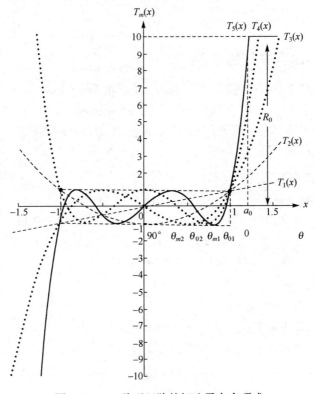

图 3.4-4　一阶至五阶的切比雪夫多项式

这一特性可用反证法证明如下。若有另一同阶多项式 $P_m(x)$，它在 x_m 处其值与 $T_m(x_M) = R_0$ 相同，且第一零点也是 x_{01}，其他零点都在 $|x| \leq 1$ 内，而它在 $|x| \leq 1$ 内的极大值小于 1，因而 $T_m(x)$ 不再是最佳的了。但由于 $|x| \leq 1$ 区域内，$T_m(x)$ 和 $P_m(x)$ 都在 ± 1 之间，而 $T_m(x)$ 在此区域内穿越 x 轴 $(m-1)$ 次，因而 $T_m(x)$ 与 $P_m(x)$ 至少会有 $(m-1)$ 个交点，再加上原来假设的两点，则二者至少有 $(m+1)$ 点重合。我们知道，m 阶多项式可有 $(m+1)$ 个任意常数；若给定多项式的 $(m+1)$ 点，则可建立 $(m+1)$ 个方程来确定 $(m+1)$ 个常数。因此，有 $(m+1)$ 个点重合的两个 m 阶多项式的 $(m+1)$ 个系数完全相同，因而二者必定是同一个多项式。这就是说，$T_m(x)$ 是最佳方向图。

3.4.3.2　求电流分布

我们研究的是振幅对称分布的 N 元边射阵的综合，有两种情形：(a) N 为偶数，(b) N 为奇数，如图 3.4-5 所示。下面先来分别导出它们的方向函数表示式。

$\underline{N = 2n}$

$$f_{a2n} = I_1\left(e^{-j\frac{k\Delta r}{2}} + e^{j\frac{k\Delta r}{2}}\right) + I_2\left(e^{-j3\frac{k\Delta r}{2}} + e^{j3\frac{k\Delta r}{2}}\right) + \cdots + I_n\left(e^{-j(2n-1)\frac{k\Delta r}{2}} + e^{j(2n-1)\frac{k\Delta r}{2}}\right)$$

故

$$f_{a2n} = 2\sum_{i=1}^{n} I_i\cos\left[(2i-1)\frac{k\Delta r}{2}\right] = 2\sum_{i=1}^{n} I_i\cos\left(\frac{2i-1}{2}kd\sin\theta\right) = 2\sum_{i=1}^{n} I_i\cos\left(\frac{2i-1}{2}u\right)$$

$$(3.4\text{-}7)$$

式中 $u = kd\sin\theta$。这是有限傅里叶级数之和，它也可表示为切比雪夫多项式之和。为此，令

$$x = \cos\frac{u}{2} = \cos\frac{kd\sin\theta}{2} \tag{3.4-8}$$

显然 $|x| \leq 1$。这样，式 (3.4-7) 可表示为

$$f_{a2n} = 2\sum_{i=1}^{n} I_i\cos\left[(2i-1)\arccos x\right] = 2\sum_{i=1}^{n} I_i T_{2i-1}(x) \tag{3.4-9}$$

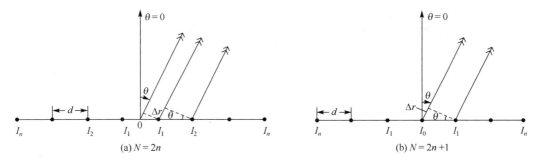

(a) $N = 2n$　　　　　　　　　　　　　(b) $N = 2n+1$

图 3.4-5　N 元振幅对称分布的等距边射阵

这表明，$2n$ 元阵方向函数是 x 的 $2n-1$ 阶（即 $N-1$ 阶）多项式。

$\underline{N = 2n+1}$

$$f_{a(2n+1)} = I_0 + I_1\left(e^{-jk\Delta r} + e^{jk\Delta r}\right) + I_2\left(e^{-j2k\Delta r} + e^{j2k\Delta r}\right) + \cdots + I_n\left(e^{-jnk\Delta r} + e^{jnk\Delta r}\right)$$

故

$$f_{a(2n+1)} = I_0 + 2\sum_{i=1}^{n} I_i\cos(ikd\sin\theta) = I_0 + 2\sum_{i=1}^{n} I_i\cos(iu) \tag{3.4-10}$$

利用式 (3.4-9)，它也可表示为切比雪夫多项式之和，即

$$f_{a(2n+1)} = I_0 + 2\sum_{i=1}^{n} I_i\cos(2i\arccos x) = I_0 + 2\sum_{i=1}^{n} I_i T_{2i}(x) \tag{3.4-11}$$

可见，$2n+1$ 元阵方向函数是 x 的 $2n$ 阶（即 $N-1$ 阶）多项式。

由上，无论 N 为偶数或奇数，N 元阵方向函数都是 $x = (kd\sin\theta)/2$ 的 $N-1$ 阶多项式。按

上小节讨论的原理, 令它等于 $N-1$ 阶切比雪夫多项式, 其阵列将具有最佳方向图。但是, 为使图 3.4-4 所示的对应关系成立, 切比雪夫多项式的自变量应进行变换。因为, $|x| = |\cos u| \leqslant 1$, 故取变量 $X = a_0 x (a_0 > 1)$, 此时 $T_{N-1}(X)$ 与 θ 的对应关系如表 3.4-3 所示, 可见这正是所需的方向图。于是, 令

$$f_{aN}(x) = T_{N-1}(a_0 x) \tag{3.4-12}$$

即

$$\sum_{i=1}^{n} I_i T_{2i-1}(x) = T_{2n-1}(a_0 x), \qquad N = 2n$$

$$\frac{I_0}{2} + \sum_{i=1}^{n} I_i T_{2i}(x) = T_{2n}(a_0 x), \quad N = 2n+1 \tag{3.4-13}$$

为了方便, 上两式左边略去因子 2, 这样不会影响 I_i 的相对值。当根据给定的旁瓣电平或波束宽度求出 a_0 后, 便可由上式求得所需的 I_i 分布。由给定要求确定 a_0 的公式如下：

1. 给定旁瓣电平 SLL:

$$\text{SLL} = 20 \lg \frac{1}{R_0} = -20 \lg R_0$$

令

$$T_{N-1}(a_0) = \text{ch}[(N-1) \text{arch} a_0] = R_0$$

得

$$a_0 = \text{ch} \frac{\text{arch} R_0}{N-1} = \text{ch} \frac{\ln(R_0 + \sqrt{R_0^2 - 1})}{N-1} ① \tag{3.4-14}$$

即

$$a_0 = \frac{1}{2} \left[e^{\frac{\ln(R_0 + \sqrt{R_0^2 - 1})}{N-1}} + e^{-\frac{\ln(R_0 + \sqrt{R_0^2 - 1})}{N-1}} \right] = \frac{1}{2} \left[(R_0 + \sqrt{R_0^2 - 1})^{\frac{1}{N-1}} + (R_0 + \sqrt{R_0^2 - 1})^{-\frac{1}{N-1}} \right] \tag{3.4-15}$$

或

$$a_0 = \frac{1}{2} \left[(R_0 + \sqrt{R_0^2 - 1})^{\frac{1}{N-1}} + (R_0 - \sqrt{R_0^2 - 1})^{+\frac{1}{N-1}} \right] \tag{3.4-15a}$$

2. 给定零功率波束宽度 $2\theta_{01}$:

$$T_{N-1}(a_0 x_{01}) = \cos[(N-1) \arccos a_0 x_{01}] = 0$$

得

$$a_0 = \frac{1}{x_{01}} \cos \frac{\pi}{2(N-1)} = \frac{\cos \dfrac{\pi}{2(N-1)}}{\cos \left(\dfrac{\pi d}{\lambda} \sin \theta_{01} \right)} \tag{3.4-16}$$

表 3.4-3　$T_{N-1}(X)$ 与 θ 的对应关系 $(d = \lambda/2)$

$T_{N-1}(X)$	R_0	0	1	$\cdots$	0
$X = a_0 x$	a	$a_0 x_{01}$	$a_0 x_{m1}$		0
$x = \cos \dfrac{kd \sin \theta}{2}$	1	x_{01}	x_{m1}		0
θ	0	θ_{01}	θ_{m1}		$90°$

例 3.4-1　设计一个旁瓣电平为 -25 dB 的 6 元道尔夫-切比雪夫边射阵, 元距 $d = \lambda/2$, 求其电流分布。

---

① 令 $\text{arch} R_0 = x$, 则 $R_0 = \text{ch} x = \frac{1}{2}(e^x + e^{-x})$, $R_0^2 - 1 = \frac{1}{4}(e^x - e^{-x})^2$, $R_0 + \sqrt{R_0^2 - 1} = e^x$, 故 $\text{arch} R_0 = x = \ln(R_0 + \sqrt{R_0^2 - 1})$。

[解]　1) 求 a_0：

由 $-25 = 20\lg\dfrac{1}{R_0}$，$R_0 = 10^{\frac{25}{20}} = 17.7828$

$$a_0 = \frac{1}{2}\left[\left(R_0 + \sqrt{R_0^2 - 1}\right)^{\frac{1}{N-1}} + \left(R_0 + \sqrt{R_0^2 - 1}\right)^{-\frac{1}{N-1}}\right]$$

$$= \frac{1}{2}\left[(17.7828 + \sqrt{315.228})^{\frac{1}{5}} + (17.7828 + \sqrt{315.23})^{-\frac{1}{5}}\right] = 1.266\,00$$

2) 展开阵因子：

$$\sum_{i=1}^{N/2} I_i T_{2i-1}(x) = I_1 T_1(x) + I_2 T_3(x) + I_3 T_5(x) = I_1 x + I_2(4x^3 - 3x) + I_3(16x^5 - 20x^3 + 5x)$$

$$= x^5 16 I_3 + x^3(4I_2 - 20I_3) + x(I_1 - 3I_2 + 5I_3)$$

3) 令阵因子等于 $T_{N-1}(a_0 x)$：

令上式 $= T_5(a_0 x) = 16(a_0 x)^5 - 20(a_0 x)^3 + 5(a_0 x)$，得

$$I_3 = a_0^5 = 3.2521$$

$$4I_2 - 20I_3 = -20a_0^3，\quad 即\ I_2 = \frac{20}{4}(I_3 - a_0^3) = 6.1151$$

$$I_1 - 3I_2 + 5I_3 = 5a_0，\quad 即\ I_1 = 3I_2 - 5I_3 + 5a_0 = 8.4147$$

故　　　　　$I_1 : I_2 : I_3 = 8.4147 : 6.1151 : 3.2521 = 1 : 0.727 : 0.386 = 2.59 : 1.88 : 1$

可见，此电流分布介于等幅阵 (1:1:1) 与二项式阵 (10:5:1) 之间。

例 3.4-2　给定旁瓣电平 $-20\ \mathrm{dB}$，求 5 元切氏边射阵 ($d = \lambda/2$) 的电流分布。

[解]　1) 求 a_0：

由 $20 = 20\lg R_0$，$R_0 = 10^{\frac{20}{20}} = 10$，$a_0 = \dfrac{1}{2}\left[(10 + \sqrt{99})^{\frac{1}{4}} + (10 + \sqrt{99})^{-\frac{1}{4}}\right] = 1.293\,29$

2) 展开阵因子：

$$I_0/2 + \sum_{i=1}^{2} T_{2i}(x) = I_0/2 + I_1 T_2(x) + I_2 T_4(x)$$

$$= I_0/2 + I_1(2x^2 - 1) + I_2(8x^4 - 8x^2 + 1)$$

$$= x^4 8 I_2 + x^2(2I_1 - 8I_2) + I_0/2 - I_1 + I_2$$

3) 令阵因子等于 $T_{N-1}(a_0 x)$：

令上式 $= T_4(a_0 x) = 8(a_0 x)^4 - 8(a_0 x)^2 + 1$，得

$$I_2 = a_0^4 = 2.7976$$

$$2I_1 - 8I_2 = -8a_0^2，\quad 即\ I_1 = 4(I_2 - a_0^2) = 4.500$$

$$I_0/2 - I_1 + I_2 = 1，\quad 即\ I_0/2 = 1 + I_1 - I_2 = 2.7024，\quad I_0 = 5.404\,80$$

故　　　　　$I_0 : I_1 : I_2 = 5.4048 : 4.500 : 2.7976 = 1 : 0.833 : 0.518 = 1.93 : 1.61 : 1$

表 3.4-2 中已列出了此结果。由此两例可见，计算中 a_0 要多算几位，因为要出现 a_0 的高次方；求得的 I_i 值并不要求取很多位，主要根据加工精度来取。最后应按所取 I_i 值，回到式 (3.4-7) 或式 (3.4-10)，算出其方向图，以检验是否准确。

我们曾设计了一副 10×6 元边射阵，其 10 元线阵按旁瓣电平 $-30\ \mathrm{dB}$ 切氏阵设计，电流比为 $I_1 : I_2 : I_3 : I_4 : I_5 = 1 : 0.878 : 0.669 : 0.430 : 0.258$，垂直方向按 $-25\ \mathrm{dB}$ 切氏阵设计，电流比为 $I_1 : I_2 : I_3 =$

1:0.727:0.386(即例3.4-1的结果),其详细设计将在6.4.3节中介绍,实测方向图示于图3.4-6[4]。H面实测旁瓣电平(对应10元阵)为 – 26 dB;E面实测旁瓣电平(对应垂直方向6元阵)为 – 22 dB,这表明这种设计是可行的,但由于存在加工误差,导致旁瓣电平升高,因此要留出设计余量。例如对10元阵,因要求 – 26 dB 旁瓣电平,这里取 – 30 dB 来设计,实际结果可达到预定指标。

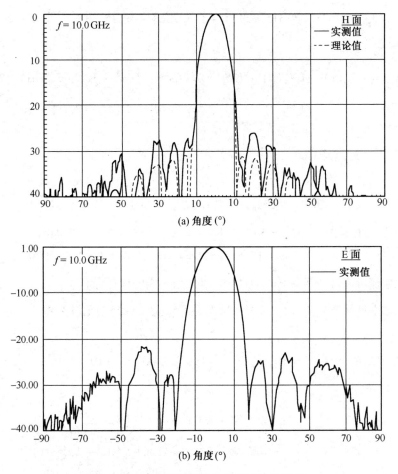

图3.4-6 10×6元切氏边射阵主面方向图

巴比里(D. Barbiere)导出一组计算切氏阵电流分布的通用公式[5]:

$$I_i = \sum_{j=i}^{n} (-1)^{n-j} a_0^{2j-1} \frac{(j+n-2)!(2n-1)}{(j-i)!(j+i-1)!(n-j)!}, \qquad N = 2n$$

$$I_i = \sum_{j=i}^{n} (-1)^{n-j+1} a_0^{2(j-1)} \frac{(i+n-2)!(2n)}{\delta_i(j-i)!(j+i-2)!(n-j+1)!}, \quad N = 2n+1 \quad (3.4\text{-}17)$$

$$\delta_i = \begin{cases} 2, & i = 1 \\ 1, & i \neq 1 \end{cases}$$

图3.4-7 为 $N=10$,$d=\lambda/4$,按不同旁瓣电平设计的切氏边射阵的电流分布。可见,旁瓣电平越低,越要求电流分布由阵中心向边缘单调下降,且坡度越陡。对此特定设计($N=10$,$d=\lambda/4$),保持电流分布单调下降的临界旁瓣电平为 – 21.05 dB;当旁瓣电平为 – 20 dB 时,便出现陡升的边缘电流,相对来说这种电流分布较难实现,这是一般要避免的。

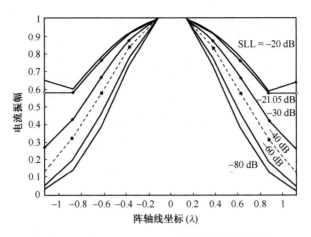

图 3.4-7　$N = 10$，$d = \lambda/4$ 切氏阵电流分布

3.4.3.3　半功率宽度

由式(3.4-4)可知，

$$T_{N-1}(a_0 x_{0.5}) = \mathrm{ch}\left[(N-1)\,\mathrm{arch}\,a_0 x_{0.5}\right] = 0.707 R_0$$

故

$$x_{0.5} = \frac{1}{a_0}\mathrm{ch}\,\frac{\mathrm{arch}\,0.707}{N-1} = \cos\left(\frac{\pi d}{\lambda}\sin\theta_{0.5}\right)$$

得

$$\mathrm{HP} = 2\theta_{0.5} = 2\arcsin\left[\frac{\lambda}{\pi d}\arccos\left(\frac{1}{a_0}\mathrm{ch}\,\frac{\mathrm{arch}\,0.707 R_0}{N-1}\right)\right] \tag{3.4-18}$$

有人给出一个近似公式如下：

$$\mathrm{HP} \approx 32.3° \,\sqrt{\mathrm{ln}2 R_0}\,\frac{\lambda}{L} \tag{3.4-19}$$

它与等幅阵半功率宽度式(3.3-10)相比，波束展宽因子(展宽倍数)为

$$b_{\mathrm{HP}} = 0.636\,\sqrt{\mathrm{ln}2 R_0} \tag{3.4-20}$$

对例 3.4-1，其半功率宽度为

$$\mathrm{HP} = 2\arcsin\left[\frac{2}{\pi}\arccos\left(\frac{1}{1.266}\mathrm{ch}\,\frac{\mathrm{arch}\,12.574}{5}\right)\right] = 20.9°$$

对 6 元等幅阵，由式(3.3-9)可知

$$\mathrm{HP} = 2\arcsin\left(0.443\,\frac{\lambda}{Nd}\right) = 2\arcsin\left(0.443 \cdot \frac{1}{3}\right) = 17.0°$$

对 6 元二项式阵，

$$\cos^5\left(\frac{\pi}{2}\sin\theta_{0.5}\right) = 0.707，\quad 2\theta_{0.5} = 2\arcsin\left(\frac{2}{\pi}\arccos 0.707^{\frac{1}{5}}\right) = 27.1°$$

可见，切氏阵的波束宽度介于等幅阵与二项式阵之间，它比等幅阵稍宽。这是它为获得 −25 dB 旁瓣电平所付出的代价。

上述切氏阵是在相同旁瓣电平的条件下，对相同元数的阵其波束宽度最窄。这里未涉及元距 d 的选取。此时若优化 d 值，使可见区内包含尽可能多的旁瓣而栅瓣区域电平又不高于设计的旁瓣电平，可获得最窄的主瓣。Ahmad Safaai-Jazi 导出这样选择的最佳间距为[6]

$$d_{\mathrm{opt}} = \lambda\left(1 - \frac{1}{\pi}\arccos\frac{1}{a_0}\right) \tag{3.4-21}$$

对例 3.4-1，得

$$d_{\text{opt}} = \lambda \left(1 - \frac{1}{\pi}\arccos\frac{1}{1.2660} \right) = 0.790\lambda$$

显然，此时阵长 $L \approx Nd$ 将是 $d = \lambda/2$ 阵的 $0.79/0.5 = 1.58$ 倍，其波束宽度必然更窄。

值得指出，上述切氏边射阵原理也可应用于端射阵，可取 $u = kd\cos\theta - kd$。文献[6]中也给出了一例。

3.4.4 N 元非等幅线阵的方向系数

设 N 个天线单元沿 z 轴排列，第 i 个阵元沿 z 轴的位置是 z_i，阵元电流振幅为 I_i，电流相位为 $\psi_i = -kz_i\cos\theta_{\text{M}}$，$\theta_{\text{M}}$ 为方向图最大方向，则归一化阵因子为

$$F_{\text{a}}(\theta) = \frac{1}{\sum\limits_{i=0}^{N-1} I_i}\sum_{i=0}^{N-1} I_i e^{j\psi_i} e^{jkz_i\cos\theta} \tag{3.4-22}$$

阵方向系数 D 的分母积分为

$$I_D = \int_0^\pi |F_{\text{a}}(\theta)|^2 \sin\theta\, d\theta = \frac{1}{\left(\sum\limits_{i=0}^{N-1} I_i\right)^2}\sum_{m=0}^{N-1}\sum_{n=0}^{N-1} I_m I_n e^{j(\psi_m - \psi_n)}\int_0^\pi e^{jk(z_m - z_n)\cos\theta}\sin\theta\, d\theta$$

$$= \frac{2}{\left(\sum\limits_{i=0}^{N-1} I_i\right)^2}\sum_{m=0}^{N-1}\sum_{n=0}^{N-1} I_m I_n e^{j(\psi_m - \psi_n)}\frac{\sin[k(z_m - z_n)]}{k(z_m - z_n)} \tag{3.4-23}$$

代入式(2.2-7)得

$$D = \frac{\left(\sum\limits_{i=0}^{N-1} I_i\right)^2}{\sum\limits_{m=0}^{N-1}\sum\limits_{n=0}^{N-1} I_m I_n e^{j(\psi_m - \psi_n)}\dfrac{\sin[k(z_m - z_n)]}{k(z_m - z_n)}} \tag{3.4-24}$$

对等间距边射阵，$\psi_i = 0$，$z_i = id$，上式化为

$$D = \frac{\left(\sum\limits_{i=0}^{N-1} I_i\right)^2}{\sum\limits_{m=0}^{N-1}\sum\limits_{n=0}^{N-1} I_m I_n \dfrac{\sin[(m-n)kd]}{(m-n)kd}} \tag{3.4-25}$$

另一特殊情形是 $d = \lambda/2$，λ，$3\lambda/2$，等等，由式(3.4-24)得

$$D = \frac{\left(\sum\limits_{i=0}^{N-1} I_i\right)^2}{\sum\limits_{i=0}^{N-1} I_i^2} \qquad \text{或} \qquad D = \frac{\left|\sum\limits_{i=1}^{N} I_i\right|^2}{\sum\limits_{i=1}^{N} |I_i|^2} \tag{3.4-26}$$

此式有清晰的含义：方向系数的分子正比于叠加的合成场的平方（合成场的功率密度），而分母则正比于各阵元场的平方和（功率密度和）。此结果与扫描角 θ_{M} 无关。若 $I_i = I_1$（等幅阵），得 $D = N$，此即式(3.3-38)导出的结果。因此，若以等幅阵方向系数 N 为参考，可定义下式为分布效率（Distribution efficiency）：

$$e_{\text{d}} = \frac{\left|\sum\limits_{i=1}^{N} I_i\right|^2}{N\sum\limits_{i=1}^{N} |I_i|^2} \tag{3.4-27}$$

表 3.4-2 中各线阵的 D 值都可由式(3.4-26)求得。对例 3.4-1，得

$$D = \frac{2(2.59 + 1.88 + 1)^2}{2.59^2 + 1.88^2 + 1} = \frac{59.84}{11.24} = 5.3$$

该 D 值比等幅阵的 $D = N = 6$ 要小。自然，这是由于其旁瓣电平较低所致。

埃利奥特(R. S. Elliott)对大的切氏阵给出其方向系数近似式为

$$D = \frac{2R_0^2}{1 + (R_0^2 - 1)b_{HP}\lambda/L}\qquad(3.4\text{-}28)$$

对例 3.4-1，由此式算得 $D = 5.0$，稍小于式(3.4-26)的结果。

埃利奥特并指出，对多数边射线阵，其方向系数 D 与半功率宽度 HP 有如下近似关系：

$$D = \frac{101.5}{\text{HP}}\qquad(3.4\text{-}29)$$

这里 HP 以度计。这就是说，边射线阵的方向系数与其以度计的半功率宽度之积约为101。

$N = 10$，$d = \lambda/4$ 切氏阵的方向系数和半功率宽度与旁瓣电平的关系曲线如图 3.4-8 所示。不难看出，随着旁瓣电平的降低，半功率宽度展宽而方向系数减小，而方向系数与半功率宽度之积近于常数。因此，非等幅阵的基本设计原则就是在旁瓣电平与半功率宽度/方向系数之间作一种兼顾。

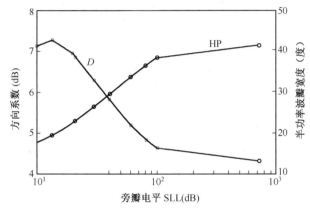

图 3.4-8　$N = 10$，$d = \lambda/4$ 切氏阵的方向系数和半功率宽度

3.5　N 元线阵和线源的综合

天线的综合问题在其最常见的含义上是指天线方向图的综合，即设计天线来实现给定的天线方向图。本节的研究仅限于一维天线，可以是线阵(离散源)或线源(连续源)。自然，如果二维口径分布可分离变量，这些方法也可直接用于二维天线。常用的方向图类型是窄波束低旁瓣方向图和赋形波束方向图。上节的道尔夫–切比雪夫法正是用于综合前一种方向图，这里再介绍几种方法。然后还将介绍方向系数最佳化问题。

3.5.1　傅里叶变换法

傅里叶变换法可用来实现波束赋形，使方向图在整个可见范围上呈现所需分布。与上节一样，设阵元为无方向性点源。把坐标原点取在阵的几何中心处，对 $N = 2n + 1$(奇数)情形，几何关系如图 3.5-1(a)所示。方向图的阵因子为

$N = 2n + 1$(奇数)

$$f(u) = \sum_{i=-n}^{n} I_i e^{jiu}\qquad(3.5\text{-}1a)$$

$N = 2n$(偶数)

$$f(u) = \sum_{i=-N}^{-1} I_i e^{j\frac{2i+1}{2}u} + \sum_{i=1}^{N} I_i e^{j\frac{2i-1}{2}u} \tag{3.5-1b}$$

式中 $u = kd\cos\theta + \psi$。因 $\theta = 0 \sim \pi$，u 值的周期为 $2kd$。为使阵元电流 I_i 与傅里叶级数的系数相等，应取 $2kd = 2\pi$，即 $d = \lambda/2$。于是，阵元电流等于对期望方向图计算的傅里叶级数系数：

$N = 2n+1$(奇数)

$$I_i = \frac{1}{T}\int_{-T/2}^{T/2} f(u)e^{-jiu}\mathrm{d}u = \frac{1}{2\pi}\int_{-\pi}^{\pi} f(u)e^{-jiu}\mathrm{d}u, \quad -n \leqslant i \leqslant n \tag{3.5-2a}$$

$N = 2n$(偶数)

$$I_i = \frac{1}{T}\int_{-T/2}^{T/2} f(u)e^{-j\frac{2i+1}{2}u}\mathrm{d}u = \frac{1}{2\pi}\int_{-\pi}^{\pi} f(u)e^{-j\frac{2i+1}{2}u}\mathrm{d}u, \quad -n \leqslant i \leqslant -1$$

$$\tag{3.5-2b}$$

$$I_i = \frac{1}{T}\int_{-T/2}^{T/2} f(u)e^{-j\frac{2i-1}{2}u}\mathrm{d}u = \frac{1}{2\pi}\int_{-\pi}^{\pi} f(u)e^{-j\frac{2i-1}{2}u}\mathrm{d}u, \quad 1 \leqslant i \leqslant n$$

上述公式适用于 $d = \lambda/2$ 阵列。若 $d < \lambda/2$，u 区间小于 2π，必须利用填充函数来形成伪周期，因而此时的解不是唯一的，而且如 d 过小会导致超方向性，难以实现。若 $d > \lambda/2$，一般不便采用傅里叶变换法，因为要加限制来满足周期要求且会出现栅瓣。

自然，以式(3.5-2)为系数的式(3.5-1)是一有限傅里叶级数，只有当元数很大时才能精确实现期望方向图。

例3.5-1 要求用 $N = 21$ 元等间距边射阵来实现如下扇形方向图：

$$f_d(\theta) = \begin{cases} 1, & 45° \leqslant \theta \leqslant 135° \\ 0, & \text{其他} \end{cases} \tag{3.5-3}$$

阵元间距 $d = \lambda/2$。请导出激励电流表示式，求出各阵元电流，并画出阵方向图。

[解] 因 $\psi = 0$，$d = \lambda/2$，故 $u = \pi\cos\theta$。扇形方向图对 $\theta = 90°$ 对称，对应的 u 值范围为 $-\pi/\sqrt{2} \leqslant u \leqslant \pi/\sqrt{2}$。由式(3.5-2a)得

$$I_i = \frac{1}{2\pi}\int_{-\pi/\sqrt{2}}^{\pi/\sqrt{2}} e^{-jiu}\mathrm{d}u = \frac{1}{\sqrt{2}}\frac{\sin(i\pi/\sqrt{2})}{i\pi/\sqrt{2}} \tag{3.5-4}$$

这对 $i = 0$ 是对称分布的。求得阵元电流如表3.5-1所示。对应的阵方向图由式(3.5-1a)算出，见图3.5-2，图中也画出了对 $N = 11$ 元计算的归一化阵因子方向图。由于期望方向图含有不连续点，重建的方向图呈现振荡形突跳，这称为吉布斯(Gibbs)现象。

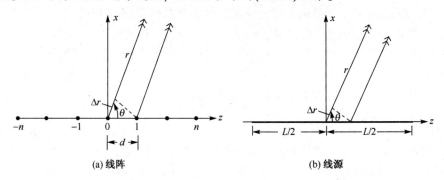

(a) 线阵   (b) 线源

图3.5-1 线阵和线源

上述扇形方向图已应用于对飞行器和车船的搜索雷达和通信中。对这类赋形波束的综合，主要有三个指标，一是主瓣区的起伏(Ripple)，定义为

$$R = 20\max\left\{\lg\frac{f(\theta)}{f_d(\theta)}\right\} \quad \text{dB} \tag{3.5-5}$$

式中 $f(\theta)$ 和 $f_d(\theta)$ 分别为主瓣区的综合方向图和期望(desired)的方向图。二是旁瓣区的旁瓣电平:

$$\text{SLL} = 20\lg\frac{\text{最高旁瓣峰值} f(\theta_M)}{\text{期望方向图峰值} f_d(\theta_M)} \tag{3.5-6}$$

三是主瓣和旁瓣区之间的过渡区宽度(transition width):

$$T = \theta_{0.9} - \theta_{0.1} \tag{3.5-7}$$

式中 $\theta_{0.9}$ 和 $\theta_{0.1}$ 分别是综合方向图过渡区中等于期望方向图 90% 和 10% 处的 θ 值。

由图 3.5-1 可知,$N = 21$ 时 $R = 0.61$ dB,$\text{SLL} = -24.3$ dB,$T = 8.2°$;而 $N = 11$ 时 $R = 1.5$ dB,$\text{SLL} = -19.3$ dB,$T = 11.1°$。正如所预期的,较大的阵$[N = 21, L = (N-1)d = 10\lambda]$ 比小阵$[N = 11, L = (N-1)d = 5\lambda]$ 更好地逼近期望方向图。

表 3.5-1　傅里叶变换法综合的 21 元线阵电流值

阵元号 i	激励电流 I_i
±0	1.0000
±1	0.3582
±2	−0.2170
±3	0.0558
±4	0.2578
±5	−0.0895
±6	0.0518
±7	0.0101
±8	−0.0496
±9	0.0455
±10	−0.0100

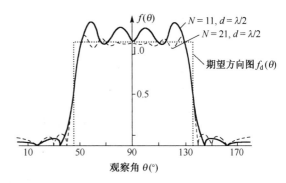

图 3.5-2　傅里叶变换法的期望和综合方向图(线阵)

以上讨论的是离散阵的情形,上述方法同样可应用于连续阵——线源。对固定长度的离散阵,当阵元数增多时,便趋近连续阵。极限时,阵因子的求和便化成为积分,称之为空间因子。对图 3.5-1(b)所示沿 z 轴对称放置的长为 L 的线源分布,空间因子为

$$f(\theta) = \int_{-L/2}^{L/2} I(z)e^{j(kz\cos\theta+\psi)}dz = \int_{-L/2}^{L/2} I(z)e^{jzu}dz \tag{3.5-8}$$

式中 $u = k\cos\theta - \psi/z$,$I(z)$ 和 ψ 分别为沿线源的电流振幅和相位,对同相分布,$\psi = 0$。由于该电流分布只存在于 L 长度上$[$对$|z| > L/2, I(z) = 0]$,积分限可扩展至无穷,上式可写为

$$f(\theta) = \int_{-\infty}^{\infty} I(z)e^{jzu}dz \tag{3.5-9}$$

此式是把线源的远场方向图与其电流分布相联系的一维傅里叶变换。它的变换对为

$$I(z) = \frac{1}{2\pi}\int_{-\infty}^{\infty} f(\theta)e^{jzu}du \tag{3.5-10}$$

此式求得的激励电流 $I(z)$ 并不限于 $|z| \leqslant L/2$,而是分布在无穷大长度上。而物理尺寸是有限的,因而电流分布在 $z = \pm L/2$ 处截头。这样的电流分布产生的是一近似方向图。例如,对例 3.5-1 中的期望方向图式(3.5-3),由式(3.5-10)给出

$$I(z) = \frac{1}{2\pi}\int_{-k/\sqrt{2}}^{k/\sqrt{2}} e^{-jzu}du = \frac{1}{\pi z}\sin\frac{kz}{\sqrt{2}} \tag{3.5-11}$$

它在 $-\infty < z < \infty$ 区域上存在。若在 $z = \pm L/2$ 处截头,则所得方向图为

$$f_a(\theta) = \int_{-L/2}^{L/2}\frac{1}{\pi z}\sin\frac{kz}{\sqrt{2}}e^{jkz\cos\theta}dz = \frac{1}{\pi}\left\{\text{Si}\left[\frac{\pi L}{\lambda}\left(\cos\theta + \frac{1}{\sqrt{2}}\right)\right] - \text{Si}\left[\frac{\pi L}{\lambda}\left(\cos\theta - \frac{1}{\sqrt{2}}\right)\right]\right\} \tag{3.5-12}$$

对 $L = 5\lambda$ 和 $L = 10\lambda$，此式计算结果画在图 3.5-3 上。可见，$L = 10\lambda$ 线源的重建方向图比同样长度的线阵($N = 21$，$d = \lambda/2$)更好了。其指标为：$R = 0.83$ dB，SLL $= -21.9$ dB。图 3.5-4 所示为上述两种长度的线阵和线源的归一化电流分布。

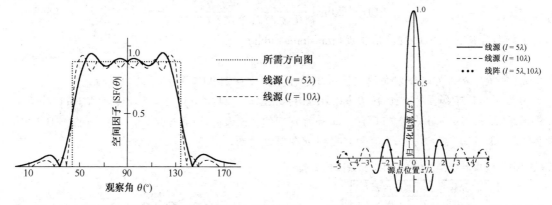

图 3.5-3　傅里叶变换法的期望和综合方向图(线源)　　　图 3.5-4　傅里叶变换法的归一化电流分布

3.5.2　谢昆诺夫多项式法

谢昆诺夫(S. A. Schelkunoff)多项式法用控制方向图零点位置进行阵列综合。利用试探法确定方向图零点位置后，便可得出阵元的激励系数(电流分布)。

如图 3.3-1 所示，N 元等间距等相位差非等幅线阵的阵因子为

$$f_a = \sum_{i=0}^{N-1} I_i e^{jiu} \tag{3.5-13}$$

式中 $u = kd\cos\theta + \psi$，ψ 是相邻单元相移，I_i 是第 i 阵元激励幅度(电流振幅)。令

$$z = x + jy = e^{ju} = e^{j(kd\cos\theta + \psi)} \tag{3.5-14}$$

则式(3.5-13)改写为

$$f_a = \sum_{i=0}^{N-1} I_i z^i = I_0 + I_1 z + I_2 z^2 + \cdots + I_{N-1} z^{N-1}$$

上式是 z 的 $N-1$ 次多项式。由复变量代数知，$N-1$ 次多项式有 $N-1$ 个根，并可表示为 $N-1$ 个因子的连乘形式，即

$$f_a = I_{N-1}(z - z_1)(z - z_2)(z - z_3)\cdots(z - z_{N-1})$$

式中 z_1，z_2，z_3，$\cdots$，z_{N-1} 是多项式的根，它们可以是复数。此式的模为

$$|f_a| = I_{N-1}|z - z_1||z - z_2||z - z_3|\cdots|z - z_{N-1}| = I_{N-1}\prod_{i=1}^{N-1}|z - z_i| \tag{3.5-15}$$

考察上式将会获得有助于阵列综合的一些规则。先将式(3.5-14)改写为

$$z = |z|e^{ju} = |z|\angle u = 1\angle u, \quad u = kd\cos\theta + \psi \tag{3.5-16}$$

可见，随着 θ 的变化，复变量 z 只是相角发生变化，因而 z 总是落在复平面的一个单位圆上。当 θ 由 0° 变到 180° 时，u 由 $u_s = kd + \psi$ 顺时针旋转到 $u_e = -kd + \psi$。u 的变化范围(可见空间)为 $2kd$。间距 d/λ 决定 u 的变化范围，而相移 ψ 则控制 u_s 和 u_e 在单位圆上的位置。式(3.5-15)中 $|z - z_i|$ 就是 z 至第 i 个根 z_i 的距离 ρ_i，而 z 至各根距离的乘积 $\prod_{i=1}^{N-1}\rho_i$ 便是相应的 θ 方向阵因子的模。

对 N 元等幅边射阵，其阵因子为

$$f_a = \sum_{i=0}^{N-1} z^i = \frac{1 - z^N}{1 - z} = (z - z_1)(z - z_2)(z - z_3)\cdots(z - z_{N-1})$$

式中 f_a 的根或零点位置为 $z_n = 1\angle 2\pi n/N$, $n = 1,2,3,\cdots,N-1$。即 u 的零点为 $u_0 = kd\cos\theta_0 = 2\pi n/N$，这与式（3.3-10）是一致的。$n = 0$ 对应于 $\theta_M = \pi/2$，这是主瓣最大值位置而不是零点位置，因而零点（根）个数为 $N-1$。

以 $d = \lambda/2$ 的 5 元等幅边射阵为例，有 4 个根：$z_1 = \angle 2\pi/5$，$z_2 = \angle 4\pi/5$，$z_3 = \angle -4\pi/5$，$z_4 = \angle -2\pi/5$。它们在单位圆上均匀分布，如图 3.5-5 所示[7]。当 θ 角由 0 变到 π 时，u 的变化范围是由 $u_s = \pi$ 到 $u_e = -\pi$，即一个完整的圆。其在 $u_{01} = 2\pi/5$ 与 $u_{04} = -2\pi/5$ 间的圆弧对应于主瓣，u 与对应的方向图的变化过程如下（见图 3.5-6）：

我们看到，旁瓣最大值方向一般就是相邻两个零点之间的中心位置。z 在此位置上至各零点（根）的距离 ρ_i 的乘积就等于该旁瓣的相对幅度。由此可见，若使这两个零点相互靠近，则这一旁瓣的电平就会下降。对此边射阵而言，如果要求降低所有旁瓣，就要使所有根都向 $-\pi$ 靠近，这样就必然导致使单位圆上主瓣区（由 z_1 到 z_4）扩大。换言之，旁瓣的降低是以主瓣展宽为代价的。

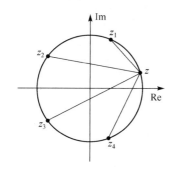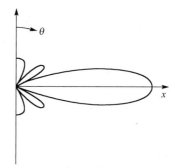

图 3.5-5　5 元等幅边射线阵（$d = \lambda/2$）　　　　图 3.5-6　5 元等幅边射线阵

零点在单位圆上的分布　　　　　　　　　　　　　（$d = \lambda/2$）的方向图

上述 5 元等幅边射阵的旁瓣电平较高：靠近主瓣的第一旁瓣为 -13.5 dB，第二旁瓣为 -17.9 dB。下面就用试探法来选定零点位置，使 $d = \lambda/2$ 的 5 元边射阵的所有旁瓣电平都等于 -20 dB。上述 5 元等幅边射阵各根的位置为 $\pm72°$ 和 $\pm144°$。可见，相邻根之间相距 $72°$，现在先将它降为 $62°$，试取新根位置为 $\pm87°$ 和 $\pm149°$。得出 ρ_1,ρ_2,ρ_3 和 ρ_4 并相乘后求得第一旁瓣为 -18.5 dB，第二旁瓣为 -21.3 dB。这表明，根 z_2 和 z_3 的位置相互靠得太近了。为此再取各根的位置为 $\pm87°$ 和 $\pm147°$，所得结果进一步接近所有旁瓣都等于 -20 dB 的目标。继续试探下去，最后求得所需的根位置为 $\pm88.8°$ 和 $\pm145.5°$。将相应的根代入式（3.5-15），得（取 $I_{N-1} = 1$）

$$
\begin{aligned}
f_a &= (z - e^{j88.8°})(z - e^{j145.5°})(z - e^{-j145.5°})(z - e^{-j88.8°}) \\
&= (z^2 - 2z\cos 88.8° + 1)(z^2 - 2z\cos 145.5° + 1) \\
&= z^4 - 2z^3(\cos 88.8° + \cos 145.5°) + z^2(2 + 4\cos 88.8°\cos 145.5°) \\
&\quad - 2z(\cos 88.8° + \cos 145.5°) + 1 \\
&= z^4 + 1.61z^3 + 1.93z^2 + 1.61z + 1
\end{aligned}
$$

由式（3.5-13）可知，这一多项式的系数就是阵元电流的相对幅度 I_i。因此，为使 $d = \lambda/2$ 的 5 元边射阵的所有旁瓣电平为 -20 dB，各阵元电流的振幅比应取为 $1:1.61:1.93:1.61:1$。这也就是表3.4-2中第二行−20 dB切氏式的结果(见例3.4-2),真可谓殊途同归!

　　通过此例我们看到,此法不如切氏法便捷。其重要意义是,揭示了方向函数零点(根)的位置对方向图的影响。我们看到,若要压低旁瓣,必须使多项式的根在单位圆上的位置彼此靠近,其代价是导致主瓣展宽。同时,根彼此靠近,多项式的系数必然变化,这说明调节单元电流的振幅分布可降低旁瓣电平。

3.5.3　泰勒线源的综合

3.5.3.1　原理与方向图

　　1955年泰勒(T. T. Taylor)提出一种对切比雪夫线阵的修改分布,直接应用于连续阵,称为泰勒线源(切比雪夫修正)。也可以离散化,用于线阵,与道尔夫−切比雪夫阵一样,都是常用的窄波束低旁瓣设计。泰勒线源方向图与前者的主要不同是,只保持几个近旁瓣具有相同电平,而其余旁瓣都依次渐降,如图3.5-7(a)所示,称为准最佳方向图。可见,其近旁瓣具有最佳方向图的特性,而其余旁瓣具有等幅阵的特性。前者使在旁瓣电平满足要求的条件下主瓣较窄,而后者可使阵两端单元电流下降。因为,切氏阵有时出现如图3.5-7(b)那样两端陡升的电流分布,难于准确实现,而且两端电流对产生等幅旁瓣的作用大。这样,泰勒线源电流分布较易实现一些。

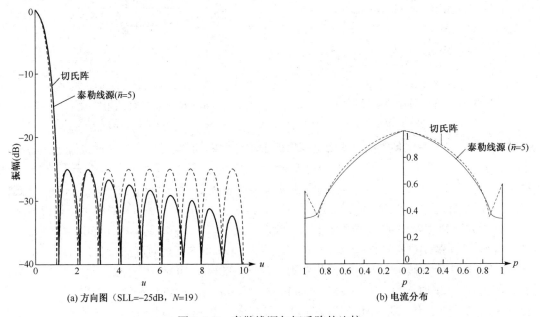

(a) 方向图(SLL=−25dB, N=19)　　　　(b) 电流分布

图3.5-7　泰勒线源与切氏阵的比较

　　其综合的基本思路是调整零点位置来控制旁瓣。已知等幅阵的远旁瓣都依次降低,其电平已较低,问题是近旁瓣电平高。如果使近旁瓣两侧的零点靠近,将会使该旁瓣电平下降。故令空间因子为

$$F_a(u) = \frac{\sin u}{u} \prod_{n=1}^{\bar{n}-1} \frac{1 - \left(\dfrac{u}{u_n}\right)^2}{1 - \left(\dfrac{u}{n\pi}\right)^2} \tag{3.5-17}$$

式中

$$u = \frac{\pi L}{\lambda}\cos\theta, \quad u_n = \frac{\pi L}{\lambda}\cos\theta_{0n} \tag{3.5-18}$$

θ_{0n} 是近旁瓣的零点位置，L 是连续线源长度。这里第一个因子由等幅阵阵因子得出：

$$F_a(u) = \frac{\sin\left(\dfrac{N\pi d}{\lambda}\cos\theta\right)}{N\sin\left(\dfrac{\pi d}{\lambda}\cos\theta\right)} \underset{Nd\to L}{\overset{d\to 0}{=}} \frac{\sin u}{u}$$

其零点发生于 $u = \pm n\pi$，因此上式可展开为因子连乘的形式：

$$\frac{\sin u}{u} = C\prod_{n=1}^{\infty}(u^2 - n^2\pi^2) = -C\prod_{n=1}^{\infty}n^2\pi^2\left(1 - \frac{u^2}{n^2\pi^2}\right) = -C\prod_{n=1}^{\infty}n^2\pi^2\prod_{n=1}^{\infty}\left(1 - \frac{u^2}{n^2\pi^2}\right)$$

当 $u = 0$，上式左边为 1，从而得

$$-C\prod_{n=1}^{\infty}n^2\pi^2 = 1$$

故有

$$\frac{\sin u}{u} = \prod_{n=1}^{\infty}\left(1 - \frac{u^2}{n^2\pi^2}\right) \tag{3.5-19}$$

将此结果代入式(3.5-17)可知，该式就是使 $n < \bar{n}$ 时线阵方向图具有特定的零点(由 u_n 给定)，以便获得等旁瓣(实际电平可能也呈现轻微的单调下降)，而 $n \geqslant \bar{n}$ 时都具有 $(\sin u)/u$ 方向图的零点($u = \pm n\pi$)。注意，这里 $\bar{n}$ 不表示矢量，是代表某一整数数字(如 2,3)的标量。

令近旁瓣零点为

$$u_n = \pm\pi\sigma\sqrt{A^2 + \left(n - \frac{1}{2}\right)^2}, \quad 1 \leqslant n < \bar{n} \tag{3.5-20}$$

式中

$$A = \frac{1}{\pi}\,\text{arch}\,R_0 \tag{3.5-21}$$

当 $n = \bar{n}$，得

$$\sigma = \frac{\bar{n}}{\sqrt{A^2 + \left(\bar{n} - \frac{1}{2}\right)^2}} \tag{3.5-22}$$

σ 称为展宽系数(或定标因子)，它确定近旁瓣零点位置，也确定了主瓣展宽的程度。主瓣展宽是近旁瓣零点靠近的必然结果，这是使近旁瓣为等幅低电平旁瓣所付出的代价。

该方向图主瓣主要部分很近于切氏阵方向图，可表示为

$$F_a(u) = \frac{1}{R_0}\text{ch}\left[\sqrt{(\pi A)^2 - \left(\frac{u}{\sigma}\right)^2}\right] \tag{3.5-23}$$

令 $F_a(u_{0.5}) = 1/\sqrt{2}$，得半功率波瓣宽度为

$$\text{HP} = 2\theta_{0.5} = 2\arcsin\left[\frac{\sigma\lambda}{\pi L}\sqrt{(\text{arch}\,R_0)^2 - \left(\text{arch}\,\frac{R_0}{\sqrt{2}}\right)^2}\right] \tag{3.5-24}$$

当 $L \gg \lambda$，上式近似为

$$\text{HP} = \frac{2\sigma\lambda}{\pi L}\sqrt{(\text{arch}\,R_0)^2 - \left(\text{arch}\,\frac{R_0}{\sqrt{2}}\right)^2} = \beta\frac{\lambda}{L} \tag{3.5-24a}$$

式中

$$\beta = \sigma\frac{2}{\pi}\sqrt{(\text{arch}R_0)^2 - \left(\text{arch}\,\frac{R_0}{\sqrt{2}}\right)^2} \tag{3.5-24b}$$

当 N 很大，切氏阵半功率宽度式(3.4-18)可写为

$$\text{HP}_\text{T} = \frac{2\lambda}{\pi d}\arccos\frac{\text{ch}\left(\dfrac{1}{N-1}\text{arch}\,\dfrac{R_0}{\sqrt{2}}\right)}{\text{ch}\left(\dfrac{1}{N-1}\text{arch}\,R_0\right)} \tag{3.5-25}$$

再利用 $x \ll 1$ 时的下列近似关系:

$$\mathrm{ch}x \approx 1 + \frac{x^2}{2} \approx (1 + x^2)^{1/2} \approx (1 - x^2)^{-1/2}, \quad \arccos(1 - x^2)^{1/2} \approx x$$

并取 $L = (N-1)d$，上式可近似为

$$\mathrm{HP_T} = \frac{2\lambda}{\pi L}\left[(\mathrm{arch}\, R_0)^2 - \left(\mathrm{arch}\,\frac{R_0}{\sqrt{2}}\right)^2\right] = \beta_0 \frac{\lambda}{L} \tag{3.5-25a}$$

式中

$$\beta_0 = \frac{2}{\pi}\sqrt{(\mathrm{arch}\, R_0)^2 - \left(\mathrm{arch}\,\frac{R_0}{\sqrt{2}}\right)^2} \tag{3.5-25b}$$

比较式(3.5-24b)与式(3.5-25b)可知，

$$\beta = \sigma\beta_0 \tag{3.5-24c}$$

可见，泰勒线源的半功率波瓣宽度是切氏阵的 σ 倍。表 3.5-2 列出不同旁瓣电平时的 β_0 和 A^2 值以及取不同 $\bar{n}$ 时的 σ 值[8]。例如，取 SLL = -30 dB，$L/\lambda = 50$，则由表得切氏阵的半功率宽度为 $\mathrm{HP_T} = 60.55°/50 = 1.21°$；若选 $\bar{n} = 7$ 时，则泰勒线源 $\sigma = 1.055\,38$，其半功率宽度为 HP = $1.28°$。方向图的零点和方向图本身也可利用 σ 和 A^2 值来算出。

表 3.5-2　泰勒线源的波瓣展宽系数

SLL (dB)	R_0	A^2	$\beta_0(°)$	σ $\bar{n}=2$	$\bar{n}=3$	$\bar{n}=4$	$\bar{n}=5$	$\bar{n}=6$	$\bar{n}=7$	$\bar{n}=8$	$\bar{n}=9$
-15	5.62341	0.58950	45.73	1.18689	1.14712	1.11631	1.09528	1.08043	1.06969	1.06112	1.05453
-16	6.30957	0.64797	47.01	1.17486	1.14225	1.11378	1.09375	1.07491	1.06876	1.06058	1.05411
-17	7.07946	0.70902	48.07	1.16267	1.13723	1.11115	1.09216	1.07835	1.06800	1.06001	1.06367
-18	7.94328	0.77266	49.12	1.15036	1.13206	1.10843	1.09050	1.07724	1.06721	1.05942	1.05328
-19	8.91251	0.83891	50.15	1.13796	1.12676	1.10563	1.08879	1.07609	1.06639	1.05880	1.05273
-20	10.00000	0.90777	51.17	1.12549	1.12133	1.10273	1.08701	1.07490	1.06554	1.05816	1.05223
-21	11.2202	0.97927	52.17		1.11577	1.09974	1.08518	1.07367	1.06465	1.05750	1.06172
-22	12.5893	1.05341	53.16		1.11009	1.09668	1.08329	1.07240	1.06374	1.05682	1.05119
-23	14.1254	1.13020	54.13		1.10430	1.09352	1.08135	1.07108	1.06280	1.05611	1.05064
-24	15.8489	1.20965	55.09		1.09840	1.00029	1.07934	1.06973	1.06183	1.05538	1.05007
-25	17.7828	1.29177	56.04		1.09241	1.08598	1.07728	1.06834	1.06083	1.05463	1.04948
-26	19.9526	1.37654	56.97		1.08632	1.08360	1.07517	1.06690	1.05980	1.05385	1.04888
-27	22.3872	1.46395	57.88		1.08015	1.08014	1.07300	1.06543	1.05874	1.05305	1.04826
-28	25.1189	1.55406	58.78			1.07661	1.07078	1.06392	1.05765	1.05223	1.04762
-29	28.1838	1.64683	59.67			1.07300	1.06851	1.06237	1.05653	1.05139	1.04696
-30	31.6228	1.74229	60.55			1.06934	1.06691	1.06079	1.05538	1.05052	1.04628
-31	35.4813	1.84044	61.42			1.06561	1.06382	1.05916	1.05421	1.04963	1.04559
-32	39.8107	1.94126	62.28			1.06182	1.06140	1.05751	1.05300	1.04872	1.04488
-33	44.6684	2.04472	63.12				1.05893	1.05581	1.05177	1.04779	1.04415
-34	50.1187	2.15092	63.96				1.05642	1.05408	1.05051	1.04684	1.04341
-35	56.2341	2.25976	64.78				1.05386	1.05231	1.04923	1.04587	1.04264
-36	63.0957	2.37129	65.60				1.05126	1.05051	1.04792	1.04487	1.04186
-37	70.7946	2.48551	66.40					1.04661	1.04658	1.04385	1.04107
-38	79.4328	2.60241	67.19					1.04681	1.04521	1.04282	1.04025
-39	89.1251	2.72201	67.98					1.04491	1.04382	1.04176	1.03942
-40	100.0000	2.84428	68.76					1.04298	1.04241	1.04068	1.03808

3.5.3.2　电流分布

线源电流采用对称分布，因而可用如下傅里叶级数表示：

$$I(z) = \sum_{n=0}^{\infty} a_n \cos\left(2n\pi\frac{z}{L}\right) \tag{3.5-26}$$

它所形成的方向图空间因子为

$$F_a(u) = \sum_{n=0}^{\infty} a_n \int_{-L/2}^{L/2} \cos\left(2n\pi\frac{z}{L}\right) e^{j2u\frac{z}{L}}\mathrm{d}z = \sum_{n=0}^{\infty} 2a_n \int_0^{L/2} \cos\left(2n\pi\frac{z}{L}\right)\cos\left(2u\frac{z}{L}\right)\mathrm{d}z$$

式中 $u = (\pi L/\lambda)\cos\theta$。由三角函数正交性知，当 u 为整数，上式积分仅当 $u = n\pi$ 时才不为零，因而得

$$F_a(u=0) = a_0 L, \quad F_a(u=n\pi) = a_n L/2, \quad n = 1,2,\cdots,\bar{n}-1 \tag{3.5-27}$$

若 $n \geqslant \bar{n}$，由式(3.5-17)可知，$F_a(n\pi) = 0$，故电流展开式(3.5-26)截止于 $n = \bar{n}-1$；并有 $F_a(0) = 1$。将这些结果代入式(3.5-26)便获得线源电流分布如下：

$$I(z) = \frac{1}{L}\left[1 + 2\sum_{n=1}^{\bar{n}-1} F_a(u=n\pi)\cos\left(2n\pi\frac{z}{L}\right)\right] \tag{3.5-28}$$

略去常数因子 $1/L$，得

$$I(p) = 1 + 2\sum_{n=1}^{\bar{n}-1} F_a(n)\cos(n\pi p), \quad p = \frac{z}{L/2} \tag{3.5-29}$$

式中 $p = 0$ 对应于线源中心，$p = 1$ 为线源边缘。对 p 可做离散化处理，以等间距 d 抽样，得

$$p = \frac{2z}{L} = \begin{cases} \dfrac{2id}{L}, & i = 0,1,2,\cdots,\dfrac{N-1}{2}, & N\ 为奇数 \\[3mm] \dfrac{(2i-1)d}{L}, & i = 1,2,\cdots,\dfrac{N}{2}, & N\ 为偶数 \end{cases} \tag{3.5-30}$$

此式可方便地用于线阵的设计。

式(3.5-29)中 $F_a(n)$ 为泰勒线源方向图在 $u = n\pi$，$n < \bar{n}$ 时的抽样值，由式(3.5-17)给出。它可改写为[9]

$$F_a(n) = \frac{\left[(\bar{n}-1)!\right]^2}{(\bar{n}-1+n)!(\bar{n}-1-n)!}\prod_{m=1}^{\bar{n}-1}\left[1 - \left(\frac{n\pi}{u_m}\right)^2\right] \tag{3.5-31}$$

在 3.4.4 节我们曾导出式(3.4-26)和式(3.4-27)来根据电流分布计算 N 元非等幅线阵的方向系数和分布效率，这当然也适用于离散化的泰勒线阵。对于连续性线源则可引入下式来方便地比较其方向性：

$$e_d = \frac{\left|\int_0^1 I(p)\,\mathrm{d}p\right|^2}{\int_0^1 |I(p)|^2\mathrm{d}p} \tag{3.5-32}$$

e_d 为分布效率，也称为渐降效率或激励效率，它对应于口径天线的口径效率。

对于泰勒线源，将式(3.5-29)代入上式，汉森(R. C. Hansen)[8]得出下述计算公式：

$$e_d = \frac{1}{1 + 2\sum_{n=1}^{\bar{n}-1} F_a^2(n)} \tag{3.5-33}$$

式中 $F_a(n)$ 由式(3.5-31)算出。对给定的旁瓣电平 SLL，都有一个获得最高效率的 $\bar{n}$ 值，表 3.5-3 列出了这些最高效率的值及对应的 e_d 值[10]；这些 $\bar{n}$ 值时的电流分布都不是由中央向边缘单调下降的，在边缘处有很强的激励(电流振幅相对值大)。表 3.5-3 中也列出了保持单调下

降分布的最大 $\bar{n}$ 值及对应的 e_d 值。不难看出，这时分布效率比最高效率值减小得并不多。对 SLL = -25 dB，这两种情形的 $\bar{n}$ 值分别为 $\bar{n}=12$ 和 $\bar{n}=5$，由表 3.5-3 知，其分布效率仅相差 1.5%。二者电流分布如图 3.5-8 所示[10]，可见 $\bar{n}=12$ 的电流分布不但在边缘有峰值，而且边缘前的凹陷较深。

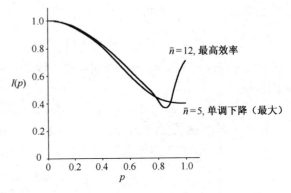

图 3.5-8　两种 $\bar{n}$ 值的泰勒线源电流分布(SLL = -25 dB)

表 3.5-3　泰勒线源 $\bar{n}$ 值及对应的分布效率

SLL(dB)	最高效率的 $\bar{n}$		单调下降分布的最大 $\bar{n}$	
	$\bar{n}$	e_d	$\bar{n}$	e_d
-20	6	0.9667	3	0.9535
-25	12	0.9252	5	0.9105
-30	23	0.8787	7	0.8619
-35	44	0.8326	9	0.8151
-40	81	0.7899	11	0.7729

再来讨论 $\bar{n}$ 的选取。当取小 $\bar{n}$ 时，求出的电流分布由中心向边缘单调下降；而取大 $\bar{n}$ 时，求得的电流分布在中心和边缘处同时为峰值，并由于更接近切氏阵，会产生更窄的主瓣和更高的分布效率。对式(3.5-22)取 $\partial\sigma/\partial\bar{n} = 0$，得极值点 $\bar{n}=2A^2+1/2$。为使 $\bar{n}$ 增大时 σ 单调减小，应取

$$\bar{n} \geqslant 2A^2 + \frac{1}{2} \tag{3.5-34}$$

例如，SLL = -25 dB，-35 dB，得(取整数)，$\bar{n}\geqslant 3,5$。这样，根据此结果和表 3.5-3 便可决定 $\bar{n}$ 的选择，即 $\bar{n}$ 应至少为此式所给出的值；同时，为具有单调下降的电流分布，最大可取表 3.5-3 右侧的 $\bar{n}$ 值。对 SLL = -25 dB，-35 dB，得 $\bar{n}\leqslant 5,9$。

3.5.3.3　设计步骤与举例

可按下列步骤进行泰勒线源或线阵的设计。

1. 按要求的旁瓣电平计算 $A = 1/\pi\,\mathrm{arch}\,R_0$（或由表 3.5-2 查出）。
2. 选定 $\bar{n}$，由式(3.5-22)算出 σ（或由表 3.5-2 查出）。
3. 用式(3.5-20)算出零点，由式(3.5-29)～式(3.5-31)求电流分布。
4. 校核方向图和半功率宽度。

例 3.5-2　设计泰勒分布线源，$L=10\lambda$，SLL = -25 dB，$\bar{n}=5$。

　[解]　1. $R_0 = 10^{\frac{25}{20}} = 17.7828$

$$A = \frac{1}{\pi}\,\mathrm{arch}\,17.7828 = \frac{1}{\pi}\ln\left(17.7828 + \sqrt{17.7828^2 - 1}\right) = 1.13655,\quad A^2 = 1.29175$$

2. $\sigma = \dfrac{\bar{n}}{\sqrt{A^2 + \left(\bar{n} - \dfrac{1}{2}\right)^2}} = 1.07728$

　3. 由式(3.5-20)和式(3.5-30)分别算出零点 u_n 和 $F_a(n)$，如表 3.5-4 所示。从而得电流分布为

$$I(p) = 1 + 0.44295\cos(\pi p) - 0.10738\cos(2\pi p) - 0.013246\cos(3\pi p) + 0.09834\cos(4\pi p)$$

　　取 $p=0$，得中心处 $I(0) = 1.4207$；取 $p=1$，得边缘处 $I(1) = 0.5793\cdots\cdots$如此取不同 p 值便可画出 $I(p)$ 分布，如图 3.5-9(a)所示，可见正如所预期的，为单调下降曲线。

表 3.5-4　泰勒线源的零点位置与方向函数抽样值(例 3.5-2)

$\bar{n}$	u_n/π	$F_a(n)$
1	± 1.337 63	0.221 475
2	± 2.027 39	− 0.005 369
3	± 2.958 45	− 0.006 623
4	± 3.964 30	0.004 917

4. 其方向图仍由式(3.4-7)或式(3.4-10)算出,结果示于图 3.5-9(b)。可见 4 个近旁瓣都近于等幅,最高电平低于 − 25 dB;当 $u = (\pi L/\lambda)\cos\theta = \bar{n}\pi$,即 $\cos\theta = 5/10 = 0.5$,过此点后旁瓣呈单调下降,图中也示出了远旁瓣的包络线。用式(3.5-25a)计算的切氏阵半功率宽度为

$$\mathrm{HP_T} = \beta_0 \frac{\lambda}{L} = 56.04° \frac{1}{10} = 5.604°$$

用式(3.5-24c)求得的泰勒线阵半功率宽度为

$$\mathrm{HP} = \sigma\beta_0 \frac{\lambda}{L} = 1.077\,28 \times 5.604° = 6.037°$$

约比前者宽 8%。

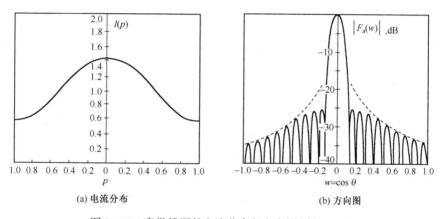

(a) 电流分布　　　　　　　　　　　　(b) 方向图

图 3.5-9　泰勒线源的电流分布与方向图(例 3.5-2)

3.5.3.4　方向图综合的数值方法

切比雪夫阵和泰勒线源代表了天线阵综合最经典的解析方法,这类方法计算简单,应用方便。但其适用面受到限制,如阵元等间距,且一般元距 $d \geqslant \lambda/2$,只适用于线阵等。近年来随着计算机功能的不断增强,特别是智能天线的开发,方向图综合的数值方法已获得了很大发展,可参看有关文献。其优点是综合精度高,适用范围广。正如所预期的,对元距 $d = 0.5\lambda$ 的线阵,以旁瓣电平为约束条件作优化,不同数值方法的结果都与切比雪夫阵方向图相同。取 $N = 20$,SLL = − 40 dB 的一组结果如图 3.5-10 所示[11]。

*3.5.4　最大方向系数线阵的综合

美籍华裔教授郑钧(David K. Cheng)提出一种用线性代数方法实现线阵最大方向系数的综合方法[12]。要解决的问题是:给定辐射元数 N、元距 d,求最佳的阵元激励电流振幅和相位,使线阵的方向系数最大。

设线阵第 i 元电流振幅为 I_i,相位为 ψ_i,位置为 $z_i = (i-1)d$,它与参考阵元(第 $i = 1$ 单元)的波程差为 $\Delta r = z_i\cos\theta$,则阵方向图为

$$F(\theta) = \left| \sum_{i=1}^{N} I_i \mathrm{e}^{\mathrm{j}\psi_i} \cdot \mathrm{e}^{\mathrm{j}kz_i\cos\theta} \right| \tag{3.5-35}$$

设最大方向为 θ_M，其方向系数可由方向图得出：

$$D = \frac{F(\theta_M)F^*(\theta_M)}{\dfrac{1}{2}\displaystyle\int_0^\pi F(\theta)F^*(\theta)\sin\theta\,\mathrm{d}\theta} \tag{3.5-36}$$

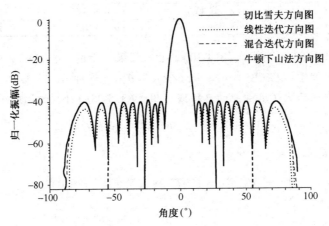

图 3.5-10　$N=20$ 元线阵 4 种算法的方向图

定义两个列矩阵：

$$[I] = \begin{bmatrix} I_1\mathrm{e}^{\mathrm{j}\psi_1} \\ I_2\mathrm{e}^{\mathrm{j}\psi_2} \\ \vdots \\ I_N\mathrm{e}^{\mathrm{j}\psi_N} \end{bmatrix}, \quad [e] = \begin{bmatrix} \exp(\mathrm{j}kz_1\cos\theta_M) \\ \exp(\mathrm{j}kz_2\cos\theta_M) \\ \vdots \\ \exp(\mathrm{j}kz_N\cos\theta_M) \end{bmatrix} \tag{3.5-37}$$

$[I]$ 称为电流矩阵，$[e]$ 称为空间相位矩阵，式中 $\exp(\mathrm{j}a)=\mathrm{e}^{\mathrm{j}a}$。可见，式(3.5-36)分子可表示为

$$F(\theta_M)F^*(\theta_M) = [I]^\mathrm{T}[e]\cdot[e^*]^\mathrm{T}[I^*] = [I]^\mathrm{T}[A][I^*] \tag{3.5-38}$$

上标 T 表示转置；$[A]$ 是 $N\times N$ 阶方阵：

$$[A] = [e][e^*]^\mathrm{T} = [a_{mn}], \quad a_{mn} = \exp[\mathrm{j}k(z_m-z_n)\cos\theta_M] \tag{3.5-39}$$

对于式(3.5-36)的分母，考虑到对 θ 的积分与对 $F(\theta)F^*(\theta)$ 的求和处理可改换次序，它也可类似地表示为 $[I]^\mathrm{T}[B][I^*]$，$[B]$ 也是 $N\times N$ 阶方阵，其元素为

$$b_{mn} = \frac{1}{2}\int_0^\pi \exp[\mathrm{j}k(z_m-z_n)\cos\theta]\sin\theta\,\mathrm{d}\theta \tag{3.5-40}$$

$[A]$ 和 $[B]$ 都取决于阵元相对位置，称为结构矩阵。于是，式(3.5-36)可表示为

$$D = \frac{[I]^\mathrm{T}[A][I^*]}{[I]^\mathrm{T}[B][I^*]} \tag{3.5-41}$$

这是两个二次型之比。由式(3.5-40)可以看出，若将 m 和 n 互换，并取共轭值，此式不变，即

$$b_{nm}^* = b_{mn}$$

故 $[B]$ 为厄米(Hermit)矩阵。同理，$[A]$ 亦为厄米矩阵。而且，由于 $[I]^\mathrm{T}[B][I^*]$ 代表天线辐射功率，它总是正值，则当 $[I]$ 为任何实数或复数量时，$[B]$ 是正定的。于是由矩阵理论知，有以下结论：

1. 特征方程

$$\det\{[A]-p[B]\} = 0 \tag{3.5-42}$$

的根即本征值 $(p_1\geqslant p_2\geqslant\cdots\geqslant p_N)$ 是实数。$\det\{\ \}$ 为行列式。

2. p_1 和 p_N 分别为 D 的下限和上限，即

$$p_1 \leqslant D \leqslant p_N \tag{3.5-43}$$

3. 最大方向系数 $D_{\max}=p_N$ 发生于

$$[A][I] = p_N[B][I] \tag{3.5-44}$$

这样，最大方向系数线阵的综合问题化为由式(3.5-42)求 p_N，然后由式(3.5-44)求$[I]$。对$[A]=[e][e^*]^T$的特定情况，已证明[13]，式(3.5-42)有 $N-1$ 个特征值为零，仅有一个非零特征值为

$$p_N = [e]^T[B]^{-1}[e] > 0 \tag{3.5-45}$$

此特征值对应的特征矢量即最佳电流矩阵为

$$[I]_{opt} = [B]^{-1}[e] \tag{3.5-46}$$

证明：将上式代入式(3.5-44)，并注意到$[A]=[e][e^*]^T$，有

$$[e][e^*]^T[B]^{-1}[e] = p_N[B][B]^{-1}[e]$$

利用式(3.5-45)知，左端为 $p_N[e]$；而$[B][B]^{-1}$为单位矩阵，故右端亦为 $p_N[e]$，可见等式两端相同，得证。

讨论：1.上面的介绍虽然是针对线阵的，但也可推广至阵元置于任意位置的情形；2.这里的优化只涉及方向系数一个指标，还可做进一步发展，例如给定旁瓣电平或带宽，这样就引入对方向系数最优化的约束条件，成为约束最优化问题。

例 3.5-3　对 N 元无方向性点源组成的边射线阵，$d=\lambda/2$，求其最大方向系数 D_{max} 及其电流分布。

[解]　今 $\theta_M = \pi/2$，$z_i = (i-1)d = (i-1)\lambda/2$，故

$$\bar{e} = \begin{bmatrix} 1 \\ 1 \\ \vdots \\ 1 \end{bmatrix}, \quad [\bar{A}] = \begin{bmatrix} 1 & 1 & \cdots & 1 \\ 1 & 1 & \cdots & 1 \\ \vdots & \vdots & & \vdots \\ 1 & 1 & \cdots & 1 \end{bmatrix}$$

$$b_{mm} = \frac{\sin k(z_m - z_n)}{k(z_m - z_n)} = \begin{cases} 0, & m \neq n \\ 1, & m = n \end{cases}, \quad [\bar{B}] = \begin{bmatrix} 1 & 0 & \cdots & 0 \\ 0 & 1 & \cdots & 0 \\ \vdots & \vdots & & \vdots \\ 0 & 0 & \cdots & 1 \end{bmatrix}$$

$$\det\{[A] - p[B]\} = \begin{vmatrix} (1-p) & 1 & \cdots & 1 \\ 1 & (1-p) & \cdots & 1 \\ \vdots & \vdots & & \vdots \\ 1 & 1 & \cdots & (1-p) \end{vmatrix} = (-1)^N p^{N-1}(p - N) = 0$$

其非零解为 $p_N = N$。由式(3.5-45)可得同样结果。可见 $D_{max} = N$。

由式(3.5-46)，

$$[I]_{opt} = [\bar{e}] = \begin{bmatrix} 1 \\ 1 \\ \vdots \\ 1 \end{bmatrix}$$

即 $I_i = 1$，$\psi_i = 0$，为等幅同相分布。

例 3.5-4　求 $N=5$，$d=\lambda/4$，无方向性点源组成的端射线阵的最大方向系数及其最佳电流分布。

[解]　$\theta_M = 0$，$z_i = (i-1)\lambda/4$，得

$$[e] = \begin{bmatrix} 1 \\ -j \\ -1 \\ j \\ 1 \end{bmatrix}, \quad [A] = \begin{bmatrix} 1 & j & -1 & -j & 1 \\ -j & 1 & j & -1 & -j \\ -1 & -j & 1 & j & -1 \\ j & -1 & -j & 1 & j \\ 1 & j & -1 & -j & 1 \end{bmatrix}$$

$$b_{MN} = \frac{\sin k(z_m - z_n)}{k(z_m - z_n)}, \quad m,n = 1,2,\cdots,5$$

$$[B] = \begin{bmatrix} -1 & 0.6366 & 0 & -0.2122 & 0 \\ 0.6306 & 1 & 0.6366 & 0 & -0.2122 \\ 0 & 0.6366 & 1 & 0.6366 & 0 \\ -0.2122 & 0 & 0.6366 & 1 & 0.6366 \\ 0 & -0.2122 & 0 & 0.6366 & 1 \end{bmatrix}$$

$$[B]^{-1} = \begin{bmatrix} -11.9641 & -24.3152 & 29.0256 & -21.2762 & 8.3863 \\ -24.3152 & 55.5026 & -68.3902 & 51.9247 & -21.2782 \\ 29.0256 & -68.3902 & 88.0769 & -68.3902 & 29.0256 \\ -21.2782 & 51.9247 & -68.3902 & 55.5026 & -24.3152 \\ 8.3863 & -21.2782 & 29.0256 & -24.3152 & -11.9641 \end{bmatrix}$$

$$D_{\max} = [e]^{\mathrm{T}}[B]^{-1}[e] = 19.8342, \quad [I]_{\mathrm{opt}} = [B]^{-1}[e] = \begin{bmatrix} 9.1906 & \angle 160.7° \\ 23.0758 & \angle -8.9° \\ 30.0273 & \angle 180° \\ 23.0758 & \angle 8.9° \\ 9.1906 & \angle 199.3° \end{bmatrix}$$

其相对电流分布如表 3.5-5 所示，由此电流分布计算的归一化方向图如图 3.5-11 所示。此阵方向系数远大于 $N(5)$，但其各阵元电流振幅和相位相差大，难实现，且频带窄。

表 3.5-5　5 元最大方向系数端射阵的电流分布(例 3.5-4)

I	I_i	ψ_i
1	1	$0°$
2	2.5108	$-169.6°$
3	3.2672	$19.3°$
4	2.5108	$-151.8°$
5	1	$38.6°$

图 3.5-11　5 元最大方向系数端射阵的方向图(例 3.5-4)

*3.5.5　超方向性天线

由例 3.5-4 可知，理论上可设计出比常规线阵的方向系数大得多的阵列。方向系数明显高于相同尺寸的等幅同相阵的任何天线，都称为超方向性(superdirective antenna)天线或超增益天线。下面再介绍一种超方向性天线的形成。

由两个无方向性点源组成的二元阵，若二阵元的电流等幅反相，则无论其间距 d 多么小，都能形成倒 8 字形方向图，如图 3.5-12(a)所示。其方向函数为($kd \ll 1$)：

$$f_2(\theta) = \left| 1 + \frac{I_2}{I_1} \mathrm{e}^{jkd\cos\theta} \right| = 2\sin\frac{kd\cos\theta}{2} \approx kd\cos\theta \tag{3.5-47}$$

若沿阵轴线再置一与之反相的相同二元阵，如图 3.5-12(b)所示，则其阵因子又是式(3.5-47)：

$$f_3(\theta) = kd\cos\theta \cdot kd\cos\theta = (kd)^2\cos^2\theta \tag{3.5-48}$$

依次类推，可形成新的 N 元二项式阵，各元电流分布为 $(1-a)^{N-1}$ 的展开系数，其方向函数为

$$f_N(\theta) = 2^{n-1}\sin^{(N-1)}\frac{kd\cos\theta}{2} \approx (kd)^{N-1}\cos^{N-1}\theta, \quad kd \ll 1 \tag{3.5-49}$$

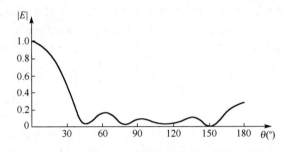

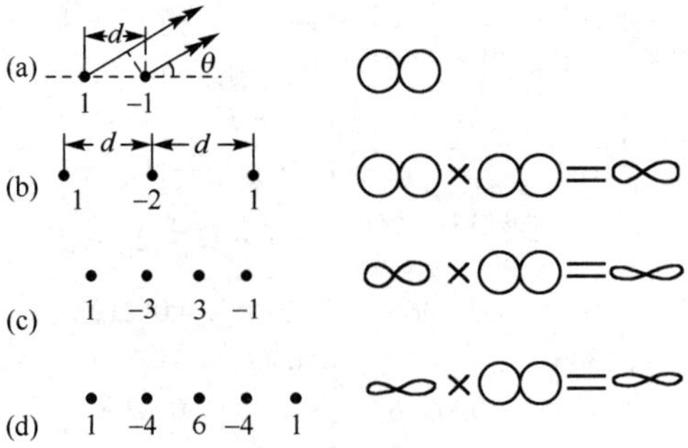

图 3.5-12　超方向性天线的形成举例

N 越大，则波瓣越尖锐，方向系数越大。当 N 增加时，可同时减小元距 d，这样使阵长增大不多，甚至不变，从而实现超方向性。

我们看到，这类阵列的相邻阵元电流反相或近于反相，这样便导致下列问题。

1. 即使在最大方向上，相邻阵元电流的辐射场也近于互相抵消，因此为获得足够大的辐射，所需阵元电流很大，会产生很大的欧姆损耗，使天线辐射效率很低，增益大大下降。可见超方向性天线未必是超增益的。

2. 由于各元电流很大，而辐射场又很小，这使天线的 Q 值很高，因而工作频带极窄，甚至接近于零。

3. 难以实现所需电流分布。特别是，对其精度要求很高，任一阵元的电流稍有偏差，便可能导致主瓣最大值大大减小。而由于元距极小，互耦很强，因而调整更为不易。

由上可见，超方向性天线尽管具有诱人的特性，但却难以应用。因此对这类优化问题的研究也已增加实用性的约束条件。另一方面，对于频率较低($3 \sim 30$ MHz)的短波系统，外部噪声远高于接收机内部噪声(例如 5 MHz 时，典型值高出 50 dB)。此时低效率不再是制约超方向性天线的关键问题，这使其应用有了可能。已有一种 3 元超方向性设计，在 5 MHz 时元距 $d = 0.125\lambda = 7.5$ m，按式(3.4-27)计算的分布效率为 -32 dB，而方向系数可达 8 dB(常规设计为 3 dB)[14]。

*3.6 稀 疏 线 阵

以上研究的都是等距的线阵，本节来讨论不等距的情形。可分两类，一类是阵元密度自中央向两侧越来越稀，称为"密度渐降阵"或"密度加权阵"；另一类是将原等距阵按一定规律抽去一些单元来形成，即阵元间距都是原间距的整数倍。这两类阵的单元数都明显少于原等距阵，故统称为"稀疏阵"，而原等距阵称为"满布阵"。稀疏阵的优点是减少了单元数目，降低了馈电网络的复杂性和故障率，从而明显降低了天线的成本。在电性能上，由于阵波瓣宽度与阵列的最大尺寸有关，因此稀疏阵仍能获得窄的波瓣宽度。但其增益往往与去掉的单元数成比例下降，因而适用于不要求高增益而需要窄波束的场合，如在干扰环境下工作的卫星接收天线、地面高频雷达等。

3.6.1 不等距线阵

我们来分析不等距的对称线阵，设各元电流都是等幅的。如图 3.6-1 所示，将线阵中心选为坐标原点，$N = 2n + 1$ 元，对称分布，其阵因子为

$$F_N = 1 + \sum_{i=1}^{n} (e^{-ju_i} + e^{ju_i}) = 1 + 2\sum_{i=1}^{n} \cos u_i \tag{3.6-1}$$

式中

$$u_i = kd_i(\cos\theta - \cos\theta_M), \quad i = 1, 2, \cdots, N \tag{3.6-2}$$

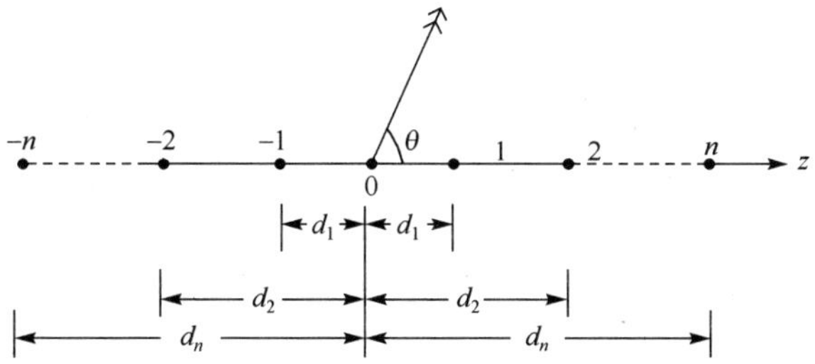

图 3.6-1 不等距对称线阵

当 $n = 2$，$N = 2n + 1 = 5$，令 $c = d_1/d_2$，得

$$F_N = 1 + 2\cos u_1 + 2\cos u_2 = 1 + 2\cos cu_2 + 2\cos u_2 \tag{3.6-3}$$

该阵最大方向对应于 $u_2 = 0$，此时 $F_{Nmax} = 5$。故其方向系数为

$$D = 2 \times 5^2/I_D = 50/I_D$$

$$I_D = \int_0^\pi |F_N|^2 \sin\theta d\theta = \frac{1}{kd_2}\int_a^b |F_N|^2 du_2 = \frac{2w}{kd_2}$$

$$a = -kd_2(1+\cos\theta_M), \quad b = kd_2(1-\cos\theta_M)$$

$$w = 5kd_2 + 4\sin kd_2\cos(kd_2\cos\theta_M) + \sin(2kd_2)\cos(2kd_2\cos\theta_M) + \frac{4}{c}\sin(ckd_2)\cos(ckd_2\cos\theta_M)$$

$$+ \frac{1}{c}\sin(2ckd_2)\cos(2ckd_2\cos\theta_M) + \frac{4}{1+c}\sin[(1+c)kd_2]\cos[(1+c)kd_2\cos\theta_M]$$

$$+ \frac{4}{1-c}\sin[(1-c)kd_2]\cos[(1-c)kd_2\cos\theta_M] \tag{3.6-4}$$

故该 $N = 5$ 元阵的方向系数为

$$D = 25kd_2/w \tag{3.6-5}$$

当 $d_2 = 2d_1$，$c = 0.5$ 时，由上式得到的结果与式(3.3-38)一致，$D = 5$。

对 $N = 5$ 元不等距等幅对称线阵，取 $d_2 = 3\lambda/4$，λ，$5\lambda/4$，按上面公式计算的方向系数、第一零点波瓣宽度和第一旁瓣电平与 $c = d_1/d_2$ 的关系示于图 3.6-2(a) 至图 3.6-2(c) 中。图中 $c = 0.5$ 对应于等距阵，此时 $d_2 = \lambda$ 曲线就代表元距 $d = \lambda/2$ 的等幅等距阵。由图 3.6-2(a) 看出，最大方向系数都发生于 $c = 0.5$ (等距)附近。图 3.6-2(b)(c)表明，$c < 0.5$ 能降低旁瓣电平，但使波瓣宽度展宽；$c > 0.5$ 可使波瓣宽度变窄，但以旁瓣电平升高为代价，特别是，当 $c = 0.7 \sim 0.9$，图 3.6-2(a)所示方向系数明显下降。因此加大元距使波束变窄也是有限度的。

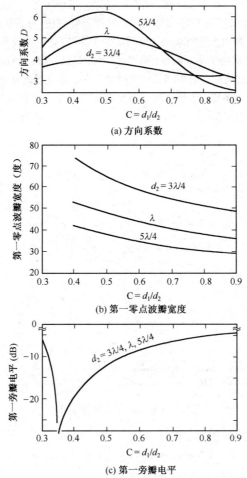

(a) 方向系数

(b) 第一零点波瓣宽度

(c) 第一旁瓣电平

图 3.6-2   5 元不等距等幅对称线阵特性

3.6.2　缺元阵

另一类 5 元稀疏阵由缺元来形成,可称之为缺元阵。设各元电流等幅同相,元距为 $\lambda/2$。这样,与满布阵(a)相比有三种情形:(b)缺中心元;(c)缺邻近端点的元;(d)缺端点元。其方向图如图 3.6-3 所示。可以看出,缺中心元能使波瓣宽度变窄,但导致旁瓣电平大大升高,这与表 3.4-2 中倒三角和边缘式电流分布的特点是相似的。缺邻近端点元的特点是旁瓣电平升高且零点被填满,而其波瓣宽度基本不变。缺端点元使 5 元线阵变成 4 元线阵,因而波瓣宽度展宽,旁瓣稍高。自然,若线阵电流振幅呈渐降分布,缺元的影响要相对弱些。

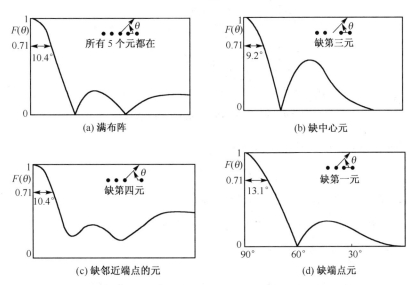

图 3.6-3　5 元缺元阵与满布阵方向图的比较

对于将等距改为随机元距的大型线阵($L \gg \lambda$),美籍华裔教授罗远祉(Y. T. Lo)在参考文献[15]中作了详尽介绍。他指出,随机阵的波瓣宽度收敛于平均方向图的波瓣宽度,它受元数减少的影响较小,因而利用随机间距的稀疏阵来获得窄波束是有利的;但其方向系数 D 仍与总元数 N 成正比;而要获得给定的低旁瓣电平,需采用很大的阵,即存在最小 N 的限制。

*3.7　圆　环　阵

3.7.1　N 元圆环阵的方向函数

3.7.1.1　一般表示式

除直线阵外,阵元沿圆周分布的圆环阵也是一种有实用意义的阵列。如图 3.7-1 所示,N 个无方向性点源在 x-y 平面上沿半径为 a 的圆周等间距排列。第 i 单元的方位角为 $\varphi_i = 2\pi_i/N$,其电流为 $I_i = A_i \mathrm{e}^{\mathrm{j}\psi_i}$,故 N 元圆环阵的方向函数为

$$f(\theta, \varphi) = \sum_{i=1}^{N} A_i \mathrm{e}^{\mathrm{j}\psi_i} \mathrm{e}^{\mathrm{j}ka\cos\alpha_i}$$

这里已考虑到对远区场点 $P(r, \theta, \varphi)$,$R_i \,/\!/\, r$。式中

$$\cos \alpha_i = \hat{a}_i \cdot \hat{r} = (\hat{x}\cos\varphi_i + \hat{y}\sin\varphi_i) \cdot (\hat{x}\sin\theta\cos\varphi + \hat{y}\sin\theta\sin\varphi + \hat{z}\cos\theta)$$

$$= \sin\theta\cos\varphi\cos\varphi_i + \sin\theta\sin\varphi\sin\varphi_i = \sin\theta\cos(\varphi - \varphi_i)$$

从而得
$$f(\theta, \varphi) = \sum_{i=1}^{N} A_i \mathrm{e}^{\mathrm{j}ka\sin\theta\cos(\varphi - \varphi_1) + \mathrm{j}\psi_i} \tag{3.7-1}$$

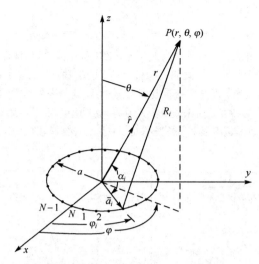

图 3.7-1   N 元圆环阵的几何关系

若最大值方向为 (θ_M, φ_M)，则第 i 单元电流相位应为 $\psi_i = -ka\sin\theta_M\cos(\varphi_M - \varphi_i)$。于是，

$$f(\theta, \varphi) = \sum_{i=1}^{N} A_i e^{jka[\sin\theta\cos(\varphi-\varphi_i) - \sin\theta_M\cos(\varphi_M-\varphi_i)]} \tag{3.7-2}$$

为将上式化为更简单的形式，定义两个新变量 ρ 和 ξ：

$$\rho = a\left[(\sin\theta\cos\varphi - \sin\theta_M\cos\varphi_M)^2 + (\sin\theta\sin\varphi - \sin\theta_M\sin\varphi_M)^2\right]^{\frac{1}{2}} \tag{3.7-3}$$

$$\cos\xi = \frac{a}{\rho}(\sin\theta\cos\varphi - \sin\theta_M\cos\varphi_M) \tag{3.7-4}$$

则

$$\sin\xi = (1 - \cos^2\xi)^{\frac{1}{2}} = \frac{a}{\rho}(\sin\theta\sin\varphi - \sin\theta_M\sin\varphi_M) \tag{3.7-5}$$

于是，式(3.7-2)指数因子为

$$ka[\sin\theta\cos(\varphi - \varphi_i) - \sin\theta_M\cos(\varphi_M - \varphi_i)]$$
$$= ka[\cos\varphi_i(\sin\theta\cos\varphi - \sin\theta_M\cos\varphi_M) + \sin\varphi_i(\sin\theta\sin\varphi - \sin\theta_M\sin\varphi_M)]$$
$$= k\rho(\cos\varphi_i\cos\xi + \sin\varphi_i\sin\xi)$$
$$= k\rho\cos(\varphi_i - \xi) \tag{3.7-6}$$

故

$$f(\theta, \varphi) = \sum_{i=1}^{N} A_i e^{jk\rho\cos(\varphi_i - \xi)} \tag{3.7-7}$$

式中

$$\xi = \arctan\frac{\sin\theta\sin\varphi - \sin\theta_M\sin\varphi_M}{\sin\theta\cos\varphi - \sin\theta_M\cos\varphi_M} \tag{3.7-8}$$

对 $N = 10$，$ka = 10$ 的圆环阵，当各阵元电流等幅同相时，由上式计算的三维方向图如图 3.7-2 所示，对应的二维主面方向图如图 3.7-3 所示。

3.7.1.2   等幅阵

对 $A_i = A_1$ 的等幅阵情形可作下述变换，即将 e^{jkx}(平面波因子)展开为贝塞尔函数的级数(柱面波因子)：

$$e^{jk\rho\cos\varphi} = \sum_{m=-\infty}^{\infty} a_m J_m(k\rho) e^{-jm\varphi}$$

将两端乘以 $e^{jn\varphi}$，并对 φ 从 0 积分到 2π，得

$$\int_0^{2\pi} e^{jk\rho\cos\varphi} e^{jn\varphi} d\varphi = 2\pi a_n J_n(k\rho)$$

因

$$J_n(x) = \frac{j^{-n}}{2\pi} \int_0^{2\pi} e^{jx\cos\varphi} e^{jn\varphi} d\varphi$$

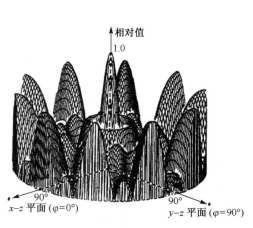

图 3.7-2　$N=10$, $ka=10$ 的均匀圆环阵三维方向图

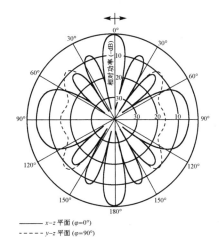

———— x-z 平面（$\varphi=0°$）
- - - - y-z 平面（$\varphi=90°$）

图 3.7-3　$N=10$, $ka=10$ 的均匀圆环阵主面方向图

代入上式知 $a_n = j^{-n}$。故

$$e^{jk\rho\cos\varphi} = \sum_{m=-\infty}^{\infty} j^{-m} J_m(k\rho) e^{-jm\varphi} = \sum_{m=-\infty}^{\infty} J_m(k\rho) e^{-jm\left(\frac{\pi}{2}+\varphi\right)} \tag{3.7-9}$$

从而得

$$f(\theta,\varphi) = A_1 \sum_{i=1}^{N} \sum_{m=-\infty}^{\infty} e^{-jm\left(\frac{\pi}{2}-\xi+\frac{2\pi i}{N}\right)} J_m(k\rho)$$

交换求和次序，并考虑到

$$\sum_{i=1}^{N} e^{-jm(2\pi i/N)} = \frac{e^{j2\pi m/N}(1-e^{-j2\pi m})}{1-e^{-j2\pi m/N}} = \begin{cases} N, & m/N=0 \text{ 或偶数} \\ 0, & \text{其他} \end{cases}$$

上式化为

$$f(\theta,\varphi) = A_t \sum_{m=-\infty}^{\infty} e^{-jmN\left(\frac{\pi}{2}-\xi\right)} J_{mN}(k\rho) \tag{3.7-10}$$

式中 $A_t = NA_1$，mN 表示 m 与 N 的乘积。含零阶贝塞尔函数 $J_0(k\rho)$ 的项称为主项，其余称为余项。下面研究两种特殊情形。

1. 最大方向位于阵列平面（$\theta_M = 90°$）

研究阵列平面方向图（$\theta=90°$），取最大方向沿 x 轴，即 $\varphi_M=0$，则

$$\psi_i = -ka\cos\varphi_i = -ka\cos\frac{2\pi i}{N}$$

$$\rho = a\left[(\sin\theta\cos\varphi-1)^2+(\sin\theta\sin\varphi)^2\right]^{\frac{1}{2}} = a\left[1+\sin^2\theta-2\sin\theta\cos\varphi\right]^{\frac{1}{2}}$$

因 $\theta=90°$，得

$$\rho = a\left[2(1-\cos\varphi)\right]^{\frac{1}{2}} = 2a\sin\frac{\varphi}{2}$$

$$\cos\xi = \frac{\cos\varphi-1}{2\sin\frac{\varphi}{2}} = -\sin\frac{\varphi}{2} = \cos\left(\frac{\pi}{2}+\frac{\varphi}{2}\right), \quad \xi = \frac{\pi+\varphi}{2}$$

故式（3.7-10）化为

$$f(\varphi) = A_t \sum_{m=-\infty}^{\infty} e^{j\frac{mN\varphi}{2}} J_{mN}\left(2ka\sin\frac{\varphi}{2}\right) \tag{3.7-11}$$

当 $N \gg 1$，则 $J_{mN}(k\rho) \to 0$。此时只需取其主项来近似，即

$$f(\varphi) = A_t J_0\left(2ka\sin\frac{\varphi}{2}\right) \tag{3.7-12}$$

2. 最大方向为 z 轴（$\theta_M = 0°$）

$$\psi_i = 0$$

$$\rho = a \left[(\sin\theta\cos\varphi)^2 + (\sin\theta\sin\varphi)^2 \right]^{\frac{1}{2}} = a\sin\theta \tag{3.7-13}$$

$$\cos\xi = \frac{\sin\theta\cos\varphi}{\sin\theta} = \cos\varphi, \quad \xi = \varphi$$

故式(3.7-10)化为

$$f(\theta, \varphi) = A_t \sum_{m=-\infty}^{\infty} e^{-jmN\left(\frac{\pi}{2}-\varphi\right)} J_{mN}(ka\sin\theta) \tag{3.7-14}$$

当 $N \gg 1$，$J_{mN}(k\rho) \to 0$，此时只需取其主项来近似：

$$f(\theta) = A_t J_0(ka\sin\theta) \tag{3.7-15}$$

可见，无论是水平面(阵列平面，$\theta = 90°$)还是垂直面(φ 为常量)，当 $N \gg 1$，都具有 $J_0(k\rho)$ 形式方向图。图3.7-4给出此方向图(对应 $N = \infty$)与 $N = 7$，$N = 10$ 时分别用式(3.7-11)和式(3.7-14)计算的方向图之比较，后二者计算中略去了 $m \geqslant 3$ 的余项，并利用关系式：$J_{-n}(x) = (-1)^n J_n(x)$。可见，对主瓣区域此近似式的精度是很高的；对旁瓣区域，其精度随 N 的增大而明显提高，而且还与 N 是否为奇数有关[$N = 7$ 比 $N = 10$ 要好，如图3.7-4(c)所示]。

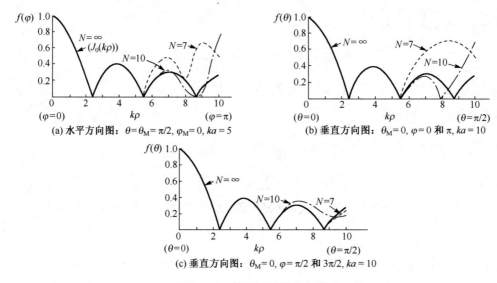

(a) 水平方向图：$\theta = \theta_M = \pi/2$，$\varphi_M = 0$，$ka = 5$

(b) 垂直方向图：$\theta_M = 0$，$\varphi = 0$ 和 π，$ka = 10$

(c) 垂直方向图：$\theta_M = 0$，$\varphi = \pi/2$ 和 $3\pi/2$，$ka = 10$

图3.7-4　等幅圆环阵方向图

注意，$J_0(k\rho)$ 的第1、2旁瓣电平达 -7.9 dB 和 -10.5 dB，可见偏高。为降低旁瓣电平，可在圆环中心处加上幅度为 A_0 的辐射元，适当调节它与 A_t 的相对幅度；还可采用同心圆环阵或采用不均匀电流分布。

3.7.2　N元圆环阵的方向系数

N 元圆环阵的方向系数也可由其方向函数求出：

$$D = \frac{4\pi |f(\theta_M, \varphi_M)|^2}{\int_0^{2\pi} \int_0^{\pi} |f(\theta, \varphi)|^2 \sin\theta \mathrm{d}\theta} \tag{3.7-16}$$

由式(3.7-1)知，

$$|f(\theta, \varphi)|^2 = \sum_{m=1}^{N} \sum_{n=1}^{N} A_m A_n e^{j(\psi_m - \psi_n)} e^{jka\sin\theta[\cos(\varphi-\varphi_m)-\cos(\varphi-\varphi_n)]}$$

$$= \sum_{m=1}^{N} \sum_{n=1}^{N} A_m A_n e^{j(\psi_m - \psi_n)} e^{jk\rho_{mm}\sin\theta\cos(\varphi-\varphi_{mm})}$$

式中

$$\rho_{mn}\cos(\varphi - \varphi_{mn}) = a[\cos(\varphi - \varphi_m) - \cos(\varphi - \varphi_n)]$$

故 $\qquad \rho_{mn}\cos\varphi_{mn} = a(\cos\varphi_m - \cos\varphi_n), \quad \rho_{mn}\sin\varphi_{mn} = a(\sin\varphi_m - \sin\varphi_n)$

得 $$\varphi_{mn} = \arctan\frac{\sin\varphi_m - \sin\varphi_n}{\cos\varphi_m - \cos\varphi_n} \tag{3.7-17}$$

$$\rho_{mn} = a\left[(\cos\varphi_m - \cos\varphi_n)^2 + (\sin\varphi_m - \sin\varphi_n)^2\right]^{\frac{1}{2}} = a\left[2 - 2\cos(\varphi_m - \varphi_n)\right]^{\frac{1}{2}} = 2a\sin\frac{\varphi_m - \varphi_n}{2}$$

$$\tag{3.7-18}$$

于是 D 的分母积分为

$$I_D = \sum_{m=1}^{N}\sum_{n=1}^{N} A_m A_n e^{j(\psi_m - \psi_n)} \int_0^{2\pi}\int_0^{\pi} e^{jk\rho_{mn}\sin\theta\cos(\varphi - \varphi_{mn})}\sin\theta\,d\theta\,d\varphi$$

$$= 2\pi\sum_m\sum_n A_m A_n e^{j(\psi_m - \psi_n)}\int_0^{\pi} J_0(k\rho_{mn}\sin\theta)\sin\theta\,d\theta$$

$$= 4\pi\sum_m\sum_n A_m A_n e^{j(\psi_m - \psi_n)}\int_0^{\pi/2} J_0(k\rho_{mn}\sin\theta)\sin\theta\,d\theta \tag{3.7-19}$$

第一索宁(Sonine)有限积分公式为

$$\int_0^{\pi/2} J_\nu(x\sin\theta)(\cos\theta)^{2\mu+1}(\sin\theta)^{\nu+1}\,d\theta = \frac{2^\mu\Gamma(\mu+1)}{2^{(\mu+1)}}J_{\nu+\mu+1}(x), \quad \mathrm{Re}\,\nu,\ \mathrm{Re}\,\mu > -1 \tag{3.7-20}$$

将 $\nu = 0, \mu = -1/2, \Gamma(1/2) = \sqrt{\pi}$ 代入此式，得

$$\int_0^{\pi/2} J_0(x\sin\theta)\sin\theta\,d\theta = \sqrt{\frac{\pi}{2}}\frac{J_{1/2}(x)}{\sqrt{x}} = \frac{\sin x}{x} \tag{3.7-21}$$

从而有 $\qquad D = |f(\theta_M, \theta_M)|^2/w, \quad w = \sum_{m=1}^{N}\sum_{n=1}^{N} A_m A_n e^{j(\psi_m - \psi_n)}\left(\frac{\sin k\rho_{mn}}{k\rho_{mn}}\right) \tag{3.7-22}$

　　上式的一个特例是当半径 $a\to\infty$ 时(相当于线阵)，此时化为式(3.4-26)的结果。对等幅阵，$A_i = A_1$ 为常量，$D = N$。对 $N = 6$ 元等幅圆环阵计算的方向系数如图3.7-5所示。图3.7-5(a)是 $\theta_M = 90°$ 情形(最大方向位于阵列平面)D 与 a/λ 的关系。此时第 i 元的电流相位为 $\alpha_i = -ka\cos(\varphi_M - \varphi_i)$，$\varphi_i = i\pi/3$。若 $\varphi_M = 0°$(沿一辐射元的方向)，结果为实线，当 $a = 0.5\lambda$ 时 D 最大，约6.7；若 $\varphi_M = 30°$(沿二辐射元中线的方向)，$a = 0.75\lambda$ 时 D 最大，也约6.7。可以看出，当 $a\to\infty$，二者均有 $D = N\approx 6$。

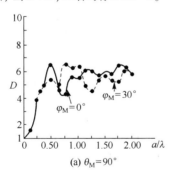 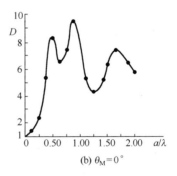

图 3.7-5　6 元等幅圆环阵的方向系数

　　图3.7-5(b)是 $\theta_M = 0°$(最大方向沿 z 轴，各元同相)时，D 与 a/λ 的关系。D 与 φ_M 无关，当 $a = 7\lambda/8$ 时 D 最大，达9.5。不难看出，当 $a\to\infty$，也有 $D\approx 6$。

习　　题

　　Δ3.1-1　二半波振子阵排列如图3.1-1(a)所示，写出 E 面方向函数，概画方向图。设：

　　1)$I_{M2} = I_{M1}$，$d = \lambda$；

　　2)$I_{M2} = I_{M1}$，$d = 1.5\lambda$；

         3)$I_{M2} = I_{M1}e^{-j30°}$, $d = \lambda/2$。

3.1-2   二半波振子阵排列(不包括馈电网络)如图 3.1-1(b)所示,写出 E 面方向函数,概画方向图。设:

       1)$I_{M2} = I_{M1}$, $d = \lambda/4$;

       2)$I_{M2} = I_{M1}e^{-j90°}$, $d = \lambda/4$;

       3)$I_{M2} = 0.6I_{M1}e^{-j90°}$, $d = \lambda/4$。

Δ3.1-3   一半波振子垂直于理想导体地面,高 $H = 3\lambda$,概画其 E 面方向图,并求最近于地面的第一个零点方向 θ_{01}。

Δ3.2-1   二半波振子阵如图 P3-1 所示。其间距 $d = \lambda/2$,通过双导线交叉馈电,使 $I_{M1} = I_{M2}$。

       1)求振子①的辐射阻抗 Z_{r1};

       2)设振子已调节为谐振长度,求振子①本身的输入阻抗 Z_{in1} 及其二元阵的输入阻抗 Z_{in};

       3)二元阵的总辐射电阻 R_r 与方向系数 D。

3.2-2   二并馈半波振子阵如题图 P3-2 所示,间距为 $d = \lambda$,馈线特性阻抗 $Z_c = 200\ \Omega$。

       1)写出 x-z 面方向函数,概画其方向图;

       2)求振子阵辐射电阻 R_r 与方向系数;

       3)设振子已调节为谐振长度,求振子本身的输入阻抗 Z_{in1} 和振子阵馈电端 AA' 处的输入阻抗 Z_{in}。

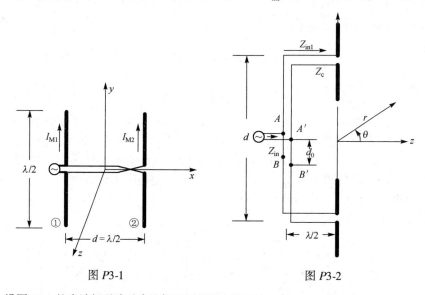

图 P3-1   图 P3-2

3.2-3   设图 P3-1 的半波振子阵垂直地架于理想导电地面上,高 $H = 1.5\lambda$。

       1)写出 y-z 面方向函数,概画其方向图;

       2)求振子①的辐射阻抗 Z_{r1};二元阵的总辐射电阻 R_r 与方向系数 D。

3.2-4   将图 3.2-8 中水平半波振子换为图 3.1-1(a)所示的水平半波振子二元阵($d = \lambda/2$),仍位于理想导体反射平面上方 $H = \lambda/4$ 处。

       1)求 y-z 面方向函数,并概画其方向图;

       2)求阵元的辐射阻抗 Z_{r1};求振子阵总辐射电阻和方向系数。

Δ3.3-1   对下述间距的 6 元等幅边射阵($\theta_M = 0$,θ 角从阵法向算起),写出其阵因子方向函数,求出 0°~90°角域的零点方向,并概画其极坐标方向图:

       1)$d = \lambda/2$;

       2)$d = \lambda$;

       3)$d = 0.8\lambda$。

3.3-2   对下述间距和最大方向(θ 角从阵轴线一端算起)的 6 元等幅线阵,写出其阵因子方向函数,求 0~180°角域的零点方向,并概画其极坐标方向图:

　　　　1）$d = \lambda/4$，$\theta_M = 0$（端射）；

　　　　2）$d = \lambda/4$，$\theta_M = 45°$；

　　　　3）$d = 0.6\lambda$，$\theta_M = 45°$。

3.3-3　编程画出题 3.3-2 三种情形的直角坐标方向图。

3.3-4　导出式（3.3-47）式（3.3-52）。

Δ3.3-5　分别利用式（3.3-56）和式（3.3-57）计算下列 N 元等幅边射半波振子阵（$d = \lambda/2$）的方向系数：

　　　　1）$N = 3$，并列；

　　　　2）$N = 4$，并列；

　　　　3）$N = 4$，共轴。

3.3-6　5 元 HW 端射阵元距 $d = 0.35\lambda$，求出各元的相对相位，写出其方向函数，并画出极坐标方向图。

3.3-7　由 $N = 7$ 元半波振子组成的等幅边射共轴线阵（如图 3.3-3 所示），$d = \lambda/2$，求 E 面方向函数，概画方向图，并求 HP，SLL 及方向系数 D。

Δ3.3-8　对上题 $N = 7$ 元半波振子等幅共轴线阵（$d = \lambda/2$），今要求波束由边射方向 $\theta_M = 0°$ 扫描到 $\theta_M = 40°$。

　　　　1）求所需的相邻单元相移 ψ；

　　　　2）要求不出现栅瓣，对其间距 d 有什么条件？

3.3-9　对图 P3-2 所示的二元半波振子阵（$d = \lambda$），设已选择馈线特性阻抗 Z_c 等于振子本身的输入阻抗 $Z_{in1} = R_{r1}$，今馈电点由 AA' 处下移 $d_0 = 0.15\lambda$ 至 BB' 处，

　　　　1）求 I_{M2}/I_{M1} 的值，以及此时波束最大方向 θ_M；

　　　　2）写出 x-z 面方向函数，概画其方向图。

3.3-10　对工作于 $\lambda = 10$ cm 的 8 元等幅等距线阵，请根据表 3.3-4 算出下列线阵所需的元距 d 条件：

　　　　1）边射阵；

　　　　2）普通端射阵；

　　　　3）HW 端射阵；

　　　　4）扫描角（从端射方向算起）$\theta_M = 30°$ 的扫描阵。

3.3-11　移动通信基站天线通常采用铅垂架设的 4 元边射共轴等幅半波振子阵，以在水平面产生全向方向图，如图 3.3-20 所示。早期蜂窝电话频段为 824 ~ 894 MHz。

　　　　1）为获得最大方向系数，参考式（3.3-66）和图 3.3-14 选定元距 $d = 0.8\lambda_0$，λ_0 为中心频率的波长，求 d 的值。设上、下端频的波长为 λ_1，λ_2，分别求 d/λ_1 和 d/λ_2 的值。

　　　　2）利用式（3.3-57）分别算出 λ_0，λ_1 和 λ_2 时的方向系数 D_0，D_1 和 D_2；

　　　　3）写出 λ_0 时的 x-z 面方向函数，画出其极坐标方向图；利用图 3.2-4 算出 λ_0 时的方向系数。

3.4-1　对表 3.4-2 中下列 5 元边射阵（$d = \lambda/2$）写出归一化方向函数，并利用天线阵方向图绘图软件（见文献［2°］附录 G）画出其方向图，求出半功率宽度 HP：

　　　　1）等幅式；

　　　　2）– 30 dB 切氏阵；

　　　　3）二项式；

　　　　4）倒三角。

Δ3.4-2　对 $N = 8$ 元等距边射阵，$d = \lambda/2$，要求其旁瓣电平为 – 25 dB。

　　　　1）试设计其切比雪夫阵电流比；

　　　　2）按设计的电流比，编程画出其直角坐标方向图；

　　　　3）求半功率宽度 HP 和方向系数 D；

　　　　4）若按等幅式阵、二项式阵设计，则二者 HP 和 D 各如何？

3.4-3　设计 $N = 6$ 元等距边射阵，$d = 0.7\lambda$，要求其旁瓣电平为 – 30 dB。

　　　　1）计算其切比雪夫阵电流比；

　　　　2）按设计的电流比，编程画出以 dB 为纵坐标的直角坐标方向图。

3.5-1　要求用 $N = 10$ 元等距边射阵，实现例 3.5-1 的式(3.5-3)方向图，元距 $d = \lambda/2$。请用傅里叶变换法导出激励电流表示式，求出各阵元电流，并画出阵因子方向图。

3.5-2　在目标搜索、测地雷达和机场信标中，希望对同一反射截面的目标所接收的回波功率，与至目标的距离 r 无关。天线辐射的远区场对固定的 φ_0 角，可表示为

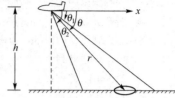

$$| E(r, \theta, \varphi_0) | = \frac{C_0}{r} f(\theta)$$

式中 C_0 是常数。按图 P3-3 的几何关系，有

$$r = \frac{h}{\sin \theta} = h \csc \theta, \quad \theta_1 \leqslant \theta \leqslant \theta_2$$

图 P3-3　余割方向图

如要求空用雷达以固定高度 h 飞行时，上述场强保持不变，则要求其天线远场方向图为

$$f(\theta) = \frac{h}{C} \csc \theta = C_1 \csc \theta, \quad \theta_1 \leqslant \theta \leqslant \theta_2 \tag{3.5-50}$$

此方向图称为余割方向图，它可补偿距离 r 随 θ 的变化。

用傅里叶变换法设计 $N = 20$ 元等间距线阵($d = \lambda/2$)，其阵因子方向图为

$$f_d(\theta) = \begin{cases} 0.342 \csc \theta, & 20° \leqslant \theta \leqslant 60° \\ 0, & \text{其他} \end{cases}$$

列表给出各阵元电流值，并画出所得方向图。

3.5-3　用谢昆诺夫法设计元距 $d = \lambda/4$ 的等距线阵，使阵因子零点发生于 $\theta = 0°$，$90°$ 和 $180°$。求阵元个数，阵元激励系数，写出阵因子，画出其方向图。

3.5-4　设计一泰勒分布线源，$L = 10\lambda$，SLL $= -30$ dB，$\bar{n} = 7$。

　　1)求电流分布，取 $N = 21$，列出各元的归一化电流值，并画出电流分布曲线；

　　2)以 $w = \cos \theta$ 为横坐标，画出直角坐标方向图；算出半功率宽度 HP。

3.5-5　设计一泰勒分布线源，$L = 10\lambda$，SLL $= -20$ dB，$\bar{n} = 7$。重复题 3.5-4 之三项计算。

3.5-6　要求 $N = 10$ 元等距边射阵($d = \lambda/2$)的旁瓣电平为 -25 dB。

　　1)求切比雪夫阵的电流分布和所得方向图；

　　2)求泰勒线源($\bar{n} = 5$)的电流分布和所得方向图；

　　3)求二者半功率密度。

3.7-1　在半径 $a = \lambda$ 的圆周上等距排列着 8 个无方向性辐射元，等幅激励。求圆环阵的方向系数，画出方向图，并与 $J_0(u)$ 进行比较：

　　1)$\theta_M = 0°$；

　　2)$\theta_M = 90°$，$\varphi_M = 0°$。

第4章 振子天线

从本章开始将依次研究线天线、缝天线和口径天线等天线的典型形式。线天线的一类典型形式是对称振子和由它构成的天线阵。本章首先介绍对称振子的几种实用形式及单极天线,然后研究它们的典型阵列形式——同相水平天线、八木-宇田天线及同相直立天线阵。

4.1 对称振子天线与平衡器

我们已在第 2 章分析了对称振子的电性能,本节先介绍它在短波通信中的两种应用形式:π形天线和笼形天线;然后研究它在超短波波段的一种常用形式——折合振子,并介绍高增益的高斯曲线振子;最后讨论对称振子的平衡馈电问题,介绍几种平衡器(巴仑)。

*4.1.1 π形天线和笼形天线

4.1.1.1 π形天线结构与方向图

π形天线也称为双极天线,是一种水平对称振子,如图 4.1-1 所示[1]。振子臂用单根硬拉黄铜线或钢心铜线制成,导线直径 $2a$ 由机械强度和功率容量的要求来选定,通常为 $3 \sim 6$ mm。为避免在支撑振子的拉线上感应大电流,需在离振子端 $2 \sim 3$ m 的拉线上加一个绝缘子。这样两端支撑木柱相距大于 $2l + (5 \sim 6)$ m。

3.1.3 节中已利用镜像原理分析了有限导电率的地面上水平对称振子的方向性,自然也适用于这里。如果既要得出含振子轴和垂直振子轴平面的方向图,又需求出任意方位角平面的方向图或三维方向图,可改用图 4.1-2 所示坐标系。此时水平对称振子在远场点 $P(r, \theta, \varphi)$ 处产生的场为

$$E_1 = \mathrm{j}\frac{60I_\mathrm{M}}{r_1}\frac{\cos(kl\cos\alpha) - \cos kl}{\sin\alpha}\mathrm{e}^{-\mathrm{j}kr_1}$$

其中 α 是射线与振子轴(x 轴)之间的夹角。与 3.1.2 节后面提到的处理方法一样,α 可化为用球坐标 (θ, φ) 来表示:

$$\cos\alpha = \hat{r} \cdot \hat{x} = (\hat{x}\sin\theta\cos\varphi + \hat{y}\sin\theta\sin\varphi + \hat{z}\cos\theta) \cdot \hat{x} = \sin\theta\cos\varphi$$

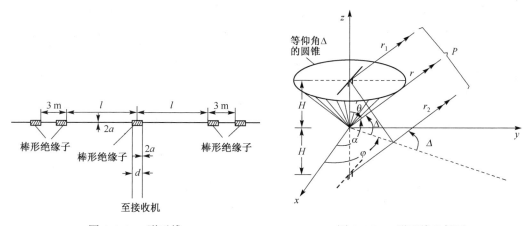

图 4.1-1 π形天线　　　　　　　　图 4.1-2 π形天线坐标系

短波通信中一般用射线仰角 Δ 来代替 θ 角,仰角 Δ 是射线与地平面之间的夹角,即 $\Delta = 90° - \theta$。于是由上式得

$$\cos\alpha = \cos\Delta\cos\varphi, \quad \sin\alpha = \sqrt{1 - \cos^2\alpha} = \sqrt{1 - \cos^2\Delta\cos^2\varphi} \tag{4.1-1}$$

由式(3.1-17)可知

$$f(\Delta,\varphi) = f_1(\Delta,\varphi)f_g(\Delta) = \frac{\cos(kl\cos\Delta\cos\varphi) - \cos kl}{\sqrt{1 - \cos^2\Delta\cos^2\varphi}}\sqrt{1 + |\Gamma|^2 + 2|\Gamma|\cos(\varphi - 2kH\sin\Delta)}$$

$$\tag{4.1-2}$$

对理想导体地面上的水平半波振子, $kl = \pi/2$, $\Gamma = -1$, 上式化为

$$f(\Delta,\varphi) = \frac{\cos\left(\dfrac{\pi}{2}\cos\Delta\cos\varphi\right)}{\sqrt{1 - \cos^2\Delta\cos^2\varphi}}2\sin(kH\sin\Delta) \tag{4.1-3}$$

作为例子, 对理想导体地面上架高 $H = \lambda/2$ 的水平半波振子, 计算了仰角 $\Delta = 10°$, $20°$, $30°$时作为方位角 φ 函数的方向图, 如图 4.1-3 所示。注意, 这些方向图在 $\varphi = 90°$ 和 $270°$ 上的相对幅度正是上一章图 3.1-10(b)($H = \lambda/2$)垂直波瓣图中对应于 $\Delta = 10°$, $20°$, $30°$方向的值。可以看出, 仰角 Δ 愈大, 水平面方向性愈不明显。因此对高仰角通信, 它可近似看成全向天线(方位面内无方向性)。

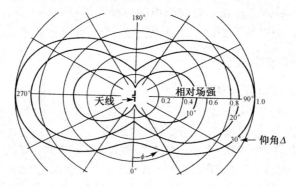

图 4.1-3　地面上架高 $\lambda/2$ 的水平半波振子的水平面方向图($\Delta = 10°$, $20°$, $30°$)

4.1.1.2　功率容量

下面来讨论一下对称振子天线的功率容量问题。当天线导线表面的电场场强超过额定值时, 就有发生火花放电的危险; 馈线也一样。空气的击穿场强大约为 30 kV/cm, 但是大功率短波电台的经验表明, 临界场强随温度和湿度的增加而降低, 它不是一成不变的。根据经验, 当用于调频电话、电报时, 它的最大容许场强是 6 ~ 8 kV/cm; 作调幅电话时, 最大容许场强可达10 ~ 11 kV/cm。

对称振子表面电场强度可由导体表面边界条件, $D_n = \varepsilon_0 E_n = \rho_s$ 得出, ρ_s 为振子表面的面电荷密度。下面先来求振子表面的线电荷密度 ρ_1。由电荷连续性方程 $\nabla \cdot \bar{J} = -j\omega\rho_v$ 知, 对沿 z 轴方向的线电流 I_z, 有

$$\frac{\partial I_z}{\partial z} = -j\omega\rho_1$$

对称振子电流分布为

$$I_z = \begin{cases} I_M\sin[k(l - z)], & z > 0 \\ I_M\sin[k(l + z)], & z < 0 \end{cases}$$

由上两式得

$$\rho_1 = \begin{cases} -j\dfrac{kI_M}{\omega}\cos[k(l - z)], & z > 0 \\ j\dfrac{kI_M}{\omega}\cos[k(l + z)], & z < 0 \end{cases} \tag{4.1-4}$$

可见该电荷分布如同开路传输线中电压的沿线分布, 按余弦分布。长度 $2l = 5\lambda/4$ 的振子上的电荷分布如图 4.1-4 所示。振子二臂对称点处电荷数值相等, 但符号相反。

圆柱振子上的面电荷密度 $\rho_s = \rho_1/2\pi a$, 从而得

$$E_n = \frac{\rho_s}{\varepsilon_0} = \frac{\rho_1}{2\pi a \varepsilon_0} = \begin{cases} -j\dfrac{I_M}{2\pi a \varepsilon_0 c}\cos\left[k(l-z)\right], & z > 0 \\[3mm] j\dfrac{I_M}{2\pi a \varepsilon_0 c}\cos\left[k(l-z)\right], & z < 0 \end{cases} \tag{4.1-5}$$

式中 $c = 3 \times 10^8$ m/s，$\varepsilon_0 = 1/36\pi \times 10^{-9}$ F/m。可见最大表面电场(电场振幅)为

$$E_M = \frac{60 I_M}{a} \tag{4.1-6}$$

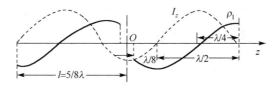

图 4.1-4　对称振子上的电流与线电荷分布($2l = 5\lambda/4$)

如忽略振子损耗，天线输入功率近似于其辐射功率，则最大输入功率为

$$P_M = \frac{1}{2}I_M^2 R_r = \frac{1}{2}\left(\frac{E_M a}{60}\right)^2 R_r \tag{4.1-7}$$

取 $E_M = 8$ kV/cm，$2a = 0.5$ cm，$R_r = 73\ \Omega$，由上式得 $P_M = 40$ kW。显然如加粗振子，可容许更大的输入功率。

4.1.1.3　π 形天线的阻抗与增益

π 形天线的阻抗特性与自由空间对称振子的区别，仅在于要计入地面影响，它可根据耦合振子理论来算出。对理想导体平面上的半波振子，其辐射阻抗随架高 H/λ 的变化如图 3.2-5(a)所示。但是，实际地面特性是多样的，较准确的结果一般由实测输入阻抗求得出。其馈线一般为特性阻抗约 600 Ω 的双导线。

π 形天线的方向系数仍由式(3.2-31)算出，一个结果见例 3.2-3，可见一般可达自由空间对称振子的 2.8 ~ 3.4 倍。天线本身的铜损耗、绝缘子损耗等都很小，当架高 $H/\lambda > 0.2 \sim 0.25$ 时，地面损耗也不大，因此可认为辐射效率 $\eta_r \approx 1$，因而天线增益很近于其方向系数值。

4.1.1.4　笼形天线

为使对称振子频带宽，承受功率大，需加粗振子直径。在短波波段，常用的实现方式就是笼形天线，如图 4.1-5 所示。其特性阻抗公式与式(2.3-33)相似，可表示为

$$Z_a = 120\left(\ln\frac{2l}{a_e} - 1\right) \tag{4.1-8}$$

式中 a_e 是笼形振子的等效半径，按下式计算：

$$a_e = a\sqrt[n]{\frac{na_0}{a}} \tag{4.1-9}$$

a 是笼形振子半径，n 为导线数目。通常取 $2a = 1 \sim 3$ m，$2a_0 = 3 \sim 5$ mm，导线数 $n = 6 \sim 8$。所得振子特性阻抗 250 ~ 400 Ω。因此常用特性阻抗为 300 Ω 的双导线馈电。

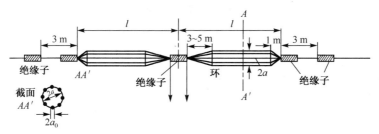

图 4.1-5　笼形天线

由于笼形天线等效半径增大，特性阻抗减小，故其输入阻抗随频率变化减慢，阻抗带宽增大。值得说明，为使振子与馈线良好匹配，还应尽量减小振子中心处的分布电容。为此笼形振子两臂接到振子中心时，其半径需逐渐缩小，最后各导线汇合于一点。最好从距振子中心(3~5) m处开始缩小，以减小分布电容。

笼形天线的方向性等特性均与一般对称振子相似。

4.1.2　折合振子

超短波波段一种非常实用的振子天线形式是折合振子(folded dipole)。它由两个两端相连的平列振子组成，形成一个窄矩形环，如图4.1.6(a)所示，图中间距d远小于波长λ，通常$d < 0.05\lambda$。折合振子的基本特性如同一个不平衡传输线，可把它的电流按奇偶模来分解：一个模是奇模，如图4.1-6(b)所示；另一个是偶模，如图4.1-6(c)所示。不难看出，二模叠加结果，左边振子总电压为U，右边振子总电压为零，与图4.1-6(a)一致。

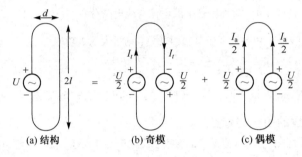

图4.1-6　折合振子结构及其电流模式

对图4.1-6(b)所示的奇模，二并列振子上的电流是反向的，与双线传输线相同，称之为传输线模(transmission line mode)。振子上的电流为

$$I_{t} = \frac{U/2}{Z_{t}}, \quad Z_{t} = jZ_{c}\tan\beta l \qquad (4.1\text{-}10)$$

式中Z_{t}是由中心向短路端看去的输入阻抗，Z_{c}是该双线传输线的特性阻抗。

对图4.1-6(c)所示的偶模，二并列振子上的电流是同向的，如同一副天线，称之为天线模(dipole antenna mode)。天线总电流是每边电流之和，即I_{a}。对此电流的激励电压是$U/2$，故

$$I_{a} = \frac{U/2}{Z_{d}} \qquad (4.1\text{-}11)$$

Z_{d}是该振子天线的输入阻抗。

上述二模叠加结果，左边总电流是$I_{t} + I_{a}/2$，总电压为U，因而折合振子的输入阻抗为

$$Z_{in} = \frac{U}{I_{t} + \dfrac{I_{a}}{2}} = \frac{U}{\dfrac{U}{2Z_{t}} + \dfrac{U}{4Z_{d}}} = \frac{4Z_{d}}{1 + \dfrac{2Z_{d}}{Z_{t}}} \qquad (4.1\text{-}12)$$

对半波折合振子，$l = \lambda/4$，$Z_{t} = jZ_{c}\tan(\pi/2) = j\infty$。则有

$$Z_{in} = 4Z_{d} \qquad (4.1\text{-}13)$$

可见半波折合振子的输入阻抗是普通半波振子的4倍。当采用谐振长度时有：$Z_{in} = 4 \times 73.1 = 292\ \Omega$。此阻抗很近于常用双线传输线的特性阻抗300 Ω。

能否将输入阻抗调整为其他倍数？一个有效的方法是采用不同粗细的振子，如图4.1-7所示。对半波振子$(2l = \lambda/2)$，其输入阻抗可表示为$(1 + q)^{2}$倍，即

$$Z_{in} = (1 + q)^{2}Z_{d} \qquad (4.1\text{-}14)$$

式中 $(1+q)^2$ 称为阻抗跃升比(impedance step-up ratio)，如图 4.1-7 所示。当振子半径 a_1 和 a_2 远小于间距 d 时，近似有

$$q = \frac{\ln \dfrac{d}{a_1}}{\ln \dfrac{d}{a_2}} \tag{4.1-15}$$

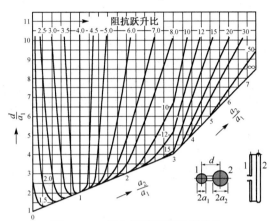

图 4.1-7　折合振子的阻抗跃升比

折合振子的谐振长度 $2l_0$ 可根据其等效直径 $2a_e$ 利用表 2.3-2 或图 2.3-7 得出。$2a_e$ 的估算公式为

$$2a_e = \sqrt{(a_1 + a_2)d} \tag{4.1-16}$$

折合振子不但具有可喜的阻抗特性，而且结构刚性好，容易制造，因而获得广泛应用。

*4.1.3　高斯曲线振子

普通对称振子的臂长大于 0.625λ 时，增益便下降，这是由于臂上出现反相电流所致。如果将振子的形状由直线改为曲线，利用线上各电流元之间射线波程差的不同来补偿电流的相位差，则它们的场仍可在垂直振子轴($\theta_{or} = 90°$)方向同相叠加，从而可获得更高的增益。一种设计是采用高斯曲线的对称振子[2]。

参看图 4.1-8 所示的坐标系，高斯曲线表示式为

$$y = A\left[1 - e^{-(Bx)^2}\right] \tag{4.1-17}$$

通过优化参数 A，B 可实现较高的增益。

下面先来计算高斯曲线振子在两个主面的方向图。取振子臂长为 $l = 0.75\lambda$，假设振子电流仍按正弦分布，它可表示为

$$I_l = I_M \sin\left\{k\left[0.75\lambda - \int_0^{x_l} \sqrt{1 + \left(\frac{dy}{dx}\right)^2}\,dx\right]\right\} \tag{4.1-18}$$

x_l 是从振子中心(原点)算起的弧长 l 处的 x 坐标，I_l 为该点的电流，I_M 是波腹电流值。于是振子上电流元 dl 产生的远场为

$$dE = j\frac{60\pi I_l dl}{\lambda r}\sin\theta\, e^{-jkr_l} \tag{4.1-19}$$

式中 θ 为射线与 dl 元之间的夹角：

$$\theta = \frac{\pi}{2} - \varphi - \arctan\frac{dy}{dx}\bigg|_{x=x_l} \tag{4.1-20}$$

r_l 是 dl 元至场点的距离：

$$r_l = r - \Delta r, \quad \Delta r \approx \sqrt{x^2 + y^2}\cos\left(\varphi - \arctan\frac{y}{x}\right) \tag{4.1-21}$$

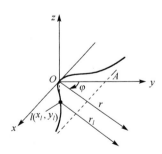

图 4.1-8　高斯曲线振子的坐标系

dl 为电流元长度:

$$dl = \sqrt{1 + \left(\frac{dy}{dx}\right)^2}\,dx \qquad (4.1\text{-}22)$$

利用以上关系后对式(4.1-19)作数值积分,便可得出天线在 E 面(x-y 平面)的远区电场。

对 5 组不同 A 和 B 值计算的 E 面方向图如图 4.1-9 所示。图中也给出了测试结果(虚线),可见理论与实测方向图吻合较好,主要差别是在 $\varphi = 180°$ 方向实测方向图约减小了 2 ~ 3 dB。估计其原因是实测天线的电流与假设的正弦分布不同,可能还有行波电流成分。

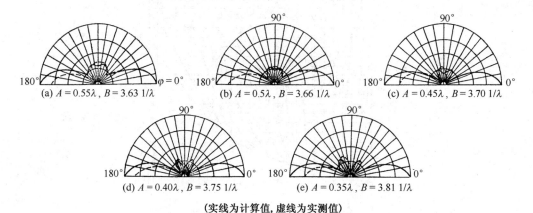

(a) $A = 0.55\lambda$, $B = 3.63$ 1/λ (b) $A = 0.5\lambda$, $B = 3.66$ 1/λ (c) $A = 0.45\lambda$, $B = 3.70$ 1/λ

(d) $A = 0.40\lambda$, $B = 3.75$ 1/λ (e) $A = 0.35\lambda$, $B = 3.81$ 1/λ

(实线为计算值,虚线为实测值)

图 4.1-9   高斯曲线振子的 E 面方向图

上述 5 组方向图的半功率宽度和旁瓣电平实测值列在表 4.1-1 中。可见,当 $A = 0.4\lambda$, $B = 3.75/\lambda$ 时可获得较窄的主瓣和较低的旁瓣电平。

表 4.1-1   高斯曲线振子的实测半功率宽度和旁瓣电平 ($l = 0.75\lambda$)

$A(\lambda)$	0.55	0.50	0.45	0.40	0.35
$B(1/\lambda)$	3.63	3.66	3.70	3.75	3.81
HP	43°	36°	33.7°	32°	30°
SLL(dB)	−7.3	−11	−11.7	−11.1	−8.2

图 4.1-10 是实测的 H 面(y-z 平面)方向图,图中 Δ 是射线与 x-y 平面的夹角,此图及图 4.1-9 中的另一半都是各自对称的,未画出。

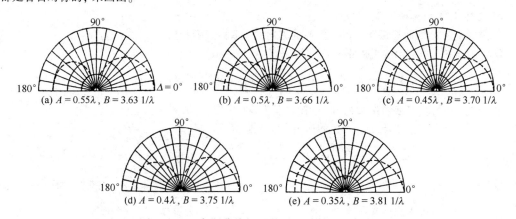

(a) $A = 0.55\lambda$, $B = 3.63$ 1/λ (b) $A = 0.5\lambda$, $B = 3.66$ 1/λ (c) $A = 0.45\lambda$, $B = 3.70$ 1/λ

(d) $A = 0.4\lambda$, $B = 3.75$ 1/λ (e) $A = 0.35\lambda$, $B = 3.81$ 1/λ

图 4.1-10   高斯曲线振子的 H 面方向图(实测)

可见,高斯曲线振子的 H 面方向图与普通对称振子的不同,不是一个圆,而是近于 ∞ 形。因此,无论从 E 面还是从 H 面来看,其方向性都增强了。计算和测试都表明,对于全长 $2l = 2 \times 0.75\lambda = 1.5\lambda$ 的高斯曲线振子,在最佳 A、B 参数情形下,其增益约为 7.5 dB。如以最大增益为目标来优化曲线形状,假设振子电流为正弦分布,曾得到的最高增益为 7.8 dB。可见上述高斯曲线振子已近于最佳设计;普通对称振子的最大增益仅为 5 dB($2l = 2 \times 0.625\lambda = 1.25\lambda$ 时)。

4.1.4 平衡器(巴仑)

当用双线传输线向对称振子馈电时,振子两臂上将形成对称分布的电流。然而,当用同轴线直接向对称振子馈电时,振子两臂上的电流不是对称分布的。如图 4.1-11 所示,同轴线传输的是平衡模式,其内导体上的电流 I_a 与外导体内壁上的电流 I_c 等幅反向:

$$I_c = I_a$$

由于内导体与振子右臂相连,I_a 就等于振子右臂上的电流。但是,外导体内壁上的电流 I_c,不但形成振子左臂上的电流 I_b,同时还流到外导体外壁上,形成电流 I_d,即

$$I_c = I_b + I_d$$

可见, $I_a \neq I_b$

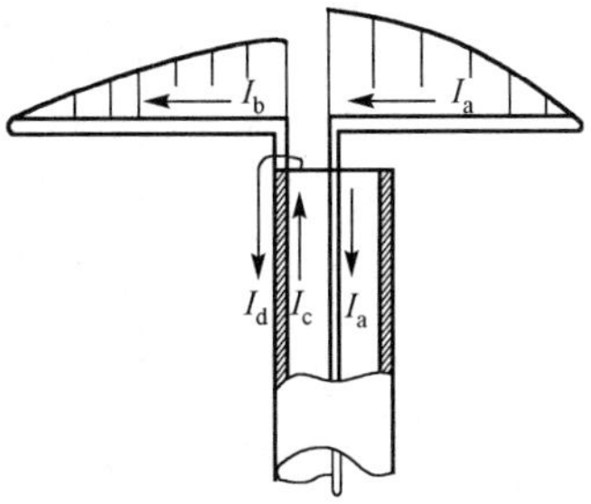

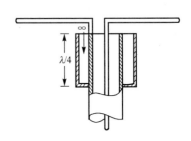

图 4.1-11 对称振子由同轴线馈电

这表明,对称振子两臂上的电流不相等,即出现了不平衡现象。其影响是:同轴线外表面有电流 I_d,产生附加辐射和损耗,结果使方向图畸变,最大辐射方向偏离轴线(俗称偏头),出现了不该有的交叉极化分量;测试中电缆外皮不能摸,否则读数就会变。为定量描述此不平衡现象的程度,可定义不平衡比为 I_d/I_c,其取值范围为 0 ~ 1。不妨以 $I_d/I_c \leq 0.1$ 作为指标来规定天线的平衡带宽[3][4]。

由此可见,当用同轴线向对称振子馈电时,不但要实现阻抗匹配,而且还要保证平衡馈电。为抑制外导体外壁上的电流 I_d,以保证同轴线向对称振子平衡馈电,通常需加一个不平衡-平衡变换器,称为平衡器(Balancing device)或称为巴仑(Balun,即 Balanced-unbalanced transformer)。下面介绍几种典型的平衡器形式。

4.1.4.1 扼流套

如图 4.1-12 所示,在同轴线外边加一段 $\lambda/4$ 长的金属圆筒,下端与同轴线外导体相连,这样便在圆筒与同轴线外导体间形成一段 $\lambda/4$ 短路线。在设计频率上,开口处呈现的输入阻抗无穷大,从而抑制了同轴线外导体电流的外溢,使 $I_d \approx 0$,保证了对称振子的平衡馈电。由于扼流套开口电容的影响,使 I_d 最小的最佳长度约为 0.23λ。由于此长度与波长有关,因而其缺点是平衡带宽窄。

图 4.1-12 扼流套

4.1.4.2 对称式平衡器

一种对称式平衡器如图 4.1-13 所示,这里附加了一段相同粗细、长约 $\lambda/4$ 的金属管(或同轴线)。其上端接到对称振子右臂并与同轴馈线内导体相连;其下端与同轴馈线外导体相连,从而形成一段特性阻抗为 Z_{cb} 长为 $\lambda/4$ 的短路线。同时,同轴馈线外导体上端与对称振子左臂相连,这样对称振子二臂对地(同轴线外导体)完全对称,因而实现了平衡馈电。对设计频率,由于开口处呈现的输入阻抗无限大,因而 $I_d = 0$,$I_a = I_e = I_c - I_b$。当偏离设计频率时,$I_d \neq 0$,$I_a = I_e - I_d = I_c - I_d = I_b$,可见二臂电流仍相等,因而其平衡带宽很宽。但由于振子输入端并联了一个由短路线形成的阻抗,其阻抗特性将随频率而变。为减小短路线的并联影响,应尽可能提高特

性阻抗 Z_{cb} 值。这样设计的一个应用是飞机上的高度表天线,那里直接用接地板来短路,而把 $\lambda/4$ 金属管和同轴线用做振子臂的支杆。

另一种对称式平衡器是图 4.1-14 所示的缝隙平衡器。它是在空气介质的硬同轴线外导体上对称地开了两条长为 $\lambda/4$ 的窄缝来构成。同轴线内导体与右半块外导体和对称振子右臂相连,其左半块外导体与振子左臂相连。这样,对称振子二臂对同轴线外导体完全对称且此特性不随频率而变,因而实现了宽频带平衡馈电。这种设计的突出优点是结构简单紧凑,但功率容量不高。

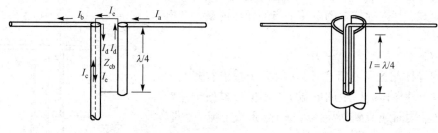

图 4.1-13 双线平衡器   图 4.1-14 缝隙平衡器

值得注意的是,其阻抗特性不是宽频带的,并具有阻抗变换器功能。其等效电路如图 4.1-15(a) 所示,图中上下两线分别代表外导体的右、左半块,中心线代表内导体,图中 U_i 和 I_i 分别表示输入端电压和电流,U_a 和 I_a 分别表示输出端电压和电流。它可处理为图 4.1-15(b) 和图 4.1-15(c) 之叠加。图 4.1-15(b) 为同轴线模,输入端电压和电流分别为 U_1 和 I_1,输出端电压和电流分别为 U_2 和 I_2;图 4.1-15(c) 为双线模,上、下线电流反相,内导体的存在只影响特性阻抗,与计算双线电流无关。其输入端电压和电流分别为 $2U_3$ 和 I_3,输出端电压和电流分别为 $2U_4$ 和 I_4。以上 6 个电压和电流之间的关系不是任意的,根据边界条件,它们之间有如下关系:

1. 在输出端,内导体与上半外导体短路,故 $U_4 = U_2$,得内导体与下半外导体间电压为: $U_a = U_2 + U_4 = 2U_2$

2. 在输入端,上下两块外导体短路,故 $U_3 = 0$,得 $U_i = U_1 + U_3 = U_1$

3. 在输入端,I_3 并不流经内导体,故 $I_i = I_1$

4. 在输出端有:$I_a = I_2/2 - I_4$

5. 同轴线模的输入阻抗为

$$Z_1 = \frac{U_1}{I_1} = Z_c \frac{Z_2 + jZ_c \tan kl}{Z_c + jZ_2 \tan kl} \tag{4.1-23}$$

式中 $Z_2 = U_2/I_2$,Z_c 是同轴线特性阻抗,k 为相位常数。

6. 对双线模,由于输入端上下两线短路,故有

$$2U_4 = jI_4 Z_d \tan kl \qquad 或 \qquad I_4 = 2U_4/jZ_d \tan kl \tag{4.1-24}$$

式中 Z_d 是中间有一内导体的两半外导体构成的双线传输线之特性阻抗。

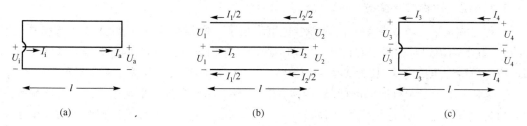

图 4.1-15 缝隙平衡器的等效电路

利用以上关系便可求出输出端阻抗：

$$Z_\mathrm{a} = \frac{U_\mathrm{a}}{I_\mathrm{a}} = \frac{2U_2}{I_2/2 - I_4}$$

把式(4.1-24)代入上式得

$$Z_\mathrm{a} = \frac{\mathrm{j}4Z_2 Z_\mathrm{d}\tan kl}{\mathrm{j}Z_\mathrm{d}\tan kl - 4Z_2} \qquad 即 \qquad Z_2 = \frac{1}{4}\frac{\mathrm{j}Z_\mathrm{a} Z_\mathrm{d}\tan kl}{Z_\mathrm{a} + \mathrm{j}Z_\mathrm{d}\tan kl} \qquad (4.1\text{-}25)$$

由于 $U_\mathrm{i} = U_1$，$I_\mathrm{i} = I_1$，故输入端阻抗 Z_in 即为式(4.1-23)，其中 Z_2 用上式代入，得

$$Z_\mathrm{in} = \frac{U_\mathrm{i}}{I_\mathrm{i}} = Z_\mathrm{c}\frac{4Z_\mathrm{c} Z_\mathrm{d}\tan^2 kl - \mathrm{j}4Z_\mathrm{c} Z_\mathrm{a}\tan kl - \mathrm{j}Z_\mathrm{a} Z_\mathrm{d}\tan kl}{Z_\mathrm{a} Z_\mathrm{d}\tan^2 kl - 4Z_\mathrm{c} Z_\mathrm{d} - \mathrm{j}4Z_\mathrm{c} Z_\mathrm{d}\tan kl} \qquad (4.1\text{-}26)$$

当 $l = \lambda/4$，$\tan kl \to \infty$，由上式得

$$Z_\mathrm{in} = \frac{4Z_\mathrm{c}^2}{Z_\mathrm{a}} \qquad (4.1\text{-}27)$$

令 $Z_\mathrm{in} = Z_\mathrm{c}$，则 $Z_\mathrm{a} = 4Z_\mathrm{c}$，或 $Z_\mathrm{c} = Z_\mathrm{a}/4$。这就是说，采用缝隙平衡器时，若要同轴馈线与对称振子的阻抗匹配，应使同轴线的特性阻抗等于振子输入阻抗的 1/4。例如，采用 $Z_\mathrm{c} = 50\ \Omega$ 同轴线开缝后向输入阻抗 $Z_\mathrm{a} = 200\ \Omega$ 的全波振子馈电。同时，式(4.1-23)表明，输入端阻抗 Z_in 将随频率变化。因此其阻抗带宽较窄，约 10%。

为加宽缝隙平衡器的缝宽，以增大功率容量，即得到板线平衡器，如图 4.1-16 所示。其原理与分析均与缝隙平衡器相同。但式(4.1-26)中的 Z_c 应改为由两块平板外导体和圆柱内导体构成的传输线特性阻抗，Z_d 为含内导体的板线特性阻抗。当板线导体为方形时，计算公式为

$$Z_\mathrm{c} = 15 + 60\ln\frac{w}{d}, \quad w/d > 1.5 \qquad (4.1\text{-}28)$$

$$Z_\mathrm{d} = 173\ \sqrt{\cos(\pi d/2w)}, \quad d/w < 0.6 \qquad (4.1\text{-}29)$$

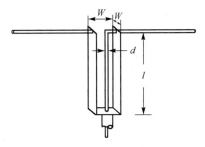

图 4.1-16 板线平衡器

板线平衡器的功率容量和带宽均大于缝隙平衡器，已大量应用于米波雷达和电视发射天线中。注意，若天线输入阻抗为(例如)150 Ω，经板线平衡器后阻抗变换为 $150/4 = 37.5\ \Omega$。对 75 Ω 同轴馈线，需再经一 $\lambda/4$ 段作阻抗变换，该段特性阻抗取为 $\sqrt{37.5 \times 75} = 53\ \Omega$，这样总阻抗变换比为 150:75 = 2:1。实践表明，这样设计的阻抗带宽最宽，可达 2:1。

4.1.4.3 U 形环

这是一种反相式平衡器，通过附加一段 $\lambda/2$ 移相线来实现平衡馈电，如图 4.1-17(a)所示。同轴线由导体在 a 点直接与振子右臂相连，然后由 a 点经过长为 $\lambda/2$ 的 U 形同轴线再在 b 点与振子左臂相连。这样，如 a 点对地电位为 U_a，则相距 $\lambda/2$ 的 b 点对地电位为 $-U_\mathrm{a}$。可见 a、b 二点电位等幅反相，结构对称，从而形成平衡馈电。同时，U 形环还兼有阻抗变换器的作用。参看图 4.1-17(b)所示的等效电路，a 点和 b 点对地的阻抗均为

$$Z_\mathrm{ae} = Z_\mathrm{be} = \frac{U_\mathrm{a}}{I_\mathrm{a}}$$

Z_be 经 $\lambda/2$ 馈线变换到 a 点仍为 $U_\mathrm{a}/I_\mathrm{a}$ 与 Z_ae 并联后，同轴线输入端阻抗为

$$Z_{in} = Z_{cd} = \frac{1}{2}\frac{U_a}{I_a}$$

已知 a 和 b 两点间电压为 $2U_a$，故振子输入阻抗为

$$Z_a = Z_{ab} = \frac{2U_a}{I_a}$$

比较上两式可知
$$Z_{in} = \frac{Z_a}{4} \tag{4.1-30}$$

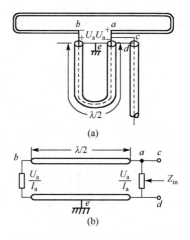

图 4.1-17　U 形环与其等效电路

可见，U 形环具有 4:1 的阻抗变换比。令同轴线特性阻抗为 Z_c 则天线输入阻抗应为 $4Z_c$。这样，对输入阻抗为 300 Ω 的折合振子的许多应用中，都采用 $Z_c = 75$ Ω 的同轴线通过长 $\lambda/2$ 的 U 形环来馈电。对设计频率为 1 GHz 的情形，折合振子长度为 $2l = \lambda/2 = 150$ mm，用 U 形环馈电的阻抗变换比和不平衡比 I_d/I_c 的计算值与实测值如图 4.1-18 所示[3]。

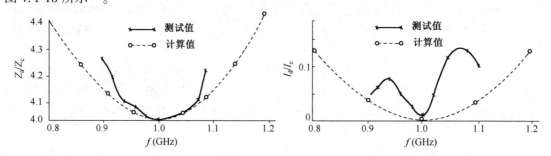

图 4.1-18　U 形环的阻抗变换比与不平衡比

4.1.4.4　渐变式平衡器

一种渐变式平衡器如图 4.1-19 所示[4]。它由渐变地切开同轴线外导体而成，使外导体的圆形截面中有一个圆心角为 2α 的扇形开口，2α 由 0 逐渐变化到 2π，这样便由同轴线过渡到双线，从而实现平衡馈电。其特性阻抗沿长度方向渐变，并设计得使输入端反射系数按切比雪夫多项式变化，因而获得超宽带阻抗匹配。该设计取同轴线特性阻抗为 50 Ω，双线传输线特性阻抗为 150 Ω，带宽内最大容许反射系数为 0.055，即最大电压驻波比 1.12，全长 $l = 0.478\lambda_1$，λ_1 为最大工作波长。最低工作频率为 50 MHz，全长约 2.86 m。实测的驻波比曲线表明，它在 43 ~ 2200 MHz 频带上电压驻波比均不超过 1.25，此带宽已达 50:1，参考文献[4]的作者认为此设计还可工作到 100:1 带宽。

微带线渐变式平衡器如图 4.1-20 所示。其中，微带线和地板都按指数渐变，由右端不平衡的微带结构(50 Ω)逐渐过渡到左端平衡馈电的平行双线结构(140 Ω)，全长为 0.5 λ_1。

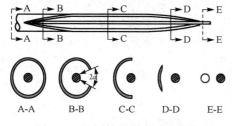

图 4.1-19　同轴线渐变式平衡器

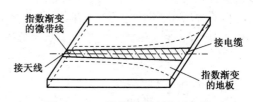

图 4.1-20　微带线渐变式平衡器

上述平衡器的比较见表 4.1-2，表中数据仅供参考。

表 4.1-2　平衡器比较表

形　　式	平衡带宽	阻抗带宽	阻抗变换比	功率容量	应用举例
扼流套	20%	无关	1:1	高	厘米波半波振子
双线	极宽	4:1	1:1	高	半波振子，全波振子
缝隙	极宽	10%	4:1	中	厘米波对称振子
板线	极宽	2:1	4:1	高	折合振子，全波振子
U 形环	30%	30%	4:1	高	米波折合振子
渐变式	极宽	极宽	可调	中	宽带天线

4.2　同相水平天线

4.2.1　结构与远区场

同相水平天线是第二次世界大战前就已发展的振子天线阵，现在仍广泛应用于短波远程干线通信和广播，并用于米波警戒雷达。其典型结构如图 4.2-1 所示。它由 $M \times N$ 个相同的水平对称振子（全长 $2l$）组成，对各振子同相馈电，形成边射式平面天线阵。阵面后方间距 d_r 处有一导体反射平面（反射栅网或振子阵），以获得单向辐射。天线垂直地架于地面上。假设共有 $M = 2m$ 层，$N = 2n$ 行，层距为 d_z，行距为 d_y，每行中各层振子的电流都既同相又等幅；但每层中各行振子的电流同相而不等幅，其波腹电流振幅呈对称的切比雪夫阵分布，依次为 I_n，I_{n-1}，$\cdots$，I_2，I_1，I_1，I_2，$\cdots$，I_{n-1}，I_n。

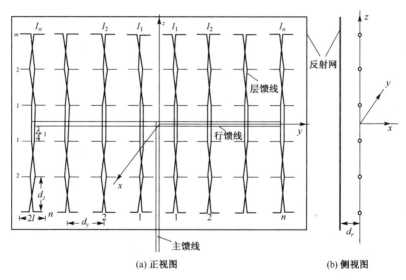

(a) 正视图　　　　　　　　　　　　　　(b) 侧视图

图 4.2-1　同相水平天线阵

下面应用叠加原理来逐步求出天线在远区的辐射场。我们将看到，此天线阵的方向图可直接由方向图乘积定理来得出。下面先计算一行（如第 1 行）中 M 个振子产生的远区场（见图 4.2-2）。天线至远区场点的射线方向用仰角 Δ 和方位角 φ 来表示，Δ 是射线与它在水平平面（x-y 面）的投影线之间的夹角，φ 是该投影线与 x 轴间的夹角。设振子①的波腹电流 I_M 为 I_1，由其中点到远场点的波程为 r_1，则它在远场点（r_1，Δ，φ）处的电场强度为

$$E_1 = \mathrm{j}\,\frac{60 I_1}{r_1}\,\frac{\cos(kl\cos\theta_{\mathrm{or}}) - \cos kl}{\sin\theta_{\mathrm{or}}}\mathrm{e}^{-\mathrm{j}kr}$$

θ_{or} 是射线 $\bar{r}_1$ 与振子轴(或 y 轴)之间的夹角。因

$$\cos\theta_{\mathrm{or}} = \hat{r}_1 \cdot \hat{y} = (\hat{x}\sin\theta\cos\varphi + \hat{y}\sin\theta\sin\varphi + \hat{z}\cos\theta) \cdot \hat{y}$$

$$= \sin\theta\sin\varphi = \cos\Delta\sin\varphi \tag{4.2-1}$$

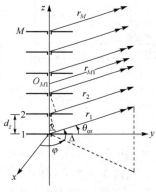

图 4.2-2　M 元振子阵

这里已代入 $\Delta = 90° - \theta$,于是得

$$E_1 = \mathrm{j}\frac{60I_1}{r_1}\frac{\cos(kl\cos\Delta\sin\varphi) - \cos kl}{\sqrt{1 - \cos^2\Delta\sin^2\varphi}}\mathrm{e}^{-\mathrm{j}kr_1} \tag{4.2-2}$$

可见,此单元天线的方向函数为

$$f_1(\Delta,\varphi) = \frac{\cos(kl\cos\Delta\sin\varphi) - \cos kl}{\sqrt{1 - \cos^2\Delta\sin^2\varphi}} \tag{4.2-3}$$

如图 4.2-2 所示,由于一行中各振子电流同相等幅,其波腹电流 I_M 都为 I_1,它们在远场点的场大小相等,只是由于波程,相邻单元的相位有一由波程差引起的相位差 $kd_z\sin\Delta$。其合成场为

$$E_{M1} = \mathrm{j}\frac{60I_1}{r_1}f_1(\Delta,\varphi)\mathrm{e}^{-\mathrm{j}kr_1}\left[1 + \mathrm{e}^{\mathrm{j}kd_z\sin\Delta} + \mathrm{e}^{\mathrm{j}2kd_z\sin\Delta} + \cdots + \mathrm{e}^{\mathrm{j}(M-1)kd_z\sin\Delta}\right]$$

括号中为共 M 项的等比级数,等比为 $\mathrm{e}^{\mathrm{j}u_z}$,$u_z = kd_z\sin\Delta$,级数的和为

$$f_M^c = \frac{1 - \mathrm{e}^{\mathrm{j}Mu_z}}{1 - \mathrm{e}^{\mathrm{j}u_z}} = \frac{(\mathrm{e}^{-\mathrm{j}Mu_z/2} - \mathrm{e}^{\mathrm{j}Mu_z/2})\mathrm{e}^{\mathrm{j}Mu_z/2}}{(\mathrm{e}^{-\mathrm{j}u_z/2} - \mathrm{e}^{\mathrm{j}u_z/2})\mathrm{e}^{\mathrm{j}u_z/2}} = \frac{\sin\dfrac{Mu_z}{2}}{\sin\dfrac{u_z}{2}}\mathrm{e}^{\mathrm{j}\frac{(M-1)u_z}{2}}$$

于是合成场可表示为

$$E_{M1} = \mathrm{j}\frac{60I_1}{r_1}f_1(\Delta,\varphi)f_M(\Delta)\mathrm{e}^{-\mathrm{j}kr_{M1}} \tag{4.2-4}$$

式中

$$f_M(\Delta) = \frac{\sin\left(\dfrac{Mkd_z}{2}\sin\Delta\right)}{\sin\left(\dfrac{d_z}{2}\sin\Delta\right)} \tag{4.2-5}$$

$$r_{M1} = r_1 - \frac{M-1}{2}d_z\sin\Delta \tag{4.2-6}$$

r_{M1} 是从 M 元阵中点 O_{M1} 至场点的距离。由此,**M 元振子阵可看成从其中点 O_{M1} 辐射的一个点源**,其场表示式为式(4.2-4),其方向图是单元方向图 $f_1(\Delta,\varphi)$ 与层因子方向图 $f_M(\Delta)$ 的乘积。

对于 N 行 M 元阵各行的 M 元阵都可等效为从其阵中点辐射的一个点源,它们的场都具有式(4.2-4)的形式,只是:1)振子电流振幅不同;2)相

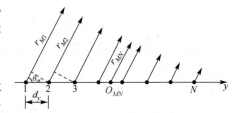

图 4.2-3　N 行阵远场的计算

邻单元间存在由波程差引起的相位差 $kd_y\cos\theta_{\mathrm{or}}$(见图 4.2-3)。若以第 1 行相位中心 O_{M1} 的波程 r_{M1} 为参考,则 N 行 M 元阵的合成场为

$$E_{MN} = E_{M1}\left[1 + \frac{I_2}{I_1}\mathrm{e}^{\mathrm{j}kd_y\cos\theta_{\mathrm{or}}} + \cdots + \frac{I_{N-1}}{I_1}\mathrm{e}^{\mathrm{j}(N-2)kd_y\cos\theta_{\mathrm{or}}} + \frac{I_N}{I_1}\mathrm{e}^{\mathrm{j}(N-1)kd_y\cos\theta_{\mathrm{or}}}\right]$$

$$= E_{M1}\mathrm{e}^{\mathrm{j}\frac{N-1}{2}kd_y\cos\theta_{\mathrm{or}}}\left[\mathrm{e}^{-\mathrm{j}\frac{N-1}{2}kd_y\cos\theta_{\mathrm{or}}} + \frac{I_2}{I_1}\mathrm{e}^{-\mathrm{j}\left(\frac{N-1}{2}-1\right)kd_y\cos\theta_{\mathrm{or}}} + \cdots + \frac{I_{N-1}}{I_1}\mathrm{e}^{\mathrm{j}\left(\frac{N-1}{2}-1\right)kd_y\cos\theta_{\mathrm{or}}} + \frac{I_N}{I_1}\mathrm{e}^{\mathrm{j}\frac{N-1}{2}kd_y\cos\theta_{\mathrm{or}}}\right]$$

若 $N = 2n$ 行各振子的波腹电流依次为 $I_n, I_{n-1}, \cdots, I_1, I_1, \cdots, I_{n-1}, I_n$[见图 3.4-5(a)],则上式

可表示为(注意:改以阵列中心处一对振子的波腹电流为 I_1,外端振子的波腹电流为 I_n)。

$$E_{MN} = j\frac{60I_1}{r_1}f_1(\Delta,\varphi)f_M(\Delta)e^{-jk(r_{M1}-\frac{N-1}{2}kd_y\cos\theta_{or})} \cdot 2\left\{\frac{I_n}{I_1}\cos\left(\frac{N-1}{2}kd_y\cos\theta_{or}\right)\right.$$

$$\left.+\frac{I_{n-1}}{I_1}\cos\left[\left(\frac{N-1}{2}-1\right)kd_y\cos\theta_{or}\right]+\cdots+\cos\left(\frac{1}{2}kd_y\cos\theta_{or}\right)\right\}$$

$$= j\frac{60I_r}{r_1}f_1(\Delta,\varphi)f_M(\Delta)f_N(\Delta,\varphi)e^{-jkr_{MN}} \qquad (4.2\text{-}7)$$

式中　　$f_N(\Delta,\varphi) = 2\sum_{i=1}^{n}\frac{I_i}{I_1}\cos\left[\left(i-\frac{1}{2}\right)kd_y\cos\theta_{or}\right] = 2\sum_{i=1}^{N/2}\frac{I_i}{I_1}\cos\left(\frac{2i-1}{2}kd_y\cos\Delta\sin\varphi\right)$ (4.2-8)

$$r_{MN} = r_{M1} - \frac{N-1}{2}d_y\cos\theta_{or} \qquad (4.2\text{-}9)$$

式中 I_1 是阵列中心处振子的波腹电流; r_{MN} 是由阵面中心 O_{MN} 至场点的距离。可见,**此 $M \times N$ 元阵可看成从阵面中心 O_{MN} 辐射的点源**,其方向图是单元方向图 $f_1(\Delta,\varphi)$,层因子方向图 $f_M(\Delta)$ 和行因子方向图 $f_N(\Delta,\varphi)$ 的乘积。

当 $M \times N$ 阵面后方相距 $d_r = \lambda/4$ 处有一导体反射平面时,阵面所在的前半空间的场可利用镜像原理得出。镜像源位于相距 $2d_r = \lambda/2$ 处,其振子电流与源电流大小相等、方向相反(如图 4.2-4 所示)。从而得前半空间的合成场为

$$E = j\frac{60I_1}{r_1}f_1(\Delta,\varphi)f_M(\Delta)f_N(\Delta,\varphi)e^{-jkr_{MN}}\left[1-e^{-j2kd_r\cos\alpha}\right]$$

$$= j\frac{60I_1}{r_1}f_1(\Delta,\varphi)f_M(\Delta)f_N(\Delta,\varphi)e^{-jkr_{MN}}\left[j2\sin(kd_r\cos\alpha)\right]e^{-jkd_r\cos\alpha}$$

即　　　　　　　$E_A = -\frac{60I_1}{r_1}f_1(\Delta,\varphi)f_M(\Delta)f_N(\Delta,\varphi)f_r(\Delta,\varphi)e^{-jkr_A}$ (4.2-10)

式中　　　　　　$f_r(\Delta,\varphi) = 2\sin(kd_r\cos\alpha) = 2\sin(kd_r\cos\Delta\cos\varphi)$ (4.2-11)

$$r_A = r_{MN} + d_r\cos\Delta\cos\varphi \qquad (4.2\text{-}12)$$

这里已代入 $\cos\alpha = \hat{r}_{MN}\cdot\hat{x} = \hat{r}_1\cdot\hat{x} = \sin\theta\cos\varphi = \cos\Delta\cos\varphi$; r_A 是从 A 点至场点的距离。由此,反射面的效应是使辐射相位中心移至 A 点,辐射方向图增加一个反射面因子 $f_r(\Delta,\varphi)$。

最后,天线是垂直地架在地面上的,阵面中心 O_{MN} 离地高度(称为平均高度)为

$$H = H_1 + \frac{M-1}{2}d_z \qquad (4.2\text{-}13)$$

式中 H_1 是天线最低一层离地面的高度。对短波和米波波段,地面一般可看成导体,因而其影响可用地面下同样距离处有一个完全相同但电流反相的天线来代替(见图 4.2-5)。于是,天线辐射场的相位中心移至 O 点,辐射方向图增加一个地因子 $f_g(\Delta)$,有

$$E_P = -\frac{60I_1}{r_1}f_1(\Delta,\varphi)f_M(\Delta)f_N(\Delta,\varphi)f_r(\Delta,\varphi)e^{-jkr_A}\left[1-e^{-j2kH\sin\Delta}\right]$$

即　　　　　$E_P = -\frac{60I_1}{r}f_1(\Delta,\varphi)f_M(\Delta)f_N(\Delta,\varphi)f_r(\Delta,\varphi)f_g(\Delta)e^{-jkr}$ (4.2-14)

式中　　　　　　　　　$f_g(\Delta) = 2\sin(kH\sin\Delta)$ (4.2-15)

$$r = r_A + H\sin\Delta \qquad (4.2\text{-}16)$$

这里已取 $1/r_1 \approx 1/r$, r 是由相心 O 至场点 P 的距离。我们将 O 取为坐标原点,则场点 P 坐标为 (r,Δ,φ)。这里 $\Delta = 90°-\theta$, θ 就是一般球坐标系中由 z 轴算起的极角。

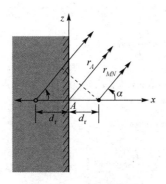

图 4.2-4 反射面效应

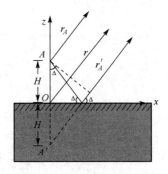

图 4.2-5 地面影响的计算

4.2.2 方向图及讨论

由上可见,天线的总方向函数可直接由方向图乘积定理得出,它可表示为

$$f(\Delta,\varphi) = f_1(\Delta,\varphi)f_M(\Delta)f_N(\Delta,\varphi)f_r(\Delta,\varphi)f_g(\Delta) \qquad (4.2\text{-}17)$$

它是单振子方向图和 4 个阵因子方向图的乘积。共 5 个方向函数因子,即单振子方向函数 $f_1(\Delta,\varphi)$,M 层因子 $f_M(\Delta)$,N 行因子 $f_N(\Delta,\varphi)$,反射网因子 $f_r(\Delta,\varphi)$ 和地因子 $f_g(\Delta)$。它们分别为

$$f_1(\Delta,\varphi) = \frac{\cos(kl\cos\Delta\sin\varphi) - \cos kl}{\sqrt{1 - \cos^2\Delta\sin^2\varphi}}$$

$$f_M(\Delta) = \frac{\sin\left(\dfrac{Mkd_z}{2}\sin\Delta\right)}{\sin\left(\dfrac{kd_z}{2}\sin\Delta\right)}$$

$$f_N(\Delta) = 2\sum_{i=1}^{n}\frac{I_i}{I_1}\cos\left(\frac{2i-1}{2}kd_y\cos\Delta\sin\varphi\right) \qquad (4.2\text{-}18)$$

$$f_r(\Delta,\varphi) = 2\sin(kd_r\cos\Delta\cos\varphi)$$

$$f_g(\Delta) = 2\sin(kH\sin\Delta)$$

下面来分别研究同相水平天线在铅垂平面和水平平面的方向图。并作为举例,设单元天线为半波振子 $(2l = \lambda/2)$,共 $M = 6$ 层 $N = 8$ 行,层距 $d_z = \lambda/2$,行距 $d_y = \lambda/2$,各层振子电流为等幅分布,每层各行电流振幅按 -30 dB 切氏阵分布,即 $I_1:I_2:I_3:I_4 = 3.814:3.097:1.978:1 = 1:0.8119:0.5187:0.2622$。导体反射网与阵面相距 $d_r = \lambda/4$,天线平均高度 $H = 3.4\lambda$,则有

$$f(\Delta,\varphi) = \frac{\cos\left(\dfrac{\pi}{2}\cos\Delta\sin\varphi\right)}{\sqrt{1 - \cos^2\Delta\sin^2\varphi}} \cdot \frac{\sin(3\pi\sin\Delta)}{\sin\left(\dfrac{\pi}{2}\sin\Delta\right)} \cdot 2\sum_{i=1}^{4}\frac{I_i}{I_1}\cos\left(\frac{2i-1}{2}\pi\cos\Delta\sin\varphi\right)$$

$$\cdot 2\sin\left(\frac{\pi}{2}\cos\Delta\cos\varphi\right)\cdot 2\sin(6.8\pi\sin\Delta) \qquad (4.2\text{-}19)$$

这是未归一化的方向函数,其最大方向为 $\varphi = 0$,$\Delta = \Delta_{M1} \approx 0$,其最大值约为

$$f_M = 1\cdot 6\cdot 2\sum_{i=1}^{4}\frac{I_i}{I_1}\cdot 2\cdot 2 = 48\sum_{i=1}^{4}\frac{I_i}{I_1} \qquad (4.2\text{-}20)$$

故归一化方向函数为

$$F(\Delta,\varphi) = \frac{\cos\left(\dfrac{\pi}{2}\cos\Delta\sin\varphi\right)}{\sqrt{1-\cos^2\Delta\sin^2\varphi}} \cdot \frac{\sin(3\pi\sin\Delta)}{6\sin\left(\dfrac{\pi}{2}\sin\Delta\right)} \cdot \frac{1}{\displaystyle\sum_{i=1}^{4}\frac{I_i}{I_1}} \sum_{i=1}^{4}\frac{I_i}{I_1}\cos\left(\frac{2i-1}{2}\pi\cos\Delta\sin\varphi\right)$$

$$\cdot \sin\left(\frac{\pi}{2}\cos\Delta\cos\varphi\right)\cdot\sin(6.8\pi\sin\Delta) \tag{4.2-21}$$

铅垂平面 $(\varphi = 0)$：

$$F(\Delta) = 1 \cdot \frac{\sin(3\pi\sin\Delta)}{6\sin\left(\dfrac{\pi}{2}\sin\Delta\right)} \cdot 1 \cdot \sin\left(\frac{\pi}{2}\cos\Delta\right)\cdot\sin(6.8\pi\sin\Delta) \tag{4.2-22}$$

水平平面 $(\Delta = \Delta_{M1} \approx 0)$：

$$F(\varphi) = \frac{\cos\left(\dfrac{\pi}{2}\sin\varphi\right)}{\cos\varphi} \cdot 1 \cdot \frac{1}{\displaystyle\sum_{i=1}^{4}\frac{I_i}{I_1}}\sum_{i=1}^{4}\frac{I_i}{I_1}\cos\left(\frac{2i-1}{2}\pi\sin\varphi\right)\cdot\sin\left(\frac{\pi}{2}\cos\varphi\right)\cdot 1 \tag{4.2-23}$$

由上两式可画出天线在此二主面的方向图，如图 4.2-6 所示。根据二主面方向图不难推断其三维方向图。也可利用式(4.2-21)来画出其三维方向图。两种三维方向图如图 4.2-7 所示。

一米波雷达的 6×8 元同相水平天线各层等幅各行按 -30 dB 旁瓣电平切氏阵设计，元距为 $\lambda/2$，计算的水平面半功率宽度为 $16.9°$，铅垂面在自由空间的半功率宽度为 $17.4°$，当天线几何中心架高 $H = 3.4\lambda$ 时，仰角最低的第 1 波瓣最大方向 $\Delta_{M1} = \arcsin(1/13.6) = 4.2°$。

讨论

(1)水平平面方向图一般是指 $\Delta = 0$ 的情形，但对于地因子，此时 $f_g(\Delta) = 0$，这样，总方向图也将成零，即合成场在 $\Delta = 0$ 方向为零值。因此对地因子取 $\Delta = \Delta_{M1}$，即其第一个最大值方向。由图 4.2-6(a)和图 4.2-7(a)可以看出，该波束正是雷达用来发现目标的主波束。在 3.1.3 节中我们已看到，地因子在 $\Delta = 0$ 方向为零是由于水平振子辐射场的地面反射系数 $\Gamma = -1$ 之故，而且对于实际地面，在超短波波段当 Δ 小时均接近此情形；即使对直立振子，当 Δ 小时也近似有 $\Gamma \approx -1$。可见，对一般超短波雷达来说，低空是一盲区。正是因此，德国汉堡的 19 岁青年马蒂亚斯·鲁斯特与前苏联军开了个不小的玩笑。他在 1987 年 5 月 28 日驾一运动飞机从芬兰突飞俄罗斯，虽然途中也曾被发现，但因巧合而平安飞过，傍晚时出人意料地降落在著名的莫斯科红场上。两天后当任国防部长和防空军司令均被撤职，而他自己则坐牢一年多后才被释放。

(2)在这里看到，层因子 F_M 的方向图在铅垂平面形成边射方向的主瓣，而在水平平面仍为全向辐射；反之，行因子 F_N 在铅垂平面为全向辐射，而在水平平面形成边射主瓣。这就意味着，沿 M 层的电流分布，只影响铅垂波瓣；而沿 N 行的电流分布只影响水平波瓣。这是什么原因呢？先考察层因子 F_M。如图 4.2-2 所示，对任意铅垂平面，M 层相邻单元至场点的射线间存在波程差 $\Delta r = d_z\sin\Delta$，这使相邻振子的场有相位差 $k\Delta r = kd_z\sin\Delta$，对上例 $k\Delta r = 2\pi/\lambda \cdot \lambda/2\sin\Delta = \pi\sin\Delta$。这样，对边射方向，$\Delta = 0$，$k\Delta r = 0$，相邻单元(电流同相)的场同相相加，呈最大值，而对其他方向，例如 $\Delta = 19.5°$，存在波程差 $\Delta r = \lambda/2\sin19.5° = \lambda/6$，它所引起的相位差为 $k\Delta r = 2\pi/\lambda \cdot \lambda/6 = \pi/3 = 60°$，相邻单元的场不再同相相加。上例中共有 $M = 6$ 个单元，如以 $M = 1$ 单元的射线距离(波程) r_1 为参考，则其他单元由波程差所引起的相位差依次为 $60°$，$120°$，$180°$，$240°$，$300°$。可见，$M = 1$ 单元的场与 $M = 4$ 单元的场相位差为 $180°$，彼此反相相消；同样，$M = 2$ 单元与 $M = 5$ 单元的场也反相相消；$M = 3$ 单元与 $M = 6$ 单元的场反相相消。结果在该 $\Delta = 19.5°$ 方向此 $M = 6$ 层天线的合成场为零。这表明，由于 $\Delta = 0$ 时波程差为零，而

$\Delta = 19.5°$ 时相邻单元波程差为 $\lambda/6$,正是由于该波程差随方向 Δ 而变,使合成场叠加结果随方向而变,从而形成不同的层因子方向图。反之,在水平平面上,由于 $\Delta = 0$, M 层各振子到任意 φ 方向场点的射线都等长: $r_1 = r_2 = \cdots = r_M = r_{M1}$,这样各同相振子的场都同相叠加,因而都相等,这与 φ 角无关,因此水平平面 F_M 方向图为一圆(称为全向方向图)。

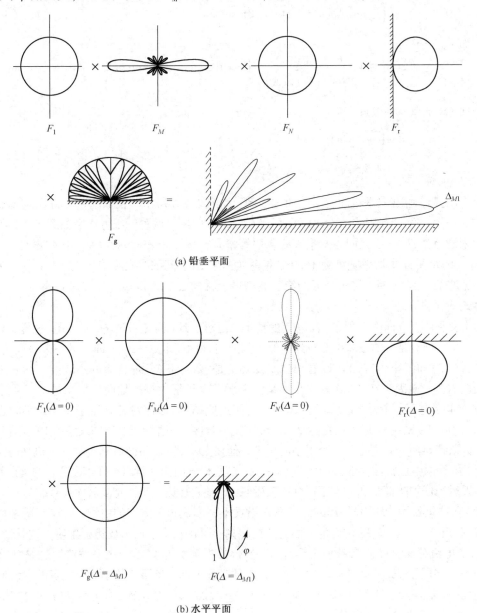

图 4.2-6　6×8 元同相水平天线方向图

再考察行因子 F_N 。如图 4.2-3 所示,在水平平面上($\Delta = 0$), N 行相邻单元的场存在波程差 $\Delta r = d_y \cos \theta_{\mathrm{or}}$,引起相位差 $k\Delta r = kd_y \cos \theta_{\mathrm{or}}$,对上例有 $k\Delta r = 2\pi/\lambda \cdot \lambda/2 \sin \varphi = \pi \sin \varphi$ 。它随方向 φ 而变,从而形成沿 φ 角变化的不同方向图。反之,对铅垂平面($\varphi = 0$), $\theta_{\mathrm{or}} = 90°$, M 层各振子射线都等长: $r_{M1} = r_{M2} = \cdots = r_{MN}$,因而各同相单元的场都同相叠加而与 Δ 角无关,因此铅垂平面 F_N 为全向方向图。

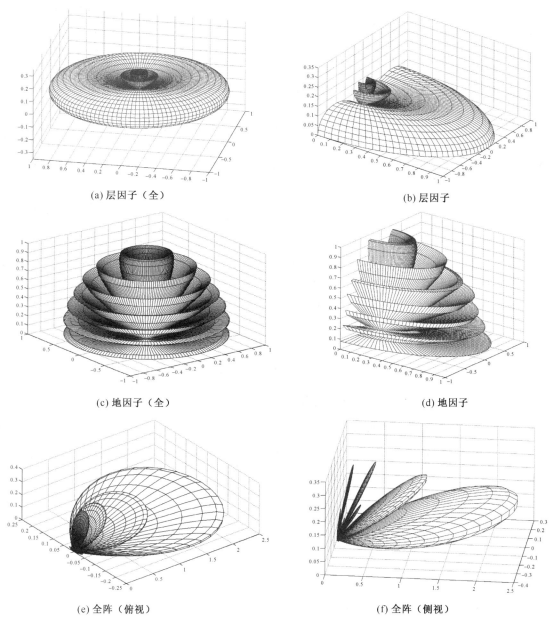

(a) 层因子（全）

(b) 层因子

(c) 地因子（全）

(d) 地因子

(e) 全阵（俯视）

(f) 全阵（侧视）

图 4.2-7　6×8 元同相水平天线三维方向图

　　上述讨论说明，**与方向有关的波程差是决定天线阵因子方向性的根本因素**。对层因子 F_M 来说，各层单元的场在铅垂平面存在与 Δ 方向有关的波程差，因而形成特定的 $F_M(\Delta)$ 方向图；而行因子 F_N 由于各行单元的场在水平平面存在与 φ 方向有关的波程差，而形成其特定的 $F_N(\varphi)$ 方向图。显然，在形成这些特定的阵因子方向图时，各单元电流的振幅分布及相位分布都将影响叠加结果，从而产生不同形状的方向图。这里值得强调的是，电流振幅分布和相位分布对阵因子方向性的影响是通过波程差而起作用的，即由于波程差是角度 Δ 和 φ 的函数，才使得形成不同的方向图。反之，例如行因子 F_N，在铅垂平面上各行单元至面上任意远场点的射线都无波程差，且与 Δ 方向无关，即使各行单元电流不再等幅，它们在不同 Δ 方向的合成场都同相相加，都相等，因而其方向图总是与 Δ 无关，仍为一圆。

同样,阵元数(M 和 N)和间距(d_y 和 d_z 等)也影响阵因子方向性,也是通过与方向有关的波程差而起作用的。

4.2.3 方向系数

先研究天线在自由空间时的方向系数,即未计地面影响时的方向系数。当介绍某一天线的方向系数时,一般指的都是这个值。它仍可由式(2.2-13)求出:

$$D = \frac{120 f_M^2}{R_r} \tag{2.2-13}$$

式中 f_M 和 R_r 都是归于振子波腹电流 I_1 的。f_M 可由式(4.2-17)和式(4.2-18)得出(不计 F_g),由于最大方向为 $\Delta = \varphi = 0$,$M = 2m$,$N = 2n$,得

$$f_M = (1 - \cos kl) \cdot 2m \cdot 2 \sum_{i=1}^{n} \frac{I_i}{I_1} \cdot 2 \tag{4.2-24}$$

对 R_r 的计算,要考虑到各振子在阵中位置不同,其辐射电阻是不同的。但当振子较多时,这些数值将较接近,因此可取一平均值 R_{11}^a(上标"a"代表 average)。由于对称性,只需计算其中的 $1/4$ 而乘以 4 即可:

$$R_r = 4m R_{11}^a \left[1 + \left| \frac{I_2}{I_1} \right|^2 + \cdots + \left| \frac{I_n}{I_1} \right|^2 \right] = 4m R_{11}^a \sum_{i=1}^{n} \left(\frac{I_i}{I_1} \right)^2 \tag{4.2-25}$$

R_{11}^a 可这样算出:按它计算的天线辐射功率应等于实际辐射功率 P_r,即

$$P_r = \frac{1}{2} I_1^2 R_r = 2m R_{11}^a \sum_{i=1}^{n} I_i^2$$

又有

$$P_r = 4 \sum_{i=1}^{n} \frac{1}{2} |I_i|^2 \sum_{j=1}^{m} R_{ji}$$

式中 R_{ji} 为第 j 层第 i 行振子的辐射电阻。由上两式相等得

$$R_{11}^a = \frac{\sum_{i=1}^{n} |I_i|^2 \sum_{j=1}^{m} R_{ji}}{m \sum_{i=1}^{n} I_i^2} \tag{4.2-26}$$

按此式可利用耦合振子的互阻抗值算出 R_{11}^a。

将式(4.2-24)和式(4.2-25)代入式(2.2-13)得

$$D = \frac{120 \left[(1 - \cos kl) \cdot 2m \cdot 2 \sum_{i=1}^{n} \frac{I_i}{I_1} \cdot 2 \right]^2}{4m R_{11}^a \sum_{i=1}^{n} \left(\frac{I_i}{I_1} \right)^2}$$

$$D = 4 \cdot 2m \cdot 2n \cdot \frac{120 (1 - \cos kl)^2}{R_{11}} \cdot \frac{R_{11}}{R_{11}^a} \cdot \frac{\left(\sum_{i=1}^{n} I_i \right)^2}{n \sum_{i=1}^{n} I_i^2} \tag{4.2-27}$$

或表示为

$$D = 4MN D_1 e_c e_i \tag{4.2-28}$$

式中

$$D_1 = \frac{120 (1 - \cos kl)^2}{R_{11}} \tag{4.2-29}$$

$$e_c = \frac{R_{11}}{R_{11}^a}, \quad e_d = \frac{\left(\sum_{i=1}^{N} I_i \right)^2}{N \sum_{i=1}^{N} I_i^2} \leqslant 1 \tag{4.2-30}$$

D_1 是未计耦合影响的弧立单振子的方向系数,对半波振子,$D_1 = 120/73.1 = 1.64$。e_c 称为耦合系数(coupling factor),反映阵中各振子间的互耦效应,主要是反射网(镜像振子)的耦合影响。对带反射网的同相水平天线,当振子数较多时,$R_{11}^a \approx (1.6 \sim 2)R_{11}$,即 $e_c \approx 0.5 \sim 0.625$。某带反射网的 2×2 元同相等幅半波振子阵,层距和行距均为 $\lambda/2$,求得 $R_{11}^a = 136\ \Omega = 1.86R_{11}$,即 $e_c = 0.54$。e_d 为分布效率或称电流分配系数,当各振子电流等幅分布时,$e_d = 1$;若各振子电流不等幅分布,则 $e_d < 1$。对同相水平天线,它的值一般为 $e_d = 0.8 \sim 0.96$。对上面的举例,得

$$e_d = \frac{4(1 + 0.8119 + 0.5187 + 0.2622)^2}{8 \times 2(1 + 0.8119^2 + 0.5187^2 + 0.2622^2)} = \frac{6.7226}{7.9879} = 0.842$$

式(4.2-28)说明,同相水平天线的方向系数是单振子方向系数 D_1 的 MN(振子总数)倍,并乘以 4,这是由于反射网将前方最大电场强度又加强到 2 倍;再乘以耦合系数 e_c,它往往只有 $0.5 \sim 0.625$,这使反射网的贡献达不到 4 倍,而约为 $2 \sim 2.5$ 倍。然后再乘以由电流不等幅分布引起的系数 e_d。对上面举例,取 $e_c = 0.6$,得

$$D = 4 \times 6 \times 8 \times 1.64 \times 0.6 \times 0.842 = 159 \qquad (即 22\ dB)$$

最后,再考虑地面影响。在低仰角的最大值方向 Δ_{M1},由于理想导电地因子的影响,场强加大到自由空间时的 2 倍,因而在该方向上方向系数增大到式(4.2-28)的近 4 倍,即

$$D' = 4D = 4 \times 159 = 636 \qquad (即 28\ dB)$$

在实际地的情形下,最大值方向场强约加大到 $1.7 \sim 1.9$ 倍,这时方向系数是式(4.2-28)的 $2.9 \sim 3.6$ 倍。

4.3　八木-宇田天线

4.3.1　概述

这种天线又称为引向天线,由一个有源振子(称为馈电元)和平行的若干无源振子(称为寄生元)组成,如图 4.3-1 所示。它是第 3 章中例 3.2-2 的推广,不但有一个起反射器作用的无源振子 R,还有多个起引向器作用的无源振子 $D_1,D_2,\cdots,D_n$。适当调节各振子的长度和间距,可改变无源振子上感应电流的相位和振幅,获得良好的端射方向图和较高的增益。经验尺寸为(见图 4.3-1):

$$\begin{cases} 2l_0 = (0.45 \sim 0.48)\lambda \\ 2l_D = (0.4 \sim 0.45)\lambda \\ 2l_R > 2l_0 \\ S_1 = (0.1 \sim 0.3)\lambda \\ S_D = (0.15 \sim 0.4)\lambda \\ S_R = (0.15 \sim 0.25)\lambda \end{cases} \qquad (4.3\text{-}1)$$

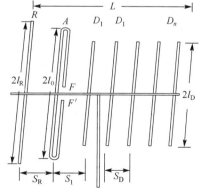

图 4.3-1　八木-宇田天线

振子半径一般为 $a = (0.002 \sim 0.01)\lambda$。自然,振子粗些,可展宽阻抗频带。

此天线首先由日本东北大学(Tohoku University)的宇田新太郎(Shintaro Uda)在 1926 年的日文论文中介绍了初期的实验结果,当时他是助理教授,未满 30 岁。后来比他年长 10 岁的同事八木秀次(Hidetsugu Yagi)教授在 1928 年的英文论文中报道了更多的成果,并在美国纽约和华盛顿等地访问时作了介绍。该天线从而被广泛称为八木天线,而现在天线界公认的更恰当名称是八木-宇田天

线(Yagi-Uda antenna)。八木-宇田天线广泛应用于米波、分米波段的通信、雷达和电视接收等系统中。其突出优点是结构简单、馈电方便、成本低而能提供较高的增益,但频带较窄,一般在 5% 以内。

4.3.2　感应电动势法分析

分析八木-宇田天线特性的一个经典方法是感应电动热法。现以三元八木-宇田天线为例作一介绍。如图 4.3-2 所示,②为有源振子,①为引向振子,③为反射振子。设①、②、③振子的波腹电流分别为 I_1,I_2,I_3,将耦合方程式(3.2-13)推广至三元阵:

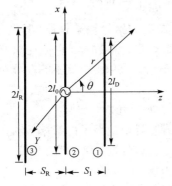

图 4.3-2　三元八木-宇田天线

$$\begin{cases} O = I_1 Z_{11} + I_2 Z_{12} + I_3 Z_{13} \\ U_2 = I_1 Z_{21} + I_2 Z_{22} + I_3 Z_{23} \\ O = I_1 Z_{31} + I_2 Z_{32} + I_3 Z_{33} \end{cases} \tag{4.3-2}$$

解得　$\dfrac{I_1}{I_2} = \dfrac{Z_{13}Z_{23} - Z_{12}Z_{33}}{Z_{11}Z_{33} - Z_{13}^2}$,　$\dfrac{I_3}{I_2} = \dfrac{Z_{13}Z_{12} - Z_{23}Z_{11}}{Z_{11}Z_{33} - Z_{13}^2}$　(4.3-3)

例如,取 $S_1 = S_R = 0.2\lambda$,$l_0 = 0.475\lambda$,$l_D = 0.45\lambda$,$l_R = 0.5\lambda$,算得

$$\frac{I_1}{I_2} = 0.635\angle -143°,\qquad \frac{I_3}{I_2} = 0.389\angle 143°$$

由式(3.2-12)知,有源振子的辐射阻抗为

$$Z_{r2} = Z_{22} + \frac{I_1}{I_2}Z_{21} + \frac{I_3}{I_2}Z_{23} \tag{4.3-4}$$

对上例求得　　　　　　$Z_{r2} = 25.6\angle 10° = 25.1 + j4.4(\Omega)$

对有源振子长度 $2l_0$ 作微调,可使输入阻抗为纯电阻。

各振子的单元方向图很相似,都可用半波振子方向图表示,则天线在远区任意方向的辐射场为

$$E = j\frac{60I_2}{r}\frac{\cos\left(\dfrac{\pi}{2}\sin\theta\cos\varphi\right)}{\sqrt{1 - \sin^2\theta\cos^2\varphi}}\left[\frac{I_1}{I_2}e^{jkd_1\cos\theta} + 1 + \frac{I_3}{I_2}e^{-jkd_1\cos\theta}\right]e^{-jkr} \tag{4.3-5}$$

故其方向函数为

$$f(\theta,\varphi) = \frac{\cos\left(\dfrac{\pi}{2}\sin\theta\cos\varphi\right)}{\sqrt{1 - \sin^2\theta\cos^2\varphi}}\left|\frac{I_1}{I_2}e^{jkd_1\cos\theta} + 1 + \frac{I_3}{I_2}e^{-jkd_1\cos\theta}\right| \tag{4.3-6}$$

对上例天线,其 E 面($\varphi = 0$)方向函数为

$$f(\theta) = \frac{\cos\left(\dfrac{\pi}{2}\sin\theta\right)}{\cos\varphi}\left|0.635e^{j(72°\cos\theta - 143°)} + 1 + 0.389e^{-j(72°\cos\theta - 143°)}\right|$$

$$= \frac{\cos\left(\dfrac{\pi}{2}\sin\theta\right)}{\cos\theta}\left|0.635e^{j(72°\cos\theta + 37°)} - 1 + 0.389e^{-j(72°\cos\theta + 37°)}\right|$$

$$= \frac{\cos\left(\dfrac{\pi}{2}\sin\theta\right)}{\cos\theta}\left|0.778\cos(72°\cos\theta + 37°) - 1 + 0.246e^{j(72°\cos\theta + 37°)}\right|$$

令 $\alpha = 72°\cos\theta + 37°$,则

$$f(\theta) = \frac{\cos\left(\frac{\pi}{2}\sin\theta\right)}{\cos\theta}\sqrt{\left[0.778\cos\alpha - 1\right]^2 + 0.246^2 + 0.492\left[0.778\cos\alpha - 1\right]\cos\alpha}$$

$$= \frac{\cos\left(\frac{\pi}{2}\sin\theta\right)}{\cos\theta}\sqrt{0.998\cos^2\alpha - 2.048\cos\alpha + 1.0605} \tag{4.3-7}$$

对 $\theta = 0$ 方向：$\alpha = 109°$，得 $f(\theta = 0) = 1.354$；对 $\theta = 180°$ 方向：$\alpha = 35°$，得 $f(\theta = 180°) = 0.214$。因而该方向图的前后比为 F/B = 1.354/0.214 = 6.33（即 16.0 dB）。

用式(4.3-7)画出的方向图如图 4.3-3 所示。可见其后瓣很小，因此多元八木-宇田天线也只需用一个反射振子，而增加引向振子数目。

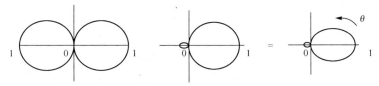

图 4.3-3　三元八木-宇田天线的 E 面方向图

由式(2.2-13)可求得其增益：

$$G \approx D = \frac{120f_M^2}{R_r} = \frac{120 \times 1.354^2}{25.1} = 8.76 \qquad （即 9.43 \text{ dB}）$$

4.3.3　特性与设计

带多个引向振子的八木-宇田天线可看成是端射式行波天线，即由"有源振子－反射振子"对，向引向振子方向传播行波。由于引向振子的作用，该行波的相速 v 小于自由空间光速 c，因此引向振子阵可看成其上传播慢波（表面波）的电抗性表面。对汉森-伍德亚德端射阵，要求其末端处的馈电慢波比自由空间波在相位上约落后 180°。其相对相速 c/v 与阵长 L/λ 的关系如图 4.3-4 中虚线所示，其条件为

$$\frac{c}{v} = 1 + \frac{\lambda}{2L} \tag{3.3-25a}$$

已有实验表明，对短八木-宇田天线，最佳（最大增益）的末端相位差约为 60°，对于 $4\lambda < L < 8\lambda$，此相位差增至 120°，当 $L > 20\lambda$，则相位差接近 180°，对应于图 4.3-4 中实线。其条件为

$$\frac{c}{v} = 1 + \frac{\lambda}{pL} \tag{4.3-8}$$

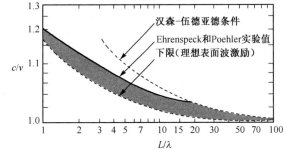

图 4.3-4　最大增益端射式行波天线的相对相速 c/v

对 $L \approx \lambda$，$p = 6$；对 $4\lambda < L < 8\lambda$，$p = 3$；对 $L \geqslant 20\lambda$，$p = 2$。其他数据也表明，最佳 c/v 值位于该实线上或图中阴影区内与之相近处。图中阴影区下限对应于表面波完全建立。

由于八木-宇田天线一般都按最大增益端射式天线设计，它的增益和半功率波瓣宽度可分别按下两式估算：

$$G \approx D = 10\frac{L}{\lambda} \tag{4.3-9}$$

$$\text{HP} = 55°\sqrt{\frac{\lambda}{L}} \tag{4.3-10}$$

式(4.3-10)得出的是两个主平面的半功率波瓣宽度的平均值(E 面比 H 面窄些)。

根据大量实测数据综合的增益与振子数 N 的关系,及天线长度与 N 的关系如图 4.3-5(a)和图 4.3-5(b)所示,图 4.3-5(a)中增益单位是 dBd,指相对于半波振子增益(2.15 dB)的 dB 值,是增益 dB 值(相对于无方向性点源的,即 dBi 值)-2.15。由图 4.3-5(a)可见,当振子数 N 由 4 增至 5 时,增益 G 约增加 1 dB,而当 N 由 10 增至 11 时,其 G 的增加仅约 0.25 dB。因此,天线振子数一般为 6 ~ 14。天线增益一般为 11 ~ 16 dBd,约 13 ~ 18 dBi,即 20 ~ 63。

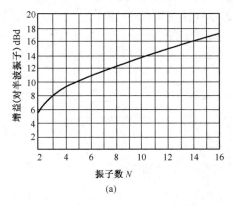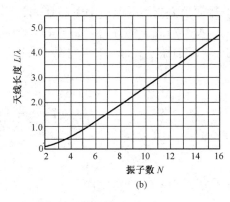

(a)　　　　　　　　　　　　　　　(b)

图 4.3-5　八木-宇田天线增益和长度与振子数的关系

Viozbicke[5]在美国国家标准局的长期实验研究中,得出了设计八木-宇田天线的大量数据。其部分成果归纳在表 4.3-1 中,天线长度范围为 0.4λ ~ 4.2λ,给定振子间距 S_R 和 S_D,主要研究振子的最佳长度,包括反射器长度 $2l_R$ 和各引向器长度 $2l_{D_i}$。该表数据是按振子直径 $2a = 0.0085\lambda$ 给出的;对振子直径为其他值的情形可利用图 4.3-6 得出校正后的长度,具体用法见下面举例。此外,由于半波振子中心处电压为零,在理想情形下,沿天线中心线的细金属支杆不会改变电压分布。但发现实际金属支杆会产生影响,因此需增加振子长度来补偿。其增加值可由图 4.3-7 查出。不过,如果各振子与支杆间是绝缘的,就不需要补偿了。

表 4.3-1　六种不同长度的八木-宇田天线无源振子的最佳长度

$2a/\lambda = 0.0085$　　$S_R = 0.2\lambda$		天线长度 L, λ					
		0.4	0.8	1.20	2.2	3.2	4.2
	反射器长度 $2l_R/\lambda$	0.482	0.482	0.482	0.482	0.482	0.475
	D_1	0.442	0.428	0.428	0.432	0.428	0.424
	D_2		0.424	0.420	0.415	0.420	0.424
	D_3		0.428	0.420	0.407	0.407	0.420
	D_4			0.428	0.398	0.398	0.407
	D_5				0.390	0.394	0.403
	D_6				0.390	0.390	0.398
引向器长度	D_7				0.390	0.386	0.394
$2l_{D_i}/\lambda$	D_8				0.390	0.386	0.390
	D_9				0.398	0.386	0.390
	D_{10}				0.407	0.386	0.390
	D_{11}					0.386	0.390
	D_{12}					0.386	0.390
	D_{13}					0.386	0.390
	D_{14}					0.386	
	D_{15}					0.386	

（续表）

$2a/\lambda = 0.0085, S_R = 0.2\lambda$	天线长度 L, λ					
	0.4	0.8	1.20	2.2	3.2	4.2
设计曲线（图4.3-6）	Ⓐ	Ⓒ	Ⓒ	Ⓑ	Ⓒ	Ⓓ
引向器间距 S_D/λ	0.20	0.20	0.25	0.20	0.20	0.308
相对于半波振子的增益	7.1	9.2	10.2	12.25	13.4	14.2
前后比 F/B, dB	8	15	19	23	22	20

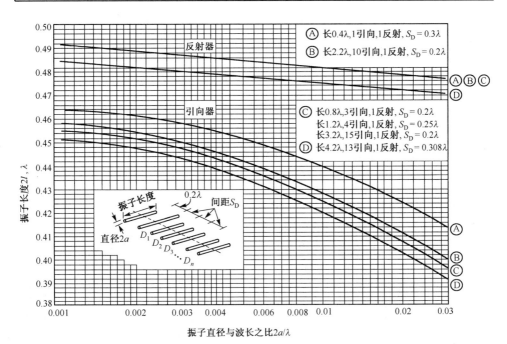

图4.3-6　八木-宇田天线振子长度设计曲线

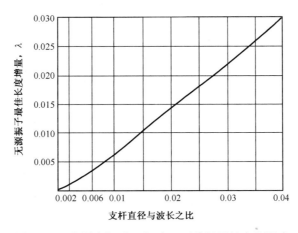

图4.3-7　金属支杆对八木-宇田天线振子长度的影响

例4.3-1　电视第11频道八木-宇田天线的设计。

设计要求：中心频率 $f = 211$ MHz（中心波长 $\lambda = 142.2$ cm），长 $L = 2.2\lambda$，振子直径 $2a = 1$ cm，金属支杆的直径 $2a_1 = 2$ cm。

1）按表4.3-1要求，取 $S_D = S_R = 0.2\lambda = 28.4$ cm，$N = 2.2\lambda/0.2\lambda + 1 = 12$ 元。

2）振子直径 $2a = 1\text{ cm} = 0.007\,03\lambda$，按此值查图 4.3-6 中两条 B 曲线，得反射振子 R 长 $2l_R = 0.483\lambda$，引向振子 D_1 长 $2l_{D1} = 0.436\lambda$。

3）表 4.3-1 中的数据是按 $2a = 0.0085\lambda$ 得出的，表中引向振子 D_1 长 $2l'_{D1} = 0.432\lambda$，得差值：

$$\Delta_1 = 2l_{D1} - 2l'_{D1} = 0.436\lambda - 0.432\lambda = 0.004\lambda$$

4）其他引向振子长度由表 4.3-1 中值加上差值 Δ_1 来得出：

$$2l_{D2} = 0.415\lambda + 0.004\lambda = 0.419\lambda$$

$$2l_{D3} = 2l_{D10} = 0.407\lambda + 0.004\lambda = 0.411\lambda$$

$$2l_{D4} = 2l_{D9} = 0.398\lambda + 0.004\lambda = 0.402\lambda$$

$$2l_{D5} = 2l_{D6} = 2l_{D7} = 2l_{D8} = 0.390\lambda + 0.004\lambda = 0.394\lambda$$

5）考虑支杆影响。支杆直径 $2a_1 = 2\text{ cm} = 0.014\,06\lambda$，按此值查图 4.3-7 得振子长度修正量为 $\Delta_2 = 0.009\lambda$。因此修正后的长度为

$$2l_R = 0.483\lambda + 0.009\lambda = 0.492\lambda$$

$$2l_{D1} = 0.436\lambda + 0.009\lambda = 0.445\lambda$$

$$2l_{D2} = 0.419\lambda + 0.009\lambda = 0.428\lambda$$

$$2l_{D3} = 2l_{D10} = 0.411\lambda + 0.009\lambda = 0.420\lambda$$

$$2l_{D4} = 2l_{D9} = 0.402\lambda + 0.009\lambda = 0.411\lambda$$

$$2l_{D5} = 2l_{D6} = 2l_{D7} = 2l_{D8} = 0.394\lambda + 0.009\lambda = 0.403\lambda$$

6）有源振子长度 $2l_0$ 取为谐振长度，可利用表 2.3-2 得出其近似值。本例 $2l/a = 0.48/0.007 = 68$，故取 $2l_0 = 0.475\lambda$。

以上设计可作为用仿真软件设计或实验的初始值。在可能的计算条件下，一般都用仿真软件(利用矩量法或其他数值方法)作进一步的设计和优化。图 4.3-8 是对类似的 12 元八木-宇田天线，用数值方法得出的主面方向图，算出的方向系数是 11.82 dBd，与表 4.3-1 中数值相近，前后比很高，达 38.5 dB，算出的有源振子输入阻抗为 $26.5 + \text{j}23.7\ \Omega$（可见，有源半波振子的输入阻抗较低，因此通常都选用折合振子作为有源振子）。

若引向振子过多，并不能明显提高八木-宇田天线的增益，反而使结构过于笨重。一般认为，其长度的合理限度是 $L = (3 \sim 3.5)\ \lambda$。如要求增益更高，可采用 2，$2 \times 2$，$2 \times 4$ 等多副八木-宇田天线排阵的形式。图 4.3-9 是国产米波远程警戒雷达的八木-宇田天线阵照片。单个天线的波瓣宽度愈窄，排阵间距要愈大，以获得尽量高的增益。间距一般大于 $0.75\ \lambda$。例如一实用的 2×2 阵米波引导雷达天线，水平和高度方向间距均近于 $1.1\ \lambda$。其单副天线水平面半功率宽度约 39°，旁瓣电平 SLL$\leqslant -15$ dB，增益约为 25。水平二元阵的水平面半功率宽度约 22°，SLL$\leqslant -15$ dB，增益约为 33。

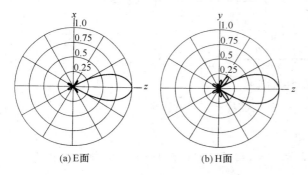

图 4.3-8　12 元八木-宇田天线的仿真方向图

图 4.3-9　米波远程警戒雷达的八木-宇田天线阵

八木–宇田天线实现超宽带和高增益的关键分别是展宽馈源带宽、增加引向器数量和提高馈源增益。

*4.3.4　背射天线

背射天线(Backfire antenna)是 20 世纪 60 年代在八木–宇田天线基础上发展起来的一种天线。其特点是:结构简单,馈电方便,增益高,旁瓣电平低。背射天线的一种主要形式如图 4.3-10(a)所示。它是在八木–宇田天线最末端的引向器后面再加一个导体反射盘 M,反射器则改用直径约 $\lambda/2$ 的小圆盘 R。小反射器与反射盘之间的距离取为 $\lambda/2$ 的整数倍;如在反射盘 M 的边缘上加一圈边框(边环),则更能增大增益。当电波沿八木–宇田天线的慢波结构传播到反射盘 M 后便产生返射,再一次沿慢波结构向反方向传播,最后越过小反射器,形成最大方向沿轴向的辐射,故又称返射天线。根据镜像原理,它相当于将原来的天线轴向长度 L 增加了一倍,如图 4.3-10(b)所示,因此提高了增益。同时,小反射器圆盘 R 也有镜像作用,再加上边框的贡献,可使其增益比相同长度的八木–宇田天线高出(4~6) dB。

当背射天线的轴向长度为半波长时,就称为短背射天线,首先由埃伦斯佩克(Ehrenspeck)在 1965 年提出[6]。其天线照片与几何关系如图 4.3-11 所示。表 4.3-2 中列出了天线参数和主要性能。已用类似结构作了实验研究,大、小反射器直径分别为 $d_M = 2\lambda$, $d_R = 0.65\lambda$,测得最高增益为 14.9 dB;附加边框使增益提高 1 dB;而频率低至 1.5 GHz 时波瓣展宽。图 4.3-12 为用数值方法对不同的小反射器直径计算的主面方向图;发现当 $d_R = 0.4\lambda$ 时增益最大。由于具有纵向尺寸小,结构简便,便于封装等突出优点,短背射天线已在空间飞行器和地面无线电设备中获得应用。

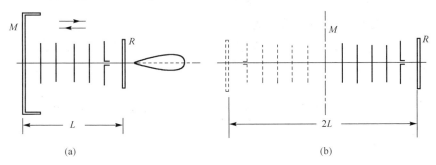

图 4.3-10　背射天线及其简化的等效结构

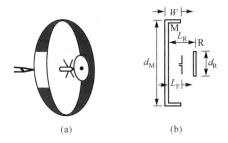

图 4.3-11　短背射天线及其几何关系

表 4.3-2　Ehrenspeck 短背射天线参数与电性能

天 线 参 数	电 性 能
大反射器 M 直径 $d_M = 2\lambda$	工作频率 $f = 3$ GHz
小反射器 R 直径 $d_R = 0.4\lambda$	天线增益 $G = 3.11$ dBd = 15.2 dB
二反射器间距 $L_R = 0.5\lambda$	旁瓣电平 SLL = −20 dB(E 面)
振子与大反射器间距 $L_F = 0.25\lambda$	SLL = −25 dB(H 面)
大反射器边框宽度 $W = 0.25\lambda$	背瓣电平 BLL ≤ −25 dB

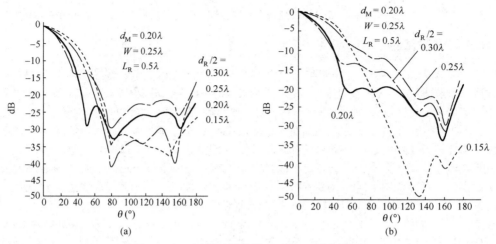

图 4.3-12　短背射天线的 E 面和 H 面方向图

4.4　单　极　天　线

4.4.1　无限大与有限尺寸地面上的单极天线

4.4.1.1　无限大地面上的单极天线

对称振子的一臂垂直置于一个理想导体平面(地面)上,就形成一个单极天线(monopole antenna),如图 4.4-1 所示,它也称为直立天线(vertical antenna)。短波和超短波的军用便携式电台的鞭形天线,都是单极天线。

本节把单极天线的长 l 用 h 表示,也称为直立天线的高度。由镜像原理知,长为 h 的单极天线与其镜像构成一个全长为 $2h$ 的对称振子。单极天线在上半空间的场与此对称振子的场相同;它在下半空间的场则为零,故有

$$\begin{cases} E(\Delta) = \mathrm{j}\dfrac{60I_{\mathrm{M}}}{r}\dfrac{\cos(kh\sin\Delta) - \cos kh}{\cos\Delta}\mathrm{e}^{-\mathrm{j}kr}, & 0 \leqslant \Delta \leqslant \pi \\ E(\Delta) = 0, & -\pi < \Delta < 0 \end{cases} \tag{4.4-1}$$

其铅垂面方向图如图 4.4-2 所示。

可见,单极天线在上半空间的方向图与全长 $2h$ 的对称振子相同。其方向系数是后者的两倍:

$$D_{\mathrm{m}} = \dfrac{2}{\displaystyle\int_0^{\pi/2} F^2(\theta)\sin\theta\mathrm{d}\theta} = \dfrac{2}{\dfrac{1}{2}\displaystyle\int_0^{\pi} F^2(\theta)\sin\theta\mathrm{d}\theta} = 2D_{\mathrm{d}} \tag{4.4-2}$$

因此, $h = \lambda/4$ 单极天线的方向系数为 $D_{\mathrm{m}} = 2 \times 1.64 = 3.28$(下标"m"代表 monopole,下标"d"代表 dipole)。

由于单极天线只向上半空间辐射,其辐射功率只有具有相同波腹电流 I_{M} 的对称振子的辐射功率之一半。因而其辐射电阻 R_{rm} 只有对应的对称振子辐射电阻 R_{rd} 之一半:

$$R_{\mathrm{rm}} = R_{\mathrm{rd}}/2 \tag{4.4-3}$$

可见, $h = \lambda/4$ 单极子的辐射电阻为 $73.1/2 = 36.6\ \Omega$。

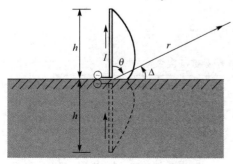

图 4.4-1　单极天线及其镜像

由于单极子的输入电流与对应的偶极子(对称振子)相同时,其输入电压只是后者的一半,因而其输入阻抗也只有后者的一半:

$$Z_{\text{inm}} = \frac{U_{\text{om}}}{I_{\text{om}}} = \frac{U_{\text{od}}/2}{I_{\text{od}}} = Z_{\text{ind}}/2 \quad (4.4\text{-}4)$$

4.4.1.2 有限尺寸地面上的单极天线

图 4.4-3 所示为一导体圆盘地面上的单极天线,天线高为 h,半径为 a,圆盘半径为 b。当 $h = \lambda/4$,用数值方法计算的辐射电阻和输入电抗如图 4.4-4 所示。可见,辐射电阻随圆盘直径 $2b$ 的增大,以约 1λ 为周期起伏变化,最后(无限大时)趋于约 $36\ \Omega$(虚线)。当 $2b = 0.5\lambda$ 时,电阻达峰值 $45\ \Omega$,比渐近值约高 25%;而当 $2b \approx 1.1\lambda$ 时,约高 18%。

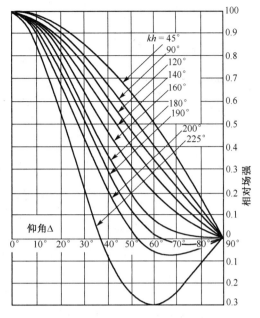

图 4.4-2　不同长度的单极天线在铅垂面内的方向图

长 $h = \lambda/4$ 单极天线在不同的圆盘直径时的计算方向图如图 4.4-5 所示。由于圆盘有限,将不能形成一个完全的镜像。它对方向图的影响是:水平方向($\theta = \pi/2$)不再是最大方向;在某仰角方向形成波瓣的最大值,圆盘直径愈大,最大方向仰角愈小(θ 角愈大);下半空间存在一定的辐射(绕射效应)。圆盘也可用几根形成辐射状的金属棒来代替,如图 4.4-6 所示,称为布朗天线。

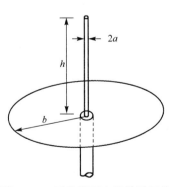

图 4.4-3　圆盘地面上的单极天线

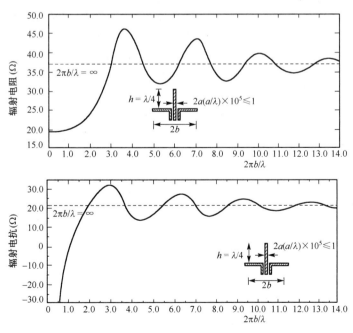

图 4.4-4　圆盘上 $\lambda/4$ 单极天线的辐射电阻和输入电抗

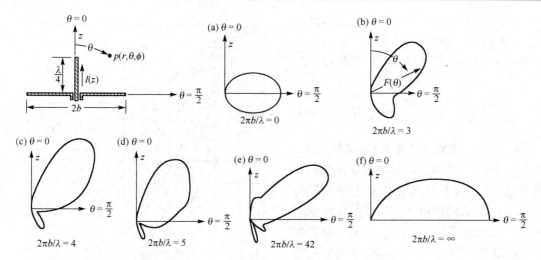

图 4.4-5　圆盘上 $\lambda/4$ 单极天线的方向图

*4.4.2　顶加载直立天线

图 4.4-6　布朗天线

由于长波和中波波段主要利用沿地球表面传播的表面波进行广播与通信，而表面波传播时水平极化波的衰减远大于铅垂极化波，因此在中、长波波段广泛应用直立天线。几种长、中波直立天线形式如图 4.4-7 所示。其中除铁塔天线外，都引入了顶部加载。

4.4.2.1　输入阻抗

本小节主要研究图 4.4-7(a)至图 4.4-7(c)所示的顶加载情形[7]。它们分别对应于 1 根分枝线($n=1$)，2 根分枝线($n=2$)和 4 根分枝线($n=4$)，分别称为 Γ 形、T 形和 X 形天线。这类顶加载天线(top-loaded antenna)与其线电流及地面的镜像电流如图 4.4-8(a)所示。在中、长波波段，这类天线的电长度都很短($h \ll \lambda$)。其直立段上的电流与其镜像电流是同相的，而顶线上的水平电流与其镜像电流是反相的。后二者可看成是间距远小于波长的平行双导线上的电流，因而它们并不形成辐射。可见，顶加载部分本身并不改变天线方向图，而只是改变天线直立段的电流分布。图 4.4-8(b)是图 4.4-8(a)的等效电路，直立段的电流 $I(z)$ 由天线底部 I_0 开始，终止于顶电流 I_t；对于几根分枝线的情形，任一根上的电流 $I(\rho)$ 由天线顶部 I_t/n 下降至顶线终端处 $I_b=0$。图中顶线的等效传输线特性阻抗为 Z_{ct}：

$$Z_{ct} = 60\ln\frac{2h}{a} \tag{4.4-5}$$

式中 a 为导线半径。直立段可看成另一传输线，其平均特性阻抗为 Z_{cm}：

$$Z_{cm} = 60\ln\frac{h}{a} \tag{4.4-6}$$

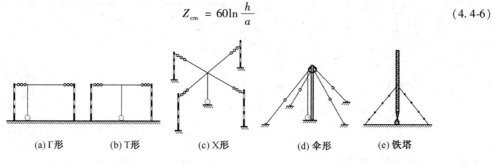

(a) Γ形　　　(b) T形　　　(c) X形　　　(d) 伞形　　　(e) 铁塔

图 4.4-7　不同形式的中、长波直立天线

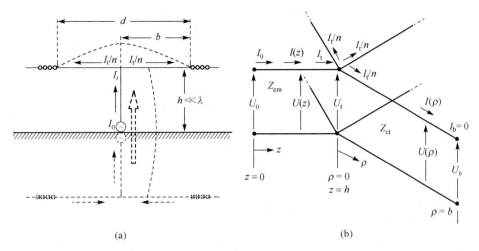

图 4.4-8　顶加载天线的几何关系与等效电路

天线顶部向顶线看去的输入阻抗等于并联的开路低耗传输线的输入阻抗:

$$Z_t = jX_t = j\frac{Z_{ct}}{n\tan kb} \tag{4.4-7}$$

天线底部的输入阻抗为

$$Z_{in} = Z_0 = R_0 + jX_0$$

$$R_0 = R_r + R_c + R_g, \quad X_0 = Z_{cm}\frac{Z_{cm}\tan kh + X_t}{Z_{cm} - X_t\tan kh} \tag{4.4-8}$$

式中 R_r,R_c 和 R_g 分别是天线的辐射电阻、导体损耗电阻和地面等效损耗电阻。X_0 是 X_t 转换至天线输入端的值。若 $X_0 = 0$,则顶加载天线处于谐振状态,其条件是

$$X_t = -Z_{cm}\tan kh \tag{4.4-9}$$

代入式(4.4-7),得顶线长度为

$$b_0 = \frac{\lambda}{2\pi}\arctan\left(\frac{Z_{ct}}{nZ_{cm}\tan kh}\right) \tag{4.4-10}$$

4.4.2.2　电流分布和近、远区场

将直立段看成低耗传输线,则其电流和电压分布为

$$\begin{cases} I(z) = I_0\cos kz - j\dfrac{U_0}{Z_{cm}}\sin kz \\ U(z) = U_0\cos kz - jI_0 Z_{cm}\sin kz \end{cases} \tag{4.4-11}$$

式中 $U_0 = jX_0 I_0$,从而得

$$I(z) = I_0\left(\cos kz + \frac{X_0}{Z_{cm}}\sin kz\right), \quad 0 \leqslant z \leqslant h \tag{4.4-12}$$

并得天线顶部($z = h$)电流:

$$I_t = I_0\left(\cos kh + \frac{X_0}{Z_{cm}}\sin kh\right) \tag{4.4-13}$$

同理,顶线上的电流可表示为

$$I(\rho) = \frac{I_t}{n}\cos k\rho + \frac{X_t I_t}{Z_{ct}}\sin k\rho = \frac{I_t}{n}\left(\cos k\rho - \frac{\sin k\rho}{\tan kb}\right), \quad 0 \leqslant \rho \leqslant b \tag{4.4-14}$$

式中已将式(4.4-7)代入。

通常取 $b = b_0$,使 $X_0 = 0$,此时有

$$I(z) = I_0 \cos kz, \quad 0 \leqslant z \leqslant h \tag{4.4-15}$$

$$I_t = I_0 \cos kh \tag{4.4-16}$$

$$I(\rho) = \frac{I_t}{n}\left(\cos k\rho - \frac{\sin k\rho}{\tan kb_0}\right), \quad 0 \leqslant \rho \leqslant b_0 \tag{4.4-17}$$

与对称振子一样,利用矢位法可求得其近区地球表面处($z = 0$)的电场强度:

$$E_z = j60I_0 e^{-jkr_1}\left(\frac{h\cos kh}{kr_1^3} + \frac{jh\cos kh}{r_1^2} - \frac{\sin kh}{r_1}\right) \tag{4.4-18}$$

式中 $r_1 = \sqrt{h^2 + \rho^2}$。对远区地球表面处,因 $\rho \gg h$,$r_1 \approx \rho$,并忽略 $1/\rho^2$ 和 $1/\rho^3$ 项,得

$$E_z = -j60I_0 \frac{e^{-jk\rho}}{\rho}\sin kh \tag{4.4-19}$$

因 $kh \ll 1$,$\sin kh \approx kh$,可见此表示式与赫兹振子的结果相同。

4.4.2.3 天线辐射效率与增益

短的顶加载直立天线对上半空间的辐射几乎与高 $2h$ 的赫兹振子相同,因而其辐射电阻为

$$R_r = 40\pi^2\left(\frac{2h}{\lambda}\right)^2 = 160\pi^2\left(\frac{h}{\lambda}\right)^2 \tag{4.4-20}$$

考虑到天线顶部电流 I_t 并不严格等于底部电流 I_0,更准确的结果是

$$R_r = 40\pi^2\left(\frac{h}{\lambda}\right)^2\left(1 + \frac{I_t}{I_0}\right)^2 \tag{4.4-21}$$

当天线谐振时,利用式(4.4-16)得

$$R_r = 40\pi^2\left(\frac{h}{\lambda}\right)^2(1 + \cos kh)^2 \tag{4.4-22}$$

在低频(150~250 kHz)和中频(535~1705 kHz)广播频段计算天线辐射效率时,必须考虑天线的欧姆损耗电阻。它包括导线损耗电阻 R_c、地面等效损耗电阻 R_g 及天线所用绝缘子的损耗电阻 R_i,但 R_i 相对很小,可略去。导线损耗与导线半径 a 和电导率 σ 有关。对铜导线,取 $\sigma = 5.8 \times 10^7$ S/m,则导线表面电阻率为

$$R_1 = \frac{1}{2\pi a}\sqrt{\frac{\pi f \mu_0}{\sigma}} = \frac{4.16}{a}\sqrt{f} \times 10^{-8}\,(\Omega/m) \tag{4.4-23}$$

导线损耗电阻为

$$R_c = \frac{2P_c}{I_0^2} = \frac{R_1}{I_0^2}\left[\int_0^h I^2(z)\,dz + n\int_0^{b_0} I^2(\rho)\,d\rho\right] \tag{4.4-24}$$

式中第 1、2 项分别对应于直立段和 n 根顶线上的损耗功率。将式(4.4-15)和式(4.4-17)代入,得

$$R_c = R_1\left\{\frac{1}{2}\left(h + \frac{\sin 2kh}{2k}\right) + \frac{\cos^2 kh}{n}\left[\frac{b_0}{2}\left(1 + \frac{1}{\tan^2 kb_0}\right) + \frac{\sin 2kb_0}{4k}\left(1 - \frac{1}{\tan^2 kb_0}\right) + \frac{\cos 2kb_0 - 1}{2k\tan kb_0}\right]\right\} \tag{4.4-25}$$

基于以上结果,便可求出顶加载直立天线的辐射效率:

$$e_r = \frac{R_r}{R_r + R_c + R_g} \tag{4.4-26}$$

对短的顶加载直立天线,其远场方向图与赫兹振子的方向图几乎完全相同,因此由式(4.4-2)知

$$D = 2 \times 1.5 = 3(\text{即 4.77 dB}) \tag{4.4-27}$$

故其增益为

$$G = De_r = 3e_r \tag{4.4-28}$$

谐振高度 X 形天线($n = 4$)在几种土质条件下计算的增益曲线如图 4.4-9(a)所示;其人造金属地面由 N 根辐射状金属棒(直径为 $2a_0$)构成,半径 $r_0 = 0.01\lambda$,图(b)给出了不同 N 数的比较。谐振高度 Γ 形、T 形和 X 形天线的辐射效率和增益数据见表 4.4-1($a_0 = 6 \times 10^{-3}$ m,$r_0 = 75$ m)。这些结果表明,与 Γ 形相

比，Τ 形和 X 形天线增益的提高并不很大，它主要使导线损耗电阻下降。中频天线的增益比低频的高，这主要由于其人造金属地面相对来说更好。好的人造地面的作用较明显，这可由图 4.4-9(b)中曲线看出，N 越大则 G 越高。

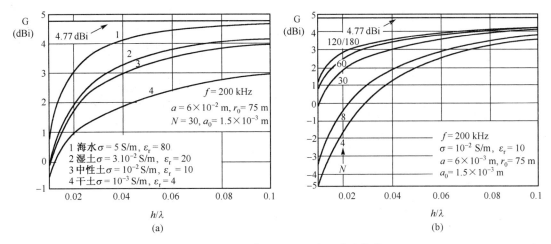

图 4.4-9　谐振高度 X 形天线的增益曲线

表 4.4-1　谐振高度 Γ 形、Τ 形和 X 形天线的辐射效率和增益($a_0 = 6 \times 10^{-3}$m, $r_0 = 75$ m)

土 质		$f = 200$ kHz, $h = 0.07\lambda$, $N = 30$						$f = 1$ MHz, $h = 0.07\lambda$, $N = 120$					
		Γ 形		Τ 形		X 形		Γ 形		Τ 形		X 形	
σ(s/m)	ε_r	e_r	G(dBi)	e_r	G(dBi)	e_r	G(dBi)	e_r	G(dBi)	e_r	G(dBi)	e_r	G(dBi)
10^{-3}	4	0.585	2.44	0.594	2.51	0.598	2.54	0.777	3.67	0.784	3.71	0.787	3.73
10^{-2}	10	0.743	3.48	0.758	3.57	0.764	3.60	0.877	4.20	0.886	4.25	0.890	4.26
3×10^{-2}	20	0.789	3.74	0.806	3.84	0.813	3.87	0.96	4.29	0.906	4.34	0.909	4.36
5	80	0.897	4.30	0.919	4.41	0.928	4.45	0.940	4.50	0.951	4.55	0.955	4.57

4.4.3　单锥天线和盘锥天线

4.4.3.1　单锥天线

单锥天线即圆锥单极天线(conical monopole)，如图 4.4-10 所示，锥顶可以是平的，也可以是其他形状。它与其镜像构成一双锥天线。双锥天线的特点是，与圆柱振子不同，它的直径是以固定锥角 2α 变化的。如果把它看成终端开路的传输线张开而成，则沿线各点的特性阻抗是不变的。当天线无限长时，其输入阻抗就等于此特性阻抗，这时天线电特性与频率无关，因而具有宽频带特性。实际带宽因截头效应而受到限制。对无限长双锥，沿线各点的特性阻抗都是

$$Z_c = 120\ln\left(\cot\frac{\alpha}{2}\right) \tag{4.4-29}$$

无限长单极圆锥的特性阻抗是上式的 1/2。自然，由于不会出现不连续所引起的反射波，其输入阻抗与此相同，无电抗分量。若 $\alpha = 45°$，由式(4.4-29)得 $Z_c = 106$ Ω，故无限长单锥天线的输入阻抗是 106/2 = 53 Ω。

不同张角 2α 时平顶单锥天线输入阻抗的实测曲线如图 4.4-10 所示。由图可见，取 $2\alpha \geqslant 60°$，在 $h = \lambda/4 \sim \lambda/2$ 附近范围内阻抗变化缓慢，可获得 2:1 阻抗带宽。图 4.4-11 是 3 种锥顶的单锥天线的电压驻波比曲线。它们对 VSWR$\leqslant$1.3 的阻抗带宽都大于 3:1。

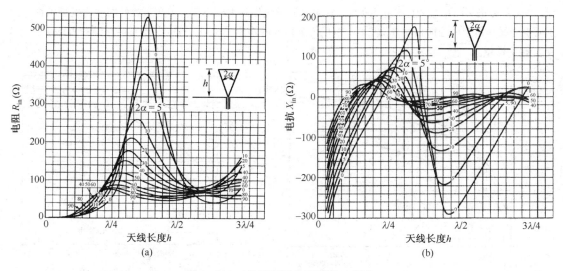

图 4.4-10　单锥天线的实测输入阻抗

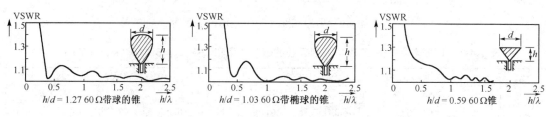

图 4.4-11　单锥天线的驻波比

4.4.3.2　盘锥天线

把双锥天线的一个圆锥用圆盘来代替, 便形成盘锥天线(discone antenna), 如图 4.4-12 所示。A. G. Kandoian 在 1946 年首先提出盘锥天线。一般用同轴线对它馈电, 同轴线内导体连接到圆盘地面上, 而外导体与圆锥的锥顶相连。理论上, 对无限大的地面和圆锥, 输入阻抗为式(4.4-29)之一半, 即

$$Z_{in} = 60\ln \cot \frac{\alpha}{2} \tag{4.4-30}$$

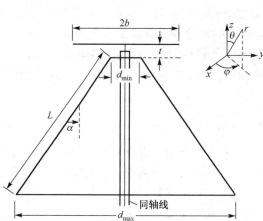

图 4.4-12　盘锥天线

若 $\alpha = 30° \sim 45°$, 则 $Z_{in} = 79 \sim 53\ \Omega$, 可见近于同轴线特性阻抗 50 Ω。实际输入阻抗不但与锥角 α 有关, 还与其锥体斜高 L、圆盘直径 $2b$ 有关, 并与盘与锥间的距离 t、锥体小端直径 d_{min} 有关(主要影响高端频率特性)。此时的输入阻抗可看成由锥体和圆盘形成的分布参数电路的输入阻抗, 它是多谐振回路, 其阻抗频率特性变化相对较为缓慢, 因而带宽较宽。图 4.4-13 所示为一组不同锥角时的驻波比曲线, 其对应的天线尺寸列于插表中。图 4.4-13 中, $2\alpha = 60°$ 时 VSWR≤2 的带宽最宽。

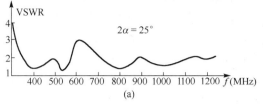

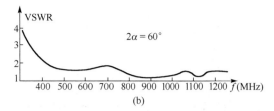

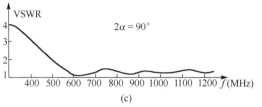

序 号	2α	L(cm)	d_{max}(cm)	$2b$(cm)
1	25°	24.9	11.78	8.25
2	60°	20.8	21.8	15.26
3	90°	20.1	29.42	20.6

$d_{min} = 1$ cm, $t = 0.3$ cm

图 4.4-13 三种盘锥天线的驻波比与尺寸

图 4.4-14 为一盘锥天线的实测方向图，可见，该方向图的带宽大于 3:1。该天线中心频率是 1 GHz（$\lambda = 30$ cm），$L = 21.3$ cm $= 0.71\lambda$，$d_{max} = 19.3$ cm $= 0.64\lambda$，$\alpha \approx \arcsin(d_{max}/2L) = 27°$。

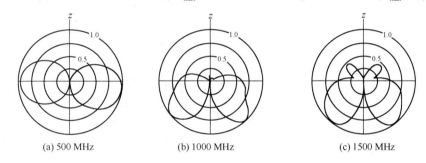

(a) 500 MHz　　　(b) 1000 MHz　　　(c) 1500 MHz

图 4.4-14 盘锥天线的实测方向图（$L = 0.71\lambda$，$d_{max} = 1.64\lambda$，$\alpha = 27°$）

盘锥天线的增益较低，在低频段其值与半波振子增益相近。而在高频端，由于最大方向偏离水平方向（$\theta = 90°$），使该方向的增益比半波振子约低 1～3 dB。

盘锥天线尺寸的选择可参考下述规律[2°][8]：

1. 通常取 $25° \leq 2\alpha \leq 90°$，最好取 $45° < 2\alpha < 75°$。

2. 一般取 $L > \lambda_l/4$。λ_l 是最长工作波长，取圆盘直径 $2b = (0.7～0.75)d_{max}$。

3. 取 $d_{min} = \lambda_h/75$，λ_h 是最短工作波长，$t = (0.3～0.5)d_{min}$，$t \ll 2b$。

4.4.4 套筒单极天线

套筒单极天线（sleeve monopole）结构如图 4.4-15（a）所示，它由同轴线馈电。同轴线内导体伸出形成上辐射体，其外导体外壁也激励有电流，且与内导体电流同方向，构成下辐射体。因此，套筒的作用就是将单极天线的馈电点沿 z 轴移动，如图 4.4-15（b）所示。这样，不但振子加粗了，而且上下辐射体的长度可适当调节，起到类似于电路中的参差调谐的作用，因而有效地展宽了阻抗带宽，一般可获得至少 2:1 带宽。它已广泛应用于车载或舰载的移动通信系统中。

天线参数是全长 h，套筒长度 L，内导体直径 $2a$，套筒直径 $2b$。对 $L = 0$（无套筒），$L = h/3$ 和 $L = 2h/3$ 三种情形实测的阻抗曲线如图 4.4-16 所示。可见，当 $h \approx \lambda/4$ 可获得谐振；而 h 再增大时，对 $L = h/3$ 仍具有低阻抗。图 4.4-17 为一套筒单极天线在 500～2000 MHz 频带内的 E 面方向图，天线参数为：$h = 12$ cm，$L = 3.7$ cm，$b/a = 3$。由于结构轴对称，其 H 面方向图是一个圆。

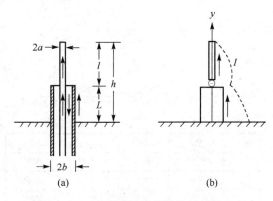

图 4.4-15　套筒单极天线结构与电流分布

与普通单极天线一样,天线尺寸对阻抗的影响要比对方向图的影响大。为进一步改进阻抗特性,可采用图 4.4-18(a)所示的结构。这种结构馈电点处的输入阻抗,可看成一段长为 L_1 且负载阻抗为原输入阻抗 $Z_0 = (R_0 + jX_0)$ 的传输线与一段长为 L_2 的短路传输线的串联结果。这两段传输线的特性阻抗分别为

$$Z_{c1} = 60\ln\frac{b}{a}, \quad Z_{c2} = 60\ln\frac{b}{a'}$$

$$(4.4\text{-}31)$$

式中 a' 是馈电同轴线的外半径,若它与 a 相同,则 $Z_{c2} = Z_{c1}$。馈电点输入阻抗为

$$Z_{in} = jZ_{c2}\tan kL_2 + Z_{c1}\frac{Z_0 + jZ_{c1}\tan kL_1}{Z_{c1} + jZ_0\tan kL_1}$$

$$(4.4\text{-}32)$$

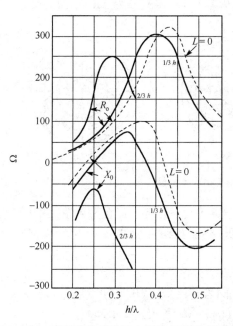

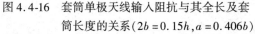

图 4.4-16　套筒单极天线输入阻抗与其全长及套筒长度的关系($2b = 0.15h, a = 0.406b$)

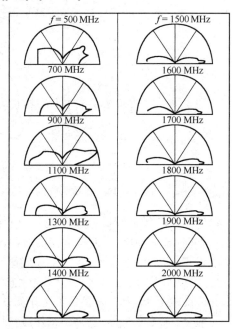

图 4.4-17　套筒单极天线的 E 面方向图

此阻抗特性可通过适当选 l/λ、l/a(影响 Z_0)及 L_1/L_2、b/a 等参数来调节。这种天线的一组输入阻抗轨迹如图 4.4-18(b)所示,其几何参数为 $l/L = 2.25$, $b/a = 3$, $L_1 = 5.08$ cm, $L_2 = 12.95$ cm, $Z_{c1} = Z_{c2} = 66$ Ω,馈电同轴线特性阻抗为 $Z_c = 50$ Ω,圆图上的输入阻抗为归一化值 Z_{in}/Z_c,频率范围为 $100 \sim 400$ MHz。此天线 $h = \lambda_1/4$, λ_1 是最低工作频率的波长。这样,当频率升高时,直到 $h \leqslant \lambda/2$,上辐射体和套筒外壁上的电流都同相,因而其方向图的变化不明显;频率再升高将使方向图的变化加大。但经验表明,当 $l/L = 2.25(L = h/3.25)$ 时,方向图在 4:1 带宽内变化较小,可使旁瓣电平最低。然而,此设计驻波比过大(低频端 VSWR ~8),实际应用时还需调整 l/L 和 L_1/L_2 等参数或加匹配网络。

　　实际天线设计通常要根据给定的性能要求和尺寸限制,利用数值计算软件做优化。一副工作于80～120 MHz的套筒单极天线,优化后的尺寸为[9]: $h = 0.915$ m(约 $\lambda_l/4.1$), $L = 0.53$ m(约 $h/3.4$), $L_2 = 0.183$ m, $2a = 0.01$ m, $2b = 0.10$ m。测得整个频带上电压驻波比小于1.83,计算的方向系数大于4 dB,如图4.4-19所示。

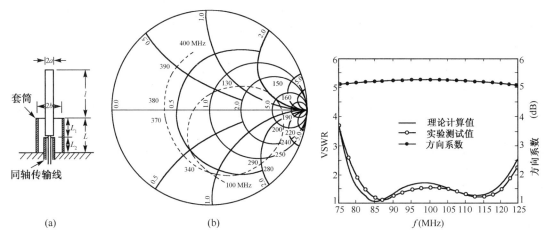

图 4.4-18　改进的套筒单极天线结构及其输入阻抗轨迹

图 4.4-19　80～120 MHz 套筒单极天线的驻波比和方向系数

4.4.5　印刷单极天线

　　进入新世纪以来,随着无线通信的迅猛发展,印刷天线(printed antenna)和其他平面天线在电话手机内置天线、基站天线、蓝牙(Bluetooth)天线等方面的应用日益普遍[10]。作为应用举例,这里介绍一种我们研制的适用于无线局域网(Wireless Local Area Network,WLAN)的印刷单极天线[11],工作于2.4 GHz(2400～2484 MHz)和5.2 GHz(5150～5350 MHz)/5.8 GHz(5725～5825 MHz)频段。天线结构如图4.4-20所示,主要由带线1和带线2组成,二者宽 $w_2 = 0.5$ mm。整个天线由双面覆铜的聚四氟乙烯层压板加工而成,其相对介电常数 $\varepsilon_r = 4.4$,厚度 $h = 1.6$ mm,通过50 Ω微带线馈电。

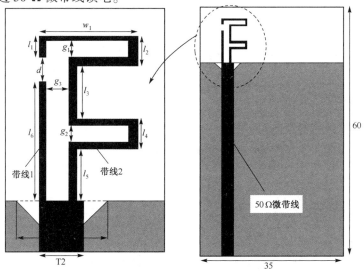

图 4.4-20　三频段印刷单极天线

这里带线1和2就是分别工作于所需带宽的低频段和高频段的单极天线,长度分别是其等效介质波长 λ_e 的1/4。最后尺寸利用商业仿真软件 Ansoft HFSS 进行优化设计来得出。得到的优化参数为(单位均为 mm):$l_1 = 2.2$,$l_2 = 2$,$l_3 = 3.5$,$l_4 = 2$;$l_5 = 4.5$,$l_6 = 8.8$,$w_1 = 7$,$g_1 = g_2 = 1$,$g_3 = 1.5$。带线1的物理长度为 $L_1 \approx l_1 + w_1 + l_2 + l_3 + 2w_2 + l_4 + l_5 = 30.2$ mm。这近于2.4 GHz波长 λ_{e1} 的1/4。带线2的物理长度为 $L_2 \approx l_6 = 8.8$ mm。这也近于5.5 GHz时波长 λ_{e2} 的1/4。此设计单极天线部分的面积只有 12 mm×7 mm,与当时的类似设计,如 L 形、F 形、双 T 形等字母形单极印刷天线相比,可能是最小的。

仿真计算的反射损失(RL)曲线如图 4.4-21 所示。我们注意到,5 GHz 频段的 RL≤ −10 dB 频率范围为 4.8 ~ 5.3 GHz 和 5.6 ~ 6.5 GHz,还没有完全达到所需带宽。为此,在馈电点处的地板上开一个高为 H,二底边长为 T_1 和 T_2 的倒梯形缝隙,其尺寸为:$T_1 = 50$ mm,$T_2 = 30$ mm,$H = 2$ mm。结果仿真的5 GHz 频段 RL≤ −10 dB 频率范围为 4.4 ~ 5.38 GHz 和 5.58 ~ 6.42 GHz,其实测的 2.4 GHz 和 5 GHz 阻抗频带分别是 2.2 ~ 2.55 GHz 和 4.65 ~ 6.35 GHz,相对带宽分别为 13.8% 和 23.1%。在2.4 GHz频段,对天线主极化测试的天线增益为 1.8 dB 左右;在5 GHz 频段,测试的天线增益可达 2.5 dB 左右。

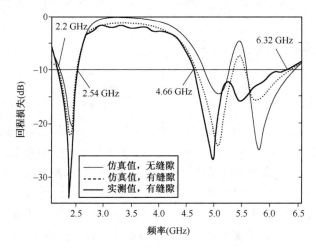

图 4.4-21 仿真和实测的反射损失

4.5 同相直立天线阵

4.5.1 几种同相直立天线阵

直立的振子天线在水平面内具有轴对称的全向(Omnidirectional)方向图,而且便于组成共线(共轴)的多元阵来获得中等增益,因此这类同相直立天线阵大量用做移动通信的基站天线。这里介绍几种典型形式。

4.5.1.1 共线折合振子阵

800 ~ 900 MHz 频段实用的共线折合振子阵如图 4.5-1 所示[12]。它们以固定柱为反射器,当折合振子对称配置时,如图 4.5-1(a)所示,水平面无明显方向性,称为全向型,增益为 6 dBd;若同侧配置,

(a)　　(b)

图 4.5-1 共线折合振子阵

如图 4.5-1 (b)，受固定柱的反射影响，水平面方向图偏向一边，其增益为 9 dBd，它的方向图如图 4.5-2 所示。其铅垂平面方向图与第 3 章的例 3.3-3 的计算方向图是很相似的。

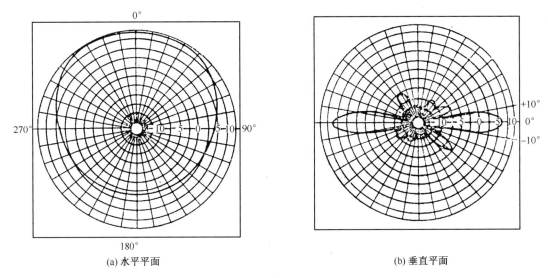

(a) 水平平面　　　　　　　　　　　　　　　　(b) 垂直平面

图 4.5-2　4 元共线折合振子阵的方向图

4.5.1.2　富兰克林天线

经典的富兰克林天线如图 4.5-3(a)所示，早在 1920 年就由富兰克林(C. S. Franklin)提出。这一天线采用串馈方式对各单元同相馈电，其原理是很简单的，即将具有反相电流的线段折叠起来使其基本不辐射，从而保留具有同相电流的线段来构成同相直立天线阵。图 4.5-3(b)是改进的富兰克林天线，这是利用扼流套形成中馈(center feed，它与套筒天线之不同在于底部并不接地)，其优点是上下辐射电流总是对称的，避免了电流相位分布随频率变化而引起的波瓣倾斜。图 4.5-3(c)是用一电感线圈来代替带反相电流的 $\lambda/2$ 线段，此线圈称为倒相器。

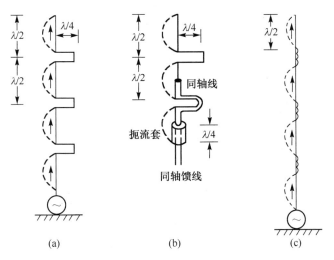

图 4.5-3　富兰克林天线

对 450 MHz 富兰克林天线，测得 3 元阵和 7 元阵铅垂面的半功率宽度分别为 28° 和 12°，增益分别为 3.2 dBd 和 7.2 dBd。

4.5.1.3 串馈同轴振子阵

串馈同轴振子阵的结构和电流分布如图 4.5-4 所示。这里利用同轴线外导体上周期性的环形缝隙(间隔约为 0.7λ)对带扼流套的半波振子馈电,扼流套既是振子臂又对同轴线外壁上的电流起抑制作用。缝隙间距约为 0.7λ,可使旁瓣电平低于 $-15 \sim -20$ dB。同轴线内外导体间的介质加载,使相邻缝隙间距为 λ_g,以保证各阵元电流同相。整个天线封装在聚四氟乙烯玻璃布制成的管状罩中,用来防护并增强刚性。在 150 MHz 频率上三元阵的铅垂面半功率宽度为 $24°$,增益为 4.23 dBd;450 MHz 六元阵则分别为 $12°$ 和 6.5 dBd。

*4.5.2 COCO 天线

COCO 天线是同轴共线(coaxial collinear)天线的英文简称,曾由日本喜连川等人作了初步分析,也称为喜连川天线。它由交叉连接的同轴线段组成,每段长为 $\lambda_g/2$(λ_g 为同轴线中的波长),其内导体与下一段的外导体交叉相接,从而使每段同轴线外导体外壁电流同相。由于结构简单,加工方便,COCO 天线已大量用做 UHF 波段移动通信基站天线。

图 4.5-5(a)为 COCO 天线结构,其馈电端加了扼流套以抑制该处同轴线外壁电流[13]。如图 4.5-5(a)所示,将各段由下而上依次编号为 $0、1、2\cdots N-1$,并令第 0 段与第 1 段的接点为(1),依次类推,则第 $n-1$ 段与第 n 段接点为(n)。该接点处电流及第 n 段的等效电路如图 4.5-5(b)所示。该接点处输入导纳 Y_n 可表示为

$$Y_n = \frac{i_n'}{u_n} = y_n + \frac{i_n}{u_n} \tag{4.5-1}$$

式中

$$i_n' = I_n' + i_n = y_n u_n + i_n \tag{4.5-2}$$

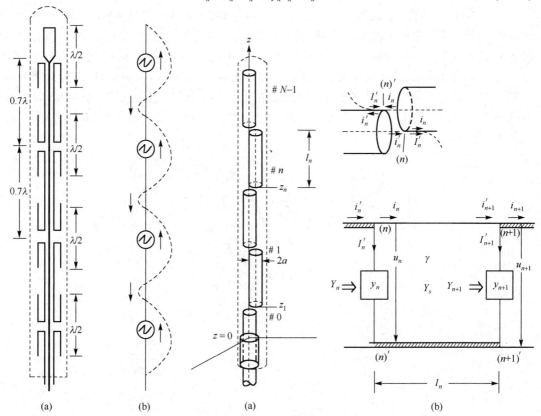

图 4.5-4 串馈同轴振子阵
结构和电流分布

图 4.5-5 COCO 天线结构与等效电路

接点(n)处电流i_n和电压u_n有下述关系:

$$i_n = i'_{n+1}\left(\text{ch }\gamma l_n + \frac{Y_s}{Y_{n+1}}\text{sh }\gamma l_n\right), \quad u_n = u_{n+1}\left(\text{ch }\gamma l_n + \frac{Y_{n+1}}{Y_s}\text{sh }\gamma l_n\right) \tag{4.5-3}$$

式中Y_s是传输线特性导纳,$\gamma = \alpha + j\beta$是其传播常数,l_n是第n段长度。

将式(4.5-3)代入式(4.5-1),得

$$Y_n = y_n + Y_s\frac{Y_{n+1}\text{ch }\gamma l_n + Y_s\text{sh }\gamma l_n}{Y_s\text{ch }\gamma l_n + Y_{n+1}\text{sh }\gamma l_n} \tag{4.5-4}$$

若同轴线是无耗的,且$l_n = \lambda_g/2$,即$l_0 = l_1 = l_2 = \cdots = l_{N-1} = \lambda_g/2$,则

$$\text{ch }\gamma l_n = \text{ch }j\beta l_n = \cos\pi = -1, \quad \text{sh }\gamma l_n = \text{sh }j\beta l_n = j\sin\pi = 0 \tag{4.5-5}$$

将上式代入式(4.5-4)可知

$$Y_n = y_n + Y_{n+1} \tag{4.5-6}$$

可见Y_n就是该点激励的天线的输入导纳y_n和该点以上传输线的输入导纳Y_{n+1}之并联。设第$N-1$段终端的辐射导纳为Y_R,则递推得输入导纳为

$$Y_{in} = Y_1 = y_1 + y_2 + \cdots + y_{N-1} + Y_R \tag{4.5-7}$$

若设第$N-1$段终端开路,$Y_R = 0$,且$y_1 = y_2 = \cdots = y_{N-1}$,则各段电流都是等幅同相的。

实际天线的电流分布可利用数值方法算出,已得下述结果[13]。图4.5-6为各段长度为$\lambda_g/2$时的电流分布;图4.5-7为各段长度不同时的电流分布($N=3$: $l_0 = 0.5\lambda_g$,$l_1 = 0.5625\lambda_g$,$l_2 = 0.63\lambda_g$;$N=5$: $l_0 = 0.5\lambda_g$,$l_1 = 0.375\lambda_g$,$l_2 = l_3 = 0.5\lambda_g$,$l_4 = 0.42\lambda_g$)。两图中黑点为实测值,可见计算值与实测值很吻合。我们看到,当各段长为$\lambda_g/2$时电流分布是上下对称的,但若各段不等长时此对称性就不存在了。图4.5-8为输入阻抗随频率的变化($l_n = \lambda_g/2$)。当元数N增大时,阻抗值变小,且曲线趋于平坦。对$N = 4\sim7\lambda$,COCO天线在900 MHz的输入电阻为$300\sim150\ \Omega$。

对$N = 2\sim7$元,计算的直角坐标方向图如图4.5-9所示,计算的方向系数列于表4.5-1中。可见方向系数随频率的变化并不很快。

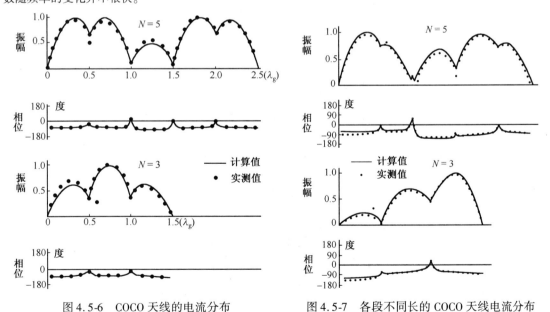

图4.5-6　COCO天线的电流分布　　　　图4.5-7　各段不同长的COCO天线电流分布

表4.5-1　COCO天线的方向系数(计算值)

f(MHz)	D(dBi)					
	$N=2$	$N=3$	$N=4$	$N=5$	$N=6$	$N=7$
850	2.49	3.21	3.19	5.47	5.89	5.76
860	2.52	3.25	3.14	5.57	5.9	5.94

(续表)

$f(\text{MHz})$	$D(\text{dBi})$					
	$N=2$	$N=3$	$N=4$	$N=5$	$N=6$	$N=7$
870	2.54	3.29	3.07	5.64	6.06	6.00
880	2.56	3.32	2.98	5.69	6.11	5.99
890	2.58	3.35	2.88	5.73	6.15	5.94
900	2.60	3.39	2.78	5.76	6.18	5.90
910	2.62	3.42	2.68	5.79	6.21	5.89
920	2.65	3.45	2.61	5.81	6.23	5.99
930	2.67	3.48	2.60	5.83	6.24	6.26
940	2.69	3.51	2.70	5.84	6.20	6.63
950	2.72	3.53	2.93	5.82	6.10	6.86

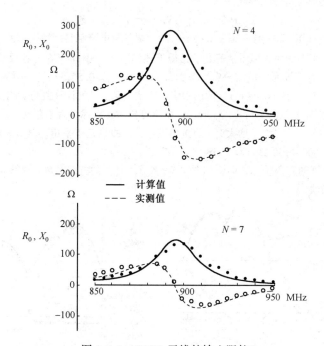

图 4.5-8　COCO 天线的输入阻抗

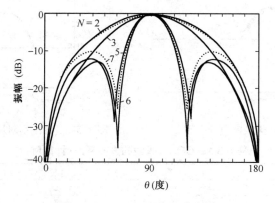

图 4.5-9　COCO 天线的方向图

*4.6 无线通信手机天线

（杨广立，上海大学）

4.6.1 手机天线的发展历程与设计要求

4.6.1.1 手机天线发展历程

随着无线通信技术的进步和发展，手机天线尺寸变得越来越小，天线的形式也由外置天线逐渐转变为内置天线。第一部商用手提蜂窝手机是 1983 年上市的摩托罗拉 DynaTAC 8000X，如图 4.6-1 所示。这款手机采用外置天线，是鞭状偶极子天线，该天线形式在现代手机中已很少见，但在无线 LMR（Land Mobile Radio）接入设备中仍然存在。

内置天线的出现可以追溯到 20 世纪末，并且在短时间内就获得了飞速发展。早期的内置天线以诺基亚手机天线为典型代表。图 4.6-2 是 1999 年上市的诺基亚 3210，当时引起了很大的轰动。人们对内置天线的偏爱主要是由其显著的优点决定的。内置天线没有可伸缩部分，只有一个相应的 PCB 电路，这样不易损坏。

图 4.6-1 摩托罗拉 DynaTAC 8000X

图 4.6-2 诺基亚 3210

传统的外置天线和手机内置天线的设计有很大不同。主要集中在以下几个方面。

（1）传统外置天线的基本指标是带宽、方向图和增益，而内置天线设计要考虑很多方面，因此设计的特点也不同。手机尺寸、部件的材料以及在手机中的布局，对内置天线都有很大影响；

（2）内置天线设计过程中不仅要满足效率、带宽、相对均匀的全向方向图以及运营商的要求，还要满足各国辐射安全的指标，比如 SAR 和 HAC 等；

（3）现代手机功能强大，集通话、上网、GPS 定位、蓝牙、无线购物付款等诸多功能于一身。这意味着需要设计几个多波段的天线，解决多个天线间的隔离度问题，否则各天线间信号会串扰，也会降低天线的效率；

（4）现在运营商对手机信号入网有很严格的要求，如 TRP 和 TIS 不仅要求测试手机本身，还要求测试加上头、手、或头加手的情况。由于头、手对天线辐射有吸收作用，如何使天线满足这些要求，又成为了新的课题。

4.6.1.2 手机天线设计要求

在手机天线的设计中，波段、效率、方向图、SAR、HAC、TRP、TIS 等均是重要指标。在 3G 时代，手机天线要求覆盖的频段主要包括 GSM850（824～894 MHz），GSM900（880～960 MHz），DCS1800（1710～1880 MHz），

PCS1900(1850~1990 MHz)和 UMTS(1920~2170 MHz)。但是，随着4G通信技术的发展，还需要覆盖新的 LTE700(704~787 MHz)，LTE2300(2305~2400 MHz)和 WiMax(2500~2690 MHz)频段。因此在现代智能手机的设计中，小型化和宽带化是必然趋势，而效率也是手机天线的重要指标。此外，由于人们通话时习惯将手机贴近耳朵，手机辐射较大造成的人体安全问题已成为大家关心的问题。在手机天线设计中，SAR 和 AC 等指标也是必需的。

SAR 为 Specific Absorption Rate 的简称，意为比吸收率，反映的是在使用手机时人体对手机辐射吸收的最大功率密度。SAR 的表达式是

$$SAR = \delta E2/\bar{n} \tag{4.6-1}$$

式中 $\bar{n}$ 代表比密度。美国的要求是以1g为单位，要求 SAR≤1.6 mW/g，在欧洲和中国则以10g为单位，要求 SAR≤2.0 mW/g。图4.6-3(a)为包括头和手的模型，图4.6-3(b)为其 SAR 值的分布。

HAC 是 Hearing Aid Compatibility 的简称，即助听器兼容性，反映的是在有助听器的情况下天线的性能。EMC 即 ElectroMagnetic Compatibility，指电磁兼容性，电磁兼容的目标是在相同环境下，涉及电磁现象的不同设备都能够正常运转，而且不对此环境中的任何设备产生难以忍受的电磁干扰之能力。

现代运营商对手机天线还有一些其他要求，是安装在实际工作环境中测试的指标，包括总辐射功率(Total Radiated Power, TRP)和总各向同性灵敏度(Total Isotropic Sensitivity, TIS)。

在信号传输过程中会有信号的衰落，为了实现天线样式、空间和频率的多样性以及实现更好的信号接收，MIMO(Multiple-Input and Multiple-Output)('多入多出')天线或者多天线应运而生。其中隔离度和相关系数是这些天线形式所需的一个指标。相关系数的定义如下：

$$\rho_e = \frac{|S_{11}^* S_{12} + S_{21}^* S_{22}|^2}{[1-(|S_{11}|^2+|S_{21}|^2)][1-(|S_{12}|^2+|S_{22}|^2)]} \tag{4.6-2}$$

在手机天线中，主天线低频段的要求为 $\rho_e \leq 0.5$，高频段 $\rho_e \leq 0.4$。一般要求隔离度≤10 dB。

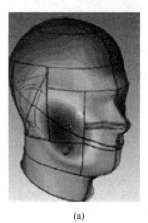
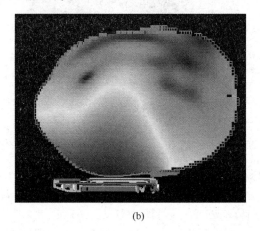

(a)　　　　　　　　　　　　　　　　　　(b)

图4.6-3　SAR 的模型与 SAR 值分布

4.6.2　几种典型的手机天线

4.6.2.1　单极子天线

单极子天线具有经典的全向辐射特性，是手机内置天线中一种比较常见的设计形式，也是移动通信终端中常用的天线形式之一。它具有体积小、结构灵活等特点，还具有较宽的频带，这对实现高频段数百兆的带宽是很有利的，因此内置单极子天线目前已成为现代智能手机天线设计中的主流。图4.6-4中A点馈电的贴条即为典型的单极子天线。

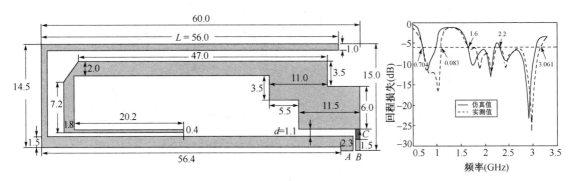

图 4.6-4　结合了单极子天线和 PIFA 天线的一个天线模型及其 S 参数结果

4.6.2.2　PIFA 天线

在现代手机天线设计中，PIFA(Planar Inverted-F Antenna，平面倒 F 形天线)是一种常用的平面天线形式。PIFA 具有体积小、重量轻、结构简单、低剖面等优点，因此被广泛应用于手机等移动通信终端设备中。PIFA 天线可以看成是从 IFA 演变而来的，图 4.6-5 为 PIFA 天线的演变过程。图 4.6-5(c)是早期的倒 F 形天线(IFA)，其中 ABC 段可看成折弯的 $\lambda/4$ 单极天线，DE 为短路棒。这样，馈电点左侧短路段的感抗与右侧开路段的容抗形成并联谐振。谐振频率主要由水平段长度 L 来调节。将该天线的水平段平面化，便是平面倒 F 形天线(PIFA)。通常天线的水平段长度 $L \approx \lambda/4$，而高度 H 主要影响输入电阻(H 高则辐射电阻大)，并决定了天线的带宽。

传统的 PIFA 天线，其工作的谐振模各自分用天线的可用体积。目前主流的 PIFA 天线看上去像一个大写的英文字母"G"，故名"G"形贴条。"G"贴条有两条走线，长走线的电流通路较长，用于激励低频谐振模，而短走线的电流通路较短，用于激励高频谐振模。PIFA 天线"各自分用"的特点体现得非常突出。图 4.6-4 中间部分为改进后的耦合馈电的 PIFA 天线。与传统的 PIFA 相比，这个天线没有底板在天线下面。

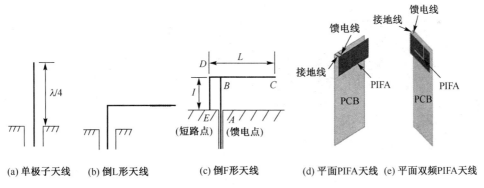

图 4.6-5　单极子天线到 PIFA 天线的演变过程

4.6.2.3　loop 天线

loop(环)天线属于比较早的一种天线形式，分为电大 loop 天线以及电小 loop 天线，不过在手机通信中只能用电大 loop 天线。图 4.6-6 为几种 loop 天线的结构示意图及结果对比。

4.6.2.4　FICA 天线

FICA 天线全称为 folded inverted conformal antenna，中文意为折叠倒置共形天线。与传统 PIFA 天线相比，FICA 天线体积更小，带宽更宽，效率更高，性能也更为优越。手机天线设计面临所需频段越来越多，天线环境越来越苛刻的局面，而 FICA 天线是一种新型的思路，其工作的谐振模是对天线体积的综合再利用。

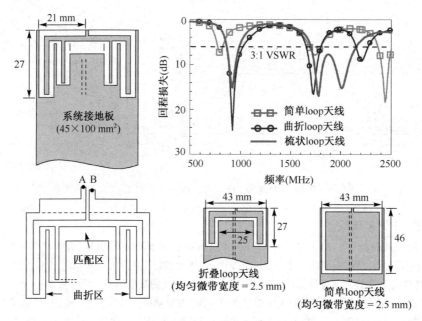

图 4.6-6　loop 天线

从外观上看，FICA 天线有两个臂，在天线的主体上有一条狭缝贯穿整个天线。由于该贯穿于 FICA 天线的狭缝的存在，FICA 天线形成了三个谐振模，一个是低频段的"共模"(common mode)，另外两个在高频段，分别是"差模"(differential mode)和"缝模"(slot mode)。差模和缝模相结合产生了一个宽广、连续、能跨越几百兆赫兹的辐射频带。在北美，为了降低 HAC，一般差模调在 1900 频段，共模(缝隙谐振)调在 1800 频段。FICA 天线因其独到的设计理念而全面地超越 PIFA 天线。图 4.6-7 所示的 FICA 中的狭缝增加了一个谐振，从而增大了天线的带宽。

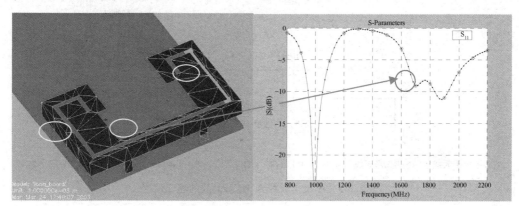

图 4.6-7　FICA 天线

4.6.2.5　可调手机天线

如今，手机通常需要工作在多个频段的多种制式的无线系统中。随着手机中天线可用体积的减小，传统 PIFA 天线的阻抗带宽已经很难满足一些多频手机的需求。通过自动调节谐振频率的方法可以克服带宽的限制，该方法可以通过加载电抗可调器件来实现。图 4.6-8 为一种可调天线的结构示意图及其两种状态下的回程损失的结果。

(a) 莱尔德公司（Laird）的可调天线结构示意图

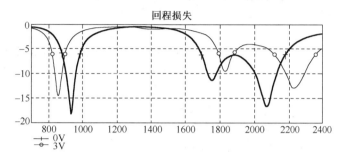

(b) 通过可调开关，实现多频段覆盖

图 4.6-8 可调手机天线

由于头和手及手机各种应用环境对天线有影响，未来的可调天线发展趋势是智能可调（又称闭环可调）天线。在射频和控制电路的协助下，天线系统能够自动检测到 S_{11} 的好坏并自动调节到最佳的状态。这个概念不仅对手机天线，对很多其他的天线也有应用价值。图 4.6-9 所示的智能可调天线系统是未来天线的发展趋势。

小结

在手机天线设计中，小型化和宽带化是天线发展的必然趋势。由于手机中物理空间的限制，天线的尺寸会制约其低频段的性能，而移动通信中需要小型化天线，因此如何在特

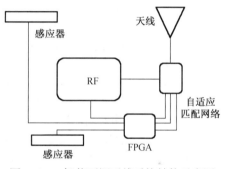

图 4.6-9 智能可调天线系统结构示意图

定空间内设计出频带足够宽的天线，已经成为现代手机天线设计中的一大课题。随着 MIMO 和第五代通信技术的不断发展，手机天线的研究也将不断深入。

习　　题

4.1-1 理想导体地面上水平半波振子架高 $H = \lambda/2$。
　　1）对 $\Delta = 20°$ 写出其对方位角 φ 的归一化方向函数，概画该 $\Delta = 20°$方向图；
　　2）求出 $\varphi = 0°$, $90°$ 方向其归一化方向函数值。

4.1-2 理想导体地面上水平半波振子架高 $H = \lambda/2$。
　　1）写出其含振子轴的铅垂平面（$\varphi = 0$）归一化方向函数；
　　2）求 $\Delta = 20°$, $60°$ 方向其归一化方向函数值。

4.1-3 干土地面上水平半波振子架高 $H = \lambda/2$，干土 $\varepsilon_r' = 4$，$\sigma = 0.001$ S/m，工作频率 $f = 10$ MHz。
　　1）写出其含振子轴的铅垂平面（$\varphi = 0$）归一化方向函数；
　　2）对 $\Delta = 20°$, $60°$ 方向求出地面反射系数，算出其归一化方向数值。

4.1-4 笼形天线臂长 $l_1 = \lambda/4 = 7.5$ m，由直径 $2a_0 = 3$ mm 的 8 根导线制成，其圆柱直径 $2a = 1.5$ m。
　　1）求其等效半径 a_e 和特性阻抗 Z_a；
　　2）利用式（2.3-52）估算其 Q 值，并用式（2.3-49）估算其百分带宽。

Δ4.1-5 半波折合振子间距 $d = 0.033\lambda$;$a_1 = 0.01\lambda$,$a_2 = 0.006\lambda$。

    1)求其阻抗跃升比;

    2)求等效直径 $2a_e$ 及振子谐振长度 l_0;

    3)求其输入阻抗。

4.1-6 要求半波折合振子输入阻抗是细对称振子的 4.8 倍,给定其工作频率为 $f = 92.3$ MHz,间距 $d = 17$ cm,$a_1 = 1$ cm。

    1)请确定 a_2 值;

    2)求其输入阻抗值;若用特性阻抗 $Z_c = 350$ Ω 的双导线馈电,则其驻波比 S 为多少?

4.1-7 对习题 4.1-5 的半波折合振子用 U 形环馈电。同轴线规格有特性阻抗 50 Ω、75 Ω、100 Ω 三种,应选用哪一种? 此时主馈线上电压驻波比 S 为多少?

Δ4.2-1 一同相水平天线由半波振子($2l = \lambda/2$)组成,共 $M = 4$ 层,$N = 6$ 行,层距和行距均为 $\lambda/2$,各层振子电流等幅分配,每层各行电流振幅按 -25 dB 切氏阵分布,电流比为 $I_1:I_2:I_3 = 2.588:1.881:1$,导体反射网与阵面相距 $d_r = \lambda/4$,天线平均高度 $H = 2.8\lambda$。

    1)写出铅垂平面($\varphi = 0$)归一化方向函数,并概画其方向图;

    2)估算该天线未计地面影响的方向系数。

4.2-2 上题天线改为 $N = 8$ 行,每层各行电流比为 $I_1:I_2:I_3:I_4 = 3.16:2.6:1.7:1$,天线平均高度 $H = 3\lambda$,求 1)、2)各项。

4.3-1 一个二元八木-宇田阵,馈电元电流是 $1\angle164°$,寄生元电流是 $0.5\angle238°$,二元间距为 0.2λ。寄生元的作用是引向器还是反射器? 请用相量图说明为什么。

Δ4.3-2 设计一副增益为 12.35 dBi 的八木-宇田天线,设计频率为 806 MHz,要求覆盖中国第 18 至 49 频道,即 510 ~ 806 MHz(见文献[10°]附录表 D-4)。阵元直径为 0.2375 cm,支杆直径为 0.475 cm,寄生元与支杆是绝缘的。求阵元数、阵元间距和长度。

4.3-3 设计一副 10.2 dBd 增益的八木-宇田天线工作于 432 MHz。寄生元安装在金属支杆上,有电接触。阵元直径为 $0.003\,43\lambda$,直杆直径为 0.0275λ。确定阵元数、阵元间距和长度。

4.4-1 图 4.4-1 所示无限大理想导体地面上的细单极天线高 $h = \lambda/2$。

    1)写出其以仰角 Δ 表示的铅垂面方向函数,概画方向图;

    2)其方向系数 D_m 为多少? 输入电阻 R_{inm} 为多少?

4.4-2 单锥天线 $2\alpha = 90°$,高 $h = 15$ cm。

    1) $\lambda = 60$ cm, 30 cm, 20 cm,利用图 4.4-13 查出其输入阻抗 $Z_{in} = R_{in} + jX_{in}$;

    2)馈电同轴线特性阻抗 $Z_c = 75$ Ω,求上述工作波长时的驻波比 S,并画出其 $S \sim f$(频率)曲线。

4.5-1 对图 4.5-3(a)所示 4 元富兰克林天线,

    1)写出其方向函数,并概画方向图;

    2)求其半功率宽度 HP,估算其方向系数。

4.5-2 图 4.5-4 所示串馈同轴振子阵同轴线内为空气介质,设 $N = 3$ 元,间距 $d = 0.7\lambda$。

    1)写出其方向函数,并概画方向图;

    2)求其半功率宽度 HP,估算其方向系数。

4.5-3 图 4.5-6 所示 COCO 天线共 $N = 5$ 元,同轴线介质的相对介电常数为 $\varepsilon_r = 2.4$,各元长 $\lambda_g/2$。

    1)写出其方向函数,并概画方向图;

    2)求其输入阻抗。

第5章　行波线天线与超宽带天线

上章所研究的线天线，其基本形式是对称振子，这些天线单元上的电流都呈驻波分布，称为驻波天线(standing-wave antenna)。其输入阻抗具有明显的谐振特性，因而工作频带较窄。细对称振子上的正弦电流分布可改写为[对图 2.1-1(a) 中的上臂]

$$I(z) = I_\mathrm{M} \sin k(l-z) = \frac{I_\mathrm{M}}{2\mathrm{j}} \mathrm{e}^{\mathrm{j}kl} \left(\mathrm{e}^{-\mathrm{j}kz} - \mathrm{e}^{-\mathrm{j}2kl} \mathrm{e}^{\mathrm{j}kz} \right)$$

括号中第一项表示从馈电点向振子终端传输的行波，第二项表示从终端反射回来的行波，$-\mathrm{e}^{-\mathrm{j}2kl}$ 表示其反射系数为 -1，且对入射波滞后的初始相位为 $-2kl$。由这两个振幅相等、传输方向相反的行波相叠加，形成了驻波分布。

如果天线上电流为行波分布，称之为行波天线。最简单的行波天线是行波长导线天线，它在导线终端接匹配负载来消除反射波；同时，该天线较长，由于天线的辐射作用，入射到终端的功率已很小，这样反射波也小，因而只需考虑上式中的第一项。行波天线在其输入端的输入阻抗近于纯电阻，因而工作频带宽，带宽一般可达 2:1 以上。本章将研究这类行波线天线，还将介绍频带更宽的超宽带天线。

5.1　行波长导线天线

5.1.1　行波长导线天线的远区场和方向图

如图 5.1-1 所示，一条长导线在其终端接匹配电阻 R_L，可基本上实现载行波分布[1]。当它工作于非理想导体地面上时，称为贝弗雷格(Beverage)天线。为简化分析，忽略地面影响(地面影响可另行考虑)；又设垂直段高度 $H \ll \lambda$，该垂直段的辐射可略；并忽略沿线电流的衰减，则长导线上沿线电流可表示为

$$I(z) = I_0 \mathrm{e}^{-\mathrm{j}kz} \qquad (5.1\text{-}1)$$

这里已设行波沿导线传输的相位常数等于波在自由空间的相位常数 k。

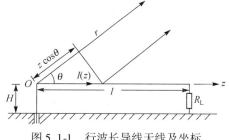

图 5.1-1　行波长导线天线及坐标

与对称振子辐射场的求法相同，该天线在远区的场可由其上各电流元的远区场之叠加来得出。由式(1.2-11) 可知，行波长导线上 z 处电流元 $I(z)\mathrm{d}z$ 的远区场为

$$\mathrm{d}E_\theta = \mathrm{j}\frac{60\pi I_0}{\lambda r} \sin\theta \, \mathrm{e}^{-\mathrm{j}kz} \mathrm{e}^{-\mathrm{j}k(r-z\cos\theta)} \mathrm{d}z$$

式中 r 为 $z=0$ 处源点至场点的距离。长度为 l 的行波长导线的远区场为

$$E_\theta = \int_0^l \mathrm{d}E_\theta = \mathrm{j}\frac{60\pi I_0}{\lambda r} \sin\theta \, \mathrm{e}^{-\mathrm{j}kr} \int_0^l \mathrm{e}^{-\mathrm{j}kz(1-\cos\theta)} \mathrm{d}z$$

---

[1]　由于天线的场并不集中于有限区域，不可能由集总的电阻来形成完全无反射的终端负载。

$$= j \frac{60\pi I_0}{\lambda r} \sin\theta e^{-jkr} \frac{e^{-jkl(1-\cos\theta)}-1}{-jk(1-\cos\theta)}$$

$$= \frac{60 I_0}{r} e^{-jkr} \frac{\sin\theta}{1-\cos\theta} \sin\left[\frac{kl}{2}(1-\cos\theta)\right] e^{-j\frac{kl}{2}(1-\cos\theta)} \tag{5.1-2}$$

由上式知,行波长导线的方向函数为

$$f(\theta) = \frac{\sin\theta}{1-\cos\theta} \sin\left[\frac{kl}{2}(1-\cos\theta)\right] = \cot\frac{\theta}{2} \sin\left[\frac{kl}{2}(1-\cos\theta)\right] \tag{5.1-3}$$

其归一化方向函数可表示为

$$f(\theta) = \sin\theta \frac{\sin\left[\frac{kl}{2}(1-\cos\theta)\right]}{\frac{kl}{2}(1-\cos\theta)} \tag{5.1-4}$$

此式的含义是非常清楚的:第 1 个因子 $\sin\theta$ 是天线单元(电流元)的方向图,第 2 个因子表示连续元直线阵的阵因子方向图,行波长导线的方向图就是二者的乘积。由于 $\sin\theta$ 在 $\theta = 0°$ 的方向为零,使合成场沿导线方向为零,其三维方向图是绕 z 轴旋转对称的多锥波瓣,如图 5.1-2 所示($l = \lambda$, 2λ)。$l = 4\lambda$ 时的剖面方向图如图 5.1-3 所示。

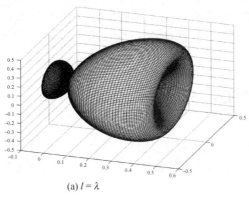

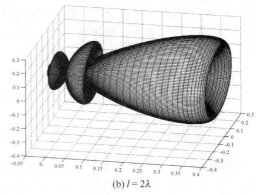

(a) $l = \lambda$ 　　　　　　　　　　　　(b) $l = 2\lambda$

图 5.1-2　行波长导线的三维方向图($l = \lambda$, 2λ)

为确定各波瓣的最大方向和零点,我们来考察式(5.1-3)。只要 l/λ 较大,此式中第 2 个因子随 θ 的变化要比第 1 个因子 $\cot(\theta/2)$ 快得多,因此其最大方向基本上由第 2 个因子决定。因而最大方向约发生于

$$\frac{\pi l}{\lambda}(1-\cos\theta_{mi}) = \frac{2i-1}{2}\pi$$

$$\theta_{mi} = \arccos\left(1 - K_i \frac{\lambda}{l}\right) \tag{5.1-5}$$

式中

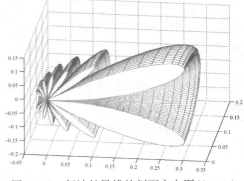

图 5.1-3　行波长导线的剖面方向图($l = 4\lambda$)

$$K_i = \frac{2i-1}{2} = i - 0.5 = 0.5, 1.5, 2.5, \cdots, \quad i = 1, 2, 3, \cdots \tag{5.1-6}$$

上式结果是在不计 $\cot(\theta/2)$ 变化的条件下得出的,若计入其影响,K_i 值应修正为[1]

$$K_i = 0.371, 1.466, 2.480, 3.486, 4.495, 5.5, 6.5, \cdots \tag{5.1-7}$$

可见对大 i 值,二者差别不大。对第 1 个最大方向 θ_{m1} ($i = 1$),得

$$\theta_{m1} = \arccos\left(1 - 0.371\frac{\lambda}{l}\right) \tag{5.1-8}$$

当 $l = \lambda, 2\lambda, 4\lambda$ 时，θ_{m1} 分别为 $51°, 35.5°, 24.9°$。

同理也可求得波瓣的零点位置。由式(5.1-4)第 2 个因子得

$$\frac{\pi l}{\lambda}(1 - \cos\theta_{0n}) = n\pi, \quad \theta_{0n} = \arccos\left(1 - n\frac{\lambda}{l}\right), \quad n = 1, 2, 3, \cdots \tag{5.1-9}$$

这里未计 $\theta = 0$ 方向的零点，而从主瓣(第 1 波瓣)的上侧零点算起，因而 θ_{01} 也就是第 1 波瓣的零功率宽度。对 $l = \lambda, 2\lambda, 4\lambda$，$\theta_{01}$ 分别为 $90°, 60°, 41.4°$。

由以上讨论可知，行波长导线的方向图有下述特点：1)沿导线轴向无辐射；2)导线的电长度 l/λ 愈大，主瓣最大方向愈靠近轴向，同时主瓣愈窄，旁瓣愈多；3)当 l/λ 很大时，主瓣最大方向 θ_{m1} 随 l/λ 的变化较小(具有宽带特性)。

5.1.2　行波长导线天线的辐射电阻和方向系数

为计算天线的辐射电阻，先求其辐射功率 P_r：

$$P_r = \frac{1}{240\pi}\int_0^{2\pi}d\varphi\int_0^{\pi}|E_\theta|^2 r^2\sin\theta d\theta$$

将式(5.1-2)代入上式，求得

$$P_r = 30|I_0|^2\left(\ln 2kl - \text{Ci }2kl + \frac{\sin 2kl}{2kl} - 0.423\right) \tag{5.1-10}$$

则辐射电阻为

$$R_r = \frac{2P_r}{|I_0|^2} = 60\left(\ln 2kl - \text{Ci }2kl + \frac{\sin 2kl}{2kl} - 0.423\right) \tag{5.1-11}$$

为计算主瓣最大方向的方向系数，仍可利用式(2.2-13)，得

$$D = \frac{120 f_M^2}{R_r} = \frac{2\cot^2\left[\frac{1}{2}\arccos\left(1 - 0.371\frac{\lambda}{l}\right)\right]}{\ln 2kl - \text{Ci }2kl + \frac{\sin 2kl}{2kl} - 0.423} \tag{5.1-12}$$

利用上两式计算的辐射电阻和方向系数随 l/λ 的变化分别示于图 5.1-4 和图 5.1-5 中。在工程上，也使用下列近似公式计算 D_{dB}：

$$D_{dB} = 10\lg\frac{l}{\lambda} + 5.97 - 10\lg\left(\lg\frac{l}{\lambda} + 0.915\right), \text{ dB} \tag{5.1-13}$$

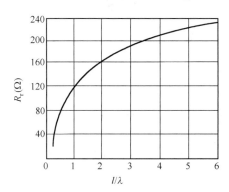

图 5.1-4　行波长导线的辐射电阻

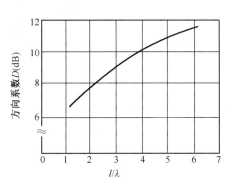

图 5.1-5　行波长导线的方向系数

匹配负载的电阻值 R_L 取为接近地面的导线之特性阻抗，它可利用镜像法来算出。对于离地高 H 且直径为 $2a$ 的长导线，R_L 的近似值为

$$R_L = 138 \lg \frac{2H}{a} \tag{5.1-14}$$

*5.2　菱　形　天　线

5.2.1　菱形天线的结构与工作原理

菱形天线(rhombic antenna)的结构如图 5.2-1 所示，它由 4 条(组)导线构成菱形，水平地悬挂在 4 根支柱上。菱形的一个锐角处接馈线，另一锐角处接匹配负载。菱形各边通常用 2~3 条导线组成而在纯角处适

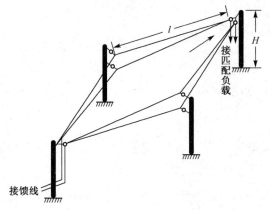

图 5.2-1　菱形天线的结构

当分开一定距离，以减小天线各对应的线段的特性阻抗[见式(5.2-12)]的变化。菱形天线的最大方向位于通过两锐角顶点的铅垂平面内，指向负载端的长对角线方向上。

当菱形一条边的电长度 l/λ 一定时，如何选择两边夹角以保证在菱形的长对角线方向上获得最大辐射呢？如图 5.2-2 所示，令 $\alpha_0 = \theta_{m1}$，这里 α_0 为菱形的半锐角，θ_{m1} 由式(5.1-8)确定，这样 4 边各有一主瓣指向菱形的长对角线方向。在①边和③边上分别取线元 Δl_1 和 Δl_3，它们与各边始端相距 l_1，则后者与前者在沿长对角线方向上远区辐射场的相位差为

$$\psi = \psi_i + \psi_r + \psi_p \tag{5.2-1}$$

式中 $\psi_i = -kl$，是行波电流相位沿线滞后所引起的相位差；$\psi_r = kl\cos\alpha_0$，是由射线波程差引起的相位差；$\psi_p = \pi$ 是由电场极化方向相反引起的相位差。于是，

$$\psi = -kl + kl\cos\alpha_0 + \pi = \pi - kl(1-\cos\alpha_0) = \pi - kl(1-\cos\theta_{m1})$$

将式(5.1-8)代入上式可知，$\psi \approx 0$。这说明①、③边在菱形长对角线方向上的辐射场基本上是同相的。

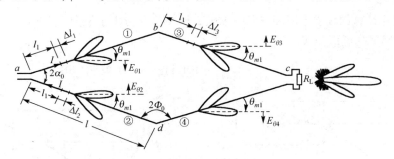

图 5.2-2　菱形天线的工作原理

再研究①、②边距馈点相等距离处的线元 Δl_1 和 Δl_2。二者电流相位差 $\psi_i = \pi$；二者在长对角线方向上无波程差，故 $\psi_r = 0$；并有 $\psi_p = \pi$。由式(5.2-1)可知，$\psi = 2\pi$，二场同相叠加。同理，③、④边的场也同相叠加。

以上讨论表明，此时构成菱形的 4 根导线在其长对角线方向上的辐射场都同相叠加，因而可在该方向获得最大辐射。

当工作频率变化时，θ_{m1} 不会有太大变化(l/λ 较大)，因而方向图频带很宽。然而实际天线受地面影响，其铅垂平面最大方向仰角与天线架高 H/λ 有关。频率的改变将导致铅垂平面方向图的变化，从而限制了天线的方向图带宽，一般为 2:1 或 3:1。由于菱形天线载行波，其阻抗带宽很宽，通常可达 5:1。

菱形天线的主要优点是结构简单、造价低、方向性较强、带宽宽;主要缺点是由于终端负载吸收一部分功率,使其辐射效率较低,约为 50% ~ 80%,旁瓣电平较高,占地面积大。菱形天线已在中、远距离的短波通信中获得广泛应用,表 5.2-1 列出不同通信线路长度上,菱形天线的典型参数,这里半钝角 $\Phi_0 = 90° - \alpha_0$。

表 5.2-1　菱形天线的典型参数

通信线路长度(km)	半钝角 Φ_0	l/λ_0	H/λ_0
400 ~ 600	45°	1	0.35
600 ~ 1000	57°	1.7	0.5
1000 ~ 2000	65°	2.8	0.6
2000 ~ 3000	65°	4	1
3000 以上	70°	6	1.25
3000 以上	75°	6	1.25

5.2.2　远区场与方向图

为计算菱形天线的远区场,取坐标系如图 5.2-3 所示。菱形的长对角线方向为 x 轴,从坐标原点出发的任意射线的球坐标为 (r, Δ, φ),r 是坐标原点至场点的距离,Δ 是射线与其在 x-y 平面上投影的夹角(仰角),φ 是从 x 轴算起的方位角。

设射线与菱形①边及④边的夹角为 θ_1,射线与菱形②及③边的夹角为 θ_2,①边始端电流为 I_0,③边始端电流为 $I_0 \mathrm{e}^{-jkl}$。菱形天线的远区场是 4 边产生的远区场之矢量和:

$$\bar{E} = \bar{E}_1 + \bar{E}_2 + \bar{E}_3 + \bar{E}_4 \tag{5.2-2}$$

由式(5.1-2)可知,各边的远区场分别为

$$\bar{E}_1 = \hat{\theta}_1 \frac{60\pi I_0}{\lambda r} \sin\theta_1 \frac{1 - \mathrm{e}^{-jkl(1-\cos\theta_1)}}{k(1-\cos\theta_1)} \mathrm{e}^{-jkr}$$

$$\bar{E}_2 = -\hat{\theta}_2 \frac{60\pi I_0}{\lambda r} \sin\theta_2 \frac{1 - \mathrm{e}^{-jkl(1-\cos\theta_2)}}{k(1-\cos\theta_2)} \mathrm{e}^{-jkr}$$

$$\bar{E}_3 = \hat{\theta}_2 \frac{60\pi I_0}{\lambda r} \mathrm{e}^{-jkl} \sin\theta_2 \frac{1 - \mathrm{e}^{-jkl(1-\cos\theta_2)}}{1-\cos\theta_2} \mathrm{e}^{-jk(r-l\cos\theta_1)}$$

$$\bar{E}_4 = -\hat{\theta}_1 \frac{60\pi I_0}{\lambda r} \mathrm{e}^{-jkl} \sin\theta_1 \frac{1 - \mathrm{e}^{-jkl(1-\cos\theta_1)}}{1-\cos\theta_1} \mathrm{e}^{-jk(r-l\cos\theta_2)} \tag{5.2-3}$$

式中的负号是由于②边和④边的电流分别与①边和③边电流反相。

在球坐标系中远区场横向分量为 E_Δ 和 E_φ 两个分量,因此要将 $\hat{\theta}_1$ 和 $\hat{\theta}_2$ 分别用 $\hat{\Delta}$ 和 $\hat{\varphi}$ 表示。为此,先设想①边(或②边)位于 x 轴,它与射线的夹角为 θ_{or},如图 5.2-4 所示,可见有

$$\hat{x} = \hat{r}\cos\theta_{\text{or}} - \hat{\theta}_{\text{or}}\sin\theta_{\text{or}}$$

$\hat{x}$ 又可用 $\hat{r}, \hat{\Delta}, \hat{\varphi}$ 表示为

$$\hat{x} = \hat{r}\sin\theta\cos\varphi + \hat{\theta}\cos\theta\cos\varphi - \hat{\varphi}\sin\varphi = \hat{r}\cos\Delta\cos\varphi - \hat{\Delta}\sin\Delta\cos\varphi - \hat{\varphi}\sin\varphi$$

上两式相等可知

$$\hat{\theta}_{\text{or}}\sin\theta_{\text{or}} = \hat{\Delta}\sin\Delta\cos\varphi + \hat{\varphi}\sin\varphi, \quad \text{即} \hat{\theta}_{\text{or}} = \frac{\hat{\Delta}\sin\Delta\cos\varphi + \hat{\varphi}\sin\varphi}{\sin\theta_{\text{or}}}$$

$$\cos\theta_{\text{or}} = \cos\Delta\cos\varphi$$

将上两式运用于①边和②边(代替原 x 轴),则有

$$\hat{\theta}_1 = \frac{\hat{\Delta}\sin\Delta\cos(\varphi - \alpha_0) + \hat{\varphi}\sin(\varphi - \alpha_0)}{\sin\theta_1}, \quad \hat{\theta}_2 = \frac{\hat{\Delta}\sin\Delta\cos(\varphi + \alpha_0) + \hat{\varphi}\sin(\varphi + \alpha_0)}{\sin\theta_2} \tag{5.2-4}$$

并有

$$\cos\theta_1 = \cos\Delta\cos(\varphi - \alpha_0), \quad \cos\theta_2 = \cos\Delta\cos(\varphi + \alpha_0) \tag{5.2-5}$$

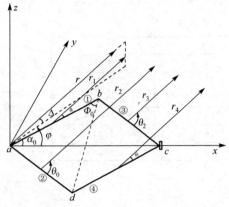

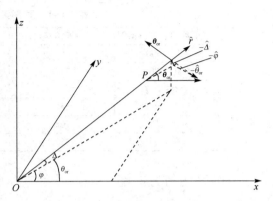

图 5.2-3　菱形天线的坐标系　　　　图 5.2-4　坐标系及单位矢量

将以上关系代入式(5.2-3)，则式(5.2-2)化为

$$\bar{E} = \hat{\Delta}E_\Delta + \hat{\varphi}E_\varphi$$

$$E_\Delta = \frac{30I_0}{r}\sin\Delta\left[\frac{\cos(\varphi - \alpha_0)}{1 - \cos\Delta\cos(\varphi - \alpha_0)} - \frac{\cos(\varphi + \alpha_0)}{1 - \cos\Delta\cos(\varphi + \alpha_0)}\right] \tag{5.2-6a}$$

$$\cdot\left\{1 - e^{-jkl[1 - \cos\Delta\cos(\varphi - \alpha_0)]}\right\}\left\{1 - e^{-jkl[1 - \cos\Delta\cos(\varphi + \alpha_0)]}\right\}e^{-jkr}$$

$$E_\varphi = \frac{30I_0}{r}\left[\frac{-\sin(\varphi - \alpha_0)}{1 - \cos\Delta\cos(\varphi - \alpha_0)} + \frac{\sin(\varphi + \alpha_0)}{1 - \cos\Delta\cos(\varphi + \alpha_0)}\right] \tag{5.2-6b}$$

$$\cdot\left\{1 - e^{-jkl[1 - \cos\Delta\cos(\varphi - \alpha_0)]}\right\}\left\{1 - e^{-jkl[1 - \cos\Delta\cos(\varphi + \alpha_0)]}\right\}e^{-jkr}$$

上两式尚未计入地面影响。若计入地面效应，则式(5.2-6a)应乘以下面的式(5.2-7a)，式(5.2-6b)应乘以式(5.2-7b)：

$$f_{//}(\Delta) = 1 + |\Gamma_{//}|e^{j(\phi_{//} - 2kH\sin\Delta)} \tag{5.2-7a}$$

$$f_\perp(\Delta) = 1 + |\Gamma_\perp|e^{j(\phi_\perp - 2kH\sin\Delta)} \tag{5.2-7b}$$

式中 $|\Gamma_{//}|$、$\phi_{//}$ 和 $|\Gamma_\perp|$、$\phi_\perp$ 分别是平行极化波和铅垂极化波地面反射系数的模、相角。

实用中主要关心两个主面的方向图。对水平平面($\Delta = 0$)，$E_\Delta = 0$，只有 E_φ 分量，其方向函数为

$$f(\varphi, \Delta = 0) = 4\left[\frac{-\sin(\varphi - \alpha_0)}{1 - \cos(\varphi - \alpha_0)} + \frac{\sin(\varphi + \alpha_0)}{1 - \cos(\varphi + \alpha_0)}\right]\sin\left\{\frac{kl}{2}[1 - \cos(\varphi - \alpha_0)]\right\}$$

$$\cdot\sin\left\{\frac{kl}{2}[1 - \cos(\varphi + \alpha_0)]\right\} \tag{5.2-8}$$

对铅垂平面($\varphi = 0$)，$E_\varphi = 0$，只有 E_Δ 分量，其方向函数为

$$f(\Delta, \varphi = 0) = \frac{8\sin\alpha_0}{1 - \cos(\varphi - \alpha_0)}\sin^2\left[\frac{kl}{2}(1 - \cos\Delta\cos\alpha_0)\right]\sin(kH\sin\Delta) \tag{5.2-9}$$

这里已设地面为理想导体平面，$|\Gamma_{//}| = 1$，$\phi_{//} = \pi$。

图 5.2-5 为 $\alpha_0 = 25°$，$l = 120$ m，$H = 30$ m，取 $\lambda = 60$ m，30 m，24 m 用上两式计算的水平平面和铅垂平面方向图。可见菱形天线每边的电长度愈长，波瓣愈窄，其仰角愈低，旁瓣愈多。图 5.2-6 是三幅从不同角度看去的菱形天线三维方向图($l = 4\lambda$)。我们注意到，在侧视图中一侧的两个最高旁瓣都重叠在主瓣中了。

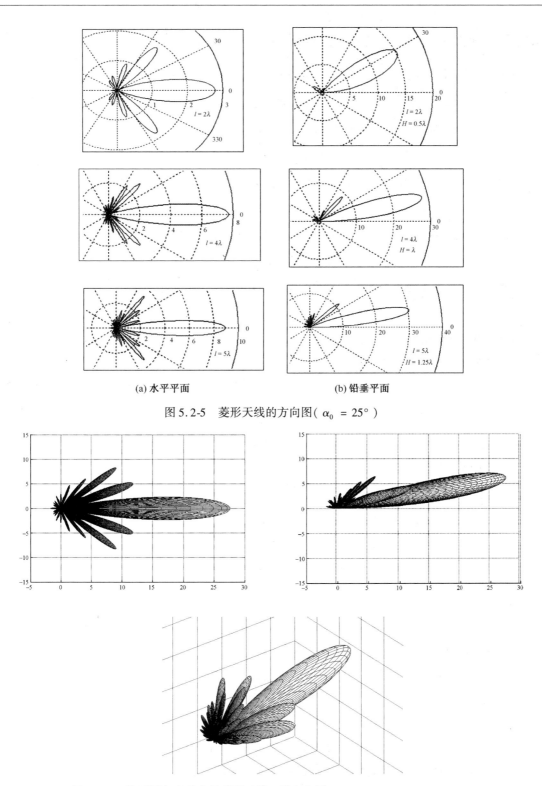

(a) 水平平面　　　　　　　　　　(b) 铅垂平面

图 5.2-5　菱形天线的方向图（$\alpha_0 = 25°$）

图 5.2-6　从不同角度看去的菱形天线三维方向图（$\alpha_0 = 25°$, $l = 4\lambda$, $H = \lambda$）

5.2.3 辐射电阻，辐射效率和方向系数

菱形天线各边的自辐射电阻要比相邻各边的互辐射电阻大得多，因此工程计算中，可近似认为菱形天线的辐射电阻等于 4 边的自辐射电阻之和，即

$$R_r \approx 4R_{11} \tag{5.2-10a}$$

式中 R_{11} 可由行波长导线的辐射电阻式(5.1-11)得出，故

$$R_r \approx 240\left(\ln 2kl - \text{Ci } 2kl + \frac{\sin 2kl}{2kl} - 0.423\right) \tag{5.2-10b}$$

菱形天线可看成一有耗传输线，设其特性阻抗为 Z_c，则其线上的衰减常数近似为

$$\alpha = \frac{R_1}{2Z_c} \tag{5.2-11}$$

R_1 是菱形单位长度的分布电阻。通常导线欧姆损失远小于辐射损失，故 $R_1 \approx R_r/2l$。代入式(5.2-11)，得

$$\alpha \approx \frac{R_r}{4lZ_c} \tag{5.2-11a}$$

菱形天线的特性阻抗 Z_c 可利用张开的双导线的特性阻抗来得出：

$$Z_c(l) = 120\ln\frac{d(l)}{a} \tag{5.2-12}$$

式中 $d(l)$ 是从原点算起的线长 l 处双导线间的距离，a 为导线半径。与对称振子中的处理相同，取平均特性阻抗为（ $\varPhi_0 = 90° - \alpha_0$ ）

$$Z_c = l\int_0^l 120\ln\frac{2y\cos\varPhi_0}{a}\mathrm{d}y = 120\left(\ln\frac{2l}{a} - 1 + \ln\cos\varPhi_0\right) \tag{5.2-13}$$

设菱形天线输入端电流振幅为 I_0，则其输入功率可表示为

$$P_{in} = \frac{1}{2}I_0^2 Z_c \tag{5.2-14}$$

其负载端的电流振幅是

$$I(l) = I_0 \mathrm{e}^{-2\alpha l} \tag{5.2-15}$$

因而终端负载的吸收功率是

$$P_\sigma = \frac{1}{2}I_0^2 \mathrm{e}^{-4\alpha l} Z_c \tag{5.2-16}$$

则天线辐射效率为

$$e_r = \frac{P_r}{P_{in}} = \frac{P_{in} - P_\sigma}{P_{in}} = 1 - \mathrm{e}^{-4\alpha l} \tag{5.2-17a}$$

将式(5.2-11b)中的 α 值代入上式，得

$$e_r = 1 - \mathrm{e}^{-\frac{R_r}{Z_c}} \tag{5.2-17b}$$

将式(5.2-9)代入式(2.2-13)便求得菱形天线的方向系数：

$$D(\Delta) = \frac{120f^2(\Delta)}{R_r} = \frac{7680}{R_r} \cdot \frac{\sin^2\alpha_0}{(1 - \cos\Delta\cos\alpha_0)}\sin^4\left[\frac{kl}{2}(1 - \cos\Delta\cos\alpha_0)\right]\sin^2(kH\sin\Delta) \tag{5.2-18}$$

其增益为

$$G = De_r = D\left(1 - \mathrm{e}^{-\frac{R_r}{Z_c}}\right) \tag{5.2-19}$$

对菱形天线 DL65/4·1（表示其规格为：$\varPhi_0 = 65°$，$l/\lambda = 4$，$H/\lambda = 1$），取 $Z_c = 700\ \Omega$，按上述公式计算的方向系数和增益曲线分别示于图 5.2-7 和图 5.2-8。图中虚线代表最大方向的方向系数和增益，并可由实线与虚线的相切点选定最大方向的仰角。可见其最大方向系数可超过 110，增益可超过 45。

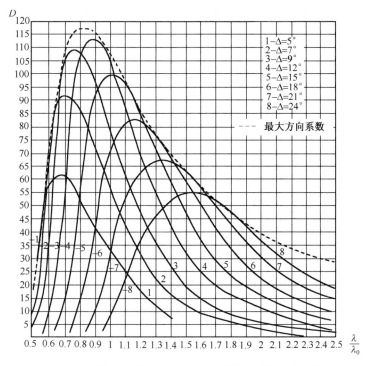

图 5.2-7　菱形天线 DL65/4·1 不同仰角时的方向系数

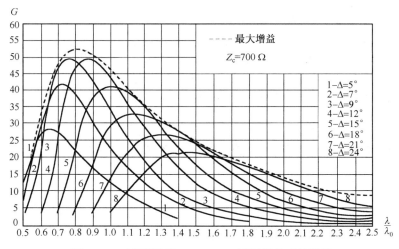

图 5.2-8　菱形天线 DL65/4·1 不同仰角时的增益

5.3　螺　旋　天　线

5.3.1　螺旋天线的发明与结构

　　螺旋天线(helical antenna)是美国俄亥俄大学教授约翰·克劳斯(John Kraus，1910.6.28 ~ 2004.7.18)在其 1947 年的论文中最先提出的。该天线的发明缘起于 1946 年某天他听了一个讲座，得知在行波管中用螺线管作为导波结构。于是联想到能否用螺线管来作为天线。而报告人的回答是已试过，肯定不行。但克劳斯认为，如果直径大，总会有辐射的。当晚他就在家中地下室里绕了一个周长为 1 λ 的七圈螺线，用 12 cm 波长的振荡源通过同轴电缆馈电，结果在螺线终端方向测到了圆极化辐射。再绕的螺线同样证实了这一特性。真可谓一夜成功！但他说，为了理解这种天线，随后却化了好几年时间。

螺旋天线的结构和参数关系如图 5.3-1 所示。这里导线绕成圆柱螺线，一端与同轴线内导体相连，同轴线外导体与导体圆盘相接，圆盘直径 $d_g = (0.75 \sim 1.5)\,\lambda$。导线粗细关系不大，一般取直径 $2a = 0.005 \sim 0.05\,\lambda$。结构参数为：螺旋直径 d，螺旋周长 $C = \pi d$，螺距 S，螺距角 α，螺旋一圈的长度 l，圈数 N 及天线轴向长度 $L = NS$。螺旋一圈的展开图如图 5.3-1 中插图所示，可以看出：

$$l = \sqrt{C^2 + S^2}, \quad \tan\alpha = S/C \tag{5.3-1}$$

可见 l，C，S 和 α 这 4 个量中只有两个是独立的。当 $S = 0$（$\alpha = 0°$）时，螺旋变成一个环；而若 $d = 0$（$\alpha = 90°$），螺旋成为一段直导线。

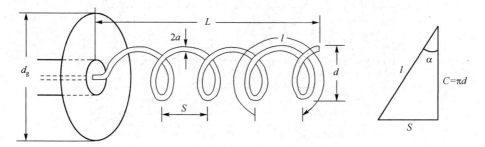

图 5.3-1　螺旋天线的结构和参数关系

螺旋天线可工作于多种模式，主要取决于其电尺寸。当 $C \ll \lambda$ 时，其最大方向垂直于天线轴线，如图 5.3-2(a)所示，此工作状态称为法向模；$0.75\,\lambda \leqslant C \leqslant 1.3\,\lambda$ 时最大方向沿轴线方向，如图 5.3-2(b)所示，称为轴向模；C/λ 进一步增大，方向图呈圆锥形，如图 5.3-2(c)所示，称为圆锥模。法向模和轴向模是两种最实用的工作模式。

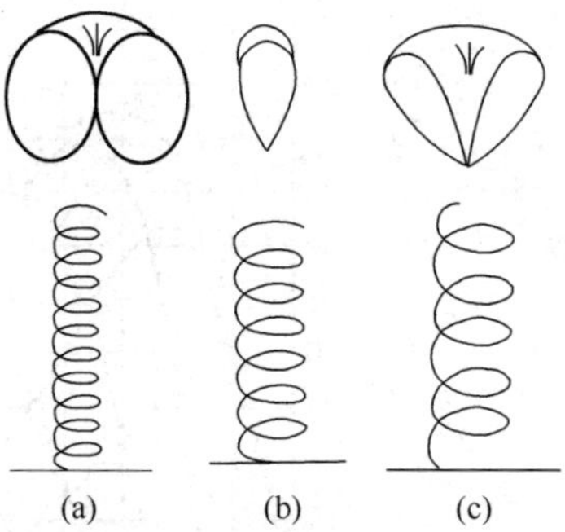

5.3.2　法向模螺旋天线，手机天线的工程设计考虑

法向模螺旋天线的尺寸远小于波长，可认为其电流振幅和相位沿全长都是相同的，因而远场方向图与圈数无关，只需考察一圈的辐射。一圈螺旋可近似为小电流环和一电偶极子的叠加。由式(1.2-11)可知，长 S 的电偶极子(dipole)的远区电场为

$$\bar{E}_d = \hat{\theta}\mathrm{j}\frac{60\pi\,IS}{\lambda r}\sin\theta\,\mathrm{e}^{-\mathrm{j}kr} \tag{5.3-2}$$

由式(1.3-21)可知，直径为 d 的小电流环(loop)的远区电场为

$$\bar{E}_l = \hat{\varphi}\frac{120\pi^2 I(\pi d^2/4)}{\lambda^2 r}\sin\theta\,\mathrm{e}^{-\mathrm{j}kr} = \hat{\varphi}\frac{30\pi\,C^2 I}{\lambda^2 r}\sin\theta\,\mathrm{e}^{-\mathrm{j}kr} \tag{5.3-3}$$

上两式表明，二者的电场分量分别是相互垂直的 E_θ 和 E_φ 分量，它们的方向图都是 $\sin\theta$，因而合成场的方向图仍是 $\sin\theta$，如图 5.3-3 所示。

我们注意到，E_θ 和 E_φ 分量的相位相差 90°，因此合成场通常为椭圆极化波。其轴比可由上两式之比求出：

图 5.3-2　螺旋天线的三种模式

$$|r_A| = \frac{|E_\theta|}{|E_\varphi|} = \frac{2S\lambda}{C^2} = \frac{2S/\lambda}{(C/\lambda)^2} \qquad (5.3\text{-}4)$$

令 $|r_A| = 1$，得出产生圆极化的条件为

$$C/\lambda = \sqrt{2S/\lambda} \qquad (5.3\text{-}5)$$

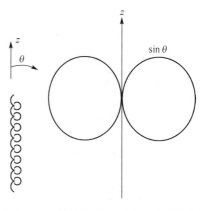

实用上，通常 $|r_A| \gg 1$，当螺旋天线直立放置时，产生以铅垂极化为主的辐射，其最大方向沿地面方向，在水平平面具有轴对称的全向方向图。该天线曾广泛用做手机外置天线，称为短截螺旋(Stub Helix)。其导线长度约为 $\lambda/4$，因而轴向高度小于 $\lambda/4$ 单极天线。其性能上的优点是螺线所具有的电感可抵消电短天线固有的容抗；且辐射电阻较大，便于匹配。它在理想导体平面上的辐射电阻公式为[10]

图 5.3-3　法向模螺旋天线及其方向图

$$R_r \approx 640\,(L/\lambda)^2\,\Omega \qquad (5.3\text{-}6)$$

式中 L 为短截螺旋高度。由式(4.4-3)和式(1.2-26)可知，对应的短单极天线(monopole)，其辐射电阻为

$$R_{rm} = 20\pi^2 (2L/\lambda)^2/2 = 395\,(L/\lambda)^2\,\Omega \qquad (5.3\text{-}7)$$

图 5.3-4 为几种第二代手机外置天线的简图，都工作于 900 MHz 和 1800 MHz 双频段。其中图 5.3-4(a)和图 5.3-4(b)都用 $\lambda/4$ 单极天线接收 1800 MHz 信号，而用短截螺旋工作于 900 MHz；图 5.3-4(c)采用两种不同直径的螺旋；图 5.3-4(d)则用了两种不同的螺距。

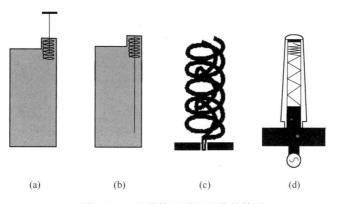

(a)　　　　(b)　　　　(c)　　　　(d)

图 5.3-4　几种外置手机天线的简图

这里介绍一例工作于蜂窝移动电话频段的短截螺旋天线。设计频率为 883 MHz($\lambda = 34.0$ cm)，取 $N = 4$ 圈，高 $L = 5.7$ cm。螺距 $S = L/N = 5.7$ cm$/4 = 1.43$ cm $= 0.042\lambda$。要求螺旋导线全长为 0.25λ，即其圈长 $l = 0.25\lambda/4 = 0.063\lambda$；故螺旋周长 $C = \sqrt{l^2 - S^2} = 0.047\lambda$，直径 $d = C/\pi = 0.015\lambda = 0.51$ cm，螺距角 $\alpha = \arctan(0.042/0.047) = 42°$。其轴比为

$$|r_A| = \frac{2S/\lambda}{(C/\lambda)^2} = \frac{2 \times 0.042}{(0.047)^2} = 38$$

可见它很接近铅垂线极化状态。它的辐射电阻为

$$R_r = 640\left(\frac{5.7}{34}\right)^2 = 18\ \Omega$$

同样高度的直立单极天线辐射电阻为

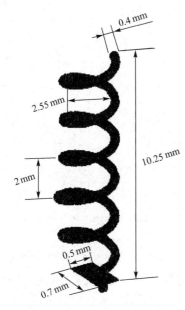

图 5.3-5　1 cm 长的螺旋天线

$$R_{\mathrm{rm}} = 395 \left(\frac{5.7}{34}\right)^2 = 11\ \Omega$$

这表明本设计更便于匹配,且辐射效率将较高。

图 5.3-5 所示的短截螺旋天线全长只有 1 cm 左右,接地板只是 0.5 mm×0.7 mm 的小薄片,且能集成在个人电脑存储卡(国际联盟)PCMCIA 中。它可用于笔记本电脑无线上网,工作于无线局域网 WLAN IEEE802.11b/g 频段,在 2.45 GHz 的反射损耗只有 -22.6 dB[2]。

目前手机已很少采用外置天线形式,而改用内置天线。下面介绍内置手机天线的工程设计考虑①。手机的机型大致分三种类型:直板手机、翻盖手机和滑盖手机。其中直板手机天线相对来说最易设计,而滑盖手机天线最难设计。这里将介绍有关翻盖手机天线的设计考虑。

无线通信 2G(第二代)手机天线的常用制式(工作频率)为 GSM、CDMA 850(824～894 MHz)/900(880～960 MHz),DCS 1800(1710～1880 MHz),PCS 1900(1850～1990 MHz),WCDMA 2100 (1950～2170 MHz),GPS(1575 MHz)以及 WLAN 2400(2400～2485 MHz)。由于手机要求工作频段较多,一般 GPS 和 WLAN 频段都采用单独的天线来实现。因此,一部手机上会有好几副天线。手机天线的设计首先要根据手机的结构来选取天线的位置,尽量使天线远离一些大的器件,如振荡器、话筒、麦克风、电池和闪光灯等。图 5.3-6 所示的翻盖手机图中,天线可选择放置的位置大致有三处:手机显示屏顶端 A 处,手机主板上端 B 处和手机主板下端 C 处。天线位置的不同将会直接影响天线的性能:(a)当天线放置 A 处时,由于手机的屏幕比较薄,天线的高度会受到限制。另外,手机屏幕与主板之间的连接一般通过导电带接地,同时 A 处有个喇叭,这都会对天线的性能造成一定的影响;(b)当天线放置于 B 处时,天线的特性阻抗受手机打开和关闭状态的影响较大,同时在接电话时,手对天线的性能也会造成一定影响;(c)当天线放置于 C 处时,影响天线的性能主要有电池、麦克风和键盘以及通话时的手等。因此,天线的位置一般根据实际手机电路结构和天线的形式来选择,通常优先考虑 B 处和 C 处。

图 5.3-7 是早期的倒 F 形天线(IFA)。图 5.3-8 给出三种简单形式 PIFA 天线的顶视图,通过在天线上切槽,改变天线表面的电流分布,产生多个谐振,使其满足不同工作频段的需要。设计时通常将 850 MHz/900 MHz 作为一个频段,将 1800 MHz /1900 MHz /2100 MHz 作为另一个频段,这就需要天线在这两个频段上的工作带宽较宽,且低频部分与高频部分之间的耦合小。因此,根据手机的实际电路结构和天线的形状,取不同的槽形状进行比较,选择最佳的一种槽设计来切割。由于天线的高度对带宽作用大,若天线有效空间受到限制,无法同时满足两个频段的带宽要求,往往需通过 Π 形、T 形或 L 形等匹配电路来适当改善天线的带宽。与平面单极天线相比,PIFA 天线的主要特点是体积要大些且有地板,电性能总的来说要好些,特别是比吸收率(SAR)较低。

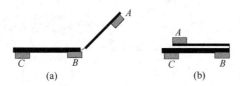

图 5.3-6　翻盖手机天线位置的选择

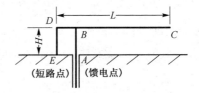

图 5.3-7　倒 F 天线

---

① 有关内容主要由上海交通大学梁仙灵提供。

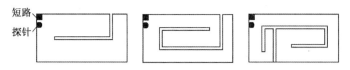

图 5.3-8　几种 PIFA 天线的顶视图

手机天线的设计不但要考虑天线本身无源的性能，如带宽和效率；也要考虑其有源的性能，如 TRP（全向辐射功率）、TIS（全向接收灵敏度）和 SAR（比吸收率）。从无源角度看，选择天线的位置和形式使其效率尽可能高，带宽尽可能宽为最佳；而从有源角度看，一般天线的效率越高，TRP 和 TIS 越好，而 SAR 却越差。因此设计手机天线需折中考虑，选择最佳的天线位置和形式，使 TRP、TIS 和 SAR 同时满足要求。

图 5.3-9（a）给出一个工程设计的 CDMA 双频手机 PIFA 天线的照片。该天线工作于 824 ~ 894 MHz/ 1850 ~ 1990 MHz，其相应的无源端口测试驻波曲线如图 5.3-9（b）所示。从驻波曲线可见，天线的工作频率有点偏移。实际上是故意这样设计的，目的是为了使天线的 TRP 尽可能高。因为每个频段的低频部分贡献 TRP，而高频部分则贡献 TIS，该设计通过部分牺牲 TIS 来提高 TRP。

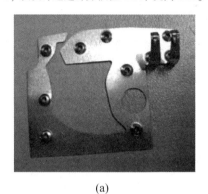
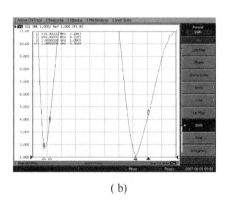

（a）　　　　　　　　　　　　　　　　　（b）

图 5.3-9　双频手机 PIFA 天线实物与驻波曲线

5.3.3　轴向模螺旋天线

5.3.3.1　工作原理

轴向模螺旋天线的主要特点是：最大辐射沿轴线方向，而且辐射场是圆极化波；沿线近似传行波，输入阻抗近于纯电阻，频带较宽。

先来研究螺线上单个螺旋的辐射特性。为简单起见，把它看成一个平面圆环，环的周长为 1λ，沿线传行波电流。参看图 5.3-10，图 5.3-10（a）所示为 $t=0$ 时刻沿线的行波电流分布，图 5.3-10（b）为卷成圆环的情形。在图 5.3-10（b）中，A、B、C、D 四点在 $t=0$ 时刻的电流都可分解为 $\hat{x}$ 向和 $\hat{y}$ 向两个分量。由图可见，x 向的电流分量都左右反向，而 y 向的电流分量是同向的，因而对 z 轴方向的远区场点而言，合成场来自 y 向电流，故轴向辐射场为 $\bar{E}=\hat{y}E$。

再研究 $t=T/4$（T 为周期）的情形，其电流分布如图 5.3-10（a）中虚线所示。图 5.3-10（c）中示出了 A、B、C、D 四点此时电流的 x 向和 y 向分量。可见，y 向的电流分量都上下反向，而 x 间电流分量是同向的，这时 z 轴远区的合成场是 $\bar{E}=\hat{x}E$。这说明，经过 $T/4$ 后，轴向辐射场绕 z 轴旋转了 90°。显然，经过一个周期 T 后，$\bar{E}$ 将旋转 360°，而且振幅不变，因而，沿轴向的辐射场是圆极化波。

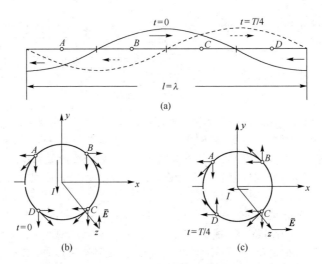

图 5.3-10　$t=0$ 和 $t=T/4$ 时圆环的电流分布和轴向场

以上说明，单个圆环实现轴向辐射最大和圆极化的条件是圆环的周长约为一个波长。为使多圈螺旋天线的合成场在轴向最大且保持圆极化波，要求相邻圈螺旋在轴向的辐射场同相叠加，即

$$\beta l - ks = \frac{2\pi}{\lambda}\left(\frac{c}{v_p}l - s\right) = 2\pi \qquad (5.3\text{-}8)$$

式中 βl 为相邻单元间电流相位差，$\beta = \omega/v_p = (\omega/c)(c/v_p) = (2\pi/\lambda)(c/v_p)$，$v_p$ 为线上电流相速，c 为自由空间光速；ks 为相邻元至轴向远场点射线的波程差所产生的相位差。可见，同相场条件与圆极化条件一致，均为上式。

式(5.3-8)只是普通端射阵的相位条件。为实现最大方向系数，应具有汉森-伍德亚德(HW)端射阵的相位条件式(3.3-25a)，即取

$$\frac{2\pi}{\lambda}\left(\frac{c}{v_p}l - s\right) = 2\pi + \frac{\pi}{N} \qquad (5.3\text{-}9)$$

式中 N 为圈数。由此得其线上电流相速 v_p 与自由空间光速 c 之比为

$$\frac{v_p}{c} = \frac{l}{\lambda + s + \lambda/2N} \qquad (5.3\text{-}10)$$

实际螺旋天线上的电流分布如何呢？对螺旋慢波结构的分析表明[5]，螺线上主要存在三种传输模 T_0、T_1 和 T_2。T_0 模经过几圈螺旋后相位变化一个周期；T_1 模每圈螺旋相位变化一个周期；而 T_2 模则在一圈螺旋上有两个周期的相位变化。当 $l < 0.5\lambda$ 时，螺旋线 T_0 模占主要地位，而且几乎无衰减地传输，传至终端后发生反射，形成驻波分布。其相速 v_p 等于光速 c。当 $l = (0.8 \sim 1.3)\lambda$ 时，T_1 模占优势，而 T_0 模很快衰减，T_1 模传至终端后又激励起小幅度的 T_1 模反射波及 T_0 模反射波，后者又很快衰减，因此天线上的电流接近于行波分布。当 $l > 1.25\lambda$ 时，T_2 模被激励起来，而且随着 l/λ 的增大，T_1 模的衰减增大，T_2 模取代 T_1 模而占支配地位。T_1 和 T_2 模的相速都小于光速，如图 5.3-11(a)所示，图中的圈点为实验结果($\alpha = 12.6°$，$N = 6$)。图中虚线是式(5.3-10)结果。可见，在 $0.8 < l/\lambda < 1.2$ 范围上，螺旋天线能自动地保持强方向性端射阵的条件。当然，此条件对应于式(5.3-9)，因而这时得不到纯粹的圆极化。但当 N 较大时 π/N 项很小，使轴向辐射很近于圆极化波。

5.3.3.2　电参数与设计原则

工作于 T_1 模的圆柱螺旋天线的方向图可近似表示为单圈的方向图乘以 HW 端射阵的阵因

子。由5.3.3.1节中分析可知,单圈电流在含轴平面的辐射方向图可用电流元在其含轴平面的方向图 $\cos\theta$ (θ 从 z 轴算起)来近似,阵因子由式(3.3-26)得出,故有

$$F(\theta) = \cos\theta \frac{\sin\dfrac{\pi}{2N}\cos\left[\dfrac{N\pi S}{\lambda}(1-\cos\theta)\right]}{\sin\left[\dfrac{\pi S}{\lambda}(1-\cos\theta)+\dfrac{\pi}{2N}\right]} \tag{5.3-11}$$

由于辐射场是轴对称的和圆极化的,此式对 $E_\theta(\theta)$ 和 $E_\varphi(\theta)$ 二分量都适用。

对 $12° < \alpha < 14°$, $0.8 < C/\lambda < 1.15$ 和 $N > 3$ 的轴向模螺旋天线,J. Kraus 基于大量测试结果得到下列经验公式。以度表示的半功率宽度为

$$HP = \frac{52°}{(C/\lambda)\sqrt{NS/\lambda}} \tag{5.3-12}$$

方向系数为

$$D = 12(C/\lambda)^2 NS/\lambda \tag{5.3-13}$$

沿轴向的轴比为

$$|r_A| = \frac{2N+1}{2N} \tag{5.3-14}$$

其输入阻抗几乎是纯电阻,输入电阻在20%的误差范围内可表示为

$$R_{in} = 140(C/\lambda) \tag{5.3-15}$$

图5.3-11(b)是根据测试数据归纳的轴向模螺旋天线通用设计图,样品的轴长约为中心频率的 1.6λ ,3至15圈。图中给出了轴向模螺旋天线方向图,阻抗和轴比的合理设计范围;下部阴影区是法向模螺旋工作区;上部阴影区是圆锥方向图螺旋天线区。在图中实线所示的"方向图"环线内,天线都具有轴向主瓣而且旁瓣电平低,半功率宽度约为 $30° \sim 60°$;在虚线所示的"阻抗"环线与 $\alpha = 24°$ 直线构成的区域内,天线的输入阻抗变化小,近似于纯电阻,约为 $100\,\Omega$ $\sim 150\,\Omega$;而在点划线所示的"轴比"环线内,沿其轴向的轴比不超过1.25。

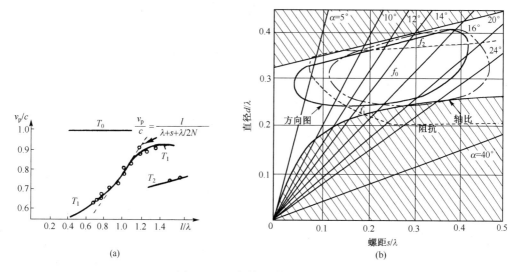

图5.3-11　螺旋天线的实验结果

由图5.3-11(b)可见,兼有满意的方向图、阻抗和轴比特性的"最佳"螺距角约为 $12° \sim 14°$ 。其工作带宽也可从图中得出,例如取 $\alpha = 14°$,在该直线上可找到表示频率下限和上限的 f_1 、 f_2 两点及设计的中心频率点 f_0 , $f_0 = (f_1 + f_2)/2$ 。这里 $f_2:f_1$ 约为 1.7:1。

在选定 α，标出 f_1、f_2 和 f_0 三点后，可由图 5.3-11(b)查出 f_0 点处的 d/λ 和 S/λ。然后根据给定的半功率宽度 HP 或方向系数 D 分别由式(5.3-12)或式(5.3-13)算出所需的螺旋圈数 N；接着再用式(5.3-10)计算其 v_p/c，若在 0.8 左右，可认为符合要求。最后需用式(5.3-15)计算天线的输入电阻 R_{in}，为将它变换为同轴线的 50 Ω 阻抗，可在螺线最底部取 1/4 圈，将它制成平行于接地板的渐削过渡段，也可贴一条薄金属带作为阻抗变换段(一实例是把一条宽 70 mm 的金属带贴到直径为 13 mm 的螺旋导线上，其中心频率为 230.8 MHz)。螺旋天线的轴向轴比由式(5.3-14)得出，其极化旋向与螺旋的绕向相同。

作为设计举例，下面介绍中心频率为 400 MHz($\lambda = 75$ cm)的螺旋天线的设计。取 $\alpha = 14°$，中心频率点处 $d = 0.31\lambda = 23$ cm，$S = 0.25\lambda = 19$ cm。给定 HP $= 45°$，由式(5.3-12)得

$$N = \frac{1}{S/\lambda}\left(\frac{52°/HP}{C/\lambda}\right)^2 = \frac{1}{0.25}\left(\frac{52/}{0.31\pi}\right)^2 = 5.6$$

取 $N = 6$，由式(5.3-10)可知：

$$\frac{v_p}{c} = \frac{\sqrt{(\pi d/\lambda)^2 + S^2}}{1 + S/\lambda + 1/2N} = \frac{1.005}{1.333} = 0.754$$

该值接近最佳值，设计可行。输入电阻为

$$R_{in} = 140 \times 0.31\pi = 136 \ \Omega$$

用中心频率的 $\lambda/4$ 长的变换器将此电阻变换为 53 Ω(同轴线特性阻抗)。轴向轴比为

$$|r_A| = \frac{13}{12} = 1.08$$

取导线直径为 0.02λ，J. Kraus 制作了此天线，在 275～560 MHz 频率范围的实测方向图如图 5.3-12 所示。可见在 300 MHz($C = 0.73\lambda$)至 500 MHz($C = 1.22\lambda$)都能得到良好的轴向波瓣，其比带宽约为 1.7:1。实测也表明，当 $C > 0.7\lambda$ 时，R_{in} 值相当稳定而 X_{in} 很小，同轴馈线上 VSWR < 1.7。

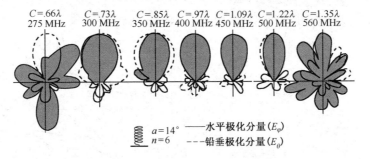

图 5.3-12　轴向模螺旋天线的实测方向图

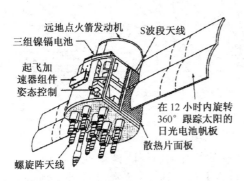

图 5.3-13　装有 12 元螺旋天线阵的 GPS 卫星

螺旋天线已广泛应用于人造卫星、宇宙飞船、弹道火箭等需用圆极化天线的场合，以避免信号穿越电离层导致的法拉弟旋转效应对传输的影响。例如绪论图 0.2-6 所示的 GPS 卫星上就使用了螺旋天线阵，工作波长为 19 cm($f = 1575.42$ MHz)。图 5.3-13 是该卫星的全景图，可见装有 12 副螺旋天线，美国全球定位卫星(GPS)系统就由 24 颗这样的卫星构成。

5.4　超宽带天线

5.4.1　非频变天线原理

在 20 世纪 50 年代末 60 年代初，伊利诺伊大学拉姆西（Victor H. Rumsey）教授等人提出了一类带宽可超过 10:1 的超宽带天线，称之为非频变天线（freqnency independent antenna）。当时在伊大从事这些天线研究的还有戴森（John D. Dyson），梅斯（Poul E. Mayes）和德尚（George A. Deschamps）等教授[3]。当笔者于 1981 年至 1982 年间在那里作访问学者与研究顾问时，有幸亲受这后几位教授的教诲。

所谓非频变天线应该是其方向图和阻抗特性能都在非常宽的频率范围上保持不变的天线。其基本原理是 1.6.1 节介绍的缩尺原理：若将天线的所有尺寸都与波长按比例变化，则天线的工作特性保持不变。为此，实际天线需满足二条件：一是角度条件：天线结构只与角度有关而与其他尺寸无关；二是终端条件：终端效应弱（终端反射很小）。显然，可满足角度条件的首先是双锥天线，其形状完全由角度规定。但是，其上电流随径向距离有相位变化而无振幅变化，因而并不能加以截头来形成频率无关天线。为此，拉姆西提出了形状方程，同时其伊大同事和学生们发展了两种实际天线类型：等角螺线天线和对数周期天线。

非频变天线的第二个设计原理是利用自补天线实现非频变阻抗。在 1.5.3 节中已得出自补天线的阻抗为

$$Z_{in}^{s} = Z_{in}^{d} = 60\pi = 188.5\ \Omega \tag{1.5-18}$$

此阻抗与频率无关。自补等角螺线天线已利用了这一原理。不过，非自补天线也可具有随频率改变而变化很小的阻抗特性。

拉姆西形状方程推导如下。

设天线设计曲线为

$$r = r(\varphi) \tag{5.4-1}$$

这里(r, φ)为平面曲线上任意点的极坐标。若频率改变时，只是φ角旋转了β角，而新天线与原天线形状不变，则可获得其特性与频率无关的天线。为此，φ变为$\varphi + \beta$时，其r仍满足同一方程，只是r增大或减小至K倍，即（见图 5.4-1）

$$K(\beta)r(\varphi) = r(\varphi + \beta) \tag{5.4-2}$$

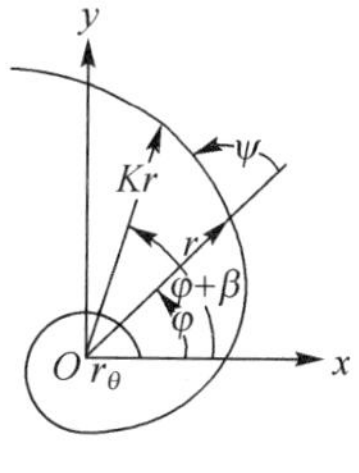

将上式分别对β，φ微分，得

$$r(\varphi)\frac{dK}{d\beta} = \frac{\partial r(\varphi + \beta)}{\partial \beta}$$

$$K\frac{dr(\varphi)}{d\varphi} = \frac{\partial r(\varphi + \beta)}{\partial \varphi}$$

图 5.4-1　等角螺线的导出

因β与φ无关，又有

$$\frac{\partial r(\varphi + \beta)}{\partial \beta} = \frac{\partial r(\varphi + \beta)}{\partial (\varphi + \beta)} = \frac{\partial r(\varphi + \beta)}{\partial \beta}$$

从而由上三式可知

$$r(\varphi)\frac{dK}{d\beta} = K\frac{dr(\varphi)}{d\varphi}$$

即

$$\frac{dr(\varphi)}{d\varphi} = ar(\varphi) \tag{5.4-3}$$

式中

$$a = \frac{1}{K}\frac{dK}{d\beta} \tag{5.4-4}$$

式(5.4-3)的解为
$$r(\varphi) = r_0 e^{a(\varphi+\varphi_0)}$$

这里(r_0,φ_0)是矢径大小和 φ 角的初值。取 $\varphi_0 = 0$,则有

$$r(\varphi) = r_0 e^{a\varphi} \tag{5.4-5}$$

此即所需形状方程。由此得
$$\varphi = \frac{1}{a}\ln\frac{r}{r_0}$$

曲线上任意点矢径与曲线之切线间的夹角正切为

$$\tan\psi = \frac{r\mathrm{d}\varphi}{\mathrm{d}r} = \frac{1}{a}(为常量) \tag{5.4-6}$$

该 ψ 角是常数,故称此曲线为等角螺线。

以上推导已限于平面曲线;对于空间曲线 $r = r(\theta,\varphi)$,类似的推导可得通解为

$$r(\theta,\varphi) = r_0(\theta) e^{a\varphi} \tag{5.4-7}$$

式中 $r_0(\theta)$ 可为任意函数。

5.4.2 等角螺线天线与阿基米德螺线天线

5.4.2.1 平面等角螺线天线

最先发明的是圆锥等角螺线天线,由戴森首先提出。随后产生了平面等角螺线天线(planar equiangular spiral antenna)[①],如图 5.4-2 所示。螺线臂的一条边缘由式(5.4-5)给定;另一边缘由它旋转 δ 角来得出:

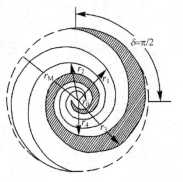

图 5.4-2 平面等角螺线天线

$$\begin{cases} r_1 = r_0 e^{a\varphi} \\ r_2 = r_0 e^{a(\varphi-\delta)} \end{cases} \tag{5.4-8}$$

再将它们旋转 180° 来产生另一螺线臂:

$$\begin{cases} r_3 = r_0 e^{a(\varphi-\pi)} \\ r_4 = r_0 e^{a(\varphi-\pi-\delta)} \end{cases} \tag{5.4-9}$$

为使导体螺线臂与臂间缝隙形成自补结构,取 $\delta = 90°$,图 5.4-2 正是此情形。

螺线臂最大半径 r_M 由最低工作频率的波长 λ_1(下标"l"表示 low)决定,一般取

$$r_M = \lambda_1/4 \tag{5.4-10}$$

而其最小半径 r_0 则由最高工作频率的波长 λ_h 决定,取

$$r_0 = \lambda_h/4 \tag{5.4-11}$$

实验表明,对于半圈至 3 圈的螺线天线,参数 a 和 δ 的影响并不明显,最佳设计看来是取 1.25 至 1.5 圈,而总长等于或大于 λ_1。1.5 圈螺线的最大半径为

$$r_M = r_0 e^{a3\pi} \tag{5.4-12}$$

如要求 $f_h:f_1 = \lambda_1:\lambda_h = 10:1$,由式(5.4-10)和式(5.4-11)知 $r_M:r_0 = 10:1$,代入式(5.4-12)得

$$e^{a3\pi} = \frac{r_M}{r_0} = 10, \quad a = \frac{\ln 10}{3\pi} = 0.244$$

这时螺线 1 圈的半径增长率为

---

① Spiral 和 helical 的中文含义都是"螺旋形的",但数学上"spiral"还用做名词"螺线",如 Archimedian spiral—阿基米德螺线。为防混淆,本书将 helical antenna 称为螺旋天线,而将 spiral antenna 称为螺线天线。

$$\frac{r_0 e^{a2\pi}}{r_0} = e^{a2\pi} = e^{0.244 \times 2\pi} = 4.64$$

螺旋的臂长为

$$l = \frac{r_M - r_0}{\cos\psi} = (r_M - r_0)\sqrt{1 + \tan^2\psi} = (r_M - r_0)\sqrt{1 + 1/a^2} \qquad (5.4\text{-}13)$$

得

$$l = 4.2r_M = 1.05\lambda_1$$

可见总长约为 λ_1，是合适的。

若用工作波长去归一化式(5.4-7)，得

$$r' = r/\lambda = r_0 e^{a\varphi}/\lambda = r_0 e^{a(\varphi - \frac{1}{a}\ln\lambda)} = r_0 e^{a(\varphi - \varphi_0)} \qquad (5.4\text{-}14)$$

$$\varphi_0 = \frac{1}{a}\ln\lambda \qquad (5.4\text{-}15)$$

这表明，改变工作频率相当于改变角度 φ_0，即等角螺线天线的方向图随频率而转动。

平面等角螺线天线的方向图是双向的，取螺线平面的法线方向为 z 轴，方向图形状近于 $\cos\theta$，故半功率宽度约为 $90°$。由于两侧各有一个宽波瓣，其增益仅几个 dBi。

对于使天线臂比波长短得多的工作频率，平面等角螺线天线辐射线极化波。而当天线臂长近于或大于工作波长时，天线辐射圆极化波。从 z 轴直至 $\theta = 70°$ 方向，在此宽角范围内都呈现良好的圆极化。极化方向与螺线展开的方向相同，对图 5.4-2 天线，沿 z 向(垂直纸面向上的方向)辐射右旋波，而其背面沿 $-z$ 向辐射左旋波。

自补结构的等角螺线天线的输入阻抗为 $188.5\ \Omega$，但多采用 $50\ \Omega$ 同轴线馈电。为此需加一阻抗变换平衡器，以实现阻抗变换和平衡馈电。通常对同轴线作锥削过渡来实现阻抗变换，并将同轴线外导体焊接到螺旋臂上，而将内导体焊到另一臂始端上，同时在另一臂上对称地焊接一条闲置的同轴线，以保持对称性。估计由于导体片的有限厚度和同轴馈线的存在，实测的输入电阻值低于理论值，对工作于 $700 \sim 2500\ MHz$ 的天线，实测约为 $75 \sim 100\ \Omega$。只要臂长大于一个波长左右，该阻抗值基本保持不变。对臂长等于或大于一个波长的等角螺线天线，其辐射效率典型值为 98%。

5.4.2.2　平面阿基米德螺线天线

阿基米德螺线天线(Archimedian spiral antenna)早在 1954 年就由特纳(Edwin Turner)提出，发现它具有宽频带圆极化特性。其曲线方程为[9°]

$$r = r_0 + a\varphi \qquad (5.4\text{-}16)$$

式中 (r, φ) 为曲线上任意点的极坐标，起始点为 $(r_0, 0)$，a 为螺旋增长率。可见其矢径长度随角度的增大按线性增加，而不是像等角螺线那样成指数关系，因而该螺线张开慢得多。

双臂阿基米德螺线天线如图 5.4-3(a)所示，另一臂方程为

$$r = r_0 + a(\varphi - \pi) \qquad (5.4\text{-}16a)$$

螺旋臂的辐射主要来自螺旋臂表面上的电流，其中在平均直径约 λ/π 的电流带上，相邻双臂中的电流达到或接近同相条件，因此成为主要辐射带。如图 5.4-3(b)所示，天线两臂中心处以 $180°$ 相位差馈电，左臂(实线)上电流指向臂内，而右臂(虚线)上电流指向臂外，经半圈后二臂上电流的正向都相反了，因此在原点附近的小区域内，电流方向较紊乱，因之这一区域的辐射不大。只有平均值约 λ/π，即周长约 λ 的电流带才是主要辐射带。

令 A 和 A' 表示 λ/π 直径两端的电流元，因其电流正向相反，而弧长 AA' 约 $\lambda/2$ 又使二者有 $180°$ 相位差，结果形成同相辐射。另一臂上的 B 点电流元与 A 点电流元方向相同，且与各自原点等距，因而同相；同样，B' 点电流元也同向且同相。这样它们将形成主要辐射。值得注意的

是,在这一辐射带内,沿螺旋四分之一圈处[图 5.4-3(b)中上、下方的小圆点处],其相位比 A 或 B' 点滞后 90°,电流方向又是正交的,电流振幅也几乎相等,因而合成场是圆极化波。其旋向由螺旋的绕向决定。这里对由低面向外的辐射,螺旋是右旋绕向的,故产生右旋圆极化波;反之,对反向辐射,则产生左旋圆极化波。

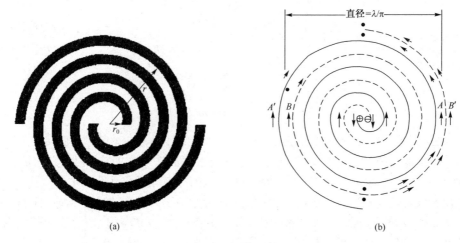

(a)　　　　　　　　　　　　　　　　　(b)

图 5.4-3　阿基米德螺线天线及其原理图

实验表明,当离开螺线很远时,附加的电流带存在,但它只辐射小部分功率,因为大部分功率已由主辐射带辐射了。随着工作频率改变,该有效辐射区将沿螺线移动,其方向图基本不变,因而具有宽频带特性。

严格说来,阿基米德螺线天线并不是一个真正的非频变天线,因为它的几何结构并不满足相似原理条件。但只要适当选择 r_0、r_M 及 a 等参数,并在其末端接吸收电阻或加吸收材料,则可使这种天线具有 10:1 或更宽的带宽。

螺线内径 $2r_0$ 影响最高工作频率和阻抗匹配,一般取

$$2r_0 \leqslant \lambda_h/4 \tag{5.4-17}$$

式中 λ_h 是最短工作波长。螺线外径 $2r_M$ 取决于最长工作波长 λ_1,一般取周长为

$$2\pi r_M \geqslant 1.25\lambda_1 \tag{5.4-18}$$

螺旋增长率 a 愈小,则螺线的曲率半径愈小。对相同的外径,螺旋臂总长度大,终端效应小,带宽宽;但 a 太小,圈数太多,传输损耗加大,因此要适中选择。

显然,平面螺线天线产生的是垂直于螺线所在平面的双向宽波束。半功率宽度约 60° ~ 80°,增益约 3 dBi。为获得单向辐射,可在其一边加装反射腔,其形式如图 5.4-4 所示。图 5.4-4(a)为平底腔,腔深约为中心频率对应波长的 1/4,这改变了非频变特性,只用于 2:1 带宽的天线。图 5.4-4(b)为锥形腔,图 5.4-4(c)为圆台腔,适用带宽大些。

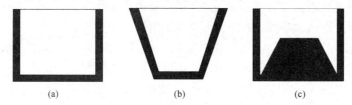

(a)　　　　　　　　　　(b)　　　　　　　　　　(c)

图 5.4-4　平面螺线天线背腔示意图

为使带宽大于 10:1,往往在背腔中加载吸收材料,以减小谐振影响,然而这将加大损耗。其结

构如图5.4-5所示,吸收层充填腔体下部至离顶层约为腔深的10%~20%处。对于2~18 GHz 频段的应用,腔深一般取2.54 cm(1 in.),吸收材料离顶层约0.38 cm(0.15 in.)。一副直径为5.08 cm(2 in.)的双臂阿基米德螺线自补天线实物如图5.4-6所示[4],其臂宽为0.56 cm,端接吸收涂层和100 Ω电阻。图5.4-7示出典型的实测极化方向图,可见波瓣质量好,整个2~18 GHz 带宽上轴向轴比优于2 dB。与无背腔时相比,其增益损失为3 dB 量级。在6~18 GHz 频带上实测增益约为1~2 dB,如图5.4-8所示。

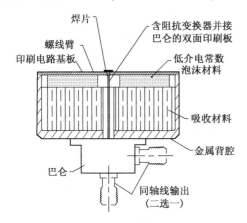

图 5.4-5　加载吸收材料的背腔　　　　图 5.4-6　双臂阿基米德螺线自补天线照片

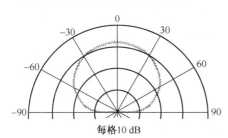

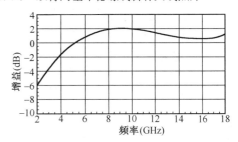

图 5.4-7　阿基米德螺线的实测方向图(10 GHz)　　　图 5.4-8　阿基米德螺线的实测增益

*5.4.2.3　小型化复合平面螺线天线

平面螺线天线已有两类变形,一类是改变曲线方程,如采用方形、星形等;另一类是采用复合形。下面就来介绍一种复合平面螺线天线。

由前面的分析知,等角螺线天线当其螺线臂长大于一个波长时开始呈现非频变特性;而阿基米德螺线天线的主辐射区在螺线周长约为一个波长处。天线的最大尺寸由其最低工作频率决定,因此,按阿基米德螺线设计,可取最大直径为 $2r_M = \lambda_1/\pi$;而若按等角螺线设计,需取最大直径 $2r_M = \lambda_1/2$,这约为前者的 $\pi/2 = 1.57$ 倍,而面积则大到 $(\pi/2)^2 = 2.46$ 倍。另一方面,阿基米德螺线的螺旋增长率相对较慢(等角螺线是按指数增长的),螺线臂较长,从而带来传输损耗大,效率低等缺点,而且其臂宽为固定值,不具有随频率而变的非频变特性;相反,等角螺线则有螺旋增长率大的优点。因此,将二者结合,在天线中心部分采用等角螺线,而在外端改用阿基米德螺线,可使天线小型化并具有超宽带特性。

将二者结合后的平面螺线天线两臂由中心向外逐渐变宽(等角螺线段),然后再过渡为阿基米德螺线。为减小末端反射电流,将螺旋臂末端逐渐削尖(改变螺旋增长率)。

该设计取最大直径为 $2r_M = 96$ mm,初始半径为 $r_0 = 2$ mm,内圈等角螺线天线螺旋增长率 a 为0.221,外端阿基米德螺线天线增长率为1.65和1.43。天线印制在相对介电常数为4.5,厚度为1 mm的基板上,如图5.4-9所示[5]。其第一臂内圈的两条边缘曲线方程分别为

$$r_1 = 2e^{0.221\varphi}, \qquad 0 \leqslant \varphi \leqslant 3\pi \qquad (5.4\text{-}19a)$$

$$r_2 = 2\mathrm{e}^{0.221(\varphi-\pi/2)}, \qquad 0 \leqslant \varphi \leqslant 3\pi \tag{5.4-19b}$$

第一臂外圈的两条边缘曲线方程分别为

$$r_1' = \begin{cases} 2\mathrm{e}^{0.663\pi+1.65\pi}, & 3\pi < \varphi \leqslant 4\pi \\ 2\mathrm{e}^{0.663\pi+6.6\pi+1.43\varphi}, & 4\pi < \varphi \leqslant 5\pi \end{cases} \tag{5.4-20a}$$

$$r_2' = \begin{cases} 2\mathrm{e}^{0.5525\pi+1.65(\varphi-\pi/2)}, & 3\pi < \varphi \leqslant 4\pi \\ 2\mathrm{e}^{0.5525\pi+6.6\pi+1.43(\varphi-\pi/2)}, & 4\pi < \varphi \leqslant 5\pi \end{cases} \tag{5.4-20b}$$

第一臂沿中心旋转 $180°$ 就得到第二条臂。

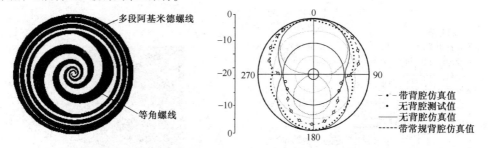

图 5.4-9   复合平面螺线天线及其方向图(1.575 GHz)

为获得单向辐射,该天线选用如图 5.4-4(c)所示圆台背腔,圆台顶端距平面螺线天线 $\lambda_h/4$,其底面距天线 $\lambda_1/4$,底面直径与天线外径相同。该天线特性用 Ansoft HFSS 10 软件作了仿真。仿真的输入阻抗约为 106 Ω,因此用指数渐变的平衡器连接到 50 Ω 同轴电缆上。用 HP8722ES 矢量网络分析仪实测的反射损耗在 0.95 ~ 15.2 GHz 频带(16:1)上均小于 – 10 dB;若不加圆台背腔,则反射损耗小于 – 10 dB 的带宽为 0.9 ~ 16 GHz(17.8:1)。天线的仿真与实测方向图已示于图 5.4-9 中(f = 1.575 GHz)。可见,无背腔时半功率宽度约为 85°,附加常规背腔[见图 5.4-4(a),腔深 $\lambda_1/4$]后,半功率宽度约为 80°,而加圆台背腔后,使半功率宽度展宽至约 130°。它在 1.4 ~ 10.2 GHz 频段上有较好的圆极化辐射特性($|r_A| \leqslant 4$ dB)。该天线工作于 0.95 GHz 时波长为 316 mm,若按常规等角螺线天线设计,其直径为 $\lambda_1/2$ = 158 mm。现直径为 96 mm,故天线面积减小为前者的 $(96/158)^2 = 37\%$。

一种更小型化的设计是采用复合缝隙螺线天线[6]。由于激励缝隙螺线的是磁流,它平行于导体反射面,具有正镜像,因此背腔深度只需 $\lambda_1/10 \sim \lambda_1/20$ 或更小。但背腔深度太小,将激励起微带模式,会降低增益及轴比带宽。

为改进平面螺线天线的圆极化特性,工程上广泛采用 2 对(4 臂)平面螺线天线。其轴比带宽比 1 对(2 臂)时有明显改进。一般地说,采用 3 对(6 臂)、4 对(8 臂)……仍有改进,但已不很明显了。

5.4.3   对数周期天线

对数周期天线(log-periodic antenne)按一特定 τ 变换后,仍具有原来的结构,即在离散的频率上($f, \tau f, \tau^2 f, \cdots$)上满足自相似条件,因而具有非频变特性。这种天线已有多种形式,其中应用最广的是对数周期振子天线(log-perodic dipole antenna,LPDA)。它结构简单,重量轻,造价低,带宽可达 10:1。下面即以此天线为例介绍对数周期天线的特性与设计。

如图 5.4-10 所示,对数周期振子天线由 N 个并列的对称振子构成,第 i 个振子长度为 $2l_i$,至几何顶点 O 的距离为 R_i,它与相邻振子的间距为 d_i。这些参数都随序号按比例变化:

$$\frac{l_{i+1}}{l_i} = \frac{R_{i+1}}{R_i} = \frac{d_{i+1}}{d_i} = \tau < 1 \tag{5.4-21}$$

比例因子 τ 称为几何比,通常 τ = 0.8 ~ 0.95。工程上还用另一参数 σ,称为间距长度比:

$$\sigma = \frac{d_i}{2l_i} < 1 \tag{5.4-22}$$

一般取 $\sigma = 0.08 \sim 0.51$。由图 5.4-10 几何关系可知

$$\sigma = \frac{R_i - R_{i+1}}{2l_i} = \frac{R_i - R_{i+1}}{R_i}\frac{R_i}{2l_i} = \frac{1 - \tau}{2\tan\frac{\alpha}{2}} \tag{5.4-23}$$

式中 α 是轮廓线间的夹角。可见 τ、σ 和 α 中只有两个是独立的，例如 τ 和 σ，一旦此二量确定了，整个天线阵的几何结构也就定形了。

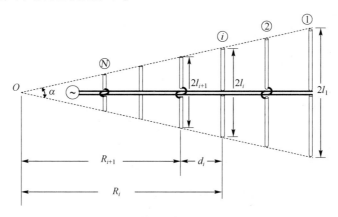

图 5.4-10　对数周期振子天线几何关系

　　该天线的馈线从最短振子端接入，且在相邻振子间作交叉连接，如图 5.4-10 所示。当工作于某频率 f_i 时，该天线存在一"有效区"，它由几个长度近于 $\lambda_i/2$ 的振子组成。其中长度为 $\lambda_i/2$ 的"主"振子输入阻抗近于纯电阻，使其电流明显比其他振子大。在它后面的较长的振子犹如一反射器。因为，它由馈线传来的电流相位是滞后于主振子的，但经过交叉连接引起相位反转，使其相位引前于较短的"主"振子，因而，合成场最大方向指向馈电端。同理可知，"主"振子前的较短的引向器经交叉连接后，导致相位滞后于"主"振子，犹如一引向器。这样，这个区域内的振子形成最大方向指向馈电端的有效辐射。此有效区后面的振子为"未激区"，其长度都显著大于半波长，输入阻抗呈大感抗，电流很小，并由于能量在有效区内基本辐射出去了，因此激励幅度很弱，恰好满足"终端效应弱"的条件。在有效区前的振子形成"传输区"。因为，振子长度远小于半波长，输入阻抗为大容抗，所以振子上电流很小，辐射很弱，电磁能量在这一区域的衰减很小，绝大部分通过馈线传输到后面的有效区。

　　当频率变为 $f_{i-1} = \tau f_i$ 时，有效区由馈电端向后移动一个振子，而有效区电尺寸不变，因而电性能相同，这样直到有效区移到最后边的振子为止。由于

$$\frac{f_{i-1}}{f_i} = \tau = \frac{l_{i+1}}{l_i} = \frac{l_i}{l_{i-1}}$$

则

$$\ln f_{i-1} - \ln f_i = \ln \tau = \ln l_i - \ln l_{i-1} \tag{5.4-24}$$

这表明，天线尺寸的对数以 $\ln\tau$ 为周期，相应地，天线呈现相同性能时频率的对数也以同样的 $\ln\tau$ 为周期，因而称之为对数周期天线。

　　由于振子尺寸是跳变的，在一个对数周期内改变频率时，天线性能会有一定变化，但只要这种变化不超过给定限度，便可认为在整个对数周期范围内可用。严格说来，天线的所有几何尺寸都应满足对数周期条件，即振子直径、馈线本身的间距也应按比例变化。但是它们的影响是比较次要的，所以可不作要求。

　　LPDA 上的电流分布可用数值法算出。图 5.4-11 是对 18 元 LPDA 用矩量法计算的电流分

布。可见在 200 MHz 时振子 2、3 和 4 上有强电流、振子 1 和 5 上还有较强电流，随频率的升高，有效区向短振子方向移动。相应的方向图、增益和阻抗见图 5.4-12，它们基本不变，表现出非频变特性。从图中看到，天线输入阻抗实部约为 $70 \sim 80\ \Omega$，虚部甚小，因而这种天线容易与 75 Ω 同轴电缆相匹配。

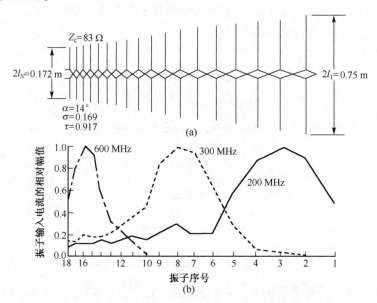

图 5.4-11　18 元对数周期振子天线的结构与振子电流振幅分布

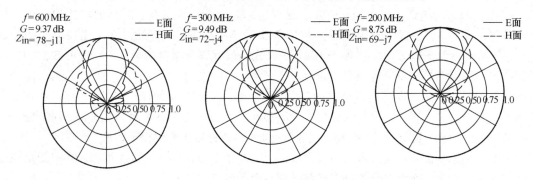

图 5.4-12　18 元对数周期振子天线的方向图、增益及输入阻抗

伊利诺伊大学卡雷尔(R. L. Carrel)在其博士论文[7]中给出一组方向系数(增益)与 τ, σ 的关系曲线，如图 5.4-13 所示，它可用来指导设计。后来的数据表明，原曲线的增益高估了 $1 \sim 2$ dB，这里已作了校正。

对数周期振子天线的输入阻抗近于其传输线的特性阻抗，但需计入有效区振子的"加载"效应。此特性阻抗表示式为

$$Z_{\mathrm{ca}} = \frac{Z_{\mathrm{c}}}{\sqrt{1 + \dfrac{Z_{\mathrm{c}}\sqrt{\tau}}{4\sigma Z_{\mathrm{a}}}}} \tag{5.4-26}$$

式中 Z_{c} 是未计入加载效应的传输线的特性阻抗，对双导线即为式(2.3-32)；Z_{a} 是对称振子的平均特性阻抗，见式(2.3-33)。例如 $Z_{\mathrm{c}} = 100\ \Omega$，$l/a = 125$，即 $Z_{\mathrm{a}} = 543\ \Omega$，$\sigma = 0.169$，$\tau = 0.917$，

得 $Z_{ca} = 100/\sqrt{1.261} = 89.1\ \Omega$。

对数周期振子天线由于其超宽带特性，也已用做侦收和测向系统干涉仪的单元天线。干涉仪通过比较各单元天线接收的来波相位来测向，为此需确定各单元的相位中心。LPDA 是通过有效区转移来实现超宽带工作的，因此不可能有一固定的相位中心。但每一有效区可有近似相位中心，为此可定义一可变相位中心。对一副对数周期振子天线（$\tau = 0.9$，$\sigma = 0.16$）的计算结果表明[8]，对于最大方向附近约 ±40° 角度范围，当频率由 10 MHz 升至 16 MHz，E面和 H 面具有相近的可变相位中心，约由离最长振子 6 m 处移至 22 m 处。

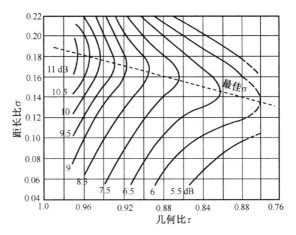

图 5.4-13　LPDA 的 D~τ，σ关系曲线

例 5.4-1 要求工作于 54~216 MHz（覆盖 VHF 电视和 FM 广播频段），即 4:1，增益达 6.5 dB，确定对数周期振子天线的振子长度和间距。

[**解**]　1）由图 5.4-13，对 $G = 6.5$ dB 曲线，其最佳设计的 τ 和 σ 值为

$$\tau = 0.822,\quad \sigma = 0.149$$

由式(5.4-23)得　　$\alpha = 2\arctan\left(\dfrac{1-\tau}{4\sigma}\right) = 2\arctan\left(\dfrac{-0.822}{4 \times 0.149}\right) = 33.3°$

2）最长振子的长度取为最长工作波长之半：

$$2l_1 = \frac{\lambda_1}{2} = \frac{5.55}{2} = 2.78\ \text{m}$$

最短振子的长度为最短工作波长之半：

$$2l_N = \frac{\lambda_h}{2} = \frac{1.388}{2} = 0.694\ \text{m}$$

3）其全振子长度由 $l_{i+1} = \tau l_i$ 依次求出。与上式之 l_N 值比较，可确定元数 N。元距 $d_i = 2\sigma l_i = 0.298 l_i$，$d_{i+1} = \tau d_i$ 也可依次求出，并得出全阵长度 L，如表 5.4-1 所示。也可在阵列两端增加振子，以改善频带高低端性能（因为，有效区由几个振子组成）。

表 5.4-1　9 元对数周期振子天线各元的长度与间距

i	1	2	3	4	5	6	7	8	9
$2l_i$(m)	2.78	2.28	1.88	1.54	1.27	1.04	0.857	0.704	0.579
d_i(m)	0.828	0.680	0.559	0.460	0.378	0.311	0.255	0.210	
L	$L = d_1 + d_2 + \cdots + d_8 = 3.68$ m								

5.4.4　新型超宽带平面天线

20 世纪 70 年代至今出现了许多新型的宽带天线，已有不少文献（如[9]）作了介绍。2002年 2 月 14 日美国联邦通信委员会（FCC）批准将 3.1~10.6 GHz 频段划做特宽带（UWB，Ultra-WideBand）技术的短程通信等应用，更促进了新型超宽带天线的发展。在 UWB 系统（通常也称为超宽带系统）中，要求天线能无失真地将脉冲波形辐射出去。前面学习的几种非频变天线都

是通过辐射有效区的转移来实现超宽带辐射的,其不同频率相位中心的变化将导致发射脉冲的波形失真,因此不能满足 UWB 技术要求。为此已发展了很多 UWB 天线,其带宽为 3.1 ~ 10.6 GHz,即比带宽为 3.42:1。本节侧重介绍比带宽不小于 10:1 的超宽带(SWB,Super-WideBand)平面天线,主要包括三类[10],其中许多形式也应用于 UWB 系统。

5.4.4.1　超宽带平板单极天线

由双锥天线到 SWB 平板单极天线的演变如图 5.4-14 所示。图 5.4-14(c)是 S. Y. Suh 等人设计的倒锥单极天线,其基本原理与单锥天线类似。该天线的阻抗带宽超过 10:1,但其方向图带宽只有 4:1。为展宽其方向图带宽,可在平板上开两个圆孔,能有效地改变天线表面的电流分布,从而展宽天线的方向图带宽。我们课题组设计了一副叶片形平板单极天线,如图 5.4-14(d)所示,在叶片形贴片上开了三个圆孔,该单极天线回程损失(Return Loss)RL ≤ − 10 dB 的频率范围为 1.3 ~ 29.7 GHz,即比带宽约 22:1。

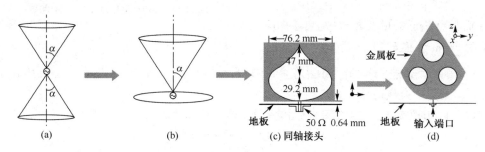

图 5.4-14　双锥天线到平板单极天线的演变

矩形平板单极天线是结构最为简单的宽带平板单极天线,并具有稳定的方向图。但最初其阻抗带宽只有 2:1 左右,为实现超宽带性能,提出了多种方法,如偏置馈电、两点或多点同时馈电等。M. J. Ammann 和 Z. N. Chen 采用短路和切角技术相结合,如图 5.4-15 所示,将矩形平板单极天线的带宽扩展到 10:1(VSWR ≤ 3)。以上这些平板单极天线虽然其本身结构近似为平面形式,但还有一个与之垂直的导体地板。

5.4.4.2　超宽带印刷单极天线

超宽带印刷单极天线一般由贴覆在介质基片同侧或两侧的单极贴片和导体地板构成,通过位于地板中央的微带线或共面波导进行馈电。它不需要与之垂直的导体地板,因而可方便地与电路模件集成。为展宽这种天线的带宽,已研究了心形、U 形、椭圆形等很多形状的单极贴片。J. X. Liang 和 Guo 设计的圆形贴片印刷单极天线如图 5.4-16 所示,利用微带线馈电,该天线的RL ≤ − 10 dB 频率范围从 2.27 GHz 到 12 GHz 以上(超过 5.3:1)。在国家自然科学基金的支持下,作者所在课题组制成了一类梯形地板结构的印刷单极天线,采用渐变的共面波导馈电,实现了超过 10:1 直至 21:1 甚至更大的阻抗带宽[11][12]。

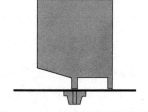

图 5.4-15　短路平板单极天线

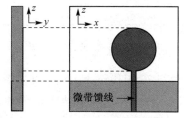

图 5.4-16　微带线馈电的印刷单极天线

梯形地板印刷单极天线的结构类似于盘锥天线的横截面，相当于将盘锥天线平面化，如图 5.4-17 所示。在图 5.4-17（a）与图 5.4-17（b）中，矩形单极贴片相当于盘锥天线的圆盘，梯形的共面地板相当于盘锥天线的圆锥体，而地板中央的共面波导对应于同轴线。下面将较详细地介绍这种天线性能的改进，以了解其获得超宽频带的原理。

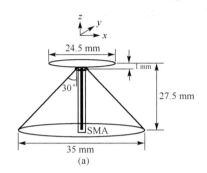
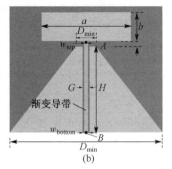
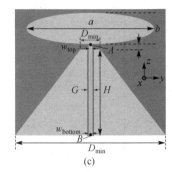

图 5.4-17　盘锥天线到梯形地板单极天线的演变

先介绍一下共面波导（CPW-Coplanar Waveguide）馈线的设计。它位于导体地板的正中，导带宽度为 w，与单极贴片相连接，导带与地板的间隙为 g，两侧地板间的总间距为 $G = 2g + w$。共面波导的特性阻抗可由下式表示[13]：

$$Z_0 = \frac{30}{\sqrt{\varepsilon_{\text{eff}}}} \frac{K(k_0')}{K(k_0)} \tag{5.4-27}$$

$K(k)$ 为勒让德第一类椭圆积分，ε_{eff} 为共面波导介质基片的等效相对介电常数，可表示为

$$\varepsilon_{\text{eff}} = 1 + \left(\frac{\varepsilon_r - 1}{2}\right) \frac{K(k_1) K(k_0')}{K(k_1') K(k_0)} \tag{5.4-28}$$

式中

$$k_0 = \frac{w}{G}, \quad k_0' = \sqrt{1 - k_0^2}, \quad G = 2g + w$$

$$k_1 = \text{sh}\left(\frac{\pi w}{4h}\right) \Big/ \text{sh}\left(\frac{\pi G}{4h}\right), \quad k_1' = \sqrt{1 - k_1^2} \tag{5.4-29}$$

ε_r 和 h 分别是介质基片的相对介电常数和厚度。可见，Z_0 由 ε_r、h、w 及 g 共同决定。

通过对图 5.4-17(b)结构的优化，获得的最佳实测 VSWR≤2 比带宽为 6.3:1。后来将 CPW 馈线改成渐变的，利用上述公式将特性阻抗由单极贴片输入端处 A 点的 100 Ω 渐变至同轴接头处 B 点的 50 Ω 以实现与 50 Ω 同轴馈线的超宽带匹配。采用 $\varepsilon_r = 3.48$，$h = 1.524$ mm 的介质基片，保持两地板之间的总隔 $G = 3$ mm 不变，将导带顶部（A 点）宽度取为 $W_{\text{top}} = 1$ mm（100 Ω），导带底部（B 点）宽度取为 $W_{\text{bottom}} = 2.7$ mm（50 Ω），而将 A 点到 B 点间的导带宽度进行线性渐变。实测的 VSWR≤2 带宽达到 10.7:1，约为原先的 10.7/6.3 = 1.7 倍。

为进一步展宽带宽，尝试改变贴片形状。其仿真计算都是利用基于有限积分法（FIT）的商用软件 CST Microwave Studio 完成的。首先仿真的是矩形地板上的圆形单极贴片，用 50 Ω CPW 馈电，算得 VSWR≤2 带宽为 5.9:1（1.1~6.5 GHz）；改用上述渐变的 CPW 馈电，算得带宽为 7.2:1（0.87~9.56 GHz），约为原先的 7.2/5.9 = 1.2 倍；然后改用梯形地板来取代原矩形地板，算得带宽为 11.0:1（0.87~9.56 GHz），约为矩形地板时的 11.0/7.2 = 1.5 倍。

曾采用圆环单极贴片来代替圆形贴片，其实测带宽为 10.9:1。最后改用椭圆形单极贴片，其短轴固定为 $b = 30$ mm，取长轴为 $a = 60$ mm（$a/b = 2$），120 mm（$a/b = 4$）。实测的带宽分别为 14.0:1 和 21.6:1，后者带宽约为圆形实测带宽的 21.6/11.0≈2 倍。

以上结果已归纳在表 5.4-2 中。不难看出，序号 8 椭圆贴片的设计之所以能获得最宽的实

测阻抗带宽,有3个主要因素:1)采用了梯形地板;2)采用了优化尺寸后的椭圆贴片;3)采用了渐变了CPW。这里1)和2)因素的结合使由A点向天线看去的输入阻抗等效电路为一个渐变的分布参数多谐振电路,具有宽频带特性;而因素3)又进一步经过一个渐变段,从而使频带更宽。

表5.4-2　阻抗带宽的比较

序　号	天 线 结 构	VSWR≤2 频率范围 GHz		VSWR≤2 比带宽	
		计 算 值	实 测 值	计 算 值	实 测 值
1	矩形贴片(50 Ω CPW)	0.64~3.46	0.59~3.72	5.4:1	6.3:1
2	圆形贴片(50 Ω CPW)	1.1~6.5	—	5.9:1	—
3	圆形贴片(矩形地板)	1.3~9.4	—	7.2:1	—
4	矩形贴片	0.83~8.17	0.76~8.15	9.8:1	10.7:1
5	圆形贴片	0.87~9.56	0.79~8.98	11.0:1	11.3:1
6	圆环贴片	0.69~10.0	0.79~9.16	14.5:1	10.9:1
7	椭圆贴片 $a=60$ mm	0.58~9.54	0.64~8.94	16.4:1	14.0:1
8	椭圆贴片 $a=120$ mm	0.4~9.51	0.41~8.86	23.8:1	21.6:1

图5.4-18(a)为该天线的输入阻抗圆图,可见它呈现理想的多谐振特性。图5.4-18(b)为仿真与实测的驻波比曲线,二者较吻合。某些差异主要是由于加工误差和计算中未计入N型同轴接头的影响,该接头会引入随频率变化的电抗,加载到输入阻抗谐振电路上,导致谐振点移动,特别是对高端谐振点影响更大。

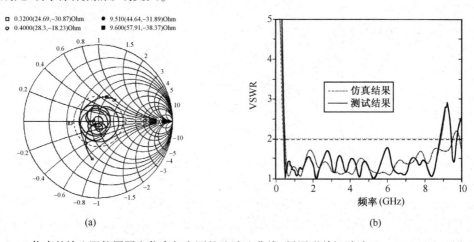

图5.4-18　仿真的输入阻抗圆图和仿真与实测的驻波比曲线(椭圆形单极贴片, $a=120$ mm, $b=30$ mm)

椭圆单极印刷天线在不同频率时的表面电流分布如图5.4-19所示,可以看到强电流主要分布在贴片和地板的边缘上,说明采用梯形地板和椭圆形贴片结构能增加电流长度,降低了天线的工作频率。这使该天线还具有尺寸小的优点。表5.4-2中序号8的天线尺寸仅为 $0.19\lambda_1 \times 0.16\lambda_1$,这里 λ_1 是最低工作频率时的波长。当频率为1 GHz时,天线上电流基本上都沿一个方向,呈现单极天线特性;当频率为3 GHz时,在导体地板上出现反向电流,两边都出现一个零点;当频率为6 GHz时,两边出现了三个零点。这是由于随着频率的升高,天线的电长度增大了。可喜的是,沿正z轴方向的总电流仍占较强地位。在这3个频率上的实测方向图如图5.4-20所示。当频率较低时,天线的方向图呈现良好的单极天线特性,并且有较低的交叉极化电平;而当频率较高时,天线的方向图产生一些变形,交叉极化电平也随之升高。可以看到,在3个频率上的方位面(x-y面)方向图都呈现较好的全向方向图特性。图5.4-20(d)给出该天线在 0.5~8 GHz 范围上的仿真与实测的增益。可见，从 1 GHz 到 7 GHz，该天线的实测增益由 0.4 dB 单调增加到 4 dB，然而随频率的进一步增加，下降到 1.5 dB 左右。

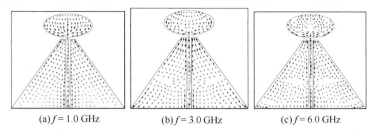

(a) f = 1.0 GHz　　　(b) f = 3.0 GHz　　　(c) f = 6.0 GHz

图 5.4-19　椭圆形单极天线的表面电流分布(仿真)(a = 60 mm, b = 30 mm)

考虑到电流主要分布在贴片边缘，可在椭圆形贴片中央开一圆孔，结果其实测的 VSWR≤2 带宽进一步展宽至 24.1:1(0.44~10.6 GHz)而天线尺寸减至 $0.18\lambda_1 \times 0.13\lambda_1$。又一工作是用图 5.4-17(c)对称结构的一半，但其交叉极化电平将升高。进一步的新成果 VSWR≤2 带宽实测值已展宽到超过 34.7:1 甚至更宽[14]。

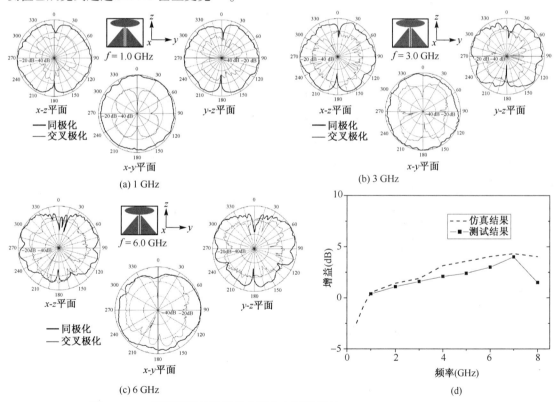

图 5.4-20　椭圆形单极天线的实测方向图及增益(a = 120 mm, b = 30 mm)

5.4.4.3　超宽带印刷缝隙天线

1979 年 P. J. Gibson 提出了一类平面结构的渐变缝隙天线，称为维瓦尔迪(Vivaldi)天线。它是端射式天线，纵向尺寸大，频带宽，且具有中等增益。但其阻抗带宽最初由于微带线与槽线的匹配问题而受到限制。后来 J. D. S. Langlex 和 P. S. Hall 等人引入平衡双面反相指数渐变印刷缝隙天线，如图 5.4-21 所示，其比带宽达到 15:1(1.3~20 GHz)，且其交叉极化电平低于 −17 dB。

近年来宽隙缝天线的宽频带特性也受到广泛研究，主要通过改变缝隙形状和采用不同结构馈

源来展宽其带宽。例如，我们课题组提出带枝节的扇形馈源，使天线的相对带宽达到 114%
(3.65:1)。图 5.4-22 采用椭圆形缝隙天线，用椭圆形贴片作为馈源，将阻抗带宽增大到 175%，覆盖频率范围 1.3 ~ 20 GHz 以上(约 15:1)。

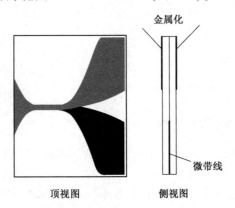

图 5.4-21　双面的渐变印刷缝隙天线

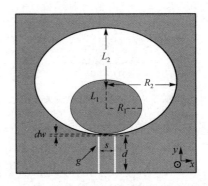

图 5.4-22　CPW 馈电的椭圆形印刷缝隙天线

5.4.4.4　具有带阻功能的超宽带平面天线

现有局域网通信 IEEE802.11a 的频率范围为 5.15 ~ 5.825 GHz。为避免与它的相互干扰，UWB 通信天线已提出在该 5 GHz 频带上产生阻断的设计，主要手段是开谐振缝隙和附加谐振振子等。本课题提出一个对 SWB 天线实现带阻功能的设计，如图 5.4-23(a)所示，这里引入一段 U 形谐振缝隙，其周长近于所需阻带频率上缝隙波长之 1/2，从而在 5 GHz 频带上实现了带阻功能，如图 5.4-23(b)所示[15]。其实测的 VSWR≤2 的频率范围为 0.595 ~ 8.95 GHz(19.7:1)，而在其中的 5.07 ~ 5.85 GHz 上具有带阻功能。

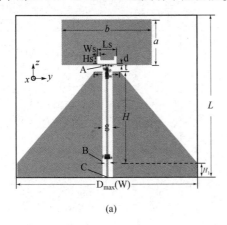

(a)

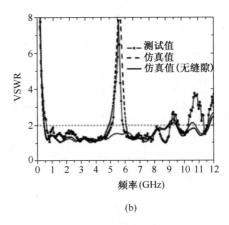

(b)

图 5.4-23　具有带阻功能的超宽带印刷单极天线及其驻波比特性

*5.5　三种超宽带天线阵

长期以来人们一直盼望相控阵天线能超宽带工作。20 世纪末以来，三个美国的研究小组已分别利用不同的方法独立地实现了具有超宽带特性的天线阵设计[12°]。与传统的阵列设计不同，他们都采用紧耦合的阵元。其阵元间距不大于最高频率的波长 λ_h 之半(0.5λ_h)，这样对于 10:1 带宽，该阵元间距不会大于最低频率波长 λ_1 之 0.05(0.05λ_1)。因而在整个频带上的相应扫描范围内，都不会出现栅瓣和表面波瓣。他们的研究都是基于有效的数值方法(有限时域差分法、矩量法和有限元法等)进行广泛的分析来寻求宽带设计。分别简介如下。

5.5.1　电流片天线阵

哈里斯公司(Harris Corporation)研制的天线阵由位于地板上方的短振子组成,这些振子的两端都用电容相互耦合。此振子层嵌入于多层介质中,以改进扫描时的阻抗匹配。这个方法在一定意义上类似于惠勒(H. A. Wheeler)的电流片概念,因而称之为电流片天线阵(Current Sheet Array, CSA)。

这种天线阵的设计思想最初由俄亥俄州立大学芒克(Ben Munk)博士基于其对宽带周期结构的研究经验而提出。他有意引入阵元间耦合,通过合理调节阵元间耦合程度,使整个阵面表现出类似频率选择表面(Frequency Selective Surface, FSS)的特性,进而实现了宽带特性。

参看图 5.5-1,图 5.5-1(a)为用同轴线和 0°/180°接头馈电的 CSA 阵元,0°/180°接头起巴仑的作用,以保证平衡馈电;图 5.5-1(b)为电流片阵的电路模型;图 5.5-1(c)为其介质层配置举例,这里在阵列两侧为薄介质层,而其上为两层介质层以进一步展宽匹配带宽。图中振子尺寸按频带高端的半波长设计,当工作于高频时,阵元间隔离度较好(可达 20 dB),振子就如传统天线阵单元一样地谐振工作;而当频率降低时,振子终端的电容性耦合的隔离度变差,使得相连的振子也受到激励,表现得如同一根较长的振子,因而能对低频谐振,这样就可在大带宽上实现阻抗匹配。

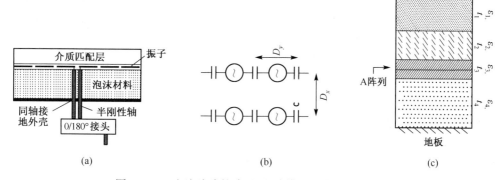

图 5.5-1　电流片阵的阵元、电路模型和介质层配置

电流片阵设计的主要特点是:1)阵元的方形晶格(lattice,或 unit cell)的边长在频带高端近于半波长,即 $0.5\lambda_h$。这样小的阵元间距避免了栅瓣的出现而提供了大的潜在扫描空间。2)阵元与地板的距离选择得避免在频带高端近于其半波长而导致其边射方向成为辐射零点。该距离的典型值约为低端频率的 $\lambda_1/10$ 量级,精确尺寸由低端频率时可允许的最大失配等因素来选定。3)利用宽带匹配技术来选定介质层配置和阵元间的互耦。所用的宽带阻抗匹配技术的理论基础见参考文献[16],其简介参看参考文献[12°]。4)该设计不是依次固定某一参数进行优化的;它有意利用互耦作为一个基本的设计参数,着眼于整个阵列的特性而不是孤立的单元。仿真与试验结果已表明,这样设计的一个 2 × 2 = 4 元 CSA 阵,总尺寸为 30.48 cm × 30.48 cm × 15.24 cm,能很好地工作于约 200 MHz 至 1 GHz 频带上。所用的仿真软件有 Ansoft HFSS, Zeland IE3D, Microstrips 和 CST Microwave Studio 等。

他们利用两副极化正交的天线阵来获得双极化工作,并具有很好的交叉极化隔离,而且阵列相位中心不随频率而变。图 5.5-2 是电尺寸较小的一副 VHF/UHF 频段 CSA 阵[12°],尺寸为 45.72 cm × 91.44 cm × 25.40 cm,由 3 × 6 = 18 个双极化辐射元组成,平行于 91.44 cm 边的单元是水平极化(H-pol)阵元,而与 45.72 cm 边平行的是垂直极化(V-pol)阵元。其垂直侧壁上有电阻端接的单元,这些单元都不形成辐射口径,因为腔体壁上有铁氧体吸收片与天线的地板相连。

该天线的水平极化阵在边射方向的实测增益与平面口径的理论最大增益($4\pi A/\lambda^2$, A 为口径面积)之比较如图 5.5-3 所示。可见在 100 MHz 至 1 GHz 频带上天线效率为 30% 至 50%。水平极化阵实测的 H 面和

E 面方向图如图 5.5-4(a)和图 5.5-4(b)所示,可见在频带上特性均好。图 5.5-5 为水平极化阵和垂直极化阵实测的输入端驻波比,在 100 MHz 至 1 GHz(10:1)上均小于 3。

图 5.5-2   VHF/UHF 频段 3×6 元 CSA 天线

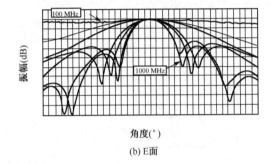

图 5.5-3   水平极化阵的实测与理论最大增益

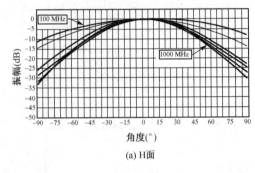

图 5.5-4   实测水平极化阵方向图(各曲线频率增量为 100 MHz)

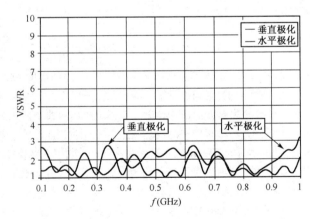

图 5.5-5   实测的垂直极化阵和水平极化阵输入驻波比

5.5.2   维瓦尔迪天线阵

    马萨诸塞大学的肖伯特(Danial Schaubert)博士对维瓦尔迪天线(Vivaldi Antenna,维氏天线)组成的宽带天线阵进行了大量研究。这种维氏天线阵的 VSWR≤2 带宽可达 10:1 或更大,对大到 50°~60°的扫描角,都有近于理想的单元方向图(~cos θ)。"维瓦尔迪天线"是指端射的渐变缝隙天线(Tapered Slot Antenna,TSA),通常是几个波长长而缝隙张开到一个波长或更大的宽度。它不含谐振结构,因而加工误差对天线的工作频率和辐射特性影响不大。

维氏天线阵一般用印刷电路技术制成,利用带线或微带线对阵元馈电。作为阵元的一部分,每个维氏天线都包含一个巴仑过渡段,以保证对其槽线的平衡馈电。图 5.5-6(c)所示为最常用的巴仑结构之一。图 5.5-6(a)~(c)给出了维氏天线单元和阵列的重要参数。这些参数的一些选择原则如下[12°]:

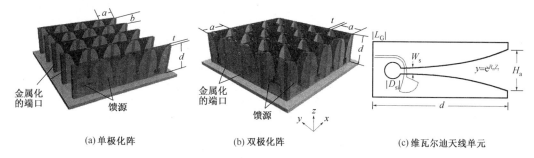

(a) 单极化阵　　　　　　　　　(b) 双极化阵　　　　　　　　(c) 维瓦尔迪天线单元

图 5.5-6　维瓦尔迪天线阵的参数

元距 a 和 b 约为 $0.45\lambda_h$,λ_h 为最短工作波长。为获得宽角扫描而无栅瓣,元距不能超过 $0.5\lambda_h$,而且阵元间距越小可提高扫描性能;但这时馈电网络复杂性和 T/R 模件数增大。

阵元较长,通常可使低频特性好且带宽较大。

基片厚度约为单元宽度的 1/10,此时性能较好。

阵元的指数张开率 R_a 和圆腔直径 D_{si} 对天线性能影响大。

图 5.5-7 是一双极化维氏天线阵中心阵元的实测与仿真的驻波比曲线[17]。该阵有 $8\times8\times2=128$ 个阵元,阵元总深度为 $0.23\lambda_1$,λ_1 是最长工作波长。对图 5.5-8(a)所示的 16×15 元单极化维氏天线阵,中心阵元实测的边射方向阵元增益如图 5.5-8(b)所示。该阵在最低频率 12 GHz 时的元距为 $0.5\lambda_1$,16 元总长 $L=20$ cm。此时阵元口径(晶格)面积 $A=0.25\lambda_1^2$,其理论理想增益为 $G_i=10\lg(4\pi A/\lambda_1^2)=10\lg\pi=4.97$ dB,此即图中实线值。可见维氏天线阵在整个宽带上晶格的理论最大增益按 $4\pi A/\lambda^2$ 变化。

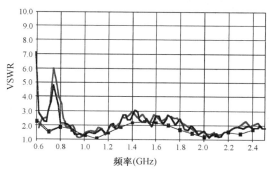

图 5.5-7　$8\times8\times2$ 元双极化维瓦尔迪天线阵的实测与仿真的驻波比曲线

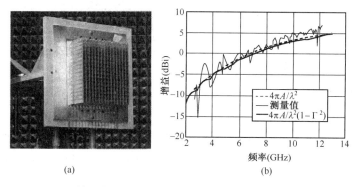

(a)　　　　　　　　　　　　(b)

图 5.5-8　16×15 元单极化维瓦尔迪天线阵照片与其中心阵元的实测增益曲线

5.5.3　散片天线阵

美国乔治亚技术研究院(Georgia Tech Research Institute, GTRI)也在20世纪90年代中期开始研究超宽带平面天线阵。他们把口径当成一张空白画布，利用优化程序来综合阵元，其数值优化的结果形成一种天线[18]，在其晶格上分布着复杂的导体区域，因而称为散片口径(Fragmented Aperture)。该设计的一个要点是，各阵元都通过其边界相连。同时，散片口径位于多层电阻片和介质层上，用它们来形成一个宽带的背板。天线总厚度由最低工作频率决定。对空气或泡沫充填的腔体，天线厚度约为最低频率时$\lambda_l/12$。利用宽带背板设计的第一个10:1阵列如图5.5-9所示，右图为其实测归一化增益曲线。上面曲线表示电阻损耗的效应，下面曲线是电阻损耗和失配损耗的结合。可见在1~10 GHz工作频带上天线效率大于50%(插入损耗≤-3 dB)。

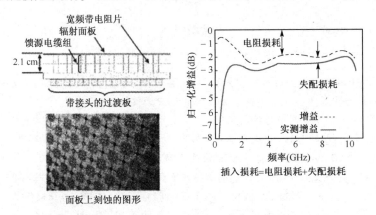

图5.5-9　工作于1~10 GHz的散片天线阵

工作带宽超过10:1的散片天线阵的阵元利用多层辐射器与宽带背板相结合来实现。这里辐射层可以是有源激励的，也可以是寄生的，类似于八木-宇田天线的引向器。GTRI与NGES(Northrop Grumman Electronics Systems, 诺思罗普·格鲁曼电子学系统)合作，加工并测试了带宽达33:1的散片天线阵，证实了上述设计思想。一个设计的仿真性能如图5.5-10所示。其左图表明，在整个0.3~10 GHz频带上插入损耗不大于-3 dB，即天线效率大于50%；由右图可见，VSWR≤2.5带宽大于设计带宽(0.3~10 GHz)。

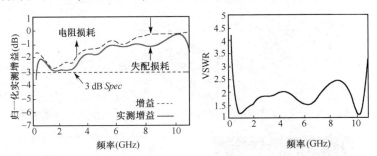

图5.5-10　0.3~10 GHz散片天线阵的仿真性能

对一个23×23元双线极化实验阵，其阵元横截面图及其用来测试阵元增益时的照片如图5.5-11所示。该阵元的辐射层有三个面片(Face Sheet)，其导体区域图形如图5.5-11下图所示。其面片1位于最里面，是有源的，外面的两个(面片2和3)都是寄生的。注意，这些面片不是分形天线，它们的图形不是按比例重复几何关系来得出的，而是由优化程序求得的。图5.5-12所示为嵌入的阵元实际增益(Embedded Element Realized Gain, EERG)的测试结果。测试时只有被测的中心阵元馈电，周围的其他阵元都用188 Ω匹配电阻端接。图中Area Gain指阵元口径理想增益。这里的设计都是用时域差分法完成的，然后通过傅里叶变换得出频域特性。

综观三个研究小组独立完成的超宽带相控阵天线的研究，有几个共同的基本规律：

1. 利用阵元间的互耦，并作合适的互耦建模及采用有效的计算工具；
2. 阵元间距不大于最高频率的 $0.5\lambda_h$；
3. 对于平面阵，口径层至地板的距离由最低工作频率决定，约为最低频率时 $0.1\lambda_1$ 量级或更小；
4. 阵元口径的最大理论增益是 $4\pi A/\lambda^2$（A 是阵元口径面积）。

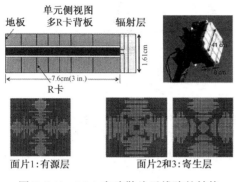

图 5.5-11　33:1 实验散片天线阵的结构

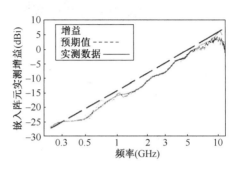

图 5.5-12　33:1 实验阵实测的边射方向增益

*5.6　分　形　天　线

5.6.1　分形天线概述

　　"Fractal（分形）"这一概念是法国数学家曼德尔布罗特（Benoit B. Mandelbrot）在 1975 年首次提出的[19]。他从拉丁文"Fractus（破碎）"编造了这个词来描述这样一类复杂的形状，它们在几何结构上都具有某种固有的自相似性（self-similarity）或自同族性（self-affinity）。所谓自相似性，是指小范围的几何形态以减小了的尺度复制了整体的几何形态，简单地说就是，局部的形态与整体形态相似。而自同族性是指小范围的几何形态与整体并不完全相似，而是有所歪曲或失真，可取不同的尺度因子（Differing Scale Factors）。分形结构具有两大主要特性：自相似特性和空间填充性（space-filling property）。

　　分形几何学源自对自然界图形的深度考察，包括树木、树叶、海岸线、山脉、云彩和雪花，等等。随后出现了分形电动力学（fractal electrodynamics），它将分形几何学与电磁理论相结合来研究新的一类辐射、传播和散射问题。其中一个重要方面就是分形天线工程，包括分形天线阵和分形天线单元的研究[1°][2°][20~23]。实际上，绪论曾提到的等角螺线天线和对数周期天线也是分形天线。

　　贾加德（D. L. Jaggard）等人在 1986 年最先提出用随机分形来形成低旁瓣天线阵。但是，直到 1995 年，科恩（Nathan Cohen）首先报道了分形几何学对线天线单元设计的应用。他介绍了对传统的振子或环形天线作分形几何处理的方法，即以分形方式弯曲导线，使总弧长不变，而由于每次迭代都引入新的弯曲，从而使天线大小相应减小了。这就反映了分形结构的空间填充性。这样也就导致了天线的小型化。随之，从 20 世纪 90 年代中期开始，国际上很多院校和科研机构都开展了对分形天线的研究。现在它已在无线通信系统的多种移动终端中和射频识别（RFID）系统等设备中获得了应用。

　　分形天线除在小型化方面具有独特优势外，还有以下优点：由于"自相似性"，它具有多频段和宽频带特性；具有"自加载"的性质，可简化电路设计，降低造价。目前对分形天线的分析与设计，最常用的方法是基于产生分形结构的迭代处理，用数值软件进行仿真。

5.6.2　几种典型的分形天线

5.6.2.1　西尔平斯基垫片（Sierpinski Gasket）天线

　　如图 5.6-1 所示，原结构（0 阶）为一等边三角形。它可分成边长为其 1/2 的 4 个小（等边）三角形，其中间的一个是倒置的。将这个中间小三角形挖去，便得到 1 阶分形结构。然后再将剩下的每个小三角形都这样处理，便形成 2 阶分形结构；依次继续，可依次得到 3，4，5……阶分形结构。这些分形结构称为西尔平斯基垫片,可用做单极天线和对称振子的一臂(形成蝶形天线)。例如,每臂用图5.6-1中3阶西氏垫片形成的蝶形天线,其尺寸只是相同频率方形贴片的33%,不过其带宽也由1.12%减至0.4%[12°]。

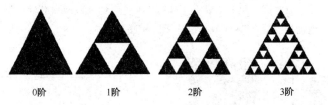

图5.6-1　西氏垫片天线分形结构的形成

5.6.2.2　希尔伯特(Hilbert)分形天线

希尔伯特分形结构的形成如图5.6-2(a)所示。0阶希氏结构是一个正方形轮廓的Ⅱ形结构;在它的每条边上都用与0阶结构相似的Ⅱ形来填充,便形成1阶结构,如此迭代。这里我们清楚地看到了分形结构的空间填充性。欧几里德几何的基本元素是点、线、面、体;而分形几何填补了其中(例如点、线之间)的间隙,这里我们已看到,分形中的一条线能接近于一个面。

图5.6-2(b)是基于2阶希氏分形结构的对称振子型天线,已用做RFID系统的电子标签天线。其尺寸为50 mm×24 mm,线宽1 mm,$a/b=4/11$。天线有两个谐振点:0.93 GHz,1.87 GHz。在第一个谐振频率上阻抗匹配带宽和方向图都好,而天线的长度比一般对称振子缩短了。

图5.6-2　希尔伯特分形天线

5.6.2.3　科克(Koch)分形天线

图5.6-3(a)上部所示为科克分形振子的形成,其0阶结构为普通的直线振子。1阶结构是将振子每臂的直线段改用4段等长的线段组成,其中间的两段构成等边三角形的两条边。为形成2阶结构,再将1阶结构中每条直线段同样处理;依次递推。图5.6-3(a)中部是分形树的形成,这里将每段直线顶部的1/3分成两枝(如等边三角形的两边),以此迭代。而图5.6-3(a)下部的三维分形树在迭代时,则是将每段直线顶部的1/3分成4枝,相互间夹角为60°。图5.6-3(b)绘出对上述三种分形振子计算的谐振频率曲线。可见三维分形树振子的谐振频率大大降低了。特别是,矩量法计算已表明,其Q值也大为降低,因而阻抗频带展宽[24]。

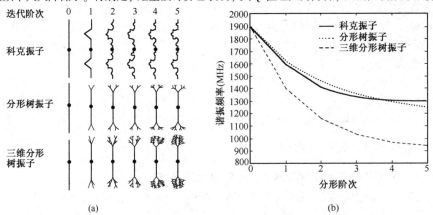

图5.6-3　科克分形树振子及其谐振频率

5.6.2.4　明科斯基（Minkowski）分形天线阵

将分形几何应用于天线阵设计时，主要有两种方式：用分形天线做阵元；将阵列元距与电流分布按分形方式来设置。图 5.6-4(a)所示为明科斯基分形环的形成；图 5.6-4(b)上部表示用其 3 阶分形环做阵元的 5 元阵，其下方是用普通方形环形成的 5 元阵。二者元距都是 $d = 0.3\lambda$，相邻阵元相位相差 1.632 弧度，从而将其主瓣扫描至 $\theta = 135°$ 方向。用矩量法计算的直角坐标方向图如图 5.6-4(c)所示，其中 Ideal 指不计阵元互耦的理想的阵因子方向图，Square 是普通方环阵的方向图，而 Fractal 是分形阵的结果。可以看出，阵元互耦使普通方环阵方向图明显恶化，波瓣零点消失，旁瓣和背瓣电平升高；采用分形阵后互耦减小，性能变好，特别是 $\theta = 45°$ 方向的背瓣下降了 20 dB。

由上可见，分形天线是实现天线小型化的一条有效途径，并能用来改善天线的带宽或互耦、旁瓣电平及增益等特性。

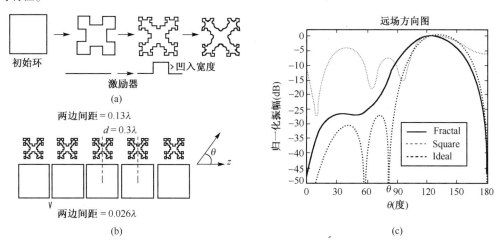

图 5.6-4　明科斯基分形环的形成与两种 5 元阵及其方向图

习　　题

5.1-1　设行波长导线天线上沿线电流为

$$I(z) = I_0 e^{-\alpha z} e^{-j\beta z}$$

式中 α 为衰减常数，β 为相位常数，且 $\beta/k = n_1$。导线长为 l。

1）导出其方向图函数

$$F(\theta) = \sin\theta \, \frac{\mathrm{sh}\left[\dfrac{\alpha l}{2} + j\dfrac{kl}{2}\left(\dfrac{1}{n_1} - \cos\theta\right)\right]}{\dfrac{\alpha l}{2} + j\dfrac{kl}{2}\left(\dfrac{1}{n_1} - \cos\theta\right)} \tag{5.1-4b}$$

2）证明当 $\alpha = 0$，$n_1 = 1$ 时，上式可简化为式(5.1-4)。

5.1-2　要求行波长导线天线第一个最大方向偏离导线方向10°。

1）求所需天线长度 l；

2）求其余 6 个最大点角度。

5.1-3　行波长导线天线长 $l = 3\lambda$。

1）写出其归一化方向函数；

2）编程画出其含轴平面方向图。

5.1-4　利用式(5.1-12)导出行波长导线的辐射电阻式(5.1-11)；并计算 $l = 2\lambda$，5λ 时的辐射电阻，对这些 l 值 $\mathrm{Ci}(2kl)$ 近似为零。

5.1-5　计算长为 $l = 2\lambda$ 和 5λ 的行波长导线天线的方向系数。

5.1-6　长导线直径为 $2a$,架高 H(在空气中),$H \gg 2a$。

　　1)利用镜像原理求其特性阻抗 Z_c;

　　2)将此值与式(5.1-14)结果比较。

5.2-1　菱形天线半锐角 $\alpha_0 = 25°$,$l = 3\lambda$,架高 $H = 0.75\lambda$。

　　1)写出其铅垂平面($\varphi = 0$)方向函数;

　　2)编程画出其方向图;

　　3)求出其最大方向 Δ_{M1};

　　4)求其零功率宽度 $2\theta_0$。

5.2-2　要求菱形天线工作于 $2000 \sim 3000$ km 通信线路,中心工作波长 $\lambda_0 = 38.5$ m,请参考表 5.2-1 选
　　　定其半锐角 α_0,边长 l 及架高 H。一般它可工作于 $\lambda = (0.7 \sim 1.5)\lambda_0$ 波段,则其工作频率范围
　　　如何? 求中心频率时铅垂平面零功率宽度 $2\theta_0$。

5.3-1　对高度 $L/\lambda = 0.01$,0.05 和 0.1,分别计算短截螺旋天线和短单极天线的辐射电阻。

Δ5.3-2　一短截螺旋天线用做手机外置天线,螺距角 $\alpha = 14°$,螺距 $S = 0.01\lambda$,螺旋周长 $C = 0.04\lambda$,共
　　　$N = 6$ 圈。设计频率为 900 MHz,求其高度 L、直径 d 及导线长度 Nl 和辐射电阻。

5.3-3　一轴向模螺旋天线工作于 $300 \sim 500$ MHz 频带,长 118 cm,螺旋直径为 23.2 cm,用直径
　　　0.95 cm 的铝管绕制,共 $N = 6$ 圈;接地板直径为 89 cm。

　　1)求其螺距角 α;

　　2)计算在工作频带边缘的增益(dB)。

5.3-4　要求设计 500 MHz 频率上的 5 圈螺旋天线,在主瓣内具有圆极化。

　　1)求近于最佳的周长 C(以 λ 计和以 m 计);取螺距角 $\alpha = 14°$,确定螺距 S;

　　2)求输入阻抗;

　　3)求半功率宽度,零功率宽度,方向系数(数值及 dB 值),及轴比;

　　4)天线与 50 Ω 和 75 Ω 同轴线相连时的电压驻波比。

5.3-5　设计一轴向模螺旋天线,要求增益 $G = 14.5$ dB,工作频率 $f = 1$ GHz,取螺距角 $\alpha = 13°$。

Δ5.3-6　要求螺旋天线辐射右旋圆极化波,半功率宽度 HP $= 39°$,工作频率 $f = 475$ MHz,在此频率时螺
　　　旋周长为一个波长;取螺距角为 $\alpha = 12.5°$。

　　1)求圈数 N;

　　2)求以 dB 表示的方向系数;

　　3)求轴向的轴比;

　　4)求能保持方向性和轴比特性的频率范围;

　　5)求在设计频率和频带边缘的输入阻抗及半功率宽度。

5.4-1　设计双臂等角螺线天线,设计频率 $f = 100$ MHz,馈电端间距 $2r_0 = 10^{-3}\lambda$,二螺线初始角分别为
　　　$\varphi_0 = 0$ 和 $\varphi_0 = \pi$,各螺线全长为 1λ,各螺线均为一圈。

　　1)证各螺线的螺旋率为 $a = 1.166$ rad^{-1};

　　2)求各螺线的最大半径(以 λ 计和以 m 计);

　　3)估计天线工作频率范围;

　　4)画出一条螺线形状,其长度以 10 cm 计。

5.4-2　设计一对数周期振子天线,要求方向系数 $D = 7.5$ dB,确定各振子长度和间距及全阵总长 L。

　　1)覆盖甚高频电视频道 $7 \sim 12$($175 \sim 223$ MHz),最长和最短振子直径分别为 0.6 cm 和 0.476 cm;

　　2)覆盖特高频电视频道 $18 \sim 50$ 频道($510 \sim 814$ MHz),最长和最短振子直径分别为 0.2 cm 和
　　　0.128 cm。

5.4-3　设计一个工作于 $470 \sim 890$ MHz 的优化 LPDA,要求增益达 9 dB,在按"半波长"原则设计的两端
　　　再各增加一个振子。

第6章 缝隙天线和微带天线

微带天线和缝隙天线分别通过导体面上和二导体面之间的缝隙向外辐射。其辐射可看成是由缝隙上的等效场源——磁流元(或惠更斯元)形成的,而前面讨论的线天线的辐射则是直接由导体面上的电流元产生的。因此本书把这两种天线归于同一类——缝天线。本章将依次研究它们的主要形式、基本分析方法与特性。这里介绍的只是它们的平面形式,在有些应用中它们也被制作在导体曲面上,与载体(如导弹、卫星)表面共形(称为共形天线)。

6.1 平面缝隙天线

6.1.1 无限大导体平面上的缝隙天线

在导体面上切一开口,即缝隙(也称为槽),馈电后形成辐射,称为缝隙天线(Slot Antenna),也称为开槽天线。从原理上说,缝隙天线所产生的外场由导体面上所感应的电流分布来确定。而此电流分布又是由缝隙开口上的激励源和导体面的尺寸及形状所决定的,它的求解是计算电磁场边值问题的解,此解也给出了缝隙开口上精确的场分布。一旦缝隙上的电场已知,则窄缝隙的辐射便可由缝隙上的磁流分布得出(对于宽缝隙,可由缝隙口径上的惠更斯元分布来得出)。前面1.5.2节中已介绍了无限大、无限薄的理想导体平板上的短缝隙天线,那里就已根据其上的磁流分布,由其互补短电振子的外场,方便地求得它的外场。

现在来研究无限大导体平板上开窄长缝的情形,几何关系如图6.1-1(a)所示,缝长为 $L = 2l$,宽为 $w \ll L$。在缝隙中点加射频电压,则在缝隙中形成沿缝长方向呈驻波分布的电场,可表示为

$$\bar{E}_a = -\hat{y}\frac{U_M}{w}\sin k(l - |z|) \tag{6.1-1}$$

式中 U_M 为波腹电压。根据等效原理(见图1.5-3),对 $x > 0$ 区域,等效场源为缝隙开口上的 z 向磁流,其面密度为

$$\bar{J}_s^m = -2\hat{x} \times yE_a = \hat{z}\frac{2U_M}{w}\sin k(l - |z|) \tag{6.1-2}$$

由于缝隙很窄,该磁流沿 y 向均匀分布,因而缝隙上的 z 向磁流强度为

$$I^m = 2U_M\sin k(l - |z|) = I_M^m \sin k(l - |z|) \tag{6.1-3}$$

同理,对 $x < 0$ 区域,等效磁流面密度为

$$\bar{J}_s^m = 2\hat{x} \times \hat{y}E_a = -\hat{z}\frac{2U_M}{w}\sin k(l - |z|) \tag{6.1-2a}$$

这里缝隙上的磁流强度表示式仍为式(6.1-3),只是它指向 $-z$ 方向。

利用对偶原理,式(6.1-3)所示磁流的辐射场可由与其分布形式相同的对偶电流的辐射场得出。该对偶电流就是与缝隙互补的对称振子上的电流:

$$I = I_M\sin k(l - |z|) \tag{2.1-1}$$

其远区电场为式(2.1-6),而远区磁场为式(2.1-7),即

$$H_\varphi = \frac{E_\theta}{\eta_0} = j\frac{I_M}{2\pi r}\frac{\cos(kl\cos\theta) - \cos kl}{\sin\theta}e^{-jkr} \tag{2.1-7}$$

利用对偶原理,由 $H_\varphi \to -E_\varphi, I_M \to I_M^m, k \to k$,得缝隙的远区电场为

$$E_\varphi = -j \frac{I_M^m}{2\pi r} \frac{\cos(kl\cos\theta) - \cos kl}{\sin\theta} e^{-jkr} = -j \frac{U_M}{\pi r} \frac{\cos(kl\cos\theta) - \cos kl}{\sin\theta} e^{-jkr} \qquad (6.1\text{-}4)$$

同理,对 $x < 0$ 区域,缝隙的远区电场也是 E_φ,只是它是上式的负值。

由上可见缝隙天线的方向图与其对偶振子的方向图形式相同,只是场的极化方向作了互换:振子电场沿 θ 方向(磁场沿 φ 方向取向),而缝隙产生的电场沿 φ 方向(磁场沿 θ 方向),如图 6.1-1(b)所示。自然,由于方向图相同,缝隙与其互补振子的方向系数也必相同。

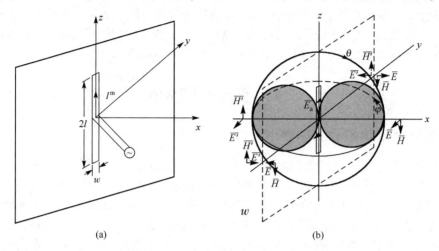

(a)   (b)

图 6.1-1　缝隙天线几何关系与方向图

由布克关系式(1.5-17)可知,缝隙天线的输入阻抗为

$$Z_{in}^s = \frac{(60\pi)^2}{Z_{in}^d} \qquad (6.1\text{-}5)$$

对半波缝隙,$L = 2l = \lambda/2$,互补振子 $Z_{in}^d = R_{in}^d = 73.1 \ \Omega$,得半波缝隙输入阻抗为

$$Z_{in}^s = R_{in}^s = \frac{(60\pi)^2}{73.1} = 486 \ \Omega \qquad (6.1\text{-}6)$$

此时半波缝隙的输入电抗等于零,为谐振缝隙,其实际长度略小于 $\lambda/2$。

图 6.1-2 为大尺寸导体平板上半波缝隙的输入阻抗实测曲线。右上角还插画了半波振子的输入导纳曲线,可见二者很相似。半波缝隙的谐振长度也略小于半个自由空间波长,而且缝隙愈宽,偏离愈大。

6.1.2　有限尺寸导体平面上的缝隙天线

实际缝隙天线都开在有限尺寸的导体面上,这时必须考虑边缘绕射的影响。如图6.1-3(a)所示,半波缝隙开在边长 $A = B = 61$ cm 的导体板中央($d_1 = d_2$)。缝隙的最大辐射方向在 x-y 平面上,其 y 向辐射为零,因而不必考虑 Q_3 和 Q_4 点的效应,只需计入 Q_1 和 Q_2 点所产生的绕射场。于是此问题可简化为图 6.1-3(b)所示的二维问题。根据几何绕射理论(见第 9 章),对于远区某处观察点 $P(r, \theta, \varphi = 0)$,总场是直射线和由缝隙传至边缘 Q_1 和 Q_2 点处发出的绕射线的场之和(忽略经过一条边缘绕射后再经过第二条边缘的二次绕射场及更高阶的绕射场)。这样计算的结果如图 6.1-3(c)所示,这种算法已为实验所验证。

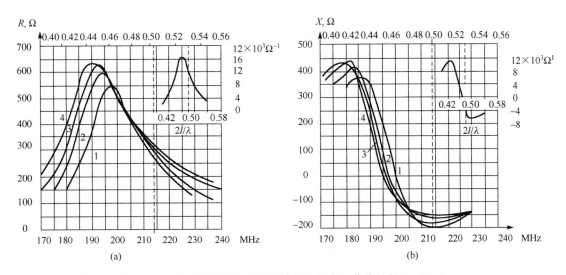

图 6.1-2　大尺寸平板上缝隙的输入阻抗实测曲线缝长 $L = 70$ cm，
缝宽 w 分别为 1）2 cm，2）4 cm，3）6 cm，4）8 cm

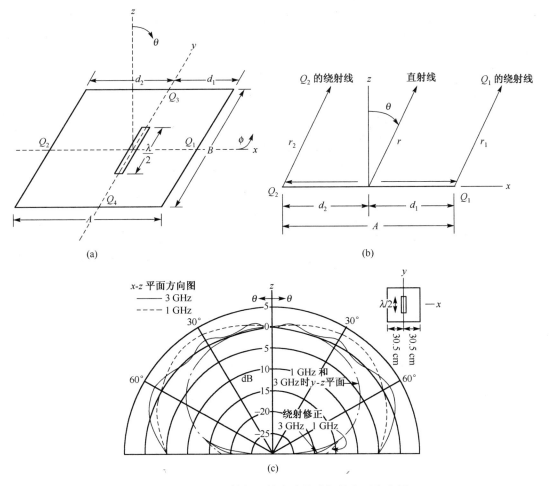

图 6.1-3　矩形导体板上的半波缝隙与其主面方向图

图 6.1-3(c)中 x-y 平面方向图不再是全向(圆形)方向图,出现明显的波纹起伏。它是由于直射场与绕射场相互干涉形成的,二者近于同相的方向合成场强增大,而近于反相的方向则场强减小。并可看到,频率愈高,则波纹也愈多,因为,直射场与绕射场之间因波程差引起的相位差随方向的变化更快了。图中也给出了 y-z 平面的方向图,可见仍为 8 字形波瓣,但由于绕射效应,沿 x-y 平面切向的远区场不再为零。

*6.1.3　高增益宽频带印刷缝隙天线

6.1.3.1　单向辐射的印刷宽缝天线

上述缝隙天线都是双向辐射的,因而增益低,为提高增益,可采用单向辐射。为此,可在缝隙一侧加反射板或反射腔。同时,半波缝隙类窄缝天线都是谐振式天线,频带窄。为展宽频带,可采用宽缝天线,并可通过改变缝隙形状和馈电结构进一步展宽带宽。一种设计介绍如下[1]。

如图 6.1-4 所示,此高增益宽频带印刷缝隙天线由印制在介质基片一侧导体地板上的矩形缝隙、圆形贴片及另一侧的微带馈源和背后的导体反射板构成。用宽缝作为主要辐射源,缝隙长度 l_s 约为 $0.6\lambda_1$,λ_1 是最低工作频率波长,而宽 w_s 约为 l_s 的 2/3。由微带馈线的扇形终端与水平枝节相连接组成宽频带微带馈源。水平枝节长度 l_d 为中心频率 λ_0 的 1/2,即 $l_d = \lambda_0/2 = (\lambda_1 + \lambda_h)/4$,$\lambda_h$ 是最高工作频率的波长;扇形半径 r 约为 $0.4\lambda_h$。介质基片相对介电常数为 $\varepsilon_r = 3.5$,厚 $h = 1.5$ mm。微带馈线宽 $w_f = 3.4$ mm,其特性阻抗为 50 Ω,以便与 50 Ω 同轴接头相连。在介质基片背后相距 $\lambda_0/4$ 处有一导体反射板。此反射板的引入改变了天线的阻抗匹配特性,为改进此特性,又在缝隙面上加上一个圆形贴片,其半径约为 $0.07\lambda_1$。该天线用 Ansoft HF-SS 软件仿真的驻波比与实测的驻波比特性如图 6.1-5 所示。可见它显示了多调谐电路的特点,实测 VSWR≤2 的频率范围为 1.97 ~ 6.05 GHz(3.07:1),相对带宽达 102%。

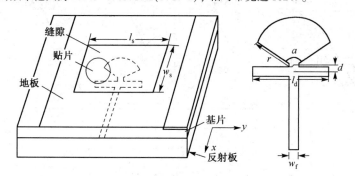

它在频带上具有稳定的方向图。值得说明,该设计的介质基片在 ±y 向各延长了 $l \approx 0.25\lambda_1$(见图 6.1-4)以加强在 y-z 平面低仰角方向的辐射。仿真结果表明,例如在 30°仰角方向的辐射,平均约提高 1.2 dB。实测的天线增益示于图 6.1-6,在 2 ~ 6 GHz 带宽上,天线增益为 5.5 ~ 7.8 dB,而且在频带低端和高端,都约 7 dB 或更大,而在中心频率附近增益反而有所降低,这主要是因为中心频率附近的

图 6.1-4　高增益宽频带印刷缝隙天线结构

波瓣较宽之故。图中也给出了没有反射板时的天线增益,可见,加反射板使天线增益平均提高 2.5 dB。

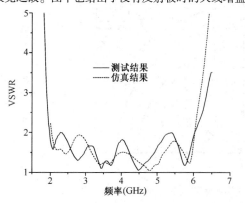

图 6.1-5　仿真与实测的驻波特性

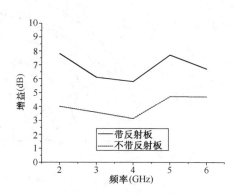

图 6.1-6　实测的天线增益

6.1.3.2　渐变式印刷缝隙天线

渐变式印刷缝隙天线最常见的形式是维瓦尔迪(Vivaldi)天线,它由槽线按指数式张开而成;也可采用直线式张开,称为直线渐变式缝隙天线(Linearly Tapered Slot Antenna, LTSA);第三种则在口径部分采用固定宽度,称为固定宽度缝隙天线(Constant Width Slot Antenna, CWSA),分别如图 6.1-7(a)至图 6.1-7(c)所示。渐变式印刷缝隙天线(Tapered Printed Slot Antenna)也称为渐变式微带缝隙天线,其主要特点是[2]:形成具有中等增益(10~17 dB)的端射波束;也能获得近于等化的 E 面和 H 面波瓣,且旁瓣电平低;并可获得很宽的带宽(可达 3:1 以上)。它在毫米波段相控阵雷达、通信和测向等系统中已获得应用。

维氏天线的缝隙宽度公式为

$$w(x) = Ae^{p(L-x)} + B \tag{6.1-7}$$

一个高增益的设计采用 $\varepsilon_r = 2.33$, $h = 0.13$ mm 的 Duroid 材料作为基片,长 $L = 110$ mm, $p = 0.041$ mm^{-1},工作于 $f_0 = 35$ GHz($\lambda_0 = 8.57$ mm)时,$L/\lambda_0 = 12.8$, $h_{\text{eff}}/\lambda_0 = 0.008$,测得其 E 面和 H 面半功率宽度分别为 14°和 11°,实测增益为 16.9 dB。

渐变式印刷缝隙天线的分析方法是采用两步解法。第一步确定缝隙的切向电场分布,第二步根据等效性原理,由缝隙上的等效磁流分布求外场。在第一步计算中,把渐变式缝隙处理成许多很短的均匀缝隙(即槽线)的级联,如图 6.1-8 所示。槽线的分析用谱域伽略金法完成。按均匀槽线进行级联处理时,一种简化的方法是采用行波近似,已获得场方向图的解析表达式[9°]。

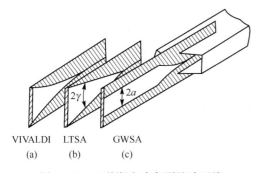

VIVALDI　　LTSA　　GWSA
(a)　　　(b)　　　(c)

图 6.1-7　三种渐变式印刷缝隙天线

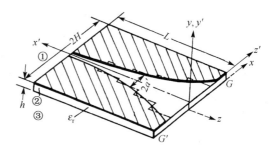

图 6.1-8　渐变式微带缝隙天线的
几何关系和级联近似

研究表明,当渐变式缝隙天线采用薄基片、低介电常数,其等效介质厚度 $h_{\text{eff}} = (\sqrt{\varepsilon_r - 1})h = (0.005 \sim 0.3)\lambda_0$,约长 $(3\sim 10)\lambda_0$ 时会具有良好的行波天线特性。它与端射式行波天线的典型特性很相近,有两种设计原则,其特性如表 6.1-1 所示。

表 6.1-1　端射式行波天线的典型特性 *

设计原则	方向系数	半功率宽度	条　　件
高增益	$10L/\lambda_0$	$55° \sqrt{\lambda_0/L}$	$c/v_p = 1 + \lambda_0/2L$(HW 条件)
低旁瓣宽频带	$4L/\lambda_0$	$77° \sqrt{\lambda_0/L}$	$c/v_p \approx 1.4$(馈电端)变至 1(末端)

* 口径宽度大于 $\lambda_0/2$ 左右,长度超过 $3\lambda_0$。

6.2　波导缝隙天线阵

波导缝隙天线阵一般由许多开在矩形波导壁上的半波缝隙组成。它的主要优点是口径分布便于控制,易于实现低旁瓣电平,效率高,结构紧凑,加工与安装简便。它已在船舰导航、目标指示等雷达(包括相控阵和频扫阵)与港管、信标和卫星电视接收等系统中获得广泛应用。图 6.2-1 是背驮一台超低旁瓣波导缝隙阵天线的美 E-3A"望楼"预警机,与其 AWACS 雷达的超低旁瓣天线。该天线是椭圆形行波缝隙阵,在仰角方向作电扫描,由 28 根主波导和 2 根辅助波导构成,用 WR-229 波导组成的功分网络馈电,长 7.3 m,宽 1.5 m。这是投产并实际工作的第一副超低旁瓣波导缝隙阵天线样机[3]。

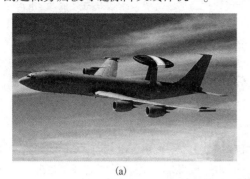
(a)

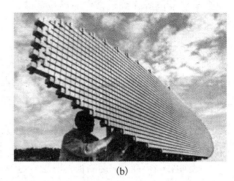
(b)

图 6.2-1 　(a)载超低旁瓣天线的 E-3A 预警机;(b)E-3A 预
警机上AWACS雷达的超低旁瓣波导缝隙阵天线

设计波导缝隙阵天线时,一般先根据方向图要求(如主瓣宽度和旁瓣电平)选定口径分布及阵长度,并由阻抗带宽和波束指向(扫描角)要求确定缝隙间距。这些设计原则同其他线阵天线是类似的。波导缝隙阵天线设计中的主要特殊问题,是如何设计各缝隙尺寸来实现所选定的口径分布。这一问题可分两步来解决:(1)根据选定的口径分布计算所要求的各缝隙电导,即计算"缝隙电导分布";(2)确定缝隙电导与其尺寸的关系——"缝隙电导函数",从而依据缝隙电导分布选定各缝隙尺寸。由于有些波导缝隙阵(如:波导窄边缝隙阵)中缝隙之间存在很强的外部互耦,确定计入互耦的缝隙电导函数正是设计这类天线的一个主要难点。下面从研究后一问题开始,即研究波导缝隙的电导;然后再结合具体缝隙阵天线介绍前一步问题——缝隙电导分布的确定及设计结果[4]。

6.2.1　矩形波导馈电的缝隙

6.2.1.1　理论公式

宽为 a,高为 b 的矩形波导中的主模是 TE_{10} 模。其波导内壁上感应的面电流分布如图 6.2-2 所示。

在波导壁上开缝时,缝切断了内壁上的面电流,在缝的口径上将产生位移电流(即时变切向电场)以保持总电流连续,因而缝隙被激励。图 6.2-3(a)表示开缝的形式,包括纵缝("1")横缝("2")和斜缝("3"、"4"和"5"、"6")等。

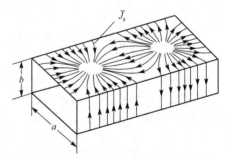

图 6.2-2 　TE_{10} 波的波导内壁面电流分布

从开缝处电流或场结构的变化可建立缝隙对波导等效传输线的等效电路。如图 6.2-3(b)所示,在波导宽边开纵缝时,宽边横向电流被切断而向缝隙两端分流,引起纵向电流的突变,故等效于传输线上的并联导纳。如图 6.2-3(c)所示,在宽边开横缝切断纵向电流,产生对波导内场的扰动,总电场 E_y 在缝隙两侧产生突变,即形成电压突变,故相当于传输线上串联一个阻抗。其他几种缝隙的等效电路如图 6.2-3(d)至图 6.2-3(f)所示,其中图 6.2-3(e)同时引起纵向电流和电场 E_y 沿传输方向的突变,因而等效于既有并联导纳又有串联阻抗的网络。

史蒂文森(A. F. Stevenson)[5]已导出各种形式缝隙的归一化电导或电阻的计算式。其特点是利用互易定理求出缝隙的前向和后向散射场,再利用波导中的功率平衡方程求出其等效电导或电阻。这里介绍一个更简单的基于波导中功率关系和对偶原理的方法[6]，现以宽边半波纵缝为例推导如下。

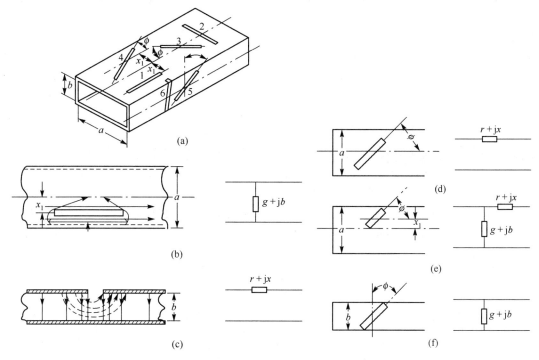

图 6.2-3　波导缝隙形式与波导缝隙的等效电路

设波导中入射功率为 P_i，纵缝辐射功率为 P_s，由图 6.2-3(b)中等效电路知，

$$\frac{1}{2}U^2 g Y_0 = P_s \tag{6.2-1}$$

$$\frac{1}{2}U^2 Y_0 = P_i - P_s \tag{6.2-2}$$

式中 g 为纵缝的归一化等效电导，Y_0 为传输线特性导纳，U 为传输线电压，并已设传输线右端是匹配的。由于一般情形均有 $P_s \ll P_i$，由上两式相除得

$$g = \frac{P_s}{P_i - P_s} \approx \frac{P_s}{P_i} \tag{6.2-3}$$

在宽为 a 且高为 b 的矩形波导中，向 $+z$ 向传播的主模是 TE_{10} 波：

$$E_y = E_{10}\sin\frac{\pi x}{a}\mathrm{e}^{-\mathrm{j}\beta z} \tag{6.2-4a}$$

$$H_x = -\frac{E_{10}}{y_{\mathrm{TE}}}\sin\frac{\pi x}{a}\mathrm{e}^{-\mathrm{j}\beta z} \tag{6.2-4b}$$

$$H_z = \mathrm{j}\frac{E_{10}}{\eta_0}\left(\frac{\lambda}{2a}\right)\cos\frac{\pi x}{a}\mathrm{e}^{-\mathrm{j}\beta z} \tag{6.2-4c}$$

式中

$$\beta = \frac{2\pi}{\lambda_g} = \frac{2\pi}{\lambda}\sqrt{1-\left(\frac{\lambda}{2a}\right)^2} = \sqrt{k^2 - \left(\frac{\pi}{2}\right)^2} \tag{6.2-4d}$$

$$\eta_{\mathrm{TE}} = \eta_0\frac{\lambda_g}{\lambda} = \eta_0 \bigg/ \sqrt{1-\left(\frac{\lambda}{2a}\right)^2} \tag{6.2-4e}$$

它沿 $+z$ 向的入射功率为

$$P_i = \frac{1}{2}\mathrm{Re}\int_0^a\int_0^b -E_yH_x^*\,\mathrm{d}x\mathrm{d}y = \frac{1}{2}\int_0^a\int_0^b \frac{E_{10}^2}{\eta_{\mathrm{TE}}}\sin^2\left(\frac{\pi x}{a}\right)\mathrm{d}x\mathrm{d}y = \frac{E_{10}^2 ab}{4\eta_{\mathrm{TE}}} \tag{6.2-5}$$

纵缝的辐射功率可表示为

$$P_s = \frac{1}{2}U_{\mathrm{M}}^2 G_s \tag{6.2-6}$$

式中 U_{M} 是缝隙的波腹电压,G_s 是缝隙的辐射电导。由式(6.1-6)可知,无限大平面上半波缝隙的辐射电导为

$$G_r^s = \frac{1}{R_r^s} = \frac{73.1}{(60\pi)^2} \tag{6.2-7}$$

波导是有限大的,且缝隙只向一边辐射,工程上可将波导上缝隙的辐射电导取为上式的一半,即

$$G_s = \frac{73.1}{2(60\pi)^2} \tag{6.2-8}$$

式(6.2-6)中的 U_{M} 可利用对偶原理得出。为此先来研究半波振子由沿振子表面传播的 TM 波激励的情形。设沿半波振子轴向 $+z$ 传播的 TM 波的纵向电场分量为 E_z,它与振子表面相切,则振子上长度元 $\mathrm{d}z$ 所激励的功率为 $\mathrm{d}P = \frac{1}{2}(E_z\mathrm{d}z)I_z^*$,设半波振子电流分布为

$$I_z = I_{\mathrm{M}}\sin k(l - |z|) = I_{\mathrm{M}}\cos kz \tag{6.2-9}$$

则激励此半波振子的功率为

$$P = \frac{1}{2}\int_{-\lambda/4}^{\lambda/4} E_z I_{\mathrm{M}}^*\cos kz\mathrm{d}z = \frac{1}{2}I_{\mathrm{M}}^2 \cdot 73.1 \tag{6.2-10}$$

故波腹电流为

$$I_{\mathrm{M}} = \frac{1}{73.1}\int_{-\lambda/4}^{\lambda/4} E_z\cos kz\mathrm{d}z \tag{6.2-11}$$

根据对偶原理,当沿半波纵缝轴向传播 TE_{10} 波,其纵向磁场分量为 H_z,它所激励的波腹电压为

$$U_{\mathrm{M}} = \frac{1}{G_s}\int_{\lambda/4}^{\lambda/4} H_z\cos kz\mathrm{d}z \tag{6.2-12}$$

利用式(6.2-4c),设纵缝位于偏离宽壁中心线 x_1 处,代入上式得

$$U_{\mathrm{M}} = \mathrm{j}\frac{E_{10}}{G_s\eta_0}\left(\frac{\lambda}{2a}\right)\sin\frac{\pi x_1}{a}\int_{-\lambda/4}^{\lambda/4} \mathrm{e}^{-\mathrm{j}\beta z}\cos kz\mathrm{d}z$$

$$= \mathrm{j}\frac{E_{10}}{G_s\eta_0}\left(\frac{\lambda}{2a}\right)\sin\frac{\pi x_1}{a}\frac{2k\cos\dfrac{\pi\lambda}{2\lambda_g}}{k^2 - \beta^2} \tag{6.2-13}$$

上式中 $k^2 - \beta^2 = (\pi/a)^2$,将以上得出的 P_i、P_s 及 U_{M} 代入式(6.2-3)后得到:

$$g = \frac{1}{G_s\eta_0}\left(\frac{2a}{\pi}\right)^2\frac{4}{ab}\frac{\lambda_g}{\lambda}\cos^2\left(\frac{\pi\lambda}{2\lambda_g}\right)\sin^2\left(\frac{\pi x_1}{a}\right)$$

再将式(6.2-8)代入上式,$8\times 60/(73.1\pi) = 2.09$,得

$$g = 2.09\frac{a\lambda_g}{b\lambda}\cos^2\left(\frac{\pi\lambda}{2\lambda_g}\right)\sin^2\left(\frac{\pi x_1}{a}\right) \tag{6.2-14}$$

可见,如纵缝位于波导宽边中心线上,$x_1 = 0$,因而它并不辐射。

各种波导缝隙的归一化等效电导或电阻如下:

1. 宽边纵缝[见图6.2-3(b)]:

$$g = g_1 \sin^2\left(\frac{\pi x_1}{a}\right), \quad g_1 = 2.09\frac{a\lambda_g}{b\lambda}\cos^2\left(\frac{\pi\lambda}{2\lambda_g}\right) \tag{6.2-14a}$$

2. 宽边横缝[见图 6.2-3(c), 图 6.2-3(a)"2"]:

$$r = 0.523\left(\frac{\lambda_g}{\lambda}\right)^2\left(\frac{\lambda^2}{ab}\right)\cos^2\left(\frac{\pi\lambda}{4a}\right)\cos^2\left(\frac{\pi x_1}{a}\right) \tag{6.2-15}$$

式中 x_1 为横缝中点偏离宽边中线的距离。

3. 宽边对称斜缝[见图 6.2-3(d)]:

$$r = 0.131\frac{\lambda^3}{\lambda_g ab}\left[f_1(\phi)\sin\phi + \frac{\lambda_g}{2d}f_2(\phi)\cos\phi\right]^2 \tag{6.2-16}$$

$$\left.\begin{matrix}f_1(\phi)\\f_2(\phi)\end{matrix}\right\} = \frac{\cos(\pi\xi/2)}{1-\xi^2} \pm \frac{\cos(\pi\zeta/2)}{1-\zeta^2}, \quad \left.\begin{matrix}\xi\\\zeta\end{matrix}\right\} = \frac{\lambda}{\lambda_g}\cos\phi \mp \frac{\lambda}{2a}\sin\phi \tag{6.2-16a}$$

当 ϕ 不大时, 近似式为

$$r = 0.542\frac{\lambda_g\lambda}{ab}\left[\frac{\beta}{2}\sin\left(\frac{\pi\lambda}{2\lambda_g}\right) - \frac{4a^2}{\lambda_g\lambda}\cos\left(\frac{\pi\lambda}{2\lambda_g}\right)\right]\phi^2 \tag{6.2-16b}$$

式中 ϕ 的单位是弧度。

4. 宽边偏置斜缝[见图 6.2-3(e)]: 当偏置量 x_1 和倾角 ϕ 不大时, 可等效为图 6.2-3(e)所示电路, 且有

$$g = 0.131\frac{\lambda}{\lambda_g}\frac{\lambda^2}{ab}(a_1^2 + b_1^2) \tag{6.2-17}$$

$$a_1 = \sin\left(\frac{\pi x_1}{a}\right)\left[f_2(\phi)\sin\phi + \frac{\lambda_g}{2d}f_1(\phi)\cos\phi\right] \tag{6.2-17a}$$

$$b_1 = \cos\left(\frac{\pi x_1}{a}\right)\left[f_1(\phi)\sin\phi + \frac{\lambda_g}{2d}f_2(\phi)\cos\phi\right] \tag{6.2-17b}$$

$f_1(\phi)$ 和 $f_2(\phi)$ 与式(6.2-16a)同。

5. 窄边斜缝[见图 6.2-3(f)]:

$$g = 0.131\frac{\lambda^3\lambda_g}{a^3 b}\left[\sin\phi\frac{\cos\left(\frac{\pi\lambda}{2\lambda_g}\sin\phi\right)}{1-\left(\frac{\lambda}{\lambda_g}\sin\phi\right)^2}\right]^2 \tag{6.2-18}$$

当 ϕ 不大($\phi \le 15°$), 有

$$g = A_1\sin^2\phi, \quad A_1 = \frac{30}{73.1\pi}\frac{\lambda^3\lambda}{a^3 b} \tag{6.2-18a}$$

上述公式给出相当精确的结果, 但是, 它们只能用于互耦效应可忽略的情形, 同时未能给出电抗分量。后来 A. A. Oliner 应用变分法算出了宽壁纵缝的电纳, 并考虑了壁厚的影响。接着, H. Y. Yee 发展了 Oliner 的方法, 得到宽壁纵缝导纳的精确结果, 并解决了纵缝的偏置对谐振长度的影响。同时, 已广泛应用矩量法来计算纵缝的导纳及其他缝隙的特性, 也发展了其他数值方法。

6.2.1.2　实验测试法结果

另一方面, 实验测试法仍是工程应用和验证理论的重要方法。对于宽边纵缝, R. J. Stegen 作了一系列的测试工作[7]。他采用 X 波段铜波导 RG52/U, $a \times b = 22.86\ mm \times 10.16\ mm$, 壁厚 $t = 1.27\ mm$, 缝宽 $w = 1.59\ mm$, 缝隙两端为半圆头, 工作频率 $f = 9.375\ GHz$。实测的归一化导纳与缝长的关系曲线如图 6.2-4 所示。可见, 对不同偏置量 x_1, 可用一条通用曲线表示, g 最高

点对应于 $b \approx 0$，该缝隙长度为谐振长度 $2l_0$。令 $l' = l/l_0$，则此通用曲线可表示为

$$h(l') = h_1(l') + jh_2(l') \tag{6.2-19}$$

所得归一化谐振电导与缝隙偏置量 x_1 的关系曲线如图 6.2-5 所示，该关系用 $g(x_1)$ 表示，则归一化导纳为

$$Y/Y_0 = g(x_1)h(l') \tag{6.2-20}$$

图 6.2-6 为纵缝的谐振长度 $2kl_0$ 与偏置量 x_1 的关系，它可表示为

$$L(x_1) = 2kl_0(x_1) \tag{6.2-21}$$

式中 $k = 2\pi/\lambda$。以上 4 条关系曲线 $h_2(l')$，$h_1(l')$，$g(x_1)$ 及 $L(x_1)$ 可用于宽边纵缝的设计(可作多项式拟合)。

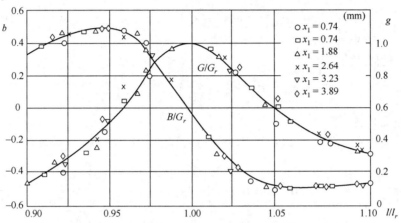

图 6.2-4　宽边纵缝的归一化导纳与缝长的关系

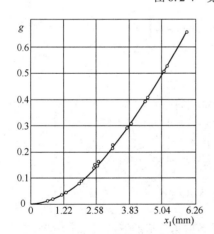

图 6.2-5　宽边纵缝的归一化谐振
　　　　电导与偏置量 x_1 的关系

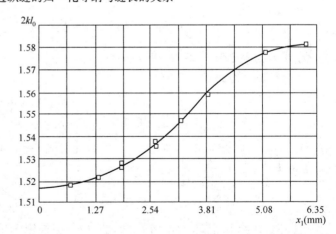

图 6.2-6　宽边纵缝的谐振长度与偏离量 x_1 的关系

由于缝隙一般采用铣床进行加工，使缝隙两端为半圆头。半圆头缝隙等效为规范的矩形缝隙的谐振长度可由下式得出：

$$2l_0 = 2l_r + Cw(1 - \pi/4) \tag{6.2-22}$$

式中 $2l_r$ 是半圆头的谐振缝长，w 为缝宽、C 为修正系数，由实际情形确定。

对于广泛应用的波导窄边缝隙阵天线，各窄边斜缝间距在 $\lambda_g/2$ 附近，相邻缝隙倾角倒向配置，缝隙间互耦很强。瓦森(W. H. Watson)称有互耦的电导值为增量电导，以区别于无互耦(弧立缝隙)的电导值。图 6.2-7 是瓦森给出的一组测试结果($f = 9.375$ GHz，

缝宽 $w = 1.59$ mm，BJ-100 波导，壁厚 1.27 mm）。数据表明，对 $\phi \leqslant 15°$，增量电导可用
式（6.2-18a）表示，这样，通过一种倾角的试验段测得其增量电导后，求得 A_1 值，便可用
该式作为电导函数来设计不同增量电导值所需的倾角。一般地说，这对阵列中部的缝隙
是相当准确的，但对阵列两端的缝隙误差大一些。不过，也可通过实验对阵列两端计入不
同的互耦[4]。

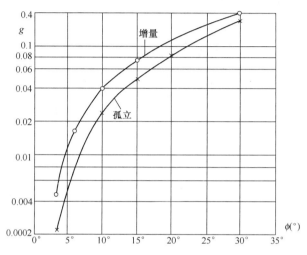

图 6.2-7　窄边斜缝的增量电导与孤立电导

测得的窄边斜缝的增量电导数据[4]如图 6.2-8 所示。各试验段都由 20 个相同倾角相同长
度的缝隙组成。每条曲线的最高点对应于缝隙谐振时的值。实验数据表明，对不同倾角的谐振
缝隙，虽然其切口深度 L_0 是不同的，但沿波导外壁量度的缝隙长度都近于相同，为谐振长度
$2l_0$。由图 6.2-8 可知，对 10° 和 15° 倾角均有 $2l_0 = 38.6$ mm。因而，由此 $2l_0$ 值便可得出不同倾
角缝隙的切口深度 L_0 值，其关系式为

$$2l_0 = \frac{b}{\cos \phi} + 2L_0 \tag{6.2-23}$$

式中 b 为波导窄边的内尺寸，ϕ 为缝隙倾角，L_0 为切入波导宽边的深度。

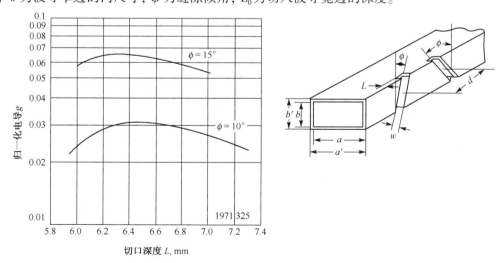

图 6.2-8　窄边斜缝的实测电导数据

此外,在大功率应用中,缝隙的宽度 w 需根据功率容量要求来选择:

$$w \geq (3 \sim 4)U_0/E_{击穿} \tag{6.2-24}$$

式中 $U_0 = [2P_r/G_s]^{1/2}$ 为缝隙中心处电压;P_r 是缝隙的辐射功率;G_s 为缝隙电导;$(3 \sim 4)$ 为安全系数;对地面应用,$E_{击穿} = 3 \times 10^4$ V/cm,若工作于高空,$E_{击穿}$ 将明显下降。

6.2.2 波导缝隙线阵

6.2.2.1 形式

波导缝隙直线阵有两种形式:谐振式与非谐振式。

1. 谐振式缝隙阵。其特点是相邻缝隙间距为 $\lambda_g/2$,各缝隙同相激励,在波导末端配置短路活塞。对宽边纵缝和窄边斜缝,短路面与终端缝隙中心相距 $\lambda_g/4$(对等效电路为串联元件的宽边横缝,则相距 $\lambda_g/2$[①];而其缝隙间距为 $\lambda_g > \lambda$,将出现栅瓣,一般不用)。

由于缝隙间距为 $\lambda_g/2$,相邻缝隙的激励需有180°相位差。为此,宽边纵缝需交错地分布于宽边中线的两侧;激励宽边上纵缝的螺钉或销钉也需交替地位于中线两侧;窄边斜缝则交替地换向倾斜,如图6.2-9(a)至图6.2-9(c)所示[8]。

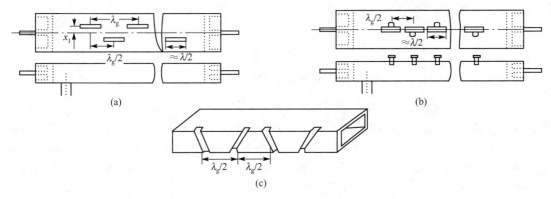

(a)

(b)

(c)

图 6.2-9 谐振式波导缝隙阵

以图6.2-9(a)为例,相邻纵缝间距均为 $\lambda_g/2$,因而从一端馈电的输入电导等于 N 个缝隙电导 $g_1,g_2,\cdots,g_N$ 之和,即

$$g_{in} = \sum_{i=1}^{N} g_i$$

为保证输入端匹配,要求

$$\sum_{i=1}^{N} g_i = 1 \tag{6.2-25}$$

如不计缝隙互耦,则有

$$g_i = Ka_i^2 \tag{6.2-26}$$

式中 a_i 为缝隙 i 的相对激励振幅,K 为常数。此式代入式(6.2-25)可求出常数 K,从而可根据所需相对振幅分布由式(6.2-26)求出 g_i,然后可利用上一小节式(6.2-14)确定各缝的偏置量 x_1。

---

① 设短路面至终端缝隙中心的距离为 d_0,它在终端缝隙处引入的归一化负载电纳为

$$y_0 = -j\cot(2\pi d_0/\lambda_g);\quad z_0 = j\tan(2\pi d_0/\lambda_g)$$

对并联缝隙,要求 $y_0 = 0$,得 $d_0 = \lambda_g/4, 3\lambda_g/4, \cdots$;对串联缝隙,要求 $z_0 = 0$,得 $d_0 = \lambda_g/2, \lambda_g, \cdots$。

谐振式缝隙阵为同相阵，最大方向指向阵面的法线方向。工作频率改变时，其间距不再等于 $\lambda_g/2$，不能保持各缝同相激励，而且天线匹配迅速恶化，因而这类缝隙阵的带宽只有百分之几。这类端馈谐振式阵的驻波比带宽大约与其阵元数 N 成反比。

一种展宽阻抗频带的设计是采用匹配缝隙，末端短路活塞也换接匹配负载，称为匹配缝隙阵。一匹配窄边缝隙阵如图 6.2-10 所示。这里在每一缝隙处插入一匹配螺钉，调整匹配螺钉位置，深度及微调间距，使归一化等效输入导纳为 1。缝隙的实际间距为 $\lambda_g/2 - \triangle$。这种缝隙阵能在宽频带内实现匹配，但其带宽受增益下降的限制，通常为 5% ~ 10%。它的缺点是调配螺钉使功率容量降低。另一种展宽频带的设计是将大阵分解为小阵，用功分器馈电。后面 6.2.3 节中有一实例介绍。

2. 非谐振式缝隙阵。其缝隙间距 d 大于或小于 $\lambda_g/2$，或小于 λ_g（对宽边横缝），波导末端接匹配负载，图 6.2-11 为几个例子。

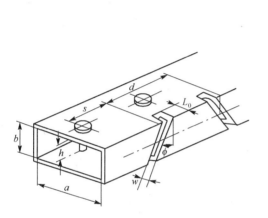

图 6.2-10　匹配窄边缝隙阵

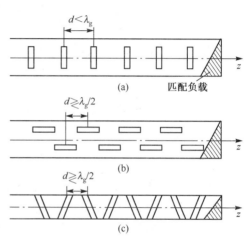

图 6.2-11　非谐振式波导缝隙阵

在非谐振阵中，波导中近似传行波，天线能在较宽的频带上保持良好的匹配。由于缝隙由行波激励，具有线性相差，使波束最大方向偏离阵面法线方向，而且随频率变化。应适当选择间距 d，使频带内最大方向不会出现在阵面法向，否则天线匹配将严重恶化。匹配负载的吸收功率通常占总输入功率的 3% ~ 10%，这也是获得宽带所付出的代价之一。

6.2.2.2　波导窄边缝隙阵

波导窄边缝隙阵天线的示意图如图 6.2-12（a）所示。首先来推导缝隙电导分布。主要有两种方法：功率传输法和等效电路法。这里介绍功率传输法，采用如图 6.2-12（b）所示等效电路[4]。各符号定义如下：

$y_i = g_i + jb_i$——第 i 个缝隙的归一化导纳；

$y_i^+ = g_i^+ + jb_i^+$——第 i 个缝隙右边向负载端看去的归一化导纳；

$y_i^- = y_i + y_i^+$——第 i 个缝隙左边向负载端看去的归一化导纳；

p_{ri}——第 i 个缝隙的辐射功率；

p_i^+——第 i 个缝隙右边向负载端传输的功率；

p_i^-——第 i 个缝隙左边向负载端传输的功率。

其中缝隙导纳是计入缝隙间互耦后的等效导纳；以上功率均指有功功率。

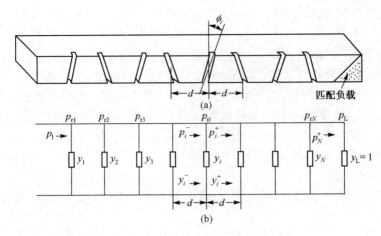

图 6.2-12　波导窄边缝隙阵及其等效电路

由等效电路可知，第 i 个缝隙的归一化电导为

$$g_i = \frac{p_{ri}}{p_i^+} g_i^+ \tag{6.2-27}$$

将 g_i 处理为两因子的乘积，即

$$g_i = g_i' g_i^+ \tag{6.2-27a}$$

$$g_i' = \frac{p_{ri}}{p_i^+} \tag{6.2-27b}$$

通常可近似认为波导内传输行波(今后简称为"行波近似")。此时 $g_i^+ \approx 1$，故 $g_i \approx g_i'$。下面对波导损耗不能忽略的一般情形，导出 g_i' 的计算式。

设波导衰减常数为 α，则波导内传输的行波功率经过间距 d 后减小到 q 倍：

$$q = e^{-2\alpha d} \tag{6.2-28}$$

从图 6.2-12(b)可以看出：

$$\begin{aligned}
p_1^+ &= p_1 - p_{r1} \\
p_2^+ &= q p_1^{-1} - p_{r2} = q(p_1 - p_{r1} - p_{r2}q^{-1}) \\
p_3^+ &= q p_2^{-1} - p_{r3} = q^2(p_1 - p_{r1} - p_{r2}q^{-1} - p_{r3}q^{-2}) \\
&\vdots \\
p_i^+ &= q^{i-1}\left(p_1 - \sum_{j=1}^{i} p_{rj}q^{-j+1}\right) \\
&\vdots \\
p_N^+ &= q^{N-1}\left(p_1 - \sum_{j=1}^{N} p_{rj}q^{-j+1}\right)
\end{aligned} \tag{6.2-29}$$

N 为缝隙总数。将上式中 p_i^+ 代入式(6.2-27b)，得

$$g_i' = \frac{p_{ri}q^{-i+1}}{p_1 - \sum_{j=1}^{i} p_{rj}q^{-j+1}} \tag{6.2-30}$$

天线总辐射功率 p_r 与输入功率 p_i 之比为天线辐射效率 e_r，即

$$e_r = \frac{p_r}{p_1} = \frac{\sum_{i=1}^{N} p_{ri}}{p_1} \tag{6.2-31}$$

把式(6.2-31)代入式(6.2-30)有

$$g'_i = \frac{p_{ri}q^{-i+1}}{\dfrac{1}{e_r}\sum_{i=1}^{N}p_{ri} - \sum_{j=1}^{i}p_{rj}q^{-j+1}} = \frac{a_i^2 q^{-j+1}}{\dfrac{1}{e_r}\sum_{j=1}^{N}a_j^2 - \sum_{j=1}^{i}a_j^2 q^{-j+1}} \tag{6.2-32}$$

式中 a_i 代表给定的第 i 个缝隙的口径激励系数(要求 $p_{ri} \propto \alpha_i^2$),根据此式, g'_i 可直接由给定的口径分布和天线辐射效率算出。匹配负载的相对吸收功率 γ_L 与天线辐射效率的关系为

$$\gamma_L = \frac{p_L}{p_1} = \frac{p_N^+}{p_1} = \left(1 - \frac{\sum_{j=1}^{N}p_{rj}q^{-j+1}}{p_1}\right)q^{N-1} = \left(1 - \frac{e_r\sum_{j=1}^{N}a_j^2 q^{-j+1}}{\sum_{j=1}^{N}a_j^2}\right) \tag{6.2-33}$$

或

$$e_r = (1 - \gamma_L q^{-N+1})\frac{\sum_{j=1}^{N}a_j^2}{\sum_{j=1}^{N}a_j^2 q^{-j+1}} \tag{6.2-34}$$

为了计入波导内不严格传输行波的效应,需采用式(6.2-27a)来计算缝隙电导。作为近似处理,仍按式(6.2-32)计算 g'_i,但计入修正因子 g_i^+。g_i^+ 需根据传输线理论由负载端开始逐一推算,递推公式为

$$y_{i+1}^- = g_{i+1} + y_{i+1}^+ \tag{6.2-35}$$

$$y_i^+ = g_i^+ + jb_i^+ = \frac{y_{i+1}^- + \text{th}(\alpha + j\beta)d}{1 + y_{i+1}^-\text{th}(\alpha + j\beta)d} \tag{6.2-36}$$

式中 $\beta = 2\pi/\lambda_g$。

起始值取为 $y_N^+ = g_N^+ = y_L = 1$。这样,首先由式(6.2-32)算出全部 g'_i,然后由式(6.2-27a)先得出 g_N,将 y_N^+ 和 g_N 代入式(6.2-35)得出 y_N^-,代入式(6.2-36)求得 g_{N-1}^+;依此递推。注意,式(6.2-35)中已假定 $y_i = g_i$,即 $b_i = 0$,因此各缝隙都取为谐振长度。

也可把缝隙阵处理为连续阵(行波阵),这时缝隙电导可看成是沿线分布的。令 $g(z)$ 为沿线 z 处单位长度的归一化电导,则

$$g(z) = \frac{p_r(z)}{p(z)} \tag{6.2-37}$$

式中 $p_r(z)$ 为沿线 z 处单位长度的辐射功率; $p(z)$ 为沿线 z 处的传输功率。

这时式(6.2-33)相应化为

$$g(z) = \frac{\alpha_i^2(z)e^{2\alpha z}}{\dfrac{1}{e_r}\int_0^L \alpha_i^2(z)dz - \int_0^z \alpha_i^2(z)e^{2\alpha z}dz} \tag{6.2-38}$$

式中 $\alpha_i(z)$ 为口径分布, $L = Nd$。第 i 个缝隙的归一化电导按下式算出:

$$g_i = dg\left(\frac{2i-1}{2}d\right) \tag{6.2-39}$$

以上各式中若取 $\alpha = 0$,便简化为忽略波导损耗的情形,公式将大为简化(见习题6.2-2)。

注意,算出的 g_i 不应超过规定的某最大值 g_{max}。原因是:1)使缝隙对波导为弱耦合,这时波导内主模占优势,且很近于行波;2)太大的缝隙电导值可能不能实现。一般取 $g_{max} = 0.1 \sim 0.2$。若算出 g_i 的最大值超过 g_{max},应取较低的 e_r 重新计算。

对 C 波段试验天线,忽略波导损耗(取 $\alpha = 0$),用上述式(6.2-27a)、式(6.2-32)、式(6.2-35)和式(6.2-36)计算,和仅用式(6.2-32)或式(6.2-38)计算的结果如图 6.2-13 中曲线(a)至(c)所

示。可见三种算法结果有所不同，但相差也并不很大。

图 6.2-13 结果是按旁瓣电平 $-35\ dB$ 的泰勒分布($\bar{n} = 6$)，$N = 43$，$e_r = 92\%$ 计算的，取 $g_{max} = 0.145$；其间距按下式选取：

$$d = \frac{\lambda_g}{2} \pm \left(\frac{1}{N} \sim \frac{2}{N}\right)\frac{\lambda_g}{2} \qquad (6.2\text{-}40)$$

因此，波束最大方向偏离天线阵面法向，它发生于各缝隙的辐射场同相相加的方向。该方向上相邻缝隙间波程差所引起的相位差等于波导中行波激励的相位差：

$$\frac{2\pi}{\lambda}d\sin\theta_M = \frac{2\pi}{\lambda_g}\left(d - \frac{\lambda_g}{2}\right)$$

从而得

$$\sin\theta_M = \frac{\lambda}{\lambda_g} - \frac{\lambda}{2d} \qquad (6.2\text{-}41)$$

式中最大方向 θ_M 从阵面法向算起。

根据图 6.2-13 中电导分布曲线(a)，利用类似于图 6.2-8 的实测电导数据来确定缝隙倾角与切口深度，这样加工的 $N = 43$ 元波导窄边斜缝阵试验天线的实测与理论方向图(E 面)如图 6.2-14 所示。为作图方便，这里并没有把实测与理论方向图的最大方向对准。由图可见，二者很相近，特别是左侧 5 个旁瓣的零点和极大点角度都比较一致，其实测旁瓣电平为 $-28\ dB$。该天线的实测辐射效率为 92.5%，很近于理论值 92%。天线的输入驻波比在大于 8% 的频带上测得小于 1.04。

值得指出，波导窄边斜缝上的激励电场与缝隙长边相垂直，除沿波导轴向(水平方向)的主极化分量外，还有交叉极化分量，相应地在远场形成偏离阵面法向的两个交叉极化波瓣。

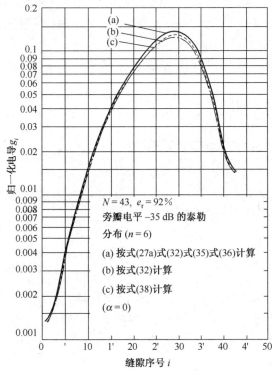

图 6.2-13 $N = 43$ 元缝隙阵电导分布的计算实例

图 6.2-15 为上述天线的实测交叉极化方向图，可见实测交叉极化电平为 $-17\ dB$，与文献[4]中的理论值很相近。为降低交叉极化电平，该文中介绍了加扼流板等方法及其效果。更积极的方法是采用窄边直缝，一种设计是在波导中窄边直缝两侧加一对金属膜片来激励它，如图 6.2-16(a)所示[9]。采用这种设计的 16 元谐振式窄边直缝阵天线照片也示于图 6.2-16(b)中，其缝隙间距为 $\lambda_g/2$，按同相等幅设计。实测方向图(E 面)示于图 6.2-17 中，可见其交叉极化电平低于 $-40\ dB$。其缺点是加工较复杂。为简化加工，一种有效的选择是采用交叉极化自抑制的倾斜缝隙对天线[10]，每对阵窄边的斜缝倾向相反。这样设计的 16 元脊波导倾斜缝隙对天线[见图 6.2-18(b)]同样可获得低于 $-40\ dB$ 的实测交叉极化电平。此结构还便于与馈电脊波导集成，以求低剖面；它还可与波导脊内纵向直缝一起来实现圆极化工作。

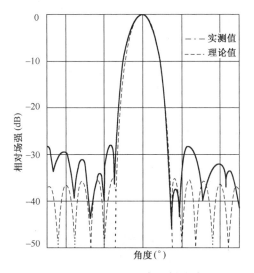

图 6.2-14 $N = 43$ 元窄边斜缝阵试
验天线的实测方向图

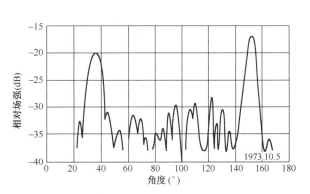

图 6.2-15 $N = 43$ 元窄边斜缝阵试验天
线的实测交叉极化方向图

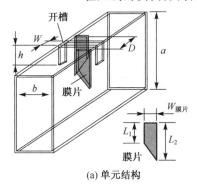

(a) 单元结构

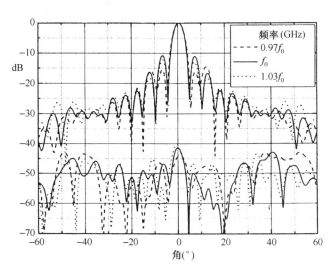

(b) 照片

图 6.2-16 16 元窄边直缝阵天线单元结构与其照片

图 6.2-17 16 元窄边直缝阵实测的主极化与交叉极化方向图

*6.2.3　波导缝隙面阵

对不同的应用,波导缝隙面阵的设计原则与结构各不相同。例如,本节开头提到的预警机缝隙阵天线,不但要求形成相控波束,而且要求波束具有超低旁瓣电平(SLL≤−40 dB)。而机载火控雷达(见图0.2-5)中所使用的波导缝隙面阵,要求能形成单脉冲工作的"和"波束和"差"波束,近旁瓣电平约为−25 dB至−30 dB。而用于微波测地的机载和星载合成口径雷达(SAR)的波导缝隙面阵,则要求具有双极化能力且宽带。这里仅介绍我们课题组与中国电子科技集团华东电子工程研究所合作研制的双极化波导缝隙面阵①。

一副双极化波导缝隙面阵试验天线的阵面结构如图6.2-18(a)所示。该阵由图6.2-16所示的波导窄边直缝阵形成水平极化辐射,共16根。而垂直极化辐射由波导宽边纵缝阵来产生,也是16根,而且二者交替配置,每根阵都由16元缝隙组成,元距都是$\lambda_g/2$(谐振阵)。因而相当于16×16元双极化单元构成的面阵。图6.2-18(b)是另一副双极化面阵的样阵照片,它由前述16元脊波导倾斜缝隙对天线与16元脊波导宽边纵缝阵组成。下面来讨论16元脊波导宽边纵缝阵的设计[11]。

当由波导窄边直缝阵与波导宽边纵缝阵交替配置来形成SAR天线面阵时,通常要求在E面扫描$\pm(20°$~$25°)$。由第3章的式(3.3-65)可知,为不出现栅瓣,这要求其间距为$d \le 0.7\lambda$。而常规矩形波导为保证传TE_{10}模且损耗小,一般都取宽度$a \le 0.7\lambda$。由于在此0.7λ宽度内还要配置波导窄边直缝阵,显然不宜选用常规宽度的矩形波导。因此选用单脊波导作为开宽边纵缝的波导,其宽边宽度为$0.5\lambda_0$(λ_0为中心波长),如图6.2-19(a)所示,图中间距$d = \lambda_g/2$,短路终端离最后一个纵缝中心的距离为$L_s = \lambda_g/4$;图6.2-19(b)为其等效电路,设阵中各元的归一化并联导纳都相同,均为y。该N元谐振式纵缝阵的设计利用基于有限元法的商用软件Ansoft HFSS来完成。

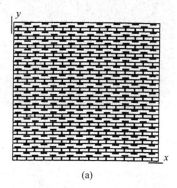
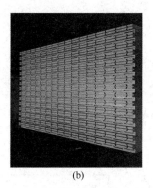

(a)　　　　　　　　　　　(b)

图6.2-18　双极化波导缝隙天线的阵面结构与样阵照片

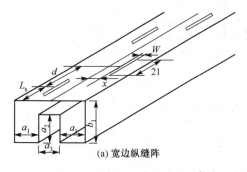
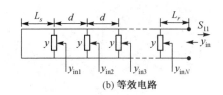

(a) 宽边纵缝阵　　　　　　　　　　(b) 等效电路

图6.2-19　脊波导宽边纵缝阵及其等效电路

为求得互耦条件下阵中单元的归一化导纳y,一方面,利用图6.2-19等效电路,导出用y表示的输入端

---

①　有关内容主要由华东电子工程研究所汪伟提供。

归一化输入导纳计算公式；另一方面，通过 HFSS 求得仿真的归一化输入导纳。这样，先取一 y 初始值，然后使上二值逼近，即可解出 y 值。当偏置量 $x_1 = 1.2$ mm 和 1.5 mm，对 $N = 4$ 元阵中的单元与 $N = 1$（孤立单元）计算的归一化导纳如图 6.2-20 所示，天线参数为：$a_1 = 3.1$ mm，$a_2 = 3.65$ mm，$a_3 = 7$ mm，$b_1 = 6$ mm，$d = 22$ mm，$L_s = 11$ mm，$L_r = 22$ mm，缝长 $l = 15.8$ mm，宽 $w = 2$ mm，波导壁厚 $t = 1$ mm。由图可明显看出，计入互耦（$N = 4$）的结果与孤立时（$N = 1$）的 y 值是不同的。基于上述缝隙电导来设计 4 元等幅同相缝隙阵，并优化参数使驻波带宽最宽，最后取 $x_1 = 1.5$ mm，其他参数不变。该 $N = 4$ 元缝隙阵仿真的 $S_{11} \leqslant -15$ dB 带宽约为 9.5%（9.55～10.5 GHz）。

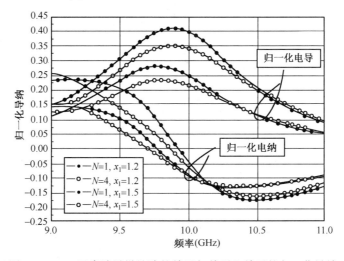

图 6.2-20　4 元脊波导纵缝阵的单元与其孤立单元的归一化导纳

为展宽整根 16 元缝隙阵的频带，将 16 元阵分解为 4 个 4 元阵并馈。为此其关键技术是设计一个专用的 4 路功分器来馈电。该功分器的结构如图 6.2-21 中右侧所示，其上部的凸波导正好嵌入图中左侧单脊辐射波导的凹部，因而结构紧凑，并方便地由同轴接头输入。该天线的计算与实测方向图如图 6.2-22 所示（H 面）。可见 $f = 10$ GHz 时其旁瓣电平为 -12.7 dB，实测的交叉极化电平为 -38 dB，并测得增益为 18 dB，而且在 1 GHz 带宽内增益变化小于 0.9 dB。仿真的 16 元阵阻抗带宽达 14.7%（9.25～10.72 GHz）。

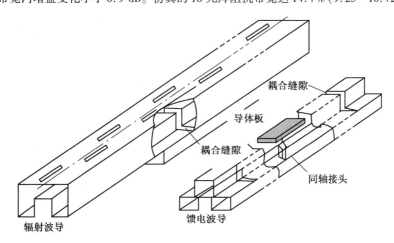

图 6.2-21　2 路功分器的结构

图 6.2-23 给出缝隙面阵中的线阵间互耦的测试结果。相邻的上述垂直（V）极化单脊纵缝线阵间（见"8－7"曲线）的隔度离优于 -21 dB，相隔一根线阵（见"8－6"曲线）则优于 -32 dB，其下（"8－5"、"8－4"等曲线）耦合依次减弱，水平极化阵间的互耦弱于垂直极化阵。而面阵中垂直极化的单脊纵缝线阵与水平

(H)极化的窄边直缝线阵间的隔离度测试值,都在 - 43 dB 以下。其中面阵中部的第 8 组二线阵间隔离度优于 - 43 dB,而相隔一个线阵,则 H/V 间隔离度就优于 - 53 dB 了。

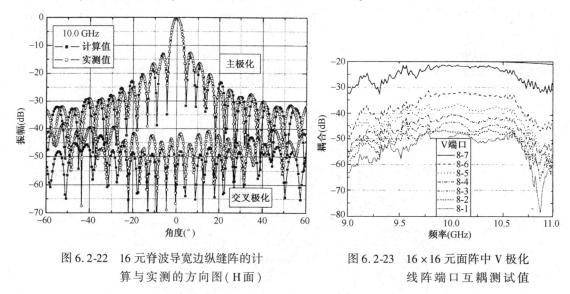

图 6.2-22 16 元脊波导宽边纵缝阵的计算与实测的方向图(H面)

图 6.2-23 16 × 16 元面阵中 V 极化线阵端口互耦测试值

6.3 微带贴片天线

6.3.1 微带天线的分类、优缺点和分析方法

微带贴片天线是最基本和最常用的微带天线形式,如图 6.3-1(a)所示。它由带导体接地板的介质基片上贴加导体薄片形成。通常利用微带线或同轴线一类馈线馈电,使导体贴片与接地板之间激励起射频电磁场,并通过贴片四周与接地板间的缝隙向外辐射。其基片厚度与波长相比一般很小,因而它实现了一维小型化[2]。

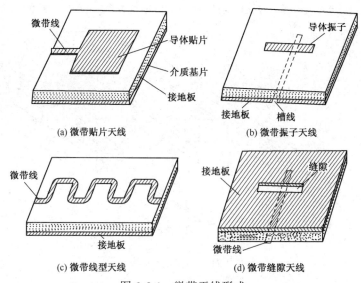

(a) 微带贴片天线   (b) 微带振子天线

(c) 微带线型天线   (d) 微带缝隙天线

图 6.3-1 微带天线形式

导体贴片一般是规则形状的面积单元,如矩形、圆形或圆环形薄片等;也可以是窄长条形的薄片振子。由后者形成的天线称为微带振子天线,如图 6.3-1(b)所示。如果利用微带线的某

种形变(如直角弯头、弧形弯曲等)来产生辐射,则称为微带线形天线,参见图 6.3-1(c)。这种天线大多沿线传输行波,因而又称为微带行波天线。也可利用开在接地板上的缝隙来产生辐射,由基片另一侧的微带线或其他馈线(如槽线)对其馈电,这便是微带缝隙天线或称为印刷缝隙天线,如图 6.3-1(d)所示。实际上在 6.1.3 节里,已介绍了这种天线。上述 4 种就是微带天线单元的主要形式。除上述 4 种单元及其阵列外,还有一些变形、混合形或其他形式。

与普通微波天线相比,微带天线有如下优点:

1. 剖面薄、体积小、重量轻,具有平面结构,并可与导弹等载体表面共形;

2. 能与有源电路一起集成,可用印刷电路技术批量生产,加工简便,造价低;

3. 便于获得圆极化、双极化和双频段等多功能工作。

微带天线的主要缺点是:

1. 常规设计的频带窄,其相对带宽约为 1% ~7%;

2. 有导体和介质损耗,会激励表面波,使辐射效率降低;

3. 功率容量较小,一般用于低功率发射和接收场合(平均功率几十瓦)。

不过,已发展了不少技术来克服或减小上述缺点。例如,已有多种途径来展宽微带天线的频带,新一代设计的相对带宽可达 15% ~30% 甚至近 70% 或更大;也已制成超宽带微带天线。自然,某一性能的提高往往以某些方面的牺牲(例如体积增大)作为代价。

早在 1953 年美国伊利诺伊大学德尚(G. A. Deschamps)教授就提出利用微带线的辐射来制成微波微带天线。但在随后的近 20 年里只有一些零星的研究。直到 1972 年,芒森(R. E. Munson)和豪威尔(J. Q. Howell)等研究者制成了第一批实用微带天线,并作为导弹上的共形全向天线获得了应用。在 20 世纪 80 年代中微带天线理论已趋于成熟。微带天线现已应用于大约 100 MHz ~100 GHz 的宽广频域上的大量无线电设备中,特别是在飞行器上和地面便携式设备中;需圆极化或双极化、双频段工作的场合,更常见它的应用。图 6.3-2 和图 6.3-3 是两个应用举例。前者是图 0.2-7 所示奋进号航天飞机上 SIR-C 合成口径雷达的 L 波段双极化微带贴片天线阵,长 12 m,宽 2.95 m。图 6.3-3(a)是我们与浙江某电气公司合作制成的卫星定位系统双频段圆极化接收天线产品照片;图 6.3-3(b)是其贴片几何关系示意图。已应用微带天线的系统如:卫星通信、移动通信基站与手机、车载设备、雷达、微波遥测与遥感、导弹遥测遥控、电子对抗、飞机导航与高度表,环境检测仪表和医学微波辐射计等。

分析微带天线的主要理论有三类:

1. 传输线模型(Transmission Line Model, TLM)。最早由芒森在 1974 年提出,是最简化的分析模型。它将一矩形贴片天线等效为一段微带传输线,两端由辐射缝隙的等效导纳加载。主要用于薄矩形贴片。

图 6.3-2　SIR-C 雷达 L 波段微带天线阵

2. 空腔模型(Cavity Model, CM)。它将薄微带天线的贴片下空间处理为上下为电壁、四周由磁壁围成的谐振空腔(漏波空腔),从而较严格地解出天线内场,再用等效原理求其外场。美国伊利诺伊大学华裔教授罗远祉(Y. T. Lo)(见图 6.3-4,合影的还有 G. A. Deshamps 等教授)与其研究生在 1979 年首先提出此模型。罗教授是笔者在伊利诺伊大学作访问学者期间的导师,1986 年他被选为美国工程院士。该模型已成功地用于计算厚 $0.005\lambda_\mathrm{d}$ 至 $0.02\lambda_\mathrm{d}$($\lambda_\mathrm{d} = \lambda / \sqrt{\varepsilon_\mathrm{r}}$ 为介质中波长)的微带天线输入阻抗,特别有意义的是它对微带天线的工作特性提供了重要的物理概念。这个方法可用于各种规则贴片,但限于薄微带天线。

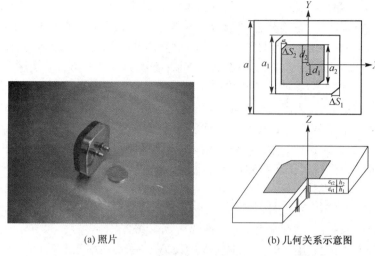

(a) 照片   (b) 几何关系示意图

图 6.3-3　卫星定位系统双频段微带接收天线

图 6.3-4　美国伊利诺伊大学电磁实验室部分人员合影(1981 年)前排左起:S. W. Lee

(李雄武),Y. T. Lo(罗远祉),G. A. Deshamps(德尚),R. Mittra(米特拉)

3. 全波分析法(Full Wave Analysis, FW)。首先在 1981 年至 1982 年间由许多研究者提出。最初的典型处理是积分方程法(Integral Equation Method, IEM),先根据导体贴片上单位电流元满足边界条件的格林函数来表达其电场,令此电场在贴片表面的切向分量为零来建立积分方程,然后用矩量法作数值求解。这种处理称为空域(Space domain)矩量法,其缺点是计算时间长。后来更广泛应用的是谱域(Spectral domain)矩量法,即导出谱域格林函数,在谱域用矩量法解积分方程,从而简化了计算。这方面我国方大纲教授已作了很多工作[12][13]。此外还发展了其他不少处理方法。大致归纳如下:

　　a. 空域矩量法;

　　b. 谱域矩量法,谱域导抗法(Spectral Domain Immittance, SDI);

　　c. 混合位积分方程法(Mixed Potential Integral Equation, MPIE);

　　d. 时域有限差分法(Finite-Difference Time-Domain, FDTD)。

　　这些方法都计入了介质损耗、导体损耗、辐射及表面波的效应,可应用于各种结构、任意厚度的微带天线,然而要受计算模型的精度和机时的限制。

　　从数学处理上看,最早提出的传输线模型把微带天线的分析简化为一维的传输线问题;接着产生的空腔模型则发展到二维边值问题的解析求解;20 世纪 80 年代以来形成和发展的全波分析又进了一步，计入了第三维的效应，成为三维边值问题的数值求解，因而最为严格，但也复杂得多。前二类方法都是基于某些假设而将问题简化，它们可统称为"经验模型"，其优点是物理概念清晰，计算简单。自然，除经验模型与最严格又最复杂的全波分析外，又发展了一些其复杂性介于二者之间的混合方法。例如，由空腔模型的扩展，结合"分割技术"，产生了多端网络法[14]；作为积分方程法的简化，基于已有经验（如空腔模型结果）来得出内场或贴片电流的分布，然后利用特定结构的格林函数来求外场，称为格林函数法[15]或表面电流模型[16]。文献[15]的作者之一 Akira Ishimaru（石丸昭）教授是笔者在华盛顿大学作访问学者期间的导师，他于 1996 年被选为美国工程院院士。

6.3.2　矩形贴片天线的传输线模型

6.3.2.1　工作原理

如图 6.3-5(a)所示，矩形微带贴片尺寸为 $a \times b$，基片厚度 $h \ll \lambda$。该贴片可看成宽为 a 长为 b 的一段微带传输线。沿长度 b 方向的终端呈现开路，因而形成电压波腹，即贴片与（接）地板之间内场的电场强度 $|E|$ 最大。一般取 $b = \lambda_\mathrm{m}/2$，λ_m 是微带线上波长。于是 b 边另一端也是电压波腹。天线的辐射主要就由贴片与地板①间沿这两端的 a 边缝隙形成。

该二边称为辐射边。于是矩形贴片可表示为相距 b 的两条具有复导纳 $G_\mathrm{s} + jB_\mathrm{s}$ 的缝隙。其等效电路如图 6.3-5(b)所示。

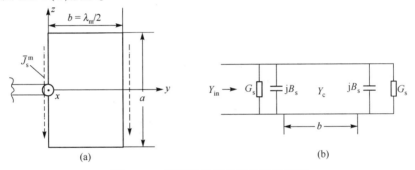

(a)　　　　　　　　　　　　　　　　　　(b)

图 6.3-5　矩形贴片天线的传输线模型

将两条缝隙的辐射场叠加，便得到天线的总辐射场。由等效原理知，窄缝上电场的辐射可等效为面磁流的辐射。贴片与地板间窄缝上的电场分布如图 6.3-6(b)所示，即

$$\bar{E} = \hat{x}E_0 \cos \frac{\pi y}{b} \tag{6.3-1}$$

因而等效的面磁流密度为

$y = 0$ 处 a 边缝隙：　$\bar{J}_\mathrm{s}^\mathrm{m} = -\hat{n} \times \bar{E}\big|_{y=0} = \hat{y} \times \hat{x}E_0 = -\hat{z}E_0$

$y = b$ 处 a 边缝隙：　$\bar{J}_\mathrm{s}^\mathrm{m} = -\hat{n} \times \bar{E}\big|_{y=b} = -\hat{y} \times \hat{x}(-E_0) = -\hat{z}E_0$ 　　(6.3-2)

可见，沿两条 a 边的磁流是同向的，如图 6.3-6(b)所示。故其辐射场在贴片法线方向（x 轴）同相相加，呈最大值，且随偏离此方向的角度增大而减小，形成边射方向图，其 x-z 平面（H 面）和 x-y 平面（E 面）方向图分别如图 6.3-6(c)和图 6.3-6(d)所示。各图下侧画出了磁流方向。由于地板的存在，对上半空间而言，等效于引入磁流 $\bar{J}_\mathrm{s}^\mathrm{m}$ 的正镜像，并因 $h \ll \lambda$，这只相当于将 $\bar{J}_\mathrm{s}^\mathrm{m}$ 加倍而方向图不变，同时下半空间理论上无辐射。

---

① 今后都将接地板简称为地板（ground plate 或 ground plane）。

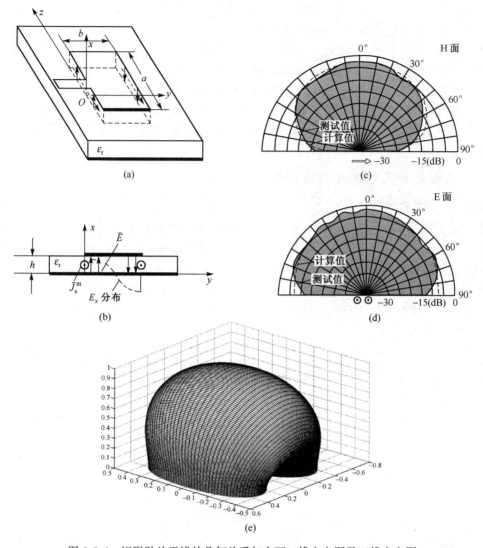

图 6.3-6　矩形贴片天线的几何关系与主面二维方向图及三维方向图

6.3.2.2　辐射场和方向图

先分析 $y=0$ 处窄缝的辐射。该缝隙上等效面磁流密度是

$$\bar{J}_s^m = -\hat{z}E_0 = -\hat{z}\frac{U_0}{h} \tag{6.3-2a}$$

U_0 是缝隙端点的电压。该磁流所产生的电矢位 $\bar{F}_1$ 由式(1.3-6c)给出。对远区场点 $P(r, \theta, \varphi)$ (r 是以 O 为原点的矢径长度，θ 从 z 轴算起，φ 从 x 轴算起)，$R = r - \bar{r}' \cdot \hat{r}$，$\bar{r}' \cdot \hat{r} = (\hat{x}x + \hat{z}z) \cdot (\hat{x}\sin\theta\cos\varphi + \hat{y}\sin\theta\sin\varphi + \hat{z}\cos\theta) = x\sin\theta\cos\varphi + z\cos\theta$。故

$$\bar{F}_1 = -\hat{z}\frac{1}{4\pi r}e^{-jkr}\int_{-a/2}^{a/2}dz\int_{-h}^{h}\frac{U_0}{h}e^{jk(x\sin\theta\cos\varphi + z\cos\theta)}dx$$

这里已计了地板所引起的 $\bar{J}_s^m$ 的正镜像效应。积分得

$$\bar{F}_1 = -\hat{z}\frac{U_0}{\pi r}e^{-jkr}\frac{\sin(kh\sin\theta\cos\varphi)}{kh\sin\theta\cos\varphi}\cdot\frac{\sin\left(\frac{1}{2}ka\cos\theta\right)}{k\cos\theta} \tag{6.3-3}$$

由于薄基片 $kh \ll 1$，$\mathrm{Sinc}(kh \sin \theta \cos \varphi) \approx 1$，从而有

$$\bar{F}_1 = -\hat{z}\frac{U_0 a}{2\pi r}\mathrm{e}^{-\mathrm{j}kr}\mathrm{Sinc}\left(\frac{1}{2}ka\cos\theta\right) = \hat{z}F_1 \tag{6.3-3a}$$

式中 $\mathrm{Sinc}\, x = (\sin x)/x$。

$\bar{F}_1$ 所引起的电场由式(1.3-6b)得出。考虑到远场是 $\hat{r}$ 向传播的横电磁波，因而可利用平面波场的简化算法[10°]。于是得

$$\bar{E}_1 = -\nabla \times \bar{F}_1 = -(-\mathrm{j}k\hat{r}) \times (\hat{r}F_r + \hat{\theta}F_\theta + \hat{\varphi}F_\varphi) = \mathrm{j}k(\hat{\varphi}F_\theta - \hat{\theta}F_\varphi) \tag{6.3-4}$$

式中已将 $\bar{F}_1$ 用其球坐标分量 F_θ，F_φ 表示，球坐标分量与直角坐标分量间的关系可由附录 A 表 A-2 得出：

$$\begin{aligned} F_\theta &= F_x\cos\theta\sin\varphi + F_y\cos\theta\sin\varphi - F_z\sin\theta \\ F_\varphi &= -F_x\sin\varphi + F_y\cos\varphi \end{aligned} \tag{6.3-5}$$

故

$$\bar{E}_1 = \hat{\varphi}\mathrm{j}kF_\theta = -\hat{\varphi}\mathrm{j}kF_z\sin\theta = \hat{\varphi}\mathrm{j}\frac{U_0 a}{\lambda r}\mathrm{e}^{-\mathrm{j}kr}\mathrm{Sinc}\left(\frac{1}{2}ka\cos\theta\right)\sin\theta \tag{6.3-6}$$

再求 $y = b$ 处缝隙与 $y = 0$ 处缝隙共同产生的总辐射场 E。由于二者的等效面磁流等幅同向，其合成场就是由上式乘一个二元阵因子，即

$$\begin{aligned} \bar{E} &= \bar{E}_1(1 + \mathrm{e}^{\mathrm{j}kb\hat{y}\cdot\hat{r}}) = \bar{E}_1(1 + \mathrm{e}^{\mathrm{j}kb\sin\theta\sin\varphi}) \\ &= \bar{E}_1\mathrm{e}^{\mathrm{j}\frac{1}{2}kb\sin\theta\sin\varphi}2\cos\left(\frac{1}{2}kb\sin\theta\sin\varphi\right) = \hat{\varphi}E_\varphi \end{aligned} \tag{6.3-7}$$

$$E_\varphi = \mathrm{j}\frac{2U_0 a}{\lambda r}\mathrm{e}^{-\mathrm{j}k(r - \frac{1}{2}b\sin\theta\cos\varphi)}\mathrm{Sinc}\left(\frac{1}{2}kb\sin\theta\sin\varphi\right)\sin\theta$$

可见其归一化方向函数为

$$F(\theta,\varphi) = \mathrm{Sinc}\left(\frac{1}{2}ka\cos\theta\right)\cos\left(\frac{1}{2}kb\sin\theta\sin\varphi\right)\sin\theta \tag{6.3-8}$$

$$\text{H 面}(x\text{-}z\text{ 平面},\varphi = 0°): \qquad F_H(\theta) = \mathrm{Sinc}\left(\frac{1}{2}ka\cos\theta\right)\sin\theta \tag{6.3-9}$$

$$\text{E 面}(x\text{-}y\text{ 平面},\theta = 90°): \qquad F_E(\varphi) = \sin\left(\frac{1}{2}kb\sin\varphi\right) \tag{6.3-10}$$

当 $a = 10\,\mathrm{mm}$，$b = 30.5\,\mathrm{mm}$，$f = 3.1\,\mathrm{GHz}$ 时，这样计算的三维方向图如图 6.3-6(e)所示；其 H 面与 E 面方向图为图 6.3-6(c)和图 6.3-6(d)所示虚线，可见与测试结果(实线)较吻合。

由上两式求得二主平面半功率波瓣宽度近似值如下：

$$2\theta_{0.5\mathrm{H}} = 2\arccos\sqrt{\frac{1}{2(1 + \pi a/\lambda)}} \tag{6.3-11}$$

$$2\theta_{0.5\mathrm{E}} = 2\arcsin\frac{\lambda}{4b} \tag{6.3-12}$$

对上例情形，H 面和 E 面半功率宽度分别为104°和105°。由于介质中的波长缩短效应，贴片的 b 尺寸都较小于 $\lambda/2$，即使对聚四氟乙烯类低介电常数基片，b 也在 0.3λ 左右。故波瓣较宽。这使微带天线在许多应用中(如电子对抗和作相控阵辐射单元等)很有吸引力。

6.3.2.3　输入导纳与谐振频率

当从辐射边对矩形贴片馈电时如图 6.3-5(a)所示，其等效电路如图 6.3-5(b)所示。其中 G_s 为一条辐射边缝隙的辐射电导，它所损耗的功率等于缝隙的辐射功率：

$$P_{\mathrm{r}} = \frac{1}{2}U_0^2 G_{\mathrm{s}} \tag{6.3-13}$$

该辐射功率为

$$P_{\mathrm{r}} = \int_0^\pi \int_{-\pi/2}^{\pi/2} \frac{1}{2} \frac{|E_1|^2}{120\pi} r^2 \sin\theta \mathrm{d}\theta \mathrm{d}\varphi \tag{6.3-14}$$

将式(6.3-6)代入上式,再代入式(6.3-13)得

$$G_{\mathrm{s}} = \frac{2P_{\mathrm{r}}}{U_0^2} = \frac{1}{120\pi^2} \int_0^\pi \sin^2\left(\frac{1}{2}ka\cos\theta\right)\tan^2\theta\sin\theta \mathrm{d}\theta \tag{6.3-15}$$

对上式用代换 $t = \cos\theta$ 进行积分后有

$$G_{\mathrm{s}} = \frac{1}{120\pi^2}(x\mathrm{Si}\,x + \cos x - 2 + \mathrm{Sinc}\,x) \tag{6.3-16}$$

式中

$$x = ka, \quad \mathrm{Sinc}\,x = \frac{\sin x}{x}, \quad \mathrm{Si}\,x = \int_0^x \mathrm{Sinc}\,u\mathrm{d}u \tag{6.3-16a}$$

利用级数展开式表示上式,略去高阶项后得近似结果如下:

$$G_{\mathrm{s}} = \begin{cases} \frac{1}{90}\left(\frac{a}{\lambda}\right)^2, & a < 0.35\lambda \\ \frac{1}{120}\frac{a}{\lambda} - \frac{1}{60\pi^2}, & 0.35\lambda \le a < 2\lambda \\ \frac{1}{120}\frac{a}{\lambda}, & 2\lambda \le a \end{cases} \tag{6.3-17}$$

可见,$a/\lambda \ll 1$ 时 G_{s} 与 $(a/\lambda)^2$ 成正比,而当 a/λ 较大时,G_{s} 与 a/λ 成正比。

除辐射电导外,开路端缝隙的等效导纳还有一电容部分,它由边缘效应引起。其电纳可用延伸长度 Δl 来表示:

$$B_{\mathrm{s}} = Y_{\mathrm{c}}\tan(\beta\Delta l) \approx \beta\Delta l/Z_{\mathrm{c}} \tag{6.3-18}$$

式中 $Z_{\mathrm{c}} = 1/Y_{\mathrm{c}}$ 是微带线的特性阻抗,惠勒(H. A. Wheeler)给出 Z_{c} 的计算公式如下($w = a$):

$$Z_{\mathrm{c}} = \frac{377}{\sqrt{\varepsilon_{\mathrm{r}}}}\left\{\frac{a}{h} + 0.883 + 0.165\frac{\varepsilon_{\mathrm{r}} - 1}{\varepsilon_{\mathrm{r}}^2} + \frac{\varepsilon_{\mathrm{r}} - 1}{\pi\varepsilon_{\mathrm{r}}}\left[\ln\left(\frac{a}{h} + 1.88\right) + 0.758\right]\right\}^{-1}, \quad \frac{a}{h} > 1 \tag{6.3-19}$$

$\beta = k\sqrt{\varepsilon_{\mathrm{e}}}$,施奈德(W. V. Schneider)已得出 ε_{e} 的一个简单经验公式:

$$\varepsilon_{\mathrm{e}} = \frac{\varepsilon_{\mathrm{r}} + 1}{2} + \frac{\varepsilon_{\mathrm{r}} - 1}{2}\left(1 + \frac{10h}{a}\right)^{-\frac{1}{2}} \tag{6.3-20}$$

哈默斯塔德(E. Hammererstad)给出 Δl 的经验公式如下:

$$\Delta l = 0.412h\left(\frac{\varepsilon_{\mathrm{e}} + 0.3}{\varepsilon_{\mathrm{e}} - 0.258}\right)\left(\frac{a/h + 0.264}{a/h + 0.8}\right) \tag{6.3-21}$$

设等效电容为 C_{s},即 $B_{\mathrm{s}} = \omega C_{\mathrm{s}}$,由于 $\beta = k\sqrt{\varepsilon_{\mathrm{e}}} = \omega\sqrt{\varepsilon_{\mathrm{e}}}/c$,则由式(6.3-18)得

$$C_{\mathrm{s}} = \frac{\sqrt{\varepsilon_{\mathrm{e}}}\Delta l}{cZ_{\mathrm{c}}} \tag{6.3-22}$$

由图6.3-5(b)可知,矩形贴片天线的输入导纳就是将一条缝隙的导纳 Y_{s} 经长为 b、特性导纳为 Y_{c} 的传输线变换后,与另一条缝隙的导纳 Y_{s} 并联的结果:

$$Y_{\mathrm{in}} = Y_{\mathrm{s}} + Y_{\mathrm{c}}\frac{Y_{\mathrm{s}} + \mathrm{j}Y_{\mathrm{c}}\tan\beta b}{Y_{\mathrm{c}} + \mathrm{j}Y_{\mathrm{s}}\tan\beta b} \tag{6.3-23}$$

式中 $Y_s = G_s + jB_s$。如果用延伸长度来表示电容效应，则有

$$Y_{in} = G_s + Y_c \frac{G_s + jY_c \tan\beta(b + 2\Delta l)}{Y_c + jG_s \tan\beta(b + 2\Delta l)} \tag{6.3-24}$$

谐振时，Y_{in} 的虚部为零，得 $Y_{in} = 2G_s = G_r$，谐振长度为

$$b = \frac{\lambda}{2\sqrt{\varepsilon_e}} - 2\Delta l = \frac{c}{2f_r\sqrt{\varepsilon_e}} - 2\Delta l \tag{6.3-25}$$

式中 $c = 3 \times 10^8$ m/S。由此得天线谐振频率 f_r 的计算式如下：

$$f_r = \frac{c}{2(b + 2\Delta l)\sqrt{\varepsilon_e}} \tag{6.3-26}$$

例 6.3-1　矩形贴片天线边长为 $a = 11.43$ cm，$b = 7.62$ cm，其基片厚 $h = 1.59$ mm，相对介电常数 $\varepsilon_r = 2.62$。求其谐振频率 f_r。

[解]

$$\varepsilon_e = \frac{\varepsilon_r + 1}{2} + \frac{\varepsilon_r - 1}{2}\left(1 + \frac{10h}{a}\right)^{-\frac{1}{2}} = \frac{3.62}{2} + \frac{1.62}{2}\left(1 + \frac{1.59}{11.43}\right)^{-\frac{1}{2}} = 2.569$$

$$\Delta l = 0.412h\left(\frac{\varepsilon_e + 0.3}{\varepsilon_e - 0.258}\right)\left(\frac{a/h + 0.264}{a/h + 0.8}\right) = 0.412 \times 1.59\left(\frac{2.869}{2.311}\right)\left(\frac{72.15}{72.69}\right) = 0.81 \text{ mm}$$

$$b + 2\Delta l = 76.2 + 2 \times 0.81 = 77.8 \text{ mm}$$

$$f_r = \frac{c}{2(b + 2\Delta l)\sqrt{\varepsilon_e}} = \frac{3 \times 10^8}{2 \times 77.8 \times 10^{-3} \times \sqrt{2.569}} = 1.203 \times 10^9 \text{ Hz} = 1203 \text{ MHz}$$

由后面图 6.3-12 中实验结果可知，其实测值为 1190 MHz，可见相对误差仅为 1%。

值得说明，用式(6.3-23)或式(6.3-24)计算 Y_{in} 虽然简单，但并不准确。为改进 Y_{in} 的计算精度，并为了能用于任意馈电点(例如从贴片中部用同轴探针馈电)，已发展了一些改进模型。皮尤斯(H. Pues)和卡佩尔(A. Van de Dapelle)提出的改进模型把矩形贴片用三端网络来表示。它可用来计算双端馈电的特性，并已获得与实测相近的结果[2]。

6.3.3　矩形贴片天线的空腔模型

在薄微带天线($h \ll \lambda$)的前提下，可将微带贴片与地板之间的空间看成上下为电壁、四周为磁壁的漏波空腔。于是便可根据边界条件用模展开法或模匹配法解出该区域的内场。天线辐射场由空腔四周缝隙的等效磁流的辐射来得出，天线输入阻抗可由空腔内场和馈源激励条件来求得。

6.3.3.1　内场

如图 6.3-7 所示，当 $h \ll \lambda$，贴片与地板之间的场可做以下假定：1)电场只有 E_z 分量，磁场只有 H_x 和 H_y 分量，即这是对 z 向的 TM 型场；2)内场不随 z 坐标变化；3)四周边缘处电流无法向分量，即边缘处切向磁场为零，故空腔四周可视为磁壁。实际上与微带线情形一样，微带贴片四周存在边缘效应。它可由尺寸的适当延伸来计入，即尺寸 a 和 b 应理解为计入延伸后的等效尺寸。

设同轴探针(内导体)接在贴片上(x_0, y_0)处，外导体与地板相连，需求空腔内任意点(x, y)处的场(由于内场不随 z 变化，现在已把问题简化为二维问题)。此馈源可看成是沿 z 向的电流源 $\bar{J}$，因而内场波动方程为式(1.1-15)，并因 $\bar{J}$ 不随 z 坐标变化，$\nabla \cdot \bar{J} = -j\omega\rho_v = 0$，从而有

$$\nabla^2\bar{E} + k^2\bar{E} = j\omega\mu_0\bar{J} \tag{6.3-27}$$

考虑到基片介质的相对介电常数为 ε_r, 损耗角正切为 $\tan\delta$, 式中波数 k 为

$$k = \omega\sqrt{\mu_0\varepsilon} = k_0\sqrt{\varepsilon_r(1-\mathrm{j}\tan\delta)} \tag{6.3-28}$$

由于 $\bar{J} = \hat{z}J_z$, $\bar{E} = \hat{z}E_z$, 式(6.3-27)化为标量方程:

$$(\nabla^2 + k^2)E_z = \mathrm{j}\omega\mu_0 J_z \tag{6.3-29}$$

由上式解出 E_z 后, 便可由式(1.1-5a)求得 H_x 和 H_y:

$$\begin{cases} \bar{H} = \dfrac{1}{-\mathrm{j}\omega\mu_0}\nabla\times\bar{E} = \dfrac{\mathrm{j}}{\omega\mu_0}\nabla E_z\times\hat{z} = \hat{x}H_x + \hat{y}H_y \\[2mm] H_x = \dfrac{\mathrm{j}}{\omega\mu_0}\dfrac{\partial E_z}{\partial y} \\[2mm] H_y = -\dfrac{\mathrm{j}}{\omega\mu_0}\dfrac{\partial E_z}{\partial x} \end{cases} \tag{6.3-30}$$

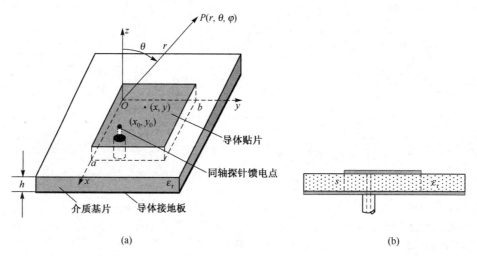

图 6.3-7 空腔模型几何关系

采用模展开法求解方程(6.3-29), 就是把解表示为各本征模的叠加。其本征函数由求解无源区域的齐次波动方程得出

$$\nabla^2\psi_{mn} + k_{mn}^2\psi_{mn} = 0 \tag{6.3-31}$$

对于矩形贴片, 采用图6.3-7所示直角坐标系, 上式化为

$$\left(\frac{\partial^2}{\partial x^2} + \frac{\partial^2}{\partial y^2} + k_{mn}^2\right)\psi_{mn} = 0 \tag{6.3-32}$$

式中 ψ_{mn} 代表 E_z 的一个模, 边界条件是四边切向磁场为零, 结合式(6.3-30)得:

$$H_y\big|_{x=0} = 0 \ \text{即} \ \frac{\partial\psi_{mn}}{\partial x}\bigg|_{x=0} = 0 \tag{6.3-33a}$$

$$H_y\big|_{x=a} = 0 \ \text{即} \ \frac{\partial\psi_{mn}}{\partial x}\bigg|_{x=a} = 0 \tag{6.3-33b}$$

$$H_x\big|_{y=0} = 0 \ \text{即} \ \frac{\partial\psi_{mn}}{\partial y}\bigg|_{y=0} = 0 \tag{6.3-33c}$$

$$H_x\big|_{y=b} = 0 \ \text{即} \ \frac{\partial\psi_{mn}}{\partial y}\bigg|_{y=b} = 0 \tag{6.3-33d}$$

利用边界条件式(6.3-33a)~式(6.3-33d)可得

$$\psi_{mn} = C_{mn}\cos\frac{m\pi x}{a}\cos\frac{m\pi y}{b} \tag{6.3-34}$$

$$k_{mn} = \sqrt{\left(\frac{m\pi}{a}\right)^2 + \left(\frac{n\pi}{b}\right)^2} \tag{6.3-35}$$

同理可解出不同形状贴片的 ψ_{mn} 和 k_{mn}，一些结果已列在文献[2]和[9°]等的表中。这些式中 m，$n = 0$，1，2，……每组 m 和 n 值代表一个模，每个模都满足空腔边界条件，而且它们都是正交函数。因此，它们的线性组合就表示式(6.3-31)的一般解，即

$$E_z = \sum_{m,n} A_{mn}\psi_{mn} \tag{6.3-36}$$

展开系数 A_{mn} 需由激励条件来确定。由上式和式(6.3-29)得

$$\nabla^2 E_z = \sum_{m,n} A_{mn}\nabla^2\psi_{mn} = j\omega\mu_0 J_z - k^2\sum_{m,n} A_{mn}\psi_{mn}$$

将式(6.3-31)代入上式，得

$$\sum_{m,n} A_{mn}(k^2 - k_{mn}^2)\psi_{mn} = j\omega\mu_0 J_z$$

用 $\psi_{m'n'}^*$ 乘此式两边($*$ 表示共轭复数)，并对空腔区域积分，得

$$\sum_{m,n} A_{mn}(k^2 - k_{mn}^2)\int_s \psi_{mn}\psi_{m'n'}^* ds = j\omega\mu_0\int_s J_z\psi_{m'n'}^* ds$$

因只有 $m = m'$，$n = n'$ 时 ψ_{mn} 和 $\psi_{m'n'}$ 的内积不为零，其他 ψ_{mn} 和 $\psi_{m'n'}^*$ 都是相互正交的，故上式给出 A_{mn} 如下：

$$A_{mn} = \frac{j\omega\mu_0}{k^2 - k_{mn}^2}\frac{\int_s J_z\psi_{mn}^* ds}{\int_s \psi_{mn}\psi_{mn}^* ds} \tag{6.3-37}$$

把式(6.3-37)代入式(6.3-36)，便得到内场一般解：

$$E_z = jk_0\eta_0\sum_{m,n}\frac{1}{k^2 - k_{mn}^2}\frac{\int_s J_z\psi_{mn}^* ds}{\int_s \psi_{mn}\psi_{mn}^* ds}\psi_{mn} \tag{6.3-38}$$

式中已代入 $\omega\mu_0 = k_0\eta_0$，$\eta_0 = \sqrt{\mu_0/\varepsilon_0} = 120\pi(\Omega)$，$k_0 = \omega\sqrt{\mu_0\varepsilon_0} = 2\pi/\lambda$。

图 6.3-7 中的同轴探针馈源可表示为由地板流向贴片的 z 向电流加上地板上同轴开口处的小磁流环。后者很小，可以略去；前者可等效为中心在 (x_0, y_0)，x 向(或 y 向)宽为 d_0 的电流片。设总电流为 I_0，有

$$J_z = \begin{cases} I_0/d_0, & x_0 - d_0/2 < x < x_0 + d_0/2, \ y = y_0 \\ 0, & \text{其他} \end{cases} \tag{6.3-39}$$

利用式(6.3-34)和式(6.3-39)，有

$$\int_s J_z\psi_{mn}^* ds = C_{mn}\cos\frac{n\pi y_0}{b}\int_{x_0-d_0/2}^{x_0+d_0/2}\frac{I_0}{d_0}\cos\frac{m\pi x}{a}dx$$

$$= C_{mn}I_0\cos\frac{m\pi x_0}{a}\cos\frac{n\pi y_0}{b}\text{Sinc}\left(\frac{m\pi d_0}{2a}\right)$$

$$\int_s \psi_{mn}\psi_{mn}^* ds = C_{mn}^2\int_o^a\cos^2\left(\frac{m\pi x}{a}\right)dx\int_o^b\cos^2\left(\frac{n\pi y}{b}\right)dy = C_{mn}^2\frac{ab}{\delta_{om}\delta_{on}}$$

这里 δ_{om} 和 δ_{on} 是纽曼(Neumann)数：

$$\delta_{op} = \begin{cases} 2, & p \neq 0 \\ 1, & p = 0 \end{cases} \tag{6.3-40}$$

为表达简洁起见,令 $\int_s \psi_{mn}\psi_{mn}^* \mathrm{d}s = 1$,得

$$C_{mn} = \left(\frac{\delta_{om}\delta_{on}}{ab}\right)^{1/2} \tag{6.3-41}$$

将上述关系代入式(6.3-38),得矩形贴片下空腔内任意点 (x, y) 处的电场如下:

$$E_z = \mathrm{j}k_0\eta_0 I_0 \sum_{m, n} \frac{\psi_{mn}(x_0, y_0)\mathrm{Sinc}\left(\dfrac{m\pi d_0}{2a}\right)}{k^2 - k_{mn}^2}\psi_{mn}(x, y) \tag{6.3-42}$$

或

$$E_z = \sum_{m, n} B_{nm}\cos\frac{m\pi x}{a}\cos\frac{n\pi y}{b} \tag{6.3-42a}$$

式中

$$B_{nm} = \mathrm{j}k_0\eta_0 \frac{I_0}{k^2 - k_{mn}^2}\left(\frac{\delta_{om}\delta_{on}}{ab}\right)\cos\frac{m\pi x_0}{a}\cos\frac{n\pi y_0}{b}\mathrm{Sinc}\left(\frac{m\pi d_0}{2a}\right) \tag{6.3-42b}$$

上式中 $k = k_0\sqrt{\varepsilon_r(1 - \mathrm{j}\tan\delta)}$ 是近于实数的复数($\tan\delta \ll 1$),由工作频率决定;k_{mn} 是本征模的截止波数,为实数,由天线尺寸和模序 m、n 确定。当工作频率选得使 k 很近于某 k_{mn} 值时,分母上的 $k^2 - k_{mn}^2$ 很小而使第 (m, n) 项振幅变得很大,内场基本上就由这个项决定。这时我们就说该天线工作于第 (m, n) 模,或说对 TM_{mn} 模谐振。其次,该式也表明,对任一 ψ_{mn} 分布,不同的 J_z 位置(激励条件)将导致不同的激励振幅(展开系数),从而将得出不同的内场。

将式(6.3-42b)代入式(6.3-30)得到内场的磁场分量如下:

$$\begin{cases} H_x = \sum_{m, n} -\mathrm{j}\dfrac{B_{mn}}{\omega\mu_0}\left(\dfrac{n\pi}{b}\right)\cos\dfrac{m\pi x}{a}\sin\dfrac{n\pi y}{b} \\ H_y = \sum_{m, n} \mathrm{j}\dfrac{B_{mn}}{\omega\mu_0}\left(\dfrac{m\pi}{a}\right)\sin\dfrac{m\pi x}{a}\cos\dfrac{n\pi y}{b} \end{cases} \tag{6.3-43}$$

TM_{mn} 模的谐振频率可由式(6.3-35)得出(取 $k_0\sqrt{\varepsilon_r} = k_{mn}$):

$$f_{mn} = \frac{c}{2\sqrt{\varepsilon_r}}\sqrt{\left(\frac{m}{a}\right)^2 + \left(\frac{n}{b}\right)^2} \tag{6.3-44}$$

将上式中 ε_r 用微带线等效相对介电常数 ε_e 代替,将能获得更近于实测结果的谐振频率值:

$$f_{mn} = \frac{c}{2\sqrt{\varepsilon_e}}\sqrt{\left(\frac{m}{a}\right)^2 + \left(\frac{n}{b}\right)^2} \quad \text{或} \quad f_{mn}(\mathrm{GHz}) = \frac{15}{a(\mathrm{cm})\sqrt{\varepsilon_e}}\sqrt{m^2 + n^2\left(\frac{a}{b}\right)^2} \tag{6.3-45}$$

除 $m = n = 0$ 的静态模外,几个低阶模谐振频率为

$$\begin{cases} f_{10} = \dfrac{c}{2a\sqrt{\varepsilon_e}}, & f_{01} = \dfrac{c}{2b\sqrt{\varepsilon_e}} \\ f_{11} = \dfrac{c}{2\sqrt{\varepsilon_e}}\sqrt{\dfrac{1}{a^2} + \dfrac{1}{b^2}}, & f_{20} = \dfrac{c}{a\sqrt{\varepsilon_e}} \end{cases} \tag{6.3-45a}$$

注意,以上式中的 a 和 b 应为等效尺寸,它比物理尺寸 a' 和 b' 稍大:

$$\begin{cases} a = a' + 2\Delta l(b') \\ b = b' + 2\Delta l(a') \end{cases} \tag{6.3-46}$$

$\Delta l(w)$ 由式$(6.3\text{-}21)$得出(取 $w = a'$ 或 b')。ε_e 可按下式取值:

$$\varepsilon_e = \begin{cases} \varepsilon_e(a'), & m = 0 \\ \varepsilon_e(b'), & n = 0 \\ \dfrac{\varepsilon_e(a')\varepsilon_e(b')}{\varepsilon_r}, & \text{其他} \end{cases} \tag{6.3-47}$$

$\varepsilon_e(w)$ 由式$(6.3\text{-}20)$算出。

矩形微带天线通常都工作于 TM_{01} 模,其场分布为

$$E_z = B_{01}\cos\frac{\pi y}{b}$$

这正与传输线模型工作模式相同(坐标取法不同)。其谐振频率为

$$f_{01} = \frac{c}{2b\sqrt{\varepsilon_e}} = \frac{c}{2(b' + 2\Delta l)\sqrt{\varepsilon_e}}$$

此式与$(6.3\text{-}26)$相同。可见传输线模型相当于空腔模型只计主模 TM_{01} 时的情形。

6.3.3.2 辐射场和方向图

一旦求得内场,便可应用等效性原理来得出外空间的场。选取封闭面 s 如图 6.3-7(b) 所示。s 面上、下表面的电流可以忽略;其四周为磁壁,切向磁场为零,因而其等效电流也为零。但四周磁壁上有切向电场 E_z,故有等效磁流:

$$\bar{J}_s^m = -\hat{n} \times \hat{z}E_z$$

对于矩形贴片,当它对 TM_{mn} 模谐振时,四周的等效磁流为:

$$\begin{cases} \bar{J}_s^m = \hat{x}B_{mn}\cos\dfrac{m\pi x}{a}, & y = 0 \\ \bar{J}_s^m = -\hat{x}B_{mn}(-1)^n\cos\dfrac{m\pi x}{a}, & y = b \\ \bar{J}_s^m = -\hat{y}B_{mn}\cos\dfrac{n\pi y}{b}, & x = 0 \\ \bar{J}_s^m = \hat{y}B_{mn}(-1)^m\cos\dfrac{n\pi y}{b}, & x = a \end{cases} \tag{6.3-48}$$

几种不同模式的场分布曲线如图 6.3-8 所示,图中箭头代表四周的等效面磁流方向。由磁流分布可定性地预计天线的方向图和极化。这些磁流分布有以下规律:

1. TM_{mn} 模的磁流沿 a 边有 m 个零点,沿 b 边有 n 个零点;

2. 两个相邻零点的间隔为 $\lambda_m/2$;

3. 每经过一个零点,$\bar{J}_s^m$ 便改变方向;

4. 贴片四角处 $\bar{J}_s^m$ 为最大值;

5. $\bar{J}_s^m$ 沿周边的分布是连续的,按正弦分布或均匀分布。

等效磁流源在远区产生的电矢位为

$$\bar{F} = \frac{h}{2\pi r}e^{-jk_0 r}\int_s \bar{J}_s^m e^{jk_0(x\sin\theta\cos\varphi + y\sin\theta\sin\varphi)}\,\mathrm{d}x\mathrm{d}y \tag{6.3-49}$$

这里已计入地板所引起的 $\bar{J}_s^m$ 正镜像效应,并考虑到 $h \ll \lambda$,故沿 z 向积分结果只是乘以 $2h$。用式$(6.3\text{-}48)$代入上式,得

$$\bar{F} = \frac{h}{2\pi r}e^{-jk_0 r}B_{mn}\left\{\hat{x}\left[1 - (-1)^n e^{jk_0 b\sin\theta\sin\varphi}\right]\int_0^a \cos\frac{m\pi x}{a}e^{jk_0 x\sin\theta\cos\varphi}\mathrm{d}x\right.$$

$$+ \hat{y}[-1 + (-1)^m e^{jk_0 a \sin \theta \cos \varphi}] \int_0^b \cos \frac{n\pi y}{b} e^{jk_0 y \sin \theta \cos \varphi} dy \Big\}$$

积分后

$$\bar{F} = j \frac{2h}{\pi r} e^{-jk_0 r} e^{j(\frac{u+m\pi}{2} + \frac{v+n\pi}{2})}$$

$$\cdot B_{mn} \sin \frac{u+m\pi}{2} \sin \frac{v+n\pi}{2} \left[-\hat{x} \frac{au}{u^2 - (m\pi)^2} + \hat{y} \frac{bv}{v^2 - (n\pi)^2} \right] \tag{6.3-50}$$

式中

$$\begin{cases} u = k_0 a \sin \theta \cos \varphi \\ v = k_0 b \sin \theta \sin \varphi \end{cases} \tag{6.3-50a}$$

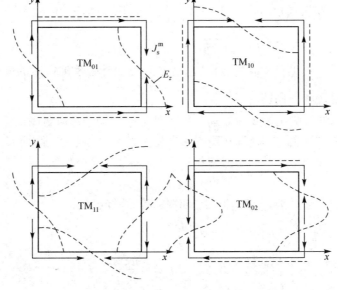

图 6.3-8　矩形贴片的内场分布曲线与四周等效磁流方向

远区场可利用式(6.3-4)和式(6.3-5)得出:

$$\begin{cases} \bar{E} = \hat{\theta} E_\theta + \hat{\varphi} E_\varphi \\ E_\theta = -jk_0 F_\varphi = jk_0 (F_x \sin \varphi - F_y \cos \varphi) \\ E_\varphi = jk_0 F_\theta = jk_0 (F_x \cos \varphi + F_y \sin \varphi) \cos \theta \end{cases} \tag{6.3-51}$$

把式(6.3-50)代入上式, 得

$$\begin{cases} E_\theta = \frac{4k_0 U_{mn}}{\lambda_0 r} e^{-jk_0 r} e^{j(\frac{u+m\pi}{2} + \frac{v+n\pi}{2})} \sin \frac{u+m\pi}{2} \sin \frac{v+n\pi}{2} \\ \qquad \cdot \left[\frac{a^2}{u^2 - (m\pi)^2} + \frac{b^2}{v^2 - (n\pi)^2} \right] \sin \theta \sin \varphi \cos \varphi \\ E_\varphi = \frac{4k_0 U_{mn}}{\lambda_0 r} e^{-jk_0 r} e^{j(\frac{u+m\pi}{2} + \frac{v+n\pi}{2})} \sin \frac{u+m\pi}{2} \sin \frac{v+n\pi}{2} \\ \qquad \cdot \left[\frac{a^2 \cos^2 \varphi}{u^2 - (m\pi)^2} - \frac{b^2 \sin^2 \varphi}{v^2 - (n\pi)^2} \right] \sin \theta \cos \theta \end{cases} \tag{6.3-52}$$

式中 $U_{mn} = h b_{mn}$, 是 TM_{mn} 模在贴片角端 $x = y = 0$ 处的电压。

对主模 TM_{01}, $m = 0$, $n = 1$, 故

$$\begin{cases} E_\theta = \mathrm{j}\dfrac{4k_0 U_{01}}{\lambda r}\mathrm{e}^{-\mathrm{j}k_0 r}\mathrm{e}^{\mathrm{j}\left(\frac{u+v}{2}\right)}\sin\left(\dfrac{u}{2}\right)\cos\left(\dfrac{v}{2}\right) \\ \qquad \cdot \left[\dfrac{a^2}{u^2}+\dfrac{b^2}{v^2-\pi^2}\right]\sin\theta\sin\varphi\cos\varphi \\ E_\varphi = \mathrm{j}\dfrac{4k_0 U_{01}}{\lambda r}\mathrm{e}^{-\mathrm{j}k_0 r}\mathrm{e}^{\mathrm{j}\left(\frac{u+v}{2}\right)}\sin\left(\dfrac{u}{2}\right)\cos\left(\dfrac{v}{2}\right) \\ \qquad \cdot \left[\dfrac{a^2\cos^2\varphi}{u^2}-\dfrac{b^2\sin^2\varphi}{v^2-\pi^2}\right]\sin\theta\cos\theta \end{cases} \tag{6.3-53}$$

H 面($\varphi = 0$):$u = k_0 a\sin\theta$,$v = 0$

$$\begin{cases} E_\theta = 0 \\ E_\varphi = \mathrm{j}\dfrac{2a_0 U_{01}}{\lambda r}\mathrm{e}^{-\mathrm{j}k_0 r}\mathrm{e}^{\mathrm{j}\frac{k_0 a}{2}\sin\theta}\dfrac{\sin\left(\dfrac{k_0 a}{2}\sin\theta\right)}{\dfrac{k_0 a}{2}\sin\theta}\cos\theta \end{cases} \tag{6.3-53a}$$

E 面($\varphi = 90°$):$u = 0$,$v = k_0 b\sin\theta$

$$\begin{cases} E_\theta = \mathrm{j}\dfrac{2a U_{01}}{\lambda r}\mathrm{e}^{-\mathrm{j}k_0 r}\mathrm{e}^{\mathrm{j}\frac{k_0 b}{2}\sin\theta}\cos\left(\dfrac{k_0 b}{2}\sin\theta\right) \\ E_\varphi = 0 \end{cases} \tag{6.3-53b}$$

上面式(6.3-53)与传输线模型的式(6.3-7)是不同的。它不但给出了主极化分量,也包括了由 b 边辐射所引起的交叉极化分量。对主模 TM_{01} 来说,其 b 边在二主平面上无辐射,故式(6.3-53a)和式(6.3-53b)的方向函数与传输线模型是一致的(仅坐标取法不同)。严格说来,作为空腔模型,还应计入可能被激励的其他模的辐射,这对交叉极化分量的计算是重要的。而对主极化分量的主面方向图,只计入主模的贡献一般就能得出与实测相近的结果。

各模的主面方向图不难由其边缘磁流分布加以定性估计。可以看出,模值取(0,1),(1,0),(0,$2n+1$)和($2m+1$,0)等模都在边射方向形成最大值;而模值取(0,2),(2,0),(0,$2n$)和($2m$,0)等模则在边射方向形成零点。图 6.3-9 为对 $a = 1.5b$,$f_{mn} = 1$ GHz 的矩形贴片天线计算的主面方向图。可见,TM_{01}、TM_{10}、TM_{03} 模都具有边射方向图,而 TM_{11} 模的最大方向则偏离边射方向。注意,在二主面上 TM_{01} 与 TM_{03} 模极化相同,但 TM_{01} 模极化与之正交。

需要指出,为激励所需模式,不但工作频率须近于该模的谐振频率,而且馈源位置要适当,例如对于同轴馈源,当探针位于 E_z 最大点处,将能获得最强的耦合,但是,这并不意味着输入功率一定是最大的;只有当天线输入阻抗与馈线相匹配时才有最大输入功率。

由上可见,如能同时激励 TM_{01} 模和 TM_{03} 模,便可实现具有相同极化的双频工作。基于这一思路笔者在美国伊利诺伊大学厄班那-香槟分校期间,在罗远祉(Y. T. Lo)教授的亲切指导下,最先制成了这种利用双模工作的双频天线[17]。文献[17]可能是国际上最早意识到利用微带天线的多模特性来创新的论文之一,曾由后来的两本著名手册详细加以介绍。值得说明的是,现在看来这是很简单的,但当时却很费了一番周折才找到这一条路,即意识到不同模式的独立存在。实验天线如图 6.3-10 所示,在 a 边中点处用同轴探针馈电。这时 TM_{01} 模的匹配良好,但对 TM_{03} 模出现过大的感抗,为此,在馈点处加了一段容性短路枝节贴片(如图 6.3-10 所示),改进了高频端的匹配,而对低频端影响不大。实测的低频段 $S \leqslant 3$ 带宽为 2%,而高频段 $S \leqslant 3$ 带宽达 8%。同时,为使频率比 f_{03}/f_{01} 可调,在 TM_{03} 模的零值线上插入 1 至 6 根短路针,使频率比 f_{03}/f_{01} 由大约 3 倍调至 2 倍左右,如表 6.3-1 所示。当时所用的网络参数测试设备示于图 6.3-10(b)，被测贴片天线面向一小暗室辐射；网络分析仪需要在仪器外调节双线支路进行校准。典型的低频段和高频段实测方向图示于图 6.3-11(a)中。图 6.3-11(b)为测试装置，其中可作 0～180°旋转的 U 形臂中央为辅助天线，被测贴片天线置于测试室屋顶中央圆盘上(圆盘可转动，以便分别测试 E 面和 H 面方向图)，圆盘表面与屋顶的铝板共面，因而天线地板尺寸很大。

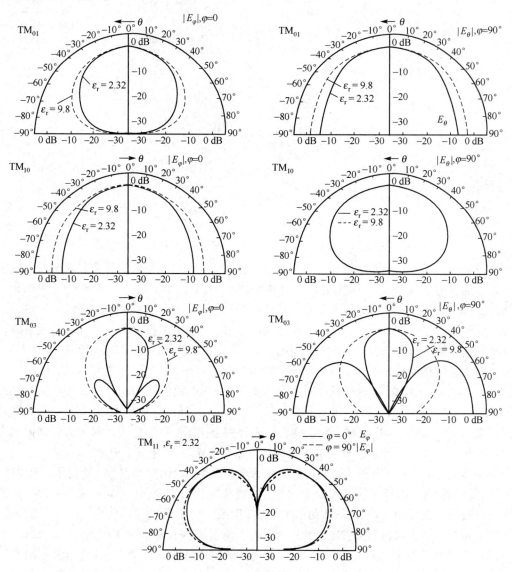

图 6.3-9　矩形贴片的方向图($f_{mn}=1$ GHz, $a/b=1.5$)1) $\varepsilon_r=2.32$, $h=$
0.795, 1.59, 3.18 mm;2) $\varepsilon_r=9.8$, $h=0.254, 0.635, 1.27$ mm

　　上述设计的一个发展是采用一边短路的变型(混合型)矩形贴片天线。其尺寸只是上例贴片的一半，并且短路针数也减少一半，而能获得相同的双频比。特别是，只有一条辐射边，使 TM_{01} 模和 TM_{03} 模都具有单瓣边射方向图。5.3.2 节"手机天线"中介绍的平面倒 F 天线(PIFA)正是这种一边短路的混合型矩形贴片天线，只是采用了空气介质。

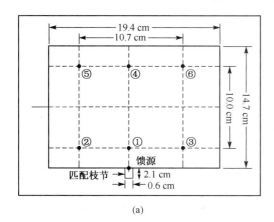

(a)　　　　　　　　　　　　　　　　　　(b)

图 6.3-10　双频矩形贴片天线几何关系与网络参数测试设备

表 6.3-1　双频矩形贴片天线的频率比随短路针数的变化

短路针数	短路针位置	f_{01}/MHz	f_{03}/MHz	f_{03}/f_{01}
0	–	613	1861	3.04
1	(1)	664	1874	2.82
2	(1)(2)	706	1865	2.64
3	(1)(2)(3)	792	1865	2.36
6	(1)to(6)	891	1865	2.09

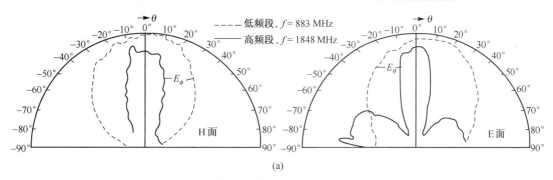

(a)

(b)

图 6.3-11　双频矩形贴片天线的实测方向图与测试装置(美国伊利诺伊大学)

6.3.3.3　输入阻抗与等效电路

天线输入阻抗 Z_{in} 可由馈源处的激励电压 U_0 除以该处电流 I_0 来得出。设馈源模型为 (x_0, y_0) 处宽为 d_0 的 x 向电流片，将该 d_0 宽度上的电压平均值取为 U_0，即

$$U_0 = -hE_{z0} = -\frac{h}{d_0}\int_{x_0-d_0/2}^{x_0+d_0/2} E_z(x_0, y_0)\mathrm{d}x = -h\sum_{m,n}B_{mn}\cos\frac{m\pi x_0}{a}\cos\frac{n\pi y_0}{b}\mathrm{Sinc}\left(\frac{m\pi d_0}{2a}\right) \quad (6.3\text{-}54)$$

E_{z0} 是 E_z 在馈源宽度上的平均值, 于是利用式(6.3-42)得

$$Z_{\mathrm{in}} = \frac{U_0}{I_0} = jk_0\eta_0 h\sum_{m,n}\frac{\psi_{mn}^2(x_0, y_0)}{k_{mn}^2 - k^2}\mathrm{Sinc}^2\left(\frac{m\pi d_0}{2a}\right) \quad (6.3\text{-}55)$$

用上式计算时, 实际上并不能得出正确的阻抗特性。这是因为, 当对某 TM_{mn} 模谐振时, 上式分母 $k_{mn}^2 - k^2 = k_{mn}^2 - k_0^2\varepsilon(1 - j\tan\delta)$ 很小(主要与 $\tan\delta$ 有关), 使这一项起主要作用。然而, 这里 $\tan\delta$ 只计入了介质损耗而并不包括大得多的辐射损耗。这样, 在 $\tan\delta$ 计算上的可能误差就将大大影响阻抗值。从另一方面来说, 空腔谐振特性与其 Q 值有关。对于只有介质损耗的理想空腔, $Q_0 = 1/\tan\delta$。这里 $\tan\delta$ 是介质损耗角正切而未考虑其他损耗效应, 因此所得空腔品质因数值是过高的。这就是说, 现在所研究的是具有辐射损耗的漏波空腔。若作为理想的封闭空腔来处理, 必须计入全部损耗来得出 Q 值。为此, 文献[30]引入等效损耗角正切 $\tan\delta_{\mathrm{eff}} = 1/Q$, 这里 Q 是计入全部损耗后的值。相应地, 用 k_{eff} 来代替式(6.3-55)中的 k, 即取

$$k_{\mathrm{eff}} = k_0\sqrt{\varepsilon_r(1 - j\tan\delta_{\mathrm{eff}})} \quad (6.3\text{-}56)$$

式中,

$$\tan\delta_{\mathrm{eff}} = \frac{1}{Q} = \frac{P}{2\omega W_e} = \frac{P_r + P_c + P_d + P_{\mathrm{sw}}}{2\omega W_e} = \frac{1}{Q_r} + \frac{1}{Q_c} + \frac{1}{Q_d} + \frac{1}{Q_{\mathrm{sw}}} \quad (6.3\text{-}57)$$

P 是总损耗功率, P_r、P_c、P_d 和 P_{sw} 分别是辐射损耗、导体损耗、介质损耗和表面波损耗功率; Q_r、Q_c、Q_d 和 Q_{sw} 是这些损耗所引起的相应 Q 值; W_e 是谐振时空腔的时间平均电储能。

用 k_{eff} 来代替 k 后, 式(6.3-55)化为

$$Z_{\mathrm{in}} = jk_0\eta_0 h\sum_{m,n}\frac{\psi_{mn}^2(x_0, y_0)}{k_{mn}^2 - k_{\mathrm{eff}}^2}\mathrm{Sinc}^2\left(\frac{m\pi d_0}{2a}\right) \quad (6.3\text{-}58)$$

下面研究式(6.3-57)中 Q 值的计算。考虑对 TM_{mn} 模谐振的情况, 有

$$W_e = \frac{1}{4}\varepsilon_0\varepsilon_r h\int_0^a\int_0^b |E_z|^2\mathrm{d}x\mathrm{d}y = \frac{\varepsilon_0\varepsilon_r ab}{4h\delta_{om}\delta_{on}}U_{mn}^2 \quad (6.3\text{-}59)$$

$$P_r = \frac{1}{2\eta_0}\int_0^{\pi/2}\int_0^{2\pi}(|E_\theta|^2 + |E_\varphi|^2)r^2\sin\theta\mathrm{d}\theta\mathrm{d}\varphi \quad (6.3\text{-}60)$$

令

$$P_r = \frac{1}{2}U_{mn}^2 G_r$$

$$G_r = \frac{2P}{U_{mn}^2} = \frac{1}{U_{mn}^2\eta_0}\int_0^{\pi/2}\int_0^{2\pi}(|E_\theta|^2 + |E_\varphi|^2)r^2\sin\theta\mathrm{d}\theta\mathrm{d}\varphi \quad (6.3\text{-}61)$$

故

$$Q_r = \frac{2\omega W_e}{P_r} = \frac{\omega\varepsilon_0\varepsilon_r ab}{h\delta_{om}\delta_{on}G_r} = \frac{\varepsilon_r ab}{60\lambda h\delta_{om}\delta_{on}G_r} \quad (6.3\text{-}62)$$

对于 TM_{01} 模有

$$Q_r = \frac{\varepsilon_r ab}{120\lambda hG_r} \quad (6.3\text{-}63)$$

若利用式(6.3-17)中第一式来近似 G_r 值($G_r = 2G_s$), 得

$$Q_r = \frac{3}{8}\frac{\lambda}{h}\frac{b}{a}\varepsilon_r \quad (6.3\text{-}63a)$$

空腔上下壁的导体损耗功率为

$$P_{\mathrm{c}} = 2\int_0^a \int_0^b \frac{1}{2} \mid J_{\mathrm{s}} \mid^2 R_{\mathrm{s}} \mathrm{d}x\mathrm{d}y = R_{\mathrm{s}} \int_0^a \int_0^b \mid H \mid^2 \mathrm{d}x\mathrm{d}y = \frac{R_{\mathrm{s}} W_{\mathrm{m}}}{\mu_0 h/4}$$

在谐振频率附近，$W_{\mathrm{m}} \approx W_{\mathrm{e}}$。$R_{\mathrm{s}}$ 为导体表面电阻，$R_{\mathrm{s}} = 1/(\sigma_{\mathrm{c}}\Delta_{\mathrm{c}})$，$\sigma_{\mathrm{c}}$ 为导体电导率，Δ_{c} 为其集肤深度，于是得

$$P_{\mathrm{c}} = 2\omega\Delta_{\mathrm{c}}\frac{W_{\mathrm{e}}}{h} \qquad (6.3\text{-}64)$$

故

$$Q_{\mathrm{c}} = \frac{h}{\Delta_{\mathrm{c}}}, \quad \Delta_{\mathrm{c}} = \sqrt{\frac{2}{\omega\mu_0\sigma_{\mathrm{c}}}} = \frac{1}{\pi}\sqrt{\frac{\lambda}{120\sigma_{\mathrm{c}}}} \qquad (6.3\text{-}65)$$

空腔中介质损耗功率为

$$P_{\mathrm{d}} = \frac{1}{2}\sigma\int_v \mid E_z \mid^2 dv = \frac{1}{2}(\omega\varepsilon_0\varepsilon_{\mathrm{r}}\tan\delta)h\int_0^a\int_0^b \mid E_z \mid^2 \mathrm{d}x\mathrm{d}y = 2\omega W_{\mathrm{e}}\tan\delta \qquad (6.3\text{-}66)$$

故

$$Q_{\mathrm{d}} = \frac{1}{\tan\delta} \qquad (6.3\text{-}67)$$

对于表面波损耗所引起的 Q_{sw} 值，拟合数值结果得出如下近似式（条件：$h/\lambda < 0.06$）：

$$Q_{\mathrm{sw}} = \left[\frac{1}{3.4\sqrt{\varepsilon_{\mathrm{r}} - 1}h/\lambda} - 1\right]Q_{\mathrm{r}} \qquad (6.3\text{-}68)$$

于是得矩形贴片天线 Q 值为

$$Q = \left[\frac{120\lambda hG_{\mathrm{r}}}{\varepsilon_{\mathrm{r}}ab(1 - 3.4\sqrt{\varepsilon_{\mathrm{r}} - 1}h/\lambda)} + \frac{1}{\pi h}\sqrt{\frac{\lambda}{120\sigma_{\mathrm{c}}}} + \tan\delta\right]^{-1} \qquad (6.3\text{-}69)$$

由上式求得 Q 值得到 $\tan\delta_{\mathrm{eff}}$ 后，由式(6.3-56)得出 k_{eff}，便可代入式(6.3-58)算出 Z_{in}。用空腔模型计算的一组输入阻抗结果如图 6.3-12(b)所示，取 $\varepsilon_{\mathrm{r}} = 2.62$，$\tan\delta = 0.00135$，$\sigma_{\mathrm{c}} = 80.2$ kS/cm。其计算与实测结果吻合得极好。计算中利用式(6.3-21)来计算延伸长度 Δl。同轴探针馈源的等效宽度 d_0 是由比较阻抗计算轨迹与实测轨迹来选定的。一旦根据某一馈电位置选定 d_0 后，它就被用于其他任意馈电点(当馈电点很靠近边缘时作为例外，那时需单另选定)。该图表明，在谐振频率附近，史密斯圆图上的输入阻抗轨迹接近于一个圆，其圆心偏于感性区域一边。文献[2]中已对此进行了证明，并说明，谐振电导 G_{r} 愈大，圆将愈小。

图 6.3-12 也表明，改变馈点位置可使阻抗轨迹在宽范围上变化。因此通过适当选择馈点便可实现微带天线对馈线的阻抗匹配。由于天线方向图主要取决于主模的场结构，改变馈点对天线的方向性一般不会产生影响。

令 $k_{mn} = \omega_{mn}\sqrt{\mu_0\varepsilon_0\varepsilon_{\mathrm{r}}}$，式(6.3-58)可改写为

$$Z_{\mathrm{in}} = \mathrm{j}\omega\sum_{m,n}\frac{\alpha_{mn}}{\omega_{mn}^2 - \omega^2(1 - \mathrm{j}\tan\delta_{\mathrm{eff}})} = \sum_{m,n}\frac{1}{G_{mn} + \mathrm{j}\left(\omega C_{mn} - \dfrac{1}{\omega L_{mn}}\right)} \qquad (6.3\text{-}70)$$

式中，

$$G_{mn} = \omega\tan\delta_{\mathrm{eff}}/\alpha_{mn}, \quad C_{mn} = 1/\alpha_{mn}, \quad L_{mn} = \alpha_{mn}/\omega_{mn}^2$$

$$\alpha_{mn} = \frac{h}{\varepsilon_0\varepsilon_{\mathrm{r}}}\psi_{mn}^2(x_0, y_0)\mathrm{Sinc}\left(\frac{m\pi d_0}{2a}\right) = \frac{h\delta_{om}\delta_{on}}{\varepsilon_0\varepsilon_{\mathrm{r}}ab}\cos^2\left(\frac{m\pi x_0}{a}\right)\cos^2\left(\frac{n\pi y_0}{a}\right)\mathrm{Sinc}^2\left(\frac{m\pi d_0}{2a}\right)$$

实际上，微带天线通常都工作于低阶模(如 TM_{01})谐振频率附近，而远离其他谐振点，于是

上式简化为：

$$Z_{in} = \frac{1}{G_{mn} + j\left(\omega C_{mn} - \frac{1}{\omega L_{mn}}\right)} + j\omega L', \quad L' = \sum_{(m',n') \neq (m,n)} \frac{\alpha_{m'n'}}{\omega_{m'n'}^2 - \omega_{mn}^2} \quad (6.3\text{-}71)$$

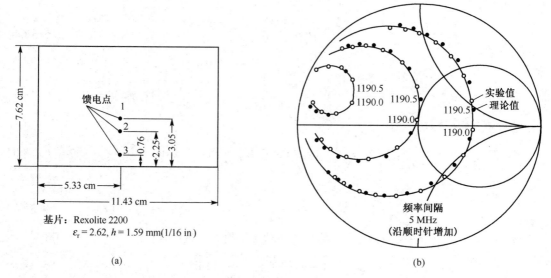

(a)

(b)

图 6.3-12 矩形贴片天线的输入阻抗轨迹

根据上式可得出等效电路如图 6.3-13 所示。由于 $|\omega_{m'n'}^2 - \omega_{mn}^2|$ 大，L' 是小的。这样微带天线的阻抗特性就如同一个 RLC 简单并联谐振电路。当 $\omega = \omega_{mn}$ 时其输入阻抗为纯电阻，且输入电阻呈最大值。对工作于 TM_{01} 模情形，由式(6.3-70)可知($d_0 \ll a$)

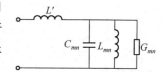

图 6.3-13 微带天线的等效电路

$$R_{01} = \frac{1}{G_{01}} = \frac{\alpha_{01}}{\omega \tan \delta_{eff}} = \frac{2hQ}{\omega \varepsilon_0 \varepsilon_r ab} \cos^2\left(\frac{\pi y_0}{b}\right)$$

$$= \frac{120\lambda hQ}{\varepsilon_r ab} \cos^2\left(\frac{\pi y_0}{b}\right) = R_a \cos^2\left(\frac{\pi y_0}{b}\right) \quad (6.3\text{-}72)$$

可见在 $y_0 = 0$ 处(a 边)R_{01} 最大，R_{01} 随 y_0 增大而减小。R_a 一般为 $100 \sim 300\ \Omega$。为了与 $50\ \Omega$ 馈线匹配，可根据上式将馈点移向贴片中部。TM_{01} 和 TM_{10} 模谐振电阻随馈点位置的变化曲线如图 6.3-14所示，计算与实测数据相当吻合。上式中 Q 值若用式(6.3-63)的 Q_r 来近似，则 $R_a = 1/G_r = R_{r0}$。这就是说，边缘处的输入电阻近似等于其辐射电阻，这从物理意义上看是很合理的。

6.3.3.4 带宽、效率和方向系数

若微带天线在谐振频率上与馈线匹配，则其电压驻波比不大于 S 的相对带宽为[2]

$$B_r = \frac{S-1}{\sqrt{S}Q} \times 100\% \quad (6.3\text{-}73)$$

一般要求电压驻波比不大于 2，则有

$$B_r = \frac{1}{\sqrt{2}Q} \times 100\% \quad (6.3\text{-}74)$$

通常 $Q = 10 \sim 100$，故其带宽约为 $0.7\% \sim 7\%$。可见微带天线是窄频带天线。这是由于它是谐振式天线的缘故。Q 愈高，则谐振特性愈尖锐，故频带愈窄。对于 $a = b$ 的方形贴片，根据计入辐

射、导体和介质损耗的 Q 值来计算的 $S \leqslant 2$ 带宽数据列在表 6.3-2 中，取 $\tan\delta = 0.0005$，$\sigma = 10^7$ S/m。它对等面积的相近贴片(如圆形贴片)也是适用的。

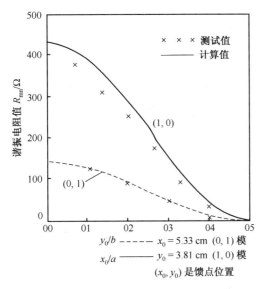

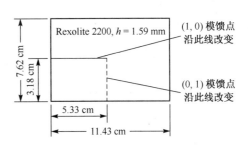

图 6.3-14　谐振电阻随馈点位置的变化

表 6.3-2　方形微带天线的 $S \leqslant 2$ 带宽

h/λ_0	$B_r(S \leqslant 2)(\%)$				
	$\varepsilon_r = 1.00$	$\varepsilon_r = 2.21$	$\varepsilon_r = 2.55$	$\varepsilon_r = 4.70$	$\varepsilon_r = 10.2$
0.005	1.16	0.81	0.85	0.76	0.50
0.010	1.87	1.12	1.13	0.88	0.56
0.015	2.70	1.58	1.52	1.12	0.66
0.020	3.55	2.06	1.96	1.38	0.79
0.025	4.43	2.57	2.41	1.67	0.95
0.030	5.32	3.08	2.88	1.98	1.11
0.035	6.23	3.61	3.36	2.30	1.29
0.040	7.14	4.15	3.84	2.62	1.47
0.045	8.06	4.69	4.34	2.95	1.66
0.050	8.90	5.24	4.84	3.28	1.86
0.055	9.92	5.79	5.34	3.63	2.06
0.060	10.85	6.35	5.86	3.93	2.27
0.065	11.79	6.91	6.37	4.34	2.49
0.070	12.72	7.48	6.90	4.70	2.72
0.075	13.67	8.06	7.42	5.07	2.95
0.080	14.61	8.64	7.96	5.45	3.18
0.085	15.56	9.22	8.50	5.83	3.42
0.090	16.51	9.81	9.04	6.22	3.67
0.095	17.46	10.40	9.60	6.62	3.92
0.100	18.42	11.00	10.15	7.02	4.17

对 $a = 1.5b$ 的矩形贴片计算的 $S \leqslant 2$ 带宽曲线示于图 6.3-15(b) 中;图 6.3-15(a) 为相应的 Q 值。这些结果与图 6.3-15(c)、图 6.3-15(d) 都取自文献[18]第 3 章。作者(K. F. Lee 和 J. S. Dahele)在 Q 值计算中忽略了表面波功率 P_{sw}，并将其适用范围取为该功率占总功率 P 的百分比不大于 25% 的情形。其对应条件为:对 $\varepsilon_r = 2.3$，要求 $h/\lambda \leqslant 0.07$;对 $\varepsilon_r = 10$，要求 $h/\lambda \leqslant 0.023$。因此，若 $\varepsilon_r = 2.32$，$h = 0.318$ cm，最高适用频率(门限)为 6.6 GHz;对图中其他情形，门限频率都高于 10 GHz。

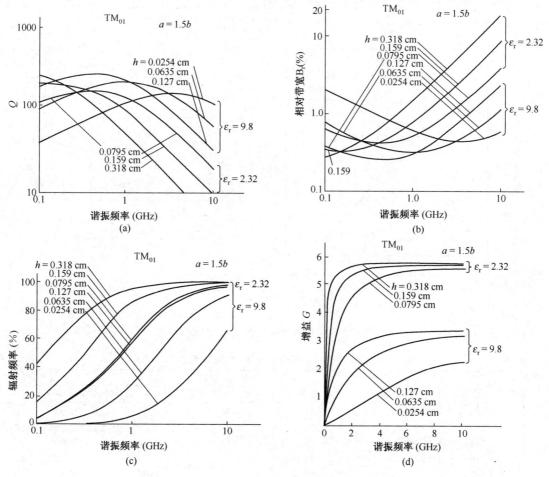

图 6.3-15　矩形贴片的 Q 值、带宽、辐射效率和增益(TM_{01} 模)

($a = 1.5b, \tan\delta = 0.0005, \sigma = 5.8 \times 10^7\ \text{S/m}$)

此外，工程上也用下述经验公式来计算薄矩形贴片驻波比不大于 2 的相对带宽[19]：

$$B_r = 3.77\ \frac{\varepsilon_r - 1}{\varepsilon_r^2}\ \frac{a}{b}\ \frac{h}{\lambda} \times 100\% \tag{6.3-74a}$$

按上面限制表面波的厚度条件，取 $a/b = 1.5$，由此式计算的最大带宽也是 7%。此值明显窄于对称振子、缝隙和喇叭天线等其他常用天线元的 15% 至 50% 带宽。

微带天线的辐射效率可方便地利用 Q 值算出：

$$e_r = P_r/P = Q/Q_r \tag{6.3-75}$$

对 TM_{01} 模矩形贴片，其方向系数为

$$D = \frac{2}{15G_r}\left(\frac{a}{\lambda}\right)^2 \tag{6.3-76}$$

天线方向系数乘以辐射效率便得出其增益：

$$G = De_r = DQ/Q_r \tag{6.3-77}$$

对 $a = 1.5b$ 的矩形贴片计算的 e_r 和 G 如图 6.3-15（c）、图 6.3-15（d）所示。此二曲线规律相似。这是因为计算的方向系数与频率无关，对 $\varepsilon_r = 9.8$（氧化铝陶瓷）约为 2.55，对 $\varepsilon_r = 2.32$（Duroid）约为 5.76。

6.3.3.5　交叉极化特性

对工作于 TM_{01} 模的矩形微带天线,其主模在主平面上并无交叉极化(cross-polarization)辐射。这时交叉极化分量主要是 TM_{m0} 模的贡献。因此主平面上的交叉极化电平(取决于主极化分量最大值 $|E_p|$ 与交叉极化分量最大值 $|E_c|$ 之比)可直接根据 $|E_{01}| / \sum E_{m0}$ 得出。对从非辐射边 b 馈电的矩形贴片,这样计算的交叉极化电平随形状比 a/b 的变化示于图 6.3-16,图中 × 为计算值,实线为测试值。可见,当 $a/b=1$ 和 2 时,交叉极化电平都很高(0 dB);而当 $a/b \approx 1.5$ 时,交叉极化电平最低(低于 -20 dB)。

当 $a/b=1.5$ 时,对边射方向计算的主极化(primary polarization)分量与交叉极化分量之比随馈点位置、基片厚度和频率的变化示于图 6.3-17 中[9°]。可见:a)从非辐射边 b 馈电时交叉极化电平高于从辐射边 a 馈电时,且越是近于中部,电平越高;而从辐射边 a 馈电时,越是近于中部,电平越低;b)基片厚度增加和频率升高都导致交叉极化电平升高。

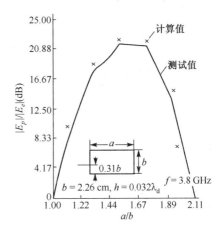

图 6.3-16　矩形贴片的交叉极化电平(H 面)

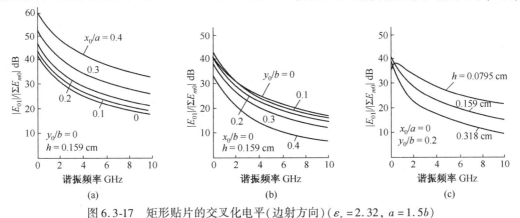

图 6.3-17　矩形贴片的交叉化电平(边射方向)($\varepsilon_r = 2.32$, $a=1.5b$)

6.3.3.6　表面波效应

敷有介质层的导体平面将引导表面波,其场强随离开表面距离呈指数衰减,而沿表面方向按行波传播。在微带基片中,表面波功率并不向空间所需方向辐射,因此是一种不希望的损耗功率。TE_n 和 TM_n 模表面波的截止频率为[2]

$$f_c = \frac{nc}{4h\sqrt{\varepsilon_r - 1}}, \quad n = 1, 3, 5, \cdots, TE_n$$
$$n = 0, 2, 4, \cdots, TM_n \tag{6.3-78}$$

可见,TM_0 模载止频率为零。无论 h 和 ε_r 多小,这个模在基片中总是存在的。此外最低的高阶模是 TE_1,然后是 TM_2, $TE_3 \cdots$,依次类推;相继的两个表面波模的截止频率间隔是相同的。上式也可用截止波长来表示:

$$\frac{h}{\lambda_c} = \frac{n}{4\sqrt{\varepsilon_r - 1}}, \quad n = 1, 3, 5, \cdots, TE_n$$
$$n = 0, 2, 4, \cdots, TM_n \tag{6.3-78a}$$

对于 $\varepsilon_r = 2.55$ 基片，头三个表面模的传播常数 β_{sw} 随基片厚度的变化示于图 6.3-18[20]。可见，当 $h/\lambda = 0.20$，TE_1 模截止；当 $h/\lambda = 0.19$，基片只支持 TM_0 模，$\beta_{sw}/k_0 = 1.283$。

通常的设计都要求抑制 TE_1 模及其他高阶模，故取

$$\frac{h}{\lambda} \leqslant \frac{1}{4\sqrt{\varepsilon_r - 1}} \qquad\qquad (6.3-79)$$

此式应对所有工作频率都成立，故式中 λ 应取为 λ_h。

图 6.3-19 给出不同 a/b 的辐射效率、导体损耗、介质损耗及表面波损耗占总功率的百分比随 h/λ 的变化（$\varepsilon_r = 2.5$）[21]。可见，当 $h/\lambda \geqslant 0.02$，表面波损耗就迅速大于导体损耗和介质损耗，它随基片厚度的增加而增大。不过，若基片厚度满足下式条件，可认为表面波损耗可忽略[18]：

$$\frac{h}{\lambda} \leqslant \frac{0.3}{2\pi\sqrt{\varepsilon_r}} \qquad\qquad (6.3-80)$$

对 $\varepsilon_r = 2.3$，得 $h/\lambda \leqslant 0.03$；对 $\varepsilon_r = 10$，得 $h/\lambda \leqslant 0.015$。

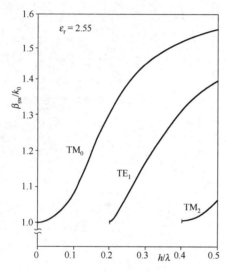
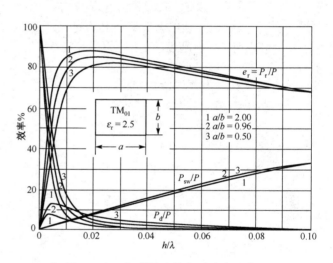

图 6.3-18　接地基片的表面波传播常数　　　　　图 6.3-19　矩形贴片的各项功率百分比

一般将表面波功率占总功率的百分比（$P_{sw}/P \times 100\%$）不大于 25%，即辐射效率 $e_r \geqslant 75\%$，取作贴片的基片厚度标准。前面已提到，对 $\varepsilon_r = 2.3$，这要求 $h/\lambda \leqslant 0.07$，对 $\varepsilon_r = 10$，要求 $h/\lambda \leqslant 0.023$。

6.3.3.7　设计举例

例 6.3-2　设计一矩形贴片天线，要求带宽不小于 2.5%，中心频率为 2890 MHz，采用聚四氟乙烯玻璃纤维基片，$\varepsilon_r = 2.55$，$\tan\delta = 0.0018$，$\sigma = 10^4$ S/m（国产材料）。试确定基片厚度 h，贴片尺寸 $a' \times b'$，及用 50 Ω 微带线边馈时的馈点位置，并计算其增益 G。

[解]　1）根据带宽要求选定 h。由表 6.3-3 查得 $h/\lambda = 0.025$，令 $\lambda = c/f = 103.8$ mm，得

$$h = 0.025\lambda = 2.595 \text{ mm}$$

为便于满足带宽要求，拟取 $a/b \approx 1.5$，因此带宽值将大于表 6.3-3 给出的值；并考虑到现有国产材料规格，取 $h = 2.5$ mm。此厚度满足式（6.3-80）的条件，其表面波损耗很小。

2）根据式（6.3-26）确定贴片尺寸。按工作于 TM_{01} 模设计，初始值取 $\varepsilon_e = \varepsilon_r$，则

$$b_0 = \frac{c}{2f_{01}\sqrt{\varepsilon_r}} = \frac{3\times10^{10}}{2\times2890\times10^6\sqrt{2.55}} = 3.25 \text{ cm} = 32.5 \text{ mm}$$

取 $a_0 = 1.5$，$b_0 = 48.75$ mm，取 $a_0' = a_0 - h = 46.25$ mm。为简便起见，最后选 $a' = 46.0$ mm。

$$\varepsilon_e = \frac{1}{2}\left[\varepsilon_r + 1 + (\varepsilon_r - 1)\left(1 + \frac{10h}{a'}\right)^{-1/2}\right] = 2.399$$

$$\Delta l = 0.412h\frac{(\varepsilon_e + 0.3)(a'/h + 0.264)}{(\varepsilon_e + 0.258)(a'/h + 0.8)} = 1.26 \text{ mm}$$

故

$$b = \frac{c}{2f_{01}\sqrt{\varepsilon_e}} = \frac{3 \times 10^{10}}{2 \times 2890 \times 10^6\sqrt{2.399}} = 3.35 \text{ cm} = 33.5 \text{ mm}$$

$$b' = b - 2\Delta l = 31.0 \text{ mm}$$

$$a = a' + 2\Delta l = 48.5 \text{ mm}$$

3) 求 Q 值，确定馈点位置。$Q_r = \frac{3}{8}\frac{\lambda}{h}\frac{b}{a}\varepsilon_r = \frac{3}{8}\frac{103.8}{2.5}\frac{33.5}{48.5}2.55 = 27.4$

$$Q_c = \pi h\sqrt{120\sigma/\lambda} = 844, \quad Q_d = 1/\tan\delta = 556$$

$$Q_{sw} = \left[\frac{1}{3.4\sqrt{\varepsilon_r - 1}h/\lambda} - 1\right]Q_r = 8.81Q_r = 242$$

$$Q = \left[\frac{1}{Q_r} + \frac{1}{Q_c} + \frac{1}{Q_d} + \frac{1}{Q_{sw}}\right]^{-1} = 22.9$$

谐振电阻为

$$R_{01} = \frac{120\lambda_0 hQ}{\varepsilon_r ab}\cos^2\left(\frac{\pi y_0}{b}\right) = 172\cos^2\left(\frac{\pi y_0}{b}\right)$$

令 $R_{01} = Z_c = 50$ Ω，得

$$\cos\frac{\pi y_0}{b} = 0.54, \quad y_0 = 10.67 \text{ mm}$$

即沿 b 边（$x_0 = 0$）从其中线算起 $c = b/2 - y_0 = 6.08$ mm 处为馈点。

4) 求增益。G_r 可由 Q_r 反演得出，从而得

$$G_r = \frac{\varepsilon_r ab}{120\lambda_0 hQ_r} = 4.86 \times 10^{-3} \text{ S}, \qquad D = \frac{2}{15G_r}\left(\frac{a}{\lambda_0}\right)^2 = 5.99(即 7.77 \text{ dB})$$

$$e_r = \frac{Q}{Q_r} = \frac{22.9}{27.4} = 83.6\%(即 -0.78 \text{ dB}), \qquad G = De_r = 5.0(即 7.0 \text{ dB})$$

或直接利用前面已得出的 R_a 值求 G：

$$G = \frac{2}{15}R_a\left(\frac{a}{\lambda_0}\right)^2 = \frac{2}{15}\cdot 172\cdot\left(\frac{48.5}{103.8}\right)^2 = 5.0(即 7.0 \text{ dB})$$

5) 校验带宽。

$$B_r = \frac{1}{\sqrt{2}Q} \times 100\% = 3.5\%$$

若用式(6.3-74a)估算，得

$$B_r = 3.77\frac{1.55}{2.55^2}\frac{48.5}{33.5}\frac{2.5}{103.8} \times 100\% = 3.1\% > 2.5\%$$

可见满足带宽要求。

已按所设计参数制作了实验天线。实测的阻抗轨迹示于图 6.3-20（Smith 圆图）中。其中曲线(a)为用 50 Ω 微带线（宽 6.81 mm）边馈的结果，$S \leqslant 2$ 频率范围约为 2775 ~ 2875 MHz，即带

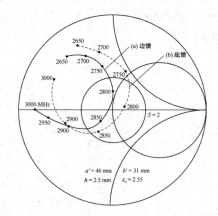

图 6.3-20 矩形微带天线输入阻抗实测值

宽为 3.5% ;曲线(b)是用 $50\ \Omega$ 同轴电缆在 a 边中线上从贴片中心算起 $c=6.08$ mm 处底馈的结果,$S\leqslant 2$ 频率范围为 2770 ~ 2870 MHz,带宽也为3.5%。这表明带宽计算值与实验值较吻合。工程上,现在都运用商用软件来设计微带贴片天线的尺寸,以上计算往往只作为选择方案和初步设计的一个导引。

现代微带天线的典型研制过程如图 6.3-21 所示[12°]。这里"计算机仿真软件"代表中心处理单元,但需首先由人工输入设计方案和数据。而"天线技术"代表设计天线所需的知识,这正是本书所要介绍的。很显然,即使有好的计算工具,它本身并不能设计出创新的天线。初始的与基本的天线设计必须来自人的创新思路、知识和经验。

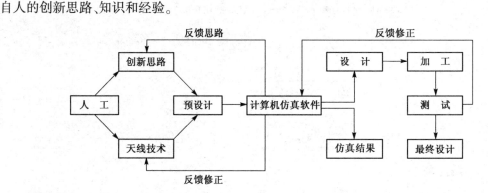

图 6.3-21 微带天线研制过程

6.3.3.8 加工误差的影响

在微带天线实际加工时,由于天线尺寸的加工误差和基片参数的公差,将导致其性能的变化。不过若误差只有百分之几,其影响主要是谐振频率的变化。由误差统计理论知,若 f 是独立变量 x_1, x_2, $\cdots$, x_N 的函数,Δx_1, Δx_2, $\cdots$, Δx_N 是各独立变量的标准误差,则总结果的标准误差为

$$\Delta f = \pm \left[\left(\frac{\partial f}{\partial x_1} \Delta x_1 \right)^2 + \left(\frac{\partial f}{\partial x_2} \Delta x_2 \right)^2 + \cdots + \left(\frac{\partial f}{\partial x_N} \Delta x_N \right)^2 \right]^{\frac{1}{2}} \tag{6.3-81}$$

此式称为独立量的方差合成定理。对矩形贴片天线,通常工作于 TM_{01} 模,其谐振频率为

$$f_r = \frac{c}{2b\sqrt{\varepsilon_e}}, \quad \varepsilon_e = \frac{1}{2}\left[\varepsilon_r + 1 + (\varepsilon_r - 1)\left(1 + \frac{10h}{a}\right)^{-\frac{1}{2}} \right]$$

因而有

$$\frac{\partial f_r}{\partial b} = \frac{c}{2\sqrt{\varepsilon_e}}(-b^{-\frac{1}{2}}), \quad \frac{\partial f_r}{\partial \varepsilon_e} = \frac{c}{2b}\left(-\frac{1}{2}\varepsilon_e^{-\frac{3}{2}}\right)$$

$$\frac{\partial \varepsilon_e}{\partial \varepsilon_r} = \frac{1}{2}\left[1 + \left(1 + \frac{10h}{a}\right)^{-\frac{1}{2}}\right], \quad \frac{\partial \varepsilon_e}{\partial h} = -\frac{\varepsilon_r - 1}{2}\frac{5}{a}\left(1 + \frac{10h}{a}\right)^{-\frac{3}{2}}$$

$$\frac{\partial f_r}{f_r} = -\frac{\partial b}{b}, \quad \frac{\partial f_r}{f_r} = -\frac{1}{2}\frac{\partial \varepsilon_e}{\varepsilon_e}, \quad (\Delta \varepsilon_e)^2 = \left(\frac{\partial \varepsilon_e}{\partial \varepsilon_r}\Delta \varepsilon_r\right)^2 + \left(\frac{\partial \varepsilon_e}{\partial \varepsilon_h}\Delta h\right)^2$$

从而得

$$\frac{|\Delta f_{\mathrm{r}}|}{f_{\mathrm{r}}} = \left[\left(\frac{\Delta b}{b}\right)^2 + \left(\frac{1}{2}\frac{\Delta \varepsilon_{\mathrm{e}}}{\varepsilon_{\mathrm{e}}}\right)^2 \right]^{\frac{1}{2}} = \left[\left(\frac{\Delta b}{b}\right)^2 + \left(\frac{0.5}{\varepsilon_{\mathrm{e}}}\right)^2 \left\{ \left(\frac{\partial \varepsilon_{\mathrm{e}}}{\partial \varepsilon_{\mathrm{r}}}\Delta \varepsilon_{\mathrm{r}}\right)^2 + \left(\frac{\partial \varepsilon_{\mathrm{e}}}{\partial h}\Delta h\right)^2 \right\} \right]^{\frac{1}{2}} \quad (6.3\text{-}82)$$

式中

$$\frac{\partial \varepsilon_{\mathrm{e}}}{\partial \varepsilon_{\mathrm{r}}} = 0.5\left[1 + \left(1 + \frac{10h}{a}\right)^{-\frac{1}{2}}\right], \quad \frac{\partial \varepsilon_{\mathrm{e}}}{\partial h} = -(\varepsilon_{\mathrm{r}} - 1)\frac{2.5}{a}\left(1 + \frac{10h}{a}\right)^{-\frac{1}{2}} \quad (6.3\text{-}82a)$$

用上式计算的谐振频率的相对误差如图 6.3-22 所示。可见，对于所给出的 Δb、Δh 和 $\Delta \varepsilon_{\mathrm{r}}$ 误差，当谐振频率低于 2.5 GHz 时，其谐振频率误差小于 0.5%；$f_{\mathrm{r}} > 2.5$ GHz 时，谐振频率的变化基本上与 Δh 和 $\Delta \varepsilon_{\mathrm{r}}$ 无关，主要取决于尺寸 b 的制造公差，并随谐振频率的升高呈线性增大。

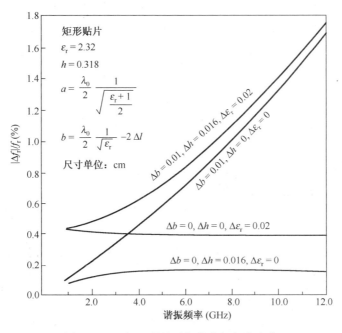

图 6.3-22　加工误差引起的谐振频率变化

*6.3.4　矩形贴片天线的全波分析

6.3.4.1　分析方法

这里简要介绍谱域矩量法对矩形贴片天线的分析方法[9°]。其基本步骤是：

1. 建立包含未知电流和介质分层结构格林函数的积分方程，包括导出谱域格林函数；

2. 利用伽略金(Galerkin)程序计算贴片表面电流，包括对所包含的索末菲尔德(Sommerfeld)型积分进行数值求解；

3. 计算天线特性参数。

这个方法所用的谱域格林函数又称为精确格林函数，因为在电磁场上是精确的，自然地计入了表面波效应和互耦效应。下面给出其公式。

将贴片上一段电流元的方向取为 x 方向，设长为 l，位于高 h 的接地介质层上，其磁矢位为

$$\left.\begin{aligned}
A_x &= \frac{Il}{4\pi^2} \int_{-\infty}^{\infty} \int_{-\infty}^{\infty} G_1 \mathrm{e}^{\mathrm{j}k_x(x-x_0)+\mathrm{j}k_y(y-y_0)} \, \mathrm{d}k_x \mathrm{d}k_y \\
A_y &= 0 \\
A_z &= \frac{Il}{4\pi^2} \int_{-\infty}^{\infty} \int_{-\infty}^{\infty} k_x G_2 \mathrm{e}^{\mathrm{j}k_x(x-x_0)+\mathrm{j}k_y(y-y_0)} \, \mathrm{d}k_x \mathrm{d}k_y
\end{aligned}\right\} \quad (6.3\text{-}83)$$

式中磁矢位谱域格林函数 $G_1(k_x, k_1, z)$ 和 $G_2(k_x, k_y, z)$ 由其 $z = 0$ 和 $z = h$ 处边界条件解出[8]:

$$
\begin{aligned}
G_1 &= \sin k_{1z}z/T_e, \quad G_2 = (\varepsilon_r - 1)\sin k_{1z}h\cos k_1 z/T_e T_m \\
T_e &= k_1 \cos k_1 h + j k_2 \sin k_1 h, \quad T_m = \varepsilon_r k_2 \cos k_1 h + j k_1 \sin k_1 h \\
k_1^2 &= \varepsilon_r k_0^2 - \beta^2 \,(I_m k_1 < 0), \quad k_2^2 = k_0^2 - \beta^2 \,(I_m k_2 < 0) \\
\beta^2 &= k_x^2 + k_y^2, \quad k_0^2 = \omega^2 \mu_0 \varepsilon_0
\end{aligned}
\right\} \tag{6.3-83a}
$$

(x, y, z) 为场点坐标;(x_0, y_0, h) 为源点坐标。对于有耗介质,上式中的 ε_r 用 $\varepsilon_r(1 - j\tan\delta)$ 来代替即可。求得磁矢位 $\bar{A}$ 后,电场可由式(1.1-26)得出。

式(6.3-83a)中的无限积分由数值求解,并作代换 $k_x = \beta\sin\alpha$ 和 $k_y = \beta\sin\alpha$,$0 < \alpha < 2\pi$,$0 < \beta < \infty$。T_e 和 T_m 都是 β 的函数(不是 α 的函数),它们的零点分别是 TE 和 TM 表面波模的极点。若 $\tan\delta = 0$(无耗),这些极点发生于实数值 $\beta = \beta_0$,$k_0 \leqslant \beta_0 \leqslant k_0\sqrt{\varepsilon_r}$,若存在介质损耗,则极点偏离实轴而为复数 $\beta = \beta_0 - j\gamma$,$\gamma < 0$。可利用任一标准数值方法以求 T_e 和 T_m 式的根以确定极点。为便于求积,将对 β 的单积分为 3 个部分(设只有一个极点):

$$
\int_{-\infty}^{\infty}(\ )\mathrm{d}\beta = \int_0^{\beta_0-\delta}(\ )\mathrm{d}\beta + \int_{\beta_0-\delta}^{\beta_0+\delta}(\ )\mathrm{d}\beta + \int_{\beta_0+\delta}^{\infty}(\ )\mathrm{d}\beta \tag{6.3-84}
$$

第二项可解析求出;第三项一般在大值(如 $\beta = 200k_0$ 处)截断。

按照伽略金程序,将矩形贴片上未知表面电流以密度 $\bar{J}_s$ 展开为 N 项基函数的叠加

$$
\bar{J}_s = \sum_{n=1}^{N} I_n \bar{J}_n \tag{6.3-85}
$$

式中 $\bar{J}_n$ 是第 n 项基函数,I_n 是其未知的振幅。采用一组相同的函数作试验函数,与上式相乘并取内积,所得的代数方程组可表示为如下形式的矩阵方程:

$$
[Z] \cdot [I] = [U] \tag{6.3-86}
$$

式中矩阵元素经处理后可化为

$$
\begin{aligned}
Z_{mn}^{xx} &= 4\int_0^{\pi/2}\int_0^{\infty} Q_x \mathrm{Re}[F_x(J_n)F_x^*(J_m)] \cdot \mathrm{Re}[F_y(J_n)F_y^*(J_m)]\beta\mathrm{d}\beta\mathrm{d}\alpha \\
Z_{mn}^{xy} &= -4\int_0^{\pi/2}\int_0^{\infty} Q_y \mathrm{Im}[F_x(J_n)F_x^*(J_m)] \cdot \mathrm{Im}[F_y(J_n)F_y^*(J_m)]\beta\mathrm{d}\beta\mathrm{d}\alpha \\
U_m &= 4j\int_0^{\pi/2}\int_0^{\infty} Q_v \mathrm{Im}[F_x^*(J_m)\mathrm{e}^{jk_x x_p}] \cdot \mathrm{Re}[F_y^*(J_m)\mathrm{e}^{jk_y y_p}]\beta\mathrm{d}\beta\mathrm{d}\alpha
\end{aligned}
\right\} \tag{6.3-87}
$$

这里 (x_p, y_p) 为馈点坐标,且有

$$
Q_x = \frac{\mathrm{j}\eta_0}{4\pi^2 k_0}\sin k_1 h \frac{(\varepsilon_r k_0^2 - k_x^2)k_2\cos k_1 h + jk_1(k_0^2 - k_x^2)\sin k_1 h}{T_e T_m} \tag{6.3-87a}
$$

$$
Q_y = \frac{-\mathrm{j}\eta_0}{4\pi^2 k_0} \frac{k_x k_y \sin k_1 h(k_2\cos k_1 h + jk_1\sin k_1 h)}{T_e T_m} \tag{6.3-87b}
$$

$$
Q_v = \frac{-\mathrm{j}\eta_0}{4\pi^2 k_0} \frac{\beta^2 k_x(\varepsilon_r - 1)\sin k_1 h + jk_x k_1 T_m}{\varepsilon_r T_e T_m} \frac{\sin k_1 h}{k_1} \tag{6.3-87c}
$$

$$
F_x(J_n) = \int_{x_n} J_n^x(x)\mathrm{e}^{jk_x x}\mathrm{d}x \tag{6.3-87d}
$$

$$
F_y(J_n) = \int_{y_n} J_n^y(y)\mathrm{e}^{jk_y y}\mathrm{d}y \tag{6.3-87e}
$$

$$
J_n(x, y) = J_n^x(x)J_n^y(y) \tag{6.3-87f}
$$

电流密度展开模 $J_n^x(x)$ 有两种形式:全域基(Entire Base, EB);分域基(Piece Wise Smooth, PWS)。其表示式如下:

$$
J_n^x(x) = \sin\frac{m\pi}{d}\left[x - \left(x' - \frac{d}{2}\right)\right], \quad x' - \frac{d}{2} < x < x' + \frac{d}{2} \quad (\text{EB 模}) \tag{6.3-88a}
$$

$$
J_n^x(x) = \sin k\left(\frac{d}{2} - |x - x'|\right)\Big/\sin\frac{kd}{2} \quad (\text{PWS 模}) \tag{6.3-88b}
$$

同时取

$$J_n^y(x) = 1/w, \quad y' - \frac{w}{2} < y < y' + \frac{w}{2} \quad （\text{EB 模和 PWS 模}）\tag{6.3-88c}$$

x' 和 y' 是模中点坐标；d，w 分别为模的长与宽；$k = k_e = \omega \sqrt{\mu_0 \varepsilon_e}$，$\varepsilon_e$ 是等效介电常数。

求得贴片电流后，贴片的输入阻抗可由下式算出：

$$Z_{\text{in}} = = - \sum_{n=1}^{N} I_n U_n \tag{6.3-89}$$

式中 I_n 和 U_n 由矩阵方程（6.3-85）确定。

由于微带贴片的等效电路基本上是一个简单并联 RLC 谐振电路，设谐振角频率为 ω_0 时的输入导纳为 $Y_0 = G_0 + jB_0$，则其半功率带宽可表示为

$$B_r = \frac{2G_0}{\omega_0 \dfrac{\mathrm{d}B_0}{\mathrm{d}\omega}\big|_{\omega_0}} \tag{6.3-90}$$

6.3.4.2　数值结果

用上述谱域矩量计算的一些数值结果示于图 6.3-23 至图 6.3-25。

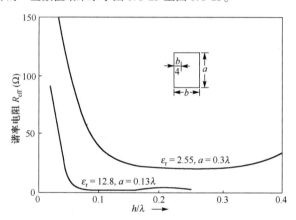

图 6.3-23　矩形贴片谐振电阻与基片厚度的关系

图 6.3-23 表明，当 h 大时输入电阻将是低的。图 6.3-24 中给出了全波分析的阻抗带宽与空腔模型结果的比较。二者当 h/λ 小时是相近的，但对大的 h/λ 其差别便不可忽视了。图 6.3-25 中的空间波辐射效率 e_{sp} 定义为

$$e_s = \frac{P_{\text{sp}}}{P_{\text{sp}} + P_{\text{sw}}} \tag{6.3-91}$$

式中 P_{sp} 和 P_{sw} 分别代表空间波和表面波的辐射功率。由图可见，当 h 增大时，由于 TM_0 模表面波功率增大而导致空间波辐射效率 e_{sp} 降低；然而空间波本身的辐射也随 h 增大而增加，从而使到达 $h/\lambda \approx 0.1$ 以后 e_{sp} 反而上升而在 $h/\lambda \approx 0.2$ 时第二次出现峰值。由式（6.3-78a）知，此时出现 TE_1 模表面波的条件为 $h/\lambda = 0.2$。所以当 h/λ 继续增大，由于第二个表面波模开始传播而使 e_{sp} 重新降低。

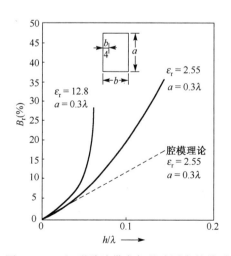

图 6.3-24　矩形贴片带宽与基片厚度的关系

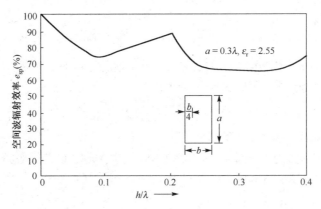

图 6.3-25　矩形贴片辐射效率与基片厚度的关系

6.3.5　不同形状贴片的比较

图 6.3-26 示出圆形、环形和三角形微带贴片天线的几何关系，这些贴片天线已由许多文献作了分析。文献[9°]中已综述了基于腔模理论的一些分析结果，并给出四种贴片的特性比较，列于表 6.3-3。

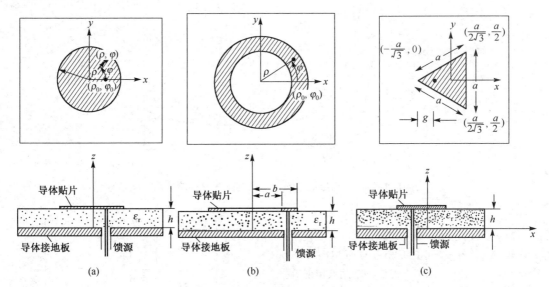

图 6.3-26　圆形、环形和三角形贴片几何关系

由表 6.3-3 可见，当矩形贴片工作于 TM_{01} 模，取 $a = 1.5b$，与工作于各自最低模的其他三种贴片相比(圆形:TM_{11}，等边三角形:TM_{10}，圆环形:TM_{11})，其一个主面的波瓣最窄(另三种在该主面的波瓣宽度都相近，约为 100° 量级)，增益最高，带宽最宽，但其面积也最大，而圆环形贴片的面积最小。波瓣、增益、带宽等性能次优的当属圆形微带贴片，但其面积也属次大。而若圆环形贴片采用 TM_{12} 模工作，不但波瓣更窄，增益更高，而且带宽大几倍;只是所占面积也大得多。显然，它们的特性基本上都处于相同量级，其他规则形状贴片一般也都如此，因此最常用的是最为简单、方便的矩形贴片天线。与圆形贴片相比，它还具有交叉极化低的优点。

表 6.3-3　四种贴片的特性比较($\varepsilon_r = 2.32$，$h = 1.59$ mm，$f = 2$ GHz，$\lambda = 15$ cm)

特　　性	矩　　形		圆　　形	等边三角形	圆　环　形	
工作模式	TM_{10}	TM_{01}	TM_{11}	TM_{10}	TM_{11}	TM_{12}
尺寸	$a = 4.92$ cm	$a = 7.38$ cm	$a = 6.57$ cm	$a = 6.57$ cm	$b = 1.84$ cm	$b = 8.9$ cm
面积	16.1 cm^2	36.3 cm^2	24.3 cm^2	18.1 cm^2	10.6 cm^2	249 cm^2
E 面半功率宽度	102°	70°	100°	100°	103°	30°
H 面半功率宽度	85°	102°	80°	88°	81°	47°
方向系数	7.1 dB	7.6 dB	7.1 dB	7.1 dB	7.1 dB	10.9 dB
辐射效率	87%	92%	94%	87%	86%	97%
增益	6.2 dB	7.1 dB	6.8 dB	6.2 dB	6.1 dB	10.6 dB
$S \leq 2$ 带宽	0.7%	1.3%	1.1%	0.8%	0.7%	3.8%

6.4　微带天线元技术与阵列

6.4.1　宽频带技术

微带天线的一个固有缺点是频带窄。其限制因素主要是阻抗特性，因为，它的方向图带宽通常是阻抗带宽的很多倍[22]，所以这里讨论的带宽都是指阻抗带宽。微带天线阻抗频带窄的根本原因在于，它基本上是一个漏波空腔，它的谐振特性犹如一个 RLC 并联谐振电路。6.3.3 节中已给出其驻波比不大于 2 的相对带宽为 $B_r \approx 1/Q$。

为展宽微带天线的频带，20 世纪 80 年代以来作了很广泛的研究。主要途径可归纳为[28]：

1. 降低等效电路 Q 值：增大 h，降低 ε_r，增大 $\tan\delta$ 等；
2. 修改等效电路为多调谐回路：附加寄生贴片（双层或共面配置），加载 U 形缝隙等；
3. 改进馈电方法：采用电磁耦合馈电，利用 L 形探针馈源；附加阻抗匹配网络等；
4. 利用阵列技术；采用对数周期阵结构或行波阵等。

下面对不同方法及展宽的带宽逐一举例介绍。

6.4.1.1　降低等效谐振电路的 Q 值

这是展宽频带的基本途径。由于因辐射引起的 Q 值（Q_r）几乎与电厚度 h/λ 成反比，因此加厚基片是展宽频带的有效手段。但是，h/λ 过大会引起表面波的明显激励。为降低 ε_r，已发展了蜂窝结构基片，特别是泡沫材料基片等，后者也降低了制造成本（如采用聚乙烯泡沫之类的材料），$\varepsilon_r \approx 1.05 \sim 1.21$。对有些贴片适当选择尺寸也能展宽频带，如工作于 TM_{01} 模的矩形贴片，增大 a/b 值将降低 Q_r 而展宽频带。一个例子是将贴片光刻在薄的 GFRP 基片上，用低密度泡沫材料支撑，总厚度达 14 mm，设计频率为 3 GHz，即 $h/\lambda = 0.14$，贴片尺寸为 43×8 mm^2，$a/b = 5.375$。它对 50 Ω 馈线的 $S \leq 2$ 带宽达 15%。

一个不常用但却非常简单的降低 Q 值的方法是采用大损耗基片或附加有耗材料。例如用铁氧体材料作基片，已使频带明显展宽，且使贴片尺寸大为减小。然而损耗大，因而效率很低。

6.4.1.2　修改等效电路为多调谐回路

实现多调谐回路的一种有效设计是采用双层结构或称积叠式（stacked）贴片，如图 6.4-1 所示，图 6.4-1(a)为"悬置"结构，图 6.4-1(b)为"倒置"结构。二者下层导体贴片均为馈电元，上层导体贴片为寄生元。这类结构有两块导片，因而形成两个谐振回路，具有两个谐振频率。当该二频率适当接近时，便形成频带大大展宽的双峰谐振电路。图 6.4-1(c)给出双层倒置结构的一组实测驻波比特性。可见当 $d/\lambda = 0.078$ 时，其 $S \leq 2$ 带宽达 525 MHz，即约 13%，为单层情形(约1.5%)的8.7倍。双层倒置结构的上层寄生贴片在基片下侧,使基片起了天线罩的作用,因而获得广泛应用。文献[2]已给出可指导圆形双层倒置结构设计的一组实验曲线。双层导体贴片不但可采用圆形,也可用圆环、方形、矩形等不同形状。文献[29]对10 GHz双层矩形贴片结构作了系统的实验研究[9°]。已有的实验结果已表明,对称结构(如同心圆盘)的效果较好;同时也发现,实测波瓣变窄,其增益提高1 dB以上。这是由于寄生元起了引向器的作用。

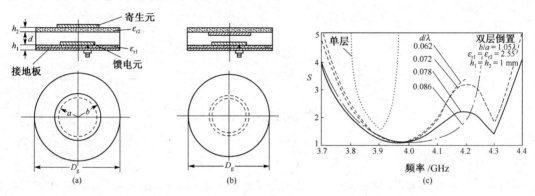

图6.4-1　双层微带天线几何关系及驻波比特性

另一类设计是共面配置寄生贴片[9°],两种形式如图6.4-2所示。图6.4-2(a)利用2寄生贴片形成了宽带的双调谐驻波比曲线,$S \le 2$带宽为3.4%。其基片$h/\lambda = 0.0078$, $\varepsilon_r = 2.55$,由式(6.3-74a)计算的带宽为0.7%,可见展宽到近5倍。图6.4-2(b)在贴片四周各加一寄生元,使$S \le 2$带宽增至25.8%。其基片$h/\lambda = 0.033$, $\varepsilon_r = 2.55$,由式(6.3-74a)计算的带宽为3%,可见展宽至8倍多。

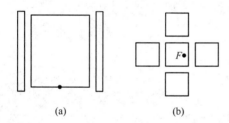

图6.4-2　附加共面贴片的矩形贴片结构(F为馈电点)

李启方(K. -F. Lee)教授和其研究生在1995年提出加载U形缝隙来展宽带宽,如图6.4-3(a)所示[23]。图6.4-3(b)为实测的驻波比曲线,可见其$S \le 2$带宽达470/1000 = 47%。其基片采用空气泡沫材料,$\varepsilon_r = 1.06$,厚$h = 2.69$ cm,对900 MHz, $\lambda = 33.3$ cm,故$h/\lambda = 0.08$。在900 MHz的实测方向图示于图6.4-3(c)。方向图仍是稳定的:x-z面半功率宽度由812 MHz的59°变至1.1 GHz的57°;y-z面则由812 MHz的65°变至1.1 GHz的70°;均比无缝时窄些。图6.4-3(b)表明,加载U形缝隙也使贴片形成多调谐电路,从而展宽了频带。当基片厚度超过0.03λ时,馈电探针将引入大感抗,现在的结果也表明,U形缝隙呈现的容抗抵消了该感抗。值得说明,国际著名天线专家李启方基于此成果荣获2009年John Kraus天线奖。他曾出席在北京召开的1995年国际无线电科学会议,当时他和笔者共同主持了Fields & Waves分组,他曾在该分组的特邀报告中首先介绍了这一成果[24]。

6.4.1.3　改进馈电方法

微带贴片天线初期主要用同轴线或微带线馈电,后来发展了电磁耦合型馈电,即邻近耦合和口径耦合馈电。邻近耦合(proximity coupling)馈电结构如图6.4-4(a)所示,该实验模型还利用一个短的调谐枝节来优化天线的阻抗匹配。其参数为:$a = 4$ cm, $b = 2.5$ cm, $W_0 = 0.5$ cm, $L_0 = b/2 = 1.25$ cm, $d_S = 3.3$ cm, $L_S = 0.65$ cm, $h_1 = h_2 = 0.159$ cm。测得$S \le 2$带宽为13%

（3.375～3.855 GHz）。口径耦合馈电方式如图 6.4-4(b)所示，即通过一个公共口径(矩形缝隙或小圆孔等)来形成馈线与贴片间的电磁耦合。由于公共口径开在地板上，这使馈电层与辐射层完全隔离，因而不但避免了馈电网络的辐射干扰，而且可对天线功能和馈电网络分别优化，已广为应用。对 5 GHz 和 10 GHz 的一组设计曲线见文献[9°]。

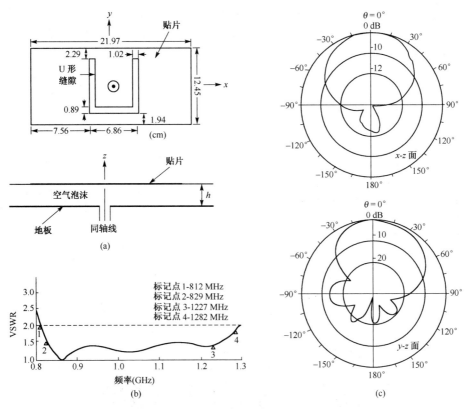

图 6.4-3　U 形缝隙矩形贴片结构与实测的驻波比及 900 MHz 方向图

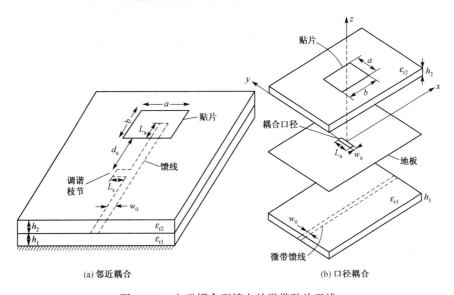

图 6.4-4　电磁耦合型馈电的微带贴片天线

　　文献[25]的口径耦合结构将图6.4-4(b)中的上层基片倒置,可用做天线罩,而在贴片与缝隙间采用空气介质,以限制表面波,并便于调节间矩h_2,如图6.4-5(a)所示。其参数为:馈源:$\varepsilon_{r1} = 2.2$,$\tan\delta = 0.001$,$h_1 = 0.762$ mm,$W_0 = 2.32$ mm,$L_0 = 2.85$ mm;缝隙:$W_a = 0.8$ mm,$L_a = 15.4$ mm;方形贴片:$a = b = 17$ mm,$h_2 = 5.5$ mm,$\varepsilon_{r1} = 1$;天线罩:$\varepsilon_{r3} = 2.2$,$\tan\delta = 0.001$,$h_3 = 1.6$ mm。计算与实测的阻抗轨迹也已示于图6.4-5(b)中,可见其$S \leq 1.5$频率范围为4.85~6.10 GHz。带宽超过22%。方向图实测结果表明,在边射方向附近25°立体角内,其交叉极化都低于-30 dB;整个带宽内天线增益大于8 dB。图6.4-6为该课题负责人帕皮尔尼克(A. Papiernik)教授向笔者介绍他们测天线的微波暗室。

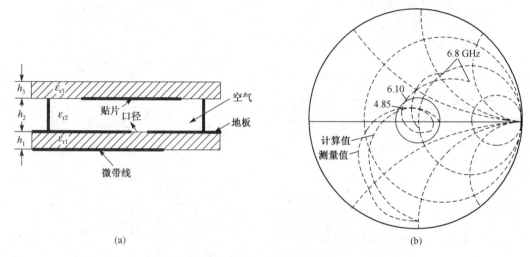

(a)　　　　　　　　　　　　　　　　　(b)

图6.4-5　口径耦合方形贴片的结构与Smith图

图6.4-6　测试口径耦合方形贴片天线的微波暗室(法国尼斯大学)

　　不少研究者已将口径耦合馈电与途径2(修改等效电路)的技术相结合,以获得更大带宽。在"口径-积叠贴片"(Aperture-Stacked Patch)设计中[26],天线基片由4层构成,空气泡沫层与介质层交错积叠,各层相对介电常数(ε_{ri})分别为1.07,2.2,1.07,2.53;各层厚度(h_i)分别为1.2 mm,3.175 mm,3.1 mm,0.508 mm;又利用Y形微带线终端来改进匹配。其实测的$S \leq 2$带宽达69%(5.07~10.4 GHz),实测的增益$G > 6$ dB的带宽为67%(5.2~10.4 GHz)。而单一贴片的口径耦合设计,取泡沫厚度$h_2 = 3.3$ mm,实测的$S \leq 2$带宽为26%(8.06~10.5 GHz)。文献[27]采用U形缝隙口径耦合贴片,在地板上开U形缝隙,并用微带线T形终端馈电,如图6.4-7所示。其实测驻波比$S \leq 2$的频率范围为1.23~2.52 GHz,带宽也达69%。

　　1998年陆贵文(K. M. Luk)教授等提出L形探针馈源来馈电贴片天线,几何关系如图6.4-8

所示[28]。这里利用探针水平臂与贴片形成的电容来抵消厚基片时探针的大电感, 其实测驻波比曲线如图 6.4-9(a)所示, 可见它也形成第二个谐振点, 从而展宽了频带。天线尺寸为: $a = 30$ mm, $b = 25$ mm, $L = 10.5$ mm, $g = 2$ mm, $h = 6.6$ mm, $d = 1.1$ mm, 探针半径 $a_0 = 0.5$ mm。实测 $S \leqslant 2$ 频率范围为 $3.76 \sim 5.44$ GHz, 即带宽达 36% ($h/\lambda = 0.14$)。实测增益曲线也示于图 6.4-9(b)上, 可见带宽内平均增益达 7.5 dB。实测方向图如图 6.4-9(b)所示, $\theta = 30°$ 方向附近交叉极化电平较高, 而在轴向低于 -20 dB。

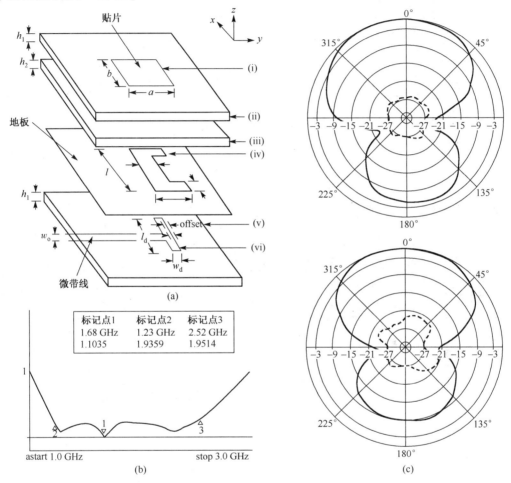

参数: (i)贴片: $a = 46$ mm, $b = 27$ mm; (ii)基片 1: $\varepsilon_{r1} = 2.3$, $\tan \delta_1 = 0.0009$, $h_1 = 3.15$ mm; (iii)基片 2: $\varepsilon_{r2} = 1.07$, $\tan \delta_2 = 0.0009$, $h_2 = 2.61$ mm; (iv)缝隙: $l = 44$ mm, $W_1 = 12$ mm, $L_2 = 20$ mm, $w_2 = 7$ mm; (v)基片 3: $\varepsilon_{r3} = 6.15$, $\tan \delta_3 = 0.0009$, $h_3 = 0.636$ mm; (vi)T 形馈源: $l_d = 38$ mm, offset $= 0.5$ mm, $w_d = 2.0$ mm, $w_0 = 1.94$ mm

图 6.4-7　U 形缝隙口径耦合贴片的结构与实测驻波比及方向图

可以看到, 以上展宽频带的馈电方式其原理其实与途径 2 一样, 都是通过形成多调谐回路实现了带宽增大。表 6.4-1 列出各种馈电方式的比较。其中共面波导馈源如图 6.4-10 所示[29], 共面波导都开在地板上, 通过缝隙来激励基片另一面的贴片。其优点是便于与单片集成电路集成, 馈线辐射极小, 但缝隙会使背向辐射较大(约 10 dB)。图 6.4-10(a)中共面波导的中央导体把耦合缝隙分成两个, 而图 6.4-10(b)只形成一个长 L_s 的缝隙。前者在共面波导与贴片间形成感性耦合, 而后者为容性耦合。其实测的回程损失 $RL \leqslant -10$ dB 带宽分别为 3.5% 和 2.8% (基片 $h = 1.58$ mm, $\varepsilon_r = 2.2$, 中心频率为 5 GHz)。

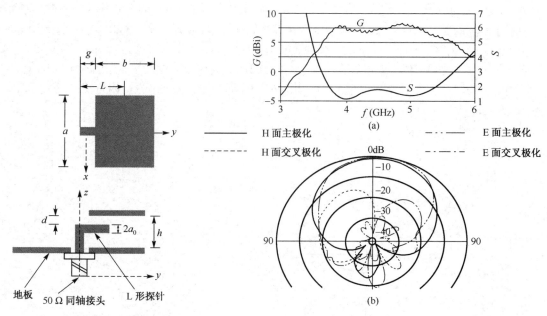

图 6.4-8　L 形探针贴片的几何关系　　　　图 6.4-9　L 形探针贴片的实测驻波比和增益及方向图

表 6.4-1　微带贴片天线馈电方式的比较

馈电方式	同轴探针	微带线	渐近耦合	口径耦合	L 形探针	共面波导
带宽	1% ~7%	1% ~7%	13%	26%	28%	3%
极化纯度	差	差	差	很好	很差	好
加工	需打孔焊接	易	需对准	需对准	复杂	需对准

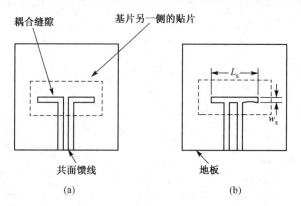

图 6.4-10　共面波导馈电的贴片天线结构

　　此外,为展宽天线对馈线的匹配带宽,也可附加阻抗匹配网络来实现。这一途径本身已属于馈线匹配问题,并不是天线特性的改进。但是,通过这一途径能使微带天线工作于较宽频带上。理论上其最大展宽倍数为[30]

$$F = \frac{\pi \sqrt{S}}{(S-1)\ln\left[(S+1)/(S-1)\right]} \qquad (6.4\text{-}1)$$

　　取 $S=2$ 得 $F=4$。采用简单的双枝节(开路微带线)匹配技术,已使带宽增大 2 倍左右[22];而利用双端馈电的方法进行阻抗互补,也已展宽频带到 2 倍左右[31]。如用切比雪夫网络来综合宽频带阻抗匹配网络,已将 $S \leqslant 2$ 带宽增至 3.2 倍[30]或更大。由外加串联电容与天线探针电感形成一串联谐振电路,并使它与圆形贴片所等效的并联谐振电路在同一频率谐振,能获得宽频带匹配。一个实例采用 $h=0.1\lambda$ 的厚基片,这样匹配后实测驻波比小于 1.5 的带宽达到了 35%。

6.4.1.4　利用阵列技术

基于非频变天线原理制成的对数周期贴片阵、阿基米德螺线或等角螺线贴片等已获得几个倍频程的阻抗带宽。采用行波阵原理制成的微带贴片或阵列也可获得宽的阻抗带宽[9°]。

几种微带天线的带宽比较如表 6.4-2 所示,表中 B_r 指电压驻波比 $S\leqslant2$ 带宽。可见,按宽频带设计的微带贴片天线的带宽可达 15%~30%,多层结构矩形贴片最大带宽已近 70%;频带的展宽往往以体积的增大或效率的下降为代价。

表 6.4-2　几种微带天线的带宽比较

天线形式	中心频率 f, GHz	h/λ	ε_r	带宽 B_r	e_r/G
谐振贴片	10	0.053	2.3	6.6%	$e_r>90\%$
厚贴片	10	0.10	2.3	19%	$e_r>90\%$
双层贴片	10	0.10	1*	20%	$G=7$ dB
口径耦合贴片	9.3	0.10	10.7	26%	—
U 形缝隙贴片	4.6	0.077	1*	32%	—
L 形探针贴片	4.6	0.077	1*	28%	$G=7.5$ dB
口径耦合双层贴片	7.7	0.25	1.07*	69%	$G>6$ dB
U 形缝隙口径耦合贴片	1.9	0.04	1.07*	69%	—
对数周期贴片阵	10	0.053	2.3	4:1	$e_r>79\%$
阿基米德螺线贴片	10	0.21	2.3	6:1	$e_r>60\%$

* 指空气或泡沫层。

6.4.2　圆极化技术

微带天线的特点之一是便于实现圆极化工作。圆极化微带天线包括两种形式:谐振微带贴片与行波微带线型天线(如城墙线阵等[2]),这里仅介绍前者。谐振贴片辐射圆极化波的基本原理是:产生两个相互垂直的线极化电场分量,并使二者振幅相等,相位相差 90°。其实现方法可分为三类[2],见表 6.4-3[32]与图 6.4-11。其中单馈法最为简单,但带宽窄;多馈法最常见的是双馈法,用外加的二端口功分器,对贴片上二正交馈点产生两个振幅相等、相位相差 90°的激励电压,具有较宽频带。下面主要研究这两种方法,并介绍获得宽频带的新设计。

表 6.4-3　微带贴片圆极化方法

类型	产生机理	实现形式	设计关键	优点	缺点
单馈法	基于空腔膜型理论,利用简并模分离元产生的两个简并模工作	引入几何微扰,方案多样,适于各种形状贴片	确定几何微扰,即选择简并模分离元的大小和位置,以及恰当的馈点	无须外加的相移网络和功率分配器,结构简单,成本低,适合小型化	带宽窄,极化性能较差
多馈法	多个馈点馈电微带天线,由馈电网络保证圆极化工作条件	采用 T 形分支或 3 dB 电桥等馈电网络	馈线网络的精心设计	可提高驻波比带宽及圆极化带宽,抑制交叉极化,提高轴比	馈点网络较复杂,成本较高,尺寸较大
多元法	使用多个线极化辐射元,原理与多馈法相似,只是将每一馈点分别对一个线极化辐射元馈电	有并馈或串馈方式的各种多元组合,可看成天线阵	单元天线位置的合理安排	具备多馈法的优点,而馈电网络较为简化,增益高	结构复杂,成本较高,尺寸大

6.4.2.1　单馈点圆极化微带天线

根据矩形微带天线的腔模理论,其 TM_{01} 模和 TM_{10} 模在天线面法向形成相互垂直的电场分量。因此,如能正确选择馈点和尺寸,使此二分量大小相等、相位相差 $90°$,便可产生圆极化辐射。设贴片尺寸为 $a \times b$,由式(6.3-53a)可知,对 z 轴方向 $(\theta = \phi = 0)$, TM_{01} 模的辐射电场为

$$E_y = \mathrm{j}\frac{2aU_{01}}{\lambda_0 r}\mathrm{e}^{-\mathrm{j}k_0 r}, \quad U_{01} = hB_{01} = \mathrm{j}k_0\eta_0\frac{I_0 h}{k^2 - k_{01}^2}\Big(\frac{2}{ab}\Big)\cos\frac{\pi y_0}{b}, \quad k_{01} = \frac{\pi}{b} \quad (6.4\text{-}2a)$$

类似地,该方向 TM_{10} 模的辐射电场为

$$E_x = \mathrm{j}\frac{2bU_{10}}{\lambda_0 r}\mathrm{e}^{-\mathrm{j}k_0 r}, \quad U_{10} = hB_{10} = \mathrm{j}k_0\eta_0\frac{I_0 h}{k^2 - k_{10}^2}\Big(\frac{2}{ab}\Big)\cos\frac{\pi x_0}{a}, \quad k_{10} = \frac{\pi}{a} \quad (6.4\text{-}2b)$$

可见,此二场极化正交,比值为

$$\frac{E_y}{E_x} = \frac{aU_{01}}{bU_{10}} = \frac{a\cos(\pi y_0/b)}{b\cos(\pi x_0/a)}\frac{k^2 - k_{10}^2}{k^2 - k_{01}^2} \quad (6.4\text{-}3)$$

选择 $a \approx b$,则 $k_{01} \approx k_{10}$,于是当选择频率使 k 近于 $k_{01} \approx k_{10}$ 时,则二模将同时被激励,称之为简并模。此时上式化为

$$\frac{E_y}{E_x} = A\frac{k - k_{10}}{k - k_{01}} \quad (6.4\text{-}4)$$

式中

$$A = \frac{\cos(\pi y_0/b)}{\cos(\pi x_0/a)} \quad (6.4\text{-}5)$$

于是,辐射圆极化波的激励条件要求

$$A\frac{k - k_{10}}{k - k_{01}} = \pm\mathrm{j} \quad (6.4\text{-}6)$$

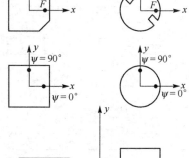

图 6.4-11　三类圆极化贴片

这要求 $k - k_{10}$ 比 $k - k_{01}$ 超前或滞后 $\pi/2$,这里 k 值为

$$k = k_0\sqrt{\varepsilon_r(1 - \mathrm{j}\tan\delta_{\text{eff}})} \approx k_0\sqrt{\varepsilon_r}\Big(1 - \mathrm{j}\frac{1}{2}\tan\delta_{\text{eff}}\Big) \quad (6.4\text{-}7)$$

或表示为

$$k = k' + \mathrm{j}k'' \quad (6.4\text{-}8)$$

$$k' = k_0\sqrt{\varepsilon_r} \quad (6.4\text{-}8a)$$

$$k'' = -k_0\sqrt{\varepsilon_r}\frac{1}{2}\tan\delta_{\text{eff}} = -k'/2Q \quad (6.4\text{-}8b)$$

$\tan\delta_{\text{eff}} = 1/Q$ 为等效损耗角正切, Q 为计入辐射损耗后的 Q 值,由式(6.3-69)计算,并可由实测得出。

为利用这些关系来求得所需的设计参数 a、b 及馈电点位置 (x_0, y_0),一个既简单又说明问题的方法是利用 k 平面来处理。如图6.4-12所示,考察左旋圆极化情形。相位矢量 $k - k_{10}$ 必须比 $k - k_{01}$ 引前 $\pi/2$,而且二者长度比应等于 $1/A$。显然,在 k 平面上 k 点应位于直径为 $k_{01} - k_{10}$,圆心位于 $((k_{10} + k_{01})/2, 0)$ 处的圆上。同时应有式(6.4-9)。故 k 的解由该圆和直线 $k''/k' = -1/2Q$ 的相交点来得出,从而求得[2]:

$$k' = \frac{k_{10}}{1 - \dfrac{1}{2QA}} \quad (6.4\text{-}9)$$

并得 A 的方程如下：

$$A^2 - 2\left(\frac{a}{b} - 1\right)QA + \frac{a}{b} = 0 \tag{6.4-10}$$

其解为

$$A = Q\left(\frac{a}{b} - 1\right) \pm \left[Q^2\left(\frac{a}{b} - 1\right)^2 - \frac{a}{b}\right]^{1/2} \tag{6.4-11}$$

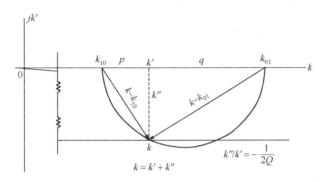

图 6.4-12　辐射圆极化波时 k 平面上的相位关系

对给定的 Q 值，由式(6.4-11)可求得所需的贴片长宽比 a/b 与 A 值的关系如下：

$$\frac{a}{b} = A\left(\frac{2Q + A}{2QA - 1}\right) \tag{6.4-12}$$

上述只有一个解的情况发生于 $A = 1$ 时[见式(6.4-15)]。此时式(6.4-12)简化为

$$\frac{a}{b} = \frac{2Q + 1}{2Q - 1} \approx 1 + \frac{1}{Q} + \frac{1}{2Q^2} \quad \text{或} \quad \frac{a}{b} \approx 1 + \frac{1}{Q} \tag{6.4-13}$$

这正是文献[33]所给出的圆极化条件。用 $A = 1$ 代入式(6.4-5)可知，$y_0/x_0 = b/a$，可见其馈电点的轨迹就是矩形贴片的对角线。因此，当用微带线馈电时，可在这种贴片的一角馈电(称为"角馈")来获得圆极化辐射。

式(6.4-10)表明，A 的解实际上共有三种可能：(1)有二解；(2)有一个解；(3)无解。这可由其判别式判断。相应地，k' 也有对应的三种可能，可直接由图 6.4-13 看出：(1)直径为 $k_{01} - k_{10}$ 的圆与直线 $k''/k' = -1/2Q$ 相交于两点，故得二解；(2)该圆与直线相切，得一个解；(3)若该圆与直线不相交，则无解。

A 的每个解都确定馈电位置(x_0, y_0)的一条轨迹：

$$y_0 = \frac{b}{\pi}\arccos\left[A\cos\left(\frac{\pi x_0}{b}\right)\right] \quad \text{或} \quad x_0 = \frac{a}{\pi}\arccos\left[\frac{1}{A}\cos\left(\frac{\pi y_0}{a}\right)\right] \tag{6.4-14}$$

对近于方形的贴片，$A_1 A_2 = a/b \approx 1$，这就是说，若 A 是一个解，则 $1/A$ 也是一个解。由式(6.4-14)知，若(x_0, y_0)是所需馈电位置，则(y_0, x_0)也是馈电位置。可见，这两条馈点轨迹是对贴片的对角线 $x = y$ 近似对称的。

由式(6.4-9)可得出 A 的两个解所对应的工作频率：

$$\begin{cases} k_1' = \dfrac{k_{10}}{1 - \dfrac{1}{2QA}} \\[4mm] k_2' = \dfrac{k_{10}}{1 - \dfrac{A}{2Q}} \end{cases} \qquad \begin{cases} f_1 = \dfrac{f_{10}}{1 - \dfrac{1}{2QA}} \\[4mm] f_2 = \dfrac{f_{10}}{1 - \dfrac{A}{2Q}} \end{cases} \tag{6.4-15}$$

对于给定的基片材料和贴片尺寸 $a \times b \times h$,在求得 Q 并由式(6.4-11)得出 A 后,可由式(6.4-5)确定馈电位置,并由式(6.4-9)求得相应的 k',得出其工作频率。因此,式(6.4-5)、式(6.4-9)和式(6.4-11)是三个基本设计公式。

　　至此我们只讨论了辐射左旋圆极化波的情形。若要求辐射右旋圆极化波,应取式(6.4-6)中 $-j$ 而不是 j,可同样分析。或者修改 A 的定义,即用下式来代替式(6.4-5):

$$A' = -\frac{\cos(\pi y_0/b)}{\cos(\pi x_0/a)} \tag{6.4-15a}$$

这样则上面所有推导形式上都不变,因

$$\begin{cases} -\cos(\pi y_0/b) = \cos[\pi(b-y_0)/b] \\ -\cos(\pi x_0/a) = \cos[\pi(a-x_0)/a] \end{cases} \tag{6.4-16}$$

故若左旋圆极化的馈电位置为 (x_0, y_0),则 $(x_0, b-y_0)$ 或 $(a-x_0, y_0)$ 就是右旋圆极化的馈电位置。换句话说,RCP 的馈电点轨迹简单地就是 LCP 情形对于直线 $y=b/2$ 和 $x=a/2$ 的反射。

　　一个实例:$a=15.94$ cm,$b=15.74$ cm,基片材料为 Rexolite2200,$\varepsilon_r=2.26$,$\tan\delta=0.001$,厚 $h=0.32$ cm。测得 Q 值约为 85。图 6.4-13(a)给出计算的四条馈电点轨迹,其中两长实线对应于 LCP,两条虚线对应于 RCP。馈电点的具体选择需考虑天线输入阻抗,以便与馈线相匹配。本例采用 50 Ω 馈线,已选择 LCP 轨迹上的①点馈电,即 $x_0=4.55$ cm,$y_0=6.37$ cm。测得最佳圆极化频率为 597 MHz。此时利用旋转振子测得的一个主面方向图已示于图 6.4-13(b)。也测试了边射方向轴比随频率的变化,量得圆极化带宽约为 0.5%。实测输入阻抗特性如图 6.4-14 所示。其驻波比 $S \le 3$ 带宽约为 1.7%。选择②点的测试结果与上相似但最佳圆极化频率为 590 MHz。注意,图 6.4-14 的阻抗轨迹中有一尖点(cusp)。它的出现是形成圆极化的象征,这对应于两简并模的恰当简并。

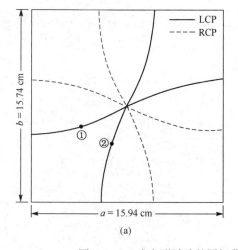
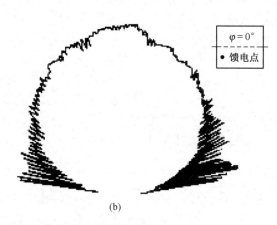

图 6.4-13　准方形贴片的圆极化馈点轨迹与在①点馈电时的方向图(597 MHz)

　　这类圆极化天线的圆极化带宽可利用式(6.4-4)计算。用该式算出的轴比 r 随频率的变化如图 6.4-15 所示。图中归一化频率 ξ 定义为

$$\xi = \frac{f-f_0}{f_{01}-f_{10}} \tag{6.4-16a}$$

式中 $f_0 = v_p k'/2\pi$,$f_{01} = v_p k_{01}/2\pi$,$f_{10} = v_p k_{10}/2\pi = v_p/2a$,$v_p = c/\sqrt{\varepsilon_e}$。由图 6.4-15 可见,轴比不差于 3 dB 的归一化频宽约为 0.35,即 35%。由式(6.4-8)可知,$f_{01}-f_{10}=\Delta f=f_0/Q$,故轴比

不差于 3 dB 的相对频宽, 即圆极化带宽为

$$\text{CPBW} = \frac{35}{Q}(\%) \tag{6.4-17}$$

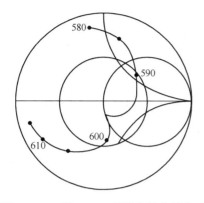

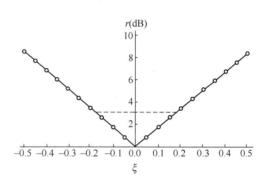

图 6.4-14　图 6.4-14 天线在①点馈点时　　　　图 6.4-15　轴比随归一化频率的变化
　　　　　的输入阻抗轨迹(单位:MHz)

　　对不同厚度贴片, 按 $A = 1$ 设计的一些测试结果与理论值相当吻合。已利用这些测试数据得出圆极化带宽与厚度关系的下述经验公式($h/\lambda_d > 0.005$):

$$\text{CPBW}(\%) = 36.7\frac{h}{\lambda_d} + 0.16 \tag{6.4-18}$$

　　以上分析虽然是结合准方形贴片进行的, 但原理上也适用于圆形、圆环形、椭圆形、三角形、五边形等其他形状贴片。一般地说, 只要在贴片中激励一对辐射正交极化的模, 当二者辐射场之比为 ±j 时, 便能形成圆极化辐射。并且产生左旋或右旋圆极化波的馈点轨迹一般都各有两条。相应地, 也各有两个不同的圆极化频率。矩形和圆形单馈点圆极化贴片的一些形式如图 6.4-16 所示。其中矩形贴片 A 型组的馈电点 F 在 x 或 y 轴上, B 型组的馈电点 F 在对角线上。无论哪一种, 都需引入微扰 Δs 来实现圆极化辐射所需条件。Δs 也称"简并分离元", 它可以是正的($\Delta s > 0$)或负的($\Delta s < 0$), 其影响可用变分法来分析, 已求得圆极化工作条件为[2]

$$A\ \text{型}: \quad \left|\frac{\Delta s}{s}\right| = \frac{1}{2Q} \tag{6.4-19}$$

$$B\ \text{型}: \quad \left|\frac{\Delta s}{s}\right| = \frac{1}{Q} \tag{6.4-20}$$

$$C\ \text{型}: \quad \left|\frac{\Delta s}{s}\right| = \frac{1}{1.841Q} \tag{6.4-21}$$

式中 s 为贴片面积, Δs 为微扰面积。对前面研究过的(B-2)型, 由式(6.4-20)得

$$\frac{\Delta s}{s} = \frac{a(a-b)}{ab} = \frac{1}{Q}$$

即

$$\frac{a}{b} - 1 = \frac{1}{Q}$$

这也就是前面式(6.4-13)的结果, 可见二者是一致的。

　　前面图 6.3-3 的 GPS 接收天线所用的就是图 6.4-17 中的(A-2)型。美国 GPS(Globe Positioning System)系统是当前应用最广泛的导航系统, 其卫星发射 L_1(1575.42 MHz)和 L_2(1227.6 MHz)两个

频率的定位信号。图 6.3-3 天线分别采用两个不同边长的矩形贴片：$a_1 = 32.5$ mm，$a_2 = 31.0$ mm；二者基片参数也是不同的，分别为：$\varepsilon_{r1} = 12$，$h_1 = 4.0$ mm；$\varepsilon_{r2} = 9.2$，$h_2 = 2.5$ mm。较小天线就直接叠在较大的天线上，后者的贴片就是前者的地板，从而形成双频工作。实测的输入阻抗 Smith 图如图 6.4-17(a)所示；图 6.4-17(b)为实测的圆极化轴比。可见，在 L_1，L_2 频率上匹配良好，并且 L_1 处正是阻抗轨迹的尖点，圆极化轴比好；在 L_1、L_2 处实测的轴比 3 dB 圆极化带宽分别是 20 MHz(1.3%)和 16 MHz(1.3%)。为求更加小型化，这类天线现已采用 ε_r 大得多的陶瓷基片。

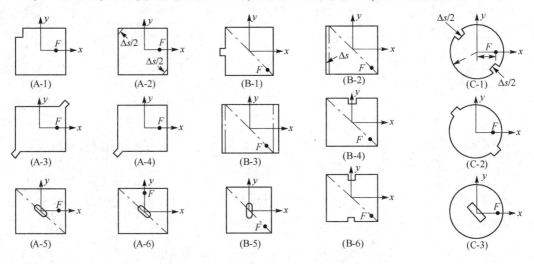

图 6.4-16　单馈点圆极化贴片的一些形式

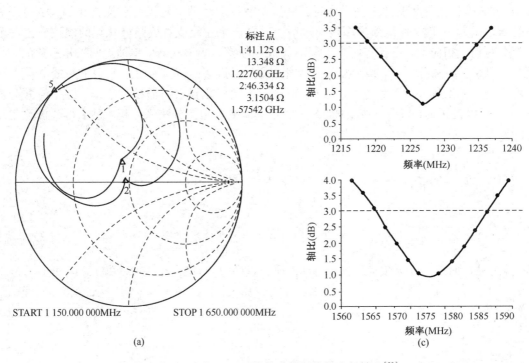

图 6.4-17　双频 GPS 天线的实测阻抗轨迹与轴比[33]

6.4.2.2　双馈点圆极化微带天线

双馈点圆极化微带天线利用两个馈电点来激励一对极化正交的简并模。其圆极化工作条件，即二模振幅相等、相移 $90°$，由馈电网络来保证。最简便的实现方法是采用 T 形分支，使二支路有四分之一波长的路径差。为此要保证各支路传行波。一个实例如图 6.4-18(a)所示。二支路分别激励 TM_{01} 模和 TM_{10} 模，二者输入电阻分别为 R_a 和 R_b，并有 $R_a = R_b$。各段馈线特性阻抗可按下列关系设计，以保证传行波要求及与馈线输入端匹配：

$$\begin{cases} Z_1 = \sqrt{R_a Z_0} \\ Z_2 = \sqrt{Z_0 Z_t} \\ Z_t = 2Z_0 \end{cases} \quad (6.4\text{-}22)$$

由于二支路的电抗补偿作用，这种设计的驻波比带宽要比普通矩形贴片宽，大约是两倍或更大。但是其圆极化带宽仍较窄。

双馈点电网络的另一形式是采用 3 dB 电桥。它可在宽频率范围上保持 $90°$ 相移，而且由于采用匹配负载作终端，可避免终端反射所带来的轴比恶化；同时，辐射元本身的反射也可由终端负载吸收，因而有利于改善驻波比特性。一个厚度为 $0.04\lambda_d$ 的方形贴片，采用共面的 3 dB 分支电桥馈电，其圆极化带宽可达 30%。因此这种双馈点设计的圆极化宽带远比单馈点情形为宽。图 6.4-18(b)所示为圆极化圆形贴片实例，这里匹配负载的接地利用一端开路的四分之一波长枝节来完成，避免了在基片上打孔，因而简化了制作。同时，可将主馈线的特性阻抗取得与辐射元在边缘处的输入阻抗相同，而不必按常规取为 50 Ω，这样可以省去四分之一波长匹配段。3 dB 电桥由于驻波比和轴比带宽较宽而较为常用，其他功分器参见文献[9°]。

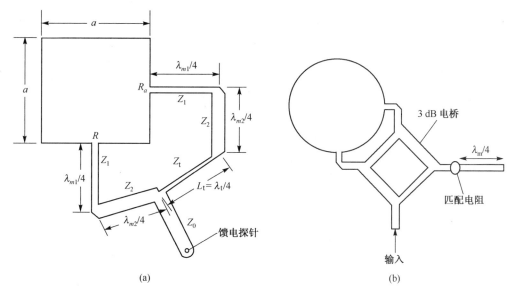

(a)　　　　　　　　　　　　　　　(b)

图 6.4-18　双馈点圆极化微带天线

6.4.2.3　宽带圆极化微带天线

为展宽圆极化轴比带宽，有两种主要方法：1. 采用宽频带微带天线元（如低 Q、双层贴片等）；2. 利用顺序旋转(Sequentially Rotated)法多点馈电或排阵，举例如下[34]。

图 6.4-19 所示的宽带圆极化设计在辐射贴片与地板间为厚的空气层，用空间正交的一对

带隙耦合探针馈电。大的探针电感通过开在贴片上与它同心的圆环缝隙来调谐。二探针馈源与带90°移相段的威尔金森(Wilkinson)功分器相连。图6.4-19中A点超前B点90°,因而辐射左旋圆极化波。$S \leqslant 2$带宽为1312 MHz(65%),轴比3 dB的圆极化带宽为930 MHz(46%);峰值增益约6 dB,增益在峰值3 dB以内的增益带宽为44.6%。

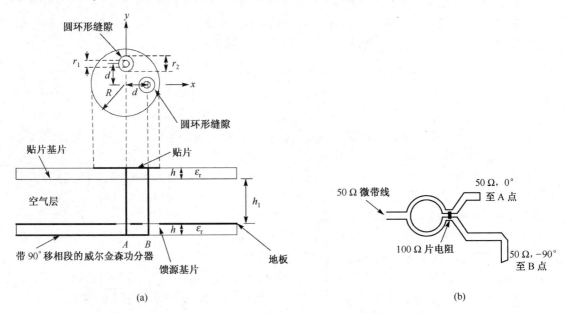

(a)

(b)

图6.4-19 宽带单层双馈点圆极化微带天线及其威尔金森功分器

图6.4-20的方形贴片有4个正交配置的探针,其相位依次是0°,90°,180°和270°。其中位于同一轴线上的一对探针相位都有180°相位差,它们所激励的TM_{01}或TM_{10}模是同相叠加的,而不希望的TM_{02}和TM_{20}模则互相抵消,同时又不会激励TM_{11}模,因此其极化纯度高。图6.4-21是双探针和4探针贴片的轴比曲线,可见后者的轴比特性大大改善了。一副圆极化圆形贴片天线按顺序旋转法4点馈电,基片厚度16 mm,贴片半径27.5 mm,中心频率2200 MHz,其$RL \leqslant 10$ dB的带宽为2340 MHz(106%),轴比2 dB的带宽达38%。

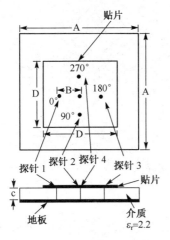

图6.4-20 4探针圆极化方形微带天线

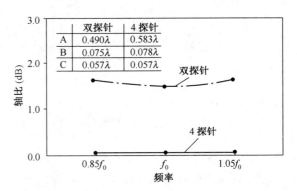

	双探针	4探针
A	0.490λ	0.583λ
B	0.075λ	0.078λ
C	0.057λ	0.057λ

图6.4-21 4探针圆极化方形微带天线的轴比

6.4.3 微带天线阵举例

6.4.3.1 低旁瓣微带天线阵

微带天线阵的一般设计原理与举例已有不少文献介绍过[9°]，本书将较详尽地讨论一种微带天线线阵和一种面阵的设计。在第 3 章 3.4.3 节中曾给出一副 10×6 元低旁瓣阵的实测方向图。这里介绍它的设计(见第 3 章文献[4])。这是一副角馈方形贴片谐振式面阵，其阵面如图 6.4-22(a)所示。采用 $M = 6$ 条线阵。各线阵的元数为 $N = 10$。所用基片材料为国产的玻布聚四氟乙烯材料，$\varepsilon_r = 2.8$，$h = 0.8$ mm，因而可用空腔模型进行分析。角馈方形贴片单元的几何关系示于图 6.4-22(b)中。这里方形贴片两边完全等长，角馈时将同时激发等幅同相的 TM_{01} 模和 TM_{10} 模，因而产生线极化辐射。设单元边长为 a，馈点处贴片宽度为 w_j，$w_j \ll a$，利用微扰法求得单元边长 a 的设计公式如下：

$$f_r = f_{r0}\left[1 + \frac{1}{2}\left(\frac{w_j}{a}\right)^2\right] = \frac{c}{2\sqrt{\varepsilon_e}\,a}\left[1 + \frac{1}{2}\left(\frac{w_j}{a}\right)^2\right] \tag{6.4-23}$$

式中 $a = a' + 2\Delta l$，a' 为贴片物理边长，$2\Delta l$ 为其等效的延伸长度，ε_e 和 Δl 分别由 6.3 节式(6.3-20)和式(6.3-21)算出。用上式对 C，X 及 K 波段三个实例的计算结果表明，只要 $w_j/h \le 2$，计算值与实测值吻合得很好，它可用做此时的工程设计公式。

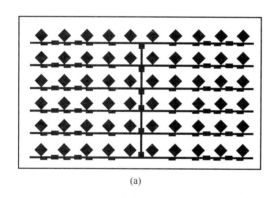 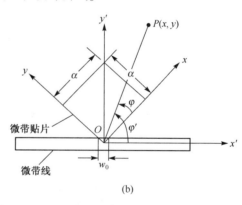

| (a) | (b) |

图 6.4-22 10×6 元角馈方形贴片面阵及其单元几何关系

下面介绍切氏线阵的馈线设计。

水平线阵的电流分布设计为道尔夫-切比雪夫分布，通过馈线设计来实现所需分布，如图 6.4-23(a)所示。这里馈线为共面微带线，并利用 $\lambda_m/4$ 阻抗变换段来形成所需的电流比。由于采用中心馈电，左右两半边是对称的。

图 6.4-23(b)为线阵右侧半边的等效电路，Y_A 为各贴片的输入导纳(假定为相同)，Y_{in} 是由馈线中心向右端看去的输入导纳，Y_{c1} 和 Y_{c2} 分别是两节四分之一波长阻抗变换段的特性导纳。各元的间距是一个波长 λ_m($\lambda_m = \lambda/\sqrt{\varepsilon_e}$)，因此必要的话也可采用四节阻抗变换段。设从 i 端和 $i+1$ 端向右看去的输入导纳分别为 Y_i 和 Y_{i+1}，则有

$$Y_i = Y_A + Y_i', \quad Y_i' = (Y_{c2}/Y_{c1})^2 Y_{i+1} = n_i^2 Y_{i+1}$$

即

$$Y_i = Y_A + n_i^2 Y_{i+1}, \quad n_i = Y_{c2}/Y_{c1} = z_{c1}/z_{c2} \tag{6.4-24}$$

故对 $N = 2n$ 元线阵，右侧 n 元阵的输入导纳为

$$Y_{in} = Y_1 = Y_A + n_1^2 Y_2 = Y_A + n_1^2(Y_A + n_2^2 Y_3) = \cdots$$
$$= Y_A(1 + n_1^2 + n_1^2 n_2^2 + \cdots + n_1^2 n_2^2 \cdots n_{n-1}^2)$$

即右侧输入阻抗为

$$Z_{\text{in}} = \frac{Z_A}{1 + n_1^2 + n_1^2 n_2^2 + \cdots + n_1^2 n_2^2 \cdots n_{n-1}^2} \qquad (6.4\text{-}25)$$

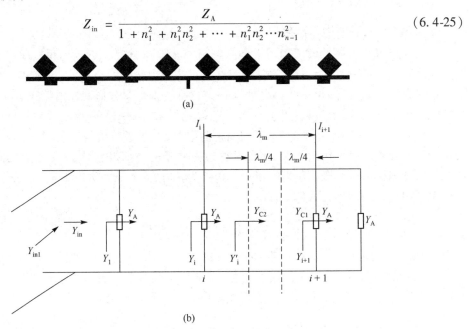

(a)

(b)

图 6.4-23　角馈方形贴片线阵及其等效电路

当工作于谐振频率附近时,贴片阻抗 $Z_A \approx R_A$,R_A 为谐振电阻。谐振电阻与 f_r,w_j 及 h 有关,经验公式如下:

$$R_A = 113 \frac{(f_r[\text{GHz}])^{0.354}}{(w_j/h)^{0.24}} \quad \Omega \qquad (6.4\text{-}26)$$

于是可得一条线阵的总输入阻抗:

$$Z_{\text{in1}} = Z_{\text{in}}/2 \qquad (6.4\text{-}27)$$

式(6.4-24)中定义的 n_i 将决定各贴片的激励电流。两节 $\lambda_m/4$ 阻抗变换段形成一只 $1:n_i$ 变压器,从而得各贴片电流的相对值如下(令中心处的第 $i = 1$ 号贴片电流为 1 A):

$$\begin{aligned}
I_1 &= Y_A U = 1 \\
I_2 &= n_1 Y_A U = n_1 \\
I_3 &= n_2 I_2 = n_2 n_1 \\
I_i &= n_{i-1} n_{i-2} \cdots n_1
\end{aligned} \qquad (6.4\text{-}28)$$

对于中心馈电的 $M \times N$ 元谐振式面阵,M 条线阵的相对电流分布由中心馈线上的 $\lambda_m/4$ 阻抗变换段确定,设计原理与上相同。

设计要点是:对于面阵,先由增益和旁瓣电平要求选定元数 M、N 及电流分布,然后进行线阵和中心馈线的设计。线阵的基本设计步骤为:先根据选定的电流分布由式(6.4-28)求出各 n_i 值;再选定线阵总输入阻抗 Z_{in1}(例如取 $Z_{\text{in1}} = Z_{c0} = 50\ \Omega$),由式(6.4-27)和式(6.4-25)求出所需的贴片谐振电阻 R_A。然后根据所用的基片参数和谐振频率,由式(6.4-26)得出馈点宽度 w_j,由式(6.4-23)得出贴片边长 a。当然以上选择和计算并不能一次敲定,而是一个各方面要求相互平衡的反复过程。最后,若选定 Z_{c2}(例如取 $Z_{c2} = Z_{c0} = 50\ \Omega$),则可根据 n_i 由式(6.4-24)求得各阻抗变换段的 Z_{c1},于是可定出相应的微带线宽度。

今水平线阵按旁瓣电平为 -30 dB 的切比雪夫分布设计,求得一侧的电流分布为 $I_1 : I_2 : I_3 : I_4 : I_5 =$

$1:0.878:0.669:0.430:0.258$。取 $w_j/h = 2$，$Z_{c0} = 50\ \Omega$。垂直分布按旁瓣电平为 $-25\ dB$ 的切比雪夫分布设计，求得其一侧的电流分布为 $I_1':I_2':I_3' = 1:0.727:0.386$。中心处用 $50\ \Omega$ 同轴接头馈电。水平线阵的水平面（H 面）方向图是贴片单元方向图与阵因子方向图的乘积，阵因子 f_{a2n} 由第 3 章式（3.4-9）算出。角馈方形贴片单元方向图推导如下。

利用 6.3 节中式（6.3-52）可得出 TM_{01} 模和 TM_{10} 模的辐射电场。为方便见，将平面坐标 (x, y) 改为 (x', y')，即式中 φ 改为 $\varphi' - 45°$。于是二模合成的总辐射场为

$$E_{1\theta} = A_{01}\left[\sin\frac{u}{2}\cos\frac{v}{2}\left(\frac{a^2}{u^2} + \frac{a^2}{v^2 - \pi^2}\right) + \cos\frac{u}{2}\sin\frac{v}{2}\left(\frac{a^2}{u^2 - \pi^2} + \frac{a^2}{v^2}\right)\right]\sin\theta \quad (6.4\text{-}29\text{a})$$
$$\cdot \sin(\varphi' - 45°)\cos(\varphi' - 45°)$$

$$E_{1\varphi} = A_{01}\left[\sin\frac{u}{2}\cos\frac{v}{2}\left(\frac{a^2\cos^2(\varphi' - 45°)}{u^2} - \frac{a^2\sin^2(\varphi' - 45°)}{v^2 - \pi^2}\right)\right.$$
$$\left. + \cos\frac{u}{2}\sin\frac{v}{2}\left(\frac{a^2\cos^2(\varphi' - 45°)}{u^2 - \pi^2} - \frac{a^2\sin^2(\varphi' - 45°)}{v^2}\right)\right]\sin\theta\cos\theta \quad (6.4\text{-}29\text{b})$$

式中

$$u = ka\sin\theta\cos(\varphi' - 45°), \quad v = ka\sin\theta\sin(\varphi' - 45°)$$

$$A_{01} = j\frac{4kU_{01}}{\lambda r}e^{-jkr}e^{j\left(\frac{u+v}{2}\right)}, \quad k = \frac{2\pi}{\lambda}, \quad U_{01} = hB_{01}$$

由此求得二主面方向函数如下：

$$\text{E 面}(\varphi' = 90°): \quad f_{1E}(\theta) = \frac{\sin u_1}{u_1}\left(1 + \frac{u_1^2}{u_1^2 - \pi^2}\right) \quad (6.4\text{-}30\text{a})$$

$$\text{H 面}(\varphi' = 0°): \quad f_{1H}(\theta) = \frac{\sin u_1}{u_1}\left(1 - \frac{u_1^2}{u_1^2 - \pi^2}\right)\cos\theta$$

$$u_1 = \sqrt{2}\frac{\pi a}{\lambda}\sin\theta \quad (6.4\text{-}30\text{b})$$

值得指出的是，该场在 E 面上只有 $E_{1\theta}$ 分量而 $E_{1\psi}$ 分量为零；在 H 面上只有 $E_{1\theta}$ 分量而 $E_{1\psi}$ 分量为零。按 $f_H = f_{1H}f_{a2n}$ 便可算出水平线阵的 H 面方向图，如第 3 章图 3.4-6（a）中虚线所示，图中实线为实测值。可见理论值与实测值大致吻合，实测旁瓣电平低至 $-26\ dB$。当时国内外尚少见这样的低旁瓣报道。值得一提的是，加工该天线的模板当时是人工手刻的，其精度自然受到限制。当频率改变时，测得 H 面旁瓣电平在 1.5% 带宽内不高于 $-24\ dB$。E 面的设计旁瓣电平为 $-25\ dB$，而实测值达到 $-22\ dB$，见图 3.4-6（b）。

天线的口径照射效率理论估算值为

$$e_a = e_{aN}e_{aM} = \frac{\left(\sum_{i=1}^{N}I_i\right)^2}{N\sum_{i=1}^{N}I_i^2} \cdot \frac{\left(\sum_{i=1}^{M}I_i'\right)^2}{M\sum I_i'^2} = 0.847 \times 0.887 = 0.751$$

利用 6.3 节和文献[2]中公式求得贴片辐射效率 e_r 和馈线效率（损耗）e_f 分别为

$$e_r = Q/Q_r = 0.821, \quad e_f = 0.96$$

故天线效率理论值是

$$e_A = e_a e_r e_f = 0.751 \times 0.821 \times 0.96 = 59\%$$

实测天线增益为 22.6 dB，即 $G = 182$，故实测天线效率是

$$e_A = \frac{G}{(4\pi/\lambda^2)L_1L_2} = \frac{182}{(4\pi/9)21 \times 12} = 52\%$$

测得天线阵的输入驻波比在 10.1 GHz 附近 167 MHz 内均不大于 2，得其阻抗带宽为

$$B_r(S \leqslant 2) = \frac{0.167}{10.1} \times 100\% = 1.65\%$$

一款应用于射频识别(RFID)系统读写器(reader)的 2.45 GHz 频段天线[35]，为减小方位面邻近物体的干扰，要求天线在 $\phi = 0°$ 平面具有低旁瓣；为使读写器能识别目标物上任意极化的射频标签(tag)，要求辐射圆极化波。该天线用角馈准方形贴片作圆极化辐射单元，组成低造价的单层 4×2 元贴片阵。其 4 行贴片的电流按 −30 dB 道尔夫−切比雪夫分布来设计，求得电流比为 $I_1:I_2 = 1:0.429$。采用与上例相似的共面 $\lambda_m/4$ 变换段馈线来实现该电流分布。选用 $\varepsilon_r = 3.5$，$\tan \delta = 0.0005$，$h = 2$ mm 基片。实测的 $\phi = 0°$ 面旁瓣电平为 −26 dB，主瓣内轴比低于 3 dB，如第 2 章图 2.4-6 所示。

6.4.3.2 高隔离度双极化微带天线阵

微波遥测所需的合成孔径雷达(SAR)要求天线能工作于双极化且二极化端口间的隔离度高、方向图交叉极化电平低、频带宽。为此，采用"混合馈电"的双层方形贴片作为双极化辐射单元，如图 6.4-24(a)所示。方形贴片的交叉极化电平比圆形贴片低，因此作为首选。为求宽带，这里采用双层贴片设计；其水平极化采用 H 形单缝口径耦合馈电，垂直极化采用共面微带线馈电，这样可将两种极化的馈电网络通过地板隔开。图 6.4-24(b)所示是双极化分别由 H 形双缝口径耦合馈电的"双缝耦合结构"，其隔离度更高，在 8.5～9.5 GHz 频带上隔离度大于 41 dB，而前者隔离度大于 −27 dB。

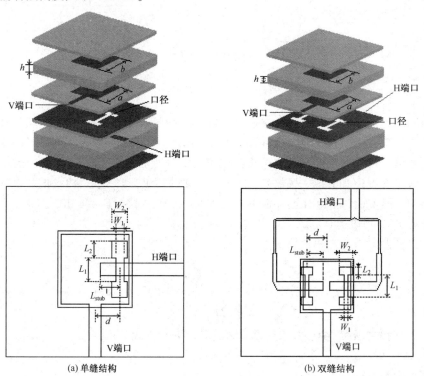

图 6.4-24　双极化贴片的两种结构

由腔模理论可知，当方形贴片在 (x_0, y_0) 处馈电时，其内场为

$$E_z = \sum_{m,n} B_{mn} \cos \frac{m\pi x}{a} \cos \frac{n\pi y}{a} \qquad (6.3\text{-}42a)$$

$$B_{mn} = jk_0\eta_0 \frac{I_0}{k^2 - k_{mn}^2}\left(\frac{\delta_{0m}\delta_{0n}}{a^2}\right)\cos\frac{m\pi x_0}{a}\cos\frac{n\pi y_0}{a}\text{Sinc}\left(\frac{m\pi d_0}{2a}\right) \tag{6.3-42b}$$

如图 6.4-25(a)所示，在垂直极化端口 V 处馈电时，将工作于 TM_{01} 模，而在水平极化端口 H 处馈电时，将工作于 TM_{10} 模。除主模外，还将激励高次模，由上式可知，由于馈电点位于一边的中点，系数 B_{11} 为零，因而不会激励 TM_{11} 模，但将激励 TM_{02} 和 TM_{20} 模，如图 6.4-25(b)和图 6.4-25(c)所示。若 H 端口改在左边，该二模都反相，如图 6.4-25(e)和图 6.4-25(f)所示，因而若按图 6.4-25(d)设计，H 端口改在左边，在两边同时进行等幅反相馈电，理论上该二模都将分别为零，不会激励 V 端口，从而提高了二极化端口间的隔离度。

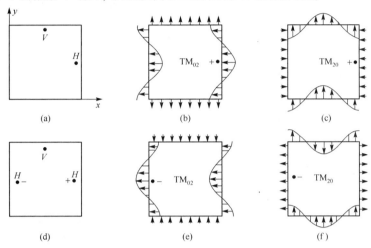

图 6.4-25　方形贴片的高次模场分布

这里要介绍的是 16×16 元面阵，双缝结构的两种极化馈电网络置于同一层介质面上，难以安排，因此选用单缝结构，并对每单元采用等幅倒相馈电来提高隔离度[36][37]。这种"等幅倒相馈电"技术的原理正与图 6.4-25 所示相同，只是将二反相馈点分别置于一对相邻单元上，同样能抑制由 TM_{02} 和 TM_{20} 模产生的交叉极化分量，并提高阵的极化端口间的隔离度。对于由两个这样的成对单元构成的 4 元线阵，可有 4 种配置方案，如图 6.4-26 所示。该图 6.4-26(a)和图 6.4-26(b)结构中的成对单元其水平极化采用等幅反相馈电，垂直极化采用等幅同相馈电；而图 6.4-26(c)结构对应于图 6.4-26(a)和图 6.4-26(b)的结合；图 6.4-26(d)结构中成对单元的垂直极化为等幅同相馈电，且两组的成对单元对二者中间的垂直平面互为镜像。4 种 4 元线阵的实测特性比较见表 6.4-4，其隔离度曲线如图 6.4-27 所示。可见结构图 6.4-26(d)的隔离度特性最好，它在 $8.8\sim9.4$ GHz 频带上的隔离度高于 34 dB。

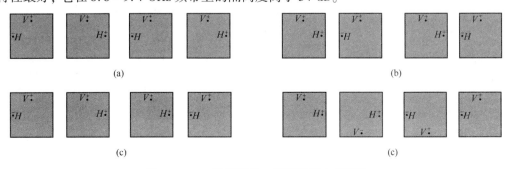

图 6.4-26　4 种双极化 4 元阵的馈电点配置

表6.4-4　4种双极化4元线阵的实测特性比较

天线特性	天线结构							
	(a)		(b)		(c)		(d)	
	垂直极化	水平极化	垂直极化	水平极化	垂直极化	水平极化	垂直极化	水平极化
主瓣内交叉极化电平(dB)	< −21.5	< −23.9	< −20.1	< −27.9	< −23.0	< −23.2	< −27.8	< −28.2
主瓣外交叉极化电平(dB)	< −20.9	< −12.1	< −20.0	< −21.4	< −22.3	< −19.8	< −27.2	< −28.3
两端口隔离度(dB)	>31.5		>30.5		>30		>32.6	

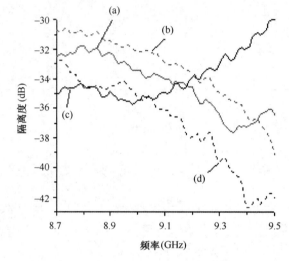

图6.4-27　4种双极化4元线阵的实测隔离度

　　以图6.4-26(d)所示的4元线阵作为基本单元按并行馈电方式来构成16元线阵。基于此16元线阵构成的16×16元双极化微带面阵的透视图示于图6.4-28,由上至下,依次标明了序号,每个序号代表一个16元线阵,相邻线阵都按互为镜像的规则反对称配置(垂直方向),它们的垂直极化端口等幅反相馈电,水平极化端口等幅同相馈电。注意,在图6.4-28(及图6.4-26所示的4元线阵)的微带线馈电网络中,其直角弯头都按图6.4-29所示的经验设计进行切角。实践证明,从L波段到X波段这样都能得到良好的匹配。

　　各介质板通过粘胶封装并焊上SMA接头。其水平极化和垂直极化各有16个接头,共32个。在9~10 GHz频带上,各垂直极化端口测得驻波比$S \leqslant 1.35$,各水平极化端口测得$S \leqslant 1.3$,同一根线阵两个端口间的隔离度除11号外都优于45 dB(11号为43.5 dB)。图6.4-30(a)给出了16×16元样阵的照片,图6.4-30(b)为在室内远场暗室实测的天线增益,可见约为30 dB。在室内远场暗室测试的9.5 GHz频率上该面阵水平极化的两个主面实测方向图如图6.4-31所示。在室内远场暗室测试了天线方向图,对9 GHz,9.5 GHz,10 GHz频率垂直和水平极化的主面方向图实测结果表明,最高旁瓣电平为−12.1 dB,最高交叉极化电平为−37.1 dB,方向图在宽频带上显示了良好的稳定性。值得说明,面阵的这些测试结果都是将SMA接头外接馈电网络后测得的。应用于合成孔径雷达系统时,各接头将连接射频T/R组件来形成一大型有源相控阵天线,整个天线阵的外形将与图6.3-2类似。

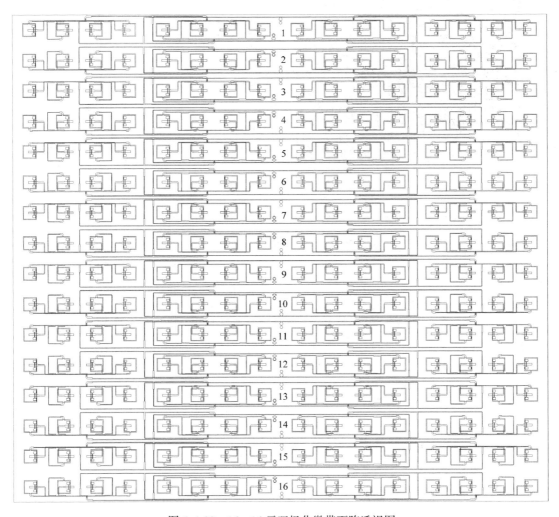

图 6.4-28　16×16 元双极化微带面阵透视图

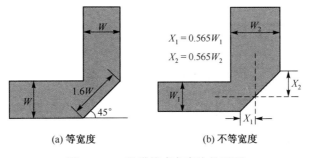

(a) 等宽度　　　　　　　　(b) 不等宽度

图 6.4-29　微带线直角弯头的匹配

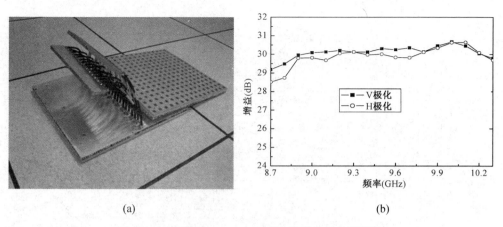

(a)　　　　　　　　　　　　　　(b)

图 6.4-30　双极化 16×16 元面阵的照片和实测增益

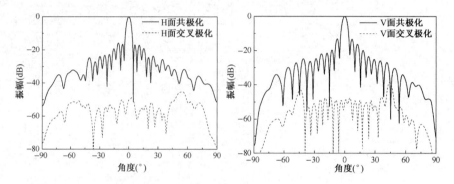

图 6.4-31　16×16 元双极化面阵在 9.5 GHz 的实测方向图

6.5　介质谐振器天线

6.5.1　介质谐振器天线概述

　　介质谐振器已广泛应用于滤波器和振荡器等微波元器件中,而将它用做天线,最早出现的是 1983 年美国休斯顿大学郎(S. A. Long)教授等人提出的圆柱形介质谐振器天线,如图 6.5-1 所示[38]。至今它已作为小型化天线大量应用于无线通信等系统中,并已出版了不少介质谐振器天线专著和论文[39~42]。

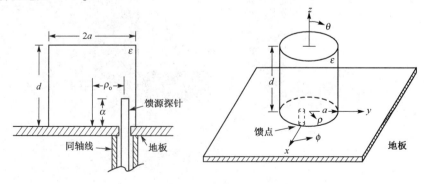

图 6.5-1　圆柱形介质谐振器天线

介质谐振器天线(Dielectric Resonator Antenna，DRA)不便归入"缝天线"一类，把它放在这里做简单介绍是因为它与上面研究的微带天线有许多相似之处。首先，二者都属于新出现的小型化天线。其次，它们都如谐振腔似地工作，而且其近似模型都是通过计算表面等效磁流来求出辐射场。不过，微带天线主要是通过平面导体间的缝隙来辐射的，而 DRA 则是通过除地板部分之外的整个外表面辐射的，因此它的阻抗带宽明显比微带天线宽。第三，微带天线的所有馈电方法几乎都可用于 DRA。

虽然微带天线因其剖面薄、重量轻等优点已获得广泛应用，但在高频段其导体欧姆损耗大而在低频段几何尺寸大；而介质谐振器天线在这两种场合正好有其优势。介质谐振器主要由低损耗的微波介质材料构成。与其他微波天线相比，介质谐振器天线具有以下优点：

1. 介电常数的选择范围很大，例如相对介电常数可在 4～100 范围内，可灵活控制尺寸和带宽。采用高介电常数时，可把天线做得很小；若取 $\varepsilon_r \sim 10$ 量级，则可获得约 10% 的阻抗带宽。

2. 辐射效率高(大于或等于95%)，这是因为 DRA 没有导体损耗和表面波损耗，自身介质损耗小。

3. 谐振器形状和馈电方式灵活多样。其形状有圆柱形、矩形、半球形、三角形和圆环形等，调节参数多；可采用探针、微带线、微带缝隙、共面波导等多种方式馈电(各种馈电方式的讨论参见文献[42])，便于实现宽频带、圆极化和双极化及锥形方向图等特性。

4. 对加工误差不像微带天线那样敏感，特别是在很高频率时。

对 DRA 的大多数结构，貌似简单的几何结构却带来很复杂的电磁场问题。除了球状 DRA 以外，其他形状的 DRA 都不存在严格的闭式解析解。DRA 的理论分析方法大致可分为两类：简化解析模型和数值分析法。

1. 简化解析模型。最常用的是 S. A. 郎等人提出的谐振腔模型。这个方法把介质谐振器的表面都采用磁壁边界条件，同时假定地板无限大并用镜像原理处理，通过计算谐振器表面的等效磁流求出天线的方向图。后来又对此模型做了修正，加入上下两面的切向场连续条件。这种模型能粗略地计算天线方向图，但计算阻抗和谐振频率时能力有限。

2. 数值分析法。这是全波分析法，即以严格方法计入介质基板影响而得到天线的全波解。最常用的是时域有限差分法、矩量法和有限元法，还有时域传输线矩阵分析法等。

DRA 的辐射类似于短的磁偶极子的辐射(见图6.5-2)。DRA 的谐振频率主要取决于谐振器的几何尺寸和材料的介电常数，并与馈电结构等因素有关。选择不同的馈电结构和馈电点的位置，可以激励起不同的 DRA 辐射模，但工程设计中应用最多的还是低阶模。

对置于地面上的圆柱形 DRA，郎教授已给出谐振频率的近似解析解。其常用的辐射模有 $TE_{01\delta}$、$TM_{01\delta}$ 和 $HE_{11\delta}$ 等模，其谐振频率可用下列经验公式估算[43]。对于 $TE_{01\delta}$ 模：

$$f_0 = \frac{2.327c}{2\pi a \sqrt{\varepsilon_r + 1}} \left[1 + 2.123 \left(\frac{a}{h} \right) - 0.00898 \left(\frac{a}{h} \right)^2 \right] \qquad (6.5\text{-}1)$$

对于 $TM_{01\delta}$ 模：

$$f_0 = \frac{c \sqrt{3.83^2 + (\pi a/2h)^2}}{2\pi a \sqrt{\varepsilon_r + 2}} \qquad (6.5\text{-}2)$$

对于 $HE_{11\delta}$ 模：

$$f_0 = \frac{6.324c}{2\pi a \sqrt{\varepsilon_r + 2}} \left[0.27 + 0.36 \left(\frac{a}{4h} \right) + 0.02 \left(\frac{a}{4h} \right)^2 \right]$$

$$(6.5\text{-}3)$$

$$0.4 \leqslant \frac{a}{4h} \leqslant 6$$

式中 c 为自由空间中的光速, a 为圆柱谐振器的直径, h 为高度。

对置于地面上的矩形 DRA, 其谐振频率可通过 DWM(Dielectric Waveguide Model)法计算, 求解过程涉及超越方程的求解。其基模 $TE_{\delta11}$ 模谐振频率的近似表达式为[42]

$$f_0(\text{GHz}) = \frac{15[a_1 + a_2(w/2h) + 0.16(w/2h)^2]}{w(\text{cm})\pi\sqrt{\varepsilon_r}} \tag{6.5-4}$$

式中, $a_1 = 2.57 - 0.8(d/2h) + 0.42(d/2h)^2 - 0.05(d/2h)^3$, $a_2 = 2.71(d/2h)^{-0.282}$, d, w, h 分别为谐振器在 x, y, z 方向的长度。

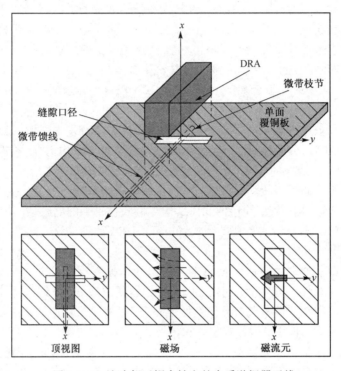

图 6.5-2　缝隙邻近耦合馈电的介质谐振器天线

对置于地面上的半球 DRA, 可以通过解超越方程求得 TE_{111} 模的谐振频率[44], 得

$$f_0 = \frac{4.775 \times 10^7 \text{Re}(ka)}{a\sqrt{\varepsilon_r}} \tag{6.5-5}$$

其中, a 为半球介质谐振器的半径, $\text{Re}(ka)$ 为复数 ka 的实部。

单个 DRA 的增益一般约为 2~6 dB。为获得高增益窄波束, 可利用 DRA 线阵和面阵。

6.5.2　介质谐振器天线举例

用微带线馈电的圆柱形陶瓷介质谐振器天线如图 6.5-3 所示[40]。陶瓷的相对介电常数为 $\varepsilon_{r1} = 38$, 微带线基板相对介电常数为 $\varepsilon_{r2} = 3.5$, 厚 $h = 0.8$ mm。为展宽阻抗带宽, 采用带有十字枝节的微带线终端, 并适当调节枝节长度和位置。利用基于有限元法的软件 Ansoft HFSS 10 优化设计得的尺寸为:圆柱直径 $D = 9$ mm, 高 $H = 7.6$ mm;十字枝节参数: $l_1 = 4.45$ mm, $l_2 = 4.75$ mm, $l_3 = 3.7$ mm, $w = 1.3$ mm, $dx = 0.25$ mm, $dy = 0.65$ mm。其反射损失曲线如图 6.5-4 所示。可见测试的 $S_{11} \leqslant -10$ dB 带宽为 4.7%(5.28~5.55 GHz);而不带十字枝节端时仿真带宽仅为 1.1%(5.42~5.48 GHz)。

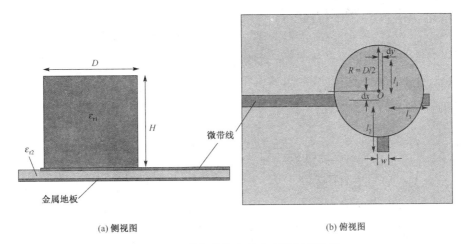

(a) 侧视图　　　　　　　　　　　　　　　　　　(b) 俯视图

图 6.5-3　微带线馈电的介质谐振器天线

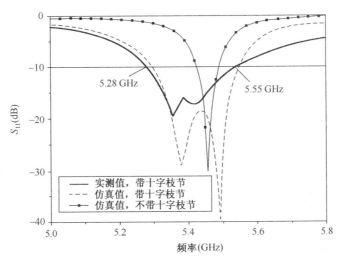

图 6.5-4　DRA 的反射损失曲线

将该设计作阵元构成 2×2 元同相等幅介质谐振器天线,如图 6.5-5 所示。其实测的 $S_{11} \leqslant$ -10 dB 带宽为 4.2%(5.22~5.44 GHz)。在此频带上实测的增益最大值为 11 dB(5.34 GHz),最小值为 9.4 dB(5.22 GHz)。其实测和仿真的方向图示于图 6.5-6,二者较吻合。可见天线具有边射方向图。

采用与图 6.5-3 相似的结构也制成了圆极化介质谐振器天线[41]。该设计选用相同的圆柱形陶瓷介质谐振器:$\varepsilon_{r1} = 38$,圆柱直径 $D = 9$ mm,高 $H = 7.6$ mm;也用微带线馈电。微带线的终端改为由两个垂直开路枝节构成的 Y 形馈源,以产生两个空间正交的模式。调节二枝节宽度,使两个模式振幅相等;调节二枝节长度,使两个模式相位相差 90°,从而形成圆极化辐射;改变二枝节的相对长短,可改变其旋向(左旋或右旋)。圆柱形陶瓷介质谐振器位于基片的正中央,基片采用 FR4 板,其相对介电常数 $\varepsilon_{r2} = 4.4$,基片尺寸为 30 mm × 30 mm × 1 mm。利用仿真软件

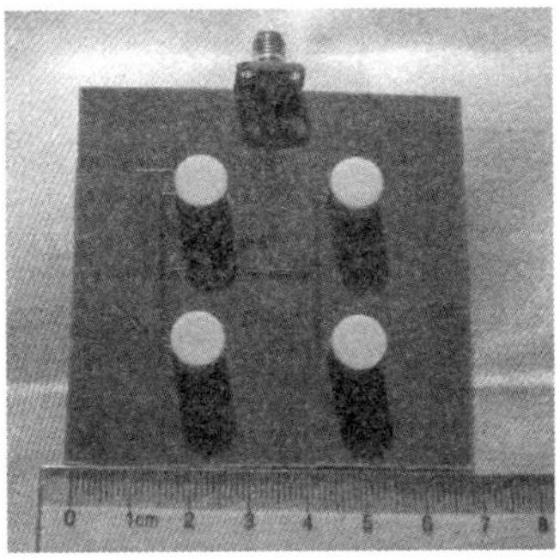

图 6.5-5　2×2 元 DRA 天线阵

HFSS 优化得到二枝节参数分别为：长 $l_1 = 4.1$ mm，宽 $w_1 = 1.1$ mm；长 $l_2 = 4.6$ mm，宽 $w_2 = 1.5$ mm。其实测的 RL $\leqslant 10$ dB 带宽为 6.8%（4.15~4.44 GHz）；实测的法向轴比 3 dB 圆极化带宽为 1.2%（4.187~4.237 GHz），并在 4.12 GHz 上获得了 0.8 dB 的轴比最小值。

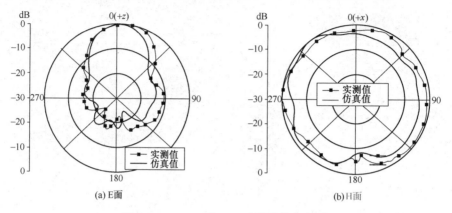

(a) E面   (b) H面

图 6.5-6   2×2 元 DRA 天线阵的方向图

　　上面介绍的圆极化 DRA 为单馈点型。该类天线多采用微扰法来实现圆极化，包括用微扰的正交馈电结构激励对称的介质谐振器和直接激励微扰结构的介质谐振器两种情形，文献 [41] 属于前者。单馈点型圆极化 DRA 设计比较灵活，结构较为简单，但常规设计的轴比带宽（AR $\leqslant 3$ dB）一般为 1%~15%。为进一步提高轴比带宽，需采用双（多）馈点法。其馈电结构可参照 6.4.2 节中关于双（多）馈点圆极化微带天线的设计。

　　一种双馈点圆极化方形 DRA（$\varepsilon_r = 8.9$）如图 6.5-7 所示[45]。它利用 3 dB 威尔金森功分器和宽带 90°移相器组成馈电网络，通过两个方位正交的垂直探针来馈电，并附加了双短路枝节结构，在一定程度上弥补了延迟线移相器的缺点，使移相器能在 46.6% 的带宽上实现 90°相移（$S_{11} \leqslant -15$ dB，$|\Delta\varphi| \leqslant 4°$）。该天线的实物照片如图 6.5-8 中插图所示，该图给出了阻抗带宽、轴比与增益的仿真与测试结果。其实测的阻抗带宽（VSWR$\leqslant$2）为 48.46%，圆极化带宽（AR $\leqslant 3$ dB）达 47.69%，带内最大增益为 6.4 dBi。

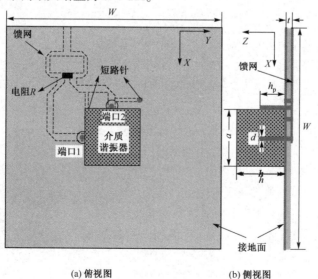

(a) 俯视图   (b) 侧视图

图 6.5-7   宽带圆极化双馈点型 DRA

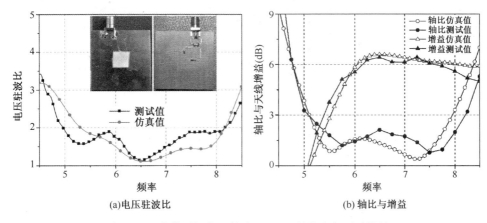

图 6.5-8　宽带圆极化双馈点型 DRA 的仿真与测试结果

习　　题

6.1-1　无限大导体平面上窄缝隙的长度为半个自由空间波长，它的互补振子的输入阻抗为 73.1 + j42.5 Ω。

1)求半波缝隙的输入阻抗；

2)求其方向系数。

6.1-2　很大的导体平面上有共轴排列的上下两条半波缝隙，其中心相距 1λ，二者同相等幅馈电。

1)写出其 H 面方向函数并概画方向图；

2)求其方向系数。

6.1-3　很大的导体平面有共轴排列的 4 条半波缝隙，其间距为 0.8λ，各元同相等幅馈电。

1)写出其 H 面方向函数并概画方向图；

2)求其 H 面主瓣的半功率宽度 HP_H 和旁瓣电平 dB 数。

6.2-1　在内尺寸为 7.2×3.4 cm² 的波导宽壁上开一谐振长度的半波纵缝，纵缝离宽壁中心线的距离为 3.2 cm。

1)设波导可视为无限长，请求出波长为 10 cm 时，此波导的驻波比 S；

2)若离纵缝 $λ_g/4$ 处加一波导短路终端，则波长为 10 cm 时，此波导的驻波比 S 又如何？

6.2-2　对忽略波导损耗的情形，取 $α=0$，导出此时的式(6.2-32)、式(6.2-34)、式(6.2-36)和式(6.2-38)。

6.2-3　对图 6.2-9(a)所示谐振式波导宽壁纵缝阵，但只有左边 3 个缝隙，波导内尺寸为 2.3×1 cm²，工作波长为 3.2 cm。

1)对由波导宽壁中心线方向和波导法线方向构成的 H 面，取法线方向为 z 轴，写出其方向函数，概画方向图；

2)给定天线输入功率为 $P_{in}=10$ kW，试选定在地面应用的缝隙宽度 w；

3)若天线功率由左边输入，右边终端处配置短路活塞(距末端缝隙中心 $λ_g/4$)，忽略互耦效应且各缝隙为谐振长度，其归一化电导可按式(6.2-14)计算，则为实现天线对馈电端的匹配，应如何选择缝隙的偏置量 x_1？

6.3-1　对矩形微带天线，采用传输线模型及其坐标系，请证明：

1)其 $y=0$ 边缝隙的辐射场为

$$\bar{E}_1 = \hat{\varphi}\mathrm{j}\frac{U_0 a}{\lambda r}\mathrm{Sinc}(kh\sin\theta\cos\varphi)\mathrm{Sinc}\left(\frac{1}{2}ka\cos\theta\right)\sin\theta\mathrm{e}^{-\mathrm{j}kr}$$

2)当 $kh \ll 1$，该缝隙的辐射电导可表示为

$$G_s = \frac{2P_r}{U_0^2} = \frac{1}{120\pi^2}[x\mathrm{Si}(x) + \cos x - 2 + \mathrm{Sinc}\, x], \quad x = ka$$

3)若 $ka \ll 1 (a < 0.35\lambda)$,上式可化为

$$G_s = \frac{1}{90}\left(\frac{a}{\lambda}\right)^2$$

Δ6.3-2　矩形微带天线几何尺寸为 $a = 10.2$ mm, $b = 8.5$ mm, 基片厚 $h = 1.5$ mm, $\varepsilon_r = 2.8$, $\tan\delta = 10^{-3}$。请利用传输线模型求其谐振频率 f_r。

Δ6.3-3　用腔模理论导出矩形贴片 TM_{01} 模的 E 面和 H 面方向函数, 对习题 6.3-2 天线概画其二主面方向图。

6.3-4　用腔模理论导出矩形贴片 TM_{11} 模的 E 面和 H 面方向函数, 对习题 6.3-2 天线概画其二主要方向图。

Δ6.3-5　1)计算习题 6.3-2 天线的 Q 值, 若用 50 Ω 同轴线对其馈电, 请选定馈电点坐标 (x_0, y_0);
2)计算其带宽 BW($S \leqslant 2$), 效率及增益。

6.3-6　要求矩形微带天线工作于 $f = 2$ GHz, 基片厚 $h = 2$ mm, $\varepsilon_r = 2.78$, $\tan\delta = 10^{-3}$。
1)试设计天线贴片边长 a'、b'(取 $a'/b' \approx 1.5$);
2)用同轴线对天线底馈, 请用腔模理论计算天线 Q 值, 选定馈点位置 (x_0, y_0);3)求天线带宽 $BW(S \leqslant 2)$ 和增益 G。

6.3-7　方形微带天线边长为 a, 用宽 w 的微带线在角端馈电, 如图 P6-1 所示, 并选用图示坐标系。请用腔模理论导出其主模($TM_{01} + TM_{10}$)的 E 面($\varphi = 90°$)和 H 面($\varphi = 0$)方向函数(基片厚 $h \ll a$, $w \ll h$), 概画其方向图。

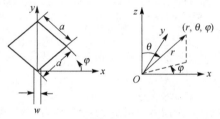

图 P6-1

6.3-8　导出习题 6.3-7 角方馈形微带天线的 Q 值和输入电阻计算公式。

6.3-9　对半径为 a 的圆形贴片磁壁空腔, 导出其内场本征函数公式。

6.3-10　圆形贴片天线的基片参数为:$\varepsilon_r = 2.55$, $\tan\delta = 0.0018$, $\sigma_c = 10^4$ S/mm, $h = 1$ mm, 其半径为 $a = 13.5$ mm。
1)请利用下二式求出其工作于 TM_{11} 时的谐振频率:

$$f_1 = \frac{1.841c}{2\pi a_e \sqrt{\varepsilon_r}}, \quad a_e = a\left[1 + \frac{2h}{\pi a \varepsilon_r}\left(\ln\frac{\pi a}{2h} + 1.7726\right)\right]^{1/2} \qquad (6-1)$$

2)求其带宽 BW($S \leqslant 2$);
3)计算其 Q 值。

Δ6.3-11　习题 6.3-2 天线会激励哪些模式的表面波? 若用该基片工作于 36 GHz, 则会激起哪些表面波模?

6.3-12　习题 6.3-2 天线若工作于 TM_{03} 模, 会激励哪些模式的表面波?

6.4-1　矩形微带天线的贴片尺寸为 $a = 54$ mm, $b = 36$ mm, 基片厚 $h = 2$ mm, 相对介电常数 $\varepsilon_r = 3.5$。
1)试估算该天线输入端与其同轴馈线匹配时, 其输入端电压驻波比小于 2 的百分带宽 $B_r(S \leqslant 2)$;
2)要求该矩形贴片天线的面积和谐振频率基本不变, 举出 3 种以上展宽其百分带宽的设计方法。

6.4-2　圆形贴片天线的基片材料选用 RT/duroid5880($\varepsilon_r = 2.2$, $\tan\delta = 0.0009$), 厚 $h = 1$ mm。
1)要求工作于谐振频率 $f_1 = 4$ GHz, 请利用式(6-1)选定圆形贴片半径 a, 估算其带宽 FBW($S \leqslant 2$);
2)今采用图 6.4-1(b)所示的双层倒置结构来展宽频带, 若上层的寄生圆形贴片材料相同, 厚度也为 h, 取其贴片半径为 b, $b/a = 1.06$, 二层间距 $d/\lambda = 0072$, 则由图 6.4-2(b)查出的带宽 FBW($S \leqslant 2$)和 FBW($S \leqslant 1.5$)各为多大?

6.4-3 利用变分法证明图 6.4-19 中 B 形方形贴片的圆极化工作条件为

$$\left|\frac{\Delta s}{s}\right| = \frac{1}{Q} \tag{6.4-19b}$$

6.4-4 利用变分法证明图 6.4-19 中 C 形圆形贴片的圆极化工作条件为

$$\left|\frac{\Delta s}{s}\right| = \frac{1}{1.841Q} \tag{6.4-19c}$$

6.4-5 双极化微带天线面阵如图 P6-2 所示[46]。H 和 V 分别为水平极化和垂直极化的馈电端口。其阵元为角馈方形贴片，边长为 a。相邻阵元之间用半个微带线波长 $(\lambda_m/2)$ 的微带线相连，以使各阵元获得等幅同相激励。

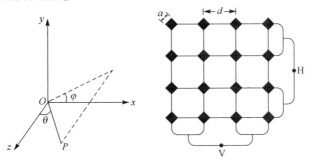

图 P6-2

1) 对垂直极化情形 (V 端馈电)，导出其 E 面 $(\varphi = 90°)$ 和 H 面 $(\varphi = 0)$ 方向函数；

2) 对垂直极化情形，如计入高阶模 TM_{11}、TM_{02} 和 TM_{20}，试导出其在 E 面 $(\psi = 90°)$ 和 H 面 $(\psi = 0)$ 的交叉极化方向函数。

6.4-6 方形贴片面阵与坐标系如图 P6-3 所示。元距 $d = \lambda_m$（微带线波长），以使各元等幅同相馈电。基片材料为 RT/duroid5870，$\varepsilon_r = 2.32$，$\tan\delta = 0.00012$，厚 $h = 1.59$ mm，工作频率 $f = 10$ GHz。

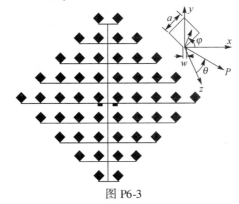

图 P6-3

1) 微带线特性阻抗取为 100 Ω，请确定其宽度 w 与微带线波长 λ_m；

2) 设角馈方形贴片边长为 a，单元上同时激励等幅同相的 TM_{01} 和 TM_{10} 模，请导出此贴片单元的 y-z 面方向函数；

3) 写出 y-z 面阵因子方向函数，并估算该阵的方向系数及增益（以分贝计）；

4) 用电脑编程画出 y-z 面阵因子方向图，求出其旁瓣电平及半功率波瓣宽度。

6.4-7 利用图 6.4-24(a) 所示的双极化方形贴片来构成 8×3 元微带天线面阵[47,48]。沿水平和垂直方向的间距均为 $0.65\lambda_0$（中心波长），各阵元都等幅同相激励。

1) 对垂直极化情形，导出其二主面方向函数，并概画其方向图；

2) 估算该阵的垂直极化增益（以分贝计）。

第7章 口径天线基础与喇叭天线

本章和下一章研究面天线,即口径天线(又称为孔径天线),它们的辐射可认为来自于天线口径(aperture,也称为孔径)。本章开头几节将研究天线外场计算的基础理论,包括分析方法与几种不同口径的辐射特性。然后作为这些理论的典型应用,将分析喇叭天线,研究其辐射特性与设计。

*7.1 口径天线的外场计算

7.1.1 天线基本问题与解法

在前面 1.2.1 节的基础上,首先对天线基本问题与其解法进行复习和补充[5°][1]。天线理论的基本问题是求解天线辐射的电磁场在其周围空间的分布。在求得空间场分布后,便可进而得出天线的基本电参数。例如,由远区场分布可求得天线的方向图和方向系数,而由近区场分布可得出天线上的电流分布和输入阻抗等。天线基本问题的严格处理是一个电磁场边值型问题,其经典的近似处理是将它处理成一个分布型问题,即给定场源分布或封闭面上的等效场源分布求外场,而该给定的场源或等效场源分布则需由近似解得出。这些解法可大致归纳成图 7.1-1,说明如下。

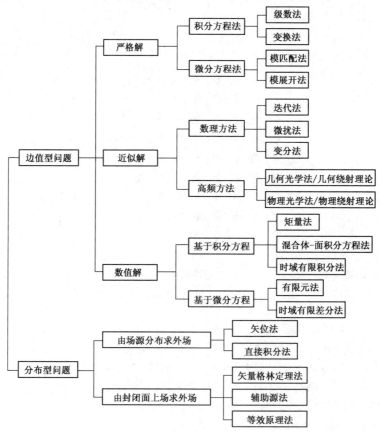

图 7.1-1 天线基本问题的解法

如图 7.1-1 所示,天线问题作为电磁场边值问题求解时,可有两类求解方法:1)积分方程法;2)微分方程法。在积分方程法中,先求出在特定边界条件下单位点源所产生的场,即格林函数,然后乘以源分布,在源所在区域进行积分来得出总场。由于源分布未知,先要利用边界条件建立源分布的积分方程。这些积分方程可利用级数法或变换法求解。但是由于积分困难,只有很少的问题能求得解析解。其中一个著名的工作就是 2.3.3 节中基于海伦积分方程的圆柱振子严格解。微分方程法一般采用分离变量法,先将无源区波动方程分解为与自变量数目相同的几个常微分方程,后者解的乘积就是无源区场方程的解,称为波函数。它们的线性组合(即级数解)便是待求场的通解。其展开系数要根据边界条件和激励条件来确定。往往将外加的激励场也展开为所得波函数的级数,再由边界条件和波函数在边界面上的正交性来决定待定系数,从而得到问题的解答。已有的著名工作有:斯特拉顿和朱兰成采用长椭球坐标计算了长椭球形振子的电流分布和输入阻抗,谢昆诺夫利用球坐标求出了双锥振子的电流分布和输入阻抗。分离变量法也已用于分析球形反射面天线。值得指出的是,对于三维的矢量波动方程,一般在 6 个坐标系中才能分离变量(直角、圆柱、椭圆柱、抛物圆柱、球、圆锥等坐标系);对于三维的标量波动方程,一般可在 11 个坐标系中分离变量(上述六坐标系再加长椭圆旋转、扁椭圆旋转、抛物线旋转、抛物体、椭球等坐标系)。当天线的外表面与上述可分离变量坐标系中的一个坐标面重合时,或与其几个坐标面的组合相重合时,才能应用分离变量法求解。对绝大多数天线来说,很难找到合适的可分离变量的坐标系。另一方面,即使有了合适的坐标系,其解的表达式也非常复杂。因此这种方法的应用是很有限的。

作为边值型问题求出其严格解的天线,其实是不多的。即使作为边值型问题处理,往往也不得不求助于数理方程的近似解法,主要有迭代法、变分法、微扰法等,以及高频近似技术(如几何光学法、几何绕射理论、物理绕射理论等)。这方面一项著名的工作,是金(R. W. P. King)教授根据海伦的线性化积分方程,应用迭代法(逐步逼近法)求出圆柱振子的级数解,得出了大量有价值的曲线和数值结果,该教授已出版了专集[2]。近年来更广泛应用的是直接用计算机来求解,即数值法。它能对较复杂的具体结构计算到所需精度,并为天线的优化设计创造了条件,将在第 10 章介绍。

作为分布型问题处理时,把天线问题的求解分成两个问题,即求天线的内场(内问题)和外场(外问题)。内问题的解法对不同天线一般是不同的,需根据其特点来选用相应的近似方法。而外问题的求解则是各种天线的共性问题。分两类情形:1)由场源分布求外场;2)由封闭面上场求外场。前一情形,即已知电流分布求无源区内的场,通常采用矢位法,已在 1.1.4 节作了介绍。这是间接法,还有直接积分法,其公式将在下节开头给出。下节主要讨论第 2)类情形,即根据某一封闭面上的场来求封闭面外无源区域中的场。该结果将应用于口径天线的分析。

7.1.2　由封闭面上场求外场

由封闭面上的场求外场的推导已有三种方法:1)矢量格林定理法;2)辅助源法;3)等效原理法。前两种方法都是对麦克斯韦方程的直接积分法。矢量格林定理法是在表示两个矢量函数所满足的关系式(矢量第二格林公式)中,把一个函数(例如 $\bar{E}$)取为待求的矢量函数,而把另一函数取为 $C\psi$(C 为常矢,$\psi = e^{-jkR}/R$),然后进行数学变换来得到待求场 $\bar{E}$ 与场源、边界值的关系式。在辅助源法中,利用洛伦兹定理表示待求场与辅助场的关系。选用形式最简单的电流元或磁流元作为辅助源,然后对包含所有场源和场点的体积进行积分,从而可得出场点处待求场的关系式。此推导要比前一方法简单些。但更为简单且有明确物理意义的是等效原理法,下面将给出其推导。为此,先介绍由电磁流求其外场的直接积分法公式。

7.1.2.1　由场源分布求外场的直接积分法公式

第 1 章 1.3.1 节中已得出电流源($\bar{J}$)和磁流源($\bar{J}^m$)所产生的场,分别为

电流源($\bar{J}$):　　　$$\bar{E}^e = -j\omega\mu\bar{A} + \frac{1}{j\omega\varepsilon}\nabla(\nabla\cdot\bar{A}) \tag{1.3-5a}$$

$$\bar{H}^e = \nabla\times\bar{A} \tag{1.3-5b}$$

$$\bar{A} = \frac{1}{4\pi}\int_v \bar{J}\psi\,\mathrm{d}v' \tag{1.3-5c}$$

磁流源($\bar{J}^{\mathrm{m}}$)：
$$\bar{H}^{\mathrm{m}} = -\mathrm{j}\omega\varepsilon\bar{F} + \frac{1}{\mathrm{j}\omega\mu}\nabla(\nabla\cdot\bar{F}) \tag{1.3-6a}$$

$$\bar{E}^{\mathrm{m}} = -\nabla\times\bar{F} \tag{1.3-6b}$$

$$\bar{F} = \frac{1}{4\pi}\int_{v}\bar{J}^{\mathrm{m}}\psi\mathrm{d}v' \tag{1.3-6c}$$

式中
$$\psi = \mathrm{e}^{-\mathrm{j}kR}/R \tag{7.1-1}$$

当体积 v 内同时分布有 $\bar{J}$ 和 $\bar{J}^{\mathrm{m}}$ 时，其电磁场为二者上述场之叠加：

$$\bar{E} = \bar{E}^{\mathrm{e}} + \bar{E}^{\mathrm{m}} = -\mathrm{j}\omega\mu\bar{A} + \frac{1}{\mathrm{j}\omega\varepsilon}\nabla(\nabla\cdot\bar{A}) - \nabla\times\bar{F} \tag{7.1-2a}$$

$$\bar{H} = \bar{H}^{\mathrm{e}} + \bar{H}^{\mathrm{m}} = -\mathrm{j}\omega\varepsilon\bar{F} + \frac{1}{\mathrm{j}\omega\mu}\nabla(\nabla\cdot\bar{F}) + \nabla\times\bar{A} \tag{7.1-2b}$$

将式(1.3-5c)和式(1.3-6c)代入式(7.1-2a)和式(7.1-2b)，得

$$\left\{\begin{aligned}
&\bar{E} = \frac{1}{4\pi}\int_{v}\left[-\mathrm{j}\omega\mu\,\psi\bar{J} + \frac{1}{\mathrm{j}\omega\varepsilon}\nabla\nabla\cdot(\bar{J}\psi) - \nabla\times(\bar{J}^{\mathrm{m}}\psi)\right]\mathrm{d}v' \tag{7.1-3a}\\
\end{aligned}\right.$$

$$\left\{\begin{aligned}
&\bar{H} = \frac{1}{4\pi}\int_{v}\left[-\mathrm{j}\omega\varepsilon\psi\bar{J}^{\mathrm{m}} + \frac{1}{\mathrm{j}\omega\mu}\nabla\nabla\cdot(\bar{J}^{\mathrm{m}}\psi) + \nabla\times(\bar{J}\psi)\right]\mathrm{d}v' \tag{7.1-3b}\\
\end{aligned}\right.$$

上式积分是对源点进行的，而微分算子 ∇ 是对场点进行运算。故可将微分算子换到积分号内，而且，当微分运算作用于场源本身时，结果为零。于是有

$$\begin{aligned}
\nabla\nabla\cdot(\bar{J}\psi) &= \nabla(\psi\,\nabla\cdot\bar{J} + \bar{J}\cdot\nabla\psi) = (\bar{J}\cdot\nabla\psi)\\
&= (\nabla\psi\cdot\nabla)\bar{J} + (\bar{J}\cdot\nabla)\nabla\psi + \nabla\psi\times(\nabla\times\bar{J}) + \bar{J}\times(\nabla\times\nabla\psi) \tag{7.1-4}\\
&= (\bar{J}\cdot\nabla)\nabla\psi = (\bar{J}\cdot\nabla')\nabla'\psi
\end{aligned}$$

$$\nabla\times(\bar{J}^{\mathrm{m}}\psi) = \psi\,\nabla\times\bar{J}^{\mathrm{m}} + \nabla\psi\times\bar{J}^{\mathrm{m}} = \nabla\psi\times\bar{J}^{\mathrm{m}} = -\nabla'\psi\times\bar{J}^{\mathrm{m}} \tag{7.1-5}$$

式中 ∇' 表示对源点进行运算。最后可将式(7.1-3)写成

$$\left\{\begin{aligned}
&\bar{E} = \frac{1}{4\pi}\int_{v}\left[-\bar{J}^{\mathrm{m}}\times\nabla\psi - \mathrm{j}\omega\mu\,\psi\bar{J} + \frac{1}{\mathrm{j}\omega\varepsilon}(\bar{J}\cdot\nabla)\nabla\psi\right]\mathrm{d}v \tag{7.1-6a}\\
\end{aligned}\right.$$

$$\left\{\begin{aligned}
&\bar{H} = \frac{1}{4\pi}\int_{v}\left[\bar{J}\times\nabla\psi - \mathrm{j}\omega\varepsilon\psi\bar{J}^{\mathrm{m}} + \frac{1}{\mathrm{j}\omega\mu}(\bar{J}^{\mathrm{m}}\cdot\nabla)\nabla\psi\right]\mathrm{d}v \tag{7.1-6b}\\
\end{aligned}\right.$$

注意，这里积分运算和 ∇ 运算都是对源点进行的，但为简便见，都已略去 " $'$ " 号，R 代表由源点至场点的距离。推导中已假定整个空间媒质是线性而且均匀的。若媒质不是均匀的，需计入电磁场的散射效应。

7.1.2.2　由封闭面上场求外场的斯特拉顿–朱兰成公式

设封闭面 s 上的电磁场为 $\bar{E}$ 和 $\bar{H}$。根据洛夫等效原理，s 面外的场可由 s 面上的等效场源 $\bar{J}_s = \hat{n}\times\bar{H}$、$\bar{J}_s^{\mathrm{m}} = -\hat{n}\times\bar{E}$ 来确定。于是利用式(7.1-6)得场点 P 处的场为

$$\left\{\begin{aligned}
&\bar{E}(P) = \frac{1}{4\pi}\int_{s}\left\{(\hat{n}\times\bar{E})\times\nabla\psi - \mathrm{j}\omega\mu\,\psi(\hat{n}\times\bar{H}) + \frac{1}{\mathrm{j}\omega\varepsilon}[(\hat{n}\times\bar{H})\cdot\nabla]\nabla\psi\right\}\mathrm{d}s \tag{7.1-7a}\\
\end{aligned}\right.$$

$$\left\{\begin{aligned}
&\bar{H}(P) = \frac{1}{4\pi}\int_{s}\left\{(\hat{n}\times\bar{H})\times\nabla\psi + \mathrm{j}\omega\varepsilon\,\psi(\hat{n}\times\bar{E}) - \frac{1}{\mathrm{j}\omega\mu}[(\hat{n}\times\bar{E})\cdot\nabla]\nabla\psi\right\}\mathrm{d}s \tag{7.1-7b}\\
\end{aligned}\right.$$

由于 $\bar{J}_s$ 和 $\bar{J}_s^{\mathrm{m}}$ 只存在于封闭面 s 上，这里已将式(7.1-6)中的体积分化为面积分。

若 S 面内同时还存在体场源 $\bar{J}$ 和 $\bar{J}^{\mathrm{m}}$，则此时外场应为式(7.1-6)和式(7.1-7)之叠加，即

$$\left\{\begin{aligned}
\bar{E}(P) =\ & \frac{1}{4\pi}\int_{v}\left[-\bar{J}^{\mathrm{m}}\times\nabla\psi - \mathrm{j}\omega\mu\,\psi\bar{J} + \frac{1}{\mathrm{j}\omega\varepsilon}(\bar{J}\cdot\nabla)\nabla\psi\right]\mathrm{d}v\ +\\
&\frac{1}{4\pi}\int_{s}\left\{(\hat{n}\times\bar{E})\times\nabla\psi - \mathrm{j}\omega\mu\,\psi(\hat{n}\times\bar{H}) + \frac{1}{\mathrm{j}\omega\varepsilon}[(\hat{n}\times\bar{H})\cdot\nabla]\nabla\psi\right\}\mathrm{d}s \tag{7.1-8a}
\end{aligned}\right.$$

$$\left\{\begin{aligned}
\bar{H}(P) =\ & \frac{1}{4\pi}\int_{v}\left[\bar{J}\times\nabla\psi - \mathrm{j}\omega\varepsilon\psi\bar{J}^{\mathrm{m}} + \frac{1}{\mathrm{j}\omega\mu}(\bar{J}^{\mathrm{m}}\cdot\nabla)\nabla\psi\right]\mathrm{d}v\ +\\
&\frac{1}{4\pi}\int_{s}\left\{(\hat{n}\times\bar{H})\times\nabla\psi + \mathrm{j}\omega\varepsilon\,\psi(\hat{n}\times\bar{E}) - \frac{1}{\mathrm{j}\omega\mu}[(\hat{n}\times\bar{E})\cdot\nabla]\nabla\psi\right\}\mathrm{d}s \tag{7.1-8b}
\end{aligned}\right.$$

1941 年斯特拉顿(J. A. Stratton)和朱兰成(L. J. Chu)用矢量格林定理法导出了这个结果，因而称之为斯特拉顿–朱兰成公式。

7.1.2.3　基尔霍夫公式

场的等效原理是波动光学中惠更斯-菲涅耳原理的更严格的形式。1690 年惠更斯(C. Huygens)指出，场源发出的波前上的各点都可看成发出球面波的二次辐射源，以后任一时刻的波前就是这些二次波的包络。1818 年菲涅耳(A. J. Fresnel,1788—1827,法)进一步指出，这些二次波是相互干涉的。上述惠更斯的解释与干涉原理相结合，便称为惠更斯-菲涅耳原理。它可表述为：某一场源所产生的波前上各点都是辐射球面波的次场源，空间任一点的场是所有这些球面波在该点场的叠加。1882 年基尔霍夫(G. R. Kirchhoff, 1824—1887,德)从描述光学场的标量波动方程出发，利用格林定理作体面积分的变换，求得空间任意点 P 处波动方程的解，它由包围 P 点的任意封闭面上所有点的场及其一阶导数来决定。因此这个公式就是惠更斯-菲涅耳原理的严格的数学表述，称为基尔霍夫公式。它就是

$$\phi(P) = \frac{1}{4\pi} \int_s \left(\phi \frac{\partial \psi}{\partial n} - \psi \frac{\partial \phi}{\partial n} \right) ds \tag{7.1-9}$$

式中 ϕ 是满足标量波动方程的函数(代表矢量场 $\bar{E}$ 或 $\bar{H}$ 的一个坐标分量)，假定场量 ϕ 及其一阶导数在 s 面上和所包围的体积内是连续的；$\psi = e^{-jkR}/R$(代表惠更斯球面波)；$\hat{n}$ 是 s 面的法线方向，指向 s 面所包围的体积外部。此式表明：根据封闭面 s 上的 ϕ 及其导数就可完全确定 s 面所包体积内任意点的 ϕ 值。

基尔霍夫公式是式(7.1-7)在特定条件下的简化，说明如下。利用附录 A 矢量恒等式和麦克斯韦方程可知

$$(\hat{n} \times \bar{E}) \times \nabla\psi = \bar{E}(\nabla\psi \cdot \hat{n}) - \hat{n}(\nabla\psi \cdot \bar{E}) = \bar{E}\frac{\partial \psi}{\partial n} - \hat{n}(\nabla\psi \cdot \bar{E})$$

$$-j\omega\mu(\hat{n} \times \bar{H}) = \hat{n} \times (\nabla \times \bar{E}) = \nabla(\hat{n} \cdot \bar{E}) - \frac{\partial E}{\partial n} - (\bar{E} \cdot \nabla)\hat{n} - \bar{E} \times (\nabla \times \hat{n})$$

$$[(\hat{n} \times \bar{H}) \cdot \nabla]\nabla\psi = -[\hat{n} \cdot (\hat{n} \times \bar{H})]\nabla\psi = j\omega\varepsilon(\hat{n} \cdot \bar{E})\nabla\psi$$

把以上三式代入式(7.1-7a)，得

$$\bar{E}(P) = \frac{1}{4\pi}\int_s \left(\bar{E}\frac{\partial \psi}{\partial n} - \psi\frac{\partial \bar{E}}{\partial n} \right)ds + \frac{1}{4\pi}\int_s \{\nabla[\psi(\hat{n} \cdot \bar{E})] - \hat{n}(\nabla\psi \cdot \bar{E})\}ds$$

$$- \frac{1}{4\pi}\int_s \{(\bar{E} \cdot \nabla)\hat{n} + \bar{E} \times (\nabla \times \hat{n})\}\psi ds \tag{7.1-10}$$

若 s 为封闭面，第二和第三项面积分为零[3]，则上式变为

$$\bar{E}(P) = \frac{1}{4\pi}\int_s \left(\bar{E}\frac{\partial \psi}{\partial n} - \psi\frac{\partial \bar{E}}{\partial n} \right)ds \tag{7.1-11}$$

对 $\bar{E}$ 的任一直角坐标分量 ϕ，这个结果正是式(7.1-9)。因此，往往称式(7.1-7)为矢量基尔霍夫积分，而称式(7.1-9)为标量基尔霍夫积分。

在口径天线应用中，通常只对开口面(口径)s_0 进行面积分，而忽略 s 面其他部分的效应(见图 7.1-2)。这时沿 s_0 的边界线 Γ

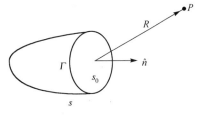

图 7.1-2　非封闭面示意图

上 $\bar{E}$ 和 $\bar{H}$ 的切向分量不连续，因而要堆积电、磁荷。其效应是引入一围线积分项：

$$\int_{s_0}[(\hat{n} \times \bar{H}) \cdot \nabla]\nabla\psi ds = \int_{s_0}j\omega\varepsilon(\hat{n} \cdot \bar{E})\nabla\psi ds - \oint_{\Gamma}\nabla\psi(\bar{H} \cdot d\bar{l}) \tag{7.1-12}$$

可以证明[3]，

$$\int_{s_0}\{\nabla[\psi(\hat{n} \cdot \bar{E})] - \hat{n}(\nabla\psi \cdot \bar{E})\}ds = -\oint_{\Gamma}\psi(\bar{E} \times d\bar{l}) \tag{7.1-13}$$

于是对开口面 s_0 得

$$\bar{E}(P) = \frac{1}{4\pi}\int_{s_0}\left(\bar{E}\frac{\partial \psi}{\partial n} - \psi\frac{\partial \bar{E}}{\partial n} \right)ds - \frac{1}{4\pi j\omega\varepsilon}\oint_{\Gamma}\nabla\psi(\bar{H} \cdot d\bar{l})$$

$$- \frac{1}{4\pi}\oint_{\Gamma}\psi(\bar{E} \times d\bar{l}) - \frac{1}{4\pi}\int_{s_0}\{(\bar{E} \cdot \nabla)\hat{n} + \bar{E}(\nabla \times \hat{n})\}\psi ds \tag{7.1-14}$$

对 s_0 是平面的情形，$\hat{n}$ 是常矢，上式最后的面积分项为零。但仍比式(7.1-11)多两个线积分项。其中

$\nabla\psi(\bar{H}\cdot\mathrm{d}\bar{l})$ 项形成一纵向分量，而 $\psi(\bar{E}\times\mathrm{d}\bar{l})$ 项形成 s_0 面法向的分量。对于口径轴线方向上的场点，后者也完全是纵向分量。但是，在远离口径轴线的宽角方向上，$\psi(\bar{E}\times\mathrm{d}\bar{l})$ 项会产生一个显著的横向分量而影响远场特性。因此，基尔霍夫公式(7.1-9)用于非封闭面 s_0 是不严格的。用它计算宽角辐射将引入明显的误差，其实质是忽略了口径边缘电磁荷的效应。

7.1.3 远场公式及辐射条件

7.1.3.1 远区场公式

由于口径天线的辐射是通过其口径形成的，因此其共性问题是如何由口径场求外场。其基础就是上节所导出的由封闭面上场求外场的公式。如图 7.1-3 所示，设场源分布在封闭面 s 上，由式(7.1-6)得到场点 P 处的场为

$$\begin{cases} \bar{E}(P) = \dfrac{1}{4\pi}\int_s\left\{-\bar{J}_s^m\times\nabla\psi - \mathrm{j}\omega\mu\,\psi\bar{J}_s + \dfrac{1}{\mathrm{j}\omega\varepsilon}\left[\bar{J}_s\cdot\nabla\right]\nabla\psi\right\}\mathrm{d}s & (7.1\text{-}15a) \\[3mm] \bar{H}(P) = \dfrac{1}{4\pi}\int_s\left\{\bar{J}_s\times\nabla\psi - \mathrm{j}\omega\varepsilon\psi\bar{J}_s^m + \dfrac{1}{\mathrm{j}\omega\mu}\left[\bar{J}_s^m\cdot\nabla\right]\nabla\psi\right\}\mathrm{d}s & (7.1\text{-}15b) \end{cases}$$

式中 $\bar{J}_s$、$\bar{J}_s^m$ 为 s 面上的电、磁流面密度，包括实际的(如反射面上感应的)或等效的(如口径面上)。

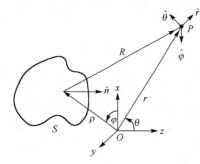

图 7.1-3　远场的计算

为求天线方向图和方向系数等辐射特性，需导出远区场公式。对位于天线远区的场点，$\bar{R}//\bar{r}$，有

$$\psi = \frac{\mathrm{e}^{-\mathrm{j}kR}}{R} \approx \frac{1}{r}\mathrm{e}^{-\mathrm{j}k(r-\bar{p}\cdot\hat{r})} \qquad (7.1\text{-}16)$$

式(7.1-15)中的 ∇ 运算是对源点进行的，因此上式中的相关因子为 $\mathrm{e}^{\mathrm{j}k\bar{p}\cdot\hat{r}}$。对它可采用平面波场的简化算法[10°]，于是得

$$\nabla\psi = \mathrm{j}k\hat{r}\frac{\mathrm{e}^{-\mathrm{j}kr}}{r}\mathrm{e}^{\mathrm{j}k\bar{p}\cdot\hat{r}}$$

$$[\bar{J}_s\cdot\nabla]\nabla\psi = \left[\bar{J}_s\cdot\left(-k^2\hat{r}\frac{\mathrm{e}^{-\mathrm{j}kr}}{r}\right)\mathrm{e}^{\mathrm{j}k\bar{p}\cdot\hat{r}}\right]\hat{r}$$

并有

$$\eta = \sqrt{\frac{\mu}{\varepsilon}}, \quad k = \omega\sqrt{\mu\varepsilon} = \omega\mu\sqrt{\frac{\varepsilon}{\mu}} = \frac{\omega\mu}{\eta}, \quad k = \omega\varepsilon\sqrt{\frac{\mu}{\varepsilon}} = \omega\varepsilon\eta$$

将这些关系代入式(7.1-15)，得

$$\begin{cases} \bar{E}(P) = \dfrac{-\mathrm{j}k\eta}{4\pi r}\mathrm{e}^{-\mathrm{j}kr}\int_s\left\{\dfrac{1}{\eta}(\bar{J}_s^m\times\hat{r}) + [\bar{J}_s - (\bar{J}_s\cdot\hat{r})\hat{r}]\right\}\mathrm{e}^{\mathrm{j}k\bar{p}\cdot\hat{r}}\mathrm{d}s & (7.1\text{-}17a) \\[3mm] \bar{H}(P) = \dfrac{-\mathrm{j}k}{4\pi r\eta}\mathrm{e}^{-\mathrm{j}kr}\int_s\left\{-\eta(\bar{J}_s\times\hat{r}) + [\bar{J}_s^m - (\bar{J}_s^m\cdot\hat{r})\hat{r}]\right\}\mathrm{e}^{\mathrm{j}k\bar{p}\cdot\hat{r}}\mathrm{d}s & (7.1\text{-}17b) \end{cases}$$

若仅有 $\bar{J}_s$ 而无 $\bar{J}_s^m$，得仅由电流产生的远场为

$$\begin{cases} \bar{E}(P) = \dfrac{-\mathrm{j}k\eta}{4\pi r}\mathrm{e}^{-\mathrm{j}kr}\int_s[\bar{J}_s - (\bar{J}_s\cdot\hat{r})\hat{r}]\mathrm{e}^{\mathrm{j}k\bar{p}\cdot\hat{r}}\mathrm{d}s & (7.1\text{-}18a) \\[3mm] \bar{H}(P) = \dfrac{\mathrm{j}k}{4\pi r}\mathrm{e}^{-\mathrm{j}k\hat{r}}\int_s(\bar{J}_s\times\hat{r})\mathrm{e}^{\mathrm{j}k\bar{p}\cdot\hat{r}}\mathrm{d}s & (7.1\text{-}18b) \end{cases}$$

因

$$\hat{r}\times(\bar{J}_s\times\hat{r}) = (\hat{r}\cdot\hat{r})\bar{J}_s - (\hat{r}\cdot\bar{J}_s)\hat{r} = \bar{J}_s - (\bar{J}_s\cdot\hat{r})\hat{r}$$

故

$$\bar{E}(P) = -\eta\hat{r}\times\bar{H}(P) \qquad (7.1\text{-}19)$$

由

$$\hat{r}\times[\bar{J}_s - (\bar{J}_s\cdot\hat{r})\hat{r}] = \hat{r}\times\bar{J}_s$$

得

$$\bar{H}(P) = \frac{1}{\eta}\hat{r}\times\bar{E}(P) \qquad (7.1\text{-}20)$$

可见，$\bar{E}$、$\bar{H}$、$\hat{r}$ 三者互相垂直，即为横电磁波。$\bar{E}$ 和 $\bar{H}$ 的振幅比为波阻抗 η，二者在时间上同相，故沿 $\hat{r}$ 方向传播实功率。$\bar{E}$ 和 $\bar{H}$ 只需求得二者之一，便可得出另一个。

若仅有 $\bar{J}_s^m$ 而无 $\bar{J}_s$，由式(7.1-17)得仅由磁流产生的远场为

$$\begin{cases} \bar{E}(P) = \dfrac{-jk}{4\pi r} e^{-jkr} \displaystyle\int_s (\bar{J}_s^m \times \hat{r}) e^{jk\bar{\rho}\cdot\hat{r}} ds & (7.1\text{-}21a) \\[3mm] \bar{H}(P) = \dfrac{-jk}{4\pi r\eta} e^{-jkr} \displaystyle\int_s [\bar{J}_s^m - (\bar{J}_s^m \cdot \hat{r})\hat{r}]^{jk\bar{\rho}\cdot\hat{r}} ds & (7.1\text{-}21b) \end{cases}$$

此两式也可直接用对偶原理导出。同样可证明该电磁场具有式(7.1-19)和式(7.1-20)关系。

7.1.3.2　辐射条件

任意场源的电磁场都可看成由电流产生的电型场和由磁流产生的磁型场之叠加。因此,在远区都有式(7.1-17)、式(7.1-19)和式(7.1-20)关系。其特征是:

1. $\bar{E}$、$\bar{H}$ 和 $\hat{r}$ 三者互相垂直,即为横电磁波;

2. 式(7.1-17)积分中的被积函数与 r 大小无关,因而 $\bar{E}$ 和 $\bar{H}$ 的振幅按 $1/r$ 单调衰减。从而有

$$\lim_{r\to\infty} r\bar{E}(P) = 有限值,\qquad \lim_{r\to\infty} r\bar{H}(P) = 有限值 \qquad (7.1\text{-}22)$$

并由式(7.1-19)和式(7.1-20)可知

$$\begin{cases} \lim_{r\to\infty} r\bar{H}(P) = \lim_{r\to\infty} r\sqrt{\dfrac{\varepsilon}{\mu}}\,\hat{r} \times \bar{E}(P) & (7.1\text{-}23a) \\[3mm] \lim_{r\to\infty} r\left[-\sqrt{\dfrac{\varepsilon}{\mu}}\,\bar{E}(P) \right] = \lim_{r\to\infty} r\hat{r} \times \bar{H}(P) & (7.1\text{-}23b) \end{cases}$$

由此得

$$\begin{cases} \lim_{r\to\infty} r\left[\sqrt{\dfrac{\varepsilon}{\mu}}\,\hat{r} \times \bar{E}(P) - \bar{H}(P) \right] = 0 & (7.1\text{-}24a) \\[3mm] \lim_{r\to\infty} r\left[\hat{r} \times \bar{H}(P) + \sqrt{\dfrac{\varepsilon}{\mu}}\,\bar{E}(P) \right] = 0 & (7.1\text{-}24b) \end{cases}$$

式(7.1-24a)和式(7.1-24b)称为辐射条件,常常用做无穷远处的"边界"条件,它反映了无穷远处电磁场所具有的上述两个特征。因此其物理含义就是,在无穷远处的电磁场如同从原点发出的球面波。

利用无源区麦克斯韦方程,以上辐射条件也可表示为

$$\begin{cases} \lim_{r\to\infty} r[\nabla \times \bar{E}(P) + jk\hat{R} \times \bar{E}(P)] = 0 & (7.1\text{-}25a) \\[3mm] \lim_{r\to\infty} r[\nabla \times \bar{H}(P) + jk\hat{R} \times \bar{H}(P)] = 0 & (7.1\text{-}25b) \end{cases}$$

在标量情形下,若场量 ϕ 只是 r 的函数(球对称),有

$$\lim_{r\to\infty} r\left(\frac{\partial\phi}{\partial r} + jk\phi \right) = 0 \qquad (7.1\text{-}26)$$

对于二维情形,若场量 ϕ 只是柱坐标 ρ 的函数(柱对称),有

$$\lim_{r\to\infty} \sqrt{\rho}\left(\frac{\partial\phi}{\partial\rho} + jk\phi \right) = 0 \qquad (7.1\text{-}27)$$

而对于沿 z 向传播的一维情形,例如沿均匀无耗传输线传播的横电磁波或平面波,有

$$\lim_{r\to\infty} \left(\frac{d\phi}{dz} + jk\phi \right) = 0 \qquad (7.1\text{-}28)$$

7.2　口径天线结构特点与远区场

7.2.1　口径天线的结构特点

图 7.2-1 示出几种典型的口径天线形式,图中已标出它们的口径平面 s_0,电磁波正是通过这些 s_0 面而形成具有方向性的辐射。这些天线在结构上有一个共同特点,即主要由两个起不同作用的部分构成。第一部分是初级辐射器(馈源),它是振子、喇叭或其他弱方向性辐射器。它的作用主要是把射频导波能量变换为电磁辐射能量。第二部分是形成方向性的设备,它一般是一个曲面。天线的方向性主要取决于此曲面设备。图 7.2-1(a)中的波导开口是馈源,张开的喇

叭壁是形成方向性的设备;图7.2-1(b)和图7.2-1(c)中喇叭是馈源,抛物反射面是形成方向性的设备[也可把图7.2-1(c)中的喇叭与双曲面看成为一个组合馈源]。

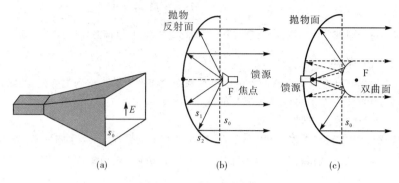

图 7.2-1 口径天线举例

前面已看到,线天线是长中短波和超短波波段最常见的天线形式。为什么到了微波波段,更常用的是口径天线而不是线天线呢? 这是由于微波波长很短所致。例如 $\lambda = 3$ cm 时,若制造一个 1.5 m 见方的同相水平天线式阵列,取间距 $d = \lambda/2 = 1.5$ cm,将需 $100 \times 100 = 10\,000$ 个振子! 还需精确制造它们的馈电网络,以保证所需的幅相要求。而若采用抛物面天线,即使再大,也只需用一个馈源(如喇叭)照射一个反射面即可,结构简便。

当然,任何事物都有两面性。抛物面天线可获得很窄的针状波束,但不便于实现波束的大空域快速扫描。为此又发展了微波相控阵天线,但它要复杂得多。1969 年装备于美国佛罗里达州埃格林空军基地的 AN/FPS-85 相控阵雷达,采用分开的发射和接收阵列。发射阵列为 29.6 m 见方的正方形,包括 5184 个发射单元,其中有源单元 4660 个;而接收阵列为直径 58 m 的八角形,共 19 500 个梨形振子,还需大量收发射频组件和波束控制器等。因此造价极高,共耗资 6500 万美元(包括 1965 年火灾后的重建费用)。

7.2.2 平面口径的远区场

计算口径天线的远区场时,一个经典方法是以其口径平面 s_0 为主构成包围场源的封闭面 s 来求外场,并忽略除 s_0 外的其余 s 面部分的贡献。例如图7.2-1(a)所示喇叭天线,取喇叭口径平面 s_0 与喇叭外壁来构成包围场源的封闭面 s,而略去喇叭外壁上可能有的场源电流。对于图7.2-1(b)所示的抛物面天线,馈源在抛物面反射体的照明面 s_1 上激励感应电流,这些电流可看成是抛物面天线的场源。现取抛物面天线开口处的口径平面 s_0 和抛物面反射体的背面 s_2 构成封闭面 s 来包围 s_1 面上的场源,但忽略 s_2 面上可能有的感应电流。这样,都只需计算天线口径平面 s_0 上等效场源的辐射场。这一方法便称为口径场法(Aperture-Field Method,简写为 AFM)[4]。

口径平面 s_0 上等效场源的计算基于等效原理,参看第1章1.4.2节。理论上可有三种等效模式:

(a)口径平面 s_0 上同时有 $\bar{J}_s$、$\bar{J}_s^m$,其余部分可有 $\bar{J}_s$、$\bar{J}_s^m$,但都假定为零;

(b)s 面内侧为导电体,口径平面 s_0 上只有 $\bar{J}_s^m$,其余部分可有 $\bar{J}_s^m$,但假定为零;

(c)s 面内侧为导磁体,口径平面 s_0 上只有 $\bar{J}_s$,其余部分可有 $\bar{J}_s$,但也假定为零。

这三种处理的计算公式、举例及比较如下。

7.2.2.1　模式 a

根据洛夫等效原理, 若 s_0 面上场为 $\bar{E}_a$ 和 $\bar{H}_a$, 其等效场源为

$$\begin{cases} \bar{J}_s = \hat{n} \times \bar{H}_a \\ \bar{J}_s^m = -\hat{n} \times \bar{E}_a \end{cases} \tag{7.2-1}$$

于是式(7.1-17)化为

$$\begin{aligned} \bar{E}(P) &= \frac{-jk\eta}{4\pi r}e^{-jkr}\int_s\left\{\frac{1}{\eta}\hat{r}\times(\hat{n}\times\bar{E}_a) - \hat{r}\times[\hat{r}\times(\hat{n}\times\bar{H}_a)]\right\}e^{jk\bar{\rho}\cdot\hat{r}}ds \\ &= \frac{-jk}{4\pi r}e^{-jkr}\hat{r}\times\int_s\{\hat{n}\times\bar{E}_a - \eta\hat{r}\times(\hat{n}\times\bar{H}_a)\}e^{jk\bar{\rho}\cdot\hat{r}}ds \end{aligned} \tag{7.2-2}$$

并有

$$\bar{H}(P) = \frac{1}{\eta}\hat{r}\times\bar{E}(P) \tag{7.1-20}$$

今考虑口径平面 s_0 上的场, 并设其电磁场关系为(口径面上波前与口径平面重合或近于重合)

$$\bar{H}_a = \frac{1}{\eta}\hat{n}\times\bar{E}_a, \quad \hat{n}\times(\hat{n}\times\bar{E}_a) = (\hat{n}\cdot\bar{E}_a)\hat{n} - (\hat{n}\cdot\hat{n})\bar{E}_a = -\bar{E}_a \tag{7.2-3}$$

则

$$\begin{aligned} \bar{E}(P) &= \frac{-jk}{4\pi r}e^{-jkr}\hat{r}\times\int_{s_0}\{\hat{n}\times\bar{E}_a + \hat{r}\times\bar{E}_a\}e^{jk\bar{\rho}\cdot\hat{r}}ds \\ &= \frac{-jk}{4\pi r}e^{-jkr}\hat{r}\times(\hat{n}+\hat{r})\times\int_{s_0}\bar{E}_a e^{jk\bar{\rho}\cdot\hat{r}}ds \end{aligned} \tag{7.2-4}$$

选择坐标系如图 7.2-2 所示, 口径面位于 x-y 平面上($z=0$), $\hat{n}$ 与 $\hat{z}$ 相重合。这里场点为 $P(r, \theta, \varphi)$; 为表达简洁起见, 口径上源点坐标(x', y')都用(x, y)表示, 即 $\bar{\rho} = \hat{x}x + \hat{y}y$。

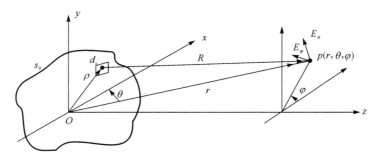

图 7.2-2　平面口径的坐标系

设口径(aperture)上源点电场矢量为

$$\bar{E}_a = \hat{x}E_x + \hat{y}E_y \tag{7.2-5}$$

利用表 A-2, 有

$$\begin{aligned} (\hat{n}+\hat{r})\times\hat{x} &= \hat{y} + \hat{y}\cos\theta - \hat{z}\sin\theta\sin\varphi \\ &= \hat{r}\sin\theta\sin\varphi + \hat{\theta}(\cos\theta+1)\sin\varphi + \hat{\varphi}(1+\cos\theta)\cos\varphi \\ (\hat{n}+\hat{r})\times\hat{y} &= -\hat{x} - \hat{x}\cos\theta + \hat{z}\sin\theta\cos\varphi \\ &= -\hat{r}\sin\theta\cos\varphi - \hat{\theta}(\cos\theta+1)\cos\varphi + \hat{\varphi}(1+\cos\theta)\sin\varphi \\ \hat{r}\times[(\hat{n}+\hat{r})\times\hat{x}] &= \hat{\varphi}(\cos\theta+1)\sin\varphi - \hat{\theta}(1+\cos\theta)\cos\varphi \\ \hat{r}\times[(\hat{n}+\hat{r})\times\hat{y}] &= -\hat{\varphi}(\cos\theta+1)\cos\varphi - \hat{\theta}(1+\cos\theta)\sin\varphi \end{aligned}$$

$$\bar{\rho} \cdot \hat{r} = x\sin\theta\cos\varphi + y\sin\theta\sin\varphi \tag{7.2-6}$$

于是由式(7.2-4)得

$$\bar{E}(P) = \hat{\theta}E_\theta + \hat{\varphi}E_\varphi \tag{7.2-7}$$

$$\begin{cases} E_\theta = \dfrac{\mathrm{j}k}{4\pi r}\mathrm{e}^{-\mathrm{j}kr}(1+\cos\theta)\displaystyle\int_{s_0}\left[E_x\cos\varphi + E_y\sin\varphi\right]\mathrm{e}^{\mathrm{j}k\rho\cdot\hat{r}}\,\mathrm{d}s \tag{7.2-7a} \\[3mm] E_\varphi = \dfrac{\mathrm{j}k}{4\pi r}\mathrm{e}^{-\mathrm{j}kr}(1+\cos\theta)\displaystyle\int_{s_0}\left[-E_x\sin\varphi + E_y\cos\varphi\right]\mathrm{e}^{\mathrm{j}k\rho\cdot\hat{r}}\,\mathrm{d}s \tag{7.2-7b} \end{cases}$$

写成矩阵形式:

$$\begin{bmatrix} E_\theta \\ E_\varphi \end{bmatrix} = C\begin{bmatrix} \cos\varphi & \sin\varphi \\ -\sin\varphi & \cos\varphi \end{bmatrix}\begin{bmatrix} N_x \\ N_y \end{bmatrix} \tag{7.2-8}$$

式中

$$C = C_0(1+\cos\theta), \quad C_0 = \dfrac{\mathrm{j}k}{4\pi r}\mathrm{e}^{-\mathrm{j}kr} \tag{7.2-8a}$$

$$N_{\substack{x\\y}} = \int_{s_0}E_{\substack{x\\y}}\mathrm{e}^{\mathrm{j}k\bar{\rho}\cdot\hat{r}}\,\mathrm{d}s = \int_{s_0}E_{\substack{x\\y}}\mathrm{e}^{\mathrm{j}k(x\sin\theta\cos\varphi + y\sin\theta\sin\varphi)}\,\mathrm{d}x\mathrm{d}y \tag{7.2-8b}$$

7.2.2.2　模式 b

现将包括口径面 s_0 在内的无穷大平面取为电壁(理想导电体),考察只有 s_0 上存在场 $\bar{E}_a$ 和 $\bar{H}_a$ 的情形。根据洛夫等效原理的推广,此时 s_0 上的等效面电流 $\bar{J}_s$ 的效应将为其反向镜像电流所抵消,因而场源只有等效面磁流 $\bar{J}_s^m = -\hat{n}\times\bar{E}_a$。这个磁流在存在无穷大电壁的情形下对于 $z>0$ 的半空间的辐射,可利用镜像原理等效为它与其同向镜像磁流在自由空间的辐射。这样,可直接利用模式 a 的推导,只是现在的等效场源是 $\bar{J}_s^m = -2\hat{n}\times\bar{E}_a$,$\bar{J}_s = 0$。最后得

$$\begin{cases} E_\theta = \dfrac{\mathrm{j}k}{4\pi r}\mathrm{e}^{-\mathrm{j}kr}2\displaystyle\int_{s_0}\left[E_x\cos\varphi + E_y\sin\varphi\right]\mathrm{e}^{\mathrm{j}k\bar{\rho}\cdot\hat{r}}\,\mathrm{d}s \tag{7.2-9a} \\[3mm] E_\varphi = \dfrac{\mathrm{j}k}{4\pi r}\mathrm{e}^{-\mathrm{j}kr}2\cos\theta\displaystyle\int_{s_0}\left[-E_x\sin\varphi + E_y\cos\varphi\right]\mathrm{e}^{\mathrm{j}k\bar{\rho}\cdot\hat{r}}\,\mathrm{d}s \tag{7.2-9b} \end{cases}$$

仍有式(7.2-8),但对 E_θ 和 E_φ,C 分别为 $2C_0$ 和 $2\cos\theta C_0$。

7.2.2.3　模式 c

将无穷大平面取为磁壁(理想导磁体),只有其中的 s_0 上存在场 $\bar{E}_a$ 和 $\bar{H}_a$。其等效场源只有等效面电流 $\bar{J}_s = \hat{n}\times\bar{H}_a$。利用镜像原理可再等效为它与其同向镜像电流在自由空间的辐射(仅对 $z>0$ 半空间有效)。于是又可直接利用模式 a 的推导,只是现在的等效场源为 $\bar{J}_s = 2\hat{n}\times\bar{H}_a$,$\bar{J}_s^m = 0$。从而得

$$\begin{cases} E_\theta = \dfrac{\mathrm{j}k}{4\pi r}\mathrm{e}^{-\mathrm{j}kr}2\cos\theta\displaystyle\int_{s_0}\left[E_x\cos\varphi + E_y\sin\varphi\right]\mathrm{e}^{\mathrm{j}k\bar{\rho}\cdot\hat{r}}\,\mathrm{d}s \tag{7.2-10a} \\[3mm] E_\varphi = \dfrac{\mathrm{j}k}{4\pi r}\mathrm{e}^{-\mathrm{j}kr}2\displaystyle\int_{s_0}\left[-E_x\sin\varphi + E_y\cos\varphi\right]\mathrm{e}^{\mathrm{j}k\bar{\rho}\cdot\hat{r}}\,\mathrm{d}s \tag{7.2-10b} \end{cases}$$

仍有式(7.2-8),但对 E_θ 和 E_φ,C 分别为 $2\cos\theta C_0$ 和 $2C_0$。

7.2.2.4　举例与比较

研究矩形均匀口径的辐射。设口径尺寸沿 x 轴为 a,沿 y 轴为 b,口径场极化沿 y 轴方向,等幅同相(称为均匀)分布,即

$$\bar{E}_a = \hat{y}E_0, \quad -a/2 \leqslant x \leqslant a/2, \quad -b/2 \leqslant y \leqslant b/2 \tag{7.2-11}$$

模式 a

$$\begin{cases} E_\theta = C_0(1+\cos\theta)E_0\sin\varphi\int_{-b/2}^{b/2}\mathrm{d}y\int_{-a/2}^{a/2}\mathrm{e}^{jk(x\sin\theta\cos\varphi+y\sin\theta\sin\varphi)}\mathrm{d}x \\ \qquad = C_0E_0ab(1+\cos\theta)\sin\varphi\dfrac{\sin u_a}{u_a}\dfrac{\sin u_b}{u_b} \end{cases} \tag{7.2-12a}$$

$$\begin{cases} E_\varphi = C_0(1+\cos\theta)E_0\cos\varphi\int_{-b/2}^{b/2}\mathrm{d}y\int_{-a/2}^{a/2}\mathrm{e}^{jk(x\sin\theta\cos\varphi+y\sin\theta\sin\varphi)}\mathrm{d}x \\ \qquad = C_0E_0ab(1+\cos\theta)\cos\varphi\dfrac{\sin u_a}{u_a}\dfrac{\sin u_b}{u_b} \end{cases} \tag{7.2-12b}$$

式中

$$u_a = \frac{ka}{2}\sin\theta\cos\varphi,\ u_b = \frac{kb}{2}\sin\theta\sin\varphi \tag{7.2-13}$$

模式 b

$$\begin{cases} E_\theta = C_0E_0ab2\sin\varphi\dfrac{\sin u_a}{u_a}\dfrac{\sin u_b}{u_b} \\ E_\varphi = C_0E_0ab2\cos\theta\cos\varphi\dfrac{\sin u_a}{u_a}\dfrac{\sin u_b}{u_b} \end{cases} \tag{7.2-14}$$

模式 c

$$\begin{cases} E_\theta = C_0E_0ab2\cos\theta\sin\varphi\dfrac{\sin u_a}{u_a}\dfrac{\sin u_b}{u_b} \\ E_\varphi = C_0E_0ab2\cos\varphi\dfrac{\sin u_a}{u_a}\dfrac{\sin u_b}{u_b} \end{cases} \tag{7.2-15}$$

比较三组公式可见:1)只要口径尺寸 a、b 大于几个波长,天线方向性主要取决于积分因子 $(\sin u_a/u_a)(\sin u_b/u_b)$,因而三种模式的结果几乎相同;2)对于近轴方向(例如,$\theta<20°$),$1+\cos\theta\approx 2\cos\theta\approx 2$,故三种模式的结果总是近于相同;3)当口径尺寸小时,对于远离轴向的宽角方向,三种模式的方向图将有所不同。选择哪一种模式视具体情形而定。对于大的导体平面上开的缝隙,或带有法兰盘的波导口,选用模式 b 较接近实际情形。当喇叭口径较大,特别是若口径场向边缘迅速渐降,此时喇叭外表面上的场很弱,选用模式 a 较接近实际情形。模式 c 的情形实际上不会遇到,因此几乎不用。

对位于自由空间的一般口径,如抛物面天线,都与较大口径的喇叭天线一样,宜采用模式 a。因此式(7.2-7a)和式(7.2-7b)是平面口径最常用的远区场公式。取口径场为

$$\begin{cases} \bar{E}_a = \hat{y}E_a \\ \bar{H}_a = \dfrac{1}{\eta}\hat{z}\times\hat{y}E_a = -\hat{x}E_a/\eta \end{cases} \tag{7.2-16}$$

则该两式化为

$$E_\theta = \frac{jk}{4\pi r}\mathrm{e}^{-jkr}(1+\cos\theta)\sin\varphi\int_{s_0}E_a\mathrm{e}^{jk(x\sin\theta\cos\varphi+y\sin\theta\sin\varphi)}\mathrm{d}x\mathrm{d}y \tag{7.2-17a}$$

$$E_\varphi = \frac{jk}{4\pi r}\mathrm{e}^{-jkr}(1+\cos\theta)\cos\varphi\int_{s_0}E_a\mathrm{e}^{jk(x\sin\theta\cos\varphi+y\sin\theta\sin\varphi)}\mathrm{d}x\mathrm{d}y \tag{7.2-17b}$$

并有

$$E_P = \sqrt{E_\theta^2+E_\varphi^2} = \frac{jk}{4\pi r}\mathrm{e}^{-jkr}(1+\cos\theta)\int_{s_0}E_a\mathrm{e}^{jk(x\sin\theta\cos\varphi+y\sin\theta\sin\varphi)}\mathrm{d}x\mathrm{d}y \tag{7.2-17c}$$

由此结果可知,面元 $\mathrm{d}s=\mathrm{d}x\mathrm{d}y$ 的远场为

$$\mathrm{d}E_\theta = \frac{jk}{4\pi r}E_a(1+\cos\theta)\sin\varphi\mathrm{e}^{-jk(r-x\sin\theta\cos\varphi-y\sin\theta\sin\varphi)}\mathrm{d}s \tag{7.2-18a}$$

$$\mathrm{d}E_\varphi = \frac{jk}{4\pi r}E_a(1+\cos\theta)\cos\varphi\mathrm{e}^{-jk(r-x\sin\theta\cos\varphi-y\sin\theta\sin\varphi)}\mathrm{d}s \tag{7.2-18b}$$

设面元位于坐标原点，$x = y = 0$，则上式与第 1 章式(1.4-8)完全一致。因此该面元正是惠更斯元。这样，口径天线的远场就是其口径上所有惠更斯元所产生的场之叠加(积分)。也就是说，口径天线可看成是其口径上各惠更斯元所组成的天线阵。只是，它不是离散阵，而是连续阵，叠加原理在这里的应用不再是若干项求和，而是求积分①。

7.2.3　平面口径的方向系数

口径天线的方向系数仍可由式(2.2-3)求出。对式(7.2-16)所示口径场，其最大方向为 $\theta = \varphi = 0$。由式(7.2-17a)和式(7.2-17b)可知

$$E_{\mathrm{M}} = \left| \frac{k}{4\pi r} 2 \int_{s_0} E_a \mathrm{d}s \right| = \frac{1}{\lambda r} \left| \int_{s_0} E_a \mathrm{d}s \right|$$

$$P_{\mathrm{r}} = R_{\mathrm{e}} \left[\int_{s_0} \frac{1}{2} \bar{E}_a \times \bar{H}_a^* \cdot \mathrm{d}\bar{s} \right] = \frac{1}{2} \int_{s_0} \frac{E_a^2}{\eta} \mathrm{d}s = \frac{1}{240\pi} \int_{s_0} E_a^2 \mathrm{d}s \tag{7.2-19}$$

将此两式代入式(2.2-3)，得

$$D = \frac{E_{\mathrm{M}}^2 r^2}{60 P_{\mathrm{r}}} = \frac{4\pi}{\lambda^2} \frac{\left| \int_{s_0} E_a \mathrm{d}s \right|^2}{\int_{s_0} E_a^2 \mathrm{d}s} \tag{7.2-20}$$

对均匀分布口径，$E_a = E_0$ 为常量，设其口径几何面积为 A_0，则有

$$D = \frac{4\pi}{\lambda^2} \frac{|E_0 A_0|}{E_0^2 A_0^2} = \frac{4\pi}{\lambda^2} A_0 \tag{7.2-21}$$

对一般情形可表示为

$$D = \frac{4\pi}{\lambda^2} A_0 e_a \tag{7.2-22}$$

式中

$$e_a = \frac{\left| \int_{s_0} E_a \mathrm{d}s \right|^2}{A_0 \int_{s_0} |E_a|^2 \mathrm{d}s} \tag{7.2-23}$$

根据施瓦茨(Schwartz)不等式

$$\left| \int_s fg \mathrm{d}s \right|^2 \leqslant \int_s f^2 \mathrm{d}s \int_s g^2 \mathrm{d}s \tag{7.2-24}$$

令 $f = E_a$，$g = 1$，$s = s_0$，有

$$\left| \int_{s_0} E_a \mathrm{d}s \right|^2 \leqslant \int_{s_0} E_a^2 \mathrm{d}s \cdot A_0$$

故 $e_a \leqslant 1$。e_a 称为天线的口径效率。

当口径均匀分布时(口径场处处等幅同相)，$e_a = 1$，最大；而当不均匀分布时，例如口径场不等幅分布或口径场不同相(口径不是等相面)，e_a 都将小于 1。

例 7.2-1　一个 X 波段抛物面天线的直径 $d = 1.5$ m，工作波长为 3.2 cm，其口径效率为 0.7，求此天线方向系数。

[解]　由式(7.2-22)得

$$D = \frac{4\pi}{\lambda^2} \frac{\pi d^2}{4} e_a = \left(\frac{\pi d}{\lambda} \right)^2 e_a = \left(\frac{\pi \times 1.5}{3.2 \times 10^{-2}} \right)^2 \times 0.7 = 1.52 \times 10^4$$

用分贝表示为

$$D_{\mathrm{dB}} = 10\lg D = 40 + 10\lg 1.52 = 41.8 \text{ dB}$$

---

①　也可直接根据惠更斯元的远场利用叠加原理来导出平面口径的远场公式(7.2-17)(见习题 7.2-4)。

7.3　矩形同相口径

"就人类认识运动的秩序说来，总是由认识个别的和特殊的事物，逐步地扩大到认识一般的事物。"因此，为明了口径天线方向性的一般规律，下面依次研究几种典型口径的方向性。

7.3.1　均匀分布矩形口径

采用图 7.3-1 所示坐标系，矩形口径位于 $z=0$ 平面，口径沿 x 方向边长为 a，沿 y 方向边长为 b。为表达简洁起见，口径上源点坐标 (x',y') 均用 (x,y) 表示。口径场向 z 方向传播，设其电场为 $\bar{E}_a = \hat{y}E_0$，E_0 为常数。计算 E 面和 H 面的方向图。由式 (7.2-17) 可知，它在远区 $P(r,\theta,\varphi)$ 点处产生的电场为

$$E_P = \frac{jk}{4\pi r}e^{-jkr}(1+\cos\theta)E_0\int_{s_0}e^{jk(x\sin\theta\cos\varphi + y\sin\theta\sin\varphi)}\mathrm{d}x\mathrm{d}y$$

对 E 面和 H 面分别得如下结果。

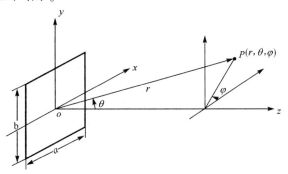

图 7.3-1　矩形口径的坐标系

E 面 $(\varphi = 90°)$：

$$E_P = E_\theta = C_0(1+\cos\theta)E_0\int_{s_0}e^{jky\sin\theta}\mathrm{d}x\mathrm{d}y = C_0E_0(1+\cos\theta)\int_{-\frac{a}{2}}^{\frac{a}{2}}\mathrm{d}x\int_{-\frac{b}{2}}^{\frac{b}{2}}e^{jky\sin\theta}\mathrm{d}y$$

$$= C_0E_0(1+\cos\theta)a\frac{e^{j\frac{kb}{2}\sin\theta}-e^{-j\frac{kb}{2}\sin\theta}}{jk\sin\theta} = C_0E_0ab(1+\cos\theta)\frac{\sin\left(\frac{kb}{2}\sin\theta\right)}{\frac{kb}{2}\sin\theta} \tag{7.3-1}$$

$$F_E(\theta) = \frac{1+\cos\theta}{2}\frac{\sin\left(\frac{kb}{2}\sin\theta\right)}{\frac{kb}{2}\sin\theta} \tag{7.3-1a}$$

H 面 $(\varphi = 0)$：

$$E_P = E_\varphi = C_0E_0(1+\cos\theta)\int_{-\frac{a}{2}}^{\frac{a}{2}}e^{jkx\sin\theta}\mathrm{d}x\int_{-\frac{b}{2}}^{\frac{b}{2}}\mathrm{d}y$$

$$= C_0E_0ab(1+\cos\theta)\frac{\sin\left(\frac{ka}{2}\sin\theta\right)}{\frac{ka}{2}\sin\theta} \tag{7.3-2}$$

$$F_{\mathrm{H}}(\theta) = \frac{1 + \cos\theta}{2} \frac{\sin\left(\frac{ka}{2}\sin\theta\right)}{\frac{ka}{2}\sin\theta} \tag{7.3-2a}$$

以上式中 $C_0 = \dfrac{\mathrm{j}k}{4\pi r}\mathrm{e}^{-\mathrm{j}kr} = \mathrm{j}\dfrac{1}{2\lambda r}\mathrm{e}^{-\mathrm{j}kr}$。

可以看出,上述 E 面和 H 面的方向函数形式是很相似的。对 $a = 3\lambda$, $b = 2\lambda$ 的均匀分布矩形口径,其 H 面方向图如图 7.3-2 所示。可见,口径天线的方向图仍可表示为"单元"方向图 F_1 和"阵因子"方向图 F_a 的乘积。比较式(7.3-2a)与第 3 章中式(3.3-7a)可知,二者形式很相似。其区别如下。

1. 这里的"单元"不是半波振子,而是惠更斯元。它主要向前方(传播方向)辐射,但其侧后向仍有一定辐射(称为绕射);

2. 这里的"阵"不是离散阵,而是连续阵,因此"阵因子"由积分得出而不是级数和。今后将该因子称为空间因子(Space Factor)。式(7.3-2a)中的空间因子其实就是式(3.3-7)当 $d \to 0$,$Nd \to a$ 的结果:

$$F_a(\theta) = \lim_{\substack{d \to 0 \\ Nd \to a}} \frac{\sin\left(\frac{Nkd}{2}\sin\theta\right)}{N\sin\left(\frac{kd}{2}\sin\theta\right)} = \frac{\sin\left(\frac{ka}{2}\sin\theta\right)}{\frac{ka}{2}\sin\theta} \tag{7.3-3}$$

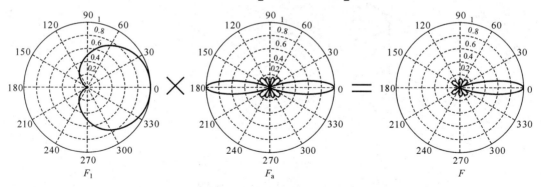

图 7.3-2　均匀分布矩形口径的 H 面方向图($a = 3\lambda$)

图 7.3-3 是该均匀分布矩形口径的三维方向图,它是指向口径前方的锐波束。

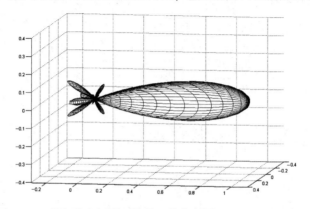

图 7.3-3　均匀分布矩形口径的三维方向图 ($a = 3\lambda$, $b = 2\lambda$)

口径天线的方向图主要由其空间因子决定。对均匀分布矩形口径,无论 E 面和 H 面,其形式均为 $\dfrac{\sin u}{u}$,$u = \dfrac{ka}{2}\sin\theta$ 或 $\dfrac{kb}{2}\sin\theta$。图 7.3-4(a)中画了其直角坐标方向图[8°],它与第 3 章图 3.3-5 相似。令

$$F_a(u_{0.5}) = \frac{\sin u_{0.5}}{u_{0.5}} = 0.707, \quad u_{0.5} = \frac{ka}{2}\sin\theta_{0.5} = \frac{\pi a}{\lambda}\sin\theta_{0.5} = 1.39$$

从而得其半功率波束宽度为

$$HP = 2\theta_{0.5} = 2\arcsin\left(1.39\frac{\lambda}{\pi a}\right)$$

当 $a \gg \lambda$,化为以度计,有

$$HP \approx 0.89\frac{\lambda}{a} = 51°\frac{\lambda}{a} \tag{7.3-4}$$

显然,此结果与 N 元等幅同相线阵的式(3.3-9a)是一致的。

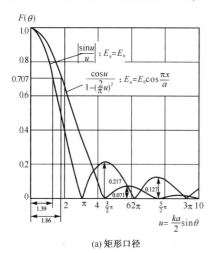 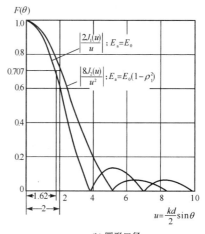

图 7.3-4 同相口径的方向图

第一旁瓣为最高旁瓣,极大值方向为 θ_{m1},故其旁瓣电平为

$$SLL = 20\lg F_a(\theta_{m1}) = 20\lg 0.217 = -13.2 \text{ dB} \tag{7.3-5}$$

方向系数可由式(7.2-22)得出。已知均匀分布口径的口径效率 e_a 等于 1。

7.3.2 余弦分布矩形口径

设矩形口径上电场为 $\bar{E}_a = \hat{y}E_y$,E_y 沿 x 向呈余弦分布,沿 y 向仍为均匀分布,即

$$E_y = E_0\cos\frac{\pi x}{a} \tag{7.3-6}$$

这种分布实际上可能会遇到。例如,矩形波导中传输 TE_{10} 模,其波导开口基本上就是这种分布。由式(7.2-17)可知,它在 H 面($\varphi = 0$)上远区 P 点处的电场为

$$E_P = E_\varphi = C_0 E_0(1 + \cos\theta)\int_{-\frac{a}{2}}^{\frac{a}{2}}\cos\frac{\pi x}{a}e^{jkx\sin\theta}dx\int_{-\frac{b}{2}}^{\frac{b}{2}}dy$$

利用 $\cos x = (e^x + e^{-x})/2$ 作积分或直接查积分表,可求得

$$E_P = E_\varphi = C_0 E_0 ab\left(\frac{2}{\pi}\right)(1 + \cos\theta)\frac{\cos\left(\dfrac{ka}{2}\sin\theta\right)}{1 - \left(\dfrac{2}{\pi}\dfrac{ka}{2}\sin\right)^2} \tag{7.3-7}$$

$$F_{\mathrm{H}}(\theta) = \frac{1 + \cos \theta}{2} \cdot \frac{\cos \left(\dfrac{ka}{2}\sin \theta\right)}{1 - \left(\dfrac{2}{\pi}\dfrac{ka}{2}\sin \theta\right)^2} \tag{7.3-8}$$

其空间因子直角坐标方向图也示于图 7.3-4(a)中。由该空间因子计算的半功率宽度和旁瓣电平分别为

$$\mathrm{HP} = 2\theta_{0.5} = 2\arcsin\left(1.86\frac{\lambda}{\pi a}\right) \approx 1.18\frac{\lambda}{a} = 68°\frac{\lambda}{a} \tag{7.3-9}$$

$$\mathrm{SLL} = 20\lg 0.071 = -23.0 \text{ dB} \tag{7.3-10}$$

此时沿 y 向均匀分布,故 E 面方向图仍为式(7.3-1a)。

把式(7.3-6)代入式(7.2-23),得口径效率为

$$e_{\mathrm{a}} = \frac{\left|\displaystyle\int_{-\frac{a}{2}}^{\frac{a}{2}} E_0\cos\frac{\pi x}{a}\mathrm{d}x \int_{-\frac{b}{2}}^{\frac{b}{2}}\mathrm{d}y\right|^2}{ab\displaystyle\int_{-\frac{b}{2}}^{\frac{b}{2}}\left|E_0\cos\frac{\pi x}{a}\right|^2\mathrm{d}x \int_{-\frac{b}{2}}^{\frac{b}{2}}\mathrm{d}y} = \frac{\left|\dfrac{a}{\pi}2b\right|^2}{ab\dfrac{a}{2}b} = \frac{8}{\pi^2} = 0.81 \tag{7.3-11}$$

直接采用式(2.2-3)也可求得此结果:由式(7.3-7)和式(7.2-19)可知

$$E_{\mathrm{M}} = E_{\mathrm{P}}(\theta = 0) = \left|\frac{E_0}{2\lambda r}ab\left(\frac{2}{\pi}\right)2\right| = \frac{2E_0}{\pi\lambda r}ab$$

$$P_{\mathrm{r}} = \frac{1}{240\pi}\int_{-\frac{a}{2}}^{\frac{a}{2}}\left|E_0\cos\frac{\pi x}{a}\right|^2\mathrm{d}x\int_{-\frac{b}{2}}^{\frac{b}{2}}\mathrm{d}y = \frac{E_0^2}{240\pi}\frac{ab}{2}$$

故

$$D = \frac{E_{\mathrm{M}}^2 r^2}{60 P_{\mathrm{r}}} = \left(\frac{2ab}{\pi\lambda}\right)^2\frac{240\pi}{60}\left(\frac{2}{ab}\right) = \frac{4\pi}{\lambda^2}ab\left(\frac{8}{\pi^2}\right)$$

可见仍得 $e_{\mathrm{a}} = 8/\pi^2 = 0.81$。

以上结果说明,沿 a 边振幅呈渐降分布导致对应的 H 面方向图主瓣展宽,而旁瓣电平降低;同时口径效率也下降。这些规律都与离散阵相同。

*7.3.3 傅里叶变换关系

7.3.3.1 傅里叶变换表示法

由式(7.2-17c)可知,口径场为 $E_{\mathrm{a}}(x, y)$ 的平面口径 s_0 在其远区 $P(r, \theta, \varphi)$ 点处产生的辐射场为

$$E_{\mathrm{P}} = \frac{\mathrm{j}k}{4\pi r}\mathrm{e}^{-\mathrm{j}kr}(1 + \cos\theta)f(k_1, k_2) \tag{7.3-12}$$

式中

$$f(k_1, k_2) = \int_{s_0} E_{\mathrm{a}}(x, y)\mathrm{e}^{\mathrm{j}(k_1 x + k_2 y)}\mathrm{d}x\mathrm{d}y \tag{7.3-13}$$

$$k_1 = k\sin\theta\cos\varphi, \quad k_2 = k\sin\theta\sin\varphi$$

只要天线尺寸不太小,$(1 + \cos\theta)$ 因子的效应很小,因此天线的方向性主要取决于口径积分 $f(k_1, k_2)$。若将口径场延拓为整个 $z = 0$ 平面上的函数:

$$g(x, y) = \begin{cases} E_{\mathrm{a}}(x, y), & s_0 \text{ 面上} \\ 0, & \text{其他} \end{cases} \tag{7.3-14}$$

则有

$$f(k_1, k_2) = \int_{-\infty}^{\infty}\int_{-\infty}^{\infty} g(x, y)\mathrm{e}^{\mathrm{j}(k_1 x + k_2 y)}\mathrm{d}x\mathrm{d}y \tag{7.3-15}$$

$f(k_1, k_2)$ 就是 $g(x, y)$ 的二维傅里叶(J. B. J. Fourier,1768—1830,法)变换。其逆变换为

$$g(x, y) = \frac{1}{(2\pi)^2} \int_{-\infty}^{\infty} \int_{-\infty}^{\infty} f(k_1, k_2) e^{-j(k_1x+k_2y)} dk_1 dk_2 \tag{7.3-16}$$

$f(k_1, k_2)$ 也称为角谱(Angular Spectrum)函数。上式表明,口径场可看成无限多的传播方向($\bar{k} = \hat{x}k_1 + \hat{y}k_2 + \hat{z}k_3$)各异的平面波的合成,这些平面波在原点处具有各自特定的振幅和相位,并以对原点的所有不同角度通过 $z = 0$ 平面。这个表示正与电路中任意波形可表示为其傅里叶分量的合成相似。需要指出的是,上述表示只对 $z \geqslant 0$ 有效,这就是说,这些设想的平面波只在 $z \geqslant 0$ 半空间传播。并且,对所有实数 k_1 和 k_2 进行积分意味着,这个表示也包括凋落波(电抗场)。因为,$k_1^2 + k_2^2 + k_3^2 = k^2$,当 $k_1^2 + k_2^2 > k^2$ 时,便有 $k_3^2 < 0$,即 k_3 为虚数,并且是负虚数(以使 $z \to +\infty$ 时为有限值),因而沿 z 向的传播因子 $\exp(-jk_3z)$ 实际上是一个衰减因子。这样,这种波只是在沿着 $z = 0$ 平面的方向上传播,其能量束缚于口径平面,因此是储能场(电抗场)。上述表示也可推广来表示口径所辐射的 $z > 0$ 区域中的场。此即布克(H. G. Booker)和克莱默(P. C. Clemmow)等人所发展的平面波谱法(PWSM)[5,6]。

许多情形下口径分布是可分离变量的:

$$g(x, y) = g_1(x)g_2(y) \tag{7.3-17}$$

则有

$$f(k_1, k_2) = f_1(k_1)f_2(k_2) \tag{7.3-18}$$

式中

$$f_1(k_1) = \int_{-\infty}^{\infty} g_1(x) e^{jk_1x} dx, \quad f_2(k_2) = \int_{-\infty}^{\infty} g_2(y) e^{jk_2y} dy \tag{7.3-19}$$

并有

$$g_1(x) = \frac{1}{2\pi} \int_{-\infty}^{\infty} f_1(k_1) e^{-jk_1x} dk_1, \quad g_2(x) = \frac{1}{2\pi} \int_{-\infty}^{\infty} f_2(k_2) e^{-jk_2x} dk_2 \tag{7.3-20}$$

$f_1(k_1)$ 和 $g_1(x)$,$f_2(k_2)$ 和 $g_2(y)$ 都构成一对傅里叶变换。其一般表示为

$$g(x) \leftrightarrow f(k_1) \tag{7.3-21}$$

$$\begin{cases} f(k_1) \equiv F < g(x) > \equiv \int_{-\infty}^{\infty} g(x) e^{jk_1x} dx & (7.3\text{-}21a) \\ g(x) \equiv F^{-1} < f(k_1) > \equiv \frac{1}{2\pi} \int_{-\infty}^{\infty} f(k_1) e^{-jk_1x} dk_1 & (7.3\text{-}21b) \end{cases}$$

这表示空域与谱域的对应关系:$g(x)$ 的傅里叶变换是 $f(k_1)$,$f(k_1)$ 的傅里叶逆变换是 $g(x)$。

这些关系说明,只要天线口径尺寸不太小(中等增益或更大),天线远场方向图与天线口径之间存在傅里叶变换关系。这使我们可以利用傅里叶变换理论的算子特性进行口径天线的分析与综合。并可运用快速傅里叶变换技术(FFT)提高数值计算速度。

注意:上述结果是基于式(7.2-17c)来导出的,是标量,因此只对一个口径分量成立,并且只适用于近轴方向的远区观察点。当应用傅里叶变换关系进行口径综合时,通常只给定远场振幅方向图,即只有 $g(k_1, k_2)$ 的振幅关系,而其相位关系可有不同的选择。因而所综合的口径场分布并不是唯一的。同时,由于实际口径是有限的,须将理论结果截头,从而带来近似性(虽然傅里叶变换关系本身是严格的)。甚至,有些相位选择所得的口径场分布会是物理上不能实现的。

7.3.3.2　基本特性

1. 对称性

由式(7.3-21a)可知

$$f(k_1) = \begin{cases} 2\int_0^{\infty} g(x)\cos(k_1x) dx, & g(x) \text{为偶函数} \\ 2j\int_0^{\infty} g(x)\sin(k_1x) dx, & g(x) \text{为奇函数} \end{cases} \tag{7.3-22}$$

若口径分布为偶函数,即对口径中心对称,则方向图对 $\theta = 0$ 轴对称。反之,若口径分布为奇函数,即对口径中心反对称,则方向图在 $\theta = 0$ 轴方向为零点。这种方向图可用来形成"差"波瓣,利用其零点来精测目标角坐标和跟踪。

对 x 向尺寸为 a 的矩形口径，当口径场沿 x 方向均匀分布或余弦分布时，分别得

$$f(k_1) = 2\int_0^{\frac{a}{2}} \cos(k_1 x)\,\mathrm{d}x = a\,\frac{\sin u}{u} \tag{7.3-23}$$

$$f(k_1) = 2\int_0^{\frac{a}{2}} \cos\frac{\pi x}{a}\cos(k_1 x)\,\mathrm{d}x = a\,\frac{2}{\pi}\,\frac{\cos\frac{k_1 a}{2}}{1-\left(\frac{2}{\pi}\frac{k_1 a}{2}\right)^2} = a\,\frac{2}{\pi}\,\frac{\cos u}{1-\left(\frac{2}{\pi}u\right)^2} \tag{7.3-24}$$

式中

$$u = \frac{k_1 a}{2} = \frac{ka}{2}\sin\theta\cos\varphi$$

对 H 面($\varphi = 0$)，$u = (ka/2)\sin\theta$，上两式结果与图 7.3-4(a) 完全一致。

这样计算的一些简单口径分布的辐射特性见表 7.3-1。

表 7.3-1　矩形口径的辐射特性($a \gg \lambda$)

口径场分布	$g(x)$ $-a/2 \leqslant x \leqslant a/2$	$f(u)$ $u = \dfrac{ka}{2}\sin\theta$	$2\theta_{0.5}$, rad	SLL, dB	e_a
均匀分布 	1	$a\,\dfrac{\sin u}{u}$	$0.88\,\dfrac{\lambda}{a}$	-13.2	1
余弦分布 	$\cos\left(\dfrac{\pi x}{a}\right)$	$2\pi a\,\dfrac{\cos u}{\pi^2-(2u)^2}$	$1.19\,\dfrac{\lambda}{a}$	-23.0	0.81
余弦平方分布 	$\cos^2\left(\dfrac{\pi x}{a}\right)$	$\dfrac{a}{2}\,\dfrac{\pi^2}{\pi^2-u^2}\,\dfrac{\sin u}{u}$	$1.44\,\dfrac{\lambda}{a}$	-31.5	0.667
台阶余弦分布 	$a_1+(1-a_1)\cos\left(\dfrac{\pi x}{a}\right)$ $a_1 = 0.2$	$a\left[a_1\dfrac{\sin u}{u}+(1-a_1)\right.$ $\left.\cdot 2\pi\dfrac{\cos u}{\pi^2-(2u)^2}\right]$	$1.07\,\dfrac{\lambda}{a}$	-21.8	0.89
奇对称矩形分布 	$\begin{cases}-1, & -\dfrac{a}{2}\leqslant x<0 \\ 1, & 0<x\leqslant\dfrac{a}{2}\end{cases}$	$-\mathrm{j}a\,\dfrac{1-\cos u}{u}$			斜率比 $K_r = 0.874$ 最大值位置 $u_m = 0.7\pi$ 最大值 $G_r = -2.76\ \mathrm{dB}$
正弦分布 	$\sin\left(\dfrac{2\pi x}{a}\right)$	$-\mathrm{j}a\,\dfrac{\pi\sin u}{\pi^2-u^2}$			斜率比 $K_r = 0.722$ 最大值位置 $u_m = 0.85\pi$ 最大值 $G_r = -2.7\ \mathrm{dB}$

2. 线性

$$f(k_1) = \int_{-\infty}^{\infty}\left[a_1 g_1(x)+a_2 g_2(x)+\cdots+a_n g_n(x)\right]\mathrm{e}^{\mathrm{j}k_1 x}\,\mathrm{d}x$$

$$= a_1 f_1(k_1) + a_2 f_2(k_1) + \cdots + a_n f_n(k_1) \tag{7.3-25}$$

即

$$\sum_{i=1}^{n} a_i g_i(x) \leftrightarrow \sum_{i=1}^{n} a_i f_i(k_1) \tag{7.3-25a}$$

这就是说，若口径场分布为不同函数的线性组合，则其远场方向图就是不同函数各自的远场方向图的线性叠加。由此，可通过对简单分布的加权叠加，来获得所希望的方向图。例如，表7.3-1表明，均匀分布时主瓣最窄，但旁瓣电平最高。当口径场由中心向边缘渐降时，例如余弦分布，可使旁瓣电平降低，但主瓣展宽，口径效率 e_a 下降。今将二者适当组合，如表7.3-1中台阶-余弦分布，即取 $g_1(x)=1$，$g_2(x)=\cos(\pi x/a)$，取 $a_1=0.2$，$a_2=1-a_1=0.8$。这使旁瓣电平降至 -21.8 dB，接近余弦分布情形，而 $e_a=0.89$，高于余弦分布值 0.81。

3. 二重性

由式(7.3-21a)和式(7.3-21b)可知

$$\int_{-\infty}^{\infty} f(x) e^{jk_1 x} dx = \int_{-\infty}^{\infty} f(k_1) e^{jk_1 x} dk_1 = 2\pi g(-k_1)$$

这就是说，若

$$g(x) \leftrightarrow f(k_1) \tag{7.3-26}$$

则

$$f(x) \leftrightarrow 2\pi g(-k_1) \tag{7.3-26a}$$

例如，单位门函数为

$$G(x) = \begin{cases} 1, & |x| < 1/2 \\ 0, & |x| > 1/2 \end{cases} \tag{7.3-27}$$

其傅里叶变换为

$$\int_{-\infty}^{\infty} G(x) e^{jk_1 x} dx = \int_{-\frac{1}{2}}^{\frac{1}{2}} e^{jk_1 x} dx = \frac{e^{jk_1/2} - e^{-jk_1/2}}{jk_1} = \frac{\sin(k_1/2)}{k_1/2} = \mathrm{Sinc}(k_1/2) \tag{7.3-28}$$

因而有[见图7.3-5(a)]：

$$\mathrm{Sinc}(x/2) \leftrightarrow 2\pi G(-k_1) = 2\pi G(k_1) \tag{7.3-28a}$$

此例表明，若要天线波瓣陡削而又在所需角域均匀分布，要求口径分布呈 Sinc 形，且分布在大尺度上。

4. 缩比性

设 $\alpha > 0$，由式(7.3-21a)可知

$$\int_{-\infty}^{\infty} g(\alpha x) e^{jk_1 x} dx = \int_{-\infty}^{\infty} g(t) e^{jk_1 t/\alpha} dt/\alpha = f(k_1/\alpha)/\alpha \tag{7.3-29}$$

即

$$g(\alpha x) \leftrightarrow f(k_1/\alpha)/\alpha \tag{7.3-29a}$$

因此，若 $\alpha < 1$，即口径场分布在空间尺度上增至原来的 $1/\alpha$，那么其角谱函数(方向图)在角度坐标上将压缩到原来的 α 倍，同时幅度也相应增大[见图7.3-5(b)]。也就是说，天线的尺寸增大可使远场波瓣变窄；反之，天线尺寸减小将导致波瓣展宽。这正是天线辐射的一个基本特性。

5. 位移特性

$$\int_{-\infty}^{\infty} g(x - x_0) e^{jk_1 x} dx = \int_{-\infty}^{\infty} g(\xi) e^{jk_1(\xi + x_0)} d\xi = f(k_1) e^{jk_1 x_0} \tag{7.3-30}$$

即

$$g(x - x_0) \leftrightarrow f(k_1) e^{jk_1 x_0} \tag{7.3-30a}$$

口径分布的横向位移只是使远场相位发生一固定相移而方向图不变。因此，

$$\sum_{i=1}^{n} a_i g_i(x - x_i) \leftrightarrow \sum_{i=1}^{n} a_i f_i(k_1) e^{jk_1 x_i} \tag{7.3-31}$$

作为上式的应用举例，将同相口径的振幅分布表示为对 x 轴对称的阶梯分布，各阶梯宽度 $\Delta x = d$，如图7.3-6所示。则

$$f_i(k_1) = \int_{x_i - d/2}^{x_i + d/2} a_i e^{jk_1 x} dx = a_i e^{jk_1 x_i} \frac{e^{jk_1 d/2} - e^{-jk_1 d/2}}{jk_1} = a_i e^{jk_1 x_i} d \frac{\sin u_1}{u_1}, \quad u_1 = \frac{k_1 d}{2} \tag{7.3-32}$$

故

$$f(k_1) = \sum_{i=-n}^{n} f_i(k_1) = d \frac{\sin u_1}{u_1} \sum_{i=1}^{n} a_i [e^{jk_1 x_i} + e^{-jk_1 x_i}] = 2d \frac{\sin u_1}{u_1} \sum_{i=1}^{n} a_i \cos(k_1 x_i)$$

$$= 2d \frac{\sin u_1}{u_1} \sum_{i=1}^{n} a_i \cos[2(i-1)u_1] \tag{7.3-33}$$

这个结果与同相水平天线的式(4.2-7)反映相同的特性, 说明任意口径分布的方向图可看成单元方向图与阵因子的乘积。

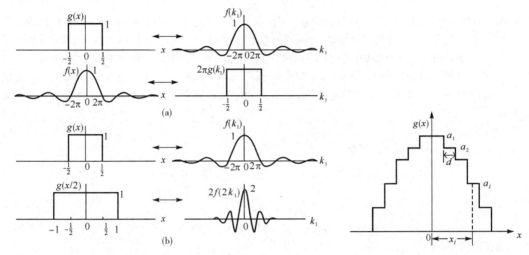

图 7.3-5   傅里叶变换的二重性(a)和缩比性(b)　　　　图 7.3-6   振幅阶梯分布的同相口径

6. 角移(扫描)特性

$$\int_{-\infty}^{\infty} g(x) e^{-j\beta x} e^{jk_1 x} dx = f(k_1 - \beta) \tag{7.3-34}$$

即

$$g(x) e^{-j\beta x} \leftrightarrow f(k_1 - \beta) \tag{7.3-34a}$$

口径场相位分布按 βx 滞后, 将使角谱函数(远场方向图)沿 k_1 轴偏移 β。

例如, $g(x) = 1$, $-a/2 \leqslant x \leqslant a/2$, 则 $g(x) \exp(-j\beta x)$ 的傅里叶变换为

$$f_1(k_1 - \beta) = a \frac{\sin\left[(k_1 - \beta)a/2\right]}{(k_1 - \beta)a/2} = a \frac{\sin(u - u_0)}{u - u_0} \tag{7.3-35}$$

式中 $u = k_1 a/2 = (ka/2)\sin\theta\cos\varphi$, $u_0 = \beta a/2$。可见, 线性相位分布使对 u 来画的远场方向图平移 u_0 而形状不变。这正是电扫描天线的工作原理。

7.4   圆形同相口径

7.4.1   均匀分布圆形口径

圆形口径的坐标系与图 7.2-2 相似, 只是口径为圆形, 因此口径上源点采用极坐标 (ρ, φ') 较方便。注意, 场点 $P(r, \theta, \varphi)$ 的方位角坐标为 φ, 这里源点方位角坐标为 φ'。直角坐标 (x, y) 与极坐标 (ρ, φ') 的关系式为

$$x = \rho\cos\varphi', \quad y = \rho\sin\varphi' \tag{7.4-1}$$

因而

$$x\sin\theta\cos\varphi + y\sin\theta\sin\varphi = \rho\sin\theta\cos(\varphi - \varphi')$$

及

$$ds = \rho d\rho d\varphi'$$

将这些关系代入式(7.2-17c), 得口径电场为 $\overline{E}_a = \hat{y}E_a$ 的圆形口径的远区场为

$$E_P = \frac{jk}{4\pi r} e^{jkr}(1 + \cos\theta) \int_0^{\frac{d}{2}} \int_0^{2\pi} E_a e^{jk\rho\sin\theta\cos(\varphi - \varphi')} \rho d\rho d\varphi' \tag{7.2-17d}$$

式中 d 为圆形口径直径。

为方便见，令

$$C_1 = \frac{jk}{4\pi r}e^{jkr}(1 + \cos\theta), \quad \rho_1 = \frac{\rho}{d/2}, \quad u = \frac{kd}{2}\sin\theta$$

则上式改写为

$$E_P = C_1\left(\frac{d^2}{4}\right)\int_0^1\int_0^{2\pi}E_a e^{ju\rho_1\cos(\varphi-\varphi')}\rho_1 d\rho_1 d\varphi' \tag{7.4-2}$$

当圆形口径具有均匀分布的口径场，$E_a = E_0$ 为常量，其口径是轴对称的，无论 E 面和 H 面均有（取 $\varphi = 0$）

$$E_P = C_1 E_0\left(\frac{d^2}{4}\right)\int_0^1\int_0^{2\pi}e^{ju\rho_1\cos\varphi'}\rho_1 d\rho_1 d\varphi' \tag{7.4-3}$$

计算此积分需利用贝塞尔函数的下列积分公式，见附录 B 式（B-22）和式（B-14）：

$$\int_0^{2\pi}e^{jx\cos\varphi}\cos n\varphi d\varphi = j^n 2\pi J_n(x), \quad \int_0^{2\pi}e^{jx\cos\varphi}d\varphi = 2\pi J_0(x) \tag{7.4-4}$$

$$\int_0^x x^n J_{n-1}(x)dx = x^n J_n(x), \quad \int_0^x x J_0(x)dx = x J_1(x) \tag{7.4-5}$$

利用上两式后，式（7.4-3）化为

$$E_P = C_1 E_0\left(\frac{d^2}{4}\right)2\pi\int_0^1\rho_1 J_0(u\rho_1)d\rho_1 = C_1 E_0\left(\frac{d^2}{4}\right)2\pi\left[\frac{1}{u^2}(u\rho_1)J_1(u\rho_1)\right]_0^1$$

$$= C_1 E_0\left(\frac{\pi d^2}{4}\right)\frac{2J_1(u)}{u} \tag{7.4-6}$$

其空间因子的归一化方向函数为

$$F(u) = \frac{2J_1(u)}{u} \tag{7.4-7}$$

该空间因子的方向图如图 7.3-4（b）所示。令

$$\frac{2J_1(u_{0.5})}{u_{0.5}} = 0.707$$

由图 7.3-4（b）查得 $u_{0.5} = 1.62$。故主瓣半功率宽度为

$$HP = 2\theta_{0.5} = 2\arcsin\left(1.62\frac{\lambda}{\pi d}\right) \approx 1.02\frac{\lambda}{d} = 58°\frac{\lambda}{d} \tag{7.4-8}$$

旁瓣电平为

$$SLL = 20\lg 0.131 = -17.6 \text{ dB}$$

同均匀分布矩形口径一样，其口径效率 $e_a = 1$。

可以看出，对相同的电长度（即当 $d/\lambda = a/\lambda$），均匀分布圆形口径的半功率宽度和旁瓣电平，分别比均匀分布矩形口径的要宽和低。这是因为，以 H 面（x-z 面）来说，沿等 x 直线分布的惠更斯元到场点 P 处没有波程差，它们可用位于 x 轴处的一个惠更斯元来代替，该等效惠更斯元的强度等于沿该直线的全部惠更斯元强度之和。于是，整个口径在 H 面的辐射，就等效于所有这些惠更斯元沿 x 轴组成的等效直线阵在该平面的辐射。如图 7.4-1 所示，矩形口径的等效直线阵是均匀分布的［见图 7.4-1（a）］，而圆形口径的等效直线阵的强度分布则由中央向两边渐降［见图 7.4-1（b）］，因而后者主瓣展宽而旁瓣电平降低。

这一结果表明，当口径场均匀分布时，改变天线口径形状可降低其对应平面方向图的旁瓣电平。并由于口径场仍为均匀分布，此时口径效率将仍为 1。

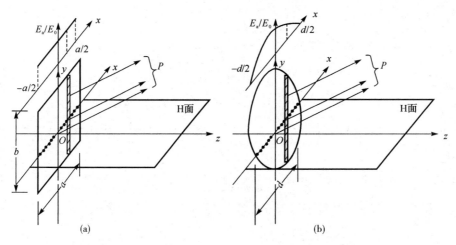

图 7.4-1 矩形和圆形口径在 H 面的等效直线阵

7.4.2 渐降分布圆形口径

设圆形同相口径的口径场分布为

$$E_a = E_0(1 - \rho_1^2), \quad \rho_1 = \frac{\rho'}{d/2} \tag{7.4-9}$$

这代表振幅由口径中心向边缘渐降的一种分布。抛物反射面天线口径上的场分布与这种分布较为接近。

由式(7.4-2)得其远区场为

$$E_P = C_1 E_0 \left(\frac{d^2}{4}\right) \int_0^1 (1 - \rho_1^2)\rho_1 d\rho_1 \int_0^{2\pi} e^{ju\rho_1\cos\varphi'} d\varphi' \tag{7.4-10}$$

这里已考虑到口径分布的轴对称性,取 $\varphi = 0$。利用式(7.4-4)后,再利用式(7.4-5)作分部积分,得

$$
\begin{aligned}
E_P &= C_1 E_0 \left(\frac{d^2}{4}\right) 2\pi \int_0^1 (1 - \rho_1^2)\rho_1 J_0(u\rho_1) d\rho_1 \\
&= C_1 E_0 \left(\frac{\pi d^2}{4}\right) 2 \left[(1 - \rho_1^2)\frac{1}{u^2}(u\rho_1)J_1(u\rho_1) \Big|_0^1 + \int_0^1 \frac{1}{u^2}(u\rho_1)J_1(u\rho_1)2\rho_1 d\rho_1 \right] \\
&= C_1 E_0 \left(\frac{\pi d^2}{4}\right) 2 \frac{2}{u^4}(u\rho_1)^2 J_2(u\rho_1) \Big|_0^1 = C_1 E_0 \left(\frac{\pi d^2}{4}\right) \frac{4J_2(u)}{u^2} \tag{7.4-11}
\end{aligned}
$$

其空间因子归一化值为

$$f(u) = \frac{8J_2(u)}{u^2} \tag{7.4-12}$$

该方向图已画在图 7.3-4(b)中。其主瓣半功率点位于 $u_{0.5} = 2.0$,故半功率宽度为

$$HP = 2\theta_{0.5} = 2\arcsin\left(2.0\frac{\lambda}{\pi d}\right) \approx 1.27\frac{\lambda}{d} = 73°\frac{\lambda}{d} \tag{7.4-13}$$

旁瓣电平为

$$SLL = 20\lg 0.059 = -24.6 \text{ dB}$$

由式(7.2-23)知,口径效率为

$$e_a = \frac{\left| \int_0^{\frac{d}{2}} \int_0^{2\pi} E_0(1 - \rho_1^2)\rho d\rho d\varphi' \right|^2}{\frac{\pi d^2}{4} \int_0^{\frac{d}{2}} \int_0^{2\pi} |E_0(1 - \rho_1^2)|^2 \rho d\rho d\varphi'} = \frac{2\left| \int_0^1 (1 - \rho_1^2)\rho_1 d\rho_1 \right|^2}{\int_0^1 (1 - \rho_1^2)^2 \rho_1 d\rho} = \frac{3}{4} = 0.75$$

可见，当圆形口径分布从中心向边缘渐降时，它的半功率宽度更宽，旁瓣电平更低，且口径效率下降。

另一种较一般的处理将口径场分布展开为零阶贝塞尔函数的级数[6]：

$$\frac{E_a}{E_0} = \sum_{i=1}^{n} a_i J_0(u_i \rho_1), \quad \rho_1 = \frac{\rho}{d/2} \tag{7.4-14}$$

式中 u_i 是 $J_0'(u)$ 的第 i 个根，即 $J_0'(u_i) = -J_1(u_i) = 0$，$u_1 = 0$，$u_2 = 3.8317$，$u_3 = 7.0156$，$u_4 = 10.1735$，……$J_0(u_i \rho_1)$ 随 ρ_1 的变化曲线示于图 7.4-2。参数为 $u_1 = 0$ 的函数对应于均匀分布，而参数为 u_2 和 u_3 的两个函数之和便对应于一个单调渐降的分布。

由式(7.4-2)可知，其远区场为

$$E_P = C_1 E_0 \left(\frac{d^2}{4}\right) \sum_{i=1}^{n} a_i \int_0^1 J_0(u_i \rho_1) \rho_1 \mathrm{d}\rho_1 \int_0^{2\pi} \mathrm{e}^{ju\rho_1 \cos \varphi'} \mathrm{d}\varphi'$$

$$= C_1 E_0 \left(\frac{d^2}{4}\right) \sum_{i=1}^{n} a_i \int_0^1 J_0(u_i \rho_1) J_0(u\rho_1) \rho_1 \mathrm{d}\rho_1$$

利用洛梅尔(Lommel)积分公式[见附录 B 式(B-16a)第 1 等式]，上式可表示为

$$E_P = C_1 E_0 \left(\frac{d^2}{4}\right) u J_0'(u) \sum_{i=1}^{n} \frac{a_i J_0(u_i)}{u_i^2 - u^2}$$

$$= C_1 E_0 \left(\frac{d^2}{4}\right) \frac{J_1(u)}{u} \sum_{i=1}^{n} \frac{a_i J_0(u_i)}{1 - (u_i/u)^2} \tag{7.4-15}$$

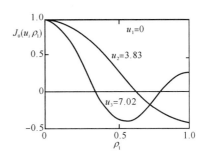

图 7.4-2　口径场分布的展开函数 $J_0(u_i \rho_1)$

其空间因子方向图为

$$f(u) = \frac{J_1(u)}{u} \sum_{i=1}^{n} \frac{a_i J_0(u_i)}{1 - (u_i/u)^2}$$

$$= \frac{2J_1(u)}{u} a_1 \left[1 + \frac{a_2}{a_1} \frac{J_0(u_2)}{1 - (u_2/u)^2} + \frac{a_3}{a_1} \frac{J_0(u_3)}{1 - (u_3/u)^2} + \cdots\right] \tag{7.4-16}$$

可见，上式级数中每增加一项就是对均匀分布圆形口径的方向图 $2J_1(u)/u$ 附加一个乘因子。当 $u \leqslant u_i$(近轴方向)，高阶项($i \geqslant 2$)效应很小，$f(u)$ 基本上由均匀成分决定，其波瓣近于 $2J_1(u)/u$；而当 $u \gg u_i$(宽角方向)，高阶项与均匀成分同样起作用，其影响大小可由 a_2/a_1、a_3/a_1 等比值来控制。因此，选择 a_2/a_1、a_3/a_1 等台阶高度，能有效地降低天线的旁瓣。

*7.4.3　兰姆达变换关系

设圆形同相口径的口径场分布轴对称(与 φ' 无关)，为

$$\frac{E_a}{E_0} = g(\rho_1, \varphi') = g(\rho_1), \quad \rho_1 = \frac{\rho}{d/2} \tag{7.4-17}$$

由式(7.4-2)和式(7.4-4)可知，其远区场为

$$E_P = C_1 \left(\frac{d^2}{4}\right) \int_0^1 \int_0^{2\pi} g(\rho_1) \mathrm{e}^{ju\rho_1 \cos \varphi'} \rho_1 \mathrm{d}\rho_1 \mathrm{d}\varphi' = C_1 \left(\frac{\pi d^2}{4}\right) 2 \int_0^1 g(\rho_1) J_0(u\rho_1) \rho_1 \mathrm{d}\rho_1 \tag{7.4-18}$$

忽略惠更斯元的方向性，则其远场方向图为

$$f(u) = \int_0^1 g(\rho_1) J_0(u\rho_1) \rho_1 \mathrm{d}\rho_1 \tag{7.4-19}$$

其逆变换是

$$g(\rho_1) = \int_0^{\infty} f(u) J_0(u\rho_1) u \mathrm{d}u \tag{7.4-20}$$

这样，圆形口径的口径场分布与其远场方向图之间又由变换关系联系起来了。

式(7.4-19)为零阶汉克尔(Hankel)变换,是兰姆达(Lambda)变换的特殊情形。兰姆达变换为[7]

$$f(u) = A_v \int_0^{\frac{d}{2}} g(x) \wedge_v (2\pi ux) x^{2v+1} \mathrm{d}x \tag{7.4-21}$$

其逆变换为

$$g(x) = A_v \int_0^\infty f(u) \wedge_v (2\pi ux) u^{2v+1} \mathrm{d}u \tag{7.4-22}$$

式中

$$A_v = \frac{2\pi^{v+1}}{\Gamma(v+1)}, \quad \wedge_v(x) = \Gamma(v+1) \frac{2^v J_v(x)}{x^v} \tag{7.4-23}$$

$J_v(x)$ 是第一类贝塞尔函数,$\Gamma(v+1)$ 是伽马(Gamma)函数。若 $v = n$(正整数),则 $\Gamma(v+1) = n!$ 从而有

$$\wedge_n(x) = n! \frac{2^n J_n(x)}{x^n} \tag{7.4-24}$$

按上式计算的曲线如图 7.4-3 所示。几个基本的兰姆达函数如下:

$$\wedge_0(x) = J_0(x) \tag{7.4-25a}$$

$$\wedge_1(x) = \frac{2J_1(x)}{x} \tag{7.4-25b}$$

$$\wedge_2(x) = \frac{8J_2(x)}{x_2} \tag{7.4-25c}$$

$$\wedge_3(x) = \frac{48J_3(x)}{x^3} \tag{7.4-25d}$$

递推关系是

$$\wedge_{v+1}(x) = \frac{v(v+1)}{(x/2)^2} [\wedge_v(x) - \wedge_{v-1}(x)] \tag{7.4-26}$$

$$\frac{\wedge_{v+1}(x)}{v+1} = -\frac{2}{x} \frac{\mathrm{d}}{\mathrm{d}x} \wedge_v(x) \tag{7.4-27}$$

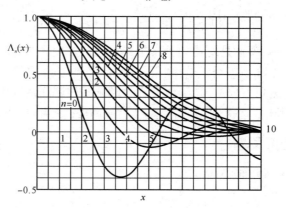

图 7.4-3 兰姆达函数

兰姆达函数可以表示为兰姆达函数的积分:

$$\int \wedge_v(x) x^{2v+1} \mathrm{d}x = \frac{x^{2v+2}}{2v+2} \wedge_{v+1}(x) \tag{7.4-28}$$

$$\int_0^1 (1-u^2)^{v-\mu-1} \wedge_v(xu) u^{2\mu+1} \mathrm{d}u = \frac{\Gamma(\mu+1)\Gamma(v-\mu)}{2\Gamma(v+1)} \wedge_v(x) \tag{7.4-29}$$

当 $v = 0$,将式(7.4-25a)代入式(7.4-21),令 $x = \rho$,$\rho_1 = \rho/(d/2)$,得

$$f(u) = 2\pi \int_0^{\frac{d}{2}} g(\rho') J_0(2\pi u\rho) \rho \mathrm{d}\rho = 2\pi \left(\frac{d}{2}\right)^2 \int_0^1 g(\rho_1) J_0(u\rho_1) \rho_1 \mathrm{d}\rho_1 \tag{7.4-30}$$

此即式(7.4-19)，可见圆形口径的远场方向图可用兰姆达变换来表达。对均匀分布圆形口径，$g(\rho_1) = 1$，由式(7.4-30)，并利用式(7.4-28)，得

$$f(u) = \left(\frac{\pi d^2}{4}\right) 2 \int_0^1 \Lambda_0(u\rho_1)\rho_1 \,\mathrm{d}\rho_1 = \left(\frac{\pi d^2}{4}\right)\frac{2}{u^2}\left[\frac{x^2}{2}\Lambda_1(x)\right]_0^u = \left(\frac{\pi d^2}{4}\right)\frac{2J_1(u)}{u}$$

此即式(7.4-7)结果。对渐降分布圆形口径，设口径场为似抛物线分布：

$$g(\rho_1) = (1-\rho_1^2)^n, \quad \rho_1 = \frac{\rho}{d/2} \tag{7.4-31}$$

当 $n=1$：$f(u) = \left(\frac{\pi d^2}{4}\right)2\int_0^1 (1-\rho_1^2)\rho_1 J_0(u\rho_1) = \left(\frac{\pi d^2}{4}\right)\frac{4J_2(u)}{u^2}$

当 $n=2$：$f(u) = \left(\frac{\pi d^2}{4}\right)2\int_0^1 (1-\rho_1^2)^2\rho_1 J_0(u\rho_1)\,\mathrm{d}\rho_1 = \left(\frac{\pi d^2}{4}\right)3!\frac{2^3}{3u^3}J_3(u)$

当 $n=3$：$f(u) = \left(\frac{\pi d^2}{4}\right)2\int_0^1 (1-\rho_1^2)^3\rho_1 J_0(u\rho_1)\,\mathrm{d}\rho_1$

$$= \left(\frac{\pi d^2}{4}\right)3!\int_0^1 (1-\rho_1^2)^2\frac{2^2}{u^2}(u\rho_1)J_1(u\rho_1)\rho_1\,\mathrm{d}\rho_1 = \left(\frac{\pi d^2}{4}\right)4!\frac{2^4 J_4(u)}{4u^4}$$

由以上结果归纳得，对任意正整数 n 值，有

$$f(u) = \left(\frac{\pi d^2}{4}\right)2\int_0^1 (1-\rho_1^2)^n\rho_1 J_0(u\rho_1)\,\mathrm{d}\rho_1$$

$$= \left(\frac{\pi d^2}{4}\right)\frac{(n+1)!}{n+1}\frac{2^{n+1}}{u^{n+1}}J_{n+1}(u) = \left(\frac{\pi d^2}{4}\right)\frac{1}{n+1}\Lambda_{n+1}(u) \tag{7.4-32}$$

更有实际意义的是圆形口径场按台阶-似抛物线分布：

$$g(\rho_1) = a_1 + (1-a_1)(1-\rho_1^2)^n \tag{7.4-33}$$

其远场方向图是均匀分布与似抛物线分布结果的线性叠加，得

$$f(u) = \left(\frac{\pi d^2}{4}\right)\left[a_1\Lambda_1(u) + \frac{1-a_1}{n+1}\Lambda_{n+1}(u)\right] \tag{7.4-34}$$

其口径效率为

$$e_a = \frac{(na_1+1)^2(2n+1)}{(2n^2 a_1^2 + 2na_1 + n + 1)(n+1)} \tag{7.4-35}$$

利用上述公式计算的圆形口径辐射特性见表 7.4-1。图 7.4-4 为远场方向图，采用混合表示法：左侧纵坐标为线性刻度，用来表示主瓣；左侧纵坐标为对数刻度，表示旁瓣。这样便于同时显示主瓣与旁瓣的细节。值得指出，直径为 d 的圆形口径分布 $(1-\rho_1^2)^n$，$\rho_1 = \rho/(d/2) \leqslant 1$，与边长为 $a = d$ 的矩形口径(线源)场分布 $(1-x_1^2)^{n+1/2}$，$x_1 = x/(a/2) \leqslant 1$，都具有 $\Lambda_{n+1}(u)$ 形式的远场方向图。因此图 7.4-4 同样可用于矩形口径，相应的横坐标为 $u = (\pi a/\lambda)\sin\theta$。$\Lambda_{1/2}(u) = (\sin u)/u$ 便是均匀分布矩形口径的方向图；$\Lambda_1(u)$ 对应于按 $\sqrt{1-x_1^2}$ 分布的矩形口径；以此类推。

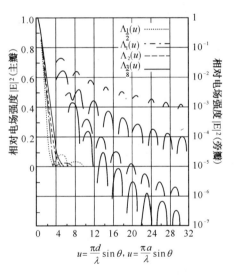

图 7.4-4　$(1-\rho_1^2)^n$ 分布的远场方向图

表 7.4-1　圆形口径的辐射特性($d \gg \lambda$)

口径场分布	$g(\rho_1)$ $0 \leqslant \rho_1 \leqslant 1$	$f(u)$ $u = \frac{kd}{2}\sin\theta = \frac{\pi d}{\lambda}\sin\theta$	$2\theta_{0.5}$, rad	SLL, dB	e_a
均匀分布	1	$\Lambda_1(u)$	$1.02\dfrac{\lambda}{d}$	−17.6	1

（续表）

口径场分布	$g(\rho_1)$ $0 \leqslant \rho_1 \leqslant 1$	$f(u)$ $u = \dfrac{kd}{2}\sin\theta = \dfrac{\pi d}{\lambda}\sin\theta$		$2\theta_{0.5}$, rad	SLL, dB	e_a
似抛物线分布	$1 - \rho_1^2$	$\Lambda_2(u)$		$1.27\dfrac{\lambda}{d}$	-24.6	0.750
似抛物线平方分布	$(1 - \rho_1^2)^2$	$\Lambda_3(u)$		$1.47\dfrac{\lambda}{d}$	-30.6	0.556
台阶–似抛物线分布	$a_1 + (1 - a_1)$ $\cdot(1 - \rho_1^2)^2$	$\dfrac{3}{1 + 2a_1}[a_1\Lambda_1(u)$ $+ \dfrac{1 - a_1}{3}\Lambda_3(u)]$	$a_1 = 0.2$	$1.23\lambda/d$	-31.7	0.793
			$a_1 = 0.3$	$1.17\lambda/d$	-27.5	0.867
			$a_1 = 0.4$	$1.13\lambda/d$	-24.5	0.918
			$a_1 = 0.6$	$1.08\lambda/d$	-20.9	0.974
			$a_1 = 0.8$	$1.05\lambda/d$	-18.9	0.995

7.5 非同相口径

前面的研究限于同相口径,本节讨论非同相口径,研究矩形口径的口径场沿 x 轴方向有相位变化的情形。矩形口径位于 $z = 0$ 平面, x 向边长为 a。设相位变化函数为

$$\psi\left(\frac{x}{a/2}\right) = \psi(x_1)$$

这里为表达简洁,口径上源点坐标取为 (x, y) ,令 $x_1 = x/(a/2)$ 。

任意的相位分布可以表示为如下的幂级数:

$$\psi(x_1) = \psi_1 x_1 + \psi_2 x_1^2 + \psi_3 x_1^3 + \cdots \tag{7.5-1}$$

式中 ψ_1 、ψ_2 和 ψ_3 分别是 $x_1 = \pm 1(x = \pm a/2)$ 处一次、二次和三次相位分布的最大相位差。

在大多数实际情形下,只需考虑相位分布级数的前三项。下面分别研究它们的影响,设振幅均匀分布。

7.5.1 线性相位分布

设矩形口径上电场为 $\bar{E}_a = \hat{y}E_a$, E_a 沿 x 向呈线性相位分布:

$$E_a = E_0 e^{-j\psi_1 x_1}, \quad x_1 = \frac{x}{a/2} \tag{7.5-2}$$

由式(7.2-17)可知,它在 H 面 $(\varphi = 0)$ 上远区 $P(r, \theta, \varphi)$ 点处的电场为

$$E_P = E_\varphi = C_1 \int_{-\frac{a}{2}}^{\frac{a}{2}} E_0 e^{j(kx\sin\theta - 2\psi_1 x/a)} dx \int_{-\frac{b}{2}}^{\frac{b}{2}} dy \tag{7.5-3}$$

式中(下同)

$$C_1 = \frac{jk}{4\pi r} e^{-jkr}(1 + \cos\theta) = j\frac{1}{2\lambda r}(1 + \cos\theta)e^{-jkr} \tag{7.5-3a}$$

此式与(7.3-2)是相似的,不同处只是指数上用 $(k\sin\theta - 2\psi_1/a)$ 代替 $k\sin\theta$,因此其积分结果仍为 $\sin u/u$ 的形式,只是 $u = (ka/2)\sin\theta - \psi_1$:

$$E_P = C_1 E_0 ab \frac{\sin\left(\dfrac{ka}{2}\sin\theta - \psi_1\right)}{\dfrac{ka}{2}\sin\theta - \psi_1} \tag{7.5-4}$$

其方向函数(忽略惠更斯元因子)为

$$F_H(\theta) = \frac{\sin\left(\dfrac{ka}{2}\sin\theta - \psi_1\right)}{\dfrac{ka}{2}\sin\theta - \psi_1} \tag{7.5-4a}$$

最大方向发生于

$$\frac{ka}{2}\sin\theta_M - \psi_1 = 0, \quad \theta_M = \arcsin\frac{2\psi_1}{ka} \tag{7.5-5}$$

利用上式可将式(7.5-4a)改写为

$$F_H(\theta) = \frac{\sin\left[\dfrac{ka}{2}(\sin\theta - \sin\theta_M)\right]}{\dfrac{ka}{2}(\sin\theta - \sin\theta_M)} \tag{7.5-4b}$$

此式其实就是 7.3.3 节傅里叶变换关系中的式(7.3-35),反映其角移特性。把此结果与同相口径的式(7.3-2b)比较可见,当口径场相位沿 x 方向按线性变化时,H 面方向图具有相似的形式,只是最大方向由 $\theta = 0$ 方向偏转到 θ_M 方向。这与我们研究 N 元线阵所得的规律是相同的,可用来形成波束扫描。最大相移 ψ_1 愈大,波束最大方向 θ_M 偏角也愈大。

如图 7.5-1 所示,这时的口径可看成由偏转了 α 角的平面波形成的,口径边缘处与口径中心的最大相位差为 $\psi_1 = kt = k\dfrac{a}{2}\sin\alpha$,故

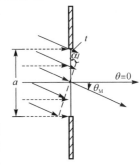

图 7.5-1　线性相位分布

$$\alpha = \arcsin\frac{2\psi_1}{ka} = \theta_M \tag{7.5-5a}$$

可见 α 就是最大方向的偏角 θ_M。这就是说,此时的口径可看成同相口径偏转了 $\alpha = \theta_M$ 角,其最大辐射方向垂直于口径场等相面。由图可见,这里口径的有效尺寸相应减小为 $\alpha\cos\theta_M$,故主瓣半功率宽度将相应展宽为式(7.3-4)的 $1/\cos\theta_M$ 倍:

$$HP = 51° \frac{\lambda}{a\cos\theta_M} \tag{7.5-6}$$

由于口径有效面积减小了,口径效率下降为

$$e_a = \cos\theta_M \tag{7.5-7}$$

注意,此时的方向图形状$(\sin u)/u$ 对 $\sin\theta$ 而言与同相口径是相同的。但对 θ 而言,实际波瓣有了变化,从而使半功率宽度展宽,口径效率下降,而旁瓣电平则不变。半功率宽度的展宽公式也可由下述近似处理来导出。

设无相差时主波束半功率点的角度为 $\Delta\theta_{0.5}$;当波束偏到某 θ_M 角时,相应的半功率点角度为 $\theta_M + \Delta\theta'_{0.5}$,则由式(7.5-4b)可知

$$\sin\Delta\theta_{0.5} = \sin(\theta_M + \Delta\theta'_{0.5}) - \sin\theta_M = 2\cos(\theta_M + \Delta\theta'_{0.5}/2)\sin(\Delta\theta'_{0.5}/2)$$

$$= 2[\cos\theta_M\cos(\Delta\theta'_{0.5}/2) - \sin\theta_M\sin(\Delta\theta'_{0.5}/2)]\sin(\Delta\theta'_{0.5}/2)$$

对窄波束天线,当扫描角 θ_M 不很大时,上式近似为

$$\Delta\theta_{0.5} \approx \Delta\theta'_{0.5}\cos\theta_M$$

故
$$\Delta\theta'_{0.5} \approx \frac{\Delta\theta_{0.5}}{\cos\theta_M} \tag{7.5-8}$$

此结果与式(7.5-6)相一致。

以上近似分析对一般工程应用,直到约 60° 的 θ_M 角都适用。例如,一维相位扫描的 16 元阵列的扫描区为 ±60° 方位角,它在方位面边射方向 ($\theta = 0$) 的半功率宽度为 HP = 2°。当扫描至 $\theta_M = 25°$ 时,半功率宽度展宽至 HP = 2°/cos 25° = 2.2°;而当 $\theta_M = 60°$ 时,HP = 2°/cos 60° = 4°,这是未扫描波束半功率宽度的两倍!

7.5.2　平方律相位分布

设矩形口径上 y 向电场沿 x 向呈平方律相位分布:

$$E_a = E_0 \mathrm{e}^{-\mathrm{j}\psi_2 x_1^2}, \ x_1 = \frac{x}{a/2} \tag{7.5-9}$$

由式(7.2-17)可知,它在 H 面上的远场为

$$E_P = C_1 \int_{-\frac{a}{2}}^{\frac{a}{2}} E_0 \mathrm{e}^{\mathrm{j}(kx\sin\theta - 4\psi_2 x^2/a^2)} \mathrm{d}x \int_{-\frac{b}{2}}^{\frac{b}{2}} \mathrm{d}y \tag{7.5-10}$$

这一积分不能用初等函数表示,但可用菲涅耳(Fresnel)积分表示。菲涅耳积分定义为

$$\int_0^u \mathrm{e}^{\pm\mathrm{j}\frac{\pi}{2}t^2} \mathrm{d}t = C(u) \pm \mathrm{j}S(u) = M_u \mathrm{e}^{\mathrm{j}\phi_u} \tag{7.5-11}$$

式中

$$C(u) = \int_0^u \cos\frac{\pi t^2}{2} \mathrm{d}t, \quad S(u) = \int_0^u \sin\frac{\pi t^2}{2} \mathrm{d}t \tag{7.5-11a}$$

$C(u)$ 和 $S(u)$ 分别称为菲涅耳余弦积分和正弦积分。图 7.5-2 是描述其值的曲线,称为考纽螺线[①]。曲线上任意点的刻度表示从原点算起的弧长,取为 u,该点所对应的纵坐标和横坐标分别就是 $C(u)$ 和 $S(u)$。因而,原点至曲线上任意 u 值点的矢径长度为式(7.5-11)积分的模 M_u,矢径与横坐标轴的夹角为积分相角($-\phi_u$)的负值 ϕ_u。由于菲涅耳积分是奇函数,曲线对原点对称,当 u 为正值,曲线位于第一象限;u 为负值则位于第三象限,并有

$$C(-u) = -C(u), \quad S(-u) = -S(u), \quad C(\pm\infty) = S(\pm\infty) = \pm 0.5 \tag{7.5-11b}$$

为将式(7.5-10)中积分化成菲涅耳积分,需将指数配方:

$$\frac{2\pi}{\lambda}x\sin\theta - \frac{4x^2}{a^2}\psi_2 = -\left(\frac{2x}{a}\sqrt{\psi_2}\right)^2 + \frac{2\pi}{\lambda}x\sin\theta - \left(\frac{\pi a}{2\lambda\sqrt{\psi_2}}\sin\theta\right)^2 + \left(\frac{\pi a}{2\lambda\sqrt{\psi_2}}\sin\theta\right)^2$$

$$= -\left[\frac{2x}{a}\sqrt{\psi_2} - \frac{\pi a}{2\lambda\sqrt{\psi_2}}\sin\theta\right]^2 + \left(\frac{\pi a}{2\lambda\sqrt{\psi_2}}\sin\theta\right)^2$$

$$= -\frac{\pi}{2}\left[\frac{2x}{a}\sqrt{\frac{2\psi_2}{\pi}} - \frac{a}{\lambda}\sqrt{\frac{\pi}{2\psi_2}}\sin\theta\right]^2 + \left(\frac{\pi a}{2\lambda\sqrt{\psi_2}}\sin\theta\right)^2$$

故令

$$\frac{2x}{a}\sqrt{\frac{2\psi_2}{\pi}} - \frac{a}{\lambda}\sqrt{\frac{\pi}{2\psi_2}}\sin\theta = t, \ \mathrm{d}x = \frac{a}{2}\sqrt{\frac{\pi}{2\psi_2}}\mathrm{d}t$$

---

① M. Albert Cornu(1841—1902)在 1874 年引入几何作图法。详细数表见 T. Pearcey, *Tables of Fresnel Integrals*, Cambridge University Press, London/New York, 1956。

代入式(7.5-10)，得

$$E_{\mathrm{P}} = C_1 E_0 b \frac{a}{2} \sqrt{\frac{\pi}{2\psi_2}} \mathrm{e}^{\mathrm{j}\left(\frac{\pi a}{2\lambda\sqrt{\psi_2}}\sin\theta\right)} \int_{u_1}^{u_2} \mathrm{e}^{-\mathrm{j}\frac{\pi}{2}t^2} \mathrm{d}t$$

$$= C_1 E_0 ab \frac{1}{2} \sqrt{\frac{\pi}{2\psi_2}} \mathrm{e}^{\mathrm{j}\left(\frac{\pi a}{2\lambda\sqrt{\psi_2}}\sin\theta\right)} \left\{ \left[C(u_2) - C(u_1) \right] - \mathrm{j}\left[S(u_2) - S(u_1) \right] \right\} \quad (7.5\text{-}12)$$

式中

$$u_2 = -\frac{a}{\lambda} \sqrt{\frac{\pi}{2\psi_2}}\sin\theta + \sqrt{\frac{2\psi_2}{\pi}} = -\frac{u}{\sqrt{2\pi\psi_2}} + \sqrt{\frac{2\psi_2}{\pi}}$$

$$u_1 = -\frac{a}{\lambda} \sqrt{\frac{\pi}{2\psi_2}}\sin\theta - \sqrt{\frac{2\psi_2}{\pi}} = -\frac{u}{\sqrt{2\pi\psi_2}} - \sqrt{\frac{2\psi_2}{\pi}} \qquad (7.5\text{-}12\mathrm{a})$$

$$u = \frac{\pi a}{\lambda}\sin\theta = \frac{ka}{2}\sin\theta$$

其空间因子为

$$f(u) = \left| \left[C(u_2) - C(u_1) \right] - \mathrm{j}\left[S(u_2) - S(u_1) \right] \right| \qquad (7.5\text{-}13)$$

此值其实就是考纽螺线上 u_1 点至 u_2 点连线的长度。

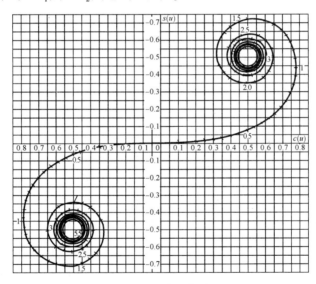

图 7.5-2　考纽螺线

当最大相位差 $\psi_2 = \pi/8$，$\pi/2$ 和 $3\pi/2$ 时，由上式计算的方向图示于图 7.5-3 中。可见，与同相口径相比，当 $\psi_2 \leqslant \pi/8$，方向图变化不大；但当 ψ_2 较大时，方向图便出现明显的畸变，其特点是：主瓣展宽，旁瓣电平升高，波瓣零点消失，主瓣和旁瓣趋于溶合；当 ψ_2 很大时，主瓣甚至分裂为两个波瓣。显然，口径效率随 ψ_2 的增大而下降，其曲线如图 7.5-4 所示。

上述方向图畸变的出现，可从图 7.5-5 中二反向偏离的波束Ⅰ和Ⅱ之叠加来解释。可见，平方律相位分布的存在是有害的，在天线设计中一般都应使口径上不要有过大的平方律相差。另一方面，它也有可利用之处。例如，上一节举例的一维相扫阵列，其主波束半功率宽度只有 2°，这对精确确定目标方位是有利的，但是不易在大空域上发现目标。当需工作于在大空域上发现目标的状态时，可电控该阵中的移相器来形成平方律相位分布，从而使主瓣展宽。

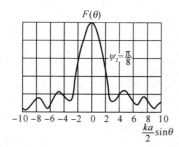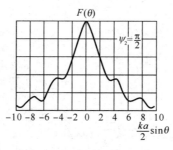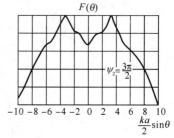

图 7.5-3　口径振幅均匀分布、相位按平方律分布的方向图

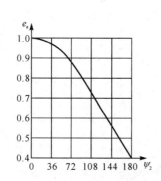

图 7.5-4　口径振幅均匀分布、相位按
平方律分布的口径效率

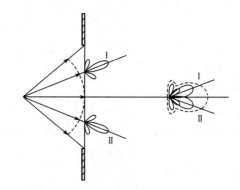

图 7.5-5　平方律相位分布对方向图的影响

7.5.3　立方律相位分布

设矩形口径上 y 向电场沿 x 向呈立方律相位分布：

$$E_a = E_0 e^{-j\psi_3 x_1^3}, \quad x_1 = \frac{x}{a/2} \tag{7.5-14}$$

当 $-5\pi + 2.45\psi_3 < u < 5\pi$ 时，其远场振幅近似式为[7°]

$$E_P = \frac{1}{2\lambda r}(1 + \cos\theta)E_0 ab[\cos(0.05u - 0.124\psi_3)\cos(0.90u - 0.738\psi_3)$$

$$+ \cos(0.05u - 0.074\psi_3)\cos(0.70u - 0.351\psi_3) + \cos(0.05u - 0.038\psi_3) \tag{7.5-15}$$

$$\cos(0.50u - 0.129\psi_3) + \cos(0.05u - 0.014\psi_3)\cos(0.30u - 0.030\psi_3)$$

$$+ \cos(0.05u - 0.002\psi_3)\cos(0.10u - 0.002\psi_3)]$$

按上式计算的方向图示于图 7.5-6。可见口径电场相位按立方律变化时，与线性相位分布的情形相似，最大方向偏向相位落后的一边(见图 7.5-7)。该最大方向可由下式决定：

$$u_M = 0.6\psi_3$$

即

$$\theta_M = \arcsin\frac{1.2\psi_3}{ka} \tag{7.5-16}$$

当 $\psi_3 \leqslant \pi$ 时，上式的误差不超过 5%。它比线性相位分布时的偏角要小(约为 1/1.7)。同时可见，方向图不对称，在主瓣偏的一边旁瓣高而且多，另一边旁瓣低且少。

当 $\psi_3 \leqslant \pi$ 时，口径振幅均匀分布、相位按立方律分布的口径效率为(见图 7.5-8)

$$e_a = \cos(0.15\psi_3) \tag{7.5-17}$$

它高于最大相差相同的平方律相位分布时的口径效率。

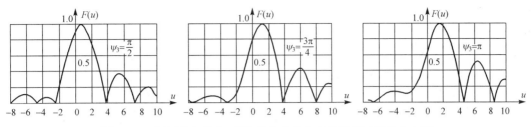

图 7.5-6　振幅均匀分布、相位按立方律分布的矩形口径的方向图

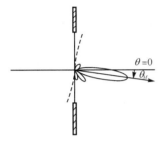

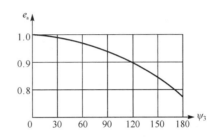

图 7.5-7　立方律相位分布　　　　　图 7.5-8　振幅均匀分布、相位按立方律分布的口径效率

后面我们将看到,当抛物反射面天线的馈源偏离轴线时,其口径上不但出现线性相位分布,同时也形成这种立方律相位分布,二者都导致天线主波束偏离轴向。对相位分布影响的更多的数学处理,参见文献[8]。

7.6　角锥喇叭天线

电磁喇叭天线是最简单而常用的微波天线。它的主要优点是结构简单,馈电简便,便于控制主面波束宽度和增益,频率特性好且损耗较小。它由波导逐渐张开来形成,其作用是加强方向性,这与声学喇叭的原理相似。若载主模(TE_{10})的矩形波导的宽边尺寸扩展而窄边尺寸不变,称为 H 面扇形喇叭(Sectoral Horn);若其窄边尺寸扩展而宽边尺寸不变,称为 E 面扇形喇叭;若矩形波导的两边尺寸都扩展,称为角锥喇叭(Pyramidal Horn),如图 7.6-1 所示。图中圆锥喇叭(Conical Horn)由载 TE_{11} 模的圆形波导扩展而成。可见喇叭天线起着将波导模转换为空间波的过渡作用,因而反射小,使其输入驻波比低且频带宽。

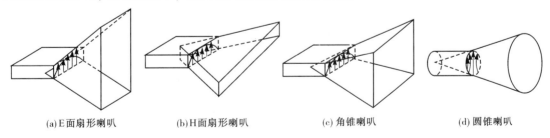

(a)E面扇形喇叭　　　(b)H面扇形喇叭　　　(c)角锥喇叭　　　(d)圆锥喇叭

图 7.6-1　几种喇叭天线形式

喇叭天线广泛用做各种反射面天线和透镜天线的馈源,也用做微波中继站的独立天线和测试天线增益的标准天线。喇叭天线的口径场能较严格地求得,因此可利用口径场法对喇叭天线进行较准确的分析。下面主要介绍角锥喇叭的分析与设计。

7.6.1　角锥喇叭的口径场

先来研究 H 面扇形喇叭的口径场。由于矩形波导中传输主模 TE_{10} 波，在波导与喇叭连接处虽然会产生高阶模，但只要喇叭的张角不太大，这些高阶模都会在喇叭颈部附近很快衰减而消失。结果只有主模在喇叭内传播，其场分布如图 7.6-2 所示。可见，到达口径的场基本上是波导主模的扩散场，主要变化是口径上沿 x 方向的不同点由于波到达的路径不同而不再同相。

如图 7.6-3 所示，波导宽边尺寸为 a，扩展后的喇叭口径尺寸为 a_h，喇叭顶点 O' 至口径的长度为 R_H，O' 至口径上 M 点的长度为 R。M 点对口径中点 O 的波程差为

$$\Delta R = R - R_H = \sqrt{R_H^2 + x^2} - R_H = R_H \left[1 + \left(\frac{x}{R_H} \right)^2 \right]^{1/2} - R_H \tag{7.6-1}$$

通常 $x \ll R_H$，故

$$\Delta R \approx \frac{x^2}{2R_H} \tag{7.6-2}$$

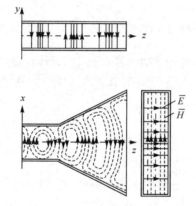

图 7.6-2　H 面扇形喇叭内的场分布

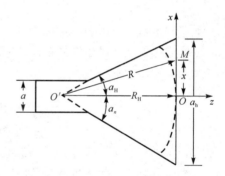

图 7.6-3　H 面喇叭口径场相位的计算

由于喇叭的宽边尺寸是渐变的，因而 TE_{10} 波在喇叭中的相速是渐变的，当到达口径处时其相速为

$$v_P = \frac{c}{\sqrt{1 - \left(\dfrac{\lambda}{2a_h} \right)^2}} \approx c \tag{7.6-3}$$

这里考虑到 $2a_h \gg \lambda$，因而口径处相速接近于光速。同时其波长接近于自由空间波长：

$$\lambda_g = \frac{\lambda}{\sqrt{1 - \left(\dfrac{\lambda}{2a_h} \right)^2}} \approx \lambda \tag{7.6-4}$$

由图 7.6-3 可知，M 点对 O 点的波程差发生于口径附近，因而由此波程差所引起的相位差为

$$\psi^H = \frac{2\pi}{\lambda_g} \Delta R \approx \frac{2\pi}{\lambda} \frac{x^2}{2R_H} = \frac{\pi}{\lambda} \frac{x^2}{R_H} \tag{7.6-5}$$

可见喇叭口径场的相位按平方律变化。其最大相差（$x = a_h/2$ 处）为

$$\psi_M^H = \frac{\pi}{4} \frac{a_h^2}{\lambda R_H} \tag{7.6-6}$$

由于口径场沿 x 方向的振幅分布仍为余弦分布, 因而 H 面扇形喇叭的口径电场为

$$E_y = E_0 \cos \frac{\pi x}{a_h} \mathrm{e}^{-\mathrm{j}\frac{\pi}{\lambda}\frac{x^2}{R_H}} \tag{7.6-7}$$

把喇叭表示成径向波导, 可以更严格地导出此结果[9]。

现在来得出角锥喇叭的口径场。如图 7.6-4 所示, H 面视图[见图 7.6-4(b)]与图 7.6-3 是相同的, 因而仍有式(7.6-5)和式(7.6-6)成立(当 $y = 0$)。而 E 面视图[见图 7.6-4(c)]与 H 面视图[见图 7.6-4(b)]在形式上是相似的, 因而对 $x = 0$ 平面, 口径上任意 y 值处对中点 O 的相位差为

$$\psi^E = \frac{\pi}{\lambda} \frac{y^2}{R_E} \tag{7.6-8}$$

其最大相差为

$$\psi^E_M = \frac{\pi}{4} \frac{b_h^2}{\lambda R_E} \tag{7.6-9}$$

式中 b_h 为由波导窄边 b 扩展后的喇叭口径尺寸, R_E 为喇叭 E 面长度。这里已假设 $2a_h \gg \lambda$, 因此口径附近的波长 $\lambda_g \approx \lambda$ 。

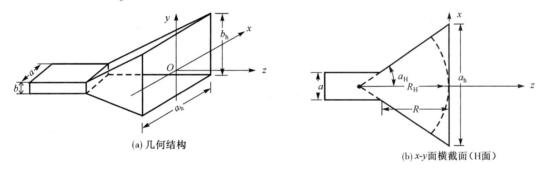

(a) 几何结构　　　　(b) x-y 面横截面（H面）

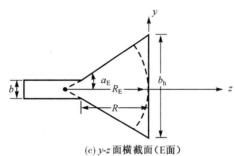

(c) y-z 面横截面（E面）

图 7.6-4　角锥喇叭几何关系

基于上述结果, 角锥喇叭口径上任意点 (x, y) 与口径中点 O 的相位差可表示为

$$\psi = \frac{\pi}{\lambda} \left(\frac{x^2}{R_H} + \frac{y^2}{R_E} \right) \tag{7.6-10}$$

由于波导中 TE_{10} 波的振幅沿 x 方向按余弦分布, 而沿 y 方向为均匀分布, 因而扩展后角锥喇叭的口径电场为

$$E_y = E_0 \cos \frac{\pi x}{a_h} \mathrm{e}^{-\mathrm{j}\frac{\pi}{\lambda}\left(\frac{x^2}{R_H} + \frac{y^2}{R_E} \right)} \tag{7.6-11}$$

角锥喇叭口径处的波阻抗为

$$\eta = \frac{\eta_0}{\sqrt{1 - \left(\dfrac{\lambda}{2a_{\mathrm{h}}}\right)^2}} \approx \eta_0 \tag{7.6-12}$$

因而口径磁场为

$$H_x = -\frac{E_y}{\eta_0} = -\frac{E_y}{120\pi} \tag{7.6-13}$$

7.6.2　角锥喇叭的远区场和方向图

正如7.2.2节中提到的,只要喇叭口径较大,它就如同位于自由空间,这可由式(7.6-13)看出。因此喇叭口径的远区场可方便地由式(7.6-11)代入式(7.2-17c)来得出:

$$E_{\mathrm{P}} = C_1 E_0 \int_{-a_{\mathrm{h}}/2}^{a_{\mathrm{h}}/2} \cos\frac{\pi x}{a_{\mathrm{h}}} \mathrm{e}^{-\mathrm{j}\frac{\pi}{\lambda}\frac{x^2}{R_{\mathrm{H}}}+\mathrm{j}kx\sin\theta\cos\varphi}\mathrm{d}x \int_{-b_{\mathrm{h}}/2}^{b_{\mathrm{h}}/2} \mathrm{e}^{-\mathrm{j}\frac{\pi}{\lambda}\frac{y^2}{R_{\mathrm{E}}}+\mathrm{j}ky\sin\theta\cos\varphi}\mathrm{d}y \tag{7.6-14}$$

式中 $C_1 = \mathrm{j}\dfrac{1}{2\lambda r}(1+\cos\theta)\mathrm{e}^{-\mathrm{j}kr}$。

对 H 面 ($\varphi = 0$,即 x-z 面),上式化为

$$E_{\mathrm{H}} = C_1 E_0 \int_{-a_{\mathrm{h}}/2}^{a_{\mathrm{h}}/2} \cos\frac{\pi x}{a_{\mathrm{h}}} \mathrm{e}^{-\mathrm{j}\frac{\pi}{\lambda}\frac{x^2}{R_{\mathrm{H}}}+\mathrm{j}kx\sin\theta}\mathrm{d}x \int_{-b_{\mathrm{h}}/2}^{b_{\mathrm{h}}/2} \mathrm{e}^{-\mathrm{j}\frac{\pi}{\lambda}\frac{y^2}{R_{\mathrm{E}}}}\mathrm{d}y \tag{7.6-15}$$

由于上式中对 y 的积分与 θ 角无关,其空间因子仅取决于对 x 的积分,故 H 面空间因子为

$$f_{\mathrm{H}}(\theta) = \int_{-a_{\mathrm{h}}/2}^{a_{\mathrm{h}}/2} \cos\frac{\pi x}{a_{\mathrm{h}}} \mathrm{e}^{-\mathrm{j}\frac{\pi}{\lambda}\frac{x^2}{R_{\mathrm{H}}}+\mathrm{j}kx\sin\theta}\mathrm{d}x = \int_{-a_{\mathrm{h}}/2}^{a_{\mathrm{h}}/2} \frac{1}{2}(\mathrm{e}^{\mathrm{j}\frac{\pi x}{a_{\mathrm{h}}}} + \mathrm{e}^{-\mathrm{j}\frac{\pi x}{a_{\mathrm{h}}}})\mathrm{e}^{-\mathrm{j}\frac{\pi}{\lambda}\frac{x^2}{R_{\mathrm{H}}}+\mathrm{j}\frac{2\pi}{\lambda}x\sin\theta}\mathrm{d}x \tag{7.6-16}$$

上式积分可用菲涅耳积分来表示。为此,先对指数做如下配方:

$$\frac{\pi x^2}{\lambda R_{\mathrm{H}}} - \left(\frac{\pi}{a_{\mathrm{h}}} + \frac{2\pi}{\lambda}\sin\theta\right)x$$

$$= \left(\sqrt{\frac{\pi}{\lambda R_{\mathrm{H}}}}\right)^2 - 2\left(\frac{\pi}{2a_{\mathrm{h}}} + \frac{\pi\sin\theta}{\lambda}\right)x + \left[\sqrt{\frac{\lambda R_{\mathrm{H}}}{\pi}}\left(\frac{\pi}{2a_{\mathrm{h}}} + \frac{\pi\sin\theta}{\lambda}\right)\right]^2 - \left[\sqrt{\frac{\lambda R_{\mathrm{H}}}{\pi}}\left(\frac{\pi}{2a_{\mathrm{h}}} + \frac{\pi\sin\theta}{\lambda}\right)\right]^2$$

$$= \frac{\pi}{2}\left[\sqrt{\frac{2}{\lambda R_{\mathrm{H}}}}x - \sqrt{\frac{\lambda R_{\mathrm{H}}}{2}}\left(\frac{1}{a_{\mathrm{h}}} + \frac{2\sin\theta}{\lambda}\right)\right]^2 - \frac{\pi\lambda R_{\mathrm{H}}}{4}\left(\frac{1}{a_{\mathrm{h}}} + \frac{2\sin\theta}{\lambda}\right)^2$$

令

$$\sqrt{\frac{2}{\lambda R_{\mathrm{H}}}}x - \sqrt{\frac{\lambda R_{\mathrm{H}}}{2}}\left(\frac{1}{a_{\mathrm{h}}} + \frac{2\sin\theta}{\lambda}\right) = t, \quad \mathrm{d}x = \sqrt{\frac{\lambda R_{\mathrm{H}}}{2}}\mathrm{d}t$$

则

$$\int_{-a_{\mathrm{h}}/2}^{a_{\mathrm{h}}/2} \mathrm{e}^{-\mathrm{j}\left[\frac{\pi x^2}{\lambda R_{\mathrm{H}}} - \left(\frac{\pi}{a_{\mathrm{h}}} + \frac{2\pi}{\lambda}\sin\theta\right)x\right]}\mathrm{d}x = \sqrt{\frac{\lambda R_{\mathrm{H}}}{2}}\mathrm{e}^{\mathrm{j}\frac{\pi\lambda R_{\mathrm{H}}}{4}\left(\frac{1}{a_{\mathrm{h}}} + \frac{2\sin\theta}{\lambda}\right)^2}\int_{v_1}^{v_2} \mathrm{e}^{-\mathrm{j}\frac{\pi}{2}t^2}\mathrm{d}t$$

$$= \sqrt{\frac{\lambda R_{\mathrm{H}}}{2}}\mathrm{e}^{\mathrm{j}\frac{\pi\lambda R_{\mathrm{H}}}{4}\left(\frac{1}{a_{\mathrm{h}}} + \frac{2\sin\theta}{\lambda}\right)^2}\{C(\nu_2) - C(\nu_1) - \mathrm{j}[S(\nu_2) - S(\nu_1)]\}$$

式中

$$\begin{cases} \nu_2 = \sqrt{\dfrac{2}{\lambda R_{\mathrm{H}}}}\dfrac{a_{\mathrm{h}}}{2} - \sqrt{\dfrac{\lambda R_{\mathrm{H}}}{2}}\left(\dfrac{1}{a_{\mathrm{h}}} + \dfrac{2\sin\theta}{\lambda}\right) = \dfrac{1}{\sqrt{2\lambda R_{\mathrm{H}}}}\left[a_{\mathrm{h}} - R_{\mathrm{H}}\left(\dfrac{\lambda}{a_{\mathrm{h}}} + 2\sin\theta\right)\right] \\[4mm] \nu_1 = -\sqrt{\dfrac{2}{\lambda R_{\mathrm{H}}}}\dfrac{a_{\mathrm{h}}}{2} - \sqrt{\dfrac{\lambda R_{\mathrm{H}}}{2}}\left(\dfrac{1}{a_{\mathrm{h}}} + \dfrac{2\sin\theta}{\lambda}\right) = \dfrac{1}{\sqrt{2\lambda R_{\mathrm{H}}}}\left[-a_{\mathrm{h}} - R_{\mathrm{H}}\left(\dfrac{\lambda}{a_{\mathrm{h}}} + 2\sin\theta\right)\right] \end{cases} \tag{7.6-17a}$$

同理

$$\int_{-a_{\mathrm{h}}/2}^{a_{\mathrm{h}}/2} \mathrm{e}^{-\mathrm{j}\left[\frac{\pi x^2}{\lambda R_{\mathrm{H}}} + \left(\frac{\pi}{a_{\mathrm{h}}} - \frac{2\pi}{\lambda}\sin\theta\right)x\right]}\mathrm{d}x = \sqrt{\frac{\lambda R_{\mathrm{H}}}{2}}\mathrm{e}^{\mathrm{j}\frac{\pi\lambda R_{\mathrm{H}}}{4}\left(\frac{1}{a_{\mathrm{h}}} - \frac{2\sin\theta}{\lambda}\right)^2}\{C(\nu_4) - C(\nu_3) - \mathrm{j}[S(\nu_4) - S(\nu_3)]\}$$

式中

$$\nu_4 = \frac{1}{\sqrt{2\lambda R_H}}\Big[a_h + R_H\Big(\frac{\lambda}{a_h} - 2\sin\theta\Big)\Big], \quad \nu_3 = \frac{1}{\sqrt{2\lambda R_H}}\Big[-a_h + R_H\Big(\frac{\lambda}{a_h} - 2\sin\theta\Big)\Big] \quad (7.6\text{-}17\text{b})$$

将上述结果代入式(7.6-16)，得

$$f_H(\theta) = \frac{1}{2}\sqrt{\frac{\lambda R_H}{2}}\Big(e^{j\frac{\pi\lambda R_H}{4}\big(\frac{1}{a_h} + \frac{2\sin\theta}{\lambda}\big)^2}\{C(\nu_2) - C(\nu_1) - j[S(\nu_2) - S(\nu_1)]\}$$
$$+ e^{j\frac{\pi\lambda R_H}{4}\big(\frac{1}{a_h} - \frac{2\sin\theta}{\lambda}\big)^2}\{C(\nu_4) - C(\nu_3) - j[S(\nu_4) - S(\nu_3)]\}\Big) \quad (7.6\text{-}18)$$

为便于反映口径相差的影响，把式(7.6-6)所示 H 面最大相差用 $2\pi t$ 表示，即令

$$\psi_M^H = \frac{\pi}{4}\frac{a_h^2}{\lambda R_H} = 2\pi t, \quad t = \frac{a_h^2}{8\lambda R_H}, \quad \sqrt{t} = \frac{a_h/2}{\sqrt{2\lambda R_H}} \quad (7.6\text{-}19)$$

则式(7.6-17a)和式(7.6-17b)所示的 ν_1，ν_2，ν_3，ν_4 可表示为

$$\begin{cases} \nu_2 = 2\sqrt{t} - \frac{1}{4\sqrt{t}} - \frac{1}{2\sqrt{t}}\Big(\frac{a_h}{\lambda}\sin\theta\Big) = 2\sqrt{t}\Big[1 - \frac{1}{8t} - \frac{1}{4t}\Big(\frac{a_h}{\lambda}\sin\theta\Big)\Big] \\[2mm] \nu_1 = -2\sqrt{t} - \frac{1}{4\sqrt{t}} - \frac{1}{2\sqrt{t}}\Big(\frac{a_h}{\lambda}\sin\theta\Big) = -2\sqrt{t}\Big[1 + \frac{1}{8t} + \frac{1}{4t}\Big(\frac{a_h}{\lambda}\sin\theta\Big)\Big] \\[2mm] \nu_4 = 2\sqrt{t}\Big[1 + \frac{1}{8t} - \frac{1}{4t}\Big(\frac{a_h}{\lambda}\sin\theta\Big)\Big] \\[2mm] \nu_3 = -2\sqrt{t}\Big[1 - \frac{1}{8t} + \frac{1}{4t}\Big(\frac{a_h}{\lambda}\sin\theta\Big)\Big] \end{cases} \quad (7.6\text{-}20)$$

利用式(7.6-18)和式(7.6-20)可得以 t 为参量以 $(a_h/\lambda)\sin\theta$ 为横坐标的 H 面通用方向图，如图 7.6-5 所示。纵坐标的相对振幅是以无口径相差时($t=0$)的主瓣最大值来归一的。可见，随 t 的增大，最大方向场强将下降，即口径效率 e_a 下降；同时主瓣展宽，旁瓣电平升高，零点消失。

同理可求得 E 面方向图。对 E 面($\varphi = 90°$)，即 y-z 面，式(7.6-14)化为

$$E_E = C_1 E_0 \int_{-a_h/2}^{a_h/2} \cos\frac{\pi x}{a_h} e^{-j\frac{\pi}{\lambda}\frac{x^2}{R_H}}dx \int_{-b_h/2}^{b_h/2} e^{-j\frac{\pi}{\lambda}\frac{y^2}{R_E} + jky\sin\theta}dy \quad (7.6\text{-}21)$$

E 面空间因子为

$$f_E(\theta) = \int_{-b_h/2}^{b_h/2} e^{-j\big(\frac{\pi}{\lambda}\frac{y^2}{R_E} - ky\sin\theta\big)}dy \quad (7.6\text{-}22)$$

此式就是 7.5.2 节中研究的振幅均匀分布，相位按平方律分布的情形。进行同样的处理，得

$$f_E(\theta) = \sqrt{\frac{\lambda R_E}{2}} e^{j\frac{\pi R_E}{2}\sin^2\theta}\{C(w_2) - C(w_1) - j[S(w_2) - S(w_1)]\} \quad (7.6\text{-}23)$$

式中

$$\begin{cases} w_2 = -\sqrt{\frac{2R_E}{\lambda}}\sin\theta + \sqrt{\frac{2}{\lambda R_E}}\frac{b_h}{2} = -\frac{1}{2\sqrt{s}}\Big(\frac{b_h}{\lambda}\sin\theta\Big) + 2\sqrt{s} = 2\sqrt{s}\Big[1 - \frac{1}{4s}\Big(\frac{b_h}{\lambda}\sin\theta\Big)\Big] \\[2mm] w_1 = -\sqrt{\frac{2R_E}{\lambda}}\sin\theta - \sqrt{\frac{2}{\lambda R_E}}\frac{b_h}{2} = -\frac{1}{2\sqrt{s}}\Big(\frac{b_h}{\lambda}\sin\theta\Big) - 2\sqrt{s} = -2\sqrt{s}\Big[1 + \frac{1}{4s}\Big(\frac{b_h}{\lambda}\sin\theta\Big)\Big] \\[2mm] s = \frac{b_h^2}{8\lambda R_E}, \quad \sqrt{s} = \frac{b_h/2}{\sqrt{2\lambda R_E}}, \quad \psi_M^E = \frac{\pi}{4}\frac{b_h^2}{\lambda R_E} = 2\pi s \end{cases} \quad (7.6\text{-}24)$$

按式(7.6-23)和式(7.6-24)得出的 E 面通用方向图示于图 7.6-6。可见，随 s 的增大，最大

方向场强下降,而且与图 7.6-5 相比,对相同的最大口径相差(例如,s 和 t 同为 $1/2$),图 7.6-5 中下降得相对要小。这是因为 H 面振幅分布是渐降的,边缘处相差虽大但振幅较小,因而其影响要小些。同时,此时主瓣展宽,旁瓣电平升高,零点消失。

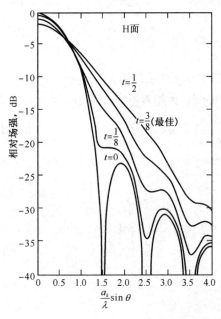

图 7.6-5　角锥喇叭的 H 面通用方向图　　　　图 7.6-6　角锥喇叭的 E 面通用方向图

7.6.3　角锥喇叭的增益

一般喇叭天线的欧姆损失很小,因此其方向系数也就是增益,可由式(7.2-22)得出:

$$G = \frac{4\pi}{\lambda^2} a_h b_h e_a \tag{7.6-25}$$

角锥喇叭的口径效率为

$$e_a = \frac{\left| \int_{s_0} E_a \, ds \right|^2}{A_0 \int_{s_0} |E_a|^2 ds} = \frac{\left| \int_{-a_h/2}^{a_h/2} \cos\frac{\pi x}{a_h} e^{-j\frac{\pi}{\lambda}\frac{x^2}{R_h}} dx \right|^2}{a_h \int_{-a_h/2}^{a_h/2} \left| \cos\frac{\pi x}{a_h} \right|^2 dx} \cdot \frac{\left| \int_{-b_h/2}^{b_h/2} e^{-j\frac{\pi}{\lambda}\frac{y^2}{R_e}} dy \right|^2}{b_h \int_{-b_h/2}^{b_h/2} dy} \tag{7.6-26}$$

或表示为

$$e_a = e_t e_{ph}^H e_{ph}^E \tag{7.6-27}$$

e_t 代表由于口径振幅渐降(tapered)分布所引起的口径效率,e_{ph}^H 代表由于 H 面相位平方律分布所引起的口径效率,e_{ph}^E 为 E 面相位平方律分布所引起的口径效率:

$$e_t = \frac{\left| \int_{-a_h/2}^{a_h/2} \cos\frac{\pi x}{a_h} dx \right|^2}{a_h \int_{-a_h/2}^{a_h/2} \left| \cos\frac{\pi x}{a_h} \right|^2 dx}, \quad e_{ph}^H = \frac{\left| \int_{-a_h/2}^{a_h/2} \cos\frac{\pi x}{a_h} e^{-j\frac{\pi}{\lambda}\frac{x^2}{R_h}} dx \right|^2}{\left| \int_{-a_h/2}^{a_h/2} \cos\frac{\pi x}{a_h} dx \right|^2}, \quad e_{ph}^E = \frac{\left| \int_{-b_h/2}^{b_h/2} e^{-j\frac{\pi}{\lambda}\frac{y^2}{R_e}} dy \right|^2}{b_h \int_{-b_h/2}^{b_h/2} dy} \tag{7.6-27a}$$

这里各式中的积分都可由前面的结果得出,从而有

$$
\begin{cases}
e_{t} = \dfrac{8}{\pi^2} = 0.81 \\[3mm]
e_{ph}^{H} = \dfrac{\left| \sqrt{\dfrac{\lambda R_{H}}{2}} e^{j\frac{\pi\lambda R_{H}}{4a_h}} \{ [C(u) - C(\nu)] - j[S(u) - S(\nu)] \} \right|^2}{|a_h^2/\pi|^2}
\end{cases} \qquad (7.6\text{-}28a)
$$

$$
= \frac{\pi^2 \lambda R_{H}}{8 a_h^2} \{ [C(u) - C(\nu)]^2 + [S(u) - S(\nu)]^2 \} \qquad (7.6\text{-}28b)
$$

$$
e_{ph}^{E} = \frac{\left| 2\sqrt{\dfrac{\lambda R_{E}}{2}} [C(w) - jS(w)] \right|^2}{b_h^2} = \frac{2\lambda R_{E}}{b_h^2} [C^2(w) + S^2(w)] \qquad (7.6\text{-}28c)
$$

式中

$$
\begin{cases}
u = \nu_2(\theta = 0) = 2\sqrt{t} - \dfrac{1}{4\sqrt{t}}, \quad \nu = \nu_1(\theta = 0) = -2\sqrt{t} - \dfrac{1}{4\sqrt{t}} \\[3mm]
w = w_2(\theta = 0) = 2\sqrt{s} \\[3mm]
t = \dfrac{a_h^2}{8\lambda R_{H}}, \quad s = \dfrac{b_h^2}{8\lambda R_{E}}
\end{cases} \qquad (7.6\text{-}28d)
$$

将以上各式代入式(7.6-25),得

$$
G = \frac{8\pi R_{H} R_{E}}{a_h b_h} \{ [C(u) - C(\nu)]^2 + [S(u) - S(\nu)]^2 \} [C^2(w) + S^2(w)] \qquad (7.6\text{-}29)
$$

或表示为

$$
G = \frac{\pi}{32} \left(\frac{\lambda}{b} D_{H} \right) \left(\frac{\lambda}{a} D_{E} \right) \qquad (7.6\text{-}30)
$$

式中

$$
D_{H} = \frac{b}{\lambda} \frac{32}{\pi} \left(\frac{a_h}{\lambda} \right) e_{ph}^{H} = \frac{4\pi}{\lambda^2} a_h b e_{t} e_{ph}^{H}, \quad D_{E} = \frac{a}{\lambda} \frac{32}{\pi} \left(\frac{b_h}{\lambda} \right) e_{ph}^{E} = \frac{4\pi}{\lambda^2} a b_h e_{t} e_{ph}^{E} \qquad (7.6\text{-}30a)
$$

可见,D_{H} 就是口径面积为 $a_h b$ 的 H 面扇形喇叭天线的方向系数[①];D_{E} 则可看成口径面积为 ab_h 的 E 面扇形喇叭天线的方向系数[①];$(\lambda/b)D_{H}$ 和 $(\lambda/a)D_{E}$ 分别代表角锥喇叭的 H 面尺寸和 E 面尺寸对其增益的贡献。

　　按上述公式计算的增益值已归纳在图 7.6-7 和图 7.6-8 两组通用曲线中。图 7.6-7 是以 R_{H}/λ 为参数的 $(\lambda/b)D_{H}$ 对 a_h/λ 的曲线族;图 7.6-8 是以 R_{E}/λ 为参数的 $(\lambda/a)D_{E}$ 对 b_h/λ 的曲线族。

　　1.图 7.6-7 表明:长度 R_{H} 一定,有一最佳的口径宽度 a_h,此时方向系数 D_{H} 最大(对应于各曲线的峰值)。并发现其近似规律为

$$
a_h = \sqrt{3\lambda R_{H}} \qquad (7.6\text{-}31)
$$

---

① 实际上,E 面扇形喇叭的口径场并不能用自由空间条件来近似,其口径处的波阻抗和波长仍与馈电波导中相同,因此这样处理对实际 E 面扇形喇叭增益的计算误差较大。E 面扇形喇叭增益更精确的公式为[5]

$$
G_{E} = \frac{16 a b_h}{(1 + \lambda_g/\lambda)(\lambda w_0)^2} [C^2(w_0) + S^2(w_0)] e^{(\pi a/\lambda)(1 - \lambda/\lambda_g)} \qquad (7.6\text{-}30b)
$$

式中 $w_0 = b_h / [\sqrt{2\lambda_g R_{E}} \cos(\alpha_E/2)]$,$\lambda_g = \lambda / \sqrt{1 - (\lambda/2a)^2}$。此式结果与实验值很吻合,而式(7.6-30c)结果比此式值小 20% 甚至更多。

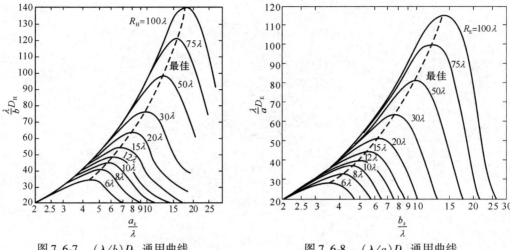

图 7.6-7　$(\lambda/b)D_H$ 通用曲线　　　　　　　图 7.6-8　$(\lambda/a)D_E$ 通用曲线

例如，对图中 $R_H = 15\lambda$ 曲线，峰值点处 $a_h = 6.8\lambda$；而由上式得 $a_h = 6.7\lambda$。式(7.6-31)对应于 H 面相差参数 t 的最佳值为

$$t_{opt} = \frac{a_h^2}{8\lambda R_H} = \frac{3}{8} = 0.375 \tag{7.6-32}$$

即 H 面最大相差的最佳值为　　　　　$\psi_{Mopt}^H = 2\pi t_{opt} = \frac{3\pi}{4} \tag{7.6-33}$

由式(7.6-28d)可知，此时 $u = 2\sqrt{0.375} - 0.25/\sqrt{0.375} = 0.816$，$\nu = -2\sqrt{0.375} - 0.25/\sqrt{0.375} = -1.633$，代入式(7.6-28b)，其中菲涅耳积分可利用[1°]附录Ⅳ查出，从而得

$$e_{ph}^H = \frac{\pi^2}{8} \times \frac{1}{3}\{[0.730 + 0.352]^2 + [0.264 + 0.610]^2\} = 0.79$$

为什么会出现上述最佳现象呢？这是因为，当 R_H 一定，若增大 a_h，一方面它使口径面积增大，从而使 D_H 升高；另一方面它又使口径最大相差 ψ_M^H 增大，从而使对应的口径效率下降而导致 D_H 下降。这样，仅当 ψ_M^H 为某一并不过大的折中值(最佳值)时 D_H 最大[①]。上面已表明，该最佳 ψ_M^H 为 $3\pi/4$ 即 135°。

2. 图 7.6-7 还表明：口径尺寸 a_h 一定，增大长度 R_H 将使 D_H 升高并趋于其最大值，它对应于 $e_{ph}^H = 1$。这意味着此时喇叭已足够大，而使口径相差的影响可以忽略。一般取 $\psi_M^H \leqslant \pi/3.2$，即 $t \leqslant 1/6.4$，$R_H \geqslant 0.8 a_h^2/\lambda$。例如，$a_h = 7\lambda$，$R_H \geqslant 0.8 \times 49 = 39\lambda$，此时 D_H 已近于最大值。

由图 7.6-8 可得出类似的结论。对给定的 R_E，最佳口径尺寸 b_h 约为

$$b_h = \sqrt{2\lambda R_E} \tag{7.6-34}$$

此时 D_E 最大，对应的 E 面相差参数和 E 面最大相差的最佳值分别为

$$s_{opt} = \frac{b_h^2}{8\lambda R_E} = \frac{1}{4} = 0.25, \quad \psi_{Mopt}^E = 2\pi s_{opt} = \frac{\pi}{2} \tag{7.6-35}$$

此时 $w = 2\sqrt{s} = 1$，代入式(7.6-28c)，得

$$e_{ph}^E = C^2(1) + S^2(1) = 0.7799^2 + 0.4383^2 = 0.80 \tag{7.6-36}$$

---

①　这种最佳现象的出现是事物内在矛盾的两方面力量消长变化的结果。曲线达最高点时两方面力量正好相当，处于平衡状态，也就是说，兼顾了矛盾的两方面。一般地说，出现最高点的曲线都是这类情况，请见后面 8.3.1 节对抛物面天线增益的讨论。

比较式(7.6-35)与式(7.6-33)可知，$\psi_{\text{Mopt}}^{\text{E}} < \psi_{\text{Mopt}}^{\text{H}}$。这是因为喇叭口径场沿 b_{h} 边是振幅均匀分布的，因此较小的最大相差就会引起相当大的口径效率下降。

当喇叭的 H 面尺寸和 E 面尺寸同时都设计得最佳时，其口径效率将达到：

$$e_{\text{aopt}} = e_{\text{t}} e_{\text{phopt}}^{\text{H}} e_{\text{phopt}}^{\text{E}} = 0.81 \times 0.79 \times 0.80 = 0.51 \tag{7.6-37}$$

后面将指出，为使喇叭结构在物理上是可实现的，其尺寸要满足与馈电波导尺寸的配合关系。因而一般不能保证 H 面尺寸与 E 面尺寸同时都是最佳的，通常都用 50% 作为最佳增益角锥喇叭的口径效率值。

对于一般情形，喇叭天线的口径效率可由式(7.6-27)计算，即

$$e_{\text{a}} = 0.81 e_{\text{ph}}^{\text{H}} e_{\text{ph}}^{\text{E}} \tag{7.6-38}$$

式中 e_{ph}^{E} 和 e_{ph}^{H} 由式(7.6-28)算出，即

$$\begin{cases} e_{\text{ph}}^{\text{H}} = \dfrac{\pi^2}{64t}\left\{\left[C(u) - C(v)\right]^2 + \left[S(u) - S(v)\right]^2\right\}, & \begin{array}{l} u \\ v \end{array} = \pm 2\sqrt{t} - \dfrac{1}{4\sqrt{t}} \\ e_{\text{ph}}^{\text{E}} = \dfrac{1}{4s}\left[C^2(2\sqrt{s}) + S(2\sqrt{s})\right] \end{cases} \tag{7.6-39}$$

以上两式的曲线如图 7.6-9 所示(右侧纵坐标)[2°]。图中左侧纵坐标 $e_{\text{ap}}^{\text{H}} = 0.81 e_{\text{ph}}^{\text{H}}$，$e_{\text{ap}}^{\text{E}} = 0.81 e_{\text{ph}}^{\text{E}}$。由上两式导出简化公式如下：

$$\begin{cases} e_{\text{ph}}^{\text{H}} \approx 1.00323 - 0.08784t - 1.27048t^2 \\ e_{\text{ph}}^{\text{E}} \approx 1.00329 - 0.119115s - 2.752245s^2 \end{cases} \tag{7.6-39a}$$

此两近似公式对 $0 \leqslant t \leqslant 0.397$ 和 $0 \leqslant s \leqslant 0.262$ 都有效。例如 $t = 0.375$，$s = 0.25$，得

$$e_{\text{ph}}^{\text{H}} = 0.79, \quad e_{\text{ap}}^{\text{H}} = 0.81 \times 0.79 = 0.64$$

$$e_{\text{ph}}^{\text{E}} = 0.80, \quad e_{\text{ap}}^{\text{E}} = 0.81 \times 0.80 = 0.648$$

此两值与图 7.6-9 结果很一致。

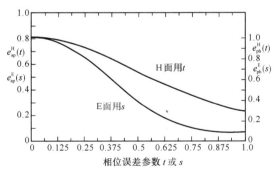

图 7.6-9　角锥喇叭的 H 面和 E 面口径效率与相差参数的关系

以上式中的相差参数为 $t = a_{\text{h}}^2/(8\lambda R_{\text{H}})$，$s = b_{\text{h}}^2/(8\lambda R_{\text{E}})$。这里的相差是采用近似公式(7.6-2)得出的；基于更严格的式(7.6-1)，已导出其修正公式如下：

$$t_{\text{e}} = \frac{1}{8t}\left\{\left[1 + 16\left(\frac{t\lambda}{a_{\text{h}}}\right)^2\right]^{\frac{1}{2}} - 1\right\}\left(\frac{a_{\text{h}}}{\lambda}\right)^2, \quad s_{\text{e}} = \frac{1}{8s}\left\{\left[1 + 16\left(\frac{s\lambda}{b_{\text{h}}}\right)^2\right]^{\frac{1}{2}} - 1\right\}\left(\frac{b_{\text{h}}}{\lambda}\right)^2 \tag{7.6-40}$$

无论计算口径效率或方向图，用 t_{e} 代替 t，用 s_{e} 代替 s 来计算，都会更精确些[2°]，不过许多情形下影响并不大。

H 面为最佳尺寸时的方向图半功率宽度，可由图 7.6-5 中 $t = 3/8$ 曲线得出。主瓣最大值下降 3 dB 的点对应于 $(a_{\text{h}}/\lambda)\sin\theta = 0.68$，故对 $a_{\text{h}} \gg \lambda$，H 面半功率宽度为

$$HP_H = 2\arcsin\left(0.68\frac{\lambda}{a_h}\right) \approx 1.36\frac{\lambda}{a_h} = 78°\frac{\lambda}{a_h} \tag{7.6-41}$$

同理,由图 7.6-6 中 $s = 1/4$ 曲线,求得 $b_h \gg \lambda$ 且 E 面为最佳尺寸时半功率宽度为

$$HP_E = 2\arcsin\left(0.47\frac{\lambda}{b_h}\right) \approx 0.94\frac{\lambda}{b_h} = 54°\frac{\lambda}{b_h} \tag{7.6-42}$$

7.6.4 最佳增益角锥喇叭的设计

在角锥喇叭的许多应用中,要求在某特定频率实现给定的增益。此时一般都按实现最佳增益的尺寸来设计,以使其长度短。设计的已知条件除增益 G 和波长 λ 外,还有相应的馈电波导内尺寸 a 和 b。

首先来推导为保证喇叭结构在物理上可实现所需的尺寸配合关系。由图 7.6-4(b)中相似三角形可知,

$$\frac{b}{b_h} = \frac{R_E - R}{R_E} = 1 - \frac{R}{R_E}, \quad 即 \frac{R}{R_E} = 1 - \frac{b}{b_h} \tag{7.6-43}$$

同理,由图 7.6-4(c)得

$$\frac{R}{R_H} = 1 - \frac{a}{a_h} \tag{7.6-44}$$

图 7.6-4(b)(E 面)中的 R 与图 7.6-4(c)(H 面)中的 R 应相同,于是由式(7.6-43)除以式(7.6-44),得所需配合关系:

$$\frac{R_H}{R_E} = \frac{1 - \dfrac{b}{b_h}}{1 - \dfrac{a}{a_h}} \tag{7.6-45}$$

除上式外,已有二面分别按最佳增益设计所需的关系式(7.6-31)和式(7.6-34),及增益计算公式(7.6-25):

$$a_h = \sqrt{3\lambda R_H}, \quad b_h = \sqrt{2\lambda R_E}, \quad G = \frac{4\pi}{\lambda^2}a_h b_h e_a$$

式中取 $e_a = 0.51$(二面都按最佳尺寸设计)。

以上 4 式中只有 4 个未知数(a_h、b_h、R_H 和 R_E),因而可解出。一种算法如下。

将式(7.6-43)代入式(7.6-34),得

$$b_h^2 = 2\lambda\frac{Rb_h}{b_h - b}, \quad 即 b_h^2 - bb_h - 2\lambda R = 0 \tag{7.6-46}$$

其解为

$$b_h = \frac{1}{2}(b + \sqrt{b^2 + 8\lambda R}) \tag{7.6-47}$$

另一解 b_h 为负值,不合理,故舍去。

另一方面,利用式(7.6-44),并将式(7.6-31)代入,得

$$R = \frac{a_h - a}{a_h}R_H = \frac{a_h - a}{a_h}\left(\frac{a_h^2}{3\lambda}\right) = \frac{a_h - a}{3\lambda}a_h \tag{7.6-48}$$

式(7.6-47)与式(7.6-48)中的 R 应相同,故将后式代入前式,得

$$b_h = \frac{1}{2}\left[b + \sqrt{b^2 + \frac{8a_h(a_h - a)}{3}}\right] \tag{7.6-49}$$

将上式代入式(7.6-25),有

$$G = \frac{4\pi}{\lambda^2}e_a a_h b_h = \frac{2\pi}{\lambda^2}e_a a_h\left[b + \sqrt{b^2 + \frac{8a_h(a_h - a)}{3}}\right]$$

展开此式便得出 a_h 的设计方程:

$$a_h^4 - a a_h^3 + \frac{3G\lambda^2 b}{8\pi e_a} a_h = \frac{3G^2\lambda^4}{32\pi^2 e_a^2} \qquad (7.6\text{-}50)$$

直接求此 4 次方程的根相当复杂,但可用数值计算的软件求解。也可用试凑法求解,第一近似解为

$$a_h = 0.45\lambda\sqrt{G} \qquad (7.6\text{-}51)$$

设计步骤如下:

1. 用试凑法解出式(7.6-50)中的 a_h,取 $e_a = 0.51$。

2. 由式(7.6-25)求出 b_h:

$$b_h = \frac{G\lambda^2}{2.04\pi a_h} \qquad (7.6\text{-}52)$$

3. 由式(7.6-31)求 R_H,并由式(7.6-44)求得 R,由式(7.6-43)得出 R_E:

$$R_H = \frac{a_h^2}{3\lambda}, \quad R = R_H\left(1 - \frac{a}{a_h}\right), \quad R_E = R\Big/\left(1 - \frac{b}{b_h}\right) \qquad (7.6\text{-}53)$$

或由式(7.6-34)求 R_E,并由式(7.6-43)求得 R,式(7.6-44)得出 R_H:

$$R_E = \frac{b_h^2}{2\lambda}, \quad R = R_E\left(1 - \frac{b}{b_h}\right), \quad R_H = R\Big/\left(1 - \frac{a}{a_h}\right) \qquad (7.6\text{-}54)$$

4. 校验:

$$G = \frac{\pi}{32}\left(\frac{\lambda}{b}D_H\right)\left(\frac{\lambda}{a}D_E\right) \qquad (7.6\text{-}30)$$

若 G 达不到给定值,应由先定 R_H 改为先定 R_E。

例 7.6-1 一个"标准增益"角锥喇叭的设计[2°]。

馈电波导为 BJ-100: $a = 2.286$ cm,$b = 1.016$ cm,这是国产标准波导,型号第一个字母表示波导管;第二个字母表示波导管截面形状,J 表示矩形,B 表示扁矩形;阿拉伯数字为中心频率,单位是百兆赫。设计频率为 8.75 GHz($\lambda = 3.429$ cm),要求增益 $G = 21.75$ dB,即 $10^{2.175} = 149.6$,能覆盖 8.2~12.4 GHz(X 波段)。

[解] 1. 由式(7.6-51),取 a_h 初值为

$$a_h = 0.45 \times 3.429\sqrt{149.6} = 18.9 \text{ cm}$$

利用试凑法由式(7.6-50)解得 $a_h = 18.61$ cm。

2. $b_h = \dfrac{149.6 \times 3.429^2}{2.04\pi \times 18.61} = 14.75$ cm

3. $R_H = \dfrac{18.61^2}{3 \times 3.429} = 33.67$ cm

$$R = 33.67\left(1 - \frac{2.286}{18.61}\right) = 29.53 \text{ cm}$$

$$R_E = 29.53\Big/\left(1 - \frac{1.016}{14.75}\right) = 31.72 \text{ cm}$$

4. 校验:

$$\frac{a_h}{\lambda} = \frac{18.61}{3.429} = 5.4, \quad \frac{R_H}{\lambda} = \frac{33.67}{3.429} = 9.8$$

$$\frac{b_h}{\lambda} = \frac{14.25}{3.429} = 4.3, \quad \frac{R_E}{\lambda} = \frac{31.72}{3.429} = 9.3$$

查图7.6-7和图7.6-8得

$$G = \frac{\pi}{32}(43)(36) = 152 = 21.8 \text{ dB}$$

此结果很近于给定值,且略有超过,故设计可取。以此 G 值代回式(7.6-25),可求得 e_a:

$$e_a = \frac{G\lambda^2}{4\pi a_h b_h} = \frac{152 \times 3.429^2}{4\pi 18.61 \times 14.75} = 0.518$$

另一方面,由式(7.6-28d)求得 $t = 0.375$,$s = 0.25$。利用式(7.6-39a)得

$$e_a = 0.81 \times 0.79 \times 0.80 = 0.512$$

若采用式(7.6-40),则有 $t_e = 0.368$ 和 $s_e = 0.247$。利用式(7.6-39a)得

$$e_a = 0.81 \times 0.799 \times 0.806 = 0.522$$

　　此喇叭在 8.2~12.4 GHz 频段上计算的增益曲线如图7.6-10所示。可见,随频率的升高,由于口径相位误差增大,使口径效率 e_a 下降。但由于口径电面积 $a_h b_h / \lambda^2$ 增加,其增益 G 是随频率升高的。因此,为使全频段上增益更均匀些,应将最佳设计点选择接近频带的低端,本例中取为 8.75 GHz。

　　该喇叭在设计频率的主面方向图示于图7.6-11,已包括 C_1 中的因子 $(1 + \cos\theta)/2$。H面和E面半功率宽度分别为 14.2° 和 12.4°;由式(7.6-41)和式(7.6-42)计算的值为

$$\text{HP}_H = 78° \frac{3.429}{18.61} = 14.4°, \quad \text{HP}_E = 54° \frac{3.429}{14.75} = 12.6°$$

此式未计惠更斯面元的 $(1 + \cos\theta)/2$,该结果稍稍宽一点。图7.6-11中E面和H面的第一旁瓣分别位于 16° 和 44°,其电平分别是 -9.4 dB 和 -32.5 dB。

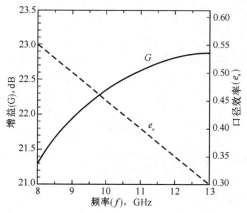
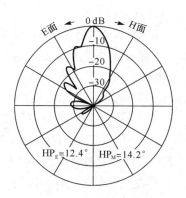

图 7.6-10　例 7.6-1 喇叭的增益和口径效率　　　图 7.6-11　例 7.6-1 喇叭的主面方向图(8.75 GHz)

*7.7　高效率圆锥喇叭馈源

　　喇叭天线是反射面天线和透镜天线最常用的馈源。若抛物反射面天线的馈源波瓣是轴对称的,则不但交叉极化电平低,而且抛物面天线的效率高。然而,即使采用几何上轴对称的圆锥喇叭,由于其主模 TE_{11} 的场结构并非轴对称,因而其E面波瓣和H面波瓣的宽度是不同的。1963年波特(P. D. Potter)最先提出用附加高次模来获得轴对称的方向图。所用的附加模是 TM_{11} 模,结果使E面和H面主瓣等化(近于重合),且使E面旁瓣降低。这种喇叭通常称为(波特)双模喇叭。随后相继出现了多种形式附加高次模的喇叭,如变张角的多模喇叭,附加介质圆环的介质加载喇叭及附加同心环的同轴馈源等,同时又发明了利用混合模的波纹喇叭,其举例如图7.7-1所示[10]。用这些喇叭作抛物面天线馈源后,能获得比用普通的主模圆锥喇叭

作馈源时更高的效率,因此统称为高效率馈源。由于卫星通信和大型射电望远镜反射面天线的需求,自
1963 年起,它们获得了广泛的研究和应用。

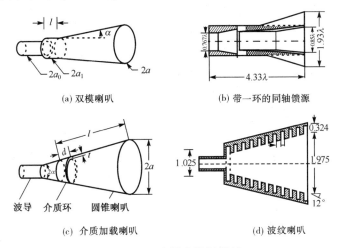

(a) 双模喇叭　　　　　　　　(b) 带一环的同轴馈源

(c) 介质加载喇叭　　　　　　(d) 波纹喇叭

图 7.7-1　高效率馈源举例

7.7.1　双模喇叭及多模喇叭

7.7.1.1　原理

　　双模喇叭(Dual-Mode Conical Horn)的口径场分布可由图 7.7-2 所示清楚地看出。在 TE_{11} 模上增加 TM_{11} 模后,若:1)二模在口径中心同相(边缘处反相),2)二模振幅比(称为模比)$|TM_{11}/TE_{11}|$ 选择得当,从而使二模叠加结果在沿 y 轴的边缘处近于零,使 E 面方向图与 H 面方向图近于重合。主模喇叭和这样得到的双模喇叭的口径场等强度线如图 7.7-3 所示,可见双模喇叭沿 E 面的场分布有了改善,接近于 H 面的分布。

　　图 7.7-4 是双模喇叭当 TM_{11} 模对 TE_{11} 模的模比系数 α 取不同值时的计算方向图。不难看出,当 TM_{11} 模对 TE_{11} 模的模比得当时(对应于 $\alpha \approx 0.653$),可获得 E 面和 H 面相等的半功率宽度,而且 E 面旁瓣电平低至 $-38\ \text{dB}$(实测值约 $-33\ \text{dB}$)。

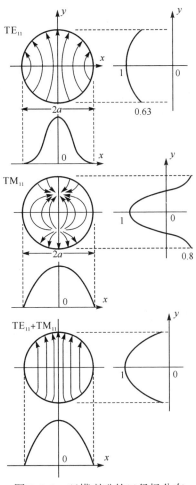

图 7.7-2　双模喇叭的口径场分布

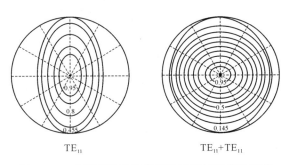

图 7.7-3　主模喇叭和双模喇叭口径场的等强度线

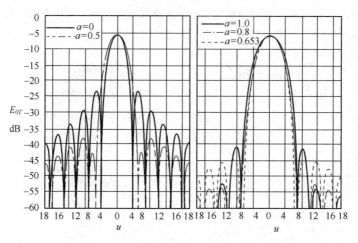

图 7.7-4　计算的双模圆锥喇叭方向图

7.7.1.2　远场计算和模比选择

近似认为圆锥喇叭的口径场与圆波导中相同,则口径场的横向电场分量为(y 向极化):

$$\text{TE}_{11} \text{模}\begin{cases} E_{\rho} = A_{11} \dfrac{J_1(\chi'_{11}t)}{\chi'_{11}t}\sin \varphi' \\ E_{\varphi} = - A_{11}J'_1(\chi'_{11}t)\cos \varphi' \end{cases} \tag{7.7-1}$$

$$\text{TM}_{11} \text{模}\begin{cases} E_{\rho} = B_{11}J'_1(\chi_{11}t)\sin \varphi' \\ E_{\varphi} = B_{11} \dfrac{J_1(\chi_{11}t)}{\chi_{11}t}\cos \varphi' \end{cases} \tag{7.7-2}$$

式中 $t = \rho / a$, $A_{11} = j\omega\mu A\chi'_{11}/a$, $B_{11} = j\beta_{11}B\chi_{11}/a$, a 为口径半径, A 和 B 为常数;$\chi'_{11} = 1.841\ 184$ 是 $J'_1(x)$ 的第一个根;$\chi_{11} = 3.831\ 706$ 是 $J_1(x)$ 的第一根;$\beta_{11} = \sqrt{k^2 - (\chi_{11}/a)^2}$。

用口径场法求其远场。设 a 较大于工作波长 λ, 口径处波阻抗可用自由空间波阻抗来近似,并忽略反射。同时,假定喇叭张角很小,忽略因喇叭张开所引起的口径相差。于是由式(7.2-7a)和式(7.2-7b)可求得远区 $P(r, \theta, \varphi)$ 处的场分量。现在口径场用极坐标 E_{ρ} 和 E_{φ} 来表示,这时该两式化为(见习题 7.7-1)

$$\begin{cases} E_{\theta} = \dfrac{jka^2}{4\pi r}e^{-jkr}(1 + \cos \theta)\int_0^{2\pi}d\varphi'\int_0^1[E_{\rho}\cos (\varphi' - \varphi) - E_{\varphi}\sin (\varphi' - \varphi)]e^{jut\cos (\varphi'-\varphi)}tdt & (7.7\text{-}3a) \\ E_{\varphi} = \dfrac{jka^2}{4\pi r}e^{-jkr}(1 + \cos \theta)\int_0^{2\pi}d\varphi'\int_0^1[E_{\rho}\sin (\varphi' - \varphi) + E_{\varphi}\cos (\varphi' - \varphi)]e^{jut\cos (\varphi'-\varphi)}tdt & (7.7\text{-}3b) \end{cases}$$

式中 $u = ka\sin \theta$。注意,这里 φ' 代表口径上源点的方位角,而用 φ 代表场点 P 的方位角。

将式(7.7-1)和式(7.7-2)代入上式,利用附录 B 中式(B-8)和式(B-11),并应用式(B-24)和式(B-16a)来完成积分,得远场分量如下:

$$\text{TE}_{11} \text{模}\begin{cases} E_{\theta} = \dfrac{jka^2}{4r}e^{-jkr}(1 + \cos \theta)A_{11}\dfrac{J_1(\chi'_{11})}{\chi'_{11}}\dfrac{2J_1(u)}{u}\sin \varphi & (7.7\text{-}4a) \\ E_{\varphi} = - \dfrac{jka^2}{4r}e^{-jkr}(1 + \cos \theta)A_{11}\dfrac{J_1(\chi'_{11})}{\chi'_{11}}\dfrac{2J'_1(u)}{1 - (u/\chi'_{11})^2}\cos \varphi & (7.7\text{-}4b) \end{cases}$$

$$\text{TM}_{11} \text{模}\begin{cases} E_{\theta} = \dfrac{jka^2}{4r}e^{-jkr}(1 + \cos \theta)B_{11}\dfrac{J'_1(\chi_{11})}{1 - (\chi_{11}/u)^2}\dfrac{2J_1(u)}{u}\sin \varphi & (7.7\text{-}5a) \\ E_{\varphi} = 0 & (7.7\text{-}5b) \end{cases}$$

对于 H 面, $\varphi = 0$,TE 模远场仅有 E_{φ} 分量,且 TM 模无贡献,故与 TE$_{11}$ 模时相同。对于 E 面, $\varphi = \pi/2$, 远场仅有 E_{θ} 分量,将式(7.7-4a)和式(7.7-5a)相加得(设 TE$_{11}$ 模和 TM$_{11}$ 模在口径中心同相):

$$E_{\theta T} = \frac{\mathrm{j}ka^2}{4r}\mathrm{e}^{-\mathrm{j}kr}(1+\cos\theta)A_{11}\frac{J_1(\chi'_{11})}{\chi'_{11}}\left[1-\frac{\alpha}{1-(\chi_{11}/u)^2}\right]\frac{2J_1(u)}{u} \tag{7.7-6}$$

式中
$$\alpha = \frac{B_{11}}{A_{11}}\frac{-J_1(x_{11})}{J_1(\chi'_{11})/\chi'_{11}} = \frac{B_{11}}{A_{11}}\frac{J_2(x_{11})-J_0(x_{11})}{J_2(x_{11})+J_0(x_{11})} = 1.27\frac{B_{11}}{A_{11}} \tag{7.7-7}$$

取不同 α 值, 按式(7.7-6)计算的 E 面方向图已示于图 7.7-4 中。E 面方向图与 H 面方向图半功率宽度相等的情形对应于 $\alpha \approx 0.653$。这个条件也使 E 面和 H 面相位中心重合, 且背瓣电平低。此时 TM_{11} 模与 TE_{11} 模在口径中心处的场强比(模比幅值)为

$$M_{11} = \left|\frac{TM_{11}}{TE_{11}}\right| = \frac{B_{11}}{A_{11}} = \frac{\alpha}{1.27} = \frac{0.653}{1.27} = 0.51 \tag{7.7-8}$$

值得指出, 由图 7.7-3 可见, 在双模情形下并不能实现完全轴对称的口径分布。

7.7.1.3　结构与应用, 多模圆锥喇叭

波特介绍的双模喇叭的实际结构如图 7.7-5 所示, 右侧表中已列出所用的实验尺寸。其中 $a_0 = 0.508\lambda$, $a_1 = 0.65\lambda$, $a_0/a_1 = 0.78$。此台阶尺寸控制所激发的 TM_{11} 模的相对幅度, 而移相段长度 l 调节 TM_{11} 模的相对相位, 以使在口径中心处与 TE_{11} 模同相。图中圆形膜片用来对台阶不连续点所引起的反射进行匹配(未匹配时驻波比为 1.2)。$1^{\#}$ 喇叭(直径 $2a = 4.67\lambda$)的实测方向图如图 7.7-6 所示。

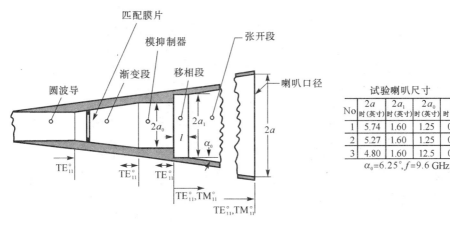

No	试验喇叭尺寸			
	$2a$ 时(英寸)	$2a_1$ 时(英寸)	$2a_0$ 时(英寸)	l 时(英寸)
1	5.74	1.60	1.25	0.25
2	5.27	1.60	1.25	0.40
3	4.80	1.60	12.5	0.54
$\alpha_0 = 6.25°, f = 9.6$ GHz				

图 7.7-5　双模圆锥喇叭结构

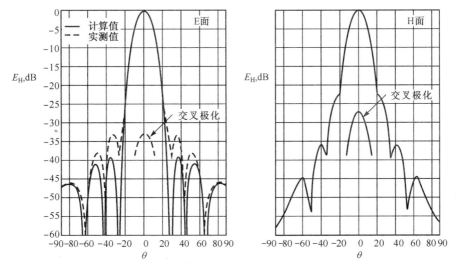

图 7.7-6　波特双模圆锥喇叭的方向图($2a = 4.67\lambda$)

TM$_{11}$ 模的截止波长为 $\lambda_e = 2\pi a/x_{11} = 1.64a$,故要求口径直径 $2a > 1.22\lambda$。为使远离截止点,可取 $2a > 1.3\lambda$。实际波特双模喇叭的直径约为 $(4 \sim 5)\lambda$,因此它最适合于具有长焦距的旋转抛物面天线和卡塞格仑双反射面天线。上述 1$^{\#}$ 喇叭适合于等效焦径比 $f_e/d = 2$ 的卡塞格仑天线。由于要保持喇叭口径处 TM$_{11}$ 模与 TE$_{11}$ 模间正确的相位关系,这种喇叭的带宽是很有限的。上述 1$^{\#}$ 喇叭的有用带宽只有 $(3 \sim 4)\%$。

另一种激发 TM$_{11}$ 模的方法是变张角。图林(R. H. Turrin)最先用这种方法制成小口径的双模喇叭,如图 7.7-7 所示,有两种口径尺寸:(a)1.31 λ;(b)1.86 λ。其输入波导传播主模 TE$_{11}$,而不能传 TM$_{11}$ 模($1.84 < ka_0 < 3.83$)。然后通过变张角(这里半张角由 $\theta_1 = 0 \rightarrow \theta_2 = \theta_f$)产生模变换。直径 $2a$ 需足够大,使传输 TM$_{11}$ 模,即 $ka > 3.83$;下一个轴对称的高阶模是 TE$_{12}$ 模,它要求 $ka > 5.33$。然后是 TM$_{12}$ 模,要求 $ka > 7.02$。这些模是不需要的,因此将口径直径限于 $3.83 < ka < 5.33$,即 $1.22 < 2a/\lambda < 1.70$。上述喇叭(a)满足此条件,但喇叭(b)并不满足,因此后者不但有 TE$_{11}$ 和 TM$_{11}$ 模,还有 TE$_{12}$ 模,只是其值较小,对方向图的影响还不大。

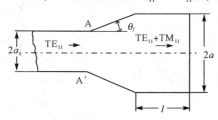

图 7.7-7 变张角双模喇叭的几何关系

图 7.7-7 中 AA' 平面处 TM$_{11}$ 模与 TE$_{11}$ 模相位相差 90°,因而相移段的长度 l 要使二模有 270° 相位差,以保证口径处具有正确的相位关系,即令

$$l(1/\lambda_g - 1/\lambda_g') = 0.75 \tag{7.7-9}$$

式中 $\dfrac{\lambda}{\lambda_g} = \left[1 - \left(\dfrac{1.84}{ka} \right)^2 \right]^{1/2}$, $\dfrac{\lambda}{\lambda_g'} = \left[1 - \left(\dfrac{3.83}{ka} \right)^2 \right]^{1/2}$

为保证 TM$_{11}$ 与 TE$_{11}$ 场强的模比合适,要求张角 θ_f 按下式选择:

$$\theta_f = 44.6\lambda/2a \,(°) \tag{7.7-10}$$

若用式(7.7-9)和式(7.7-10)对图 7.7-7 喇叭进行核算,得(a)$l = 1.42\lambda$, $\theta_f = 34°$;(b)$l = 3.86\lambda$, $\theta_f = 24°$。这与其实际值很吻合。该二喇叭的实测及计算的 E 面方向图如图 7.7-8 所示。实测的 H 面方向图都很近于 TE$_{11}$ 单模方向图。其驻波比约为 1.1,比单模时的 1.4 更好。其有用带宽为 10% 量级。

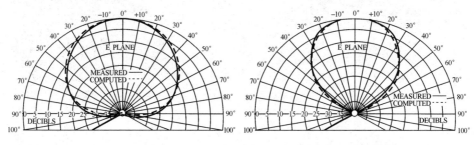

(a)$2a_0 = 0.71\lambda$, $2a = 1.31\lambda$, $l = 1.37\lambda$, $\theta_f = 30°$　(b)$2a_0 = 0.71\lambda$, $2a = 1.86\lambda$, $l = 3.75\lambda$, $\theta_f = 28°$

图 7.7-8 变张角双模喇叭的 E 面方向图

20 世纪 70 年代我国天线专家章日荣和杨可忠等对多模圆锥喇叭开发了一套设计方法[11,12]。设计实例如图 7.7-9 所示,图中 $a_0 = 0.52\lambda_0$, $a_B = 1.4\lambda_0$, $a_C = 2.13\lambda_0$, $l_{AB} = 5.8\lambda_0$, $\alpha = 9.3°$,这里 λ_0 是设计波长(频率为 f_0)。在该设计中,圆波导的 TE$_{11}$ 模在张开处激发 TE$_{11}$ + TM$_{11}$ + TE$_{12}$ 等模,通过正确地设计移相段 AB 使喇叭口径处 TE$_{11}$ 和 TM$_{11}$ 两模的相对相位达最佳值,同时抑制不希望的 TE$_{12}$ 模。

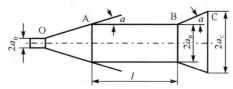

图 7.7-9 多模圆锥喇叭几何关系

其实测方向图表明,当 $f = f_0$,对 $\theta \leqslant 17.5°$,E 面与 H 面的振幅不等化度小于 1.2 dB,相位不等化度小于 10°。

7.7.2 波纹喇叭

多模圆锥喇叭可获得近于轴对称的方向图和低旁瓣,且有明确的相位中心。但由于其主模(TE$_{11}$)和高次模(TM$_{11}$ 等)传播速度不一样,因此频带特性较差。20 世纪 60 年代中期出现的波纹喇叭(Corrugated Horn)能在很宽的频带上获得上述优良特性而且特性更好,因而已作为最具代表性的高效率馈源获得广泛应用。这是因为,这类喇叭能形成相当于 TE_{11} 模和 TM_{11} 模之合成的混合模 HE_{11},这种模中的 TE 和 TM 模分量具有相同的本征值和传播相速,因而不存在双模喇叭那样的相速问题。

波纹喇叭首先由美国的凯(A. F. Kay)制成,为大张角圆锥喇叭,具有基本相同的 E 面和 H 面方向图。由于其内壁对两种极化都有相同的边界而称之为"标量馈源"(Scalar Feed)。几乎同时,澳大利亚的明尼特(H. C. Minnett)和托马斯(B. M. Thomas)从理论上由圆口径抛物面天线的焦区场证明,其高效率馈源可由传输混合模的圆柱波纹波导开口构成,并制作了这种 HE_{11} 模馈源。随后英国的克拉里科茨(P. J. B. Clarri-coats)和萨哈(P. K. Saha)系统地阐述了波纹圆锥喇叭的传输和辐射特性。波纹喇叭热持续了十几年,主要文献见[13~15]。

波纹圆锥喇叭通常有大张角和小张角两种形式。大张角波纹喇叭波瓣较宽,适合于抛物面天线应用;小张角喇叭可以产生窄波瓣,因此适合于卡塞格伦双反射面天线应用。就分析方法来说,大张角波纹馈源的场分布要用球面模来表达;而小张角波纹馈源的场分布与波纹圆波导相似,仍可以用圆柱模来表达,只是等相面(波前)不是平面而取为球面。当半张角小于30°时,这种近似处理的理论结果与实验结果很一致。受篇幅所限,这里只介绍小张角波纹圆锥喇叭的分析[5°][16]。

7.7.2.1　波纹圆波导中的场分布

波纹圆波导几何关系如图 7.7-10 所示,波纹槽内半径和外半径分别为 a 和 b,槽深为 $d = b - a$,槽宽和齿厚分别为 w 和 t,槽距为 $p = w + t$。这里关心的是波导 $\rho \leqslant a$ 区域(称为内区)中的场分布。设 $p \ll \lambda$,空间谐波可以忽略,只需考虑基波。为概念清晰起见,将用"表面阻抗法"来确定这个区域中的场。所谓"表面阻抗法"就是用周向表面阻

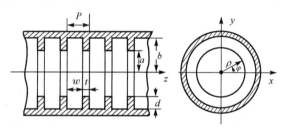

图 7.7-10　波纹圆柱波导

抗 Z_φ 和纵向表面阻抗 Z_z 来描述波导 $\rho = a$ 处内壁(波纹壁)的特性:

$$Z_\varphi = \frac{E_\varphi}{H_z}, \quad Z_z = -\frac{E_z}{H_\varphi}, \quad \rho = a \tag{7.7-11}$$

波导内区中的场分布就由这两个阻抗所代表的边界条件来决定。这两个阻抗本身则取决于波导内壁外侧(槽区)的场结构。显然,这个方法与利用 $\rho = a$ 处切向场 E_φ、E_z 和 H_φ、H_z 连续的边界条件来确定内区场分布是一致的。

$p \ll \lambda$ 时波纹波导内壁上将仍有 $E_\varphi = 0$,即 $Z_\varphi = 0$,但由于存在周向波纹槽,$E_z \neq 0$,即 $Z_z \neq 0$,因此波纹波导内壁是一个各向异性的表面。一般地说,这时纯 TE 模或 TM 模都不能满足边界条件,只有混合模才能满足边界条件(作为特例,只有零阶模 TE_{on} 和 TM_{on} 模才能单独存在)。所谓混合模(也称孪生模)就是具有相同特征值的 TE 和 TM 模二者的线性组合。于是内区中的场可表达为

$$\begin{cases} E_z = J_m(k_c\rho)\cos m\varphi, \quad H_z = \dfrac{C}{\eta_0}J_m(k_c\rho)\sin m\varphi \\[2mm] E_\rho = -\mathrm{j}\dfrac{k}{k_c}\left[\dfrac{\beta}{k}J'_m(k_c\rho) + C\dfrac{mJ_m(k_c\rho)}{k_c\rho}\right]\cos m\varphi \\[2mm] E_\varphi = \mathrm{j}\dfrac{k}{k_c}\left[\dfrac{\beta}{k}\dfrac{mJ_m(k_c\rho)}{k_c\rho} + CJ'_m(k_c\rho)\right]\sin m\varphi \\[2mm] H_\rho = -\mathrm{j}\dfrac{k}{\eta_0 k_c}\left[\dfrac{mJ_m(k_c\rho)}{k_c\rho} + C\dfrac{\beta}{k}J'_m(k_c\rho)\right]\sin m\varphi \\[2mm] H_\varphi = -\mathrm{j}\dfrac{k}{\eta_0 k_c}\left[J'_m(k_c\rho) + C\dfrac{\beta}{k}\dfrac{mJ_m(k_c\rho)}{k_c\rho}\right]\cos m\varphi \end{cases} \tag{7.7-12}$$

式中　　　　　　　　　$\beta^2 = k^2 - k_c^2, \quad k = 2\pi/\lambda, \quad \eta_0 = \sqrt{\mu_0/\varepsilon_0}$

上式中第一项就是"纯模"TM 的场,第二项是"纯模"TE 的场,系数 C 表示混合模的这两个组成部分的相对比例,称为混合系数或自耦合系数。当 $|C| = 1$($C = \pm 1$),称为平衡混合状态。若 $C > 0$,混合模场分

布更类似于 TE 模(H 模),则称之为 HE_{mn} 模;若 $C<0$,则称之为 EH_{mn} 模(关于混合模命名问题的细致讨论请参看文献[15])。这里 m 是贝塞尔函数 $J_m(x)$ 的阶数,也即场沿周向的变化次数;n 是贝塞尔函数零点数,也即场沿径向的变化次数。天线应用中最有意义的混合模是 HE_{11} 模,它就是场沿周向和径向都只有一次变化的 $C>0$ 的混合模。

把 $\rho=a$ 处 $E_\varphi=0$ 的边界条件代入式(7.7-12),得

$$C = -\frac{\beta}{k}\frac{mJ_m(k_ca)}{k_caJ'_m(k_ca)} = -m\frac{\beta}{k}\frac{1}{F_m(k_ca)} \qquad (7.7\text{-}13)$$

式中

$$F_m(k_ca) = \frac{k_caJ'_m(k_ca)}{J_m(k_ca)} \qquad (7.7\text{-}14)$$

可见,混合模的特征值 k_ca 规定了混合模的混合系数 C 及场分布。该特征值需利用 $\rho=a$ 处外侧场结构(槽区场)来决定。下面先来研究一下 HE_{11} 模的场分布特点。由式(7.7-12)得

$$\begin{cases} E_\rho = -\mathrm{j}\frac{\beta}{k_c}\left[J'_m(k_c\rho) + C\frac{k}{\beta}\frac{mJ_m(k_c\rho)}{k_c\rho}\right]\cos m\varphi \\ E_\varphi = \mathrm{j}\frac{\beta}{k_c}\left[\frac{mJ_m(k_c\rho)}{k_c\rho} + C\frac{k}{\beta}\cdot J'_m(k_c\rho)\right]\sin m\varphi \end{cases} \qquad (7.7\text{-}15)$$

利用附录式(B-8)和式(B-11),对 $m=1$ 模有

$$\begin{cases} E_\rho = -\mathrm{j}\frac{\beta}{k_c}\frac{1}{1-\xi}[J_0(k_c\rho) + \xi J_2(k_c\rho)]\cos\varphi \\ E_\varphi = \mathrm{j}\frac{\beta}{k_c}\frac{1}{1-\xi}[J_0(k_c\rho) - \xi J_2(k_c\rho)]\sin\varphi \end{cases} \qquad (7.7\text{-}16)$$

式中

$$\xi = \frac{Ck/\beta - 1}{Ck/\beta + 1} = \frac{J_0(k_ca)}{J_2(k_ca)} \qquad (7.7\text{-}17)$$

用直角坐标表示,则有

$$\begin{cases} E_x = -\mathrm{j}\frac{\beta}{k_c}\frac{1}{1-\xi}[J_0(k_c\rho) + \xi J_2(k_c\rho)\cos 2\varphi] \\ E_y = -\mathrm{j}\frac{\beta}{k_c}\frac{1}{1-\xi}\xi J_2(k_c\rho)\sin 2\varphi \end{cases} \qquad (7.7\text{-}18)$$

当平衡混合时,$C=1$,$\xi=0$(当 $ka\gg1$,因 $k_ca\approx 2.404\,826$,故 $\beta a = \sqrt{(ka)^2 - (k_ca)^2}\approx ka$,即 $\beta\approx k$。于是得

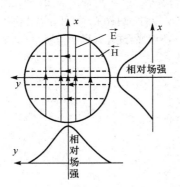

图 7.7-11 HE_{11} 模横向场分布
(平衡混合状态)

$$\begin{cases} E_x = -\mathrm{j}\frac{\beta}{k_c}J_0(k_c\rho) \\ E_y = 0 \end{cases} \qquad (7.7\text{-}19)$$

这个场分布有以下特点:无交叉极化分量,场分布轴对称,且在径向按 $J_0(k_c\rho)$ 渐降到零(见图 7.7-11)。因此当开口辐射时将具有轴对称的方向图且低旁瓣,近轴方向无交叉极化辐射。这正是作为反射面天线馈源所希望的情形。

下面将看到,这个状态对应于波纹槽开路状态,因而槽表面切向磁场 $H_t=0$,同时在齿表面又有 $E_t=0$。这样当槽很密($p\ll\lambda$)时,波导内壁对 E 和 H 便同时有相同的边界条件。因此 E 和 H 将具有相同的分布,令 $C=\beta/k$,代入式(7.7-12)可以验证这一点。这时场分布是轴对称的,因而能获得轴对称的方向图。这正是导出波纹圆锥馈源的一个基本原理。

7.7.2.2 波纹圆波导特征方程和工作带宽

为确定波纹圆波导内区混合模的特征值,需要考察波纹槽内 $a\leqslant\rho\leqslant b$ 的场分布。由于 $w<p\ll\lambda$,只需考察槽内传输的基模——电场在 z 向极化的径向模,高阶雕落模的影响可略。故有

$$\begin{cases} E_z = [AJ_m(k\rho) + BY_m(k\rho)]\cos m\varphi \\[2mm] H_\rho = -j\dfrac{m}{\eta_0 k\rho}[AJ_m(k\rho) + BY_m(k\rho)]\sin m\varphi \\[2mm] H_\varphi = -j\dfrac{1}{\eta_0}[AJ'_m(k\rho) + BY'_m(k\rho)]\cos m\varphi \\[2mm] E_\rho = E_\varphi = H_z = 0 \end{cases} \tag{7.7-20}$$

$Y_m(x)$ 是 m 阶第二类贝塞尔函数，$Y'_m(x)$ 为其导数。因 $\rho = b$ 处 $E_z = 0$，得

$$B = -A\frac{J_m(kb)}{Y_m(kb)}$$

于是式(7.7-20)化为

$$\begin{cases} E_z = \dfrac{A}{Y_m(kb)}[J_m(k\rho)Y_m(kb) - Y_m(k\rho)J_m(kb)]\cos m\varphi \\[2mm] H_\rho = -j\dfrac{mA}{\eta_0 k\rho Y_m(kb)}[J_m(k\rho)Y_m(kb) - Y_m(k\rho)J_m(kb)]\sin m\varphi \\[2mm] H_\varphi = -j\dfrac{A}{\eta_0 Y_m(kb)}[J'_m(k\rho)Y_m(k\rho) - Y'_m(k\rho)J_m(kb)]\cos m\varphi \\[2mm] E_\rho = E_\varphi = H_z = 0 \end{cases} \tag{7.7-21}$$

由上式得到 $\rho = a$ 处槽区上(宽度为 w)的纵向阻抗如下：

$$Z_z^s = -j\eta_0\frac{J_m(ka)Y_m(ka) - Y_m(ka)J_m(kb)}{J'_m(ka)Y_m(kb) - Y'_m(ka)J_m(kb)} \tag{7.7-22}$$

$\rho = a$ 处齿面上(宽度为 t)的纵向阻抗为零，故平均的纵向阻抗为(因 $p \ll \lambda$，故可以用平均法处理)：

$$Z_z = \frac{w}{w+t}Z_z^s = -j\eta_0\frac{w}{p}\frac{J_m(ka)Y_m(kb) - Y_m(ka)J_m(kb)}{J'_m(ka)Y_m(kb) - Y'_m(ka)J_m(kb)} \tag{7.7-23}$$

由式(7.7-12)得出的波导中心区域的纵向阻抗为

$$Z_z = -j\eta_0\frac{k_c}{k}\frac{J_m(k_c a)}{J'_m(k_c a) - \left(m\dfrac{\beta}{k}\right)^2\dfrac{J_m^2(k_c a)}{(k_c a)^2 J'_m(k_c a)}} \tag{7.7-24}$$

联立式(7.7-23)和式(7.7-24)(即在 $\rho = a$ 处匹配 E_z、H_φ)，得特征方程如下：

$$F_m(k_c a) - \left(m\frac{\beta}{k}\right)^2\frac{1}{F_m(k_c a)} = \frac{k_c}{k}k_c a S_m \tag{7.7-25}$$

式中

$$S_m = \frac{p}{w}\frac{J'_m(ka)Y_m(kb) - Y'_m(ka)J_m(kb)}{J_m(ka)Y_m(kb) - Y_m(ka)J_m(kb)} = \frac{p}{w}b_m \tag{7.7-26}$$

若 $ka \gg 1$，利用贝塞尔函数渐近公式可以把上式简化为

$$S_m \approx -\frac{p}{w}\left(\cot kd + \frac{1}{2ka}\right) \tag{7.7-26a}$$

S_m 是反映波纹槽参数对混合特征值影响的一个中间量，物理含义是 $\rho = a$ 处向槽底看去的归一化输入电纳。

至此，若已知波纹槽参数 p、w、a 和 b(或 $d = h - a$)，便可由式(7.7-26)确定 S_m，然后可用特征方程式(7.7-25)求得特征值 $k_c a$，最后就能由式(7.7-12)、式(7.7-13)确定混合模的场分布而得知其工作特性。

对平衡混合状态，$C = 1$，式(7.7-13)得

$$F_m(k_c a) = -m\frac{\beta}{k} \tag{7.7-27}$$

对 HE_{11} 模有

$$F_1(k_c a) = -\frac{\beta}{k} \tag{7.7-27a}$$

代入式(7.7-25)得

$$S_1 = 0 \tag{7.7-28}$$

可见这个状态对应于波纹槽开路边界状态, 不同 ka 值的槽深可将上式代入式(7.7-26)来解出, 结果列于表7.7-1中, 表中也列出了相应的特征值 k_ca 和 ξ 值。由表可见, 当 $ka \gg 1$, 有 $d \approx \lambda/4$。这一结论也可直接由近似公式(7.7-26a)得到(要求 $\cot kd \approx 0$)。

表 7.7-1　 HE_{11} 模平衡混合状态

ka	a/λ	d/λ	a/b	k_ca	ξ
π	0.5	0.2840	0.6378	2.2659	0.1816
2π	1.0	0.2649	0.7906	2.3734	0.0385
3π	1.5	0.2595	0.8525	2.3911	0.0166
4π	2.0	0.2569	0.8862	2.3972	0.0093
5π	2.5	0.2554	0.9073	2.3999	0.0059
6π	3.0	0.2545	0.9218	2.4014	0.0041
7π	3.5	0.2538	0.9324	2.4023	0.0030
8π	4.0	0.2533	0.9404	2.4029	0.0023
9π	4.5	0.2529	0.9568	2.4033	0.0018
10π	5.0	0.2526	0.9519	2.4036	0.0015
11π	5.5	0.2524	0.9561	2.4038	0.0012
12π	6.0	0.2522	0.9597	2.4040	0.0010

若 $C = \infty$, 即 $\xi = 1$, 由式(7.7-13)得

$$F_m(k_ca) = 0 \tag{7.7-29}$$

对 HE_{11} 模, 即要求 $J_1'(k_ca) = 0$, 其特征值为 $k_ca = 1.841184$, 这也就是光壁圆波导中的 TE_{11} 模特征值, 因此这时 HE_{11} 模退化为光壁圆波导中的 TE_{11} 模。将上式代入式(7.7-25)得

$$S_1 = \infty \tag{7.7-30}$$

可见对应于短路边界状态。这就是说, 就电性能而言这时波纹波导等效于一个普通光壁波导, 因而, 又称它为等效光壁状态。对 $ka \gg 1$ 情形, 所需槽深为 $d \approx \lambda/2$。

由上可知, 当波纹槽深为 $d \approx \lambda/4 \sim \lambda/2$(对 $ka \gg 1$)时, HE_{11} 模的特征值为 1.8412 至 2.4048 之间, 其辐射特性将由普通光壁波导中 TE_{11} 模的辐射特性变化到完全轴对称的情形。因此它可在约 $2:1$ 的带宽上获得比普通光壁波导 TE_{11} 模更好的辐射特性。利用图 7.7-12 所示特征点参数图将能更深入地了解波纹喇叭的传输特性, 为其设计打下基础。该图是对 $m = 1$ 模的 $d/\lambda - ka$ 图, 包括以下曲线。

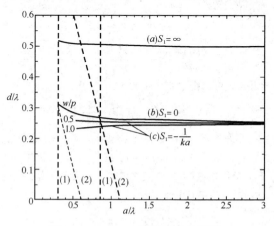

图 7.7-12　$m = 1$ 模特殊点参数图

1. 等效光壁线 $(a): S_1 = \infty$, 由式(7.7-26a)可知, 当 $ka \gg 1$, 它对应于 $d/\lambda = 0.5$; 槽深 d/λ 大于此线, S_1 要变号为 $S_1 < 0(S = -\infty \sim 0)$。由式(7.7-25)可知, 此时 $F_1(k_ca) < 0$, 故 $C < 0$, 因而模的特征要发生转化, 也就是说, HE_{11} 模实际已转化为 EH_{11} 模, 这是我们所不希望的。

2. 平衡混合线 (b) : $S_1 = 0$ 。曲线由式(7.7-26)对不同 ka 值的解画出。若槽深 d/λ 小于此线,即在曲线(b)以下区域,亦有 $S_1 < 0 (s_1 = 0 \sim -\infty)$ 。这时将会传输 EH_{11} 模,这种模的存在可能使喇叭辐射特性大大恶化。

3. 最佳混合线 (c) 。在文献[16]中指出,若令 $C = \beta/k$,可得到 $\xi = 0$ 。这正是实现平衡混合状态式(7.7-19)的严格条件。这时波瓣完全轴对称而无交叉极化分量。称它为"最佳混合状态"。由式(7.7-13)知,此时有

$$F_1(k_c a) = -\frac{\beta}{k} \frac{1}{C} = -1 \tag{7.7-31}$$

得 $J_0(k_c a) = 0$,特征值为 $k_c a = 2.404\,826$ 。由特征方程式(7.7-25)得其对应的波纹槽归一化电纳为

$$S_1 = -\frac{1}{ka} \tag{7.7-32}$$

可见 S_1 为一小感性电纳,但当 $ka \gg 1$,便有 $S_1 \approx 0$,即过渡为平衡混合状态。本书 373 页的图 7.7-14 已画出对 $p/w = 1$ 和 $p/w = 2$ 两种情形的最佳混合线 (c) 。这样,从理论上说,波纹喇叭可适当利用负电纳区工作,从而使工作频带更为展宽。计算表明,特征值稍大于 2.4048,也能获得好的辐射特征,但不能过大。例如,若大到3.832 $(TM_{11}$ 模特征值),特性就将大大恶化。同时,此时 $S_1 < 0$,容易激励起表面波模,其场集中于波导内壁附近,辐射特性差,特别是对匹配特性影响很大。因此,设计原则应是: S_1 不能负得太多,要把不需要模控制在足够小的范围内。

工作于正电纳区(容性)的波纹喇叭理论带宽可达 2:1,但若要求交叉极化电平低、匹配性能好,实际带宽大约为 1.5:1。这还不能满足频谱复用的 C 波段卫星地球站天线的要求,那里所需带宽为 6425 : 3700 = 1.736 : 1。上述利用负电纳区(感性区)的原理可用于进一步拓宽波纹喇叭的频带。可喜的是,这一原理已由实验所证实。基于这样的原理设计的一个波纹喇叭[17] , $a/\lambda = 1.95$,半张角约24°,长约 13 λ 。测试结果,在 $f_h : f_l = 1.78 : 1$ 的频带上,交叉极化电平低于 -24.6 dB,驻波比不大于 1.2。

4. 低频截止线(1)和(2)。混合模的低频截止点对应于 $\beta = 0$ 。因 $\beta^2 = k^2 - k_c^2$,有 $k_c = k$ 。代入特征方程式(7.7-25),求得 $\beta \to 0$ 时, $F_1(k_c a)$ 的二次方程的解为

$$F_1(k_c a) \approx \frac{1}{2} \left\{ k_c a S_1 \pm \left[(k_c a S_1)^2 + \frac{4\beta^2}{k_c^2} \right]^{\frac{1}{2}} \right\} \approx \frac{1}{2} \left\{ k_c a S_1 \pm k_c a S_1 \left[1 + \frac{2\beta^2}{k_c^2 (k_c a S_1)^2} \right] \right\}$$

$$= \begin{cases} k_c a S_1 \left[1 + \dfrac{\beta^2}{k_c^2 (k_c a S_1)^2} \right]^2 \\ -\dfrac{2\beta^2}{k_c^2 (k_c a S_1)^2} \end{cases} \tag{7.7-33}$$

可见,当 $\beta = 0$ 时,有二根,分别对应于

$$\begin{cases} F_1(k_c a) = 0, & (1) 线 \\ F_1(k_c a) = k_c a S_1, & (2) 线 \end{cases} \tag{7.7-34}$$

由式(7.7-14)知,(1)线发生于 $J_1'(k_c a) = 0$,即

$$Ka = k_c a = 1.8412, 5.3314, 8.6363, \cdots\cdots \tag{7.7-35}$$

在图 7.7-14 中(1)线为一组垂直线。由式(7.7-33)可知,在(1)线附近,模的性质为:

若 $S_1 > 0$,则 $F_1 < 0$, $C > 0$,为 HE 模;　　若 $S_1 < 0$,则 $F_1 > 0$, $C < 0$,为 EH 模。

同理,在(2)线附近有:

若 $S_1 > 0$,则 $F_1 > 0$, $C < 0$,为 EH 模;　　若 $S_1 < 0$,则 $F_1 < 0$, $C > 0$,为 HE 模。

因此, HE_{1n} 模在 $S_1 > 0$ 区域上截止于(1)线,在 $S_1 < 0$ 区域上截止于(2)线;对 EH_{1n} 模则反之。

根据以上讨论,为能传输 HE_{1n} 模而又抑制 EH_{11} 模,应工作于(1)线右侧($ka > 1.8412$,即 $a/\lambda > 0.293\,03$),(c)线以上区域($S_1 > -1/ka$),且在(a)线以下($S_1 < \infty$);为抑制更高阶的 $m = 1$ 模(EH_{12} , HE_{12} 等),还应工作于(2)线左侧。因此,图 7.7-14 中由(1)、(2)线和(a)、(c)线所围成的区域即为工作区,如能工作于其中(b)线附近,则最为理想。

7.7.2.3　波纹圆锥喇叭的辐射特性

对于近轴观察点,波纹喇叭的辐射场仍可利用口径场法得出,即仍用式(7.7-3)计算。所用坐标系与多

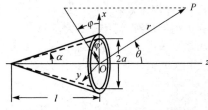

图 7.7-13　波纹圆锥喇叭坐标系

模圆锥喇叭情况相同，如图 7.7-13 所示。喇叭口径的内半径为 a，半张角为 α，轴向长度为 l。对小张角情形，口径场振幅分布设为与波纹圆波导中相同，即式(7.7-12)，但口径上源点的方位角改用 φ' 表示；而用 φ 代表远场点 P 的方位角；因为波前为球面，口径场相位分布取为(当 $ka \gg 1$)。

$$\psi(\rho) = \frac{\pi\rho^2}{\lambda_g l} \approx \frac{\pi\rho^2}{\lambda l}$$

或

$$\Psi(t) = \Psi_m t^2, \quad \Psi_m = \frac{\pi a^2}{\lambda l} = \frac{\pi a}{l}\tan\alpha, \quad t = \rho/a \tag{7.7-36}$$

当观察点 $P(r, \theta, \varphi)$ 位于喇叭远区时，远场公式如下：

$$\begin{cases} E_\theta = \dfrac{jka^2}{4\pi r}e^{-jkr}(1+\cos\theta)\displaystyle\int_0^{2\pi}\mathrm{d}\varphi'\int_0^1[E_\rho\cos(\varphi'-\varphi) - E_\varphi\sin(\varphi'-\varphi)]\cdot e^{-j\Psi_m t^2}e^{jut\cos(\varphi'-\varphi)}t\mathrm{d}t \\[3mm] E_\varphi = \dfrac{jka^2}{4\pi r}e^{-jkr}(1+\cos\theta)\displaystyle\int_0^{2\pi}\mathrm{d}\varphi'\int_0^1[E_\rho\sin(\varphi'-\varphi) + E_\varphi\cos(\varphi'-\varphi)]\cdot e^{-j\Psi_m t^2}e^{jut\cos(\varphi'-\varphi)}t\mathrm{d}t \end{cases} \tag{7.7-37}$$

式中 $u = ka\sin\theta$。若观察点位于喇叭辐射近场区。仍可用此式近似计算，只是在被函数相位因子中引入近场距离效应所引起的二次项 $\pi\rho^2/\lambda r$，即用下式代替式(7.7-36)中 ψ_m 即可：

$$\Psi_m = \Psi_{ml} + \Psi_{mr} = \frac{\pi a^2}{\lambda l} + \frac{\pi a^2}{\lambda r} = \frac{\pi a^2}{\lambda}\left(\frac{1}{l} + \frac{1}{r}\right) \tag{7.7-38}$$

根据式(7.7-12)，未计口径相差的波纹圆波导中横向场 E_ρ 和 E_φ' 可表示为

$$\begin{cases} E_\rho = -j\dfrac{\beta}{k_c}\dfrac{1}{1-\xi}[J_{m-1}(k_c\rho) + \xi J_{m+1}(k_c\rho)]\cos m\varphi' \\[3mm] E_\varphi' = j\dfrac{\beta}{k_c}\dfrac{1}{1-\xi}[J_{m-1}(k_c\rho) - \xi J_{m+1}(k_c\rho)]\sin m\varphi' \end{cases} \tag{7.7-39}$$

式中

$$\xi = \frac{C\dfrac{k}{\beta} - 1}{C\dfrac{k}{\beta} + 1} = \frac{J_{m-1}(k_c a)}{J_{m+1}(k_c a)}, \quad C = \frac{\beta}{k}\frac{1+\xi}{1-\xi} \tag{7.7-40}$$

代入式(7.7-37)，并利用附录式(B-24)后，得

$$\begin{cases} E_\theta = A\cos m\varphi\displaystyle\int_0^1[J_{m-1}(x_c t)J_{m-1}(ut) - \xi J_{m+1}(x_c t)J_{m+1}(ut)]e^{-j\Psi_m t^2}t\mathrm{d}t \\[3mm] E_\varphi = -A\sin m\varphi\displaystyle\int_0^1[J_{m-1}(x_c t)J_{m-1}(ut) + \xi J_{m+1}(x_c t)J_{m+1}(ut)]e^{-j\Psi_m t^2}t\mathrm{d}t \end{cases} \tag{7.7-41}$$

式中

$$A = -j^{m+1}\frac{ka^2}{2r}e^{-jkr}\frac{\beta}{k_c}\frac{1}{1-\xi}(1+\cos\theta), \quad x_c = k_c a \tag{7.7-42}$$

对 HE_{11} 模($m=1$)有

$$\begin{cases} E_\theta = A\cos\varphi\displaystyle\int_0^1[J_0(x_c t)J_0(ut) - \xi J_2(x_c t)J_2(ut)]e^{-j\Psi_m t^2}t\mathrm{d}t \\[3mm] E_\varphi = -A\sin\varphi\displaystyle\int_0^1[J_0(x_c t)J_0(ut) + \xi J_2(x_c t)J_2(ut)]e^{-j\Psi_m t^2}t\mathrm{d}t \end{cases} \tag{7.7-43}$$

对不同的特征值 x_c，由上式计算的 HE_{11} 模方向图(当 $\psi_m = 0$)如图 7.7-14 所示。可见最理想的是 $x_c = 2.4048$ ($\xi = 0$)，即工作于平衡混合状态。此时上式化为

$$\begin{cases} E_\theta = A\cos\varphi\displaystyle\int_0^1 J_0(x_c t)J_0(ut)e^{-j\Psi_m t^2}t\mathrm{d}t \\[3mm] E_\varphi = -A\sin\varphi\displaystyle\int_0^1 J_0(x_c t)J_0(ut)e^{-j\Psi_m t^2}t\mathrm{d}t \end{cases} \tag{7.7-44}$$

这个结果表明，此时波纹喇叭有以下特征：

1. 对近轴方向($\theta \approx 0$)，无交叉极化辐射：

$$\begin{cases} E_x \approx E_\theta \cos\varphi - E_\varphi \sin\varphi = A\int_0^1 J_0(x_c t)J_0(ut)\,\mathrm{e}^{-\mathrm{j}\varPsi_m t^2}t\,\mathrm{d}t \\ E_y \approx E_\theta \sin\varphi + E_\varphi \cos\varphi = 0 \end{cases} \tag{7.7-45}$$

2. 具有轴对称方向图，其 E 面和 H 面远场分布均为

$$E_{\mathrm{P}} = E_\theta(\varphi = 0) = E_\varphi(\varphi = \pi/2) = A\int_0^1 J_0(x_c t)J_0(ut)\,\mathrm{e}^{-\mathrm{j}\varPsi_m t^2}t\,\mathrm{d}t \tag{7.7-45a}$$

3. 低旁瓣。若 $\psi_m = 0$，方向图旁瓣电平约为 -27 dB，而当 ψ_m 增大，方向图零点被迅速填满，只要 $\psi_m \geqslant 0.5\pi$，便呈现为旁瓣电平极低的方向图，如图 7.7-15 所示。

4. 相位方向图也是轴对称的，E 面和 H 面相位中心完全重合（见 7.7.3 节）。

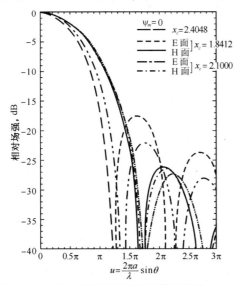

图 7.7-14　HE$_{11}$ 模方向图随特征值的变化（$\psi_m = 0$）

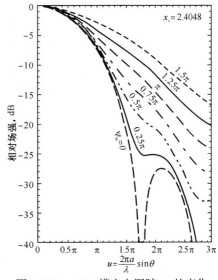

图 7.7-15　HE$_{11}$ 模方向图随 ψ_m 的变化

以上公式对一实际波纹喇叭计算的结果与实测值吻合得较好[16]。基于文献[16]的设计方法，我们曾与南京电子技术研究所合作制成国内第一副 K 波段波纹喇叭馈源。在规定的频率范围内，实测的 E 面和 H 面方向图一致性良好，在 0 ～ -20 dB 区域内差值在 1 dB 以内，交叉极化电平低于 -30 dB，驻波比不大于 1.05。文献[18]介绍了一种宽频带波纹圆锥喇叭的设计方法。

7.7.3　喇叭馈源的相位中心

7.7.3.1　相位中心的定义，远场相位中心

抛物面天线的工作原理，就是利用抛物面的反射，将由其焦点辐射的球面波变换为平面波。因此要求在抛物面张角 $2\theta_m$ 的范围内，由其焦点处馈源所发出的辐射场应具有球面波特性，即馈源辐射场的相位因子为 $\mathrm{e}^{-\mathrm{j}kr}$，$r$ 从球面的中心算起。这个球面波的中心就称为该馈源的相位中心。并要求该相位中心准确地置于抛物面的焦点。否则，在抛物面口径处便不能形成准确的平面波，即口径面不是严格的等相面。这将使抛物面天线主波束展宽，旁瓣电平升高，增益降低。

实际馈源很少具有真正的相位中心。也就是说它辐射的不是准确的球面波。但是可以这样来定义一个近似相位中心，若以某点为中心的球面上 $2\theta_m$ 范围内的相位偏差总和最小，就把该点取为相位中心。这个球面通常是指在天线远区任意距离处的球面，该中心称为远场相位中心。有时反射面位于馈源的辐射近区，这时我们关心的是馈源在该反射面处的辐射场具有球面波特性。这样，这个球面应指在反射面处的球面，即其半径是给定的，并且这个距离并不满足馈源的远区条件。这时的近似相位中心称为近场相位中心。

根据上述定义，馈源在 φ = 常数平面上的远场相心公式推导如下。如图 7.7-16 所示，以馈源口径中心 O 为原点时 P 点场表达式为

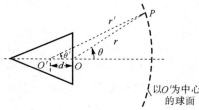

图 7.7-16 馈源相位中心的计算

$$E(\theta) = AF(\theta)\,\mathrm{e}^{\mathrm{j}\psi(\theta)}\,\mathrm{e}^{-\mathrm{j}kr}/r \qquad (7.7\text{-}46)$$

式中 $F(\theta)$ 是远场振幅的方向函数，为绝对值。若馈源相心在 O' 点，则场表达式为(因观察点 P 位于远区，可以认为 $\theta' \approx \theta$，$1/r' \approx 1/r$)：

$$E(\theta) = AF(\theta)\,\mathrm{e}^{\mathrm{j}\psi'}\,\mathrm{e}^{-\mathrm{j}kr'}/r \qquad (7.7\text{-}47)$$

式(7.7-46)中相位项 $\psi(\theta) - kr$ 是计算的 P 点场相位，式(7.7-47)中相位项 $\psi' - kr'$ 代表以 O' 点为中心的球面上场的相位。二者差值 Δ 代表了以 O' 点为中心的球面上实际场的相位偏差：

$$\Delta = \left[\psi(\theta) - kr\right] - \left[\psi' - kr'\right] \approx kd\cos\theta + \psi(\theta) - \psi' \qquad (7.7\text{-}48)$$

把 $2\theta_m$ 分成 N 等分，各点相位偏差的均方和为

$$\sigma^2 = \sum_{i=0}^{N}\Delta_i^2 = \sum_{i=0}^{N}\left[kd\cos\theta_i + \psi(\theta_i) - \psi'\right]^2 \qquad (7.7\text{-}49)$$

运用极小值条件：

$$\begin{cases} \dfrac{\partial\sigma^2}{\partial\psi'} = 0 \\[2mm] \dfrac{\partial\sigma^2}{\partial(kd)} = 0 \end{cases} \qquad (7.7\text{-}50)$$

得

$$\sum_{i=0}^{N}\left[kd\cos\theta_i + \psi(\theta_i) - \psi'\right] = 0 \qquad (7.7\text{-}51)$$

及

$$\sum_{i=0}^{N}\left[kd\cos\theta_i + \psi(\theta_i) - \psi'\right]\cos\theta_i = 0 \qquad (7.7\text{-}52)$$

联立式(7.7-51)和式(7.7-52)，得

$$kd = \frac{(N+1)\sum\limits_{i=0}^{N}\psi(\theta_i)\cos\theta_i - \left[\sum\limits_{i=0}^{N}\psi(\theta_i)\right]\left[\sum\limits_{i=0}^{N}\cos\theta_i\right]}{\left[\sum\limits_{i=0}^{N}\cos\theta_i\right]^2 - (N+1)\sum\limits_{i=0}^{N}\cos^2\theta_i} \qquad (7.7\text{-}53)$$

由此式便可确定近似相位中心的位置(在馈源中心线上离口径 d 距离处)。这样确定的是对一个平面而言的相位中心，通常取为 E 面或 H 面。如果这两个正交平面的相心是重合的，可认为它就是馈源的实际相位中心。E 面相心与 H 面相心往往不重合，例如，光壁喇叭就是这样，实用上只有取二者之间的某个中间位置作为近似相心，并称这种情形为"没有明确的相位中心"。

实用上为计算方便，也往往取馈源中心轴上辐射场波前的曲率中心作为近似相位中心。根据式(7.7-46)，不难证明(习题7.7-6)：

$$kd = \left[\frac{\partial^2\psi(\theta)}{\partial\theta^2}\right]_{\theta=0} = \left(\frac{a}{\lambda}\right)^2\left[\frac{\partial^2\psi(u)}{\partial u^2}\right]_{u=0} \qquad (7.7\text{-}54)$$

7.7.3.2 近场相位中心

下面介绍近场相位中心的一种计算方法。如图 7.7-16 所示，设观察点 P 位于馈源辐射近区，则以 O' 为坐标原点时的场表达式为

$$E(\theta') = AF'(\theta')\,\mathrm{e}^{\mathrm{j}\psi'(\theta')}\,\mathrm{e}^{-\mathrm{j}kr'}/r' \qquad (7.7\text{-}55)$$

这时不能再用 $\theta' \approx \theta$ 的近似。θ' 与 θ 的对应关系可由三角形 $\triangle O'PO$ 几何关系得出：

$$\frac{r}{\sin\theta'} = \frac{r'}{\sin(\pi-\theta)} = \frac{r'}{\sin\theta}$$

$$r = \sqrt{r'^2 - 2dr'\cos\theta' + d^2} = r'\sqrt{1 - 2\frac{d}{r'}\cos\theta' + \left(\frac{d}{r'}\right)^2}$$

故

$$\frac{\sin\theta'}{\sin\theta} = \frac{r}{r'} = g, \quad g = \sqrt{1 - 2\frac{d}{r'}\cos\theta' + \left(\frac{d}{r'}\right)^2} \qquad (7.7\text{-}56)$$

当满足上述对应关系时,式(7.7-53)和式(7.7-46)描述的是同一点的场,即 $E(\theta')$ 与 $E(\theta)$ 相等。故有

$$\psi'(\theta') - kr' = \psi(\theta) - kr$$

即
$$\psi'(\theta') = \psi(\theta) - kd, \quad d = r'(1-g) \tag{7.7-57}$$

$\psi'(\theta')$ 代表以 O' 为中心,以 r' 为半径的球面上场的相位。因此,若要求该球面上 $2\theta_m$ 范围内场的相位偏差总和最小,也就是要求下式最小:

$$\sigma^2 = \sum_{i=0}^{N} [\psi'(\theta') - \overline{\psi'(\theta')}]^2, \quad \overline{\psi'(\theta')} = \frac{1}{N+1}\sum_{i=0}^{N}\psi'(\theta_i') \tag{7.7-58}$$

根据以上讨论,便可用一个简单的优化程序来确定近场相心位置。即给定 r,取 $r' = r + d$,于是对任意 d 值便可根据 $\psi(\theta)$ 由式(7.7-56)和式(7.7-57)确定 $\psi'(\theta')$,追求式(7.7-58)中 σ^2 最小,所得 d 即确定所需的相心位置。在卡塞格仑天线中通常给定的是 r',这时可以先取一个 r 值,用上述程序得到某 d 值后,再取 $r = r' - d$ 重复运算,这样作二、三次迭代运算即可。此外,文献[19]给出一个简化的近似相心计算公式[5°]。

7.7.3.3　波纹圆锥喇叭的相位中心

用式(7.7-53)计算了波纹圆锥喇叭的远场相位中心。其相位方向图 $\psi(\theta)$ 由式(7.7-44)得出(HE$_{11}$ 模,平衡混合状态),此时 E 面($\varphi=0$)和 H 面($\varphi=\pi/2$)相心位置是相同的。图 7.7-17 给出对不同口径尺寸计算的此相心位置 d 随 ψ_m 的变化,并给出了两组 $2\theta_m$ 值的结果,一是取方向图 -10 dB 点宽度为 $2\theta_m$,另一是取 -18 dB 点宽度为 $2\theta_m$。由图 7.7-17 可见:

1. 当喇叭口径最大相差 ψ_m 增大时,相心位置逐渐由口径中心移向喇叭顶点(图中 l 为喇叭轴向长度,$l = \pi a^2/\lambda\psi_m$)。

2. ψ_m 小时不同 a/λ 的相心最靠近,并且其 -10 dB 相心与 -18 dB 相心比较接近。这就是说,ψ_m 小时相心随频率变化小,并且相位特性好。这是按小 ψ_m 设计的优点。这个特点与普通光壁喇叭是相同的,也正是光壁喇叭馈源往往取小 ψ_m 设计的原因。

3. 可以看到,当 $\psi_m < 0.9\pi$ 左右,-18 dB 相心比 -10 dB 相心离口径远,而当 $\psi_m < 0.9\pi$ 左右则反之,当 $\psi_m \approx 0.9\pi$ 二者重合。这意味着,工作在 $\psi_m \approx 0.9\pi$ 左右时波纹喇叭具有很好的相位特性。这个状态是令人感兴趣的,特别是这时喇叭长度要比小 ψ_m 时短不少。不过这时相位中心随频率的变化较大,因此并不能在宽频带上保持这个特性。

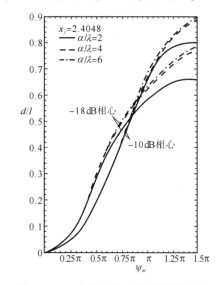

图 7.7-17　波纹圆锥喇叭远场相位中心

习　　题

7.1-1　若将基尔霍夫公式(7.1-9)应用于平面口径 s_0,设口径场 ϕ 传播方向为 $\hat{s}$,试证场点 P 处的场化为

$$\phi(P) = \frac{1}{4\pi}\int_{s_0}\phi\frac{e^{-jkR}}{R}\left[\left(jk + \frac{1}{R}\right)\cos(\hat{n},\hat{R}) + jk\cos(\hat{n},\hat{s})\right]ds \tag{7-1}$$

式中 $(\hat{n},\hat{R})$ 代表 s_0 面上源点处该面的外法向单位矢 $\hat{n}$ 与源点至场点 P 的矢径单位矢 $\hat{R}$ 之间的夹角,$(\hat{n},\hat{s})$ 为 $\hat{n}$ 与 $\hat{s}$ 之间的夹角。

7.1-2　用直接积分法公式(7.1-6)导出电流元 Il 的远场式(1.2-11)。

7.1-3　利用式(7.1-17a)证明:远场 $\overline{E}(P)$ 可分解为两个横向场 E_θ 和 E_φ:

$$\begin{cases} E_\theta = \dfrac{-jk\eta}{4\pi r}e^{-jkr}\int\left[\overline{J}_s \cdot \hat{\theta} + \dfrac{1}{\eta}\overline{J}_s^m \cdot \hat{\varphi}\right]e^{jk\overline{\rho}\cdot\hat{r}}ds \tag{7-2a} \\[4mm] E_\varphi = \dfrac{-jk\eta}{4\pi r}e^{-jkr}\int\left[\overline{J}_s \cdot \hat{\varphi} - \dfrac{1}{\eta}\overline{J}_s^m \cdot \hat{\theta}\right]e^{jk\overline{\rho}\cdot\hat{r}}ds \tag{7-2b} \end{cases}$$

7.2-1　在角锥喇叭口径处的波阻抗为

$$\eta = \frac{\eta_0}{\sqrt{1 - \left(\frac{\lambda}{2a_h}\right)^2}} = p\eta_0 \tag{7-3}$$

因此口径 s_0 上电磁场的一般关系可表示为

$$\bar{H}_a = \frac{1}{p\eta_0}\hat{n} \times \bar{E}_a \tag{7-4}$$

请用口径场法的模式 a 证明:此口径的远场分量 E_θ 和 E_φ 分别为

$$\begin{cases} E_\theta = \frac{jk}{4\pi r}e^{-jkr}\left(1 + \frac{1}{p}\cos\theta\right)\int_{s_0}\left[E_x\cos\varphi + E_y\sin\varphi\right]e^{jkp\cdot\hat{r}}ds & (7\text{-}5a) \\ E_\varphi = \frac{jk}{4\pi r}e^{-jkr}\left(\frac{1}{p} + \cos\theta\right)\int_{s_0}\left[-E_x\sin\varphi + E_y son\varphi\right]e^{jkp\cdot\hat{r}}ds & (7\text{-}5b) \end{cases}$$

7.2-2　推导式(7.2-9)。

7.2-3　推导式(7.2-10)。

7.2-4　根据惠更斯元的远场式(1.4-8)导出平面口径的远场公式(7.2-17)。

7.2-5　对位于辐射近区的场点 $P(r,\theta,\varphi)$,在式(7-1)中取 $kR \gg 1$,$1/R \approx 1/r$,但指数相位中的 R 要用计入平方相差项的近似式;$\cos(\hat{n},\hat{R}) \approx \cos\theta$,并设 $\cos(\hat{n},\hat{s}) \approx 1$。试证:

$$\phi(P) = \frac{jk}{4\pi r}e^{-jkr}(1 + \cos\theta)\int_{s_0}\phi e^{jk[x\sin\theta\cos\varphi + y\sin\theta\sin\varphi - (x^2+y^2)/2r]}dxdy \tag{7-6}$$

7.2-6　推导式(7.2-14)。

Δ7.3-1　设同相矩形口径尺寸为 $a \times b$,$a = 20\lambda$,$b = 17\lambda$,λ 为工作波长,其口径上电场为:$\bar{E}_a = \hat{y}E_y$,$E_y = E_0\cos(\pi x/a)\cos(\pi y/b)$。求该矩形口径的 H 面方向函数和 H 面半功率波瓣宽度 HP,其口径效率及天线增益。

7.3-2　设同相矩形口径尺寸为 $a \times b$,口径场分布如下。试求远场方向函数及口径效率:

1) $E_y = E_0\cos(\pi x/a)\cos(\pi y/b)$;

2) $E_y = E_0[a_1 + (1 - a_1)\cos(\pi x/a)]$,$a_1 = 0.2$。

7.3-3　设同相矩形口径尺寸为 $a \times b$,口径场分布为奇函数 $g(x) = \sin(2\pi x/a)$。求远场方向函数及斜率比 k_r,k_r:波束零值方向上场强变化的斜率。

7.4-1　设直径为 d 的圆形口径的口径场分布为

$$E_a = E_0(1 - \rho_1^2)^2,\quad \rho_1 = \rho'/(d/2)$$

试导出其远场方向函数,求其口径效率。

7.4-2　设同相圆口径的场分布为

$$E_a = E_0[a_1 + (1 - a_1)(1 - \rho_1^2)^n],\quad \rho_1 = \rho'/(d/2)$$

试证其口径效率为

$$e_a = \frac{[a_1 + (1 - a_1)/(n + 1)]^2}{a_1^2 + 2a_1(1 - a_1)/(n + 1) + (1 - a_1)^2/(2n + 1)} \tag{7-7}$$

7.4-3　同相圆口径的切割高斯分布为 $E_a/E_0 = e^{-N\rho_1^2}$,$\rho_1 = 2\rho'/d$,请导出其空间因子方向图函数,求其口径效率。

7.5-1　设矩形口径沿其 a 边场分布为 $g(x_1)\exp[-j\psi_2 x_1^2]$,$x_1 = x/(a/2)$。当 ψ_2 较小,平方律相位因子可展开为下述级数:

$$e^{-j\psi_2 x_1^2} = \sum_{m=0}^{\infty}(-j)^m\frac{\psi_2^m}{m!}x_1^{2m} \tag{7-8}$$

试证:ψ_2 很小时,其方向函数可表示为[8]:

$$F(u) \approx \left|F_0(u) + j\psi_2 F_0''(u) - \frac{\psi_2^2}{2}F_0^{(4)}(u)\right| \tag{7-9}$$

式中

$$F_0(u) = \frac{a}{2} \int_{-1}^{1} g(x_1) e^{jux_1} dx_1, \quad u = \frac{ka}{2} \sin \theta \tag{7-10}$$

7.5-2 设矩形口径沿其 a 边场分布为 $g(x_1) \exp[-j\psi_3 x_1^3]$, $x_1 = x/(a/2)$。当 ψ_3 较小，立方律相位因子可展开为下述级数：

$$e^{-j\psi_3 x_1^3} = \sum_{m=0}^{\infty} (-j)^m \frac{\psi_3^m}{m!} x_1^{3m} \tag{7-11}$$

试证：ψ_3 很小时，其方向函数可表示为[8]：

$$F(u) \approx |F_0(u) + \psi_3 F_0^m(u)| \tag{7-12}$$

式中 $F_0(u)$ 和 u 见式(7-10)。

7.6-1 已知 H 面扇形喇叭天线下列尺寸：$a_h = 50$ cm, $R_H = 80$ cm, $a = 7.2$ cm, $b = 3.4$ cm。试计算天线的增益 G 和口径效率 e_a：1) $\lambda = 10$ cm，2) $\lambda = 8$ cm。

7.6-2 写出 7.6-1 题天线的 H 面方向图公式，编程画出其 H 面方向图。

7.6-3 E 面扇形喇叭天线的尺寸为 $a = 7.2$ cm, $b_h = 15$ cm, $R_E = 10$ cm, 试计算天线的口径效率 e_a 和增益 G。

7.6-4 要求标准增益喇叭天线增益 $G = 200$, $\lambda = 10$ cm, 馈电波导为 S 波段标准波导 BJ-32：$a = 7.214$ cm, $b = 3.404$ cm, 试选定此喇叭的尺寸 a_h、b_h、R_E 和 R_H, 并求其口径效率 e_a。

7.6-5 要求角锥喇叭天线的 E 面和 H 面半功率宽度相同，均为 8°，工作波长为 $\lambda = 3.2$ cm, 馈电波导为 X 波段标准波导 BJ-100, 试选定此喇叭的尺寸 a_h、b_h、R_E 和 R_H, 并求其口径效率 e_a。

7.7-1 由式(7.2-7)导出式(7.7-3)。

7.7-2 设双模圆锥喇叭口径上 TE$_{11}$ 模和 TM$_{11}$ 模在口径中心处的场强比为 M$_{11}$，二者波阻抗分别为 $\eta_H = p_H \eta_0$, $\eta_E = p_E \eta_0$。若不计口径上各点场的相位误差，试利用式(7-5)导出其远场分量：

$$\begin{cases} E_{\theta T} = \frac{jka^2}{4r} e^{-jkr} A_{11} \left[\left(1 + \frac{1}{p_H} \cos\theta\right) \frac{J_1(\chi_{11})}{\chi'_{11}} + \left(1 + \frac{1}{p_E}\cos\theta\right) M_{11} \frac{J'_1(\chi_{11})}{1 - (\chi_{11}/u)^2} \right] \frac{2J_1(u)}{u} \sin\varphi \\ E_{\varphi T} = -\frac{jka^2}{4r} e^{-jkr} A_{11} \left(\frac{1}{p_H} + \cos\theta\right) \frac{J_1(\chi'_{11})}{\chi'_{11}} \frac{2J'_1(u)}{1 - (u/\chi'_{11})^2} \cos\varphi \end{cases} \tag{7-13}$$

7.7-3 设双模圆锥喇叭口径处 TM$_{11}$ 模对 TE$_{11}$ 模的模比 M$_{11} = 0.51$, 试求此二模辐射功率比(不计欧姆损失和失配损失)。

7.7-4 导出式(7.7-25)。

7.7-5 推导下列公式：1)式(7.7-39)；2)式(7.7-41)。

7.7-6 写出波纹圆锥喇叭工作于平衡混合的 HE$_{11}$ 模, $\psi_m = 0$ 时的主面方向函数公式；设 $a = 1.3\lambda$, 编程画出其主面方向图。

7.7-7 推导式(7.7-52)。

第8章 反射面天线及透镜天线

8.1 引　言

　　反射面天线和透镜天线是口径天线的两种主要形式。二者都利用了聚焦原理，即将辐射球面波的馈源置于焦点，然后利用聚焦系统来形成同相口径。它们的不同在于，前者通过电磁波在反射面上的反射来形成口径处的平面波前；而后者则利用电磁波在通过透镜过程中的相位补偿，在口径处形成平面波前，即分别是反射式和通过式聚焦系统。

　　由于反射面天线结构简单，易于设计且性能优越，因而在分米波段到毫米波段获得广泛的应用，包括卫星通信、远程通信、跟踪雷达、气象雷达和射电天文望远镜等。透镜天线相对来说较为复杂、笨重，造价较高，主要应用于微波扫描系统等。图 8.1-1 给出了它们的一些实例。

(a) 上海金茂大厦旁的卫星通信反射面天线群

(b) 某观测站合成孔径射电望远镜的28副直径9米抛物面天线

(c) 德国埃弗尔斯堡(Effelsberg)直径 100 m 全可控射电望远镜天线

(d) 波多黎各岛阿雷西博(Arecibo)天文台利用山谷建成的直径 305 m 球面反射面天线

(e) 美国机载微波遥感计 PSR/C 上的波纹喇叭-透镜天线

图 8.1-1　反射面天线和透镜天线举例

本章将主要讨论抛物反射面天线特性的分析与设计[1][6°]。反射面天线的分析从根本上说，仍是电磁场的边值型问题。正如 7.1.1 节中所介绍的，通常把它处理为分布型问题，即采用两步解法，先求出天线上的场源或等效场源分布，再根据该分布来求外场。具体方法可分成三大类，如图 8.1-2 所示。图中也列出一些方法的修改和发展。

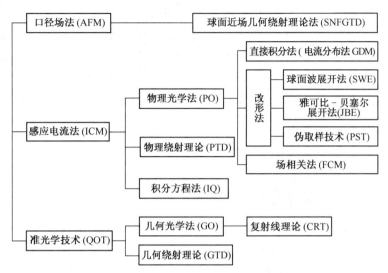

图 8.1-2　反射面天线分析方法

口径场法已在上章作了介绍。当它应用于反射面天线时，经典的做法是取反射面的口径平面及其背面作为封闭面，利用几何光学近似来确定口径场并忽略背面电流的贡献。由于只需进行平面积分，方法简单而获得广泛应用。但一般来说，只能在离反射面轴向约几个波束宽度的近轴角度范围内给出精确的结果。方法的发展之一是巴赫(H. Bach)等人提出的"球面近场几何绕射理论法"。它避开几何绕射理论的散焦问题，不通过它直接计算远场，而是先得出位于反射面近区的封闭面上的场，然后利用球面波展开法由该场来得出远场。

感应电流法是最广泛应用的一类方法。它直接由馈源场在反射面上感应的电流求外场。从原理上说，可利用积分方程法求感应电流，例如通过矩量法来求出感应电流积分方程的数值解。但是由于计算时间长，即使对中等尺寸的反射面，也很少这样处理。通常采用物理光学近似来得出反射面上的感应电流。这是基于当地平面波的反射特性，并忽略了边缘效应，因此也只对远场主瓣和几个近旁瓣区域给出准确的结果。

由感应电流求其外场的积分(称为辐射积分)通常是曲面上的二维积分。特别是，由于其相位因子的效应，被积函数是剧烈振荡的。因而除了对每个场点都求积分的"直接法"外，发展了许多"改形法"，目的是避免或减少对每个场点都进行整个数值积分的计算量。这类方法主要有球面波展开法，雅可比-贝塞尔展开法和伪取样技术；此外还发展了"场相关法"等。

物理光学法另一方面的改进是利用尤费姆塞夫(P. Y. Ufimtsev)的物理绕射理论(PTD)来计入边缘电流的效应。它与几何绕射理论相似，也是由典型问题的求解来找出物理光学近似解与精确解的差别，从而得到附加电流修正项。但该项积分一般较为复杂。

第三类方法包括几何光学法和一些准光学技术。经典的几何光学又称射线(ray)理论，是麦氏方程在高频条件下的渐近解。它只计入入射线、反射线和折射线的贡献。为计入散射体表面的不连续(边缘或尖端，或掠过曲面等)的影响，凯勒(J. B. Keller)引入绕射线来修正几何光学场，称为几何绕射理论(GTD)。它只需通过射线求迹来得出各射线对场的相应贡献，然后相叠加而得出总场。由于其方法简便、概念明确，已用于许多面天线问题的计算。但它在某些区域(如反射面聚焦区、阴影和反射边界附近)是失效的。为此又发展了一致性绕射理论(UTD)和一致性渐近理论(UAT)。

射线理论的又一发展是复射线理论[2]，首先由凯勒提出而由费尔森(L. B. Felsen)等人做了发展。它将射线理论由实空间延拓到复空间。基于复变函数解析延拓的原理，它对实空间的场源赋以适当虚部而得出复空间的复源点。从复源点出发沿复空间的射线轨迹传播的射线就称为复射线。这时所有的场点仍保持在实空间(可见空间)。这样，沿用经典的射线理论，可追踪复射线的轨迹，进而确定场点的复射线场。由于避免了场源电流或表面初始场的积分运算，只需追踪并叠加有限个复射线分量，因而这种方法有其简便性，已用于分析旋转双曲面和抛物面。

8.2　抛物面天线的远场特性

8.2.1　抛物面几何关系和几何光学特性

抛物面天线早在第二次世界大战时期就作为炮瞄雷达天线而大显神威;20 世纪 60 年代以后它又相继用做微波中继通信天线和卫星地球站天线而广为人知。从几何学来说，将抛物线绕其轴旋转，便形成一旋转抛物面，如图 8.2-1 所示。抛物面上点的坐标方程为：

$$柱坐标(以 O' 为原点)：\quad \rho^2 = 4fz \tag{8.2-1}$$

$$直角坐标(以 O' 为原点)：\quad x^2 + y^2 = 4fz \tag{8.2-2}$$

式中 f 是由抛物面顶点 O' 至焦点 F 的距离，即焦距。更便于应用的是以焦点 F 为原点的球坐标系。抛物面上任意点 M 的球坐标为(r', θ', φ')，于是有

$$r'\sin\theta' = \rho$$

$$r'\cos\theta' = f - z$$

上二式平方后相加，得

$$r' = \sqrt{\rho^2 + (f-z)^2} = \sqrt{4fz + f^2 - 2fz + z^2} = f + z = 2f - r'\cos\theta'$$

故

$$r' = \frac{2f}{1 + \cos\theta'} = \frac{f}{\cos^2\dfrac{\theta'}{2}} \tag{8.2-3}$$

这是抛物面上点以 F 为原点的球坐标方程。

抛物面的几何参数为:直径 d, 焦距 f, (半)张角 θ_m。因

$$\rho = r'\sin\theta' = \frac{f}{\cos^2(\theta'/2)} 2\sin\frac{\theta'}{2}\cos\frac{\theta'}{2} = 2f\tan\frac{\theta'}{2} \tag{8.2-4}$$

则

$$\frac{d}{2} = 2f\tan\frac{\theta_m}{2} \quad 或 \quad \tan\frac{\theta_m}{2} = \frac{d}{4f} \tag{8.2-5}$$

可见 d, f, θ_m 三量中只有两个是独立的, 任知其中两个(如 d, f)便可确定抛物面。θ_m 与焦距直径比 f/d 的关系曲线如图 8.2-2 所示。若 $f/d = 0.4$, 查得 $2\theta_m = 128°$, $\theta_m = 64°$。

根据几何光学，若把一个点光源置于抛物面焦点 F, 经抛物面反射后, 反射线都是与轴线平行的平行光(平面波)。证明如下。

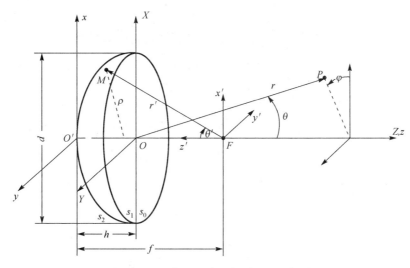

图 8.2-1　抛物面天线几何关系和坐标系

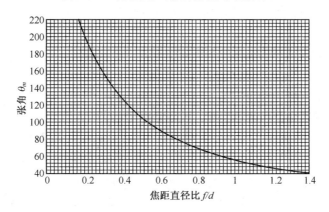

图 8.2-2　抛物面的张角与焦径比的关系曲线

设由焦点 F 发出的任意射线对抛物面的入射角为 α，反射角为 β，如图 8.2-3 所示，图中 $\hat{n}$ 为抛物面法线方向单位矢。$\alpha = 90° - \gamma$，γ 是入射线 $\hat{r}'$ 与抛物面上 M 点处切平面的夹角，并有

$$\tan \gamma = r' / \frac{\mathrm{d}r'}{\mathrm{d}\theta'} = \frac{f}{\cos^2(\theta'/2)} / f \cos^{-3}(\theta'/2) \sin(\theta'/2)$$

$$= \cot(\theta'/2) = \tan(90° - \theta'/2)$$

故 $\gamma = 90° - \theta'/2$，即 $\alpha = \theta'/2$。根据几何光学反射定律，$\beta = \alpha$，则 $\beta = \theta'/2$。因此 $\alpha + \beta = \theta'$，即任意反射线都与轴线相平行。

此时由焦点 F 发出的任意射线经反射后到达口径所经过的波程为

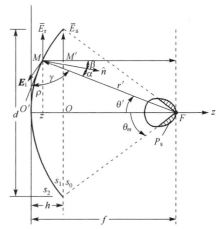

图 8.2-3　抛物面几何光学特性的证明

$$\overline{FM} + \overline{MM'} = r' + r' \cos \theta' - (f - h) = f + h \qquad (8.2\text{-}6)$$

式中 h 是抛物面顶点 O' 至其口径面的深度，可见此波程为常数。这说明各反射线到达口径时具有相同的相位(同相口径)。因此抛物面的几何光学特性就是，将由焦点发出的球面波

经其反射后变换成平面波。反之,当它用于接收时,它能将沿其轴向传来的平面波经反射后聚焦到焦点上。这是一个光学聚焦系统,与聚光探照灯是同样的原理。

8.2.2　口径场法分析

8.2.2.1　口径场

将利用几何光学近似(GO)来导出口径场,其近似条件是:$d \gg \lambda$, $f \gg \lambda$。设入射电场为 $\bar{E}_i$,其反射场为 $\bar{E}_r$,抛物面法向单位矢为 $\hat{n}$,由理想导体表面边界条件可知:

$$\hat{n} \times \bar{E}_r = -\hat{n} \times \bar{E}_i \tag{8.2-7}$$

根据几何光学反射定律,$|\bar{E}_r| = |\bar{E}_i|$,因而有

$$\hat{n} \cdot \bar{E}_r = \hat{n} \cdot \bar{E}_i \tag{8.2-8}$$

因　　　　　$\hat{n} \times (\hat{n} \times \bar{E}_r) = (\hat{n} \cdot \bar{E}_r)\hat{n} - (\hat{n} \cdot \hat{n})\bar{E}_r = (\hat{n} \cdot \bar{E}_r)\hat{n} - \bar{E}_r$

同理,　　　　　$\hat{n} \times (\hat{n} \times \bar{E}_i) = (\hat{n} \cdot \bar{E}_i)\hat{n} - \bar{E}_i$

相加上二式并将式(8.2-7)和式(8.2-8)代入,得

$$\bar{E}_r = 2(\hat{n} \cdot \bar{E}_i)\hat{n} - \bar{E}_i \tag{8.2-9}$$

研究馈源沿 x 向极化的情形,馈源辐射场一般可表达为

$$\begin{cases} \bar{E}_i(r', \theta', \varphi') = [\hat{\theta}' f_E(\theta')\cos\varphi' - \hat{\varphi}' f_H(\theta')\sin\varphi']Be^{-jkr'}/r' \\ \bar{H}_i(r', \theta', \varphi') = (1/\eta)\,\hat{r}' \times \bar{E}_i \end{cases} \tag{8.2-10}$$

式中(r', θ', φ')是抛物面上点的球坐标,其对应的直角坐标为(x', y', z'),坐标原点是抛物面焦点 F(见图 8.2-1)。抛物面天线场点的球坐标取为(r, θ, φ),其直角坐标为(X, Y, Z),原点位于口径面上 O 点。式(8.2-10)表明,当 $\varphi' = 0$ 时,$\bar{E}_i$ 为 $\hat{\theta}'$ 方向,即 $\varphi' = 0$ 为 E 面,该面馈源方向图为 $f_E(\theta')$;当 $\varphi' = 90°$ 时,$\bar{E}_i$ 为 $\hat{\varphi}'$ 方向即 $-\hat{x}'$ 向,故 $\varphi' = 90°$ 为 H 面,该面馈源方向图为 $f_H(\theta')$。因子 $e^{-jkr'}/r'$ 表示 $\bar{E}_i$ 和 $\bar{H}_i$ 是由 F 点发出的球面波。

如图 8.2-3 所示,作图将抛物面法线方向单位矢 $\hat{n}$ 分解,由几何关系可得①

$$\hat{n} = -\hat{r}'\cos\frac{\theta'}{2} + \hat{\theta}'\sin\frac{\theta'}{2} \tag{8.2-11}$$

由式(8.2-9)、式(8.2-10)和式(8.2-11)求得抛物面处反射电场为

---

① 也可利用微分几何导出。由微分几何学可知,抛物面法线方向单位矢量为

$$\hat{n} = -\bar{r}'_{\theta'} \times \bar{r}'_{\varphi'} / |\bar{r}'_{\theta'} \times \bar{r}'_{\varphi'}| \tag{8.2-12}$$

$\bar{r}'_{\theta'}$ 和 $\bar{r}'_{\varphi'}$ 分别为 $\bar{r}'$ 对 θ' 和 φ' 的微分:

$$\hat{r}' = \hat{x}'r'\sin\theta'\cos\varphi' + \hat{y}'r'\sin\theta'\sin\varphi' + \hat{z}'r'\cos\theta'$$

$$= 2f\left[\hat{x}'\tan\frac{\theta'}{2}\cos\varphi' + \hat{y}'\tan\frac{\theta'}{2}\sin\varphi' + \hat{z}'\left(1 - \frac{1}{2}\sec^2\frac{\theta'}{2}\right)\right] \tag{8.2-13}$$

$$\bar{r}'_{\theta'} = f\left[\hat{x}'\sec^2\frac{\theta'}{2}\cos\varphi' + \hat{y}'\sec^2\frac{\theta'}{2}\sin\varphi' - \hat{z}'\sec^2\frac{\theta'}{2}\tan\frac{\theta'}{2}\right]$$

$$\bar{r}'_{\varphi'} = 2f\left[-\hat{x}'\tan\frac{\theta'}{2}\sin\varphi' + \hat{y}'\tan\frac{\theta'}{2}\cos\varphi'\right]$$

故　　　　　　　　　　　　　$|r'_{\theta'} \times r'_{\varphi'}| = 2f^2\sec^3\frac{\theta'}{2}\tan\frac{\theta'}{2}$

利用附录表 A-2 后得

$$\hat{n} = -\left[\hat{x}'\sin\frac{\theta'}{2}\cos\varphi' + \hat{y}'\sin\frac{\theta'}{2}\sin\varphi' + \hat{z}'\cos\frac{\theta'}{2}\right] = -\hat{r}'\cos\frac{\theta'}{2} + \hat{\theta}'\sin\frac{\theta'}{2} \tag{8.2-11}$$

$$\bar{E}_{\mathrm{r}} = -\left[\hat{r}'f_{\mathrm{E}}(\theta')\sin\theta'\cos\varphi' + \hat{\theta}'f_{\mathrm{E}}(\theta')\cos\theta'\cos\varphi' - \hat{\varphi}'f_{\mathrm{H}}(\theta')\sin\varphi'\right]Be^{-\mathrm{j}kr}/r \quad (8.2\text{-}14)$$

根据几何光学反射定律，反射线与轴线相平行，至口径的波程 $\overline{MM'} = h - z$。从焦点算起的总波程为式(8.2-6)，故口径场为

$$\bar{E}_{\mathrm{a}} = \bar{E}_{\mathrm{r}}e^{-\mathrm{j}k(h-z)}$$

$$= -\left[\hat{r}'f_{\mathrm{E}}(\theta')\sin\theta'\cos\varphi' + \hat{\theta}'f_{\mathrm{E}}(\theta')\cos\theta'\cos\varphi' - \hat{\varphi}f_{\mathrm{H}}(\theta')\sin\varphi'\right]Be^{-\mathrm{j}k(f+h)}/r'$$

$$(8.2\text{-}15)$$

利用表 A-2 作坐标变换，得

$$\bar{E}_{\mathrm{a}} = -\left\{\hat{x}'\left([f_{\mathrm{E}}(\theta') + f_{\mathrm{H}}(\theta')] + [f_{\mathrm{E}}(\theta') - f_{\mathrm{H}}(\theta')]\cos 2\varphi'\right) + \right.$$
$$\left.\hat{y}'[f_{\mathrm{E}}(\theta') - f_{\mathrm{H}}(\theta')]\sin 2\varphi'\right\}Be^{-\mathrm{j}k(f+h)}/2r' \quad (8.2\text{-}15\mathrm{a})$$

例 8.2-1　设馈源为 $\hat{x}'$ 向电流元。由式(1.2-11)可知，其辐射场为

$$\bar{E}_{\mathrm{i}} = \hat{e}_{\mathrm{i}}\mathrm{j}\eta\frac{kIl}{4\pi r'}\sin\theta_{\mathrm{or}}e^{-\mathrm{j}kr'} \quad (8.2\text{-}16)$$

式中 θ_{or} 为 $\hat{x}'$ 轴与矢径 $\hat{r}'$ 的夹角；$\hat{e}_{\mathrm{i}}$ 为馈源辐射电场单位矢，可利用式(7.1-18a)表达为

$$\hat{e}_{\mathrm{i}} = \frac{\hat{r}' \times (\hat{x}' \times \hat{r}')}{|\hat{r}' \times (\hat{x}' \times \hat{r}')|} = \frac{\hat{x}' - (\hat{r}' \cdot \hat{x}')\hat{r}'}{|\hat{x}' - (\hat{r}' \cdot \hat{x}')\hat{r}'|} = \frac{\hat{\theta}'\cos\theta'\cos\varphi' - \hat{\varphi}'\sin\hat{\varphi}'}{\sqrt{1 - \sin^2\theta'\cos^2\varphi'}} \quad (8.2\text{-}17)$$

$$\cos\theta_{\mathrm{or}} = \hat{r}' \cdot \hat{x}' = \sin\theta'\cos\varphi', \quad \sin\theta_{\mathrm{or}} = \sqrt{1 - \sin^2\theta'\cos^2\varphi'} \quad (8.2\text{-}18)$$

故式(8.2-16)可写为

$$\bar{E}_{\mathrm{i}} = \left[\hat{\theta}'\cos\theta'\cos\varphi' - \hat{\varphi}'\sin\varphi'\right]\mathrm{j}\eta\frac{kIl}{4\pi r'}e^{-\mathrm{j}kr'} \quad (8.2\text{-}19)$$

与式(8.2-10)相比较可知：

$$f_{\mathrm{E}}(\theta') = \cos\theta', \quad f_{\mathrm{H}}(\theta') = 1, \quad B_{\mathrm{e}} = \mathrm{j}\eta\frac{kIl}{4\pi} \quad (8.2\text{-}20)$$

由此代入式(8.2-15a)，得其口径场为

$$\bar{E}_{\mathrm{a}} = -\left\{\hat{x}'\left[(1 + \cos\theta') - (1 - \cos\theta')\cos 2\varphi'\right] - \hat{y}'(1 - \cos\theta')\sin 2\varphi'\right\} \cdot$$
$$B_{\mathrm{e}}e^{-\mathrm{j}k(f+h)}/2r' \quad (8.2\text{-}21)$$

直接由 $\bar{E}_{\mathrm{i}}$ 求 $\bar{E}_{\mathrm{r}}$，同样可得出 $\bar{E}_{\mathrm{a}}$ 的这一表达式。

例 8.2-2　若馈源为 $\hat{y}'$ 向磁流元。由式(1.3-9)可知，其远区电场为

$$\bar{E}_{\mathrm{i}} = \hat{e}_{\mathrm{i}}\frac{kI^m l}{4\pi r'}\sin\theta_{\mathrm{or}}e^{-\mathrm{j}kr'} \quad (8.2\text{-}22)$$

$$\hat{e}_{\mathrm{i}} = \frac{\hat{r}' \times \hat{y}'}{|\hat{r}' \times \hat{y}'|} = \frac{\hat{x}'\cos\theta' + \hat{z}'\sin\theta'\cos\varphi'}{\sqrt{1 - \sin^2\theta'\sin^2\varphi'}} = \frac{\hat{\theta}'\cos\varphi' - \hat{\varphi}'\cos\theta'\sin\varphi'}{\sqrt{1 - \sin^2\theta'\sin^2\varphi'}} \quad (8.2\text{-}23)$$

$$\cos\theta_{\mathrm{or}} = \hat{r}' \cdot \hat{y}' = \sin\theta'\sin\varphi', \quad \sin\theta_{\mathrm{or}} = \sqrt{1 - \sin^2\theta'\sin^2\varphi'} \quad (8.2\text{-}24)$$

故式(8.2-22)可写为

$$\bar{E}_{\mathrm{i}} = \left[\hat{\theta}'\cos\varphi' - \hat{\varphi}'\cos\theta'\sin\varphi'\right]\mathrm{j}\eta\frac{kIl}{4\pi r'}e^{-\mathrm{j}kr'} \quad (8.2\text{-}25)$$

即

$$f_{\mathrm{E}}(\theta') = 1, \quad f_{\mathrm{H}}(\theta') = \cos\theta', \quad B_{\mathrm{m}} = \mathrm{j}\frac{kI^m l}{4\pi} \quad (8.2\text{-}26)$$

代入式(8.2-15a)，得其口径场为

$$\bar{E}_{\mathrm{a}} = -\left\{\hat{x}'\left[(1 + \cos\theta') + (1 - \cos\theta')\cos^2\varphi'\right] + \hat{y}'(1 - \cos\theta')\sin^2\varphi'\right\} \cdot B_{\mathrm{m}}e^{-\mathrm{j}k(f+h)}/2r'$$

$$(8.2\text{-}27)$$

例 8.2-3　由上二例直接可得出馈源为惠更斯元时的口径场。设其面上场为 $\bar{E}_{af} = \hat{x}E_x$，$\bar{H}_{af} = \hat{y}E_x/\eta$，则其等效源为 $\bar{J}_s = -\hat{x}E_x/\eta$，$\bar{J}_s^m = \hat{y}E_x$。它们的辐射场可分别用式 (8.2-19) 和式 (8.2-25) 得出，取 $Il = -(E_x/\eta)\mathrm{d}x\mathrm{d}y$，$I^m l = -E_x\mathrm{d}x\mathrm{d}y$：

$$\bar{E}_i = -\left[\hat{\theta}'(1 + \cos\theta')\cos\varphi' - \hat{\varphi}'(1 + \cos\theta')\sin\varphi'\right]\mathrm{j}\frac{kE_x\mathrm{d}x\mathrm{d}y}{4\pi r'}\mathrm{e}^{-jkr'} \qquad (8.2\text{-}28)$$

即

$$f_E(\theta') = f_H(\theta') = 1 + \cos\theta', \quad B = -\mathrm{j}\frac{kE_x\mathrm{d}x\mathrm{d}y}{4\pi} \qquad (8.2\text{-}29)$$

故它所形成的口径场为

$$\bar{E}_a = -\hat{x}'(1 + \cos\theta')Be^{-jk(f+h)}/r' \qquad (8.2\text{-}30)$$

我们注意到，此时口径场无交叉极化分量。由式 (8.2-15a) 可知，对这类馈源，只要 $f_E(\theta') = f_H(\theta')$，即馈源方向图轴对称，口径场便无交叉极化分量。上述三个例子的口径场分布如图 8.2-4 所示[3]，可见例 8.2-3 情形正是例 8.2-1 和例 8.2-2 二者之叠加。

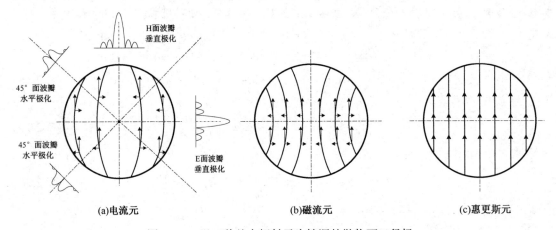

图 8.2-4　以三种基本辐射元为馈源的抛物面口径场

上述结果表明，采用口径型馈源可实现无交叉极化的口径场。作为一般表示，设其馈源方向图轴对称，取 $f_E(\theta') = f_H(\theta') = f(\theta')$，则口径场可表示为

$$\bar{E}_a = -\hat{x}'f(\theta')Be^{-jk(f+h)}/r' \qquad (8.2\text{-}31)$$

8.2.2.2　远场

按模式 a 计算，式 (7.2-7) 积分中指数为 [注意，场点球坐标取为 (r, θ, φ)，其直角坐标为 (X, Y, Z)，X 和 x' 轴同向，但 Y 和 y' 轴反向，Z 和 z' 轴也反向]：

$$\begin{aligned}
\bar{\rho} \cdot \hat{r} &= (\hat{x}'\rho\cos\varphi' + \hat{y}'\rho\sin\varphi') \cdot (\hat{x}\sin\theta\cos\varphi + \hat{y}\sin\theta\sin\varphi + \hat{z}\cos\theta) \\
&= \rho\cos\varphi'\sin\theta\cos\varphi - \rho\sin\varphi'\sin\theta\sin\varphi \\
&= \rho\sin\theta\cos(\varphi' + \varphi) = 2f\tan\frac{\theta'}{2}\sin\theta\cos(\varphi' + \varphi)
\end{aligned} \qquad (8.2\text{-}32)$$

积分面元为

$$\mathrm{d}s = \rho\mathrm{d}\rho\mathrm{d}\varphi' = 2f\tan\frac{\theta'}{2} \cdot f\sec^2\frac{\theta'}{2}\mathrm{d}\theta' \cdot \mathrm{d}\varphi' = 2f^2\tan\frac{\theta'}{2}\sec^2\frac{\theta'}{2}\mathrm{d}\theta'\mathrm{d}\varphi' \qquad (8.2\text{-}33)$$

将式 (8.2-15a)、式 (8.2-32) 和式 (8.2-33) 代入式 (7.2-7)，得

$$
\begin{cases}
E_\theta = \dfrac{-jk}{4\pi r}e^{-jkr}(1+\cos\theta)Be^{-jk(f+h)}\displaystyle\int_0^{\theta_m}\int_0^{2\pi}\big\{\,\big([\,f_E(\theta')+f_H(\theta')\,] \\
\qquad + [\,f_E(\theta')-f_H(\theta')\,]\cos 2\varphi'\big)\cos\varphi+[\,f_E(\theta')-f_H(\theta')\,]\sin 2\varphi'\sin\varphi\big\} \\
\qquad\cdot e^{j2kf\tan\frac{\theta'}{2}\sin\theta\cos(\varphi'+\varphi)}f\tan\dfrac{\theta'}{2}\,d\theta'd\varphi' \\[4pt]
E_\varphi = \dfrac{-jk}{4\pi\,r}e^{-jkr}(1+\cos\theta)Be^{-jk(f+h)}\displaystyle\int_0^{\theta_m}\int_0^{2\pi}\big\{-\big([\,f_E(\theta')+f_H(\theta')\,] \\
\qquad + [\,f_E(\theta')-f_H(\theta')\,]\cos 2\varphi'\big)\sin\varphi+[\,f_E(\theta')-f_H(\theta')\,]\sin 2\varphi'\cos\varphi\big\} \\
\qquad\cdot e^{j2kf\tan\frac{\theta'}{2}\sin\theta\cos(\varphi'+\varphi)}f\tan\dfrac{\theta'}{2}\,d\theta'd\varphi'
\end{cases}
\tag{8.2-34}
$$

上二式中对 φ' 的积分可利用附录 B 式(B-25a)积出，令

$$
v = 2kf\tan\dfrac{\theta'}{2}\sin\theta \tag{8.2-35}
$$

得

$$
\begin{cases}
E_\theta = \dfrac{-jkf}{2r}Be^{-jk(r+f+h)}(1+\cos\theta)\cos\varphi\displaystyle\int_0^{\theta_m}\big\{[\,f_E(\theta')+f_H(\theta')\,]J_0(v) \\
\qquad -[\,f_E(\theta')-f_H(\theta')\,]J_2(v)\big\}\tan\dfrac{\theta'}{2}\,d\theta' \\[4pt]
E_\varphi = \dfrac{jkf}{2r}Be^{-jk(r+f+h)}(1+\cos\theta)\sin\varphi\displaystyle\int_0^{\theta_m}\big\{[\,f_E(\theta')+f_H(\theta')\,]J_0(v) \\
\qquad -[\,f_E(\theta')-f_H(\theta')\,]J_2(v)\big\}\tan\dfrac{\theta'}{2}\,d\theta'
\end{cases}
\tag{8.2-36}
$$

对例 8.2-1，将式(8.2-20)关系代入上式，便得出以电流元作馈源的抛物面天线的远场。其方向图已示于图 8.2-3(a)中。可见，在 E 面($\varphi=0$)和 H 面($\varphi=90°$)，主极化(x 向极化)具有普通的波瓣；但在与主面成 45°的平面上形成显著的交叉极化波瓣。由口径场公式(8.2-21)知，交叉极化分量正比于($1-\cos\theta'$)，故随 θ' 增加而增大，因此 θ_m 大(f/d 小)的抛物面，交叉极化分量大。计算表明[7]。当取 $f/d=0.25$，$d=37.2\lambda$ 时，计算的 E 面和 H 面主极化旁瓣电平分别为 -36.5 dB 和 -16.5 dB，而 45°面的交叉极化电平甚至达 -15.8 dB，高于主面的主极化旁瓣电平。对例 8.2-2，显然有类似结果，只是磁流元作馈源时的 E 面和 H 面方向图分别对应于例 8.2-1的 H 面和 E 面方向图。而对于例 8.2-3，远区场是无交叉极化的，而且方向图轴对称。

式(8.2-36)表明，旋转抛物面天线的远区电场形式为

$$
\bar{E}_P = \hat{\theta}E_\theta+\hat{\varphi}E_\varphi = [\,\hat{\theta}F_E(\theta)\cos\varphi-\hat{\varphi}F_H(\theta)\sin\varphi\,]Ce^{-jkr}/r \tag{8.2-37}
$$

当其馈源具有轴对称方向图 $f_E(\theta')=f_H(\theta')=f(\theta')$ 时，有

$$
\begin{bmatrix}E_\theta \\ E_\varphi\end{bmatrix}=\frac{-jkf}{r}Be^{-jk(r+f+h)}(1+\cos\theta)\begin{bmatrix}\cos\varphi \\ -\sin\varphi\end{bmatrix}\int_0^{\theta_m}f(\theta')J_0(v)\tan\frac{\theta'}{2}\,d\theta' \tag{8.2-38}
$$

故

$$
E_P = \sqrt{E_\theta^2+E_\varphi^2}=\frac{jkf}{r}Be^{-jk(r+f+h)}(1+\cos\theta)\int_0^{\theta_m}f(\theta')J_0(v)\tan\frac{\theta'}{2}\,d\theta' \tag{8.2-39}
$$

对于小 θ 角，$\hat{x}=\hat{r}\sin\theta\cos\varphi+\hat{\theta}\cos\theta\cos\varphi-\hat{\varphi}\sin\varphi\approx\hat{\theta}\cos\varphi-\hat{\varphi}\sin\varphi$。这意味着，$\bar{E}_P$ 的方向近似地就是口径场 E_a 的极化方向 $\hat{x}$。结果与 φ 无关，因此是轴对称的。

例 8.2-4　直径 3 m 的抛物面天线工作于 9.375 GHz，$f/d=0.38$，馈源方向图轴对称，可用 $f(\theta')=\cos\theta'$ 来近似，其背向辐射可略。写出方向函数积分式，编程画出方向图并求其半功率宽度 HP 和旁瓣电平 SLL。

[**解**]　由式(8.2-39)知,其方向函数为

$$f(\theta, \varphi) = (1 + \cos \theta) \int_0^{\theta_m} \cos \theta' J_0(v) \tan \frac{\theta'}{2} d\theta'$$

$$\tan \frac{\theta_m}{2} = \frac{d}{4f} = \frac{0.25}{0.38} = 0.658, \quad \theta_m = 2 \times 33.35° = 66.7°$$

$$\lambda = \frac{30}{9.375} = 3.2 \text{ cm}, \quad f = 0.38 \times 300 = 114 \text{ cm}$$

$$v = 2kf \tan \frac{\theta'}{2} \sin \theta = \frac{4\pi}{3.2} \times 114 \tan \frac{\theta'}{2} \sin \theta = 447.7 \tan \frac{\theta'}{2} \sin \theta$$

由上式利用 MATLAB 编程画出的方向图如图 8.2-5 所示,并求得:HP $= 0.714°$(对应于 $K_{0.5} =$ 67°), SLL $= -25.2$ dB。

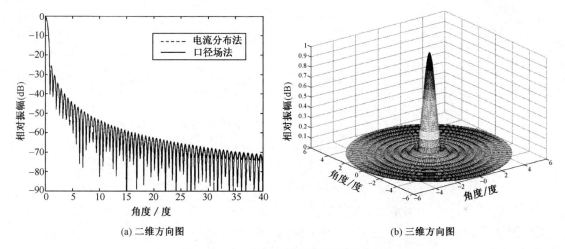

(a) 二维方向图　　　　　　　　　　　(b) 三维方向图

图 8.2-5　3 m 直径抛物面天线的方向图

式(8.2-39)表明,对近轴远场点,$\overline{E}_p$ 的电场方向与口径电场 $\overline{E}_a$ 方向相同,因此该式也可直接由标量远场公式得出。对口径上源点采用极坐标 (ρ, φ'),则标量远场公式化为[见习题式(8-2)]:

$$E_P = \frac{jk}{4\pi r} e^{-jkr} (1 + \cos \theta) \int_0^{d/2} \int_0^{2\pi} E_a(\rho, \varphi') e^{jk\rho \sin \theta \cos(\varphi' + \varphi)} \rho d\rho d\varphi' \tag{8.2-39a}$$

对轴对称的口径场,$E_a(\rho, \varphi') = E_a(\rho)$,利用附录 B 式(B-24),此式化为

$$E_P = \frac{jk}{2r} e^{-jkr} (1 + \cos \theta) \int_0^{d/2} E_a(P) J_0(v) \rho d\rho \tag{8.2-39b}$$

式中 $v = k\rho \sin \theta = 2kf \tan (\theta'/2) \sin \theta$。

将口径场公式(8.2-31)、式(8.2-32)及式(8.2-33)代入上式,得

$$E_P = -\frac{jk}{2r} B e^{-jk(r+f+h)} (1 + \cos \theta) \int_0^{\theta_m} \frac{f(\theta')}{f \sec^2(\theta'/2)} J_0(v) 2f^2 \tan \frac{\theta'}{2} \sec^2 \left(\frac{\theta'}{2} \right) d\theta'$$

$$= -\frac{jkf}{r} B e^{-jk(r+f+h)} (1 + \cos \theta) \int_0^{\theta_m} f(\theta') J_0(v) \tan \frac{\theta'}{2} d\theta' \tag{8.2-39}$$

这与原式(8.2-39)完全一致。

由于抛物面天线口径场分布一般可用台阶-抛物线分布[见式(7.4-47)]来近似。代入式(8.2-39b)可方便地求得方向图及口径效率。实际上,其方向函数可表示为

$$f(u) = (1 + \cos \theta) \int_0^1 E_a(\rho_1) J_0(u\rho_1) \rho_1 d\rho_1 \tag{8.2-39c}$$

式中 $\rho_1 = \rho/(d/2)$，$u = (kd/2)\sin\theta$。如果忽略惠更斯元的方向性，这就是式(7.4-20)，因此积分结果就是式(7.4-48)。某些数值结果已列在表 7.4-1 中，例如，对 $n=2$，$a_1=0.3$，即边缘照射为 EI $= 20\lg 0.3 = -10.5$ dB，由表 7.4-1 知，$2\theta_{0.5} = 1.17\lambda/d = 67°\lambda/d$，SLL $= -27.5$ dB，$e_a = 0.867$。

8.2.3　交叉极化分量

8.2.3.1　交叉极化的定义

按 IEEE 标准"天线术语的定义"，交叉极化(cross polarization)就是"与参考极化正交的极化"，这里参考极化指主极化(primary polarization)，或称共极化(co-polarization)。但是，对于不同的传播方向，参考极化并无明确规定，从而导致不能唯一地确定交叉极化。例如，设辐射元是惠更斯元，其面上场为 $\bar{E}_a = \hat{x}E_x$，$\bar{H}_a = \hat{y}H_y$，如图 8.2-6 所示。由式(8.2-37)可知(其辐射电场可用该式表达)：

在 $\hat{z}$ 向(a 点) $\theta = \varphi = 0$，$\bar{E}_P$ 为 $+\hat{x}$ 向；

在 $\hat{x}$ 向(b 点)，$\theta = 90°$，$\varphi = 0$，$\bar{E}_P$ 为 $-\hat{z}$ 向；

在 $\hat{y}$ 向(c 点)，$\theta = 90°$，$\varphi = 90°$，$\bar{E}_P$ 为 $+\hat{x}$ 向。

而对于任意点 P，$\bar{E}_P$ 在由 $\hat{\theta}\cos\varphi$ 和 $-\hat{\varphi}\sin\varphi$ 合成的某方向。可见，对于不同方向，其辐射场的极化方向是变化的。

1973 年卢德威格(A. C. Ludwig)[4]归纳了交叉极化的三种定义(见图 8.2-7)：

1. 参考极化是直角坐标中的平面波的极化；

2. 参考极化是口径平面上电基本振子的极化，而交叉极化就是同一轴向的磁基本振子的极化；

3. 参考极化是惠更斯元的极化，而交叉极化就是其口径场旋转 90°的惠更斯元的极化。

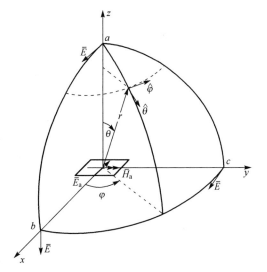

图 8.2-6　惠更斯元的辐射场的极化

第 3 种定义最接近于通常测试的情形，对口径天线使用最方便，因此卢德威格建议采用第 3 种定义，现在它已成为广泛应用的定义。按此定义，若口径场主极化为 $\hat{x}$ 向，则辐射场参考极化方向为

$$\hat{p} = \hat{\theta}\cos\varphi - \hat{\varphi}\sin\varphi \tag{8.2-40a}$$

交叉极化为

$$\hat{c} = \hat{\theta}\cos\varphi + \hat{\varphi}\cos\varphi \tag{8.2-40b}$$

于是，若天线辐射场为 $\bar{E}_P = \hat{\theta}E_\theta + \hat{\varphi}E_\varphi$，则其主极化分量和交叉极化分量分别为

$$\begin{cases} E_p = \bar{E} \cdot \hat{p} = E_\theta\cos\varphi - E_\varphi\sin\varphi \\ E_c = \bar{E} \cdot \hat{c} = E_\theta\sin\varphi + E_\varphi\cos\varphi \end{cases} \tag{8.2-41a}$$
$$\tag{8.2-41b}$$

用矩阵表示：

$$\begin{bmatrix} E_p \\ E_c \end{bmatrix} = \begin{bmatrix} \cos\varphi & -\sin\varphi \\ \sin\varphi & \cos\varphi \end{bmatrix} \begin{bmatrix} E_\theta \\ E_\varphi \end{bmatrix} \tag{8.2-42}$$

显然，若口径场主极化为 $\hat{y}$ 向，则上式交叉极化是其主极化，而主极化是其交叉极化，即

$$\begin{bmatrix} E_p \\ E_c \end{bmatrix} = \begin{bmatrix} \sin \varphi & \cos \varphi \\ \cos \varphi & -\sin \varphi \end{bmatrix} \begin{bmatrix} E_\theta \\ E_\varphi \end{bmatrix} \tag{8.2-43}$$

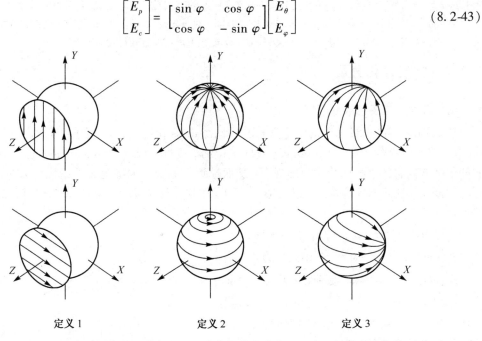

定义 1　　　　　　定义 2　　　　　　定义 3

图 8.2-7　交叉极化的三种定义(上:参考极化的定义;下:交叉极化的定义)

现在来考察辐射圆极化波的情形。设参考极化是左旋圆极化(LHCP),则

$$\begin{aligned} \hat{L} &= (\hat{p} + j\hat{c})/\sqrt{2} = (\hat{\theta}\cos\varphi - \hat{\varphi}\sin\varphi + j\hat{\theta}\sin\varphi + j\hat{\varphi}\cos\varphi)/\sqrt{2} \\ &= [\hat{\theta}(\cos\varphi + j\sin\varphi) + j\hat{\varphi}(\cos\varphi + j\sin\varphi)]/\sqrt{2} \\ &= (\hat{\theta} + j\hat{\varphi})e^{j\varphi}/\sqrt{2} \end{aligned} \tag{8.2-44a}$$

$$\begin{aligned} \hat{R} &= (\hat{p} - j\hat{c})/\sqrt{2} = (\hat{\theta}\cos\varphi - \hat{\varphi}\sin\varphi - j\hat{\theta}\sin\varphi - j\hat{\varphi}\cos\varphi)/\sqrt{2} \\ &= [\hat{\theta}(\cos\varphi - j\sin\varphi) - j\hat{\varphi}(\cos\varphi - j\sin\varphi)]/\sqrt{2} \\ &= (\hat{\theta} - j\hat{\varphi})e^{-j\varphi}/\sqrt{2} \end{aligned} \tag{8.2-44b}$$

式(8.2-44a)是左旋圆极化单位矢,而式(8.2-44b)就是右旋圆极化(RHCP)单位矢。于是

$$\begin{cases} E_p = \bar{E} \cdot \hat{L} = (E_\theta + jE_\varphi)e^{j\varphi}/\sqrt{2} \\ E_c = \bar{E} \cdot \hat{R} = (E_\theta - jE_\varphi)e^{-j\varphi}/\sqrt{2} \end{cases} \tag{8.2-45}$$

用矩阵表示:

$$\begin{bmatrix} E_p \\ E_c \end{bmatrix} = \frac{1}{\sqrt{2}} \begin{bmatrix} e^{j\varphi} & je^{j\varphi} \\ e^{-j\varphi} & -je^{-j\varphi} \end{bmatrix} \begin{bmatrix} E_\theta \\ E_\varphi \end{bmatrix} \tag{8.2-46}$$

或更一般地写为

$$\begin{bmatrix} E_L \\ E_R \end{bmatrix} = \frac{1}{\sqrt{2}} \begin{bmatrix} e^{j\varphi} & +je^{j\varphi} \\ e^{-j\varphi} & -je^{-j\varphi} \end{bmatrix} \begin{bmatrix} E_\theta \\ E_\varphi \end{bmatrix} \tag{8.2-46a}$$

式中 E_R(右旋圆极化)与 E_L(左旋圆极化)互为主极化分量与交叉极化分量。

8.2.3.2　抛物面天线的交叉极化

设馈源辐射场为式(8.2-10),由式(8.2-36a)可知,抛物面天线的辐射场为

$$
\begin{cases}
E_\theta = A_1 \cos\varphi \left[F_{E0}(\theta) + F_{H0}(\theta) - F_{E2}(\theta) + F_{H2}(\theta) \right] \\
E_\varphi = -A_1 \sin\varphi \left[F_{E0}(\theta) + F_{H0}(\theta) + F_{E2}(\theta) - F_{H2}(\theta) \right]
\end{cases}
\tag{8.2-47}
$$

其中

$$
A_1 = \frac{-\mathrm{j}kf}{2r} B e^{-\mathrm{j}k(r+f+h)} (1 + \cos\theta)
$$

$$
\begin{aligned}
\begin{matrix} F_{E0} \\ F_{H0} \end{matrix} = \int_0^{\theta'_m} \begin{bmatrix} f_E(\theta') \\ f_H(\theta') \end{bmatrix} J_0(u) \tan\frac{\theta'}{2}\,\mathrm{d}\theta', \qquad
\begin{matrix} F_{E2} \\ F_{H2} \end{matrix} = \int_0^{\theta'_m} \begin{bmatrix} f_E(\theta') \\ f_H(\theta') \end{bmatrix} J_2(u) \tan\frac{\theta'}{2}\,\mathrm{d}\theta'
\end{aligned}
$$

故

$$
\begin{aligned}
\begin{bmatrix} E_p \\ E_c \end{bmatrix} &= \begin{bmatrix} \cos\varphi & -\sin\varphi \\ \sin\varphi & \cos\varphi \end{bmatrix} \begin{bmatrix} E_\theta \\ E_\varphi \end{bmatrix} \\
&= A_1 \begin{bmatrix} F_{E0}(\theta) + F_{H0}(\theta) - \left[F_{E2}(\theta) - F_{H2}(\theta) \right]\cos 2\varphi \\ -\left[F_{E2}(\theta) - F_{H2}(\theta) \right]\sin 2\varphi \end{bmatrix}
\end{aligned}
\tag{8.2-48}
$$

可见，交叉极化最大值发生于 $\sin 2\varphi = \pm 1$，即 $\varphi = \pm 45°$ 平面，交叉极化波瓣是 E 面波瓣和 H 面波瓣之差。当馈源方向图轴对称时，$f_E(\theta') = f_H(\theta') = f(\theta')$，将使交叉极化最小，且主极化方向图轴对称。在 8.2-2 节中已表明，理论上说，采用惠更斯元作馈源，可获得零交叉极化辐射。用小角锥喇叭作馈源的一个实测结果如图 8.2-8 所示。此馈源对抛物面 E 面边缘的照射电平为 $-20\ \mathrm{dB}$，H 面边缘照射电平为 $-21.5\ \mathrm{dB}$。由图可见，其交叉极化波瓣电平约为 $-25\ \mathrm{dB}$。

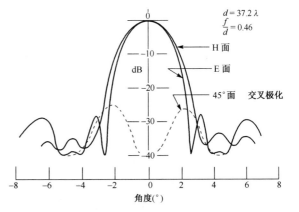

图 8.2-8　用喇叭馈源的抛物面天线实测方向图

8.2.4　电流分布法分析

8.2.4.1　感应电流分布

利用物理光学(PO)来导出抛物面上的感应电流。这要求抛物面的横向尺寸、曲率半径及馈源发出的入射波波前的曲率半径均远大于波长，其近似条件为 $d \gg \lambda$，$f \gg \lambda$。此时在导体反射面局部处的当地入射可看成是平面波对无限大导体平面的入射。因而表面处的边界条件取为：

$$
\begin{cases}
\bar{J}_s = \hat{n} \times \bar{H} = 2\hat{n} \times \bar{H}_i, & s_1 \text{ 面(照明区域)上} \\
\bar{J}_s = 0, & s_2 \text{ 面(阴影区域)上}
\end{cases}
\tag{8.2-49}
$$

坐标系如图 8.2-1 所示，$\hat{x}$ 向极化的馈源辐射场仍由式 (8.2-10) 表示，抛物面法向单位矢量由式 (8.2-14) 表示。将此两式代入式 (8.2-49)，求得抛物面照明面 s_1 上的感应面电流为

$$
\bar{J}_s = (2/\eta)\hat{n} \times (\hat{r}' \times \bar{E}_i) = (2/\eta)\left[(\hat{n} \cdot \bar{E}_i)\hat{r}' - (\hat{n} \cdot \hat{r}')\bar{E}_i \right]
$$

$$
= \left[\hat{r}' f_E(\theta')\sin\frac{\theta'}{2}\cos\varphi' + \hat{\theta}' f_E(\theta)\cos\frac{\theta'}{2}\cos\varphi' - \hat{\varphi}' f_H(\theta)\cos\frac{\theta'}{2}\sin\varphi' \right] 2B e^{-\mathrm{j}kr'}/\eta r'
$$

$$
\tag{8.2-50}
$$

利用附录表 A-2 进行坐标变换，得

$$\bar{J}_s = \left\{ \hat{x}\left([f_E(\theta') + f_H(\theta')] + [f_E(\theta') - f_H(\theta')]\cos 2\varphi'\right)\cos \frac{\theta'}{2} \right.$$

$$\left. + \hat{y}[f_E(\theta') - f_H(\theta)]\cos \frac{\theta'}{2}\sin 2\varphi' + \hat{z}2f_E(\theta')\sin \frac{\theta'}{2}\cos \varphi' \right\}2Be^{-jkr'}/\eta r' \tag{8.2-50a}$$

这里的单位矢量 $\hat{x}$、$\hat{y}$ 和 $\hat{z}$ 都是指以 O' 为原点的直角坐标系的，故 $\hat{x} = \hat{x}'$，$\hat{y} = -\hat{y}'$，$\hat{z} = -\hat{z}'$。显然它们与以 O 为原点的直角坐标系单位矢量是一致的。这样，上式便给出了抛物面上的电流分布。将它与抛物面的口径电场式(8.2-15a)比较可知，主要不同是，它不但具有类似的横向分量，而且还有纵向($\hat{z}$ 向)分量。

8.2.4.2　远场

下面利用式(7.1-18a)来求远区场点 $P(r, \theta, \varphi)$ 处的电场，该式中的 ρ 今在图 8.2-1 中为 r'。采用以 O 为原点的球坐标，将 P 点的场用三个球坐标分量表示，其单位矢量为 $\hat{r}$、$\hat{\theta}$ 和 $\hat{\varphi}$。由式(7.1-18a)知:

$$\begin{cases} E_\theta = \bar{E}_P \cdot \hat{\theta} = \dfrac{-jk\eta}{4\pi r}e^{-jkr}\displaystyle\int_s (\bar{J}_s \cdot \hat{\theta})e^{jk\bar{r}' \cdot \hat{r}}ds \\[3mm] E_\varphi = \bar{E}_P \cdot \hat{\varphi} = \dfrac{-jk\eta}{4\pi r}e^{-jkr}\displaystyle\int_s (\bar{J}_s \cdot \hat{\varphi})e^{jk\bar{r}' \cdot \hat{r}}ds \end{cases} \tag{8.2-51}$$

由于 $[\bar{J}_s - (\bar{J}_s \cdot \hat{r})\hat{r}] \cdot \hat{r} = \bar{J}_s \cdot \hat{r} - \bar{J}_s \cdot \hat{r} = 0$，故 $E_r = \bar{E}_P \cdot \hat{r} = 0$。因而远场只有横向分量 E_θ、E_φ，即

$$\bar{E}_P = \hat{\theta}E_\theta + \hat{\varphi}E_\varphi \tag{8.2-51a}$$

利用式(8.2-50)，并将 $\hat{\theta}$、$\hat{\varphi}$ 也用 $\hat{x}$、$\hat{y}$、$\hat{z}$ 表示，便得上式的被积函数:

$$\begin{cases} \bar{J}_s \cdot \hat{\theta} = \left\{ [f_E(\theta') + f_H(\theta')]\cos \dfrac{\theta'}{2}\cos \theta\cos \varphi + [f_E(\theta') - f_H(\theta')]\cos \dfrac{\theta'}{2} \right. \\[3mm] \qquad\qquad \left. \cdot \cos \theta\cos(2\varphi' - \varphi) - 2f_E(\theta')\sin \dfrac{\theta'}{2}\sin \theta\cos \varphi' \right\}Be^{-jkr'}/\eta r' \\[3mm] \bar{J}_s \cdot \hat{\varphi} = \left\{ -[f_E(\theta') + f_H(\theta')]\cos \dfrac{\theta'}{2}\sin \varphi + [f_E(\theta') - f_H(\theta')] \right. \\[3mm] \qquad\qquad \left. \cos \dfrac{\theta'}{2}\sin(2\varphi' - \varphi) \right\}Be^{-jkr'}/\eta r' \end{cases} \tag{8.2-52}$$

被积函数中的指数因子为

$$\bar{r}' \cdot \hat{r} = r'\hat{r}' \cdot \hat{r} = r'[\sin \theta'\sin \theta\cos(\varphi' - \varphi) - \cos \theta'\cos \theta]$$

因而被积函数的相位因子为

$$-kr' + k\bar{r}' \cdot \hat{r} = kr'\sin \theta'\sin \theta\cos(\varphi' - \varphi) - kr'(1 + \cos \theta'\cos \theta)$$

即

$$-kr' + k\bar{r}' \cdot \hat{r} = u\cos(\varphi' - \varphi) + v \tag{8.2-53}$$

式中

$$\begin{cases} u = kr'\sin \theta'\sin \theta = 2kf\tan \dfrac{\theta'}{2}\sin \theta \\[3mm] v = -kr'(1 + \cos \theta'\cos \theta) = -2kf(1 + \cos \theta'\cos \theta)/(1 + \cos \theta') \end{cases} \tag{8.2-54}$$

式(8.2-51)中的积分面元为

$$ds = \sqrt{(dr')^2 + (r'd\theta')^2}\,r'\sin \theta'd\varphi' = \sqrt{1 + \left(\dfrac{dr'}{r'd\theta'}\right)^2}\,r'^2\sin \theta'd\theta'd\varphi' \tag{8.2-55}$$

$$= \sec \dfrac{\theta'}{2}r'^2\sin \theta'd\theta'd\varphi' = 2fr'\sec \dfrac{\theta'}{2}\tan \dfrac{\theta'}{2}d\theta'd\varphi'$$

将以上各式代入式(8.2-51), 求得抛物面天线的远区电场如下:

$$
\begin{cases}
E_\theta = \dfrac{-\mathrm{j}kf}{2\pi r}B\mathrm{e}^{-\mathrm{j}kr}\int_0^{\theta_m}\int_0^{2\pi}\Big\{\left[f_\mathrm{E}(\theta') + f_\mathrm{H}(\theta')\right]\cos\theta\cos\varphi + \left[f_\mathrm{E}(\theta') - f_\mathrm{H}(\theta')\right] \\
\qquad\cos\theta\cos(2\varphi' - \varphi) - 2f_\mathrm{E}(\theta')\sin\theta\tan\dfrac{\theta'}{2}\cos\varphi'\Big\}\mathrm{e}^{\mathrm{j}u\cos(\varphi'-\varphi)}\mathrm{e}^{\mathrm{j}v}\tan\dfrac{\theta'}{2}\mathrm{d}\theta'\mathrm{d}\varphi' \\
\\
E_\varphi = \dfrac{-\mathrm{j}kf}{2\pi r}B\mathrm{e}^{-\mathrm{j}kr}\int_0^{\theta_m}\int_0^{2\pi}\Big\{-\left[f_\mathrm{E}(\theta') + f_\mathrm{H}(\theta')\right]\sin\varphi + \left[f_\mathrm{E}(\theta') - f_\mathrm{H}(\theta')\right] \\
\qquad\sin(2\varphi' - \varphi)\Big\}\mathrm{e}^{\mathrm{j}u\cos(\varphi'-\varphi)}\mathrm{e}^{\mathrm{j}v}\tan\dfrac{\theta'}{2}\mathrm{d}\theta'\mathrm{d}\varphi'
\end{cases}
\tag{8.2-56}
$$

由附录 B 中式(B-22)、式(B-24)和式(B-25)可知,

$$
\int_0^{2\pi}\mathrm{e}^{\mathrm{j}x\cos(\varphi'-\varphi)}\mathrm{d}\varphi' = 2\pi J_0(x)
\tag{8.2-57a}
$$

$$
\int_0^{2\pi}\mathrm{e}^{\mathrm{j}x\cos(\varphi'-\varphi)}\begin{bmatrix}\cos n\varphi'\\\sin n\varphi'\end{bmatrix}\mathrm{d}\varphi' = \mathrm{j}^n 2\pi J_n(x)\begin{bmatrix}\cos n\varphi\\\sin n\varphi\end{bmatrix}
\tag{8.2-57b}
$$

$$
\int_0^{2\pi}\mathrm{e}^{\mathrm{j}x\cos(\varphi'-\varphi)}\begin{bmatrix}\cos(n\varphi' \pm \varphi)\\\sin(n\varphi' \pm \varphi)\end{bmatrix} = \mathrm{j}^n 2\pi J_n(x)\begin{bmatrix}\cos(n\pm1)\varphi\\\sin(n\pm1)\varphi\end{bmatrix}
\tag{8.2-57c}
$$

式(8.2-56)中对 φ' 的积分可利用上述公式积出, 从而化为

$$
\begin{cases}
E_\theta = \dfrac{-\mathrm{j}kf}{r}B\mathrm{e}^{-\mathrm{j}kr}\cos\varphi\int_0^{\theta_m}\Big\{\left[f_\mathrm{E}(\theta') + f_\mathrm{H}(\theta')\right]J_0(u)\cos\theta - \left[f_\mathrm{E}(\theta') - f_\mathrm{H}(\theta')\right] \\
\qquad\cdot J_2(u)\cos\theta - \mathrm{j}2f_\mathrm{E}(\theta')J_1(u)\sin\theta\tan\dfrac{\theta'}{2}\Big\}\mathrm{e}^{\mathrm{j}v}\tan\dfrac{\theta'}{2}\mathrm{d}\theta' \\
\\
E_\varphi = \dfrac{\mathrm{j}kf}{r}B\mathrm{e}^{-\mathrm{j}kr}\sin\varphi\int_0^{\theta_m}\Big\{\left[f_\mathrm{E}(\theta') + f_\mathrm{F}(\theta')\right]J_0(u) + \left[f_\mathrm{E}(\theta') - f_\mathrm{H}(\theta')\right]J_2(u)\Big\} \\
\qquad\mathrm{e}^{\mathrm{j}v}\tan\dfrac{\theta'}{2}\mathrm{d}\theta'
\end{cases}
$$

$$
\tag{8.2-58}
$$

8.2.4.3 电流分布法与口径场法的比较

对远区近轴场点, $\theta \approx 0$, $\cos\theta \approx 1$, 且 $\sin\theta \approx 0$, 并有 $v \approx -2kf$。于是电流分布法远场公式(8.2-58)转化为

$$
\begin{cases}
E_\theta = \dfrac{-\mathrm{j}kf}{r}B\mathrm{e}^{-\mathrm{j}kr}\mathrm{e}^{-\mathrm{j}2kf}\cos\varphi\int_0^{\theta_m}\Big\{\left[f_\mathrm{E}(\theta') + f_\mathrm{F}(\theta')\right]J_0(u) - \left[f_\mathrm{E}(\theta') - f_\mathrm{F}(\theta')\right] \\
\qquad\cdot J_2(u)\Big\}\tan\dfrac{\theta'}{2}\mathrm{d}\theta' \\
\\
E_\varphi = \dfrac{\mathrm{j}kf}{r}\mathrm{e}^{-\mathrm{j}kr}\mathrm{e}^{-\mathrm{j}2kf}\sin\varphi\int_0^{\theta_m}\Big\{\left[f_\mathrm{E}(\theta') + f_\mathrm{F}(\theta')\right]J_0(u) + \left[f_\mathrm{E}(\theta') - f_\mathrm{F}(\theta')\right] \\
\qquad\cdot J_2(u)\Big\}\tan\dfrac{\theta'}{2}\mathrm{d}\theta'
\end{cases}
$$

$$
\tag{8.2-59}
$$

考虑到近轴场点处 $1 + \cos\theta \approx 2$, 上式与口径场法结果式(8.2-36)相比, 除参考相位外完全相同。相位的差异是由于二者初始波程的算法有所不同, 分别取为 $2f$ 和 $f + h$。可见, 口径场法对应于电流分布法对近轴场点的结果, 电流分布法比它更严格些。二者之不同在于: 1)从被积函数振幅可见, 口径场法的 E_a 与电流分布法的 $\overline{J}_\mathrm{s}$ 横向分量相对应; 口径场法未计抛物面上 $\overline{J}_\mathrm{s}$ 纵向分量的辐射。由于纵向电流沿轴向的辐射为零, 而对偏轴较大的方向有所影响, 因此口径场法只对宽角方向有明显误差。2)从被积函数相位因子可见, 电流分布法中感

应电流的辐射是从它所在的抛物面上点算起，而口径场法中反射场是按几何光学处理，先由抛物面上点沿轴向传播到口径，然后再由口径辐射。对近轴方向的远区场点，二者结果相近，但对宽角方向，口径场法的处理将引入一定的误差。这可从图 8.2-5(a)中看出，图中虚线为电流分布法结果。

电流分布法也并非完全严格。首先，它忽略了抛物面背面电流的辐射；第二，又忽略了照明区与阴交影区界处边缘电流的辐射；第三，它利用近似成立的几何光学反射定律来求得感应电流分布。后来提出的几何绕射理论可计入边缘电流的绕射场，从而改进了对宽角方向的计算精度。

*8.2.5　球面波展开法分析

8.2.5.1　电磁场的球面波展开

无论口径场法(AFM-Aperture Field Method)或电流分布法(CDM-Current Distribution Method)，都是把天线的外场表示为天线源区场源电流或边界上的场(等效场源)的积分。球面波展开法(SWE-Spherial Wave Expansion)[1]与它们不同，它是把天线的外场表示为各球面波模的级数展开式，其展开系数由场源电流或边界场的积分来确定。该系数与场点位置无关(只有计算范围限制)，一旦确定便可"一劳永逸"，于是对任一场点的计算只是一个级数求和问题，而不需像前两种方法那样作积分运算，从而简化了运算。而且，它既可求天线的远场，也可求近场，更便于天线的综合。

采用直角坐标系和柱坐标系时，将场方程的解在无界空间中展开都导致连续谱(如平面波谱)，而只在某一边界区域(如波导)中才得出离散谱。而采用球坐标系，即使对于无界空间，也得出离散模的解集。已知由任意场源产生的电磁场在球坐标系中都可表示为两组矢量波函数 $\bar{M}_{mni}$ 和 $\bar{N}_{mni}$ 的线性组合[1][5][6]。每对矢量波函数代表一个向外传播的球面波模(或称基本球面波)，这种表示方法便称为电磁场的球面波展开。即任意电场可表示为

$$\bar{E} = \sum_{m,n,i} (a_{mni}\bar{M}_{mni} + b_{mni}\bar{N}_{mni}) \tag{8.2-60a}$$

对应的磁场为

$$\bar{H} = (j/\eta) \sum_{m,n,i} (a_{mni}\bar{N}_{mni} + b_{mni}\bar{M}_{mni}) \tag{8.2-60b}$$

式中 $\eta = \eta_0$ 是自由空间波阻抗。

$\bar{M}_{mni}$ 和 $\bar{N}_{mni}$ 由下式给出，$i=1,2$ 分别对应于 $\bar{M}_{mni}$ 和 $\bar{N}_{mni}$ 的上列与下列：

$$
\begin{cases}
\bar{M}_{mni} = \mp \hat{\theta}\dfrac{m}{\sin\theta}h_n^{(2)}(kr)P_n^m(\cos\theta)\begin{bmatrix}\sin m\varphi\\\cos m\varphi\end{bmatrix} - \hat{\varphi}h_n^{(2)}(kr)\dfrac{\mathrm{d}}{\mathrm{d}\theta}[P_n^m(\cos\theta)]\begin{bmatrix}\cos m\varphi\\\sin m\varphi\end{bmatrix}\\[2mm]
\bar{N}_{mni} = \hat{r}\dfrac{n(n+1)}{kr}h_n^{(2)}(kr)P_n^m(\cos\theta)\begin{bmatrix}\cos m\varphi\\\sin m\varphi\end{bmatrix} + \hat{\theta}\dfrac{1}{kr}\dfrac{\mathrm{d}}{\mathrm{d}r}[rh_n^{(2)}(kr)]\dfrac{\mathrm{d}}{\mathrm{d}\theta}[P_n^m(\cos\theta)]\begin{bmatrix}\cos m\varphi\\\sin m\varphi\end{bmatrix}\\[2mm]
\qquad\quad \mp \hat{\varphi}\dfrac{m}{kr\sin\theta}\dfrac{\mathrm{d}}{\mathrm{d}r}[rh_n^{(2)}(kr)]P_n^m(\cos\theta)\begin{bmatrix}\sin m\varphi\\\cos m\varphi\end{bmatrix}
\end{cases}
$$

$$\tag{8.2-61}$$

式中 $k=2\pi/\lambda$ 是自由空间波数；$h_n^{(2)}(kr)$ 是第二类球贝塞尔函数(或称球汉克尔函数)；$P_n^m(\cos\theta)$ 是连带勒让德(Legendre)函数；对方位角 φ 的函数关系为 $\cos m\varphi$，$\sin m\varphi$[也可用 $\exp(\pm jm\varphi)$ 形式]。$P_n^m(x=\cos\theta)$ 是连带勒让德方程的解；该方程的另一线性无关解 $Q_n^m(x=\cos\theta)$ 已舍去，因为：若 $\theta=0$，π，$x=\pm1$，则 $Q_n^m(\pm1) = \infty$，不是物理解。由于在 $r\to\infty$ 处需满足辐射条件，标量波函数的距离因子必须是 $h_n^{(2)}(kr)$，而略去内向传播因子 $h_n^{(1)}(kr)$。上式表明，$\bar{M}_{mni}$ 无 r 向分量，仅有横向分量。故电、磁场分别为 $\bar{M}_{mni}$ 和 $(j/\eta)\bar{N}_{mni}$ 的模，都是球面 TE 波。而电、磁场分别为 $\bar{N}_{mni}$ 和 $(j/\eta)\bar{M}_{mni}$ 的模，则为球面 TM 波。

连带勒让德函数 $P_n^m(x)$ 当其变量 $|x|\le1$ 时，可用 n 次勒让德多项式 $P_n(x)$ 表示为

$$
\begin{aligned}
P_n^m(x) &= (1 - x^2)^{m/2} \frac{\mathrm{d}^m}{\mathrm{d}x^m} P_n(x) = \frac{(1 - x^2)^{m/2}}{2^n n!} \frac{\mathrm{d}^{n+m}}{\mathrm{d}x^{n+m}} (x_2 - 1)^m \\
&= (1 - x^2)^{m/2} \frac{(2n)!}{2^n n!(n - m)!} \left[x^{n-m} - \frac{(n - m)(n - m + 1)}{2(2n - 1)} x^{n-m-2} \right. \\
&\quad \left. + \frac{(n - m)(n - m - 1)(n - m - 2)(n - m - 3)}{2 \cdot 4(2n - 1)(2n - 3)} x^{n-m-4} + \cdots \right]
\end{aligned}
\tag{8.2-62}
$$

式中 m 和 n 均为正整数且 $m \le n$，即 $m = 0, 1, 2, \cdots, n$。从而得表 8.2-1 所示的 $P_n^m(x = \cos\theta)$ 展开式。

其递推公式为：

$$
(2n + 1) x P_n^m(x) = (n + m) P_{n-1}^m(x) + (n - m + 1) P_{n-1}^m(x)
\tag{8.2-63}
$$

$$
P_n^{m+1}(x) = \frac{2mx}{(1 - x^2)^{1/2}} P_n^m(x) - (n + m)(n - m + 1) P_n^{m-1}(x)
\tag{8.2-64}
$$

正交性公式如下：

$$
\int_{-1}^{1} P_n^m(x) P_s^m(x) \, \mathrm{d}x = \begin{cases} \dfrac{2}{2n + 1} \cdot \dfrac{(n + m)!}{(n - m)!}, & n = s \\ 0, & n \ne s \end{cases}
\tag{8.2-65}
$$

矢量波函数在不同距离区域的特性如表 8.2-2 所示。由表可见，在远区，场的振幅都按 $1/r$ 衰减，等 r 球面为等相面。此时式(8.2-60)化为

$$
\begin{cases}
\overline{M}_{mni} = \mathrm{j}^{n+1} \left\{ \mp \hat{\theta} \dfrac{m}{\sin\theta} P_n^m(\cos\theta) \begin{bmatrix} \sin m\varphi \\ \cos m\varphi \end{bmatrix} - \hat{\varphi} \dfrac{\mathrm{d}}{\mathrm{d}\theta} [P_n^m(\cos\theta)] \begin{bmatrix} \cos m\varphi \\ \sin m\varphi \end{bmatrix} \right\} \mathrm{e}^{-\mathrm{j}kr}/kr \\
\overline{N}_{mni} = \mathrm{j}^n \left\{ \hat{\theta} \dfrac{\mathrm{d}}{\mathrm{d}\theta} [P_n^m(\cos\theta)] \begin{bmatrix} \cos m\varphi \\ \sin m\varphi \end{bmatrix} \mp \hat{\varphi} \dfrac{m}{\sin\theta} P_n^m(\cos\theta) \begin{bmatrix} \cos m\varphi \\ \sin m\varphi \end{bmatrix} \right\} \mathrm{e}^{-\mathrm{j}kr}/kr
\end{cases}
\tag{8.2-66}
$$

这样，在远区，电磁场 $\overline{E}_{mni}$ 和 $\overline{H}_{mni}$ 无论是 $\overline{M}_{mni}$ 和 $(\mathrm{j}/\eta) \overline{N}_{mni}$，或是 $\overline{N}_{mni}$ 和 $(\mathrm{j}/\eta) \overline{M}_{mni}$，都只有横向分量，而且互相在空间上正交，振幅比为 η 且同相，因而传输实功率。该表中菲涅耳区的表示式表明，场的振幅仍按 $1/r$ 衰减，但等 r 球面不再是等相面；而在近区，场的振幅和相位特征对不同模都是不同的。上述球面波模可看成是一种"自由空间模"，这样空间就是一个"球波导"。我们知道，在一般波导中，任一阶数的模往往都有一个截止波长。这里的球面波模虽无明确的截止波长，但有一"截止半径"。对给定的 r，当 $n^2 > kr$ 时 n 阶球面波模不能有效地传输(由横向电场分量与其横向磁场分量相比可得出球面波模的径向波阻抗，发现当 $n^2 > kr$ 时它的电抗分量将占优势)。一般要求 $n^2 \le kr$，即 $n \le \sqrt{kr}$。在天线问题中，若天线最大尺寸为 d，则远区条件为 $r \ge 2d^2/\lambda$，因此要求 $n \le \sqrt{k2d^2/\pi} = \sqrt{k^2 d^2/\pi} \approx kd/2 = kr_0$，$r_0 = d/2$，因而球面波模的最大径向阶数取为 $n_L = kr_0$。

表 8.2-1 $P_n^m(x = \cos\theta)$ 展开式

	$m = 0$	$m = 1$	$m = 2$	$m = 3$
$n = 0$	1	0	0	0
$n = 1$	$\cos\theta$	$\sin\theta$	0	0
$n = 2$	$\dfrac{1}{4}(1 + 3\cos 2\theta)$	$\dfrac{3}{2}\sin 2\theta$	$\dfrac{3}{2}(1 - \cos 2\theta)$	0
$n = 3$	$\dfrac{1}{8}(3\cos\theta + 5\cos\theta)$	$\dfrac{3}{8}(\sin\theta + 5\sin 3\theta)$	$\dfrac{15}{4}(\cos\theta - \cos 3\theta)$	$\dfrac{15}{4}(3\sin\theta - \sin 3\theta)$

表 8.2-2 矢量波函数距离因子的特性

距离因子	$Kr \ge n^2$(远区)	$n \le kr \le n^2$(菲涅耳区)	$0 < kr \le n$(近区)
$h_n^{(2)}(kr)$	$\mathrm{j}^{n+1} \mathrm{e}^{-\mathrm{j}kr}/kr$	$\mathrm{j}^{n+1} \mathrm{e}^{-\mathrm{j}k f_1(r, n)}/kr$	$f_3(r, n)$
$\dfrac{1}{kr} \dfrac{\mathrm{d}}{\mathrm{d}r} [r h_n^2(kr)]$	$\mathrm{j}^n \mathrm{e}^{-\mathrm{j}kr}/kr$	$\mathrm{j}^n \mathrm{e}^{-\mathrm{j}k f_2(r, n)}/kr$	$f_4(r, n)$

矢量组 $\{\bar{M}_{mni}\}$ 和矢量组 $\{\bar{N}_{mni}\}$ 中任意两个(包括本组中两个和二组中各一个诸情形)的标量积在球面上的积分均为零,除非二者阶数完全相同;而其矢量积在球面上的积分则恒为零,但有一例外。此即其正交性,公式如下:

$$\int_0^\pi \int_0^{2\pi} \bar{M}_{mni} \cdot \bar{M}_{m'n'i'} \sin\theta\mathrm{d}\theta\mathrm{d}\varphi = \begin{cases} 0, & (m,n,i) \neq (m',n',i') \\ A_{mn}\left[h_n^{(2)}(kr)\right]^2, & (m,n,i) = (m',n',i') \end{cases} \tag{8.2-67a}$$

$$\int_0^\pi \int_0^{2\pi} \bar{N}_{mni} \cdot \bar{N}_{m'n'i'} \sin\theta\mathrm{d}\theta\mathrm{d}\varphi$$

$$= \begin{cases} 0, & (m,n,i) \neq (m,n,i) \\ A_{mn}\left\{\dfrac{n+1}{2n+1}\left[h_n^{(2)}(kr)\right]^2 + \dfrac{n}{2n+1}\left[h_{n+1}^{(2)}(kr)\right]^2\right\}, & (m,n,i) = (m',n',i') \end{cases} \tag{8.2-67b}$$

$$\int_0^\pi \int_0^{2\pi} \bar{N}_{mni} \cdot \bar{N}_{m'n'i'\tan} \sin\theta\mathrm{d}\theta\mathrm{d}\varphi = \begin{cases} 0, & (m,n,i) \neq (m',n',i') \\ A_{mn}\left\{\dfrac{1}{kr}\dfrac{\mathrm{d}}{\mathrm{d}r}\left[rh_n^{(2)}(kr)\right]^2\right\}, & (m,n,i) = (m',n',i') \end{cases}$$

$$\tag{8.2-67b'}$$

$$\int_0^\pi \int_0^{2\pi} \bar{M}_{mni} \cdot \bar{N}_{m'n'i'} \sin\theta\mathrm{d}\theta\mathrm{d}\varphi = 0 \tag{8.2-67c}$$

$$\int_0^\pi \int_0^{2\pi} \bar{M}_{mni} \cdot \bar{N}_{m'n'i'\tan} \sin\theta\mathrm{d}\theta\mathrm{d}\varphi = 0 \tag{8.2-67c'}$$

$$\int_0^\pi \int_0^{2\pi} \bar{M}_{mni} \times \bar{M}_{m'n'i'} \cdot \hat{r}\sin\theta\mathrm{d}\theta\mathrm{d}\varphi = 0 \tag{8.2-67d}$$

$$\int_0^\pi \int_0^{2\pi} \bar{N}_{mni} \times \bar{N}_{m'n'i'} \cdot \hat{r}\sin\theta\mathrm{d}\theta\mathrm{d}\varphi = 0 \tag{8.2-67e}$$

$$\int_0^\pi \int_0^{2\pi} \bar{M}_{mni} \times \bar{N}_{m'n'i'} \cdot \hat{r}\sin\theta\mathrm{d}\theta\mathrm{d}\varphi = \begin{cases} 0, & (m,n,i) \neq (m',n',i') \\ A_{mn}h_n^{(2)}(kr)\dfrac{1}{kr}\dfrac{\mathrm{d}}{\mathrm{d}r}\left[rh_n^{(2)}(kr)\right], & (m,n,i) = (m',n',i') \end{cases}$$

$$\tag{8.2-67f}$$

式中

$$A_{mn} = \begin{cases} 2\pi\dfrac{n(n+1)}{2n+1}\dfrac{(n+m)!}{(n-m)!}, & m \neq 0 \\ 4\pi\dfrac{n(n+1)}{2n+1}, & m = 0 \end{cases} \tag{8.2-68}$$

上述球面波矢量积的正交关系可利用球面谐函数的正交关系(见参考文献[11°]的6.3节)加以证明。

8.2.5.2 罗朗展开法

球面波展开法主要有三种基本型式,一种是已知球面上的切向电场或切向磁场;另两种是已知任意封闭面上的电流分布,包括两种方法:罗朗(Laurent)展开法与泰勒展开法。罗朗展开法适用于坐标原点位于电流分布区的情形,它类似于复变函数中的罗朗级数展开;泰勒展开法应用于坐标原点在电流分布区以外的情形,它类似于复变函数中的泰勒级数展开。下面介绍罗朗展开法。

如图 8.2-9 所示,以原点 O 为圆心,以 r 为半径作球面 $s = s_1 + s_2$ 包围电流分布区 s_i 和 s_3,则该电流在球面外(球面 s 与无穷远球面 s_∞ 之间的环形域)所产生的场可表示为向外传播的各球面波模的线性组合:

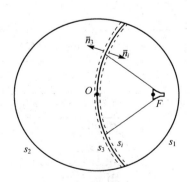

图 8.2-9　罗朗展开法的积分面

$$\begin{cases} \bar{E}_{\mathrm{P}} = \sum_{n=1}^{n_L} \sum_{m=0}^{n} \sum_{i=1}^{2} \left[a_{mni} \bar{M}_{mni} + b_{mni} \bar{N}_{mni} \right] \\ \bar{H}_{\mathrm{P}} = (j/\eta) \sum_{n=1}^{n_L} \sum_{m=0}^{n} \sum_{i=1}^{2} \left[a_{mni} \bar{N}_{mni} + b_{mni} \bar{M}_{mni} \right] \end{cases} \tag{8.2-69}$$

为确定展开系数,选试验场为球面 TE 波模(包括向外传播和向内传播的模):

$$\begin{cases} \bar{E}_{\pm N} = \bar{E}_N + \bar{E}_{-N} = \bar{M}_{mni} + \bar{M}_{mni}^{-} = \bar{M}_{mni}^{\pm} \\ \bar{H}_{\pm N} = \bar{H}_N + \bar{H}_{-N} = (j/\eta)(\bar{N}_{mni} + \bar{N}_{mni}^{-}) = (j/\eta)\bar{N}_{mni}^{\pm} \end{cases} \tag{8.2-70}$$

式中上角带"－"号者与不带"－"者之不同是,用 $h_n^{(1)}(kr)$ 代替 $h_n^{(2)}(kr)$,代表内向波,这样带"±"者就是用 $h_n^{(2)}(kr) + h_n^{(1)}(kr) = 2j_n(kr)$ 代替 $h_n^{(2)}(kr)$;这里并用 N 代表模的总序号 (mni)。

考察 $\left[\bar{E} \times \bar{H}_{\pm N} - \bar{E}_{\pm N} \times \bar{H} \right]$ 在球面 s 上的积分,由正交关系可以证明:

$$\int_s (\bar{E} \times \bar{H}_{\pm N} - \bar{E}_{\pm N} \times \bar{H}) \cdot \overline{\mathrm{d}s} = a_{mni} \int_s (\bar{E} \times \bar{H}_{-N} - \bar{E}_{-N} \times \bar{H}_N) \cdot \overline{\mathrm{d}s} \tag{8.2-71}$$

由 $\left[h_n^{(2)}(kr) \right]^* = h_n^{(1)}(kr)$ 知,$\bar{E}_{-N} = \bar{E}_N^*$,$\bar{H}_{-N} = -H_N^*$,因而上式右端积分化为

$$-\int_s (\bar{E}_N \times \bar{H}_N^* + \bar{E}_N^* \times \bar{H}_N) \cdot \overline{\mathrm{d}s} = -2\int_s \mathrm{Re}(\bar{E}_N \times \bar{H}_N^*) \cdot \overline{\mathrm{d}s} = -2A_{mn}/k^2\eta \tag{8.2-72}$$

式中上角 ＊ 号表示共轭;"Re"表示取实部,该积分对应于第 N 球面波模通过 s 面的功率。

式(8.2-71)的左端积分处理如下。由洛伦兹定理可知,若封闭面不包含 $\bar{E}_\mathrm{a}$,$\bar{H}_\mathrm{a}$ 和 $\bar{E}_\mathrm{b}$,$\bar{H}_\mathrm{b}$ 的场源,则

$$\int_s (\bar{E}_\mathrm{a} \times \bar{H}_\mathrm{b} - \bar{E}_\mathrm{b} \times \bar{H}_\mathrm{a}) \cdot \overline{\mathrm{d}s} = 0$$

这样,若作 $s_i + s_3$ 面紧贴地包围电流片源,如图 8.2-9 所示,则有

$$\int_{s_1+s_i} = \int_{s_2+s_3} = 0 \quad 即 \int_{s_1+s_2} = -\int_{s_i} - \int_{s_3}$$

于是式(8.2-71)左端可表示为

$$\int_{s_i} (\bar{E} \times \bar{H}_{\pm N} - \bar{E}_{\pm N} \times \bar{H}) \cdot \hat{n}_i \mathrm{d}s + \int_{s_3} (\bar{E} \times \bar{H}_{\pm N} - \bar{E}_{\pm N} \times \bar{H}) \cdot \hat{n}_3 \mathrm{d}s$$

因 s_i 和 s_3 分别是导体片的正反面,$\hat{n}_3 = -\hat{n}_i$;对电流片,只有 $\bar{H}$ 不连续而无 $\bar{E}$ 的不连续,故上式化为

$$-\int_{s_i} \bar{E}_{\pm N} \times (\bar{H}_i - \bar{H}_3) \cdot \hat{n}_i \mathrm{d}s = -\int_{s_i} \bar{E}_{\pm N} \cdot (\bar{H}_i - \bar{H}_3) \times \hat{n}_i \mathrm{d}s = \int_{s_i} \bar{J}_\mathrm{s} \cdot \bar{E}_{\pm N} \mathrm{d}s \tag{8.2-73}$$

这里已将 $\bar{J}_\mathrm{s} = (-\hat{n}_i) \times (\bar{H}_3 - \bar{H}_i) = \hat{n}_i \times (\bar{H}_i - \bar{H}_3)$ 代入。

将式(8.2-72)和式(8.2-73)代入式(8.2-71),得

$$a_{mni} = (-k^2\eta/2A_{mn}) \int_{s_i} \bar{J}_\mathrm{s} \cdot \bar{E}_{\pm N} \mathrm{d}s, \quad a_{mni} = (-k^2\eta/2A_{mn}) \int_{s_i} \bar{J}_\mathrm{s} \cdot \bar{M}_{mni}^{\pm} \cdot \mathrm{d}s \tag{8.2-74a}$$

同理,选试验场为球面 TM 波模,可得

$$b_{mni} = (-k^2\eta/2A_{mn}) \int_{s_i} \bar{J}_\mathrm{s} \cdot \bar{N}_{mni}^{\pm} \mathrm{d}s \tag{8.2-74b}$$

8.2.5.3　泰勒展开法

天线研究中有些问题是求外部源在天线内部区域产生的场,如求反射面天线的焦区场。为此可采用泰勒展开法(适用于坐标原点在电流分布区以外的情形)。其导出类似于罗朗展开法,不再赘述。它将待求场表示为向外传播的各球面波模和向内传播的各球面波模的线性组合:

$$\begin{cases} \bar{E}_{\mathrm{P}} = \sum_{n=1}^{n_L} \sum_{m=0}^{n} \sum_{i=1}^{2} \left[a_{mni} \bar{M}_{mni}^{\pm} + b_{mni} \bar{N}_{mni}^{\pm} \right] \\ \bar{H}_{\mathrm{P}} = (j/\eta) \sum_{n=1}^{n_L} \sum_{m=0}^{n} \sum_{i=1}^{2} \left[a_{mni} \bar{N}_{mni}^{\pm} + b_{mni} \bar{M}_{mni}^{\pm} \right] \end{cases} \tag{8.2-75}$$

式中 n_L 经验值是 $n_L = kr_{max}$，r_{max} 是待求场点的最大半径。一般当 $n > kr$ 时，$j_n(kr)$ 迅速趋于零。

展开系数由下式确定：

$$a_{mni} = (-k^2\eta/2A_{mn}) \int_{s_i} \bar{J}_s \cdot \bar{M}_{mni} \mathrm{d}s$$

$$b_{mni} = (-k^2\eta/2A_{mn}) \int_{s_i} \bar{J}_s \cdot \bar{N}_{mni} \mathrm{d}s \tag{8.2-76}$$

8.2.5.4　求抛物面天线远场与近场

应用罗朗展开法求抛物面天线的远场与近场。利用物理光学近似来得出抛物面上的感应电流分布(因而将这里的方法称为 PO-SWE 法)，即取

$$\bar{J}_s = \begin{cases} 2\hat{n}_i \times \bar{H}_i, & s_i \text{ 面上} \\ 0, & \text{其他} \end{cases} \tag{8.2-77}$$

设采用振子型馈源，置于焦点 F，其辐射电场和磁场为[见式(8.2-19)]：

$$\begin{cases} \bar{E}_i = [\hat{\theta}'\cos\theta'\cos\varphi' - \hat{\varphi}'\sin\varphi']B_1 \mathrm{e}^{-jkr'}/r \\ \bar{H}_i = (1/\eta)\hat{r}' \times \bar{E}_i \end{cases} \tag{8.2-78}$$

将式(8.2-77)和式(8.2-78)及由式(8.2-61)得出的 $\bar{M}_{mni}^{\pm}$ 和 $\bar{N}_{mni}^{\pm}$ 代入式(8.2-74)，并完成对 φ' 的积分，便得

$$\begin{cases} \alpha_n = a_{1n2} = -\frac{4\pi k^2 f}{A_{1n}}B_1 \int_0^{\theta_m} \left\{ \frac{\cos\theta'}{1+\cos\theta'}P_n^1(\cos\theta') + \tan\frac{\theta'}{2}\frac{\mathrm{d}}{\mathrm{d}\theta'}[P_n^1(\cos\theta')] \right\} \\ \qquad j_n(kr')\mathrm{e}^{-jkr'}\mathrm{d}\theta' \\ \beta_n = b_{1n1} = -\frac{4\pi k^2 f}{A_{1n}}B_1 \int_0^{\theta_m} \left\{ \cos\theta'\tan\frac{\theta'}{2}\frac{n(n+1)}{kr'}j_n(kr)P_n^1(\cos\theta') \right. \\ \qquad \left. + \cos\theta'\frac{1}{kr'}\frac{\mathrm{d}}{\mathrm{d}r'}[r'j_n(kr')]P_n^1(\cos\theta') \right\}\mathrm{e}^{-jkr'}\tan\frac{\theta'}{2}\mathrm{d}\theta' \end{cases} \tag{8.2-79}$$

式中 $r' = f\sec^2(\theta/2)$，$A_{1n} = 2\pi n^2 (n+1)^2/(2n+1)$。由于三角函数的正交性，其他展开系数均为零。于是利用式(8.2-69)和式(8.2-61)可得

$$\bar{E}_P = \hat{\theta}f_1(r,\theta)\cos\varphi - \hat{\varphi}f_2(r,\theta)\sin\varphi + \hat{r}f_3(r,\theta)\cos\varphi \tag{8.2-80}$$

式中

$$\begin{cases} f_1(r,\theta) = \sum_{n=1}^{n_L} \left\{ \alpha_n h_n^{(2)}(kr)P_n^1(\cos\theta)/\sin\theta + \beta_n\frac{1}{kr}\frac{\mathrm{d}}{\mathrm{d}r}[rh_n^{(2)}(kr)]\frac{\mathrm{d}}{\mathrm{d}\theta'}[p_n^1(\cos\theta)] \right\} \\ f_2(r,\theta) = \sum_{n=1}^{n_L} \left\{ \alpha_n h_n^{(2)}(kr)\frac{\mathrm{d}}{\mathrm{d}\theta}[P_n^1(\cos\theta)] + \beta_n\frac{1}{kr}\frac{\mathrm{d}}{\mathrm{d}r}[rh_n^{(2)}(kr)]p_n^1(\cos\theta)/\sin\theta \right\} \\ f_3(r,\theta) = \sum_{n=1}^{n_L} \left\{ n(n+1)\frac{1}{kr}h_n^{(2)}(kr)P_n^1(\cos\theta) \right\} \end{cases} \tag{8.2-81}$$

上式可用来计算抛物面天线在半径大于 r_0 区域上任意 $P(r,\theta,\varphi)$ 处产生的场，包括远场和近场。计算时 $\frac{\mathrm{d}}{\mathrm{d}\theta'}[P_n^1(\cos\theta)]$，$\frac{1}{kr}[rh_n^{(2)}(kr)]$ 和 $\frac{1}{kr}\frac{\mathrm{d}}{\mathrm{d}r}[rj_n(kr)]$ 都作为单一函数由迭代得出。

作为数值计算举例[8]，我们对 $d = 10.65\lambda$，$f = 0.25d = 2.66\lambda$，$\theta_m = 90°$ 的抛物面天线，按式(8.2-80)、式(8.2-81)和式(8.2-79)计算的结果示于图 8.2-10(a) 和 8.2-10(b) 中，其中图 8.2-10(a) 是 $r = 2d^2/\lambda$ 时的远场方向图，图 8.2-10(b) 是 $r = 0.5d^2/\lambda$ 时的近场方向图。当用式(8.2-79)求系数时，采用高斯积分法，项数截断于 $n_L = kr_0 = 0.5kd$。图 8.2-10(a) 中示出了实测数据，计算与实测结果在主瓣和近旁瓣附近吻合得较好。

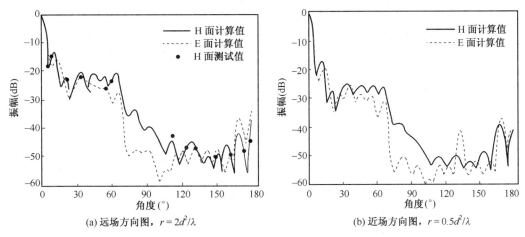

(a) 远场方向图，$r = 2d^2/\lambda$　　　　　　(b) 近场方向图，$r = 0.5d^2/\lambda$

图 8.2-10　抛物面天线 H 面和 E 面方向图（$d = 10.65\lambda$，$f = 2.66\lambda$）

8.3　抛物面天线的增益与设计

8.3.1　抛物面天线的增益

8.3.1.1　计算公式

基于口径场法分析可方便地求得抛物面天线的增益。参看图 8.3-1，图中示出了焦点 F 处的馈源照射抛物面的方向图 $f(\theta')$。可以看到，有一小部分的馈源辐射功率未能由抛物面截获而形成漏溢（spill over）功率 P_s。设抛物面所截获的功率为 P_a，则由漏溢所引起的效率（简称为"漏溢"效率）为

$$e_s = \frac{P_a}{P_r} = \frac{P_a}{P_a + P_s} \leqslant 1 \qquad (8.3\text{-}1)$$

于是抛物面天线增益如下：

$$G = \frac{E_M^2 r^2}{60 P_{in}} = \frac{E_M^2 r^2}{60 P_r} = \frac{E_M^2 r^2}{60 P_a}\frac{P_a}{P_r} = De_s = \frac{4\pi}{\lambda^2} A_0 e_a e_s \leqslant 1 \tag{8.3-2}$$

即

$$G = \frac{4\pi}{\lambda^2} A_0 e_A, \quad e_A = e_a e_s \tag{8.3-2a}$$

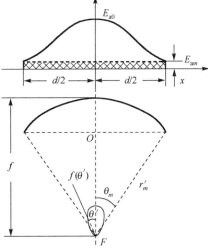

图 8.3-1　抛物面口径的相对场强分布曲线

这里已设 $P_r = P_{in}$，即将抛物面天线方向系数视为其增益（忽略天线本身的损耗，取辐射效率 $e_r = 1$）。e_a 为口径效率，e_A 称为天线效率。

图 8.2-1 中的 r 是指由口径中心 O 至远区场点 $P(r, \theta, \varphi)$ 处的距离，E_M 是以 O 为球心以 r 为半径的球面上各点的最大场强，它发生于 $\theta = 0$ 方向。设馈源具有轴对称方向图 $f(\theta')$，由式(8.2-39)可知，因 $\theta = 0$，$v = 0$，$J_0(0) = 1$，得

$$E_M = \frac{kf}{r} B' \int_0^{\theta_m} f(\theta') \tan\frac{\theta'}{2} \mathrm{d}\theta' \tag{8.3-3}$$

馈源辐射功率也就是天线的辐射功率 P_r:

$$P_r = \int_0^\pi \int_0^{2\pi} \frac{1}{2} \frac{|E_i|^2}{120\pi} r'^2 \sin\theta' d\theta' d\varphi' = \frac{2\pi}{240\pi} \int_0^\pi f^2(\theta') B' \sin\theta' d\theta' d\varphi'$$

$$= \frac{B'}{120} \int_0^\pi f^2(\theta') \sin\theta' d\theta' d\varphi' \tag{8.3-4}$$

代入式(8.3-2)得

$$G = \frac{\left| (2\pi/\lambda) f B' \int_0^{\theta_m} f(\theta') \tan\frac{\theta'}{2} d\theta' \right|^2}{(B'/2) \int_0^\pi f^2(\theta') \sin\theta' d\theta'} = \left(\frac{\pi d}{\lambda}\right)^2 2\cot^2\left(\frac{\theta_m}{2}\right) \frac{\left| \int_0^{\theta_m} f(\theta') \tan\frac{\theta'}{2} d\theta' \right|^2}{\int_0^\pi f^2(\theta') \sin\theta' d\theta'}$$

或

$$G = \left(\frac{\pi d}{\lambda}\right)^2 e_A = \frac{4\pi}{\lambda^2} \left(\frac{\pi d^2}{4}\right) e_A, \quad e_A = 2\cot^2\left(\frac{\theta_m}{2}\right) \frac{\left| \int_0^{\theta_m} f(\theta') \tan\frac{\theta'}{2} d\theta' \right|^2}{\int_0^\pi f^2(\theta') \sin\theta' d\theta'} = e_a e_s \tag{8.3-5}$$

$$\begin{cases} e_a = 2\cot^2\left(\frac{\theta_m}{2}\right) \dfrac{\left| \int_0^{\theta_m} f(\theta') \tan\frac{\theta'}{2} d\theta' \right|^2}{\int_0^{\theta_m} f^2(\theta') \sin\theta' d\theta'} \\[4mm] e_s = \dfrac{\int_0^{\theta_m} f^2(\theta') \sin\theta' d\theta'}{\int_0^\pi f^2(\theta') \sin\theta' d\theta'} \end{cases} \tag{8.3-6}$$

8.3.1.2　最佳张角

抛物面天线的天线效率 e_A 不仅取决于口径效率 e_a,而且与漏溢效率 e_s 有关,二者都与馈源方向图 $f(\theta')$ 及抛物面半张角 θ_m 有关。为掌握其规律,需要给定馈源方向图作具体计算。轴对称馈源方向图通常用下式表示:

$$f(\theta') = \begin{cases} \cos^m\theta', & 0 \leqslant \theta' \leqslant \pi/2 \\ 0, & \theta' > \pi/2 \end{cases} \tag{8.3-7}$$

此时有

$$\int_0^{\pi/2} f^2(\theta') \sin\theta' d\theta' = -\frac{\cos^{2m+1}\theta'}{2m+1} \Big|_0^{\pi/2} = \frac{1}{2m+1}$$

即馈源增益为

$$G_f = \frac{2}{\int_0^\pi f^2(\theta') \sin\theta' d\theta'} = 2(2m+1) \tag{8.3-8}$$

故

$$e_s = (2m+1) \int_0^{\theta_m} \cos^{2m}\theta' \sin\theta' d\theta' = 1 - \cos^{2m+1}\theta_m \tag{8.3-9}$$

并有

$$e_A = (2m+1) \cot^2\left(\frac{\theta_m}{2}\right) \left| \int_0^{\theta_m} \left[2\cos^2\left(\frac{\theta'}{2}\right) - 1 \right]^m \tan\frac{\theta'}{2} d\theta' \right|^2 \tag{8.3-10}$$

将上式中被积函数展开求积,得

当 $m = 1$, $\quad e_A = 24 \left[\sin^2\left(\frac{\theta_m}{2}\right) + \ln\cos\frac{\theta_m}{2} \right]^2 \cot^2\left(\frac{\theta_m}{2}\right)$

当 $m = 2$，　$e_A = 40 \left[\sin^4 \left(\frac{\theta_m}{2} \right) + \text{lncos} \frac{\theta_m}{2} \right]^2 \cot^2 \left(\frac{\theta_m}{2} \right)$

当 $m = 3$，　$e_A = 14 \left[2\text{lncos} \frac{\theta_m}{2} + \frac{1}{2} \sin^2 \theta_m + \frac{1}{3} (1 - \cos \theta_m)^3 \right]^2 \cot^2 \left(\frac{\theta_m}{2} \right)$

当 $m = 4$，　$e_A = 18 \left[2\text{lncos} \frac{\theta_m}{2} + \frac{1}{2} \sin^2 \theta_m + \frac{1}{3} (1 - \cos \theta_m)^3 - \frac{1}{4} (1 - \cos^4 \theta_m) \right]^2 \cot^2 \left(\frac{\theta_m}{2} \right)$

$$(8.3\text{-}10a)$$

按式(8.3-10a)画出的 e_A 与 θ_m 的关系曲线如图 8.3-2 所示。

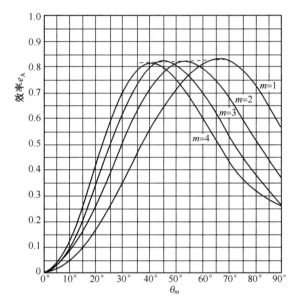

图 8.3-2　抛物面天线效率与其张角和馈源方向图的关系

图 8.3-2 表明，对给定的馈源方向图，即当 m 一定，有一最佳张角 θ_{mopt}，此时天线效率 e_A 最大。这是兼顾口径效率 e_a 和漏溢效率 e_s 二者而获得的最佳状态。这可由图 8.3-3 定量地看出（以 $m = 1$ 为例）。定性地看，对给定的馈源方向图（m 一定），当 θ_m 由小角度开始增大，一方面口径场(振幅)分布更不均匀，即 e_a 降低，从而使 e_A 下降；另一方面漏溢功率减小，即 e_s 升高，从而使 e_A 上升。可见二者形成一对矛盾。事物的性质由其主要矛盾的主要方面决定，并需注意其力量对比的转化。当 θ_m 较小时，随着 θ_m 的增大，漏溢明显减小，即 e_s 升高是主要方面，因而 e_A 上升；反之，当 θ_m 较大，随着 θ_m 的增大，口径场分布明显不均匀，即 e_a 降低是主要方面，从而使 e_A 下降。仅当 θ_m 为某一适中值 θ_{mopt} 时，两方面正好相当，处于平衡状态，这时漏溢不过大，口径场分布又较为均匀，从而使 e_A 达最大值。这说明，最大 e_A 值是兼顾矛盾的两方面 e_a 与 e_s 的结果。这也表明，采用"中庸"的和谐原则来处理问题，会是最明智的。

同时由图 8.3-2 可见，m 愈小则 θ_{mopt} 愈大，即 f/d 愈小；而且，m 愈小曲线愈平坦；但无论 m 为多大，均有 $e_{Aopt} = e_{Amax} \approx 0.82 \sim 0.83$。

如何确定上述最佳状态？常用参数是抛物面的口径边缘照射 EI(Edge Illumination)，即口径边缘处的相对场强(用低于口径中心场强多少分贝来表示)。由式(8.2-31)知

$$| E_{ae} | = | E_a(\theta' = \theta_m) | = f(\theta_m) B/r'_m = f(\theta_m) B/f \sec^2 \left(\frac{\theta_m}{2} \right) = f(\theta_m) \cos^2 \left(\frac{\theta_m}{2} \right) B/f$$

$$| E_{a0} | = | E_a(\theta' = 0) | = f(0) B/f$$

得

$$\mathrm{EI} = 20\lg \left| \frac{E_{\mathrm{ae}}}{E_{\mathrm{a0}}} \right| = 20\lg \frac{f(\theta_m)}{f(0)} + 40\lg \cos \left(\frac{\theta_m}{2} \right) \qquad (8.3\text{-}11)$$

上式右端第一项为口径边缘处的馈源渐降 FT(Feed Taper)，由馈源方向图 $f(\theta')$ 和抛物面半张角 θ_m 决定；第二项为口径边缘处的空间衰减 SA(Space Attenuation)，仅由抛物面半张角 θ_m 决定，即取决于 r'_m/f(见图 8.3-1)。对不同 m 的计算结果列在表 8.3-1 中。

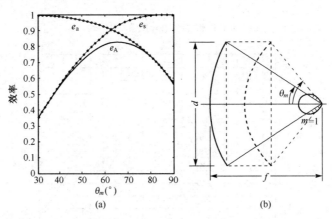

图 8.3-3　对 $m = 1$ 馈源方向图，e_a，e_s 和 e_A 与抛物面张角的关系

表 8.3-1　最佳张角时对不同 m，方向图的边缘照射电平

m	1	2	3	4
θ_{mopt}	67°	53°	46°	41°
FT, dB	-8.16	-8.82	-9.49	-9.78
SA, dB	-3.16	-1.93	-1.44	-1.14
EI, dB	-11.32	-10.75	-10.93	-10.92

可见，不管馈源方向图宽或窄，最佳张角时的口径边缘照射均约为 -11 dB。因此得到普遍规律：抛物面天线的最高口径效率发生于 $\mathrm{EI} \approx -11$ dB 处。这就是说，为获得最高的口径效率，抛物面天线要有相配合的馈源(使其对抛物面口径边缘处的照射为 -11 dB)。

以上分析是基于常规的馈源方向图。若 θ_m 一定，有无最佳的馈源方向图 $f(\theta')$，使 e_A 最大呢？为此应使口径场均匀分布($e_a = 1$)，且漏溢为零($e_s = 1$)。根据式(8.2-31)，

$$|E_{\mathrm{a}}| = f(\theta') B/r' = f(\theta') B/f \sec^2 \left(\frac{\theta'}{2} \right)$$

令 $|E_{\mathrm{a}}|$ 为常量，得

$$f(\theta') = \begin{cases} \sec^2 \left(\dfrac{\theta'}{2} \right), & 0 \leqslant \theta' \leqslant \theta_m \\ 0, & \text{其他} \end{cases} \qquad (8.3\text{-}12)$$

其增益为

$$G_{\mathrm{f}} = \frac{2}{\displaystyle\int_0^{\theta_m} \sec^4 \left(\frac{\theta'}{2} \right) \sin \theta' \mathrm{d}\theta'} = \frac{1}{\displaystyle\int_0^{\theta_m} \sec^2 \left(\frac{\theta'}{2} \right) \tan \frac{\theta'}{2} \mathrm{d}\theta'}$$

$$= \frac{1}{2 \displaystyle\int_0^{\theta_m} \tan \frac{\theta'}{2} \mathrm{d}\tan \frac{\theta'}{2}} = \cot^2 \left(\frac{\theta'}{2} \right) \qquad (8.3\text{-}13)$$

该方向图的直角坐标图如图 8.3-4 所示。它具有上翘形,且在 θ_m 处迅速截止,因此难以实现。特别是,迅速截止的方向图要求馈源口径较大,从而对抛物面口径形成较大遮挡。但已有不少工作力求逼近这种设计。

实际抛物面天线的效率很难达到 0.82,因为存在一些实际因素的影响(见 8.3.2 节)。通常将实际天线效率表示为(见 8.4 节):

$$e_{\mathrm{A}} = e_i e_b e_x e_{ph} e_s e_\delta \tag{8.3-14}$$

式中 e_i = 振幅照射效率, e_b = 口径遮挡效率, e_x = 交叉极化效率, e_{ph} = 相位误差效率, e_s = 漏溢效率, e_δ = 反射面表面误差效率。

这里 e_i 其实就是不计口径遮挡、交叉极化、相位误差及反射面表面误差等损失时的 e_a 值。除式(8.3-14)中各效率因子外还应计入反射面欧姆损耗等其他损失引起的效率 e_o。因此,常见的抛物面天线效率为 $0.65 \sim 0.75$。

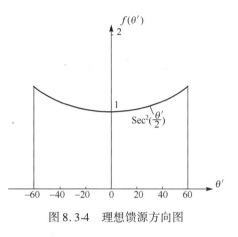

图 8.3-4　理想馈源方向图

8.3.2　实际因素对方向性的影响

8.3.2.1　口径遮挡

馈源对抛物面口径形成遮挡,这相当于在口径中心有一块阴影区域,如图 8.3-5(a)所示。计入口径遮挡的方向图就相当于未遮挡的方向图减去遮挡部分形成的方向图。由于遮挡面积远小于口径面积,遮挡部分方向图相比未遮挡方向图更宽,因而最后方向图如图 8.3-5(b)所示。可见,主要变化是:旁瓣电平升高,增益下降,即天线效率下降。

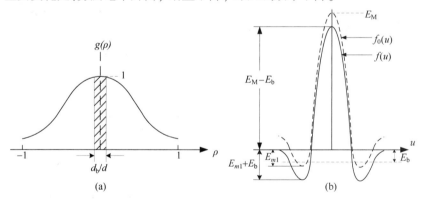

图 8.3-5　口径遮挡效应

作为近似计算,设抛物面口径场为式(7.4-33),即

$$E_{\mathrm{a}} = E_0 [a_1 + (1 - a_1)(1 - \rho_1^2)^n] \tag{8.3-15}$$

则未遮挡时的远场对应于式(7.4-34),即

$$E_{\mathrm{P}} = A_1 E_0 \left(\frac{\pi d^2}{4} \right) \left[a_1 \Lambda_1(u) + \frac{1 - a_1}{n + 1} \Lambda_{n+1}(u) \right], \quad u = \frac{kd}{2} \sin \theta \tag{8.3-16}$$

而直径为 d_b 的遮挡部分的远场为

$$E_{\mathrm{bP}} = A_1 E_0 \left(\frac{\pi d_b^2}{4} \right) \Lambda_1(u_b), \quad u_b = \frac{k d_b}{2} \sin \theta \tag{8.3-17}$$

二者最大场强分别为

$$E_{\mathrm{M}} = A_1 E_0 \left(\frac{\pi d^2}{4}\right)\left(a_1 + \frac{1 - a_1}{n + 1}\right), \quad E_{\mathrm{b}} = A_1 E_0 \left(\frac{\pi d_{\mathrm{b}}{}^2}{4}\right)$$

故

$$\frac{E_{\mathrm{b}}}{E_{\mathrm{M}}} = \left(\frac{d_{\mathrm{b}}}{d}\right)^2 \frac{1}{a_1 + \dfrac{1 - a_1}{n + 1}} = \frac{n + 1}{na_1 + 1}\left(\frac{d_{\mathrm{b}}}{d}\right)^2 \tag{8.3-18}$$

如取 $a_1 = 0$, $n = 1$, 则得

$$\frac{E_{\mathrm{b}}}{E_{\mathrm{M}}} = 2\left(\frac{d_{\mathrm{b}}}{d}\right)^2 \tag{8.3-18a}$$

可见, 口径遮挡引起的效率为

$$e_{\mathrm{b}} = \left(\frac{E_{\mathrm{M}} - E_{\mathrm{b}}}{E_{\mathrm{M}}}\right)^2 = \left(1 - \frac{E_{\mathrm{b}}}{E_{\mathrm{M}}}\right)^2 \tag{8.3-19}$$

旁瓣电平对应值为

$$S_{\mathrm{b}} = \frac{E_{m1} + E_{\mathrm{b}}}{E_{\mathrm{M}} - E_{\mathrm{b}}} = \frac{E_{m1}/E_{\mathrm{M}} + E_{\mathrm{b}}/E_{\mathrm{M}}}{1 - E_{\mathrm{b}}/E_{\mathrm{M}}} \tag{8.3-20}$$

8.3.2.2　馈源轴向偏焦

如图 8.3-6(a)所示, 当馈源沿轴向偏焦(axial defocusing) Δf 时, 以口径中心场为零相位, θ' 方向上口径场的相对相差约为

$$\Delta\psi = \frac{2\pi}{\lambda}\Delta f(1 - \cos\theta') \tag{8.3-21}$$

将上式中 $(1 - \cos\theta')$ 展开为级数:

$$1 - \cos\theta' = 2\sin^2\frac{\theta'}{2} = \frac{2}{1 + \cot^2\left(\dfrac{\theta'}{2}\right)} = \frac{2}{1 + \left(\dfrac{2f}{\rho}\right)^2} = 2\left(\frac{\rho}{2f}\right)^2\left[1 + \left(\frac{\rho}{2f}\right)^2\right]^{-1}$$

$$= \frac{1}{2}\left(\frac{\rho}{f}\right)^2 - \frac{1}{8}\left(\frac{\rho}{f}\right)^4 + \cdots \tag{8.3-21a}$$

从而得

$$\Delta\psi = \frac{2\pi}{\lambda}\Delta f\left[\frac{1}{2}\left(\frac{\rho}{f}\right)^2 - \frac{1}{8}\left(\frac{\rho}{f}\right)^4 + \cdots\right] \tag{8.3-21b}$$

可见, 这使口径呈现偶次相差。其影响与平方律相差相似, 导致旁瓣电平升高, 波瓣零点消失, 主瓣展宽, 口径效率下降。

对 $f/d = 0.4$, 当馈源方向图为 $\cos^m\theta$ 时, 天线增益损失(即 e_{A})随轴向偏焦 Δf 的变化示于图 8.3-7[7]。此时最佳边缘照射对应于 $\cos\theta(m = 1)$ 情形, 因而相对地说, 其偏焦后的 e_{A} 下降最小; 但当偏焦大时, 出现深的最小值。前面已指出, 事物有两面性, 这也是可以利用的。抛物面天线用于跟踪目标时, 跟踪前就要用宽些的主瓣, 这时就可工作于纵向偏焦状态。由图 8.3-7 看出, 馈源方向图 m 值大些不会出现明显的最小值, 因而适合于波束展宽应用。

为防止性能恶化, 一般对机械加工与安装精度提出 Δf 的公差要求。如取允许的最大相差 $\Delta\psi_{\mathrm{M}} \leqslant \pi/8$, 则由式(8.3-21)得

$$\Delta f \leqslant \frac{\lambda}{16(1 - \cos\theta_m)} \tag{8.3-22}$$

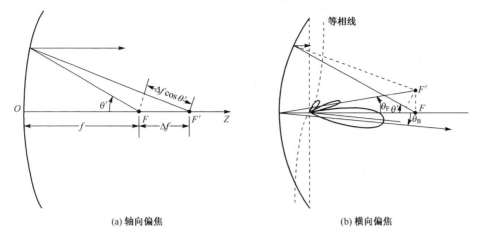

(a) 轴向偏焦　　　　　　　　　　　　　(b) 横向偏焦

图 8.3-6　馈源偏焦的几何关系

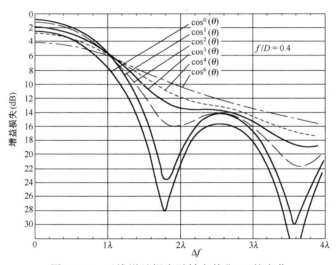

图 8.3-7　天线增益损失随轴向偏焦 Δf 的变化

8.3.2.3　馈源横向偏焦

如图 8.3-6(b) 所示，当馈源横向偏焦(lateral defocusing) Δf 时，θ'' 方向上口径场对口径中心场的相对相差为

$$\Delta \psi = \frac{2\pi}{\lambda}\Delta f \sin \theta' \tag{8.3-23}$$

将 $\sin \theta'$ 展开为级数：

$$\sin \theta' = \frac{\rho}{r'} = \frac{\rho}{f \sec^2\left(\dfrac{\theta'}{2}\right)} = \frac{\rho/f}{1 + \tan^2\left(\dfrac{\theta'}{2}\right)} = \frac{\rho}{f}\left[1 + \left(\frac{\rho}{2f}\right)^2\right]^{-1} = \frac{\rho}{f} - \frac{1}{4}\left(\frac{\rho}{f}\right)^3 + \cdots$$

从而得

$$\Delta \psi = \frac{2\pi}{\lambda}\Delta f\left[\frac{\rho}{f} - \frac{1}{4}\left(\frac{\rho}{f}\right)^3 \cdots\right] \tag{8.3-23a}$$

可见，这使口径呈现线性相差和三次相差等奇次相差。它使波束最大方向发生偏移。由于三次项相差与一次项反号，这使波束(beam)偏角 θ_B 减小，总有 $\theta_B < \theta_F$ (馈源对焦点 F 的偏角)，如图 8.3-6(b) 所示。定义波束偏移因子 BDF(Beam Deviation Factor) 为

$$\text{BDF} = \frac{\theta_B}{\theta_F} \tag{8.3-24}$$

BDF 曲线见图 8.3-8[7]。可见，f/d 愈大，边缘照射愈低，BDF 愈接近于 1。相应的天线增益损失见图 8.3-9[7]。同时，由于三次相差的影响，在主瓣的内侧(偏轴角度小的一侧)旁瓣电平明显升高。一实测结果见图 8.3-10[12]。

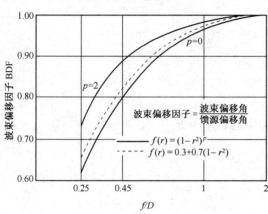

图 8.3-8　抛物面天线的波束偏移因子

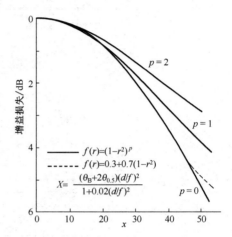

图 8.3-9　馈源横向偏焦的增益损失

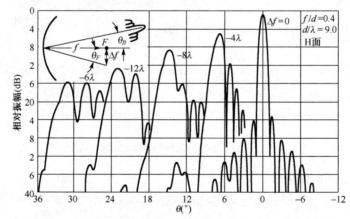

图 8.3-10　馈源横向偏焦时的抛物面天线实测方向图

如果要求横向偏焦引起的最大相差 $\Delta\psi_M \leqslant \pi/8$，则由式(8.3-23)得

$$\Delta f \leqslant \frac{\lambda}{16\sin\theta_m} \tag{8.3-25}$$

如果要求由此引起的波束指向误差不大于 $(1/10)$HP，则要求 $\theta_F \leqslant (1/10)(1.22\lambda/d) = 0.122\lambda/d$，故 $\Delta f \leqslant 0.122\lambda f/d$；若式(8.3-25)中取 $\sin\theta_m \approx (d/2)/f$，则它化为 $\Delta f \leqslant \lambda f/8d = 0.125\lambda f/d$。可见二者要求相近。若 $d/f = 0.4$，得 $\Delta f \leqslant 0.05\lambda$。

另一方面，也可利用横向偏焦来实现波束扫描。第二次世界大战期间应用的圆锥扫描雷达体制正是基于此功能。但上述结果说明，为使性能恶化小，扫描角度一般不能超过 2HP 左右。

8.3.2.4　抛物面表面误差

实际加工的抛物面不可能是完全平滑的。设抛物面表面上有径向误差 $\Delta r'$，它所引起的波

程差为(见图 8.3-11)

$$\Delta r = \Delta r'(1 + \cos \theta') = 2\Delta r' \cos^2\left(\frac{\theta'}{2}\right) = 2\delta \qquad (8.3\text{-}26)$$

这里 δ 称为半程差。由此引起的口径场相差为

$$\Delta\psi = \frac{2\pi}{\lambda}\Delta r = \frac{4\pi}{\lambda}\delta \qquad (8.3\text{-}27)$$

由于加工的随机性,这种误差是随机的,有的地方大,有的地方小,有正也有负。这使口径场相位按随机误差分布。一般来说,$\Delta r' \ll \lambda$,且其范围(相关距离)$2C \ll d$。这样,它对方向图主瓣及近旁瓣电平影响并不大,主要是使远旁瓣电平升高,使天线增益下降。

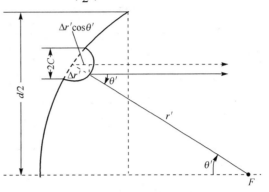

图 8.3-11 抛物面表面误差

当口径场各处存在式(8.3-27)相差时,口径效率下降为

$$
e_\delta = \frac{\left|\int_{s_0} E_a \mathrm{e}^{\mathrm{j}(4\pi/\lambda)\delta}\mathrm{d}s\right|^2}{\left|\int_{s_0} E_a \mathrm{d}s\right|^2} \approx \frac{\left|\int_{s_0} E_a\left[1 + \mathrm{j}(4\pi/\lambda)\delta - (1/2)(4\pi/\lambda)^2\delta^2\right]\mathrm{d}s\right|^2}{\left|\int_{s_0} E_a \mathrm{d}s\right|^2}
$$

$$
= \left[1 - \frac{\int_{s_0} E_a (4\pi/\lambda)^2\delta^2 \mathrm{d}s}{2\int_{s_0} E_a \mathrm{d}s}\right]^2 + \left[\frac{\int_{s_0} E_a (4\pi/\lambda)\delta \mathrm{d}s}{\int_{s_0} E_a \mathrm{d}s}\right]^2 \approx 1 - \frac{\int_{s_0} E_a (4\pi/\lambda)^2\delta^2 \mathrm{d}s}{2\int_{s_0} E_a \mathrm{d}s} + \left[\frac{\int_{s_0} E_a (4\pi/\lambda)\delta \mathrm{d}s}{\int_{s_0} E_a \mathrm{d}s}\right]^2
$$

$$
= 1 - \left(\frac{4\pi}{\lambda}\right)^2(\overline{\delta^2} - \overline{\delta}^2) = 1 - \left(\frac{4\pi}{\lambda}\right)^2\sigma^2 \qquad (8.3\text{-}28)
$$

式中

$$
\sigma = \sqrt{\overline{\delta^2} - \overline{\delta}^2}, \quad \overline{\delta^2} = \frac{\int_{s_0} E_a\delta^2 \mathrm{d}s}{\int_{s_0} E_a \mathrm{d}s}, \quad \overline{\delta} = \frac{\int_{s_0} E_a\delta \mathrm{d}s}{\int_{s_0} E_a \mathrm{d}s} \qquad (8.3\text{-}29)
$$

$\overline{\delta^2}$ 是 δ^2 的口径场分布加权平均值,$\overline{\delta}$ 是 δ 的口径场分布加权平均值,σ 就是随机表面误差 δ 在口径场分布加权后的均方根值。

式(8.3-28)也可表示为

$$e_\delta = \mathrm{e}^{-(4\pi\sigma/\lambda)^2} \qquad (8.3\text{-}30)$$

或用分贝计,则

$$e_\delta(\mathrm{dB}) = -685.8\,(\sigma/\lambda)^2 \quad \mathrm{dB} \qquad (8.3\text{-}30\mathrm{a})$$

上式称为鲁兹(J. Ruze)公式[9]。该式由归纳理论分析和实验数据于 1966 年提出,并由后来的测试结果所证实,已被天线工作者普遍引用。需要说明的是,一般可认为随机量 δ 按正态分布。因此 1000 个测试点中,683 个点应小于 σ,可有 317 个点大于 σ,但其中只能有 3 个点大于 3σ。一般将最大允许误差取为 $(2\sim2.6)\sigma$。同时,σ 作为 δ 的均方根误差的严格定义是要用口径场分布加权的。由于抛物面中心部分振幅大,所以对中心部分的加工公差要求应比边缘部分严。

按式(8.3-30)计算的 e_δ 随 σ/λ 变化的曲线如图 8.3-12 所示。几个典型值列在表 8.3-2 中。通常取 $\sigma = \lambda/32 \sim \lambda/20$。例如,当工作于 X 波段,$\lambda = 3.2$ cm,取 $\sigma = \lambda/20 = 1.6$ mm。这个精度一般都能达到。而对工作于 W 波段的天线,$\lambda = 3.2$ mm,取 $\sigma = \lambda/20 = 0.16$ mm。若天线直径 $d \geqslant 10$ m,实现这个精度就有难度。

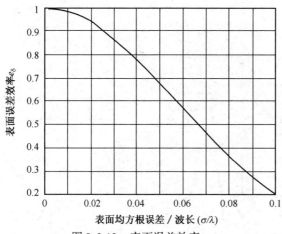

表 8.3-2　表面误差效率

σ	e_δ (dB)	e_δ
$\lambda/64$	-0.17 dB	0.962
$\lambda/32$	-0.67 dB	0.857
$\lambda/20$	-1.71 dB	0.674
$\lambda/16$	-2.68 dB	0.540
$\lambda/10$	-6.86 dB	0.206

图 8.3-12　表面误差效率 e_δ

根据式(8.3-30),设未计表面误差损失的天线效率为 e_A,则抛物面天线增益可表示为

$$G = \left(\frac{\pi d}{\lambda}\right)^2 e_A e^{-(4\pi\sigma/\lambda)^2} \qquad (8.3\text{-}31)$$

此式表明,对给定的反射面,当用于更高的频率时,设 e_A 不变,则增益最初按频率平方增大而达到最大增益,然后由于表面误差影响而使增益迅速下降。设 e_A 不变,对此式求 $\partial G/\partial\lambda = 0$ 得知,最大增益发生于

$$\lambda_m = 4\pi\sigma \qquad (8.3\text{-}32)$$

代入式(8.3-30a)可知,此时 e_δ(dB) $= -4.34$ dB(即 0.37)。代入式(8.3-31)得最大增益为

$$G_m = \frac{e_A}{42.6}\left(\frac{d}{\sigma}\right)^2 \qquad (8.3\text{-}33)$$

此结果表示,由于存在表面加工误差,一副已制成的反射面天线所能达到的最大增益并不是简单地与 d^2 成正比,而是与 $(d/\sigma)^2$ 成正比。这就是说,直径小而表面精度高的天线能比直径大而精度低的天线获得更大的最大增益。

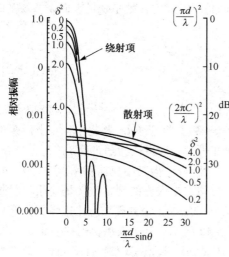

图 8.3-13　有随机相差误差的 -12 dB
边缘照射圆形口径方向图

鲁兹处理表面误差的统计模型假定:在相关直径"2C"内误差是完全相关的,而在此区域外则是完全不相关的;而且误差是按正态分布的。同时,这些相关区域的量很大: $N \approx (d/2C)^2 \gg 1$。这样就得出了有误差时的平均功率方向图:

$$G(\theta,\varphi) = G_0(\theta,\varphi)e^{-\delta^2}$$
$$+ \left(\frac{2\pi C}{\lambda}\right)^2 e^{-\delta^2}\sum_{N=1}^{\infty}\frac{(\delta^2)^n}{n\cdot n!}e^{-(\pi C\sin\theta/\lambda)^2/n}(8.3\text{-}34)$$

当 δ^2 较小时,第 2 项可以忽略,上式即化为式(8.3-30)(取 $\bar\delta = 0$, $\delta = 4\pi\sigma/\lambda$)。上式表明,有误差时的方向图是无误差方向图乘以指数误差项,加上一宽的散射方向图(第 2 项)。相关距离 $2C$ 愈小,散射方向图愈宽。对边缘照射为 -12 dB 的圆形口径, $d = 20C$,当均方相位误差 $\delta^2 = 0.2$, 0.5, 1.2 和 4(rad)^2 时,上式的计算结果如图 8.3-13 所

示。图中"绕射项"指第 1 项，"散射项"指第 2 项，二者之和为总方向图。可见，对应的主瓣增益损失分别为 -0.87，-2.2，-4.3，-8.6 和 -16.6 dB。主瓣所损失的能量出现在散射方向图中，后者随 δ^2 增大而升高，若 δ^2 进一步增大，绕射方向图将融入散射方向图而消失。对一旁瓣电平为 -29 dB 的 25 元切比雪夫线阵，鲁兹计算的无误差和电流有相位误差的方向图示于图 8.3-14（图中 a 表示无误差，b 表示各元电流均方根相位误差为 0.4 rad）。

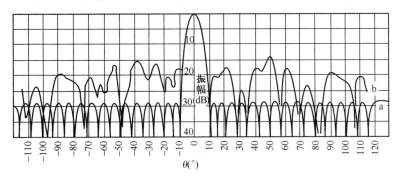

图 8.3-14　25 元 -29 dB 切比雪夫线阵方向图

8.3.3　抛物面天线的电设计

抛物面天线的设计包括电设计和机械结构设计两方面。特别是对大型抛物面天线，机械设计的工作量很大，先进的设计方法是进行机电一体化设计。这里仅介绍电设计的预设计主要步骤与原则。

1. 确定直径 d

一般根据给定的增益或方向图（主瓣宽度和旁瓣电平）要求来确定抛物面天线直径。给定增益 G 时计算公式是：

$$G = \left(\frac{\pi d}{\lambda}\right)^2 e_A, \quad e_A = 0.65 \sim 0.75 \tag{8.3-35}$$

为实现上式 e_A 值或更高，需按最佳张角原则设计，并采用高效率馈源。

图 8.3-15 给出采用 4 种馈源的最高天线效率曲线（计算值），图中离散点为测试值。可见，若抛物面天线半张角 $\theta_m = 50°$，用普通的主模馈源只能获得约 69% 的天线效率，而采用多模同轴馈源可提高到接近 80%。

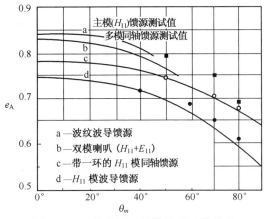

图 8.3-15　抛物面天线的最高天线效率

统计表明,反射面天线的造价 C 与其直径 d 近似有下列关系:

$$C = Kd^{2.7} \tag{8.3-36}$$

K 为比例常数。这说明,天线造价随其直径增大而急剧上升。因此在设计中应力求提高天线效率,以减小天线的直径。

给定方向图的计算公式是:

$$2\theta_{0.5} = K_{0.5}\frac{\lambda}{d}, \quad K_{0.5} = 65° \sim 80° \tag{8.3-37}$$

当按最佳张角原则设计时,边缘照射为 -11 dB, $K_{0.5} = 65° \sim 70°$,旁瓣电平为 $-17 \sim -20$ dB;如按低旁瓣设计,边缘照射取为 -20 dB, $K_{0.5} = 80°$,旁瓣电平为 -25 dB,但 e_A 可能低至 0.5。

2. 选择 f/d

f/d 大的优点是:1)交叉极化小,2)偏焦特性好; f/d 小的优点是:1)天线纵向尺寸小,馈源支杆短,2)馈源尺寸小,馈源遮挡小。因而 f/d 不宜过小和过大,一般取 0.3 ~ 0.5,而且大多取 $f/d = 0.35 \sim 0.40$。

3. 馈源选择与设计

对抛物面天线馈源的主要要求是:1)有确定的相位中心(辐射球面波);2)方向图轴对称,旁瓣和背瓣尽量小,主瓣对抛物面的边缘照射按要求设计;3)驻波比带宽满足要求;4)其他:口径遮挡小,功率容量足够大,交叉极化小,抗雨雾浸蚀等。其形式有几十种,包括喇叭、振子、微带贴片、缝隙、短背射天线、螺旋和对数周期天线等,文献[12°]第18章(T. S. Bird:Feed Antennas)已进行了详细介绍。

最常用的馈源是喇叭馈源,特别是高效率馈源,图8.3-16给出了几种形式[12°]。

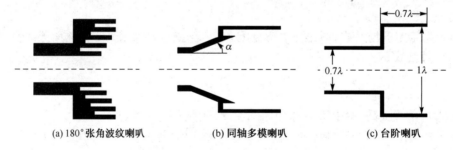

(a) 180°张角波纹喇叭　　　　(b) 同轴多模喇叭　　　　(c) 台阶喇叭

图 8.3-16　几种圆形喇叭馈源

4. 核算天线性能

上面几步即使在预设计中也需反复调整,有时甚至先选定馈源,并通过实验测定其方向图。

例 8.3-1　设计气象雷达抛物面天线,要求 $G \geqslant 43$ dB, $2\theta_{0.5} \leqslant 1.2°$, SLL $\leqslant -25$ dB,工作频带为 5400 ± 50 MHz。

[解]　1)确定 d

$$\lambda_0 = \frac{3 \times 10^{10}}{5.4 \times 10^9} = 5.56 \text{ cm}, \quad \lambda_l = \frac{3 \times 10^{10}}{5.35 \times 10^9} = 5.61 \text{ cm}$$

为使 SLL $= -25$ dB,式(8.3-37)中取 $K_{0.5} = 80°$,故

$$\frac{d}{\lambda} = \frac{80°}{1.2°} = 66.6, \quad 对 \lambda_l 得 d = 66.6 \times 5.61 = 373 \text{ cm}$$

由式(8.3-35),取 $e_A = 0.5$,则

$$\frac{d}{\lambda} = \frac{1}{\pi} \sqrt{\frac{G}{e_A}} = \frac{1}{\pi} \sqrt{\frac{19950}{0.5}} = 63.6, \quad \text{对} \lambda_l \text{得} d = 63.5 \times 5.61 = 357 \text{ cm}$$

比较上面两种结果, 取 $d = 375$ cm $= 3.75$ m

2) f/d

取 $f/d = 0.4$, $f = 0.4 \times 3.75 = 1.5$ m

其半张角 θ_m 可由式(8.2-5)算出:

$$\tan \frac{\theta_m}{2} = \frac{d}{4f} = \frac{1}{1.6}, \quad \text{得} \theta_m = 2 \times 32° = 64°$$

3) 馈源设计

这里介绍当初基于文献[10]和文献[11]的一种经典设计, 采用角锥喇叭。为具有良好的相位中心, 要求口径平方律相差小, 一般取得小于 $\pi/8$。此时其 -10 dB 波瓣宽度经验公式为[10]

$$2\theta_{0.1H} = 31° + 79° \frac{\lambda}{a_h}, \quad \frac{a_h}{\lambda} < 3 \tag{8.3-38a}$$

$$2\theta_{0.1H} = 88° \frac{\lambda}{b_h}, \quad \frac{b_h}{\lambda} < 2.5 \tag{8.3-38b}$$

通用的馈源喇叭方向图(主瓣)如图 8.3-17 所示, 它是比较了许多实验数据得出的[11]。由图可见, 除了主瓣的低幅度部分外, 它可用一简单的二次方程来近似:

$$\frac{|E_{dB}|}{10} = \left(\frac{\theta}{\theta_{0.1}}\right)^2 \tag{8.3-39}$$

这样, 如给定某张角 θ 所需的 E_{dB} 值, 就可由上式(或图 8.3-17)求得对应的 $\theta_{0.1}$ 值, 从而可由式(8.3-38)计算喇叭尺寸。

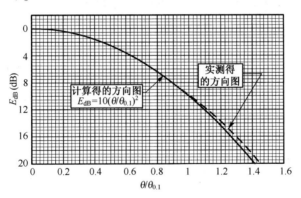

图 8.3-17　通用馈源喇叭方向图

通常给定的是抛物面口径的边缘照射 EI, 由式(8.3-11)可知, 还需扣除空间衰减 SA 才是馈源渐降 FT。空间衰减一般式为

$$SA = 20\lg \frac{r'}{f} = 40\lg \cos \left(\frac{\theta'}{2}\right) \quad \text{(dB)} \tag{8.3-40}$$

它与 θ' 的关系曲线示于图 8.3-18, 但图中纵坐标是 SA 的正分贝数。

本例按低旁瓣设计, 取边缘照射 EI $= -20$ dB。在 $\theta_m = 64°$ 处的空间衰减为

$$SA = 40\lg \cos \frac{\theta_m}{2} = 40\lg \cos 32° = -2.86 \text{ dB}$$

故要求 θ_m 方向的馈源渐降为

$$FT = EI - SA = -20 + 2.86 = -17.14 \text{ dB}$$

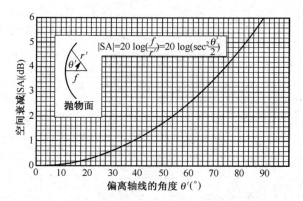

图 8.3-18　抛物面空间衰减与偏轴角度的关系

由式(8.3-39)得

$$\theta_{0.1} = \theta_m \sqrt{\frac{10}{|E_{dB}|}} = 64° \sqrt{\frac{10}{17.14}} = 48.9°, \quad 2\theta_{0.1} = 97.8°$$

代入式(8.3-38)得

$$\frac{a_h}{\lambda} = \frac{79°}{2\theta_{0.1H} - 31°} = \frac{79}{66.8} = 1.18, \quad a_h = 1.18 \times 5.56 = 6.57 \text{ cm}$$

$$\frac{b_h}{\lambda} = \frac{88°}{2\theta_{0.1E}} = \frac{88}{97.8} = 0.90, \quad b_h = 0.90 \times 5.56 = 5.00 \text{ cm}$$

$$\lambda_g = \frac{\lambda}{\sqrt{1 - \left(\frac{\lambda}{2a_h}\right)}} = \frac{\lambda}{\sqrt{1 - \left(\frac{1}{2 \times 1.18}\right)^2}} = 1.104\lambda = 6.14 \text{ cm}$$

令 E 面最大口径相差为 π/8:

$$\psi_M^E = \frac{\pi}{4} \frac{b_h^2}{\lambda_g R_E} = \frac{\pi}{8}, \quad R_E = \frac{2b_h^2}{4} = \frac{2 \times 25}{6.14} = 8.14 \text{ cm}$$

馈电波导取为 C 波段标准波导 BJ-48: $a \times b = 4.755 \text{ cm} \times 2.215 \text{ cm}$, 则

$$R = R_E\left(1 - \frac{b}{b_h}\right) = 8.14\left(1 - \frac{2.215}{5.00}\right) = 4.53 \text{ cm}$$

$$R_H = R/\left(1 - \frac{a}{a_h}\right) = 4.53/\left(1 - \frac{4.755}{6.57}\right) = 16.4 \text{ cm}$$

$$\psi_M^H = \frac{\pi}{4} \frac{a_h^2}{\lambda_g R_H} = \frac{\pi}{4} \frac{6.57^2}{6.14 \times 16.4} = 0.107\pi < \pi/8 \qquad \text{可行。}$$

4) 校核

其口径场分布可用台阶—抛物线分布近似:

$$E_a/E_0 = 0.1 + 0.9\left(1 - \rho_1^2\right)^n \tag{8.3-41}$$

喇叭按式(8.3-39)计算 FT 所得的口径分布与按上式计算的比较列于表 8.3-3。其中 θ' 由 $\tan(\theta'/2) = \rho_1/1.6$ 得出, $SA(dB) = 40\lg\cos(\theta'/2)$, $FT(dB) = 20\lg[10(\theta'/\theta_{0.1})^2]$, 但表中这些 dB 值都取正值(其实都是负值), 二者之和为由馈源方向图得出的口径场分布 $E_a/E_0(dB)$。可见, 其中心部分近于 $n = 3$ 情形而边缘部分近于 $n = 2$ 情形。

现按 $n = 2$ 作初步核算。其方向图可由式(7.4-48)得出, 即

$$F(u) = 2.5[0.1\Lambda_1(u) + 0.3\Lambda_3(u)]$$

$$u = \frac{kd}{2}\sin\theta = \frac{\pi d}{\lambda}\sin\theta$$

表 8.3-3 口径场分布的比较

$\rho_1 = \rho/(d/2)$	0	0.1	0.2	0.3	0.4	0.5	0.6	0.7	0.8	0.9	1
θ'	0	7.15°	14.25°	21.24°	28.07°	34.71°	41.11°	47.26°	53.13°	58.72°	64°
SA(dB)	0	0.03	0.13	0.30	0.53	0.81	1.14	1.52	1.94	2.39	2.86
FT(dB)	0	0.21	0.85	1.89	3.30	5.04	7.07	9.34	11.80	14.42	17.14
E_a/E_0(dB)	0	0.24	0.98	2.19	3.83	5.85	8.21	10.87	13.74	16.81	20.00
E_a/E_0(dB), $n=3$	0	0.24	0.95	2.18	3.97	6.38	9.48	13.18	16.96	19.48	20.00
E_a/E_0(dB), $n=2$	0	0.16	0.64	1.46	2.67	4.35	6.58	9.52	13.29	17.56	20.00

此方向图示于图 8.3-19，并得 $2\theta_{0.5} = 1.12°$，SLL = -34.7 dB。

天线效率估算如下。

$$e_i = \frac{(na_1+1)^2(2n+1)}{(2n^2a_1^2+2na_1+n+1)(n+1)}$$

$$= \frac{1.2^2 \times 5}{(0.08+0,4+3)3}$$

$$= 0.69 = -1.61 \text{ dB}$$

取表面加工公差为 $\sigma = 1.5$ mm，则

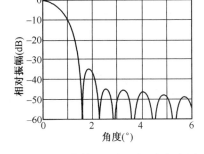

图 8.3-19 估算的抛物面天线方向图

$$e_\delta = -686(\sigma/\lambda)^2 = -686(0.15/5.56)2 = -0.50 \text{ dB}$$

$$\frac{E_b}{E_M} \approx \frac{n+1}{na_1+1}\frac{a_h b_h}{\pi d^2/4} = \frac{3}{1.2}\frac{6.57 \times 5}{\pi 375^2/4} \approx 0.001$$

$$e_b = \left(1 - \frac{E_b}{E_M}\right)^2 = 0.998 = -0.01 \text{ dB}$$

再计入支杆遮挡，取 $e_b = -0.1$ dB，并取 $e_x = -0.1$ dB，$e_{Ph} = -0.4$ dB，$e_s = -0.2$ dB 及 $e_0 = -0.1$ dB。以上总计为

$$e_a = -3.01 \text{ dB} = 0.5$$

故天线增益为

$$G = \left(\frac{\pi d}{\lambda}\right)^2 e_A = \left(\frac{\pi \times 375}{5.56}\right)^2 0.5 = 22\ 448 = 43.5 \text{ dB}$$

可见可达到增益指标。

8.4 卡塞格仑天线

8.4.1 卡塞格仑天线的工作原理与几何参数

8.4.1.1 工作原理

抛物面天线的优点是可获得同相口径而结构简单。但在许多应用中希望馈源系统置于抛物面顶点附近。为此需在馈源前方的焦点附近加一小反射面，以将能量反射向抛物面。这种系统源自光学中的卡塞格仑(Cassegrain)望远镜，称之为卡塞格仑天线，或更广义地称为双反射面天线。

其标准形式是：主反射面为抛物面，副反射面为双曲面，如图 8.4-1 所示。二者分别为抛物线和双曲线绕轴 F_1F_2 旋转而成。由双曲线定义知，

$$F_2P - F_1P = C_1 \tag{8.4-1}$$

由抛物线定义可知,

$$F_1P + PM + MM' = C_2$$

将上两式相加,得

$$F_2P + PM + MM' = C_1 + C_2$$

C_1 和 C_2 均为常数。这就是说,从馈源发出的射线经双曲面和抛物面反射后,到达抛物面口径处是同相的,此口径为同相口径。

可以证明,任一抛物面反射线都与轴线平行。这样,由馈源发出的球面波,经双曲面和抛物面反射后变换为平面波。双曲面的反射线可看成从 F_1 点发出。F_1 称为双曲面的虚焦点,F_2 点称为双曲面的实焦点。双曲面的功能是将来自实焦点 F_2 的球面波变换为以虚焦点 F_1 为中心的球面波。

8.4.1.2　几何参数

由于卡塞格仑系统具有旋转对称性,只需研究二维情形。如图 8.4-2 所示,抛物面的极坐标方程为

$$r' = \frac{2f_m}{1 + \cos\theta_1} \tag{8.4-2}$$

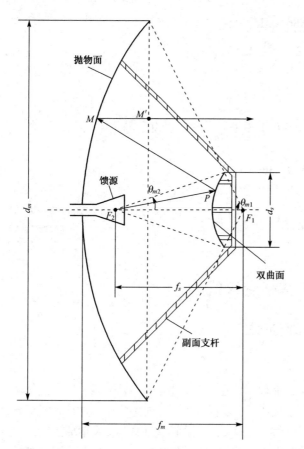

图 8.4-1　标准卡塞格仑天线的几何关系

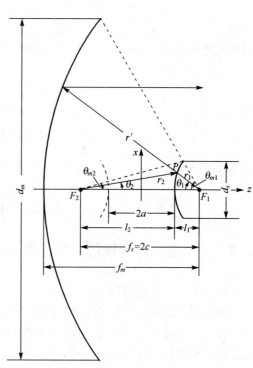

图 8.4-2　卡塞格仑天线的几何参数

抛物面参数为 d_m, f_m 和 θ_m, 其关系为(只有两个独立参数):

$$\tan \frac{\theta_{m1}}{2} = \frac{d_m}{4f_m} \tag{8.4-3}$$

双曲面上 P 点以 $F_1 F_2$ 之间的中点为原点的直角坐标为 (x, z) ($y = 0$ 平面)。由式(8.4-1)可知(令 $C_1 = 2a$),

$$\sqrt{x^2 + (c + z)^2} - \sqrt{x^2 + (c - z)^2} = 2a$$

即

$$\sqrt{x^2 + (c + z)^2} = \sqrt{x^2 + (c - z)^2} + 2a$$

将上式两边平方后可化为

$$\frac{z^2}{a^2} - \frac{x^2}{b^2} = 1, \quad b = \sqrt{c^2 - a^2}$$

这正是直角坐标双曲线方程。令

$$e = \frac{c}{a} \tag{8.4-4}$$

则

$$b = a\sqrt{e^2 - 1}$$

$e > 1$ 称为双曲面的离心率。图 8.4-2 中用虚线画出了另一叶双曲面。e 愈大,表示二焦点距离 $2c$ 与二双曲面顶点距离 $2a$ 之比愈大,则双曲面愈平坦,即曲率半径愈大。

双曲面上 P 点以实焦点 F_2 为原点的极坐标为 (r_2, θ_2)。同样可由式(8.4-1)导出其极坐标方程:

$$r_2 - 2a = r_1 = \sqrt{(r_2 \sin \theta_2)^2 + (2c - r_2 \cos \theta_2)^2}$$

将上式两边平方后,可化为

$$r_2 = \frac{a(e^2 - 1)}{e \cos \theta_2 - 1}, \quad 即\ r_2 = \frac{ec(1 - 1/e^2)}{e \cos \theta_2 - 1} \tag{8.4-5}$$

同理,将 P 点坐标取为 (r_1, θ_1),得

$$r_1 = \frac{ec(1 - 1/e^2)}{e \cos \theta_1 + 1} \tag{8.4-6}$$

$\theta_2 = \theta_1 = 0$ 处 r_2 和 r_1 分别为 l_2 和 l_1, 由上两式可知

$$l_2 = c(e + 1)/e, \quad l_1 = c(e - 1)/e, \quad M = \frac{l_2}{l_1} = \frac{e + 1}{e - 1}, \quad e = \frac{M + 1}{M - 1} \tag{8.4-7}$$

双曲面参数有:直径 d_s, 焦距 $f_s = 2c$, e, θ_{m1} 和 θ_{m2} 等,也只有两个独立参数。因

$$f_s = \frac{d_s}{2}(\cot \theta_{m1} + \cot \theta_{m2})$$

得

$$\cot \theta_{m1} + \cot \theta_{m2} = 2f_s/d_s \tag{8.4-8}$$

并有

$$2c = \frac{d_s}{2} \frac{\sin(\theta_{m1} + \theta_{m2})}{\sin \theta_{m1} \sin \theta_{m2}}$$

由式(8.4-1)知,

$$2a = r_{m2} - r_{m1} = \frac{d_s/2}{\sin \theta_{m2}} - \frac{d_s/2}{\sin \theta_{m1}} = \frac{d_s}{2} \frac{\sin \theta_{m1} - \sin \theta_{m2}}{\sin \theta_{m2} \sin \theta_{m1}}$$

将上二式相除,得

$$e = \frac{2c}{2a} = \frac{\sin(\theta_{m1} + \theta_{m2})}{\sin\theta_{m1} - \sin\theta_{m2}}, \quad \text{即 } e = \frac{\sin\left(\dfrac{\theta_{m1} + \theta_{m2}}{2}\right)}{\sin\left(\dfrac{\theta_{m1} - \theta_{m2}}{2}\right)} \tag{8.4-9}$$

由上式可得

$$M = \frac{e+1}{e-1} = \frac{\tan\dfrac{\theta_{m1}}{2}}{\tan\dfrac{\theta_{m2}}{2}} \tag{8.4-10}$$

卡塞格仑系统常用的几何参数是 d_m, f_m, d_s, f_s, e, θ_{m1} 和 θ_{m2} 等 7 个参数, 任意取 4 个, 其余 3 个可由式(8.4-3)、式(8.4-8)及式(8.4-9)唯一确定。

8.4.2 等效馈源法与等效抛物面法

8.4.2.1 等效馈源法

利用几何光学近似, 从 F_2 处实馈源发出而经双曲面反射的射线, 可看成是从虚焦点 F_1 发出的。也就是说, 实馈源和副反射面的组合可用位于虚焦点的等效馈源来代替。此即等效馈源法(或称虚馈源法)。

等效关系可利用功率关系来导出。在双曲面上 P 点处, 由等效馈源产生的功率密度应等于实馈源在该点的功率密度(见图 8.4-3):

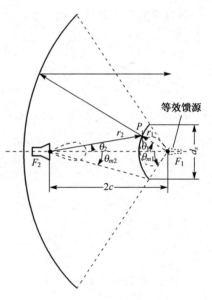

$$\frac{P_r}{4\pi r_1^2} F_e^2(\theta_1) = \frac{P_r}{4\pi r_2^2} F^2(\theta_2)$$

式中 $F_e(\theta_1)$ 和 $F(\theta_2)$ 分别是虚馈源和实馈源的归一化方向函数。从而得

$$F_e(\theta_1) = \frac{r_1}{r_2} F(\theta_2) = \frac{\sin\theta_2}{\sin\theta_1} F(\theta_2) \quad (8.4\text{-}11)$$

图 8.4-3 等效馈源法原理

其中 θ_1 与 θ_2 的对应关系可由下式得出[其导出与式(8.4-10)类似]:

$$M = \frac{e+1}{e-1} = \frac{\tan\dfrac{\theta_1}{2}}{\tan\dfrac{\theta_2}{2}} \tag{8.4-10a}$$

于是式(8.4-11)中比例因子可化为 θ_2 的函数:

$$\frac{\sin\theta_2}{\sin\theta_1} = \frac{2\sin\dfrac{\theta_2}{2}\cos\dfrac{\theta_2}{2}}{2\sin\dfrac{\theta_1}{2}\cos\dfrac{\theta_1}{2}} = \frac{\tan\dfrac{\theta_2}{2}\cos^2\left(\dfrac{\theta_2}{2}\right)}{\tan\dfrac{\theta_1}{2}\cos^2\left(\dfrac{\theta_1}{2}\right)} = \frac{\tan\dfrac{\theta_2}{2}}{\tan\dfrac{\theta_1}{2}} \frac{1 + \tan^2\left(\dfrac{\theta_1}{2}\right)}{1 + \tan^2\left(\dfrac{\theta_2}{2}\right)}$$

$$= \frac{1}{M} \frac{1 + M^2 \tan^2\left(\dfrac{\theta_2}{2}\right)}{1 + \tan^2\left(\dfrac{\theta_2}{2}\right)}$$

从而得

$$F_e(\theta_1) = \frac{1}{M} \frac{1 + M^2 \tan^2\left(\frac{\theta_2}{2}\right)}{1 + \tan^2\left(\frac{\theta_2}{2}\right)} F(\theta_2) \tag{8.4-11a}$$

8.4.2.2　等效抛物面法

等效馈源概念有助于理解卡塞格仑天线的工作，但其应用不如等效抛物面法方便。等效抛物面法的思路是馈源不变，而将双曲面和抛物面用一个仍以实焦点 F_2 为焦点的单一反射面来等效。

如图 8.4-4 所示，等效反射面可以这样确定：它应该是从实焦点 F_2 发出的射线的延长线，与经副反射面和主反射面两次反射后形成的平行于天线轴的射线的交点轨迹。这样，经等效反射面反射后仍然是平面波，其口径仍为同相口径，且振幅分布也与原口径相对应。

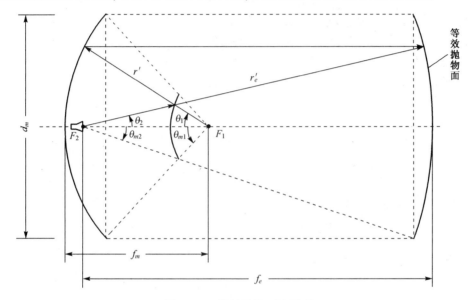

图 8.4-4　等效抛物面法原理

显然，上述等效反射面也是一个抛物面，证明如下。因

$$r'_e \sin \theta_2 = r' \sin \theta_1$$

故

$$r'_e = r' \frac{\sin \theta_1}{\sin \theta_2} = \frac{f_m}{\cos^2\left(\frac{\theta_1}{2}\right)} \frac{2\sin\frac{\theta_1}{2}\cos\frac{\theta_1}{2}}{2\sin\frac{\theta_2}{2}\cos\frac{\theta_2}{2}} = \frac{f_m}{\cos^2\left(\frac{\theta_2}{2}\right)} \frac{\tan\frac{\theta_1}{2}}{\tan\frac{\theta_2}{2}}$$

即

$$r'_e = \frac{2Mf_m}{1 + \cos \theta_2} = \frac{2f_e}{1 + \cos \theta_2} \tag{8.4-2a}$$

式中 $f_e = Mf_m$ 为等效焦距。这是一个以 f_e 为焦距的抛物面，其口径半张角为 θ_{m2}。由式(8.4-10)和式(8.4-3)可知，

$$\tan\frac{\theta_{m2}}{2} = \frac{1}{M}\tan\frac{\theta_{m1}}{2} = \frac{1}{M}\frac{d_m}{4f_m} = \frac{d_m}{4f_e} \tag{8.4-3a}$$

　　由上可见,卡塞格仑系统相当于一个焦距放大到 M 倍的抛物面系统,因而 M 称为放大率。这相当于使天线的焦径比 f/d 变大了,f/d 大的优点是交叉极化小,偏焦特性好等;其缺点是馈源尺寸大,使馈源和副反射面遮挡大,导致第一旁瓣电平高。此外,卡氏系统的重要优点是避免了前馈抛物面馈源所需的长馈线;又可使馈源设计的自由度更大;特别是其馈源在副面处的漏溢是指向"冷"(噪声温度低)的天空,只有副面向主反射面的较小的漏溢指向"热"(噪声温度高)的地面,从而可使天线噪声温度降低。

　　值得指出,等效抛物面法和等效馈源法都是基于几何光学法近似,因此要求天线直径和副反射面直径都远大于波长。一般来说副面(subreflector)直径 d_s 需大于 $(7 \sim 8)\lambda$ 以上,否则其绕射效应很严重。

8.4.2.3　口径遮挡效应与设计原则

　　卡氏系统的设计关键问题是选择副面大小和馈源位置。为使口径遮挡小,希望选择小的副面,但 θ_{m2} 也随之减小。为保持副面边缘照射电平不变,则要求馈源尺寸加大,这将导致馈源遮挡超过副面的遮挡。这样,最小遮挡发生于副面遮挡与馈源遮挡相等时,即(见图 8.4-5)

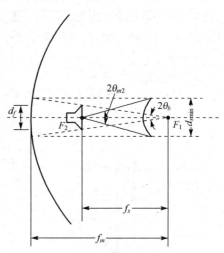

图 8.4-5　副面最小遮挡口径

$$\frac{d_f}{d_{smin}} \approx \frac{f_s}{f_m} \qquad (8.4\text{-}12)$$

因

$$f_s^2 \theta_{m2} \approx f_m 2\theta_b$$

并取 $2\theta_{m2}$ 为馈源的 10 dB 宽度:

$$2\theta_{m2} \approx 2\theta_{0.1f} = K_{0.1} \frac{\lambda}{d_f}$$

$K_{0.1}$ 为 10 dB 波束宽度系数,对一般馈源喇叭,可取 $K_{0.1} = 2$。于是

$$\frac{f_s}{f_m} \approx \frac{2\theta_b}{2\theta_{m2}} = \frac{d_{smin}/f_m}{K_{0.1}\lambda/d_f} = \frac{d_{smin} d_f}{K_{0.1} f_m \lambda}$$

代入式(8.4-12)得

$$\frac{d_f}{d_{smin}} = \frac{d_{smin} d_f}{K_{0.1} f_m \lambda}$$

故有

$$d_{smin} = \sqrt{K_{0.1} f_m \lambda} \qquad (8.4\text{-}13)$$

上式称为副面最小遮挡直径。此时遮挡面积比为

$$\left(\frac{d_{smin}}{d_m}\right)^2 = \frac{K_{0.1} f_m \lambda}{d_m^2} = K_{0.1} \left(\frac{f_m}{d_m}\right) \frac{\lambda}{d_m} \qquad (8.4\text{-}14)$$

这表明,d_m/λ 愈大,遮挡比愈小。因此,卡氏天线一般用于 $d_m/\lambda \geqslant 100$ 的场合。当 $d_{smin}/d_m > 0.2$ 时,一般按式(8.4-13)选取 d_s;若 $d_{smin}/d_m < 0.1$,可取 $d_s = 0.1 d_m$,以使馈源小些。只要 $d_s/d_m \leqslant 0.1$,副面遮挡损失将小于 0.1 dB,但它随 d_s 的增大而迅速增加。

　　当 d_m,f_m/d_m 及 d_s 选定后,需选择 f_s 以确定馈源位置和大小。这需要作两方面的权衡:若 f_s 取小,馈源尺寸小些,但馈源支杆或圆锥筒长;若 f_s 取大,则馈源尺寸大,轴向长度长,造价高。当上述 4 参数选定后,卡氏系统其他几何参数便都可确定了。通常 e 的取值范围为 $e = 1.15 \sim 1.75$,相应地,$M = 3.5 \sim 15$。

*8.4.3　电流分布法分析

随着电子计算机的应用,我国早在 20 世纪 70 年代便开始借助电子计算机对卡氏双反射面天线的电性能进行较严格的电流分布法分析和参数研究。这里介绍该分析的全套计算公式及某些结果[12]。本节和下节的参考文献[12,13]都是其作者们在西安电子科技大学茅于宽教授(见图 8.4-6)的指导下完成的。

图 8.4-6　参观国产大型双反射面天线的照片

左起第 4～7 人分别为茅于宽教授(中国天线学会第一任主任)、孙俊人院士(中国电子学会第一任理事长)、
任朗教授(中国天线学会第一任副主任)和张汶教授(中国电子学会秘书长)

卡氏系统坐标系及参数如图 8.4-7 所示。这里仅介绍以小张角波纹圆锥喇叭(用 HE_{11} 模激励)作馈源且副面位于其远区的情形。该馈源的远场仍由式(8.2-10)给出,其中 $f_E(\theta')$ 和 $f_H(\theta')$ 由第 7 章式(7.7-43)得出,并用式(7.7-53)求出其相位中心。然后将该相心置于实焦点 F_2,原远场点 M 坐标(r_0,θ_0,φ_0)相应换为(r_2,θ_2,φ_2)。其坐标换算关系为

$$\begin{cases} \sin\theta_0 = t\sin\theta_2 \\ r_0 = tr_2 \\ t = \left[1 - \dfrac{2d}{r_2}\cos\theta_2 - \left(\dfrac{d}{r_2}\right)^2\right]^{-1/2} \end{cases} \qquad (8.4\text{-}15)$$

8.4.3.1　副面散射场

副面散射场的计算方法和公式与 8.2.4 节中抛物面远场的计算类似,即利用式(8.2-51),其中 $\bar{J}_s$ 由式(8.2-49)得出。这里双曲面的法向单位矢量为

$$\begin{cases} \hat{n}_s = -\hat{r}_2\cos\dfrac{\theta_1+\theta_2}{2} + \hat{\theta}_2\sin\dfrac{\theta_1+\theta_2}{2} = \dfrac{1}{m(\theta_2)}\left[-\hat{r}_2(e\cos\theta_2 - 1) + \hat{\theta}_2 e\sin\theta_2\right] \\ m(\theta_2) = \sqrt{(e\cos\theta_2 - 1)^2 + (e\sin\theta_2)^2} \end{cases} \qquad (8.4\text{-}16)$$

被积函数的相位因子为 $(\theta_1 = \theta',\ \varphi_1 = \varphi',\ \theta_{m1} = \theta_m)$

$$\begin{cases} -kr_2 + k\bar{r}_1 \cdot \hat{r}' = u\cos(\varphi_2 + \varphi') + v + kf_s \\ u = kr_2\sin\theta_2\sin\theta', \quad v = -kr_2(\cos\theta_2\cos\theta' + 1) \end{cases} \qquad (8.4\text{-}17)$$

积分面元为

$$ds = \sqrt{(r_2 d\theta_2)^2 + (dr_2)^2}\, r_2\sin\theta_2 d\varphi_2 = \dfrac{m(\theta_2)}{e\cos\theta_2 - 1} r_2^2\sin\theta_2 d\theta_2 d\varphi_2$$

从而得副面在其远区的散射场为

$$\bar{E}_{\mathrm{s}}(r', \theta', \varphi') = [\hat{\theta}' E_{\mathrm{s}}(\theta') \cos \varphi' - \hat{\varphi}' H_{\mathrm{s}}(\theta') \sin \varphi'] A e^{-\mathrm{j}kr'}/r' \tag{8.4-18}$$

$$\begin{cases} E_{\mathrm{s}}(\theta') = -\mathrm{j}(k/2) e^{\mathrm{j}kf_{\mathrm{s}}\cos \theta'} \int_0^{\theta_{m2}} \left\{ [-f_{\mathrm{E}}(\theta_2) a_1 b_1 + f_{\mathrm{H}}(\theta_2) b_2] \cos \theta' \right. \\ \qquad\qquad \left. + \mathrm{j} f_{\mathrm{E}}(\theta_2) a_1 b_3 \sin \theta' \right\} e^{\mathrm{j}v} r_2 \sin \theta_2 \mathrm{d}\theta_2 \\ H_{\mathrm{s}}(\theta') = -\mathrm{j}(k/2) e^{\mathrm{j}kf_{\mathrm{s}}\cos \theta'} \int_0^{\theta_{m2}} [-f_{\mathrm{E}}(\theta_2) a_2 b_2 + f_{\mathrm{H}}(\theta_2) b_1] e^{\mathrm{j}v} r_2 \sin \theta_2 \mathrm{d}\theta_2 \end{cases} \tag{8.4-18a}$$

式中

$$\begin{cases} a_1 = -\sin \theta_2 + \cos \theta_2 (\mathrm{d}r_2/\mathrm{d}\theta_2)/r_2 = \sin \theta_2/(e\cos \theta_2 - 1) \\ a_2 = -\cos \theta_2 - \sin \theta_2 (\mathrm{d}r_2/\mathrm{d}\theta_2)/r_2 = (e - \cos \theta_2)/(e\cos \theta_2 - 1) \\ b_1 = J_0(u) - J_2(u) \\ b_2 = J_0(u) + J_2(u) \\ b_3 = 2J_1(u) \end{cases} \tag{8.4-18b}$$

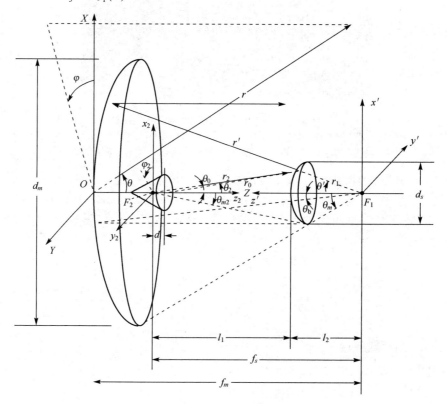

图 8.4-7　卡氏系统坐标系

8.4.3.2　天线远场

天线远场的计算与 8.2.4 节完全相似, 得

$$\bar{E}_m(r, \theta, \varphi) = [\hat{\theta} E_m(\theta) \cos \varphi - \hat{\varphi} H_m(\theta) \sin \varphi] A e^{-\mathrm{j}kr}/r \tag{8.4-19}$$

$$\begin{cases} E_m(\theta) = -\mathrm{j}k f_m e^{\mathrm{j}k f_m \cos \theta} \int_{\theta_b}^{\theta_m} \left\{ [-E_{\mathrm{s}}(\theta') A_2 B_1 + H_{\mathrm{s}}(\theta') B_2] \right. \\ \qquad\qquad \left. + \mathrm{j} E_{\mathrm{s}}(\theta') A_1 B_3 \sin \theta \right\} e^{\mathrm{j}v} \tan \dfrac{\theta'}{2} \mathrm{d}\theta' \\ H_m(\theta) = -\mathrm{j}k f_m e^{\mathrm{j}k f_m \cos \theta'} \int_{\theta_b}^{\theta_{m1}} [-E_{\mathrm{s}}(\theta') A_2 B_2 + H_{\mathrm{s}}(\theta') B_1] e^{\mathrm{j}v} \tan \dfrac{\theta'}{2} \mathrm{d}\theta' \end{cases} \tag{8.4-19a}$$

式中

$$\begin{cases} A_1 = -\sin\theta' + \cos\theta'(\mathrm{d}r'/\mathrm{d}\theta')/r' = -\tan(\theta'/2) \\ A_2 = -\cos\theta' - \sin\theta'(\mathrm{d}r'/\mathrm{d}\theta')/r' = -1 \\ B_1 = J_0(U) - J_2(U) \\ B_2 = J_0(U) + J_2(U) \\ B_3 = 2J_1(U) \\ U = kr'\sin\theta'\sin\theta, \quad V = -kr'(\cos\theta'\cos\theta + 1) \end{cases} \quad (8.4\text{-}19b)$$

这里已计入副面遮挡效应,积分下限为 $\theta_b = 2\arctan(d_s/4f_m)$ 上限 $\theta_m = \theta_{m1}$。

副面支杆一般采用四脚支杆以使方向图对称。支杆遮挡的几何关系示于图 8.4-8。图 8.4-6 中也可见副面支杆的光学阴影。支杆对口径电磁波的实际遮挡包括两部分,一是支杆对口径辐射的直接遮挡,二是支杆对副面向主面的照射遮挡。如图 8.4-8 所示,设支杆正对主面口径方向的宽度为 w,支杆支点在主面处的半径为 R_t,其仰角为 α_t。则每根支杆的方位遮挡角为

$$\Delta\varphi_w = \begin{cases} 2\arctan\dfrac{w}{2r'\sin\theta'} = 2\arctan\left[\dfrac{w}{4f_m}(\csc\theta' - \cot\theta_t)\right], & \theta_b \leqslant \theta' \leqslant \theta_t \\ 2\arctan\left[\dfrac{w}{2L_t}(\tan\alpha_t - \cot\theta')\right], & \theta_t \leqslant \theta' \leqslant \theta_m \end{cases} \quad (8.4\text{-}20)$$

$$L_t = R_t(\tan\alpha_t - \cot\theta_t), \quad \theta_t = 2\arctan(R_t/2f_m) \quad (8.4\text{-}20a)$$

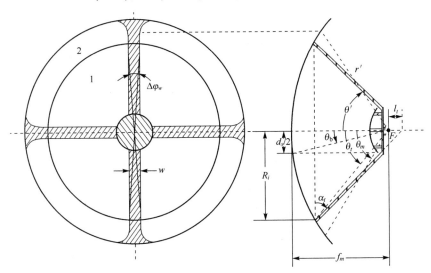

图 8.4-8　支杆遮挡的几何关系

利用口径场法,当口径照射近于旋转对称时,即 $E_s(\theta') \approx H_s(\theta')$,得支杆遮挡部分的 E 面和 H 面远场为

$$\begin{cases} E_t(\theta) = -\mathrm{j}kf_m\mathrm{e}^{\mathrm{j}kf_m\cos\theta}\mathrm{e}^{-\mathrm{j}2kf_m}\displaystyle\int_{\theta_b}^{\theta_m}[E_s(\theta') + H_s(\theta')]\dfrac{\Delta\varphi_w}{2\pi}T(\phi=0)\tan\dfrac{\theta'}{2}\mathrm{d}\theta' \\ H_t(\theta) = -\mathrm{j}kf_m\mathrm{e}^{\mathrm{j}kf_m\cos\theta'}\mathrm{e}^{-\mathrm{j}kf_m}\displaystyle\int_{\theta_b}^{\theta_M}[E_s(\theta') + H_s(\theta')]\dfrac{\Delta\varphi_w}{2\pi}T\left(\phi=\dfrac{\pi}{2}\right)\tan\dfrac{\theta'}{2}\mathrm{d}\theta' \end{cases} \quad (8.4\text{-}21)$$

式中

$$T(\phi) = \sum_{i=0}^{M-1}\mathrm{e}^{\mathrm{j}U\cos(\varphi_0 + 2\pi i/M + \phi)} \quad (8.4\text{-}21a)$$

M 是支杆总数,φ_0 是第 $i=0$ 根支杆的方位角。对四脚支杆,上式化为

$$T(\phi=0) = T(\phi=\pi/2) = \begin{cases} 2(1 + \cos U), & \varphi_0 = 0 \\ 4\cos(U/2), & \varphi_0 = \pi/4 \end{cases} \quad (8.4\text{-}21b)$$

计入支杆遮挡效应后，天线的 E 面和 H 面远场为

$$E'_m(\theta) = E_m(\theta) - E_t(\theta)$$

$$H'_m(\theta) = H_m(\theta) - H_t(\theta)$$

(8.4-22)

对上式取绝对值及归一化后，便得 E 面和 H 面方向图(只计算主瓣及近旁瓣区域，略去了副面和馈源的漏射)。

8.4.3.3　天线效率及噪声温度

为便于分析不同因素的效应，将天线效率 e_A 表示为各效率因子的乘积：

$$e_A = e_a e_x e_{ph} e_{sm} e_{ss} e_{bs} e_{bt} e_\delta$$

(8.4-23)

振幅照射效率　　$$e_a = 2\cot^2\frac{\theta_m}{2}\frac{\left\{\int_{\theta_b}^{\theta_m}[\,|E_s(\theta')| + |H_s(\theta')|\,]\tan\frac{\theta'}{2}d\theta'\right\}^2}{\int_{\theta_b}^{\theta_m}[\,|E_s(\theta')| + |H_s(\theta')|\,]^2\sin\theta'd\theta'}$$

(8.4-23a)

交叉极化效率　　$$e_x = \frac{\int_{\theta_b}^{\theta_m}[\,|E_s(\theta')| + |H_s(\theta')|\,]^2\sin\theta'd\theta'}{2\int_{\theta_b}^{\theta_m}[\,|E_s(\theta')|^2 + |H_s(\theta')|^2\,]\sin\theta'd\theta'}$$

(8.4-23b)

相位误差效率　　$$e_{ph} = \frac{\left|\int_{\theta_b}^{\theta_m}[E_s(\theta') + H_s(\theta')]\tan\frac{\theta'}{2}d\theta'\right|^2}{\left\{\int_{\theta_b}^{\theta_m}[\,|E_s(\theta')| + |H_s(\theta')|\,]\tan\frac{\theta'}{2}d\theta'\right\}^2}$$

(8.4-23c)

主面漏溢效率　　$$e_{sm} = \frac{\int_0^{\theta_m}[\,|E_s(\theta')|^2 + |H_s(\theta')|^2\,]\sin\theta'd\theta'}{\int_0^{\theta_{m2}}[\,|f_E(\theta_2)|^2 + |f_H(\theta_2)|^2\,]\sin\theta_2d\theta_2}$$

(8.4-23d)

副面漏溢效率　　$$e_{ss} = \frac{A^2}{240P_0}\int_0^{\theta_{m2}}[\,|f_E(\theta_2)|^2 + |f_H(\theta_2)|^2\,]\sin\theta_2d\theta_2$$

(8.4-23e)

$$P_0 = \frac{A^2}{240}\frac{4}{(ka)^2}[\,(1 + \xi^2)J_1^2(x_c) - 2\xi J_0^2(x_c)\,]\quad(波纹馈源)$$

副面遮挡效率　　$$e_{bs} = \frac{\int_{\theta_b}^{\theta_m}[\,|E_s(\theta')|^2 + |H_s(\theta')|^2\,]\sin\theta'd\theta'}{\int_0^{\theta_m}[\,|E_s(\theta')|^2 + |H_s(\theta')|^2\,]\sin\theta'd\theta'}$$

(8.4-23f)

支杆遮挡效率　　$$e_{bt} = \frac{\left|\int_{\theta_b}^{\theta_m}[E_s(\theta') + H_s(\theta')]\left[1 - \frac{\Delta\varphi_w}{2\pi}M\right]\tan\frac{\theta'}{2}d\theta'\right|^2}{\left|\int_{\theta_b}^{\theta_m}[E_s(\theta') + H_s(\theta')]\tan\frac{\theta'}{2}d\theta'\right|^2}$$

(8.4-23g)

反射面表面误差效率　　$$e_\delta = e^{-(4\pi\sigma/\lambda)^2}$$

(8.4-23h)

为减少计算时间，上面公式中副面总散射功率由馈源照射功率得出，而馈源总辐射功率则由馈源口径的传输功率来算出。

第 2 章中已得出天线噪声温度公式(2.6-9)。为与前面所得各效率因子相关联，将它改写为下式：

$$T_A = \sum_i\left[\frac{G_i\Delta\Omega_i}{4\pi}\right]T_i = \sum_i P_iT_i = \sum_i T_{Ai}$$

(8.4-24)

式中 P_i 是辐射到某立体角区域 $\Delta\Omega_i$ 的相对功率 $\sum_i P_i = 1$，T_i 是该立体角区域 $\Delta\Omega_i$ 方向的平均噪声温度(亮温度)。这样与各效率因子相对应，天线噪声温度可看成各部分辐射功率所对应的噪声温度分量 T_{Ai} 之和。

将全功率分成以下各部分功率：

1. 副面漏溢功率 $P_1 = 1 - e_{ss}$

2. 主面漏溢功率 $P_2 = e_{ss}(1 - e_{sm})$

3. 副面及支杆遮挡功率 $P_3 = e_{ss} e_{sm}(1 - e_{bs} e_{bt})$

4. 主波束功率 $P_4 = e_{ss} e_{sm} e_{bs} e_{bt}$

设上述各部分功率所辐射的立体角区域平均噪声温度分别为 T_1, T_2, T_3, T_4, 得

$$T_A = (1 - e_{ss}) T_1 + e_{ss}(1 - e_{sm}) T_2 + e_{ss} e_{sm}(1 - e_{bs} e_{bt}) T_3 + e_{ss} e_{sm} e_{bs} e_{bt} T_4 \tag{8.4-25}$$

以接收机输入端为参考的系统噪声温度根据第 2 章式(2.6-3)结合式(2.6-5)得出：

$$T = \frac{T_A}{L_F} + T_0 \left(1 - \frac{1}{L_F}\right) + T_r \tag{2.6-3a}$$

$L_F \geqslant 1$ 是馈线损耗因子。T_0 是环境温度，T_r 是接收机噪声温度。

8.4.3.4　数值结果

基于上述公式已编制了程序，一组计算结果与实测结果的比较示于图 8.4-9 和图 8.4-10，可见计算与实测较为一致。对我们设计的某 15 m 直径卡氏天线，计算的天线效率及半功率宽度和旁瓣电平列在表 8.4-1 中。

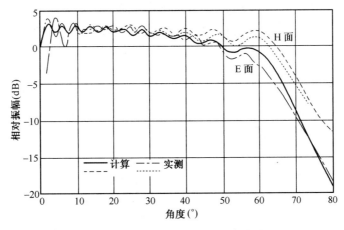

图 8.4-9　计算与实测的副面散射方向图

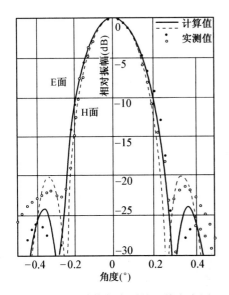

图 8.4-10　计算与实测的天线方向图

表 8.4-1　计算的 15 m 卡氏天线性能

波纹喇叭 馈源参数	EI = −12.99 dB $\Psi_m = \pi/2$	
效率因子	e_a	0.8276
	e_x	1.0000
	e_{ph}	0.9954
	e_s	0.9168
	e_{bs}	0.9866
理论效率	e_A	0.7428
半功率宽度	E 面	2.6°
	H 面	2.6°
旁瓣电平	E 面	−24.9 dB
	H 面	−24.9 dB

注：$d_m = 15\text{mm}$，$f_m/d_m = 0.35$

$d_s/d_m = 0.072$，$e = 1.1893$，$\lambda = 8.6 \text{ mm}$

*8.4.4 场相关法分析

伍德(P. J. Wood)所提出的场相关法也是一种物理光学方法。对于双反射面系统的分析，它只需计算一个绕射积分而不需完成两次积分运算，因而大大提高了计算速度，便于进行系统的综合。介绍如下[13]。

8.4.4.1 场相关定理

根据 1.7.1 节给出的互易定理一般形式(1.7-5)，当 s 面只包围场源 1 而不包含场源 2 时，有

$$\int_s (\bar{E}_1 \times \bar{H}_2 - \bar{E}_2 \times \bar{H}_1) \cdot \mathrm{d}\bar{s} = \int_v (\bar{E}_2 \cdot \bar{J}_1 - \bar{H}_2 \cdot \bar{J}_1^m) \mathrm{d}v \qquad (8.4\text{-}26)$$

设场源 1 为电压源，则上式化为

$$\int_s (\bar{E}_1 \times \bar{H}_2 - \bar{E}_2 \times \bar{H}_1) \cdot \mathrm{d}\bar{s} = U_1 I_{12} \qquad (8.4\text{-}27)$$

式中 U_1 为场源 1 的端电压，$I_{12} = \oint_{l_1} \bar{H}_2 \cdot \mathrm{d}\bar{l}$ 是场源 2 在场源 1 处产生的电流。

现将上述关系应用于场源 1 与 2 分别为天线 1 与 2 的情形。为便于表达，设天线 1 内阻与其输入阻抗 $Z_1 = R_1 + jX_1$ 共轭匹配，这时有 $U_1 = 2R_1 I_0$。于是式(8.4-27)化为

$$2R_1 I_1 I_{12} = \int_s (\bar{E}_1 \times \bar{H}_2 - \bar{E}_2 \times \bar{H}_1) \cdot \mathrm{d}\bar{s}$$

对两边取共轭：

$$2R_1 I_1^* I_{12}^* = \left[\int_s (\bar{E}_1 \times \bar{H}_2 - \bar{E}_2 \times \bar{H}_1) \cdot \mathrm{d}\bar{s}\right]^*$$

将上两式相乘，得

$$4P_1 P_{12} = \frac{1}{4} \left| \int_s (\bar{E}_1 \times \bar{H}_2 - \bar{E}_2 \times \bar{H}_1) \cdot \mathrm{d}\bar{s} \right|^2 \qquad (8.4\text{-}28)$$

式中 $P_1 = |I_1|^2 R_1 / 2$ 为天线 1 的发射功率，也即其辐射功率(忽略天线欧姆损耗)；$P_{12} = |I_{12}|^2 R_1 / 2$ 是天线 2 发射时天线 1 所接收的功率。

若天线 1 的有效面积为 A_e，其口径的几何面积为 A_0，天线 2 产生的在天线 1 口径处的入射平面波的功率密度(设天线 1 位于天线 2 远区)为 $\bar{S}_2 = R_e(\bar{E}_2 \times \bar{H}_2^*)/2$，天线 2 入射于天线 1 口径的功率为 $P_2 = R_e \int_s (\bar{E}_2 \times \bar{H}_2^*)/2 \cdot \mathrm{d}\bar{s}$，则有

$$\frac{P_{12}}{P_2} = \frac{S_2 A_e}{S_2 A_0} = \frac{A_e}{A_0} = e_A \qquad (8.4\text{-}29)$$

将式(8.4-28)代入上式，得天线 1 的天线效率为

$$e_A = \frac{\left| \int_s (\bar{E}_1 \times \bar{H}_2 - \bar{E}_2 \times \bar{H}_1) \cdot \mathrm{d}\bar{s} \right|^2 / 4}{4P_1 P_2}$$

$$= \frac{\left| \int_s (\bar{E}_1 \times \bar{H}_2 - \bar{E}_2 \times \bar{H}_1) \cdot \mathrm{d}\bar{s} \right|^2 / 4}{\left[R_e \int_{s_\infty} (\bar{E}_1 \times \bar{H}_1^*) \cdot \mathrm{d}\bar{s} \right] \left[R_e \int_{s_0} (\bar{E}_2 \times \bar{H}_2^*) \cdot \mathrm{d}\bar{s} \right]} \qquad (8.4\text{-}30)$$

式中 s_∞ 是包围天线 1 的任意封闭面，可取得与 s 相同或不同，s_0 为天线 1 之口径平面。

式(8.4-30)称为场相关定理。它的物理含义是，天线效率由其发射场与接收场的矢量相关来给出。称式(8.4-30)分子中对 s 面的积分为相关积分，称 s 为相关面。s 面位于自由空间，是包含天线 1 场源而不包含天线 2 的任意封闭面。它可取在天线 1 内部的某个面上，例如主反射面、副反射面或馈源口径等处。

式(8.4-30)并未限定入射于天线 1 的均匀平面波的方向和极化，因此它对应于天线 1 对任意方向任意极化波的天线效率。当沿天线 1 的最大辐射方向入射相同极化波时，该式便得出天线 1 的(最大)天线效

率,即通常意义上的天线效率。若相关面取在天线主反射面的口径,便导出口径场法的天线效率公式(见习题 8.4-10);若相关面取为主反射面,就导出电流分布法的天线效率公式[13]。自然,如果取不同方向的入射平面波来计算上式,则得出不同方向的天线效率和增益,从而可算出完全的天线方向图。

若将上式分母归一化,则场相关定理式(8.4-30)化为

$$e_A = \left| \int_s (\bar{E}_1 \times \bar{H}_2 - \bar{E}_2 \times \bar{H}_1) \cdot \overline{ds} \right|^2 /4 \tag{8.4-30a}$$

当

$$\bar{E}_1 = \bar{E}_2^*, \quad \bar{H}_1 = -\bar{H}_2^* \tag{8.4-31}$$

有 $e_A = 1$,获得最高天线效率。式(8.4-31)称为共轭匹配条件。这一极有意义的推论实际上早已用于天线的综合中。正是基于抛物面天线的焦区场与馈源口径处的发射场相共轭匹配的原理,从理论上导出了波纹喇叭馈源。

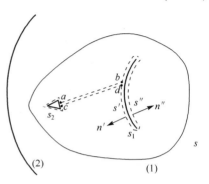

图 8.4-11　反射面天线的相关面

8.4.4.2　对反射面的应用

如图 8.4-11 所示,把 s 面取为包含馈源和副反射面的封闭曲面,即把馈源和副反射面看成场源天线 1。这时式(8.4-30a)中 $(\bar{E}_2, \bar{H}_2)$ 是主反射面接收外来平面波所散射的入射场,其直接由主反射面入射的场为 $(\bar{E}_2^i, \bar{H}_2^i)$,而再由天线 1 二次散射的场 $(\bar{E}_2^s, \bar{H}_2^s)$ 可以忽略;同样,$(\bar{E}_1, \bar{H}_1)$ 中天线 1 的直接辐射场为 $(\bar{E}_1^i, \bar{H}_1^i)$,而再由主反射面散射的场可忽略。于是式(8.4-30a)简化为

$$e_A = \left| \int_s (\bar{E}_1^i \times \bar{H}_2^i - \bar{E}_2^i \times \bar{H}_1^i) \cdot \overline{ds} \right|^2 /4 \tag{8.4-30b}$$

此式只忽略了二次散射场之间的相互耦合,因此计算精度仍是高的。

现在再把 s 面收缩为图 8.4-11 中虚线所示,其中 ab 和 cd 的面积分相消,相关面退化为 s_1 面和 s_2 两个面。由于 s_2 面的积分代表主反射面场与馈源之间的耦合,可以略去。同时,s_1 面为导体面,其切向电场为零。设其法向单位矢为 $\hat{n}$,则

$$\hat{n} \cdot (\bar{E}_1^i \times \bar{H}_2^i) = \bar{E}_1^i \cdot (\bar{H}_2^i \times \hat{n}) = \bar{H}_2^i \cdot (\hat{n} \times E_1^i) = 0$$

故

$$\int_s (\bar{E}_1^i \times \bar{H}_2^i - \bar{E}_2^i \times \bar{H}_1^i) \cdot \overline{ds} \approx \int_{s_1} (\bar{E}_1^i \times \bar{H}_2^i - \bar{E}_2^i \times \bar{H}_1^i) \cdot \hat{n} \, \overline{ds}$$

$$= \int_{s_1} -(\hat{n} \times \bar{E}_2^i) \cdot \bar{H}_1^i \, ds = \int_{s'} -(\hat{n} \times \bar{E}_2^i) \cdot (\bar{H}_1' - \bar{H}_1'') \, ds \tag{8.4-31a}$$

上式中已考虑到副反射面 s_1 有两个侧面 s' 和 s'',如图 8.4-11 所示。天线 1 馈源所产生的磁场在此二侧面上是不连续的,其切向磁场之差就是馈源在副反射面上所产生的感应电流 $\bar{J}_s$:

$$\int_{s'} -(\hat{n} \times \bar{E}_2^i) \cdot (\bar{H}_1' - \bar{H}_1'') \, ds = \int_{s'} -\bar{E}_2^i \cdot (\bar{H}_1' - \bar{H}_1'') \times \hat{n} \, ds = \int_{s'} \bar{E}_2^i \cdot \bar{J}_s \, ds \tag{8.4-32}$$

取物理光学近似:

$$\bar{J}_s = 2\hat{n} \times \bar{H}_1^0 \tag{8.4-33}$$

式中 $\bar{H}_1^0$ 是天线 1 馈源对 s' 面的入射场(不包括副面感应电流所产生的散射场)。于是式(8.4-30b)化为

$$e_A = \left| \int_{s'} \bar{E}_2^i \times \bar{H}_1^0 \cdot \overline{ds} \right|^2 \tag{8.4-30c}$$

此即文献[13]之文献[1]中所给出的场相关定理。这里 $\bar{E}_2^i$ 和 $\bar{H}_1^0$ 都不必考虑副面的存在而直接得出,避免了副面散射场的计算,从而使问题简化。下面介绍一个应用举例[14]。

8.4.4.3　副反射面的优化设计

在主反射面(抛物面)不变的条件下,对给定馈源可利用场相关法对副反射面进行优化设计,以求天线效率最高。几何关系如图 8.4-12 所示。沿抛物面轴向以单位(1 W)功率入射于口径的平面波,由抛物面聚焦于副面 s' 处的电场 $\bar{E}_2^i$ 可用球面波展开法表示为

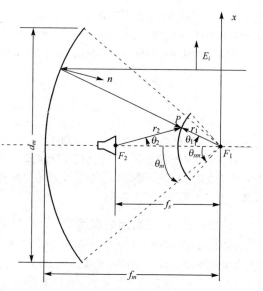

图 8.4-12　副面优化设计的几何关系

$$\bar{E}_2^i(r_1, \theta_1, \varphi_1) = \hat{\theta}_1 f_1(r_1, \theta_1)\cos\varphi_1$$
$$- \hat{\varphi}_1 f_2(r_1, \theta_1)\sin\varphi_1 + \hat{r}_1 f_3(r_1, \theta_1)\cos\varphi_1$$

$$(8.4\text{-}34)$$

以单位(1 W)功率辐射的馈源在 s' 面处产生的磁场用下式表示:

$$\bar{H}_1^0 = \hat{\theta}_2 g_1(r_2, \theta_2)\cos\varphi_2 - \hat{\varphi}_2 g_2(r_2, \theta_2)\sin\varphi_2$$

$$(8.4\text{-}35)$$

s' 面上 P 点以 F_1 和 F_2 为原点的坐标分别为 $(r_1, \theta_1, \varphi_1)$ 和 $(r_2, \theta_2, \varphi_2)$。二者转换关系为

$$r_2 = [r_1^2 + f_s^2 - 2r_1 f_s \cos\theta_1]^{1/2},$$
$$\theta_2 = \arcsin(r_1\sin\theta_1/r_2), \quad \varphi_2 = -\varphi_1 \quad (8.4\text{-}36)$$

将式(8.4-34)和式(8.4-35)代入式(8.4-30c),设副面半张角为 θ_{sm},得到天线效率计算公式如下:

$$e_A = \left| \pi \int_0^{\theta_{sm}} \left\{ g_1(r_2, \theta_2) f_2(r_1, \theta_1)\left[\cos(\theta_1 + \theta_2) + \sin(\theta_1 + \theta_2)\frac{1}{r_1}\frac{dr_1}{d\theta_1}\right] \right.\right.$$
$$\left.\left. + g_2(r_2, \theta_2)\left[f_1(r_1, \theta_1) + f_3(r_1, \theta_1)\frac{1}{r_1}\frac{dr_1}{d\theta_1}\right]\right\} r_1^2 \sin\theta_1 d\theta_1 \right|^2$$

$$(8.4\text{-}37)$$

这里的优化问题就是:寻找副面的母线方程 $r_1 = r_s(\theta_1)$ 使上式逼近最大。其原理是使馈源辐射场($\bar{E}_1^0$,$\bar{H}_1^0$)与聚焦场($\bar{E}_2^i$,$\bar{H}_2^i$)在 s' 面处共轭匹配。它的必要条件是 s' 面母线的各点处 $\bar{H}_1^0$ 的相位与 $\bar{H}_2^i$ 的相位之和为常数(亦即几何光学的等光程条件)。具体做法如下:将积分区间 $(0, \theta_{sm})$ 划分为 M 点,设任意分点 θ_1 角为 θ_i;选双曲面作为 $r_s(\theta_i)$ 的初始值 $r_{s0}(\theta_i)$,计算 $\bar{H}_1^0$ 与 $\bar{E}_2^i$ 二者相位之和 $\phi(\theta_i)$。取副面修正量为 $\Delta r(\theta_i)$,它由下式得出(见图 8.4-12):

$$k\Delta r(\theta_i)[1 + \cos(\theta_i + \theta_{2i})] = \phi_0 - \phi(\theta_i)$$

即

$$\Delta r(\theta_i) = \frac{\phi_0 - \phi(\theta_i)}{k[1 + \cos(\theta_i + \theta_{2i})]}$$

$$(8.4\text{-}38)$$

从 $\theta_1 = \theta_{sm}$ 点开始计算,取 $\phi_0 = \phi(\theta_{sm})$。新副面曲线为

$$r_s(\theta_i) = r_{s0}(\theta_i) + \Delta r(\theta_i)$$

$$(8.4\text{-}39)$$

整条曲线由计算的离散点用样条插值法来拟合,以保证曲线光滑。用此新副面曲线代入式(8.4-37)算出 e_{A1}。然后再以新副面作为初始值进行迭代运算,直至效率无明显提高止。

两个计算实例的参数与结果列在表 8.4-2 中。初始系统都是 $f_m/d_m = 0.35$ 的标准卡氏系统,$\theta_{sm} = \theta_m$。馈源方向图是轴对称的 $\cos^m\theta_2$ 型(m 值由边缘照射 EI 确定)。优化设计时都延伸了副面,$\theta_{sm} > \theta_m$。可见,副面延伸并改形后,例 1 的效率由 71.8% 提高到 86.2%;而例 2 的效率由 72% 提高到 83.4%。例 2 天线改形副面形状如图 8.4-13 所示。已按例 2 天线参数加工了天线,直径为 3 m,工作于 12 GHz($\lambda = 2.5$ cm),采用载 HE_{11} 模的波纹圆锥喇叭作馈源。实测的天线增益为 (50.24 ± 0.21) dB,即实测效率为 $(74.4 \pm 3.6)\%$;并测得在 30°仰角的天线噪声温度为 34.76K[14]。

表 8.4-2　改形副面计算实例参数

天线形式	参　数	例 1	例 2
标准卡氏系统	d_m	100 λ	120 λ
	θ_m	71.075°	71.075°
	e	1.7	1.4145
	d_s	9.22 λ	12.48 λ
	EI	−11.9dB	−11.0 dB
	e_A	71.8%	72.0%
改形副面卡氏系统	θ_{sm}	86°	81°
	d_s	13.48 λ	15.56 λ
	EI	−20.3 dB	−15.7 dB
	e_A	86.2%	83.4%

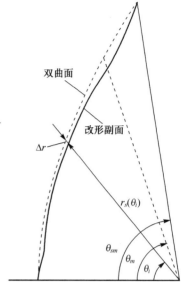

图 8.4-13　改形副面形状(例 2)

8.5　其他形式反射面天线

8.5.1　引言

双反射面天线除标准形式卡塞格仑型外,还有主面和副面利用不同的凹形、凸形和平面等形状的组合。汉南(P. W. Hannan)在 1961 年最先进行了介绍[15]。馈源波束宽度渐渐增大而天线总尺寸保持不变的一系列结构,如图 8.5-1 所示。前 5 种中副面由凸变到平,进而变到凹,天线轴向长度也逐渐减小,第 4 种和第 5 种的主面分别改为平面和凸抛物面。最后两种为格雷戈里(Grego-rian)型,结构类似于格雷戈里光学望远镜,其主面焦点移到了主、副面之间,副面为凹椭球面,其中第 6 种为标准形式,第 7 种缺点较多。图中用虚线画出了这些结构的等效抛物面。

为了改善天线效率等性能,还发展了偏置抛物面、赋形双反射面及抛物环面等结构,并获得了应用。下面对这几种设计作简要介绍。

8.5.2　偏置抛物面天线

为了避免馈源及其支杆对抛物面口径的遮挡,发展了偏置抛物面(offset-paraboloid)结构,如图 8.5-2 所示。将旋转抛物面的一部分切去,从而使焦点处于反射面口径之外。计算表明,旁瓣电平因此约可降低 10 dB。同时,减小了反射面对馈源的影响,便于采用多馈源和大的馈源。但是,由于不再具有轴对称的结构,而使交叉极化分量增大。对中等的偏置量也将导致约 −20 ~ −25 dB 的交叉极化电平。不过,采用圆极化馈源时并不形成交叉极化分量,只是使天线"斜视"(波束偏离电轴)[5°]。

8.5.2.1　几何关系

用中心轴偏置角为 θ_0 锥角为 $2\theta_c$ 的圆锥与焦距为 f 的抛物面(称为母抛物面)相截,便得出偏置抛物面。其几何参数为 f, θ_0 和 θ_c。如图 8.5-2 所示,母抛物面的坐标为 (x, y, z) 或 $(r_a, \theta_a, \varphi_a)$,偏置坐标取为 (x', y', z') 或 (r', θ', φ'),它们的原点都是焦点 F,只是偏置坐标的 z' 轴和 x' 轴相对于原坐标转过 θ_0 角。转换关系为

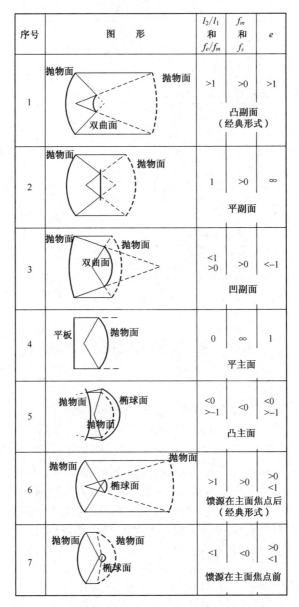

图 8.5-1　卡塞格仑型和格雷戈里型双反射面系列

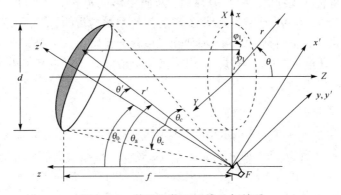

图 8.5-2　偏置抛物面天线几何关系

$$\begin{cases} x = x'\cos\theta_0 + z'\sin\theta_0 = r'(\cos\theta_0\sin\theta'\cos\varphi' + \sin\theta_0\cos\theta') \\ y = y' = r'\sin\theta'\sin\varphi' \\ z = -x'\sin\theta_0 + z'\cos\theta_0 = r'(-\sin\theta_0\sin\theta'\cos\varphi' + \cos\theta_0\cos\theta') \end{cases} \tag{8.5-1}$$

并有 $r_a = r'$，且因 $z = r'\cos\theta_a$，与上式比较可知

$$\cos\theta_a = \cos\theta_0\cos\theta' - \sin\theta_0\sin\theta'\cos\varphi'$$

故偏置抛物面方程为

$$r' = \frac{2f}{1+\cos\theta_a} = \frac{2f}{1+\cos\theta_0\cos\theta' - \sin\theta_0\sin\theta'\cos\varphi'} \tag{8.5-2}$$

偏置抛物面轮廓线为一椭圆，它在 (x,y) 平面上的投影口径为一圆，记为 S_a。设锥角为 $2\theta'$，得其投影直径为

$$2\rho_1 = \frac{2f}{1+\cos(\theta_0+\theta')}\sin(\theta_0+\theta') - \frac{2f}{1+\cos(\theta_0-\theta')}\sin(\theta_0-\theta')$$
$$= \frac{4f\sin\theta'}{\cos\theta_0+\cos\theta'} \tag{8.5-3}$$

式中 ρ_1 为投影半径。投影口径中心 O 离 z 轴距离为

$$x_0 = \frac{2f\sin\theta'}{\cos\theta_0+\cos\theta'} + \frac{2f\sin(\theta_0-\theta')}{1+\cos(\theta_0+\theta')} = \frac{2f\sin\theta_0}{\cos\theta_0+\cos\theta'} \tag{8.5-4}$$

上两式中取 $\theta' = \theta_c$，即为锥角 $2\theta'$ 时的值。此时口径下缘离 z 轴距离为

$$h_d = x_d = 2f\tan\frac{\theta_0-\theta_c}{2} = \frac{2f\sin(\theta_0-\theta_c)}{1+\cos(\theta_0-\theta_c)} \tag{8.5-5}$$

8.5.2.2　投影口径上的场

线极化馈源的辐射场可表示为

$$\bar{E}_i = [\hat{\theta}'f_\theta(\theta',\varphi') + \hat{\varphi}'f_\varphi(\theta',\varphi')]e^{-jkr'}/r'$$
$$= [\hat{x}'(f_\theta\cos\theta'\cos\varphi' - f_\varphi\sin\varphi') + \hat{y}'(f_\theta\cos\theta'\sin\varphi' + f_\varphi\cos\varphi') - \hat{z}'f_\theta\sin\theta']e^{-jkr'}/r' \tag{8.5-6}$$

抛物面法向单位矢为

$$\hat{n} = -\hat{r}'\cos(\theta_a/z) + \hat{\theta}_a\sin(\theta_a/2)$$
$$= -\sqrt{r'/4f}[\hat{x}'(\sin\theta'\cos\varphi' - \sin\theta_0) + \hat{y}'\sin\theta'\sin\varphi' + \hat{z}'(\cos\theta_0+\cos\theta')] \tag{8.5-7}$$

抛物面处反射场利用式(8.2-9)求得：

$$\bar{E}_r = [\hat{x}(C_1f_\theta + S_1f_\varphi) + \hat{y}(-S_1f_\theta + C_1f_\varphi)]e^{-jkr'}/2f \tag{8.5-8}$$

式中

$$\begin{cases} C_1 = \sin\theta_0\sin\theta' - (1+\cos\theta_0\cos\theta')\cos\varphi' = b - a\cos\varphi' \\ S_1 = (\cos\theta_0+\cos\theta')\sin\varphi' = c\sin\varphi' \\ a = 1+\cos\theta_0\cos\theta' \\ b = \sin\theta_0\sin\theta' \\ c = \cos\theta_0+\cos\theta' \end{cases} \tag{8.5-8a}$$

口径场为

$$\bar{E}_a = \bar{E}_r e^{-jkr'\cos\theta_a} = [\hat{x}(C_1f_\theta + S_1f_\varphi) + \hat{y}(-S_1f_\theta + C_1f_\varphi)]Be^{-j2kf}/2f$$

或

$$\bar{E}_a = \hat{x}E_{ax} + \hat{y}E_{ay} \tag{8.5-9}$$

$$\begin{bmatrix} E_{ax} \\ E_{ay} \end{bmatrix} = \frac{Be^{-j2kf}}{2f} \begin{bmatrix} C_1 & S_1 \\ -S_1 & C_1 \end{bmatrix} \begin{bmatrix} f_\theta(\theta', \varphi') \\ f_\varphi(\theta', \varphi') \end{bmatrix}$$

设馈源方向图轴对称,其辐射场为式(8.2-37),则

$$f_\theta(\theta', \varphi') = f(\theta')\cos\varphi', \quad f_\varphi(\theta', \varphi') = -f(\theta')\sin\varphi' \tag{8.5-10}$$

可见,一般来说总要出现交叉极化分量。但若不偏置,$\theta_0 = 0$,则

$$C_1 = -(1 + \cos\theta')\cos\varphi', \quad S_1 = (1 + \cos\theta')\sin\varphi'$$

故

$$\begin{bmatrix} E_{ax} \\ E_{ay} \end{bmatrix} = -\frac{Be^{-j2kf}}{2f}(1 + \cos\theta') \begin{bmatrix} \cos\varphi' & -\sin\varphi' \\ \sin\varphi' & \cos\varphi' \end{bmatrix} \begin{bmatrix} f(\theta')\cos\varphi' \\ -f(\theta')\sin\varphi' \end{bmatrix}$$

$$= -\frac{Be^{-j2kf}}{r} \begin{bmatrix} f(\theta') \\ 0 \end{bmatrix} \tag{8.5-11}$$

这时只有主极化($\hat{x}$ 向)分量而无交叉极化分量。

图 8.5-3 示出因馈源非伪轴对称和因偏置而引起的口径场交叉极化特性。可以看到,对 x 向和 y 向主极化场,馈源效应使极化矢量(同一点处)向相反方向旋转,而且交叉极化分量对两个主轴成反对称分布。而偏置效应所引起的极化矢量的旋转是由其主极化方向向相同方向旋转,并且交叉极化分量只对一个主轴(图中 x 轴)成反对称分布。

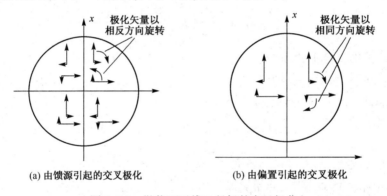

(a) 由馈源引起的交叉极化 (b) 由偏置引起的交叉极化

图 8.5-3 抛物面天线口径场的交叉极化

口径分布的上述差异将使两种情形的交叉极化辐射特性有所不同。8.2.2 节的结果表明,旋转抛物面天线在两个主面($\varphi = 0°$ 和 $\varphi = 90°$)上交叉极化辐射是相消的;而在 $\varphi = 45°$ 面上出现交叉极化波瓣最大值。对于偏置抛物面天线,在对称面($\varphi = 0°$)上不出现交叉极化波瓣,但在非对称面($\varphi = 90°$),将形成两个交叉极化波瓣。此二交叉极化瓣基本包在主极化的主波束内,且与主极化相位上相差 90°。此时主波束辐射的实际极化要由轴向的线极化变化到椭圆极化。交叉极化电平可能比主极化低 20 dB,若偏置角 θ_0 小,可降到 −35 dB 以下。如果 θ_0 和 θ_c 都小于 45°,由交叉极化所引起的增益下降是不大的。

圆极化馈源的口径场一般为椭圆极化波,可用两个旋向相反的圆极化波的叠加来表示:

$$\bar{E}_a = (\hat{x} - j\hat{y})E_{aL} + (\hat{x} - j\hat{y})E_{aR} = \hat{x}E_{ax} + \hat{y}E_{ay}$$

由此,左旋和右旋圆极化分量 E_{aL}、E_{aR} 与口径场的 E_{ax}、E_{ay} 分量间有如下关系:

$$\begin{cases} E_{aL} = (E_{ax} + jE_{ay})/2 \\ E_{aR} = (E_{ax} - jE_{ay})/2 \end{cases} \quad \begin{cases} E_{ax} = E_{aL} + E_{aR} \\ E_{ay} = -j(E_{aL} - E_{aR}) \end{cases} \tag{8.5-12}$$

从而得

$$\begin{bmatrix} E_{aL} \\ E_{aR} \end{bmatrix} = \frac{1}{2}\begin{bmatrix} 1 & j \\ 1 & -j \end{bmatrix}\begin{bmatrix} E_{ax} \\ E_{ay} \end{bmatrix} = \frac{Be^{-j2kf}}{4f}\begin{bmatrix} 1 & j \\ 1 & -j \end{bmatrix}\begin{bmatrix} C_1 & S_1 \\ -S_1 & C_1 \end{bmatrix}\begin{bmatrix} f_\theta(\theta', \varphi') \\ f_\varphi(\theta', \varphi') \end{bmatrix}$$

$$= \frac{Be^{-j2kf}}{4f}\begin{bmatrix} C_1 - jS_1 & S_1 + jC_1 \\ C_1 + jS_1 & S_1 - jC_1 \end{bmatrix}\begin{bmatrix} f_\theta(\theta', \varphi') \\ f_\varphi(\theta', \varphi') \end{bmatrix}$$

利用式(8.5-8a)知

$$\sqrt{S_1^2 + C_1^2} = 1 + \cos \theta = 2f/r'$$

令

$$\Omega = \arctan (S_1/C_1) \tag{8.5-13}$$

得

$$\begin{bmatrix} E_{aL} \\ E_{aR} \end{bmatrix} = \frac{Be^{-j2kf}}{2r'}\begin{bmatrix} e^{-j\Omega} & je^{-j\Omega} \\ e^{j\Omega} & -je^{j\Omega} \end{bmatrix}\begin{bmatrix} f_\theta(\theta', \varphi') \\ f_\varphi(\theta', \varphi') \end{bmatrix} \tag{8.5-14}$$

若馈源辐射轴对称的右旋圆极化波,由式(8.2-44b)可知,其辐射场可表示为

$$\bar{E}_i = (\hat{\theta}' - j\hat{\varphi}')f(\theta')e^{-j\varphi'}e^{-jkr'}/r' \tag{8.5-15}$$

则

$$\begin{bmatrix} E_{aL} \\ E_{aR} \end{bmatrix} = \frac{Be^{-j2kf}}{2r'}\begin{bmatrix} e^{-j\Omega} & je^{-j\Omega} \\ e^{j\Omega} & -je^{j\Omega} \end{bmatrix}\begin{bmatrix} f(\theta')e^{-j\varphi'} \\ -jf(\theta')e^{-j\varphi'} \end{bmatrix} = \frac{e^{-j2kf}}{r'}\begin{bmatrix} f(\theta')e^{-j(\varphi'+\Omega)} \\ 0 \end{bmatrix} \tag{8.5-16}$$

可见,此时口径场为纯左旋圆极化波,无交叉极化分量。但是相位上引入附加滞后 $\varphi' + \Omega$。这样使辐射波束偏离轴向,称为"斜视"(squint)。对左旋圆极化的口径场,它将向轴向的右侧斜视;而若口径场为右旋圆极化波,则向左侧斜视,偏向正好相反。这样,对于单极化应用,可以通过校准加以补偿;而对于双极化运用,应适当选大 f,以减小偏角。一个例子是斜视角约为1/10半功率波束宽度,所引起的增益损失仅0.03 dB。

8.5.2.3　远场

远区观察点的坐标为 (X, Y, Z) 或 (r, θ, φ),以投影口径中心 O 为原点。远场可利用式(7.2-86)求出。这样,由所得的 E_{ax} 和 E_{ay},便可得出其远场分量 E_θ 和 E_φ。并可利用8.2.3节公式来得出主极化和交叉极化分量。作为举例,下面来具体研究上面所讨论的右旋极化波馈源的情形。设馈源辐射场为式(8.5-15),其投影口径场为式(8.5-16)。由式(8.5-12)和式(8.5-16)可知

$$\begin{bmatrix} E_{ax} \\ E_{ay} \end{bmatrix} = \begin{bmatrix} 1 & 1 \\ -j & j \end{bmatrix}\begin{bmatrix} E_{aL} \\ E_{aR} \end{bmatrix} = \frac{e^{-j2kf}}{r'}f(\theta')e^{-j(\varphi'+\Omega)}\begin{bmatrix} 1 \\ -j \end{bmatrix} \tag{8.5-17}$$

代入式(7.2-8),再代入式(8.2-46a),得

$$\begin{bmatrix} E_L \\ E_R \end{bmatrix} = C'N_R\begin{bmatrix} 1 \\ 0 \end{bmatrix} \tag{8.5-18}$$

式中

$$C' = \sqrt{2}Ce^{-j2kf} = \frac{jk\sqrt{2}}{4\pi r}e^{-jk(r+2f)}(1 + \cos \theta)$$

$$N_R = \int_{S_a} \frac{f(\theta')}{r'}e^{jk\,(x\sin\theta\cos\varphi - y\sin\theta\sin\varphi)}e^{-j(\varphi'+\Omega)}ds$$

式(8.5-18)表明,此时偏置抛物面天线的辐射场是纯左旋圆极化波,无交叉极化分量,从而证

实了前面的结论。该左旋圆极化场的大小取决于 N_R 积分(下标 R 表示馈源辐射场 RHCP)。为明了前面提到的波束斜视现象,下面对 N_R 积分进行坐标变换。

取以投影口径中心 O 为原点的极坐标 (ρ_1, φ_1),如图 8.5-2 所示。则

$$\begin{cases} x = x_0 + \rho_1 \cos \varphi_1 \\ y = \rho_1 \sin \varphi_1 \end{cases} \tag{8.5-19}$$

现在根据这一变换式将 N_R 积分中的指数 φ' 和 Ω 化为用 φ_1 表示的函数。比较式(8.5-19)与式(8.5-1)得

$$x_0 + \rho_1 \cos \varphi' = r'(\cos \theta_0 \sin \theta' \cos \varphi' + \sin \theta_0 \cos \theta')$$

再利用式(8.5-2)至式(8.5-4)及式(8.5-8a),有

$$\cos \varphi' = \frac{b + a\cos \varphi_1}{a + b\cos \varphi_1} \tag{8.5-20}$$

比较式(8.5-19)与式(8.5-1),并利用式(8.5-2)和式(8.5-8a),得

$$\sin \varphi' = \frac{\rho_1 \sin \varphi_1}{r' \sin \theta'} = \frac{(a - b\cos \varphi')\sin \varphi_1}{c} \tag{8.5-21}$$

将式(8.5-20)和式(8.5-21)代入式(8.5-13)可知

$$\Omega = \arctan \frac{c\sin \varphi'}{b - a\cos \varphi'} = \arctan \frac{(a - b\cos \varphi')\sin \varphi_1}{b - a\cos \varphi'} = \arctan(-\tan \varphi_1) = -\varphi_1 \tag{8.5-22}$$

为求得波束偏移的近似表达式,将式(8.5-20)所表示的 φ' 展开为 b 的幂级数,考虑到 $b = \sin \theta_0 \sin \theta'$,只取头两项,有

$$\varphi' = \arccos \frac{b + a\cos \varphi_1}{a + b\cos \varphi_1} \approx \varphi_1 - \frac{b}{c}\sin \varphi_1 \tag{8.5-23}$$

从而得

$$\varphi' + \Omega = \arccos \frac{b + a\cos \varphi_1}{a + b\cos \varphi_1} - \varphi_1 \approx -\frac{b}{c}\sin \varphi_1 = -\frac{\rho_1 \sin \theta_0}{2f}\sin \varphi_1 \tag{8.5-24}$$

最后,由式(8.5-18)得辐射场(左旋圆极化)为

$$E_L(\theta, \varphi) = C' \int_0^{2\pi} \int_0^{\theta_c} f(\theta') e^{jkx_0\sin \theta\cos \varphi + jk\rho_1\left[\sin \theta\cos(\varphi_1 + \varphi) + \frac{\sin \theta_0}{2kf}\sin \varphi_1\right]} \rho_1 d\theta' d\varphi_1$$

在 $\varphi = \pi/2$ 平面上波束偏移最大,对此平面有

$$E_L\left(\theta, \frac{\pi}{2}\right) = C' \int_0^{\theta_c} \rho_1 f(\theta') d\theta' \int_0^{2\pi} e^{-jk\rho_1\sin \varphi_1\left[\sin \theta - \frac{\sin \theta_0}{2kf}\right]} d\varphi_1$$

$$= 2\pi C' \int_0^{\theta_c} J_0\left(-k\rho_1\left[\sin \theta - \frac{\sin \theta_0}{2kf}\right]\right) \rho_1 f(\theta') d\theta' \tag{8.5-25}$$

波束最大值发生于

$$\sin \theta_{sq} = \frac{\sin \theta_0}{2kf} \quad 或 \quad \theta_{sq} = \arcsin\left(\frac{\lambda\sin \theta_0}{4\pi f}\right) \tag{8.5-26}$$

θ_{sq} 称为斜视角。由上式可知,它取决于偏置角 θ_0 和焦距 f,而与馈源照射分布基本无关。用此式计算的斜视角与实验值的比较见图 8.5-4。该近似关系可用于工程设计目的,其精度好于天线半功率波束宽度的 1%。

某偏置抛物面天线直径 $d = 1.2$ m,焦距 $f = 48.77$ cm,偏置角 $\theta_0 = 26.6°$,工作频率 $f_0 = 12$ GHz,用主模圆波导作馈源,其直径 $d_f = \lambda_0$。在 $\theta' = 60°$ 处 EI $= -12$ dB。计算的 $\varphi = 0°$ 面旁瓣电平低于 -30 dB,但交叉极化峰值约 -22 dB,处于主瓣内($\theta = 1.5°$ 方向);$\varphi = 90°$ 面亦有

SLL ≤ − 30 dB 而交叉极化辐射可忽略。天线
计算效率 $e_A = 72.5\%$，增益为 52.17 dB[16]。
可见偏置设计可有良好的增益和旁瓣电平，但
导致较高的交叉极化电平。

*8.5.2.4 盖帽口径场法

上面的远场计算是根据对 (x, y) 平面上
的投影口径(Projected Aperture) s_a 上的电磁场
进行积分得出的，称为投影口径场法(AFM-
PROJECT)。更合理的处理是对直接盖在偏置
抛物面上的"盖帽口径" s_0 上的场进行积分，
称为盖帽口径法(AFM-CAP)。由式(7.2-4)
可知，

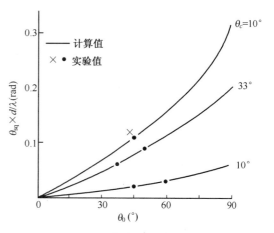

图 8.5-4　圆极化偏置天线的斜视角 θ_{sq}

$$\bar{E}_P = \frac{-jk}{4\pi r}e^{-jkr}\hat{r} \times \int_{s_0}(\hat{n} + \hat{r})E_a e^{jk\bar{\rho}\cdot\hat{r}}ds \approx \frac{-jk}{4\pi r}e^{-jkr}\hat{r} \times \int_{S_a}(\hat{n} + \hat{r})E_a e^{jk\bar{\rho}\cdot\hat{r}}e^{jkx\tan\alpha(1-\cos\theta)}ds$$

(8.5-27)

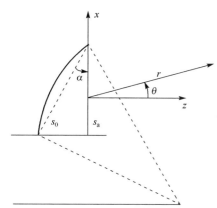

图 8.5-5　偏置抛物面天线的两种口径

这里 s_a 积分中的附加相位因子 $jkx\tan\alpha(1-\cos\theta)$ 计入了
s_a 面和 s_0 面至远场点的波程差之不同。由于式(7.2-8)
是根据式(7.2-4)导出的，因而前面投影口径场法的计
算中只需附加此相位因子，便是盖帽口径场法的结果
(见图 8.5-5)。

附加相位因子是沿 x 轴方向的线性相位分布，因此
它的效应近似地就是将投影口径法的方向图偏移一
小角:

$$\Delta\theta \approx (1 - \cos\theta)\tan\alpha \approx \frac{\theta^2}{2}\tan\alpha \quad (8.5\text{-}28)$$

此 $\Delta\theta$ 与 θ^2 有关，结果使偏置平面($\varphi = 0°$)的主极化方
向图有稍许不对称性，这已由实验结果证实；而投影口
径场法的结果是对称的(设馈源方向图轴对称)。这样计算的结果与电流分布法结果很一致，
并都与实验结果在主瓣和几个近旁瓣范围内相吻合。

8.5.3 赋形卡塞格仑天线

为提高双反射面天线效率，可适当修改反射面的形状，以产生所需的口径分布。所得
系统称为赋形(shaped)双反射面天线。这里介绍最早由威廉斯(W. F. Willams)给出的采
用几何光学方法修改反射面的公式。实际上这种方法可用来获得任意的振幅和相位分布。
后来又简化为仅修改副反射面，并且发展到用绕射方法来赋形[17]。前面 8.4.4 节已介绍
了一种做法[14]。

通过卡塞格仑系统赋形来提高天线效率的原理是:使馈源对副面的边缘照射(EI)很低，以
减小漏溢;修改副面形状，更凸一些，将入射的中央部分功率分散到主面边缘部分以获得均匀
的口径振幅分布;同时稍稍修改主面形状，以保证在口径处具有同相的相位分布。可见这也相
当于逼近理想的馈源设计。

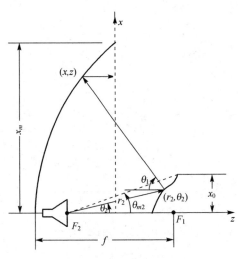

图 8.5-6　赋形卡氏天线几何关系

1. 功率条件

如图 8.5-6 所示，馈源所辐射的功率中，在 θ_2 至 $\theta_2 + \mathrm{d}\theta_2$ 部分的功率经副面和主面反射后形成口径处 x 至 $x + \mathrm{d}x$ 部分的功率，考虑到轴对称性，有

$$F^2(\theta_2)2\pi\sin\theta_2\mathrm{d}\theta_2 = CE_a^2(x)2\pi x\mathrm{d}x$$

式中 $F(\theta_2)$ 和 $E_a(x)$ 分别是馈源方向图和口径场分布，C 为常数。从而得

$$\frac{\int_0^{\theta_2}F^2(\theta_2)\sin\theta_2\mathrm{d}\theta_2}{\int_0^{\theta_{m2}}F^2(\theta_2)\sin\theta_2\mathrm{d}\theta_2} = \frac{\int_{x_0}^{x}E_a^2(x)x\mathrm{d}x}{\int_{x_0}^{x_m}E_a^2(x)x\mathrm{d}x} \qquad (8.5\text{-}29)$$

右端积分下限取为 x_0，以避开副面的遮挡；可取 $E_a(x) = 1$。

2. 光程条件

为获得同相口径，由 F_1 至口径的光程须为常数，即

$$r_2 + \frac{x - r_2\sin\theta_2}{\sin\theta_1} + z - \frac{\psi(\theta_2)}{k} = l_0 \qquad (8.5\text{-}30)$$

式中 $\psi(\theta_2)$ 是 F_2 处馈源的相位方向图，l_0 为常数。

3. 反射定律

副面和主面处的反射必须满足光学反射定律，即入射角等于反射角，从而有

副面处：
$$\frac{1}{r_2}\frac{\mathrm{d}r_2}{\mathrm{d}\theta_2} = \tan\frac{\theta_1 + \theta_2}{2} \qquad (8.5\text{-}31)$$

主面处：
$$\frac{\mathrm{d}z}{\mathrm{d}x} = \tan\frac{\theta_1}{2} \qquad (8.5\text{-}32)$$

以上 4 个方程中有 5 个独立变量：x、z、r_2、θ_2 和 θ_1。因而取 θ_2 为自变量，便可解出其余 4 个量。反射面坐标的一种具体解法列在文献[12]附录中。文献[17]给出了标准卡氏系统和按上述方法赋形结果的比较。二者直径为 610 mm，设计和测试频率为 70 GHz($\lambda = 4.3$ mm)，前者 $f/d = 0.4$，副面边缘照射 EI $= -10$ dB；后者 EI $= -20$ dB。测试结果赋形天线比标准卡氏设计波束宽度窄 10%，增益高 1 dB，旁瓣电平为 -17 dB。

*8.5.4　抛物环面天线

抛物环面(Parabolic Torus)天线具有优良的扫描特性，这类似于球形反射面和龙伯(Luneberg)透镜等天线。因此它便于多波束工作。下面介绍其几何关系与远场[18, 19]。

8.5.4.1　几何关系

抛物环面是一段抛物线绕与其焦轴成 π/2 + α 角的一条轴线旋转而成的曲面，如图 8.5-7(a)所示。在垂直平面上，它是焦距为 f 的抛物线；在水平平面上，它是半径为 R_0 的圆。其近焦点在 $R_0/2$ 处，若取 $f \approx 2R_0$(典型值为 $0.43R_0 \le f \le 0.5R_0$)，则两个平面上的焦点重合为一点 F。这样，如在 F 点沿水平面的一段圆弧上配置馈源照射抛物环面，就能形成相对应的多个波束，且各波束特性几乎一样。通常采用上偏置结构，以避免馈源对天线的遮挡。由于抛物环面的水平截线是圆弧，自然要出现一定的慧瓣相差。研究表明[36]，适当选择参数和边缘照射电平，可获得满意的旁瓣电平和效率。

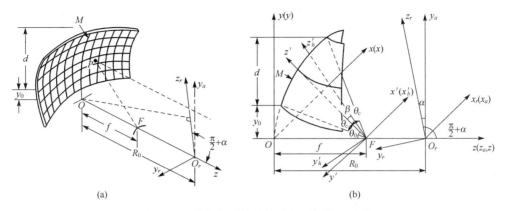

图 8.5-7 抛物环面天线的示意图与几何关系

图 8.5-7(b)中 M 是一段抛物线,是抛物环面的母线,其焦距为 f,它沿 y 轴的高度是 d,偏置净距为 y_0,偏置角为 θ_0,半张角为 θ_c。(x, y, z) 是母抛物环面的直角坐标系,(x', y', z') 和 (r', θ', φ') 分别是偏置抛物环面的直角和球坐标系;(x'_h, y'_h, z'_h) 和 $(r'_h, \theta'_h, \varphi'_h)$ 分别是馈源的直角和球坐标系,其 z'_h 轴与 z' 轴的夹角为 β[①];以圆心 O_r 处 z_r 轴为旋转轴旋转母线 M 来生成抛物环面,其直角坐标系为 (x_r, y_r, z_r);z_r 轴与 y_a 轴的夹角为 α;它与 z 轴的夹角为 $\pi/2 + \alpha$,x_r 与 x 和 x' 轴同方向。O_r 点与母线 M 的顶点 O 间的距离为 R_0。f, R_0 和 α 是抛物环面的重要几何参数。由于波束扫描的轨迹是一个半锥角为 $\pi/2 - \alpha$ 的圆锥面,为对准特定目标,可适当选择 α 角。

为推导抛物环面的参数方程,我们来研究图 8.5-8 所示的几何关系。抛物环面上任意点 $P(x, y, z)$ 是由母线 M 上对应点 $M_p(0, y_m, z_m)$ 绕 z 轴旋转而产生的,并有

$$y_m^2 = 4fz_m \tag{8.5-33}$$

圆弧 M_pP 的圆心是 $B(0, y_i, z_i)$,圆弧半径为 ρ。利用直角三角形的三角关系可得:

$$\begin{cases} \overline{AB} = y_m\cos\alpha - z_m\sin\alpha, \quad \overline{CD} = \overline{AB}\sin\alpha \\ z_i = \overline{OD} - \overline{CD} = R_0\cos^2\alpha - (y_m\cos\alpha - z_m\sin\alpha)\sin\alpha \\ y_i = (z_i - z_m)\tan\alpha + y_m \\ \rho = \left[(y_i - y_m)^2 + (z_i - z_m)^2\right]^{1/2} \end{cases} \tag{8.5-34}$$

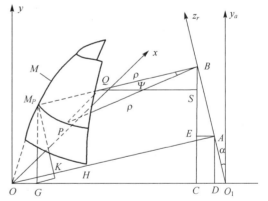

图 8.5-8 推导参数方程用的几何关系

于是由 3 个中间量 z_i,y_i 和 ρ 便可求得 P 点坐标:

$$\begin{cases} x = \overline{PQ} = \rho\sin\psi \\ y = \overline{BC} - \overline{BS} = y_i - \rho\cos\psi\sin\alpha \\ z = \overline{OC} - \overline{QS} = z_i - \rho\cos\psi\cos\alpha \end{cases} \tag{8.5-35}$$

上式就是抛物环面的参数方程,y_m 和 ψ 为参变量,ψ 是由 M_p 点旋转产生 P 点的转动角(全张角为 $2\psi_0$)。

8.5.4.2 远场

利用电流分布法求天线远场,计算过程与 8.2.4 节类似。设馈源辐射场为

$$\begin{cases} \overline{E}_i = \left[\hat{\theta}'F_\theta(\theta', \varphi') + \hat{\varphi}'F_\varphi(\theta', \varphi')\right]\mathrm{e}^{-jkr'}/r' \\ \overline{H}_i = (1/\eta)\,\hat{r}' \times \overline{E}_i \end{cases} \tag{8.5-36}$$

---

① 适当调整 β 角和馈源位置,可降低 $\varphi = 45°$ 和 $\varphi = 135°$ 平面上出现的高旁瓣电平。

对抛物环面上 P(x_p, y_p, z_p)点, 有

$$
\begin{cases}
\bar{r}' = FP = \hat{x}x_p + \hat{y}y_p + \hat{z}(z_p - f) \\
r' = [x_p^2 + y_p^2 + (z_p - f)^2]^{1/2}, \quad \hat{r}' = [\hat{x}x_p + \hat{y}y_p + \hat{z}(z_p - f)]/r'
\end{cases}
\tag{8.5-37}
$$

由坐标变换关系可得

$$
\begin{cases}
\hat{\theta}' = \hat{x}\cos\theta'\cos\varphi' - \hat{y}(\cos\theta_0\cos\theta'\sin\varphi' + \sin\theta_0\sin\theta') \\
\qquad + \hat{z}(\cos\theta_0\sin\theta' - \sin\theta_0\cos\theta'\sin\varphi') \\
\hat{\varphi}' = -\hat{x}\sin\varphi' - \hat{y}\cos\varphi'\cos\theta_0 - \hat{z}\cos\varphi'\sin\theta_0
\end{cases}
\tag{8.5-38}
$$

把上式代入式(8.5-36)第 1 式得

$$
\bar{E}_i = (\hat{x}e_{ix} + \hat{y}e_{iy} + \hat{z}e_{iz})\,\mathrm{e}^{-jkr'}/r'
\tag{8.5-39}
$$

$$
\begin{cases}
e_{ix} = F_\theta\cos\theta'\cos\varphi' - F_\varphi\sin\varphi' \\
e_{iy} = -F_\theta(\cos\theta_0\cos\theta'\sin\varphi' + \sin\theta_0\sin\theta') - F_\varphi\cos\varphi'\cos\theta_0 \\
e_{iz} = F_\theta(\cos\theta_0\sin\theta' - \sin\theta_0\cos\theta'\sin\varphi') - F_\varphi\cos\varphi'\sin\theta_0
\end{cases}
\tag{8.5-39a}
$$

再把上式代入式(8.5-36)第 2 式得,

$$
\bar{H}_i = \{\hat{x}[y_p e_{iz} - (z_p - f)e_{iy}] + \hat{y}[(z_p - f)e_{ix} - x_p e_{iz}] + \hat{z}(x_p e_{iy} - y_p e_{ix})\}\mathrm{e}^{-jkr'}/\eta r'^2
\tag{8.5-40}
$$

抛物环面上的感应电流由物理光学法得出, 即按 8.2.4 节中的式(8.2-49)计算。利用参数方程式(8.5-35)可求得抛物环面的法向单位矢为

$$
\hat{n} = (1 + y_m^2/4f^2)^{-1/2}(\hat{x}n'_x + \hat{y}n'_y + \hat{z}n'_z)
\tag{8.5-41}
$$

$$
\begin{cases}
n'_x = \sin\psi\left(\dfrac{y_m}{2f}\sin\alpha - \cos\alpha\right) \\
n'_y = \sin\alpha\cos\alpha(\cos\psi - 1) - \dfrac{y_m}{2f}(\cos^2\alpha + \sin^2\alpha\cos\psi) \\
n'_z = \sin^2\alpha + \cos^2\alpha\cos\psi + \dfrac{y_m}{2f}\sin\alpha\cos\alpha(1 - \cos\psi)
\end{cases}
\tag{8.5-41a}
$$

将上式和式(8.5-40)代入式(8.2-49)得抛物环面上的面电流密度为

$$
\bar{J}_s = 2(1 + y_m^2/4f^2)^{-1/2}(\hat{x}I_x + \hat{y}I_y + \hat{z}I_z)\,\mathrm{e}^{-jkr'}/\eta r'^2
\tag{8.5-42}
$$

$$
\begin{cases}
I_x = n'_y(x_p e_{iy} - y_p e_{ix}) - n'_z[(z_p - f)e_{ix} - x_p e_{iz}] \\
I_y = n'_z[y_p e_{iz} - (z_p - f)e_{iy}] - n'_x(x_p e_{iy} - y_p e_{ix}) \\
I_z = n'_x[(z_p - f)e_{ix} - x_p e_{iz}] - n'_y[y_p e_{iz} - (z_p - f)e_{iy}]
\end{cases}
\tag{8.5-42a}
$$

天线远区场点球坐标为(r, θ, φ), 该处辐射电场的横向分量 E_θ 和 E_φ 由 8.2.4 节中式(8.2-51)得出。用式(8.5-42)代入该式后, 令 $C = -\mathrm{j}\mathrm{e}^{-jkr}/\lambda r$, 得

$$
\begin{cases}
E_\theta = \bar{E}\cdot\hat{\theta} = C(N_x\cos\theta\cos\varphi + N_y\cos\theta\sin\varphi - N_z\sin\theta) \\
E_\varphi = \bar{E}\cdot\hat{\varphi} = C(-N_x\sin\varphi + N_y\cos\varphi)
\end{cases}
\tag{8.5-43}
$$

$$
\begin{bmatrix} N_x \\ N_y \\ N_z \end{bmatrix} = \int_{y_0}^{y_0+d}\int_{-\psi_0}^{\psi_0} \frac{\rho}{r'^2}\begin{bmatrix} I_x \\ I_y \\ I_z \end{bmatrix}\mathrm{e}^{jk(x_p\sin\theta\cos\varphi + y_p\sin\theta\sin\varphi + z_p\cos\theta - r')}\,\mathrm{d}y_m\,\mathrm{d}\psi
\tag{8.5-43a}
$$

对一实际抛物环面天线分别进行计算和测试, 发现二者方向图相当吻合。在此基础上研制了五波束抛物环面天线, 覆盖 90°角域, 可应用于一点对多点通信。该天线参数为 $d = 0.8$ m, $R_0 = 1.6$ m, $f = 0.752$ m, $y_0 = 92$ mm, $\theta_0 = 34.171°$, $\theta_c = 27.171°$, 波纹馈源直径为 $d_h = 280$ mm。实际天线及测试方向图如图 8.5-9 所示。其计算与测试方向图较一致。可见实测 5 个波束的第一旁瓣均低于 -19 dB。测得中心波束在 2 ~ 2.4GHz 的增益为 23.12 ~ 24.58 dB, 边缘波束为 22.93 ~ 24.33 dB, 可见边缘波束变化并不大。

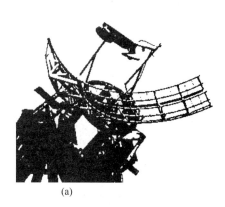

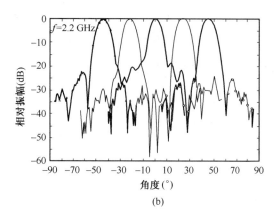

(a)　　　　　　　　　　　　　　　　　　　(b)

图 8.5-9　五波束抛物环面天线与其方位面测试方向图

8.6　透 镜 天 线

8.6.1　引言

透镜天线的作用是将焦点 F 处的馈源所辐射的球面波,经透镜折射后转变为口径处的平面波,如图 8.6-1 所示。当用做接收时,外来的平面波经透镜折射后便聚焦在焦点 F 上。

透镜天线的聚焦作用其实与人眼所起的作用是完全类似的。成年人眼球直径约为 24 mm,其中以折射率 $n = 1.39 \sim 1.41$ 的晶状体为主,形成一副完整而复杂的凸透镜,其光学中心在角膜前表面后 7 mm,而在视网膜前 15 mm 处。该透镜的主焦点就在其光学中心后 15 mm 处,因此具有正视眼的人,当平行光线入眼时,聚焦于透镜主焦点,恰能成像在视网膜上[见图 8.6-2(a)];而近视者,当平行光线入眼时,却成像在网膜之前[见图 8.6-2(b)];对远视者,则成像在网膜之后[见图 8.6-2(c)],但如人为地再加一适度的凸透镜(眼镜),可使主焦点仍落在网膜上[见图 8.6-2(d)];同理,对近视眼,可加一适度的凹透镜来矫正视力。

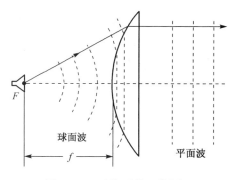

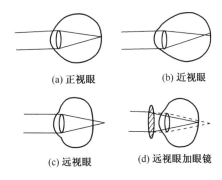

(a) 正视眼　　　　　　(b) 近视眼

(c) 远视眼　　　　　　(d) 远视眼加眼镜

图 8.6-1　透镜天线工作原理　　　　　　　图 8.6-2　人眼类型

与人的眼镜一样,微波透镜也有不同形状,这与其材料的折射率 $n = \sqrt{\varepsilon_r}$ 有关,ε_r 为透镜材料的相对介电常数。因而电磁波在透镜媒质中的传播相速 $v_\varphi = c/\sqrt{\varepsilon_r} = c/n$ 也随透镜材料而变。典型的透镜有三大类。一类折射率大于 1 即 $n > 1$,一般由天然或人工介质制成,故称为介质透镜。此时 $v_\varphi < c$,其中的电磁波相速小于空气中的光速,又称为减速透镜。另一类 $n < 1$,需由平行板金属波导排列而成,且电磁波的电场矢量平行于金属板,这样其中传播的电磁波相速 $v_\varphi > c$,称为金属透镜,或称为加速透镜。第三类具有可变的折射率 n。下面的研究主要基于几何光学,即假定波长无限短。因此对微波透镜是近似的,并要求工作波长远比透镜尺寸小。

8.6.2　介质透镜天线

8.6.2.1　剖面曲线

一般采用单面透镜,即只有一个面是曲面,另一面为平面,如图 8.6-3 所示。若两个面均为曲面,称为双面透镜。透镜的剖面曲线可利用等光程原理得出。如图 8.6-3 所示,为使 F 点处点源发出的球面波在透镜口径平面上同相,应有

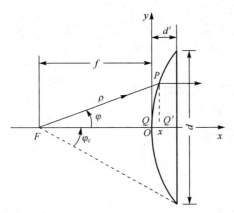

图 8.6-3　介质透镜的几何关系

$$FP = FQ + nQQ' \tag{8.6-1}$$

P 点极坐标为 (ρ, φ),$FQ = f$,故上式可写为

$$\rho = f + n(\rho\cos\varphi - f)$$

即

$$\rho = \frac{(n-1)f}{n\cos\varphi - 1} \tag{8.6-2}$$

若 P 点采用以 O 点为原点的直角坐标 (x, y),则

$$\rho^2 = (x+f)^2 + y^2,$$
$$\rho\cos\varphi = f + x$$

利用此两式后,式(8.6-2)化为

$$(n^2-1)x^2 + 2(n-1)fx - y^2 = 0 \tag{8.6-3}$$

这是双曲线方程。由此可方便地绘出曲线:

$$y = \sqrt{(n^2-1)x^2 + 2(n-1)fx} \tag{8.6-3a}$$

一般取 $n = 1.3 \sim 1.6$,$f \approx d$,以使透镜薄些,总尺寸又不过大。

8.6.2.2　分区透镜

为减轻透镜的重量,降低介质损耗,可采用分区透镜,如图 8.6-4 所示。分区的原则是,选择宽度 t_k 使相邻射线 1 和 2 之间的相位差等于 2π,即

$$\frac{2\pi}{\lambda}(nt_k - t_k\cos\varphi_k) = 2\pi, \quad t_k = \frac{\lambda}{n - \cos\varphi_k} \tag{8.6-4}$$

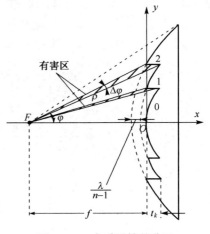

图 8.6-4　介质透镜的分区

第 k 区的剖面曲线仍由式(8.6-2)求出:

$$\rho_k = \frac{(n-1)f_k}{n\cos\varphi_k - 1}, \quad f_k = f - \frac{k\lambda}{n-1} \tag{8.6-5}$$

式中 $k = 0, 1, 2, 3, \cdots, M-1$。在直角坐标中,第 k 区的剖面方程可由式(8.6-3)得

$$(n^2-1)\left(x + \frac{k\lambda}{n-1}\right)^2 + 2(n-1)\left(f - \frac{k\lambda}{n-1}\right)\left(x + \frac{k\lambda}{n-1}\right) - y^2 = 0 \tag{8.6-6}$$

故有

$$y = \sqrt{(n^2-1)x^2 + 2(n-1)fx + 2k\lambda nx + 2kf\lambda + k^2\lambda^2} \tag{8.6-6a}$$

当 $k = 0$ 时,上式即普通透镜的剖面方程;当 $k = 1, 2, 3, \cdots M-1$ 时,便得到沿 x 轴彼此相差 $\lambda/(n-1)$ 的各双曲线方程。

分区透镜的优点是减小了重量和损耗,但也带来不可忽视的缺点。首先是形成了有害区,对应于图8.6-4 中的 $\Delta\varphi$ 区。馈源在这些 $\Delta\varphi$ 区域上的辐射并不能在口径平面形成 x 向的平面波,结果使天线效率降低,旁瓣电平升高。同时,由于 t_k 与波长 λ 有关,这使天线工作频带减小。若要求口径误差小于 $\lambda/8$,分区透镜的相对带宽为[11]

$$B_r = \frac{2\Delta\lambda}{\lambda} \approx \frac{0.25}{M} \tag{8.6-7}$$

式中 M 是从透镜中心到边缘的区域数。

8.6.3 金属透镜天线

8.6.3.1 金属透镜结构

金属透镜由相互平行的金属板组成,这些金属平板组犹如工作于主模 TE 波的平行板波导。平板间隔 a 限定于 $\lambda/2 < a < \lambda$。平板空间等效于折射率 $n < 1$ 的媒质:

$$n = \frac{c}{v_\varphi} = \sqrt{1 - \left(\frac{\lambda}{2a}\right)^2} < 1 \tag{8.6-8}$$

金属透镜可用来校正喇叭的口径相差,如图 8.6-5(a) 所示。H 面扇形喇叭口加了柱形金属透镜后,将喇叭中的柱面波前改变为平面波前,这样喇叭的长度可大大缩短。图 8.6-5(b) 所示则是球形的金属透镜。

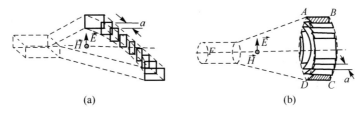

(a)　　　　　　　　　(b)

图 8.6-5　金属透镜举例

8.6.3.2 剖面曲线

图 8.6-5(b) 中透镜的剖面 $ABCD$ 如图 8.6-6 所示。由等光程原理得

$$\overline{FO} = \overline{FP} + n\overline{PP'} \tag{8.6-9}$$

用极坐标表示:

$$f = \rho + n(f - \rho\cos\varphi)$$

即

$$\rho = \frac{(1 - n)f}{1 - n\cos\varphi} \tag{8.6-10}$$

如采用以 O 为原点的直角坐标,有下列关系:

$$\rho^2 = (f + x)^2 + y^2, \quad \rho\cos\varphi = f + x$$

代入式(8.6-10)得

$$(1 - n^2)x^2 + 2(1 - n)fx + y^2 = 0 \tag{8.6-11}$$

这是椭圆方程。由此有

$$y = \sqrt{-2(1 - n)fx - (1 - n^2)x^2} \tag{8.6-11a}$$

8.6.3.3 参数选择与分区

为减轻重量,一般要求透镜厚度 d' 小。令 $y = d/2$, $x = -d'$(见图8.6-6),由式(8.6-11)得

$$d' = \frac{f}{1+n} - \sqrt{\left(\frac{f}{1+n}\right)^2 - \frac{(d/2)^2}{1-n^2}} \tag{8.6-12}$$

为使此式所得 d' 为实数, 要求根号内为正值, 即

$$f > \frac{(1+n)d/2}{\sqrt{1-n^2}} \tag{8.6-13}$$

因此 f 需取大些。对不同的 d/f, d'/d 随折射率 n 的变化曲线如图 8.6-7 所示。可见, f 大, n 小, 则厚度 d' 愈小。由式(8.6-8)可知, $\lambda/2 < a < \lambda$ 的 n 范围为 $0 \sim 0.866$。实用上一般取 $n = 0.5 \sim 0.6$, 并取 $f \approx d$。

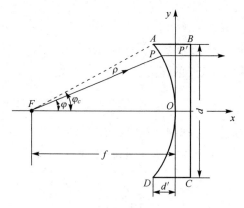

图 8.6-6　金属透镜的几何关系

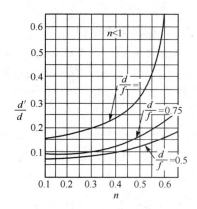

图 8.6-7　透镜厚度 d' 随折射率 n 的变化

与介质透镜一样, 可对金属透镜分区以减轻重量, 如图 8.6-8(a)所示。分区台阶的宽度 t_k 仍由相邻射线的相位差为 2π 来得出:

$$t_k = \frac{\lambda}{1 - n\cos\theta_k} \tag{8.6-14}$$

第 k 区的剖面方程为

$$\rho_k = \frac{(1-n)f_k}{1 - n\cos\varphi}, \quad f_k = f + \frac{k\lambda}{1-n} \tag{8.6-15}$$

由图 8.6-8(a)可见, 这样分区出现明显的有害区。另一种分区形式如图 8.6-8(b)所示, 可见消去了有害区。其中台阶宽度 t_k 须为 λ(或其倍数), 其剖面方程仍为式(8.6-11)。

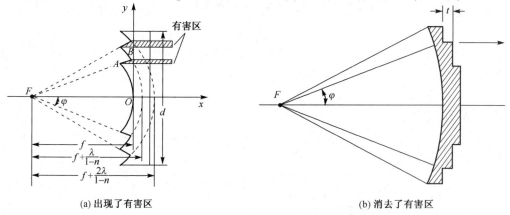

(a) 出现了有害区　　　　　　　　　　　(b) 消去了有害区

图 8.6-8　分区金属透镜的剖面图

8.6.4　变折射率透镜天线

变折射率透镜天线中最常用的是龙伯透镜,可作宽角扫描。1944 年龙伯(R. K. Luneburg)提出球形透镜的折射率按下式变化:

$$n(r) = n_R \sqrt{2 - (r/R_0)^2} \tag{8.6-16}$$

r 是离球心的径向距离,$R_0 = d/2$ 是球面半径,n_R 是 $r = R_0$ 处的折射率。为避免在透镜表面出口处波的反射,取 $n_R = 1$。这样在球面上($r = R_0$)折射率为 1,而在球心处($r = 0$)它等于 $\sqrt{2}$。

龙伯透镜把位于球面处的点源辐射变换为在源的径向对边的平面波。其射线轨迹如图 8.6-9 所示。利用这一功能,沿表面移动馈源可有效地把波束扫描到任意所需方向。实际馈源需置于球面外某一距离处,此时透镜内折射率的变化与式(8.6-16)有所不同。以馈源位置 r_0/R 为参变数,透镜中相对介电常数 ε_r 随归一化半径 r/R 变化的曲线示于图 8.6-10[20]。

式(8.6-16)也可应于圆柱龙伯透镜,这时等折射率曲面是同心圆柱。

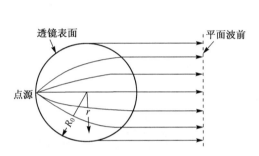

图 8.6-9　龙伯透镜的射线轨迹

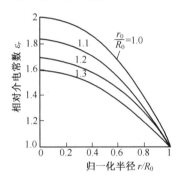

图 8.6-10　龙伯透镜内的介电常数分布

*8.7　反射阵天线

(Yingjie Jay Guo(郭英杰), University of Technology, Sydney)

8.7.1　反射阵天线概述

反射阵天线(Reflectarray antenna)由一副用移相单元构成的阵列与其馈源组成,利用该阵列的移相功能将来自馈源的球面波转化为平面波向外辐射出去。与常规的反射面天线不同,反射阵天线可以是平面的(或其他形状),其聚焦功能是通过适当控制整个阵列口径上的相位分布而不是形状来实现的。与传统的阵列天线不同,反射阵天线不需要复杂的馈电网络,只需要向它照射的单个馈源。

反射阵天线的概念可以追溯到菲涅耳区天线,特别是平板菲涅耳区天线,或称为菲涅耳区板天线(Fresnel Zoneplate Antenna)。一个偏馈的菲涅耳区板(Zoneplate)可以被平齐地安装在建筑物的墙壁上或天花板上,印在窗户上或做成与车体共形。

菲涅耳区天线的优点很多,如:便于加工和安装,容易运输和封装,并且可以实现高增益。由于菲涅耳区天线的平板特性,其风载力相当于相似大小的普通实体或网状反射面的1/8。当用在毫米波段,菲涅耳区天线便于与毫米波单片集成电路集成,因而比印刷天线阵列更有竞争力。

最简单的菲涅耳区天线是 19 世纪发明的圆形半波区板(见图 8.7-1)。基本思想是把平面口径分成多个圆形区,各区的辐射到达选定的同一焦点 F 的相位都在 $\pm\pi/2$ 范围内。如果从交替区的辐射被抑制或者移相 π,便可得到一个近似的焦点,在焦点处馈电就可以有效地收集到所接收的能量。尽管结构简单,半波区板在很长一段时间仍然主要作为一种光学设备,主要原因是其天线效率太低(低于20%),且其方向图的旁瓣电平很高。与传统天线相比,对微波和毫米波波段菲涅耳区天线的研究还是很有限的。1948年Maddaus发表了他设计和实验的阶梯半波透镜天线的论文,该天线工作在23 GHz,旁瓣电平达到-17 dB左右。1961年Buskirk和Hendrix报道了射频频段简单的圆形相位反转区板反射面天线的实验研究,遗憾的是旁瓣电平高达-7 dB。1987年Black和Wiltse发表了工作于35 GHz的阶梯四分之一波长区板天线的理论与实验研究,该天线的旁瓣电平达到约-17 dB。一年以后Huder和Menzel报道了工作在94 GHz的相位反转区板反射面天线,该天线可达到25%的效率和-19 dB的旁瓣电平。1989年NASA研究人员报道了一个工作于11.8 GHz的简单实验天线,测试的3 dB带宽达到5%,旁瓣电平达到-16 dB[1]。

直到20世纪80年代,人们认为菲涅耳区天线在微波应用上不是一个最佳的选择。随着卫星直播服务(DBS)在80年代的发展,天线工程师们开始考虑将菲涅耳区天线用做卫星直播的接收天线,因为天线的成本是一个很重要的因素。由于这种平板天线的简单和容易制造的优点,英国的Mawzones有限公司在20世纪80年代后期开始从事这种天线的产品销售工作。这在某种程度上促进了作者及英国布莱福德(Bradford)大学的同事们在1990年至1997年期间对菲涅耳区天线的研发。这些富有成效的研究在理论上有所创新,并发明了一些新颖的天线结构,可达到较高的效率和较低的旁瓣电平[1~6]。

文献[4]首先提出了偏馈的菲涅耳区板,采用一系列椭圆形区(见图8.7-2),定义如下:

$$x^2/b^2 + (y-c)^2/a^2 = 1 \qquad (8.7\text{-}1)$$

式中a,b和c是偏移角度、焦距和区指数的函数[4]。文中给出了偏馈菲涅耳透镜天线的实验结果。虽然一个简单的菲涅耳透镜天线的效率很低,但是只要有一个大的窗户或电波透明墙,它就可装在室内,因而变得非常具有吸引力。例如,在卫星直播服务应用中,一个偏馈透镜天线可以简单地在窗户玻璃或具有导电材料的百叶窗上涂制区板图案,卫星信号通过透明区后由室内馈源接收。

(a) 天线结构　　　　(b) 圆形区板

图8.7-1　菲涅耳区板天线原理图　　　　图8.7-2　偏馈的菲涅耳区板

8.7.2　反射阵天线设计

为了提高菲涅耳区板天线的效率,可把每一菲涅耳区分为几个子区,比如四分之一波长子区域,并在每一子区引入合适的相移,从而产生子区相位修正区板[5]。介质区板透镜天线的问题是:当介质为传输波提供相移时,就不可避免地有反射能量损失,因此透镜天线的效率是有限的。但是这种结构作为反射面其效率并不是问题,因为可利用在区板后面的导体反射器来获得全反射。基于焦区场分析,已证明了高效率的区板反射器可由多层相位修正技术来得到,也就是利用若干低介电常数的介质板和在不同的交接面印制不同的金属区形状。圆形和偏馈的多层相移修正区板反射器的设计与实验已在文献[6]中给出。

多层区板反射器引入了复杂性,可能会抵消使用菲涅耳区天线的优势。一种解决办法是在介质板上印制非均匀阵列的导电单元,因而形成所谓的单层印刷平板反射器[2]。这种结构与印刷阵列天线相似,但是需要利用馈源天线代替馈电网络。与一般阵列天线相比,阵列单元不同并且以伪周期方式排列。文献[2]给出了包含导体环的单层印刷平板反射器理论和设计方法,并且给出了工作在X波段的这种天线的实验结构(见图8.7-3)。自然,这导致更为一般的天线概念——无源反射相位修正阵列。

无源反射相位修正阵列由置于焦点的馈源所照射的相移单元阵列构成。"无源"是指阵列中没有与单元相连的电子移相器,而"反射"是指各单元对入射波的反射有一个适当的相移。各单元可设计成产生与中心单元所需的相等的相移,或提供某些量子化的相移值。虽然前者看起来没有商业上的吸引力,但是后者已被证明是实用的天线结构(见图 8.7-4)。一个潜在的优势是这种阵列可重构,即可通过改变单元的位置产生不同的方向图。文献[3]报道了无源相位修正阵列天线的相位效率的系统理论和 X 波段样机的实验结果。

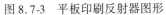

图 8.7-3 平板印刷反射器图形   图 8.7-4 反射相位修正阵列的图形

如今,无源反射相移阵列天线通常被称为反射阵天线,大部分反射阵天线采用常规网格安排相移单元。与对应的抛物面反射器相比,反射阵天线在两方面限制了其实际应用:窄的带宽和潜在的高成本。第一个缺点的部分原因是大多数移相单元的固有窄带特性,这在单层微带反射阵天线上体现得尤其显著,因为相移随单元尺寸的变化曲线呈 S 形,而且在其中心(谐振)频率附近相位变化迅速。为了克服此缺点,已提出了一些方法,例如增加介质基板的厚度以减小相位响应的斜率,这样可以显著降低总的相位变化范围。另据报道,使用层叠贴片[7]或贴片缝隙耦合实时延迟线[8],可以在宽于 360°的相位范围内得到较线性的相位响应特性。为了降低制造成本并减小多层反射阵间的对准误差,单层宽带反射阵天线已经问世,它采用多谐振元件,诸如双圆形/矩形环[9, 10]或双交叉环[11]。

第二个缺点来自使用高成本的低损耗介质基板,如采用聚四氟乙烯类的材料,从而避免高功率损耗。从成本角度考虑,一种可能的解决方案是使用像 FR4 一类的低成本材料以与实体金属反射器竞争。但是,天线的增益可能会因其介质损耗高而降低。

上述反射阵天线的单元网格的大小是半个波长;尺寸较小的亚波长耦合谐振单元也已报道过[12~15],这种结构的谐振来自单元间的耦合而不是自身谐振。计算结果表明,采用单元尺寸为 $\lambda/3$ 的单层贴片的增益带宽可以提高到 20% 左右[13]。而且,当单元尺寸从 $\lambda/3$ 减小至 $\lambda/6$ 时,单元的效率仍将继续提高[12]。较低的单元损耗将实现更高的增益。研究发现,采用有耗基板(FR4 基板)加工的单元尺寸为 $\lambda/6$ 的反射阵可以实现与采用高成本的材料(Rogers3003)几乎相同的性能[12]。因此,单元网格尺寸小于 $\lambda/2$ 的亚波长单元是反射阵设计的极好选择,因为它可以弥补上述两个主要缺点。

然而,近来报道的亚波长单元也有一定的局限性。首先,可以实现的相位调节范围一般远小于 360°,部分原因是由于单元间的小间隙蚀刻精度不够,而且随着网格尺寸的减小,精度明显降低。以 0.1~0.2 mm 公差的常规化学蚀刻工艺为例,$\lambda/3$ 大小的单层矩形贴片单元具有约 300°的相位范围[13, 14],而对应的矩形环单元性能还稍好一点[12]。其结果是,总存在一个达不到要求的相位范围,其中因相位误差而降低了天线增益。这样的缺点对尺寸小于 $\lambda/3$ 的亚波长单元更为严重。其次,当计算反射阵网格单元的相位响应时,一般要计入互耦效应,并假定其所有的周边单元在一个无限大周期的环境中是相同的。然而,对于亚波长变尺寸单元,非常小的单元间隔会给该方法带来不准确性。

最近,我们研制了一种工作在 10 GHz 的单层 $\lambda/5$ 相移单元,该结构为双方形曲折线微带环(见图 8.7-5)[16]。通过改变曲折线的长度,可以得到大约 420°的相位变化范围。而且,由于所提出的单元的尺寸变化范围比报道的其他亚波长单元小得多,可以更精确地分析互耦效应。已设计了工作于 10 GHz 的 48×48 单元反射阵(见图 8.7-6)来验证所提出的单元性能。测得该阵的 3 dB 增益带宽大于 32%,而 1.5 dB 的增益带宽达到 16.3%。实测的该反射阵天线 H 面方向图如图 8.7-7 所示。

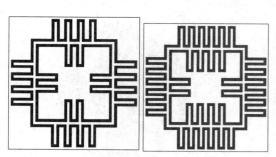

图 8.7-5　双方形曲折线相移单元示意图　　　　图 8.7-6　反射阵天线照片

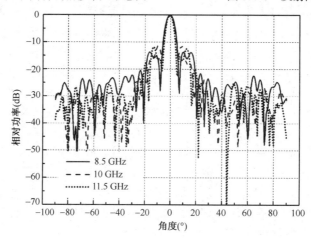

图 8.7-7　实测的反射阵天线 H 面方向图

习　　题

8.2-1　设馈源沿 y 向极化, 其辐射场为

$$\bar{E}_i(r', \theta', \varphi') = \left[\hat{\theta}'f_E(\theta)\sin\varphi' + \hat{\varphi}'f_F(\theta')\cos\varphi' \right] Be^{-jkr'}/r' \tag{8-1}$$

该项馈源置于抛物面天线焦点, 抛物面焦距为 f, 深度为 h。1) 导出抛物面口径场 $\bar{E}_a$; 2) 导出远区场点 $P(r, \theta, \varphi)$ 处的电场分量 E_θ 和 E_φ。

8.2-2　利用标量远场公式(7-1), 采用图 8.2-1 坐标系, 取 $\hat{s} \approx \hat{n} = \hat{z}$, 试证对远区场点 $P(r, \theta, \varphi)$, 其电场为

$$\phi(p) = \frac{jk}{4\pi r}e^{-jkr}(1 + \cos\theta)\int_{S_0} \phi(x, y) e^{jk(x\sin\theta\cos\varphi + y\sin\theta\sin\varphi)} \mathrm{d}x\mathrm{d}y \tag{8-2}$$

8.2-3　设抛物面天线馈源为 $\hat{x}'$ 向电流元, 利用几何光学近似求抛物面处反射场 $\bar{E}_r$, 并导出口径场 $\bar{E}_a$ 公式(8.2-21)。

8.2-4　设抛物面天线馈源为惠更斯元, 面上等效磁流为 $\hat{y}I_m$, $I_m = E_{0y}l$, 等效电流为 $-\hat{x}I$, $I = E_{0y}l/\eta$, 面积为 l^2, $l \ll \lambda$。

1) 利用几何光学近似求抛物面口径电场 $\bar{E}_a$;

2) 用口径场法求远区电场 E_θ 和 E_φ 分量。

Δ8.2-5　美国西弗吉尼亚绿岸(Green Bank)直径 42.67 m(140 ft)射电望远镜抛物面的焦径比为 $f/d =$

0.4284。求抛物面半张角 θ_m。

8.2-6 设抛物面天线馈源辐射的电场复矢量为

$$E_i = [\hat{\theta}I'f(\theta') + j\hat{\varphi}I'g(\theta')]e^{-jkr'}/r'$$

用电流分布法导出此天线在远区 $P(r, \theta, \varphi)$ 处的 E_θ 和 E_φ 分量，天线焦距为 f，半张角为 θ_m。

8.2-7 证明球面波矢量的正交关系式(8.2-67a)。

8.2-8 证明球面波矢量的正交关系式(8.2-67f)。

8.2-9 设抛物面天线处入射均匀平面波的电磁场矢量为

$$\overline{E}_i = \hat{x}Be^{-jkr\cos\theta}, \quad \overline{H}_i = \hat{y}Be^{-jkr\cos\theta}/\eta$$

对焦距为 f，半张角为 θ_m 的抛物面天线，利用球面波展开法导出其焦区场，即在焦点附近采用泰勒展开式求得焦区场点 $P(r, \theta)$ 处的电场矢量 E_p 表示式[8]。

Δ8.3-1 旋转抛物面天线直径 $d = 100\lambda$，馈源方向图为 $f(\theta') = \cos\theta'$，$0 \le \theta' \le \pi/2$。

    1)求 $\theta_m = 67°$ 时的天线效率 e_A，天线增益 G 与边缘照射 EI；

    2)求 $\theta_m = 80°$ 时的天线效率 e_A，天线增益 G 与边缘照射 EI；与 1)相比，主瓣宽度和旁瓣电平如何变化；

    3)保持 $\theta_m = 67°$，但增大 d/λ，则 e_A、G、主瓣宽度及旁瓣电平各如何变化？

8.3-2 对习题 8.2-5 天线，设馈源方向图为 $f(\theta') = \cos(\theta'/2)$，$0 \le \theta' \le \pi/2$，计算：

    1)天线效率 e_A；

    2)工作于 10 GHz 时的天线增益 G；

    3)表面误差引起的最大口径相位误差为 $\pi/16$ 弧度，则表面误差效率多大？10 GHz 时的天线增益 G 多大？

8.3-3 抛物面天线直径 $d = 2.5$ m，焦径比 $f/d = 0.3$，工作频率为 6 GHz，馈源方向图为 $f(\theta') = \cos^2\theta'$。计算天线效率 e_A 和增益 G 的分贝数。

8.3-4 抛物面天线口径场分布为 $E_a = E_0[1-(\rho/a)^2]$，$a = d/2$，焦径比 $f/d = 0.4$，口径遮挡比 $d_b/d = 0.1$。

    1)求天线增益因遮挡下降的分贝数；

    2)估算第 1 旁瓣电平。

8.3-5 若要使抛物面表面加工误差引起的天线增益下降不大于 0.2 dB，当 $\lambda = 6$ cm 时，允许的表面均方根误差应多大？

8.3-6 抛物面天线直径 $d = 150$ cm，工作波长 $\lambda = 3$ cm，若馈源方向图为 $f(\theta') = \sec(\theta'/2)$，$0 \le \theta' \le \pi/2$，要求边缘照射 EI $= \sqrt{2}/2$，计算：

    1)半张角 θ_m 和 f/d；

    2)天线效率 e_A 和天线增益 G。

8.3-7 要求抛物面天线增益 $G = 38$ dB，旁瓣电平低于 -16 dB，工作频带为 1 GHz ± 15 MHz，取 $f/d = 0.35$。

    1)选定天线直径 d；

    2)若口径分布近似为 $E_a/E_0 = 0.2 + 0.8[1-(\rho/a)^2]^2$，则其边缘照射 EI 为多少 dB？口径效率 $e_A =$？

    3)请按 EI $= -10$ dB 要求，利用式(8.3-37)设计角锥喇叭馈源；

    4)计算馈源遮挡引起的增益损失和此时的旁瓣电平；

    5)取表面均方根误差 $\sigma = 1$ mm，则它所引起的增益损失多大？

    6)基于上述结果，若该天线 $e_x = -0.1$ dB，$e_{ph} = -0.4$ dB，$e_s = -0.55$ dB 及 $e_0 = -0.1$ dB，估计实际天线效率 e_A 和实际天线增益 G 的值。

8.3-8 为接收卫星的 12 GHz 电视信号，要求抛物面天线增益 $G = 34$ dB。

    1)选定天线直径 d 及焦距 f(取 $f/d = 0.35$)；

    2)为使天线效率 e_A 最高，此时边缘照射 EI 应取多少分贝？要求其馈源方向图在口径边缘方向的馈源渐降 FT 为多少分贝？

    3)要求馈源轴向偏焦 Δf_a 和横向偏焦 Δf_t 引起的口径最大相差均不大于 $\pi/10$，求 Δf_t 和 Δf_a；

4)要求表面误差引起的增益损失不大于0.5 dB,则其表面均方根误差 σ =?

8.3-9 直径 15 m 抛物面天线的口径场分布为 $E_a/E_0 = 1 - 0.776\rho_1^2$, $\rho_1 = 2\rho/d$。其表面公差分区:$0 \leq \rho \leq 2.5$ m, $\sigma_1 = 0.85$ mm; 2.5 m $< \rho \leq 7.5$ m, $\sigma_2 = 1.02$ mm,则天线的鲁兹公差 σ 为多少?

8.3-10 抛物面天线中馈源前方抛物面的反射波将返回馈源,它所引起的馈源输入端反射系数模值可表示为(设抛物面不存在时馈源本身是匹配的):

$$|\varGamma_p| = \sqrt{P_p/P_{in}}$$

式中 P_p 为馈源所载获的抛物面反射波功率, P_{in} 为馈源输入功率,也即其辐射功率。设馈源轴向增益为 G_0,试证明下式:

$$|\varGamma_p| = \frac{G_0}{2kf} = \frac{G_0}{4\pi}\left(\frac{\lambda}{f}\right) \tag{8-3}$$

设 $f = 12\lambda$, $G_0 = 6$,算出 $|\varGamma_p|$ 及它所引起的驻波比 S。

8.4-1 设卡塞格仑天线的主反射面与抛物面天线直径相等,分别算出它们的空间衰减因子 S_A:

1)$d_m = 60\lambda$, $f = 21\lambda$, $\theta_{m2} = 25°$;

2)$d_m = 200\lambda$, $f = 77\lambda$, $M = 4.6$。

8.4-2 卡塞格仑天线主面焦径比 $f_m/d_m = 0.3$,副主面直径比 $d_s/d_m = 0.1$,副面实焦点位于抛物面顶点。求主面半张角 θ_{m1},副面半张角 θ_{m2},副面离心率 e 和放大率 M,副面顶点至主面顶点的距离 l_1。

8.4-3 利用式(8.4-11)证明,用等效馈源法导出的卡塞格仑天线效率 e_A 理论公式与用等效抛物面法导出的公式相同。

8.4-4 卡塞格仑天线直径 $d_m = 3.75$,主面焦径比 $f_m/d_m = 0.4$,按边缘照射 EI $= -20$ dB 设计。此时口径场分布近似于 $E_a/E_0 = 0.1 + 0.9(1-\rho_1^2)^2$, $\rho_1 = 2\rho/d_m$,馈源方向图的 -20dB 宽度为 $2\theta_{20\,dB} = 2.8\lambda/d_f$。计算副面的最小遮挡直径与主面直径之比 d_{smin}/d_m,及副面遮挡所引起的增益损失:

1)$\lambda = 5$ cm;

2)$\lambda = 8.6$ cm;

3)比较上两结果,有何结论?

8.4-5 大型毫米波射电望远镜的卡塞格仑天线直径 $d_m = 8.84$ m,主面焦距 $f_m = 2.65$ m,副面直径 $d_s = 0.1d_m$,馈源相心在抛物面顶点前的伸前量 $h_f = f_m - f_s = 0.61$ m。计算:

1)主面半张角 θ_{m1},副面半张角 θ_{m2},副面离心率 e 和放大率 M;

2)当工作于 $f_0 = 35$ GHz 时,边缘照射 EI $= -14$ dB,口径场分布近似于 $E_a/E_0 = 0.2 + 0.8(1 - \rho_1^2)^2$, $\rho_1 = 2\rho/d_m$。计算理论天线效率 e_A,半功率宽度 $2\theta_{0.5}$,旁瓣电平 SLL;

3)求副面遮挡所引起的增益损失及旁瓣电平的升高;

4)若采用 4 脚支杆,支杆窄边对向口径,宽 $w = 11.5$ cm,支杆支点位于 $R_t = d_m/2$ 处,试计算支杆遮挡部分的轴向远场与未遮挡时轴向远场之比 E_{bT}/E_m,支杆遮挡引起的增益损失及同时计入副面和支杆遮挡效应后的旁瓣电平;

5)天线表面误差均方根值 $\sigma = 0.15$ mm,求其效率因子分贝值;

6)计入上述效率因子并取 $e_x = -0.2$ dB, $e_{ph} = -0.5$ dB, $e_s = -0.3$ dB, $e_o = -0.5$ dB,则实际天线效率 e_A 多大?天线增益为多少分贝?

8.4-6 气象雷达卡氏天线直径 $d_m = 5$ m, $f_m/d_m = 0.3$,工作波长 $\lambda_0 = 9$ cm,要求旁瓣电平 SLL ≤ -20 dB。

1)求天线主面半张角 θ_{m1},选定副面直径 d_s;

2)取馈源相心在抛物面顶点前的伸前量 $h_f = f_m - f_s = 70$ cm,求副面半张角 θ_{m2},副面放大率 M 和离心率 e;

3)取边缘照射 EI $= -14$ dB,设口径场分布近似于 $E_a/E_0 = 0.2 + 0.8[1 - (\rho/a)^2]$,计算理论天线效率 e_A,半功率宽度 $2\theta_{0.5}$,旁瓣电平 SLL。

8.4-7 设式(8.4-25)中各区域平均噪声温度按下式近似计算:

$$\begin{cases} T_1 = 0.9T_s + 0.1T_g \\ T_2 = 0.5T_s + 0.5T_g \\ T_3 = T_1 \\ T_4 = T_s \end{cases} \quad (当工作于低仰角) \tag{8-4}$$

式中 T_s 为给定仰角方向的天空(sky)平均噪声温度，T_g 为地面(ground)平均噪声温度。某卫星地球站卡氏天线直径 22 m，工作于 4 GHz 时各效率因子值为：$e_{ss} = 0.7589$，$e_{sm} = 0.9807$，$e_{bs} = 0.9774$，$e_{bt} = 0.9594$，此时对 5°仰角有：$T_s = 32K$，$T_g = 290K$。利用式(8.4-25)和式(8-4)求出天线噪声温度 T_A。

8.4-8　大型毫米波射电天文望远镜卡氏天线直径 15 m，工作于 $\lambda_0 = 8.3$ mm，已知效率因子值为：$e_{ss} = 0.9262$，$e_{sm} = 0.9863$，$e_{bs} = 0.9818$，$e_{bt} = 0.9830$，对高仰角按下式近似计算各区域平均噪声温度：

$$\begin{cases} T_1 = T_3 = T_4 = T_s \\ T_2 = T_g \end{cases} \tag{8-5}$$

对此 λ_0 值，取 $T_s = 100K$，$T_g = 290K$，利用式(8.4-25)和式(8-5)求出天线噪声温度 T_A。

8.4-9　测得卫星地球站以接收机输入端为参考的系统噪声温度为 108K，接收机本身噪声温度为 52.5K，天线馈线损耗为 -0.2 dB，试求以天线输入端为参考的天线噪声温度 T_a。

8.4-10　取相关面 S 包围天线 1 的口径平面 S_0，令口径场为

$$\begin{cases} \bar{E}_1 = \hat{x}E_a \\ \bar{H}_1 = \hat{n} \times \bar{E}_a / \eta \end{cases}$$

具有相同极化的轴向入射波可表示为

$$\begin{cases} \bar{E}_2 = \hat{x}E_b \\ \bar{H}_2 = -\hat{n} \times \bar{E}_b / \eta \end{cases}$$

利用场相关定理式(8.4-30)导出口径场法口径效率公式(7.2-23)。

8.4-11　取相关面包围抛物面天线的照明面 s_1，馈源辐射场仍为式(8.2-10)。设沿抛物面轴向入射的平面波电场为

$$\bar{E}_2^i = \hat{x}Ce^{-jkz} = (\hat{r}'\sin\theta'\cos\varphi' + \hat{\theta}'\cos\theta'\cos\varphi' - \hat{\varphi}'\sin\theta')Ce^{-jkr'\cos\theta'}$$

利用场相关定理式(8.4-30b)证明天线效率为

$$e_A = \cot^2\left(\frac{\theta_m}{2}\right)\frac{\left|\int_0^{\theta_m}(f_E + f_H)\tan\dfrac{\theta'}{2}d\theta'\right|^2}{\int_0^{\pi}(f_E^2 + f_H^2)\sin\theta'd\theta'} \tag{8-6}$$

8.5-1　对偏置抛物面天线，设馈源辐射场为式(8.2-37)，利用式(8.5-10)和式(7.2-8b)导出其远场分量 E_θ 和 E_φ。

8.5-2　偏置抛物面天线直径 $d = 20\lambda$，偏置角 $\theta_0 = 45°$，锥角 $\theta_c = 28°$，用圆极化馈源照射，求其主波束斜视角 θ_{sq}。

8.6-1　证明介质透镜的厚度 d' 为

$$d' = -\frac{f}{1+n} + \sqrt{\left(\frac{f}{n+1}\right)^2 + \frac{(d/2)^2}{n^2-1}} \tag{8-7}$$

8.6-2　对题 7.6-1 天线，$\lambda = 8$ cm，将其 R_H 缩短为 $R'_H = 48$ cm，

　　1) 此时喇叭口径最大相差 ψ_M^H 是多少？天线增益 G' 多大？

　　2) 为提高缩短后的喇叭增益，在喇叭口加一圆柱介质透镜，采用 $n = 1.6$ 的介质材料，利用几何光学确定此透镜的半张角 φ_c、焦距 f 和厚度 d'。

8.6-3　金属平行板透镜的折射率 n 与板距 a/λ 的关系为式(8.6-8)。对 $\lambda/2 \leq a \leq \lambda$ 画出该关系曲线。

8.6-4　对半径为 R_0 的龙伯透镜，画出折射率 $n(r)$ 与 r ($0 \leq r \leq R_0$) 的关系曲线。

*第9章 特殊功能天线

随着现代科学技术的迅速发展，天线在常规应用的基础上又不断地开发出新的功能，以适应不同应用的需求。本章将分节介绍多种不同功能的天线。但是受篇幅限制，本章和下一章在这里只给出主要内容，全稿将在本书配套网站上给出。由于本章和下一章中各节都有其独立性，有几节是请不同的博士写的，其参考文献将分节列出，凡不是笔者写的，都在每节标题下列出作者姓名。

9.1 单脉冲天线

9.1.1 单脉冲天线的工作原理

第二次世界大战后，随着火箭、洲际导弹、人造卫星和宇宙飞船等高速飞行器的迅猛发展，跟踪雷达原先采用的圆锥扫描体制和顺序波束法在跟踪精度、速度和距离上都不能适应新的要求，从而产生了单脉冲体制，即同时波束法。单脉冲雷达跟踪精度比圆锥扫描雷达高 1 到 2 个数量级，可达 $0.1 \sim 0.05$ 密位（1 密位 $= 360°/6000 = 3'36''$）。

单脉冲技术是指只需收到单个回波脉冲就能获得目标的全部角误差信息的技术。单脉冲技术的实质就是，同时比较几个波束收到的回波信号。根据比较方法的不同，分为三类：比幅单脉冲，比相单脉冲及幅相单脉冲（一个主平面上比较二偏轴波束的回波振幅，另一主平面上比较二波束的回波相位）。最普遍用的是比幅单脉冲体制，下面介绍其工作原理。

如图 9.1-1 所示，单脉冲天线由三部分构成：双（或单）反射面、馈源、和差器。这里的馈源是经典的 4 喇叭馈源，它在空间形成 4 个偏轴波束。

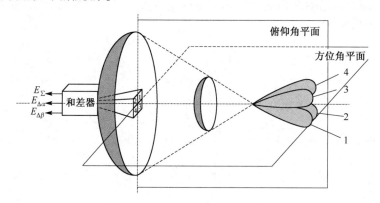

图 9.1-1 单脉冲天线的工作原理

和差器（比较器）的作用是将 4 个波束所收到的回波信号作加减处理。设各波束输出场强分别为 E_1、E_2、E_3 和 E_4，则

和支路输出：$E_\Sigma = E_1 + E_2 + E_3 + E_4$

方位差支路输出：$E_{\Delta\alpha} = (E_1 + E_3) - (E_2 + E_4)$

俯仰差支路输出：$E_{\Delta\beta} = (E_1 + E_2) - (E_3 + E_4)$

以俯仰差支路为例，其波束如图 9.1-2 下方所示。当目标在波束的俯仰角平面内时，若目标在轴向，则 $E_{\Delta\beta} = 0$；若在上方则 $E_{\Delta\beta} = -$；若在下方则 $E_{\Delta\beta} = +$。这样 $E_{\Delta\beta}$ 的"＋"、"－"确定了目标在俯仰角平面上偏轴的方向，而其大小反映了偏轴的大小。同理，方位差支路的输出 $E_{\Delta\alpha}$ 给出了目标在方位角上的偏轴信息。

于是，根据 $E_{\Delta\alpha}$ 和 $E_{\Delta\beta}$ 便可控制电机使天线向减小误差的方向转动，直至天线轴对准目标，从而实现跟踪。其中判定 $E_{\Delta\alpha}$ 和 $E_{\Delta\beta}$ 的正负是通过与和支路输出 E_Σ 相比较得出的；和支路还用来测量目标距离并用于发射。和差器的组成如图 9.1-3 所示，其中 T_1 和 T_2 是 H 面折迭双 T 接头，T_3 是 E 面折迭双 T 接头，T_4 是规则双 T 接头。

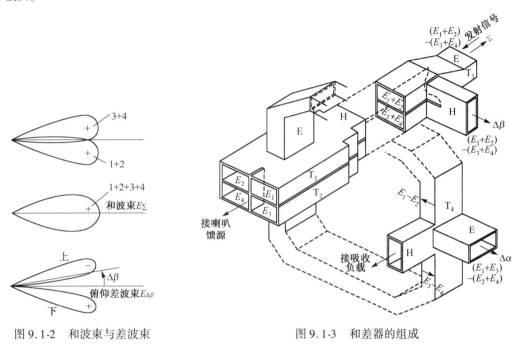

图 9.1-2　和波束与差波束

图 9.1-3　和差器的组成

9.1.2　4 喇叭单脉冲天线的性能计算

9.1.2.1　和波瓣计算

我们采用和差模法来分析单脉冲天线性能[1,2]，即根据馈源喇叭中和模、方位差模和俯仰差模三种不同的口径场分布，分别求出其馈源方向图(称为初级波瓣)，再根据等效抛物面法，分别算出天线方向图(称为次级波瓣)，进而得出相应的参数，其坐标系如图 9.1-4 所示。计算中忽略了惠更斯元的方向性；并设馈源喇叭足够长，忽略了口径相差的影响；也忽略了喇叭间的互耦效应。

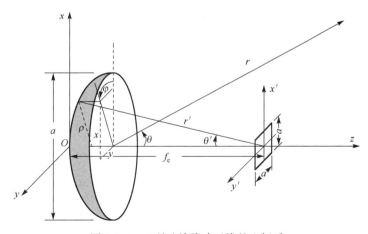

图 9.1-4　4 喇叭单脉冲天线的坐标系

如图 9.1-5 所示,由于各喇叭中传输的是 TE_{10} 波,电场矢量沿 x' 轴方向,每一喇叭的口径场沿 x' 轴方向呈等幅分布,沿 y' 轴方向呈余弦分布,因而其分布函数为

$$g(x',\ y') = \sin\left|\frac{2\pi y'}{a}\right| \tag{9.1-1}$$

由式(7.2-8)可知,馈源产生的初级波瓣为

$$f(\theta',\ \varphi') = \int_{-\frac{a}{2}}^{\frac{a}{2}} e^{jkx'\sin\theta'\cos\varphi'}\mathrm{d}x' \int_{-\frac{a}{2}}^{\frac{a}{2}} \sin\left|\frac{2\pi y'}{a}\right| e^{jky'\sin\theta'\sin\varphi'}\mathrm{d}y'$$

积分后得归一化初级波瓣为

$$F(\theta',\ \varphi') = \frac{\sin\left(\frac{\pi a}{\lambda}\sin\theta'\cos\varphi'\right)}{\frac{\pi a}{\lambda}\sin\theta'\cos\varphi'} \cdot \frac{1}{2}\frac{1+\cos\left(\frac{\pi a}{\lambda}\sin\theta'\sin\varphi'\right)}{1-\left(\frac{a}{\lambda}\sin\theta'\sin\varphi'\right)^2} \tag{9.1-2}$$

设等效抛物面焦距为 f_e,它远大于抛物面直径 d,则有

$$\sin\theta' = \frac{\rho}{r'} = \frac{\rho}{f_e\sec^2(\theta'/2)} \approx \frac{\rho}{f_e} \tag{9.1-3}$$

同时,已假设忽略惠更斯元的方向性,即取 $(1+\cos\theta')/2 = \cos^2(\theta'/2) \approx 1$。可见这两个假定所引起的误差具有相互补偿的作用。如图 9.1-4 所示,此时有

$$\sin\theta'\cos\varphi' = \frac{\rho}{f_e}\cos\varphi' = \frac{x}{f_e},\quad \sin\theta'\sin\varphi' = \frac{\rho}{f_e}\sin\varphi' = \frac{y}{f_e}$$

令

$$U = \frac{\pi a}{2\lambda}\frac{d}{f_e} \tag{9.1-4}$$

则式(9.1-2)可简化为

$$F(x,\ y) = \frac{\sin(2Ux/d)}{2Ux/d} \cdot \frac{1}{2}\frac{1+\cos(2Uy/d)}{1-(2Uy/\pi d)^2} \tag{9.1-5}$$

由此,E 面和 H 面的口径边缘照射分别对应于

$$\mathrm{EI}_E = F(d/2,\ 0) = \frac{\sin U}{U},\quad \mathrm{EI}_H = F(0,\ d/2) = \frac{1}{2}\frac{1+\cos U}{1-(U/\pi)^2} \tag{9.1-6}$$

可见 U 是决定口径边缘照射的重要参数。

将式(9.1-5)代入式(7.2-8)便得次级和波瓣函数。作为举例,研究 $\varphi = 0$(俯仰面)方向图,得

$$F_\Sigma(\theta,\ 0) = \int_{-d/2}^{d/2}\frac{\sin(2Ux/d)}{2Ux/d}e^{jkx\sin\theta}\mathrm{d}x = \frac{d}{2U}\left[\mathrm{Si}\left(U+\frac{kd}{2}\sin\theta\right) + \mathrm{Si}\left(U-\frac{kd}{2}\sin\theta\right)\right] \tag{9.1-7}$$

式中 $\mathrm{Si}(x)$ 为正弦积分。由此可得其半功率波瓣宽度、旁瓣电平等;也可算出其效率因子。它们与 U 值的关系如图 9.1-6 所示,其中增益因子(即和增益因子)即天线效率 e_A,记为 e_Σ,漏溢比对应于 $1-e_s$,波瓣宽度比为 $K_{0.5}$。

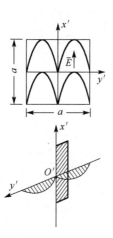

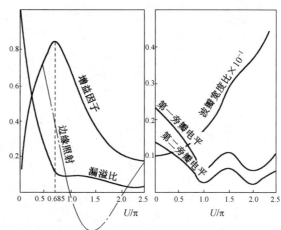

图 9.1-5　4 喇叭"和模"口径场分布　　　　图 9.1-6　俯仰面和波瓣参数与 U 值的关系

9.1.2.2 差波瓣计算

差波瓣的计算过程与前面类似。作为举例这里给出对俯仰面($\varphi = 0$)差波瓣的一些结果。俯仰差模的口径场分布如图9.1-7所示。求得其波瓣宽度、旁瓣电平及效率因子与 U 值的关系如图9.1-8所示。这里增益因子是指差波瓣最大值方向的天线效率，对应于该方向的功率密度，用 e_Δ 表示。另一参数是差斜率，指差波瓣的归一化方向函数在天线轴方向的斜率（对角度的导数），即 $K_\Delta = \dfrac{\partial}{\partial\theta}F_\Delta(\theta)\big|_{\theta=0}$。

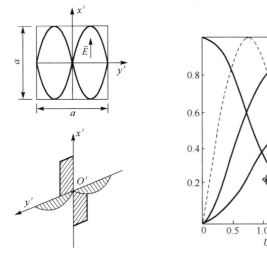

图9.1-7 4喇叭"俯仰差模"口径场分布

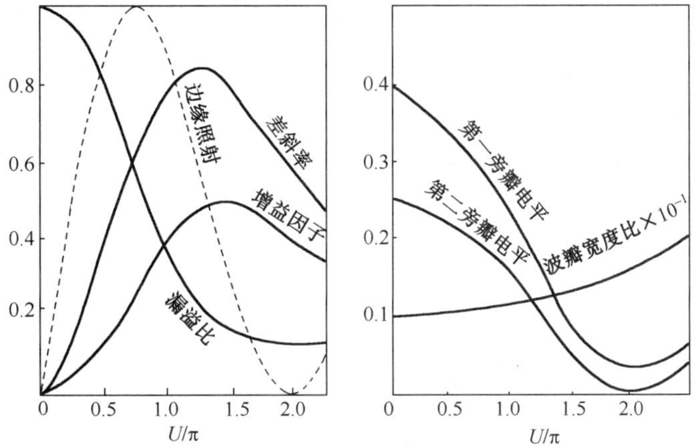

图9.1-8 俯仰差波瓣（俯仰面）参数与 U 值的关系

"和"、"方位差"、"俯仰差"模的初次级口径场分布与次级波瓣的对应关系如图9.1-9所示。

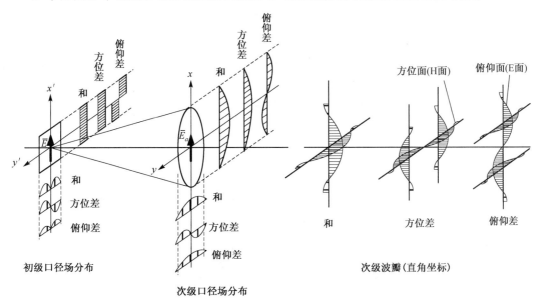

图9.1-9 各模初、次级口径场分布与次级波瓣的对应关系图

9.1.3 和差矛盾与最佳馈源概念

9.1.3.1 和差矛盾

对单脉冲天线来说，目标的距离信息是由"和"支路提供的。距离灵敏度指和支路收到的回波信号强度对目标距离的变化率，它与和支路的发射增益及接收增益成正比，因此取为 e_Σ。另一指标是跟踪目标的角灵敏度，指在天线轴向上误差信号强度对目标角位置的变化率，因而定义为 $\sqrt{e_\Sigma}\,\sqrt{e_\Delta}K_\Delta \circ \sqrt{e_\Delta}K_\Delta$ 也称为绝对差斜率，而将 K_Δ 称为相对差斜率。可见，一个理想的单脉冲天线，应该是和增益因子和绝对差斜率二者均达最大。可惜一般馈源都不能使二者同时最大，这就是所谓"和差矛盾"。

以4喇叭馈源为例，由图9.1-6可知，最大的和增益因子发生于 $U=0.685\pi$，此时 $e_\Sigma \approx 0.83$。另一方面，由图9.1-8可知，最大的差增益因子发生于 $U=1.37\pi$，此时 $e_\Delta \approx 0.45$；而最大差斜率发生于 $U=1.23\pi$。二者较为接近，但约为和波瓣最佳状态所需 U 值的近两倍！可见二最佳状态不能同时实现。从原理上说，若设计馈源口径尺寸使初级和波瓣对次级口径照射为最佳，即增益因子最大，则初级差波瓣的峰值出现在次级口径的边缘处，因而有将近一半的能量被漏溢，差增益因子大大下降，如图9.1-10(a)所示。另一方面，若设计的馈源口径较大，使初级差波瓣对次级口径照射最佳，即差增益因子最大，则该口径形成的初级和波瓣过窄，以致其旁瓣也照射到次级口径上，使和增益因子很低，如图9.1-10(b)所示。

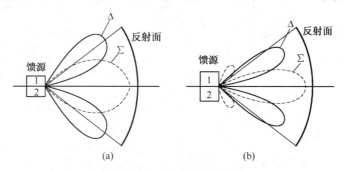

图 9.1-10 和差矛盾示意图

9.1.3.2 最佳馈源概念

由上面的分析可见，解决和差矛盾的根本办法是独立地分别控制初级"和""差"波瓣。为此，对矩形口径列出不同馈源口径分布所产生的"和""差"波瓣特性，如表9.1-1所示[1]。不难看出，对于和波瓣，余弦型场分布最好，双余弦型最差；而对差波瓣，则以正弦型场分布为佳，也是双余弦型最差。

表 9.1-1 不同馈源口径分布的初级波瓣特性

馈源口径分布	和 波 瓣 (最大增益时)			馈源口径分布	差 波 瓣 (最大差斜率时)		
	U/π	e_Σ	漏溢比		U/π	差斜率	漏溢比
余弦	0.94	0.90	0.04	正弦	1.39	0.89	0.09
常数	0.69	0.83	0.13	奇常数	1.22	0.82	0.22
双余弦	0.71	0.70	0.25	奇次双余弦	1.26	0.77	0.31

我们注意到，上述两种最佳"和""差"波瓣所要求的 U 值是不同的，分别是 0.94π 和 1.39π。因此，若采用正弦型场分布形成初级差波瓣，口径尺寸为 a，而采用余弦型场分布形成初级和波瓣，口径尺寸取为 $(0.94/1.39)a = 0.68a$，那么这样的馈源就是最佳馈源，如图 9.1-11 所示。

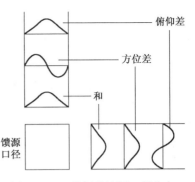

图 9.1-11　理想的馈源口径分布

9.1.4　单脉冲天线的实用馈源

为实现对"和""方位差""俯仰差"三种初级波瓣的独立控制，逼近上述最佳馈源，已产生了多种方法，包括多喇叭法、多模法、多喇叭多模法。下面介绍一种 4 喇叭 3 模馈源，如图 9.1-12 所示，其中(a)为口径分布，(b)为结构示意图。

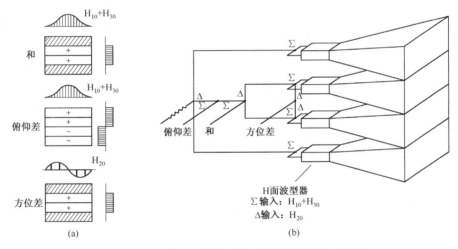

图 9.1-12　4 喇叭 3 模馈源的口径分布和结构示意图

这里方位面(H 面)口径分布利用 3 模激励来控制，而俯仰面(E 面)则利用 4 喇叭馈电来控制。其中和模由 H_{10} 和 H_{13} 模适当叠加，形成近于余弦分布的钟形分布，其两边电场很弱，而方位差模是由 H_{20} 场形成，这样方位面"和"、"差"模的有效口径尺寸比近于 1:2。对于俯仰面，俯仰差模由上方两个喇叭与下方两个喇叭反相馈电来形成，而和模则只馈电中间两只喇叭，因而俯仰面"和"、"差"模的有效口径尺寸比是 1:2。所以 4 喇叭 3 模馈源在两个主平面方向的口径分布都比较理想，只是俯仰面方向上的口径分布是表 9.1-1 中的常数型分布，其性能要比方位面差些。几种实际馈源的主要电参数比较结果表明[1,3]，4 喇叭 3 模馈源性能比 4 喇叭馈源有了明显改进，比 12 喇叭馈源还要好些。

单脉冲技术除用于跟踪雷达外，也已广泛应用于测向(direction-finding)系统。一种典型的超宽带测向天线设计是 4 臂螺线天线[4,5]。

9.2　合成孔径雷达天线
(汪伟，华东电子工程技术研究所)

合成孔径雷达(SAR)是一种主动式微波遥感传感器，其对地观测不受光照和气候条件的限制，实现全天时、全天候对地观测，甚至可以穿透地表和植被获取地表下信息。因此，可以广泛用于测绘、气象、国土资源勘察、灾害监测与环境保护、国防、能源、交通、工程等诸多领域。

9.2.1　合成孔径雷达的发展与基本原理

传统雷达系统的角分辨率由电磁波波长与天线孔径尺寸之比决定，图像的空间分辨率由角分辨率乘以传感器至目标的距离来决定。随着雷达平台高度的增加，其分辨率将下降，对于星载观测设备来说，仅可见光和红外波长上可以实现高分辨率，而对于微波频段，传统的方法则无法实现。

但是，自从 1951 年美国人 Carl Wiley 第一次提出利用载体的移动在相位上通过重新组合所有回波从而等效于形成一副大尺寸的天线这一原理以来，这一称之为合成孔径雷达(SAR)的技术在理论和应用方面得到了空前发展[1~3]。1972 年 4 月美国 NASA 的喷气推进实验室(JPL)进行了机载 L 波段 SAR 试验，推动了 Seasat-1 项目。尽管该星载雷达仅工作了一百多天，但其获得的成果大大地激励了 SAR 方面的研究。随着 SIR-A 和 SIR-B 的先后成功发射应用，基于其独特的性能及优越的应用环境，在 20 世纪 70 年代后期，SAR 卫星及其成像技术的研究引起国际的广泛关注。到 20 世纪 90 年代后期，SAR 卫星更是发展迅猛，包括美国、前苏联及由德、英、法、意等 12 个成员国组成的欧空局等先后发射了自己的 SAR 卫星。此外，诸如加拿大、日本、印度和以色列等国家也加入到这个行列中。中国也已于 20 世纪 70 年代进入 SAR 领域，通过 30 余年的努力，随着机载 SAR 及星载 SAR 研制的深入[4,5]，已逐渐从理论研究步入应用阶段。

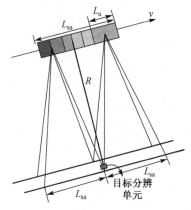

图 9.2-1　孔径合成示意图

合成孔径雷达是一个全相参系统，通过信号处理器将作非常长位移的天线信息合成起来获得高分辨率。具体地说，就是在距离向(垂直于雷达运动方向)通过脉冲压缩技术实现空间分辨率，而在方位向(平行于雷达运动轨迹方向)利用多普勒效应，通过多个发射脉冲回波信号的相干处理，在不依靠长真孔径天线的情况下获得高的空间分辨率。如图 9.2-1 所示，真实天线沿航迹运动，构成一连串位置集合，在每个位置发射脉冲信号，照射到目标并接收回波。当真实天线波束照射过这一目标场景以后，SAR 系统将每个天线位置回波响应记录数据保存，然后通过加权、移相和相加，聚焦这一目标单元并抑制其他目标信号，得到聚焦于此点的信号响应并对应于该目标成像。理论上，正侧视 SAR 方位分辨率近似为天线长度 L_a 的一半。这是由一个简单的模型得到的，实际应用中还需考虑各种展宽及改善系数[1]。

9.2.2　合成孔径雷达天线技术

9.2.2.1　合成孔径雷达天线概述

天线系统是 SAR 雷达中最为重要的分系统之一，随着 SAR 技术的进步，天线技术也得到了很大发展。一方面 SAR 系统的需求推动着天线的发展，另一方面天线技术又影响着 SAR 雷达的发展步伐。随着有源相控阵天线技术在 SAR 中的成功应用，SAR 成像已由最初的正侧视单波束条带模式(StripSAR)发展出扫描(ScanSAR)、聚束(Spotlight)、干涉式(InSAR)、大视角、多波束和地面动目标显示(GMTI)等工作模式。

SAR 雷达对频率的选择直接影响着天线的选择。对星载 SAR 而言，由于电磁波空间传播和技术限制等方面的因素，目前主要包括从低至 L 波段到高至 X 波段所有频段；而对于机载 SAR 而言，频带有所扩展，已从 P 波段到 Ku 波段。对 SAR 工作频段的选择主要由其应用目标决定，通常频率越高越能显示目标的细微形状，而波长越长则穿透能力越强，因此不同波段具有不同的观测适用范围。针对不同的波段，其天线形式及传输线的选择都不同。

天线形式的选择主要取决于雷达频率和性能指标。星载 SAR 天线的设计受限于分辨率、观测带宽、模糊度、工作模式和运载能力等先决条件。对于 SAR 天线特别是星载 SAR 天线而言，它是一个电(电性能)、机(机械结构展开机构)和热(热控)综合考虑的一个大型电子设备，天线的优化设计已不仅仅是追求优越的电性能，天线的重量、热稳定性、效率和成本等因素同等重要，有时甚至更为关键。从目前国内外 SAR 天线的应用和研究情况来看，SAR 天线主要有反射面天线、平面波导缝隙天线和平面微带天线等形式。反射面设计技术比较成熟，在星载条件下的应用主要集中在其材料或可展开结构上。下面主要介绍平面阵列天线。

对阵列天线的设计，其基本输入条件是天线的增益和方向图。天线的增益正比于其面积，应用于 SAR 系统中的天线方向图形状取决于距离向和方位向模糊度要求，距离向波束设计根据模糊区域图（MASK）通过控制天线阵距离向幅度和相位孔径分布得到需要的方向图，方向图的设计优化采用泰勒法和切比雪夫法等经典综合方法以及遗传或粒子群等优化算法。

根据星载合成孔径雷达观测带范围和聚束模式要求，天线通常要有在距离向扫描 ±20° 和方位向扫描 ±1° 左右的能力，鉴于重量、体积和成本以及方位向为小角度扫描范围，天线阵一般利用子阵来组阵。在方位向，一个 T/R 组件控制多个天线单元组成的线阵，构成一个有源线阵。该线阵的长度、单元数和方位向线阵个数，由整个天线的长度、方位扫描范围和天线结构分块安装等因素综合考虑得出；鉴于距离向扫描范围较大，因此无法采用子阵方式。

波导缝隙天线阵和微带贴片天线阵这两种阵列天线各有优缺点。表 9.2-1 中给出了典型的国外星载 SAR 阵列天线参数，通常 C 波段以下采用微带天线阵，而 C 波段以上波导缝隙天线具有较大优势，这是由微带线和波导传输线自身特性所决定的。

表 9.2-1　国外典型 SAR 天线参数

型号/国别	频带（GHz）	极　　化	天 线 形 式	天线尺寸（m）
SeaSat/美国	1.275	H	微带	10.7 × 2.16
SIR-A/美国	1.278	H	微带	9.4 × 2.16
SIR-B/美国	1.278	H	微带	10.7 × 2.16
SIR-C/D/美国	1.248/1.254	H，V	微带	12. × 2.9
	5.298，5.304	H，V	微带	12 × 0.7
	9.6	V	波导缝隙	12 × 0.4
Kosmos1870/前苏联	3.125	H	波导缝隙	15 × 1.5
Almaz-1/1B/前苏联	3.125	H	波导缝隙	15 × 1.5
PRIRODA/俄罗斯	S/L	H 或 V	波导缝隙	
RadarSat-I/加拿大	5.3	H，V	波导缝隙	15 × 1.5
RadarSat-II/加拿大	5.405	H，V	微带	15 × 1.37
ERS-1/欧空局	5.3	H	波导缝隙	10 × 1
Envisat（ASAR）/欧空局	5.331	H，V	微带	10 × 1.33
JERS-1/日本	1.275	H	微带	11.9 × 2.2
PALSAR（ALOS）/日本	1.27	H，V	微带	8.9 × 3.1
TerrSAR-X/L（德国）	9.65	H，V	波导缝隙/微带	4.8 × 0.7
	1.27			11 × 2.6
RiSAR/印度	5.35	H，V	微带	6 × 2
Cosmo-Skymed/意大利	9.65	H，V	微带	6 × 1.2

9.2.2.2　反射面天线

为降低星载 SAR 的体积、重量、功耗及成本，反射面天线仍不失为 SAR 天线的一个很好的选择。德国军事侦察卫星 SAR-Lupe 采用反射面天线（见图 9.2-2），卫星重量仅 770 kg，功耗 250 W，达到 0.5 m 的分辨率，5 颗分布在 3 个不同高度的卫星组成一个成像雷达星座，实现快速重访。以色列 2006 年秋发射的 TecSAR，其天线采用的是电控波束可展开网状抛物面天线，并且是全极化工作，载荷重量仅 100 kg，太阳能提供 750 W 的功耗，分辨率达到 1 m。

9.2.2.3　微带天线阵

微带天线具有剖面低、体积小、重量轻、便于与有源器件集成等优势。同时，随着有源相控阵天线的大量应用，馈线损耗的影响得以有效改善，因此微带天线在星载 SAR 系统中得到广泛研

图 9.2-2　星载 SAR-Lupe 反射面天线

究和应用。如表 9.2-1 所示，在所有的 SAR 系统中，美国的 Seasat、SIR-A、SIR-B、SIR-C、加拿大的 RadarSat-II、日本的 JERS-1 和 PALSAR、欧空局发展的 ASAR(见图 9.2-3)[6]及德国的 TerrSAR-L 等都是采用微带贴片天线。另外，微带较易实现多频段工作等优点，适合于新一代合成孔径雷达的多频、多极化等要求。

图 9.2-3　星载 ASAR 相控微带天线阵

天线选择中，极化纯度是一个重要的考虑因素。对于目标极化信息而言，由寄生交叉极化波瓣和极化隔离通道过来的信号将是一个误差源，因此天线设计时需要提高这方面的性能，典型指标是 $-25 \sim -30$ dB[2]。由于多极化 SAR 天线阵在交叉极化和极化隔离度方面都有很高要求，在天线形式的选择上必须满足两维对称这一基本原则，可选形状较少，如方形、方环形、圆形和圆环形等贴片。同时，需适当选择不同极化的馈电方式。第 6 章图 6.4-24 已给出两种典型宽带方形双极化贴片天线单元及激励方式。图 6.4-24(b)结构具有两维对称性，单元隔离度达 40 dB，交叉极化分量低于主极化 28 dB，这一指标在布阵中采用反相馈电等方法还将得到进一步提高。

在微带贴片天线线阵设计过程中，另一个重要的方面是馈电网络的选择，网络的选择需要与贴片天线相对应。对于分辨率较低的窄带天线阵，微带线阵可以采用串馈方式，这种馈电方式损耗低，网络占用空间小，但带宽窄。而对于高分辨 SAR 中的宽带天线，为了实现宽带特性，就需要并馈网络来实现宽阻抗带宽和稳定的方向图带宽。并馈网络实现带宽大，但其缺点也很明显，即损耗大，网络占用空间大，在平面阵中实现难度较大，特别是宽带双极化阵。也可以选择介于两者之间的串并馈相结合的方式。早期的 SAR 系统瞬时带宽较窄，因此天线大都选择了串馈方式，但随着 SAR 分辨率的逐步提高，由几十米到几米甚至厘米级量级，因此天线工作带宽逐步扩展到 1 GHz，甚至是 2 GHz。此时，应用于宽带线阵的馈电网络，并馈形式已成为必需。同时，通常对双极化天线单元在阵中作镜像、平移及双单元类似的操作，来实现优越的隔离度和极化纯度性能。6.4.3 节已介绍了一个典型的设计实例——华东电子工程研究所与上海大学合作研制的 X 波段双极化天线阵[7]。该天线阵双极化的阻抗带宽达到 1.5 GHz，双极化端口隔离度带内优于 43 dB，交叉极化电平低于主极化 35 dB。

9.2.2.4　波导缝隙天线阵

尽管波导缝隙天线阵与微带天线阵相比，其体积、重量和带宽等都处于劣势，但其非常低的线阵馈电损耗使之在较高频段，特别是 X 波段甚至更高频段的星载 SAR 中，具有明显优势。早期的星载 SAR 中，如 ERS-1、SIR-C/D、Kosmos1870、Almaz 和 RadarSat-I[见图 9.2-4(a)]等都采用了波导缝隙天线阵。随着碳纤维波导缝隙天线阵的成功研制，波导缝隙阵在重量和热变形方面得以明显改善。典型应用实例是由德、英、欧空局联合研制的 TerrSAR-X 双极化有源相控阵天线，安装于六棱桶状卫星本体的一个侧面上，如图 9.2-4(b)所示[8]。天线扫描范围是：±20°/距离向，±0.75°/方位向。其方位向包含 12 个长为 400 mm 的有源线阵，每个线阵由一对 16 单元双极化波导缝隙阵和一个双极化 T/R 组件构成，距离向 32 行双极化线阵，间距为 22 mm。整个天线阵由这种双极化线阵、背部的有源功分网络、波控、电源、框架和电缆构成。该天线的 16 单元谐振线阵采用中馈方式，其最大带宽可达 300 MHz。该天线阵中利用波导窄边缝隙阵实现水平极化，辐射缝隙采用非倾斜缝，用一对金属斜棒进行激励，从而实现高极化纯度;而单脊波导宽边纵缝谐振阵形成垂直极化。天线阵由表面金属化碳纤维材料加工而成，质量轻、热稳定性优越，并且易于与复合材料框架集成。

应用于 SAR 天线中的波导缝隙阵主要采用谐振阵，其明显的缺陷是带宽较窄，限制了在高分辨率 SAR 中的应用。尽管行波阵拥有较宽的工作带宽，但固有的频扫特性导致其无法应用于高分辨率宽瞬时带宽的 SAR 系统中。在波导缝隙谐振阵带宽展宽方面，6.2.3 节已报道了设计实例(见图 6.2-18)，将波导缝隙线阵分组并利用波导功分器馈电激励拓展带宽，实现了 1.0 GHz 的工作带宽。充分利用不同结构的脊波导，使辐射天线、功分馈电和滤波一体化，从而获得了结构紧凑、抗带外干扰的宽带双极化波导缝隙天线阵。

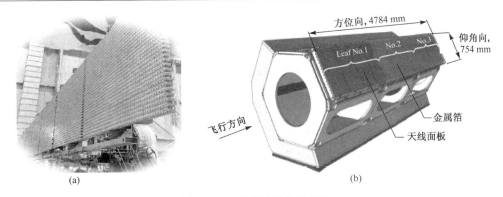

图 9.2-4　星载波导缝隙天线

9.2.3　合成孔径雷达天线的未来展望

9.2.3.1　多波段多极化共孔径天线技术

多极化 SAR 可以提高目标的发现和识别概率,而多波段 SAR 则可利用不同波长得到目标的不同物理特性,将两者综合起来可实现更加丰富的目标特征。早期的设计采用多波段天线简单的物理拼接或不同卫星平台设置不同波段来完成这一复合功能。前者如 SIR-C/X-SAR,该系统包含了美国研制的 L 和 C 波段多极化 SAR 与由德国、意大利联合研制的 X 波段垂直极化 SAR,其中 L 和 C 波段采用微带天线阵,而 X 波段则采用波导缝隙天线阵,三种天线块平行排列。后者如 TerrSAR-X/L,其中 X 波段天线采用双极化波导缝隙天线阵,L 波段则采用微带贴片天线阵[9]。

微带天线灵活多变的平面贴片图案,其馈电网络易于与贴片天线集成一体化设计加工,为多频、多极化 SAR 天线一体化提供了可能。这方面主要有加拿大 Manitoba 大学与 MTC 公司研制的 L/C 波段的双波段双极化微带天线阵,美国马萨诸塞州大学研制的 L/X 波段双极化微带天线阵等;我国双波段双极化微带天线阵的研制工作也已在开展[10]。

9.2.3.2　超轻型可展开天线技术

SAR 天线的重量直接关系到运载工具的效费比,特别是未来应用于较高轨道的 SAR 系统。相对于低轨而言,中高轨(MEO/GEO)SAR 系统可以实现宽的地球表面覆盖和短的重访时间,但是另一方面它需要大得多的天线,对于 L 波段而言,需要几百平米的巨大天线阵面,采用常规的相控阵天线将给运载平台推力、装载体积和花费带来巨大压力和挑战,因此发展超轻型天线也成为一项迫切的研究方向。图 9.2-5 是美国 JPL 研制的 L 波段可展开的 SAR 有源相控阵天线,该天线可实现低达 2 kg/m² 的质量面密度,将用于大于 400 m² 的大型系统。

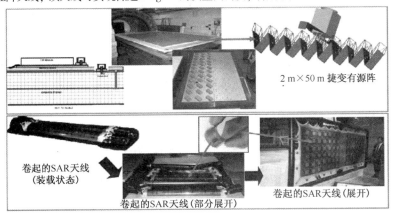

图 9.2-5　可展开的星载 SAR 天线

9.2.3.3　多通道多相位中心天线技术

对于传统星载 SAR 而言,方位分辨率与观测带宽是矛盾的,二者不能同时提高。而采用方位向多波束技术,通过空间维采样的增加换取时间维采样的降低,降低两者之间的冲突,在保持一定观测带宽前提下获得方位分辨率的提高,或者在保持方位分辨率的情况下获得宽观测带。实现这一目的,天线阵在方位向包含多个子天线,每个子天线大小相同,工作时照射和接收同一地面区域的回波信号。

9.2.3.4　数字波束形成(DBF)技术

在不久的将来,数字波束形成技术将可能应用于 SAR 系统中,一个最具潜力的应用是双/多基地 SAR 系统。几颗低成本仅接收雷达小卫星以一定编队方式伴随一颗收发全功能的 SAR 卫星,如图 9.2-6 所示,星座中一个 SAR 系统发射照射观测区域(可采用高效率行波管集中馈电方式)。DBF 技术可使接收卫星同时聚焦于整个照射区,然后通过计算机处理实现多波束和自适应置零,主星和辅星接收到的回波以准同步方式同时获得多幅成像区雷达图像。综合这些图像可以提高图像分辨率,并同时得到沿轨和并轨干涉数据。由于集中馈电高效率真空管的使用,整个 SAR 系统效率将得以极大提高。

卫星群的典型研究是 Cartwheel 星群概念。该技术的进一步发展是由一个或多个 SAR 照射广大目标区域,同时有星载、机载或地面接收系统构成一个接近全球覆盖的大系统,系统中要求 SAR 系统通过高效率、高功率的微波真空管馈电的反射面天线提供宽广的照射区域,其他接收系统通过通信网络连接、协调和控制,并分享各传感器之间的信息。

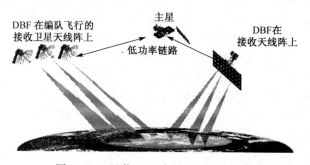

图 9.2-6　星载 SAR 中的 DBF 应用概念

总之,随着科技的进步,材料技术、微电子技术、微机械技术和高效温控技术的突飞猛进,为 SAR 系统的集成化、小型化和轻质化提供了技术基础。同时,SAR 天线是阵列天线与信号处理技术相结合的产物,随着天线技术、RF 微电子技术、数字技术和 SAR 系统技术的发展,在不久的未来 SAR 系统将仅由天线和少量的诸如太阳能板、GPS、动力、下传链路等外围设备组成,使目前的合成孔径雷达天线变异成一个完全的天线雷达系统,即该系统中除了天线,其他雷达分机,如模数转换和成像处理计算机等都集成在天线阵上。另外,随着可工作在高温并具有较好抗辐照能力的高效宽频带器件的出现,使固态器件效率可望高于 60%,这将意味着有源相控阵天线系统体积、重量的急剧降低。拥有可展开、非常低的功耗、超轻等特点的大型薄膜天线将进入实用阶段。

在多卫星编队中,每个接收小卫星则可认为是非常大的 DBF 阵列的单个单元。对于机载 SAR 天线,其尺寸和外形主要受限于平台,而 DBF 技术则使每个子阵设计成共形阵,甚至是高度集成化的"智能蒙皮"。更进一步的展望是随着宽带阵列的实现,该天线将成为 SAR、搜索雷达、火控雷达、电子支援、电子干扰和通信等电子设备的公用终端。

9.3　相控阵天线

(姚凤薇,上海航天局第 802 研究所)

相控阵雷达是采用相控阵天线工作的多功能电子扫描雷达(见图 9.3-1)。它的突出优点是,在搜索和跟踪目标时,天线系统固定不动,不必用机械伺服系统来控制天线波束指向,而是由控制阵列天线中各单元的相位来得到所需的天线方向图和波束指向，使波束在一定空域中按预定规律进行扫描。由于不存在机械运动惯性，改变波束指向所需控制时间就很短，因此相控阵雷达反应速度非常快，可达到常规雷达反应时间的几十万分之一。

现代雷达对抗与反对抗的矛盾越来越激烈。在恶劣环境下尤其是强电磁干扰环境下的生存能力已成为衡量现代雷达作战性能的一个重要指标。相控阵雷达便是一种生存能力较强的雷达体制，已成为现代雷达发展的主要方向。相控阵天线以阵元群体的贡献来实现对波束形成、分合、指向的控制。因此它与其他天线相比，具有非常突出的优势：

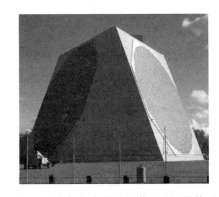

图 9.3-1　探测、跟踪洲际导弹和卫星的美国"铺路爪"(PAVEPAWS)相控阵雷达天线

1. 波束可控性极强，能够在指定空域内快速完成对多个目标的搜索和跟踪；

2. 系统反应速度快，由于电扫速度极快，波束能瞬时(微秒级)指向指定区域内的任何位置或用极短的时间搜索宽角空域；

3. 具有同时多波束能力，控制阵元或子阵列以形成同时多波束，并且能对各波束进行功率加权来获得理想的辐射方向图，可对威胁目标实施多层次干扰；

4. 干扰模式灵活，以子阵列的方式可对同一目标或多个目标构成不同的干扰样式，大大提高了干扰的有效性；

5. 有效辐射功率大，阵元和子阵列均可由功率放大器馈电，其有效辐射功率(ERP)与辐射元数的平方成正比，以至于能达到兆瓦级以上；

6. 具有低可观测性，整个系统可以安装在主结构内，天线阵列只构成一个"窗口"，这就使得结构上的嵌装、共形，实现"智能蒙皮"成为可能；

7. 工作可靠性提高，无机械转动部分，结构的稳定性有所改善；

8. 有故障弱化的优势，当个别阵元(5%)出现故障时，整个阵列的性能会稍有下降，但仍能照常工作。

9.3.1　相控阵天线类型(见本书配套网站)

9.3.2　相控阵天线的馈电方式(见本书配套网站)

9.3.3　相控阵的扫描方向图与旁瓣的控制

如果要在方位角和俯仰角两个方向上同时实现天线波束的相控阵扫描，可采用平面相控阵天线。一种基本情形是按矩形栅格阵排列天线单元。这里我们来研究将天线单元按三角形方式排列的情形，如图 9.3-2 所示。

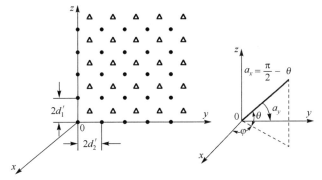

图 9.3-2　三角形排列的平面相控阵天线

这一平面阵列天线可以看成两个矩形排列之和。为了便于区分，两个子平面阵列的单元，分别用圆点和三角形表示。这两个子平面阵列的单元间距按垂直(z 轴)和水平(y 轴)方向分别为 $2d_1'$ 和 $2d_2'$。

由于这两个矩形排列的子平面阵列在 z 轴方向和 y 轴方向相差 d_1' 和 d_2'，故整个阵列方向图函数应为

$$F(\theta, \varphi) = \{1 + \mathrm{e}^{\mathrm{j}[(kd_1'\sin\theta - \Delta\varphi_{B\beta}) + (kd_2'\cos\theta\sin\varphi - \Delta\varphi_{B\alpha})]}\} F_{s1}(\theta, \varphi) \tag{9.3-1}$$

式中
$$\Delta\varphi_{B\beta} = 2kd_1'\sin\theta_B, \quad \Delta\varphi_{B\alpha} = 2kd_2'\cos\theta_B\sin\varphi_B, \quad k = 2\pi/\lambda \tag{9.3-2}$$

$\{\ \}$ 部分是两个子平面阵列的阵因子方向图，而 $F_{s1}(\theta, \varphi)$ 则为矩形子阵的方向图：

$$F_{s1}(\theta, \varphi) = \sum_{m=0}^{M/2-1}\sum_{n=0}^{N/2-1} I_{mn}\mathrm{e}^{\mathrm{j}[m(2kd_1'\sin\theta - \Delta\varphi_{B\beta}) + n(2kd_2'\cos\theta\sin\varphi - \Delta\varphi_{B\alpha})]} \tag{9.3-3}$$

对均匀分布阵，$F_{s1}(\theta, \varphi)$ 也可看成两个线阵方向图的乘积。式(9.3-1)中 $\{\ \}$ 部分可用 $F_s(\theta, \varphi)$ 表示：

$$F_s(\theta, \varphi) = 1 + \mathrm{e}^{\mathrm{j}[kd_1'(\sin\theta - \sin\theta_B) + kd_2'(\cos\theta\sin\varphi - \cos\theta_B\sin\varphi_B)]} \tag{9.3-4}$$

根据式(9.3-1)，当天线波束扫描至 θ_B、φ_B 时，出现栅瓣的条件是

$$2kd_1'(\sin\theta - \sin\theta_B) = p2\pi, \quad p = \pm1, \pm2\cdots$$
$$2kd_2'(\cos\theta\sin\varphi - \cos\theta_B\sin\varphi_B) = q2\pi, \quad q = \pm1, \pm2\cdots \tag{9.3-5}$$

$p = q = 0$ 表示天线主瓣的情况。由上式可见，栅瓣的位置取决于

$$\sin\theta = \sin\theta_B \pm p\lambda/2d_1', \quad \cos\theta\sin\varphi = \cos\theta_B\sin\varphi_B \pm q\lambda/2d_1' \tag{9.3-6}$$

此外还应该满足 $p + q =$ 偶数的条件。因为，若 $p + q =$ 奇数，则两个平面阵列子阵的阵因子 $F_s(\theta, \varphi)$ 等于零，故整个阵列方向图为零，不会出现栅瓣。不难看出，根据式(9.3-5)和式(9.3-6)，有

$$F_s(\theta, \varphi) = 1 + \mathrm{e}^{\mathrm{j}[kd_1'p\frac{\lambda}{2d_1'} + kd_2'q\frac{\lambda}{2d_2'}]} = 1 + \mathrm{e}^{\mathrm{j}\pi(p+q)}$$

当 $p + q =$ 奇数时

$$\mathrm{e}^{\mathrm{j}\pi(p+q)} = -1, \quad 故\ F_s(\theta, \varphi) = 0$$

下面以 4×4 阵列为例，分别给出矩形排列和三角形排列的扫描方向图，如图 9.3-3 所示。可见，对矩形排列，扫描角为 0° 时波束宽度为 26°，扫描到 45° 时天线的性能已经很差，扫描到 60° 时，天线的后瓣与主瓣一样。对三角形排列，扫描到 60° 时仍具有较低的后瓣。可见，同样阵元数的阵列，三角形排列的阵列扫描性能比矩形排列好。采用三角形排列后，在差不多同样不产生栅瓣的扫描角度范围内，天线单元总数可减少约 10% 左右。

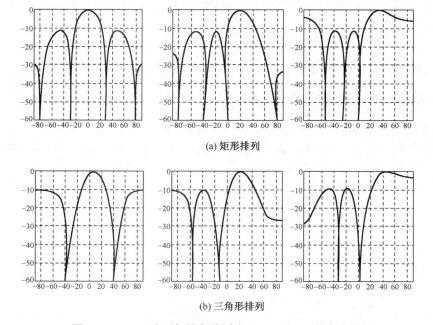

(a) 矩形排列

(b) 三角形排列

图 9.3-3 4×4 阵列扫描角分别为 0°、30° 和 60° 的方向图

9.3.4 相控阵的宽带和宽角匹配(见本书配套网站)

9.3.5 相控阵的幅相误差与校正

在实际的相控阵天线中,除了波束扫描时相位量化引起天线方向图的旁瓣电平升高外,还有许多因素会引起旁瓣电平的升高,这些因素称为天线的误差源。这些误差源通常分为系统误差和随机误差。系统误差产生的原因有天线阵面的扭曲、馈线系统的耦合、辐射单元的互耦、微波器件幅相不稳定等。系统误差将主要影响天线的近区旁瓣性能或引起周期性误差波瓣。随机误差一般影响天线的远区旁瓣性能,即影响天线平均旁瓣电平,最终限制天线性能。其产生原因有辐射单元加工误差及安装误差、馈电网络的幅相误差、辐射单元失配效应、移相器插入损耗等。

各类误差最终可归结为各单元激励电流的幅度误差和相位误差:

$$I'_{ik} = I_{ik}(1 + \Delta'_{ik}) \times e^{j\varphi_{ik}} \tag{9.3-7}$$

因此,利用测量方法实现相控阵天线单元激励幅相分布诊断与幅相校正,是保证相控阵天线性能必不可少的环节。总的来说,相控阵天线的幅相监测方法可分"内监测"法和"外监测"法两大类。"内监测"法通常在天线系统内设置开关矩阵、行波馈电网络(BITE 耦合系统)等实现监测。"外监测"法又有远场和近场监测之分。远场监测需要一个远场测试场、辅助天线和转台系统,基本原理是在多个预定的角度上,分别测出天线总输出端口的幅度和相位值,再通过矩阵逆运算得到天线口径分布的幅度和相位值(D. Dan 法)。近场监测是在天线阵的四周或阵中不同位置设置若干辅助单元,通过测试辅助单元和阵单元之间的相互耦合来进行校准(MCM 法)。"内监测"法技术成熟、性能稳定,但设备量大,并且不能校准天线单元及其互耦影响;远场"外监测"法设备量较小,也能校准天线单元及互耦影响,但在实际环境中较难应用,受环境影响较大。近场"外监测"法具备了"内监测"法和远场"外监测"法的某些优点,下面对它进行简介[3]。

对一个单元间距为 d 的 N 元天线阵,每个通道包括天线单元、移相器、波束合成网络等,其近场监测原理框图如图 9.3-4 所示。每个通道依次表示为 0 通道、$\cdots$、i 通道、$\cdots$、$N-1$ 通道,其近场放置一个监测天线,定义为 N 通道。近场监测过程如下:

1. 在实际网络匹配情况下测出天线阵各单元及监测天线之间的耦合系数矩阵 S;

2. 在同样发射状态下调整移相器 n 种状态($n = 0$,1,$\cdots$,$N-1$),测出检测天线 n 种接收信号幅相;

3. 利用近场测试系统测出或由前面测出的 S 参数算出天线口面初始的馈电幅相分布;

4. 把监测得到的分布与理论要求的分布进行对比,然后把各通道的幅相调整到设计要求的理论值;

5. 如果检测过程中发现某通道的幅度值接近零,那么这个通道可能存在问题,需要更换器件;

6. 重复上述过程,直到监测系统稳定到一定的误差范围为止。

如图 9.3-5 所示,采用近场监测对通道进行校准前,天线方向图旁瓣电平抬高到接近 $-20\ \mathrm{dB}$,校准后旁瓣电平接近设计的 $-32\ \mathrm{dB}$。可见方向图修正效果明显。

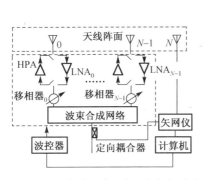

图 9.3-4 相控阵天线近场监测原理框图

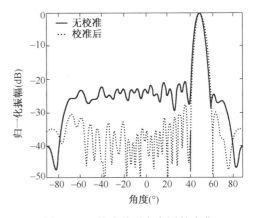

图 9.3-5 校准前后方向图的变化

9.4 极化捷变天线

(Steven Gao(高式昌), University of Surrey【英国萨里大学】)

极化捷变天线是一类极化状态可以不断变化的天线。在过去几十年里，人们对极化捷变天线作了广泛的研究[1]。极化捷变天线用途广泛，可用于极化分集、合成孔径雷达系统(SAR)、频率复用、传感系统等。由于无线通信的发展，极化分集技术的应用正日益普遍。例如，城市移动通信系统采用极化分集技术来减轻因电波多径传播造成的衰落；微波标签系统采用极化分集技术作为极化调制的方法，如圆极化调制。卫星通信使用极化捷变天线后，由于只需要一副天线，免去了使用多副天线来实现不同极化的麻烦，因而减小了天线尺寸和重量，降低了射频系统的成本。天线极化捷变技术的实现得益于半导体器件(PIN二极管、变容管、GaAs场效应管)、射频微机电系统(射频MEMS)、铁电材料$BaSrTiO_3$(BST)、光学控制等领域技术的发展。

9.4.1 极化捷变天线的基本原理

为了了解天线的极化特性，可参看图9.4-1所示的微带贴片。如图9.4-1(a)所示，当贴片沿x向馈电时(馈点在辐射边的中心)，将在贴片上激励起沿x向的电流，从而激发x方向的线极化波(也会激励正交方向的极化，称为交叉极化，其场值很弱)。与此类似，若沿y向对贴片馈电，如图9.4-1(b)所示，将激励沿y方向的电流，产生y向线极化。在图9.4-1(c)中，x向和y向的电流都被激励。由于馈线长度的差别，两者的相差为$+90°$或$-90°$。从端口1或2端口对天线馈电时，将分别形成左旋或右旋圆极化波。

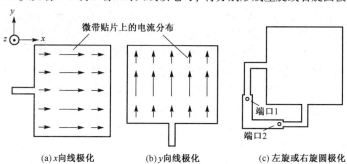

(a)x向线极化   (b)y向线极化   (c)左旋或右旋圆极化

图9.4-1 微带贴片天线的极化

多数极化捷变天线都基于以下基本原理之一：采用自适应电抗加载，以改变电流分布；采用射频开关，以改变天线表面的电流路径；采用微机电系统(MEMS)通过机械方法改变天线的结构；或采用可调移相器控制两个正交极化分量的相差。为了说明这一概念，可参看图9.4-2所示的极化捷变天线[2]，该天线用可调移相器与双馈矩形微带天线相连，在端口1和端口2分别产生相移Ψ_1和Ψ_2。当Ψ_1和Ψ_2取不同值时，可产生4种不同的极化状态：$\varphi = 45°$、$\varphi = -45°$方向线极化和左、右旋圆极化，如表9.4-1所示。下面对各种极化捷变天线进行举例介绍(详见本书配套网站)。

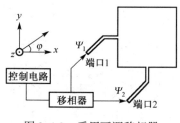

图9.4-2 采用可调移相器的极化捷变天线

表9.4-1 图9.4-2 极化捷变天线的极化状态总结

两端口相差	极化状态	说　明
$\Psi_1 - \Psi_2 = 0$		45°方向线极化
$\Psi_1 - \Psi_2 = 180°$		−45°方向线极化
$\Psi_1 - \Psi_2 = -90°$		左旋圆极化
$\Psi_1 - \Psi_2 = 90°$		右旋圆极化

9.4.2　极化捷变天线单元

文献[3]首先报道了极化捷变贴片天线,其结构见图 9.4-3(a)。作者采用方形贴片,加载 4 对 PIN 二极管来实现 5 种不同的极化方式。当所有 PIN 管都处于关闭状态时,天线辐射沿对角线方向的线极化波;当沿 x 边中心线上的 PIN 管都开,而其他 PIN 管都关时,会提高 y 向模式的谐振频率,而不影响 x 向模式。可通过提高不需要模式的谐振频率,使之远离所需模式的谐振频率,从而选择一个工作模式(x 向或 y 向)。为了产生圆极化,必须使 x 向和 y 向模式等幅激励,并有 90°相差。当靠近贴片中心的 PIN 管开时,会略微提高一个模式的谐振频率,而不影响另一个与之正交的模式,从而使天线工作在两个谐振频率之间的某个频率。实验已证明,通过改变 PIN 管的开关状态,天线可以实现沿对角线方向的线极化、x 向、y 向线极化、左旋、右旋圆极化。该天线的缺点是加工困难,因为 PIN 管必须插在贴片和地板之间。

图 9.4-3(b)[4]将两个以共基极方式连接的晶体管连接到方形贴片的相邻边上,以激励两个正交的模式。通过改变集电极电压调节晶体管结电容,从而实现对相位的控制。晶体管发射极终端都接到贴片上,使二者具有相同的直流电位。利用地板下的两个去耦电容实现对两个晶体管的基极偏压的独立控制。为增加带宽,采用双层贴片。该天线能产生 4 个方向线极化,其正上方的交叉极化电平低于 – 12 dB。正上方左、右旋圆极化轴比均小于 2 dB。

图 9.4-3(c)为环形槽天线[5]。为了产生圆极化,在地板上开方形孔作为微扰元,并通过一段细槽线与圆形槽环相连。PIN 二极管插在槽线中。二极管开时,槽线被短路,因此方孔不会影响槽环,天线辐射线极化波;PIN 管关时,近似开路,方孔对槽环的两个正交极化模式产生微扰,从而辐射圆极化波。为了提供直流偏压,由窄槽将地板分成两部分。通过大电容将槽短路,实现射频信号的接地。在 2.4 GHz 线极化工作模式下,该天线的交叉极化电平为 – 17 dB;在圆极化模式下,其 3 dB 轴比带宽为 4.2%。对该天线的概念进行延伸,可以实现左旋圆极化和右旋圆极化间的转换。

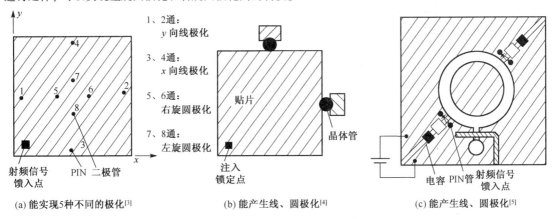

(a) 能实现 5 种不同的极化[3]　　(b) 能产生线、圆极化[4]　　(c) 能产生线、圆极化[5]

图 9.4-3　不同结构的极化捷变天线单元

9.4.3　极化捷变天线阵列

图 9.4-4(a)所示为一副有源微带天线阵[6],由两种形式的三元微带线阵组成,一种是边对边,一种是角对角。辐射贴片为方形贴片,在相邻边上装上晶体管。其工作原理和文献[4]中相同,在正上方左、右旋圆极化轴比小于 2 dB。线极化工作时,交叉极化电平低于 – 10 dB。

图 9.4-4(b)为有源极化捷变天线面阵,采用 16 元微带贴片阵[7]。为了改善端口隔离度(约为 – 30 dB),对每个方形单元采用双角馈。V 和 H 分别为垂直和水平线极化端口。极化捷变是通过将可调移相器与 V 和 H 两端口连接实现的。通过可调移相器将两个端口的相差调为 0°、180°、90°或 – 90°,天线阵可以辐射两个正交线极化波和左、右旋圆极化波,其与图 9.4-2 中的极化捷变天线单元相同。在设计馈线网络时,必须保证阵列中每个单元的相位相同,水平极化和垂直极化单元的相位相同。为提高增益,可将移相器电路与低

噪放(LNA)集成在一起。在两种圆极化工作模式下,正前方轴比的测量值为0.5 dB;在线极化工作模式下,正前方交叉极化电平低于 –26 dB。由于阵列结构简单,只使用了一个移相器,成本低廉。

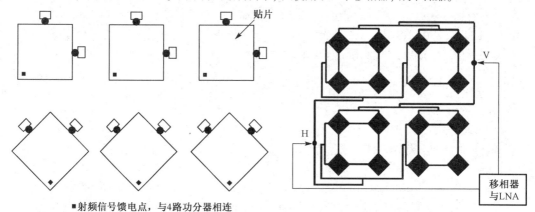

(a) 能产生线、圆极化的有源极化捷变阵[6]　　　　　　(b) 能产生线、圆极化的极化捷变阵[7]

图 9.4-4　不同结构的极化捷变阵

9.4.4　多功能极化捷变天线与展望

上述极化捷变天线只能改变极化状态。但是在许多应用场合,要求天线具备更大的灵活性。图9.4-5(a)所示为使用射频微机电开关(RF MEMS SWITCH)控制的"像素贴片天线",既能实现极化捷变,也能实现频率捷变[8]。天线由大量形状规则的"像素"构成,通过微波介质板上的射频MEMS开关相连。射频MEMS开关由移动的金属隔膜构成,悬浮在从相邻金属条向外延伸的金属枝节上,通过金属杆与两端固定。在金属隔膜和金属枝节之间加50 V直流电压,产生的静电力会将金属枝节顶部悬浮的隔膜往下拉,从而使射频MEMS开关接通"像素";否则"像素"断开。为了在不同情况下实现阻抗匹配,采用MEMS开关对微带馈线进行重构。接通 x 方向和 y 方向的"像素",可分别实现 x 向和 y 向线极化;关闭贴片内部某些特定的射频MEMS开关会在贴片内部形成槽,从而实现左、右旋圆极化。图9.4-5(a)右上图和最下面一张图显示的是 x 向线极化和右旋圆极化。沿着电长度方向断开一些像素还能实现频率捷变,工作于更高的频率。该天线可在 4.1 GHz 和 6.4 GHz 实现双频工作。由于射频MEMS开关的直流功耗很小,插入损耗很低,所以很有吸引力。

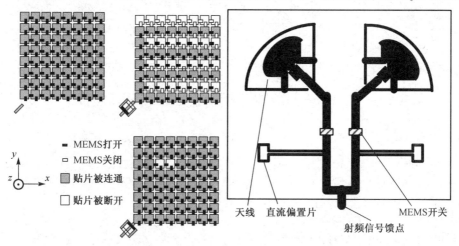

(a) 用射频MEMS控制的"像素"贴片　　　　　　(b) 能实现极化和方向图捷变的
天线,能实现频率捷变和极化捷变[8]　　　　　　单片集成射频MEMS天线[9]

图 9.4-5　两种多功能极化捷变天线

图9.4-5(b)所示天线采用单片集成射频 MEMS 开关,能实现极化和方向图捷变[9]。该天线由两个单元组成,每个单元用共面波导(CPW)馈电。两个射频 MEMS 开关置于共面波导线上,该馈线将信号传到两个单元上。通过控制开关的直流偏压,可以使两个天线单元中的任何一个处于工作状态,实现空间和角度分集;也可以使两个单元同时工作,产生合成方向图,实现覆盖范围捷变。两个单元垂直放置,这样使其中任一个工作,就能实现正交极化的正交方向图。为了实现直流偏置,采用了高阻抗的 1/4 波长变换线。为了防止直流信号进入射频馈线,使用了直流隔离。在 FR4 印制电路板上制作了一副天线,工作于 6.15 GHz。通过单元间的波束切换,可让天线方向图的覆盖范围达到 180°。

本节对极化捷变天线基本原理和新进展作了一些介绍。尽管人们已作了许多研究工作,但极化捷变天线的研制仍处于发展初期。在将来,为了提高天线性能,增强天线功能,设计者将关注一些新技术的应用,如射频 MEMS、铁电材料 BST、光学控制等。智能材料———一种能通过外加激励(如直流偏置)控制其形状、硬度及电特性的合成材料,将在极化捷变天线领域发挥愈加重要的作用。

为了便于人们进行设计,必须提出针对高性能极化捷变天线结构的精确高效的分析和建模方法,必须对天线与新器件、智能材料及控制电路的高效集成进行考虑,要减轻控制电路(直流偏置)对天线性能的影响。为了降低射频 MEMS 开关的封装成本并提高其性能,必须在基于射频 MEMS 技术的极化捷变天线的设计和制造中采用系统级的集成方法,这种方法可以将射频 MEMS、天线及其他电路集成到同一块介质板(如印制电路板)上[9]。有源极化捷变天线,即极化捷变天线和有源电路的集成,将显著地提高系统的性能。数字信号处理技术(DSP)有助于对天线的极化状态进行自适应控制。

9.5　智能天线

9.5.1　智能天线的定义与优点

智能天线技术的起源可追溯至 20 世纪 40 年代第二次世界大战时期,当时已出现传统的 Bartlett 波束形成器[129]。"波束形成"就是使天线阵将能量在空间向某一特定方向聚集,而使不需要的方向上成为零点方向。正是因此,"波束成形"(beam forming)也时常称为空间滤波(spatial filtering)。这是对天线阵中抽样的数据进行时(间)空(间)处理的首要方法。这种天线普遍称为自适应天线(adaptive antenna),也曾称为信号处理天线(signal processing antenna),已应用于雷达及军事通信系统。直到 20 世纪 80 年代末 90 年代初,才开始在移动通信系统中研究应用,并将这种自适应天线称为智能天线(smart antenna)。它的应用是通信需求和技术条件两方面发展的结果。一方面,随着无线通信的迅猛发展,有限的无线资源面临着通信数据爆炸式增长,通信容量不足,通信质量下降的困境;另一方面,随着数据处理技术的迅速发展,产生了快速而低造价的数字信号处理(DSP)芯片,从而使数字技术在蜂窝移动通信中应用成为可能,这样可在基带进行波束成形,代替了以往需在微波频段才能完成的波束成形。

什么叫智能天线?广义地说,智能天线就是利用多个天线阵元的组合进行信号处理,自动调整其方向图,以针对不同的信号环境达到最优性能的天线[1~4][1°]。它是天线阵与波束形成网络的结合,是具有测向和波束形成能力的天线阵列。在当前移动通信应用中,智能天线的含义是,利用多个天线阵元组成的天线阵,动态地以高增益、窄波束跟踪期望用户,而使零点方向指向干扰方向,从而提高移动通信系统的性能。如图9.5-1所示,图中对用户 1 形成了高增益窄波束,而将零点方向指向非期望的用户 2;而当用户 2 成为期望用户时,又形成了对它的窄波束(图中浅灰色波束)。

智能天线的优点如下。

1.提高信号干扰比,改善通信质量。由于采用窄主瓣接收

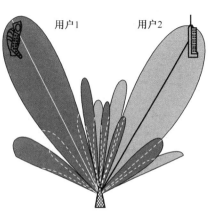

图 9.5-1　智能天线波束

和发射信号,用旁瓣和零点抑制干扰信号,提高了系统的输出信号干扰比。同时有助于削弱无线信道中的多径干扰,因此大大改善了通信质量。

2. 增加系统容量。智能天线是从空间上分离信号的,允许不同用户在同一小区给定的频率/时间隙上操作。这使有限的频谱可支持更多的用户,所以能增加系统容量。

3. 增大覆盖范围。在基站和手机用户发射功率不变的情况下,智能天线可通过增加基站天线增益而增大覆盖距离。同时由于在干扰源方向降低增益,减小相互干扰,而且便于通过软件优化,提高了穿透建筑物的能力,增大覆盖范围。

4. 降低发射功率,减小电磁环境污染。智能天线可对特定用户的传输进行优化,使发射功率减小,同时也减小了电磁环境污染。

智能天线是第三代(3rd Generation, 3G)移动通信系统区别于第二代的关键标志之一。第一代(1G)移动通信系统(AMPS、TACS 和 NMT)只利用频分多址(FDMA)技术,1995 年问世,采用模拟制式手机,只能进行语音通信。第二代(2G)系统 IS-136 和 GSM 利用了时分多址(TDMA),而 IS-95 利用了码分多址(CDMA),1996 年至 1997 年出现,采用数字制式手机,增加了接收数据功能,可收短信、网页。至此,使信道增容的频率、时间和编码等信息要素均已被利用。在这样的背景下,第四代多址方式—空分多址(Space Division Multiple Access,SDMA)便应运而生。2000 年 5 月国际电信联盟(ITU)在 3G 技术指导性文件"2000 年国际移动通信计划"(简称 IMT-2000)中确定 WCDMA、CDMA2000、TD-SCDMA 为三大主流无线接口标准(2007 年10 月又增加了 WiMAX,也称为 802.16 无线城域网)。3G 手机的功能首先是宽带上网、视频通话、看电视、无线搜索、网游、购物等,在室内环境中可支持每秒 2 兆比特(2 Mbps)的传输速度。

2009 年 1 月 7 日我国工业和信息化部批准中国移动、中国电信和中国联通三大公司经营 3G 业务,标志着我国进入 3G 时代。这三家公司采用的是不同的技术制式,分别是 TD-SCDMA, CDMA 2000 和 WCDMA,简介如下。

1. WCDMA。全称为 Wideband CDMA(宽频码分多址),也称为 CDMA Direct Spread。这是基于 GSM 网发展出来的,由欧洲提出并与日本提出的宽带 CDMA 技术基本相同。之后又提出了 GSM-GPRS-EDGE-WCDMA 的演进策略。这套系统能够架设在现有的 GSM 网上,便于过渡。中国频段:1940 ~ 1955 MHz(上行),2130 ~ 2145 MHz(下行)。

2. CDMA2000。这是由窄带 CDMA(CDMA IS95)发展而来的宽带 CDMA 技术,也称为 CDMA Multi-Carrier。由美国高通北美公司为主导提出,摩托罗拉、朗讯和韩国三星等公司参与,提出了 CDMA IS95-CDMA20001x(2.5G)-CDMA20003x(3G)的演进策略。它是各标准中研发进度最快的。中国频段:1920 ~ 1935 MHz(上行),2110 ~ 2125 MHz(下行)。

3. TD-SCDMA。全称为 Time Division-Synchronous CDMA(时分同步 CDMA)。它是我国独立制定的标准,1998 年 6 月由我国无线通信标准组向 ITU 提出。该标准采用了时分双工智能天线、上行同步等关键技术。不需经过 2.5G 的中间环节,可由 GSM 系统直接向 3G 升级。中国频段:1880 ~ 1920 MHz、2010 ~ 2025 MHz 和2300 ~ 2400 MHz。

由于我国已有了 TD-SCDMA 现网,因此智能天线的优点已能直接由普通终端检验出来[6]。例如,以天线阵 11 dB 增益和每阵输出 1 W 功率的条件,绝达不到当前的覆盖范围,可见智能天线起了作用。图 9.5-2(a)所示是 TD-SCDMA 基站的智能天线外形,图 9.5-2(b)是智能天线实验平台图[5]。

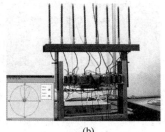

(a)   (b)

图 9.5-2 3G 基站的智能天线外形与智能天线实验平台

9.5.2　智能天线的基本原理与算法

图 9.5-3 所示为智能天线的最基本组成，包括三部分：天线阵列，射频前端与模拟/数字（A/D）信号转换器，波束形成器。波束形成器包括信号加权合成模块与自适应控制（算法）模块。

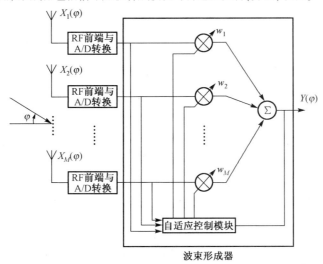

图 9.5-3　智能天线的结构

天线阵列有直线阵和圆环阵等不同排列方式，最常见的是等间距直线天线阵，现以其为例来介绍。设共有 M 个阵元，间距为 $d = \lambda/2$，各阵元间互耦可略。一般研究水平平面即方位角平面。当入射平面波以方位角 φ 入射时，第 m 阵元收到的信号

$$X_m(\varphi) = Se^{-jk(m-1)d\sin\varphi} \tag{9.5-1}$$

式中 S 代表平面调制波包络值。第 m 支路的权因子（weighting element）为 w_m，w_m 具有振幅和相位。不计阵元本身的方向性，则系统输出为

$$Y(\varphi) = S[w_1 + w_2 e^{-jkd\sin\varphi} + w_3 e^{-jk2d\sin\varphi} + \cdots + w_M e^{-jk(M-1)d\sin\varphi}] = S\sum_{m=1}^{M} w_m e^{-j(m-1)kd\sin\varphi}$$

令

$$w_m = e^{j(m-1)kd\sin\varphi_0} \tag{9.5-2}$$

得

$$Y(\varphi) = S\sum_{m=1}^{M} e^{-j(m-1)kd(\sin\varphi - \sin\varphi_0)} \tag{9.5-3}$$

因

$$1 + e^{-ju} + e^{-j2u} + \cdots + e^{-j(M-1)u} = \frac{1 - e^{jMu}}{1 - e^{-ju}} = e^{-j\frac{M-1}{2}u}\frac{\sin(Mu/2)}{\sin(u/2)}$$

$kd = (2\pi/\lambda)(\lambda/2) = \pi$，式（9.5-3）化为

$$Y(\varphi) = Se^{-j\frac{M-1}{2}\pi(\sin\varphi - \sin\varphi_0)} \frac{\sin\left[\dfrac{M\pi}{2}(\sin\varphi - \sin\varphi_0)\right]}{\sin\left[\dfrac{\pi}{2}(\sin\varphi - \sin\varphi_0)\right]} \tag{9.5-4}$$

这样，当 $\varphi = \varphi_0$ 时便出现最大值。例如 $\varphi_0 = 40°$，仿真计算形成的波束如图 9.5-4（a）所示[6]，而当改变 w_m 使 $\varphi_0 = 70°$、$100°$ 时，分别形成图 9.5-4（b）和图 9.5-4（c）所示的波束。因此调整权因子中的参量 φ_0，便可使波束指向任何希望的方向。

信号处理中一般用向量（矢量）来表示。设空间有 $N(N<M)$ 个窄带信号，则 M 元等距直线阵第 m 阵元收到的信号为

$$x_m = \sum_{i=1}^{N} S_i e^{-j(m-1)kd\sin\varphi_i} + n_m, \quad m = 1, 2, 3, \cdots, M \tag{9.5-5}$$

式中 S_i 和 φ_i 分别是第 i 个入射信号及其波达角（Direction of Arrival，DOA），n_m 是第 m 阵元的零均值高斯

白噪声。该线阵收到的信号写成向量形式为

$$\overline{X} = \overline{\overline{A}} \cdot \overline{S} + \overline{n} \tag{9.5-6}$$

式中

$$\overline{\overline{A}} = [\,\overline{a}(\varphi_1)\,, \, \overline{a}(\varphi_2)\,, \, \cdots, \, \overline{a}(\varphi_N)\,]$$

$$\overline{a}(\varphi_i) = [\,1\,, \, \mathrm{e}^{-\mathrm{j}kd\sin\varphi_i}\,, \, \mathrm{e}^{-\mathrm{j}2kd\sin\varphi_i}\,, \, \cdots, \, \mathrm{e}^{-\mathrm{j}(M-1)kd\sin\varphi_i}\,]^{\mathrm{T}}$$

$$\overline{S} = [\,S_1\,, \, S_2\,, \, \cdots, \, S_N\,]^{\mathrm{T}}$$

$$\overline{n} = [\,n_1\,, \, n_2\,, \, \cdots, \, n_M\,]$$

向量 $\overline{\overline{A}}$ 是 $M \times N$ 矩阵(并矢),称为阵列的方向矩阵或方向向量,T 代表矩阵转置。令加权向量为

$$\overline{W} = [\,w_1\,, \, w_2\,, \, \cdots, \, w_M\,] \tag{9.5-7}$$

则波束形成器的输出为

$$Y = \overline{W}^{\mathrm{H}} \cdot \overline{X} \tag{9.5-8}$$

式中 H 代表共轭转置。

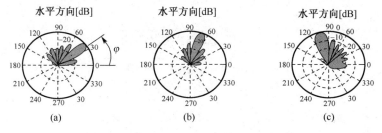

图 9.5-4　智能天线波束图

波束形成器的作用就是调整其加权向量,使系统输出在某一准则下最优。所谓"最优",一般指输出信号中干扰和噪声对有用信号的影响最小。具体标准包括最小均方差(MMSE)准则,最小方差(MV)准则,最大信干噪比(Max-SINR)准则,等等。由于最优的加权向量是由信道环境所决定的,信道环境又反映为接收信号 $\overline{X}$ 的统计特性,即方向向量 $\overline{\overline{A}}$ 和噪声 $\overline{n}$ 的分布特性。因此"波束形成"的目标就是在一定的准则下,对特定的 $\overline{\overline{A}}$ 和噪声分布,求得最优的加权向量 $\overline{W}$。这也就是最佳的"空间滤波"。

自适应算法是智能天线技术的核心。自适应波束形成的算法主要有(见图 9.5-5):DMI(Direct Matrx Inverse,直接抽样协方差矩阵求逆算法,收敛较快,但计算量大),LMS(Least Mean Square,最小二乘法,简单灵活,但收敛较慢),RLS(Recursive Least Square,递归最小二乘法,兼有上二算法优点)。

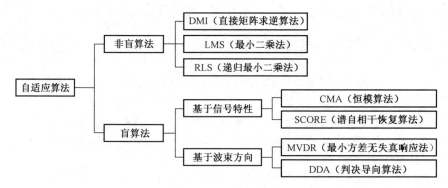

图 9.5-5　自适应波束成形算法

上述算法属于"非盲算法",用来实现数字波束成形,即实现所需的空间滤波。为此还需解决辨识信号到达方向 DOA 的问题,这方面的代表性算法有:MUSIC(Multiple Signal Classification,多信号分类法),

ESPRIT(Estimation of Signal Parameters via Rotational Invariance Techniques，旋转不变技术估计信号参数)算法及一些改进算法。

　　同时也发展了自适应盲算法(Blind Adaptive Algorithm)。这种算法不需要 DOA 先验信息，而直接用天线所收信号的统计特性加以分析，取得有用信号，分离干扰噪声，再调整权值进行波束形成。主要包括两类，一类是基于信号的固有特性。这些特性由于多址干扰和多径干扰的存在，在阵列接收时遭到了破坏，这样可通过恢复这些特性来消除干扰，形成最优波束。因而这类方法也称为特性恢复(Property Recovery)盲算法。最常见的是恒模算法(Constant Modulus Algorithm，CMA)，利用接收信号的恒模特性，适用于发射信号为恒包络或准恒模的情形，对权值的控制仅需要信号的幅度信息。此外还有利用许多通信信号所固有的周期平稳性的谱自相干恢复算法(Spectral Self-Coherent Restore Algorithm，SCORE)等。另一类盲算法是利用 DOA 估计的结果进行波束形成，在 DOA 估计算法的基础上按一定公式生成权值与波束，如最小方差无失真响应法(Minimum Variance Distortionless Response，MVDR)、判决导向算法(Decision Directed Algorithm，DDA)等。此外，已发展了基于神经网络的盲波束形成算法等。图 9.5-6[6]是对 – 60°和0°方向两个期望信号和 –40°、30°、45°三个干扰方向用神经网络算法输出的结果(实线)，与维纳解析解很吻合，而另一方法不但吻合得差些且收敛速度慢。

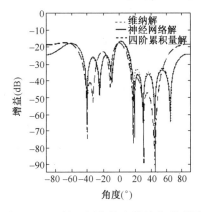

图 9.5-6　神经网络算法的波束形成图

9.5.3　多入多出技术简介

　　自 20 世纪 90 年代中期以来，多入多出(Multiple-Input Multiple-Output，MIMO)技术已成为无线通信领域的一大研究热点，它是智能天线技术的最新发展。

　　无线移动通信线路中的多径传播效应要引起衰落，因而被视为有害因素。而研究表明，多径也可作为一个有利因素加以利用。在 MIMO 系统中，发射端和接收端均采用多天线和多通道，如图 9.5-7 所示。传输信息流 $S(k)$ 经过空时编码形成 N 个信息子流 $c_i(k)$，$i = 1, \cdots, N$。这 N 个子流由 N 个天线发射出去，经空间信道后由 M 个接收天线接收。具有先进的空时编码处理器的多天线接收机能分开并解码这些数据子流，从而实现最佳的处理。

　　多入多出系统中，其多路信息流是在同一时间、同一频段发送的，因此频谱利用率非常高。同时发射端通过不同的天线发送独立的数据，从而获得复用增益，而接收端使用多天线接收，又获得了分集增益，因而提高了通信容量。特别是，它是将多径无线信道与发射、接收视为一个整体进行优化，通过空时编码进行处理。它有效地利用了可能存在的多径效应和随机衰落，能将多径不利因素变成对用户通信性能有利的增强因素。可见这是一种近于最优的空域时域联合的分集和干扰对消处理。

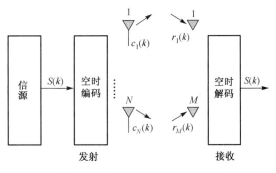

图 9.5-7　多入多出系统原理图

　　系统容量是表征通信系统的最重要标志之一。对于发射天线数为 N，接收天线数为 M 的多入多出系统，假定信道为独立的瑞利衰落信道，并设 N 和 M 很大，则信道容量 C 近似为

$$C = \lceil \min(M, N) \rceil B \log_2(\rho/2) \tag{9.5-9}$$

式中 B 为信号带宽，ρ 为接收端平均信噪比，$\min(M, N)$ 为 M 和 N 中的较小者。上式表明，功率和带宽固定时，多入多出系统的最大容量或容量上限随最小天线数的增加而线性增加。而在同样条件下，在接收端或

发射端采用多天线或天线阵的普通智能天线系统，其容量仅随天线数的对数增加而增加。因而 MIMO 对提高无线通信系统容量的潜力很大。

多入多出系统的最佳处理是通过空时编码和解码实现的。现已提出了不少 MIMO 空时码，如空时网格码(STTC)、空时分组码(STBC)、空时分层码(BLAST)等。MIMO 技术在后三代、四代及 PAN 和 WLAN 等无线通信系统中将有广阔的应用前景。

9.6　可重构天线

(尹应增，西安电子科技大学)

9.6.1　概述与组成原理

9.6.1.1　概述

可重构天线(Reconfigurable Antenna)又称为自组构天线(Self-Structuring Antenna)，一般指的是天线结构可重构。这里天线的可重构是指通过其电流或口径场的再分布，来求得天线电性能的改变。因此从实用的观点来看，可重构天线所增加的性能正是以其复杂性和造价为代价的。可重构天线的研究已有很多年。随着多功能无线设备、多入多出(MIMO)和超宽带系统及抗干扰与安全通信等应用的需求，它已成为新的研究热点之一。特别是，20 世纪末密执安大学的科尔曼(C. M. Coleman)和罗思韦尔(E. J. Rothwell)率先提出了自组构天线的概念，2000 年在国际会议上发表了相关论文，并在密执安大学首先建立了自组构天线系统[1,2]。

可重构天线改变了传统天线具有固定结构的设计思想。它不需要经过常规的设计，而只要给定天线的性能指标就可依此设计出自适应的天线结构或智能地设计出所需的天线结构。因而它又被称为非设计天线。它从单元天线自身结构出发实现智能化的目的，不仅可制成自组构的宽频带、小型化的天线，而且可实现宽带的智能化天线[3~5]。

9.6.1.2　组成原理

可重构天线一般由自组构天线模板、反馈探头和微处理器组成，如图 9.6-1 所示。天线模板由一系列带有微波电子开关或微机电(Micro-Electro-Mechanical System, MEMS)开关的导线段或辐射片、辐射体组成，包括线天线、微带天线和缝隙天线等多种形式。其结构形状可依据对天线性能(工作频率、驻波比、方向图、极化控制、信号强度等)的实际需求而变。反馈探头则是一个传感器，该传感器以信号质量或反射信号强度、信号清晰度等作为依据向微处理器提供控制信息。反馈探头并不是必须有的，对于极化可重构和方向图可重构等系统，可利用预先存储的信息来起到反馈探头的作用。微处理器用来收集相关信息，据此控制可控开关，并自我形成天线结构以及波束形式，满足各种天线的性能要求。

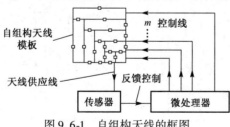

图 9.6-1　自组构天线的框图

对可重构天线的研究是在天线辐射结构可以重构的基础上开始的。如图 9.6-1 所示，由于实时改变天线有效长度，从而调节了天线的谐振频率。自组构天线口径中集成有 m 个可控开关，那么天线就存在 2^m 种可能的结构状态。当 m 逐渐增大时，寻找一个快速算法，使自组构天线能够快速地找到最佳的工作状态，是该天线正常工作的保证。

9.6.2　辐射结构与典型设计

9.6.2.1　辐射结构

可重构天线的辐射结构分为线形、面形和体形等。辐射结构的选择一般要保证能得到所需的电参数，从而确定口径的形状和电流分布。

线形辐射器主要指辐射器上的电流分布可近似为线电流，也就是说，辐射体的半径远小于其长度，而且远小于工作波长。线形辐射器的例子有：载电流导线、开在平面屏上或波导管壁上的窄缝隙、沿某折线分布的辐射器系统等。几种常见形式如图 9.6-2 所示。图 9.6-2(a)为自组构单极子天线的结构图。在单极子天线的中间加上射频开关，通过改变开关的工作状态，就可改变单极子工作的频率。图 9.6-2(b)为三角环形自组构天线的结构图。该天线由 5 个等腰三角形组成，其天线口径中集成了 7 个可控制开关，通过改变这些开关的工作状态，就可以改变天线的有效长度，因而改变天线的工作频率。图 9.6-2(c)为蛇形线偶极子天线，同样通过控制天线口径中集成的开关工作状态，就可以改变天线的工作频率。图 9.6-3 给出了两种适用于可重构天线的平面辐射器形式。图 9.6-3(a)的圆极化圆形贴片天线结构实现了极化重构。该天线只用了一个馈电点，在 x 和 y 方向上都有调谐短截线段，与辐射贴片用 RF MEMS 开关连接，控制开关就可以选择调谐短截线段。当 A 开关闭合时，实现右手圆极化(RHCP)。当 B 开关闭合时，实现左手圆极化(LHCP)。图 9.6-3(b)的分形天线中在每个短路柱和贴片的缝隙处放置一个 MEMS 开关，由它来控制贴片和地板之间的连接状态，从而改变电流的分布来实现方向图重构。

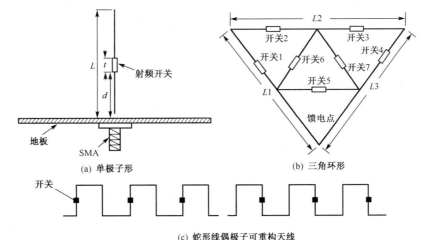

(a) 单极子形　　　　　　　　(b) 三角环形

(c) 蛇形线偶极子可重构天线

图 9.6-2　线形辐射器自组构天线

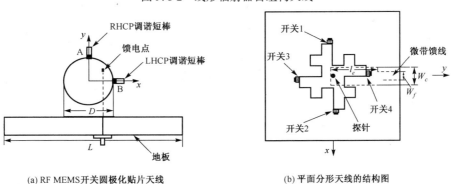

(a) RF MEMS开关圆极化贴片天线　　　　(b) 平面分形天线的结构图

图 9.6-3　两种平面辐射器可重构天线

　　体形辐射器主要是指辐射器上的电流分布可以近似为立体状的，也可以由多种线电流组成立体状的辐射结构。当然，立体的阵列天线也可以看成体形的可重构天线。然而，不管天线的结构如何，天线上的电流分布决定了天线的性能，其基本的辐射机理都是一样的。所以关于体形的可重构天线不在这里赘述。

9.6.2.2　典型设计

　　可重构天线可分为频率可重构、极化可重构和方向图可重构等电参数可重构天线。频率可重构天线可在宽频带或者超宽频带范围内改变工作频率，而具有近似相同的辐射方向图。而方向图可重构天线可适时改变方向图的波束形状，工作频率保持不变。极化可重构天线可适时改变天线的极化方式，其方向图的波束形状和工作频率保持不变。

图 9.6-4 给出了两种频率可重构天线的结构示意图。其中图 9.6-4(a)所示为微带偶极子天线。在微带偶极子两臂中间部位分别有三个缝隙,在缝隙中安装有 MEMS 开关。图 9.6-4(b)所示天线为环形可重构天线的两种工作状态,该可重构天线在中心小环的 4 个顶点位置各设置两个开关[6]。当开关状态转换时,图 9.6-4(a)中微带偶极子天线臂的长度发生改变,而图 9.6-4(b)中环天线的大小发生了变化,因而其各自的工作频率也将发生变化。

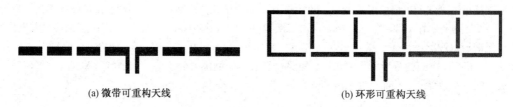

(a) 微带可重构天线   (b) 环形可重构天线

图 9.6-4   两种频率可重构天线

P. F. Wahid 等人设计了一个频率可重构的微带八木天线[7]。它由两个工作在不同频率的八木天线阵重叠起来构成,两种状态通过安装在辐射振子上的开关来控制。当开关断开时,所有的短振子起作用,天线工作频率为 5.78 GHz。当开关闭合时,较长振子起作用,天线工作频率为 2.4 GHz。

此外,还采用了辐射体本身具有方向性的天线来实现方向图的可重构。P. J. B. Clarricoats 等人介绍了用于卫星通信的可重构网孔反射面天线,通过实时改变反射面各部分之间的相互关系,实现了波束扫描和赋形功能[8]。J. C. Chiao 等人用两支可由微机控制转动的金属臂构成"V"形天线,通过实时转动"V"形天线张角的方向和夹角实现方向图重构,其结构如图 9.6-5 所示。自然,由于采用机械转动方式,该天线的方向图扫描速度较慢[9]。

频率和方向图同时可重构的天线是可重构天线研究的最终目标。目前这类天线的研究仍处于起步阶段,还没有性能优良的工作频率和方向图二者同时可重构的天线出现。但是,已有的一些成果为可重构天线的进一步研究积累了丰富的经验。C. M. Coleman 在其博士论文中提出了一种自组构天线,其结构见图 9.6-6,这是目前频率和方向图同时可重构天线的典型代表。自组构天线设计中采用了遗传算法优化技术,能够使天线在其金属网格平面上实现最大辐射方向扫描,但是天线的增益较低,波瓣较宽。参考文献[10]的研究与此自组构天线研究类似,采用不同布局的金属网格,甚至是立体球面状的金属网格,通过开关改变各网格之间的连接关系,最终重构频率和方向图。该天线设计也借助遗传算法的优化方法,同时天线存在较多的冗余开关,即使某些开关损坏,天线仍能正常工作。这些研究没有形成简单有效的综合设计方法,必须依赖于遗传算法等现代优化技术。

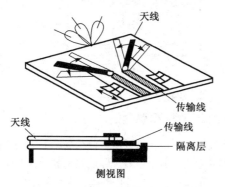

图 9.6-5   方向图可重构的"V"形天线

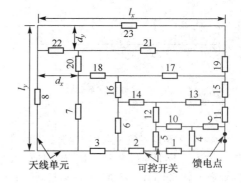

图 9.6-6   矩形环可重构天线

9.6.3   可重构天线阵列的设计(见本书配套网站)

9.6.4   开关选择原则与测试系统(见本书配套网站)

9.7　超材料天线

（Zhi Ning Chen（陈志宁），National University of Singapore，Singapore）

9.7.1　引言

　　早在 20 世纪 60 年代，前苏联 Veselago 教授已从数学角度叙述了同时具有负介电常数和负磁导率的超材料结构。直到 2000 年，英国 Pendry 教授发表了论述理想透镜理论的可能性之后，该简短而具有开创性的论文才再次唤起对负折射率结构，即超材料（metamaterials）的研究[1, 2]。此后，超材料独特的电磁特性引起了学者和工程师们的广泛关注，因为它可能会创造出富有前景的电磁场理论和工程设计的创新。自那时以来，越来越多的有关新物理概念和现象的理论研究已产生了一批激动人心的科学发现[1～5]。据谷歌学术搜索就"metamaterials"的搜索结果的不完全统计，相关内容达 44 812 项；在 2000 年 1 月到 2014 年 3 月 1 日间，就"metamaterials antennas"的搜索结果已达 23 628 项[6]。这表明，超材料的研究已经是电磁波领域最热门的话题，而其最重要和最有前景的工程应用之一就是天线设计。然而，与已大量发表的科学发现相比，超材料在天线工程中的应用仍处于很初始的阶段。

　　一般来说，天线工程总是面对着一些独特的技术挑战，例如工作带宽、增益、效率，电尺寸或体积限制等。这些挑战在实际无线系统中是至关重要的。另一方面，双负材料（Double NeGative，DNG）——人们最感兴趣的一种超材料，通常会受到带宽窄、欧姆损耗高和体积大的限制，因为这类材料通常是由强谐振的单元或阵列结构组成的。这些固有的缺陷大大阻碍了超材料的实际应用。因此，需要一种能把超材料从科学概念转化为工程设计的新途径，即需要从工程的角度将超材料作为一个物理概念来重新审视。

　　在过去的 15 年间，学者们常常将超材料与负折射率特性联系在一起，因而其研究内容仅局限于双负材料。实际上，在文献中已有多种关于超材料的定义。例如，以下定义已被广泛引用：1. 超材料是尺寸小于外部激励信号波长的一种人工介质结构。该材料的特性在自然界中是没有的，例如折射现象中的负折射率。它们是由金属或介质之类材料形成的具有周期性排列的蜂窝状多单元结构。这种超材料的性质不是源于材料的成分，而是源自其特殊设计的结构。该结构确定的形状、几何尺寸、位置和排列方式会影响光或声音的传播方式，这是通常材料无法实现的[7]。

　　2. 超材料是一种具有特殊结构的合成复合材料，它显示了自然材料中通常没有发现的特性，特别是负折射率[8]。

　　3. 超材料是一种独特的复合材料，它显示出超越自然材料属性的特性。它不是像常规做法那样用化学方法构建的材料，这些是在宏观层面上由两种或更多的材料构建的。超材料的本质特征之一，就是以特定的方式结合两种或多种不同的材料所导致的电磁响应，扩展了电磁图像的范围，这些材料在自然界中是没有的[9]。

　　综上所述，"超材料"可以用几个关键词简要描述为：能在工程上提供自然界尚未获得的电磁（EM）特性的人工结构。基于这个定义，超材料可以一般化到包含多种人工结构。例如，可以按照介电常数（相对介电常数 ε_r）和磁导率（相对磁导率 μ_r）来对材料进行分类，如图 9.7-1 所示[10]。应该指出的是，还有别的材料分类方法，如根据反射折射率（介电常数和磁导率的乘积），或由其线性/非线性，等等。

　　图 9.7-1 显示，属于第二、三和四象限的多数人工材料或结构，可归入超材料类。由于它们独特的双负（DNG）折射率，反向波传播或左手波传播特性，或负介电常数和负磁导率，这些材

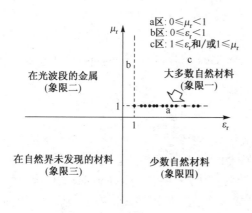

图 9.7-1　根据介电常数和磁导率的材料分类

料必然在创新的电磁工程应用中具有巨大的潜力。

遗憾的是,尽管对超材料已有很多激动人心的科学发现,但是超材料在工业上的成功应用仍面临着不可逾越的困难,如工作带宽、效率和尺寸。其主要原因是超材料,特别是第三象限的人工结构,通常由强谐振单元/结构组成。在这些谐振结构中,将产生强电流分布而导致窄带宽和高欧姆损耗,从而使这些材料无法在实际工程中应用。因此,需要新的途径来实现性能,以缓解这些关键问题。

另一方面,即使是第一象限的材料,在自然界中只有很少的材料可用于电磁工程,已利用的这些材料大多具有 $\mu_r \cong 1$, $\varepsilon_r \geqslant 1$ 的特性。这表明,可以开发新的人工结构,即开发属于第一象限的超材料来实现独特的电磁特性,以帮助改善实用天线的性能。还可能包括除某些其材料性能已通过自然界材料实现的点以外的所有区域的人工结构。

因此,通过专门开发具有第一象限独特电磁特性的人工结构,可将超材料的研究转化为开发创新性的天线技术。与此同时,仍要探讨为实现具有第三象限中所需特性的结构/材料的新的非谐振途径。

9.7.2　超材料天线

基于对超材料概念的新理解,许多实用技术已经被开发出来,以解决各种天线设计的工程挑战。下面介绍几个由新加坡国立大学和新加坡资讯通信研究院的研究团队所研发的超材料天线实例。所有的技术都致力于天线主要性能的改进,如工作带宽、增益、效率及设计的尺寸/体积限制等。

1. 零相移环形天线

在超高频(UHF)频段的近场射频识别(RFID)技术,由于在物件级应用方面良好的前景而受到越来越多的关注。传统的实体单环天线,由于沿着环天线电流相位的变化,无法在UHF频段的一个电大尺寸的询问区(识别区)内产生均匀的强磁场。因此,分段环形天线被提出,如图9.7-2所示。在每个分段通过引入线段之间的强电磁耦合,补偿了沿传播方向的电流相移,从而能使电流沿着环保持同相。与传统的实线传输不同,引进的串联电容实现了零相位传输(左右手或前后波传输的拐点,即超材料现象)。零相移的电流能够在电尺寸较大的询问区内产生均匀强磁场[11~13]。

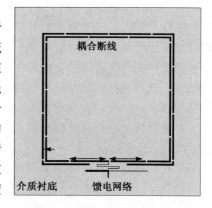

图 9.7-2　双分段环形天线结构

已报道的分段环形天线已经能够提供周长约为两个工作波长的询问区。而双分段环结构的询问区周长可以在UHF频段达到三个工作波长以上。

这样的基于超材料零相移导线的实现,为天线设计提供了新的设计自由度。例如,图9.7-3为用于无线局域网的采用零相移线的圆极化全向天线[14]。由于采用了零相移分段线,沿环形天线的电流相位保持不变,使垂直电偶极子与水平环之间的相位关系也保持不变,从而在水平面上形成全向圆极化辐射。

2. 零折射率结构加载的高增益渐开缝隙天线

双极式的渐变缝隙天线具有宽带工作的特性。通过在渐变缝隙中加载零折射率超材料

(Zero-Index Metamaterial, ZIM) 单元, 在无须增加天线面积或口径的情况下, 该天线在 7 ~ 13.5 GHz 频段上的增益平均提高 2 dB[15, 16]。当电磁波通过加载的 ZIM 时, 由于零相移的特性, 所有波在 ZIM 与空气交界处是同相的, 以致电磁场的波前在缝隙天线的口径处的分布更加均匀。均匀口径场分布使天线口径效率提高, 提高了天线的增益, 如图 9.7-4 所示。

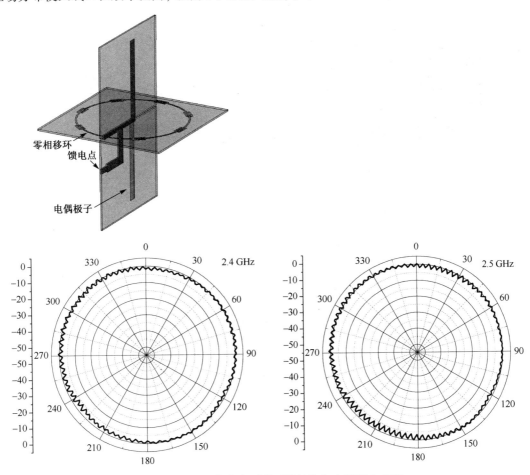

图 9.7-3　圆极化全向环形天线结构与水平面方向图

3. 宽带低高度平面偶极天线

置于地面上方的电偶极子的低高度设计, 在宽带无线通信系统中有强烈的需求。通常, 为了实现有效的辐射, 这类电偶极子与地平面或导电体反射板之间的间距约为四分之一工作波长。当偶极子高度降低时, 偶极子的工作带宽变窄, 辐射效率降低。采用周期贴片结构, 可以实现等效的高介电常数, 从几到几百, 并且欧姆损耗与普通介质相当, 而所用材料是普通的低介电常数的电路基板。这是普通材料所无法实现的电磁性能, 即所谓的超材料现象。等效的高介电常数周期性结构(High Permittivity Periodic Structure, HPPS)既可以补偿高度降低所导致的相移减少, 也可以用来拓展工作带宽。

例如, 在偶极子和地面之间加载 HPPS, 在二者间隙小于四分之一波长的情况下, 可以在很宽的带宽范围内提高增益, 如图 9.7-5 所示[17]。某线阵天线包含四个平面偶极子、一个 HPPS 和一个有限大小的接地平面, 其 HPSS 是印制在电路板背面的贴片阵列。该天线实现了 44.4%(1.67 ~ 2.69 GHz) 的阻抗带宽, 14.2 dBi 的最大增益与 94% 的口径效率, 而且具有稳定的方向图和低于 − 26 dB 的带内交叉极化电平。地面尺寸为 $1.6\lambda_0$(λ_0 是自由空间的工作波长), 其 H 面 10 dB 波束宽度为 40°。

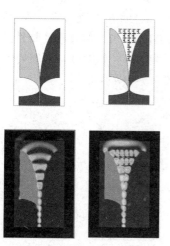

图 9.7-4 加载了 ZIM 单元的 60 GHz 渐变缝
隙天线结构与电场分布的比较

图 9.7-5 HPPS 加载的天线单元

4. 宽带低高度平面蘑菇状天线

基于宽带和低高度的应用,提出了一种蘑菇状超材料天线,它由一个蘑菇单元阵列和接地金属板构成,如图 9.7-6 所示[18]。该天线通过微带线耦合的缝隙来馈电。该馈电线位于蘑菇单元间的中心间隙的正下方,两个谐振模被激励了,以至在天线的边射方向实现了良好的辐射。其色散关系体现了复合右/左手蘑菇特性的机理,从而使主模与相邻高次谐振模接近,实现了宽带设计。另外,由于蘑菇间的缝隙,天线谐振腔的 Q 值被大大地降低,使得该天线可以在低轮廓时实现宽带。该天线高 $0.06\lambda_0$,接地面尺寸为 $1.10 \times 1.10\lambda_0$。其 $|S_{11}| \leqslant -10$ dB 带宽为 25%,平均增益为 9.9 dBi,而带宽内的交叉极化电平则低于 -20 dB。

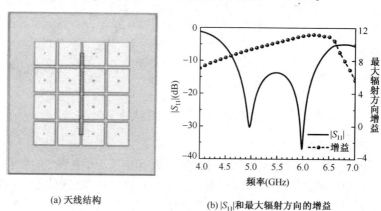

(a) 天线结构

(b) $|S_{11}|$和最大辐射方向的增益

图 9.7-6 缝隙馈电的 4×4 元蘑菇天线

*第10章　计算电磁学在天线中的应用

天线的设计离不开理论分析、数值计算与实验研究这三种手段。随着电磁学数值计算与解析方法的不断进展和大容量高速计算机技术的飞速发展,计算电磁学已发展成为一门新兴的重要学科,它的发展已使天线的设计进入了一个新阶段。

计算电磁学主要包括两类方法:数值方法和高频方法。目前已提出了多种实用有效的数值方法,在天线问题中常用的有:矩量法(MOM)、混合体-面积分方程法(Hybrid VSIE)、有限元法(FEM)和时域有限差分法(FDTD)等。数值方法的基本原理就是把连续变量函数离散化,把微分方程化为差分方程;把积分方程化为有限和形式,从而建立起收敛的代数方程组,然后利用计算机算法加以求解。同时,也已发展了几何绕射理论(GTD)和物理绕射理论(PTD)等高频方法来有效地处理电大尺寸问题的计算。基于上述计算方法已开发出了许多优良的电磁仿真软件。本章将依次介绍上述计算方法和商用软件,以供初学者参考(受篇幅限制,其中应用举例等内容将在本书配套网站上给出)。

10.1　矩　量　法

（延晓荣, 中国海洋大学;杨雪霞,上海大学）

矩量法(MOment Method, MOM)是基于泛函分析理论,采用基函数和权函数将积分方程离散化为矩阵方程的一种数值方法。梅冠湘(K. K. Mei)教授曾最先致力于线天线积分方程的数值求解,而系统地将矩量法引入电磁领域的工作是哈林登(R. F. Harrington)教授于1968年完成的。现在矩量法已在各种电磁学研究中得到了广泛的应用,包括天线问题、微波网络、生物电磁学和电磁兼容等。

10.1.1　矩量法的基本原理与求解过程

矩量法广泛地应用于求解电磁场的积分方程。它的基本思想是将待求的积分方程问题转化为矩阵方程,然后借助于计算机求得其数值解,从而在所得激励源分布的数值解基础上,算出辐射场的分布及输入阻抗等特性参数。通常矩量法求解场问题包括3个基本的求解过程。

1. 离散化过程

对于积分方程:

$$L(f) = g \tag{10.1-1}$$

式中 L 为积分算子,f 为未知函数,g 为已知函数。在积分算子 L 的定义域内适当地选择一组线性无关的基函数(也称为展开函数)f_1、f_2、$\cdots$、f_n、$\cdots$,将未知函数 $f(x)$ 展开为一组基函数 $\{f_n\}$ 之和,即

$$f(x) = \sum_{n=0}^{\infty} \alpha_n f_n \approx f_N(x) = \sum_{n=1}^{N} \alpha_n f_n \tag{10.1-2}$$

利用算子的线性,将算子方程化为代数方程,即:

$$\sum_{n=1}^{N} \alpha_n L(f_n) = g \tag{10.1-3}$$

于是求解 $f(x)$ 的问题转化为求解 f_n 的系数 α_n 的问题。

2. 取样检验过程

为了使 $f(x)$ 的近似函数 $f_n(x)$ 与 $f(x)$ 的误差极小,必须进行取样检验,在抽样点上使加权平均误差为零,从而确定未知系数 α_n。因此在算子 L 的值域内适当地选择一组线性无关的权函数(又称检验函数) w_1、w_2、$\cdots$、w_n、$\cdots$,将 w_n 与式(10.1-3)进行抽样检验,即分别在积分方程等号两边求内积,可得矩阵方程:

$$\sum_{n=1}^{N} \alpha_n \langle L(f_n), w_m \rangle = \langle g, w_m \rangle, \quad m = 1, 2, \cdots, N \tag{10.1-4}$$

写成矩阵形式为

$$[l_{mn}][\alpha_n] = [g_m], \quad m = 1, 2, \cdots, N \tag{10.1-5}$$

于是求解代数方程问题转化为求解矩阵方程问题。

3. 矩阵求逆过程

得到了矩阵方程，通过常规的矩阵求逆或求解线性方程组，可以得到矩阵方程的解：

$$[\alpha_n] = [l_{mn}]^{-1}[g_m] \tag{10.1-6}$$

式中 $[l_{mn}]^{-1}$ 是矩阵 $[l_{mn}]$ 的逆矩阵。将得到的展开系数 α_n 代入式（10.1-2）中，即可得到原来算子方程（10.1-1）的近似解

$$f(x) \approx \sum_{n=1}^{N} \alpha_n f_n(x) \tag{10.1-7}$$

在矩量法通常的应用中，都要遵循这同一过程。当选取权函数和基函数为相同函数时，称为伽略金法，而当选取 δ 函数为权函数时，称为点匹配法。

10.1.2 常用基函数和权函数

矩量法的关键问题之一是选择用于未知函数展开的基函数和权函数，这与计算精度和计算复杂度有密切的关系。一般地讲，基函数可分为全域和分域基函数。所谓全域基函数是指定义在整个算子定义域上的基函数，满足所解问题的边界条件且线性无关。通常被选做全域基函数的主要是各种正交多项式，如切比雪夫多项式、勒让德多项式以及埃尔米特多项式等。亥姆霍兹方程的解也可用做全域基函数。

应用更广泛的是分域基函数。分域基函数只要求基函数分别存在于被划分的算子定义域的各分域上，使基函数的选取变得更加灵活。常用的分域基函数有：狄拉克函数、脉冲函数、三角函数、二次折线函数、拉格朗日插值多项式函数、厄米多项式函数和其他展开函数（例如在天线和散射问题中经常采用三角正弦函数）等。为适应各类问题和各种空间离散方式，可构造不同的分域基函数。

最简单的基函数和权函数有如下几种。

1. δ 函数。这是由狄拉克（Dirac）δ 函数构成的一个函数组，形如

$$\delta_n(x) = \delta(x - x_n), \quad n = 1, 2, \cdots, N \tag{10.1-8}$$

用该函数对位置函数展开，就是用一些离散空间点上的值表示原来连续的未知量。

2. 脉冲函数。这是由脉冲函数 $P_n(x)$（$n = 1, 2, \cdots, N$）组成的一个函数组，其中

$$P_n(x) = \begin{cases} 1, & x \in \Delta x_n \\ 0, & \text{其他} \end{cases} \tag{10.1-9}$$

Δx_n 表示第 n 个分域单元。用该函数展开的未知函数在各分域中都取常数。其优点是使所涉及的积分变得简便，但不适用于导致脉冲不连续的对 x 求导的算子。

3. 三角函数。三角函数 $T_n(x)$（$n = 1, 2, \cdots, N$）的定义为

$$T_n(x) = \begin{cases} \dfrac{x - x_{n-1}}{x_n - x_{n-1}}, & x_{n-1} \leqslant x \leqslant x_n \\ \dfrac{x - x_{n+1}}{x_n - x_{n+1}}, & x_n \leqslant x \leqslant x_{n+1} \\ 0, & \text{其他} \end{cases} \tag{10.1-10}$$

式中 x_n 是对一维定义域分段的节点（前两种基函数中的 x 可以是多维的，三角形函数中的 x 则只是一维的）。该函数对未知函数的逼近是分段线性的。

如果基函数的线性组合能精确地表示未知函数，则可通过矩量法求得问题的精确解，否则将引入插值误差。插值误差越小，计算精度就越高，相应地，也会使计算收敛得更快。

10.1.3 应用举例（见本书配套网站）

10.1.4 矩量法的误差与发展

应用矩量法时所产生的误差有以下几种。

1.建模误差。这是指建模时,采用的理论近似所产生的误差。例如用无限长理想导体代替实际集合形状或结构,用点 (x_n, y_n) 表示小单元中心位置,平滑圆柱体的积分和直线积分路径等都会引入这种误差。

2.数字化误差。这是进行数字化时产生的误差。例如,当把 $J_z(t)$ 用脉冲函数展开,把积分限变成小单元上积分等数值处理时所引入的误差。

3.近似误差。这是由于数学近似所产生的误差。例如,积分近似处理等造成的误差。

4.数值计算误差。指计算机进行运算时,数值计算所产生的误差。例如,汉克尔函数的积分只能达到一定的精度,而计算阻抗矩阵 (Z_{mn}) 时,要用到它。

矩量法的应用主要受到以下几方面的限制:首先,必须针对所要求解的问题导出相应的积分方程;其次,在此基础上还要选择、构造全域或分域上满足边界条件的基函数。另外,由于需要求解满阵的线性代数方程组,当未知量的个数为 N 时,矩量法所需的计算量为 $O(N^2)$;当用直接分解法和迭代法求解时,所需的计算量分别为 $O(N^2)$ 和 $O(N^3)$,这种计算复杂度限制了矩量法对 N 很大的问题的应用,例如电大目标散射问题的计算。

为此,在传统矩量法的基础上采取各种技术,使其计算复杂度降至 $O(N^\alpha)(\alpha < 2)$,通常称为快速算法。在各种快速算法中,快速多极子方法(Fast-Multipole Method , FMM)发展得最为成熟。在此基础上又发展了多层快速多极子算法(Multi-Layer Fast-Multipole Algorithm, MLFMA)。基于矩量法的快速算法研究的另一条途径是小波(wavelet)正交基的应用。

用积分方程描述开域电磁场问题时,采用边界或表面积分方程,可将问题的求解降低一个维度,大大减少未知量的个数。运用格林函数建立积分方程满足了辐射条件,可使解域限定在待求量的定义域之内。因此,基于积分方程的矩量法自然具有一定优越性,快速解法的发展使其具有了新的活力。

矩量法求解过程简单,求解步骤统一,应用起来比较方便。然而需要一定的数学技巧,如离散化的程度、基函数与权函数的选取,矩阵求解过程等。另外必须指出的是,矩量法可以达到所需要的精确度,解析部分简单,但是计算量很大,即使用高速大容量计算机,计算任务也很繁重。基于矩量法仿真的 EDA 软件主要包括 ADS(Advanced Design System)、Sonnet 电磁仿真软件、Zeland IE3D、Microwave Office、Ansoft Designer 和 FEKO 等。

10.2　混合体-面积分方程法(见本书配套网站)
(Chun Yu(余春), Duke University【美国杜克大学】)

10.2.1　体-面积分方程法概述(见本书配套网站)

10.2.2　数值例子(见本书配套网站)

10.3　有 限 元 法
(梁仙灵,上海交通大学)

10.3.1　有限元法概述

有限元法(Finite Element Method, FEM)是随着电子计算机的发展而迅速发展起来的一种数值求解方法。其最初的思想是由特纳(Turner)和库兰特(Courant)提出的。1952 年美国加利福尼亚大学伯克利分校的学者克拉夫(Clough)应邀参加了波音航空公司夏季开发小组,在波音公司结构振动分析专家特纳的带领下开展了三角形机翼结构分析。在历经了运用传统一维梁分析失败后,1953 年克拉夫在特纳的建议下,运用直接刚度位移法,成功地给出了用三角单元求得平面应力问题的正确答案。所获得的结果于 1956 年公开发表,这篇文章通常被认为是有限元提出的标志。1960 年,克拉夫把这种方法由航空结构工程扩展到土木工程,并正式命名为有限元法,这标志着有限元法的正式诞生。从此,有限元法在工程应用和数学理论方面都开始了奠基性工作,得到了基于变分原理求近似解的里茨(Ritz)法的分片插值形式,有限元方法的数学原理、收敛性准则相继得到证明。随后,有限元法广泛地应用于力学系统,且得到了很大的发展。直到 1969 年,西尔维斯特(Silvester)才将有限元法应用于求解时变场的稳态解。

有限元方法的基础是变分原理和加权余量法,其基本求解的思路是把计算域划分为有限个互不重叠的单元。在每个单元内,选择一些合适的节点作为求解函数的插值点,将微分方程中的变量改写成由各变量或其导数的节点值与所选用的插值函数组成的线性表达式,借助于变分原理或加权余量法,将微分方程离散求解。采用不同的权函数和插值函数形式,便构成不同的有限元方法。根据所采用的权函数和插值函数的不同,有限元方法也分为多种计算格式。从权函数的选择来说,有配置法、矩量法、最小二乘法和伽略金法;从计算单元网格的形状来划分,有三角形网格、四边形网格和多边形网格;从插值函数的精度来划分,又分为线性插值函数和高次插值函数等。不同的组合同样构成不同的有限元计算格式。

有限元法的优点是解题能力强,可以比较精确地模拟各种复杂的曲线或曲面边界。网格的划分比较随意,可以统一处理多种边界条件,离散方程的形式规范,便于编制通用的计算机程序。

10.3.2 有限元法解题步骤(见本书配套网站)

10.4 时域有限差分法

(杨雪霞,上海大学)

1966 年,K. S. Yee 首先提出了时域有限差分法(Finite-Difference Time-Domain Method),用于分析电磁脉冲在柱形金属柱中的传播和反射,现在 FDTD 法已广泛用于解决电磁波的传播、辐射和散射问题。利用 FDTD 法解决电磁场问题,首先要根据计算对象建立数学模型,推导 FDTD 公式及其稳定性条件,然后设置激励源与边界条件。

10.4.1 时域有限差分法的基本原理

10.4.1.1 麦克斯韦方程组及其 FDTD 差分公式

麦克斯韦方程组是描述电磁场宏观现象的一组基本方程。FDTD 差分公式是从麦克斯韦方程组两个旋度方程的偏微分形式出发,进行差分离散而得到的。

在各向同性线性媒质中,麦克斯韦方程组两个旋度方程的微分形式为

$$\nabla \times \bar{H} = \sigma \bar{E} + \varepsilon \frac{\partial \bar{E}}{\partial t} \tag{10.4-1a}$$

$$\nabla \times \bar{E} = -\sigma_{\mathrm{m}} \bar{H} - \mu \frac{\partial \bar{H}}{\partial t} \tag{10.4-1b}$$

式中 σ 是媒质的电导率,表示介质的电损耗,单位:西门子/米(S/m);σ_{m} 是媒质的导磁率,表示介质的磁损耗,单位:欧姆/米(Ω/m)。在直角坐标系中,这两个旋度方程分解为如下 6 个偏微分方程:

$$\frac{\partial E_x}{\partial t} = \frac{1}{\varepsilon} \left[\frac{\partial H_z}{\partial y} - \frac{\partial H_y}{\partial z} - \sigma E_x \right] \tag{10.4-2a}$$

$$\frac{\partial E_y}{\partial t} = \frac{1}{\varepsilon} \left[\frac{\partial H_x}{\partial z} - \frac{\partial H_z}{\partial x} - \sigma E_y \right] \tag{10.4-2b}$$

$$\frac{\partial E_z}{\partial t} = \frac{1}{\varepsilon} \left[\frac{\partial H_y}{\partial x} - \frac{\partial H_x}{\partial y} - \sigma E_z \right] \tag{10.4-2c}$$

$$\frac{\partial H_x}{\partial t} = \frac{1}{\mu} \left[\frac{\partial E_y}{\partial z} - \frac{\partial E_z}{\partial y} - \sigma_{\mathrm{m}} H_x \right] \tag{10.4-2d}$$

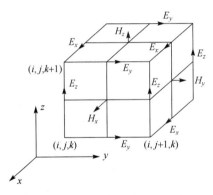

图 10.4-1　FDTD 离散中的 Yee 单元

$$\frac{\partial H_y}{\partial t} = \frac{1}{\mu}\left[\frac{\partial E_z}{\partial x} - \frac{\partial E_x}{\partial z} - \sigma_{\mathrm{m}} H_y\right] \tag{10.4-2e}$$

$$\frac{\partial H_z}{\partial t} = \frac{1}{\mu}\left[\frac{\partial E_x}{\partial y} - \frac{\partial E_y}{\partial x} - \sigma_{\mathrm{m}} H_z\right] \tag{10.4-2f}$$

Yee 氏将空间按立方体分割，电场和磁场在空间上交替排列，如图 10.4-1 所示。电磁场的 6 个分量在空间的取样点分别放在立方体的边沿和表面中心点上，电场与磁场分量在任何方向始终相差半个网格步长。每个磁场分量由 4 个电场分量环绕，与法拉第电磁感应定律相符；每个电场分量由 4 个磁场分量环绕，与安培环路定律相符。所以和电磁波传播的实际情况很接近。在时间上，Yee 氏把电场分量与磁场分量也差半个步长取样，如电场强度在 n 时间步，磁场强度在 $(n+1/2)$ 时间步。

用中心差分将式（10.4-1a）离散化：

$$E_x^{n+1}\left(i+\frac{1}{2}, j, k\right) = \mathrm{CA}\left(i+\frac{1}{2}, j, k\right) E_x^n\left(i+\frac{1}{2}, j, k\right) +$$

$$\mathrm{CB}\left(i+\frac{1}{2}, j, k\right)\left[\frac{H_z^{n+\frac{1}{2}}\left(i+\frac{1}{2}, j+\frac{1}{2}, k\right) - H_z^{n+\frac{1}{2}}\left(i+\frac{1}{2}, j-\frac{1}{2}, k\right)}{\Delta y}\right.$$

$$\left. - \frac{H_y^{n+\frac{1}{2}}\left(i+\frac{1}{2}, j, k+\frac{1}{2}\right) - H_y^{n+\frac{1}{2}}\left(i+\frac{1}{2}, j, k-\frac{1}{2}\right)}{\Delta z}\right] \tag{10.4-3}$$

设 $m = (i+1/2, j, k)$，则上式系数为

$$\mathrm{CA}(m) = \frac{\dfrac{\varepsilon(m)}{\Delta t} - \dfrac{\sigma(m)}{2}}{\dfrac{\varepsilon(m)}{\Delta t} + \dfrac{\sigma(m)}{2}} = \frac{1 - \dfrac{\sigma(m)\Delta t}{2\varepsilon(m)}}{1 - \dfrac{\sigma(m)\Delta t}{2\varepsilon(m)}} \tag{10.4-4a}$$

$$\mathrm{CB}(m) = \frac{1}{\dfrac{\varepsilon(m)}{\Delta t} + \dfrac{\sigma(m)}{2}} = \frac{\dfrac{\Delta t}{\varepsilon(m)}}{1 + \dfrac{\sigma(m)\Delta t}{2\varepsilon(m)}} \tag{10.4-4b}$$

其余 5 个差分公式类似。为了使得电场与磁场有相同的数量级，误差小，采用归一化磁场 $\tilde{H} = \sqrt{\dfrac{\mu_0}{\varepsilon_0}} H$。介质界面电磁参数取两个介质参数的平均值：

$$\varepsilon_{\mathrm{eff}} = \frac{\varepsilon_1 + \varepsilon_2}{2}, \quad \sigma_{\mathrm{eff}} = \frac{\sigma_1 + \sigma_2}{2}, \quad \mu_{\mathrm{eff}} = \frac{\mu_1 + \mu_2}{2}, \quad \sigma_{\mathrm{meff}} = \frac{\sigma_{\mathrm{m1}} + \sigma_{\mathrm{m2}}}{2}$$

只要给定了所有空间点上电、磁场的初值，就可一步一步地求出任意时刻所有空间点上的电、磁场值。

10.4.1.2　数值稳定性与数值色散

1. 稳定性条件

用计算机迭代计算这组差分方程，只有当离散后差分方程的解是收敛的和稳定的，解才是有意义的。稳定性是指寻求一种离散间隔 Δx，Δy，Δz，Δt 所满足的条件，在此条件下差分方程的数值解与原偏微分方程的严格解之间的差有界。否则，计算结果将随时间步进无限地寄生增长。由于任何波都可以用平面波本征模展开，所以保证每一个平面波空间本征模都是稳定的，也就保证了网格中任意的波都是稳定的。

假设无磁场和电场损耗，麦克斯韦方程组是场量对时间的一阶导数。考虑时谐平面波：

$$f(x, y, z, t) = f_0 \mathrm{e}^{\mathrm{j}\omega t} \tag{10.4-5}$$

它是下式一阶微分方程的解：

$$\frac{\partial f}{\partial t} = \mathrm{j}\omega f \tag{10.4-6}$$

用差分近似代替上式左端的一阶导数:

$$(f|^{n+\frac{1}{2}} - f|^{n-\frac{1}{2}})/\Delta t = j\omega f|^n \tag{10.4-7}$$

当 Δt 很小时,可以近似认为变化很小。定义增长因子:

$$q_{i,j} = f|^{n+\frac{1}{2}}/f|^n = f|^n/f|^{n-\frac{1}{2}} \tag{10.4-8}$$

$$q_{i,j}^2 - j\omega\Delta t q_{i,j} - 1 = 0 \tag{10.4-9}$$

$$q_{i,j} = \frac{j\omega\Delta t}{2} \pm \sqrt{1 - \left(\frac{\omega\Delta t}{2}\right)^2} \tag{10.4-10}$$

上式根号下值为非负数,即为时间稳定性条件,$\frac{\omega\Delta t}{2} \leqslant 1$。一般写作

$$\Delta t \leqslant \frac{T}{\pi} \tag{10.4-11}$$

直角坐标系中拉普拉斯方程为

$$\frac{\partial^2 f}{\partial x^2} + \frac{\partial^2 f}{\partial y^2} + \frac{\partial^2 f}{\partial z^2} + \frac{\omega^2}{c^2}f = 0 \tag{10.4-12}$$

其平面波解为

$$f(x, y, z, t) = f_0 e^{-j(k_x x + k_y y + k_z z - \omega t)} \tag{10.4-13}$$

方程式(10.4-12)中第一项的二阶导数的二阶差分近似为

$$\frac{\partial^2 f}{\partial x^2} \approx \frac{f(x + \Delta x) - 2f(x) + f(x - \Delta x)}{(\Delta x)^2} \tag{10.4-14}$$

将式(10.4-13)代入上式得

$$\frac{\partial^2 f}{\partial x^2} \approx -\frac{\sin^2\left(\frac{k_x \Delta x}{2}\right)}{\left(\frac{\Delta x}{2}\right)^2}f \tag{10.4-15}$$

方程式(10.4-12)中后两项类似。所以式(10.4-12)的离散形式为

$$\frac{\sin^2\left(\frac{k_x \Delta x}{2}\right)}{\left(\frac{\Delta x}{2}\right)^2} + \frac{\sin^2\left(\frac{k_y \Delta y}{2}\right)}{\left(\frac{\Delta y}{2}\right)^2} + \frac{\sin^2\left(\frac{k_z \Delta z}{2}\right)}{\left(\frac{\Delta z}{2}\right)^2} - \frac{\omega^2}{c^2} = 0 \tag{10.4-16}$$

改写为

$$\left(\frac{c\Delta t}{2}\right)^2 \left[\frac{\sin^2\left(\frac{k_x \Delta x}{2}\right)}{\left(\frac{\Delta x}{2}\right)^2} + \frac{\sin^2\left(\frac{k_y \Delta y}{2}\right)}{\left(\frac{\Delta y}{2}\right)^2} + \frac{\sin^2\left(\frac{k_z \Delta z}{2}\right)}{\left(\frac{\Delta z}{2}\right)^2}\right] = \left(\frac{\omega\Delta t}{2}\right)^2 \leqslant 1 \tag{10.4-17}$$

该式对任何 k 均成立的充分条件为

$$(c\Delta t)^2 \left(\frac{1}{(\Delta x)^2} + \frac{1}{(\Delta y)^2} + \frac{1}{(\Delta z)^2}\right) \leqslant 1 \tag{10.4-18}$$

即

$$\Delta t \leqslant \frac{1}{c\sqrt{\frac{1}{(\Delta x)^2} + \frac{1}{(\Delta y)^2} + \frac{1}{(\Delta z)^2}}} \tag{10.4-19}$$

这就是三维 Yee 氏算法需满足的 Courant 稳定性条件。

2. 数值色散

为分析方便起见,考虑一维波动方程:

$$\frac{\partial^2 f}{\partial x^2} + \frac{\omega^2}{c^2}f = 0 \tag{10.4-20}$$

对于平面波:

$$f(x, t) = f_0 e^{-j(k_x x - \omega t)} \tag{10.4-21}$$

且 $k = \frac{\omega}{c}$,$v_\varphi = \frac{\omega}{k}$,从而 $v_\varphi = c = \frac{1}{\sqrt{\varepsilon\mu}}$。说明相速由介质参数决定,与频率无关。

再来分析离散后的平面波的差分方程。式(10.4-16)给出了三维情况平面波的传播矢量 k 与角频率 ω 之间的关系，即色散关系，一维情况的色散关系类似

$$\frac{\sin^2\left(\frac{k\Delta x}{2}\right)}{\left(\frac{\Delta x}{2}\right)^2} - \frac{\omega^2}{c^2} = 0 \qquad (10.4\text{-}22)$$

$$v_\varphi = c\left|\frac{\sin\frac{k\Delta x}{2}}{\frac{k\Delta x}{2}}\right| \qquad (10.4\text{-}23)$$

可见相速不再仅仅由媒质参数决定，还与传播常数 k(或频率)、网格大小有关。这种相速随频率的变化叫做色散现象。它是由差分近似的数值方法所引起的，所以称为数值色散。由数值色散现象所引起的误差称为数值色散误差。

数值色散随波的波长和网格分辨率变化。对于式(10.4-23)，当 $\frac{k\Delta x}{2} \to 0$ 时，$v_\varphi \to c$，对正弦函数可取 $\frac{k\Delta x}{2} \leqslant \frac{\pi}{12}$，将传播常数改用波长来表示，则为

$$\Delta x \leqslant \frac{\lambda}{12} \qquad (10.4\text{-}24)$$

对时间网格根据式(10.4-17)也有类似要求：

$$\Delta t \leqslant \frac{T}{12} \qquad (10.4\text{-}25)$$

实际上数值色散误差除了与频率和网格大小、时间步长有关之外，还与波的传播方向有关，具有各向异性。不同网格划分所产生的相速是不同的。通过相速与光速的比值可以观察数值色散的大小。图 10.4-2 是二维情况下不同网格大小在不同入射方向上所引起的色散情况。在斜入射时数值相速最大，误差最小。沿网格的任一轴入射时数值相速最小，误差最大；网格划

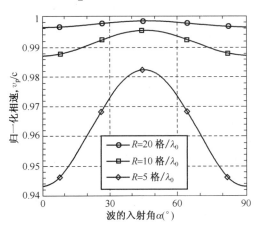

图 10.4-2　不同入射方向的数值相速

分越细，数值色散越小。当每波长 20 个网格时，各个入射方向上的数值相速与光速的比值已接近99.7%。

很明显，通过减小网格可以减小数值色散误差。高阶算法、多分辨率算法，都是为减小数值色散误差所做的研究。可见，与数值色散有关的参数有：传播方向、网格大小、时间步长(包含了与波长和频率有关)。

10.4.1.3　吸收边界条件

对于电磁辐射、散射及不连续性等问题，其物理结构是开放的，但是当用 FDTD 模拟开区域的电磁场问题时，由于计算机内存有限，必须对计算区域截断，使计算区域有限。在截断边界上必须满足吸收边界条件(Absorbing Boundary Conditions, ABC)，从而将无限结构的电磁问题转化为有限结构的电磁问题进行求解。对于 ABC，要求：(1)能够模拟向外传播的波；(2)引入的反射应足够小，对计算结果的影响可忽略；(3)保证算法稳定。吸收边界大致可分为两类，第一类是由微分方程推导出的，如 Mur 吸收边界；第二类是在截断边界处引入吸收介质层，如完全匹配层。

1. Mur 吸收边界条件

Mur 吸收边界条件以简单和易理解性在电磁计算中得到了广泛应用。其总体数值反射在 1% ~ 5% 之间，能够满足一般工程设计的要求。下面以二维情况为例，分析 Mur 一阶和二阶吸收边界条件。沿 $-x$ 方向传播一阶和二阶精度的单向波动方程分别为

$$\frac{\partial f}{\partial x} - \frac{1}{c}\frac{\partial f}{\partial t} = 0 \qquad (10.4\text{-}26)$$

$$\frac{\partial^2 f}{\partial x \partial t} - \frac{1}{c} \frac{\partial^2 f}{\partial t^2} + \frac{c}{2} \frac{\partial^2 f}{\partial y^2} = 0 \tag{10.4-27}$$

将这两个方程进行中心数值差分离散，就构成了 Mur 一阶和二阶吸收边界条件。

式(10.4-26)是计算区域左边界的波动方程，即在 $x = 0$ 截断边界，对该式取中心差分，得到 Mur 一阶吸收边界条件：

$$f^{n+1}(i, j) = f^n(i+1, j) + \frac{c\Delta t - \delta}{c\Delta t + \delta}(f^{n+1}(i+1, j) - f^n(i, j)) \tag{10.4-28}$$

可见当前计算的某点场值只与邻近一点的场值有关。

其余三个公式也可以从已知的一阶吸收边界条件的解析式推出。如：

右边界：$\dfrac{\partial f}{\partial x} + \dfrac{1}{c} \dfrac{\partial f}{\partial t} = 0$ ， 下边界：$\dfrac{\partial f}{\partial y} - \dfrac{1}{c} \dfrac{\partial f}{\partial t} = 0$ ， 上边界：$\dfrac{\partial f}{\partial y} + \dfrac{1}{c} \dfrac{\partial f}{\partial t} = 0$

对于二阶吸收边界，式(10.4-27)以 $x = 0$ 网格边界为例。波从 $x > 0$ 区域入射到 $x = 0$ 的边界，为了区别于上面推导的一阶差分公式，用 W 表示波函数，取中心差分近似得具有二阶精度的吸收边界条件

$$W|_{0,j}^{n+1} = -W|_{1,j}^{n-1} + \frac{c\Delta t - \Delta x}{c\Delta t + \Delta x}\left(W|_{1,j}^{n+1} + W|_{0,j}^{n-1}\right) + \frac{2\Delta x}{c\Delta t + \Delta x}\left(W|_{0,j}^{n} + W|_{1,j}^{n}\right) +$$

$$\frac{(c\Delta t)^2 \Delta x}{2(\Delta y)^2(c\Delta t + \Delta x)}\left[W|_{0,j+1}^{n} - 2W|_{0,j}^{n} + W|_{0,j-1}^{n} + W|_{1,j+1}^{n} - 2W|_{1,j}^{n} + W|_{1,j-1}^{n}\right] \tag{10.4-29}$$

由此可见，当前计算的某一场点的场值与周围邻近 5 个点的值有关。

2. Berenger 理想匹配层

另一种是在截断边界处引入吸收介质层，电磁波无反射地进入此介质层并被吸收掉，如理想匹配层(Perfectly Matched Layer, PML)吸收边界条件。PML 是人为造出的各向异性吸收层，通过合适选取电磁参量，使得理论上在介质与真空的分界面上，对任意频率、任意角度的入射波，反射系数均为零；而在介质层内电磁波迅速衰减。同以往其他类型的吸收边界相比，它大大提高了吸收效果，PML 的反射系数是 Mur 吸收边界条件的 1/3000。

下面讨论二维 TE 波情况，对于二维 TM 波和三维情况，可采用类似方法进行分析。

有耗媒质中二维 TE 波的场量 E_x，E_y，H_z 满足的麦克斯韦方程为

$$\varepsilon_0 \frac{\partial E_x}{\partial t} + \sigma E_x = \frac{\partial H_z}{\partial y} \tag{10.4-30a}$$

$$\varepsilon_0 \frac{\partial E_y}{\partial t} + \sigma E_y = -\frac{\partial H_z}{\partial x} \tag{10.4-30b}$$

$$\mu_0 \frac{\partial H_z}{\partial t} + \sigma^* H_z = \frac{\partial E_x}{\partial y} - \frac{\partial E_y}{\partial x} \tag{10.4-30c}$$

式中 σ 和 σ^* 分别表示自由空间中的电导率和磁阻率，当 $\sigma = \sigma^* = 0$ 时，为自由空间。Berenger 将 H_z 分解为两个分量 H_{zx} 和 H_{zy} ，即

$$H_z = H_{zx} + H_{zy}$$

同时引入了新的电导率 σ_x，σ_y 和磁损耗 σ_x^*，σ_y^* ，并规定 TE 情形的 4 个场分量由下列方程耦合在一起：

$$\varepsilon_0 \frac{\partial E_x}{\partial t} + \sigma_y E_x = \frac{\partial(H_{zx} + H_{zy})}{\partial y} \tag{10.4-31a}$$

$$\varepsilon_0 \frac{\partial E_y}{\partial t} + \sigma_x E_y = -\frac{\partial(H_{zx} + H_{zy})}{\partial x} \tag{10.4-31b}$$

$$\mu_0 \frac{\partial H_{zx}}{\partial t} + \sigma_x^* H_{zx} = -\frac{\partial E_y}{\partial x} \tag{10.4-31c}$$

$$\mu_0 \frac{\partial H_{zy}}{\partial t} + \sigma_y^* H_{zy} = \frac{\partial E_x}{\partial y} \tag{10.4-31d}$$

这就是 Berenger 构造的非物理媒质(称为 PML 媒质)中的场方程。其中电场分量与 FDTD 网格的自由空间中的电场分量一致，磁场分量用 $H_z = H_{zx} + H_{zy}$ 相联系。可以看出，方程(10.4-31)代表了通常模拟的物

理媒质的推广。当 $\sigma_x = \sigma_y$，$\sigma_x^* = \sigma_y^*$ 时，为一般介质；当 $\sigma_x = \sigma_y = \sigma_x^* = \sigma_y^* = 0$ 时，为自由空间。

平面波在 PML 媒质中传播，令电场与 y 轴交角为 φ。可以证明，如果 (σ_x, σ_x^*) 和 (σ_y, σ_y^*) 满足

$$\frac{\sigma_x}{\varepsilon_0} = \frac{\sigma_x^*}{\mu_0}, \qquad \frac{\sigma_y}{\varepsilon_0} = \frac{\sigma_y^*}{\mu_0} \tag{10.4-32}$$

则在任何频率、以任意角度入射到 PML 媒质交界面时将会无反射地进入 PML 媒质中，并在 PML 媒质中迅速衰减地传播。式(10.4-32)称为无反射匹配条件。

对于二维 TE 波，其 PML 层设置如图 10.4-3 所示。在各个分界面上除了满足式(10.4-32)以外，(1)分界面垂直于 x 轴，要求二者 (σ_y, σ_y^*) 相同；(2)分界面垂直于 y 轴，要求二者的 (σ_x, σ_x^*) 相同。例如 AB 分界面上，空气(白色)介质参数$(0, 0, 0, 0)$，PML 层(灰色)介质参数$(0, 0, \sigma_{y1}, \sigma_{y1}^*)$，且 $\dfrac{\sigma_{y1}}{\varepsilon_0} = \dfrac{\sigma_{y1}^*}{\mu_0}$；BC 分界面上，灰色 PML 层介质参数 $(\sigma_{x2}, \sigma_{x2}^*, 0, 0)$，黑色 PML 层介质参数 $(\sigma_{x2}, \sigma_{x2}^*, \sigma_{y1}, \sigma_{y1}^*)$，且 $\dfrac{\sigma_{x2}}{\varepsilon_0} = \dfrac{\sigma_{x2}^*}{\mu_0}, \dfrac{\sigma_{y1}}{\varepsilon_0} = \dfrac{\sigma_{y1}^*}{\mu_0}$。

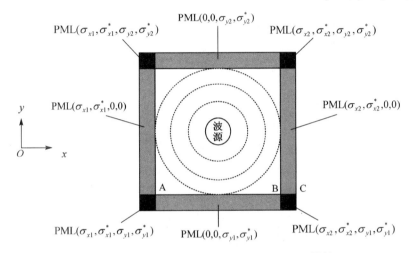

图 10.4-3　二维 FDTD 网格的 PML 吸收边界结构

与普通媒质中的差分公式类似，可以推导出 PML 层的场方程(10.4-31a) ~ (10.4-31d)的差分迭代公式。为了达到良好的吸收效果，PML 层的网格划分、时间步的选取也很讲究。感兴趣的读者可以阅读相关参考书。

10.4.1.4　波源的设置

为了用 FDTD 法模拟电磁场工程问题，必须在 FDTD 网格中引入电磁波激励源。常用的波源种类有：(1)平面波源，用于电磁散射问题；(2)导波源，用于微波网络参数计算；(3)电流源或电压源，用于微波电路或天线的激励。

这里主要介绍用于分析天线问题的波源设置方法。正弦波和高斯脉冲是常用源波形。正弦波源为时谐源，提供了频率为 f_0 的正弦波，其时间离散函数为

$$f(n\Delta t) = \sin(2\pi f_0 n\Delta t) \tag{10.4-33}$$

式中 n 为时间步数，Δt 为时间步进。

FDTD 模拟时，一般采用高斯脉冲信号激励，因为它可以提供宽频带特性。时间离散的高斯脉冲函数为

$$f(n\Delta t) = e^{-[(n-n_0)/n_d]^2} \tag{10.4-34}$$

式中 n_0 和 n_d 的选择与初始条件、信号频宽等有关。

若在三维 FDTD 计算空间的$(i + 1/2, j, k)$位置，沿 x 方向设置电压源 $f(n\Delta t)$，则根据式(10.4-3)，FDTD 差分迭代公式为

$$E_x^{n+1}\left(i + \frac{1}{2}, j, k\right) = \text{CA}\left(i + \frac{1}{2}, j, k\right)E_x^n\left(i + \frac{1}{2}, j, k\right) +$$

$$\text{CB}\left(i+\frac{1}{2},j,k\right)\left[\frac{H_z^{n+\frac{1}{2}}\left(i+\frac{1}{2},j+\frac{1}{2},k\right)-H_z^{n+\frac{1}{2}}\left(i+\frac{1}{2},j-\frac{1}{2},k\right)}{\Delta y}-\right.$$

$$\left.\frac{H_y^{n+\frac{1}{2}}\left(i+\frac{1}{2},j,k+\frac{1}{2}\right)-H_y^{n+\frac{1}{2}}\left(i+\frac{1}{2},j,k-\frac{1}{2}\right)}{\Delta z}\right]+f(n\Delta t) \qquad (10.4\text{-}35)$$

这种波源设置存在两个基本问题:(1)对于长周期脉冲或连续正弦波,必须增加许多自由空间网格以加长计算域,使得初始条件可以被包含,这大大增加了计算机存储和代数运算。(2)在二、三维空间网格中由这种方法产生的斜入射数值平面波,当波前拖到网格外部边界时,由于绕射效应,不可避免地产生波前失真。

另一种设置称为"硬波源",即源位置处的场分量不参与迭代过程,仅由源函数决定:

$$E_x^{n+1}\left(i+\frac{1}{2},j,k\right)=f(n\Delta t) \qquad (10.4\text{-}36)$$

在连续时间步进时,当反射波到达波源位置时,由于波源处总场已被规定,并没有考虑网格中可能的反射波(所以称为硬源),硬源对这些反射波就会造成寄生的非物理的再次反射。当规定了一个表面上的总场而没有考虑反射场值时,就一定会发生寄生反射。解决这一问题的一个简单方法是当反射波到达波源位置时去掉波源。这就要求源离散射体足够远,使散射波到达位置时源入射波已基本为零,所以这种方法不适合正弦入射波源。

10.4.2　FDTD 法的应用(见本书配套网站)

10.5　几何绕射理论和物理绕射理论

(倪维立,上海大学)

几何绕射理论和物理绕射理论代表两种典型的电磁场解析方法,在天线问题中有着重要的应用。二者分别从场的角度和电流的角度出发对电磁场问题进行合理近似,同时又相互联系。此二方法从其近似本质出发只适用于电大问题,因此称其为高频方法。在高频问题中,物体的电尺度较大,此时数值方法因存储量和计算量的限制而难以实施,不得不借助于解析方法来求解。因此往往将数值方法称为低频方法,而将解析方法统称为高频方法。但是,目前随着数值方法的发展(如多层快速多极子算法)和计算技术的进步(如采用并行计算),数值方法对电大尺度目标的求解越来越成为可能,称其为低频方法或许已不再合适。

几何绕射理论和物理绕射理论均植根于电磁场的经典解法,前者的出发点是微分方程法,后者则以电磁场的积分方程为起点。本节侧重于基本原理和应用,也就是方法的起点和终点,具体的推演环节则少有论及,有兴趣的读者可参看相关论著。

10.5.1　几何绕射理论

10.5.1.1　概述

由于几何光学只研究高频电磁波的直射、反射和折射,因而在空间上产生了相应的射线边界。在这些边界的两侧,几何光学场将发生突变。如从亮区到阴影区,场值由有限值突变为零,这显然与实际情况不符。有理由认为,几何光学中未曾考虑的边缘、拐角、尖端等表面不连续性所引起的电磁波绕射对射线边界附近的场有明显影响,引入这些场的贡献将能弥补掉这一不连续性。对这些问题的思考导致了两方面的努力,一是从场解中分离出与边缘等不连续性相关的解,作为对几何光学解的有效补充;二是从物理光学电流出发,引入与边缘等不连续性相关的附加电流来改善物理光学解。这两方面的努力促成了几何绕射理论和物理绕射理论的发展。

几何绕射理论来自于对若干典型体的分离变量法解。对这些经典解进行复杂的数学变化,最终巧妙地分解为具有明显物理意义的解。这些解中既包含有几何光学解,又有一些与物体几何形状密切相关的新解,如边缘绕射场和曲面绕射场等。但这些解不仅和特殊的目标相关，而且还和特殊的入射、散射方向相关，并不能将这些解自然地引申至更一般的情形。对此，几何绕射理论沿用了几何光学法中局部平面波场的处理方法，并借助于费马原理来确定绕射射线的轨迹，成功地将典型问题的解推广至一般问题的解。

几何绕射理论中的绕射射线（包括边缘绕射射线、曲面绕射射线、尖角绕射射线等）和几何光学法中的反射和折射射线等一样，遵循由费马原理和强度定理确定的局部平面波的一般规律。并且同样是一个局部现象。因而其绕射场一般可表达为

$$\overline{E}^d(s) = \overline{E}^i(0) \cdot \overline{\overline{D}} \, A(s) \exp(-jks) \tag{10.5-1}$$

式中 $\overline{E}^d(s)$ 为观察点处的绕射场强，s 是绕射射线的线长，$\overline{E}^i(0)$ 是绕射点处的入射场强；$\overline{\overline{D}}$ 为绕射系数，考虑到入射场与绕射场之间的极化关系，$\overline{\overline{D}}$ 一般是个并矢；$A(s)$ 是绕射场的扩散因子。对一般的绕射问题，其关键在于射线寻迹和绕射系数求取。

几何绕射理论中最具代表性的问题是劈绕射和曲面绕射，它们通常也是物体上除了镜面反射之外最重要的散射机制。

10.5.1.2　边缘绕射场

对劈绕射的最基本的分析源自于直劈对垂直入射的平面波的绕射。由分离变量法可得出其本征级数解。利用 Watson 变换将该级数解表达成回路积分的形式后，可以将绕射场与入射场、反射场相分离。从该绕射场的表达式中不仅可以很明确地求得这个二维问题的绕射系数，也可以发现其绕射射线的轨迹完全符合预期：是一根从劈到场点的直线。

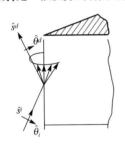

图 10.5-1　直劈绕射示意图

但如果平面波斜入射作用于劈，则无论是绕射射线的轨迹还是绕射系数的求取，都难以从经典解及其变换中获取。借助于费马原理，可认为绕射射线是以入射点为顶点、边缘为对称轴的圆锥面上的母线，如图 10.5-1 所示。这个锥通常称为凯勒（Keller）锥。

图 10.5-1 中不仅给出了凯勒锥的示意，还定义了一个射线基坐标系以方便并矢绕射系数的计算。图中 $\hat{s}^i$ 和 $\hat{s}^d$ 是入射和绕射射线的方向矢量，两者分别与边缘构成了入射面和绕射面。$\hat{\theta}^i$ 和 $\hat{\theta}^d$ 分别平行于入射面和绕射面，垂直于 $\hat{s}^i$ 和 $\hat{s}^d$，且方向均由射线指向边缘。定义

$$\hat{\varphi}^{i,d} = \hat{\theta}^{i,d} \times \hat{s}^{i,d} \tag{10.5-2}$$

根据局部平面波的假设，在 $\hat{s}^i$ 和 $\hat{s}^d$ 方向上没有场分量，因此并矢绕射系数可写成 2×2 的矩阵，即

$$\overline{\overline{D}} = \hat{\theta}^i \hat{\theta}^d D^e + \hat{\varphi}^i \hat{\varphi}^d D^m \tag{10.5-3}$$

当入射场作用于曲劈时，则可根据局部性原理，以入射点处的劈的切线为轴，形成凯勒锥。当绕射波以凯勒锥的形式传播时，其场强以类似柱面波的方式衰减，故有

$$\overline{E}^d(s) = \overline{E}^i(0) \cdot \overline{\overline{D}} \frac{\exp(-jks)}{\sqrt{s}} \tag{10.5-4}$$

一般入射情况下的绕射系数 $\overline{\overline{D}}$ 可由垂直入射情况下的绕射系数经过合理的物理推演而得，近似为

$$D^{e,m} = \frac{2\csc\theta}{N\sqrt{8\pi jk}} \left\{ \frac{\sin\dfrac{\pi}{N}}{\cos\dfrac{\pi}{N} - \cos\dfrac{\varphi - \varphi_0}{N}} \mp \frac{\sin\dfrac{\pi}{N}}{\cos\dfrac{\pi}{N} - \cos\dfrac{\varphi + \varphi_0}{N}} \right\} \tag{10.5-5}$$

式中 N 为劈的外角与 π 之比，θ 为入射线与边缘切线的夹角；将绕射射线和入射射线分别投影至与劈垂直的平面上，φ 和 φ_0 分别为两者与劈面的夹角，e，m 代表不同极化，分别指入射电场平行或垂直入射面。

值得注意的是，在影界附近场的变化较快，这一区域称为过渡区，在过渡区中不宜采用上式近似计算。在几何绕射理论的基础上发展而出的一致性几何绕射理论（UTD）能较好地处理过渡区中的计算。

以上的分析仅针对平面波入射的情况，当像散波作用于边缘时，绕射系数没有发生变化，但式（10.5-1）中的扩散因子和传播因子发生了相应变化。

10.5.1.3　曲面绕射场

当电磁场作用于一闭合目标时,在其阴影区也存在一定量级的场。这一机制没有被纳入几何光学的范畴,而几何绕射理论则能较好地处理这一问题。

曲面绕射场的计算一般针对理想导电的光滑凸曲面,其典型问题是电磁波在无限长圆柱上的绕射。和边缘绕射的分析相类似,该问题也是将本征函数级数解变换到复平面上的围线积分,然后得出高频近似解。

如图 10.5-2 所示,e 极化平面波对理想导电圆柱的散射场在阴影区中的最终推演式为

$$E_z = \left(\frac{ka}{2}\right)^{1/3} e^{-j\frac{\pi}{12}} \frac{e^{jks}}{\sqrt{2\pi ks}} \sum_{\pi=1}^{N} \frac{1}{\left[A_i'(-\alpha_n)\right]^2} \times$$

$$\left\{ \exp\left[-j\nu_n\left(\frac{\pi}{2}-\phi-\arccos\frac{a}{\rho}\right)\right] + \exp\left[-j\nu_n\left(\frac{\pi}{2}+\phi-\arccos\frac{a}{\rho}\right)\right] \right\} \qquad (10.5\text{-}6)$$

$$\nu_n \approx ka + \alpha_n \left(\frac{ka}{2}\right)^{1/3} e^{-j\frac{\pi}{3}}$$

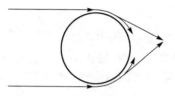

图 10.5-2　导电圆柱体上的绕射

对式(10.5-6)的解读引出了爬行波(creeping wave,或称蠕动波)的概念。式(10.5-6)中的两个指数项中的虚部分别与图 10.5-2 中的两段弧长(电磁波从附着于圆柱到出离圆柱)相匹配,出离圆柱后的传播规律 $\dfrac{e^{-jks}}{\sqrt{s}}$ 符合一般柱面波的规律。因此,波的这种传播机制具有这样的特点:一边紧贴着曲表面"爬行",一边沿着圆柱的切线方向向外扩散。如果将劈绕射的射线轨迹看成一个个伞面,那么曲面绕射射线离开曲面时的轨迹就如同旋转伞柄时飞出的雨丝。

m 极化波的散射场与式(10.5-6)有类似结构。在照明区,事实上也存在这种爬行波,但由于式(10.5-6)指数项中负实部的存在,爬行的过程中伴随着衰减(是由于不断出射造成的),因此照明区中的爬行波场极弱,不必考虑。

式(10.5-6)的收敛速度很快,一般 n 取 1 或 2 即足够。但在阴影边界附近的过渡区中,如果采用过多近似,则收敛速度较慢,若采用严格计算,即便在过渡区中,仍能较快收敛。

以上的分析虽是针对导体圆柱的,对于一般曲面,有两方面的变化:(1)爬行波的轨迹不是圆弧,而是沿测地线(测地线是连接曲面上两点间的最短弧线)行进;(2)曲面上各点的曲率半径不一致。因此,式(10.5-6)中的指数项将变成沿测地线的积分项。这样的推广缺乏数学上的严格论证,但符合物理原理。

当源位于曲面表面时,其爬行波场的形式相似,但计算更为复杂。

10.5.2　物理绕射理论

物理绕射理论是对物理光学的推广。在物理绕射理论中,将感应电流分解为两个部分:

$$\bar{J} = \bar{J}^\circ + \bar{J}' \qquad (10.5\text{-}7)$$

式中,$\bar{J}^\circ$ 是物理光学电流,$\bar{J}'$ 是附加电流。从形式上看,附加电流是真实感应电流与物理光学电流之差,附加电流主要集中在物体的各条棱边和各种影界处。且随着与上述散射中心的距离增大而迅速衰减。

有意思的是,虽然附加电流是物理绕射理论的核心,且具有真实的物理意义,但物理绕射理论中的主流方法并不着力于求取附加电流。一般通过两种方法来求取附加电流的辐射场。一种是绕过电流直接求场,另一种是先求取等效电流(而非真实的附加电流),并由此求场。例如,在物理绕射理论中,边缘绕射场并不是通过边缘处附加电流的积分来获取的,而是借助于边缘绕射系数来求取的,而且也同样依赖于二维尖劈问题的严格解。因此,两者的形式极为相似。当然,PTD 中的边缘系数和 GTD 中的边缘绕射系数不同,这是因为在 GTD 中,边缘绕射场被定义为总场减去入射场,而在 PTD 中,边缘绕射场为总场减去入射场再减去物理光学场。

PTD 既然以绕射系数的方式来处理边缘绕射场,那么,其场也就自然局限于凯勒锥的散射方向。为更准确地计算一般方向的场,可采用增量长度绕射系数方法。增量长度绕射系数是对 PTD 边缘绕射系数的修

正，这一修正无论从目的上还是形式上都完全类同于 GTD 中等效电磁流法对 GTD 边缘绕射系数的修正。因此，也具有 GTD 中等效电磁流的两个特点。而且，它和 GTD 中以等效电磁流形式给出的绕射系数相差一个物理光学积分。这是因为两者在凯勒锥方向分别简化为 PTD 中的边缘绕射系数和 GTD 中的边缘绕射系数，而这两个系数如前所述相差一个物理光学积分。

与几何绕射理论对爬行波的分析相类似，物理绕射理论对曲面绕射也有相关的处理方法。

从上述分析，GTD 和 PTD 分别是对 GO 和 PO 的有效扩展和提升。仅就边缘绕射而论（这也是除了镜面反射之外的最重要的散射中心），它们不仅实现了在凯勒锥方向的有效计算，还各自引入了等效电磁流法和增量长度绕射系数法来实现非凯勒锥方向和焦散区的计算。不过虽然原理各异，推导有别，但实际上两者对 GO 和 PO 的提升途径是非常相似的。因此，在图 10.5-3 的两种表达方式中，图 10.5-3(b)更被认可。

GO+绕射场 ⟹ GTD

PO+附加电流 ⟹ PTD　　GO,PO+边缘曲面等问题的处理 ⟹ GTD,PTD

(a)　　(b)

图 10.5-3　GTD 和 PTD 的导出

再度审视非凯勒锥方向的散射，着眼于场分析的 GTD 采用了“等效电磁流”，而着眼于电流的 PTD 却采用了描述场和场之间关系的“增量长度绕射系数”，这无疑是对图 10.5-3(b)视角的印证。

从这个观点出发，GTD 和 PTD 的差异与 GO 和 PO 的差异基本一致。因此在计算复杂目标的散射时，PTD 的精度高于 GTD，在射线追踪过程不复杂时，GTD 计算略简单一点，PTD（PO 与增量长度绕射系数结合）计算更精确一点。

10.5.3　应用举例(见本书配套网站)

10.6　天线数值计算的商用软件

（梁仙灵，上海交通大学）

随着高速集成电路的快速发展，要求天线的性能越来越高而天线的尺寸越来越小。在考虑天线自身性能的同时，往往还需考虑系统平台对天线性能的影响。因此，天线的设计变得越来越复杂，设计周期却越来越短。传统的设计方法已不能满足现代天线的设计需求，借助天线仿真工具进行天线设计已经成为工程天线设计的一种有效手段。实践表明，应用天线仿真工具可以大幅降低产品的开发周期和研制费用。基本可以做到一次设计、一次完成，仿真结果与实验测试结果非常相近。但随着天线结构的小型化、多样化、复杂化，为了获得更为精确的仿真结果和提高仿真软件的运行效率，需要有准确的模式与之相匹配和有更精确的数值分析方法。而对软件的使用者来说，任何软件都不是完全智能的，都需要人为的干预，并且，对仿真软件有深刻的理解，才能建立有效的模型。下面介绍目前基于不同算法而开发的各类主要的天线商用电磁场仿真软件。

10.6.1　基于矩量法的天线仿真软件

基于矩量法(MM)的天线电磁场仿真软件主要包括 Zeland IE3D，FEKO，Microwave Office 和 HOBBIES 等。

1. IE3D

IE3D 是 Zeland 公司开发的一种基于矩量法的电磁场仿真软件，利用积分的方式求解麦克斯韦方程组，可解决多层介质环境下的三维金属结构的电磁波效应、不连续性效应、耦合效应和辐射效应等问题。IE3D 可分为 MGRID、MODUA 和 PATTERNVIEW 三部分；MGRID 为 IE3D 的前处理套件，功能有建立电路结构、设定基板与金属材料的参数和设定模拟仿真参数；MOODUA 是 IE3D 的核心执行套件，可执行电磁场的模拟仿真计算、性能参数（Smith 圆图，S 参数等）计算和执行参数优化计算；PATTERNVIEW 是 IE3D 的后处理套件，可以将仿真计算结果，电磁场的分布以等高线或向量场的形式显示出来。IE3D 仿真结果包括 S、Y、Z 参数，

VSWR，RLC 等效电路，电流分布，近场分布和辐射方向图，方向性，效率和 RCS 等；应用范围主要是在微波射频电路、多层印制电路板、平面微带天线的分析与设计。

2. FEKO

FEKO(任意形状电磁场计算)是 Ansys 公司开发的以矩量法为核心算法的高频电磁场仿真软件。为了在当前的计算机硬件条件下完成大尺寸 (一般从数值计算的角度定义待分析目标尺寸超过 10 个波长) 复杂结构的计算，该软件提供了专用于大尺寸问题的高频方法(即物理光学法)和一致性几何绕射理论。FEKO 真正实现了矩量法和物理光学方法/一致性几何绕射理论的混合。当问题的电尺寸太大时，可使用混合方法来进行仿真模拟。对关键性的部位使用矩量法，对其他重要的区域(一般都是大的平面或者曲面)使用物理光学法或者一致性几何绕射理论。根据不同的电磁问题，对混合方法进行组合，得到满意的精度和速度。另外，对物理光学方法，FEKO 使用了棱边修正项和模拟凸表面爬行波的福克电流。根据计算机硬件条件和待求解问题精度要求的不同，FEKO 软件可以求解成百上千个波长的电磁问题。

3. Microwave Office

Microwave Office，是 AWR(Applied Wave Research)公司推出的高频电磁场仿真软件。可用于分析射频集成电路、微波单片集成电路、微带贴片天线和高速印制电路等电路的电气特性。它是通过两个模拟器来对微波平面电路进行模拟和仿真。一种是 EMSight 模拟器，用来处理任何多层平面结构的三维电磁场的问题，可用于平面高频电路和天线结构的分析。其特点是把修正谱域矩量法与直观的视窗图形用户界面技术结合起来，使得计算速度加快许多。另一种是 VoltaireXL 模拟器，用于处理集总元件构成的微波平面电路问题。该模拟器内设一个元件库，在建立电路模型时，可以调出微波电路所用的元件。其中无源器件有电感、电阻、电容、谐振电路、微带线、带状线、同轴线，等等，非线性器件有双极型晶体管、场效应晶体管、二极管等。

4. HOBBIES 软件

HOBBIES 软件的主要核心求解算法为高阶矩量法，另外融合了多层快速多极子、有限元、时域有限差分法等。特点是利用高效的核外求解技术，以硬盘代替内存空间进行计算，极大地扩展可计算的问题规模，其 SCEM 并行计算模块能够在超过 2048 个 CPU 内核并行的条件下达到 80% 的并行效率；实现了大尺寸复杂结构精细电磁仿真与大规模高性能计算的有效整合。通过计算可得到电磁场分布、系统 S/Y/Z 等参数、天线方向图、天线耦合系数、目标全方向单/双站 RCS 值等。适合范围为：大规模天线及天线阵的整体精细设计计算；共形天线及共孔径天线阵精细计算；系统级 E3(Electromagnetic Environment Effects) 精细计算，包括 EMC/EMI、HIRF、HERF、HERO、天线布局等；单目标或编队级群目标的 RCS 精细计算(含所载天线及罩和涂层等)；高能微波武器系统精细设计及评估；系统间协同电磁效应分析计算(如舰机间电磁干扰)；电磁热点评估等。

10.6.2　基于有限元法的天线仿真软件

基于有限元法的典型天线电磁场仿真软件主要有 Ansoft HFSS 和 ANSYS Emax。

1. Ansoft HFSS

Ansoft HFSS(High Frequency Structure Simulator, 高频结构仿真器)是美国 Ansoft 公司开发的一种三维电磁场仿真软件，是世界上第一个商业化的三维结构电磁场仿真软件，业界公认的三维电磁场设计和分析的电子设计工业标准。可分析仿真任意三维无源结构的高频电磁场，并直接得到特性阻抗、传播常数、S 参数及电磁场、辐射场、天线方向图等结果。该软件被广泛应用于无线和有线通信、计算机、卫星、雷达、半导体和微波集成电路、航空航天等领域。Ansoft HFSS 采用自适应网格剖分、ALPS 快速扫频、切向元等技术，集成了工业标准的建模系统，提供了功能强大、使用灵活的宏语言，直观的后处理器及独有的场计算器，可计算分析显示各种复杂的电磁场，并可利用 Optimetrics 对任意参数进行优化和扫描分析。使用 Ansoft HFSS 还可以计算：(1) 基本电磁场数值解和开边界问题，近远场辐射问题；(2) 端口特性阻抗和传输常数；(3) S 参数和相应端口阻抗的归一化 S 参数；(4) 结构的本征模或谐振解等。由于 Ansoft 公司进入中国市场较早，所以目前国内 HFSS 的使用者众多，特别是在各大通信技术研究单位、公司、高校，非常普及。

2. ANSYS Emax

ANSYS Emax 是 ANSYS 公司开发的高频电磁场分析软件。应用领域包括：射频/微波无源器件、射频/微波电路、电磁干扰与电磁兼容(EMI/EMC)、天线设计和目标识别。ANSYS/Emax 支持有限元计算区域所有结果的静态和动画显示。包含:电磁场强度、品质因素、S 参数、电压、特性阻抗、雷达截面积(RCS)、模型区域的远场和近场、天线方向图、焦耳热损耗。ANSYS Emax 7.1 还提供新的计算功能:(1) 频段内快速扫频计算,用于 S 参数的快速提取;(2)天线各项拓展指标(增益、辐射功率、方向图、效率)的计算;(3) N 端口网络 S 参数自动提取;(4)热效应分析;(5) S 参数的 Touch Stone 格式文件输出;(6) RCS 极化方向选择。

10.6.3　基于时域有限差分法(FDTD)的天线仿真软件

基于时域有限差分法的天线电磁场仿真软件主要包括:FIDELITY、IMST Empire 和 XFDTD。

1. FIDELITY

FIDELITY 是 Zeland 公司开发的基于非均匀网格的时域有限差分法的三维电磁场仿真软件,可以解决具有复杂填充介质求解域的场分布问题。仿真结果包括 S、Y、Z 参数、VSWR、RLC 等效电路、近场分布、坡印廷矢量和辐射方向图等。FI2DEL ITY 可以分析非绝缘和复杂介质结构的问题。它在微波/ 毫米波集成电路(MMIC)、RF 印制板电路、微带天线、线天线和其他形式的 RF 天线、HTS 电路及滤波器、IC 的内部连接和高速数字电路封装,EMI 及 EMC 方面得到应用。

2. XFDTD

XFDTD,是 Remcom 公司推出的基于时域有限差分法(FDTD)的三维全波电磁场仿真软件。XFDTD 用户界面友好、计算准确;但 XFDTD 本身没有优化功能,须通过第三方软件 Engineous 完成优化。该软件最早用于仿真蜂窝电话,长于手机天线和 SAR 计算。现在广泛用于无线、微波电路、雷达散射计算,化学、光学、陆基警戒雷达和生物组织仿真。

3. IMST Empire

IMST Empire 是一种三维电磁场仿真软件,是基于三维的时域有限差分方法。它的应用范围从分析平面结构、互联、多端口集成到微波波导、天线、电磁兼容问题。Empire 基本覆盖了射频设计三维场仿真的整个领域。根据用户定义的频率范围,一次仿真运行就可以得到散射参数、辐射参数和辐射场图。对于结构的定义,三维编辑器集成到 EMPIRE 软件中。AutoCAD 是流行的机械画图工具,可以在 Empire 环境中使用。监视窗口和动画可以给出电磁波现象,并获得准确结果。

10.6.4　基于时域有限积分法(FIT)的天线仿真软件

基于时域有限积分法的天线电磁场仿真软件主要为 CST MICROWAVE STUDIO。

CST MICROWAVE STUDIO 是 Computer Simulation Technology 公司专门开发的高频电磁场仿真软件,是基于 PC 机 Windows 环境下的仿真软件,主要应用在复杂和更高频的谐振结构。CST 通过散射参数把电磁场元件结合在一起,把复杂的系统分离成更小的子单元。通过对系统每一个单元行为的 S 参数的描述,可以进行快速的分析,并且降低系统所需的内存。该软件考虑了在子单元之间高阶模式的耦合,由于系统的有效分割而没有影响系统的准确性。CST 软件包含了 4 种求解器:瞬态求解器,频域求解器,本征模求解器,模式分析求解器,都有各自最适合的应用范围。瞬态求解器由于其时域算法,只需要进行一次计算就可以得到在整个频带内的响应,该求解器适合于大部分高频应用领域,对宽带问题优点尤为突出。对于高谐振结构,例如滤波器,需要求得本征模式,可以使用本征求解器,结合模式分析求解器可以得到散射参量。对结构尺寸远小于最短波长的低频问题,其频域求解器最为有效。

以上简要介绍了一些常用的天线仿真软件,还有许多其他的电磁场仿真软件如 Designer,Sonnet,ADS 软件等,也可用于天线的仿真,但这些软件主要针对电路或系统的分析。每种天线仿真软件都有它的优点之处,如以矩量法或有限元法为基础的天线仿真软件比较适合用于设计平面结构的天线,以时域有限差分法或时域有限积分法为基础的天线仿真软件比较适合用于超宽带天线的设计。有时也可以考虑将不同的仿真软件结合起来使用,比如设计微带天线阵时,天线单元则可采用 Ansoft HFSS 来进行优化设计,而天线阵的网络可采用 Designer 或 Microwave Office 来设计;当考虑天线在整个系统中的性能时,可将设计好的天线用仿真软件如 ADS 再进行优化设计。因此,对于天线工作者来说,需要了解各种常用天线仿真软件的特点,这样既有助于提高天线设计的效率,也有助于提高天线仿真的精度,使其与实验结果更加吻合。

附录 A 矢量分析公式

A. 1 矢量恒等式

和与积

$$\bar{A} + \bar{B} = \bar{B} + \bar{A} \tag{A-1}$$
$$\bar{A} \cdot \bar{B} = \bar{B} \cdot \bar{A} \tag{A-2}$$

$$\bar{A} \cdot \bar{A} = |\bar{A}|^2 \tag{A-3}$$
$$\bar{A} \times \bar{B} = -\bar{B} \times \bar{A} \tag{A-4}$$

$$(\bar{A} + \bar{B}) \cdot \bar{C} = \bar{A} \cdot \bar{C} + \bar{B} \cdot \bar{C} \tag{A-5}$$
$$(\bar{A} + \bar{B}) \times \bar{C} = \bar{A} \times \bar{C} + \bar{B} \times \bar{C} \tag{A-6}$$

$$\bar{A} \cdot \bar{B} \times \bar{C} = \bar{B} \cdot \bar{C} \times \bar{A} = \bar{C} \cdot \bar{A} \times \bar{B} \tag{A-7}$$
$$\bar{A} \times (\bar{B} \times \bar{C}) = (\bar{A} \cdot \bar{C})\bar{B} - (\bar{A} \cdot \bar{B})\bar{C} \tag{A-8}$$

微分

$$\nabla(\phi + \psi) = \nabla\phi + \nabla\psi \tag{A-9}$$

$$\nabla(\phi\psi) = \phi \nabla\psi + \psi \nabla\phi \tag{A-10}$$

$$\nabla \cdot (\bar{A} + \bar{B}) = \nabla \cdot \bar{A} + \nabla \cdot \bar{B} \tag{A-11}$$

$$\nabla \times (\bar{A} + \bar{B}) = \nabla \times \bar{A} + \nabla \times \bar{B} \tag{A-12}$$

$$\nabla \cdot (\phi\bar{A}) = \phi \nabla \cdot \bar{A} + \bar{A} \cdot \nabla\phi \tag{A-13}$$

$$\nabla \times (\phi\bar{A}) = \phi \nabla \times \bar{A} + \nabla\phi \times \bar{A} \tag{A-14}$$

$$\nabla \cdot (\nabla \times \bar{A}) = 0 \tag{A-15}$$

$$\nabla \times \nabla\phi = 0 \tag{A-16}$$

$$\nabla(\bar{A} \cdot \bar{B}) = (\bar{A} \cdot \nabla)\bar{B} + (\bar{B} \cdot \nabla)\bar{A} + \bar{A} \times (\nabla \times \bar{B}) + \bar{B} \times (\nabla \times \bar{A}) \tag{A-17}$$

$$\nabla \cdot (\bar{A} \times \bar{B}) = \bar{B} \cdot (\nabla \times \bar{A}) - \bar{A} \cdot (\nabla \times \bar{B}) \tag{A-18}$$

$$\nabla \times (\bar{A} \times \bar{B}) = \bar{A} \nabla \cdot \bar{B} - \bar{B} \nabla \cdot \bar{A} + (\bar{B} \cdot \nabla)\bar{A} - (\bar{A} \cdot \nabla)\bar{B} \tag{A-19}$$

$$\nabla \times \nabla \times \bar{A} = \nabla(\nabla \cdot \bar{A}) - \nabla^2\bar{A} \tag{A-20}$$

积分

$$\int_v (\nabla \cdot \bar{A})\,\mathrm{d}v = \oint_s \bar{A} \cdot \overline{\mathrm{d}s} \tag{A-21}$$
$$\int_s (\nabla \times \bar{A}) \cdot \overline{\mathrm{d}s} = \oint_l \bar{A} \cdot \overline{\mathrm{d}l} \tag{A-22}$$

$$\int_v (\nabla \times \bar{A})\,\mathrm{d}v = -\oint_s \bar{A} \times \overline{\mathrm{d}s} \tag{A-23}$$
$$\int_s \nabla\phi\,\mathrm{d}v = \oint_s \phi\,\mathrm{d}s \tag{A-24}$$

$$\int_s \nabla\phi \times \overline{\mathrm{d}s} = -\oint_l \phi\,\overline{\mathrm{d}l} \tag{A-25}$$

A. 2 矢量微分算子

直角坐标

$$\nabla \cdot \bar{A} = \frac{\partial A_x}{\partial x} + \frac{\partial A_y}{\partial y} + \frac{\partial A_z}{\partial z} \tag{A-26}$$

$$\nabla \times \bar{A} = \hat{x}\left(\frac{\partial A_z}{\partial y} - \frac{\partial A_y}{\partial z}\right) + \hat{y}\left(\frac{\partial A_x}{\partial z} - \frac{\partial A_z}{\partial x}\right) + \hat{z}\left(\frac{\partial A_y}{\partial x} - \frac{\partial A_x}{\partial y}\right) = \begin{vmatrix} \hat{x} & \hat{y} & \hat{z} \\ \dfrac{\partial}{\partial x} & \dfrac{\partial}{\partial y} & \dfrac{\partial}{\partial z} \\ A_x & A_y & A_z \end{vmatrix} \tag{A-27}$$

$$\nabla\phi = \hat{x}\frac{\partial\phi}{\partial x} + \hat{y}\frac{\partial\phi}{\partial y} + \hat{z}\frac{\partial\phi}{\partial z} \qquad (\text{A-28}) \qquad \nabla^2\phi = \frac{\partial^2\phi}{\partial x^2} + \frac{\partial^2\phi}{\partial y^2} + \frac{\partial^2\phi}{\partial z^2} \qquad (\text{A-29})$$

柱坐标

$$\nabla\cdot\overline{A} = \frac{1}{\rho}\frac{\partial}{\partial\rho}(\rho A_\rho) + \frac{1}{\rho}\frac{\partial A_\varphi}{\partial\varphi} + \frac{\partial A_z}{\partial z} \qquad (\text{A-30})$$

$$\nabla\times\overline{A} = \hat{\rho}\left(\frac{1}{\rho}\frac{\partial A_z}{\partial\varphi} - \frac{\partial A_\varphi}{\partial z}\right) + \hat{\varphi}\left(\frac{\partial A_\rho}{\partial z} - \frac{\partial A_z}{\partial\rho}\right) + \hat{z}\left(\frac{1}{\rho}\frac{\partial(\rho A_\varphi)}{\partial\rho} - \frac{1}{\rho}\frac{\partial A_\rho}{\partial\varphi}\right)$$

$$= \frac{1}{\rho}\begin{vmatrix} \hat{\rho} & \rho\hat{\varphi} & \hat{z} \\ \dfrac{\partial}{\partial\rho} & \dfrac{\partial}{\partial\varphi} & \dfrac{\partial}{\partial z} \\ A_\rho & \rho A_\varphi & A_z \end{vmatrix} \qquad (\text{A-31})$$

$$\nabla\phi = \hat{\rho}\frac{\partial\phi}{\partial\rho} + \hat{\varphi}\frac{1}{\rho}\frac{\partial\phi}{\partial\varphi} + \hat{z}\frac{\partial\phi}{\partial z} \qquad (\text{A-32}) \qquad \nabla^2\phi = \frac{1}{\rho}\frac{\partial}{\partial\rho}\left(\rho\frac{\partial\phi}{\partial\rho}\right) + \frac{1}{\rho^2}\frac{\partial^2\phi}{\partial\varphi^2} + \frac{\partial^2\phi}{\partial z^2} \qquad (\text{A-33})$$

球坐标

$$\nabla\cdot\overline{A} = \frac{1}{r^2}\frac{\partial}{\partial r}(r^2 A_r) + \frac{1}{r\sin\theta}\frac{\partial}{\partial\theta}(\sin\theta A_\theta) + \frac{1}{r\sin\theta}\frac{\partial A_\varphi}{\partial\varphi} \qquad (\text{A-34})$$

$$\nabla\times\overline{A} = \frac{\hat{r}}{r\sin\theta}\left[\frac{\partial}{\partial\theta}(\sin\theta A_\varphi) - \frac{\partial A_\theta}{\partial\varphi}\right] + \frac{\hat{\theta}}{r}\left[\frac{1}{\sin\theta}\frac{\partial A_r}{\partial\varphi} - \frac{\partial}{\partial r}(rA_\varphi)\right] + \frac{\hat{\varphi}}{r}\left[\frac{\partial}{\partial r}(rA_\theta) - \frac{\partial A_r}{\partial\theta}\right]$$

$$= \frac{1}{r^2\sin\theta}\begin{vmatrix} \hat{r} & r\hat{\theta} & r\sin\theta\hat{\varphi} \\ \dfrac{\partial}{\partial r} & \dfrac{\partial}{\partial\theta} & \dfrac{\partial}{\partial\varphi} \\ A_r & rA_\theta & r\sin\theta A_\varphi \end{vmatrix} \qquad (\text{A-35})$$

$$\nabla\phi = \hat{r}\frac{\partial\phi}{\partial r} + \hat{\theta}\frac{1}{r}\frac{\partial\phi}{\partial\theta} + \hat{\varphi}\frac{1}{r\sin\theta}\frac{\partial\phi}{\partial\varphi} \qquad (\text{A-36})$$

$$\nabla^2\phi = \frac{1}{r^2}\frac{\partial}{\partial r}\left(r^2\frac{\partial\phi}{\partial r}\right) + \frac{1}{r^2\sin\theta}\frac{\partial}{\partial\theta}\left(\sin\theta\frac{\partial\phi}{\partial\theta}\right) + \frac{1}{r^2\sin^2\theta}\frac{\partial^2\phi}{\partial\varphi^2} \qquad (\text{A-37})$$

A.3 坐 标 变 换

表 A-1 直角坐标与柱坐标的变换

	$\hat{x}$	$\hat{y}$	$\hat{z}$
$\hat{\rho}$	$\cos\varphi$	$\sin\varphi$	0
$\hat{\varphi}$	$-\sin\varphi$	$\cos\varphi$	0
$\hat{z}$	0	0	1

表 A-2 直角坐标与球坐标的交换

	$\hat{x}$	$\hat{y}$	$\hat{z}$
$\hat{r}$	$\sin\theta\cos\varphi$	$\sin\theta\sin\varphi$	$\cos\theta$
$\hat{\theta}$	$\cos\theta\cos\varphi$	$\cos\theta\sin\varphi$	$-\sin\theta$
$\hat{\varphi}$	$-\sin\varphi$	$\cos\varphi$	0

表 A-3 柱坐标与球坐标的变换

	$\hat{\rho}$	$\hat{\varphi}$	$\hat{z}$
$\hat{r}$	$\sin\theta$	0	$\cos\theta$
$\hat{\theta}$	$\cos\theta$	0	$-\sin\theta$
$\hat{\varphi}$	0	1	0

例 A.1 $\hat{x} = \hat{\rho}\cos\varphi - \hat{\varphi}\sin\varphi$； $A_x = A_\rho\cos\varphi - A_\varphi\sin\varphi$

例 A.2 $\hat{r} = \hat{x}\sin\theta\cos\varphi + \hat{y}\sin\theta\sin\varphi + \hat{z}\cos\theta$

$A_r = A_x\sin\theta\cos\varphi + A_y\sin\theta\sin\varphi + A_z\cos\theta$

附录 B　贝塞尔函数公式

B. 1　贝塞尔方程及其解

在柱坐标中对波动方程分离变量时，得到对径向坐标 ρ 的微分方程如下：

$$\rho \frac{\mathrm{d}}{\mathrm{d}\rho}\left(\rho \frac{\mathrm{d}R}{\mathrm{d}\rho}\right) + \left[(k\rho)^2 - n^2\right]R = 0 \tag{B-1}$$

或记为

$$x^2 \frac{\mathrm{d}^2 f}{\mathrm{d}x^2} + x \frac{\mathrm{d}f}{\mathrm{d}x} + (x^2 - n^2)f = 0 \tag{B-2}$$

这称为 n 阶贝塞尔(Bassel)方程。其解用 $Z_n(x)$ 来表示，常见形式为

$$Z_n(x) \sim J_n(x), \ N_n(x), \ H_n^{(1)}(x), \ H_n^{(2)}(x) \tag{B-3}$$

$J_n(x)$ 是第一类贝塞尔函数；$N_n(x)$ 是第二类贝塞尔函数，又称为纽曼(Neumann)函数，也记为 $Y_n(x)$；$H_n^{(1)}(x)$ 是第一类汉克尔(Hankel)函数，$H_n^{(2)}(x)$ 是第二类汉克尔函数：

$$\begin{cases} J_n(x) = \displaystyle\sum_{m=0}^{\infty} \frac{(-1)^m (x/2)^{n+2m}}{m!(n+m)!} \\[2mm] N_n(x) = \dfrac{\cos n\pi \ J_n(x) - J_{-n}(x)}{\sin n\pi} \\[2mm] H_n^{(1)}(x) = J_n(x) + \mathrm{j}N_n(x) \\[2mm] H_n^{(2)}(x) = J_n(x) - \mathrm{j}N_n(x) \end{cases} \tag{B-4}$$

以上定义中 n 为整数；但也可推广于非整数 v，式中 $(n+m)!$ 须代以伽马(Gamma)函数 $\Gamma(v + m + 1)$。

　　第一类和第二类贝塞尔函数的曲线如图 B-1 和图 B-2 所示。可见，只有 $J_n(x)$ 在 $x = 0$ 时为有限值。因而，在包含 $x = 0$ 的区域，$Z_n(x)$ 应取 $J_n(x)$。这里 x 对应于 R 方程(B-1)中的 $k\rho$，对实数 k，J_n 和 N_n 表现振荡特性(见图 B-1 和图 B-2)，可见这些解代表柱面驻波。由表 B-1 渐近公式可知，对实数 k，$H_n^{(1)}$ 和 $H_n^{(2)}$ 代表柱面行波，$H_n^{(1)}$ 代表向内行波，$H_n^{(2)}$ 代表向外行波①。除去衰减因子 $1/\sqrt{k\rho}$ 外，这些函数分别类似于 $\mathrm{e}^{\mathrm{j}k\rho}$ 和 $\mathrm{e}^{-\mathrm{j}k\rho}$。而 J_n 和 N_n 分别类似于 $\cos k\rho$ 和 $\sin k\rho$。显然，对包含 $\rho \to \infty (x \to \infty)$ 的无源区域，为满足无穷远处辐射条件，$Z_n(x)$ 应取 $H_n^{(2)}(x)$。

　　如果 k 是复数，则上述行波的振幅除 $1/\sqrt{k\rho}$ 因子外还将受到衰减或增强。当 k 是虚数时 $(k = -\mathrm{j}x)$，习惯采用变形贝塞尔函数 I_n 和 K_n，其定义为

$$\begin{cases} I_n(x) = \mathrm{j}^n J_n(-\mathrm{j}x) \\[2mm] K_n(x) = \dfrac{\pi}{2}(-\mathrm{j})^{n+1} H_n^{(2)}(-\mathrm{j}x) \end{cases} \tag{B-5}$$

当 x 取实数时，它们也是实数。它们的渐近特性为

---

① 这里设时间变化为 $\mathrm{e}^{\mathrm{j}\omega t}$。若选择 $\mathrm{e}^{-\mathrm{j}\omega t}$，则 $H_n^{(1)}$ 代表向外行波，$H_n^{(2)}$ 代表向内行波。

$$\begin{cases} I_n(x) \xrightarrow{\ x \to \infty\ } e^x / \sqrt{2\pi x} \\ K_n(x) \xrightarrow{\ x \to \infty\ } e^{-x} / \sqrt{\pi / 2x} \end{cases} \tag{B-6}$$

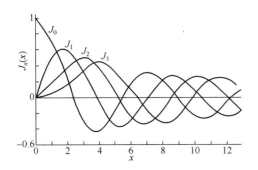

图 B-1 第一类贝塞尔函数

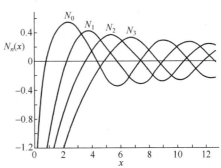

图 B-2 第二类贝塞尔函数

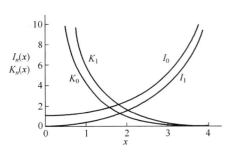

图 B-3 变形贝塞尔函数

可见，I_n 和 K_n 分别类似于 e^x 和 e^{-x}，它们可用于代表凋落场。其曲线如图 B-3 所示。

上述解的任意两个都是线性无关的，因此其中任意两个的线性组合就是一般解。例如，

$$Z_n(x) = AJ_n(x) + BN_n(x)$$
$$Z_n(x) = CH_n^{(1)}(x) + DH_n^{(2)}(x) \tag{B-7}$$

贝塞尔方程解的性质及渐近式、近似式列在表 B-1 中；表 B-2 和表 B-3 分别列出 $J_n(x)$ 和 $J'_n(x)$ 的零点。

表 B-1 贝塞尔函数性质

序 号		1	2	3	4
$Z_n(x)$		$H_n^{(1)}(x)$	$H_n^{(2)}(x)$	$J_n(x)$	$N_n(x)$
表示式		$J_n(x) + \mathrm{j}N_n(x)$	$J_n(x) - \mathrm{j}N_n(x)$	$\frac{1}{2}[H_n^{(1)}(x) + H_n^{(2)}(x)]$	$\frac{1}{2\mathrm{j}}[H_n^{(1)}(x) - H_n^{(2)}(x)]$
$x \to \infty$ 渐近式		$\sqrt{\frac{2}{\pi x}}\mathrm{e}^{\mathrm{j}\left(x - \frac{\pi}{4} - \frac{n\pi}{2}\right)}$	$\sqrt{\frac{2}{\pi x}}\mathrm{e}^{-\mathrm{j}\left(x - \frac{\pi}{4} - \frac{n\pi}{2}\right)}$	$\sqrt{\frac{2}{\pi x}}\cos\left(x - \frac{\pi}{4} - \frac{n\pi}{2}\right)$	$\sqrt{\frac{2}{\pi x}}\sin\left(x - \frac{\pi}{4} - \frac{n\pi}{2}\right)$
$x \to 0$ 近似式		$\frac{-\mathrm{j}(n-1)!}{\pi}\left(\frac{2}{x}\right)^n$	$\frac{\mathrm{j}(n-1)!}{\pi}\left(\frac{2}{x}\right)^n$	$\left(\frac{2}{x}\right)^n / n!$	$\frac{-(n-1)!}{\pi}\left(\frac{2}{x}\right)^n$
物理意义	k 为实数	向内行波	向外行波	驻波	驻波
	k 为虚数	凋落场	凋落场	虚数凋落场	两个凋落场
	k 为复数	衰减行波	衰减行波	局部驻波	局部驻波
类似函数		$\mathrm{e}^{\mathrm{j}x}$	$\mathrm{e}^{-\mathrm{j}x}$	$\cos x$	$\sin x$

表 B-2 $J_n(x)$ 的第 i 个零点 χ_{ni}

i	χ_{0i}	χ_{1i}	χ_{2i}	χ_{3i}
1	2.404 826	3.831 706	5.135 622	6.380 162
2	5.520 078	7.015 587	8.417 244	9.761 023
3	8.653 728	10.173 468	11.619 841	13.015 201
4	11.791 534	13.323 692	14.795 952	16.223 464
5	14.930 918	16.470 630	17.959 820	19.409 415

表 B-3　$J'_n(x)$ 的第 i 个零点 χ'_{ni}

i	x'_{0i}	x'_{1i}	x'_{2i}	x'_{3i}
1	0	1.841 184	3.054 237	4.201 189
2	3.831 706	5.331 443	6.706 133	8.015 237
3	7.015 587	8.536 316	9.969 47	11.345 92
4	10.173 468	11.706 005	13.170 37	14.585 85
5	13.323 692	14.863 589	16.348	17.789

B.2　递推公式和微分公式

$$\frac{2n}{x}Z_n(x) = Z_{n-1}(x) + Z_{n+1}(x), \qquad [Ex]\frac{J_1(x)}{x} = \frac{1}{2}[J_0(x) + J_2(x)] \qquad (B-8)$$

$$Z_{-n}(x) = (-1)^n Z_n(x) \qquad (B-9)$$

$$Z_n(-x) = (-1)^n Z_n(x) \qquad (B-10)$$

$$Z'_n(x) = \frac{1}{2}[Z_{n-1}(x) - Z_{n+1}(x)], \qquad [Ex]J'_1(x) = \frac{1}{2}[J_0(x) - J_2(x)] \qquad (B-11)$$

$$Z'_n(x) = Z_{n-1}(x) - \frac{n}{x}Z_n(x), \qquad [Ex]J'_1(x) = J_0(x) - \frac{J_1(x)}{x} \qquad (B-12)$$

$$Z'_n(x) = \frac{n}{x}Z_n(x) - Z_{n+1}(x), \qquad [Ex]J'_0(x) = -J_1(x) \qquad (B-13)$$

B.3　积 分 公 式

$$\int x^n Z_{n-1}(\alpha x)\,dx = x^n J_n(\alpha x)/\alpha, \qquad [Ex]\int x J_0(x)\,dx = x J_1(x) \qquad (B-14)$$

$$\int x^{-n} Z_{n+1}(\alpha x)\,dx = -x^{-n} J_n(\alpha x)/\alpha, \qquad [Ex]\int J_1(x)\,dx = -J_0(x) \qquad (B-15)$$

$$\int x Z_n(\alpha x) Z_n(\beta x)\,dx = \frac{x}{\beta^2 - \alpha^2}[\alpha Z'_n(\alpha x) Z_n(\beta x) - \beta Z_n(\alpha x) Z'_n(\beta x)] \qquad (B-16)$$

$$——洛梅尔(Lommel)积分$$

$$\int_0^a x J_n(\beta x) J_n(\beta x)\,dx = \frac{a}{\beta^2 - \alpha^2}[\alpha J'_n(\alpha a) J_n(\beta a) - \beta J_n(\alpha a) J'_n(\beta a)]$$

$$= \frac{a}{\beta^2 - \alpha^2}[\alpha J_{n-1}(\alpha a) J_n(\beta a) - \beta J_n(\alpha a) J_{n-1}(\beta a)]$$

$$= \frac{a}{\beta^2 - \alpha^2}[-\alpha J_{n+1}(\alpha a) J_n(\beta a) + \beta J_n(\alpha a) J_{n+1}(\beta a)] \qquad (B-16a)$$

$$\int x Z_n^2(\alpha x)\,dx = \frac{x^2}{2}\left[Z'^2_n(\alpha x) + \left(1 - \frac{n^2}{\alpha^2 x^2}\right)Z_n^2(\alpha x)\right] \qquad (B-17)$$

$$\int_0^a x J_n^2(\alpha x)\,dx = \frac{a^2}{2}\left[J'^2_n(\alpha a) + \left(1 - \frac{n^2}{\alpha^2 a^2}\right)J_n^2(\alpha a)\right] \qquad (B-17a)$$

$$\int_0^a \frac{1}{x}J_n^2(\alpha x)\,dx = \frac{1}{2n}\left[1 + J_0^2(\alpha a) + J_n^2(\alpha a) - 2\sum_{i=0}^n J_i^2(\alpha a)\right], \quad n \geqslant 1 \qquad (B-18)$$

$$\int_0^a J_n(\alpha x) J_{n+1}(\alpha x)\,dx = \frac{1}{2\alpha}J_{n+1}^2(\alpha a) + \frac{n+1}{\alpha}\int_0^a \frac{1}{x}J_{n+1}^2(\alpha a)\,dx \qquad (B-19)$$

$$\int_0^a x^{2n} J_n(\alpha x) J_{n-1}(\alpha x) \, dx = -\frac{a^{2n}}{2\alpha} J_n^2(\alpha a) \tag{B-20}$$

$$\begin{cases} \int_\alpha^{\alpha+2\pi} e^{j(x\cos\varphi - n\varphi)} d\varphi = j^n 2\pi J_n(x), \quad [Ex] \int_0^{2\pi} e^{jx\cos\varphi} d\varphi = 2\pi J_0(x) \\ \int_\beta^{\beta+2\pi} e^{j(x\sin\varphi - n\varphi)} d\varphi = 2\pi J_n(x), \end{cases} \tag{B-21}$$

$$\begin{cases} \int_0^{2\pi} e^{jx\cos\varphi} \cos n\varphi \, d\varphi = j^n 2\pi J_n(x), \quad [Ex] \int_0^{2\pi} e^{jx\cos\varphi} \cos \varphi \, d\varphi = j 2\pi J_1(x) \\ \int_0^{2\pi} e^{jx\cos\varphi} \sin n\varphi \, d\varphi = 0, \end{cases} \tag{B-22}$$

$$\begin{cases} \int_0^{2\pi} e^{jx\sin\varphi} \cos n\varphi \, d\varphi = \begin{cases} 2\pi J_n(x), & n \text{ 为偶数} \\ 0, & n \text{ 为奇数} \end{cases} \\ \int_0^{2\pi} e^{jx\sin\varphi} \sin n\varphi \, d\varphi = \begin{cases} 0, & n \text{ 为偶数} \\ j 2\pi J_n(x), & n \text{ 为奇数} \end{cases} \end{cases} \tag{B-23}$$

$$\int_0^{2\pi} e^{jx\cos(\varphi-\phi)} \begin{bmatrix} \cos n\varphi \\ \sin n\varphi \end{bmatrix} d\varphi = j^n 2\pi J_n(x) \begin{bmatrix} \cos n\phi \\ \sin n\phi \end{bmatrix} \tag{B-24}$$

$$[Ex] \int_0^{2\pi} e^{jx\cos(\varphi-\phi)} d\varphi = 2\pi J_0(x) \tag{B-24a}$$

$$\int_0^{2\pi} e^{jx\cos(\varphi-\phi)} \begin{bmatrix} \cos(n\varphi \pm \phi) \\ \sin(n\varphi \pm \phi) \end{bmatrix} d\varphi = j^n 2\pi J_n(x) \begin{bmatrix} \cos(n \pm 1)\phi \\ \sin(n \pm 1)\phi \end{bmatrix} \tag{B-25}$$

$$[Ex] \int_0^{2\pi} e^{jx\cos(\varphi-\phi)} \begin{bmatrix} \cos(2\varphi - \phi) \\ \sin(2\varphi - \phi) \end{bmatrix} d\varphi = -2\pi J_2(x) \begin{bmatrix} \cos \phi \\ \sin \phi \end{bmatrix} \tag{B-25a}$$

B.4 正交性和朗斯基公式

正交性

$$\int_0^a x J_n(\chi_{ni} x) J_n(\chi_{nj} x) \, dx = \begin{cases} 0, & i \neq j \\ \frac{a^2}{2} [J_{n+1}(\chi_{ni} a)]^2, & i = j \quad \text{式中 } J_n(\chi_{ni}) = 0 \end{cases} \tag{B-26}$$

$$\int_0^a x J_n(\chi'_{ni} x) J_n(\chi'_{nj} x) \, dx = \begin{cases} 0, & i \neq j \\ \dfrac{(\chi'_{ni} a)^2 - n^2}{2\chi_{ni}'^2} [J_n(\chi'_{ni} a)]^2, & i = j \quad \text{式中 } J'_n(\chi'_{ni}) = 0 \end{cases} \tag{B-27}$$

朗斯基(Wronskian)式

$$J_n(x) N'_n(x) - J'_n(x) N_n(x) = 2/\pi x \tag{B-28}$$

$$J_n(x) N_{n-1}(x) - J_{n-1}(x) N_n(x) = 2/\pi x \tag{B-29}$$

$$J_n(x) H_n^{(2)'}(x) - J'_n(x) H_n^{(2)}(x) = 2/j\pi x \tag{B-30}$$

$$N_n(x) H_n^{(2)'}(x) - N'_n(x) H_n^{(2)}(x) = -2/\pi x \tag{B-31}$$

$$H_n^{(2)}(x) H_{n+1}^{(1)}(x) - H_n^{(1)}(x) H_{n+1}^{(2)}(x) = 4/j\pi x \tag{B-32}$$

B. 5　半阶和球贝塞尔函数

半阶贝塞尔函数

$$J_{n+\frac{1}{2}}(x) = \left(-\frac{1}{x}\right)^n \sqrt{\frac{2}{\pi}} x^{n+\frac{1}{2}} \frac{\mathrm{d}^n}{\mathrm{d}x^n}\left[\frac{\sin x}{x}\right] \tag{B-33}$$

$$J_{-n-\frac{1}{2}}(x) = \sqrt{\frac{2}{\pi}} x^{n+\frac{1}{2}} \left(\frac{1}{x}\right)^n \frac{\mathrm{d}^n}{\mathrm{d}x^n}\left[\frac{\cos x}{x}\right] \tag{B-34}$$

$$[Ex]\ J_{\frac{1}{2}}(x) = \sqrt{\frac{2}{\pi x}}\sin x, \qquad J_{-\frac{1}{2}}(x) = \sqrt{\frac{2}{\pi x}}\cos x \tag{B-35}$$

$$J_{3/2}(x) = \sqrt{\frac{2}{\pi x}}\left(\frac{\sin x}{x} - \cos x\right), \quad J_{-3/2}(x) = \sqrt{\frac{2}{\pi x}}\left(-\sin x - \frac{\cos x}{x}\right) \tag{B-36}$$

$$N_{n+\frac{1}{2}}(x) = (-1)^{n+1}J_{-n-\frac{1}{2}}(x) \tag{B-37}$$

$$N_{-n-\frac{1}{2}}(x) = (-1)^n J_{n+\frac{1}{2}}(x) \tag{B-38}$$

球贝塞尔函数

$$\begin{cases} j_n(x) = \sqrt{\dfrac{\pi}{2x}}J_{n+\frac{1}{2}}(x), & n_n(x) = \sqrt{\dfrac{\pi}{2x}}N_{n+\frac{1}{2}}(x) \\[2mm] h_n^{(1)}(x) = \sqrt{\dfrac{\pi}{2x}}H_{n+\frac{1}{2}}^{(1)}(x), & h_n^{(2)}(x) = \sqrt{\dfrac{\pi}{2x}}H_{n+\frac{1}{2}}^{(2)}(x) \end{cases} \tag{B-39}$$

即

$$b_n(x) = \sqrt{\frac{\pi}{2x}}Z_{n+\frac{1}{2}} \tag{B-40}$$

$$[Ex]\ \begin{cases} j_0(x) = \dfrac{\sin x}{x} = \mathrm{Sinc}\,x, & n_0(x) = -\dfrac{\cos x}{x} \\[2mm] h_0^{(1)}(x) = \dfrac{\mathrm{e}^{\mathrm{j}x}}{\mathrm{j}x}, & h_0^{(2)}(x) = \mathrm{j}\dfrac{\mathrm{e}^{-\mathrm{j}x}}{x} \end{cases} \tag{B-41}$$

$$\begin{cases} j_1(x) = \dfrac{\sin x}{x^2} - \dfrac{\cos x}{x}, & n_1(x) = \dfrac{\cos x}{x^2} - \dfrac{\sin x}{x} \\[2mm] h_1^{(1)}(x) = -\left(1 + \dfrac{\mathrm{j}}{x}\right)\mathrm{e}^{\mathrm{j}x}, & h_1^{(2)}(x) = -\left(1 - \dfrac{\mathrm{j}}{x}\right)\mathrm{e}^{-\mathrm{j}x} \end{cases} \tag{B-42}$$

$$b_{n+1}(x) = -x^n \frac{\mathrm{d}}{\mathrm{d}x}\left[\frac{b_n(x)}{x^n}\right] \tag{B-43}$$

$$b_{n+1}(x) = \frac{2n-1}{x}b_n(x) - b_{n-1}(x) = \frac{n}{x}b_n(x) - b'_n(x) \tag{B-44}$$

附录 C 两份开卷试题

电磁场与微波技术专业研究生开卷试题 A

课程名:现代天线技术　　　　**学分:　4**

一、填空题(30 分,每空 3 分)

1. 求解天线所辐射的电磁场的严格处理,是一个电磁场边值型问题。常用的近似方法是将它处理为分布型问题,即采用两步解法。第一步是近似确定天线上的_____分布(内问题);第二步再根据该分布求外场(外问题)。解的精度主要取决于第_____步。

2. 直径远小于工作波长 λ 的小电流环位于 x-y 平面,其中心为坐标原点 O,它的辐射可用原点 O 处沿 z 轴方向的磁流元 $I^m l$ 来等效。由对偶原理可得磁流元在远区场点 (r, θ, φ) 处的电场强度复振幅如下(θ 角从 z 轴算起):$E_\varphi = $ _____。

该磁流元的 E 面归一化方向图函数为_____,其方向性系数为_____。

3. 已知电流元最大辐射方向上远区 r_0 距离处,电场强度振幅为 $E_0(\mathrm{V/m})$,则该方向上远区 r_1 距离处,电场强度振幅为 $E_1 = $ _____ $(\mathrm{V/m})$;

该处磁场强度振幅为 $H_1 = $ _____ (_____);其 E 面上偏离最大方向 θ 角的相同距离处,磁场强度振幅为 $H_2 = $ _____ (_____)。(括号内请填上单位)

4. 一螺旋天线工作波长为 $\lambda = 7.6$ cm,增益为 30,发射功率为 12 W,在其轴向辐射圆极化波(轴比为 1)。当沿该方向在 $r = 1$ km 处用一半波振子接收时,收到的最大功率为 $P_{RM} = $ _____ W。

5. 根据洛夫等效性原理,实际场源在包围它的封闭面 S 外所产生的电磁场等于该面上等效场源所产生的场。设 S 面处的场为 $\bar{E}$,$\bar{H}$,其外法向单位矢量为 $\hat{n}$,则该处的等效场源为

$$\bar{J}_s = \underline{\hspace{4cm}}$$

$$\bar{J}_s^m = -\hat{n} \times \bar{E}$$

二、(25 分) 一半波振子位于理想导体板上方 $d = \lambda/4$ 处,导体板对上半空间的影响可利用其镜像振子来求出,如图 1 所示。

1. (10 分) 写出 x-z 面方向图函数 $f(\theta)$,并概画其方向图;

2. (10 分) 求振子归于其波腹电流 I_M 的辐射阻抗 Z_{r1} (计入导体板影响),并求此时天线(最大)方向性系数 D;

3. (5 分) 设该半波振子长径比 $l/a = 10$,若其实际长度为谐振长度,请用等效传输线法求其输入阻抗 Z_{in};其谐振长度为 $2l_0 = $ _____ λ。

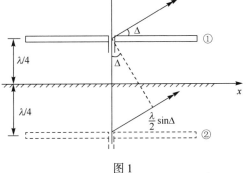

图 1

三、(25 分) 六元半波振子阵如图 2 所示, 元距 $d = \lambda/2$。

1.(10 分) 各振子电流等幅同相, 请写出 x-z 面归一化方向图函数 $F(\theta)$。概画其方向图;

2.(10 分) 各振子电流同相不等幅, 按旁瓣电平 SLL = -25 dB 的道尔夫–切比雪夫阵设计, 其电流分布为 1:1.881:2.588:2.588:1.881:1。请写出该电流分布时的 x-z 面归一化方向图函数 $F(\theta)$。其主瓣半功率宽度比上小题宽些还是窄些?

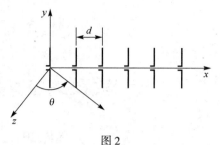

图 2

3.(5 分) 各振子电流等幅不同相, 其相位自左至右依次为 $o, \psi, 2\psi, \cdots, 5\psi$, 主波束最大方向沿逆时针方向偏离正 z 轴 $\theta_M = 20°$, 则此时 $\psi =$ _____ 度。

四、(20 分)

1.(10 分) 矩形微带天线的贴片几何尺寸为 $a' = 54$ mm, $b' = 36$ mm, 基片厚 $h = 2$ mm, 相对介电常数 $\varepsilon_r = 3.5$, 工作频率为 2.17 GHz。a)请估算该天线输入端与馈线匹配时, 其输入端电压驻波比小于 2 的百分相对带宽 $BW(S \leqslant 2)$;b)要求该矩形贴片天线的面积和谐振频率基本不变, 请举出 3 种展宽其百分带宽的设计方法。

2.(10 分) 一矩形口径 x 向尺寸为 a, y 向尺寸为 b, 如图 3 所示, 口径电场为 $E_a = E_0 \cos\dfrac{\pi x}{a}$, $a, b \gg \lambda$, 证明其口径效率为 $e_a = 0.81$。设 $a = 12\lambda$, $b = 10\lambda$, 则其增益为多少分贝? 若口径电场为 $E_a = E_0 \cos\dfrac{\pi x}{a}\cos\dfrac{\pi y}{b}$, 则口径效率 e_a 是多少?

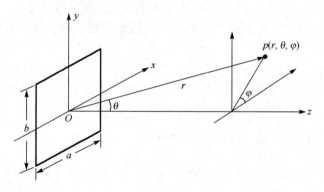

图 3

电磁场与微波技术专业研究生开卷试题 B

课程名:现代天线技术   学分: __4__

一、填空题(30 分，每空 3 分)

1. 已知电流元最大辐射方向上远区 r_1 距离处，电场强度振幅为 E_1(V/m)，则该方向上远区 r_2 距离处，电场强度振幅为 $E_2 = $ _____(V/m)；该处磁场强度振幅为 $H_2 = $ _____ _____(   )；其 E 面上偏离最大方向 θ 角的相同距离处，平均功率密度为 $S_r^{\mathrm{av}} = $ _____ _____(   )。(括号内请填上单位)

2. 根据洛夫等效性原理，实际场源在包围它的封闭面 S 外所产生的电磁场等于该面上等效场源所产生的场。设 S 面处的场为 $\bar{E}$, $\bar{H}$, 其外法向单位矢量为 $\hat{n}$, 则该处的等效场源为

$$\bar{J}_s^m = \hat{n} \times \bar{H}$$

$$\bar{J}_s = \underline{\hspace{4cm}}$$

3. 抛物面天线喇叭馈源的归一化方向图函数可表示为

$$F(\theta) = \begin{cases} \cos\theta, & 0 \leqslant \theta \leqslant 90° \\ 0, & 90° \leqslant \theta \leqslant 180° \end{cases},$$

则其半功率波瓣宽度为 HP = _____ 度，其方向性系数为 $D = $ _____, 即 _____ dB。

4. 一螺旋天线工作波长为 $\lambda = 7.6$ cm，增益为 25，发射功率为 16 W，在其轴向辐射圆极化波(轴比为 1)。当沿该方向在 $r = 1$ km 处用一半波振子接收时，收到的最大功率为 $P_{\mathrm{RM}} = $ _____ W。

5. 设同相矩形口径 x 向尺寸为 $a = 12\lambda$, y 向尺寸为 $b = 10\lambda$, λ 为工作波长。其口径上的电场为 $\bar{E}_a = \hat{y}E_y$, $E_a = E_0\cos\dfrac{\pi x}{a}\cos\dfrac{\pi y}{b}$。该矩形口径的口径效率为 $e_a = $ _____；其 E 面半功率波瓣宽度为 HP = _____ 度。

二、(25 分) 一半波振子位于理想导体板上方 $d = \lambda/4$ 处，如图 1 所示。

1. (10 分) 写出 x-z 面方向图函数 $f(\theta)$, 并概画其方向图。

2. (10 分) 求振子归于其波腹电流 I_M 的辐射阻抗 Z_{r1} (计入导体板影响)，并求此时天线(最大)方向性系数 D ;

3. (5 分) 设该半波振子长径比 $l/a = 10$, 若其实际长度为谐振长度，请用等效传输线法求其输入阻抗 Z_{in} ;其谐振长度为 $2l_0 = $ _____ λ 。

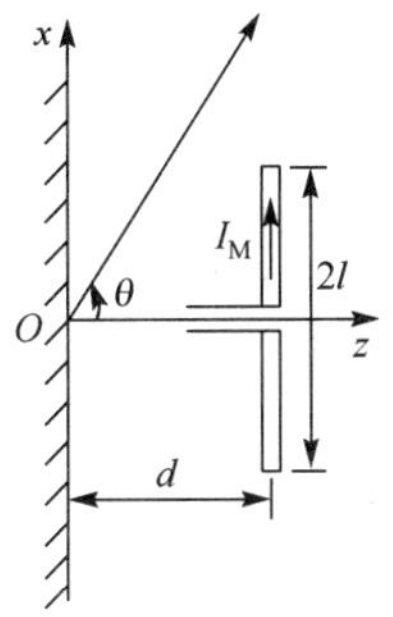

三、(25 分) 六元半波振子阵如图 2 所示，元距 $d = \lambda/2$ 。

1. (10 分) 各振子电流等幅同相，请写出 x-z 面归一化方向图函数 $F(\theta)$, 并概画其方向图;

2. (10 分) 各振子电流同相不等幅，按旁瓣电平 SLL = − 20 dB 的道尔夫–切比雪夫阵设计，其电流分布为 1:1.437:1.850:1.850:1.437:1。请写出该电流分布时的 x-z 面阵因子归一化方向图函数 $F_a(\theta)$ 。其主瓣半功率宽度比上小题宽些还是窄些?

图 1

3.(5分) 各振子电流等幅不同相,其相位自左至右依次为 $o, \psi, 2\psi, \cdots, 5\psi$,主波束最大方向沿顺时针方向偏离 z 轴 $\theta_M = 25°$,则此时 $\psi =$ _____ 度。

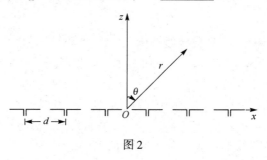

图2

四、(20分)

1.(10分) 矩形微带天线的贴片几何尺寸为 $a' = 31.8$ mm,$b' = 21.2$ mm,基片厚 $h = 2$ mm,相对介电常数 $\varepsilon_r = 2.8$,求其谐振频率 f_{01}。请估算该天线输入端与馈线匹配时,其输入端电压驻波比小于2的百分相对带宽 BW($S \leq 2$)。

2.(10分) 在上海接收某卫星的 Ku 频段电视节目时,要求抛物面天线增益为 $G = 33$ dB,即 1995,波长为 $\lambda = 2.5$ cm。a)若天线效率达到 $e_A = 70\%$,请选定天线直径 d 及焦距 f,取 $f/d = 0.35$,并求其半张角 θ_m;b)该天线是按最佳张角原则设计的,其口径边缘照射电平约为 -11 dB。若半张角 θ_m 取得比最佳情形时更大(直径 d 不变,f/d 减小),如图3虚线所示,则天线增益 G,半功率波瓣宽度 HP 和旁瓣电平 SLL 各如何变化?

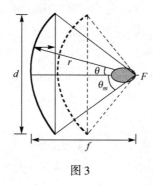

图3

附录 D 带 Δ 号习题的答案

第 1 章 基本定理与基本辐射元

1.2-4 1）0.5 mV/m； 2）1.15 μA/m

1.2-5 63.2 μW

1.2-6 $I_0 = 100$ A，$P_r = 9.87$ kW

1.2-8 $e_r = 21.3\%$，$R_{in} = 0.033$ Ω

1.3-3 1）$4\pi \dfrac{A_0}{\lambda^2} = \dfrac{L}{\lambda}$，$(j\hat{\theta} + \hat{\varphi})\dfrac{30\pi}{r\lambda}Il\sin\theta \cdot e^{-jkr}$，右旋圆极化波； 2）$\sin\theta$

1.3-6 80.8%，91.7%

1.5-1

电流源 $\overline{J}$	磁流源 $\overline{J}^m$	电流源 $\overline{J}$	磁流源 $\overline{J}^m$
$\overline{E}^e$	$\overline{H}^m$	ε	$-\mu$
$\overline{H}^e$	$\overline{E}^m$	μ	$-\varepsilon$
$\overline{J}$	$-\overline{J}^m$	k	k
$\overline{A}$	$-\overline{F}$	η	$1/\eta$

第 2 章 对称振子和电参数

2.1-2 $0.44\sqrt{L^3/\lambda} \leqslant r \leqslant L^2/\lambda$，50.4 m $\leqslant r \leqslant$ 1.3 km

2.1-4 1）47.7 m； 2）7.7 m； 3）6.76 km

2.1-8 1）6.7 Ω； 2）200 Ω

2.2-1 1）9.2 μV/m； 2）2000 W

2.2-4 1）8； 2）144.5°，90°； 3）4

2.2-7 1）99.8%，1.82 dB； 2）99.97%，3.8 dB

2.3-1 1）1.46，96.5%； 2）2.16，86.5%

2.3-5 0.708 m，73.1 Ω

2.4-2 1）$e_p = 1 + \Delta_1\Delta_2\cos^2\Delta\tau - \left(\dfrac{\Delta_1 + \Delta_2}{2}\right)^2$，$e_{pmax} = 1 - \left(\dfrac{\Delta_1 - \Delta_2}{2}\right)^2$，$e_{pmin} = 1 - \left(\dfrac{\Delta_1 + \Delta_2}{2}\right)^2$；

  2）0.972

2.5-3 1）5 kW，37 dB； 2）0.293 pW/m²（μμW/m²），0.585 fW/m²（m μμW/m²）；

  3）1768； 4）2.32 pW（μμW）

第 3 章 天线阵的分析与综合

3.1-1 1）$F(\theta) = \dfrac{\cos\left(\dfrac{\pi}{2}\cos\theta\right)}{\sin\theta} \cdot \cos(\pi\cos\theta)$； 2）$F(\theta) = \dfrac{\cos\left(\dfrac{\pi}{2}\cos\theta\right)}{\sin\theta} \cdot \cos(1.5\pi\cos\theta)$；

  3）$F(\theta) = \dfrac{\cos\left(\dfrac{\pi}{2}\cos\theta\right)}{\sin\theta} \cdot \cos\left(\dfrac{\pi}{2}\cos\theta - 15°\right)$

3.1-3 $F(\theta) = \dfrac{\cos\left(\dfrac{\pi}{2}\sin\theta\right)}{\cos\theta} \cdot \cos(6\pi\sin\theta)$，4.8°

3.2-1 1）$60.5 + j11.6$ Ω； 2）60.5 Ω，30.3 Ω； 3）121 Ω，3.97

3.3-1 1）$F(\theta) = \dfrac{\cos\left(\dfrac{\pi}{2}\sin\theta\right)}{\cos\theta} \cdot \dfrac{\sin(3\pi\sin\theta)}{6\sin\left(\dfrac{\pi}{2}\sin\theta\right)}$，19.5°，41.8°，90°

2) $F(\theta) = \dfrac{\cos\left(\dfrac{\pi}{2}\sin\theta\right)}{\cos\theta} \cdot \dfrac{\sin(6\pi\sin\theta)}{6\sin(\pi\sin\theta)}$，$9.6°$，$19.5°$，$30°$，$41.8°$，$56.4°$

3) $F(\theta) = \dfrac{\cos\left(\dfrac{\pi}{2}\sin\theta\right)}{\cos\theta} \cdot \dfrac{\sin(4.8\pi\sin\theta)}{6\sin\left(\dfrac{4\pi}{5}\sin\theta\right)}$，$12°$，$24.6°$，$38.7°$，$56.4°$

3.3-5　1)4.92，5.47；　2)6.56，7.49；　3)4，4.30

3.3-8　1)$-0.643\pi = -115.7°$；　2)$d < 0.609\lambda$，0.566λ

3.4-2　1)$I_1 : I_2 : I_3 : I_4 = 2.649 : 2.231 : 1.547 : 1$；

　　　2)$F_a(\theta) = \left[2.649\cos\left(\dfrac{\pi}{2}\sin\theta\right) + 2.231\cos\left(\dfrac{3\pi}{2}\sin\theta\right) + 1.547\cos\left(\dfrac{5\pi}{2}\sin\theta\right) + \cos\left(\dfrac{7\pi}{2}\sin\theta\right)\right]/7.427$ ；

　　　3)$15.4°$；　4)$12.8°$，8；　$22.5°$，4.77

第4章　振子天线

4.1-5　1)3；　2)0.023λ，$l_0 = 0.467\lambda$；　3)$219.3\ \Omega$

4.2-1　1) $F(\Delta) = 1 \cdot \dfrac{\sin(2\pi\sin\Delta)}{4\sin\left(\dfrac{\pi}{2}\sin\Delta\right)} \cdot 1 \cdot \sin\left(\dfrac{\pi}{2}\cos\Delta\right) \cdot \sin(5.6\pi\sin\Delta)$

　　　2)83.8(19.2 dB)

4.3-2　6，$S_R = 0.2\lambda$，$S_D = 0.25\lambda$，$2l_R = 0.485\lambda$，$2l_{D1} = 0.435\lambda$，$2l_{D2} = 0.427\lambda$，$2l_{D1} = 0.427\lambda$，$2l_{D1} = 0.435\lambda$，$2l_0 = 0.476\lambda$，$\lambda = 37.22$ cm

第5章　行波天线与超宽带天线

5.3-2　$L = 20$ mm，$d = 4.2$ mm，$Nl = 82$ mm，$R_r = 2.3\ \Omega$

5.3-6　1) 8；　2) $D = 21.12(13.3$ dB)；　3) 1.0625；　4) 412～570 MHz；
　　　5) 121.5 Ω，165.5 Ω；　$48.5°$，$30.5°$

第6章　缝隙天线和微带天线

6.3-2　9.6 GHz

6.3-3　$F_H(\theta) = \dfrac{\sin\left(\dfrac{k_0 a}{2}\sin\theta\right)}{\dfrac{k_0 a}{2}\sin\theta}\cos\theta$，$F_E(\theta) = \cos\left(\dfrac{k_0 b}{2}\sin\theta\right)$

6.3-5　1) 9.5，(5.82，2.09)；　2) 5%，52%，3.1(4.9 dB)

6.3-11　TM_0，TM_0

第7章　口径天线基础和喇叭天线

7.3-1　$F_H(\theta) = \dfrac{1 + \cos\theta}{2} \dfrac{\cos\left(\dfrac{ka}{2}\sin\theta\right)}{1 - \left(\dfrac{ka}{\pi}\sin\theta\right)^2}$　$3.4°$，0.66，2820(34.5 dB)

第8章　反射面天线及透镜天线

8.2-5　$60.57°$

8.3-1　1) 0.828，81720，−11.3 dB；　2) 0.615，60698，−19.8 dB，主瓣变宽，旁瓣电平下降；
　　　3) e_A不变，G增大，主瓣变窄，旁瓣电平不变

附录E 缅怀和感谢四位导师

E.1 缅怀谈笑风生的罗远祉教授

罗远祉教授是华裔美籍天线专家，美国伊利诺伊大学电磁实验室主任，美国工程院院士。他的英文名简称是Y. T. Lo，美国学生往往就称他为YT。罗教授早年就读于清华大学，在研究生阶段获得"庚子赔款"资助，留学美国。新中国成立以后，因中美交通不便而留在了美国。改革开放后，罗教授是第一批回国探亲的华裔专家，兼任了国内多所大学的客座教授。他的姐姐住在武汉，他本人讲话还带有明显的湖北口音。

我是在1981年参加在美国召开的国际天线会议时认识罗教授的。当时，微带天线刚刚兴起，报告微带天线的会议现场座无虚席，连室外都站满了人。当时做报告的正是罗教授。他带领着他的研究生最早提出了著名的微带天线空腔模型理论，因此我慕名前去跟着做研究，他也很欢迎我一起工作。那时，我已近不惑之年，但他认为我看起来还年轻。他为人开朗，平易近人，至今我还记得他亲自到机场接我，亲自做烤鸡的情景。

罗教授在伊利诺伊大学对我的重要教诲是"对学生一定要好！"他自己正是这样给我做表率的。当时就有研究生对我说，有位同学与罗教授情同父子，罗教授如果让他跳河，估计他也会真的跳下去！罗教授在他的一篇著名的论文中，考虑到这位研究生贡献大，将其名字署在自己之前。

罗教授很重视创新。他说，在科研上一定要做第一人。若成为第二人就晚了！在他的影响下，他的团队里充满创新活力，甚至出去游玩都要想新花样。平时言谈中常出现的一个词是"make sense"（有意义）。

罗教授既重视创新，又重视实验验证。他的实验室里不仅有阻抗测试仪器，还有测方向图的设备。我最初就是在做阻抗实验时，发现我们新提出的双频微带天线现象的。起初，我们发现的是单频和倍频，后来测方向图发现两者的最大方向不同。于是，我们另选了单频和三倍频，并进行了微扰处理。

值得一提的是，虽然1981年我就跟罗教授开展了微带天线研究，并于1991年由西电科大出版社出版了《微带天线理论与应用》一书，但直到2000年以后，国内才见微带天线论文陆续发表。这表明，我国在这方面的研究比国际上差不多滞后了20年！

罗教授讲课谈笑风生，似乎许多事都"funny"（有趣）。他正是从有趣的事例中引导大家进入新课题。他上课还喜欢做示范表演，来上课时往往带着仪器。比如，利用三棱镜表演白光分离成七色光；利用玻璃水箱展示钢棒在空气和水的界面处的折射；展示很小的微带天线。有时，他也带学生去参观大型的射电望远镜天线等。

罗教授生活俭朴，凡事都亲自动手。他虽已远去，但音容笑貌仍历历在目。

E.2 缅怀德高望重的毕德显教授

毕德显教授是我国解放初期评定的全国无线电专业的三位一级教授之一（另两位是清华大学的孟绍英教授和华南工学院的冯秉璋教授），中国科学院院士。毕教授博士毕业于美国加州理工学院。1952年，他作为大连工学院电机系主任，带领全系211位师生（包括保铮等人）到张家口的解放军通信学院，任雷达教授会主任。他学识渊博，谦虚谨慎，平易近人。早在抗美援朝期间，他就写出了"坑道天线"论文，解决了志愿军野战的通信问题。1957年，我在解放军通信学院上二年级时，学校里曾贴出一些教学方面的辩论性大字报。我看见他亲自出来，认真地看有关自己的大字报，并用本子做记录，镇定自若。真是君子坦荡荡！

1958年，他亲自担任雷达工程系三甲班专业基础课"脉冲技术"的主讲教师，并兼任我所在组的辅导教师。他讲课不慌不忙，条理清晰，循循善诱。他的板书更是令人叫绝，英文写得既工整又潇洒！我后来努力学着按他的写法来书写英文。那时，我们这些学生普遍认为脉冲技术课是本专业最难的课程，但听他讲课时并不觉得难，似乎没有特别的难点，习题也会做。他在上辅导课时，总是先把怀表拿出来放到讲台上，以便掌控时间，然后全班一一点名。后来当他再见到我，果然还记得我是他教过的学生。

1960年秋，我毕业后留校任教。之后的两年内，毕教授和我先后来到重庆雷达学院。毕教授当时任副院长，但他还亲自来听我讲课。课后鼓励我说，"你的板书很清楚，圆图画的很规范啊！"那时我校有两位天线界老前辈：茅于宽教授和沈铁汉教授。两人曾因学术问题发生争执，只得请毕教授评断。他仔细听取了双方的观点，然后说两人都具体算一算再做结论。后来两人分别找年轻教师帮忙一起计算。为此先需要得出可行的计算模型，从而使问题向前深入了一步。

1978年10月，我在南京参加全国天馈线交流会议期间，曾经拜访毕教授。那时他虽经丧偶之痛，但看起来仍精神矍铄。与以前一样，他笑眯眯地回答我的问候。我问他"还记得我不？"他连声说"记得！记得！"他还特别问起茅于宽教授，思路清晰。那时他脚穿一双圆口布鞋，行走能力已不如前了。

1985年电子工业出版社出版了毕教授所著《电磁场理论》，该书成为全国电磁场领域的经典著作。在我所著的《电磁场与波》（清华大学出版社出版）一书中，将毕教授的著作列为我的参考文献列表的第一行。他与我的美国导师罗远祉教授一样，向他求教任何问题时我总能获得确切的答复。

敬爱的毕德显教授德技双馨，千古流芳！

E.3　追忆乐于求新的茅于宽教授

茅于宽教授是中国电子学会天线专业委员会第一任主任委员。他在1944年毕业于昆明西南联合大学物理系，然后在云南省当了几年中学教师。他聪颖好学，积极上进，那时就加入了中国共产党。他是江苏镇江人，是我国著名桥梁专家茅以升的亲侄子。由家中亲人资助，他到美国纽约大学物理系读了两年硕士。当我在解放军通信学院求学时，经常看到他身着深咖色呢子中山装，别有风姿！茅教授当年在雷达教授会任职，曾带着两名讲师丁鹭飞和余雄南来给我们介绍本专业情况，热心地回答我们提出的各种问题。

茅教授率先编写了电波传播教材，给我们开设了这门课。后来他又编写了部分天线教材，包括阻抗理论与天线的馈电等内容，作为《天线设备》一书的中册。他还组织翻译了《天线工程手册》（由电子工业出版社出版）。他的理解力和记忆力都非常好，讲课时从不带教案，全凭记忆。一般他都能把问题讲清楚，只是偶尔会把后续章节的内容提前讲了。

茅教授可以说是我最亲近的老师，同事们也认为我是他的"左右手"之一（他有不少下属）。他热心接各方面的科研任务，曾带我们到原电子工业部南京第十四研究所、贵州都匀天线厂、陕西阎良飞机制造厂等地调研办学。他很重视理论与实践相结合，早在上世纪50年代就负责设计了气象雷达天线，相继又研制过炮瞄跟踪雷达天线、射电望远镜天线等。曾任西安电子科技大学校长的梁昌洪是茅教授指导的第一位硕士研究生，当时他一入学就被茅教授派去下厂锻炼。

茅教授特别注意国际上的学术发展动态，在国内最先给我们介绍当时的新技术，如大型射电望远镜天线、波纹喇叭、微带天线等。因此，他也很早就带领大家从事这些新课题的研究。

作为一名中共党员，茅教授积极参加党组织的各项活动。开展"忆苦思甜"活动时，他曾为大家回顾了师母陈医师一家曾经的贫苦生活。他虽年事已高，也跟我们一起下农村参加夏收和秋收活动。在麦收休息期间，他倚着麦垛打盹的情景，我至今记忆犹新……

茅教授先后担任过包含信息论、天线与电波传播、微波技术等三个专业的教研室主任和电磁工程系主任。作为领导，他特别能做到人尽其才，比如安排实验室的同志安装共用电视天线系统，分配数理基础较好的同志研制波纹喇叭等。

茅教授虽然是留美归国的高水平学者，但从不摆架子，能包容不同意见的人，平时不说不利于同志团结的话。

亲爱的茅于宽老师已远去了，但他乐于求新、诲人不倦的身影常存于我们心中！

E.4　感谢宽厚博学的Akira Ishimaru教授

Akira Ishimaru（石丸昭）教授是日裔美籍电磁专家，美国工程院院士。他在位于西雅图的华盛顿大学获得电机学和数学双博士学位，并留校任教。他的数理功底深厚，为人大度，宽厚博学，具有学者风范。

早在1979年的IEEE国际天线会议期间，西安电子科技大学的茅于宽教授与Ishimaru教授相识。那时我已通过公派出国考试，经茅教授推荐，于1980年3月到了西雅图的华盛顿大学。Ishimaru教授亲自到机场接我，并带我到他家用餐。

Ishimaru教授上课时总是边讲边在黑板上写字，因此英语听力尚差的我也都能听懂并做好笔记。当时他准备了讲义，其内容后来已整理出版，其中包括了经典的电波传播论述。讲课时，他的数学推导非常详尽。许多电磁学的经典论题，如电偶极子近区电磁场的推导等，我正是从这里学到的。后来，当我到伊利诺伊大学进修时，罗远祉教授曾考问我此类问题，我的答案就来自Ishimaru教授所授知识。Ishimaru教授讲课还有一个特点令人难忘，他往往在还剩4~5分钟就要下课的时候，抓紧时间讲一个新问题。

Ishimaru教授要求我们每周一向他汇报上周工作情况。为此我每天都必须努力学习，而且在见他之前要认真准备。由于我口语欠佳，还必须预先演练一番。为了尽快提高口语能力，我经常主动与外国学生交谈，从而结交了多位美国、德国和日本等国的朋友。

Ishimaru教授要求他的每位研究生和访问学者都准备论文，参加1981年在洛杉矶召开的IEEE国际天线会议。这是我首次参加国际会议，并首次用英语作报告和回答问题。会议费和来回的旅费等都由Ishimaru教授安排解决了，我非常感谢！不幸的是，在从洛杉矶返回西雅图途中，一位日本朋友因疲劳驾驶，天气炎热，在号称Death Valley（死谷）的沙漠地带，当快到停车点时不慎冲出高速公路，翻了车。我被摔出车外，左肩受伤，被救护车送至医院治疗。当时我昏迷了十几个小时。伤愈后，Ishimaru教授每次见到我都会问"肩膀怎么样了？"

Ishimaru教授专心于学术研究，直到年近90岁高龄仍在钻研学问，并参加国际会议，担任大组主席等职务。他家中养了一只小猫，全家和谐，其乐融融。这可能正是他健康长寿的原因之一吧！直到前几年，每年圣诞节我都能收到他的节日祝贺和全家人的当年合影。

当然，Ishimaru教授的高寿一定还得益于他的宽厚大度和对学术的孜孜不倦的追求！

参 考 文 献

基本参考书

1° C. A. Balanis, *Antenna Theory：Analysis and Design*, 3rd ed., John Wiley & Sons, New Jersey, 2005.
C. A. 巴拉尼斯. 天线理论—分析与设计, 上册(于志远等译), 下册(钟顺时等译). 北京:电子工业出版社, 1988.

2° W. L. Stutzman, G. A. Thiele. 天线理论与设计(第2版). 朱守正, 安同一, 译. 北京:人民邮电出版社, 2006.

3° J. D. Kraus, K. J. Marhefka. 天线(第三版), 章文勋, 译. 北京:电子工业出版社, 2007.

4° 刘克成, 朱学诚. 天线原理与设计. 长沙:国防科技大学出版社, 1989.

5° 钟顺时. 高等天线理论, 上册. 西安:西安电子科技大学, 1988.

6° 沈铁汉. 雷达天线设备, 上册. 重庆:解放军雷达工程学院, 1963.

7° Г. З. 爱金堡. 超高频天线. 毕德显等, 译. 北京:人民邮电出版社, 1961.

8° А. Л. ДРАБКИН и В. Л. ЗУЗЕНКО, *АНТЕННО-ФИДЕРНЫЕ УСТРОЙСТВА*, ИЗДАТЕЛЬСТВО "СОВЕТСКОЕ РАДИО", МОСКВА, 1961.

9° 林昌禄, 聂在平, 主编. 天线工程手册. 北京:电子工业出版社, 2002.

10° 钟顺时. 电磁场与波(第2版). 北京:清华大学出版社, 2015.

11° R. F. 哈林登. 正弦电磁场. 孟侃, 译. 上海:上海科学技术出版社, 1961.

12° C. A. Balanis ed., *Modern Antenna Handbook*, John Wiley & Sons, USA, 2008.

第1章

1. 任朗. 天线理论基础. 北京:人民邮电出版社, 1980.

2. 谢处方. 近代天线理论. 成都:成都电讯工程学院出版社, 1987.

3. G. N. Smith, Radiation efficiency of electrically small multiturn loop antennas, *IEEE Transactions on Antennas and Propagation*, AP-20(5), Sept. 1972:656-657.

4. L. -W. Li, M. -S. Leong and M. -S. Yeo, Exact solutions of electromagnetic fields in both near and far zones radiated by thin circular-loop antennas：a general representation, *IEEE Transactions on Antennas and Propagation*, 45(12), Dec. 1997:1741-1748.

5. 毛乃宏, 俱新德. 天线测量手册. 北京:国防工业出版社, 1987.

第2章

1. 梁昌洪, 谢拥军, 官伯然. 简明微波. 北京:高等教育出版社, 2006.

2. 毛乃宏, 俱新德. 天线测量手册. 北京:国防工业出版社, 1987:148-149.

3. M. I. Skolnik, Radar Handbook, 2nd ed., 王军, 译. 北京:电子工业出版社, 2003:40.

4. 中航雷达与电子设备研究院. 机载雷达手册. 北京:国防工业出版社, 2004:215.

第3章

1. А. Г. 阿林贝尔格. 公寸波与公分波的传播. 尚志祥, 译. 北京:国防工业出版社, 1959:44-45.

2. E. C. 约敦. 电磁波与辐射系统. 人民邮电出版社, 译. 北京:人民邮电出版社, 1959:579-582.

3. Wei Wang, Shun-Shi Zhong, Mei-Qing Qi and Xian-Ling Liang, Broadband ridged-waveguide slot-antenna array fed by a back-to-back ridged waveguide, *Microwave and Optical Technology Letters*, 45 (2), Apr. 2005: 102-104.

4. 钟顺时，朱春辉. 一种低旁瓣微带天线阵的分析与设计. 上海大学学报(自然科学版)，1(6)，1995.12: 680-688.

5. D. Barbiere, A method for calculating the current distribution of Chebysheff arrays, P. IRE, Jan. 1952:78-82.

6. A. Safaai-Jazi, A new formulation for the design of Chebyshev arrays, *IEEE Transactions on Antennas and Propagation*, 42(3), Mar. 1994:439-443.

7. 汪茂光，吕善伟，刘瑞祥. 阵列天线的分析与综合. 成都:电子科技大学出版社，1989:19-22.

8. R. J. Mailloux, 相控阵天线手册(第二版). 南京电子技术研究所，译. 北京:电子工业出版社，2007.

9. 吕善伟. 天线阵综合. 北京:航空专业教材编审组，1986.

10. R. C. Hansen, Linear arrays, in A. W. Rudge, K. Milne, A. D. Olver, P. Knight ed., *The Handbook of Antenna Design*, Vol. 2, London, Peter Peregrinus, 1983.

11. 金荣洪，耿军平，范瑜. 无线通信中的智能天线. 北京:北京邮电大学出版社，2006.

12. D. K. Cheng, Optimization techniques for antenna arrays, *Proc. IEEE*, 59(12), Dec. 1971:1664-1674.

13. D. K. Cheng and F. I. Tseng, Gain optimization for arbitrary antenna arrays, *IEEE Transactions on Antennas and Propagation*, AP-13(6), Nov. 1965:973-974.

14. 刘源，邓维波，许荣庆. 高频超方向性天线阵列设计. 微波学报，20(4)，2004,12:72-75.

15. Y. T. Lo, Aperiodic Arrays, in Y. T. Lo and S. W. Lee ed., *Antenna Handbook: Theory, Applications, and Design*, New York, Van Nostrand Reinhold, 1982.

16. 陈腾博，陈铁博，焦永昌，张福顺. 采用非线性最小二乘法实现圆环天线阵的方向图综合. 微波学报，21(1)，2005.2:1-4.

第4章

1. r. з. 爱金堡. 短波天线. 杨渊，译. 北京:人民邮电出版社，1965:218-222.

2. 周朝栋，王元坤，周良明. 线天线理论与工程. 西安:西安电子科技大学出版社，1988:38-44.

3. 胡树豪. 实用射频技术. 北京:电子工业出版社，2004:42-80.

4. J. W. Duncan and V. P. Minerva, 100:1 Bandwidth balun transformer, *Proceedings of IRE*, Vol. 48, Feb. 1960:156-163.

5. P. Viezbicke, *Yagi Antenna Design*, NBS Technical Note 688, U. S. Government Printing office, Washington DC, Dec. 1976.

6. H. W. Ehrenspeck, The short-backfire antenna, *Proc. IEEE*, 53(4), Aug. 1965:1138-1140.

7. V. Trainotti and L. A. Dorado, Short low-and medium-frequency antenna performance, *IEEE Antenna and Propagation Magazine*, 47(5), Oct. 2005:66-89.

8. 王元坤，李玉权. 线天线的宽频带技术. 西安:西安电子科技大学出版社，1995.

9. 纪奕才. VHF宽带小型化套筒天线的优化设计. 电波科学学报，18(6)，2003.12:659-662.

10. Kin-Lin Wong, *Planar Antenna for Wireless Communications*, John Wiley & Sons, 2003.

11. L. -N. Zhang, S. -S. Zhong, X. -L. Liang and C. -H. Li, Compact meander monopole antenna for tri-band WLAN application, *Microwave and Optical Technology Letters*, 49(4), Apr. 2007:986-988.

12. 蒋同泽. 现代移动通信系统. 北京:电子工业出版社，1994.

13. A. Sakitani, and S. Egashira, Analysis of coaxial collinear antenna: recurrence formula of voltages and admittances at connections, *IEEE Transactions on Antennas and Propagation*, 39(1), Jan. 1991:15-20.

第5章

1. H. Jasik ed., *Antenna Engineering Handbook*, McGraw-Hill, New York, Sept. 1961;9.4-7.

2. C.-F, Huang and C.-H. Chiu, A WLAN-used helical antenna fully integrated with the PCMCIA carrier, *IEEE Transactions on Antennas and Propagation*, 53(12), Dec. 2005;4164-4168.

3. E. C. Jordan, G. A. Deschamps, J. D. Dyson and P. E. Mayes, Developments in broadband antennas, *IEEE Spectrum*, 1, Apr. 1964;58-71.

4. R. C. Johnson, *Antenna Engineering Handbook*, 3rd ed., McGraw-Hill, New York, 1993;14-22 ~ 14-25.

5. 朱玉晓, 钟顺时, 许赛卿, 张丽娜. 小型化平面螺旋天线及其宽频带巴伦的设计. 上海大学学报(自然科学版), 14(6), 2008.12;581-584.

6. Zhu Yu-Xiao, Zhong Shun-Shi and Xu Sai-Qing, Miniaturized compound spiral slot antenna, *Microwave and Optical Technology Letters*, 50(11), Nov. 2008;2799-2801.

7. R. L. Carrel, Analysis and Design of the Log-Periodic Dipole Antenna, Ph. D Dissertation, Elec. Eng. Dept, University of Illinois, 1961.

8. 金元松. 对数周期偶极子天线全空间可变相位中心. 电波科学学报, 22(2), 2007.4;229-233.

9. Zhi Ning Chen and Michael Y. W. Chia, *Broadband Planer Antennas*, John Wiley & Sons, Hoboken, NJ, 2006.

10. 钟顺时, 梁仙灵, 延晓荣. 超宽带平面天线技术. 电波科学学报, 22(2), 2007.4;308-315. S. Zhong, X. Yan and X. Liang, UWB Planar antenna technology, *Frontiers of Electrical and Engineering in China*, 3(2), June 2008;136-144.

11. S.-S. Zhong, X.-L. Liang, W. Wang, Compact elliptical monopole antenna with impedance bandwidth in excess of 21 : 1, *IEEE Transactions on Antennas and Propagation*, 55(11), Nov. 2007;3082-3085.
钟顺时, 梁仙灵, 汪伟. 超宽带梯形地板印刷单极天线. 中国发明专利 ZL200510024288.7,2008.2.13 授权公告。

12. Shun-Shi Zhong, UWB and SWB planar antenna technology. in Igor Minin ed.; *Microwave and Millimeter Wave Technologies; Modern UWB Antennas and Equipment*. InTech, New Delhi,2010;63-82.

13. S. Gevorgain, J. L. Linner, E. L. Vollberg, CAD models for shielded multilayer CPW, *IEEE Transactions on Microwave Theory Technology*, 43(4), Apr. 1995;772-779.

14. J. Liu, S. Zhong, and K. P. Esselle, A printed elliptical monopole antenna with modified feeding structure for bandwidth enhancement. *IEEE Transactions on Antennas and Propagation*, 59(2),Feb. 2011;667-670.

15. X.-R. Yan, S.-S. Zhong, G.-Y. Wang, The band-notch function for a compact coplanar waveguide-fed super-wideband printed monopole, *Microwave and Optical Technology Letters*, 49(11), Nov. 2007; 2769-2771.

16. B. A. Munk, *Finite Antenna and FSS*, John Wiley & Sons, Hoboken, NJ, 2003;181-213.

17. D. Norman, D. H. Schaubert, B. Dewitt, and J. Putnam, Design and test results for dual polarized Vivaldi antenna array, *Proceedings of 2005 Antenna Applications Symposium*, Monticello, IL, Sept. 2005;243-267.

18. P. Friederich et al, A new class of broadband planar apertures, *Proceedings of 2001 Antenna Applications Symposium*, Allerton Park, IL, Sept. 2001;561-587.

19. B. B. Mandelbrot, *The Fractal Geometry of Nature*, W. H. Freeman, New York, 1983.

20. D. H. Werner, R. L. Haupt, and P. L. Werner, Fractal antenna engineering: the theory and design of fractal antenna arrays, *IEEE Antennas Propagation Magazine*, 41(5),1999;37-58

21. 刘英, 龚书喜, 傅德民. 分形天线的研究进展. 电波科学学报,17(1), 2002;54-58

22. J. P. Gianvittorio and Y. Rahmat-Samii, Fractal antennas: a novel antenna miniaturization technique and applications, *IEEE Antennas Propagation Magazine*, 44(1),2002;20-35

23. D. H. Werner and S. Ganguly, An overview of Fractal antenna engineering research, *IEEE Antennas Propagation Magazine*, 45(1), 2003;38-56.

第6章

1. F. -W. Yao, S. -S. Zhong, Broadband and high-gain microstrip slot antenna, *Microwave and Optical Technology Letters*, 48(11), Nov. 2006: 2210-2212.

   钟顺时, 姚凤薇, 梁仙灵. 超宽带高增益印刷缝隙天线. 中国发明专利 ZL200510111336.6, 2008.5.26 授权公告.

2. 钟顺时. 微带天线理论与应用. 西安: 西安电子科技大学出版社, 1991.

3. H. E. Schrank, 低旁瓣相控阵天线(钟顺时译), 现代雷达动态, 1983 年第12期: 1-6; *IEEE Antennas and Propagation Society Newsletter*, 25(2), Apr. 1983: 5.

4. 钟顺时, 费桐秋, 孙玉林. 波导窄边缝隙阵天线的设计. 西北电讯工程学院学报, 1976 年第1期: 165~184.

5. R. J. Stevenson, Theory of slots in rectangular waveguide, *Journal of Applied Physics*. Vol. 19, 1948: 24-38.

6. 尼. 季. 薄瓦. 超高频天线. 北京: 人民教育出版社, 1959: 264-267.

7. R. S. Elliott. *Antenna Theory and Design*, Prentice-Hall, 1981: 408-410.

8. 康行健. 天线原理与设计. 北京: 国防工业出版社, 1995: 137-139.

9. W. Wang, S. S. Zhong, J. Jin, X. L. Liang, An untilted edge-slotted waveguide antenna array with very low cross-polarization. *Microwave and Optical Technology Letters*, 44(1), Jan. 2005: 91-93.

   汪伟, 金剑, 钟顺时. 宽频带膜片激励波导窄边非倾斜缝隙阵天线. 微波学报, 21(5), 2005.10: 30-33.

10. 汪伟, 张洪涛, 齐美清, 卢晓鹏, 张玉梅. 脊波导倾斜缝隙对天线, 中国发明专利, ZL200910184962.6, 2013.1.3 授权公告.

11. W. Wang, S. -S. Zhong, Y. -M. Zhang and X. -L. Liang, A broadband slotted bridge waveguide antenna array, *IEEE Transactions on Antennas and Propagation*, 54(8), Aug. 2006: 2416-2420.

12. 方大纲. 电磁理论中的频谱方法. 合肥: 安徽教育出版社, 1995.

13. D. G. Fang, *Antenna Theory and Microstrip Antenna*, Science Press, Beijing, 2006.

14. K. C. Gupta, Multiport network modeling approach for computer aided design of microstrip patches and arrays, *IEEE Antennas Propagation Society International Symposium*, Dig. Vol. 2, Blacksburg, VA, June 1987: 786-789.

15. S. Yano and A. Ishimaru, A theoretical study of the impedance of a circular mocrostrip disk antenna, *IEEE Transactions on Antennas and Propagation*, AP-29(1), Jan. 1981: 77-83.

16. P. Perlmutter, S. Shtrikman, and J. Treres, Electric surface current model for the analysis of microstrip antennas with application to rectangular elements, *IEEE Transactions on Antennas and Propagation*, AP-33(3), Mar. 1985: 301-311.

17. S. S. Zhong and Y. T. Lo, Single-element rectangular microstrip antenna for dual-frequency operation, *Electronics Letters*, 19(8), 1983: 298-300.

   钟顺时, 罗远祉. 双频工作的变型矩形微带天线. 电子学报, 15(6), 1987: 1-7.

18. J. R. James and P. S. Hall ed., *Handbook of Microstrip Antennas*, Peter Peregrinus, 1989.

19. D. R. Jackson and N. G. Alexopoulos, Simple approximate formulas for input resistance, bandwidth, and efficiency of a resonant rectangular patch, *IEEE Transactions on Antennas and Propagation*, 39(3), Mar. 1991: 407-410.

20. R. Garg, P. Bhartia, J. Bahland and A. Ittipiboon, *Microstrip Antenna Design Handbook*, Artech House, Boston, 2001.

21. Y. T. Lo and S. W. Lee ed., *Antenna Handbook: Theory, Applications and Design*, Van Nostrand Reinhold, 1988.

22. 钟顺时. 矩形微带天线的带宽和宽频带技术. 电子科学学刊, 7(2), 1985: 98-107. S. S. Zhong, Bandwidth and band-broadening of a rectangular microstrip antenna, *Journal of Electronics (China)*, Vol. 2, July, 1985: 212-221.

23. T. Huynh and K. -F. Lee, Single-layer single-patch wideband microstrip antenna, *Electronics Letters*, 31(16), Aug. 1995: 1310-1312.

24. K. -F. Lee, Progress in the research of wideband microstrip antennas, *Proc.* 1995 *International Conference on Radio Science*, Beijing, Aug. 1995:666-669.

25. F. Croq and A. Papiernik, Large bandwidth aperture-coupled microstrip antenna, *Electronics Letters*, 26(16), Aug. 1990:1293-1294.

26. S. D. Targonski, R. B. Waterhouse, and D. M. Pozar, Design of wide-band aperture-stacked patch microstrip antennas, *IEEE Transactions on Antennas and Propagation*, 46(9), Sept. 1998:1245-1256.

27. Y. -W. Jang, Broadband T-shaped microstrip-fed U-slot coupled patch antenna, *Electronics Letters*, 38(11), May 2002:485-486.

28. K. M. Luk, C. L. Mak, Y. L. Chow and K. F. Lee, Broadband microstrip patch antenna, *Electronics Letters*, 34(15), July 1998:1442-1443.

29. W. Menzel and W. Grabberr, A microstrip patch antenna with coplanar line feed, *IEEE Microwave and Guided Wave Letters*, Vol.1, 1991:340-342.

30. H. F. Pues and A. R. van de Capelle, An impedance-matching technique for increasing the bandwidth of microstrip antennas, *IEEE Transactions on Antennas and Propagation*, AP-37(11), Nov. 1989:1345-1349.

31. S. S. Zhong, A broadband feeding technique for microstrip antenna elements, *IEE 5th International Conference on Antennas and Propagation*, Apr. 1987:300-303.
    钟顺时. 微带天线的宽带馈电技术. 电子科学学刊, 10(5), 1988.

32. 薛睿峰, 钟顺时. 微带天线圆极化技术概述与进展. 电波科学学报, 17(4), 2002.8:331-336.

33. X. -F. Peng, S. -S. Zhong, S. -Q. Xu, Q. Wu, Compact dual-band GPS microstrip antenna. *Microwave and Optical Technology Letters*, 44(1), Jan. 2005: 58-61.

34. K. -L. Wong, *Compact and Broadband Microstrip Antennas*, John Wiley & Sons, 2002.

35. Z. Sun, S. -S. Zhong, X. -R. Tang and K. -D. Chen, Low-sidelobe circular-polarized microstrip array for 2.45 GHz RFID readers, *Microwave Optical Technology Letters*, 50(9), Sept. 2008:2235-2237.

36. 崔俊海, 钟顺时, 段文军, 陆彪, 谢亚楠. 一种新型双极化口径耦合微带天线阵. 应用科学学报, 20(4), 2002.12:373-376.

37. 梁仙灵. 双极化微带天线阵与超宽带, 多频段印刷天线. 上海大学博士学位论文, 2006.12.

38. S. A. Long, M. W. McAllister and L. C. Shen, The resonant cylindrical dielectric cavity antenna, *IEEE Transactions on Antennas and Propagation*, 31(5), May 1983:406-412.

39. K. M. Luk and K. W. Leung et al., *Dielectric Resonator Antennas*, Research Studies Press, Hertfordshire, England, 2003.

40. Li-Na Zhang, Shun-Shi Zhong, and Sai-Qing Xu, Dielectric resonator antenna element and subarray with unequal cross-stub, *Microwave and Optical Technology Letters*, 50(8), Aug. 2008:2189-2191.

41. Li-Xian Li, Shun-Shi Zhong, Sai-Qing Xu, and Min-Hua Chen, Circularly Polarized Ceramics Dielectric Resonator Antenna Excited by Y-Shaped Microstrip. *Microwave and Optical Technology Letters*, 51(10), Oct. 2009:2416-2418.

42. A. Petosa, *Dielectric Resonator Antenna Handbook*1. *Norwood*, *MA*: *Artech House*, 2007.

43. *R. K. Mongia and P. Bhartia*, Dielectric resonator antennas: A review and general design relations for resonant frequency and bandwidth, *International Journal of Microwave and Millimeter-Wave Computer-Aided Engineering*, 4(3), May 1994:230-247.

44. M. W. Mcallister and S. A. Long, Resonant hemispherical dielectric antenna. *Electronics Letters*, 20(16), Aug. 1984:657-659.

45. 钟顺时, 韩荣苍, 刘静, 孔令兵, 介质谐振器天线研究进展, 电波科学学报, 30(2), 2015.4:396-408.

46. S. -S. Zhong, X. -X. Yang, S. -C. Gao, and J. -H. Cui, Corner-fed microstrip antenna element and arrays for dual-polarization operation, *IEEE Transactions on Antennas and Propagation*, 50(10), Oct. 2011:1473-1480.

47. 孙竹，钟顺时，孔令兵，高初，汪伟，金谋平. 宽带双波段双极化共口径 SAR 天线设计. 电子学报，40（3），Mar. 2012:542-547.

48. S. -S. Zhong, Z. Sun, C. Gao, W. Wang, and M. -P. Jin, Tri-band dual-polarization shared-aperture microstrip array for SAR applications, *IEEE Transactions on Antennas and Propagation*, 60(9), Sept. 2012:4157-4165.

第 7 章

1. 任朗. 天线理论基础. 北京:人民邮电出版社，1980.

2. R. W. P. King, *The Theory of Linear Antennas*, Harvard University Press, 1956.

3. 佛拉金. 特高频天线. 陈秉钧，肖笃堙，译. 北京:国防工业出版社，1962.

4. S. Silver, *Microwave Antenna Theory and Design*, McGraw-Hill, New York, 1949.

5. E. V. Jull, *Aperture Antennas and Diffraction Theory*, Peter Peregrinus, London and New York, 1981.

6. W. V. T. Rusch and P. D. Potter, *Analysis of Reflector Antennas*, Academic Press, New York, 1970.

7. J. F. Ramsey, Lambda function describe antenna/diffraction pattern, *Microwaves*, June 1967:69-107.

8. 林世明. 微波天线设计的数学方法. 航空专业教材编审组，西安，1983.

9. 张德齐. 微波天线. 北京:国防工业出版社，1987.

10. A. W. Love ed., *Electromagnetic Horn Antennas*, IEEE Press, New York, 1976.

11. 章日荣. 反射镜天线及高效率馈源. 北京:人民邮电出版社，1977.

12. 杨可忠，杨智友，章日荣. 现代面天线新技术. 北京:人民邮电出版社，1993.

13. 钟顺时，茅于宽，王化周，译. 反射面天线的高效率馈源-波纹圆锥喇叭专集. 电讯技术参考资料. 西安:西北电讯工程学院，1977 年第 2 期:2-1 ~ 14-29.

14. P. J. B. Clarricoats, *Corrugated Horns for Microwave Antennas*, Peregrinus Ltd., London, 1984.

15. 章日荣，杨可忠，陈木华. 波纹喇叭. 北京:人民邮电出版社，1988.

16. 钟顺时，刘绪宏. 波纹圆锥馈源辐射特性的计算与设计. 电讯技术参考资料. 西安:西北电讯工程学院，1977 年第 2 期:1-1 ~ 1-64.

17. 陈木华. 一种拓展波纹喇叭带宽的新方法——负电纳区的应用. 电子科学学刊，8(1)，1986:64-67.

18. 杜彪. 高性能宽频带波纹圆锥喇叭的设计. 上海科技大学学报，17(4)，1994.12:345-349.

19. 柯树人. 波纹圆锥喇叭的一种设计方法. 跟踪雷达，1985 年第 3 期.

第 8 章

1. W. V. T. Rusch & P. D. Potter, *Analysis of Reflector Antennas*, Academic Press, 1970; P. J. Wood, *Reflector Antenna Analysis and Design*, Peter Peregrinus Ltd., 1980. 反射面天线，茅于宽，译. 南京:解放军通信工程学院，1983.

2. 阮颖铮，复射线理论和应用，通信学报，8(4)，1984.4:49-57.

3. A. W. Love ed., *Reflector Antennas*, IEEE Press, New York, 1978.

4. A. C. Ludwig, The definition of cross-polarization, *IEEE Transactions on Antennas and Propagation*, AP-21(1), Jan. 1973:116-119.

5. 王一平，陈达章，刘鹏程. 工程电动力学. 西安:西北电讯工程学院出版社，1985.

6. 杨儒贵. 高等电磁理论. 北京:高等教育出版社，2008.

7. A. W. Rudge *et al.* ed., *The Handbook of Antenna Design*, Vol. 1, Peter Peregrinus, London, 1982.

8. 钟顺时，刘刚，高健. 球面波展开法对抛物面天线分析与设计的应用. 现代雷达，8(5)，1986.10:61-70.

9. J. Ruze, Antenna tolerance theory: a review, *Proceedings IEEE*, 54(4), Apr. 1966:633-640.

10. S. Silver, *Microwave Antenna Theory and Design*, McGraw-Hill, New York, 1949.

11. H. Jasik ed., *Antenna Engineering Handbook*, McGraw-Hill, New York, 1961.

12. 钟顺时，施明光. 大型卡塞格仑天线的计算机分析与参数选择. 西北电讯工程学院学报，1980 年第 1 期：36-57.

13. 钟顺时，傅德民. 用于天线绕射计算的场相关法. 西北电讯工程学院学报，1984 年第 2 期：40-50.

14. S. Zhong, D. Fu, Y. Mao, Q. Xia and L. Yu, Design of a partially shaped Cassegrain antenna, *Proceedings 1985 International Symposium on Antennas and Propagation (ISAP'85)*, Kyoto, Japan, Aug. 1985：903-906.

15. P. W. Hannan, Microwave antennas derived from the Cassegrain telescope, *IRE Transactions on Antennas and Propagation*, AP-9(3), Mar. 1961：140-153.

16. R. E. Collin. 天线与无线电波传播，王百锁，译. 大连：大连海运学院出版社，1988.

17. P. J. B. Clarricoats and G. T. Poutton, High-efficiency microwave reflector antennas：a review, *Proceedings IEEE*,43(10) Oct. 1977.

18. 杜彪，杨可忠，钟顺时. 多波束抛物面天线的理论分析. 中国科学（A 辑），25(12), 1995. 12：1323-1331. B. Du, K. Yang, S. Zhong, Theoretical analysis of a parabolic torus reflector antenna with multibeam, *Science in China*, Series A, 38(12), Dec. 1995：1520-1521.

19. 杜彪. 多波束抛物环面天线的研究. 上海大学博士学位论文，1996. 6.

20. 斯科尔尼克主编. 雷达手册. 第六分册（谢卓译）. 北京：国防工业出版社，1974.

8.7 节

1. Y. Jay Guo and Stephen K. Barton, *Fresnel Zone Antennas*, Kluwer Academic Publishers, 2002.

2. Y. J. Guo and S. K. Barton, Phase correcting zonal reflector incorporating rings, *IEEE Transactions on Antennas and Propagation*,43(4), Apr. 1995：350-355.

3. Y. J. Guo and S. K. Barton, Phase efficiency of the reflective array antenna, *IEE Proceedings Microwave, Antennas and Propagation*,142(2), Apr. 1995：115-120.

4. Y. J. Guo, I. H. Sassi and S. K. Barton, Offset Fresnel lens antenna, *IEE Proceedings Microwave, Antennas and Propagation*, 141(6), Dec. 1994：517-522.

5. Y. J. Guo and S. K. Barton, On the subzone phase correction of Fresnel zone plate antennas, *Microwave and Optical Technology Letters*, 16(15), Dec. 1993：840-843.

6. Y. J. Guo, I. H. Sassi and S. K. Barton, A high efficiency quarter-wave zone plate reflector, *IEEE Microwave and Guided Wave Letters*, 2(12), Dec. 1992：470-471.

7. J. A. Encinar, Design of two-layer printed reflectarrays using patches of variable size, *IEEE Transactions on Antennas Propagation*, vol. 49, no. 10, pp. 1403-1410, Oct. 2001.

8. E. Carrasco, J. A. Encinar, and M. Barba, Bandwidth improvement in large reflectarrays by using true-time delay, *IEEE Transactions on Antennas Propagation*, vol. 56, no. 8, pp. 2496-2503, Aug. 2008.

9. M. E. Bialkowski, K. H. Sayidmarie, Investigations into phase characteristics of a single-layer reflectarray employing patch or ring elements of variable size, *IEEE Transactions on Antennas Propagation*, vol. 56, no. 11, pp. 3366-3372, Nov. 2008.

10. M. R. Chaharmir, J. Shaker, M. Cuhaci, and A. Ittipiboon, A broadband reflectarray antenna with double square rings, *Microwave Optic Technology Letters*, vol. 48, no. 7, pp. 1317-1320, Jul, 2006.

11. M. R. Chaharmir, J. Shaker, M. Cuhaci, and A. Ittipiboon, Broadband reflectarray antenna with double cross loops, *Electronics Letters*, vol. 42, no. 2, pp. 65-66, Jan. 2006.

12. J. Ethier, M. R. Chaharmir, J. Shaker, and D. Lee, Development of novel low-cost reflectarray, *IEEE Antennas Propagation Magazine*, vol. 54, no. 3, pp. 277-287, Jun. 2012.

13. D. M. Pozar, Wideband reflectarrays using artificial impedance surfaces, *Electronics Letters*, vol. 43, no. 3, pp. 148-149, Feb. 2007.

14. P. Nayeri, F. Yang, and A. Z. Elsherbeni, A broadband microstrip reflectarray using sub-wavelength patch elements, *Proceedings. IEEE Antennas Propagation Society International Symposium*, 2009, pp. 1-4.

15. G. Zhao, Y. -C. Jiao, F. Zhang, and F. -S. Zhang, A subwavelength element for broadband circularly polarized reflectarrays, *IEEE Antennas Wireless Propagation Letters*, vol. 9, pp. 330-333, 2010.

16. P. -Y. Qin, Y. J. Guo, and A. R. Weily, A sub-wavelength reflectarray element based on double square rings loaded with meander lines, *Proceedings Europe Conference on Antennas and Propagation* (EuCAP 2014), Apr. 2014.

第9章

9.1 节

1. 雷达资料编审组. 单脉冲雷达天线技术(电讯设备). 内部资料, 1972. 10.

2. 黄立伟, 金志天. 反射面天线. 西安:西北电讯工程学院出版社, 1986.

3. 张祖稷, 金林, 束咸荣. 雷达天线技术. 北京:电子工业出版社, 2005.

4. J. A. Mosko, *An introduction to wideband, two-channel, direction-finding systems*: Part II, *Microwave Journal*, March 1984.

5. R. G. Corzine & J. A. Mosko, *Four-Arm Spiral Antennas*, Artech House, 1990.

9.2 节

1. 魏钟铨. 合成孔径雷达卫星. 北京:科学技术出版社, 2001.

2. John C. Curlander and Robert N. McDonough, *Synthetic Aperture Radar Systems and Signal Processing*, John Wiley & Sons, New York, 1991.

3. Leopold J. Cantafio, *Space-Based Radar Handbook*, Artech House, 1989.

4. 张直中. 机载和星载合成孔径雷达导论. 电子工业出版社, 2004.

5. 丛力田, 沈齐. 世界天基雷达技术发展概况. 国防工业出版社, 2007.

6. R. Torres, C. Buck, J. Guijarro and J-T. Suchail, ESA's ground breaking synthetic aperture radar: the Envi-SAT-1 ASAR active antenna, *IEEE AP-S*, *Symposium*, June 1999:1536-1539.

7. 汪伟. 宽带印刷天线与双极化微带及波导缝隙天线阵. 上海大学出版社, 2006.

8. M. Stangle, R. Werninghaus, and R. Zahn, The TerrSAR-X active phased array antenna, *2003 IEEE International Symposium on Phased Array Systems and Technology*, Boston ,USA, Oct. 2003:70-75.

9. 钟顺时. 合成孔径雷达的双波段双极化共孔径天线阵技术. 现代雷达, 31(11), 2009. 9:1-5.
   S. Zhong, Z. Sun and X. Tang, Progress in dual-band dual-polarization shared-aperture SAR antennas, *Frontiers of Electrical and Electronic Engineering in China*, 4(3), Sept. 2009:323-329.

10. Shun-Shi Zhong, DBDP SAR Microstrip array Technology, in Nasimuddin ed.: *Microstrip Antennas*, New Delhi, InTech, 2011: 433-452. www. intechopen. com.

9.3 节

1. K. M . Lee *et al.*, A low profile X-band active phased array for submarine satellite communications, *Proceedings 2000 IEEE International Conference on Phased Array Systems and Technology*, May 2000:231-234.

2. 殷连生. 低副瓣有源相控阵天馈系统中的一体化设计. 电子与信息学报, 10, 2002, 1412-1417.

3. 张云. 相控阵天线近场幅相校准. 2007 年全国天线年会, 2007, 102-105.

4. 张光义. 相控阵雷达系统. 国防工业出版社, 2001.

5. 张光义, 赵玉洁. 相控阵雷达技术, 电子工业出版社, 2006.

9.4 节

1. S. Gao, A. Sambell, and S. S. Zhong, Polarization-agile antennas, *IEEE Antennas and Propagation Magazine*, 48(3), 2006:28-38.

2. S. Dauguet, Microstrip antenna with polarization switching, *Microwave and Optical Technology Letters*, 7(1), Jan. 1994:36-40.

3. D. H. Schaubert, F. Farrar, A. Sindoris, and S. Hayes, Microstrip antenna with frequency agility and polarization diversity, *IEEE Transactions on Antennas and Propagation*, Vol. 29, 1981:118-123.

4. P. Haskins, and J. S. Dahele, Compact active polarization-agile antenna using square patch, *Electronics Letters*, 31(16), 1995:1305-1306.

5. M. Fries, M. Grani, and R. Vahldieck, A reconfigurable slot antenna with switchable polarization, *IEEE Microwave and Wireless Components Letters*, 13(11), Nov. 2003:490-493.

6. P. Haskins, and J. S. Dahele, Polarization agile active microstrip patch arrays, *Electronics Letters*, 32(6), Mar. 1996:509-510.

7. S. Zhong, X. Yang, and S. Gao, 16 element polarization-agile microstrip antenna array using a single phaseshift circuit, *IEEE Transactions on Antennas and Propagation*, 52(1), Jan. 2004:84-87.

8. B. A. Cetiner, H. Jafarkhani, J. Qian, H. Yoo, A. Grau, and F. D. Flaviis, Multifunctional reconfigurable MEMS integrated antennas for adaptive MIMO systems, *IEEE Communications Magazine*, Dec. 2004:62-70.

9. B. A. Cetiner, J. Qian, H. Chang, M. Bachman, G. P. Li, and F. De Flaviis, Monolithic integration of RF MEMS switches with a diversity antenna on PCB substrate, *IEEE Transactions on Microwave Theory and Techniques*, 51(1), Jan. 2003:332-335.

9.5 节

1. F. P. S. Chin and M. Y. W. Chia, Smart antenna array for high data rate mobile communications, *IEEE Antennas and Propagation Society International Symposium*, Montreal, Canada, July 1997:350-353.

2. M. Chryssomallis, Smart antenna, *IEEE Antennas and Propagation Magazine*, 42(3), June 2000:129-137.

3. J. C. Liberti, T. S. Rappaport, 无线通信中的智能天线. 马凉, 译. 北京:机械工业出版社, 2002.

4. 金荣洪, 耿军平, 范瑜. 无线通信中的智能天线. 北京:北京邮电大学出版社, 2006.

5. 冯正和. 智能天线. http://new.tsinghua.edu.cn. 2002,9.29.

6. 孙绪宝, 钟顺时. 基于神经网络的盲波束形成. 电波科学学报, 19(2), 2004:237-239.

9.6 节

1. C. M. Coleman, E. J. Rothwell, and J. E. Ross, Self-structuring antennas. *IEEE AP-S International Symposium*, Salt Lake City, Utah, Vol. 3, July 2000:1256-1259.

2. C. M. Coleman, E. J. Rothwell, J. E. Ross, and L. L. Nagy, Self-structuring antennas. *IEEE Antennas and Propagation Magazine*, 44(3), June 2002:11-23.

3. 肖绍球. 平面型可重构天线研究, 博士学位论文. 成都电子科技大学应用物理研究所. 2003.

4. 杨雪松, 王秉中. 可重构天线的研究进展. 系统工程与电子技术, 2003.

5. Yumei Guo, Yingzeng Yin, Huili Zheng, and Jingli Guo, Self-structuring antenna for multi-band operation. *IEEE MAPE 2005 on Microwave, Antenna, Propagation and EMC Technologies for Wireless Communications*, Beijing, China, Vol. 1, Aug. 2005:350-353.

6. K,C,Gupta, J. Li, R. Ramadoss,and C. Wang, Design of frequency: reconfigurable rectangular slot ring antenna. *IEEE AP-S International Symposium*, Salt Lake City, Utah, Vol. 1, June 2000:326.

7. P. F. Wahid, M. A. Ali, and B. C. Deloach, Jr. , A Reconfigurable Yagi antenna for wireless communications. *IEEE Microwave and Optical Technology Letters*, 38(2), 2003:140-141.

8. P. J. B. Clarricoats, H. Zhou, Design and performance of a reconfigurable mesh reflector antenna. Part 1: Antenna design. *IEEE Proc. H, Microwaves, Antennas and Propagation*, 1991:485-492.

9. J. C. Chiao, Y. Fu, I. M. Chio, et al. , MEMS reconfigurable Vee antennas. *IEEE MTT-S*, 1999:1515-1518.

10. D. S. Linden, In-site evolution of a reconfigurable antennas. *IEEE Proceedings of Aerospace Conference*, 2001:2333-2338.

9.7 节

1. V. G. Veselago, The electrodynamics of substances with simultaneously negative values of P and m, *Soviet*

Physics Usphekhi, vol. 10, no. 4, pp. 509-514, 1968.

2. J. B. Pendry, Negative refraction makes a perfect lens, *Physics Review Letters*, vol. 85, no. 18, pp. 3966-3969, Oct. 2000.

3. D. R. Smith, W. J. Padilla, D. C. Vier, S. C. Nemat-Nasser, and S. Schultz, Composite medium with simultaneously negative permeability and permittivity, *Physics Review Letters*, vol. 84, no. 18, pp. 4184-4187, May 2000.

4. R. A. Shelby, D. R. Smith, S. Schultz, Experimental verification of a negative index of refraction, *Science*, vol. 292, pp. 77-79, Apr. 2001.

5. G. V. Eleftheriades, A. K. Iyer, and P. C. Kremer, Planar negative refractive index media using periodically L-C loaded transmission lines, *IEEE Transactions on Microwave Theory Technology*, vol. 50, no. 12, pp. 2702-2712, Dec. 2002.

6. Z. N. Chen, Metamaterials and Metamaterials-based antennas: physical concepts or engineering technology?, *Keynote Speech at International Workshop of Antenna Technology*, Sydney, Australia, March 2014 (www. e-fermat. org)

7. http://en. wikipedia. org/wiki/Metamaterial

8. http://www. oxforddictionaries. com/definition/english/metamaterial

9. http://phys. org/tags/metamaterials/

10. Z. N. Chen, Metamaterials-based Antennas: Translation from Physical Concepts to Engineering Technology, *FERMAT*, February 2014.

11. X. Qing and Z. N. Chen, UHF near-field segmented loop antennas with enlarged interrogation zone, *IEEE International Workshop on Antenna Technology (iWAT)*, pp. 132: 135, Tucson, USA, March 2012.

12. X. Qing, C. K. Goh, and Z. N. Chen, A broadband UHF near-field RFID antenna, *IEEE Transactions on Antennas Propagation*, vol. 58, no. 12, pp. 3829-3838, December 2010.

13. J. Shi, X. Qing, Z. N. Chen, and C. K. Goh, Electrically large dual-loop antenna for UHF near-field RFID reader, *IEEE Transactions on Antennas Propagation*, vol. 61, no. 1, pp. 1019-1025, January 2013.

14. X. Qing and Z. N. Chen, Horizontally polarized omnidirectional segmented loop antenna, *6th European Conference on Antennas Propagation*, pp. 2904-2907, 2012.

15. M. Sun, Z. N. Chen, and X. Qing, Gain enhancement of antipodal tapered slot antenna using zero-index metamaterial, *IEEE Asia-Pacific Conference on Antennas and Propagation*, pp. 70-71, August 2012.

16. M. Sun, X. Qing, and Z. N. Chen, 60-GHz End-fire Fan-like Antennas with Wide Beamwidth, *IEEE Transactions on Antennas Propagation*, vol. 61, no. 4 (Part I), pp. 1616-1622, April 2013.

17. P. Y. Lau, Z. N. Chen, and X. Qing, Gain and bandwidth enhancement of planar antennas using EBG, *Asia Pacific Conference on Antennas and Propagation*, Singapore, August 2012.

18. W. Liu, Z. N. Chen, and X. Qing, Metamaterials-based low-profile broadband mushroom antenna, *IEEE Transactions on Antennas Propagation*, vol. 62, no. 3, pp. 1165-1172, March 2013.

第 10 章

10.1 节

1. Harrington R. F. Field Computation by Moment Methods, New York: Macmilan, 1968. 王尔杰等, 译. 计算电磁场的矩量法. 北京: 国防工业出版社, 1981.

2. Mittra R. *Computer Techniques for Electromagnetics*. Oxford, New York: Pergamon Press, 1973. 金元松, 译. 计算技术在电磁学中的应用. 北京: 人民邮电出版社, 1983.

3. 吕英华. 计算电磁学的数值方法. 北京: 清华大学出版社, 2006.

4. 王长清. 现代计算电磁学基础. 北京: 北京大学出版社, 2005.

5. 盛新庆. 计算电磁学要论. 北京: 科学出版社, 2004.

6. 崔俊海，钟顺时. 角馈微带天线的输入阻抗及振荡函数的数值积分. 上海大学学报(自然科学版)，5(5)，1999.10：419-423.

10.2 节

1. C. C. Lu and C. Yu, Computation of input impedance of printed antennas with finite size and arbitrarily shaped dielectric substrate and ground plane, *IEEE Transactions on Antennas and Propagation*, 52(2), 2004：615-619.

2. C. C. Lu, Volume-surface integral equation, *Fast and efficient algorithms in computational electromagnetics*, W. C. Chew, J. M. Jin, E. Michielssen, and J. M. Song, Eds. Norwood, MA：Artech House, 2001：487-540.

3. T. K. Sarkar and E. Arvas, An integral equation approach to the analysis of finite microstrip antennas：volume/surface formulation, *IEEE Transactions on Antennas and Propagation*, 38(3), 1990：305-312.

4. C. C. Lu and W. C. Chew, A coupled surface-volume integral equation approach for calculation of electromagnetic scattering from composite metallic and material targets, *IEEE Transactions on Antennas and Propagation*, vol. 48, Dec. 2000：1866-1868.

5. C. C. Lu and C. Yu, Simulation of radiation and scattering by large microstrip patch arrays on curved substrate by a fast algorithm, *Proceedings 3 rd International Conference Microwave and Millimeter wave Technology*, 2002：401-404.

6. C. C. Lu and C. Yu, Analysis of microstrip structures of finite ground plate using the hybrid volume-surface integral equation approach, *Proceedings of the 2002 IEEE International Symposium on Antennas and Propagation*, San Antonio, TX, June 2002：162-165.

7. C. Yu and C. C. Lu, Analysis of finite and curved frequency-selective surfaces using the hybrid volume-surface integral equation approach, *Microwave and Optical Technology Letters*, 45(2), 2005：107-112.

8. Z. Zeng and C. C. Lu, Discretization of hybrid VSIE using mixed mesh elements with zeroth-order Galerkin basis functions, *IEEE Transactions on Antennas and Propagation*, 54(6), 2006：1863-1870.

9. J. P. Creticos and D. H. Schaubert, Electromagnetic scattering by mixed conductor-dielectric bodies of arbitrary shape, *IEEE Transactions on Antennas and Propagation*, 54(8), 2006：2402-2407.

10. N. Yuan, T. S. Yeo, X. C. Nie, Y. B. Gan, and L. W. Li, Analysis of probe-fed conformal microstrip antennas on finite ground substrate, *IEEE Transactions on Antennas and Propagation*, 54(2), 2006：555-563.

11. Q. L. Chen, W. E. McKinzie, and N. G. Alexopoulos, Stripline-feed arbitrarily shaped printed aperture antennas, *IEEE Transactions on Antennas and Propagation*, 45(7), 1997：1186-1198.

12. Y. T. Lo, D. Solomon, and W. F. Richards, Theory and experiment on microstrip antennas, *IEEE Transactions on Antennas and Propagation*, 27(3), 1979：137-145.

13. M. D. Deshpande and M. C. Bailey, Input impedance of microstrip antennas, *IEEE Transactions on Antennas and Propagation*, vol. 30, July 1982：645-650.

14. M. C. Bailey and M. D. Deshpande, Integral equation formulation of microstrip antennas, *IEEE Transactions on Antennas and Propagation*, vol. 30, July 1982：651-656.

15. J. E. Penard, Mutual coupling between microstrip antennas, *Electronics Letters*, 18(14), 1982：605-607.

10.4 节

1. 葛德彪，闫玉波. 电磁波时域有限差分法. 西安：西安电子科技大学出版社，2002.

2. 王秉中. 计算电磁学. 北京：科学出版社，2002.